中文版

Illustrator 2021 完全自学教程

李金明 李金蓉 编著

人民邮电出版社
北京

图书在版编目（CIP）数据

中文版Illustrator 2021完全自学教程 / 李金明，李金蓉编著. -- 北京 : 人民邮电出版社，2021.8
ISBN 978-7-115-56562-4

Ⅰ. ①中… Ⅱ. ①李… ②李… Ⅲ. ①图形软件一教材 Ⅳ. ①TP391.412

中国版本图书馆CIP数据核字(2021)第092897号

内 容 提 要

本书从 Illustrator 2021 的下载和安装方法入手，全面、系统地讲解了 Illustrator 2021 的所有功能，并通过“实战+AI 技术/设计讲堂”的形式，对软件原理和使用技巧方面的知识进行了分析和解读。全书从实用角度出发，配备了大量实战案例，涵盖商业插画、平面广告、网店装修、海报、UI、包装、Web、字体、特效、动画等行业和设计领域，并且全部案例都配有教学视频，可帮助初学者在较短的时间内掌握相关技术和工作技能。

本书配备了详尽的 Illustrator 工具、面板和命令索引。此外，本书附带学习资源，内容包括书中案例的素材文件、效果文件和在线教学视频，PPT 教学课件，以及其他一些学习资料（包括“UI 设计配色方案”“网店装修设计配色方案”“常用颜色色谱表”“CMYK 色卡”“色彩设计”“图形设计”“创意法则”等电子文档）。

本书适合 Illustrator 初学者，以及从事设计和创意工作的人员使用，同时也适合高等院校相关专业的学生和各类培训班的学员阅读与参考。

◆ 编　著　李金明　李金蓉
　责任编辑　张丹丹
　责任印制　马振武
◆ 人民邮电出版社出版发行　北京市丰台区成寿寺路 11 号
　邮编　100164　电子邮件　315@ptpress.com.cn
　网址　https://www.ptpress.com.cn
　北京捷迅佳彩印刷有限公司印刷
◆ 开本：880×1092　1/16　彩插：4
　印张：22　2021 年 8 月第 1 版
　字数：758 千字　2025 年 1 月北京第 15 次印刷

定价：109.90 元

读者服务热线：(010)81055410　印装质量热线：(010)81055316
反盗版热线：(010)81055315
广告经营许可证：京东市监广登字 20170147 号

Preface 前言

用了Illustrator这么多年，也写了不少相关教程和教材，我总结Illustrator有这样的学习特点：入门的时候有点难，之后越学越简单。

为什么说入门难呢？因为矢量软件不像位图软件（如Photoshop）那样门槛较低，即便不会什么功能，也能用滤镜做出一些效果来。要想使用Illustrator，在初学阶段，就面临很大的考验——能不能过钢笔工具这一关。过不去，就只能画点儿简单的图形，复杂的图稿是做不出来的。所以在学习之前就要认识到，钢笔工具是一定要学好的。不过也不必担心，本书里有很多练习和技巧，肯定能让您顺顺当当地跨过这道门槛。

刚接触Illustrator时，会遇到很多陌生的概念和术语。本书对相关名词的解释、功能介绍等所在页码进行了标注，以为读者学习扫清障碍。此外，书中还配备了详尽的软件功能索引。如果对Illustrator中的某个工具、面板或命令有疑问，一时找不到出处，抑或想查询快捷键，可以使用344页的索引，快速地进行检索。本书将Illustrator的操作方法、使用技巧、在商业和工作方面的应用等统统糅进了实战里，读者在动手操作后就能获得全方位的提高。所有实战都录制了教学视频，用手机、平板电脑扫一下书中的二维码就能观看，非常方便。这些贴心的设计与安排虽然增大了图书的编写难度，但能让读者获得更好的学习体验，也是值得的。

很多人是为了从事设计工作才学Illustrator的。在设计圈里“混”，必须修炼出好脾气才行，否则反复改稿真能让人崩溃。遗憾的是，这种情况根本无法避免。有经验的设计师会想一些办法，比如多使用一些符号、“库”面板中的资源、以链接形式置入的图稿等，因为这些对象都有一个源文件，并可生成与之链接的多个副本，那么只修改源文件，自动更新其他副本，改稿就容易多了，也减小了工作量；再如，多用全局色给图稿上色，这样以后不管绘制多么复杂的图形，改颜色的时候都能轻松搞定。还有很多技巧，都是设计师秘不外宣的。我们把它们整理出来，就是希望能帮助读者多积累点经验，学习的时候也能少走弯路。

设计工作强调分工协作，没有哪个软件能包打天下，只有发挥软件各自的优势，协同作战，才是制胜之道。鉴于此，书中专门设置了一章来介绍Illustrator与其他设计软件，包括Photoshop、AutoCAD、InDesign的协作方法，以及怎样与Creative Cloud系列软件中的其他程序（Premiere、After Effects等）共享资源。

希望所有这些努力能为您学好、用好Illustrator提供帮助。当然，只有获得您的认可，本书才是有价值的。预祝学习愉快！

编者

2021年1月

资源获取

下载本书学习资源和教学课件，
请扫描“资源获取”二维码。

197页

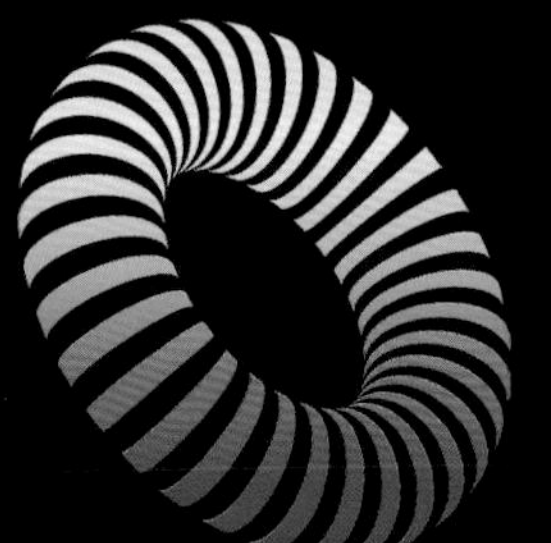

196页

152页

98页

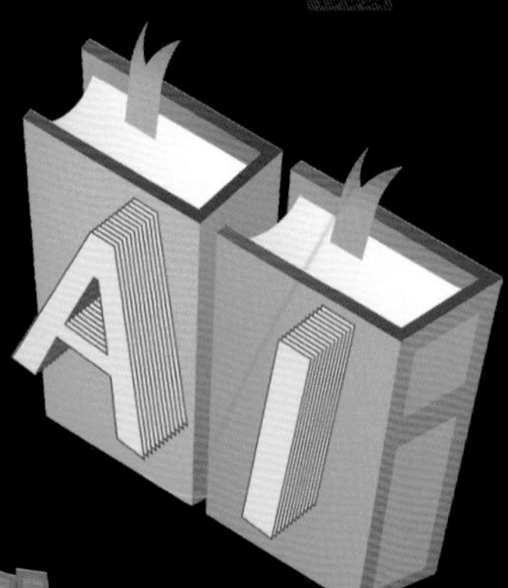

124页

82页

142页

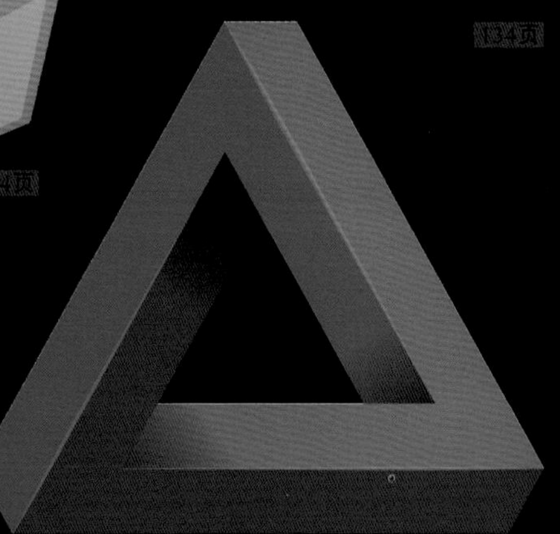

134页

233页

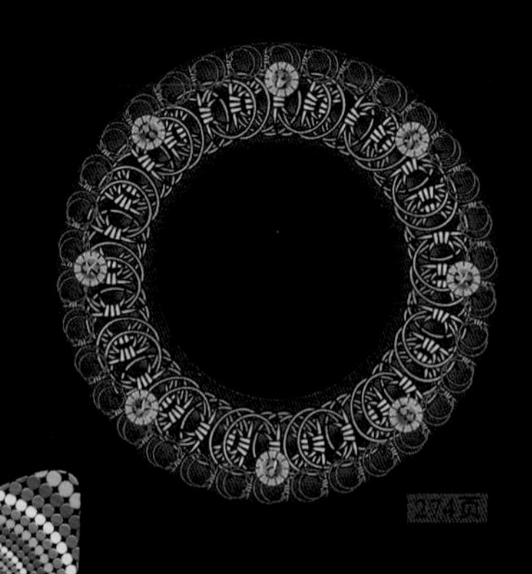

274页

189页

18页

279页

183页

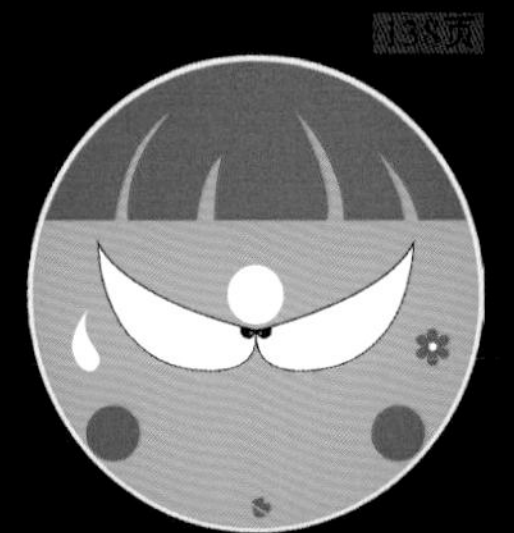

138页

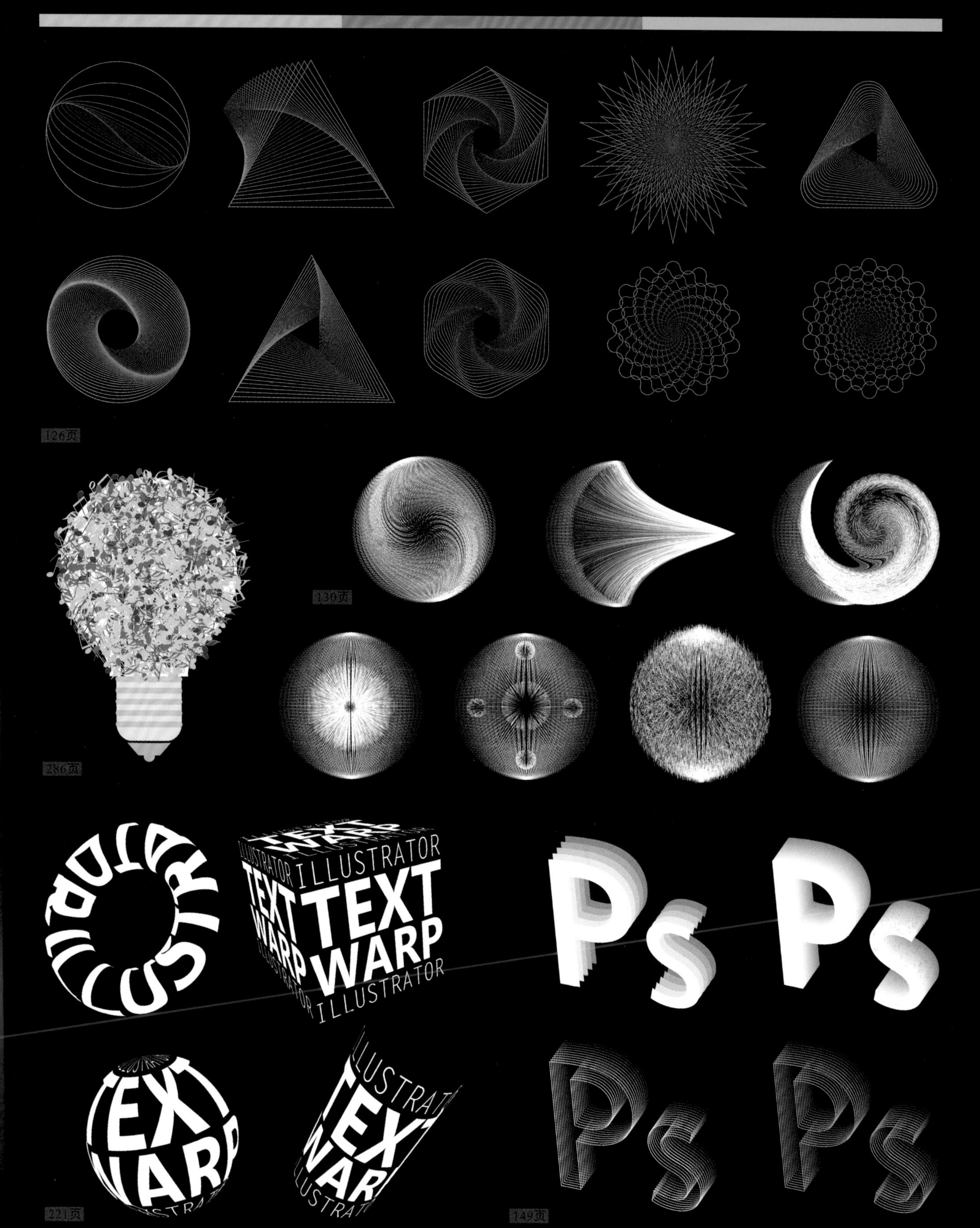

126页
130页
286页
221页
149页

Illustrator 2021
Gallery
159页
Clipping Masks
AI
Illustrator
163页
171页
升级款成猫全价猫粮
76页
165页
290页
To be careful!
I'm in a hurry!
TIME IS MONEY
Life can only be understood backwards but it must be lived forwards
259页
color
268页
SPECIAL OFFER
158页
95页
293页
美味
无法抵挡
98页
35页
161页
Back to school
全场有礼 开学季
手机、笔记本、平板电脑、存储设备、硬件、数码影音
Sale20% 机惠来袭！
PHOTO
169页
282页

ART
182页
RETICLE
39页
68页
292页
141页
124页
245页
ILLUSTRATOR
1987
175页
Shannon
coffee
sweet
life
145页
sliver fox
241页
AI
74页
BEST OF LUCK IN THE YEAR TO COME
215页
再
别
康
桥
214页
156页
177页
365
144页
242页
334页
81页

Illustrator 2021
Gallery
GUESS WHAT
I awoke next morning to brilliant sunshine streaming into my room
Who's Hero
年后时光
一个人・一本书・一杯茶……
全球购
消费者满意度调查
不满意
十分满意
基本满意
SOS
269页
336页
342页
70页
207页
199页
340页
338页
169页
191页
299页
88页
150页

目录

中文版
Illustrator 2021
完全自学教程

第1章 Illustrator入门

【本章简介】

Illustrator是一款特别受欢迎的矢量软件。它能绘制和编辑路径，以及由路径构成的矢量图形。矢量图形的特点是风格鲜明、便于修改，而且可以无损缩放，在设计领域占有重要的地位。Illustrator功能丰富，学习的时候应该循序渐进，不能操之过急。想要学好、用好Illustrator，首先要熟悉它的工作环境，了解使用规范，掌握它的基本操作方法。本章介绍的就是这些方面的知识。

【学习目标】

本章我们将学会如下知识和操作。

- Illustrator的下载、安装和卸载方法
- Illustrator的工作界面
- 使用快捷键
- 重新布置工作区
- 使用画板
- 为手机和平板电脑出设计方案
- 查看图稿
- 多文档窗口操作
- 创建文档
- 打开文件
- 保存文件

【学习重点】

初识Illustrator

Adobe公司开发的Illustrator是矢量绘图行业的标准程序，在平面、包装、出版、UI、网页和书籍、插画等设计领域有着广泛的应用。

·AI技术/设计讲堂·

Illustrator的前世今生

Illustrator诞生经过

世界上很多伟大的发现和发明都是由机缘巧合促成的。例如，牛顿从苹果落地得到启发，发现万有引力；阿基米德跨进澡盆的瞬间看到水面上升，发现浮力原理。Illustrator源于约翰·沃诺克看到的一幅画稿。

让我们先将时间拉回到1982年。那一年的12月，约翰·沃诺克（John Warnock）和查克·基斯克（Chuck Geschke）——两位长着大胡子，看起来更像艺术家的科学家，如图1-1所示，毅然决然地离开施乐公司帕洛阿尔托研究中心（PARC），在圣何塞市创立了Adobe公司。

约翰·沃诺克　　查克·基斯克

图1-1

他们一出手就非同凡响。二人合作开发的PostScript语言完美地解决了桌面印刷环节中的最大痛点——个人计算机与打印设备之间的通信问题，使得文档在任何类型的设备上打印，都能获得清晰、一致的文字和图像。这项发明震动业界。史蒂夫·乔布斯专程前来考察，并与Adobe公司签订了第一份合同。他还说服二人不做硬件公司，而是发挥专长，做软件研发。两位科学家回忆说：“如果没有史蒂夫当时的高瞻远瞩和冒险精神，Adobe就没有今天。”

约翰·沃诺克的妻子玛瓦·沃诺克是一位优秀的图形设计师。有一天，约翰在看妻子用钢笔画的曲线画稿时，拿起PostScript打印的曲线与之比较。他惊喜地发现，在PostScript中用贝塞尔曲线画出的线条非常光滑。要知道，当年计算机绘图程序所画的曲线打印出来之后边缘是粗糙的，甚至会出现锯齿。由此，约翰萌生了开发绘图软件Illustrator的想法，并把这项任务交给了PostScript工程师麦克·苏斯特。

麦克·苏斯特不负重托。1987年3月1日，由他开发的Illustrator 1.0正

式发售了。这一版的Illustrator集成了色彩处理功能，只是用户还不能使用，就是说，Illustrator 1.0还只能绘制黑白图形。但它的钢笔工具一鸣惊人，让怀疑计算机绘图能力的设计师和绘图员大开眼界。更重要的是它开创了一种全新的绘图方式。要知道，在这之前，计算机只能绘制像素图（即位图）。

Illustrator 1.0的启动画面及产品包装用的是PostScript绘制的维纳斯像，原型取自意大利画家波提切利的油画作品《维纳斯的诞生》。以维纳斯为标志延续了很多年，Illustrator的早期版本都打过这个烙印，如图1-2所示。为何维纳斯会受到如此的青睐？是因为其流线型的卷发能充分展现Illustrator的曲线功能，足以让其他绘图软件望尘莫及了。

波提切利《维纳斯的诞生》（局部）

Illustrator 早期版本的工作界面

Illustrator 1.1

Illustrator 88（1.6版）

Illustrator 3.0

Illustrator 4.1

Illustrator 5.5

Illustrator 7.0

图1-2

一个公司的创业初期，很多事情都是创始人亲力亲为的。例如，Adobe公司的第一个Logo就是约翰·沃诺克的妻子玛瓦·沃诺克设计的，而约翰本人则参与到Illustrator的产品宣传中。一个科学家，研发、经营、营销推广，身兼数职，也是够拼的了。

作为一款全新的软件，Illustrator与以往的任何软件都不同，怎样才能让大众了解并喜爱上它呢？Adobe公司一众人员绞尽脑汁，最终决定由约翰录制一盘录像带，亲自上阵讲授Illustrator。这项任务非他莫属，谁让他是当时能使用钢笔工具绘图的极少数人之一呢！

Adobe公司的软件帝国

在软件研发与创新上，Adobe公司从未停止过脚步。在开发出PostScript技术后，Adobe公司还研发了与之配套的字体库，之后相继推出Illustrator（1987年）、Acrobat（1993年）和PDF（便携文档格式），以及InDesign（1999年）等革新性技术和软件。然而更多影响和改变业界生态的软件则是Adobe通过大举收购得到的。例如，1988年9月获得Photoshop的授权许可，7年之后以3450万美元的价格买下了Photoshop的所有权；1991年收购Super Mac公司，将该公司的非线性视频编辑软件Reel Time改造为我们现在所熟知的Premiere；1994年收购Aldus公司，后者拥有鼎鼎大名的排版软件PageMaker和视频后期特效制作软件After Effects（由于PageMaker软件自身的技术局限，Adobe对其进行了全面修整后，用开发出的InDesign替代前者）；1999年收购Attitude Software公司，获得了3D技术；2005年收购重要对手Macromedia公司，将后者的Flash、Dreamweaver、Fireworks、FreeHand等纳入囊中。一系列的收购行动加速了Adobe公司的发展，催生了一个从字体、图像编辑、视频特效到网页和动画，横跨所有媒介和显示设备的软件帝国，影响了无数的行业和个人！

·AI技术/设计讲堂·

Illustrator 2021 的下载、安装和卸载方法

计算机系统要求

Illustrator每一次更新都会改进已有的功能和增加新的功能。这令Illustrator功能更加丰富，但也对计算机硬件提出了更高要求。例如，现在Windows 10（64 位）版本以下的操作系统已经无法安装Illustrator 2021了。下表是Illustrator 2021的最低系统要求。这其中内存（包括显卡内存）对Illustrator能否流畅运行影响较大。例如，使用混合、3D等功能时，如果内存小，不仅处理速度变慢，还极容易造成闪退，造成编辑效果丢失。

Windows系统	macOS系统
●Intel 多核处理器（支持 64 位）或 AMD Athlon 64 处理器 ●Windows 10（64 位）1809、1903、1909 和 2004版本。注意：在 Windows 10 1507、1511、1607、1703、1709 和 1803版本上不受支持 ●8 GB 内存（推荐 16 GB） ●2 GB 可用硬盘空间用于安装（安装过程中需要额外的可用空间，推荐使用 SSD） ●1024 x 768 显示器（推荐 1920 x 1080） ●要使用 GPU 性能，Windows 应该至少具有 1 GB VRAM（建议 4 GB），并且计算机必须支持 OpenGL 4.0 或更高版本 ●必须具备 Internet 连接并完成注册，才能激活软件、验证订阅和访问在线服务	●Intel 多核处理器（支持 64 位） ●macOS 11.0（Big Sur）版本、macOS 10.15（Catalina）版本和 macOS 10.14 （Mojave）版本的操作系统 ●8 GB 内存（推荐 16 GB） ●2 GB 可用硬盘空间用于安装（安装过程中需要额外的可用空间，推荐使用 SSD） ●1024 x 768 显示器（推荐 1920 x 1080） 要使用 GPU 性能，Mac 应该至少具有 1 GB VRAM（建议 2 GB），并且计算机必须支持 OpenGL 4.0 或更高版本 ●必须具备 Internet 连接并完成注册，才能激活软件、验证订阅和访问在线服务

注册Adobe ID

下面介绍Illustrator 2021试用版的下载和安装方法。

登录Adobe公司中国官网。首先注册一个Adobe ID，操作方法是单击页面右上角的“登录”按钮，如图1-3所示；切换到下一个页面后，单击“创建账户”按钮，如图1-4所示；进入下一个页面，如图1-5所示，输入姓名、邮箱、密码等信息，单击“创建账户”按钮，完成注册（即成功注册Adobe ID）。

图1-3

图1-4

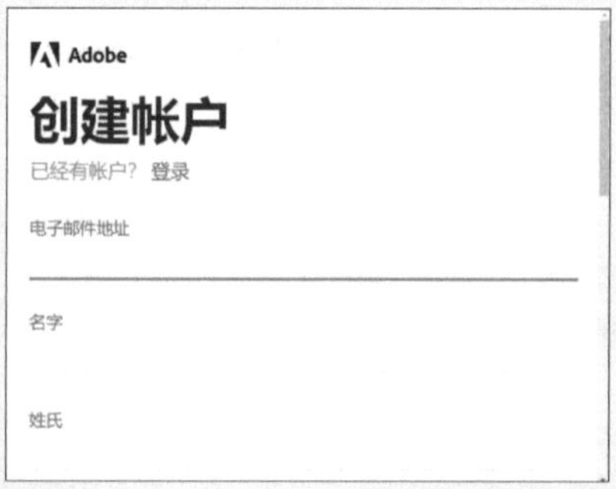

图1-5

安装Illustrator 2021

用注册的账号和密码登录Adobe网站；之后单击“立即购买”按钮，单击“免费试用”按钮，如图1-6所示；此时会下载Creative Cloud Desktop桌面程序；下载完成后便可自动安装Illustrator，如图1-7所示。要注意：从安装之日起，有7天的试用期。过期之后，需要购买Illustrator正式版（可单击“购买”按钮），才能继续使用它。

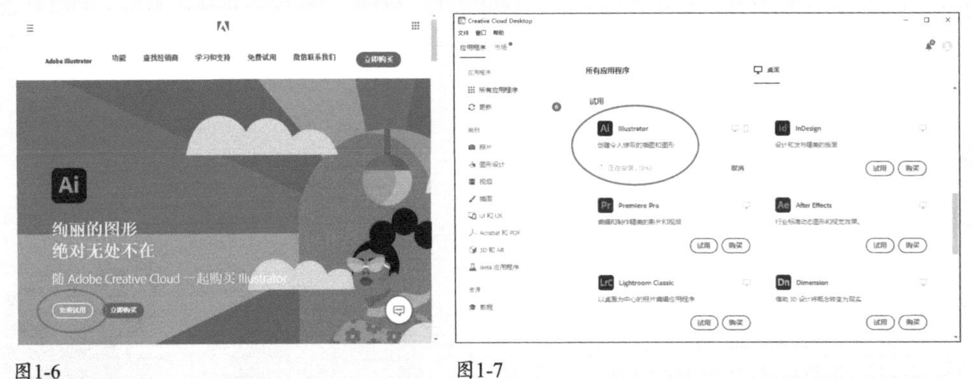

图1-6　图1-7

卸载Illustrator 2021

运行Creative Cloud Desktop桌面程序，单击Illustrator右侧的…图标，打开菜单，选择“卸载”命令，如图1-8所示，即可进行卸载。此外，使用Windows的控制面板也可以卸载软件。操作时，在 Windows窗口左下角的搜索栏中输入“控制面板”，如图1-9所示；按Enter键，找到控制面板，如图1-10所示；将其打开后，单击“卸载程序”按钮，如图1-11所示；在弹出的对话框中选择Illustrator 2021，然后单击“卸载/更改”按钮，如图1-12所示；此时会弹出“Illustrator 卸载程序”对话框，如图1-13所示，在这里可以选择是否保存Illustrator的首选项设置（即我们自己对Illustrator工具属性等所做的修改），如果以后还想安装Illustrator，可以保留它。卸载完成后，单击“关闭”按钮即可。

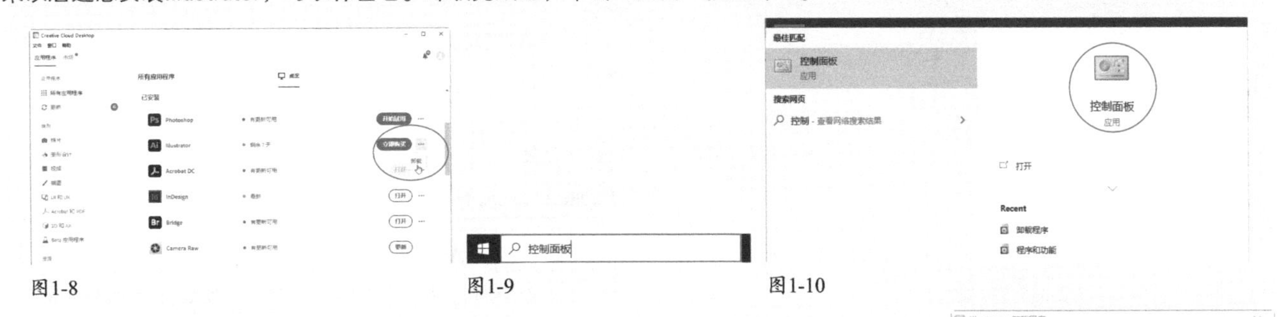

图1-8　图1-9　图1-10

图1-11　图1-12　图1-13

Illustrator 2021新增及增强功能

Adobe不仅不断升级Illustrator版本，添加新的功能，如今还推出了iPad版的Illustrator。iPad版的便携性使得设计师可以在任何地方进行创作，利用手中的Apple Pencil随时捕捉灵感、创造奇迹。

1.2.1 重新为图稿着色

Adobe对Illustrator中的调色工具——“重新着色图稿”命令进行了改进，使它可以更好地帮助我们探索不同的颜色变化效果。例如，使用颜色主题拾取器可以从图稿或图像中选取颜色，并应用于我们的作品中，如图1-14所示。还可以利用颜色库中预定义的颜色，如图1-15所示，或者使用色轮创建我们自己的颜色。

原图

通过拾取左侧图像颜色，改变图稿色彩搭配，使之与图像趋同

图1-14

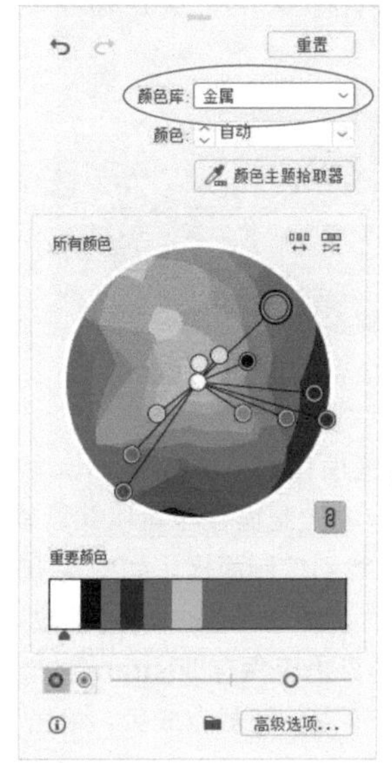

使用“金属”颜色库为图稿重新着色

图1-15

1.2.2 增强型云文档

云文档是Adobe推出的原生文件类型。我们将作品存储为云文档后，可以随时随地从任何安装了 Illustrator 的设备上访问它。

云文档还有一个好处，即它能自动存储我们对图稿所做的修改，因此，可以避免未保存文件所带来的风险。

此外，我们还可以将Photoshop云文档嵌入Illustrator文档中；也可以访问之前存储过的云文档，或者根据需要进行预览、标记，甚至能将其还原为较早的版本。值得一提的是，在离线的状态下，云文档仍然可以使用。

1.2.3 智能字形对齐

“对齐字形”功能可以将图稿与文本或字形的边界精确对齐。例如，选择一个对齐线选项，会在沿文本四周移动对象时显示参考线，这样我们就可以按照这些参考线来对齐对象了，如图1-16所示。此外，还可以通过文本上的锚点精确地拖曳和对齐形状。

参考线提醒我们图形与文字已经对齐了

图1-16

1.2.4
垂直对齐文本

创建区域文字的时候，可以在文本框中沿垂直方向对齐文本，包括顶对齐、底对齐、居中对齐，如图1-17所示。

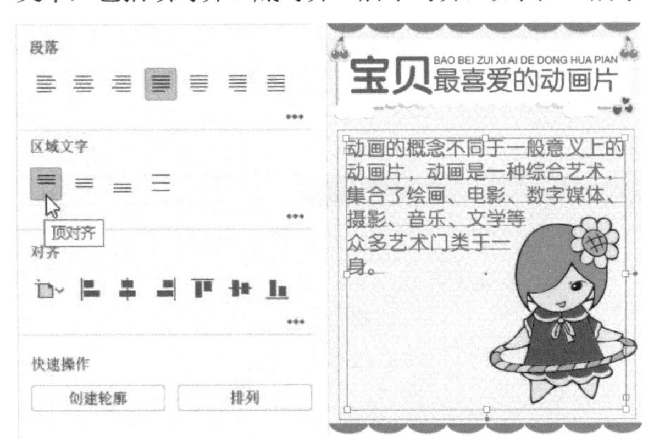

图1-17

1.2.5
与字形边界对齐

Adobe在文字对齐方面做的另一项增强是将文本与其他对象对齐时，可以将对象与文本四周的定界框对齐，如图1-18所示；或者将对象与实际的字形边界精确对齐，而不受定界框的影响，如图1-19所示。该功能可通过执行“视图>对齐字形”命令来启用。

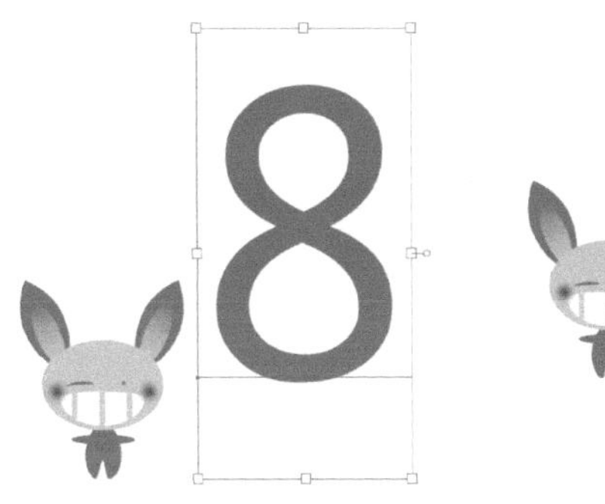

卡通兔与文本定界框底部对齐

图1-18

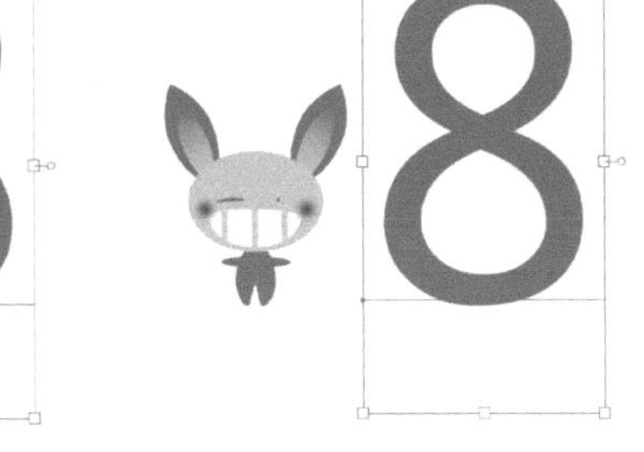

卡通兔与文字底部对齐

图1-19

1.2.6
文字高度变化

以往的文字大小参数中由于包含了文字定界框的高度，如图1-20所示，导致文字的实际大小要小于“字符”面板中显示的大小。现在，可以启用字体高度选项，以实际的文字高度为参考，如图1-21和图1-22所示。当我们想要将对象与文本精确对齐时，这项功能非常有用。

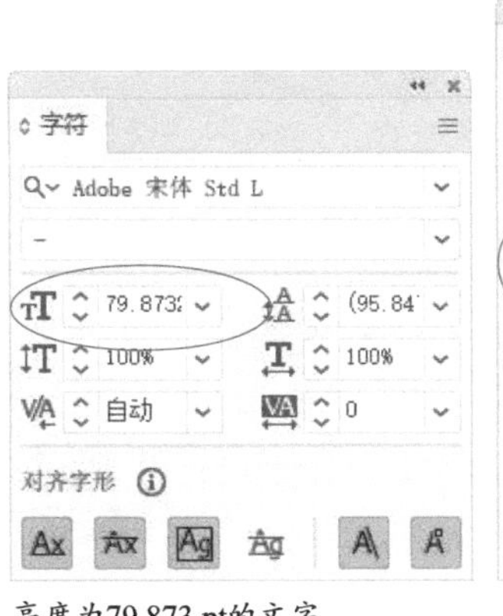

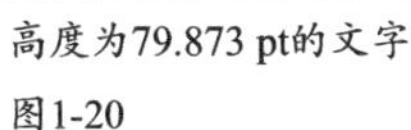

高度为79.873 pt的文字

图1-20

启用字体高度选项后，变为50 pt

图1-21

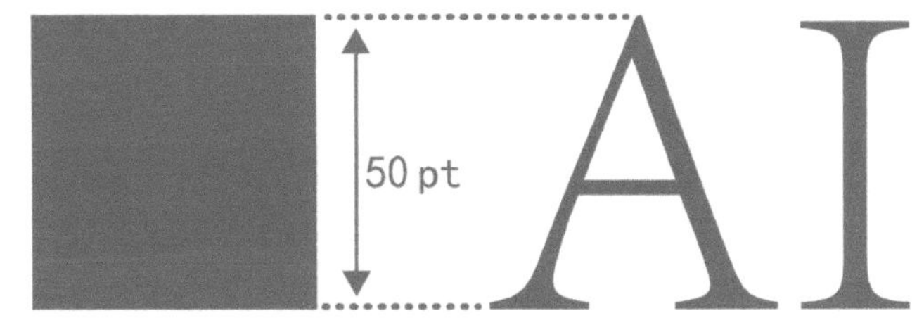

实际高度为50 pt的文字（与50 pt的色块高度相同）

图1-22

Illustrator 2021工作界面

Illustrator 2021工作界面非常规范，工具的选取、面板的访问、工作区和界面亮度的切换等都十分方便，即便是初次使用，也很容易上手。而且Adobe公司的大部分软件都采用这样的界面，因此，会用Illustrator，其他Adobe软件也能轻松操作。

1.3.1 主屏幕

单击计算机桌面上的Ai图标，运行Illustrator 2021。首先显示的是主屏幕，它提供了一些快捷任务。例如，左侧列表可以完成3项任务——创建文档（单击“新建”按钮）、打开计算机中的文档（单击“打开”按钮），以及查看Illustrator 2021增加了哪些功能（单击“新增功能”按钮）。

“主页”选项卡

主屏幕左上角有两个与文档和教程有关的选项卡。

单击“主页”选项卡，屏幕中会显示常用的文档预设和近期使用过的文档，如图1-23所示，可以帮助我们快速创建文档，或者打开其中的文档。

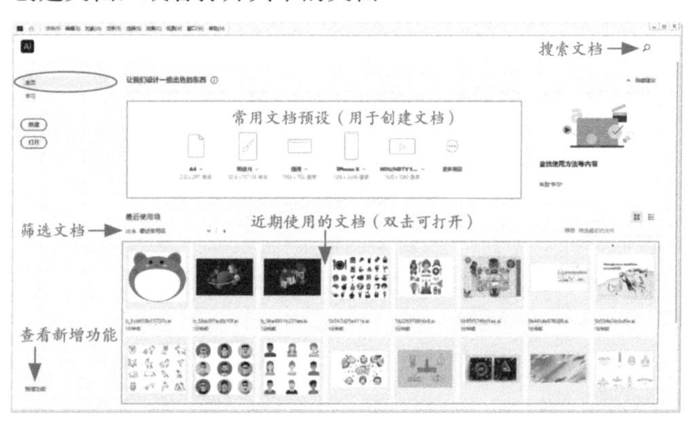

图1-23

> **提示**
> 按Esc键可以关闭主屏幕。需要时可单击菜单栏左端的主页按钮将其打开。

“学习”选项卡

为方便用户学习Illustrator，Adobe提供了许多教程。单击“学习”选项卡，便可打开教程列表。这些教程分为两类：学习教程和视频教程。

单击一个学习教程，可以在Illustrator中打开相关素材和“学习”面板。我们按照“学习”面板中的提示去操作，可以学到Illustrator入门知识，了解概念、工作流程、提示和技巧。单击一个视频，如图1-24所示，则可跳转到Adobe网站，在线观看视频，如图1-25所示。

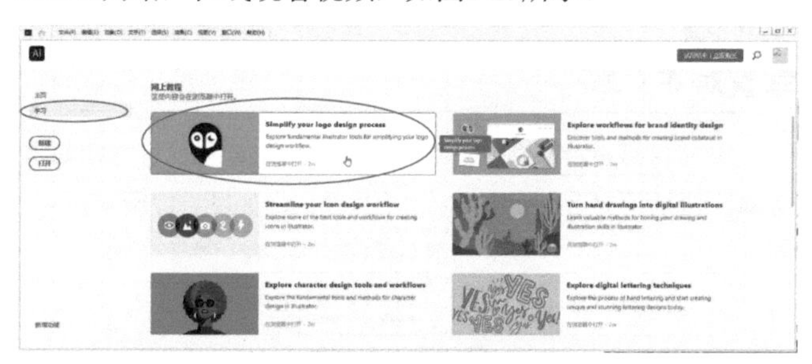

图1-24

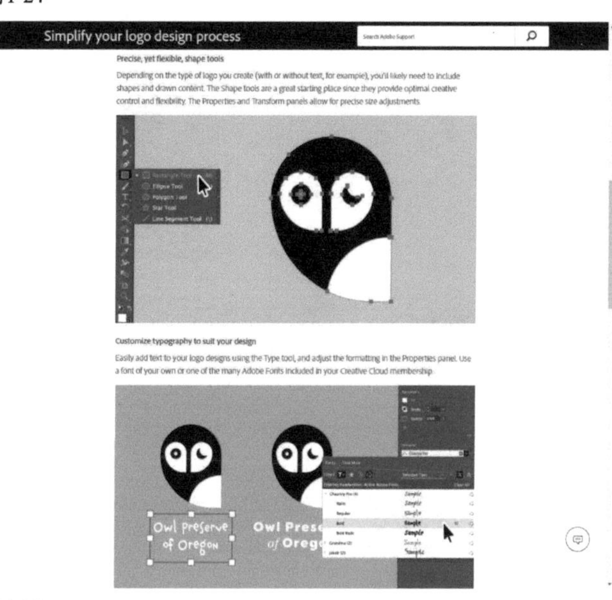

图1-25

1.3.2 进入工作界面

当我们在主屏幕中新建文档、打开文档，或者关闭主屏幕之后，就会进入Illustrator工作界面，如图1-26所示。

第一次运行Illustrator时，其工作界面是黑色的，如图1-27所示。颜色很炫酷，图稿的辨识度高，色彩感也强，是现在特别流行的风格。

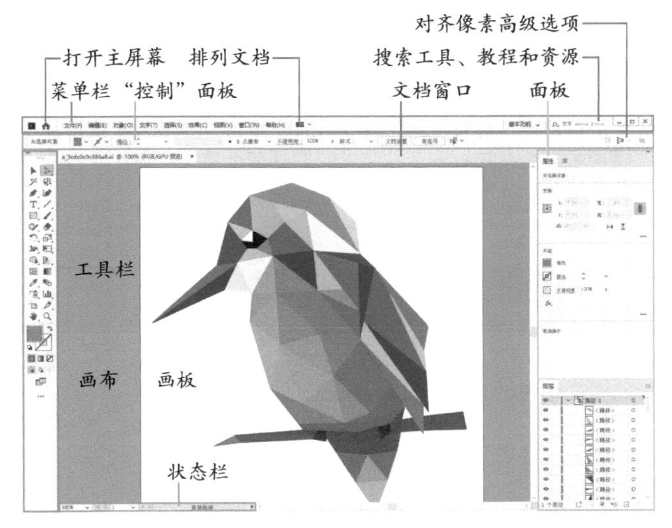

图1-26

图1-27

我们也可以将界面颜色调亮，即改为深灰或浅灰色。灰色的优点是不会给图稿的色彩造成干扰、影响我们的判断力。操作方法是执行"编辑>首选项>用户界面"命令，打开"首选项"对话框进行设置，如图1-28所示。默认情况下，画布（见19页）的亮度与界面亮度自动匹配。如果想让画布颜色始终是白色，可以选取"白色"选项。

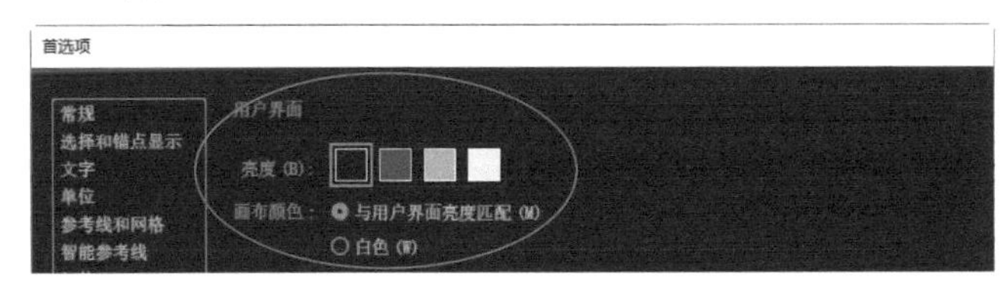

图1-28

Illustrator工作界面元素

- 标题栏：显示了当前文档的名称、视图比例和颜色模式等信息。
- 菜单栏：包含不同类型的命令。
- 画板/画布：画板是绘制和编辑图稿的区域，位于其中的图稿可以打印和导出；画布是画板之外的区域。
- 工具栏：包含创建和编辑图像、图稿和页面元素的工具。
- "控制"面板：显示了与当前工具有关的选项。它会随着所选工具的不同而改变选项。
- 面板：用于配合编辑图稿、设置工具参数和选项。很多面板都有菜单，包含特定于该面板的选项。面板可以编组、堆叠和停放。
- 状态栏：可以显示当前使用的工具、日期和时间及还原次数等信息。
- 文档窗口：显示和编辑图稿的区域。

1.3.3

实战：使用文档窗口

要点

在Illustrator中，每新建或打开一个文档，便会创建一个文档窗口。我们在这里观察和编辑图稿。文档窗口的顶部是标题栏，它显示了这样一些信息：文件名（如果其右侧有"*"符号，表示文档已被编辑但尚未被保存）、视图比例、文档的颜色模式和视图模式（见91页）等，如图1-29所示。

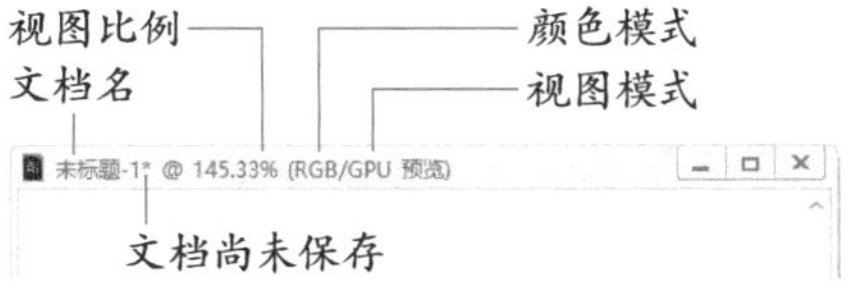

图1-29

Illustrator的文档窗口与IE浏览器的窗口差别不大，任何人都可以轻松上手操作。

01 我们先打开两个文档。按Ctrl+O快捷键，弹出"打开"对话框，在配套资源的素材文件夹中，按住Ctrl键并单击两幅图像，将它们选取，如图1-30所示。按Enter键打开，如图1-31所示。默认只显示一幅图像。单击另一个文档的选项卡，则可显示该文档窗口。按Ctrl+Tab快捷键，可以循环切换文档窗口。

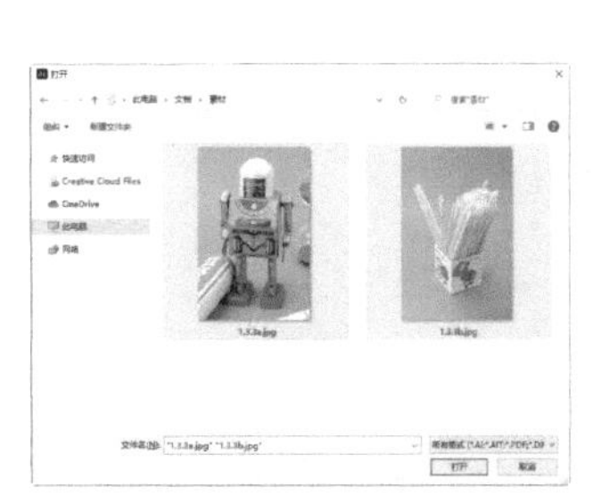

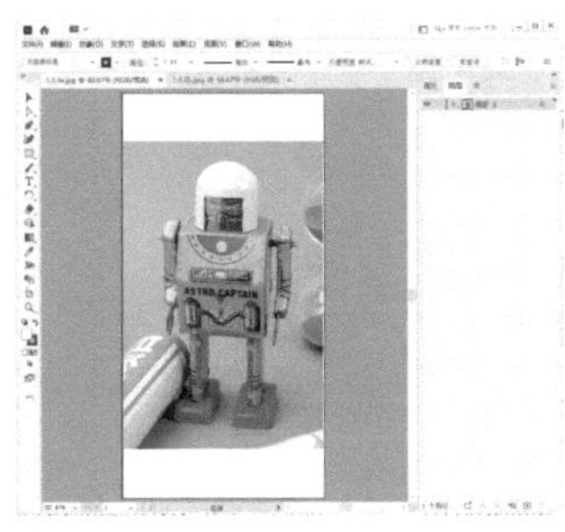

图1-30　图1-31

02 默认状态下，文档窗口是固定在选项卡上的。我们可以将其拖曳出来，放在其他位置。在这种状态下，文档窗口大小是可调的，如图1-32所示。重新拖到“控制”面板底边处，则可将其停放回去，如图1-33所示。

图1-32

图1-33

03 将鼠标指针放在文档的选项卡上并水平拖曳，可以调整各文档的排列顺序，如图1-34所示。

图1-34

04 单击一个文档窗口右上角的 × 按钮，如图1-35所示，可将其关闭。如果想一次性关闭所有文档窗口，可以在选项卡上单击鼠标右键，打开上下文菜单后，选择“关闭全部”命令，如图1-36所示。

图1-35

图1-36

提示

在Illustrator中打开多个图稿时，由于文档数量较多，有一些文档的名称就不能在选项卡里显示了，导致我们无法找到它们。遇到这种情况时，可以打开“窗口”菜单，或单击选项卡右端的按钮打开下拉菜单，在这两个菜单中都能找到全部文档并让所需文档显示出来。

1.3.4 状态栏

文档窗口底部是状态栏。顾名思义，它是用来“告诉”我们当前编辑状态的。对于新手，这些信息用处不是特别大，大概了解即可。

状态栏左侧的文本框中有一个百分比值，它表示了文档窗口的视图比例（见23页）。在这里输入数值并按Enter键，可以调整视图比例。此外，如果文档中包含多个画板，可以单击 2 中的按钮，选择并切换画板。

单击状态栏右侧的 ▶ 按钮，打开下拉菜单，在“显示”子菜单中可以选择状态栏中显示的具体信息，如图1-37所示。

图1-37

- 画板名称：显示当前编辑的图稿所在的画板的名称。
- 当前工具：显示当前使用的工具的名称。
- 日期和时间：显示当前的日期和时间。
- 还原次数：显示可用的还原和重做（见108页）的次数。
- 文档颜色配置文件：显示文档使用的颜色配置文件（见330页）的名称。

1.3.5 工具栏

Illustrator工作界面左侧是工具栏。这些工具分为选择、绘制、文字、上色、修改和导航6大类，如图1-38所示。

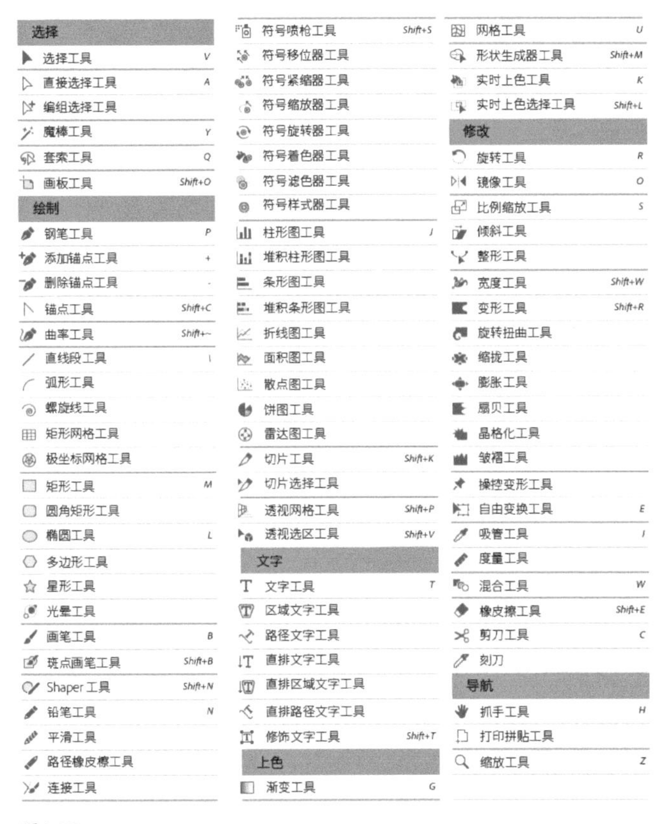

图1-38

需要使用一个工具时，单击它即可（将鼠标指针停放在工具上方，会显示工具名称和快捷键），如图1-39所示。右下角有三角形图标的是工具组，将鼠标指针停放在它上方，按住鼠标左键，可以显示其中隐藏的工具，如图1-40所示；将鼠标指针移动到其中一个工具上，然后放开鼠标左键，可以选取该工具，如图1-41所示。此外，按住Alt键单击一个工具组，可以循环切换其中的各个工具。

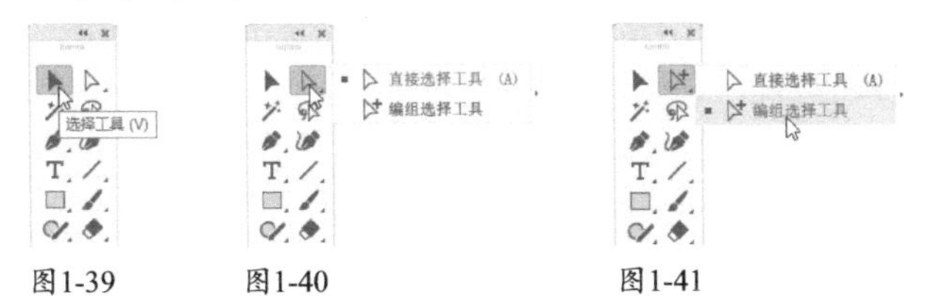

图1-39　图1-40　图1-41

工具组也可以变成一个独立的面板。操作方法非常简单，单击工具组右侧的按钮即可，如图1-42和图1-43所示。在这种状态下，我们可以将其拖曳到任何位置；也可以将鼠标指针放在面板的标题栏上，向工具栏边界处拖曳，当出现蓝色提示线时，如图1-44所示，放开鼠标左键，将其与工具栏停放在一起（水平和垂直方向均可停靠），如图1-45所示。

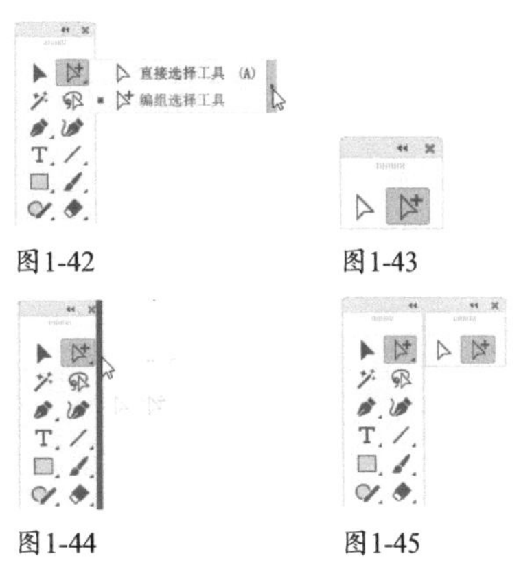

图1-42　图1-43

图1-44　图1-45

如果觉得工具栏占用的空间有点大，可以单击它顶部的 按钮，让其中的工具变为单排显示，如图1-46所示。单击 按钮，可恢复为双排，如图1-47所示。拖曳它的标题栏，可将其摆放在其他位置。

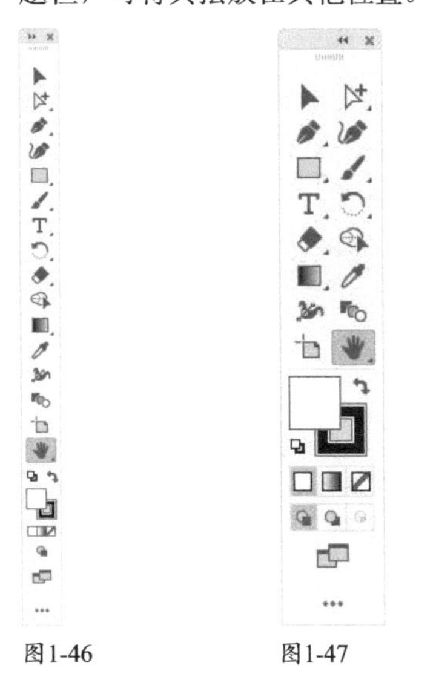

图1-46　图1-47

1.3.6

实战：重新配置工具栏

默认状态下，工具栏只提供最常用的工具（见上图），而非Illustrator的全部工具。但我们可以为它添加工具；或者干脆重新创建一个符合自己使用习惯的工具栏。下面介绍具体操作方法。

扫码看视频

01 单击工具栏底部的 ··· 按钮，可以显示一个面板，它包含了Illustrator中的所有工具，如图1-48所示。有一些显示为灰色，表示已经在工具栏中了。其他非灰色工具可拖曳到工具栏中，如图1-49和图1-50所示。

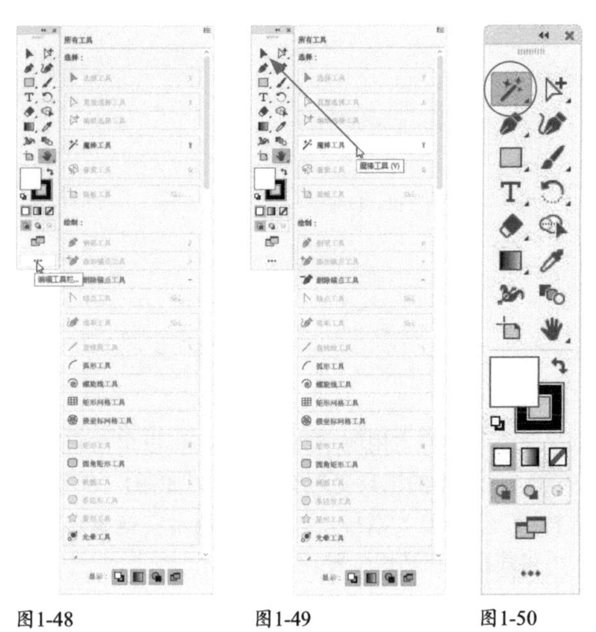

图1-48　图1-49　图1-50

02 如果将工具栏中的一个工具拖曳到该面板中，它就会被从工具栏中剔除出去，如图1-51和图1-52所示。用这种方法，我们就可以自由配置工具栏了。

图1-51　图1-52

03 如果不想破坏工具栏，即保留Illustrator默认的工具栏配置方案，可以“私人订制”一个工具栏。操作方法是执行“窗口>工具栏>新建工具栏”命令，创建工具栏，如图1-53和图1-54所示。然后单击它底部的 ••• 按钮，显示面板并将需要的工具拖曳到该工具栏中，如图1-55和图1-56所示。如果拖曳到一个工具的上方，则可创建工具组，如图1-57和图1-58所示；拖曳到工具下方，如图1-59所示，可生成单独的工具组，如图1-60所示。

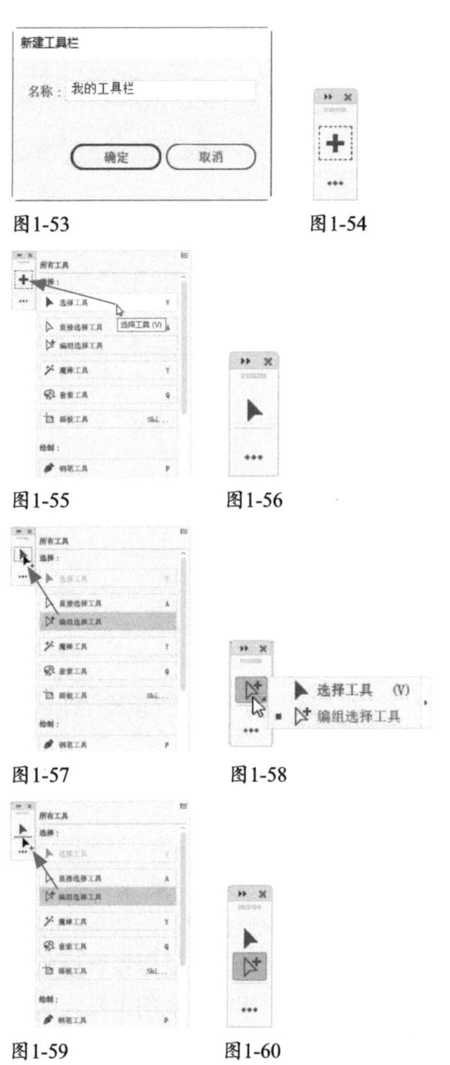

图1-53　图1-54

图1-55　图1-56

图1-57　图1-58

图1-59　图1-60

04 如果不想保留自定义的工具栏了，可以执行“窗口>工具栏>管理工具栏”命令，打开“管理工具栏”对话框，单击它，如图1-61所示，之后单击 🗑 按钮，将其删除，如图1-62所示。

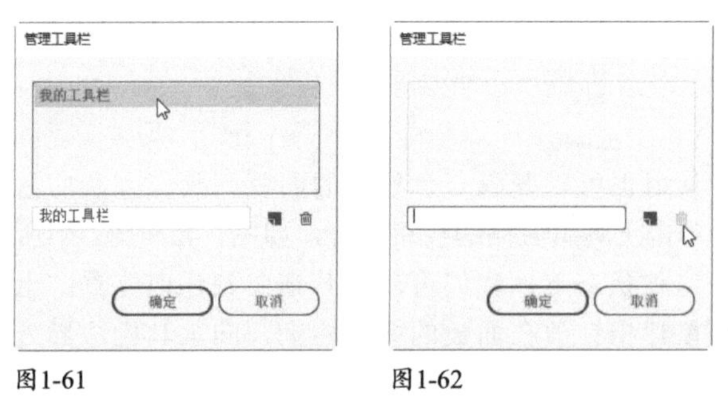

图1-61　图1-62

提示

执行“窗口>工具栏>高级”命令，工具栏中会显示所有工具。执行“窗口>工具栏>基本”命令，只显示常用工具。

1.3.7 实战：使用“控制”面板

要点

“控制”面板是最常用的一个面板。当我们选择一个工具后，通常会用它设置工具的选项和参数；如果选取了对象，还可以用它为对象填色、描边、调整不透明度和位置等。

扫码看视频

“控制”面板中嵌入了其他一些面板，如“画笔”“描边”“图形样式”等。这就是说，当需要使用这些面板时，可以在“控制”面板中操作，而不必去“窗口”菜单中打开相应的面板，这样更加方便。

01 我们先使用矩形工具创建一个矩形。观察“控制”面板中的选项，如图1-63所示。其中，下方带有虚线的文字表示这是一个内嵌的面板。只要在文字上单击一下，便可展开面板，如图1-64所示。在面板以外的区域单击，则可将其关闭。

图1-63

图1-64

02 单击按钮，可以打开下拉面板，如图1-65所示。单击按钮，可以展开下拉菜单，如图1-66所示。

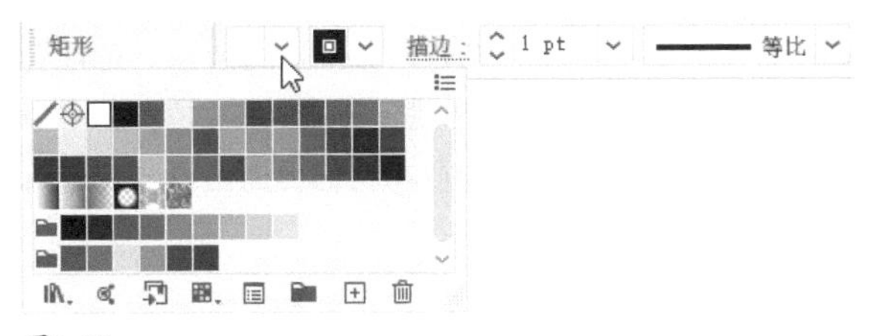

图1-65

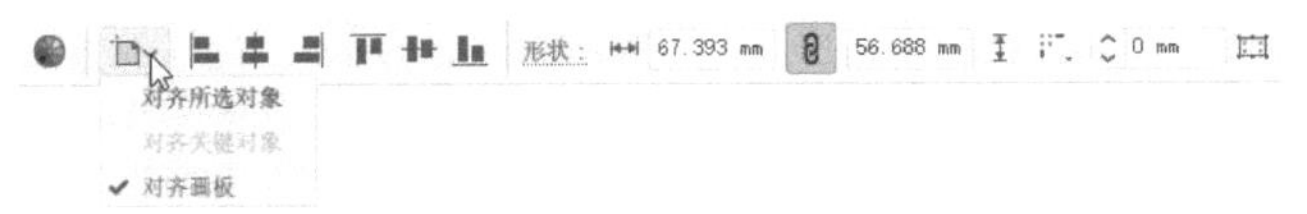

图1-66

03 在“控制”面板中，有一些选项包含数值，用于调整参数。我们可以通过3种方法操作。第1种方法是在数值上双击将其选取，如图1-67所示，然后输入新数值并按Enter键，如图1-68所示；第2种方法是在文本框内单击，当出现闪烁的“|”形光标时，如图1-69所示，向前或向后滚动鼠标滚轮，可对数值进行动态调整；第3种方法是单击按钮，显示滑块后，拖曳滑块来进行调整，如图1-70所示。

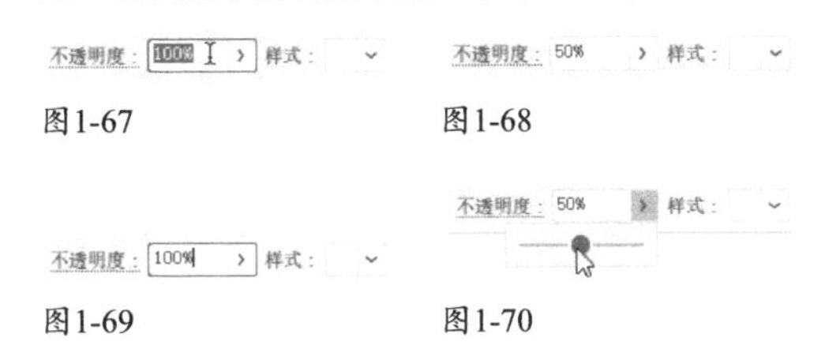

图1-67　图1-68　图1-69　图1-70

> **提示**
>
> 如果需要多次尝试才能确定最终数值，可以这样操作：双击将数值选中，然后按↑键和↓键，以1为单位增大和减小数值；同时按住Shift键操作，则会以10为单位进行调整。此外，按Tab键，可以切换到下一个选项。

04 在Illustrator的工作界面中，只有菜单栏是固定的，其他的，包括工具栏、面板和“控制”面板都可移动。例如，拖曳“控制”面板最左端的手柄栏，如图1-71所示，便能将其从停放区域中移出，摆放到其他位置。

05 单击“控制”面板最右端的按钮，可以打开面板菜单，如图1-72所示。其中有“√”标记的选项是“控制”面板中正在显示的选项。单击一个选项可去掉“√”，同时“控制”面板会隐藏该选项。移动了“控制”面板后，可以使用面板菜单中的“停放到顶部”命令，将其恢复到默认位置（即菜单栏下方）。

图1-71

图1-72

1.3.8

实战：使用面板

Illustrator中的面板数量比较多，有近40个。所有面板都在“窗口”菜单中列出。需要使用时，可以到“窗口”菜单中打开它们。下面介绍面板的操作方法（*面板的组合及拆分方法见17页*）。

扫码看视频

01 默认状态下，面板被分成若干个组，并停靠在工作界面右侧，如图1-73所示。而且每个面板组中都只显示一个面板。如果要使用其他面板，在其名称上单击即可，如图1-74和图1-75所示。

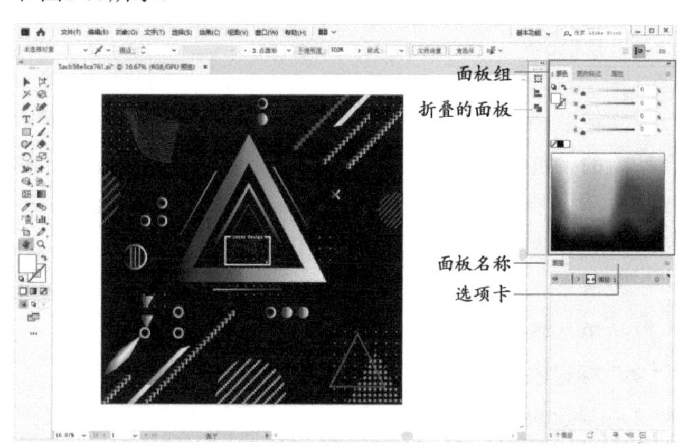

图1-73

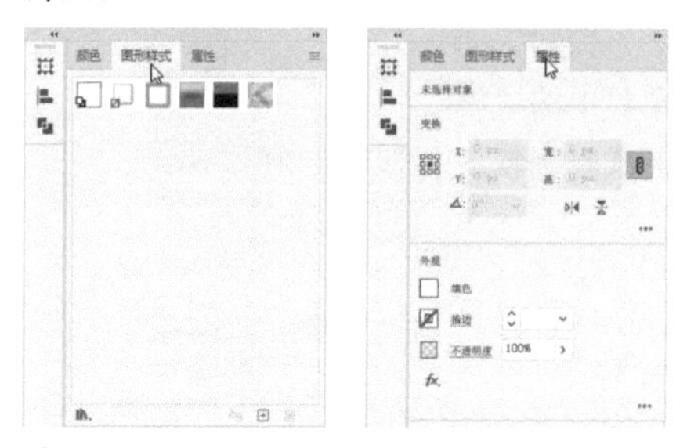
图1-74　图1-75

02 最上方的面板组有一个 ▸▸ 按钮，单击它，可以将面板组折叠起来，如图1-76所示，这样就有更多的空间显示图稿。在折叠状态下，可通过单击面板或图标的方法展开面板，如图1-77所示；再次单击，则将其收起来。有些显示图标而没有名称的面板不太好辨认，拖曳它们的左边界，将面板组拉宽，能让名称显示出来，如图1-78所示。

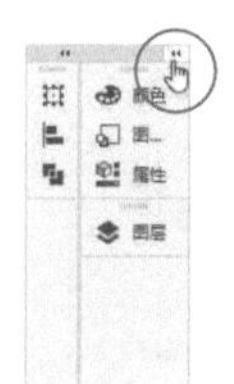
图1-76

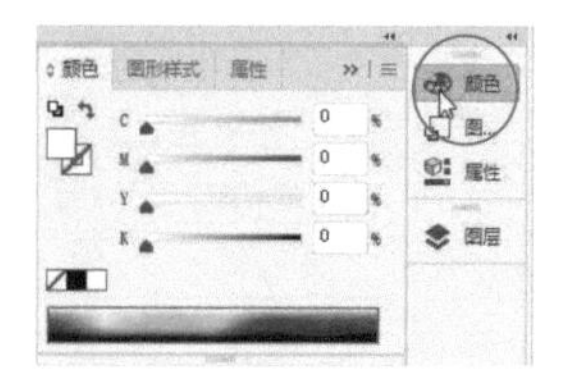
图1-77

图1-78

03 先单击 ◂◂ 按钮将面板组展开。可以看到，面板右上角有一个 ≡ 按钮，单击它，可以打开面板菜单，如图1-79所示。在面板的名称或选项卡上单击鼠标右键，则可以显示上下文菜单，如图1-80所示。选择其中的“关闭”命令，可以关闭当前面板；选择“关闭选项卡组”命令，可关闭当前面板组。

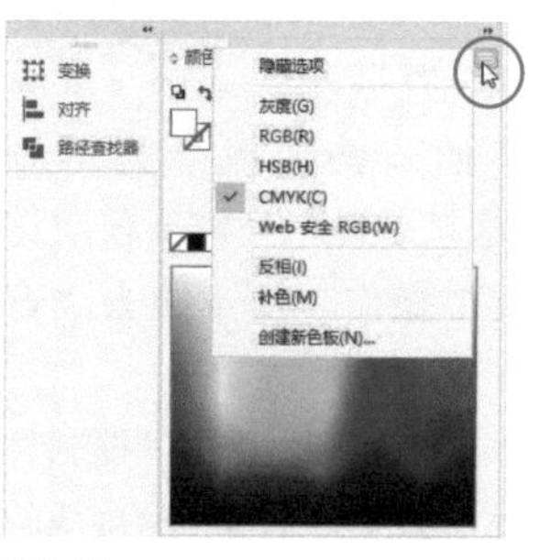
图1-79

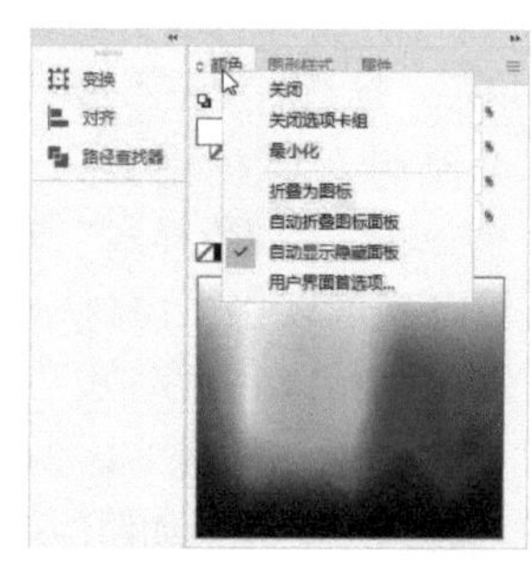
图1-80

提示

绘图时，如果觉得工作界面右侧的面板碍事，可以按Shift+Tab快捷键，将它们隐藏；或者按Tab键，将工具栏、“控制”面板和工作界面右侧的所有面板全都隐藏。再次按相应的按键，能让面板重新显示。

1.3.9

实战：使用主菜单和上下文菜单

Illustrator有9个主菜单，如图1-81所示。从主菜单的名称上，能大致了解命令的种类。

扫码看视频

文件(F)　编辑(E)　对象(O)　文字(T)　选择(S)　效果(C)　视图(V)　窗口(W)　帮助(H)

图1-81

01 单击一个主菜单，将其打开，如图1-82所示。可以看到，不同用途的命令被分隔线隔开了。其中有一些命令有黑色的箭头标记，将鼠标指针放在它们上面可以打开子菜单，如图1-83所示。

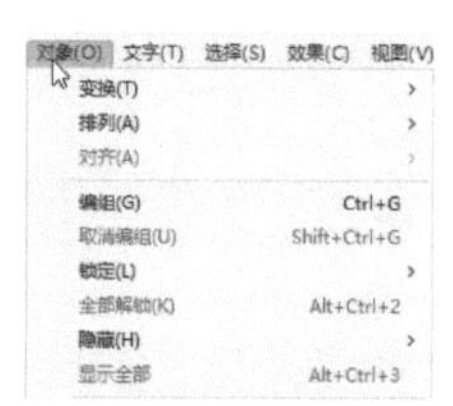
图1-82

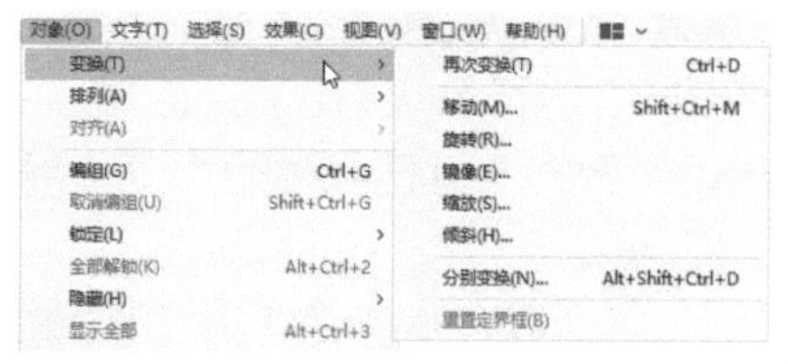
图1-83

02 选择一个命令，即可执行该命令。如果命令是灰色的，则表示在当前状态下不能使用。

03 在文档窗口、选取的对象或面板上单击鼠标右键，可以打开上下文菜单，如图1-84~图1-86所示。其中包含了与当前操作有关的其他命令，这要比在主菜单中选取这些命令方便一些。

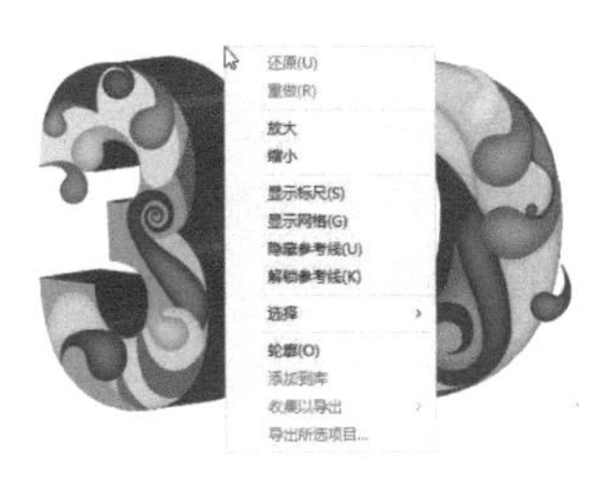
在文档窗口中单击右键

图1-84

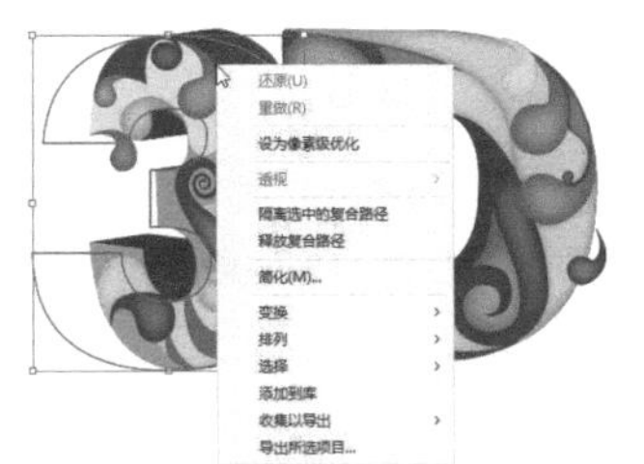
在选取的图稿上单击右键

图1-85

在面板的选项卡上单击右键

图1-86

> **提示**
>
> 在菜单中，命令名称右侧有“...”符号的，表示执行该命令时会弹出一个对话框。

·AI技术/设计讲堂·

用好快捷键，工作更高效

我们使用Illustrator时，可以通过快捷键执行命令、选取工具，或者打开面板，这样就不用到菜单和面板中操作了，工作效率会大大提高，也能减轻频繁使用鼠标给手部造成的疲劳感。

菜单命令的快捷键（Windows）

在菜单中，命令右侧的英文字母、数字和符号组合便是其快捷键。例如，“选择>全部”命令的快捷键是Ctrl+A，如图1-87所示。在使用的时候，我们先按住Ctrl键不放，之后按一下A键，便能执行这一命令了。

有些快捷键是由3个按键组成的。例如，“选择>取消选择”命令的快捷键为Shift+Ctrl+A。操作时，需要先按住前面的两个键，之后再按一下最后的那个键，即同时按住Shift键和Ctrl键不放，再按一下A键。

有些命令名称右侧有一个字母，例如“选择>存储所选对象”命令右侧有一个S。但S并不是快捷键，因为单个字母作为快捷键绝大多数已分配给工具和面板。它代表的是一种快捷方法，需要我们这样操作：首先按住Alt键不放；之后按一下主菜单名称右侧的字母对应的按键，这样就打开主菜单了；再按一下命令名称右侧的字母对应的按键，便可执行该命令。按住Alt键不放，之后按一下S键（打开“选择”菜单），再按一下S键，就能执行“选择>存储所选对象”命令了。

图1-87

工具和面板的快捷键（Windows）

将鼠标指针停放在工具上方，便可显示其快捷键，如图1-88所示。将鼠标指针停放在工具组上方，按住鼠标左键，则可以查看其中哪些工具有快捷键，如图1-89所示。按快捷键可选取相应的工具。例如，按一下V键，可以选取选择工具▶；按住Shift键不放，之后按一下C键，则可选取锚点工具ㄟ。面板的快捷键操作也是一样的。例如，“信息”面板的快捷键是Ctrl+F8，如图1-90所示，使用的时候，按住Ctrl键不放，再按一下F8键即可。

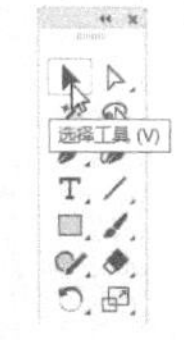

图1-88

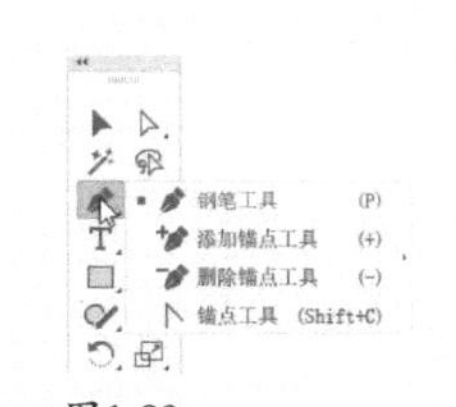

图1-89

图1-90

我们可以看到，单个字母快捷键主要分配给了工具和面板，组合按键则分配给了命令。这样的配置非常合理，因为工具和常用面板的使用频次高于命令。另外，有些命令也可以在面板中执行。

macOS系统的快捷键

由于Windows操作系统与macOS的键盘按键有些区别，因此，快捷键的用法也不太一样。本书给出的是Windows快捷键，macOS用户需要进行转换——将Alt键转换为Opt键，将Ctrl键转换为Cmd键。例如，如果书中给出的快捷键是Alt+Ctrl+O，那么macOS用户应使用Opt+Cmd+O快捷键来操作。

1.3.10

实战：修改工具快捷键

应该说Illustrator中的快捷键配置是比较合理的，能满足绝大多数人的需要。但是，每个人的使用习惯不一样，还是会有一些个性化的需求。例如，有人会觉得编组选择工具没有快捷键实在是不方便。下面我们就介绍一下怎样给它配上快捷键。

扫码看视频

01 执行“编辑>键盘快捷键”命令，打开“键盘快捷键”对话框。

02 如果我们贸然给它一个快捷键，很可能这个快捷键已经被占用了。比较稳妥的办法是将不太常用的工具的快捷键换给编组选择工具，如柱形图工具。可以看到，它的快捷键是J，如图1-91所示。好了，就用它。单击编组选择工具，将其选取，如图1-92所示；在“快捷键”列中单击，进入修改状态，如图1-93所示；按J键，将其指定给编组选择工具，如图1-94所示。

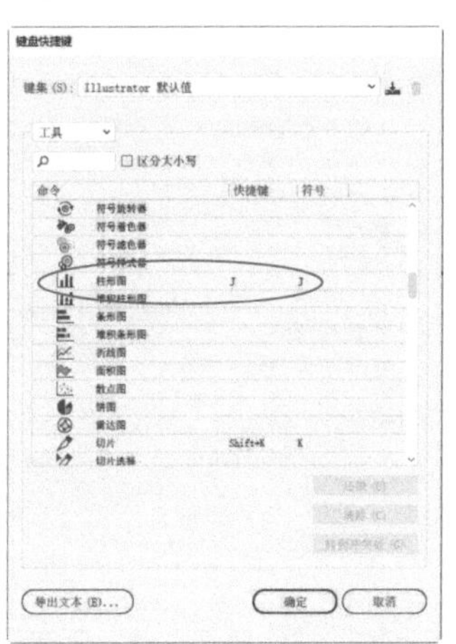
图1-91

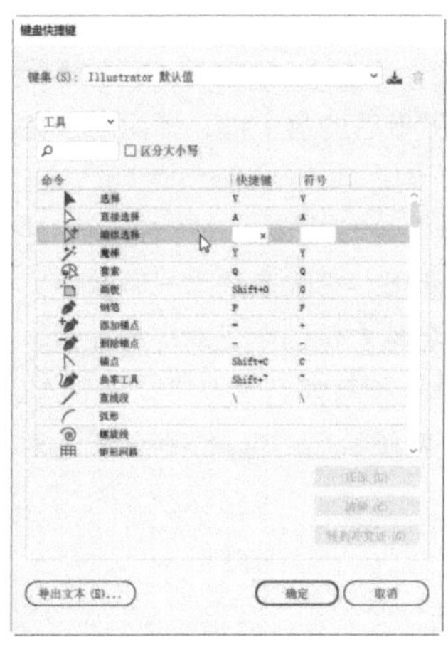
图1-92

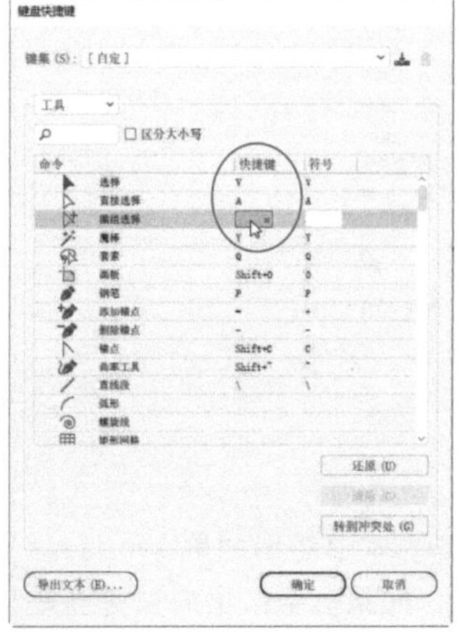
图1-93

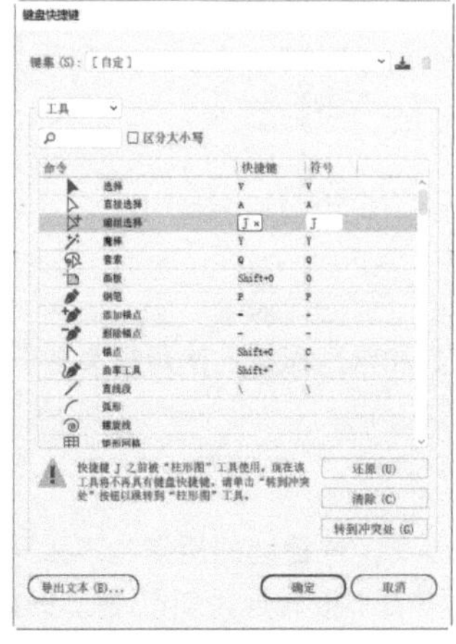
图1-94

03 单击“确定”按钮，弹出“存储键集文件”对话框，输入一个名称，方便将来查找，如图1-95所示；单击“确定”按钮关闭对话框。现在观察工具栏，如图1-96所示。可以看到，J键已经成为编组选择工具的快捷键了。

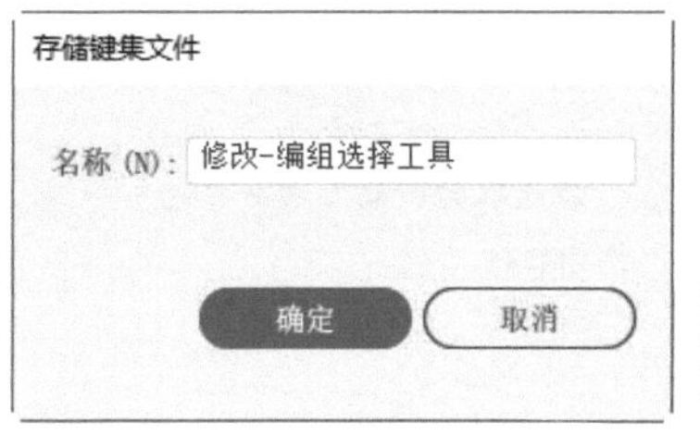

图1-95

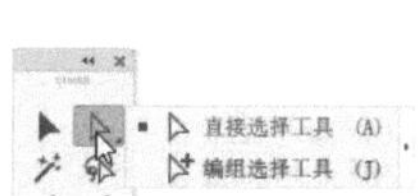

图1-96

1.3.11

实战：修改命令快捷键

扫码看视频

01 执行“编辑>键盘快捷键”命令，打开“键盘快捷键”对话框。单击快捷键显示区上方的按钮，打开下拉列表，选择“菜单命令”选项，如图1-97所示。

02 单击“文件”菜单前方的按钮，展开列表。单击“存储为模板”命令，然后在它的快捷键列中单击，如图1-98所示。

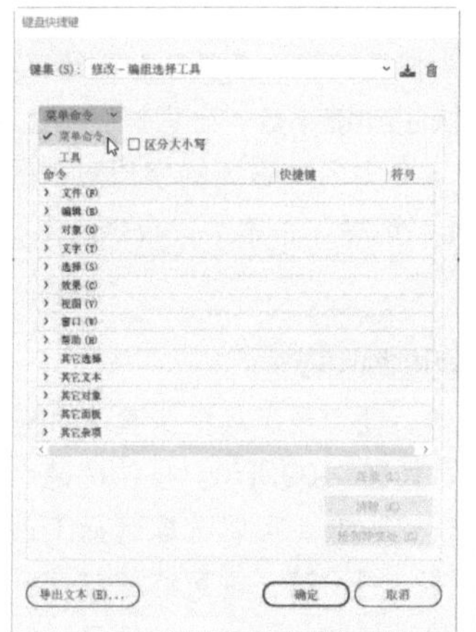
图1-97

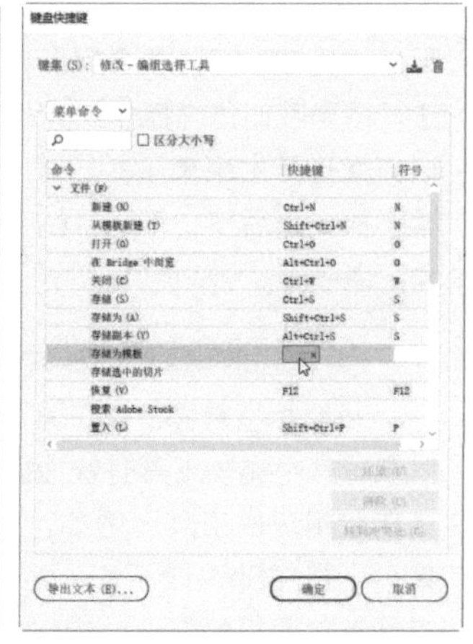
图1-98

03 按Shift+Ctrl+F1快捷键，将其指定给“存储为模板”命令，如图1-99所示。单击“确定”按钮，在弹出的对话框中为快捷键设置名称；之后再单击“确定”按钮关闭对话框，即可完成快捷键的修改。打开“文件”菜单，如图1-100所示，可以看到，快捷键Shift+Ctrl+F1已经被指定给了“存储为模板”命令。

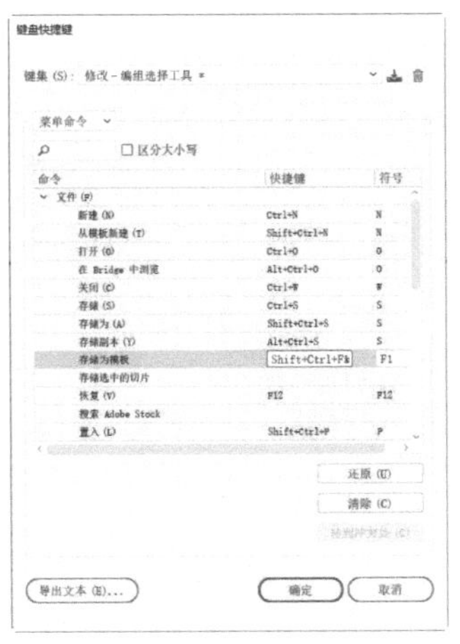

图1-99

图1-100

技术看板　恢复/导出快捷键

快捷键被修改后，如果想要恢复为Illustrator默认的状态，可以在“键盘快捷键”对话框的“键集”下拉列表中选择“Illustrator默认值”选项，之后单击“确定”按钮即可。单击对话框底部的“导出文本”按钮，则可将当前的快捷键设置导出为文本文件。

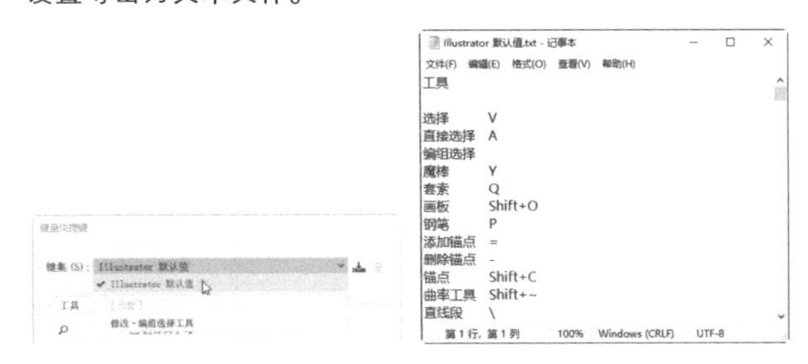

1.4 工作区

在Illustrator的工作界面中，由菜单栏、工具栏、“控制”面板和其他各种面板组成的空间称为“工作区”。这其中菜单栏是固定的，不可移动。其他的我们可以根据自己的习惯做出调整。例如，将常用的面板打开，并放到顺手的位置；不常用的面板则关闭，以使操作更加顺畅。

1.4.1 实战：重新布置面板

Illustrator中的面板数量多，占用的空间大，也容易干扰我们的视线。下面介绍怎样重组面板。掌握以下方法，今后就可以根据需要合理配置面板了。

扫码看视频

01 在面板组中，通过拖曳面板名称的方法，可以调整面板顺序，如图1-101和图1-102所示。

图1-101

图1-102

02 如果拖曳至其他面板组中，则可将面板移到这一组中，如图1-103所示。向下拖曳面板的底边，可以将面板拉高，向左拖曳面板组的左侧边界，可以将所有面板组拉宽，如图1-104所示。

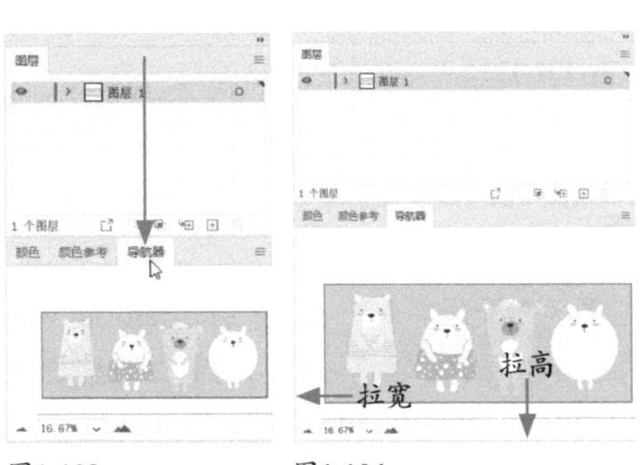

图1-103　图1-104

03 将鼠标指针放在面板的名称上，向外拖曳，如图1-105所示，可将其从组中拖出，使之成为浮动面板，如图1-106所示。浮动面板可以摆放在工作界面的任意位置。拖曳其边框，还可调整面板大小，如图1-107所示。

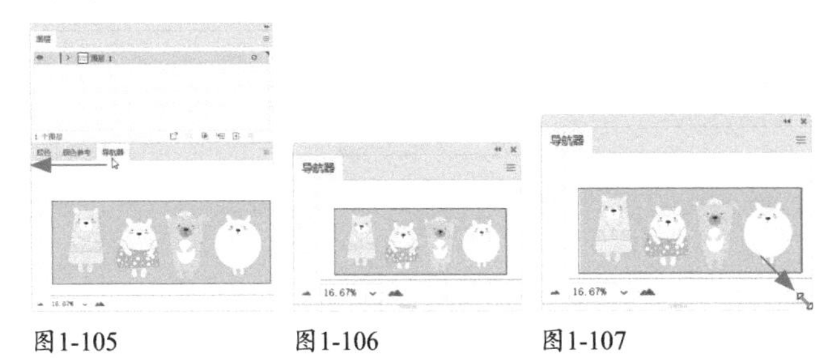

图1-105　图1-106　图1-107

04 将其他面板拖曳到浮动面板的选项卡上，可以将它们组成一个面板组，如图1-108所示。拖曳到面板下方，当出现蓝色提示线时，如图1-109所示，放开鼠标左键，则可将它们连接在一起，如图1-110所示。

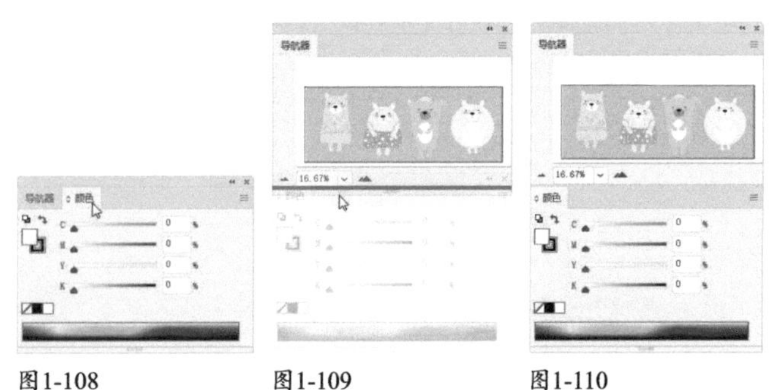

图1-108　图1-109　图1-110

05 单击面板顶部的 ◊ 按钮，可以逐级隐藏或显示面板选项，如图1-111所示。双击其中的一个面板的名称，可将其最小化，如图1-112所示。再次双击，则面板会重新展开。拖曳面板的标题栏，可以移动连接的面板，如图1-113所示。如果要关闭浮动面板，单击它右上角的 ✖ 按钮即可。

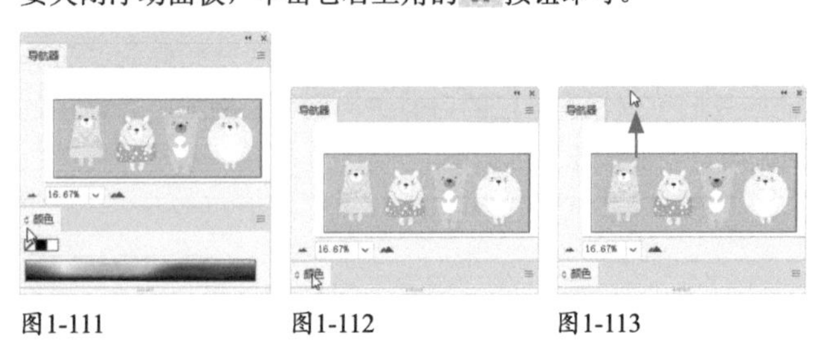

图1-111　图1-112　图1-113

1.4.2 使用预设工作区

在“窗口>工作区”子菜单中，包含了Illustrator提供的预设工作区，如图1-114所示，它们是专门为简化某些任务而设计的。例如，选择“上色”工作区时，工作界面中会显示用于编辑颜色的各个面板，其他面板会自动关闭，省得我们动手了，如图1-115所示。

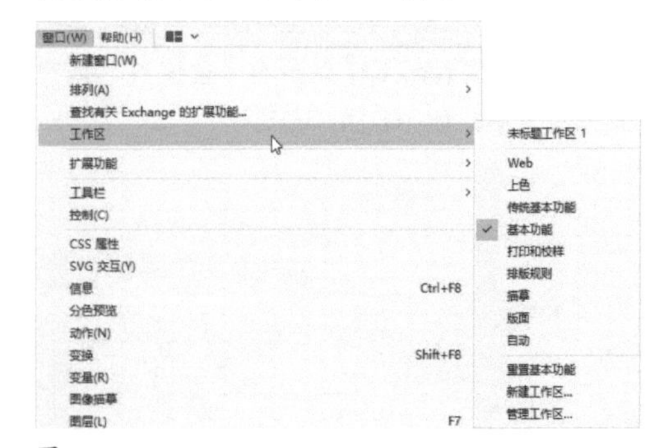

图1-114

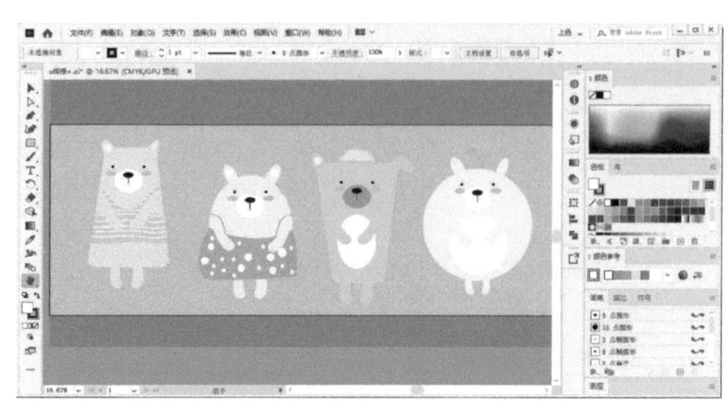

图1-115

1.4.3 实战：创建新的工作区

重新布置面板以后，如果操作比较顺手，最好是将当前工作区存储起来，这样以后不论是移动还是关闭了面板，都可以通过命令将其恢复到原位。

01 将工作界面中的面板摆放到顺手的位置，并将不需要的面板关闭，如图1-116所示。

图1-116

02 执行“窗口>工作区>新建工作区”命令，打开“新建工作区”对话框，如图1-117所示，输入名称并单击“确定”按钮，即可存储工作区。以后要使用该工作区时，可以在“窗口>工作区”子菜单中找到它，如图1-118所示。

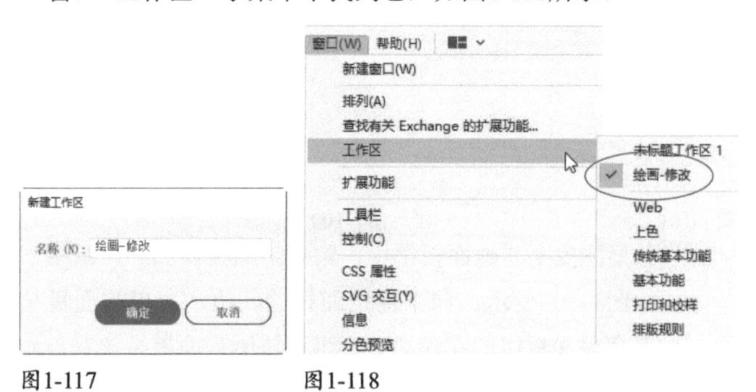

图1-117　图1-118

1.4.4 管理工作区

创建工作区以后，可以使用“窗口>工作区>管理工作区”命令对其进行管理。例如，单击一个工作区，之后可修改它的名称，如图1-119和图1-120所示；或者单击🗑按钮将其删除，如图1-121所示。单击⊞按钮，则可创建新的工作区。

图1-119　　图1-120　　图1-121

> **提示**
>
> 如果对该工作区进行了修改，例如移动了面板位置，或者关闭了某些面板，可以使用“窗口>工作区>重置绘画-修改”命令，进行复位。如果要恢复为Illustrator默认的工作区，可以执行“窗口>工作区>传统基本功能”命令。

使用画板

画板是图稿中可打印的区域，也是设计师的好帮手。通过创建多个画板，可以轻松地改变设计方案，创建多页PDF文件，以及多个打印页面。

·AI技术/设计讲堂·

什么是画板？为什么使用画板

画板的特殊意义

在文档窗口中，位于画板上的图稿可以打印和导出。画板之外的区域是画布，如图1-122所示。画布比画板的范围大，可以承载图稿，但不能打印和导出。

Illustrator的每个文档最多可以容纳1 000个画板。这有什么意义呢？就是我们可以在一个文档中创建多个画板，在每个画板上创建不同的内容，例如多页PDF、大小或内容不同的打印页面、网站的独立元素、视频故事板或者组成Adobe Animate 或After Effects 中的动画的各个项目等。

再具体点说，比如做UI设计时，设计师需要为不同比例的显示器、各种屏幕尺寸的手机和平板电脑等制作图稿。就是说，同一个设计方案，要制作出不同尺寸的图稿，以满足各种输出设备的需要。如果文档只能容纳一个画板，那么每种尺寸的图稿都需要一个文档。而有了多画板功能就简单了，将所有方案放在一个文档中，图形的复制及修改特别方便，如图1-123所示。

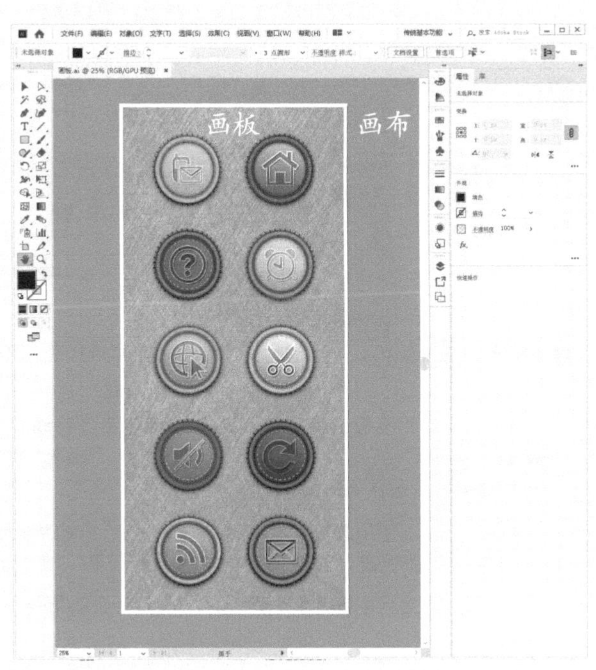

图1-122

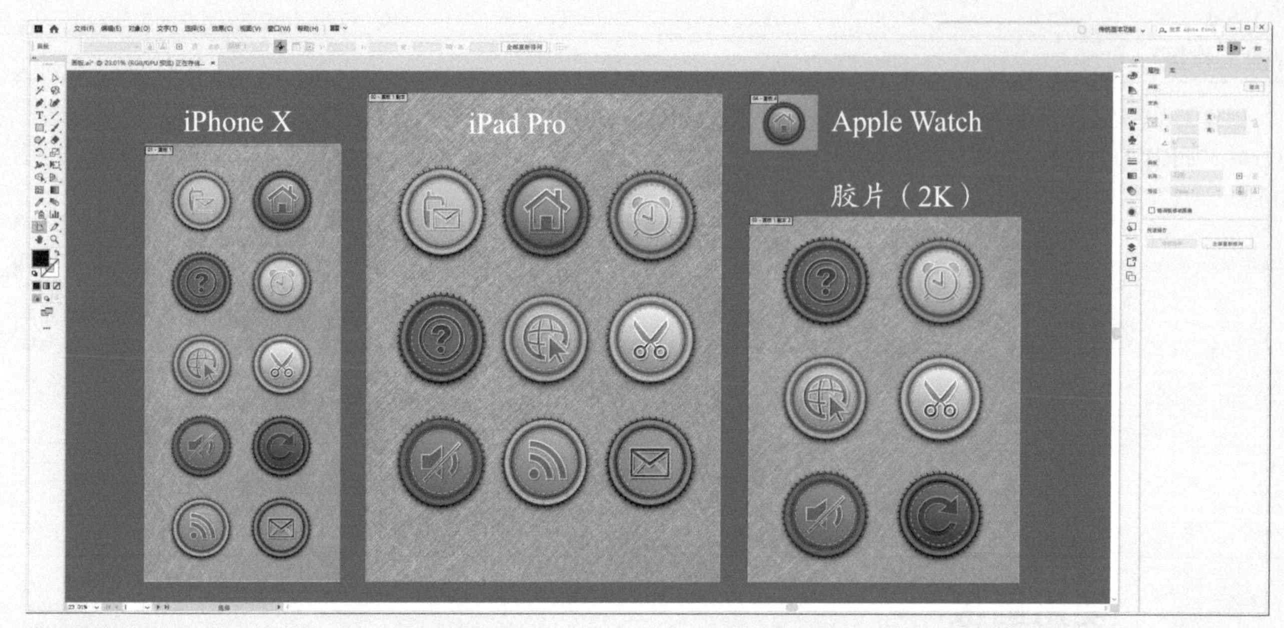

图1-123

使用“文件>新建”命令（见27页）创建文档时，可以设置文档中画板的数量。在编辑图稿的过程中，则可以根据需要，随时添加和删除画板。选取画板工具后，就会进入画板编辑状态，此时可以使用“画板”面板、“属性”面板或“控制”面板来设置画板的方向，对其进行重新排序和重新排列。

画板的创建和编辑方法

- 自由创建画板：使用画板工具拖曳鼠标，可以自由定义画板的位置和大小。
- 转换为画板：选择一个矩形图形，执行“对象>画板>转换为画板”命令，可以将它转换为画板。
- 复制画板：单击一个画板，如图1-124所示，之后单击“控制”面板中的⊞按钮，可以复制出不包含图稿的画板，如图1-125所示。如果想复制出包含图稿的画板，可以单击“控制”面板中的按钮，之后按住Alt键拖曳画板，如图1-126所示。

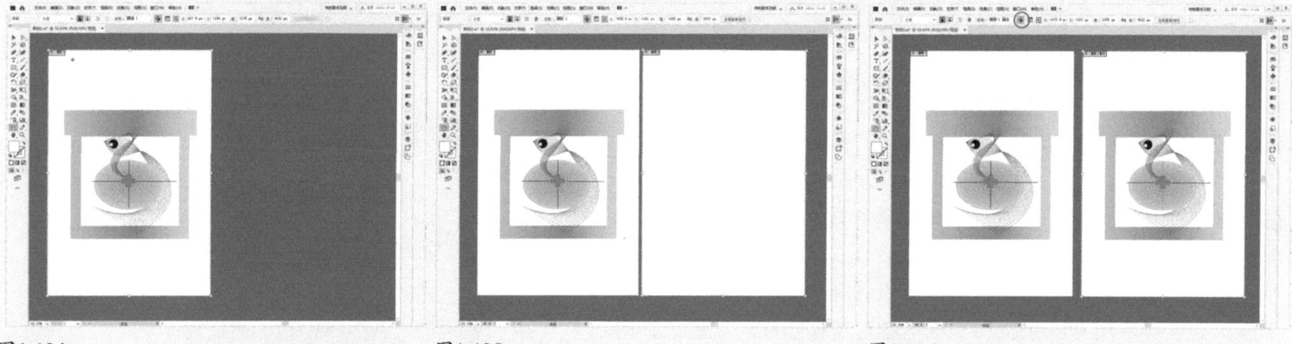
图1-124 图1-125 图1-126

- 移动画板：使用画板工具拖曳画板，即可将其移动。需要注意的是，当画板中有锁定或隐藏的对象时，它们是不会随画板移动的。如果想让它们也一同移动，可以执行“编辑>首选项>选择和锚点显示”命令，打开“首选项”对话框，勾选“移动锁定和隐藏的带画板的图稿”选项。
- 调整画板大小：使用画板工具单击一个画板，之后拖曳定界框上的控制点即可调整画板大小。如果要精确定义画板尺寸，可以在“控制”面板或“属性”面板中的“宽”和“高”选项中输入数值并按Enter键。
- 切换画板：当文档中包含多个画板时，只有一个画板处于编辑状态。单击状态栏中的按钮可以切换画板。
- 修改画板名称：画板左上角是画板的名称。如果要对其进行修改，可以选择画板工具，单击画板，然后在“控制”面板或“属性”面板的“名称”选项中操作。

- 修改画板方向：单击“属性”面板或“控制”面板中的纵向按钮或横向按钮即可。
- 删除画板：使用画板工具单击一个画板，单击“控制”面板、“画板”面板中的按钮或按Delete键可将其删除。
- 隐藏画板边界：画板边界由实线定义。如果要隐藏边界，可以执行“视图>隐藏画板”命令。
- 适合图稿边界/适合选中的图稿：执行“对象>画板>适合图稿边界”命令，可以自动调整画板大小，将其边界调整到所有图稿的边界处，即涵盖所有图稿。如果选择一个图稿，并执行“对象>画板>适合选中的图稿”命令，则可以将画板边界调整到选中的图稿的边界处。

1.5.1 实战：为手机和平板电脑出设计方案

使用画板工具拖曳鼠标，即可创建画板。该工具还可以调整画板大小、移动和复制画板，甚至能让它们彼此重叠。在下面的实战中，我们来学习如何使用它。

扫码看视频

01 按Ctrl+O快捷键，打开素材。单击画板工具，使文档中的画板处于编辑状态，如图1-127所示。单击“控制”面板中的按钮，打开下拉菜单，选取“iPad Pro”命令，并单击按钮，将该画板调整为iPad屏幕大小，如图1-128和图1-129所示。

02 使用选择工具拖曳图形进行摆放，做成手机屏幕设计方案，如图1-130所示。

图1-127

图1-128

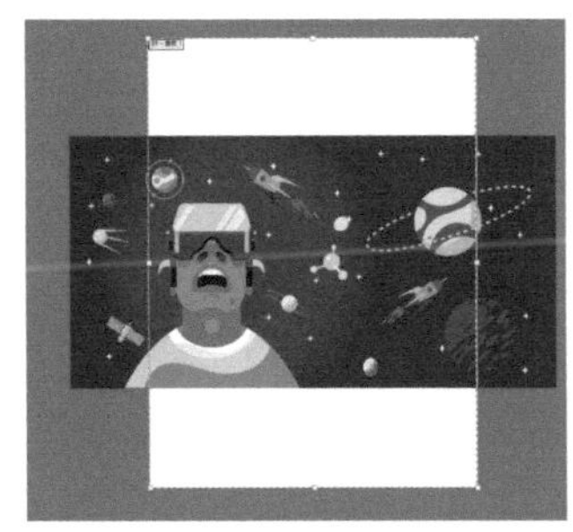
图1-129

图1-130

03 选择画板工具，按住Alt键拖曳画板，复制画板及图稿，如图1-131所示。

04 打开“控制”面板中的下拉菜单，选择“iPhone X”命令，将该画板的尺寸修改为iPhone X手机屏幕大小，如图1-132所示。

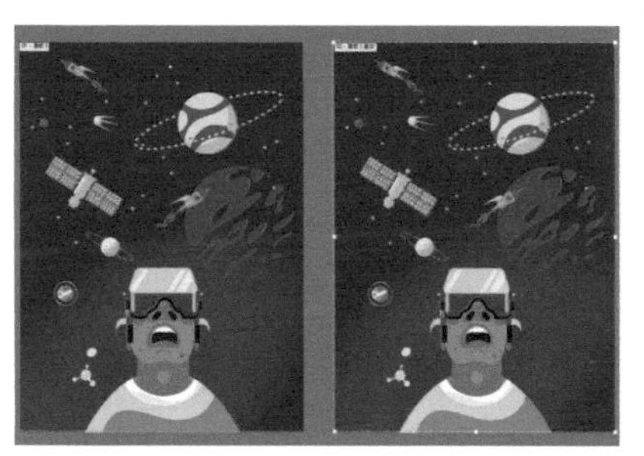
图1-131

图1-132

05 用选择工具重新对画面中的图稿进行重新布局，如图1-133所示。这是第2个设计方案。选择画板工具，拖曳当前画板，将间距调小，如图1-134所示。

图1-133

图1-134

06 下面将这两个画板对齐。按住Shift键单击另一个画板，将它一同选取，如图1-135所示。如果画板数量较多，可以按住Shift键拖曳出一个选框，将所有画板框选。单击“控制”面板中的按钮，让所选画板的顶部对齐，如图1-136所示。单击其他工具或按Esc键，退出画板编辑状态。使用“文件>存储为”命令，保存文档（选取AI格式）。

图1-135

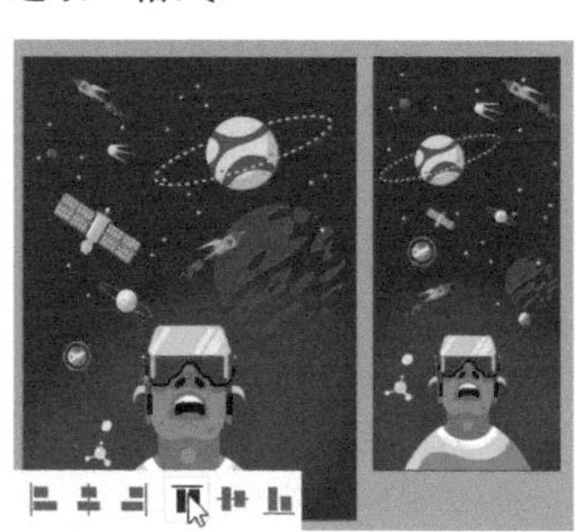
图1-136

1.5.2 重新排列画板

创建多个画板以后，可以用“对象>画板>重新排列所有画板”命令修改画板的布局方式，如图1-137所示。

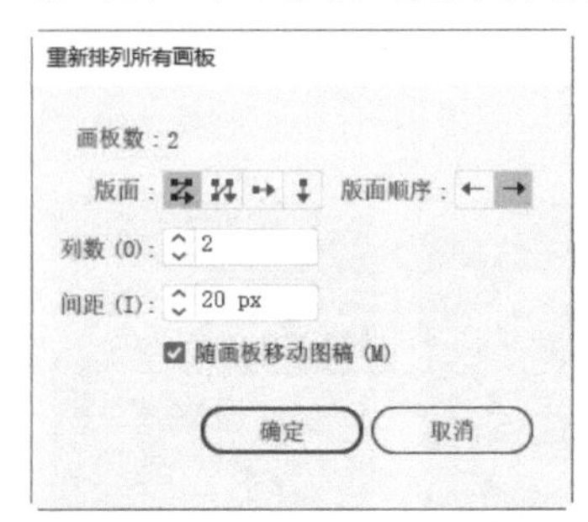

图1-137

- 按行设置网格/按列设置网格：按指定的行数或列数排列所有画板。
- 按行排列/按列排列：将所有画板排成一行或一列。
- 版面顺序：可以让画板从左至右或者从右至左排列。例如，默认情况下，画板从左至右排列。如果单击←按钮，则“按行设置网格”和“按列设置网格”选项将分别变为“按行从右至左设置网格”和“按列从右至左设置网格”。
- 间距：可以指定画板的间距。此设置同时应用于水平间距和垂直间距。
- 随画板移动图稿：移动画板时图稿一同移动。

1.5.3 设置画板选项

“属性”面板和“控制”面板包含了一些画板编辑选项，但没有“画板选项”对话框功能全、项目多。如果要对一个画板进行修改，可以选择画板工具，单击它，将其选取，之后单击“控制”面板中的按钮，打开“画板选项”对话框进行设置，如图1-138所示。

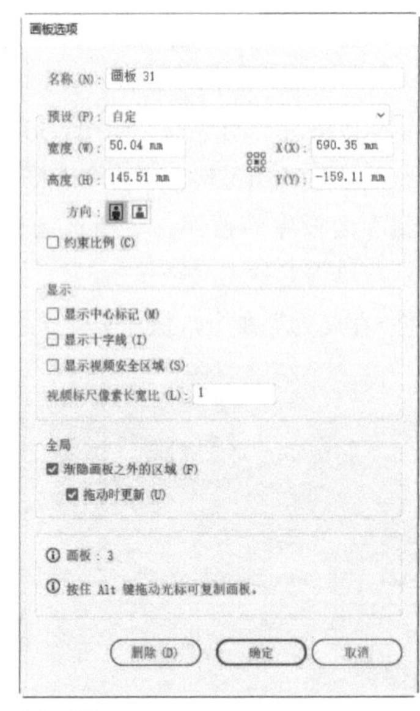

图1-138

- 名称：可以修改画板的名称。
- 预设：可以选取一个预设的画板尺寸。这些预设为指定输出设置了相应的视频标尺像素长宽比。
- 宽度/高度：可以设置画板的宽度和高度。
- X/Y：可以根据Illustrator工作区标尺来指定画板位置。如果要查看标尺，可以执行“视图>标尺>显示标尺”命令。
- 方向：可以指定页面方向为横向或纵向。
- 约束比例：手动调整画板大小时，如果要保持画板宽高比不变，可以勾选该选项。
- 渐隐画板之外的区域：选择画板工具时，画板以外的区域自动变暗。
- 拖动时更新：通过拖曳方法调整画板大小时，可以使画板以外的区域变暗。

1.5.4 与视频有关的画板选项

在“画板选项”对话框中，画板标尺、中心标记、十字线和视频安全区对于制作视频非常有用。例如，处理要导出为视频的图稿时，可以执行“视图>标尺>显示视频标尺”命令，在图稿上显示视频标尺，如图1-139所示。

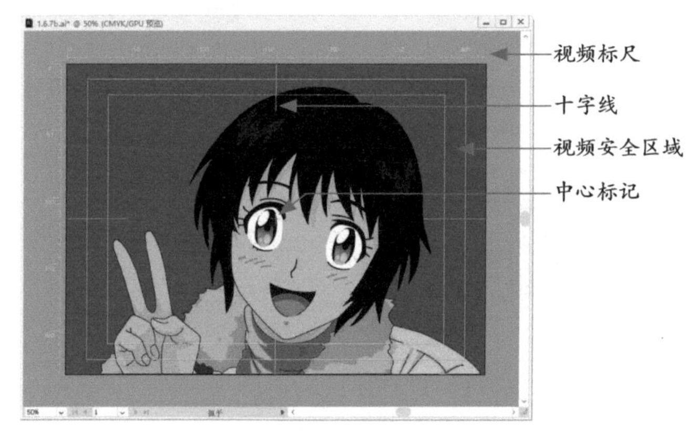

图1-139

标尺上的数字可以反映特定于设备的像素。Illustrator的默认视频标尺像素长宽比（VPAR）是1（对于方形像素）。如果使用的是非方形像素，标尺可用于简化特定于设备的像素计算工作。例如，如果指定100×100 Illustrator点的画板，并且在导出文件以用于NTSC DV宽银幕之前希望了解与设备相关的像素的确切大小，则可在Illustrator中设置视频标尺以使用视频标尺像素长宽比1.2（对于宽像素），标尺会反映出这一变化并将画板显示为83×100设备像素（100/1.2≈83）。

- 显示中心标记：在画板中心显示一个点。
- 显示十字线：显示通过画板每条边中心的十字线。
- 显示视频安全区域：显示参考线，这些参考线表示位于可查看的视频区域内的区域。用户能够查看的所有文本和图稿都应放在视频安全区域内。

- 视频标尺像素长宽比：指定用于视频标尺的像素宽高比。

1.5.5
“画板”面板

使用“画板”面板可以添加和删除画板、对画板进行重新排序和重新排列画板，如图1-140所示。

- 重新排列所有画板：单击该按钮，可以打开“重新排列所有画板”对话框。
- 新建画板：单击该按钮，可以创建一个画板。
- 删除画板：单击“画板”面板中的一个画板，之后单击该按钮，可将其删除。
- 上移/下移：单击一个画板，之后可通过单击这两个按钮，调整其在“画板”面板中的排列顺序。该操作不会重新排列文档窗口中的画板。

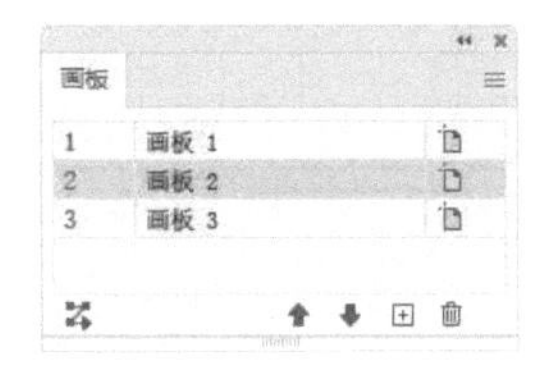

图1-140

查看图稿

在Illustrator中绘制和编辑图稿时，经常要将文档窗口的视图比例调大，并将画面定位到需要编辑的区域，以观察和处理图稿细节；而查看整体效果时，则会将视图比例调小。这是最基本的操作技能。除此之外，还有一些特殊的查看方法，也都非常有用。

1.6.1
实战：用缩放工具和抓手工具查看

01 按Ctrl+O快捷键，弹出“打开”对话框，选取素材文件，按Enter键将其打开，如图1-141所示。如果想查看某一处细节，可以选择缩放工具，将鼠标指针放在其上方，连续单击，如图1-142所示，或者在其上方拖曳鼠标，如图1-143所示。

02 当文档窗口中不能显示全部图稿时，可以选择抓手工具或者按住空格键（临时切换为抓手工具）并拖曳鼠标移动画面，以查看不同区域，如图1-144所示。

图1-141

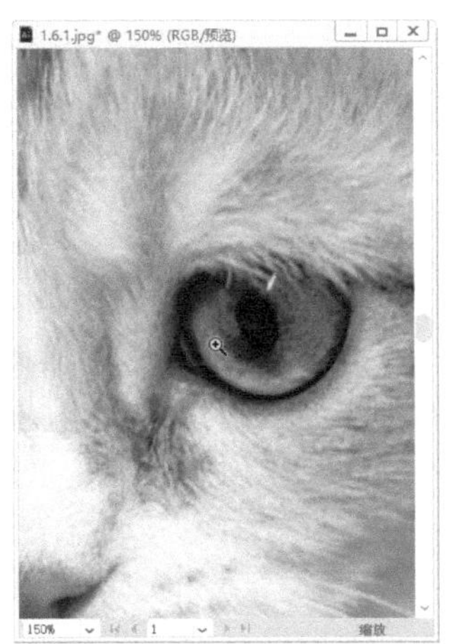

图1-142

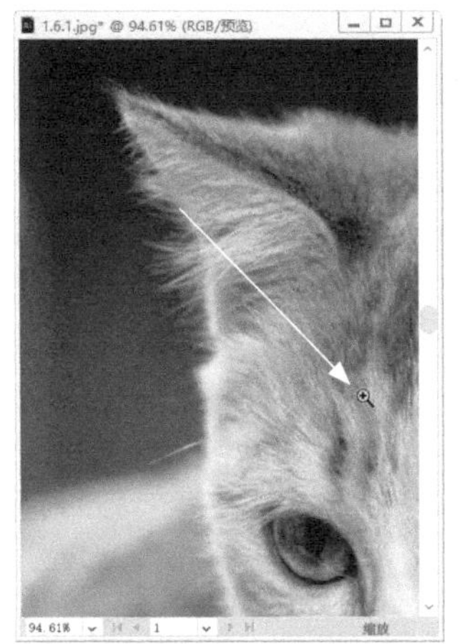

图1-143

图1-144

03 需要缩小视图比例时，可以选择缩放工具，按住Alt键连续单击，或按住Alt键拖曳鼠标。

> 提示
>
> 使用绝大多数工具时，按住空格键都能临时切换为抓手工具。放开空格键则恢复为原工具。

1.6.2
命令+快捷键

“视图”菜单中有专门用于调整视图比例的命令，并配备了快捷键，使用非常方便，如图1-145所示。例如，当需要放大视图时，可以按住Ctrl键，之后连续按+键，视图就会逐级放大，就像选择缩放工具并单击一样。当文档窗口中不能显示全部图像时，按住空格键（切换为抓手工具）拖曳鼠标，即可移动画面。缩小视图比例的方法是按住Ctrl键，并连续按-键。

视图(V) 窗口(W) 帮助(H)
使用 CPU 查看(V) Ctrl+E
轮廓(O) Ctrl+Y
叠印预览(V) Alt+Shift+Ctrl+Y
像素预览(X) Alt+Ctrl+Y
裁切视图(M)
显示文稿模式(S)
屏幕模式
校样设置(F)
校样颜色(C)
放大(Z) Ctrl++
缩小(M) Ctrl+-
画板适合窗口大小(W) Ctrl+0
全部适合窗口大小(L) Alt+Ctrl+0

图1-145

如果想查看图稿的实际大小，可以将视图比例调整为100%，之后执行“视图>实际大小”命令（快捷键为Ctrl+1）。在这种状态下，文档中每个对象的大小都是对象物理大小的实际表示。例如，如果打开 A4 大小的文件并进行上述操作，则画板大小将变为实际的 A4 纸张大小。

如果想让画板在文档窗口中居中显示，可以按Ctrl+0快捷键。如果文档中不止一个画板，按Alt+Ctrl+0快捷键，可以让它们全部显示。

1.6.3

实战：用“导航器”面板快速定位显示区域

当文档窗口的放大倍率特别高时，用抓手工具移动画面就变得比较麻烦了。在高倍率状态下，“导航器”面板是快速定位图稿显示区域的最佳工具。

扫 码 看 视 频

01 按Ctrl+O快捷键，打开素材，如图1-146所示。打开“导航器”面板，如图1-147所示。

图1-146

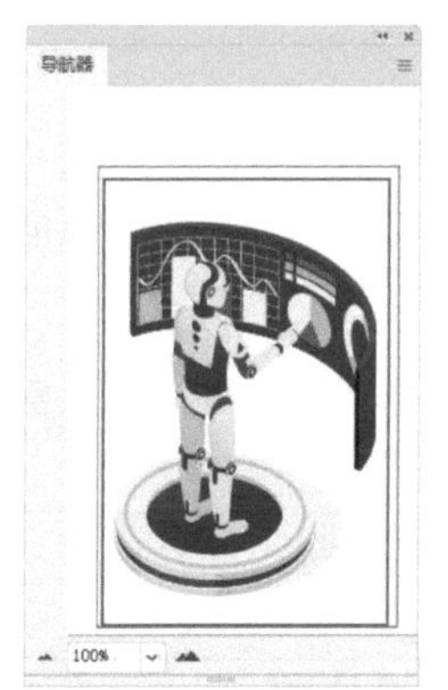

图1-147

02 先单击面板底部的按钮，将视图比例调大（单击左侧的按钮可将视图比例调小），如图1-148和图1-149所示。如果想精确设置，可以在左下角的选项中输入数值并按Enter键。

图1-148

图1-149

03 我们来学习怎样移动画面。“导航器”面板中的红色矩形框称为“代理预览区域”，即文档窗口中正在显示的区域。将鼠标指针放在这里，进行拖曳，便可以移动画面查看不同的区域了，如图1-150和图1-151所示。在红色矩形框外单击，则画面会迅速切换到这一区域。

图1-150

图1-151

1.6.4

实战：存储和调用视图

编辑图稿的时候，如果某个区域的细节需要多次修改，可以使用保存视图的技巧来减少缩放视图、定位图稿的重复性操作。

扫 码 看 视 频

01 按Ctrl+O快捷键，打开素材，如图1-152所示。我们先将视图放大并定位到需要修改的地方，如图1-153所示。可以使用前面介绍的各种方法，如使用缩放工具、使用抓手工具和使用快捷键等操作。

图1-152

图1-153

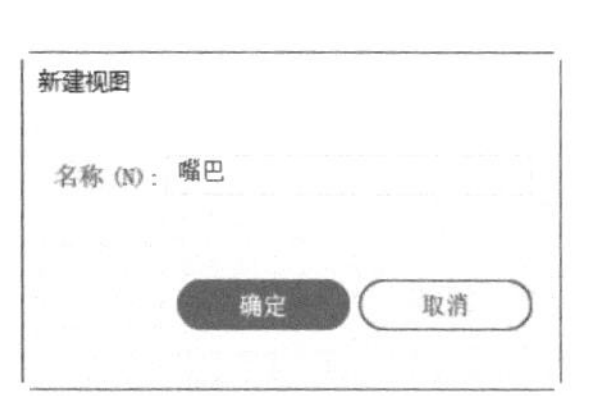

图1-154

图1-155

02 执行“视图>新建视图”命令，打开“新建视图”对话框，输入视图名称，以便于之后查找，如图1-154所示。单击“确定”按钮关闭对话框。

03 我们先将视图比例及画面位置调整一下，如图1-155所示。然后打开“视图”菜单，在菜单底部找到新创建的视图，如图1-156所示，单击它，即可切换到这一视图状态，如图1-157所示。

> 提示
>
> 保存文件时，新创建的视图会随文件一同保存。如果要重命名或删除视图，可以使用“视图>编辑视图”命令操作。

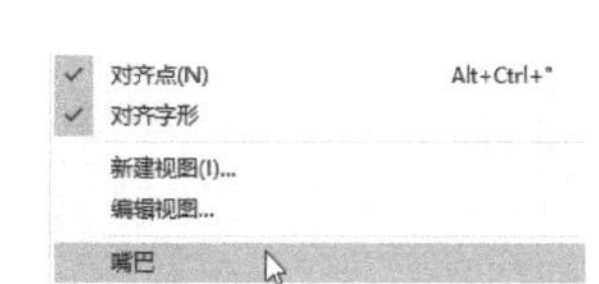

图1-156

图1-157

·AI技术/设计讲堂·

多文档窗口操作，兼顾局部与整体

新建文档窗口

画素描的时候，我们都有这样的经验：不能一味地总是描绘细节，画一段时间后，还要从远一点的地方观察整体效果，以便平衡整体关系，做出针对性修改。这个原则在Illustrator中同样适用。下面是操作技巧。

创建或打开文档后，首先执行“窗口>新建窗口”命令，为文档再创建一个文档窗口；然后执行“窗口>排列>平铺”命令，让它们并排显示；按Ctrl+0快捷键，让图稿完整显示；单击另一个文档窗口，将视图比例调大并调整画面位置，如图1-158所示。这样，我们编辑图稿细节的时候，就能在另一个文档窗口中看到整体效果了，如图1-159所示。

图1-158

图1-159

我们需要知道的是：新建的文档窗口只是为当前文档提供了另一个可供观察和修改的窗口，并不是将文件复制出了一份。其作用类似于在房间里安装了两个监视器，它们观察的是同一房间而不是两个房间。此外，新建文档窗口与新建视图也不是一回事。它们的区别在于：文档中可以存储多个视图，但文档窗口无法存储；我们可以创建多个文档窗口并同时显示和查看它们，而要同时显示多个视图，则必须同时打开多个文档窗口。另外，修改视图时，将改变当前文档窗口，但不会打开新的文档窗口。

排列多个文档窗口

创建多个文档窗口或同时打开多个文档以后，可以使用“窗口>排列”子菜单中的命令设置它们的排列方式，如图1-160所示。其中，“平铺”是以边对边的方式显示文档窗口，如图1-161所示；“在窗口中浮动”是让当前文档窗口成为浮动文档窗口；如果想让所有文档窗口都浮动，可以选择“全部在窗口中浮动”命令；“层叠”是让浮动文档窗口层叠排列，如图1-162所示；如果想将所有文档窗口停放回选项卡中，可以选择“合并所有窗口”命令。

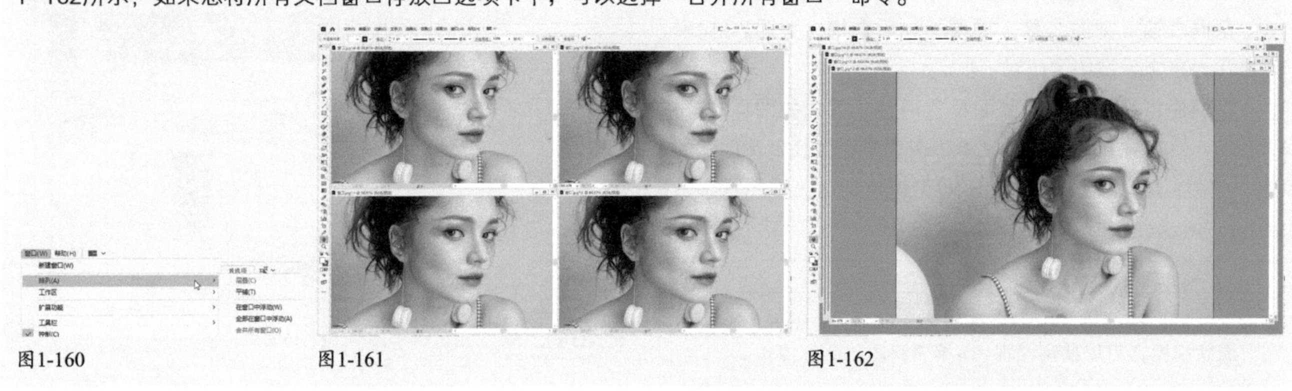

图1-160　图1-161　图1-162

1.6.5 切换屏幕模式

默认状态下，在Illustrator中打开图稿时，软件界面内会显示菜单栏、“控制”面板、工具栏、文档的标题栏、滚动条和各种面板。这是默认的正常屏幕模式。单击工具栏中的按钮，打开菜单，如图1-163所示。

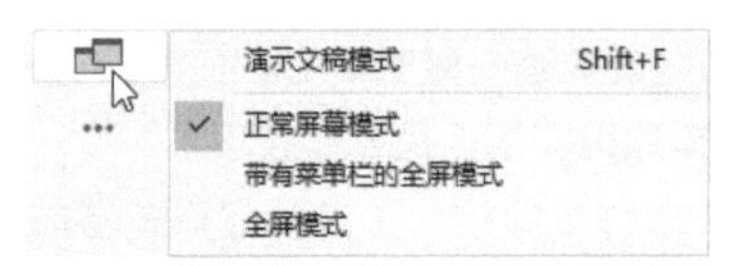

图1-163

选择“带有菜单栏的全屏模式”命令，切换到这一模式，文档窗口会全屏显示，其顶部显示菜单栏，带滚动条，如图1-164所示。选择“全屏模式”命令，可以切换为全屏模式。此时整个屏幕区域只显示图稿，如图1-165所示。在这种模式下，工具的选取、命令的执行都要通过快捷键来完成。我们对Illustrator的运用熟练以后，会更喜欢在全屏模式下操作，因为这样可以专注于处理图稿，而不被面板和其他组件干扰视线。

图1-164

图1-165

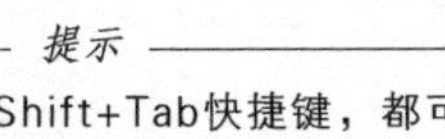

提示

不论在哪一种模式下，按Shift+Tab快捷键，都可隐藏/显示面板；按Tab键可以隐藏/显示工具栏、面板和“控制”面板；按F键，则可在各个屏幕模式间循环切换。

1.6.6 在演示文稿模式下展示未完成作品

当必须在Illustrator中将图稿展示给别人看，又想正式一些，不希望作品看起来像是未完成的时，例如，画布上还有其他图稿，如图1-166所示，可以执行"视图>显示文稿模式"命令，切换到演示文稿模式。画布上的图稿会被隐藏，如图1-167所示。如果文档中有多个画板，还可以按→键和←键来进行切换。按Esc键则退出该模式。

图1-166

图1-167

1.6.7 裁切视图

在Illustrator中编辑图稿，尤其是进行图形的对齐操作时，会大量使用参考线（见116页）和网格（见119页）等辅助工具，如图1-168所示。如果它们干扰了视线，可以执行"视图>裁切视图"命令，将参考线、网格和延伸到画板之外的图稿和其他元素隐藏，如图1-169所示，之后在这种模式下继续创建和编辑图稿。

图1-168

图1-169

1.7 创建文档

使用Illustrator时，可以从一个空白文档开始，一步一步地绘图和创作。空白文档的好处是我们可以定义文档尺寸、画板数量和颜色模式等参数，创建符合自己要求或设计任务需要的文档。

1.7.1 创建空白文档

印刷、移动设备、UI、网页、视频媒体等不同设计领域对文档尺寸、分辨率、颜色模式有特定的要求。对于设计新手，这些规范很难在短时间内掌握。不要紧，Illustrator提供了很多预设项目，直接拿来使用便可创建符合设计要求的文档。

单击主页上的"新建"按钮，如图1-170所示，或执行"文件>新建"命令（快捷键为Ctrl+N），打开"新建文档"对话框。如果知道想要创建什么样的文档（即文档规范），可先输入文档名称，之后设置大小和颜色模式等选项。如果不知道具体参数，可以在最上方一排选项卡中找到相应的设计项目。例如，想做一个A4大小的海报，可单击"打印"选项卡，之后在下方选择A4预设，Illustrator就会将所有参数都自动填好，如图1-171所示，我们只要单击"创建"按钮就可以了。

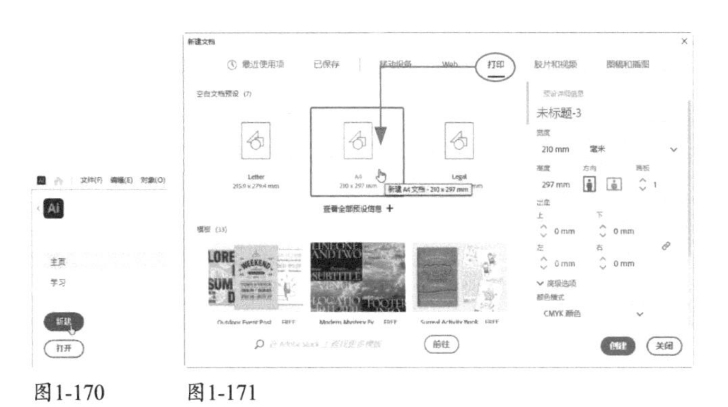
图1-170 图1-171

"新建文档"对话框选项

- "最近使用项"选项卡：收录了最近在Illustrator中使用的文档，并作为临时的预设，可用于创建相同尺寸的文档。
- "移动设备"选项卡：提供了iPhone、Google Pixel手机，以及苹果iPad、微软Surface等平板电脑的预设文档。
- "Web"选项卡：包含网页设计常用尺寸预设。

- “打印”选项卡：提供常用纸张规范。
- “胶片和视频”选项卡：提供了可以创建特定于视频和特定于胶片的预设的裁剪区域大小的文档预设。
- “图稿和插图”选项卡：提供了海报、明信片等设计项目的预设。
- 未标题-1：在该选项中可输入文档的名称。创建文档后，文档名会显示在文档窗口的标题栏中。保存文档时，文档名会自动显示在存储文档的对话框内。文档名可以在创建时输入，也可以使用默认的名称（未标题-1），等到保存文档时，再为它设置正式的名称。
- 宽度/高度：可以输入文档的宽度和高度。在右侧的选项中可以选择一种单位，包括“毫米”“点”“派卡”“英寸”“厘米”“像素”等。
- 方向：单击或按钮，可以将文档的页面方向设置为纵向或横向。
- 画板：可以设置文档中的画板数量。
- 出血：可以指定画板每一侧的出血位置。如果要对不同的侧使用不同的值，可单击锁定图标，再输入数值。出血是指超出打印边缘的区域，设置出血以后，可以确保在最终裁剪时页面上不会出现白边。
- 颜色模式(见57页)：可以为文档选择一种颜色模式。
- 光栅效果：可以为文档中的栅格类效果指定分辨率。如果想要将图稿以较高分辨率输出到高端打印机中，需要将此选项设置为“高”。
- 预览模式：可以为文档选择一种预览模式。选择“默认值”，表示以彩色显示在文档中创建的图稿，当放大或缩小时，可以保持曲线的平滑度；选择“像素”，显示具有栅格化（像素化）外观的图稿，它不会实际对内容进行栅格化，而是显示模拟的预览，就像内容是栅格一样；选择“叠印”，可以提供“油墨预览”，即模拟混合、透明和叠印在分色输出中的显示效果。
- 更多设置：单击该按钮，可以打开“更多设置”对话框。与“新建文档”对话框相比，该对话框多了“间距”等选项和“模板”等按钮。其中，在“画板数量”选项中增加画板以后，可以指定它们在屏幕上的排列顺序、画板之间的默认间距。单击“模板”按钮，可以打开“从模板新建”对话框，用模板创建文档。

1.7.2 实战：用模板创建文档

Illustrator中有很多现成的模板，如信纸、名片、信封、小册子、标签、证书、明信片、贺卡、网页等。用这些模板创建文档时，可以将其中的图形、字体、段落样式、图形样式、符号、裁剪标记、参考线等自动加载到新建的文档中，这样我们就可以在此基础上绘图了。

扫码看视频

01 执行“文件>从模板新建”命令，打开“从模板新建”对话框，双击“空白模板”文件夹，如图1-172所示。

02 进入该文件夹后，选择一个文档模板，如图1-173所示，单击“新建”按钮，即可用模板创建一个文档，如图1-174所示。可以看到，该文档中包含了T恤图形，可以编辑和使用。而且，在“图层”面板中还可以找到文档中的文字、参考线等，如图1-175所示。

图1-172

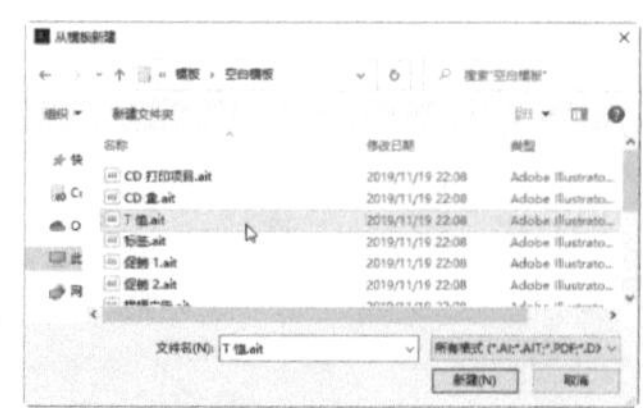

图1-173

图1-174

图1-175

1.7.3 修改文档

如果我们创建了一个文档，并在其中进行了绘图操作，后来又发现文档的某些参数设置有问题，不符合规范，那么可以用“文件>文档设置”命令对其进行修改，如图1-176所示。

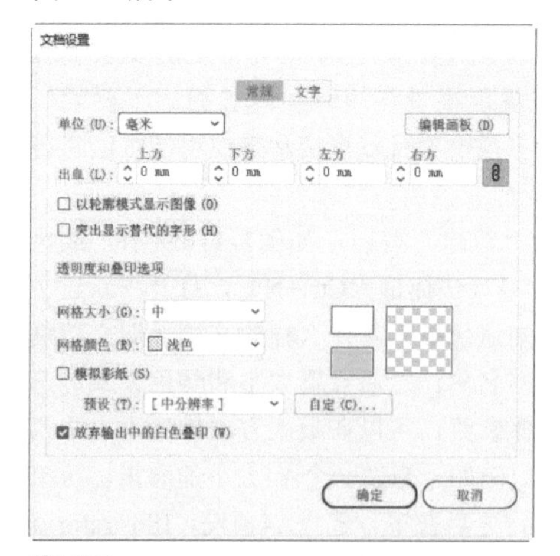

图1-176

> 提示
>
> 单击“文档设置”对话框中的“文字”按钮，可以显示与文字有关的选项，包括设置突出显示的替代字体和字形、为文本指定语言和引号的类型，以及创建特殊的文字格式。

- 单位：可以选择文档中使用的度量单位。
- 出血：可以指定画板每一侧的出血位置。如果要对不同的侧使用不同的值，可单击锁定按钮，再输入数值。
- 编辑画板：单击“编辑画板”按钮后，会关闭对话框并自动切换为画板工具，此时可以调整画板大小。
- 以轮廓模式显示图像：在默认状态下，图稿以预览模式显示，当执行“视图>轮廓”命令，以轮廓模式查看图稿时，链接的文档会显示为内部带“×”的轮廓框。如果要查看链接的文档的内容，可以勾选该选项。
- 突出显示替代的字形：字形是特殊形式的字符。例如，在某些字体中，大写字母A有几种形式可用，如花饰字或小型大写字母。勾选该选项后，可以突出显示文本中的替代字形。
- 网格大小/网格颜色：可以设置透明度网格的大小和颜色。透明度网格便于查看图稿的透明区域。例如，图1-177所示为包含透明区域的图稿。为它设置网格大小和颜色后，执行“视图>显示透明度网格”命令，显示透明度网格，即可看到图稿中包含的透明区域，如图1-178所示。

图1-177

图1-178

- 模拟彩纸：可以修改画板颜色以模拟图稿在彩色纸上的打印效果。如果想要在彩纸上打印文档，则该选项很有用。例如，如果在黄色背景上绘制蓝色对象，此对象会显示为绿色。
- 预设：可以选择透明拼合的分辨率。如果要自定义分辨率，可单击右侧的“自定”按钮。
- 放弃输出中的白色叠印：在Illustrator中创建的图稿可能是无意应用了叠印的白色对象。而只有当打开叠印预览或打印分色时，这个问题才容易被发现，但这可能会延误生产进度，甚至导致重新印刷。勾选该选项后，可以避免发生这种情况。

> 提示
>
> 使用“文件>文档颜色模式”子菜单中的命令，可以将文档的颜色模式从RGB模式转换为CMYK模式，或者相反。

·AI技术/设计讲堂·

在Adobe Stock上搜索模板、创建文档

Adobe Stock是设计类资源网站，提供了许多高品质的素材，如照片、视频、插图、矢量图、3D 资源、模板和动态图形模板。在“新建文档”对话框底部的文本框中输入关键字，如图1-179所示，然后单击“前往”按钮，可以登录 Adobe Stock网站，搜索和下载模板，如图1-180所示。

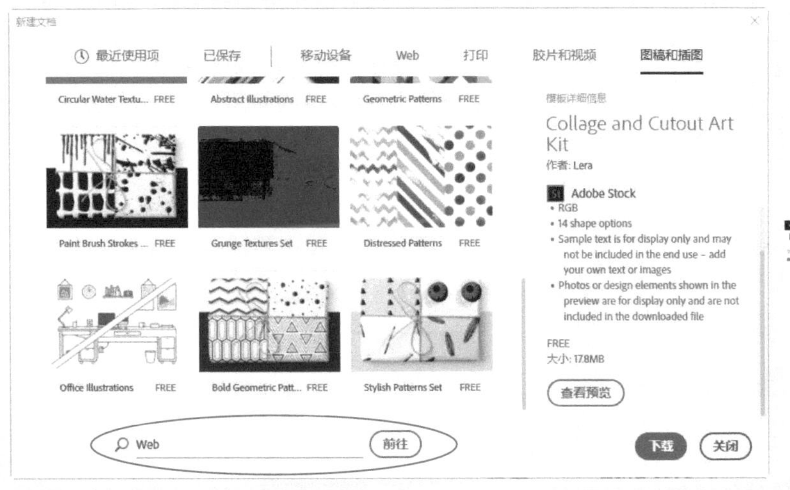

图1-179

图1-180

在“新建文档”对话框中，每个选项卡下方都有一些Adobe Stock模板，可用来创建文档。单击一个模板，对话框右侧会显示它的详细信息，如图1-181所示。单击“查看预览”按钮，可以预览文档（显示文档大图及应用效果），如图1-182所示。

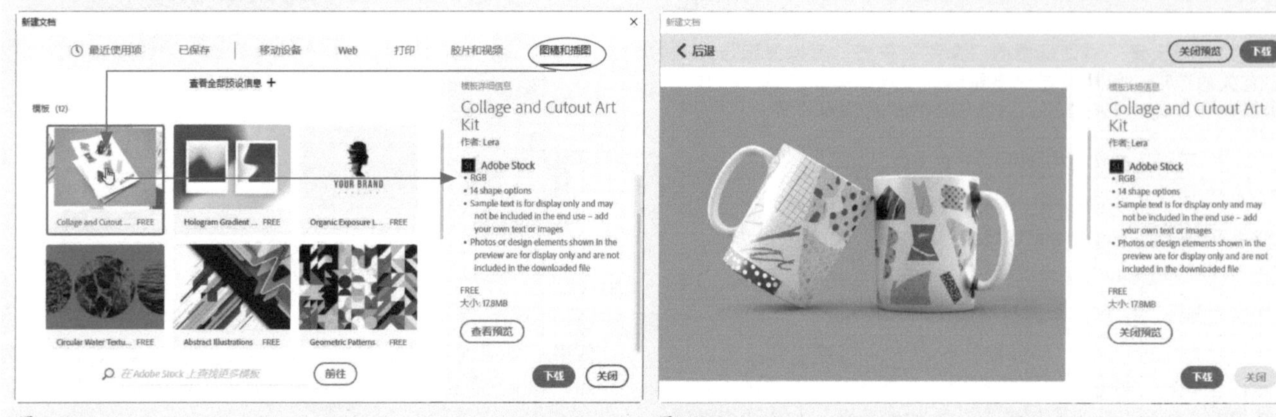

图1-181　　图1-182

如果文档模板有用，可以单击“下载”按钮将其下载，这样就能用该模板创建文档了。需要注意的是，Illustrator 会提示我们先要获得授权。模板下载好之后，会被自动添加到“库”面板中。另外，也可以在“新建文档”对话框的“已保存”选项卡中找到它。

文件打开方法

一个软件支持的文件格式越多，说明它的功能越强，与其他软件合作的时候，也能少一些障碍。作为一款矢量软件，Illustrator支持绝大多数矢量格式，包括AI、CDR、EPS、DWG等，同时也支持JPEG、TIFF、PSD、PNG、SVG等位图格式。就是说，这些格式的文件都可以用Illustrator打开、编辑和修改。

1.8.1

实战：用Bridge浏览和打开文件

要点

矢量文件没有位图（如照片）应用广泛，不用专门的软件是无法预览的。例如，在Windows资源管理器中，矢量文件是图1-183所示这样的。而照片就能显示缩览图。

扫码看视频

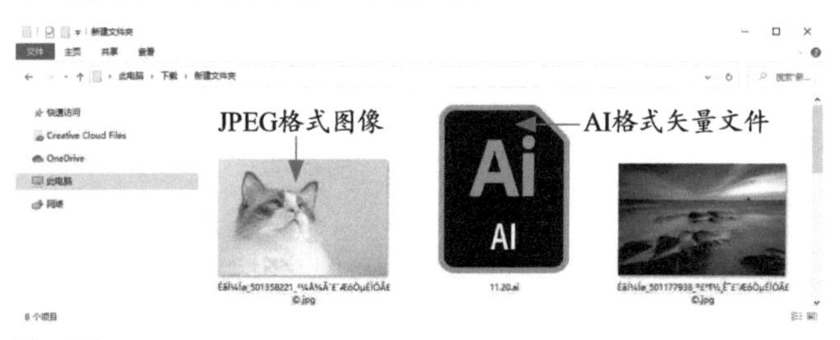

图1-183

这种情况会给我们带来诸多不便。最明显的就是当我们积累了一些素材以后，在查找和分类管理时，对于矢量文件、PSD分层文件等我们不知道具体是什么内容，不好归类。下面介绍一个非常好用的文件浏览和管理工具——Bridge。像图像、RAW格式照片、AI和EPS格式的矢量文档、PSD文件、PDF和动态媒体文件等，都能用它预览。

01 执行“文件>在Bridge中浏览”命令，运行Bridge。我们先来看一下怎样浏览文件。窗口左侧是“文件夹”面板，在这里可以选取文件所在的文件夹。窗口右侧会显示其中包含的文件名称及缩览图，如图1-184所示。

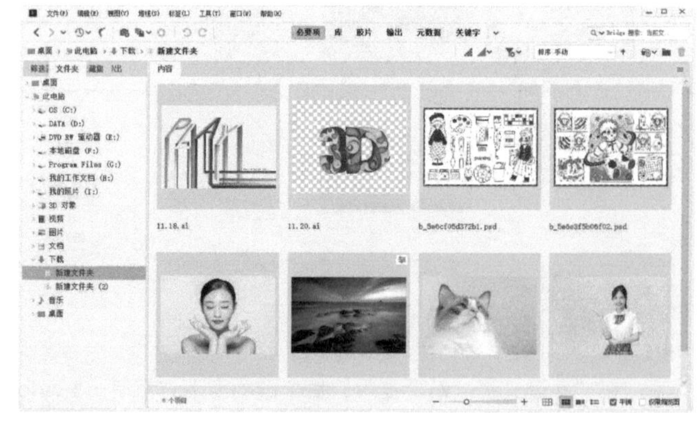

图1-184

02 单击“必要项”“元数据”和“关键字”等按钮，可以切换文件的预览方式。拖曳窗口底部的○滑块，可以调整缩览图大小，如图1-185所示。

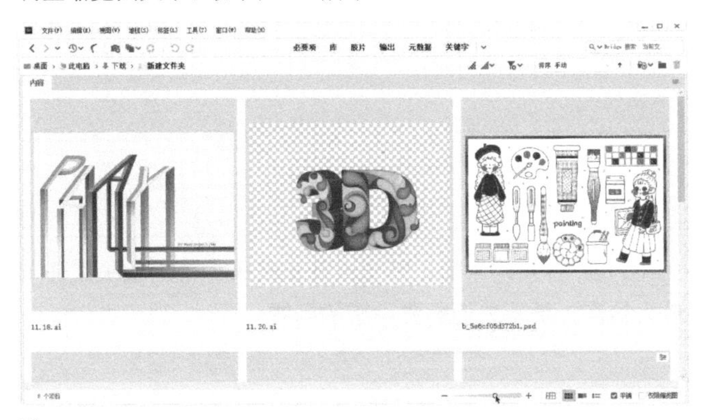

图1-185

03 按Ctrl+L快捷键，可以像幻灯片那样自动播放文件。按Ctrl+B快捷键，可切换为审阅模式。在这种状态下，单击一个文件，它会跳转到最前方，再单击一下，可进行局部放大，如图1-186所示。按Esc键，可退出幻灯片和审阅模式。

图1-186

04 下面介绍如何打开文件。找到需要打开的文件，双击便可在其原始程序中将其打开。例如，双击AI格式文件，可以在Illustrator中打开它，如图1-187和图1-188所示；双击JPEG、PSD和TIFF等格式的位图格式文件，则可运行Photoshop并打开它们。如果想用其他软件打开，可以在“文件>打开方式”子菜单中选择相应的软件。

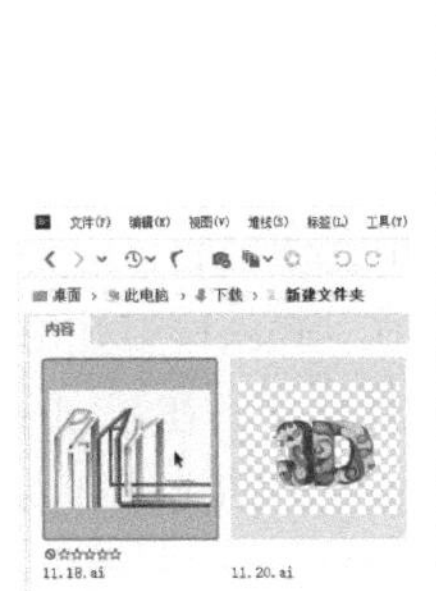

图1-187　图1-188

1.8.2 在Illustrator中打开文件

执行“文件>打开”命令（快捷键为Ctrl+O），弹出“打开”对话框，选择文件（按住Ctrl键单击可多选），如图1-189所示，之后单击“打开”按钮或按Enter键，即可将其打开。

图1-189

技术看板　缩小查找范围

Illustrator支持很多文件格式，如果我们的文件夹中恰好各种文件都有，而且数量也不少，那么查找起来就会很麻烦。遇到这种情况，可以通过指定文件格式的方法缩小查找范围。例如，查找JPEG格式文件时，可以在“打开”对话框右下角的下拉列表中选择JPEG，这样就能将其他格式的文件屏蔽。要注意的是，用过这种方法操作后，以后使用“文件>打开”命令时，“打开”对话框中只显示JPEG这一种格式，其他文件就找不到了。这该怎么办呢？很简单，只要在右下角的下拉列表中选取“所有格式”就行了。

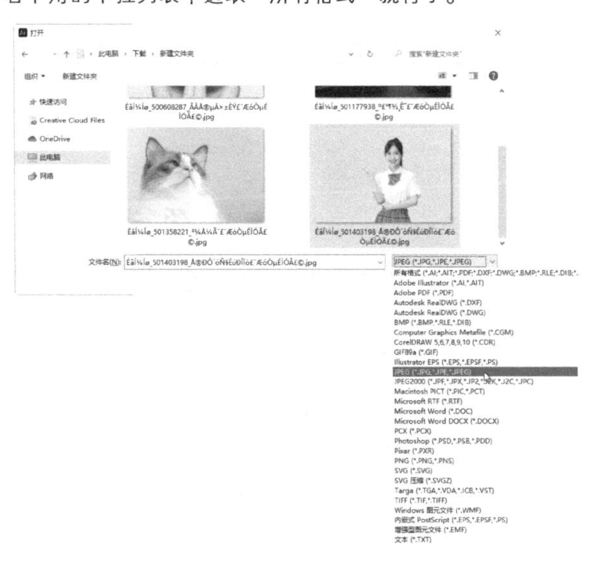

1.8.3 快速打开最近使用过的文件

“文件>最近打开的文件”子菜单中包含了我们最近在Illustrator中使用过的20个文件，单击其中的一个，便可直接将其打开。

文件保存方法

毋庸置疑，及时保存文件非常重要，可以防止因Illustrator意外闪退、断电或计算机卡顿等而丢失工作成果。以哪种方法存储文件，以及选用哪种格式最为恰当，更是我们需要考虑的问题。

1.9.1 保存文件

当我们在Illustrator中创建文档，或者打开文件并进行了编辑（在编辑初期）后，就应该保存一次文件。之后，每完成重要操作，可通过按Ctrl+S快捷键，将当前编辑效果存储起来。

使用“文件>存储”命令（快捷键为Ctrl+S）可以保存文件。如果想将当前文档保存为另外的名称或格式，或者想在其他位置保存一份同样的文件，可以使用“文件>存储为”命令操作。执行该命令会打开“存储为”对话框，如图1-190所示。设置好选项后，单击“保存”按钮即可。

图1-190

1.9.2 Illustrator本机格式

我们在Illustrator中创建和编辑的图稿可以存储为AI、PDF、EPS、FXG 和 SVG格式。它们能保留所有的Illustrator数据，也称“Illustrator本机格式”。

AI格式

AI格式是Illustrator独有的最重要的文件格式，其意义与Photoshop中的PSD格式类似。将文件存储为这种格式，以后任何时候打开，都可以修改其中的图形、色板、图案、渐变、文字等内容。我们这本书中的实战文件，如果没有给出特别说明，均应保存为AI格式。

> 提示
>
> PSD格式能保存Photoshop文件中的所有内容，包括图层、蒙版、通道、路径、可编辑的文字、图层样式等。

PDF格式

便携文档格式（PDF）是一种通用的文件格式，它可以保留在各种应用程序和平台上创建的字体、图像和版面，而且文件很小。

这种格式的文件应用非常广泛，是全球范围内安全可靠的分发和交换电子文档和表单的标准。任何人都可以使用免费的Adobe Reader软件查看、共享和打印PDF文件。

EPS格式

EPS是一种通用的文件格式，几乎所有页面版式、文字处理和图形应用程序都支持该格式。这种格式可以保留许多使用Illustrator创建的图形元素。EPS文件基于的是PostScript语言（见2页），可以包含矢量图和位图。如果图稿中包含多个画板，将其存储为 EPS 格式时，也会保留这些画板。

FXG格式

创建可以在Adobe Flex中使用的结构化图形时，可将文件存储为FXG格式。FXG是基于MXML（Flex框架使用的基于XML的编程语言）子集的图形文件格式。在Adobe Flash Builder、Adobe Flash Catalyst中，使用FXG文件可以开发富互联网应用（RIA）和体验。

SVG格式

SVG是一种可以产生高质量、交互式Web图形的矢量格式。它有两种版本：SVG 和压缩 SVG （SVGZ）。SVGZ 可将文件大小减小 50% 至 80%，但是不能使用文本编辑器编辑。

将图稿存储为SVG格式时，网格对象将栅格化。此外，如果图像不包含Alpha通道，则会转换为JPEG格式；具有 Alpha通道的图像会转换为PNG格式。如果文档中包含多个画板，仅当前画板可以保留。

技术看板　查看 / 添加关键信息

使用“文档信息”面板可以查看文档中包含的关键信息，包括文档信息（文件名、颜色模式、画板尺寸等）、对象信息（复合路径、渐变网格、符号等）、图形样式、渐变、字体、重复的对象等。这些信息可以使用面板菜单中的“存储”命令存储为文本文件。

使用“文件>文件信息”命令，可以查看文档中隐含的其他信息，如相机原始数据、视频数据、音频数据等。此外，我们也可以用该命令为文件添加有用信息，如作者、版权公告等。

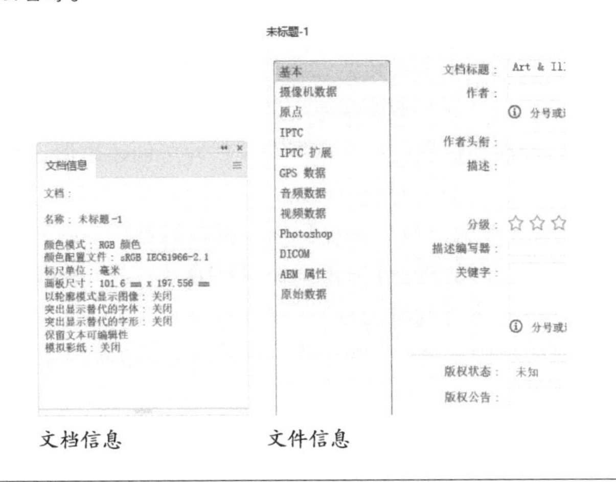

1.9.3
另存一份副本

如果图稿尚未完成处理，但想将当前结果存储为一份文件，可以执行“文件>存储副本”命令，保存一个副本文件。该文件名称的后面有“复制”二字。

1.9.4
存储为模板

利用模板中现有的图形、参考线和文字等开启新的创作，不仅节省时间，也能让我们制作的图稿更加专业化。

Illustrator中有很多设计模板（见28页）。如果觉得不够用，还可以到Adobe Stock上搜索和下载更多的模板。不仅如此，我们也可以用“文件>存储为模板”命令将自己的图稿存储为模板文件（AIT格式）。以后使用的时候，用“文件>从模板新建”命令加载即可。

1.9.5
后台自动存储

Illustrator有一个非常贴心的存储功能——后台存储。就是说，Illustrator会备份一份文件，并在我们编辑图稿的过程中每隔一段时间自动保存一次。其意义在于：如果Illustrator出现闪退，或者计算机临时断电，文件是可以自动恢复的，即再次运行Illustrator的时候，将自动加载文件并恢复到最后一次存储时的状态。

要想实现后台存储，必须用AI格式（.ai）保存文件才行。默认的存储间隔为2分钟。如果想修改间隔时间，可以执行“编辑>首选项>文件处理和剪贴板”命令，打开“首选项”对话框进行设置，如图1-191所示。在该对话框中，还可以修改临时文件的存储位置。如果要关闭后台存储，可以取消勾选“在后台存储”选项。

图1-191

> **提示**
>
> 引发Illustrator崩溃的原因有很多种，包括Windows或macOS兼容性问题、系统内存问题、首选项文件问题、字体问题、打印机或可移动媒体问题、打开的某个文件中存在病毒、网络连接中断或电源故障等。

1.9.6
关闭文件

执行“文件>关闭”命令（快捷键为Ctrl+W），或单击当前文档窗口右上角的 × 按钮，可关闭当前文档。如果要退出Illustrator程序，可以执行“文件>退出”命令，或单击程序窗口右上角的 × 按钮。

绘图与上色

【本章简介】

本章介绍Illustrator中的基本绘图工具，虽然它们创建的都是简单的几何图形，但只要稍加编辑，便可组合为复杂的图形、表现超炫的效果，所以，千万不要小看这些工具。本章还将介绍如何给图形上色，即描边和填色功能。这其中穿插了各种实战。

【学习目标】

本章我们将学会如下操作。

- ●绘制几何图形
- ●绘制线状风车和心房
- ●修改实时形状
- ●绘制线、网格和光晕图形
- ●绘制卡通龙猫
- ●制作镂空立体字
- ●制作漂亮的镜头光晕
- ●设置填色和描边
- ●制作多重描边字
- ●用虚线描边制作纪念邮票
- ●用宽度工具调整描边
- ●选取颜色
- ●使用色板
- ●使用渐变
- ●制作超炫背景
- ●用图像描摹功能制作粒子消散特效
- ●制作宠物食品店 Logo

【学习重点】

绘制几何图形

学习Illustrator绘图，先要从简单的图形开始。因为，这个世界上，任何复杂的东西都可以简化为最基本的几何形状，如矩形、圆形、三角形、多边形等。同样道理，看似简单的几何图形，组合起来也可以构成复杂的对象。

2.1.1 矩形和正方形

选择矩形工具▭，在画板上向对角线方向拖曳鼠标，鼠标指针旁边会显示提示信息，如图2-1所示；这是智能参考线（见117页）的一部分，通过它可以判断图形的宽度、高度和位置；放开鼠标左键，即可创建矩形。默认状态下，图形内部填充白色，边缘以黑色描边。

按住Alt键（鼠标指针变为⁚⁚状）拖曳鼠标，将以起点为中心开始绘制矩形；按住Shift键操作，可以创建正方形，如图2-2所示；按住Shift键和Alt键操作，可以起点为中心开始绘制正方形。如果想准确定义矩形或正方形的大小，可以在画板中单击，然后在弹出的对话框中进行设置，如图2-3所示。

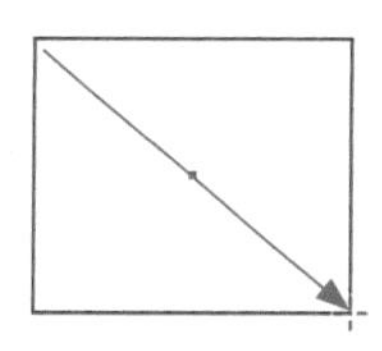

图2-1

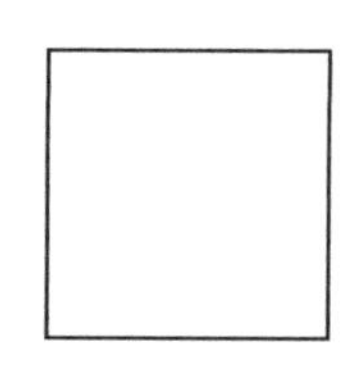

图2-2

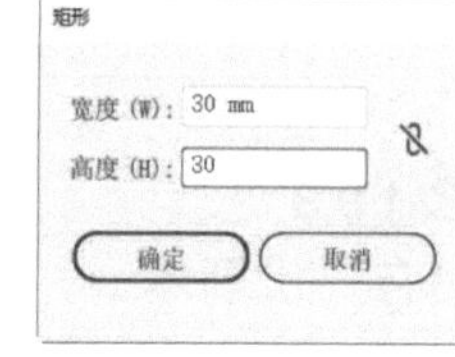

图2-3

2.1.2 圆角矩形

圆角矩形工具▢可以创建圆角矩形，如图2-4和图2-5所示。它的使用方法及快捷键与矩形工具▭相同。另外，在拖曳鼠标时，可通过按↑键增大圆角半径直至成为圆形；按↓键则减小圆角半径直至成为方形；按←键和→键，可以在方形与圆形之间切换。如果要准确定义圆角半径及图形大小，可在画板上单击，在弹出的对话框中进行设置，如图2-6所示。

圆角半径为0

图2-4

圆角半径为5

图2-5

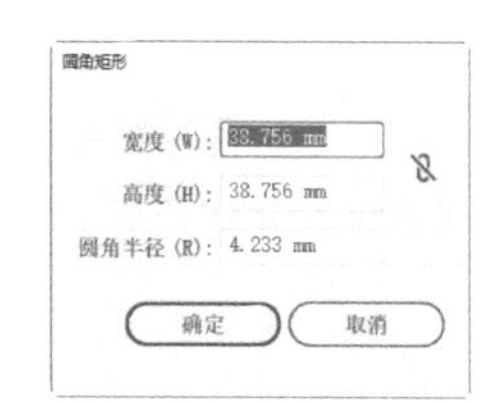

"圆角矩形"对话框

图2-6

2.1.3 圆形和椭圆

椭圆工具◎可以创建圆形和椭圆，如图2-7和图2-8所示。它的使用方法及快捷键均与矩形工具□相同。在画板上单击，则可打开对话框，设置参数，创建图形。

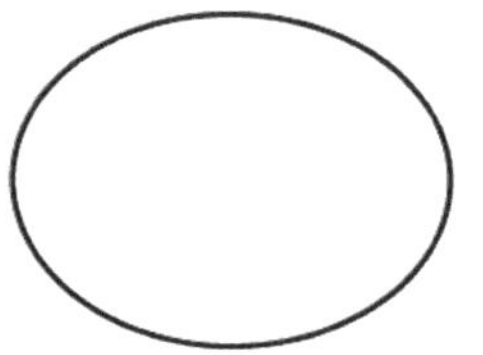

拖曳鼠标创建椭圆

图2-7

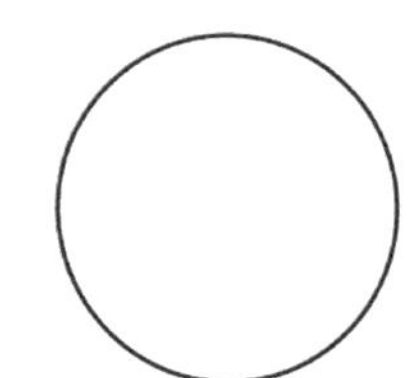

按住Shift键拖曳鼠标创建圆形

图2-8

2.1.4 多边形

多边形工具⬡可以创建三角形及具有更多直边的图形，如图2-9和图2-10所示。拖曳鼠标时，按↑键和↓键，可增加和减少边数；移动鼠标指针，可以旋转图形（如果想固定图形的角度，可以按住Shift键操作）。在画板上单击，弹出图2-11所示的对话框，可以设置多边形的半径和边数，并以单击点为中心创建多边形。

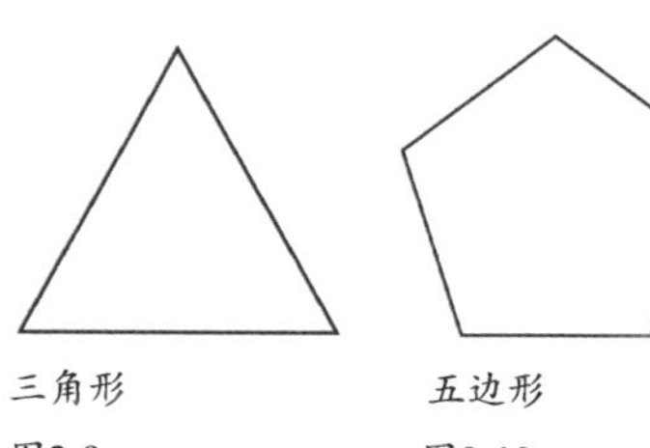

三角形

图2-9

五边形

图2-10

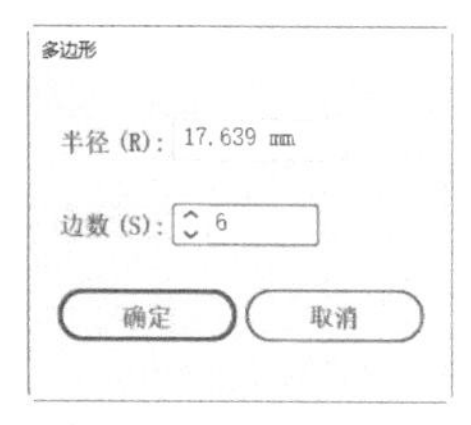

"多边形"对话框

图2-11

2.1.5 星形

星形工具☆可以创建星状图形，如图2-12和图2-13所示。拖曳鼠标时，按↑键和↓键可增加和减少星形的角点数；移动鼠标指针，可以旋转星形（如果想固定角度，可按住Shift键）；按住Alt键，可以调整星形拐角的角度，图2-14和图2-15所示为通过这种方法创建的星形。

五角星形

图2-12

按住Alt键创建五角星

图2-13

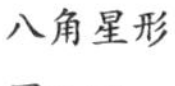

八角星形

图2-14

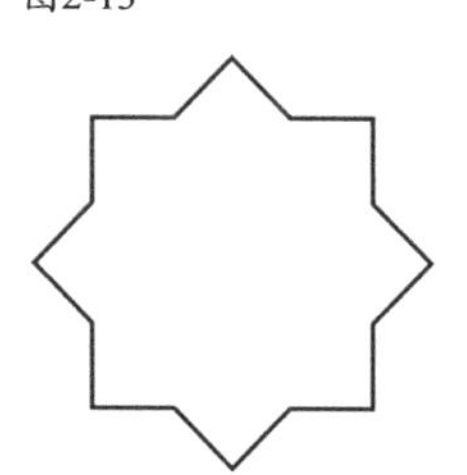

按住Alt键创建八角星

图2-15

在画板上单击，可以打开"星形"对话框，设置星形的半径和角点数，如图2-16所示。

- 半径1：用来指定从星形中心到星形最内点的距离。
- 半径2：用来指定从星形中心到星形最外点的距离。
- 角点数：用来设置星形的角点数。

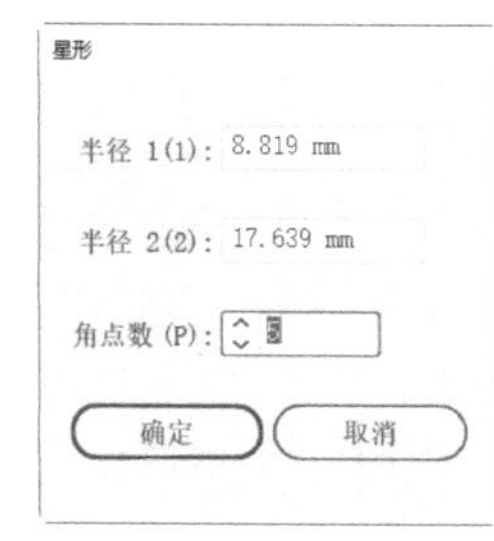

图2-16

2.1.6 实战：制作线状立体图形

01 按Ctrl+N快捷键，新建一个文档。选择椭圆工具◎，在"控制"面板中设置填色为无，描边宽度为0.25 pt。下面的操作要一气呵成，中间不能放开鼠标左键。先按住Shift键拖曳鼠标创建圆形，如图2-17所示；放开Shift键，按住~键，向圆形左上方拖曳，随着鼠标指针的移动，会生成大量圆形，如图2-18所示。按Ctrl+G快捷键，将它们编为一组。

扫码看视频

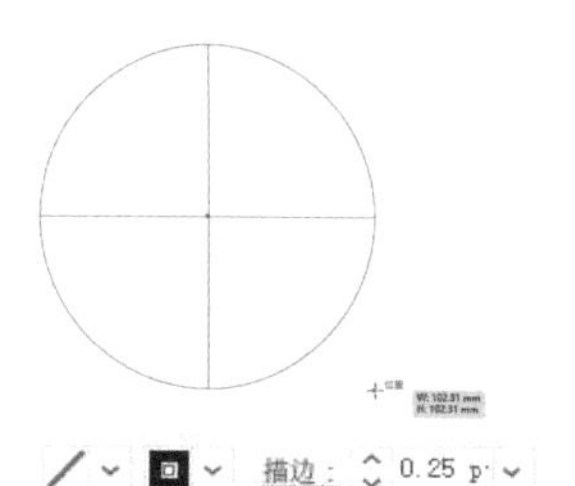

图2-17

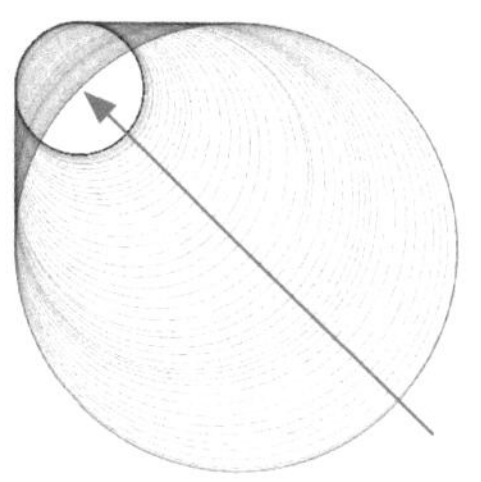

图2-18

02 执行“效果>扭曲和变换>变换”命令，在打开的对话框中设置“角度”为 90°，“副本”为 3，之后在参考点定位器左上角单击，如图2-19所示，旋转并复制图形，如图2-20所示。

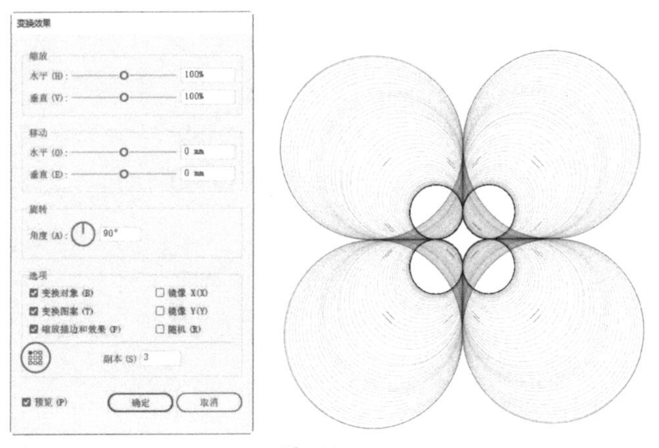

图2-19　　图2-20

03 用同样的方法制作另一种效果。这次先绘制一个椭圆，之后鼠标指针沿心形轨迹移动，便可制作出一个呈现透视效果的立体心房，如图2-21所示。

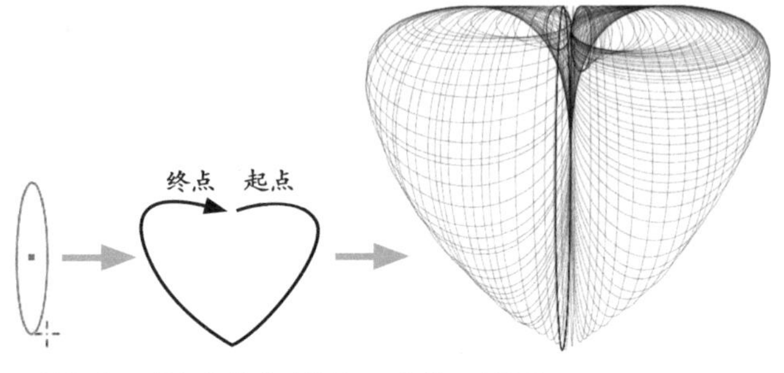

绘制椭圆　鼠标指针移动轨迹　生成心房图形

图2-21

> **提示**
>
> 如果想生成更多的图形，可以放慢鼠标的移动速度。

·AI技术/设计讲堂·

修改实时形状

在Illustrator中，使用矩形工具、圆角矩形工具、椭圆工具、多边形工具、直线段工具、Shaper工具（见140页）创建的图形均为实时形状。所谓实时形状，就是可实时修改的图形，具体说就是通过拖曳边角构件，可以对图形的宽度、高度、旋转角度、圆角半径等进行实时调整，而且无须切换工具，如图2-22所示。编辑锚点时，如果边角构件对视线造成干扰，可以执行“视图>隐藏边角构件”命令，将边角构件隐藏。

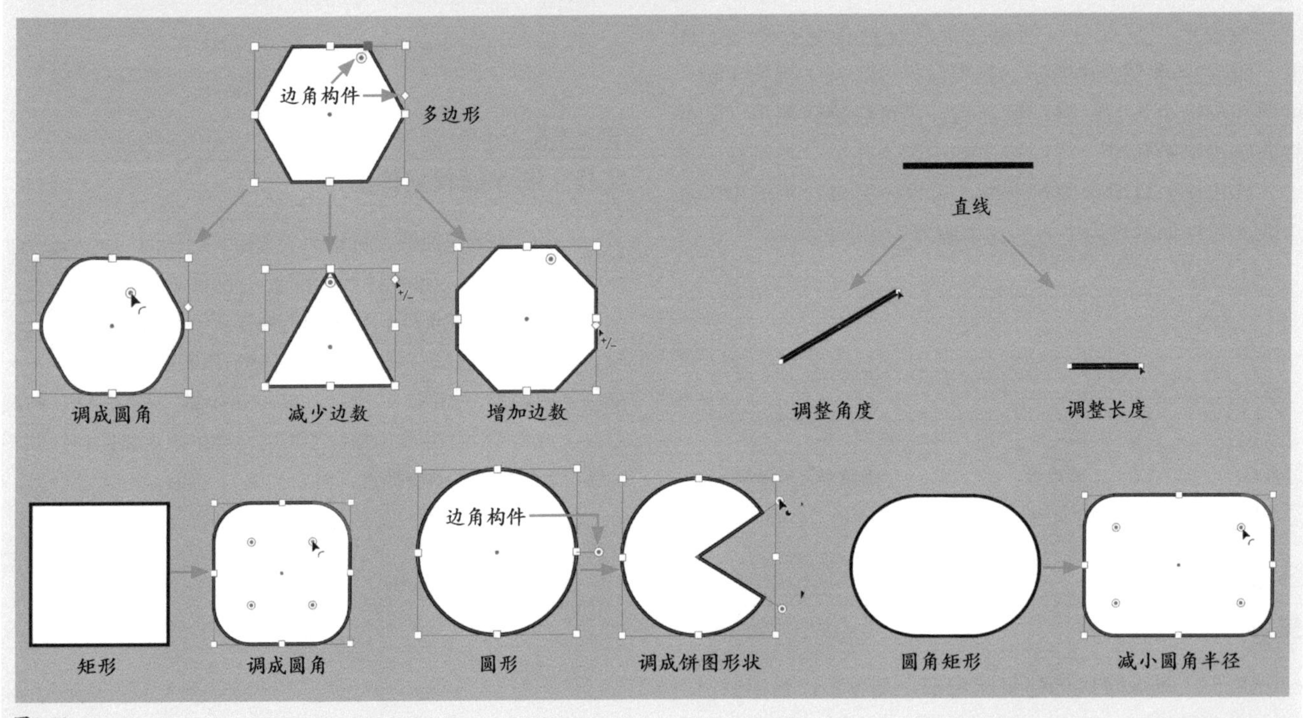

图2-22

由于实时形状是Illustrator CC 2014版中增加的功能，所以在Illustrator 2021中打开2014版之前创建的文档时，文档中的形状不会自动转换为实时形状。如果要进行转换，可以选择路径，然后执行“对象>形状>转换为形状”命令。如果要将实时形状转换为路径，则将其选择，执行“对象>形状>扩展形状”命令即可。

绘制线、网格和光晕图形

Illustrator中最基本的线状图形有直线、弧线、螺旋线、矩形网格和极坐标网格。还有一类特殊的图形——光晕图形，其光环和发射的射线也属于线状对象。

2.2.1 直线

直线段工具 ⁄ 用来创建直线。拖曳鼠标时按住Shift键，可创建水平、垂直或45°的整数倍方向的直线；按住Alt键，则直线会以起点为中心向两侧延伸。

在画板中单击，打开“直线段工具选项”对话框，可以设置直线的长度和角度，如图2-23和图2-24所示。勾选“线段填色”选项，将以当前填充颜色为线段填色。

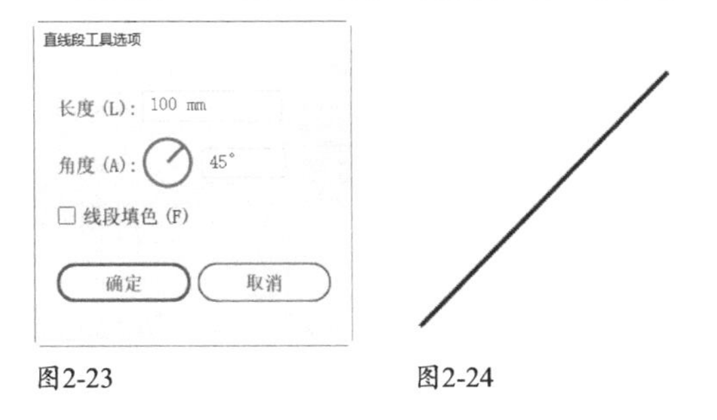

图2-23　　图2-24

2.2.2 弧线

弧形工具 ⌒ 用来创建弧线。拖曳鼠标时，按X键，可以切换弧线的凹凸方向，如图2-25所示；按C键，可在开放式图形与闭合图形之间切换，图2-26所示为创建的闭合图形；按住Shift键，可以保持固定的角度；按↑键和↓键，可以调整弧线的斜率。如果要创建更为精确的弧线，可在画板中单击，打开“弧线段工具选项”对话框进行设置，如图2-27所示。

- 参考点定位器 ：单击参考点定位器上的空心方块，可以定义从哪一点开始绘制弧线。
- X轴长度/Y轴长度：用来设置弧线的宽度和高度。
- 类型：可以选择创建开放式弧线或闭合式弧线。
- 基线轴：可以指定弧线的方向，即沿水平方向（“X轴”）绘制，或沿垂直方向（“Y轴”）绘制。
- 斜率：用来指定弧线的斜率和方向。其为负值则弧线向内凹入，为正值则弧线向外凸起。
- 弧线填色：用当前的填充颜色为弧线围住的区域填色，如图2-28所示。

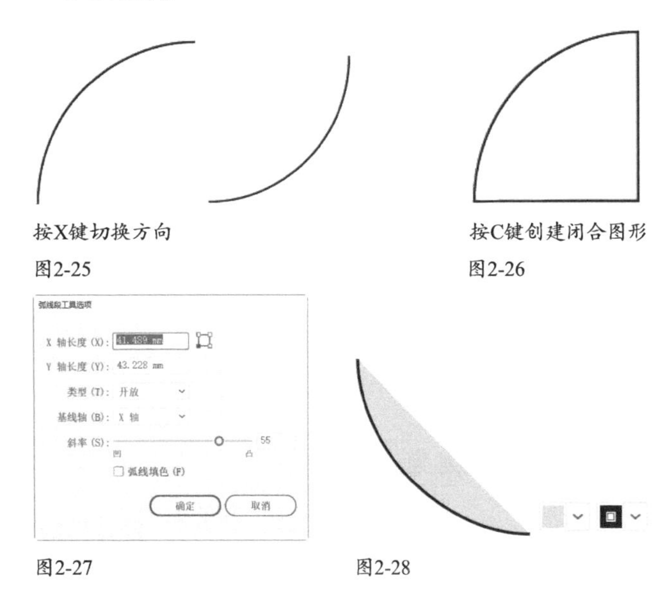

图2-25　　图2-26

图2-27　　图2-28

2.2.3 螺旋线

螺旋线工具 ◎ 用来创建螺旋线，如图2-29所示。拖曳鼠标时，移动鼠标指针可以旋转图形；按R键，可以调整螺旋线的方向，如图2-30所示；按住Ctrl键拖曳，可以调整螺旋线的紧密程度，如图2-31所示；按↑键螺旋线会增加；按↓键则减少螺旋线。如果要更加精确地绘制图形，可以在画板中单击，打开“螺旋线”对话框进行设置，如图2-32所示。

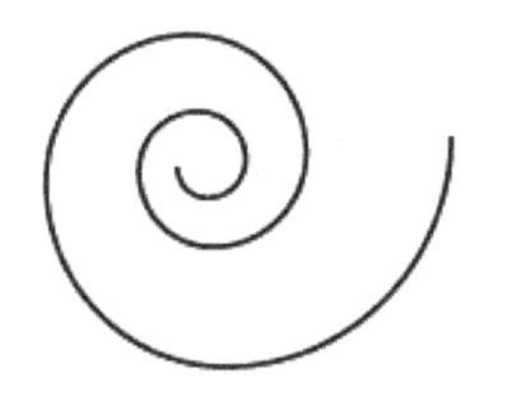

创建螺旋线

图2-29

按R键调整螺旋线的方向

图2-30

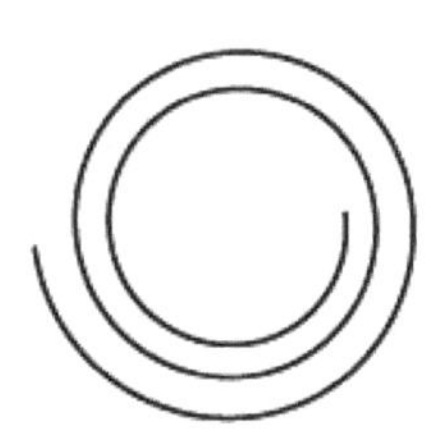

图2-31

图2-32

- 半径：用来设置从中心到螺旋线最外点的距离。该值越大，螺旋的范围越大。
- 衰减：用来设置每一螺旋相对于上一螺旋应减少的量，如图2-33和图2-34所示。
- 段数：螺旋线的每一完整螺旋由4条线段组成。该值决定了线段的数量，如图2-35所示。

衰减为70%

图2-33

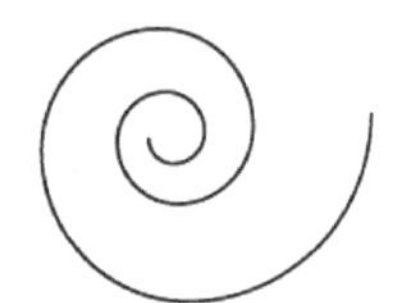

衰减为80%

图2-34

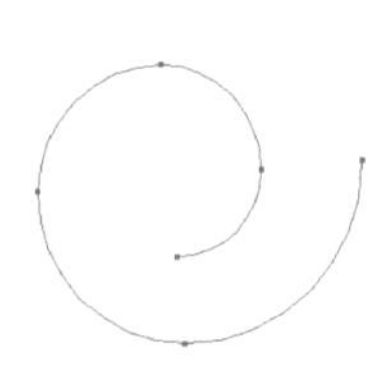

段数为5

图2-35

- 样式：可以设置螺旋线的方向。

2.2.4

实战：绘制卡通龙猫

01 按Ctrl+N快捷键，新建一个文档。使用椭圆工具创建一个椭圆形，填充浅棕色，如图2-36和图2-37所示。

扫码看视频

图2-36

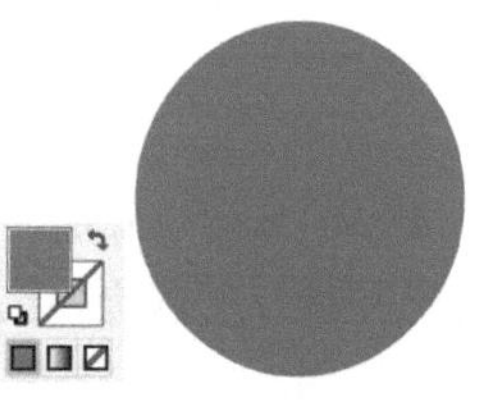

图2-37

02 再创建两个椭圆形，如图2-38和图2-39所示。选择锚点工具，将鼠标指针放在图2-40所示的锚点上，单击鼠标，将圆角改成尖角，如图2-41所示。用它作龙猫的耳朵。

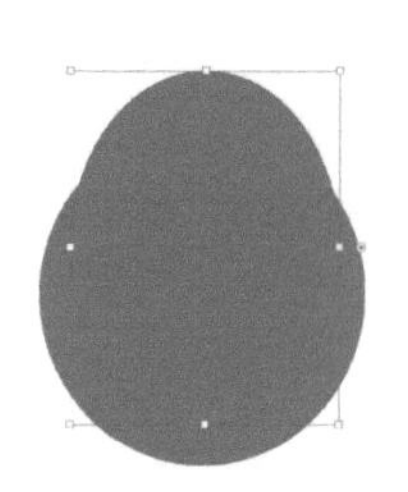

图2-38

图2-39

图2-40

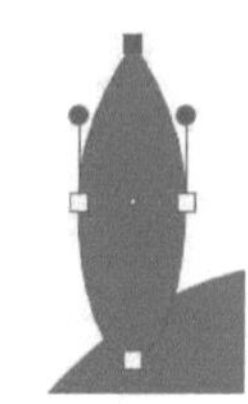

图2-41

03 将鼠标指针放在图形右下角并进行拖曳，旋转图形，如图2-42所示。选择镜像工具。鼠标指针在大椭圆上方移动，会出现智能参考线并显示“锚点”二字，如图2-43所示。按住Alt键单击，弹出“镜像”对话框，选取“垂直”选项，单击“复制”按钮，在对称位置复制图形，如图2-44和图2-45所示。

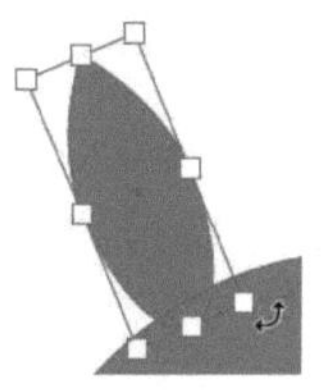

图2-42

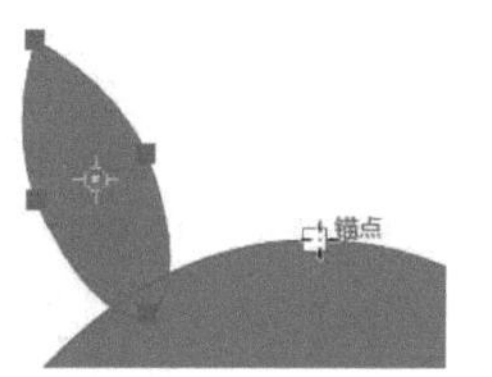

图2-43

图2-44

图2-45

04 使用椭圆工具创建一个圆形，将颜色调浅，如图2-46和图2-47所示。再创建一个圆形作为眼睛。设置描边颜色为黑色，粗细为1 pt，并选取宽度配置文件，让描边呈现粗细变化，如图2-48所示。

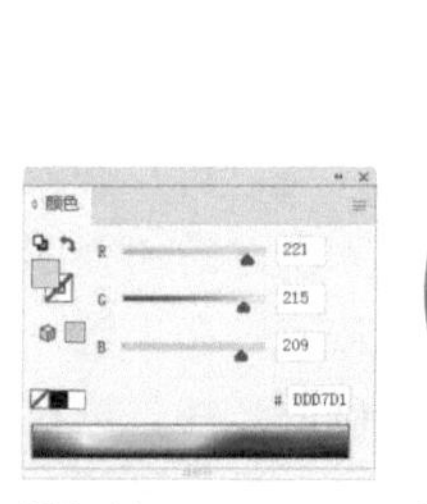

图2-46

图2-47

图2-48

05 创建一个黑色的圆形，作为瞳孔。选择选择工具，按住Shift键单击外侧的眼球，将其与瞳孔一同选取，如图2-49所示。按住Alt键向左侧拖曳，进行复制，如图2-50所示。

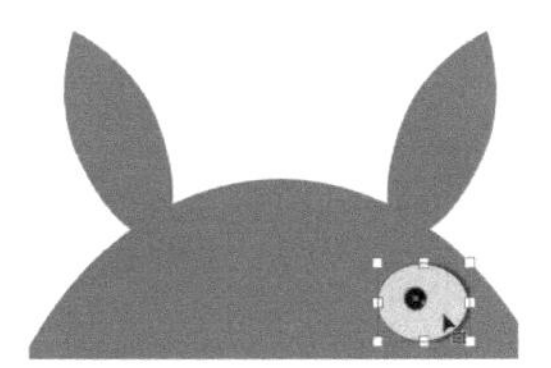

图2-49

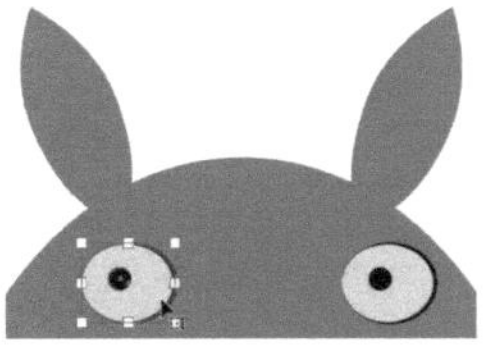

图2-50

06 使用弧形工具绘制胡须。设置描边颜色为黑色，并选取宽度配置文件，如图2-51和图2-52所示。

图2-51 图2-52

07 使用弧形工具绘制嘴巴，如图2-53所示。绘制鼻子，设置填色为黑色，如图2-54所示。最后在龙猫的肚皮上绘制两组弧线，如图2-55和图2-56所示。

图2-53 图2-54

图2-55 图2-56

2.2.5

实战：制作镂空立体字（矩形网格工具）

本实战将使用矩形网格工具、铅笔工具、剪切蒙版、图层、文字等制作镂空立体字。由于用到的功能较多，对于Illustrator新手操作有一定的难度。但这样的练习有助于我们了解Illustrator的整体功能，对后面即将学习的知识也能有一个初步的认识。

扫码看视频

01 按Ctrl+N快捷键，新建一个文档。选择矩形网格工具，在画板中单击，弹出“矩形网格工具选项”对话框，设置参数，如图2-57所示，单击“确定”按钮创建网格图形。在“颜色”面板中设置描边颜色为红色，在“控制”面板中设置描边粗细为2 pt，无填色，如图2-58~图2-60所示。

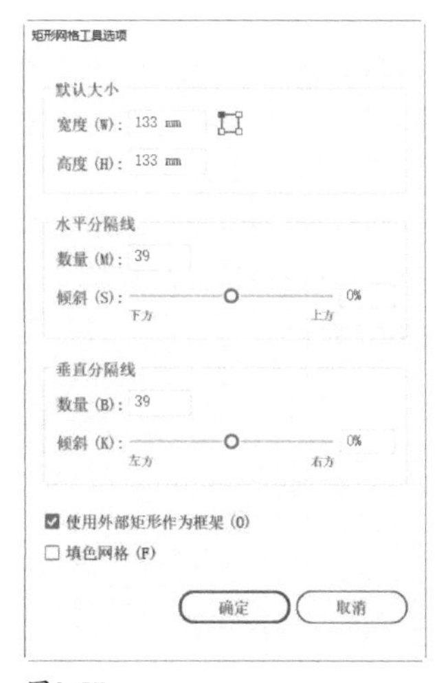

图2-57

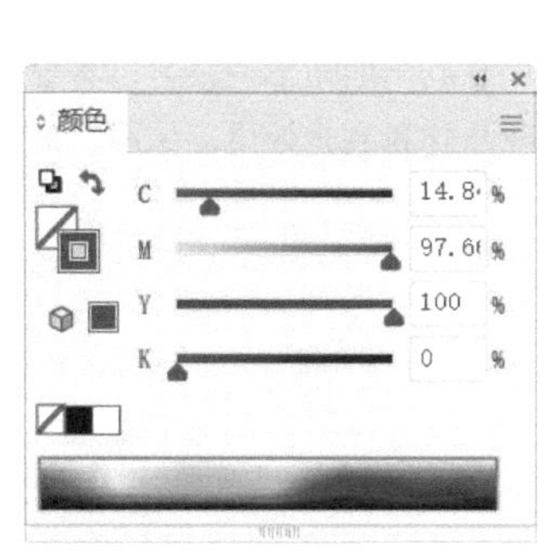

图2-58

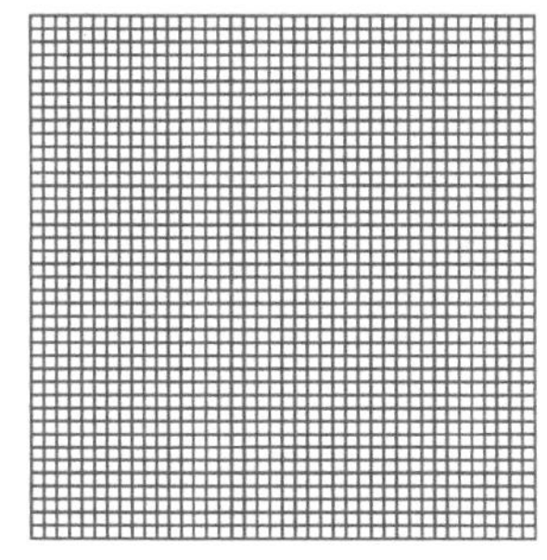

图2-59 图2-60

02 双击旋转工具，在打开的对话框中设置旋转“角度”为45°，对图形进行旋转，如图2-61和图2-62所示。

图2-61

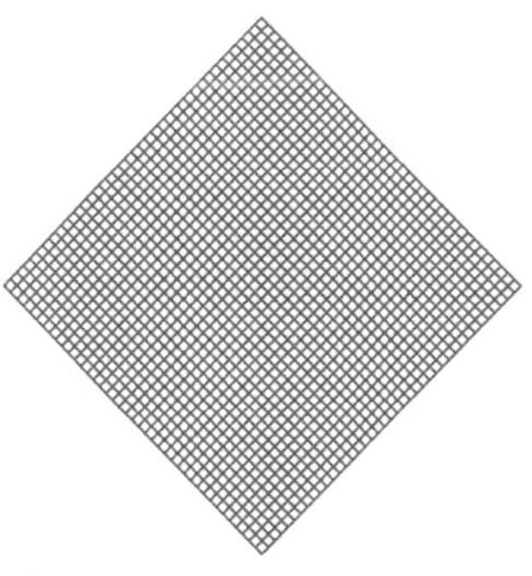

图2-62

03 执行“效果>风格化>投影”命令，添加“投影”效果，使网格产生立体感，如图2-63和图2-64所示。

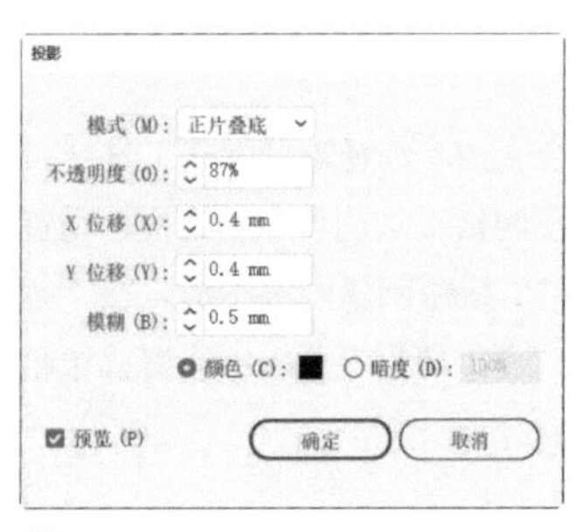

图2-63

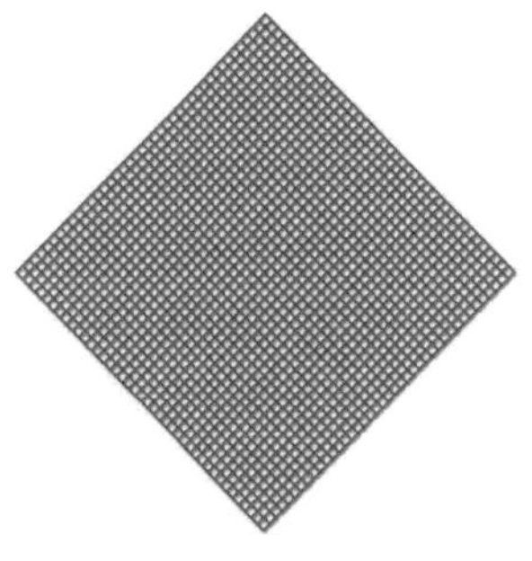

图2-64

04 在“图层”面板中，将<编组>图层拖曳到⊞按钮上，复制组（即网格图形），如图2-65和图2-66所示。在组右侧的选择列中，即图2-67所示处单击，选择组中的所有对象（复制出的矩形网格），将描边调细，将颜色调浅，使网格呈现凸起和高光效果，如图2-68和图2-69所示。

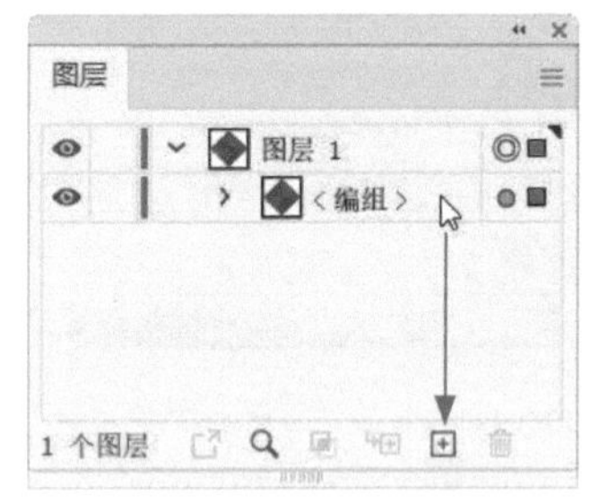

图2-65

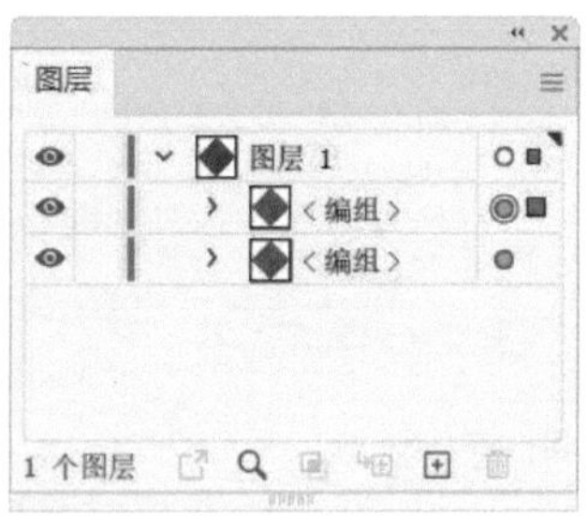

图2-66

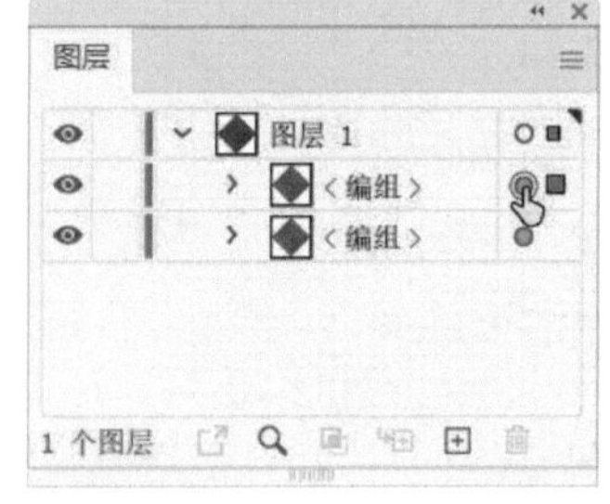

图2-67

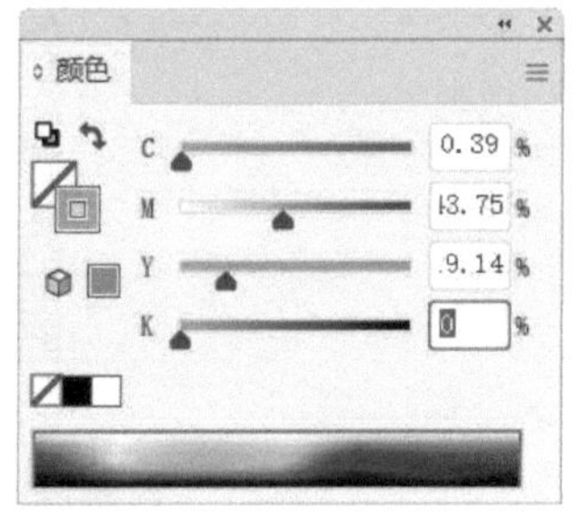

图2-68

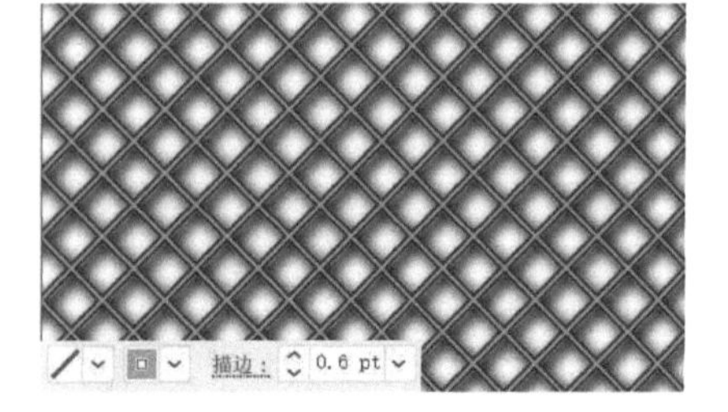

图2-69

05 选择选择工具▶，按←键和↑键，将当前网格向左上方移动一点距离，使之与下方网格位置错开一点，以增强立体感，如图2-70所示。使用铅笔工具✎ （见98页）绘制一条闭合的路径，如图2-71所示。单击“图层1”，如图2-72所示，单击面板底部的▣按钮，创建剪切蒙版（见162页），将该路径以外的网格图形隐藏，如图2-73和图2-74所示。

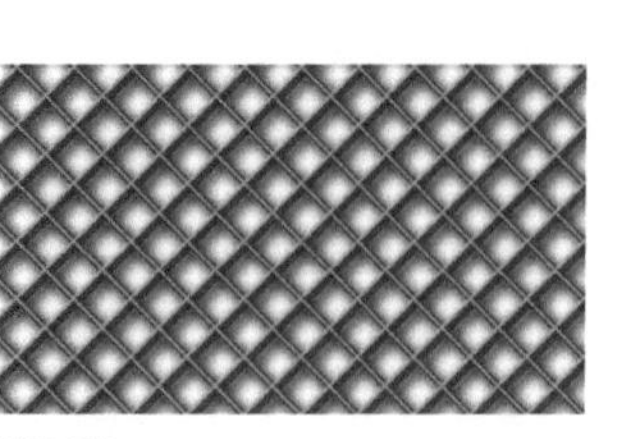

图2-70

图2-71

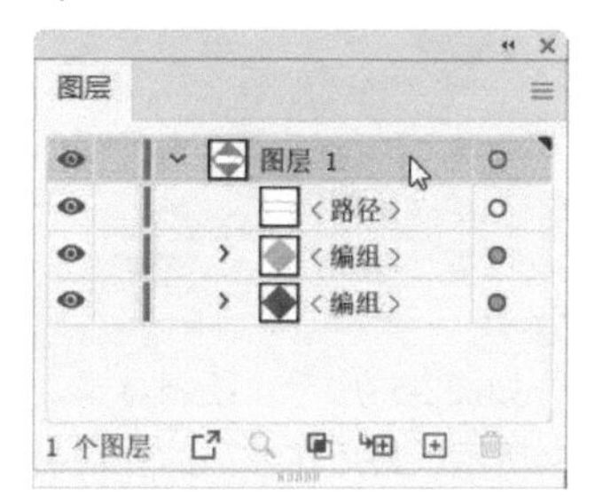

图2-72

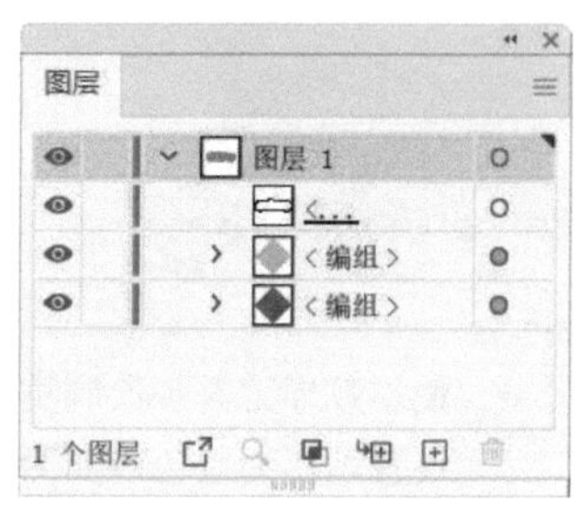

图2-73

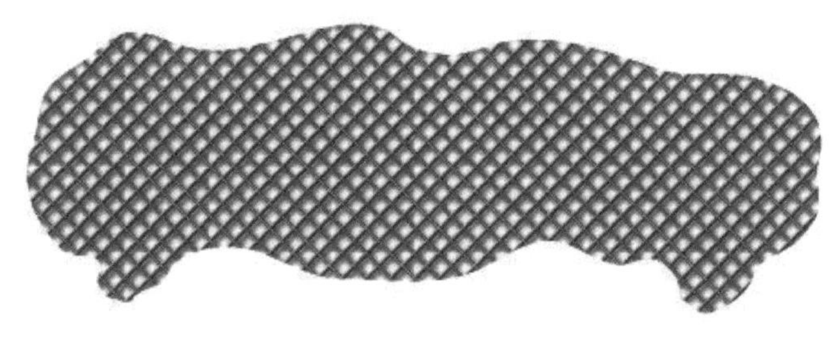

图2-74

06 单击“图层”面板底部的⊞按钮，新建“图层2”。将位于最下方的<编组>子图层拖曳到⊞按钮上进行复制，如图2-75所示；之后将复制所得到的图层拖曳到“图层2”中，如图2-76和图2-77所示。

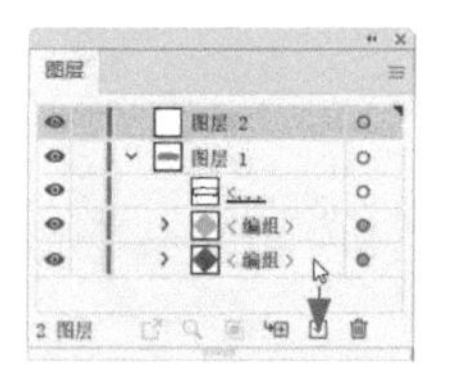

图2-75

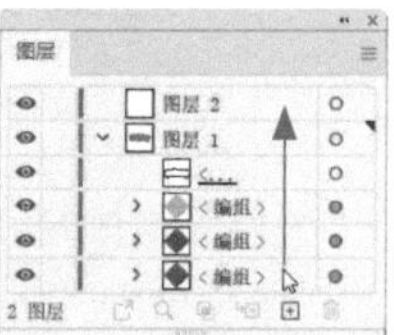

图2-76

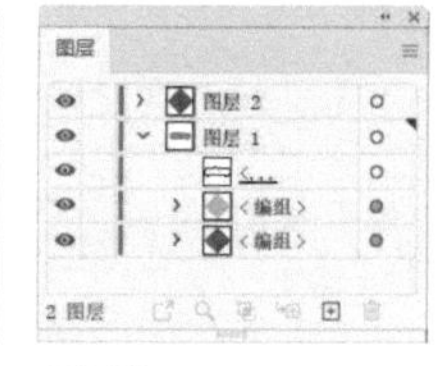

图2-77

07 单击“图层2”前方的›按钮，展开图层。在图2-78所示的选择列中单击，选取图形，设置描边颜色为白色，如图2-79和图2-80所示。

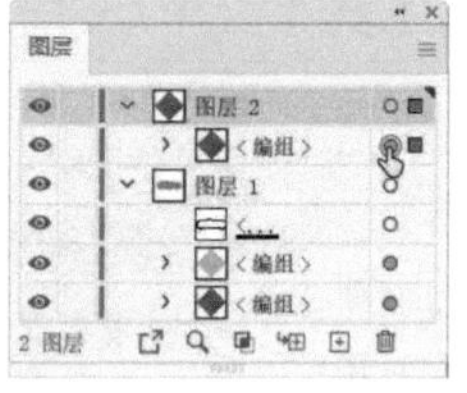

图2-78

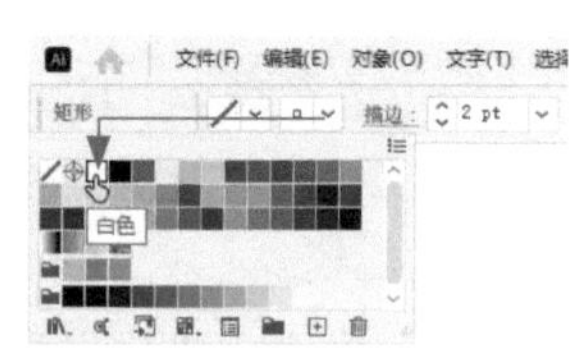

图2-79

图2-80

08 打开“字符”面板。设置字体及大小，如图2-81所示。选择文字工具T，在远离网格的区域单击并输入文字（注意：应远离网格，否则会在路径上创建文字）；之后选择选择工具▶，将其拖曳到网格上，如图2-82所示。

图2-81

图2-82

09 单击“图层2”，如图2-83所示，再单击面板底部的按钮，创建剪切蒙版，将文字以外的图形隐藏，如图2-84所示。

图2-83

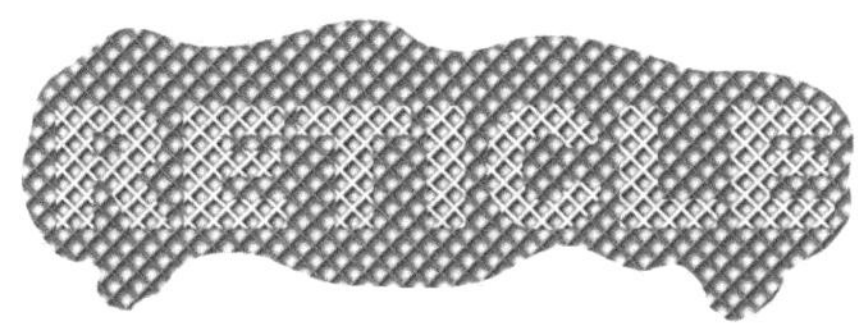

图2-84

10 单击“图层”面板底部的按钮，新建“图层3”。将它拖曳到“图层1”下方，如图2-85和图2-86所示。打开素材，如图2-87所示。按Ctrl+A快捷键全选，按Ctrl+C快捷键复制。切换到另一个文档，按Ctrl+V快捷键，将图稿粘贴到该文档中，作为背景，如图2-88所示。

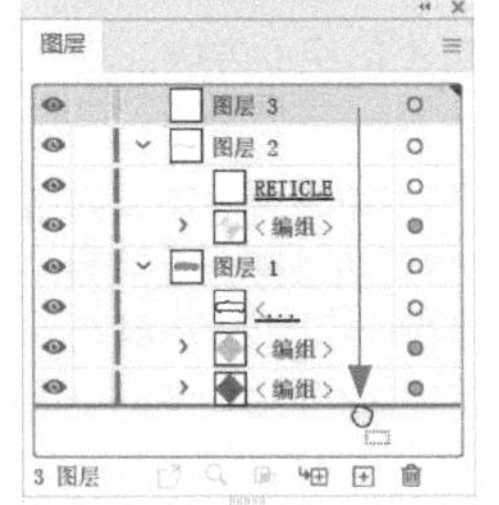

图2-85

图2-86

图2-87

图2-88

“矩形网格工具选项”对话框

- 宽度/高度：用来设置矩形网格的宽度和高度。
- 参考点定位器：单击参考点定位器上的空心方块，可以确定绘制网格时的起始点的位置。
- “水平分隔线”选项组：“数量”选项用来设置网格顶部和底部之间的水平分隔线的数量。“倾斜”值决定了水平分隔线从网格顶部或底部倾向于左侧或右侧的方式。当“倾斜”值为0%时，水平分隔线的间距相同；该值大于0%时，网格的间距由上到下逐渐变小；该值小于0%时，则网格的间距由下到上逐渐变小。
- “垂直分隔线”选项组：“数量”选项用来设置网格左侧和右侧之间的分隔线的数量。“倾斜”值决定了垂直分隔线倾向于左侧或右侧的方式。当“倾斜”值为0%时，垂直分隔线的间距相同；该值大于0%时，网格的间距由左到右逐渐变小；该值小于0%时，则网格的间距由右到左逐渐变小。
- 使用外部矩形作为框架：勾选该选项后，将以单独的矩形对象替换顶部、底部、左侧和右侧线段。使用编组选择工具可以将该矩形与网格分离，如图2-89所示。
- 填色网格：勾选该选项及“使用外部矩形作为框架”选项后，会以当前填充颜色为网格填色，如图2-90所示。

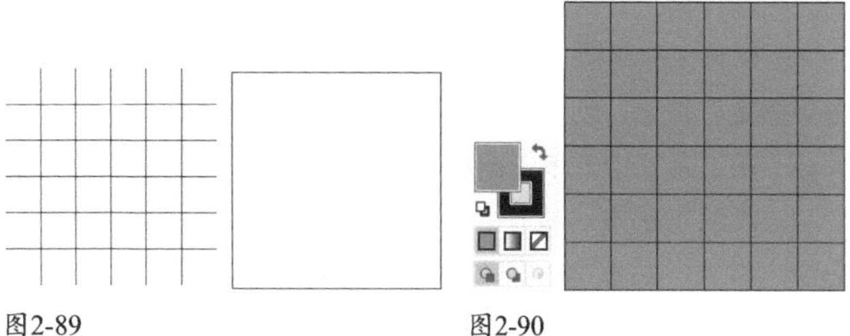

图2-89　图2-90

技术看板　矩形网格创建技巧

选择矩形网格工具▦，在画板上拖曳鼠标，可以自定义网格大小。拖曳鼠标时，按住Shift键，可以创建正方形网格；按住Alt键，会以起点为中心向外绘制网格；按F键/V键可调整网格中的水平分隔线间距；按X键/C键，可调整垂直分隔线的间距；按↑键/↓键，可以增加/减少水平分隔线；按→键/←键，可以增加/减少垂直分隔线。

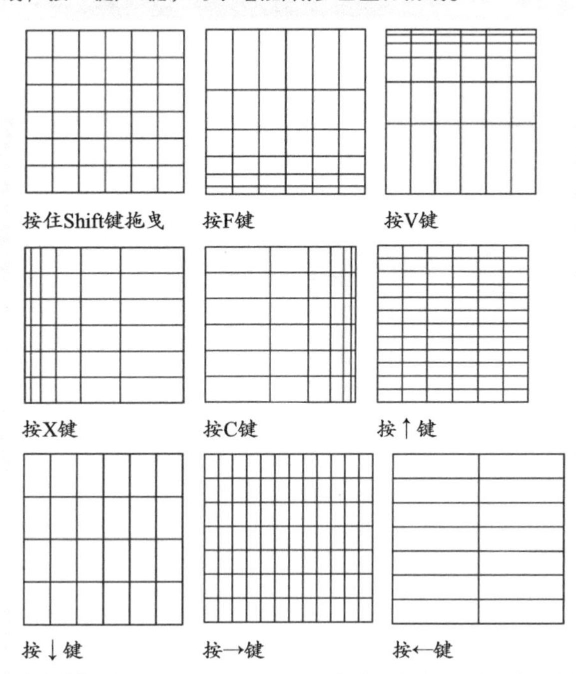

按住Shift键拖曳　按F键　按V键

按X键　按C键　按↑键

按↓键　按→键　按←键

2.2.6

实战：绘制服装单独纹样（极坐标网格工具）

在服装设计行业中，Illustrator是常用的软件之一，因为它的矢量绘图功能非常强大，可以绘制款式图、服装画，制作服饰图案。

扫码看视频

单独纹样是服饰图案的基础，通过对单独纹样的复制与排列，可以构成二方连续、四方连续，以及独幅式综合图案。

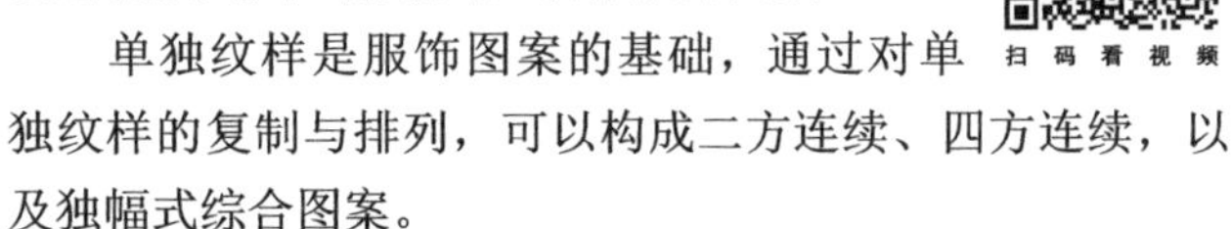

01 选择极坐标网格工具⊛，在画板上单击，弹出“极坐标网格工具选项”对话框，设置参数，如图2-91所示。单击“确定”按钮，创建同心圆图形，如图2-92所示。

02 在工具栏中，单击图2-93所示的按钮，将描边设置为当前编辑状态。执行“窗口>画笔库>边框>边框_装饰”命令，打开“边框_装饰”面板。选择编组选择工具▷⁺，单击最内层的圆形，将其选取，如图2-94所示；单击如图2-95所示的画笔，为它添加画笔描边，如图2-96所示。

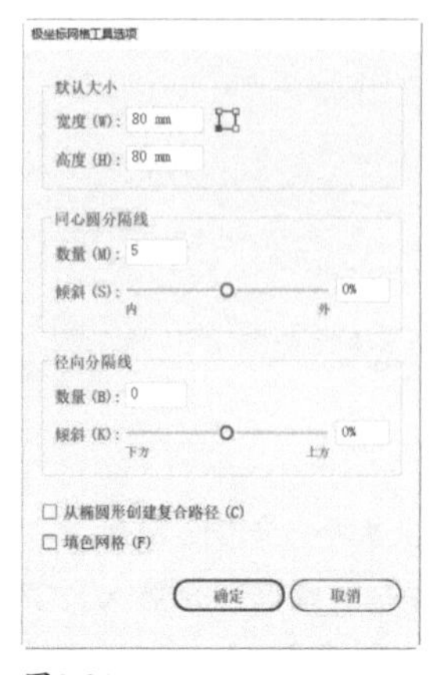

图2-91

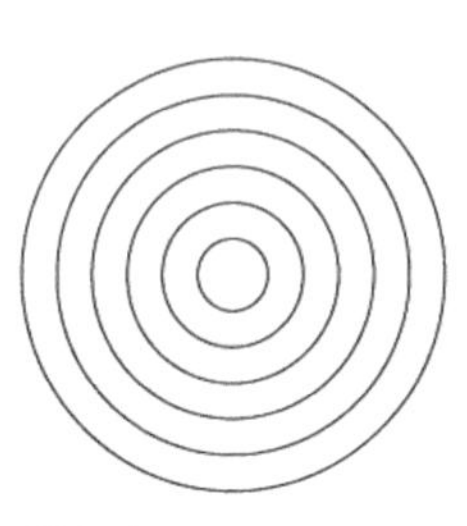

图2-92

图2-93

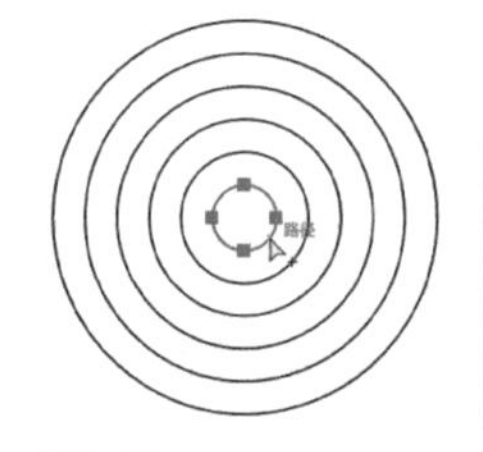

图2-94

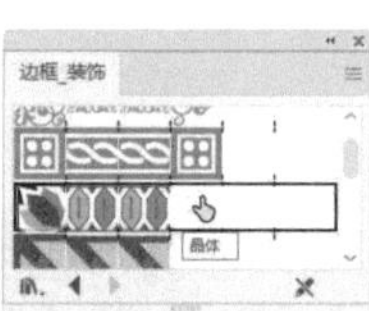

图2-95

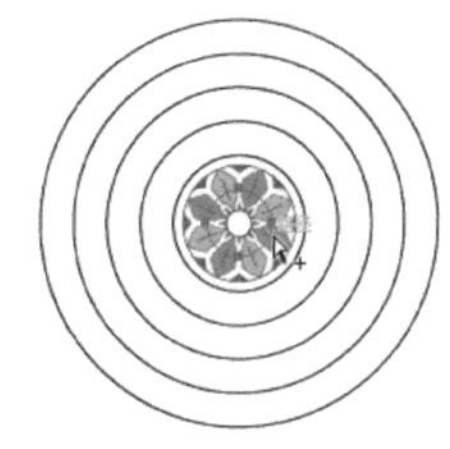

图2-96

03 采用同样的方法依次单击外层圆形，并添加不同的描边，效果如图2-97所示。使用其他画笔库，如“边框_原始”库可以制作出古朴、深沉风格的图案，如图2-98所示。

图2-97

图2-98

“极坐标网格工具选项”对话框

- 宽度/高度：用来设置整个网格的宽度和高度。
- 参考点定位器⊡：单击参考点定位器⊡上的空心方块，可以确定绘制网格时的起始点的位置。
- “同心圆分隔线”选项组：“数量”选项用来设置出现在网格中的同心圆分隔线的数量。“倾斜”值决定了同心圆分隔线倾向于网格内侧或外侧的方式。当“倾斜”值为0%时，同心圆之间的距离相同；该值大于0%时，同心圆向边缘聚拢；该值小于0%时，同心圆向中心聚拢。
- “径向分隔线”选项组：“数量”用来设置网格中心和外围之

间出现的径向分隔线的数量。"倾斜"值决定了径向分隔线倾向于网格逆时针或顺时针方向的方式。当"倾斜"值为0%时，径向分隔线的间距相同；该值大于0%时，径向分隔线向逆时针方向聚拢；该值小于0%时，径向分隔线向顺时针方向聚拢。

- 从椭圆形创建复合路径：将同心圆转换为独立的复合路径，并每隔一个圆填色，如图2-99所示。
- 填色网格：用当前的填充颜色为网格填色，如图2-100所示。

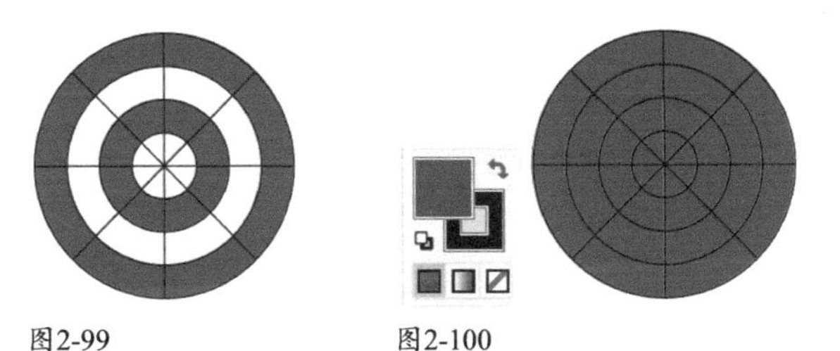

图2-99　　图2-100

技术看板　极坐标网格创建技巧

使用极坐标网格工具时，拖曳鼠标，可自定义网格大小。拖曳鼠标时，按住Shift键，可绘制圆形网格；按住Alt键，将以起点为中心向外绘制极坐标网格；按↑键/↓键，可增加/减少同心圆；按→键/←键，可增加/减少径向分隔线；按X键，同心圆向网格中心聚拢；按C键，同心圆向边缘扩散；按V键/F键，径向分隔线向顺时针/逆时针方向聚拢。

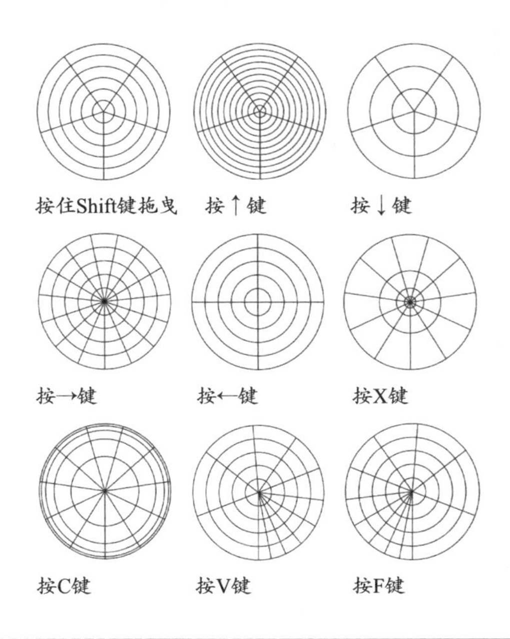

2.2.7 实战：制作漂亮的镜头光晕（光晕工具）

当光线在镜头中反射和散射时，会产生镜头眩光，并在图像中生成斑点或阳光光环，这便是镜头光晕。镜头光晕可以增添缥缈、梦幻般的气氛，使画面呈现戏剧效果。

扫码看视频

01 按Ctrl+O快捷键，打开素材，如图2-101所示。光来源于画面上方靠左侧的位置。下面就从这里创建光晕。

图2-101

02 选择光晕工具，在图稿左上角单击，放置光晕图形的中央手柄，如图2-102所示；不要放开鼠标左键，拖曳鼠标，设置光晕范围，如图2-103所示；放开鼠标左键，在画板的另一处单击，放置末端手柄并添加光环，如图2-104所示；最后放开鼠标左键，完成光晕图形的创建，如图2-105所示。

图2-102

图2-103

图2-104

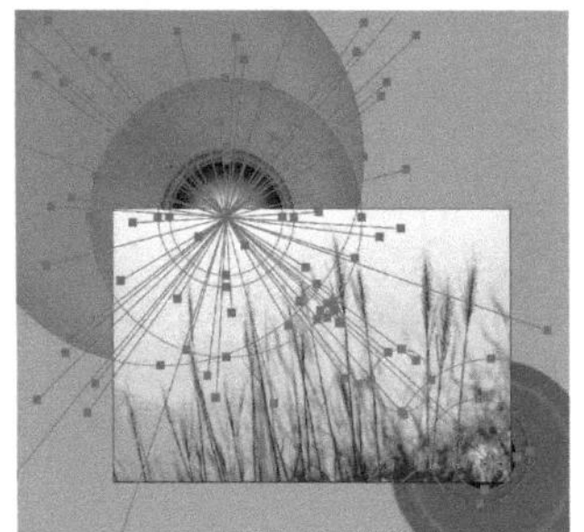

图2-105

03 按Ctrl+C快捷键复制图形；连按两下Ctrl+F快捷键，将图形粘贴到前面，提高光晕亮度，如图2-106所示。

图2-106

修改光晕图形

光晕图形是矢量对象，包含特殊的图形和控件，如图2-107所示。

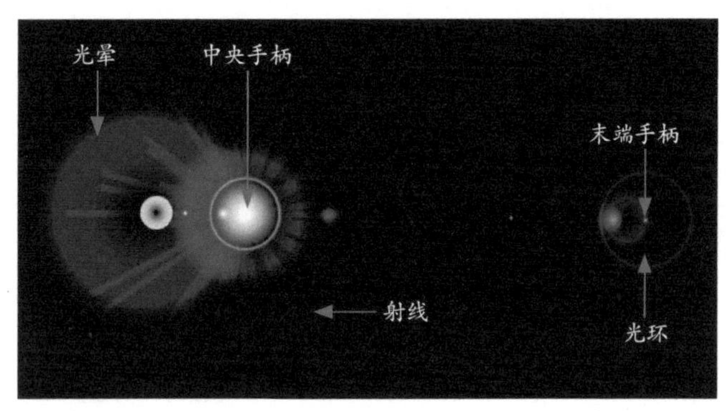

图2-107

选择光晕工具，在图稿上拖曳鼠标，放置中央手柄并设置光晕范围时，射线会随着鼠标指针的移动而发生旋转，如果想固定射线角度，可以按住Shift键；如果想增加/减少射线，可以按↑键/↓键。

当在画板的另一处单击，放置末端手柄并添加光环时，拖曳鼠标可以移动光环；按↑键/↓键可增加/减少光环；按~键可随机放置光环。

光源图形创建好之后，可以选择光晕工具，拖曳中央手柄、末端手柄，对图形进行移动，如图2-108所示。

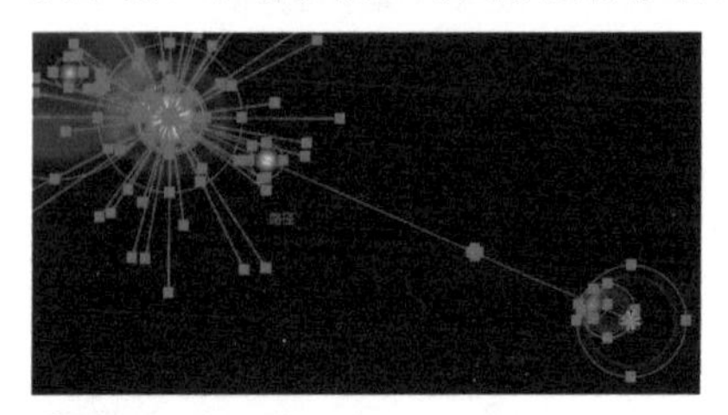

图2-108

“光晕工具选项”对话框

选择选择工具，单击光晕图形，将其选取，如图2-109所示，双击光晕工具，可以打开“光晕工具选项”对话框修改光晕参数，如图2-110所示。如果要将光晕参数恢复为默认值，可以按住Alt键，此时对话框中的“取消”按钮会变为“重置”按钮，单击该按钮即可。

图2-109

图2-110

- “居中”选项组：用来设置闪光中心的整体直径、不透明度和亮度。图2-111所示是“直径”为100 pt的光晕图形（图2-109所示是“直径”为50 pt的光晕图形）。

图2-111

- “光晕”选项组：“增大”选项用来设置光晕图形整体的百分比，即图形大小。“模糊度”选项用来设置光晕的模糊程度（0%为锐利，100%为模糊）。
- “射线”选项组：用来设置射线数量、最长的射线和射线的模糊度（0%为锐利，100%为模糊）。图2-112所示是设置“数量”为50时生成的射线（原值为15）。

图2-112

- “环形”选项组：如果希望光晕中包含光环，可以勾选“光环”选项并指定光晕中心点（中央手柄）与最远的光环中心点（末端手柄）之间的路径距离、光环数量、最大的光环和光环的方向或角度。图2-113所示是“数量”为50时生成的光环（原值为10）。

图2-113

> **提示**
>
> 选择光晕对象，执行“对象>扩展”命令，可将其扩展为普通图形。

2.3 填色和描边

通过前面的实战，我们对填色和描边功能有了一个初步的认识。下面对这两个功能的重要性和用途进行详细介绍。另外，还会介绍其他填色和描边方法。

2.3.1 实战：用工具栏和面板设置填色和描边

要点

用毛笔写字或画画时，需要蘸上颜料，否则是不会留下痕迹的。在Illustrator中绘图也是这样。我们绘制的是矢量图形（见78页），如图2-114所示。如果不添加颜色，取消编辑时，图形就会“隐身”，无法观看和打印，如图2-115所示。

扫码看视频

图2-114

图2-115

填色是指在矢量图形内部填充颜色、渐变或图案。描边是指用这3种对象中的一种描绘图形的轮廓。图2-116所示为各种填色和描边效果。描边时可以调整粗细、添加虚线样式，也可以使用画笔进行风格化描边（见258页）。

填充颜色

用颜色描边

填充渐变

用渐变描边

填充图案

用图案描边

图2-116

01 按Ctrl+O快捷键，打开素材。选择选择工具▶，单击图2-117所示的图形，将其选取。它是矢量图形，可以随时添加和修改填色和描边属性。单击工具栏中的填色图标，如图2-118所示；之后单击“颜色参考”面板中的预设色板，即可修改填色，如图2-119和图2-120所示。

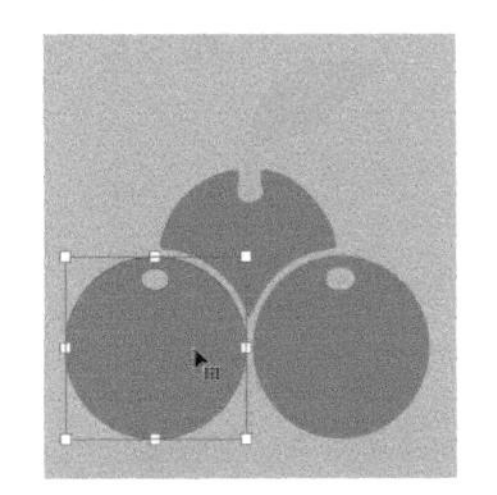

图2-117

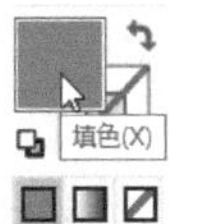

图2-118

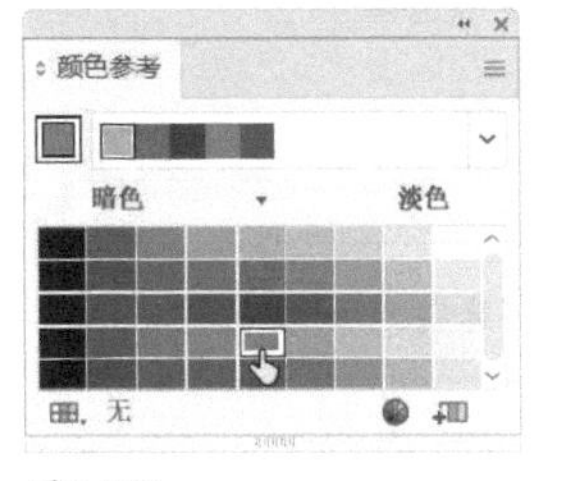

图2-119

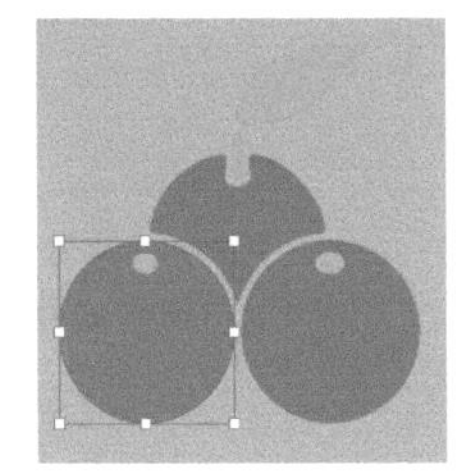

图2-120

02 如果要添加或修改描边，可单击图2-121所示的图标，将描边设置为当前编辑状态；之后为描边选取颜色并在“控制”面板中调整描边粗细，如图2-122和图2-123所示。

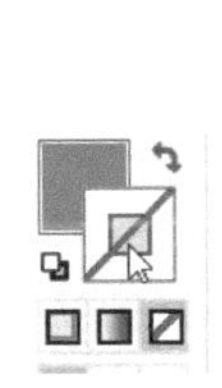

图2-121

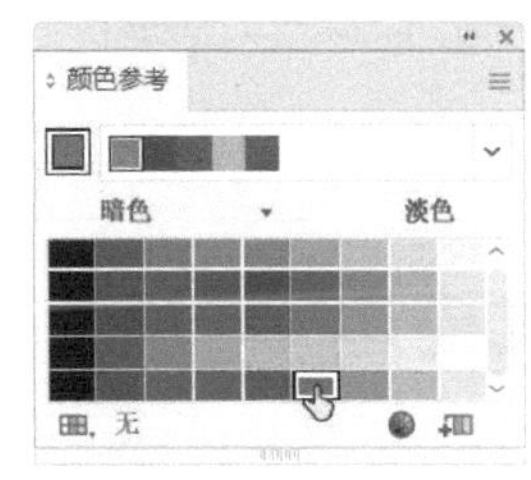

图2-122

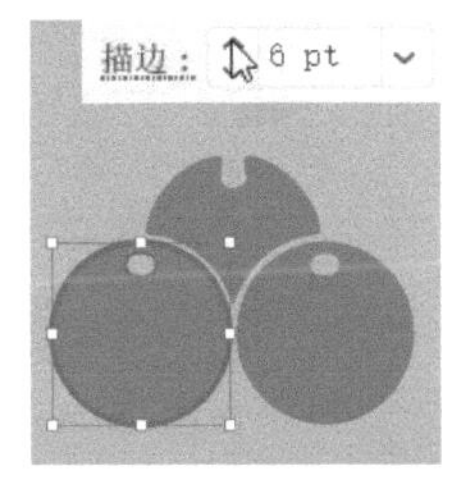

图2-123

03 “色板”“颜色”和“渐变”面板也都包含填色和描边选项，如图2-124~图2-126所示。单击其中的一个选项，之后，可在面板中调整颜色，添加颜色或渐变，如图2-127所示。

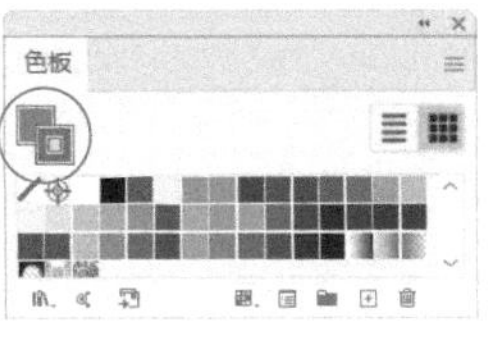

图2-124

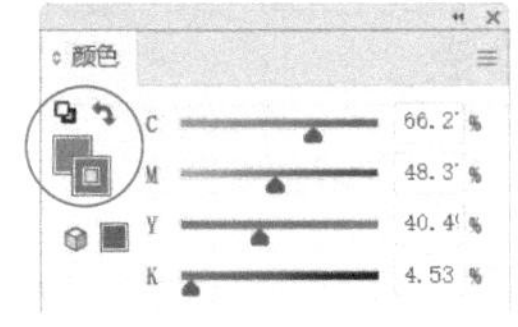

图2-125

图2-126

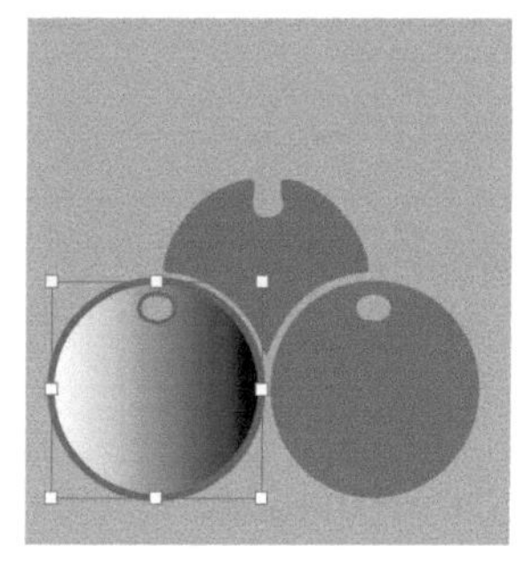

图2-127

04 “控制”面板中集成了“色板”面板，所以，用它设置填色和描边也很方便，如图2-128所示。如果要填色，可单击填色选项右侧的⌄按钮，打开下拉面板选取填充内容。如果要设置描边，可单击描边选项右侧的⌄按钮，打开下拉面板进行选取。

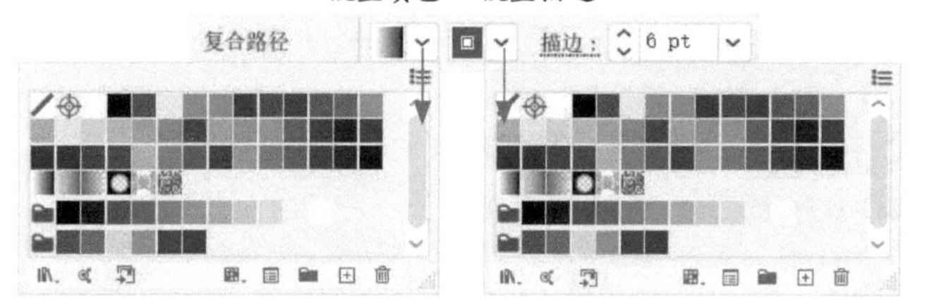

图2-128

> 提示
>
> 绘图时，可以按X键，将填色或描边设置为当前编辑状态。

2.3.2 互换填色和描边

选择选择工具▸，单击图形，将其选取，如图2-129所示，单击工具栏或“颜色”面板中的↷按钮，可以互换填色和描边，如图2-130所示。

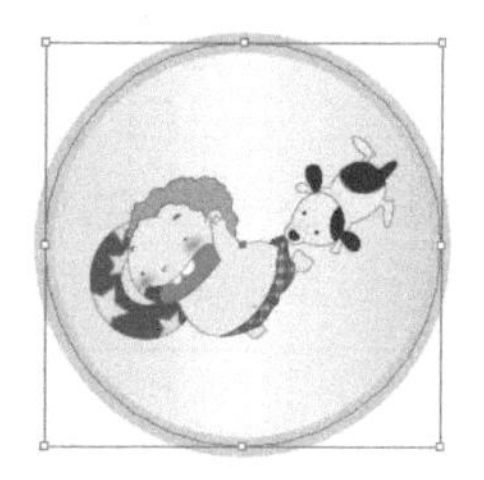

图2-129

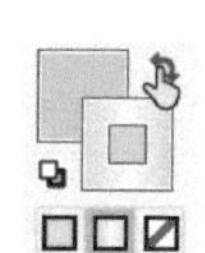

图2-130

2.3.3 恢复为默认的填色和描边

选取图形后，单击工具栏或“颜色”面板中的⧉按钮，可以将填色和描边恢复为默认的颜色（描边为黑色，填色为白色），如图2-131和图2-132所示。

图2-131

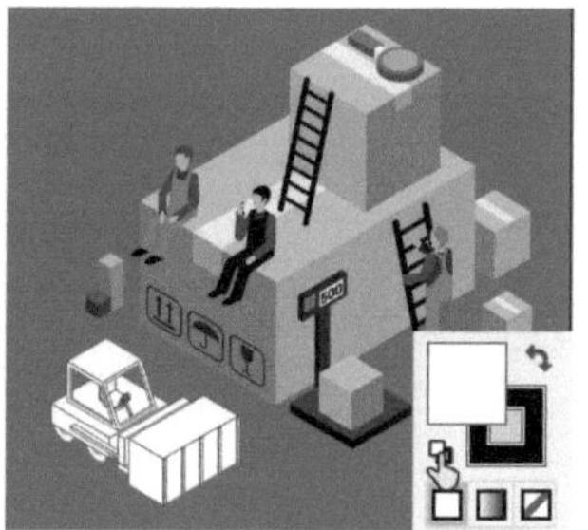

图2-132

2.3.4 删除填色和描边

如果要删除一个图形的填色或描边，可将其选取，之后在工具栏、“颜色”面板或“色板”面板中将填色或描边设置为当前编辑状态，再单击⧄按钮即可。

修改描边

对图形应用描边后，可以在“描边”面板中设置描边粗细、对齐方式、斜接限制、线条连接和线条端点的样式，还可以将描边设置为虚线，以及控制虚线的样式。

2.4.1 “描边”面板

执行“窗口>描边”命令，打开“描边”面板，如图2-133所示。

- 粗细：用来设置描边线条的宽度。该值越高，描边越粗。
- 端点：设置开放式路径两个端点的形状，如图2-134~图2-136所示。单击平头端点按钮■，路径会在终端锚点处结束，在准确对齐路径时，该选项非常有用；单击圆头端点按钮◖，路径末端呈半圆形圆滑效果；单击方头端点按钮■，会向外延长描边“粗细”值一半的距离结束描边。

“描边”面板

图2-133

平头端点

图2-134

圆头端点

图2-135

方头端点

图2-136

● 边角/限制：用来设置直线路径中边角的连接方式，包括斜接连接、圆角连接和斜角连接，如图2-137所示。使用斜接方式时，可通过“限制”选项控制在何种情况下由斜接连接切换成斜角连接。

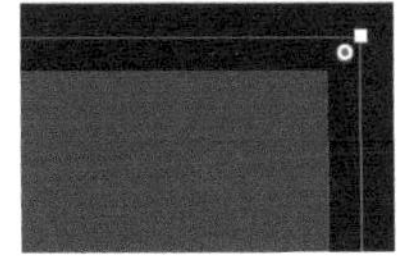

斜接连接

圆角连接

斜角连接

图2-137

● 对齐描边：如果对象是闭合的路径，可单击相应的按钮来设置描边与路径对齐的方式，包括使描边居中对齐、使描边内侧对齐和使描边外侧对齐，如图2-138所示。

使描边居中对齐

使描边内侧对齐

使描边外侧对齐

图2-138

● 虚线：用虚线为路径描边（见48页）。

2.4.2

实战：多重描边字

01 选择直排文字工具，在画板中单击并输入文字，在“字符”面板中设置字体及大小，如图2-139和图2-140所示。设置文字颜色为黑色，描边颜色为浅棕色，描边粗细为2 pt，如图2-141所示。

扫码看视频

图2-139

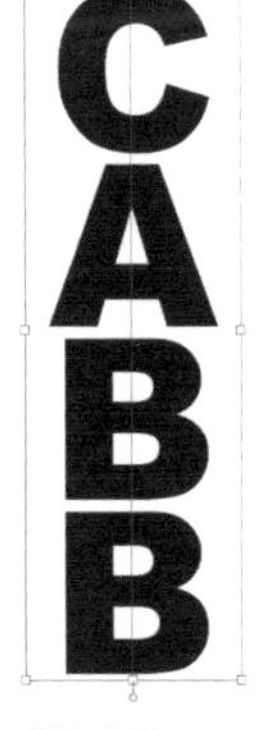

图2-140

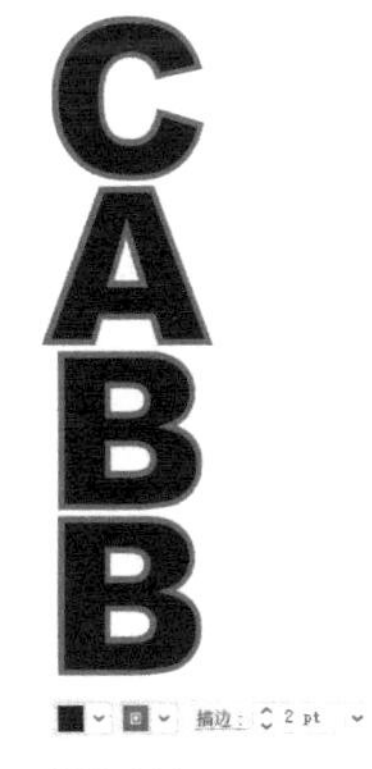

图2-141

02 执行“文字>创建轮廓”命令，将文字转换为图形。打开“外观”面板，双击“内容”选项，如图2-142所示，显示出当前文字图形的描边与填色属性，如图2-143所示。

图2-142

图2-143

03 将“描边”属性拖曳到面板下方的按钮上进行复制。此时“外观”面板中有两个“描边”属性，它们表示文字具有双重描边，如图2-144所示。单击位于下方的“描边”属性，如图2-145所示。

图2-144

图2-145

04 设置描边颜色为深棕色，描边粗细为6 pt，如图2-146和图2-147所示。

图2-146

图2-147

05 选择钢笔工具，绘制一个图形，如图2-148所示。按Shift+Ctrl+[快捷键，移动到底层作为背景，如图2-149所示。打开铅笔素材，如图2-150所示，使用选择工具将它拖入文字文档中。

图2-148　图2-149　图2-150

06 在"透明度"面板中设置混合模式为"正片叠底"，如图2-151所示。最后，使用直线段工具在铅笔的右侧创建一条黑色的竖线，作为装饰，如图2-152所示。

图2-151

图2-152

2.4.3

实战：制作具有纪念意义的图案（虚线描边）

每逢生日、毕业日、结婚日、节日等重要的时间，人们除了庆祝，还会以不同的方式记录下来。本案例练习制作一款具有纪念意义的图案，案例效果如图2-153所示。

图2-153

01 打开素材，如图2-154所示。选择编组选择工具，单击蓝色背景，将其选取，如图2-155所示。

图2-154

图2-155

02 设置描边为白色，粗细为10 pt，如图2-156所示。单击"描边"面板中的圆头端点按钮，勾选"虚线"选项并设置参数，如图2-157所示，生成齿孔，如图2-158所示。

03 使用选择工具将它移动到旁边的画板上。按两下Ctrl+[快捷键，调整到合适的位置。拖曳定界框上的控制点，进行旋转，如图2-159所示。

图2-156

图2-157

图2-158

图2-159

04 将描边设置为当前编辑状态。选择编组选择工具，单击蓝色背景，选择吸管工具，按住Shift键在信封上单击，拾取颜色作为描边色，如图2-160所示。

图2-160

“虚线”选项

在“描边”面板中，单击“虚线”选项右侧的按钮，虚线间隙将以选项中设置的参数值为准，如图2-161所示。单击按钮，则会自动调整虚线长度，使其与边角及路径的端点对齐，如图2-162所示。

图2-161

图2-162

创建虚线描边以后，还可修改虚线的端点，使其呈现不同的外观。例如，单击按钮，可创建具有方形端点的虚线，如图2-163所示；单击按钮，则创建具有圆形端点的虚线，如图2-164所示；单击按钮，可以扩展虚线的端点，如图2-165所示。

方形端点

图2-163

圆形端点

图2-164

扩展方形端点

图2-165

为路径端点添加箭头

单击“描边”面板顶部的按钮，可以展开全部选项。使用“箭头”选项，可以为路径的起点和终点添加箭头，如图2-166和图2-167所示。单击按钮，可互换起点和终点箭头。如果要删除箭头，可以在“箭头”选项下拉列表中选择“无”。

图2-166

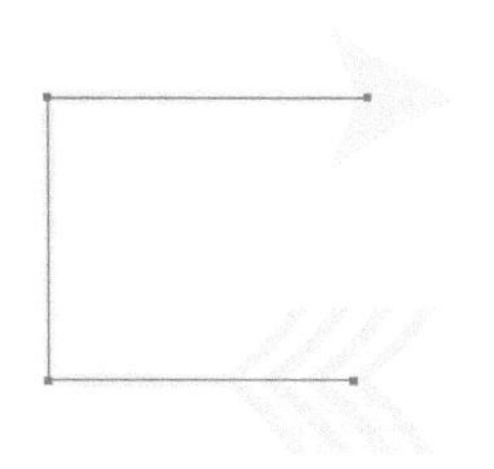

图2-167

- 缩放：可以调整箭头的大小。单击按钮，可同时调整起点和终点箭头的缩放比例。
- 对齐：单击按钮，箭头会超过路径的末端，如图2-168所示；单击按钮，箭头端点与路径的端点对齐，如图2-169所示。

图2-168　　图2-169

- 配置文件：添加配置文件可以让描边的粗细发生变化。单击和按钮，可进行纵向和横向翻转。

2.4.4

实战：制作梳妆镜（用宽度工具调整描边）

扫码看视频

宽度工具可以自由调整描边宽度，让描边呈现粗细变化。下面用它制作一个梳妆镜。

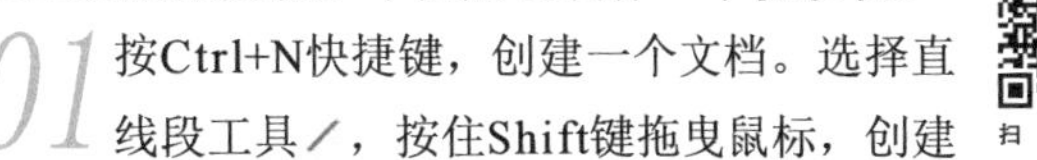

01 按Ctrl+N快捷键，创建一个文档。选择直线段工具，按住Shift键拖曳鼠标，创建一条竖线，描边粗细为20 pt，无填色。单击圆头端点按钮，如图2-170和图2-171所示。保持路径的选取状态。选择宽度工具，将鼠标指针放在路径上，如图2-172所示，向右拖曳鼠标，描边会向两边伸展，如图2-173所示。此时，路径上会多出几个控制点，它们是宽度点。

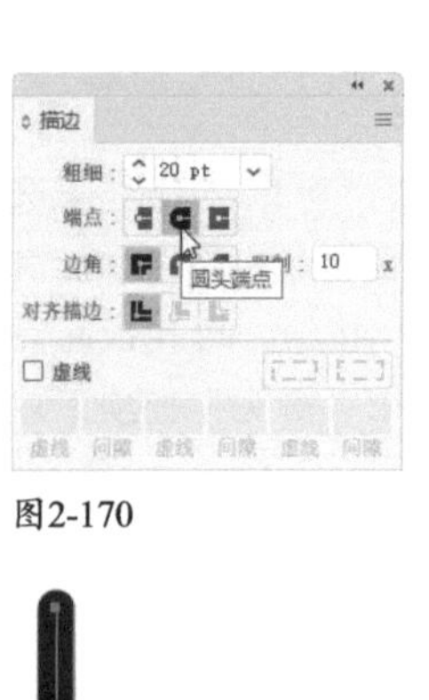

图2-170

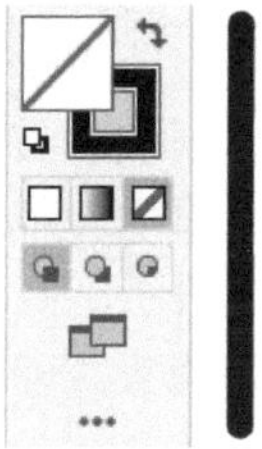

图2-171

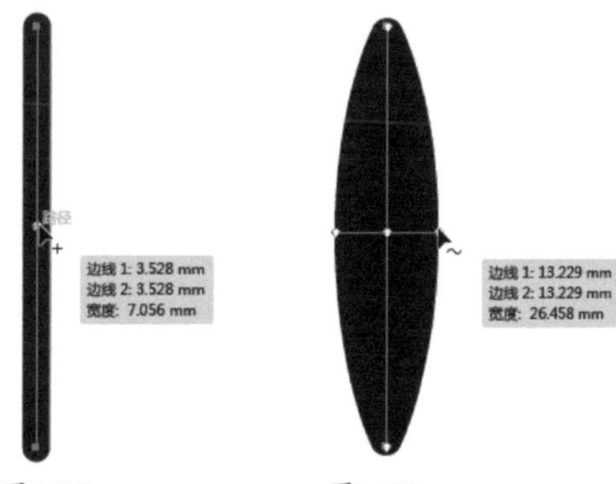

图2-172　　图2-173

02 将鼠标指针放在路径的上半段上，向左侧拖曳鼠标，将描边调窄，如图2-174和图2-175所示。继续调整描边宽度，如图2-176~图2-178所示。

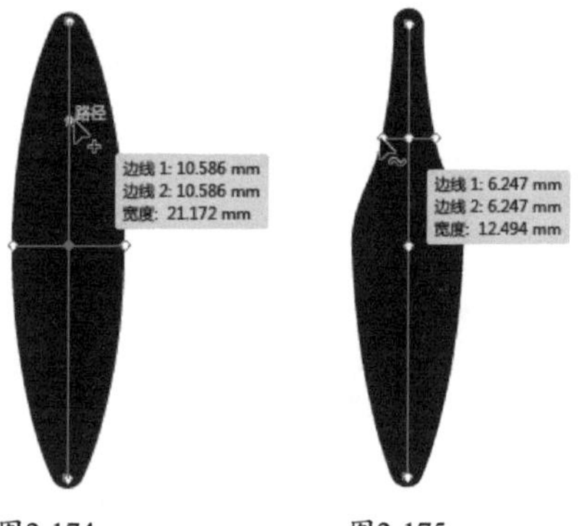

图2-174　　图2-175

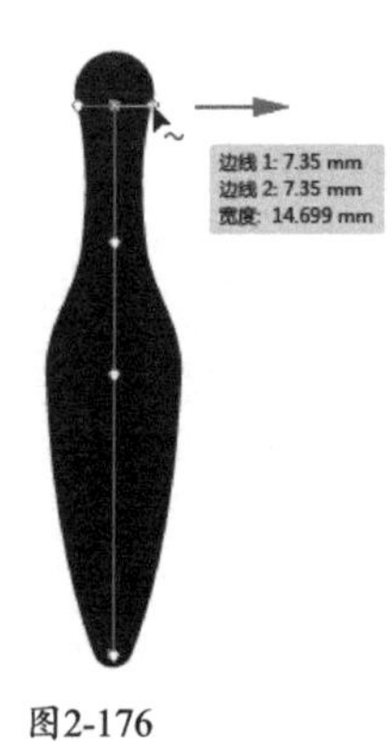

图2-176

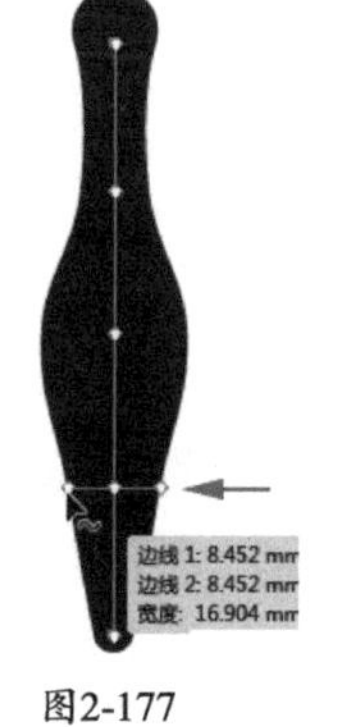

图2-177

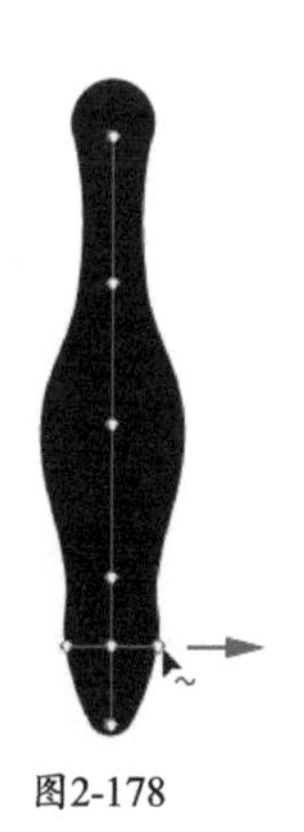

图2-178

03 拖曳路径外侧的宽度点，可以重新调整宽窄，如图2-179和图2-180所示。拖曳路径上的宽度点，可以移动它，如图2-181和图2-182所示。按Delete键，可将其删除。

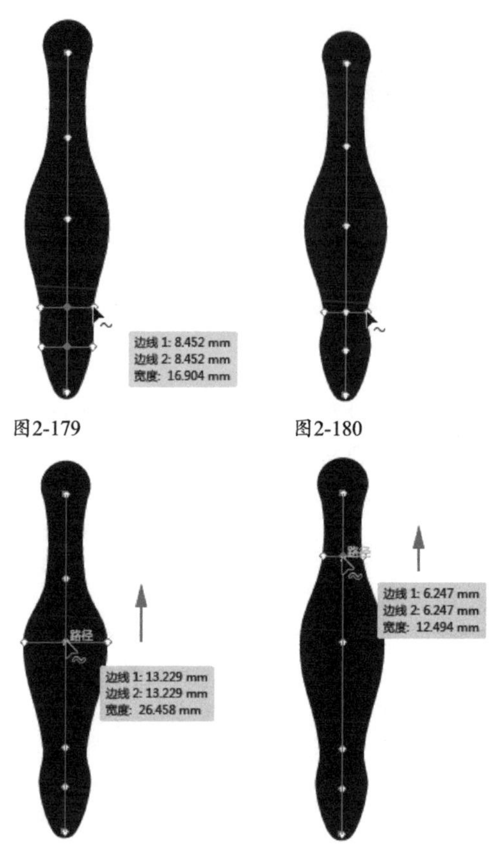

图2-179　　图2-180

图2-181　　图2-182

04 使用椭圆工具创建椭圆形，描边为40 pt，无填色，如图2-183所示。按Ctrl+C快捷键复制，按Ctrl+F快捷键粘贴到前面。设置描边颜色为白色，宽度为12 pt。勾选“虚线”选项，并设置“虚线”为1 pt，“间隙”为20 pt，如图2-184和图2-185所示。

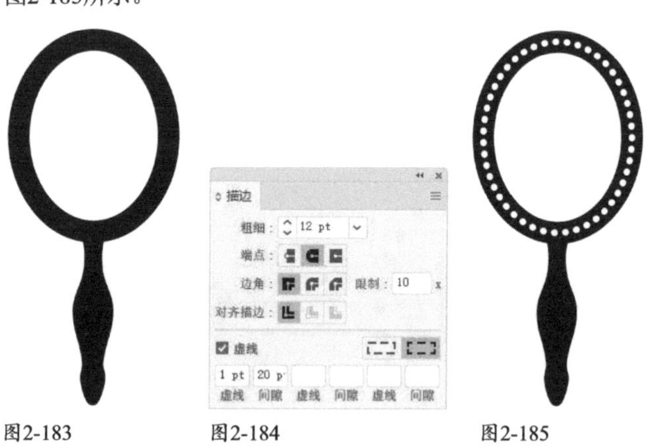

图2-183　　图2-184　　图2-185

技术看板 **非对称调整**

使用宽度工具时，按住Alt键拖曳宽度点，可对路径进行非对称调整，即调整一侧描边时不影响另一侧。此外，选择宽度工具，双击宽度点，可打开“宽度点数编辑”对话框。其中“边线1”“边线2”代表了两侧路径，调整它们的数值也可进行非对称调整。如果想对称调整，可以修改“总宽度”值。勾选“调整邻近的宽度点数”选项，则对所选宽度点所做的修改也会影响与之邻近的宽度点。

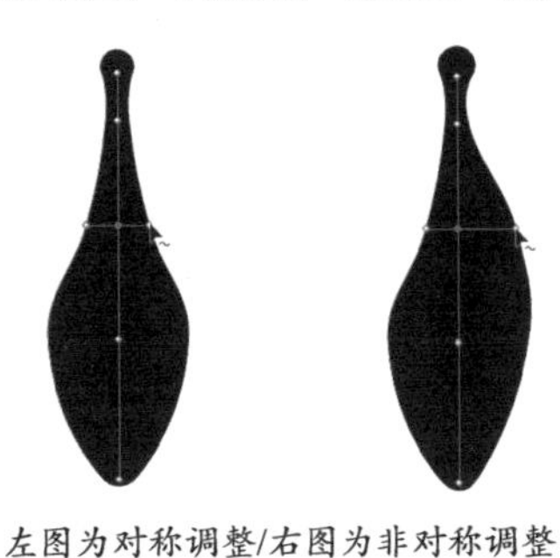

左图为对称调整/右图为非对称调整

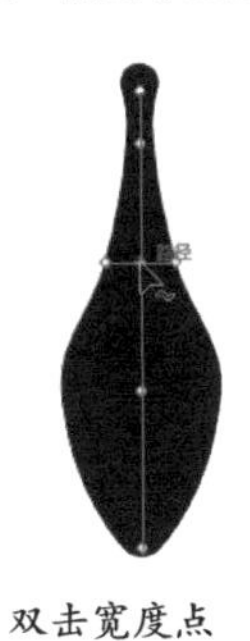

双击宽度点

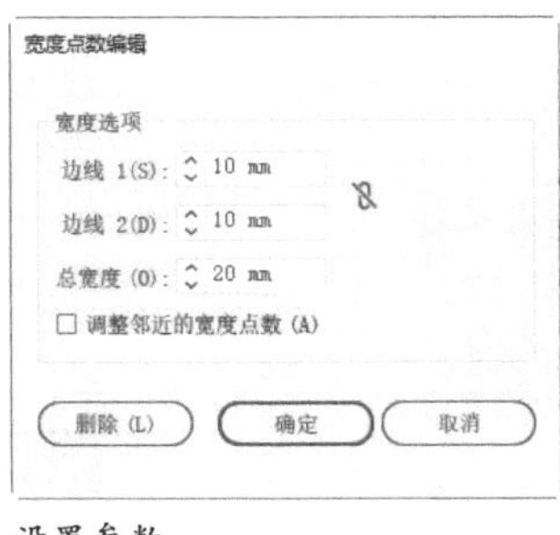

设置参数

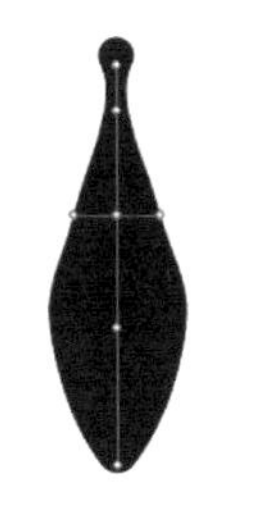
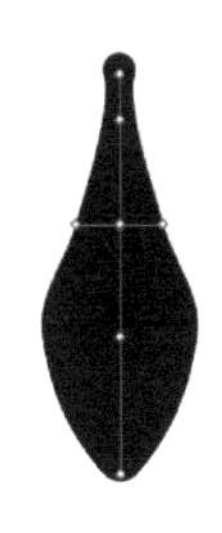

调整结果（右图为勾选“调整邻近的宽度点数”选项的调整结果）

2.4.5 轮廓化描边

使用“对象>路径>轮廓化描边”命令，可以将描边转换为封闭的图形，如图2-186和图2-187所示。生成的图形会被与原填充对象编成组。需要编辑的时候，可以使用编组选择工具进行选取。

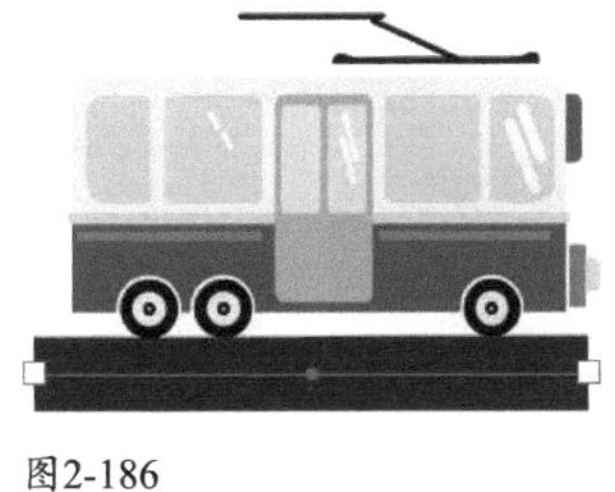

图2-186

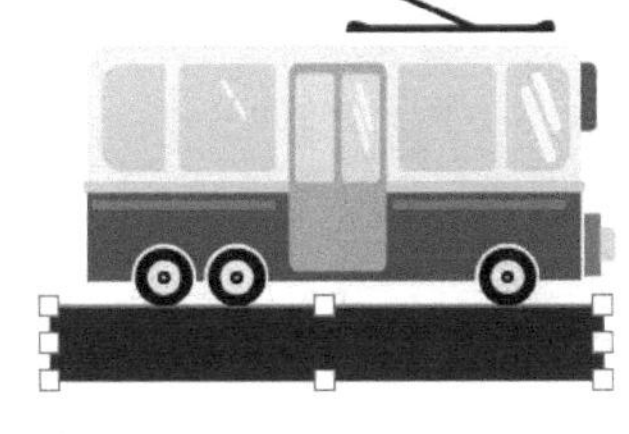

图2-187

选取颜色

在Illustrator中，不仅进行填色和描边时会使用颜色，添加渐变、实时上色、重新为图稿着色时也会用到颜色。下面介绍颜色的选取方法。

2.5.1 实战：使用“拾色器”

“拾色器”是比较常用的颜色选取工具。双击工具栏、“颜色”面板、“渐变”面板和“色板”面板中的填色或描边按钮，如图2-188所示，都可以打开它。

下面我们来学习怎样使用“拾色器”选取颜色。其中有一些实用的小技巧，如对所选颜色的饱和度和亮度进行单独调整，以及做网页设计时应该怎样选取颜色。

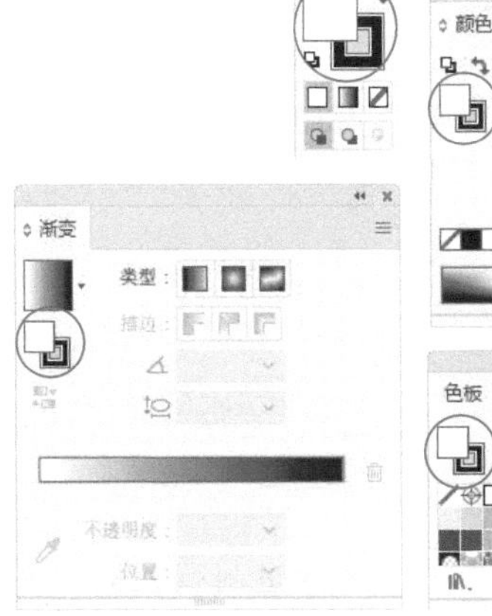

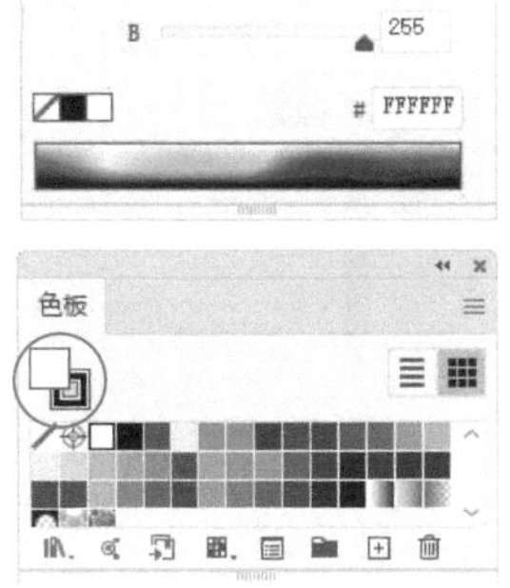

图2-188

资源获取验证码：02210

01 双击工具栏底部的填色按钮（如果要设置描边颜色，则双击描边按钮），打开“拾色器”。

02 在色谱上单击，即可选取颜色，如图2-189所示。颜色选取好之后，可以在左侧的色域中拖曳鼠标，调整所选颜色的饱和度和亮度，如图2-190所示。

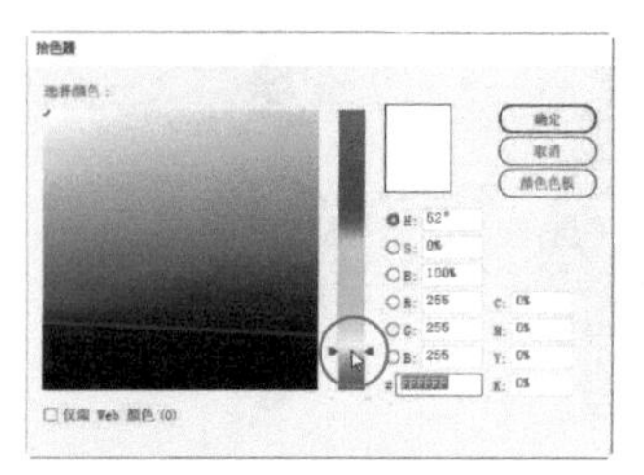

图2-189

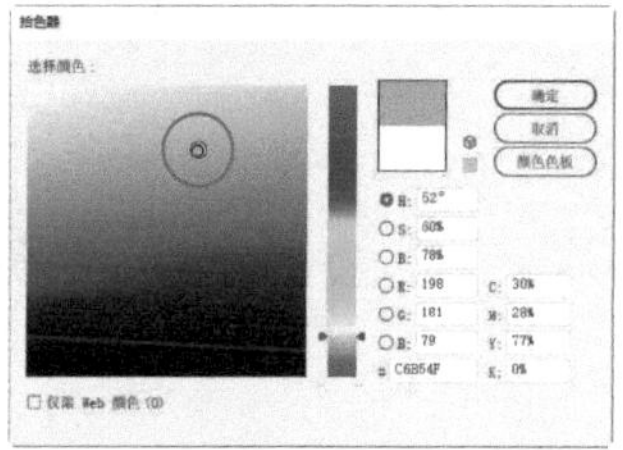

图2-190

03 如果想分开调整，可以使用HSB颜色模型操作。首先选中S单选按钮，如图2-191所示；此时拖曳滑块，可单独调整当前颜色的饱和度，如图2-192所示。

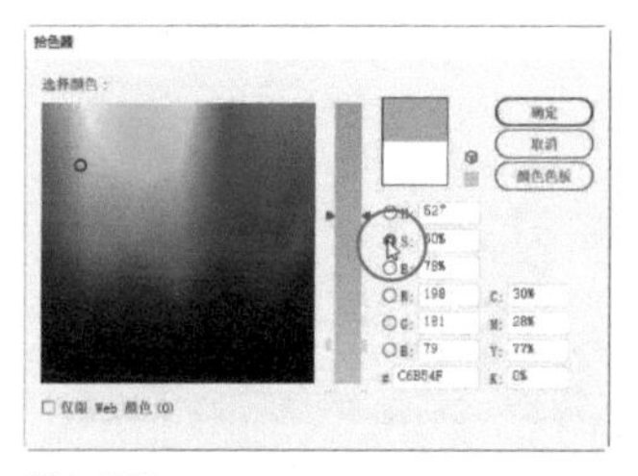

图2-191

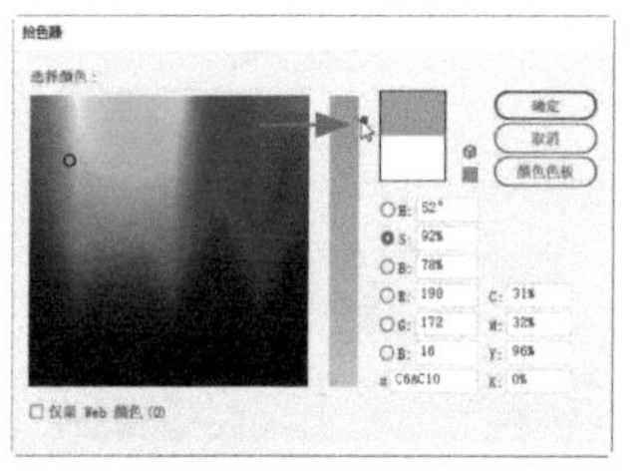

图2-192

04 选中B单选按钮并拖曳滑块，可以对当前颜色的亮度做出调整，如图2-193和图2-194所示。

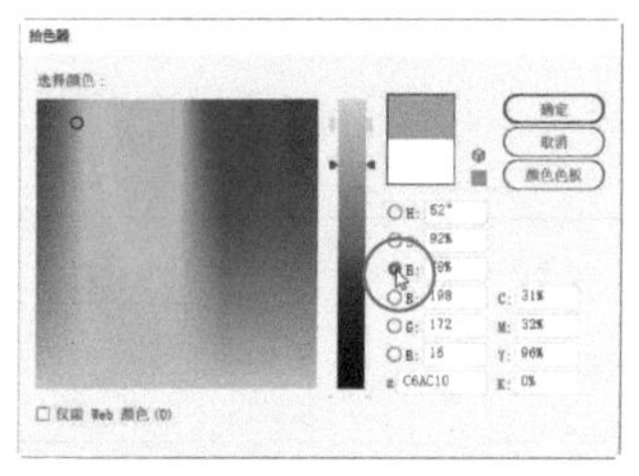

图2-193

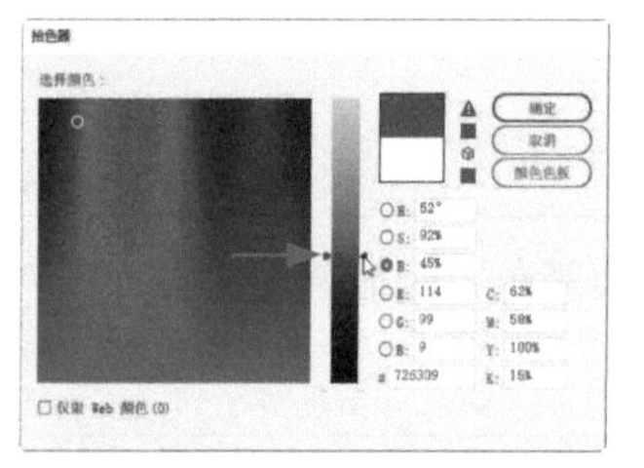

图2-194

05 “拾色器”中包含HSB、RGB、CMYK 3种颜色模型*（见54页）*。如果知道所需颜色的色值，可以在颜色模型右侧的选项中输入值，精确定义颜色，如图2-195所示。

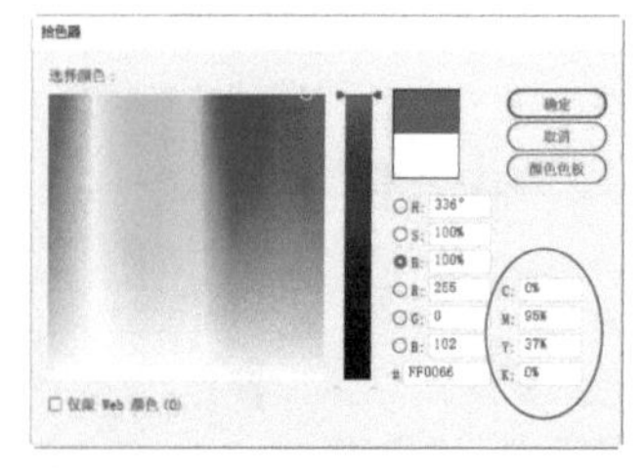

图2-195

06 “拾色器”对话框中有一个十六进制颜色值选项（“#”），是专门用于设置网页颜色的，如图2-196所示。我们也可以勾选“仅限Web颜色”选项，这样色域中就只显示Web安全色，如图2-197所示。如果图稿要用于网络，在这种状态下设置颜色是最恰当的。

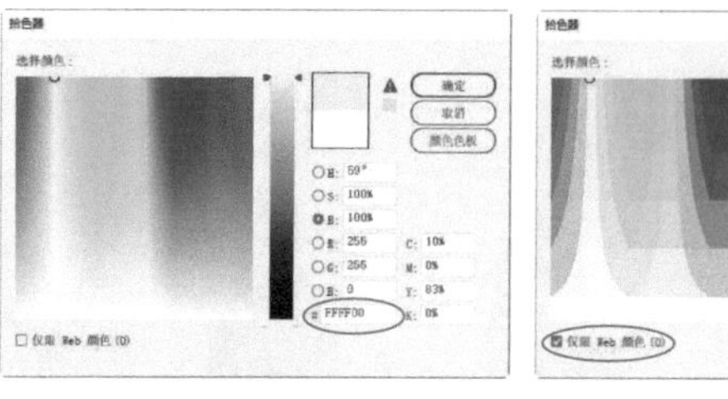

图2-196

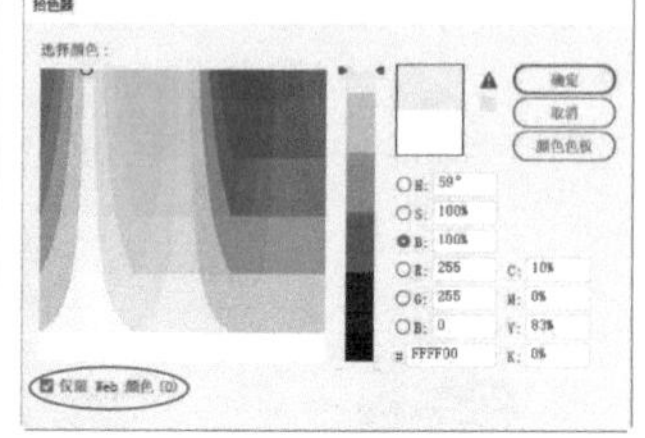

图2-197

技术看板　十六进制代码

在网页上设置颜色时，使用的是RGB模式。方法是分别指定R、G、B（即红、绿、蓝3种原色）的强度。每一种颜色强度最低为0，最高为255，通常以十六进制数值表示，3个数值依次并列起来，以#开头。255对应的十六进制数值是FF。例如，#FF0000为红色（因为红色的值达到了最高值FF，即10进制的255，其余两种颜色强度为0）；#FFFF00表示黄色（当红色和绿色的值都为最大值，且蓝色的值为0时，产生的就是黄色）；000000 是黑色；FFFFFF 是白色。

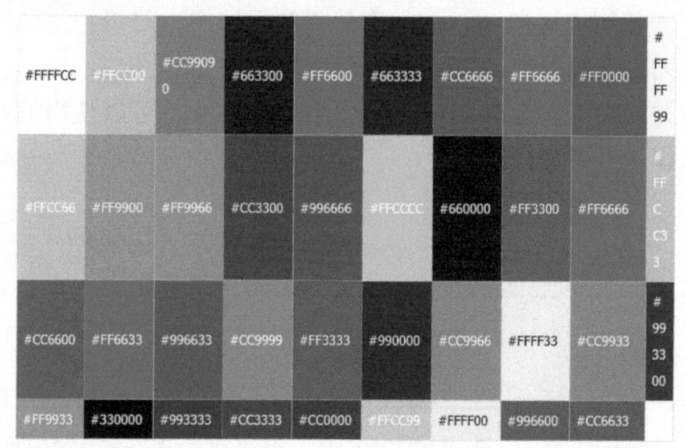

黄色、褐色、玫瑰色和橙色的十六进制代码

07 习惯使用色板的话，可以单击“颜色色板”按钮，对话框中就会显示颜色色板。此时在色谱上单击，定义一个颜色范围，如图2-198所示；然后就可以在左侧的列表中选取颜色了，如图2-199所示。如果要切换回“拾色器”，可单击“颜色模型”按钮。调整完成后，可单击“确定”按钮或按Enter键关闭对话框。

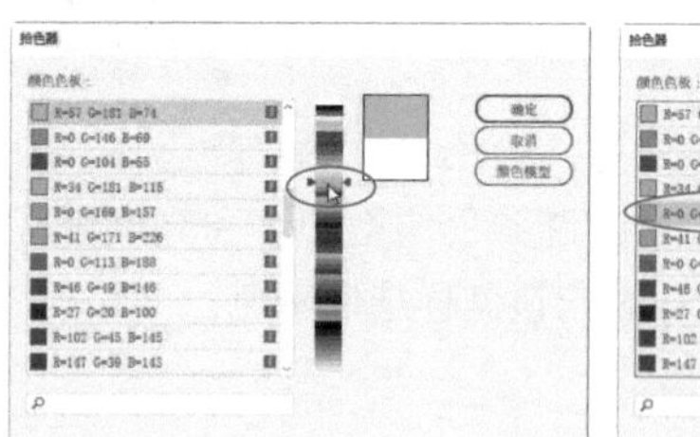

图2-198

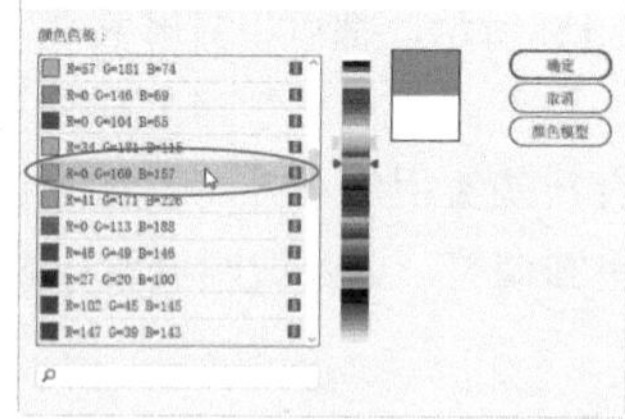

图2-199

> 提示
>
> 一般来说，公司、学校、医院、专业机构等对于本单位的Logo、文字字体、图形、用色都有明确要求，是不可以乱用的。这些也是VI（视觉识别系统）设计的重要内容。在为这些单位做设计时，我们可以查看标准色的相关要求，依据标准色的颜色数值或色样来调配颜色。

"拾色器"对话框

"拾色器"对话框中包含图2-200所示的选项。

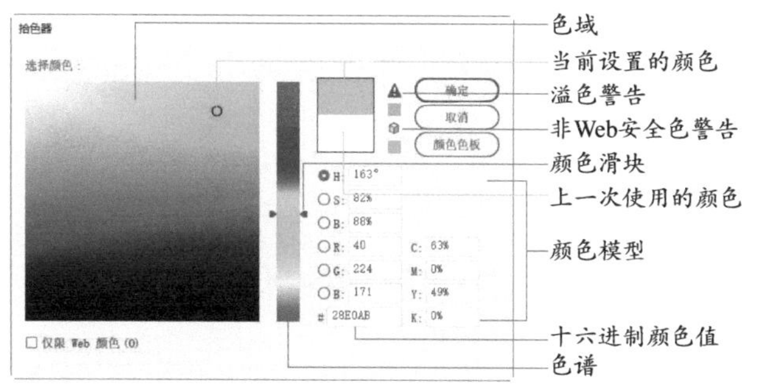

图2-200

- 色域/色谱/颜色滑块：在色域、色谱中单击，或者拖曳颜色滑块，可以定义颜色范围。拖曳色域中的圆形标记，可以调整当前颜色的深浅。
- 当前设置的颜色：显示了当前选择的颜色。
- 上一次使用的颜色：显示了上一次使用的颜色，即打开"拾色器"前原有的颜色。如果要将当前颜色恢复为前一个颜色，可在该色块上单击。
- 溢色警告：HSB和RGB颜色模型中的一些颜色（如霓虹色）在CMYK模型中没有等同的颜色，选取这样的颜色时，就会出现溢色警告。单击它下面的小方块，可将溢色颜色替换为CMYK色域中与其最为接近的颜色（印刷色），如图2-201和图2-202所示。

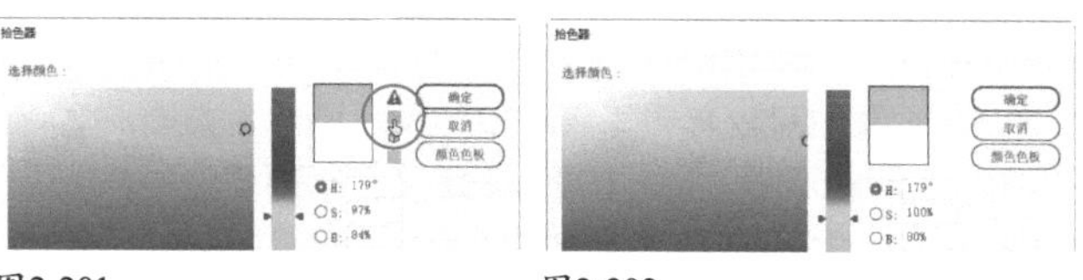

图2-201　图2-202

- 非Web安全色警告：Web安全色是浏览器使用的216种颜色。如果当前选择的颜色不能在网上准确显示，就会出现该警告。单击警告图标或它下面的颜色块，可以用颜色块中的颜色（Illustrator提供的与当前颜色最为接近的Web安全色）替换当前颜色，如图2-203和图2-204所示。

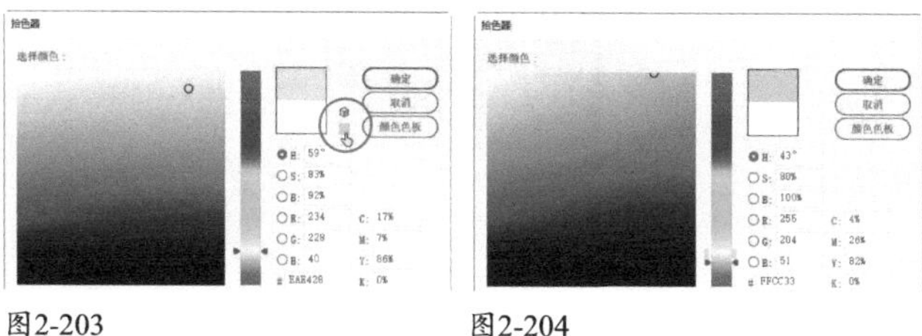

图2-203　图2-204

2.5.2 实战：使用"颜色"面板

学过传统绘画的人，习惯在调色盘上混合、调配颜料。Illustrator中的"颜色"面板与调色盘类似，也可以通过混合颜色的方法来进行调色。

01 执行"窗口>颜色"命令，打开"颜色"面板。该面板中包含了与工具栏相同的颜色设置组件，以及与"拾色器"类似的颜色模型，如图2-205所示。如果要编辑描边颜色，可单击描边图标；要编辑填充颜色，则可单击填色图标。如果要删除填色或描边，可单击按钮。

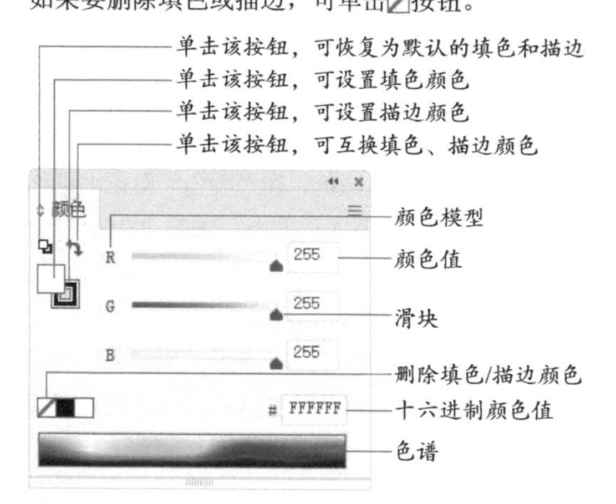

图2-205

02 在R、G、B文本框中输入数值，或拖曳滑块，即可调配颜色，如图2-206所示。拖曳其他滑块，可以向当前颜色中混入新的颜色。例如拖曳G滑块，红色中会混入黄色，从而得到橙色，如图2-207所示。

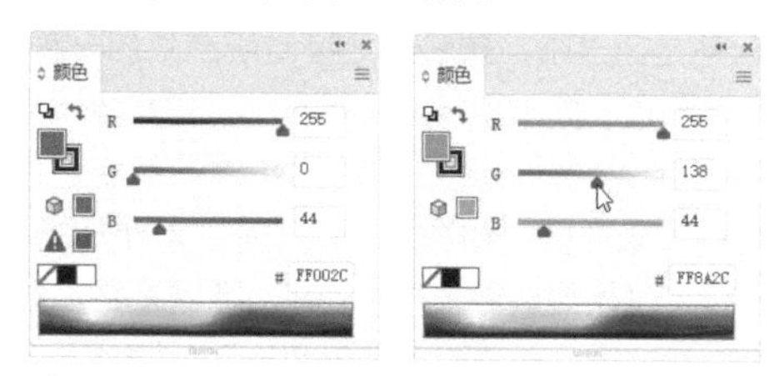

图2-206　图2-207

03 按住Shift键拖曳一个滑块，可同时移动与之关联的其他滑块（H、S、B滑块除外）。通过这种方式可以调整颜色的明度，得到更深或更浅的颜色，如图2-208和图2-209所示。

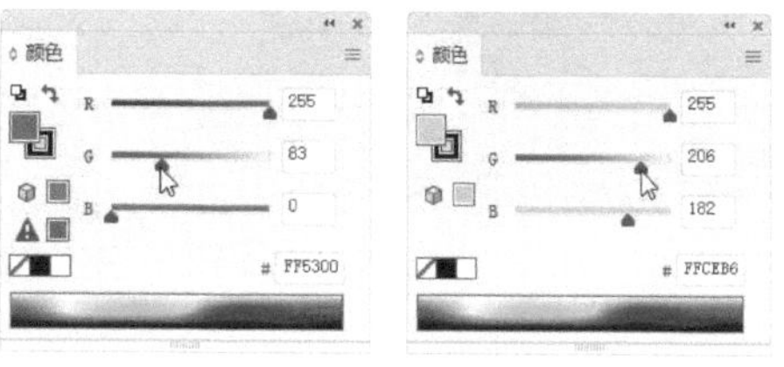

图2-208　图2-209

04 在色谱上单击，可采集鼠标指针所指处的颜色，如图2-210所示。在色谱上拖曳鼠标，则可动态地采集颜色，如图2-211所示。拖曳面板底部，将面板拉高，可以增大色谱的显示范围，如图2-212所示。

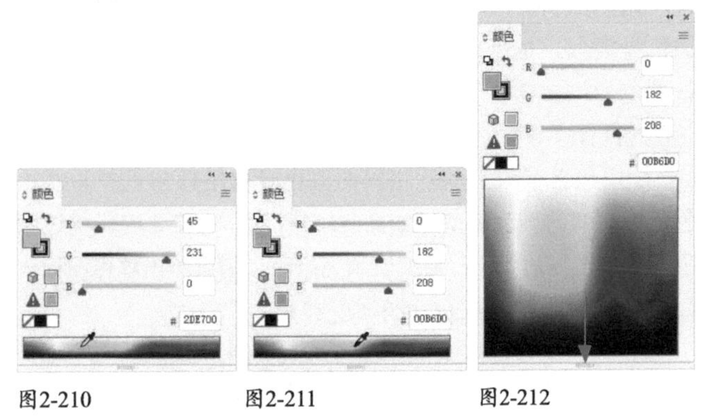

图2-210　图2-211　图2-212

05 在前面学习“拾色器”时，我们曾采用色相、饱和度和亮度分开调整的方法定义颜色。在“颜色”面板中也可以这样操作。单击≡按钮，打开面板菜单，选择“HSB”命令，面板中的滑块便会分别对应色相（H滑块）、饱和度（S滑块）和亮度（B滑块），如图2-213所示。

06 首先定义色相。例如，如果要定义黄色，就将H滑块拖曳到黄色区域，如图2-214所示；之后拖曳S滑块，可以调整当前颜色的饱和度，如图2-215所示（饱和度越高，色彩越鲜艳）；拖曳B滑块，可调整颜色的亮度，如图2-216所示（亮度越高，色彩越明亮）。

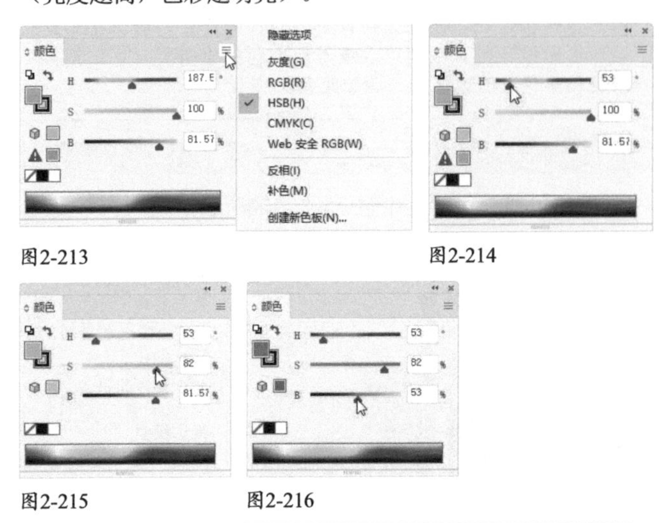

图2-213　图2-214

图2-215　图2-216

提示

使用“颜色”面板选取颜色时，可以不受文件颜色模式的限制。例如，当前文件为RGB模式，在“颜色”面板的菜单中选择“CMYK”，可基于CMYK颜色模型调配颜色。这样操作不会改变文件的颜色模式。

·AI技术/设计讲堂·

Illustrator中的5种颜色模型

什么是颜色模型

人类看到的颜色是通过眼、脑和生活经验所产生的一种对光的视觉效应。而软件（Illustrator、Photoshop等）和硬件设备（计算机显示器、手机、数码相机、电视机、打印机等）中的颜色则是由颜色模型生成的。

颜色模型有很多种，它们会用不同的方法描述颜色。例如对于白色，我们可以单击工具栏中的填色图标，如图2-217所示，打开“拾色器”来观察，如图2-218所示。对于HSB模型，白色以数值0°、0%、100%来定义；RGB模型的数值是255、255、255；CMYK模型的数值均为0%。可以看到，对于同样的颜色，这3个颜色模型有着不同的描述，可见其背后的数学模型差异之大。我们也可以选取其他颜色来进行观察，如图2-219所示。

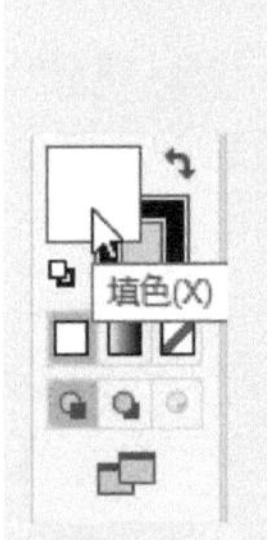

图2-217

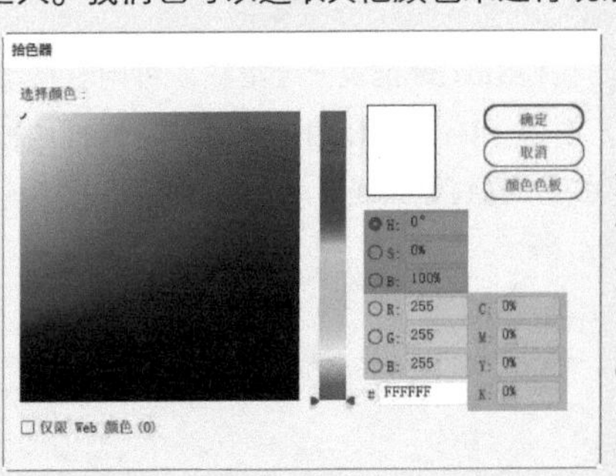

图2-218

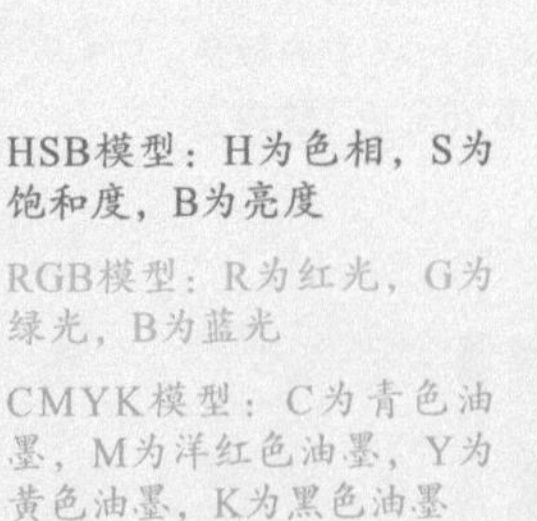

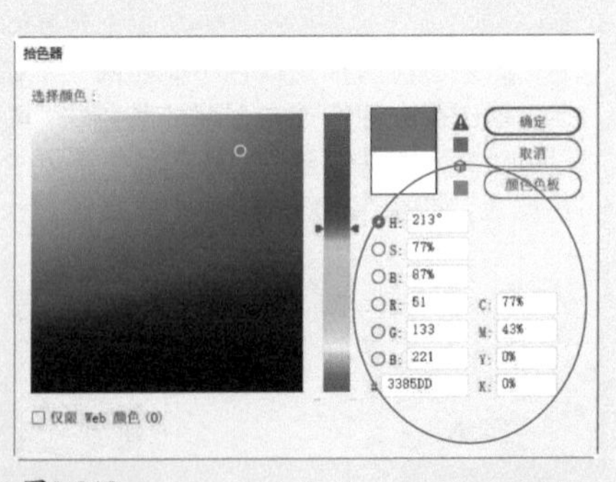

图2-219

HSB颜色模型

色相、饱和度和亮度（也称明度）是色彩的三要素，如图2-220所示。色相是指色彩的相貌，如红色、橙色、黄色等。亮度指色彩的明亮程度，亮度越高，色彩越接近于白色。饱和度是指色彩的鲜艳程度，也称纯度，当一种颜色中混入灰色或其他颜色时，饱和度就会降低。

HSB模型以人类对颜色的感觉为基础描述了色彩的这3种基本特性，如图2-221所示。H代表色相，以“度”（角度）为单位。这是因为，在0度~ 360度的标准色轮上，是按位置描述色相的，如图2-222所示。例如，0度对应的是红色，因此，红色就以0度来表示。S代表饱和度，使用0% （灰色）~100% （完全饱和）的百分比来描述。B代表亮度，范围为0%（黑色）~100%（白色）。正如前面所述，使用HSB模型选取颜色时，可以对色彩的亮度和饱和度进行单独调整（见52页）。在调配颜色上，相对于其他模型更容易一些。

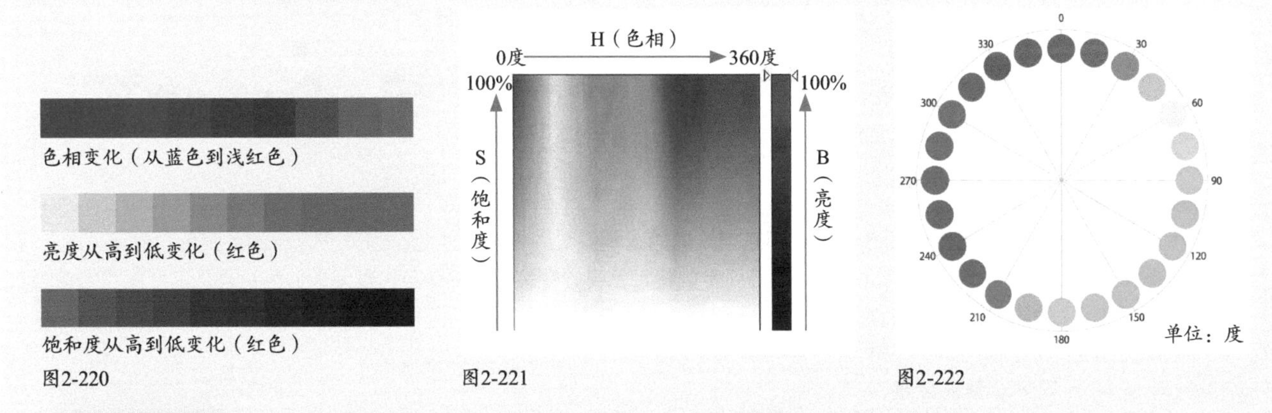

图2-220　图2-221　图2-222

RGB颜色模型

RGB模型用红（R）、绿（G）和蓝（B）3种色光混合生成颜色（见57页）。在RGB模型中，数值代表的是这3种色光的强度。当3种光都关闭时，强度最弱（R、G、B值均为0），生成的是黑色，如图2-223所示。3种光最强（R、G、B值均为255）时，可生成白色，如图2-224所示。当一种色光最强，而其他两种色光关闭时，颜色的纯度最高。例如，R255，G0，B0生成的是饱和度最高的红色，如图2-225所示。3种光强度相同（除0和255外）时，可得到生成不同深浅的纯灰色，如图2-226所示。

除RGB模型之外，Illustrator还提供了Web安全RGB模型。与“拾色器”中的“仅限Web颜色”选项用途一样，它只包含适合在Web上使用的RGB颜色，如图2-227所示。

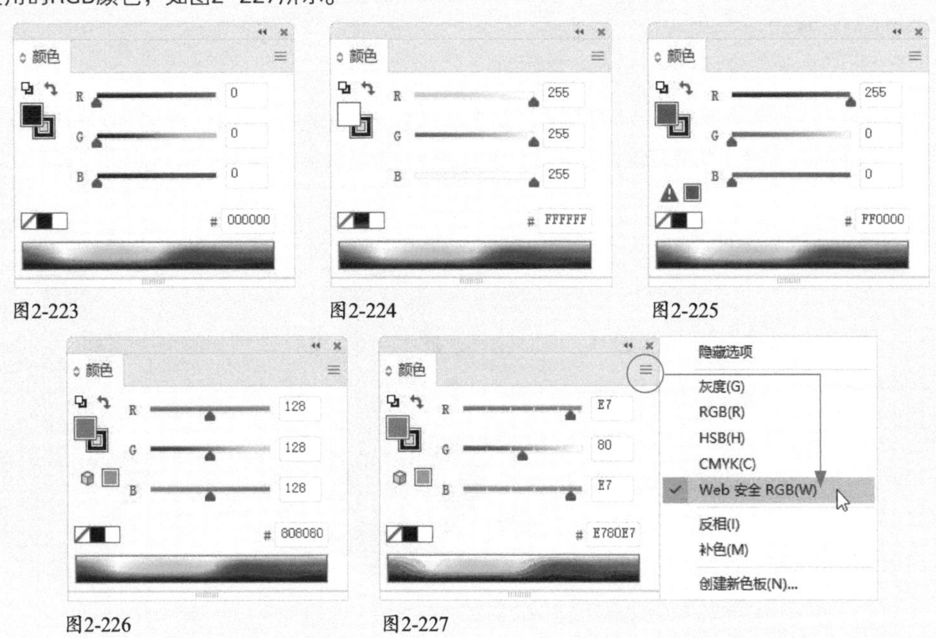

图2-223　图2-224　图2-225

图2-226　图2-227

CMYK颜色模型

CMYK模型用印刷三原色（C代表青色，M代表洋红色，Y代表黄色）及黑色（K代表黑色）混合生成颜色（见58页）。数值代表的是这4种油墨的含量，并以百分比为单位，百分比值越高，颜色越深。当所有油墨均为0%时，生成白色，如图2-228所示。K值最高而其他值为0%时生成黑色，如图2-229所示。K值可用于调整颜色深浅。例如，选取蓝色，如图2-230所示，再添加黑色，便可得到深蓝色，如图2-231所示。

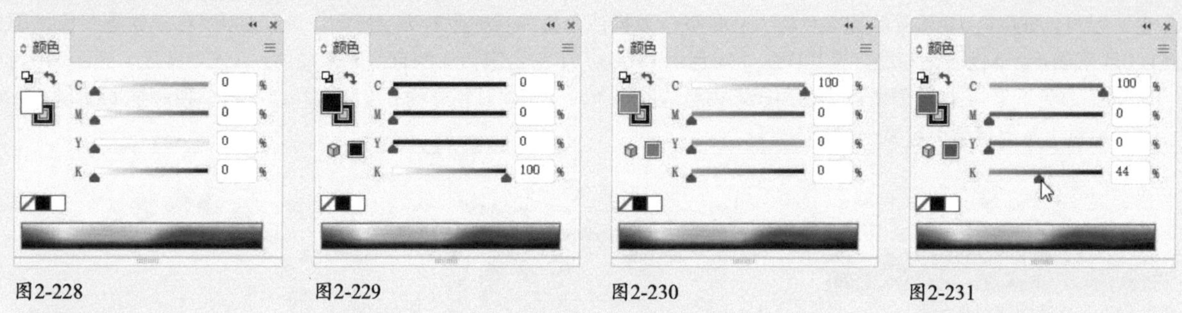

图2-228　图2-229　图2-230　图2-231

Lab颜色模型

Lab模型基于人对颜色的感觉，用数值描述了正常视力的人能够看到的所有颜色。因为它描述的是颜色的显示方式，而不是设备（如显示器、打印机或数码相机）生成颜色所需的特定色料的数量，所以是与设备无关的颜色模型。

在Lab模型中，L代表亮度，范围为0（黑）~100（白），如图2-232和图2-233所示。a 和 b 是两个颜色分量，范围为－128~+127。Lab模型比较特殊，在“拾色器”和“颜色”面板中都看不到它。只有创建专色色板（见246页）或显示和输出专色时，才能使用这种模型，如图2-234所示。此外，转换文件颜色模式时，它也会发挥作用。例如，将文件从RGB模式转换为CMYK模式时，Illustrator会先转换为Lab模式，之后再从Lab模式转换到CMYK模式。

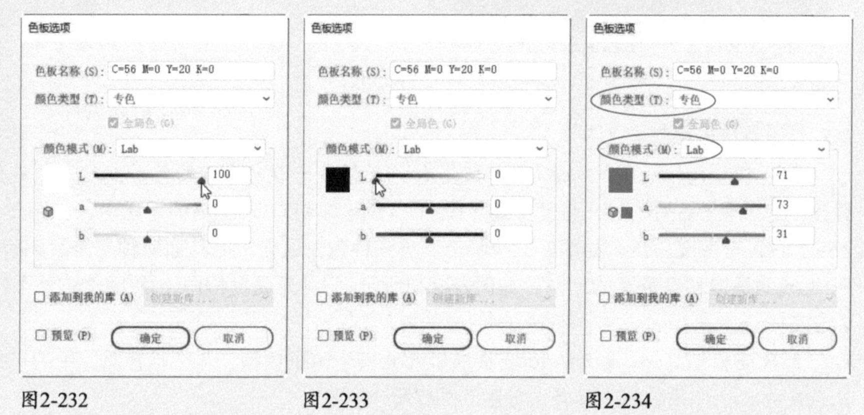

图2-232　图2-233　图2-234

灰度模型

使用黑白或灰度扫描仪生成的图像通常以灰度显示。灰度模型使用黑色调表示物体，如图2-235所示。每个灰度对象都具有从 0%（白色）到 100%（黑色）的亮度值，可以将彩色图稿转换为高质量的黑白图稿，如图2-236和图2-237所示。

图2-235　图2-236　图2-237

·AI技术/设计讲堂·

颜色模式及选取方法

什么是颜色模式

在Illustrator中创建文件时，有两种颜色模式——CMYK和RGB可供选择，如图2-238所示。文件的颜色模式是根据颜色模型制定的。因此，使用一种颜色模式，就等于选择了某种颜色模型。

颜色模式决定了显示和打印图稿时的颜色生成方法、颜色数量和文件大小。颜色生成方法，通过前面的介绍，我们已经知晓了。颜色数量由色域范围决定，色域越广，所能呈现的颜色越多，如图2-239所示。颜色模式对文件占用的存储空间有些影响，但极小，可以忽略。

图2-238

图2-239

RGB颜色模式

我们之所以能能看到这个五彩斑斓的世界，是因为有光存在。光唤起了我们的色彩感，也是产生色的原因。1666年，英国物理学家艾萨克·牛顿用分解太阳光的色散实验确定了光与色的关系。他布置了一间房间作为暗室，只在窗板上开一个圆形小孔，让太阳光射入，在小孔前放一块三棱镜，立刻在对面墙上看到了像彩虹一样的七彩色带，这7种颜色由近及远依次为红、橙、黄、绿、蓝、靛、紫，如图2-240所示。

牛顿的实验证明了阳光（白光）是由一组单色光混合而成的。在单色光中，红光、绿光和蓝光被称为色光三原色，将它们混合，可以生成其他颜色。这种通过色光相加呈现颜色的现象称为加色混合。RGB模式就是基于这种原理生成颜色的，如图2-241所示。RGB是红（Red）、绿（Green）、蓝（Blue）三色光的缩写。

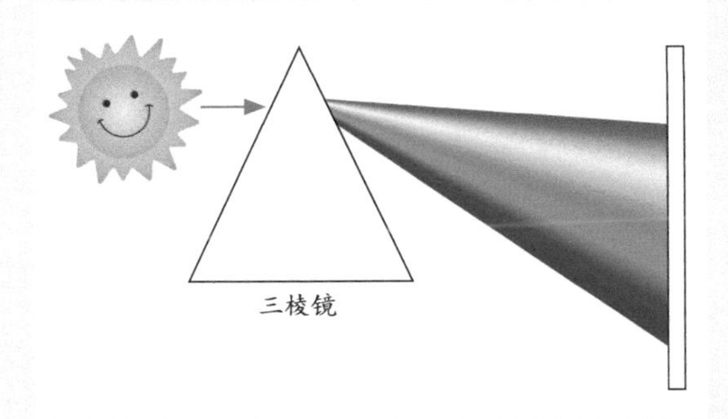

白光分解实验

图2-240

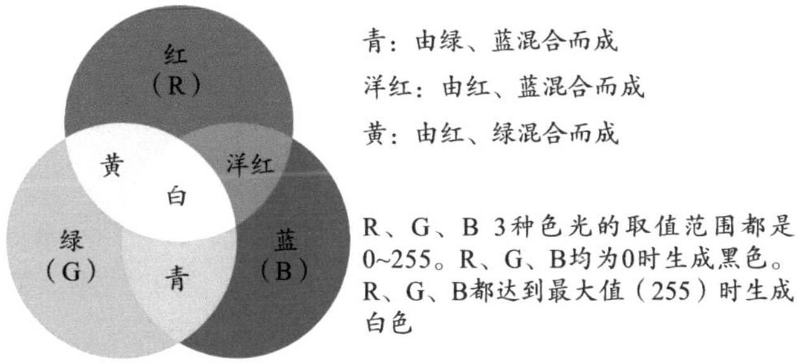

红（R）　黄　洋红　白　绿（G）　青　蓝（B）

青：由绿、蓝混合而成

洋红：由红、蓝混合而成

黄：由红、绿混合而成

R、G、B 3种色光的取值范围都是0~255。R、G、B均为0时生成黑色。R、G、B都达到最大值（255）时生成白色

RGB模式色光混合方法

图2-241

CMYK颜色模式

在我们生活的世界里，像手机、电视机、计算机显示器、霓虹灯等通过发光呈现颜色的只是少数。那些不能发光的大多数能被看见，是因为它们反射了光——当光照射到这些物体上时，一部分光被它们吸收，余下的光反射到我们眼中。这种通

过吸收和反射光来呈现色彩的现象称为减色混合。CMYK模式基于这种原理生成颜色。

CMYK是一种四色印刷模式。CMY是青色（Cyan）、洋红色（Magenta）和黄色（Yellow）的缩写。K代表黑色，用的是单词（Black）的末尾字母，以避免与色光三原色中的蓝色（Blue）混淆。青色、洋红色、黄色油墨混合，可以生成其他颜色（因此，这3种颜色也称印刷三原色），如图2-242所示。

油墨混合的过程和原理稍微有点复杂。以绿色油墨为例，从图2-241中可知，白光由红、绿、蓝三色光混合而成，那么当白光照到纸上时，绿色油墨必须将红光和蓝光吸收，只反射绿光，这样我们才能看到绿色。绿色油墨由青色和黄色油墨混合而成。青油墨吸收红光，反射绿光和蓝光；黄油墨吸收蓝光，反射红光和绿光。当这两种油墨混合时，红光和蓝光都被吸收了，最后只反射绿光，纸张上的绿色就是这样产生的。其他印刷色产生的原理与此相同。

从理论上讲，青色、洋红色、黄色油墨按照相同的比例混合可以生成黑色，但由于油墨纯度达不到理论上的最佳状态，在实际印刷中，只能生成深灰色，因此，需要借助黑色油墨才能印出纯黑色。黑色油墨也有别的用途。例如，与其他油墨混合，可以调节颜色的明度和纯度。

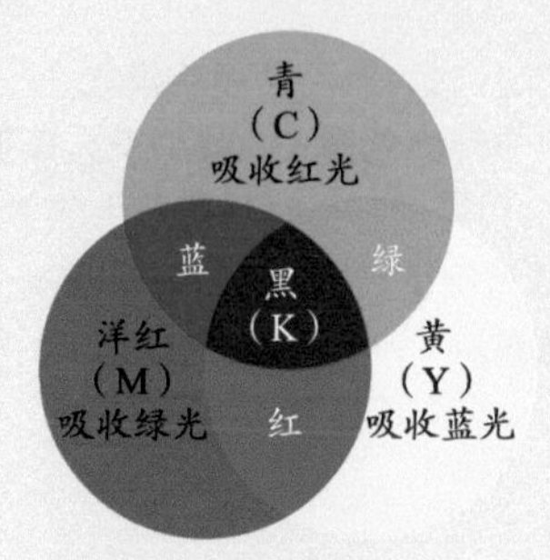

红：由洋红、黄混合而成
绿：由青、黄混合而成
蓝：由青、洋红混合而成

CMYK模式油墨混合方法

图2-242

如何选择颜色模式

使用哪一种颜色模式更好？这要看文件的用途。在Illustrator中创建文档时，默认选取的是CMYK模式，即印刷模式。如果图稿用于商业印刷品，如宣传单、小册子、海报、书籍和杂志封面等，或者VI设计作品（Logo、标志、名片等），使用这种模式是最恰当的，如图2-243和图2-244所示。如果是网页、UI方面的设计工作，则RGB模式更好一些。它的色域广，颜色更鲜亮，如图2-245所示。网页、UI类作品主要在硬件设备上显示，RGB模式本身就用在各种显示设备上，所以，我们在计算机屏幕上看到的图稿，在手机、电视等终端上发布时颜色基本是一样的，不会出现太大偏差。而同样的图稿在CMYK模式下颜色会变暗淡，如图2-246所示。

图2-243

图2-244

图2-245

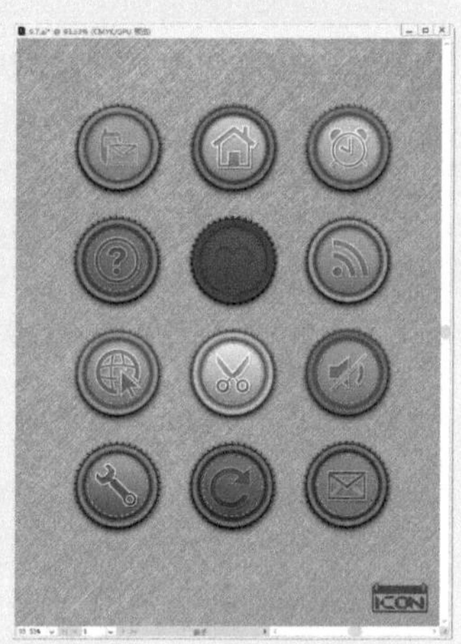

图2-246

我们创建文档以后，颜色模式也可以改变。使用“文件>文档颜色模式”子菜单中的命令，就能让文档的颜色模式在RGB与CMYK之间互相转换。

模拟印刷效果

网页和UI设计作品有时也会被印到书籍、杂志、海报等纸制品上。RGB模式下某些特别鲜亮的颜色很容易超出CMYK模式的色域范围，在印刷时，会被“降级”处理——颜色的饱和度会降低。如果没有相关经验，很难判断色彩的“降级”程度。这里介绍一个小技巧，可以提前预览印刷效果。

打开RGB模式的图稿，执行“视图>校样设置>工作中的CMYK”命令，如图2-247所示，再执行“视图>校样颜色”命令，启动电子校样，Illustrator就会模拟印刷效果，这样我们就能在计算机的屏幕上看到图稿印刷后的大致效果，以及如果转换为CMYK模式，颜色会出现怎样的变化。这样操作并不会真正将图稿转换为CMYK模式。再次执行“校样颜色”命令，即可关闭电子校样。

- 工作中的CMYK：使用当前CMYK工作空间创建特定CMYK 油墨颜色的电子校样。
- 旧版 Macintosh RGB：创建颜色的电子校样，以模拟 macOS 10.5和更低版本。

图2-247

- Internet 标准 RGB：创建颜色的电子校样，以模拟 Windows 以及 macOS 10.6 和更高版本。
- 显示器 RGB：使用当前显示器配置文件作为校样配置文件，以创建RGB 颜色的电子校样。
- 色盲-红色色盲类型/色盲-绿色色盲类型：创建电子校样，显示色盲可以看到的颜色。最常见的色盲类型有红色盲（看不到红色）和绿色盲（看不到绿色）。这两种电子校样非常接近两种最常见色盲对颜色的感觉。
- 自定：可为特定输出条件创建一个自定校样设置。

使用色板

“色板”面板中有很多预置的颜色、渐变和图案，它们统称为“色板”，可直接用于图形的填色和描边。使用该面板也可以将我们自己创建的颜色、渐变和图案保存起来。

2.6.1 “色板”面板

色板的使用方法非常简单，选取图形，如图2-248所示；将填色或描边设置为当前编辑状态，如图2-249所示；单击一个色板，即可应用到所选对象上，如图2-250和图2-251所示。单击其他色板，则会替换当前颜色。

图2-248　图2-249

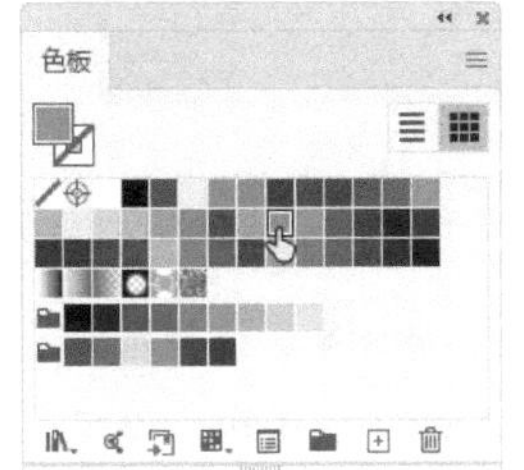

图2-250

图2-251

图2-252所示为“色板”面板。Illustrator中的色板种类比较多，我们先来熟悉它们的基本特征。

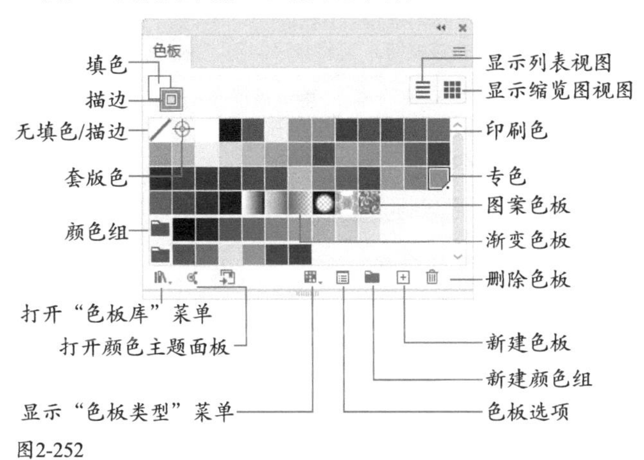

图2-252

- 无填色/描边：删除对象的填色或描边。
- 套版色：用它填色或描边的对象可以从 PostScript 打印机进行分色打印。例如，当套准标记使用套版色时，印版便可在印刷机上精确对齐。
- 专色：预先混合好的油墨，如PANTONE 专色油墨、金属色油墨、荧光色油墨、霓虹色油墨等，可用于代替或补充CMYK 四色混合的油墨。印刷品的每一种专色在印刷时都有专门的一个色板。

提示

单击列表视图按钮☰，或打开面板菜单，选择“小列表视图”或“大列表视图”命令，可以显示色板的名称和相关符号。

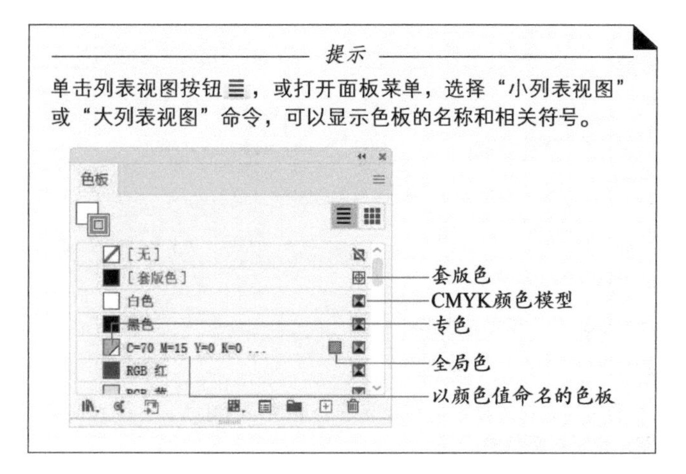

- 全局色：编辑全局色，可以让图稿中所有使用该色板的对象自动更新颜色。
- 印刷色/CMYK 颜色模型：印刷色是使用青色、洋红色、黄色和黑色油墨混合成的颜色（在列表状态下显示符号）。默认状态下，Illustrator 会将我们新创建的色板定义为印刷色。
- 颜色组/新建颜色组：颜色组是为某些操作需要预先设置的一组颜色，可以包含印刷色、专色和全局色，不能包含图案、渐变、无或套版色。按住 Ctrl 键单击多个色板，将它们同时选取，再单击按钮，便可将它们创建为一个颜色组。
- 打开“色板库”菜单：单击该按钮，可以在打开的下拉菜单中选择一个色板库。
- 打开颜色主题面板：单击该按钮，可以打开颜色主题面板（即“Adobe Color Themes”面板）。
- 将选定的色板和颜色组添加到我的当前库：选取色板或颜色组以后，单击该按钮，可将其添加到“库”面板中。
- 显示“色板类型”菜单：单击该按钮，在打开的下拉菜单中选择一个选项，可以在面板中单独显示颜色、渐变、图案或颜色组，如图 2-253 和图 2-254 所示。

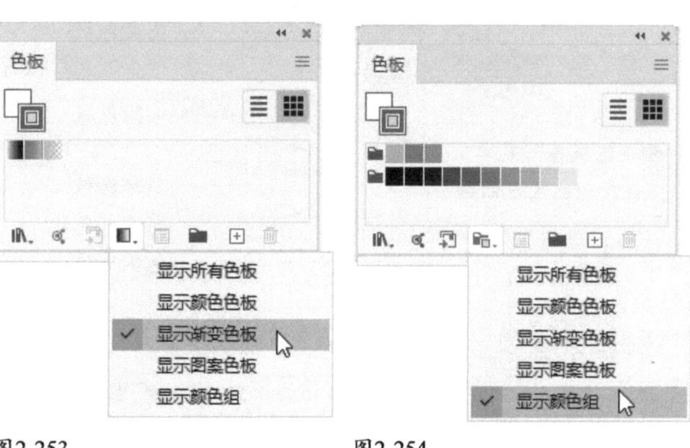

图2-253　图2-254

- 色板选项：单击该按钮，可以打开“色板选项”对话框。
- 新建色板：单击该按钮，可以将当前选取的颜色、渐变或图案创建为一个色板。
- 删除色板：在“色板”面板中单击一个色板，单击该按钮，可将其删除（套版色不能删除）。

提示

选择一个对象以后，如果它使用了“色板”面板中的色板进行填色或描边，该色板会突出显示（四周显示白框）。

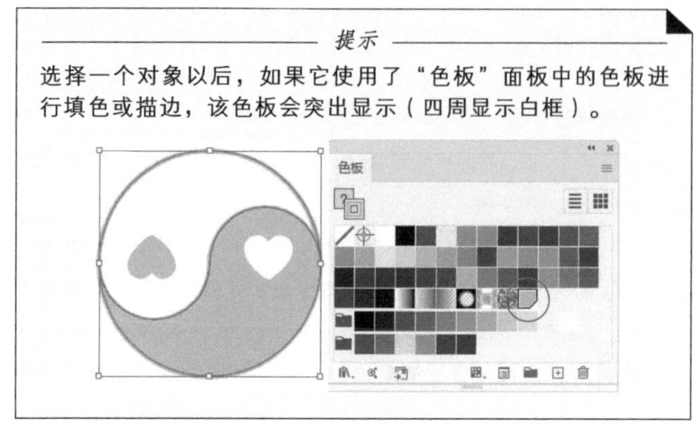

2.6.2 实战：创建色板

下面我们来学习色板的创建方法和技巧，包括怎样将图稿中的颜色一次性地都创建为色板。

01 按Ctrl+O快捷键，打开素材，如图2-255所示。先来创建一个全新的色板。单击“色板”面板中的按钮，打开“新建色板”对话框，对颜色进行调整，如图2-256所示；在默认状态下色板以颜色值命名，也可对其进行修改；之后，单击“确定”按钮关闭对话框即可，如图2-257所示。

图2-255

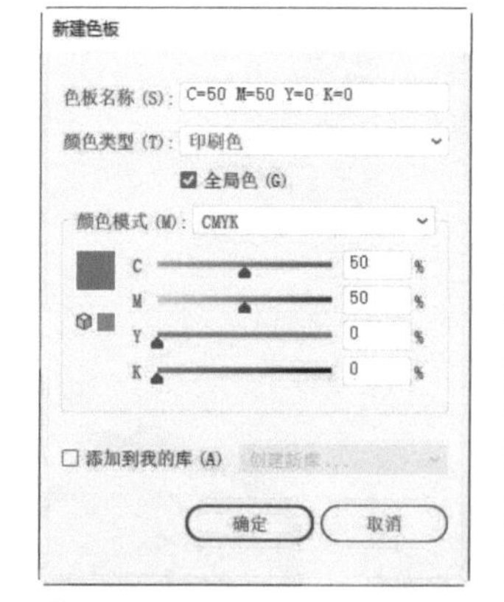

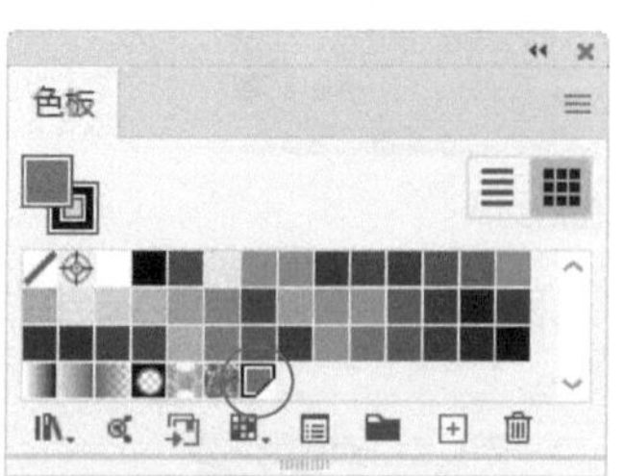

图2-256　图2-257

02 图稿里使用了很多颜色，也有渐变和图案。选择选择工具，单击一个图形，如图2-258所示；单击“色板”面板中的按钮，便可将它的填色（或描边）创建为色板，如图2-259所示。

图2-258

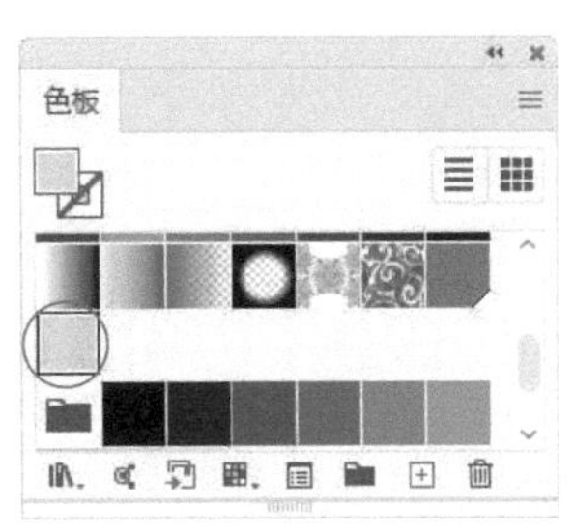

图2-259

03 执行“文件>恢复”命令，撤销修改，将文档恢复到刚打开时的状态，新创建的色板也会被删除。我们再来看一看怎样基于图稿中的颜色创建色板。

04 不要选择任何对象。打开“色板”面板菜单，选择“添加使用的颜色”命令，如图2-260所示，即可将文档中使用的所有颜色都创建为色板，如图2-261所示。如果只想添加部分颜色，可以选择选择工具▶，按住Ctrl键单击它们，再单击“色板”面板中的⊞按钮。

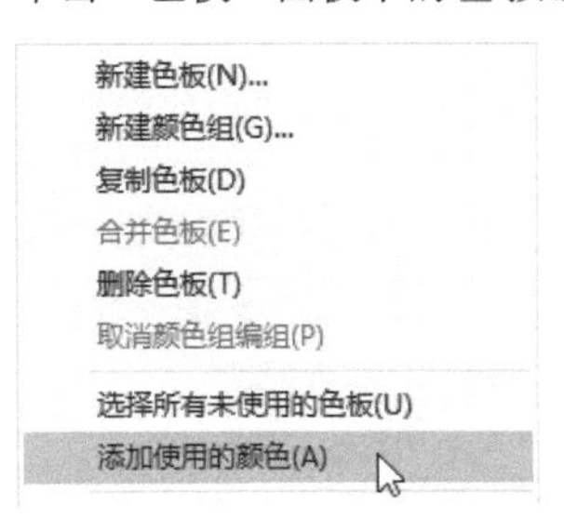

图2-260

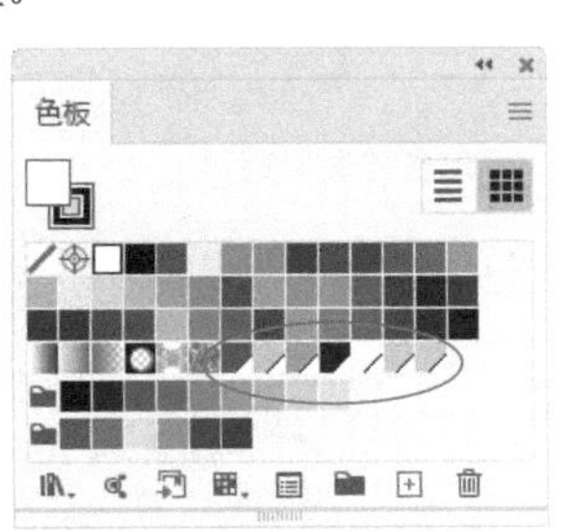

图2-261

“新建色板”对话框

- 色板名称： 可以设置或修改色板的名称。
- 颜色类型： 如果要创建印刷色色板， 可以选择 “印刷色” 选项。 如果要创建专色色板， 可以选择 “专色” 选项。
- 全局色： 勾选该选项后， 可以创建全局色板。 编辑全局色时， 图稿中所有使用该颜色的对象会自动更新。
- 颜色模式： 可以选择在RGB、CMYK、灰度和Lab等模式下调整颜色。
- 添加到我的库： 将色板添加到 “库” 面板中。

2.6.3

实战：创建和编辑颜色组

颜色组是一个组织工具，与图层组（*见108页*）用途类似。将相关颜色放在一个组里，可以方便使用和管理。目前颜色组还只能包含颜色（包括专色、印刷色和全局色），不能包含渐变和图案。

扫码看视频

01 按Ctrl+N快捷键，新建一个RGB模式的文档。在“色板”面板中单击图2-262所示的色板；按住Shift键单击另一个色板，将它们及中间的色板全都选取，如图2-263所示。如果要选取的是不相邻的色板，可以按住Ctrl键分别单击它们。

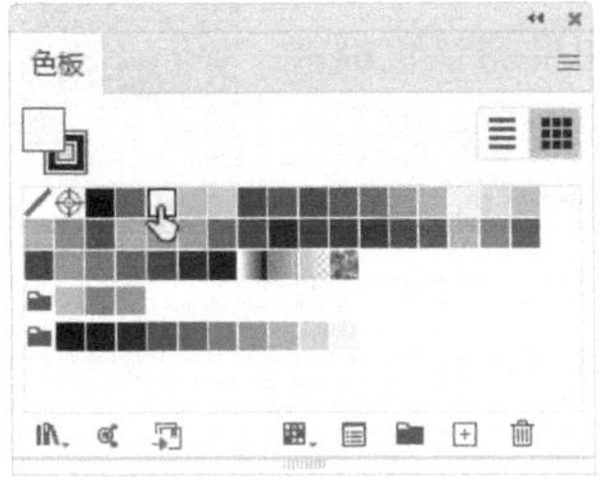

图2-262

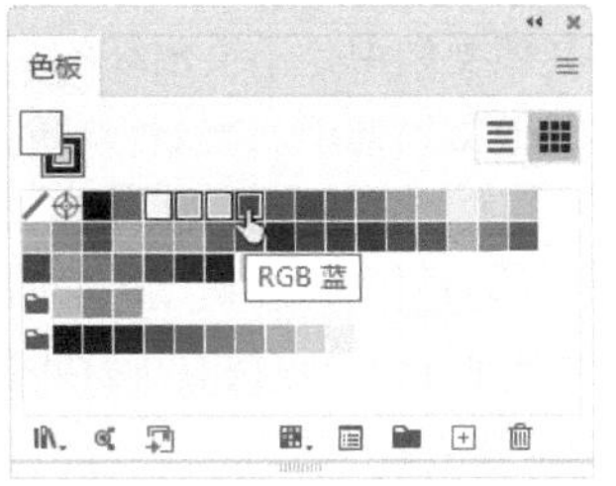

图2-263

02 单击新建颜色组按钮，在弹出的对话框中为颜色组设置名称，如图2-264所示，单击“确定”按钮，便可将所选色板添加到颜色组中，如图2-265所示。在颜色组中，通过拖曳的方法，可以重排色板顺序，如图2-266所示。也可以将其他色板拖入组中，或从组内拖出色板，如图2-267所示。

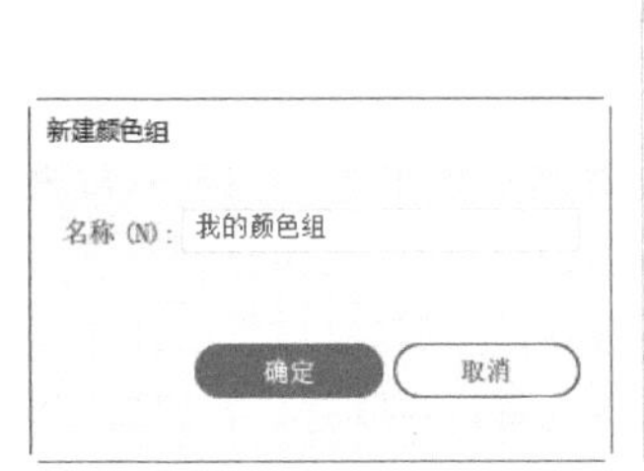

图2-264

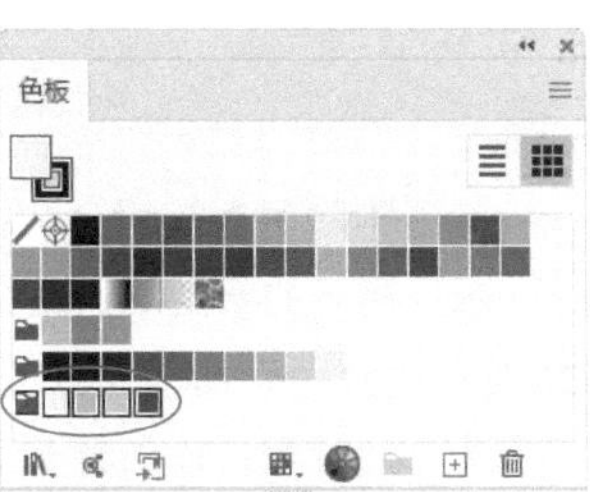

图2-265

图2-266

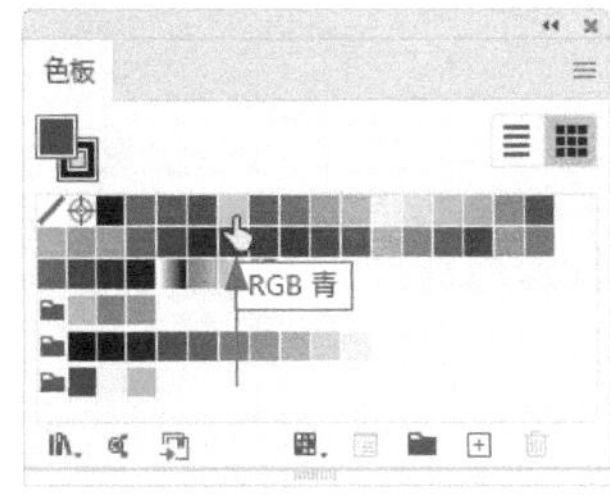

图2-267

03 双击一个色板，如图2-268所示，打开“色板选项”对话框，此时可以修改色板颜色、名称，也可勾选“全局色”选项，将其转换为全局色，如图2-269所示。

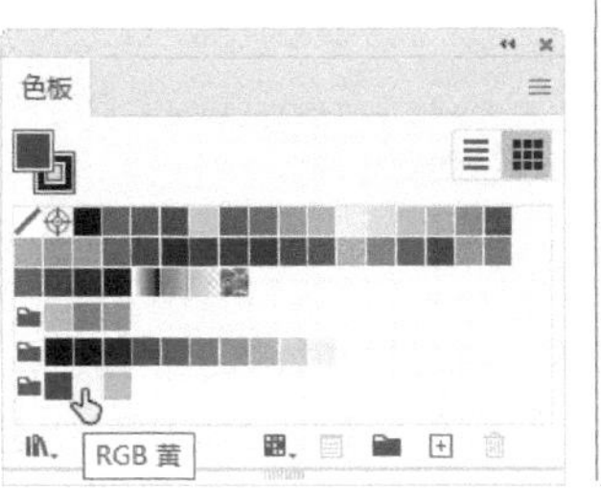

图2-268

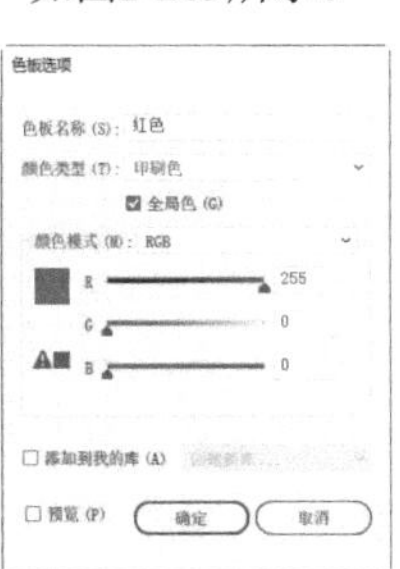

图2-269

2.6.4
实战：创建和加载色板库

要点

Illustrator中的每个文档都有自己的专属色板。这就是说，我们在一个文档中创建的色板在其他文档中是不会出现的。如果想让色板能被其他文档使用，需要将其创建为色板库。

扫 码 看 视 频

01 按Ctrl+N快捷键，新建一个文档。单击图2-270所示的色板，按住Shift键再单击图2-271所示的色板，将它们及中间的所有色板选取（如果想选择不相邻的色板，可以按住Ctrl键分别单击它们）。

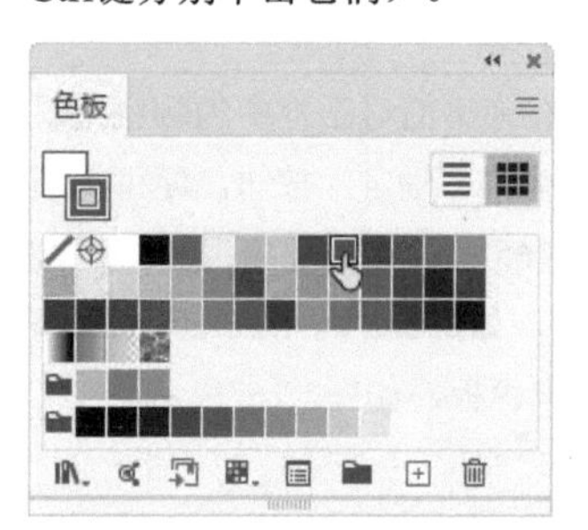

图2-270

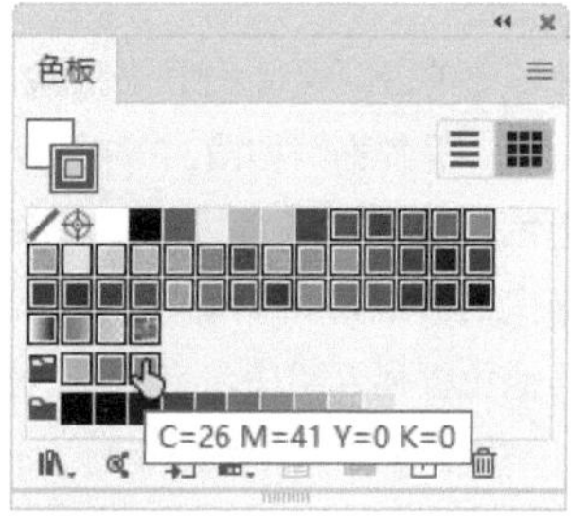

图2-271

02 单击删除色板按钮，将所选色板删除，如图2-272所示。剩下的就是我们要保存的色板了。打开面板菜单，选择“将色板库存储为ASE”命令，如图2-273所示。弹出“另存为”对话框，输入色板库的名称，并指定保存位置，单击“保存”按钮。

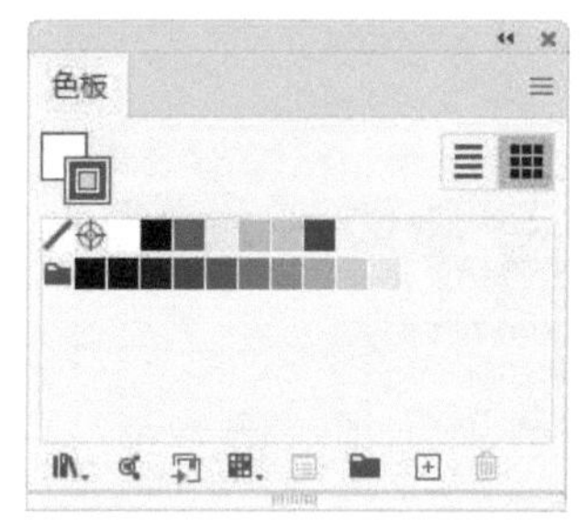

图2-272

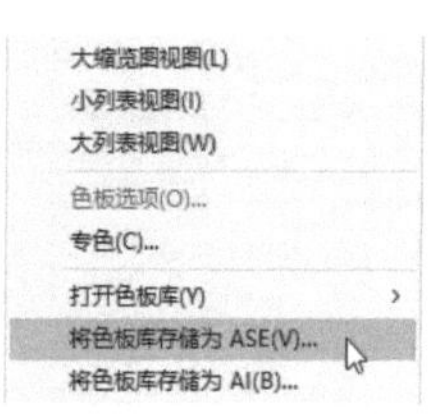

图2-273

提示

如果不修改保存位置，则存储之后，需要使用该色板库时，可以在“窗口>色板库>用户定义”子菜单中找到它。

03 再创建一个文档。我们来看一看怎样加载该色板库。执行“窗口>色板库>其他库”命令，弹出“打开”对话框，找到它以后，如图2-274所示，单击“打开”按钮，它就会出现在一个独立的面板中，如图2-275所示。

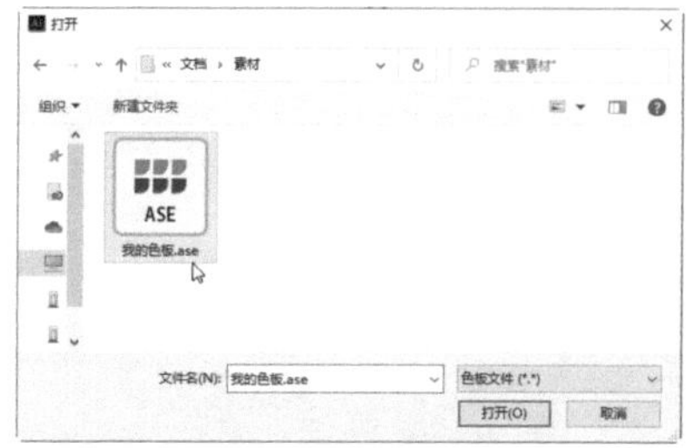

图2-274

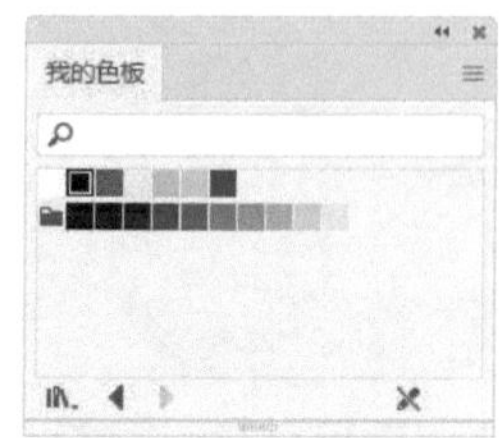

图2-275

技术看板　将色板复制到另一个文档中

使用选择工具选取图形，拖曳到另一个文档中，或者按Ctrl+C快捷键复制图形，再粘贴到另一个文档中，则该图形使用的所有色板都会被添加到当前文档的“色板”面板中。

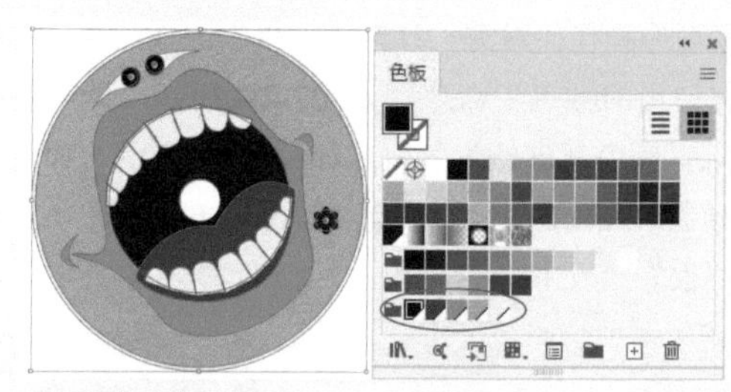

选取并复制图形

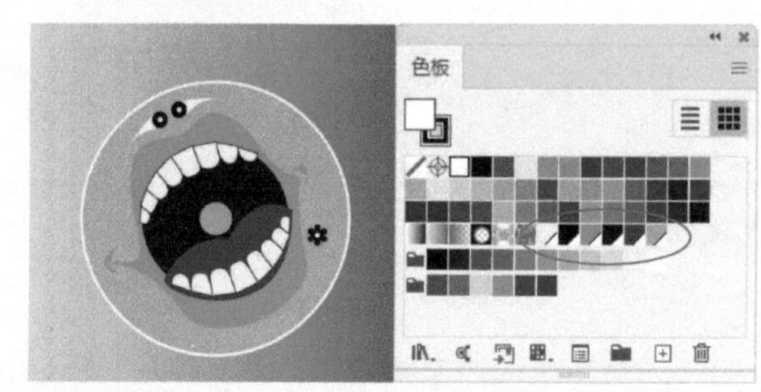

粘贴到另一个文档中，色板也被同时粘贴过来

2.6.5
复制、删除和替换色板

按住Ctrl键单击，可以选取多个色板，如图2-276所示。单击新建色板按钮，或将所选色板拖曳到该按钮上，可以进行复制，如图2-277所示。

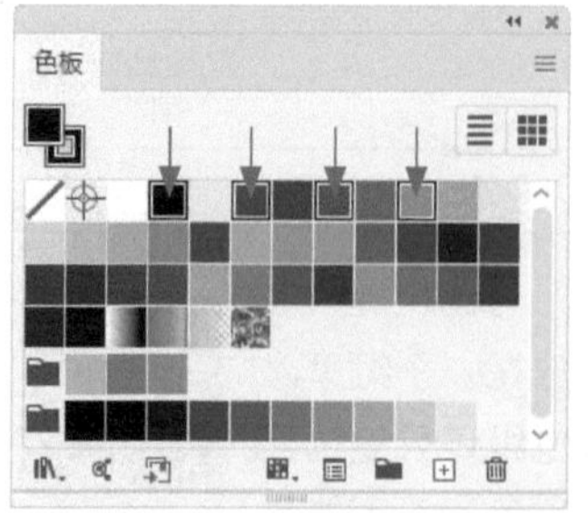

图2-276

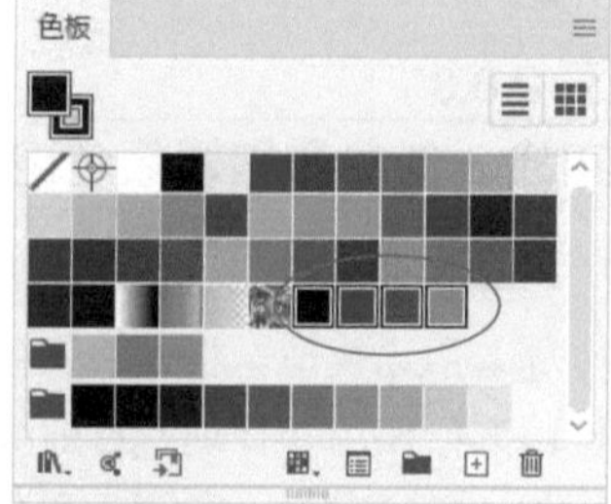

图2-277

单击删除色板按钮，或拖曳到该按钮上，则可将它们删除。如果想要将文档中未使用的色板删除，可以用面板菜单中的“选择所有未使用的色板”命令，将这些色板选取，如图2-278和图2-279所示，之后单击按钮即可，如图2-280所示。

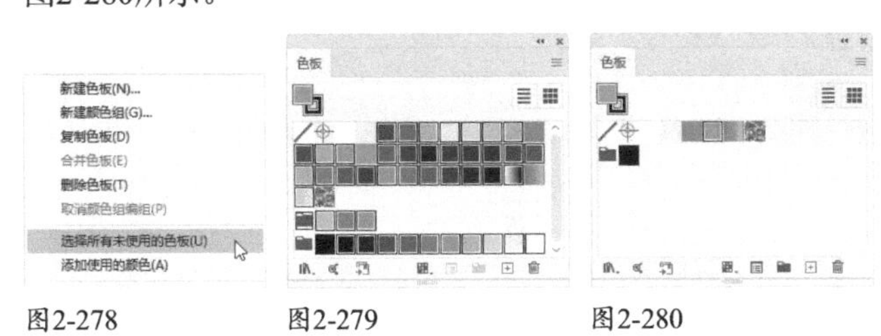

图2-278　图2-279　图2-280

按住Alt键，将颜色、渐变、图案从“色板”面板、“颜色”面板、“渐变”面板、工具栏或某个对象中拖曳到“色板”面板的一个色板上，可替换该色板，如图2-281和图2-282所示。

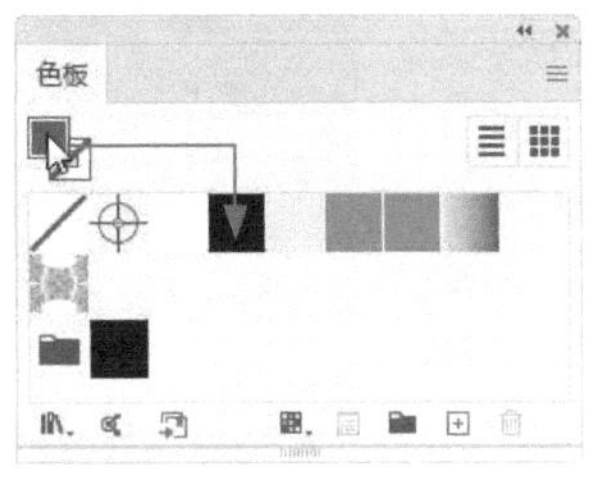

图2-281

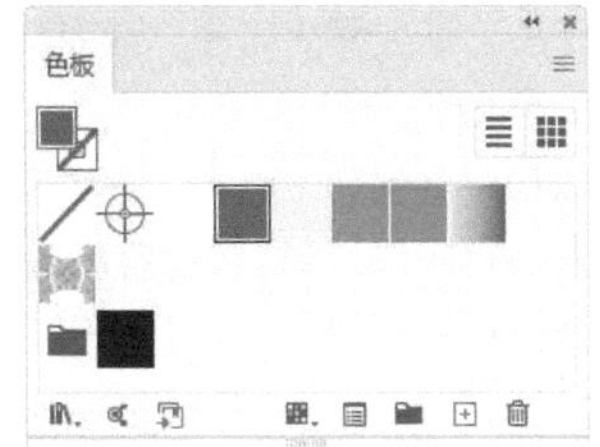

图2-282

使用渐变

渐变可以在对象中创建平滑的颜色过渡效果，在表现深度、空间感、光影，以及材质、质感和特效时经常使用。下面介绍Illustrator中渐变的创建和编辑方法。

·AI技术/设计讲堂·

渐变的种类及样式

什么是渐变

在我们的生活中，渐变颜色十分常见。例如，彩虹的7种颜色就是以渐变方式过渡的；再如晚霞，美丽的橙红色与深邃的蓝色交相辉映，二者之间也是以渐变色融合的。

具体来说，渐变是单一颜色的明度或饱和度逐渐变化，或者两种及多种颜色组成的平滑过渡效果。渐变具有规则特点，能使人感觉到秩序和统一，是连接色彩的桥梁。例如，明度较大的两种颜色相邻时会产生冲突，在其间以渐变色连接，就能抵消冲突。渐变也是丰富画面内容的要素，即使是很简洁的设计，用渐变作底色，就不会显得平淡和单调。图2-283所示为渐变在平面设计、海报和插画上的应用。

用渐变表现空间感

用渐变为图形上色的插画

渐变图形与图像结合的插画

图2-283

渐变样式

在Illustrator中，渐变颜色可以通过“渐变”面板、“控制”面板、“色板”面板、渐变工具■、工具栏等进行添加和修改。渐变样式可在“渐变”面板中选取，共3种。第1种是线性渐变。它能让颜色从一点到另一点进行直线形混合，如图2-284所示。第2种是径向渐变，可以使颜色从一点到另一点进行环形混合，如图2-285所示。第3种是任意形状渐变，即不规则渐变——色标可以不规则分布，在形状内形成逐渐过渡的随意混合（也可以是有序混合）。相比前两种渐变，它的颜色变化更加丰富，颜色的位置也可以调整。任意形状渐变包含两种模式，如图2-286和图2-287所示。点模式可以在色标周围区域添加阴影；线模式可以在线条周围区域添加阴影。

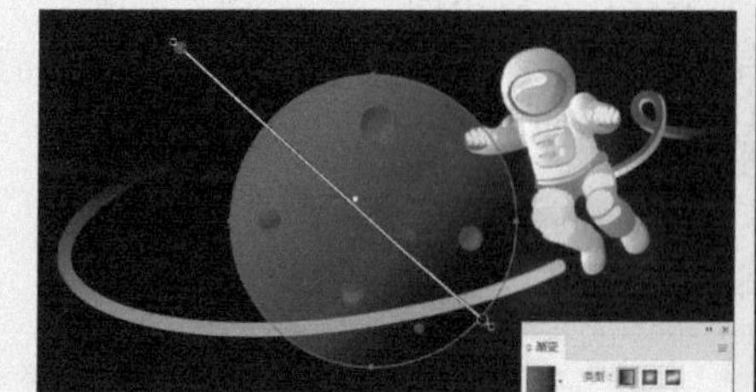

线性渐变（控件及效果）

图2-284

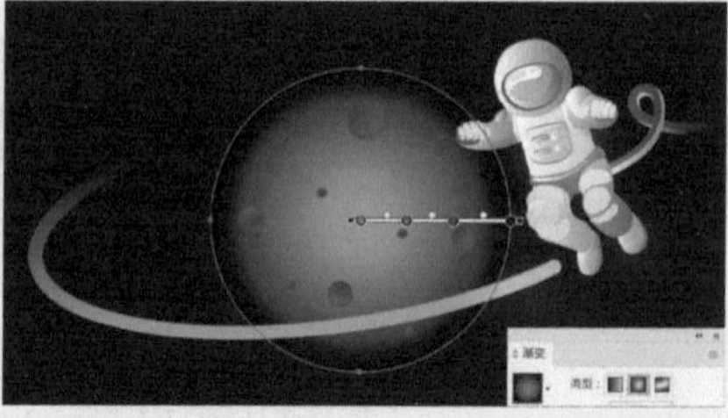

径向渐变（控件及效果）

图2-285

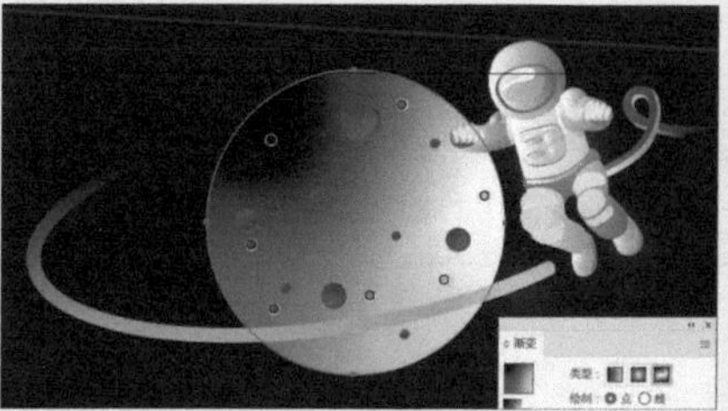

任意形状渐变（点模式控件及效果）

图2-286

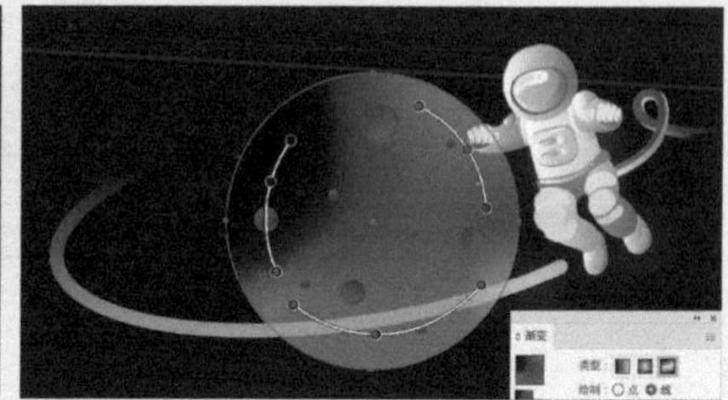

任意形状渐变（线模式控件及效果）

图2-287

2.7.1 “渐变”面板

选取图形，单击工具栏底部的■按钮，可为其填充默认的黑白线性渐变，如图2-288所示，同时弹出“渐变”面板，如图2-289所示。也可直接单击“色板”面板中的渐变色板或“渐变”面板中的色板来进行填充。

图2-288

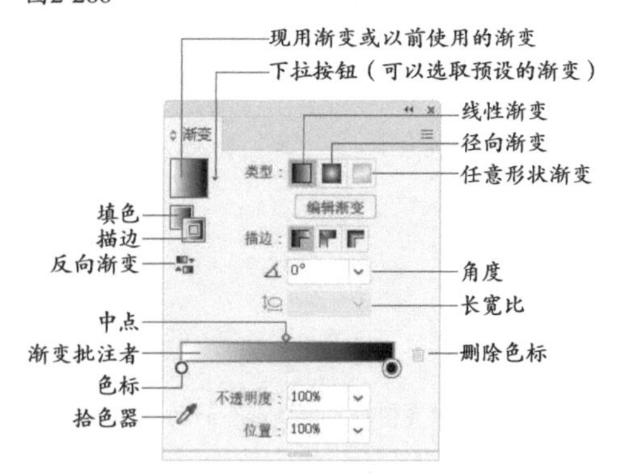

图2-289

● 现用渐变或以前使用的渐变：显示了当前使用渐变的颜色或上一次使用的渐变。单击它，可以用渐变填充所选对象。

● 下拉按钮：单击▾按钮打开下拉列表，其中包含了预设的渐变供使用，如图2-290所示。

图2-290

● 填色/描边：单击填色或描边图标后，可在面板中对其填充的渐变进行编辑。

● 编辑渐变：选取对象后，单击该按钮，便可编辑色标、颜色、角度、不透明度和位置。

● 反向渐变：反转色标顺序，也即反转渐变中的颜色顺序，如图2-291所示。

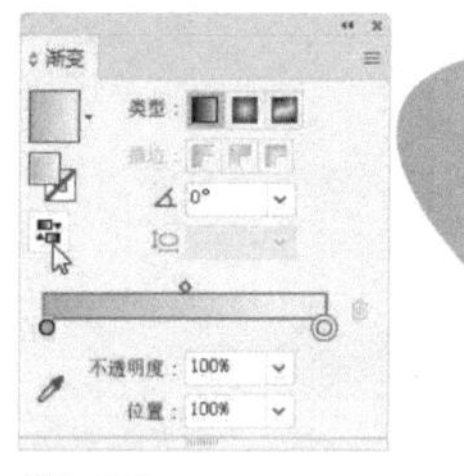

图2-291

- 描边：将渐变应用于描边时设置描边类型（见72页）。
- 角度：用来设置线性渐变的角度。
- 长宽比：填充径向渐变时，如图2-292所示，可在该选项中输入数值创建椭圆渐变，如图2-293所示。也可以修改椭圆渐变的角度来使其倾斜。

长宽比为100%的径向渐变

图2-292

长宽比为30%的径向渐变

图2-293

- 渐变批注者/色标/删除色标：渐变批注者显示了渐变颜色；色标用来修改渐变颜色及颜色位置。如果要删除一个色标，可单击它，之后单击删除色标按钮，或者直接将其拖出面板外。
- 中点：拖曳中点滑块，可以调整滑块两侧色标的位置。
- 位置：可以调整中点滑块或色标的位置。
- 拾色器：可拾取图稿中的颜色作为色标颜色。
- 不透明度：单击一个色标，调整它的不透明度值，可以使颜色呈现透明效果，如图2-294所示。

将绿色色标的不透明度设置为0%，后方的麦穗显现出来

图2-294

2.7.2 实战：设置和修改渐变颜色

01 打开素材。选择选择工具，单击小丑，将其选取，如图2-295所示。在工具栏中将填色设置为当前编辑状态；然后单击按钮，填充渐变，如图2-296所示。

扫码看视频

02 单击一个色标，将它选择，如图2-297所示。此时可通过两种方法调整颜色，即拖曳“颜色”面板中的滑块，如图2-298~图2-300所示；或者按住Alt键单击“色板”面板中的一个色板，如图2-301和图2-302所示。未选择滑块时，则将一个色板拖曳到滑块上，便可修改其颜色。

图2-295

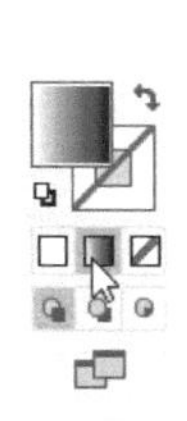

图2-296

图2-297

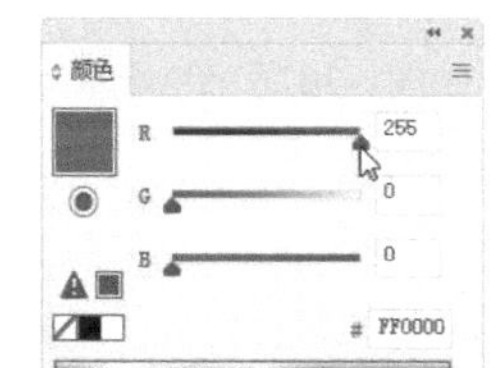

图2-298

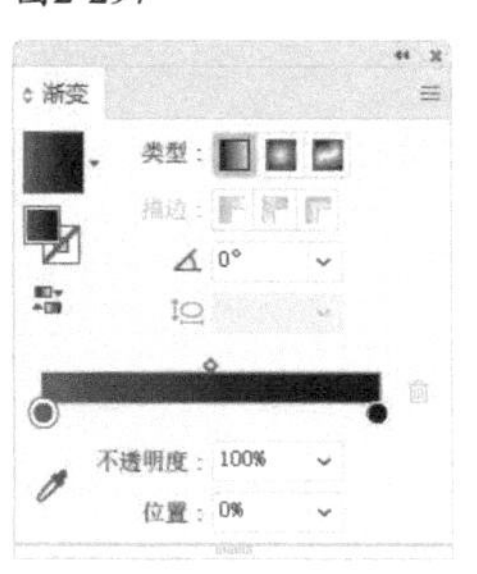

图2-299

图2-300

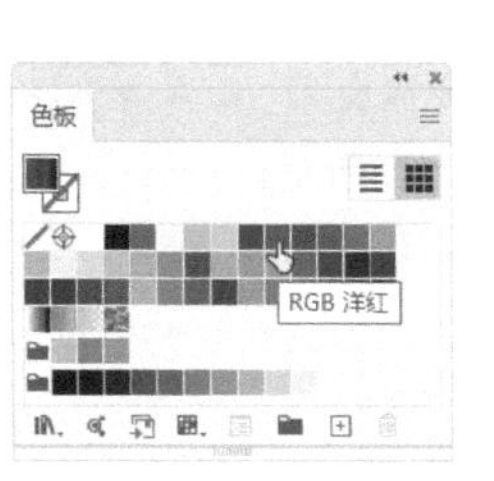

图2-301

图2-302

03 双击一个色标，如图2-303所示，会弹出下拉的“颜色”面板。单击下拉面板中的按钮，则可切换为“色板”面板。在这两个面板中也可以修改颜色，如图2-304~图2-306所示。

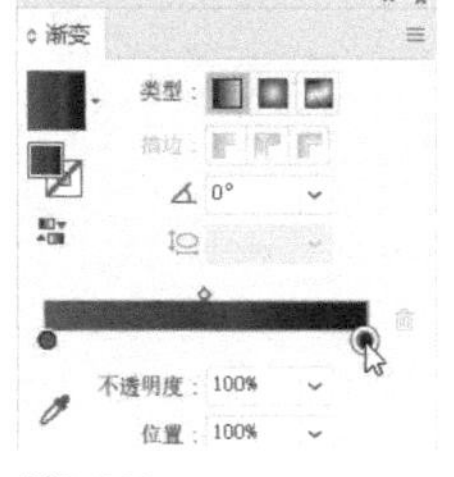

图2-303

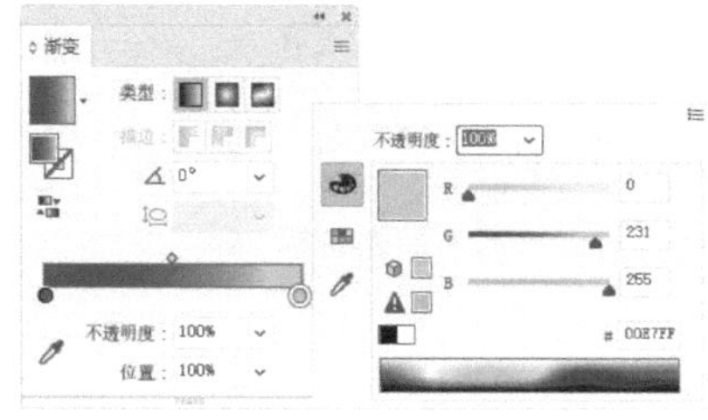

图2-304

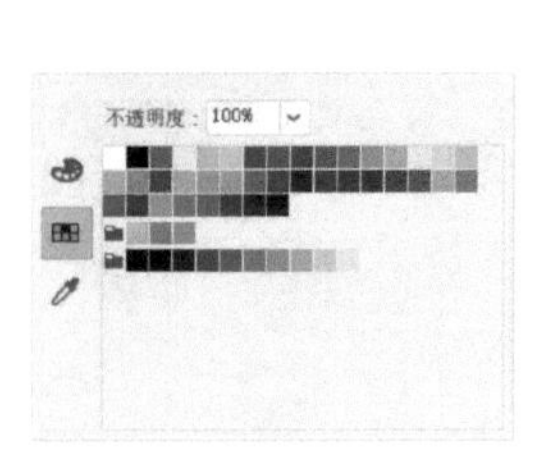
图2-305

图2-306

04 “渐变”面板及下拉面板中都包含拾色器工具。单击该工具，之后在图稿上单击，可以拾取其颜色作为渐变中的颜色，如图2-307和图2-308所示。

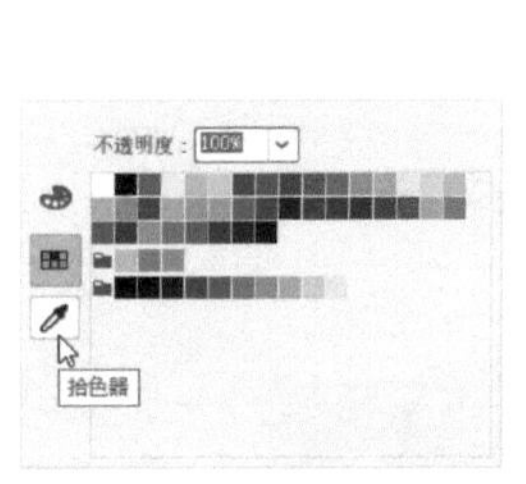
图2-307

图2-308

2.7.3 实战：编辑色标

扫 码 看 视 频

色标用来控制颜色的混合位置，也决定了渐变中的颜色数量。

01 在渐变批注者下方单击，可以添加色标，如图2-309所示。将一个色板直接拖曳到渐变批注者下方，也可添加色标，如图2-310所示。

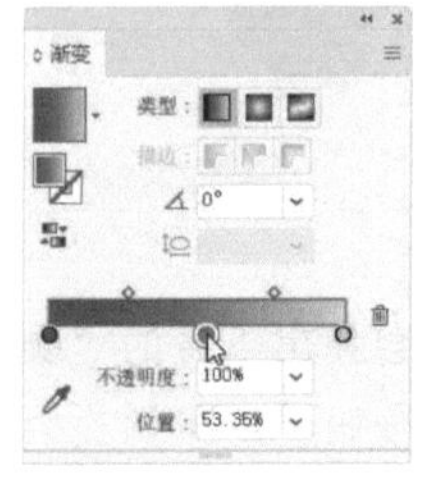
图2-309

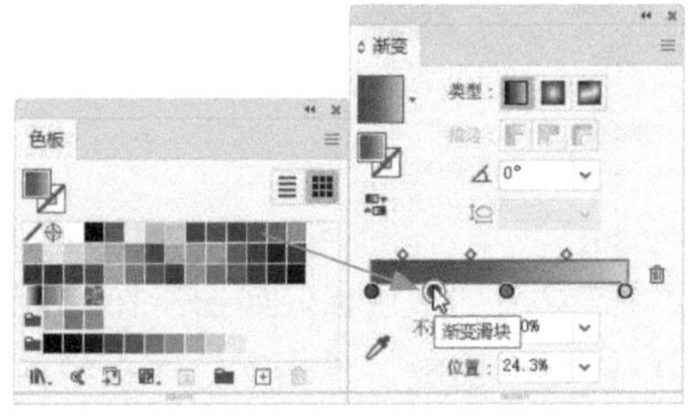
图2-310

> *提示*
>
> 如果色标较多，在选取的时候，很容易造成其移动。遇到这种情况，可以拖曳面板右下角，将面板拉宽，增大色标的间距。
>
> 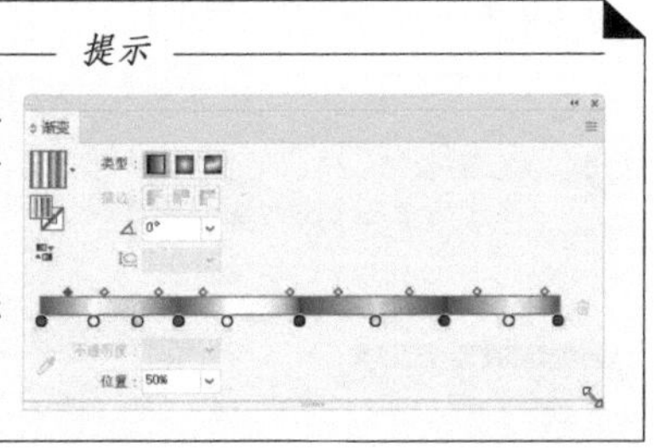

02 如果要减少颜色，可单击一个色标，如图2-311所示，然后单击按钮，如图2-312所示；或者直接将其拖曳到面板外，进行删除。

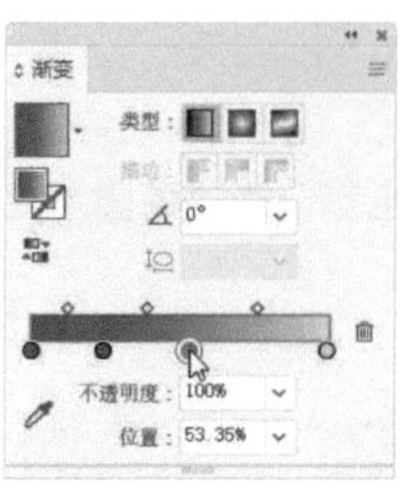
图2-311

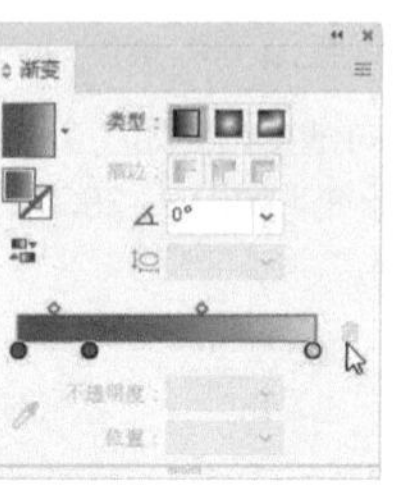
图2-312

03 按住Alt键拖曳一个色标，可以复制它，如图2-313所示。如果按住Alt键并将一个色标拖曳到另一个色标上，则可交换它们的位置，如图2-314所示。

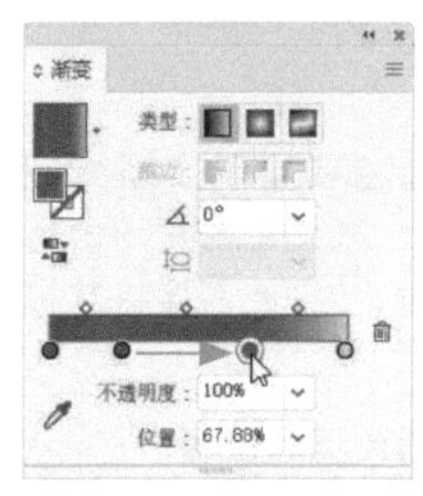
图2-313

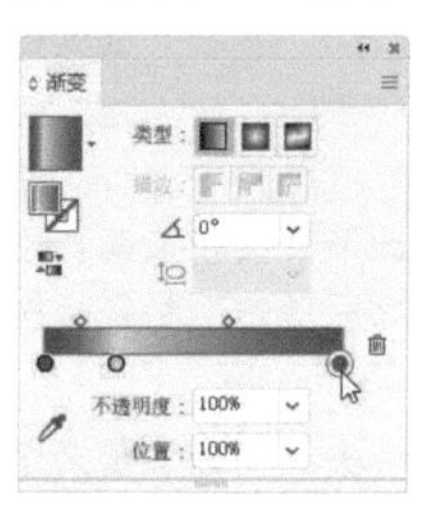
图2-314

04 拖曳色标可以调整颜色的混合位置，如图2-315所示。拖曳色标上方的中点滑块，则可改变它两侧色标颜色的混合位置，如图2-316所示。

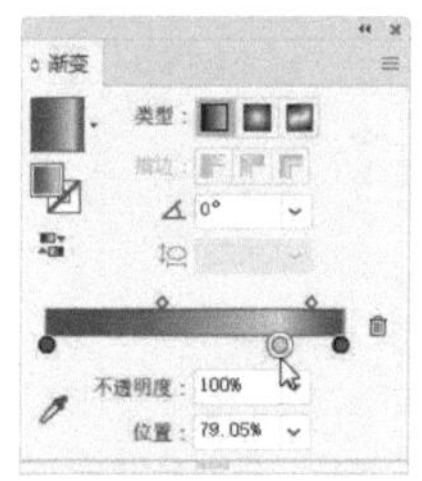
图2-315

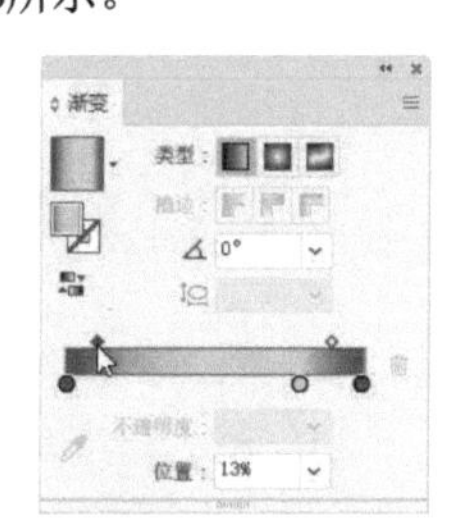
图2-316

技术看板　将渐变存储为色板

单击“色板”面板中的按钮，可以将渐变保存到“色板”面板中。以后需要使用它时，可通过该面板来直接应用。

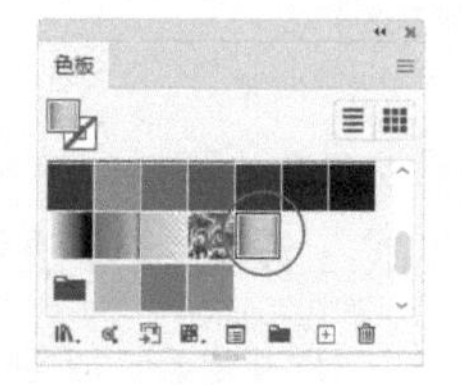

2.7.4 实战：线性渐变

要点

扫 码 看 视 频

填充线性渐变和径向渐变后，当我们选取渐变工具时，对象中会显示渐变批注者。它的组件包含滑块（用来定义渐变的起点和终点）和中点，在起点和终点处各有一个色标。通过渐变批注者可以修改渐变的角度、位置和范围，如图2-317所示。

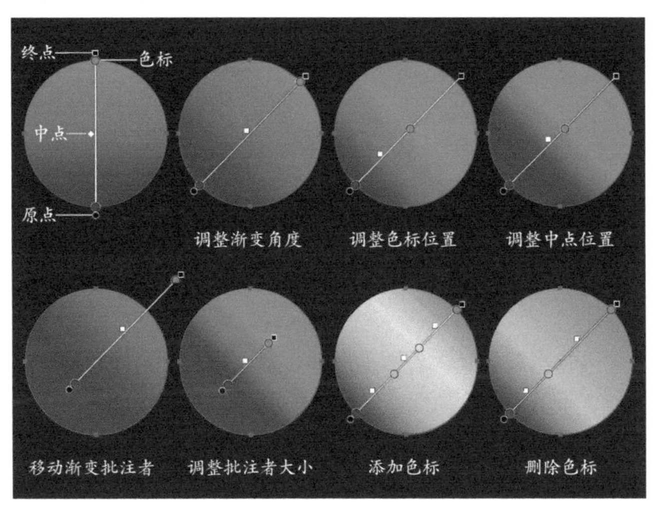

图2-317

01 打开素材，选择选择工具▶，单击圆形，将其选取，如图2-318所示。在“渐变”面板中将填色设置为编辑状态，如图2-319所示。

图2-318

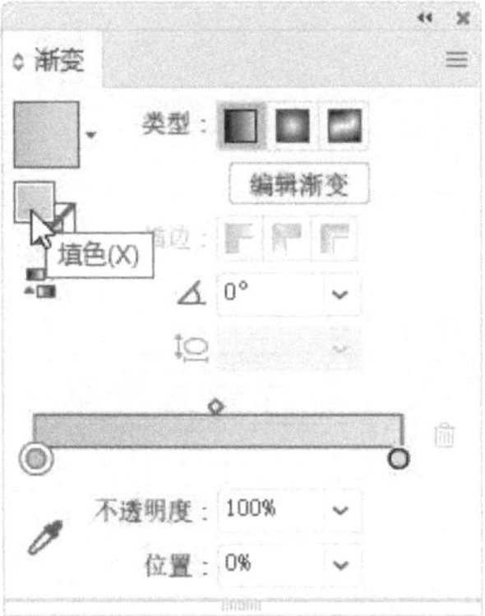

图2-319

02 选择渐变工具■，在图形上拖曳鼠标，可以调整渐变的位置、起止点和方向，如图2-320所示。按住Shift键操作，可以将渐变方向设置为水平、垂直或45°的整数倍方向。

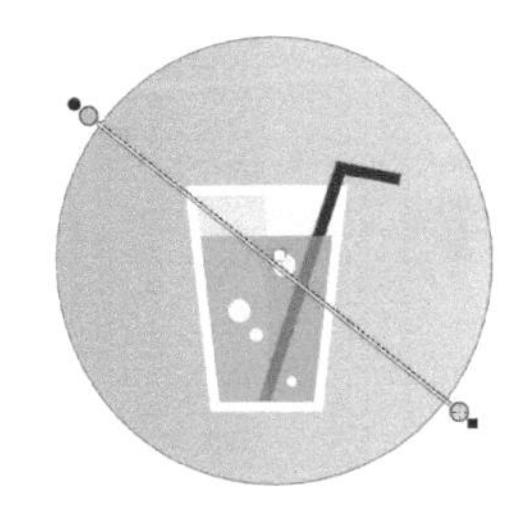

图2-320

03 在渐变批注者中，圆形图标是渐变的原点，拖曳它可以水平移动渐变，如图2-321所示。拖曳方形（终点）图标，可以调整渐变的范围，如图2-322所示。

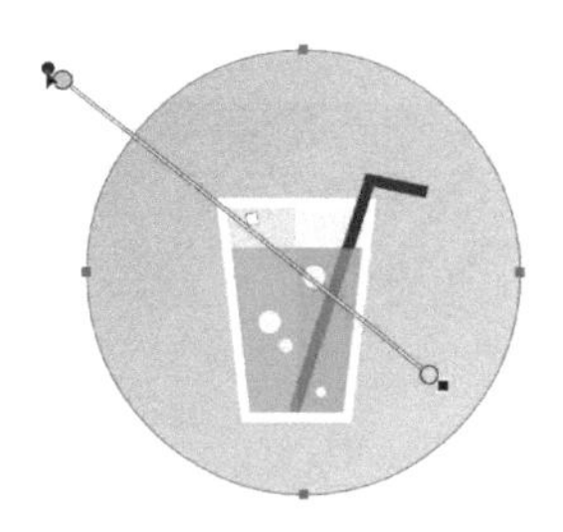

图2-321

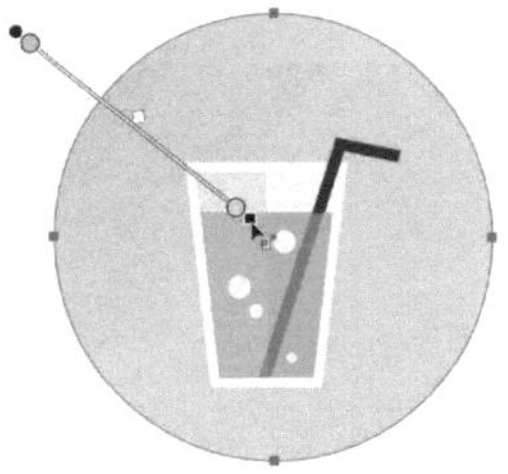

图2-322

04 在终点图标旁边，当鼠标指针变为↻状时进行拖曳，可以旋转渐变，如图2-323所示。

05 双击色标，可以打开下拉面板，对颜色和不透明度进行修改，如图2-324所示。在渐变批注者下方（鼠标指针变为▷₊状）单击，可以添加色标，如图2-325所示。拖曳色标和中点，可以调整颜色位置，如图2-326所示。如果要删除色标，将其拖出渐变批注者便可。

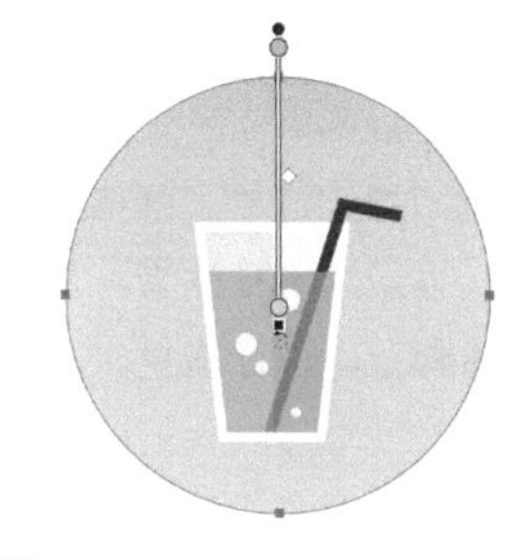

图2-323

图2-324

图2-325

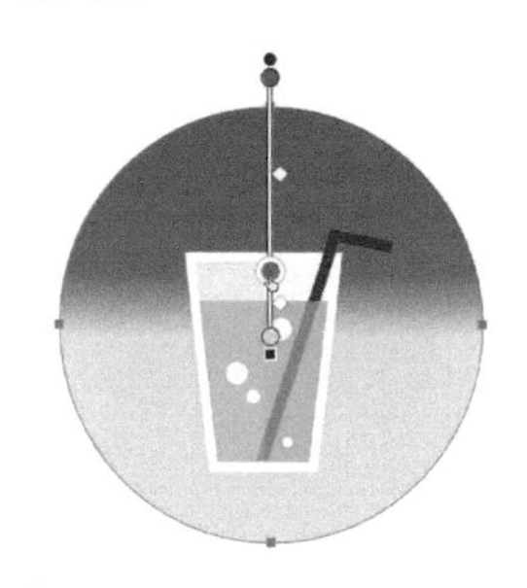

图2-326

提示

执行“视图”菜单中的“显示渐变批注者”或“隐藏渐变批注者”命令，可以显示或隐藏渐变批注者。

2.7.5

实战：径向渐变

要点

在径向渐变中，最左侧的色标定义了颜色填充的中心点，它呈辐射状向外逐渐过渡，直至最右侧的色标颜色。通过渐变批注者，可以修改径向渐变的焦点、原点和扩展范围，如

图2-327所示。

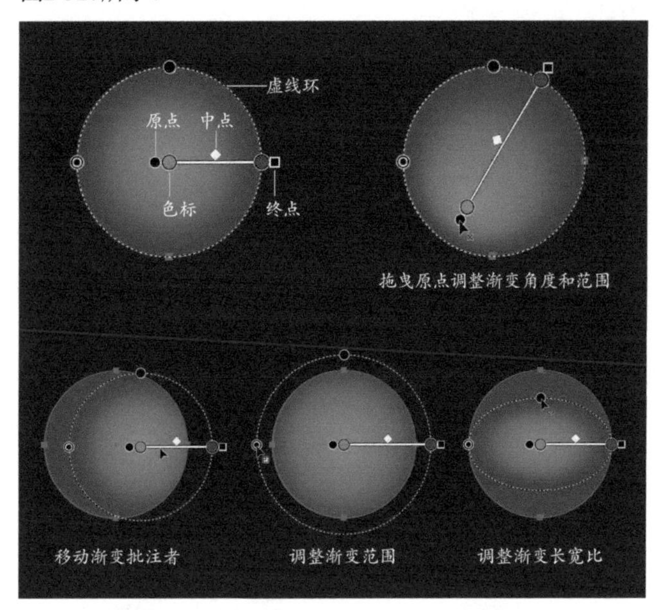

图2-327

01 打开素材。选择渐变工具，按住Ctrl键单击圆形，将其选取。放开Ctrl键，图形上会显示渐变批注者，如图2-328所示。将鼠标指针放在渐变批注者上，进行拖曳，可将其移动，如图2-329所示。

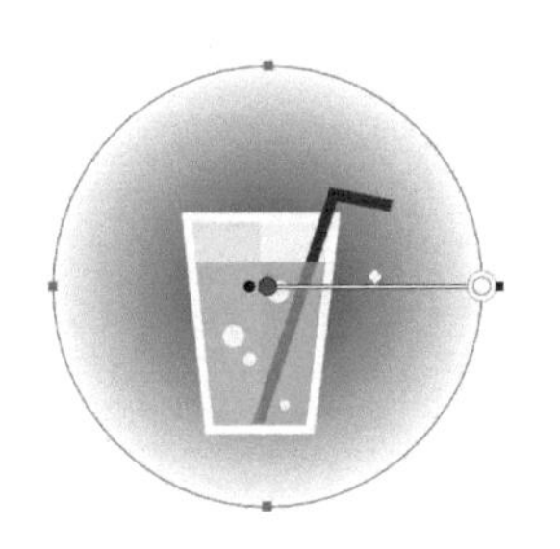

图2-328

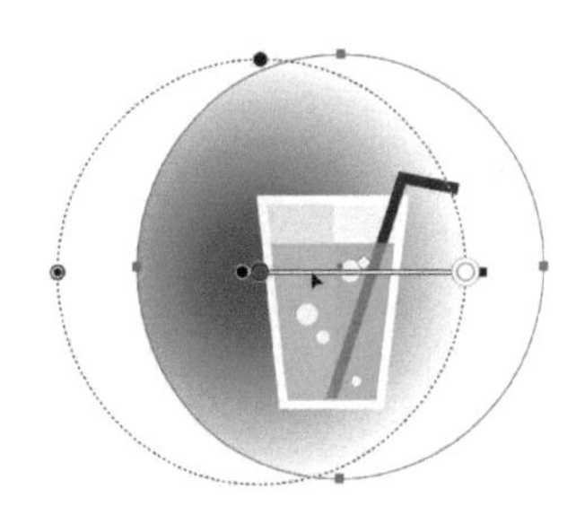

图2-329

02 如果想旋转渐变，可以将鼠标指针移动到终点图标旁边，当鼠标指针变为状时进行拖曳，如图2-330所示。还有一种方法，就是将鼠标指针移动到图形边缘，当显示一个虚线环时进行拖曳，如图2-331所示。

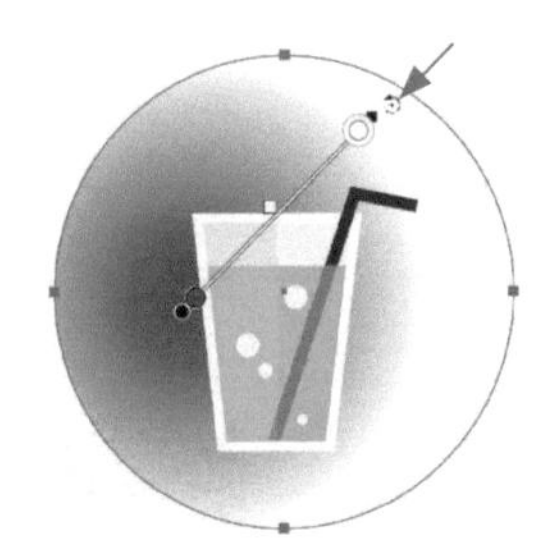

图2-330

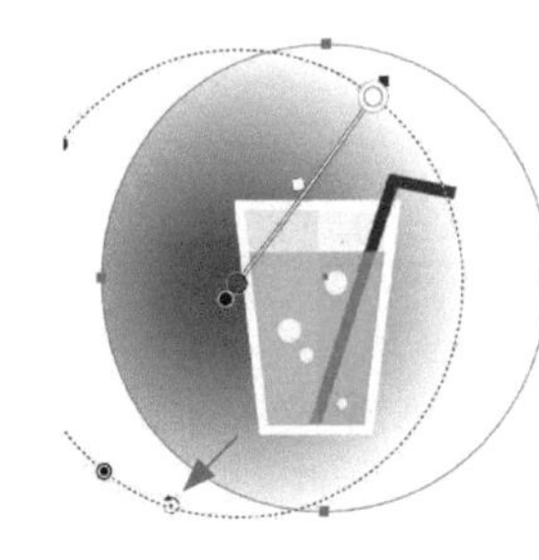

图2-331

03 如果要调整渐变范围，可以拖曳虚线环上的双圆图标，如图2-332所示；或者拖曳终点图标，如图2-333所示。

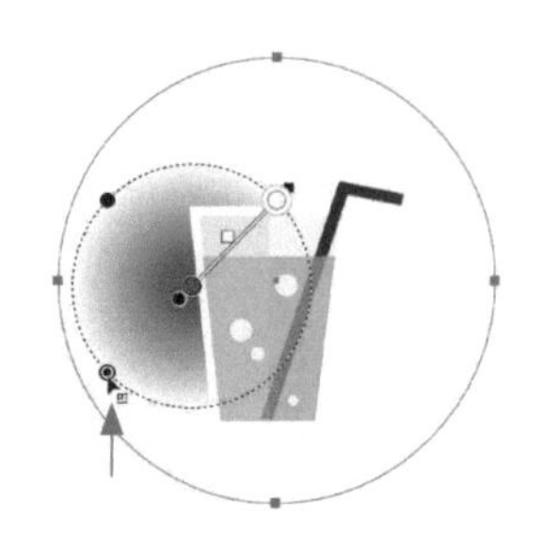

图2-332

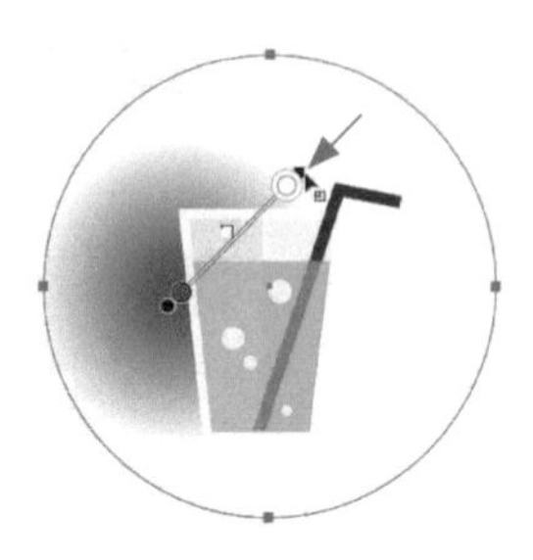

图2-333

04 拖曳虚线环上的圆形图标，则可调整渐变的长宽比，得到椭圆形渐变，如图2-334所示。拖曳左侧的原点图标，可同时调整渐变的角度和范围，如图2-335所示。

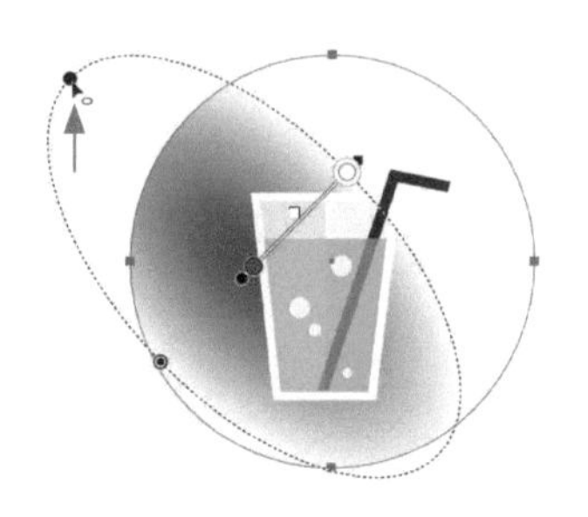

图2-334

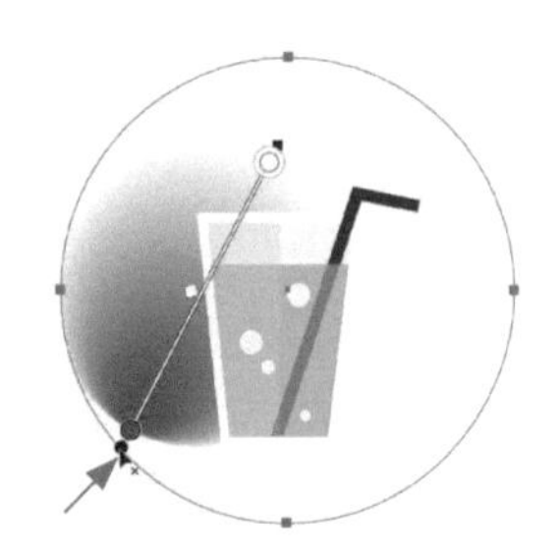

图2-335

2.7.6

实战：制作郁金香花

01 打开素材。选择选择工具，拖出一个选框，选取花瓣，如图2-336所示。单击渐变色板，为花瓣填充该渐变，如图2-337和图2-338所示。

扫码看视频

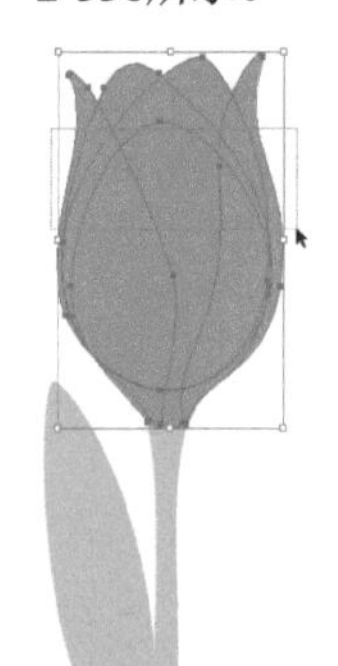

图2-336

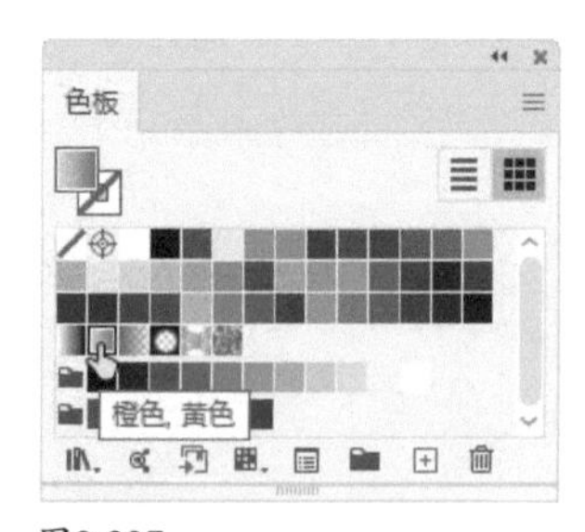

图2-337

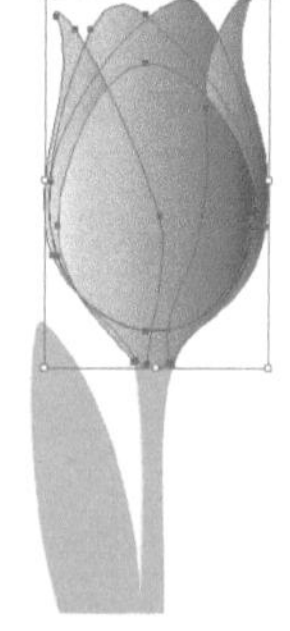

图2-338

02 在“渐变”面板中设置角度为80°，如图2-339所示。在“透明度”面板中设置混合模式为“正片叠底”，如图2-340和图2-341所示。

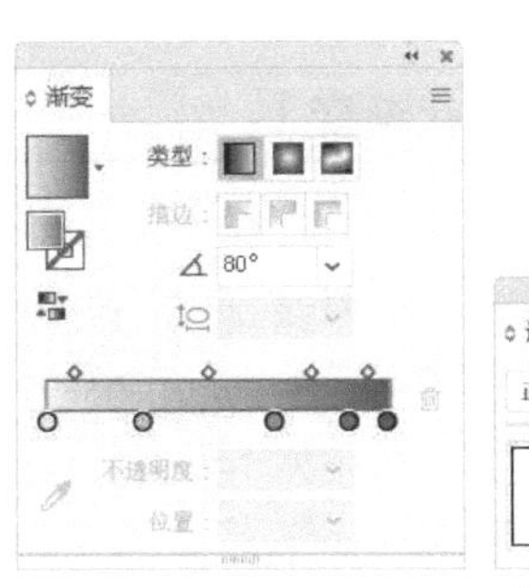

图2-339

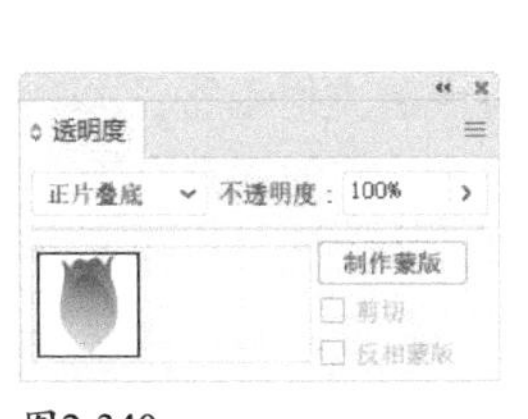

图2-340

图2-341

03 分别选择叶子和花茎，填充渐变，如图2-342~图2-344所示。

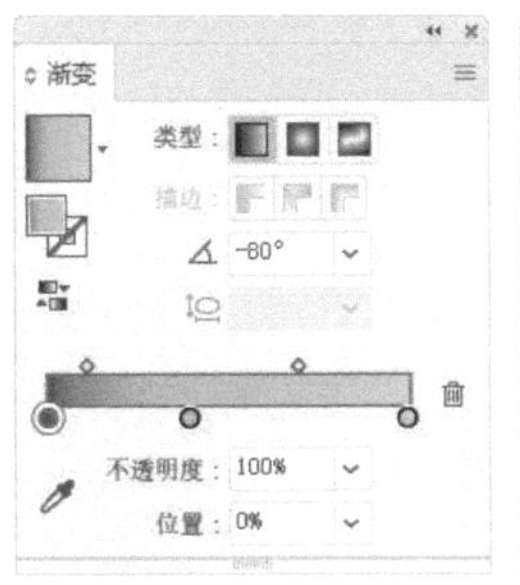

图2-342

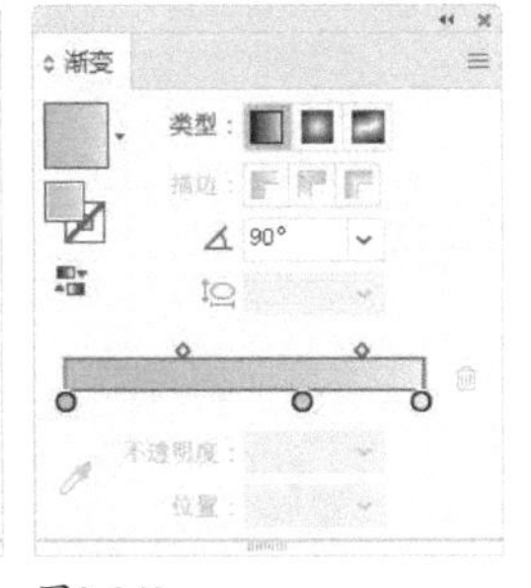

图2-343

图2-344

技术看板　多图形渐变填充技巧

选取多个图形后，单击“色板”面板中的渐变色板，可以为每一个图形填充此渐变。如果再选择渐变工具，在这些图形上方拖曳鼠标，则这些图形将作为一个整体应用渐变，即它们共用一个渐变批注者。

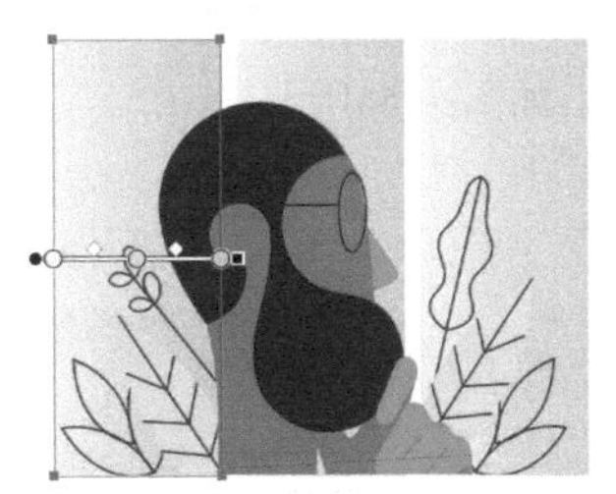

每个图形都被填充渐变

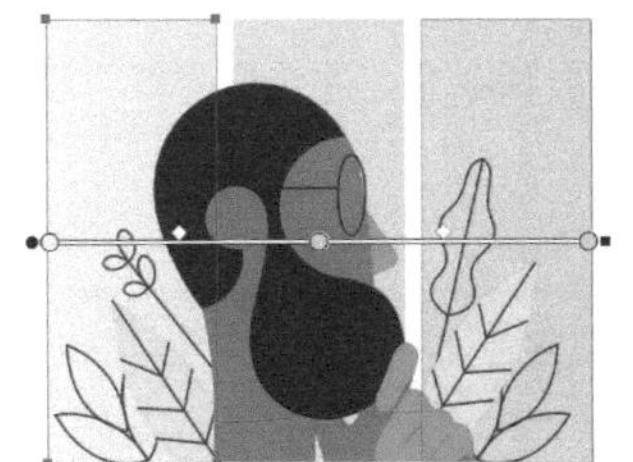

用渐变工具修改后的效果

2.7.7

实战：用渐变库修改郁金香颜色

扫码看视频

01 打开素材，如图2-345所示。按Ctrl+A快捷键全选。单击“色板”面板底部的色板库菜单按钮，如图2-346所示，打开菜单，其中的“渐变”子菜单中是各种渐变库。选择“色谱”渐变库，会在一个单独的面板中打开它。

02 单击“亮色色谱”渐变，如图2-347所示，在“渐变”面板中设置角度为90°，效果如图2-348所示。可以尝试使用渐变库中的其他渐变为图形填色，如图2-349所示。

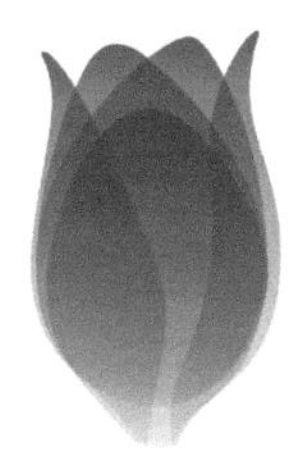

图2-345

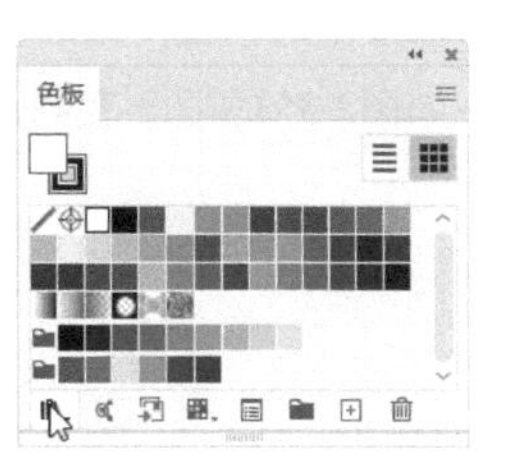

图2-346

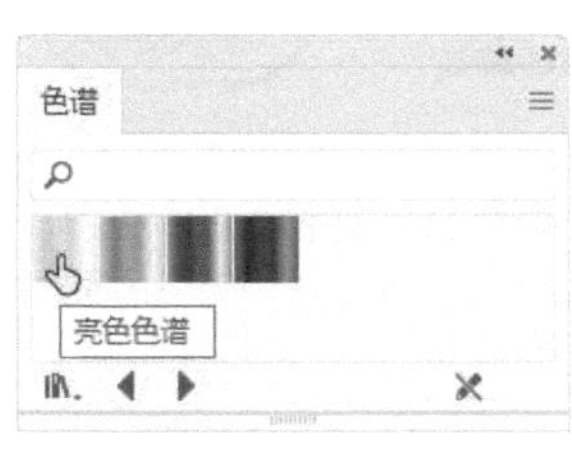

图2-347

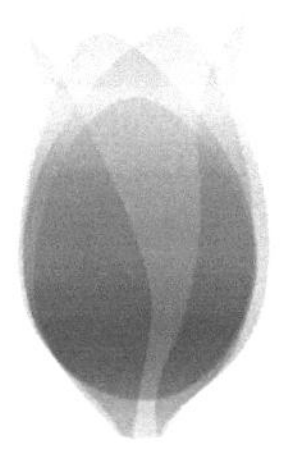

图2-348

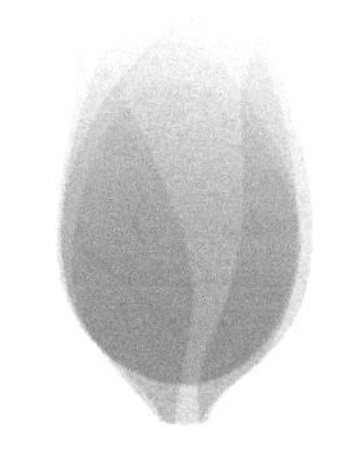
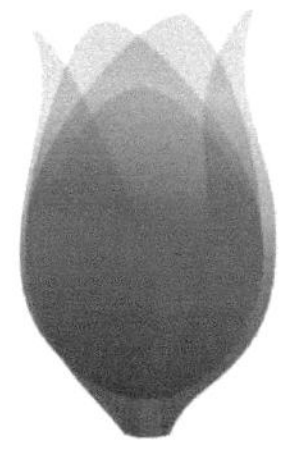

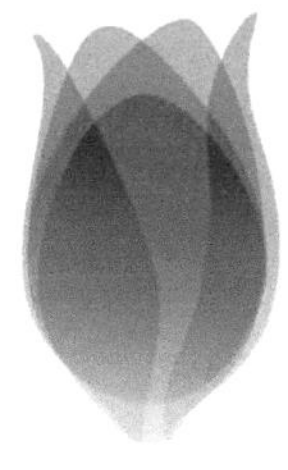

图2-349

2.7.8

实战：任意形状渐变(点模式)

要点

扫码看视频

任意形状渐变没有渐变批注者。这意味着色标的位置不受约束，是可以放在对象中的任何位置的。但要注意前提条件：色标不能离开对象，否则会被删除。

01 打开素材。选择渐变工具，按住Ctrl键单击烧杯圆形，将其选取，如图2-350所示。单击“渐变”面板中的按钮，填充任意形状渐变。在“绘制”选项中选取“点”选项。图形上会被自动添加色标，如图2-351所示。

图2-350

图2-351

02 单击左上角的色标，将其选取，如图2-352所示。之后可以单击“色板”面板中的色板，修改它的颜色；或者通过“颜色”面板调色，如图2-353和图2-354所示。

图2-352

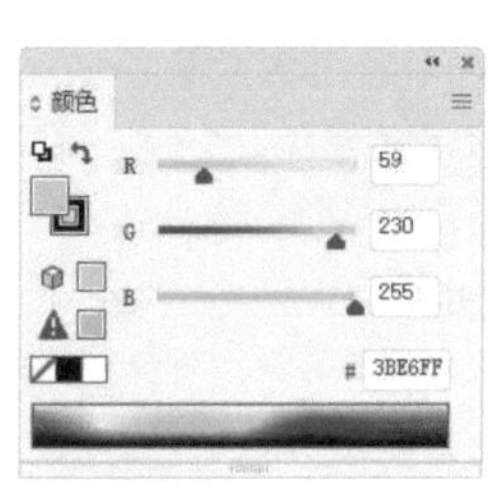

图2-353

图2-354

03 在烧杯右下方单击，添加一个色标，如图2-355所示，之后调整颜色，如图2-356和图2-357所示。

图2-355

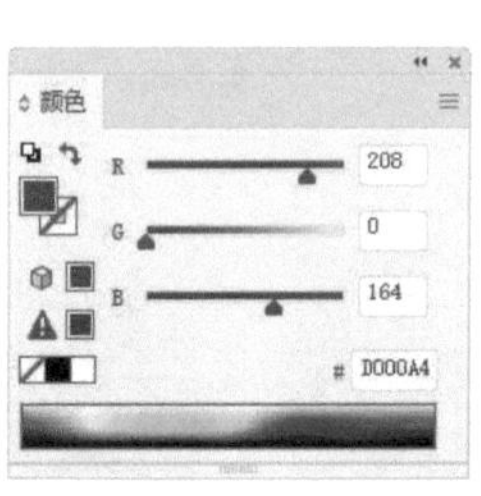

图2-356

图2-357

04 单击右下角的色标并调色，如图2-358和图2-359所示。拖曳色标，调一调位置，但不要拖曳到图形外，如图2-360所示。

图2-358

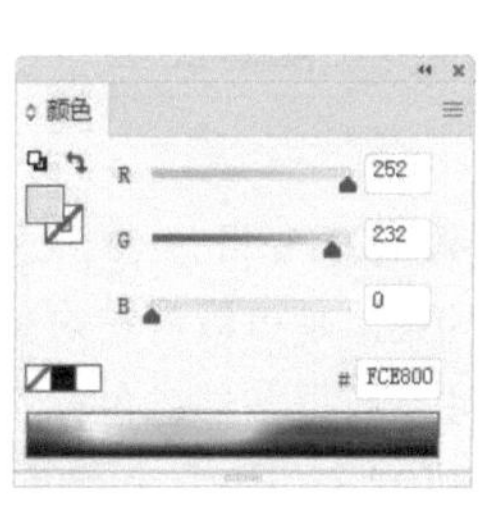

图2-359

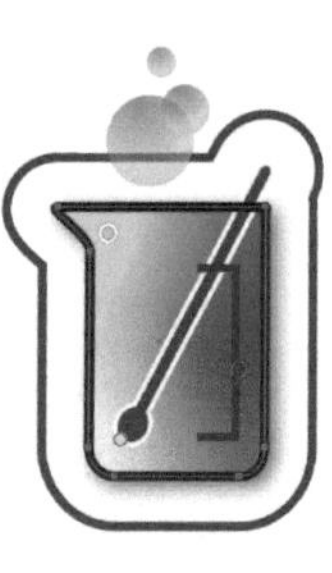
图2-360

05 将鼠标指针放在色标上方，停留片刻便会显示虚线环，如图2-361所示；拖曳其中的双圆图标，可以调整颜色范围，如图2-362所示。

图2-361

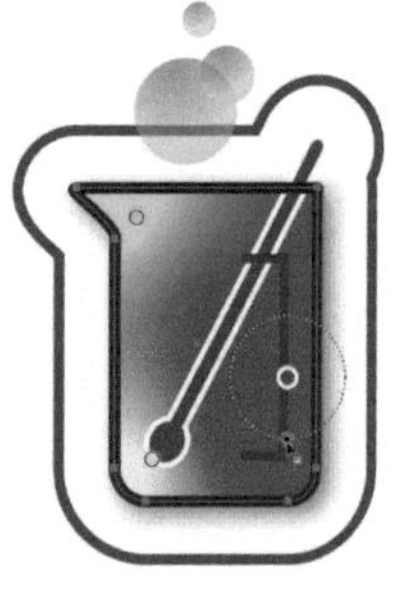
图2-362

2.7.9 实战：超炫背景(线模式任意形状渐变)

要点

线模式有一条类似于路径（见79页）的曲线将色标连接起来。它的优点在于：颜色的“走向”更加流畅，过渡效果也非常顺滑。缺点是不能调整渐变的扩展范围，在这方面不如点模式灵活。但总体来说，应该是瑕不掩瑜。下面我们来发挥它的特长，制作一个颜色绚丽、光感十足的背景画面，如图2-363所示。

图2-363

01 打开素材。选择选择工具▶，单击背景，将其选取，如图2-364所示。单击“渐变”面板中的■按钮，填充任意形状渐变，并选取“线”模式，如图2-365所示。

图2-364

图2-365

02 单击右下角的色标，如图2-366所示；向左侧移动鼠标指针，再单击鼠标，添加第2个色标，此时会有一条直线将它们连接，如图2-367所示；移动鼠标指针并单击，创建第3个色标，这时直线会变为曲线，如图2-368所示；单击左下角的色标，用曲线将它也连接起来，如图2-369所示；之后再添加一个色标，如图2-370所示。拖曳色标，调一调位置，如图2-371所示。

图2-366

图2-367

图2-368

图2-369

图2-370

图2-371

03 下面调整色标颜色。单击一个色标，将其选取，如图2-372所示；通过“颜色”面板调色，如图2-373和图2-374所示。采用同样的方法，调整其他几个色标，如图2-375所示。按Esc键结束操作。

图2-372

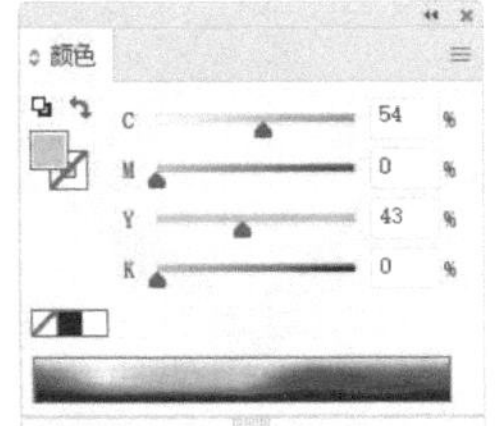

图2-373

图2-374

图2-375

04 单击右上角的色标，移动鼠标指针并单击，添加第2组色标并调色，如图2-376所示。

图2-376

05 画面左上角还有一个单独的色标，选取它并调色，如图2-377所示。按Esc键结束操作。在图2-378所示的位置单击，也添加一个色标。

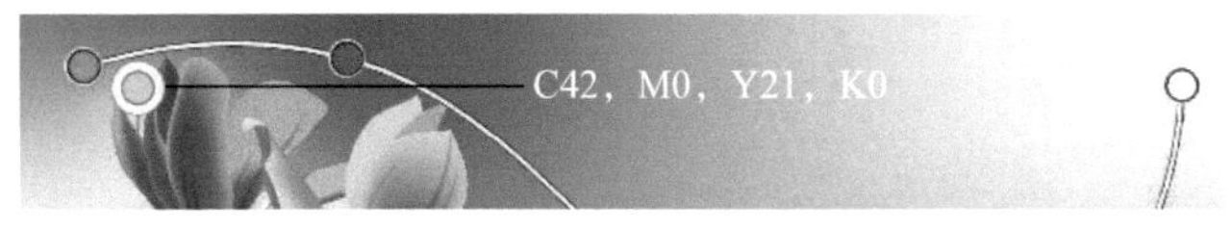

图2-377

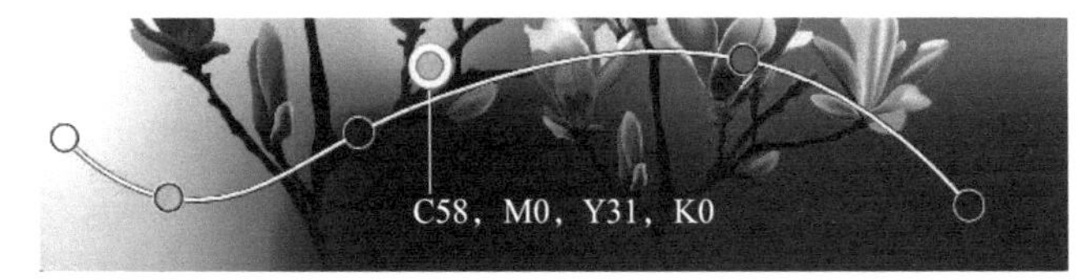

图2-378

06 单击“图层”面板中的⊞按钮，创建一个图层。将它拖曳到顶层，如图2-379和图2-380所示。选择椭圆工具◯，按住Shift键创建一个圆形，填充黄色，如图2-381和图2-382所示。在“透明度”面板中设置混合模式为“颜色减淡”，不透明度为20%，如图2-383和图2-384所示。

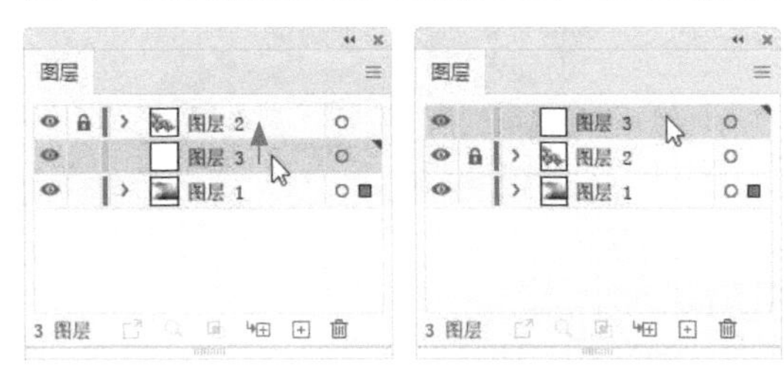

图2-379　图2-380

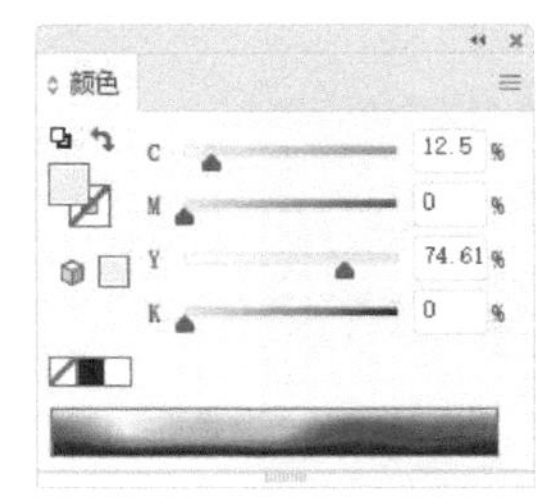

图2-381

图2-382

图2-383　　图2-384

07 选择选择工具，按住Alt键拖曳圆形进行复制，排布在画面右上角，使它们成为一组闪亮的光斑，如图2-385所示。

图2-385

08 选择椭圆工具，按住Shift键创建圆形，填充径向渐变。渐变颜色都使用白色，右侧色标的不透明度为0%，如图2-386和图2-387所示。选择选择工具，按住Alt键拖曳圆形进行复制，放在图2-388所示的两处位置上，对色调进行提亮，让光影变化更加丰富。

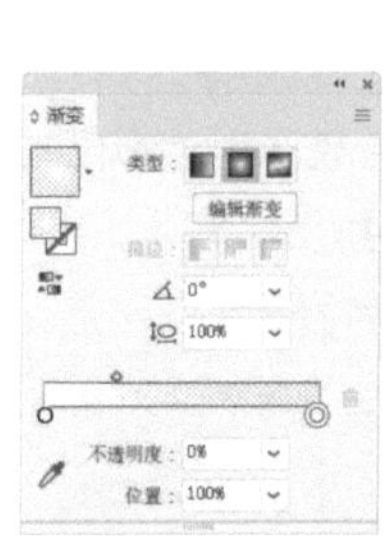

图2-386　　图2-387

图2-388

2.7.10 将渐变应用于描边

任意形状渐变只能用于填色，线性渐变和径向渐变则可以填色和描边。操作时，先选取对象，然后将描边设置为当前编辑状态，之后添加渐变即可，如图2-389所示。此外，还可单击“渐变”面板中的按钮，调整描边位置，包括在描边中应用渐变、沿描边应用渐变、跨描边应用渐变。图2-390为线性渐变的不同描边效果；图2-391所示为径向渐变效果。

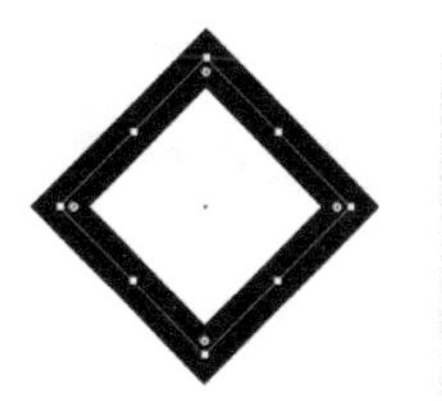

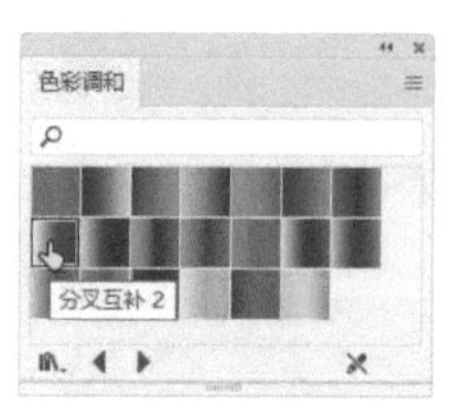

图2-389

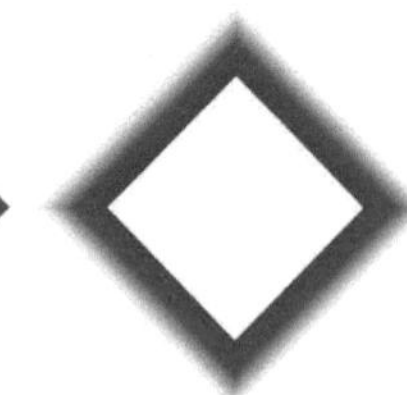

在描边中应用渐变　　沿描边应用渐变　　跨描边应用渐变

图2-390

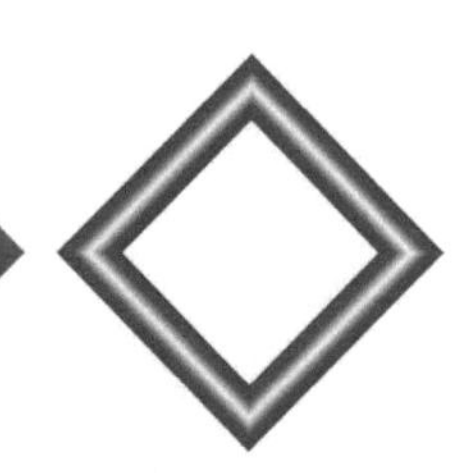

在描边中应用渐变　　沿描边应用渐变　　跨描边应用渐变

图2-391

2.7.11 将渐变扩展为图形

使用“扩展”命令，可以将渐变扩展为数量不等的图形。在操作时，首先选取对象，如图2-392所示；然后执行“对象>扩展”命令，打开“扩展”对话框；勾选“填充”选项，并在“指定”文本框中输入数值。例如，想要扩展出3个图形，就输入“3”，如图2-393和图2-394所示。一般情况下，不能少于色标的数量，想要多一些图形，可提高数值；然后单击“确定”按钮即可。扩展出的图形会被编为一组，并通过剪切蒙版（见162页）控制显示范围，如图2-395所示。

图2-392

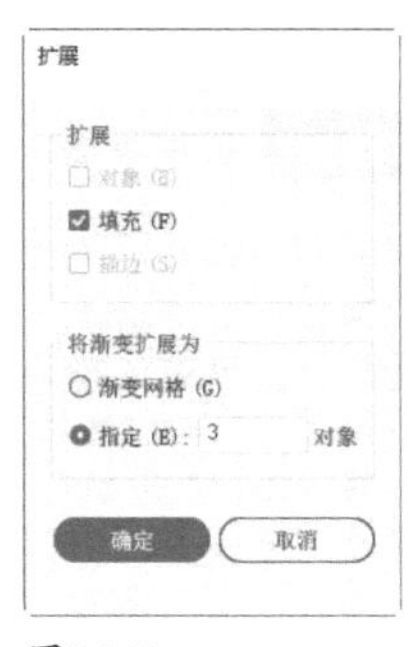

图2-393

图2-394

图2-395

图像描摹

在工作中，我们常常会接到一些描摹Logo、图案、纹理，或依照图片绘制矢量图的任务，即基于图像绘制矢量图。图像描摹功能为此类任务提供了快捷方法，它能从位图（如照片、网络上的图片等）中生成矢量图，让照片、图片等瞬间变为矢量图稿，这样我们便可轻松地在该图稿的基础上绘制新图稿。

2.8.1 “图像描摹”面板

选取图像，如图2-396所示。打开“图像描摹”面板，如图2-397所示。单击面板底部的“描摹”按钮，或执行“对象>图像描摹>建立”命令，可以使用默认的描摹选项描摹图像。进行描摹后，通过该面板或“控制”面板可随时修改描摹结果。

图2-396

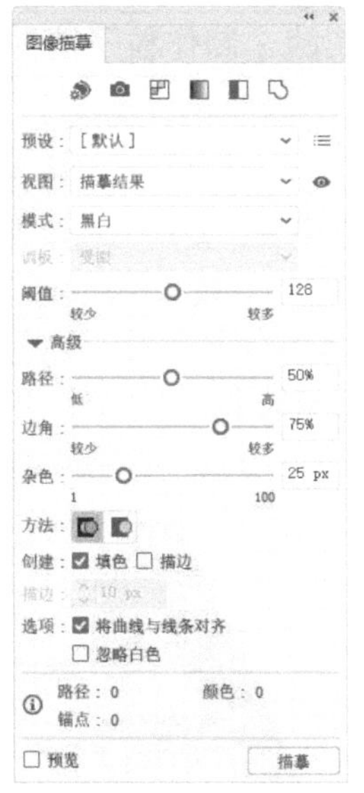

图2-397

● 指定描摹预设：面板顶部的一排图标是根据常用工作流命名的快捷图标。单击其中的一个预设，可描摹图像，如图2-398所示，及设置实现相关描摹结果所需的全部选项。

自动着色

高色

低色

灰度

黑白

轮廓

图2-398

● 预设：可以选择一个预设描摹图像。单击该选项右侧的☰按钮，可以将当前的设置参数保存为一个描摹预设。以后要使用该预设描摹对象时，可在“预设”下拉列表中选择它。

● 视图：图像描摹对象由原始图像（位图）和描摹结果（矢量图）两部分组成。在默认状态下，只显示描摹结果。在该选项的下拉列表中可以修改对象的显示状态，如图2-399所示。单击该选项右侧的眼睛图标，可以显示原始图像。

描摹结果（带轮廓）

轮廓

轮廓（带源图像）

源图像

图2-399

- 模式/阈值：用来设置描摹结果的颜色模式，包括“彩色”“灰度”和“黑白”。选择“黑白”时，可以设置“阈值”，所有比该值亮的像素转换为白色，比该值暗的像素转换为黑色。
- 调板：指定用于从原始图像生成彩色或灰度描摹的调板。该选项仅在“模式”被设置为“彩色”和“灰度”时可用。
- 颜色：可以指定颜色数量。
- 路径：控制描摹形状和原始像素形状间的差异。较低的值创建较紧密的路径拟和；较高的值创建较疏松的路径拟和。
- 边角：指定侧重角点。该值越大，角点越多。
- 杂色：指定描摹时忽略的区域（以像素为单位）。该值越大，杂色越少。
- 方法：单击邻接按钮，可创建木刻路径，即一个路径的边缘与其相邻路径的边缘完全重合；单击重叠按钮，则各个路径与其相邻路径稍有重叠。
- 填色/描边：勾选“填色”选项，可在描摹结果中创建填色区域。勾选“描边”选项并在下方的选项中设置描边粗细值，可在描摹结果中创建描边路径。
- 将曲线与线条对齐：指定略微弯曲的曲线是否被替换为直线。
- 忽略白色：指定白色填充区域是否被替换为无填充。

技术看板　使用色板库描摹图像

在Illustrator中，可以使用色板库中的颜色对图像进行描摹。操作时，首先在“窗口>色板库”菜单中选择一个色板库，将其打开；然后选取图像，在“图像描摹”面板的“模式”下拉列表中选择“彩色”选项，在“调板”下拉列表中选择该色板库；然后单击“描摹”按钮即可。

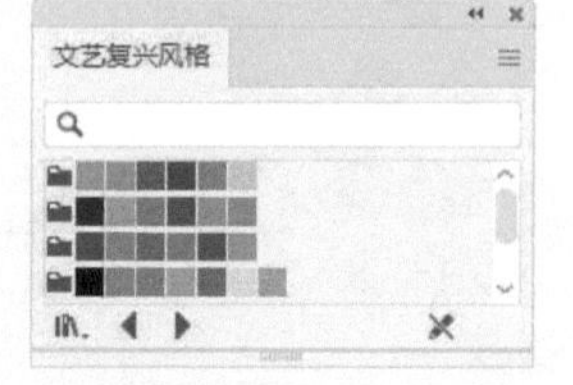

打开色板库

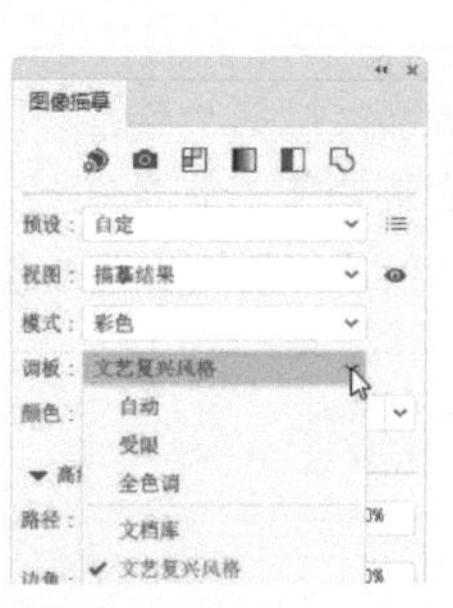

选取色板库

描摹图像

此外，使用62页的方法创建自定义的色板库以后，将其打开，用上述方法在“调板”下拉列表中选择它，便可用自定义的色板库描摹图像。

2.8.2

实战：制作粒子消散特效

要点

粒子系统是三维计算机图形学中模拟模糊现象、呈现物理运动规律的特殊技术。例如，可以模拟火、爆炸、烟、水流、火花、落叶、云、雾、雪、尘、流星尾迹、发光轨迹等视觉效果。下面我们用Illustrator中的效果和图像描摹功能制作一个粒子发散特效，如图2-400所示。

扫码看视频

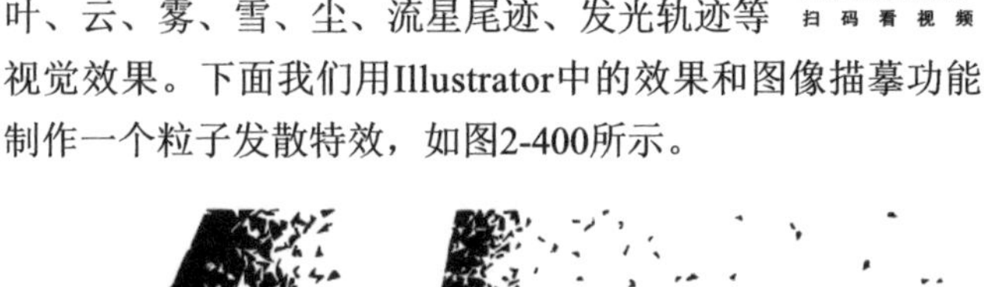

图2-400

01 使用文字工具T创建文字，如图2-401和图2-402所示。执行“文字>创建轮廓”命令，将文字轮廓化。使用直接选择工具▷分别移动“A”和“I”右侧的锚点，将文字拉宽，如图2-403和图2-404所示。

图2-401

图2-402

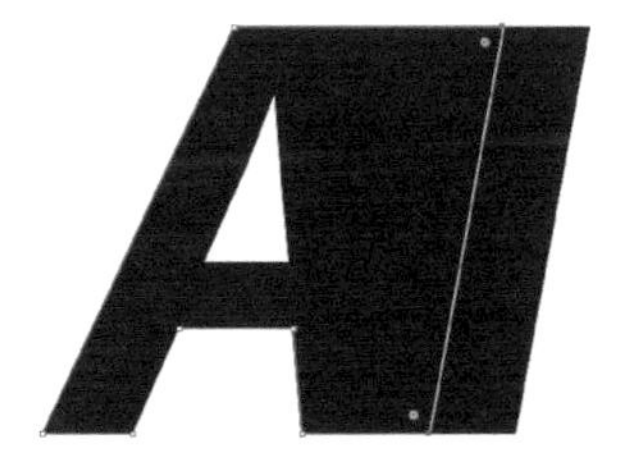
图2-403

图2-404

02 使用钢笔工具✎绘制两个图形，分别将“A”和“I”覆盖住，之后填充黑白线性渐变，如图2-405~图2-408所示。

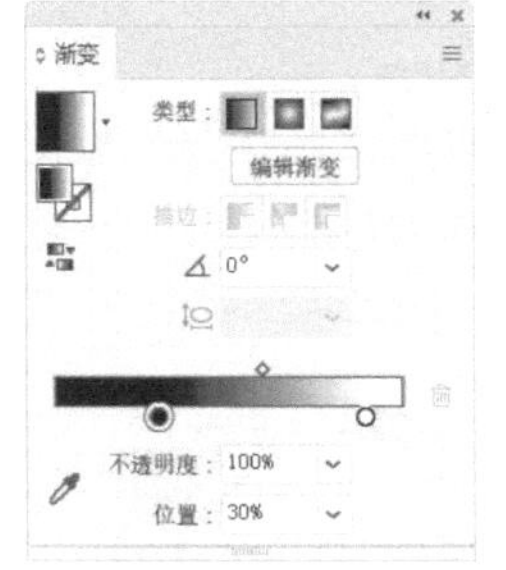

图2-405

图2-406

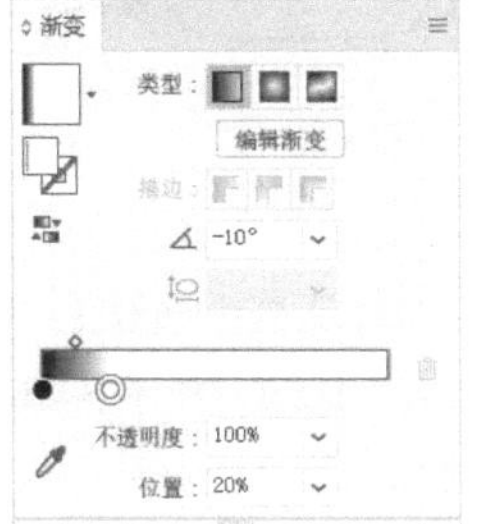

图2-407

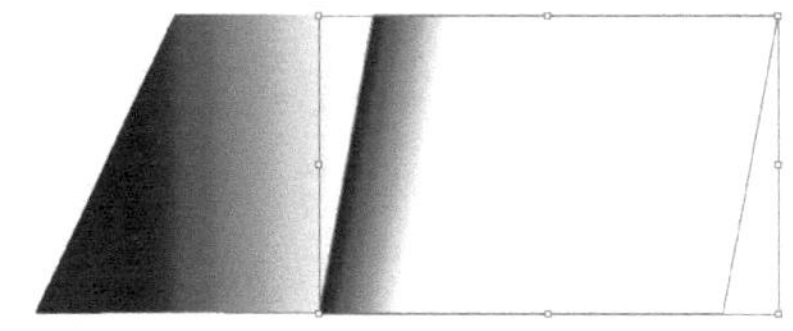
图2-408

03 选取这两个图形，执行“效果>像素化>铜板雕刻”命令，打开“铜板雕刻”对话框，在“类型”下拉列表中选择“粒状点”选项，如图2-409和图2-410所示。

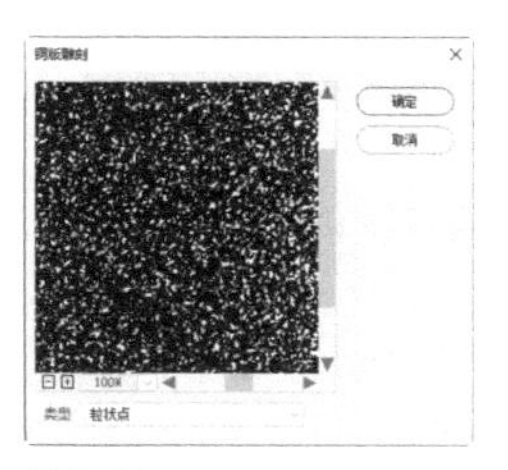

图2-409

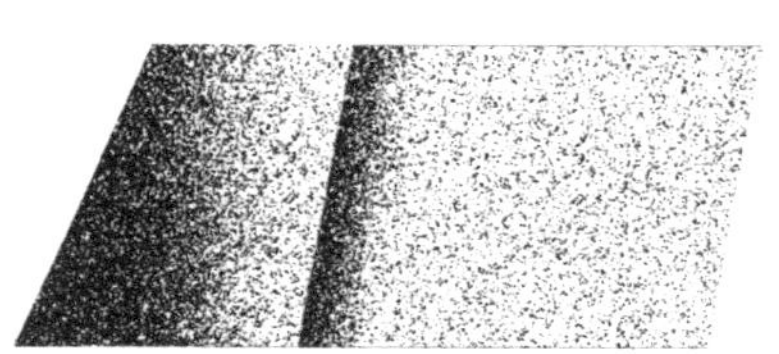
图2-410

04 执行“对象>扩展外观”命令，将对象扩展为图形。选取“A”上方的图形，单击“控制”面板中的“图像描摹”按钮，然后在“图像描摹”面板中设置参数，如图2-411和图2-412所示。

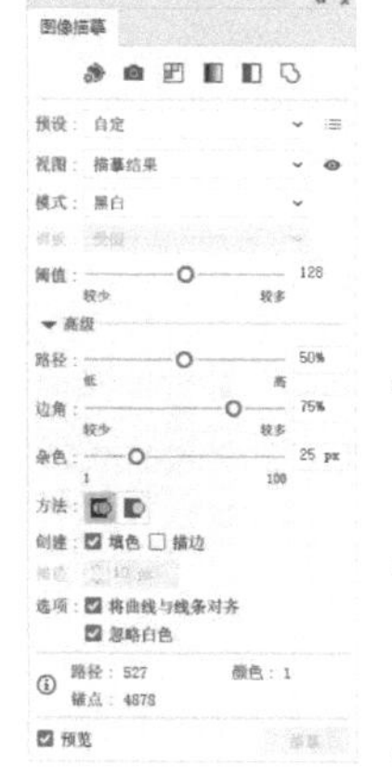

图2-411

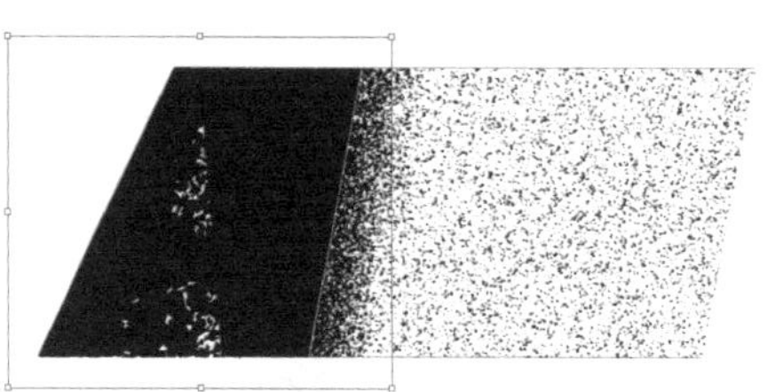
图2-412

05 选取“I”上方的图形，用同样的方法进行图像描摹，如图2-413和图2-414所示。

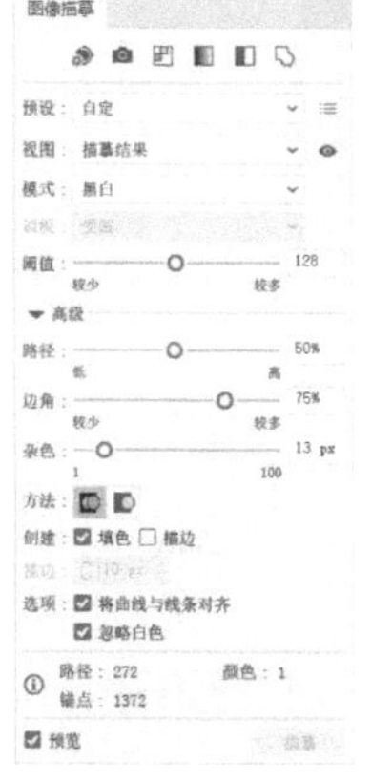

图2-413

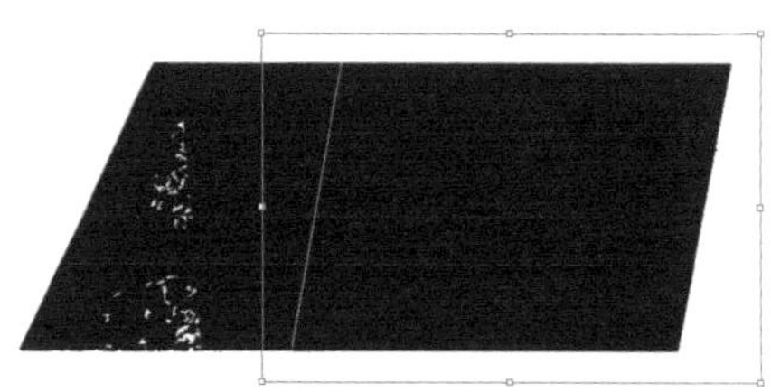
图2-414

06 选取这两个图形，执行“对象>扩展”命令，将对象扩展为图形。单击“路径查找器”面板中的■按钮，如图2-415所示，将所有图形合并，如图2-416所示。执行“对象>复合路径>建立”命令，创建复合图形。

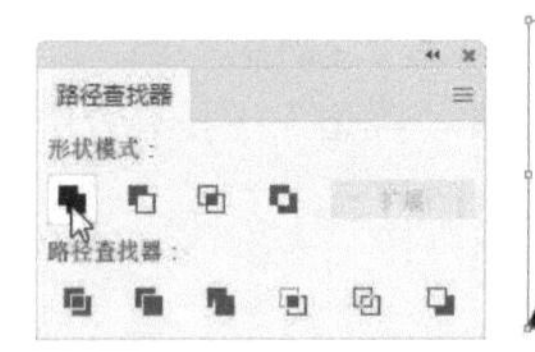

图2-415

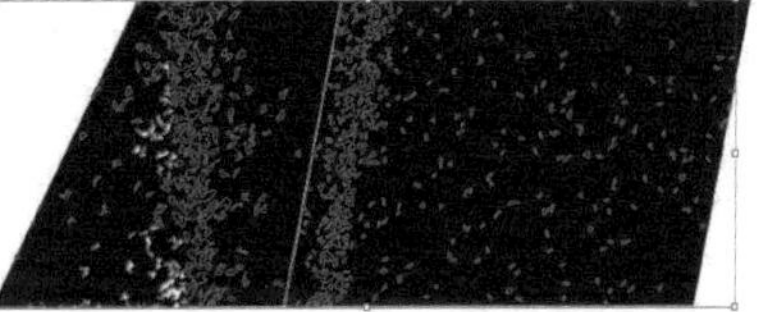

图2-416

07 按Ctrl+A快捷键全选，按Ctrl+7快捷键创建剪切蒙版，如图2-417所示。

图2-417

2.8.3 实战：制作宠物食品店Logo

在本实战中，我们用Photoshop中的调色功能和滤镜，以及Illustrator的图像描摹、文字、封套扭曲功能制作一个宠物食品店Logo，如图2-418所示。

图2-418

01 首选运行Photoshop。按Ctrl+O快捷键，打开图像素材，如图2-419所示。执行“滤镜>锐化>USM锐化”命令，对图像细节进行锐化，让毛发细节更加清晰，如图2-420和图2-421所示。

02 执行“图像>调整>阈值”命令，调整阈值色阶，对图像细节进行简化处理，同时将其转换为黑白效果，如图2-422和图2-423所示。

图2-419

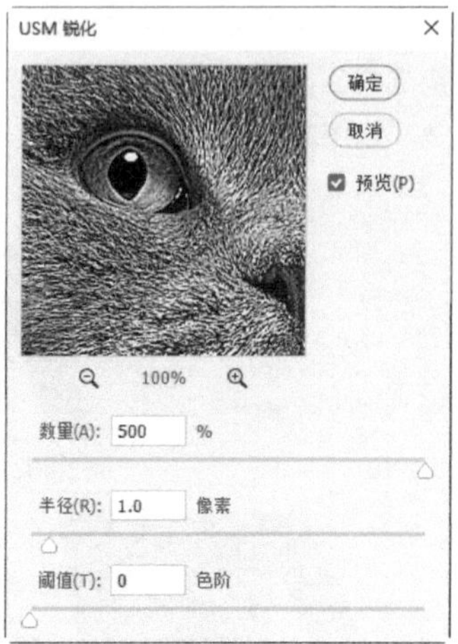

图2-420

图2-421

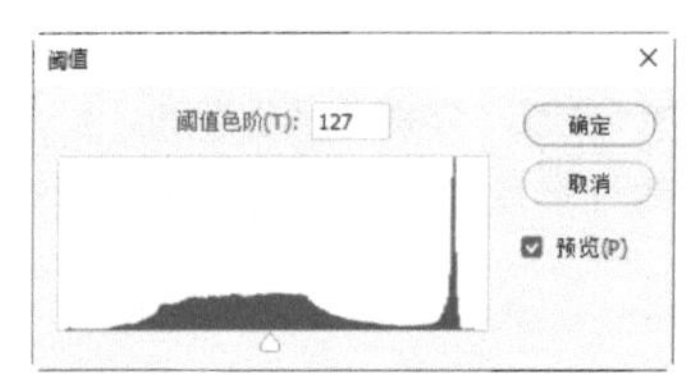

图2-422

图2-423

03 执行“文件>存储为”命令，将图像保存到其他位置，文件格式使用JPEG格式，如图2-424所示。运行Illustrator。按Ctrl+O快捷键，打开素材，如图2-425所示。

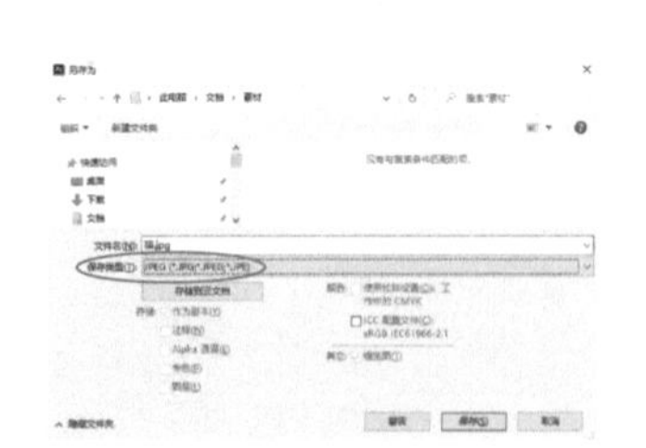

图2-424

图2-425

04 执行“文件>置入”命令，在打开的对话框中选取上一步存储的猫咪图像，取消勾选“链接”选项，如图2-426所示。单击“确定”按钮关闭对话框，之后在画布上（即画板外）单击，将图像嵌入当前文档中，如图2-427所示。

图2-426

图2-427

05 在“控制”面板中单击“图像描摹”选项右侧的⌄按钮，打开下拉列表，选择“低保真度照片”选项，对图像进行描摹，如图2-428和图2-429所示。

图2-428

图2-429

06 单击“控制”面板中的“扩展”按钮，将描摹对象扩展为路径。选择直接选择工具▷，在图2-430所示的区域单击，将白色背景选取，按Delete键删除，如图2-431所示。

图2-430

图2-431

技术看板　将描摹对象扩展为矢量图形

使用“对象>图像描摹>扩展”命令，也可将描摹对象扩展为路径。如果要在描摹的同时转换为路径，可以执行“对象>图像描摹>建立并扩展”命令。

07 使用铅笔工具✎绘制一个与猫脸大致相当的图形，填充白色，如图2-432所示。按Ctrl+[快捷键，调整到猫咪后方，如图2-433所示。

图2-432

图2-433

08 选择选择工具▶，拖出一个选框，将该图形和猫咪同时选取，如图2-434所示。按Ctrl+G快捷键编组，之后，拖曳到装饰边框图形上，如图2-435所示。

图2-434

图2-435

09 选择文字工具T，在空白区域单击并输入文字，字体在“字符”面板中选取，如图2-436所示。选择选择工具▶，将文字拖曳到装饰边框上，如图2-437所示。

升级款成猫全价猫粮

图2-436

图2-437

10 执行“对象>封套扭曲>用变形建立”命令，在打开的对话框中选取变形样式并设置参数，如图2-438和图2-439所示。

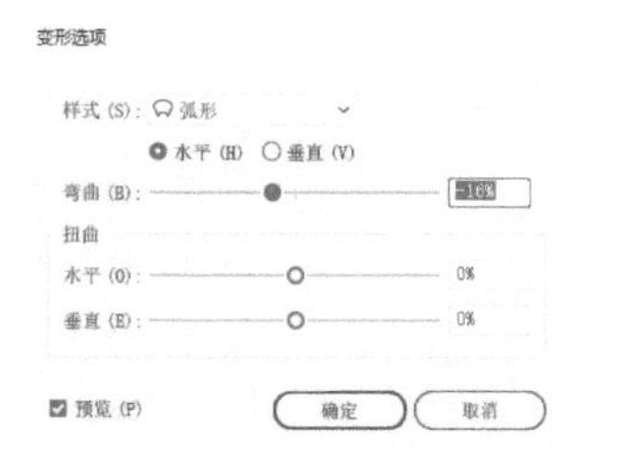

图2-438

图2-439

2.8.4 释放描摹对象

对位图进行描摹后，如果希望放弃描摹但保留置入的原始图像，可以选择描摹对象，执行“对象>图像描摹>释放”命令即可。

第3章 用钢笔、曲率和铅笔工具绘图

【本章简介】

钢笔工具是最重要的绘图工具，想要玩转Illustrator，必须学好它才行。本章首先带领大家认识锚点和路径，之后通过各种实战学习钢笔工具绘图方法，以及怎样编辑路径。曲率工具比钢笔工具简单，可在未掌握钢笔绘图前作为过渡工具使用。铅笔工具只适合绘制比较随意的图形，所以使用范围并不大。

【学习目标】

本章我们将学会如下知识和操作。

- 位图和矢量图的差别
- 用钢笔工具绘制路径
- 视觉识别系统标准图形设计
- 用曲率工具制作名片及立体折页
- 用直接选择工具和锚点工具修改图形
- 转换锚点
- 实时转角
- 制作爆炸特效字
- 钢笔工具高级技巧
- 编辑路径
- 制作促销活动标签
- 制作玻璃裂纹效果
- 用铅笔工具绘图

【学习重点】

3.1 矢量图形概述

矢量图形用途广泛，不仅用于二维计算机图形学领域，三维模型的渲染也是二维矢量图形技术的扩展。此外，工程制图领域的绘图仪目前仍然直接在图纸上绘制矢量图。

3.1.1 位图/矢量图之优缺点

计算机图形图像领域有两大类软件：一类是编辑图像的位图软件，如大名鼎鼎的Photoshop；另一类是绘制矢量图的矢量软件，Illustrator便是其中的杰出代表。

照片、视频、网络上的图像、扫描的图片等都属于位图，如图3-1所示。位图的优点是可以完整地呈现真实世界中的所有色彩和景物。其致命缺陷是旋转和放大之后，清晰度会下降，如图3-2所示。

图3-1

放大600%，清晰度变差

图3-2

矢量图则是由矢量软件（包括Illustrator、CorelDRAW、FreeHand、AutoCAD等）生成的，如图3-3所示。其表现力没有位图丰富，但可以无损编辑，即无论怎样旋转、缩放或进行其他编辑，清晰度都不会改变，如图3-4所示。因此，矢量图常用于设计图标、Logo、UI、字体等需要经常变换尺寸，或者以不同分辨率印刷的

图3-3

放大600%（局部效果）图稿丝毫未变，仍光滑清晰

图3-4

对象。由此我们也可以看出，矢量图的最大优点是位图的最大缺点；矢量图的最大缺点反而是位图的最大优点。二者是互补的。

3.1.2 认识路径和锚点

矢量图形也叫矢量形状或矢量对象，是由被称作矢量的数学对象定义的直线和曲线构成的。在Illustrator中，它们叫作路径。在前一章我们学习过，路径可以用颜色、渐变和图案描边，使其可见；路径围住的封闭区域可以用上述3种内容进行填充。下面介绍路径的组成元素。

路径由一个或多个直线或曲线线段组成，线段之间通过锚点连接，如图3-5所示。在开放的路径上，锚点还标记路径的起点和终点，如图3-6所示。

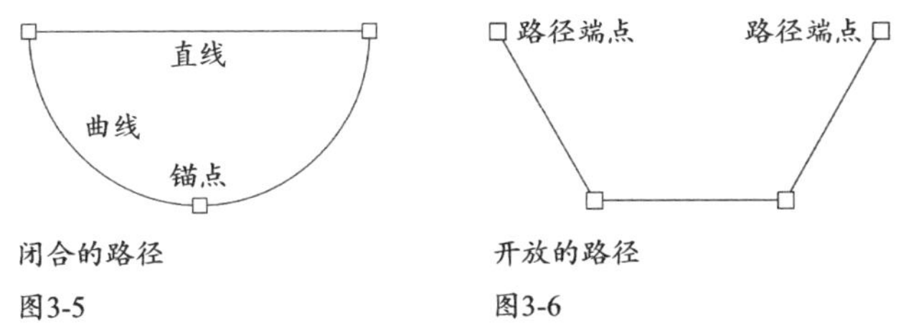

闭合的路径 开放的路径

图3-5 图3-6

锚点分为两种：平滑点和角点。平滑点连接可以创建平滑的曲线，如图3-7所示；角点连接则构成直线和转角曲线，如图3-8和图3-9所示。

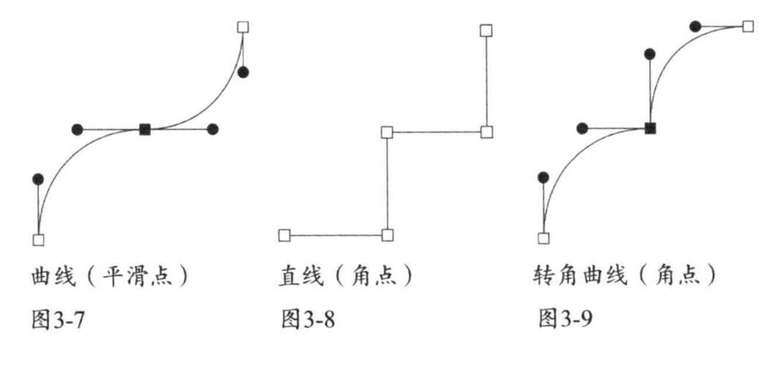

曲线（平滑点） 直线（角点） 转角曲线（角点）

图3-7 图3-8 图3-9

3.1.3 路径的形状是怎样改变的

在曲线路径上，锚点具有方向线，方向线的端点是方向点，如图3-10所示。拖曳方向点、锚点或路径段本身，都可以改变路径的形状。例如，拖曳方向点时，可以调整方向线的方向和长度，进而带动曲线，如图3-11所示。曲线的弧度由方向线的长度控制。方向线越长，曲线的弧度越大，如图3-12所示；反之，曲线的弧度越小，如图3-13所示。

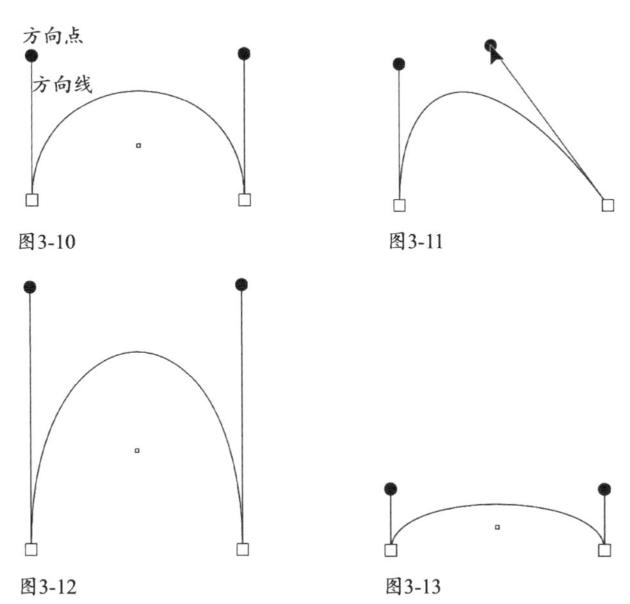

图3-10 图3-11 图3-12 图3-13

选择直接选择工具 ▷，拖曳平滑点上的方向点，可同时调整该点两侧的路径段，如图3-14和图3-15所示。如果使用锚点工具 ⊾ 操作，则只调整与该方向线同侧的路径段，如图3-16所示。

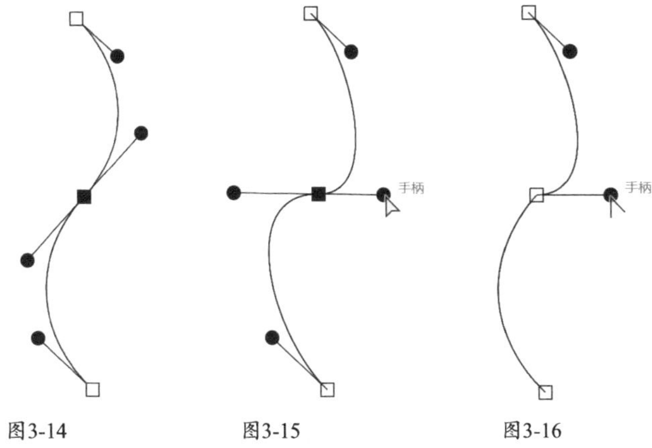

图3-14 图3-15 图3-16

平滑点始终有两条方向线，而角点可以有两条、一条或者没有方向线，具体取决于它连接两条、一条还是没有连接曲线段。图3-17所示为角点上的方向点。不管用直接选择工具 ▷，还是用锚点工具 ⊾ 拖曳，都只影响与它同侧的路径段，如图3-18和图3-19所示。

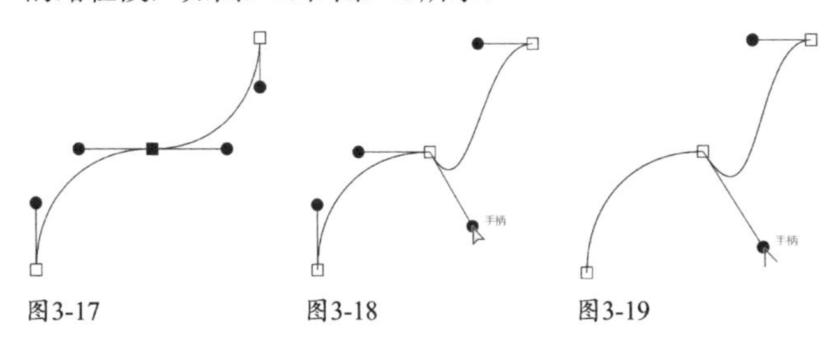

图3-17 图3-18 图3-19

用钢笔和曲率工具绘图

钢笔工具是Illustrator中最最重要的绘图工具，可以绘制直线、曲线和任意形状的图形，需要经过大量练习才能用好它。曲率工具比钢笔工具更容易使用，但没有钢笔工具功能强大。

3.2.1

实战：绘制直线

扫码看视频

01 选择钢笔工具，在画板上单击（不要拖曳鼠标），创建锚点，如图3-20所示；在另一个位置单击，即可创建直线路径，如图3-21所示。按住Shift键操作，可以创建水平、垂直或45°的整数倍方向的直线。继续在其他位置单击，继续绘制直线，如图3-22所示。

图3-20　图3-21　图3-22

02 按住Ctrl键在远离图形的位置单击，或者选择其他工具，可结束绘制，得到开放的路径，如图3-23所示。如果要闭合路径，只需将鼠标指针放在第一个锚点上，当鼠标指针变为状时单击即可，如图3-24和图3-25所示。

图3-23　图3-24　图3-25

> *提示*
>
> 使用钢笔工具时，在画板上按下鼠标左键以后，不要放开鼠标左键，按住空格键并进行拖曳，可以重新定位锚点。

3.2.2

实战：绘制曲线和转角曲线

要点

扫码看视频

用钢笔工具绘制的曲线叫作贝塞尔曲线，是由法国的计算机图形学大师皮埃尔·贝塞尔在20世纪70年代早期开发出来的。具有精确和易于修改的特点，被广泛地应用在计算机图形领域（Photoshop、CorelDRAW、FreeHand、3ds Max等）。

普通曲线通过拖曳鼠标的方法绘制，不难操作。需要注意的是，锚点不要太多，否则路径不平滑。转角曲线是一种方向发生转折的曲线，需要调整方向线的走向，之后才能绘制出来。

01 选择钢笔工具，在画板上拖曳鼠标，创建平滑点，如图3-26所示。

02 在另一个位置拖曳鼠标，即可创建一段曲线。如果拖曳方向与前一条方向线相同，可以创建“s”形曲线，如图3-27所示；如果方向相反，则可创建“c”形曲线，如图3-28所示。

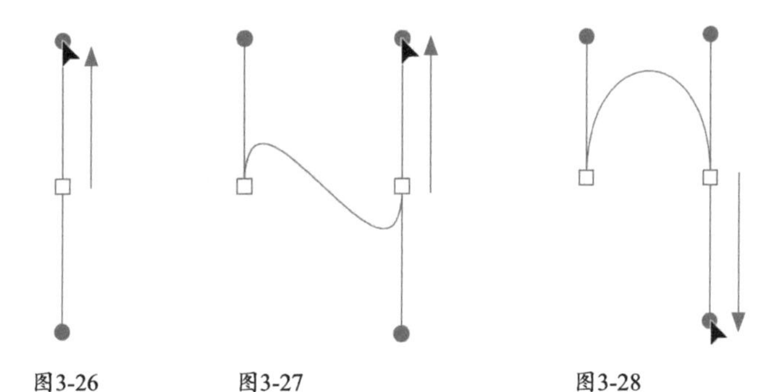

图3-26　图3-27　图3-28

03 下面使用“c”形曲线练习绘制转角曲线。将鼠标指针移动到端点处的方向点上，如图3-29所示；按住Alt键向相反方向拖曳，如图3-30所示。该操作有两点意义：一是将平滑点转换为角点；二是让下一段曲线沿着此时方向线的指向展开；放开Alt键和鼠标左键，在下一个位置拖曳鼠标创建平滑点，即可绘制出“m”形转角曲线，如图3-31所示。

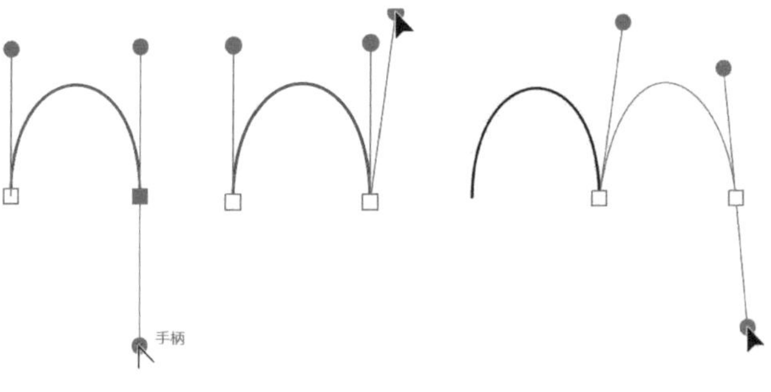

图3-29　图3-30　图3-31

3.2.3

实战：在曲线后面绘制直线

01 用钢笔工具绘制曲线路径。将鼠标指针放在最后一个锚点上，当鼠标指针变为状时，如图3-32所示，单击鼠标，将平滑点转换为角点，如图3-33所示。

02 在其他位置单击（不要拖曳鼠标），即可在曲线后面绘制出直线，如图3-34所示。

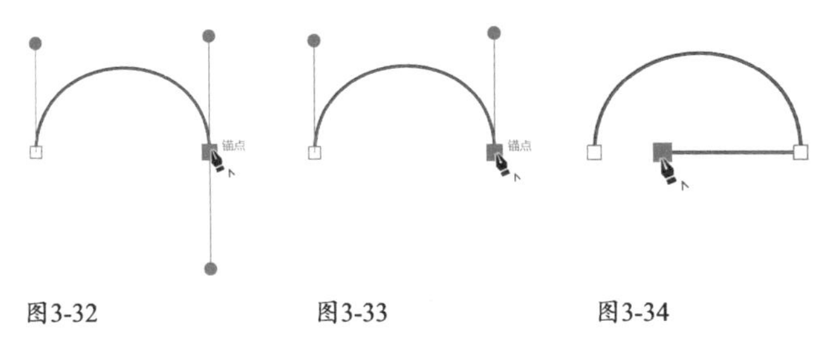

图3-32　图3-33　图3-34

3.2.4

实战：在直线后面绘制曲线

01 用钢笔工具绘制一段直线路径。将鼠标指针放在最后一个锚点上，当鼠标指针变为状时，如图3-35所示，拖曳出一条方向线，如图3-36所示。

02 在其他位置拖曳鼠标，即可在直线后面绘制“c”形或“s”形曲线，如图3-37和图3-38所示。

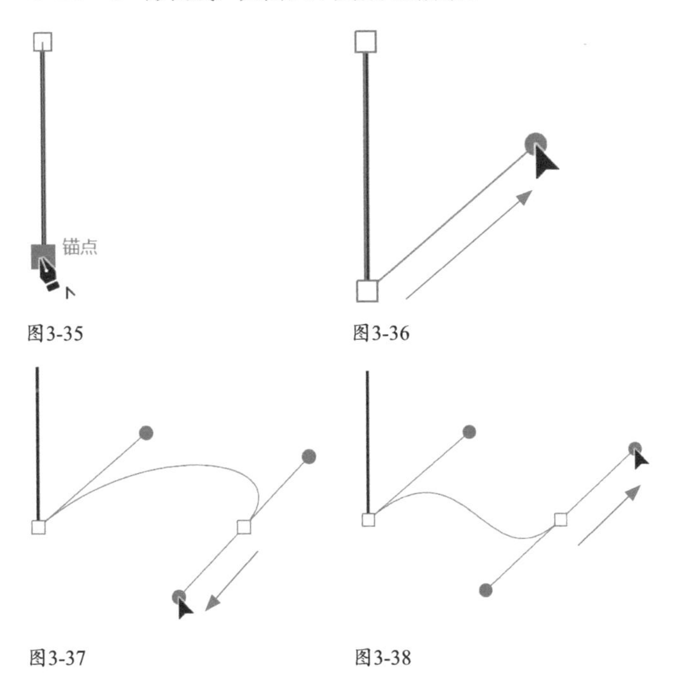

图3-35　图3-36

图3-37　图3-38

3.2.5

实战：视觉识别系统标准图形设计

要点

视觉识别系统（简称VI）是指对企业的一切可视事物进行统一的设计并标准化。我们下面要做的是设计VI基础系统中的标准图形，如图3-39所示。

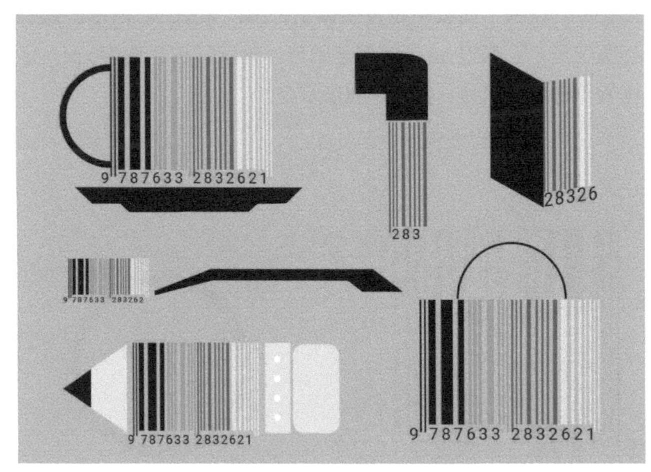

图3-39

01 使用矩形工具创建一个矩形，填充黑色，无描边，如图3-40所示。选择选择工具，按住Alt键和Shift键拖曳鼠标，锁定水平方向复制矩形，如图3-41所示。按25下Ctrl+D快捷键，复制出一组矩形，如图3-42所示。

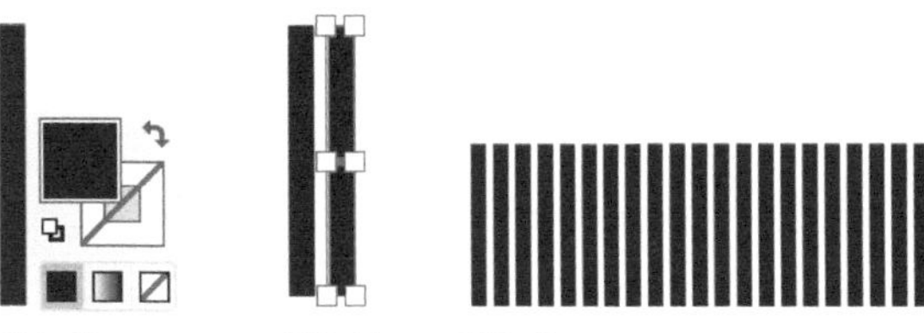

图3-40　图3-41　图3-42

02 分别在整个图形组左、中、右位置选取两个矩形，拖曳定界框上的控制点，调整高度，调整其他矩形宽度，如图3-43和图3-44所示。

图3-43

图3-44

03 使用选择工具选择部分矩形，单击“色板”面板中的色板，填充不同的颜色，如图3-45和图3-46所示。

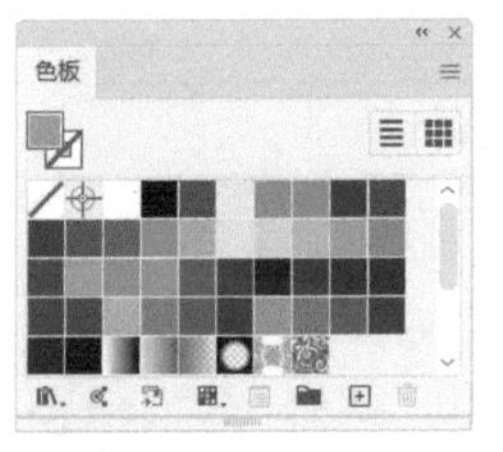

图3-45

图3-46

04 选择文字工具T，在矩形下方单击并输入一组数字，在“控制”面板中设置字体及大小，如图3-47所示。选择椭圆工具◎，按住Shift键创建圆形，设置描边粗细为3 pt，颜色为黑色，无填色，如图3-48所示。

图3-47

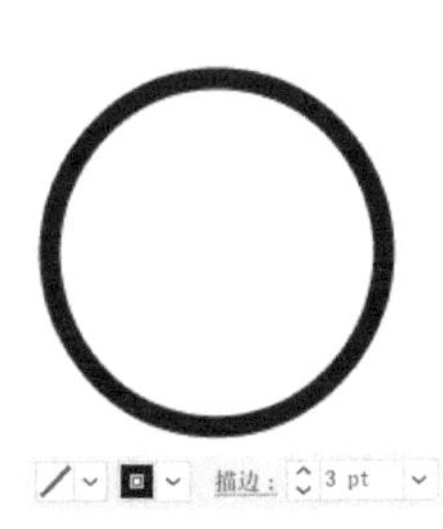

图3-48

05 选择直接选择工具▷，单击圆形右侧的锚点，如图3-49所示，按Delete键删除，如图3-50所示。将剩下的半圆形放在条码旁边，作为咖啡杯的把手，如图3-51所示。

06 用钢笔工具✒绘制咖啡杯底座，如图3-52所示。操作时可以按住Shift键，以便锁定水平方向和45°的整数倍方向。利用现有的条码，采用类似的方法，可以制作铅笔、书本、牙刷、手提袋和水龙头等图形。

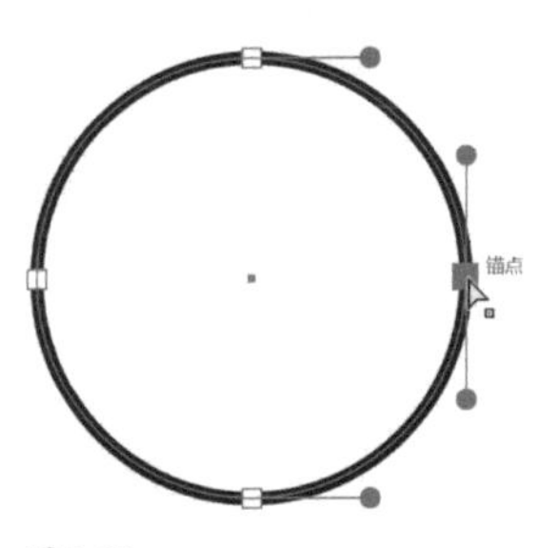

图3-49

图3-50

图3-51

图3-52

3.2.6

实战：制作名片及立体折页（曲率工具）

曲率工具✒可以创建、切换、编辑、添加和删除平滑点或角点，简化路径的创建方法，使绘图变得简单、直观。下面使用该工具制作一个名片，并以折页形式进行展示，如图3-53所示。

扫码看视频

图3-53

01 执行“文件>从模板新建”命令，在打开的对话框中找到名片模板，如图3-54所示，按Enter键将其打开，如图3-55所示。

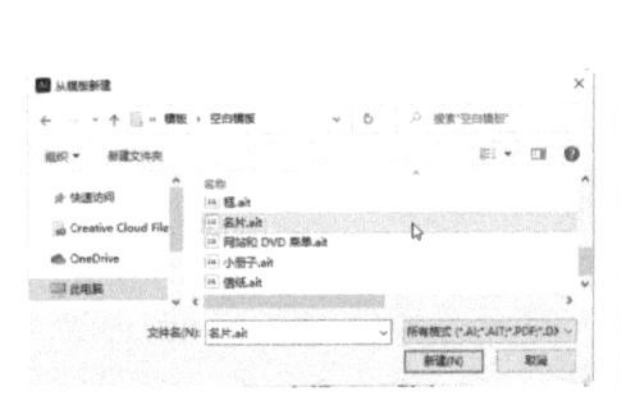

图3-54

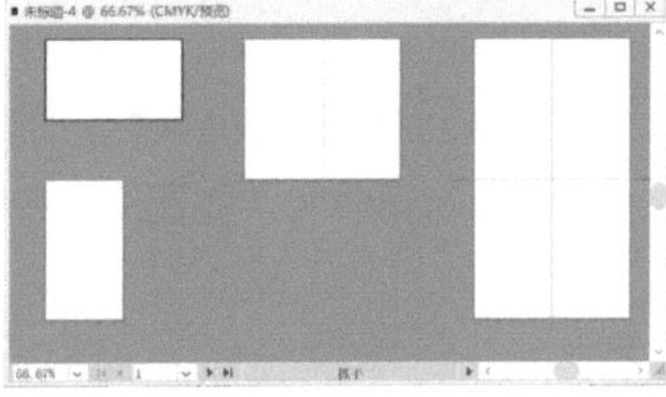

图3-55

02 下面在横向的画板上绘制卡通人。选择曲率工具✒。将描边颜色设置为蓝色，如图3-56所示，无填色。先来绘制头发。单击鼠标，创建锚点，如图3-57所示；移动鼠标指针，在图3-58所示的位置单击；继续移动鼠标指针，在窗口中会出现预览橡皮筋，如图3-59所示，用它来辅助绘图，即单击鼠标的时候，可基于预览效果生成曲线。

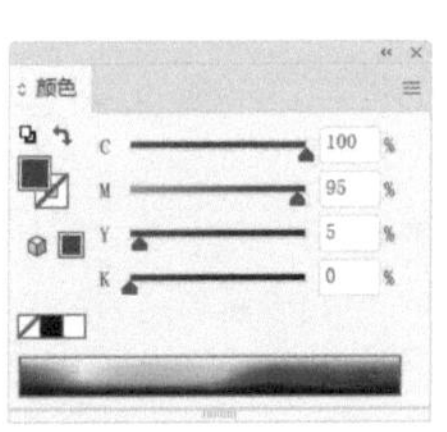

图3-56

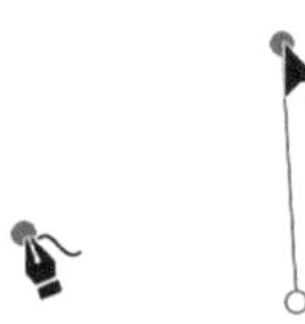

图3-57　图3-58

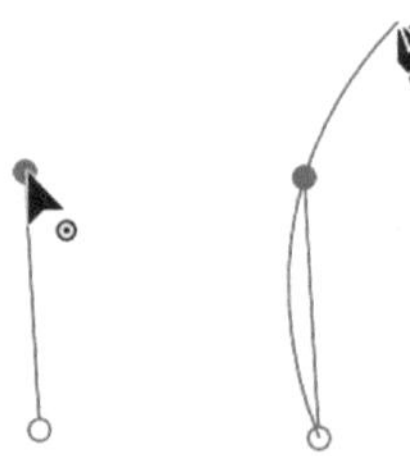

图3-59

03 绘制出一条弧线。按住Alt键单击最后一个锚点，如图3-60所示，将其转换为角点。在图3-61所示的位置单击，创建锚点；移动鼠标指针，在图3-62所示的位置再创建一个锚点。这样就可以绘制出转角曲线。采用同样的方法，绘制出图3-63所示的轮廓。

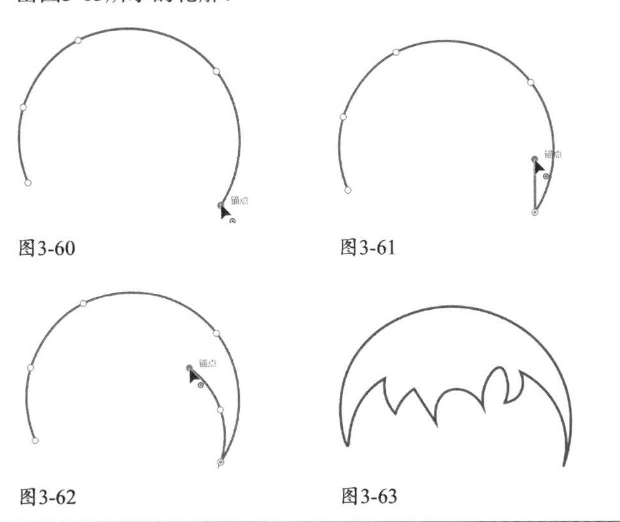

图3-60 图3-61

图3-62 图3-63

技术看板 **曲率工具使用技巧**

创建角点：使用曲率工具时，在画板上双击，或者按住Alt键单击鼠标，可以创建角点。

转换锚点：在角点上双击，可将其转换为平滑点，双击平滑点，则可将其转换为角点。

移动锚点：拖曳锚点，可进行移动。

添加/删除锚点：在路径上单击，可以添加锚点；单击一个锚点，之后按Delete键可将其删除，此时曲线不会断开。

04 单击工具栏中的按钮，互换填色和描边，如图3-64所示。使用椭圆工具创建一个圆形，按Ctrl+[快捷键，将它调整到头发图形的后方，如图3-65和图3-66所示。再创建两个圆形，作为耳朵，如图3-67所示。

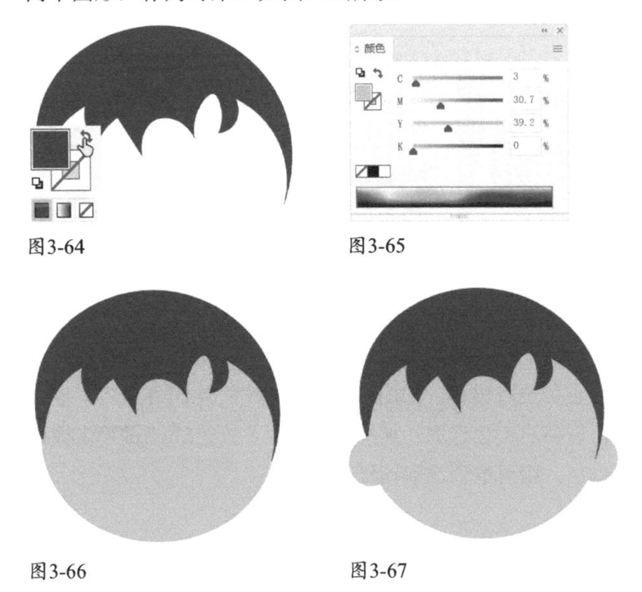

图3-64 图3-65

图3-66 图3-67

05 用椭圆工具和直线段工具制作眼睛，如图3-68所示。选择选择工具，按住Shift键单击各个眼睛图形，将它们全部选取，如图3-69所示。按Ctrl+G快捷键编组。

图3-68

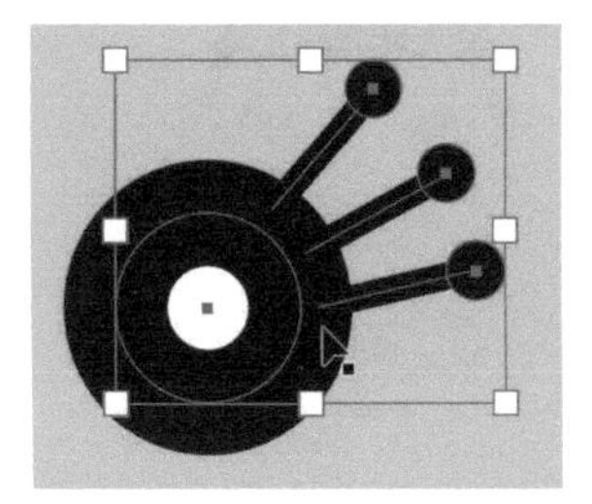

图3-69

06 选择镜像工具，将鼠标指针放在脸部的中心位置，此时会显示中心点提示信息，如图3-70所示。按住Alt键单击，打开"镜像"对话框，选取"垂直"选项，如图3-71所示；单击"复制"按钮，镜像并复制出另一只眼睛，如图3-72所示。

图3-70 图3-71 图3-72

07 用曲率工具绘制嘴巴，如图3-73所示。使用矩形工具创建一个与画板大小相同的矩形并填充颜色，如图3-74和图3-75所示。用文字工具T添加文字信息，如图3-76所示。

图3-73

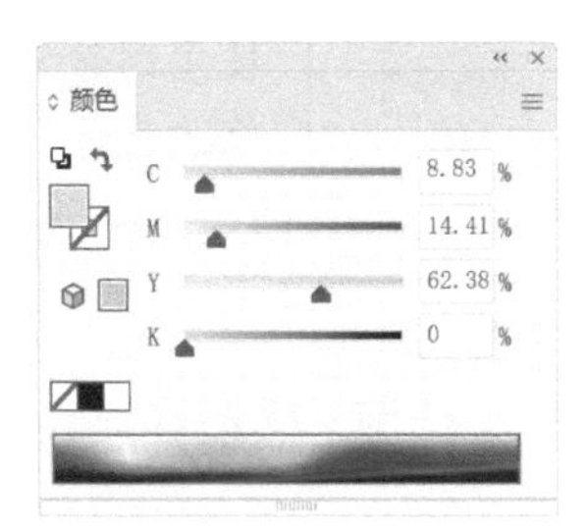

图3-74

图3-75

图3-76

08 下面制作名片折叠立体效果。按Ctrl+A快捷键全选，选择选择工具，按住Alt键拖曳图稿，复制到其他画板上。拖曳定界框上的控制点，调整图形大小，如图3-77所示。拖出一个选框，将图形都选取，如图3-78所示，按Ctrl+G快捷键编组。在“变换”面板中设置倾斜角度为-7°，使名片倾斜，如图3-79和图3-80所示。

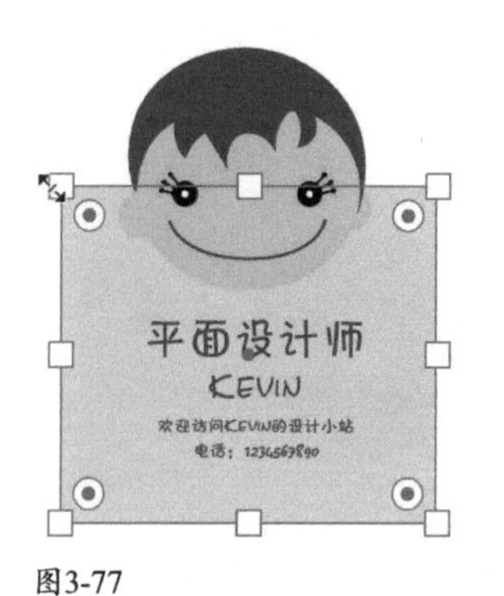

图3-77

图3-78

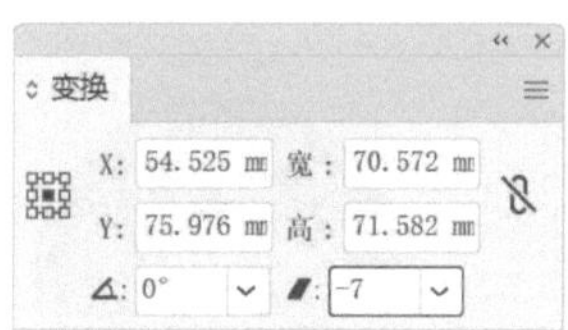
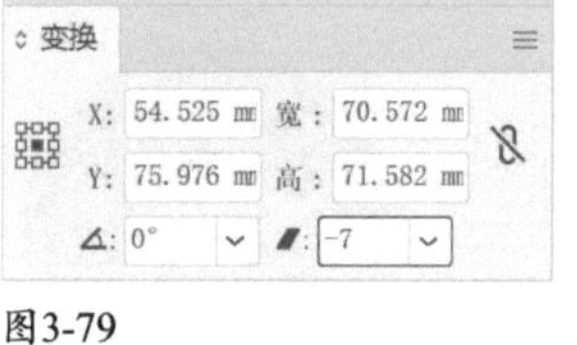

图3-79

图3-80

09 选择曲率工具，按住Alt键单击鼠标（可创建角点）绘制三角形，作为名片的后折页。按Shift+Ctrl+[快捷键将其移到后方，如图3-81和图3-82所示。

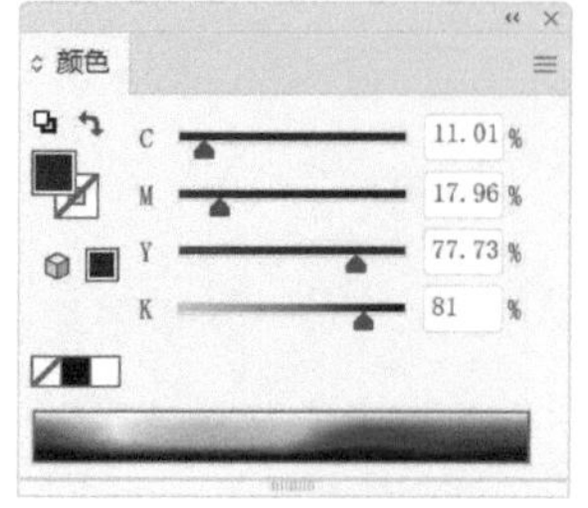
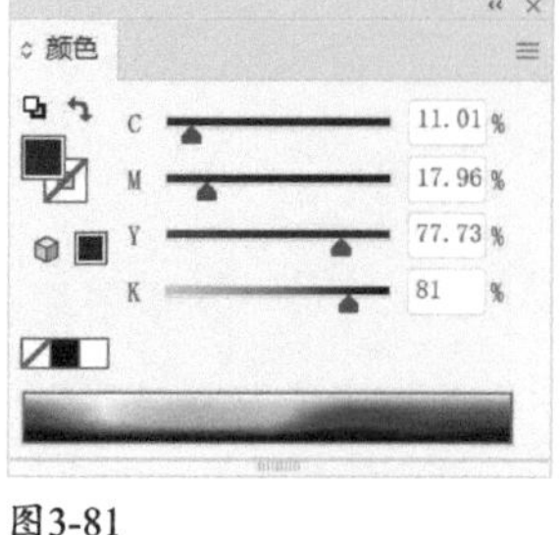

图3-81

图3-82

修改图形

使用钢笔或其他工具绘图时，很多图形不是一次就能绘制出来的，需要调整锚点、方向线，对路径进行修改之后，才能得到想要的效果。下面介绍锚点和路径的编辑方法。

3.3.1

实战：选取、移动锚点和路径

矢量图形可以无限次修改，但在编辑之前，需要先选取锚点或路径段。直接选择工具▷是最常用的路径编辑工具，它可以选取锚点、路径段和整个矢量图形，也可以对它们进行移动操作。

01 打开素材。对于填了色的图形，选择直接选择工具▷，单击它，可以选取所有锚点，如图3-83所示；将鼠标指针移到一个锚点上方，鼠标指针会变为▷状，锚点也会随之变大，如图3-84所示，此时单击可选中该锚点。选取之后锚点变为实心方块，未选中的为空心方块，如图3-85所示。

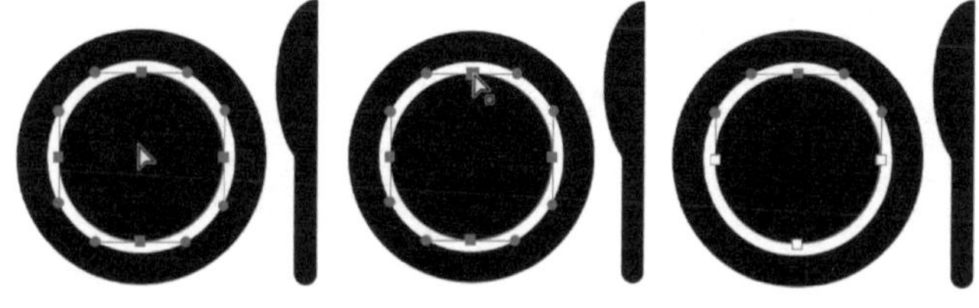
图3-83　图3-84　图3-85

02 在未选取图形上移动鼠标指针，当检测到锚点时，会显示空心方块，鼠标指针变为▷状，如图3-86所示；此时单击也可选取锚点，如图3-87所示。按住Shift键单击其他锚点，可以将它们也选取，如图3-88所示。按住Shift键单击被选中的锚点，则可取消选取该锚点。

图3-86 图3-87 图3-88

03 如果需要选取多个锚点，且它们都集中于一个区域（这些锚点可以分属于不同的路径、组或对象），可以拖曳出矩形选框，将这些锚点框住，如图3-89所示；放开鼠标左键，即可一次将它们同时选中，如图3-90所示。

图3-89

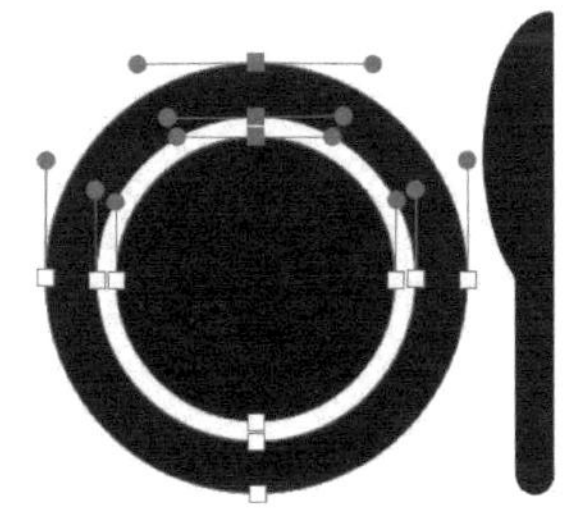

图3-90

04 如果要选取某一段路径，可以将鼠标指针移动到其上方，鼠标指针变为状时，如图3-91所示，单击即可，如图3-92所示。按住Shift键单击其他路径段，可将其一同选中。按住Shift键单击被选取的路径段，则可以取消选择该路径段。

图3-91

图3-92

05 如果要移动锚点，可拖曳该锚点，如图3-93所示。拖曳路径段，可以移动路径段，如图3-94所示。按住Alt键拖曳路径段，可以复制其所在的图形。

图3-93

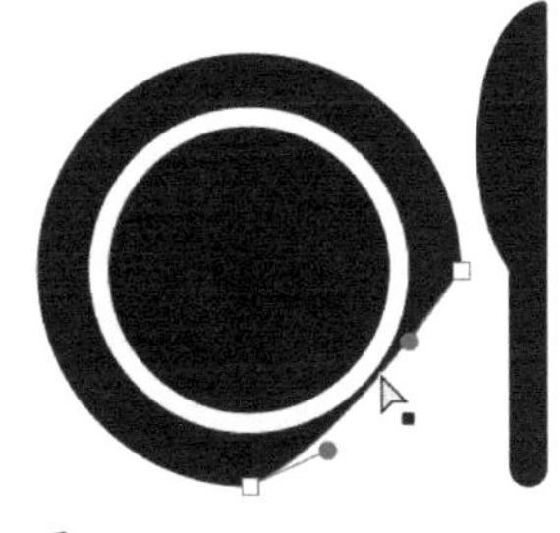

图3-94

> 提示
>
> 选取锚点或路径后，按→、←、↑、↓键，可以向箭头方向一次移动1个像素的距离。如果同时按方向键和Shift键，则会以原来的10倍距离移动对象。按Delete键，则可将所选对象删除。

3.3.2 用整形工具移动锚点

选取锚点（或路径段）以后，如图3-95所示，使用直接选择工具进行移动时，如果对整体形状的改变较大，如图3-96所示，可以换成整形工具操作，如图3-97所示。

图3-95

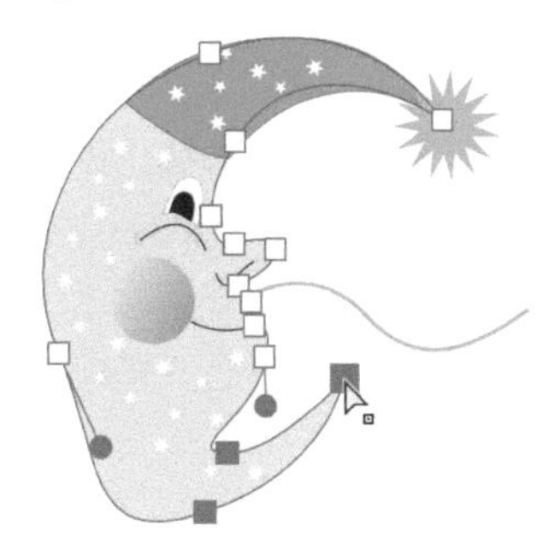

图3-96

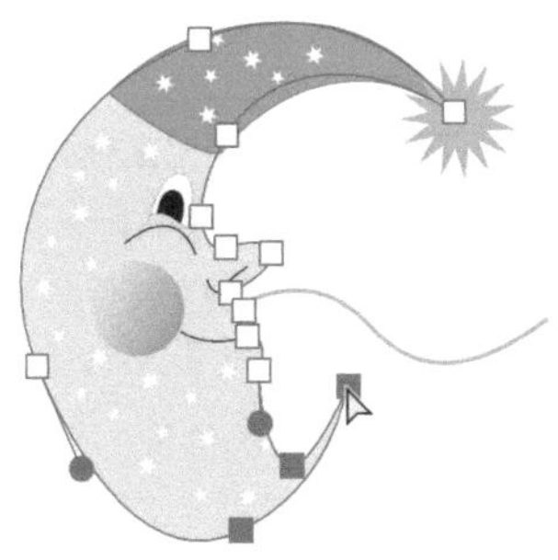

图3-97

可以看到，整形工具不会扭曲路径的整体形状。在拖曳曲线路径段的时候，这两个工具的差别更加明显，如图3-98和图3-99所示。

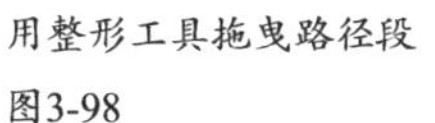

用整形工具拖曳路径段

图3-98

用直接选择工具拖曳路径段

图3-99

3.3.3

实战：手动绘制选区（套索工具）

要点

当图形重叠时，想要选取其中的多个锚点，就不能用直接选择工具通过拖曳出矩形选框的方法操作了，因为会造成对象移动。这种情况下使用套索工具选取是最为方便的。而且，它还能选取不规则区域内的所有锚点。

01 打开素材。选择套索工具，在需要选取的锚点外侧单击，然后按住鼠标左键围绕锚点移动，绘制一个选区，如图3-100所示；放开鼠标左键后，即可将选区内的锚点选中，如图3-101所示。

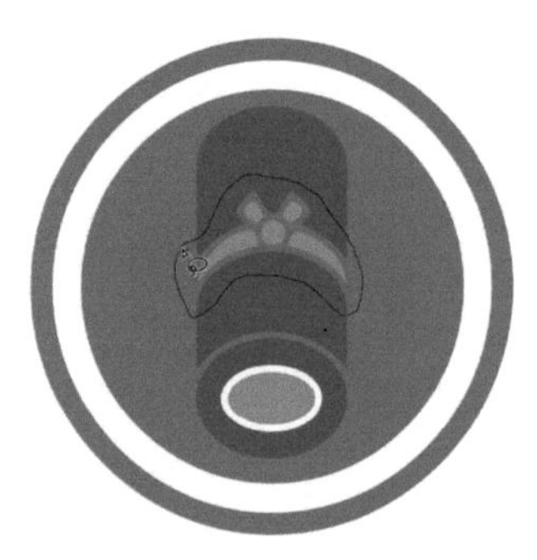
图3-100

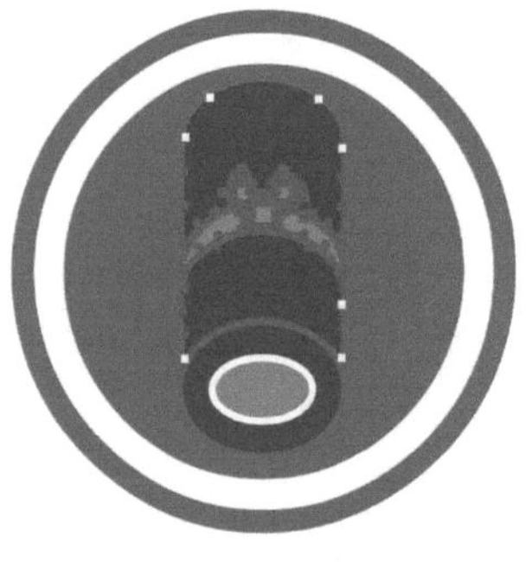
图3-101

02 按住Shift键（鼠标指针变为状），在其他锚点周围绘制选区，可以将它们一同选中，如图3-102和图3-103所示。如果要取消选取某些锚点，可以按住Alt键在其周围绘制选区（鼠标指针变为状）。如果要取消选择所有锚点，可以在远离对象的位置单击。

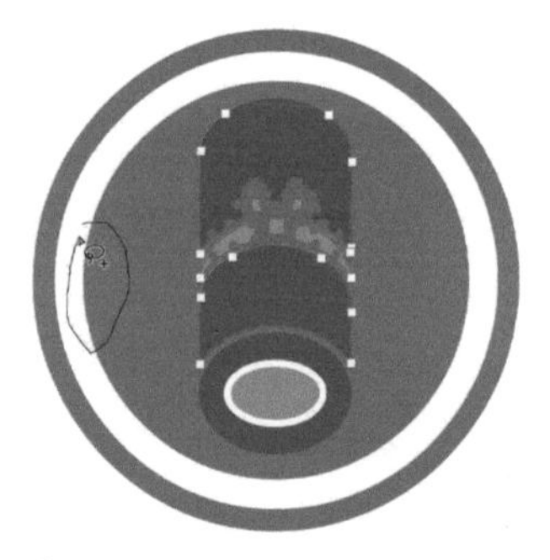
图3-102

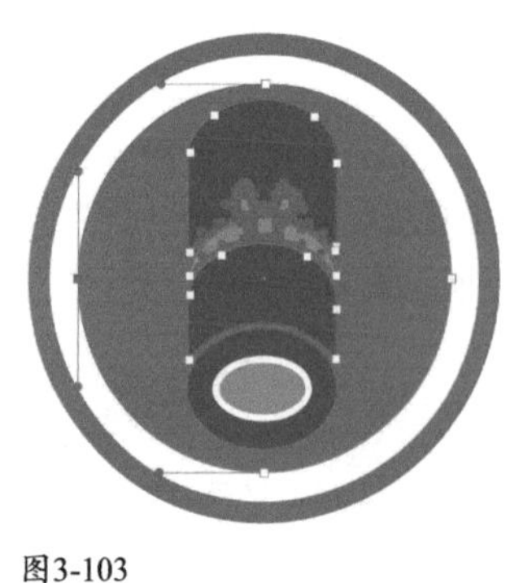
图3-103

提示

编辑复杂的图形时，如果经常选择某些锚点，可以用“存储所选对象”命令（*见107页*）将它们的被选取状态保存，需要时调用该被选择状态即可，这就省去了重复选择的麻烦。

03 需要选取路径段的时候，在其周围绘制选区即可，如图3-104和图3-105所示。

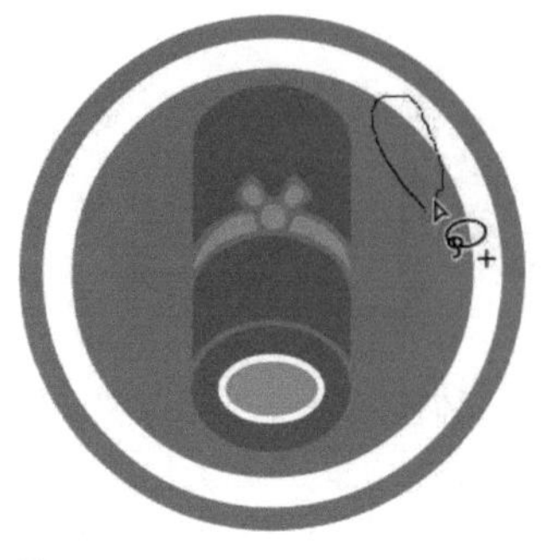
图3-104

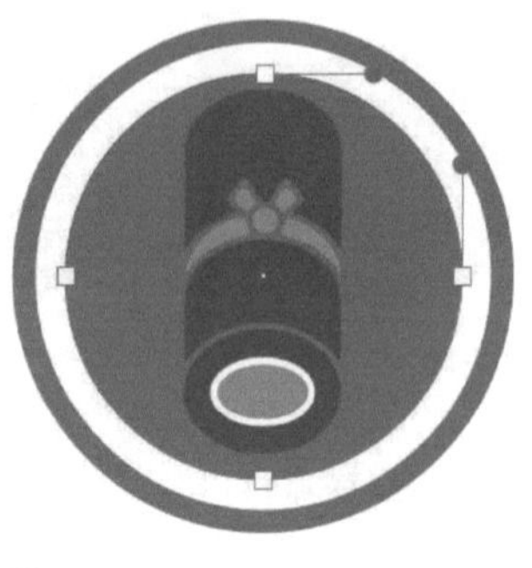
图3-105

3.3.4

用直接选择工具和锚点工具修改曲线

本章开始部分介绍了怎样改变路径形状，并提到了两个工具：直接选择工具和锚点工具。这两个工具既有相同的地方，也有明显的区别。它们的相同之处在于：拖曳曲线路径段时，都可以调整曲线的位置和形状，如图3-106~图3-108所示；其次，拖曳角点上的方向点时，只影响与方向线同侧的路径段，如图3-109和图3-110所示。

原图

图3-106

用直接选择工具拖曳路径段

图3-107

用锚点工具拖曳路径段

图3-108

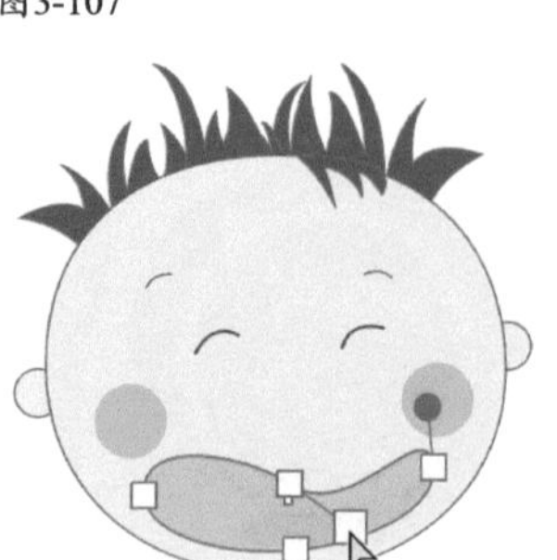
用直接选择工具拖曳方向点

图3-109

用锚点工具拖曳方向点

图3-110

二者的不同之处体现在处理平滑点上。当拖曳平滑点上的方向点时，直接选择工具会同时调整该点两侧的路径段，如图3-111所示；而锚点工具仍然只影响单侧，如图3-112所示。

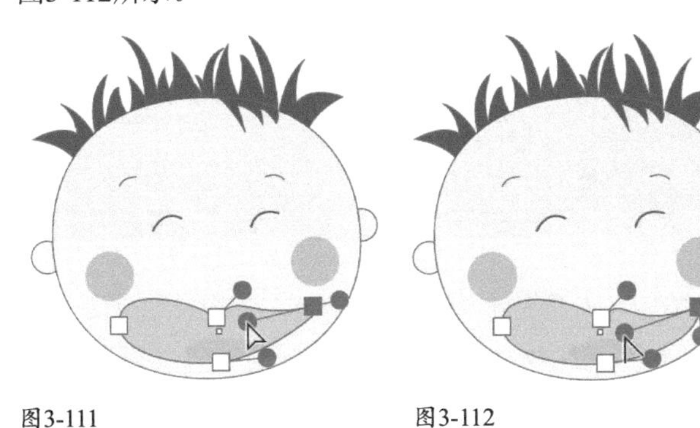

图3-111　　图3-112

技术看板　让所选锚点的方向线都显示出来

在默认状态下，同时选取曲线路径上的多个锚点时，有些方向线是被隐藏的。单击“控制”面板中的按钮，可以让所选锚点上的方向线全都显示出来。单击按钮，可再次将其隐藏。

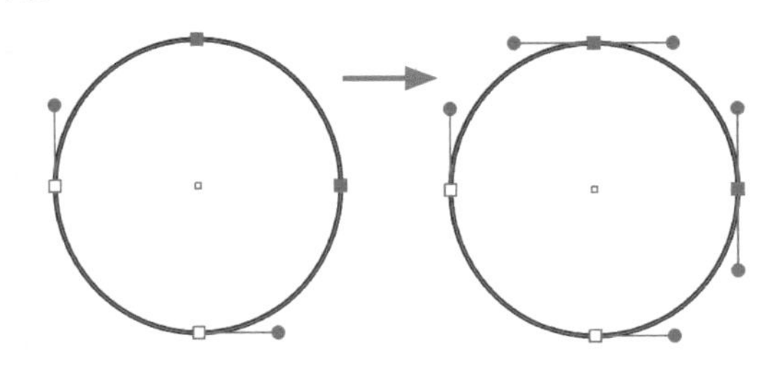

提示

执行“视图>隐藏边缘”命令，可以隐藏锚点、方向线和方向点。如果要重新显示它们，可以执行“视图>显示边缘”命令。

3.3.5

实战：转换锚点

锚点工具可以让平滑点与角点互相转换。如果要同时转换多个锚点，可以使用“控制”面板操作。

扫码看视频

01 打开素材。选择直接选择工具，单击图形，将其选取，如图3-113所示。选择锚点工具，单击平滑点，可将其转换为角点，如图3-114所示。拖曳平滑点一侧的方向点，则可将其转换成具有独立方向线的角点，如图3-115所示。

图3-113　　图3-114　　图3-115

02 如果想将角点转换为平滑点，可单击它并向外拖曳鼠标，拖出方向线即可，如图3-116和图3-117所示。

图3-116　　图3-117

提示

如果想将多个角点转换为平滑点，可以将它们选取，然后单击“控制”面板中的按钮。按钮用来将平滑点转换为角点。

3.3.6

实时转角

在将尖角处理成圆角时，最简单的方法是用直接选择工具单击角上的锚点，此时会显示实时转角构件，如图3-118所示，之后拖曳它即可，如图3-119所示。

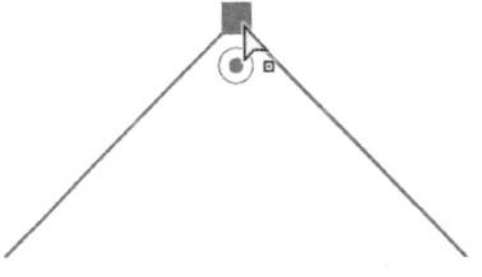

图3-118

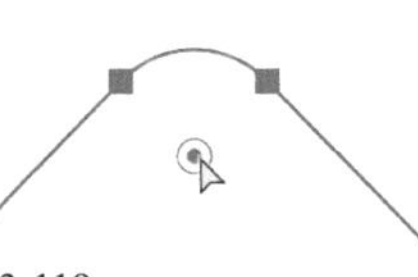

图3-119

处理为圆角之后，双击实时转角构件，打开“边角”对话框，如图3-120所示。单击按钮和按钮，可以将圆角修改为反向圆角和倒角，如图3-121和图3-122所示。

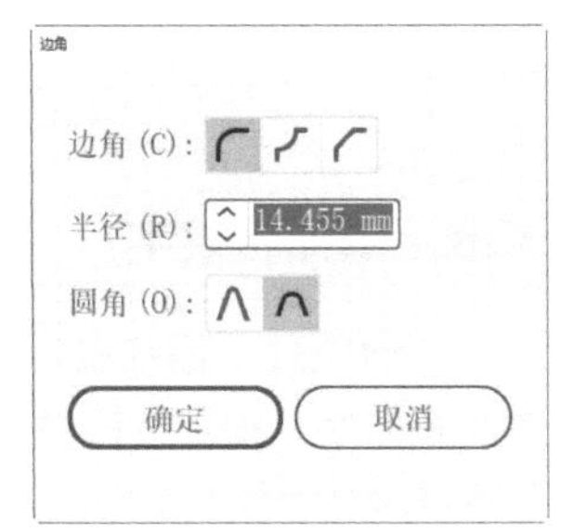

图3-120

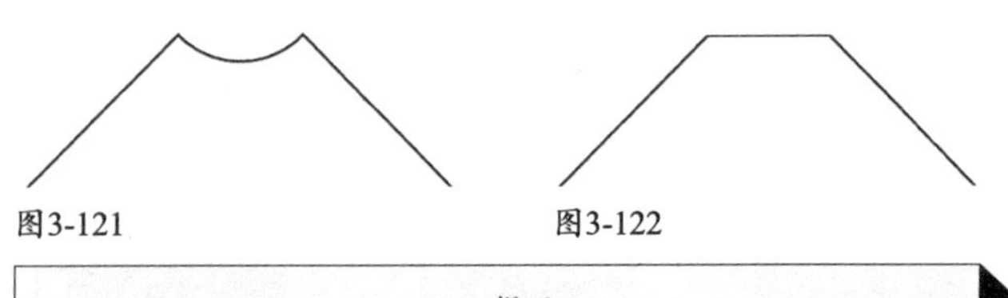
图3-121　　图3-122

> 提示
>
> 如果图形较多，路径也复杂，编辑的时候，实时转角构件影响观察和处理锚点，可以执行“视图>隐藏边角构件”命令，将其隐藏。

3.3.7 添加/删除锚点

选择添加锚点工具，在路径上单击，即可添加锚点，如图3-123和图3-124所示。如果该路径段是直线，添加的是角点；曲线路径则为平滑点。

如果想在每两个锚点的中间添加一个新的锚点，可以用直接选择工具选取路径，之后执行“对象>路径>添加锚点”命令，如图3-125所示。

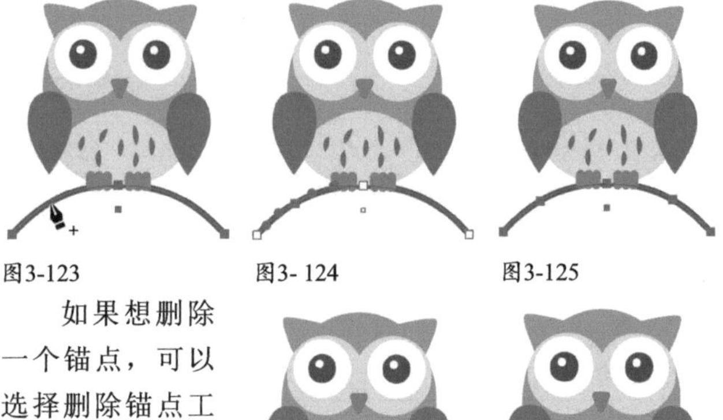
图3-123　　图3- 124　　图3-125

如果想删除一个锚点，可以选择删除锚点工具，单击该锚点。路径的形状会因锚点减少而发生改变，如图3-126和图3-127所示。

图3-126　　图3-127

如果想一次删除多个锚点，可以用直接选择工具或套索工具将它们选取，然后执行“对象>路径>移去锚点”命令。

3.3.8 实战：爆炸特效字

下面使用“添加锚点”命令和效果制作爆炸特效字，如图3-128所示。独特的文字外形可以增强视觉冲击力。

扫码看视频

图3-128

01 按Ctrl+O快捷键，打开文字图形，如图3-129所示。按Ctrl+A快捷键全选。按Ctrl+C快捷键复制，按Ctrl+B快捷键粘贴到后方。

02 连续执行4次“对象>路径>添加锚点”命令添加锚点。如果想查看锚点，可以选取直接选择工具，路径上就会显示锚点，如图3-130所示。

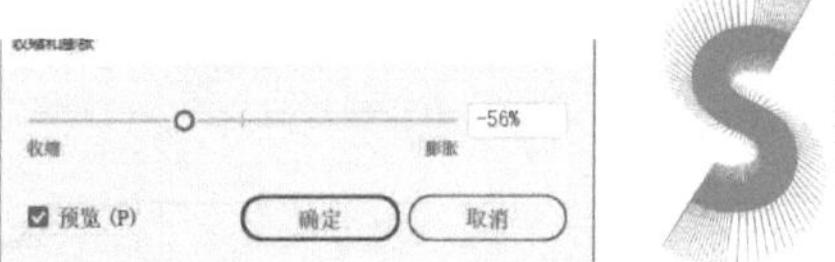
图3-129　　图3-130

03 执行“效果>扭曲和变换>收缩和膨胀”命令，对路径进行扭曲，创建爆炸状图形，如图3-131和图3-132所示。

图3-131　　图3-132

04 选择选择工具，按住Shift键单击最前方的3个文字图形，将它们一同选取，如图3-133所示。修改填充颜色，如图3-134和图3-135所示。使用矩形工具创建一个矩形，填充深紫色，按Shift+Ctrl+[快捷键，移至底层，作为背景，如图3-136所示。

图3-133

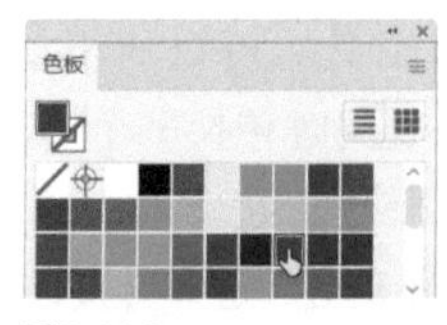
图3-134

图3-135

图3-136

3.3.9

均匀分布锚点

使用直接选择工具▷选取多个锚点（这些锚点可以属于同一路径，也可以分属不同的路径），如图3-137所示。执行“对象>路径>平均”命令，打开“平均”对话框，如图3-138所示。设置选项并单击“确定”按钮，可以让所选的多个锚点均匀分布。

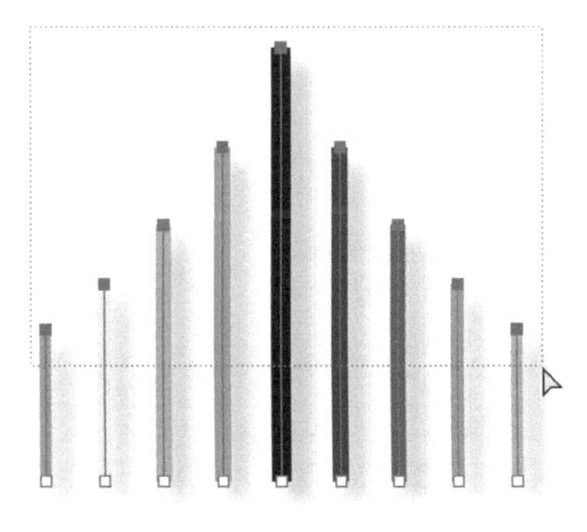

图3-137

图3-138

- 水平：锚点沿同一水平轴均匀分布，如图3-139所示。
- 垂直：锚点沿同一竖直轴均匀分布，如图3-140所示。
- 两者兼有：让所选锚点集中到一起，如图3-141所示。

图3-139

图3-140

图3-141

3.3.10

连接开放的路径(连接工具及命令)

绘图的时候，我们会采用连接锚点的方法，将两条路径连接成一条路径，或者将一条路径上的两个端点连接起来，使其成为闭合的图形。

一般情况下，可以用直接选择工具▷选取需要连接的锚点，然后单击“控制”面板中的按钮或执行“对象>路径>连接”命令进行连接。

如果路径交叉，如图3-142所示，连接之后就是图3-143所示的结果。交叉区域的路径显然多余的，还需要进一步处理，比较麻烦。对于这样的情况，用连接工具操作就非常容易，而且不需要预先选取路径，只要在锚点上方拖曳鼠标，如图3-144所示，便可连接路径并删除交叉部分，如图3-145所示。

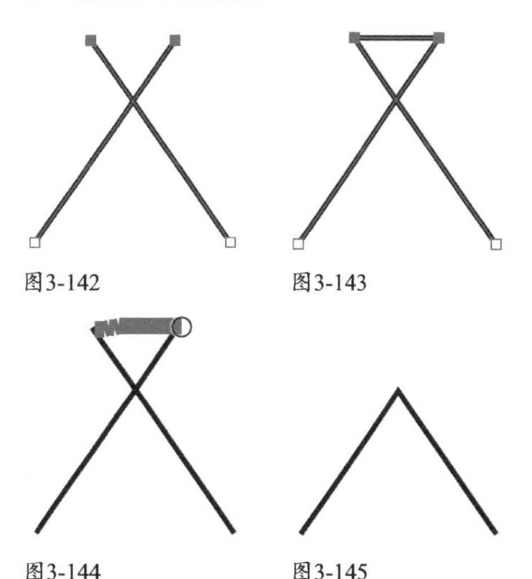

图3-142 图3-143

图3-144 图3-145

该工具还可以针对另外两种情况，自动对路径进行扩展和裁切，如图3-146和图3-147所示。

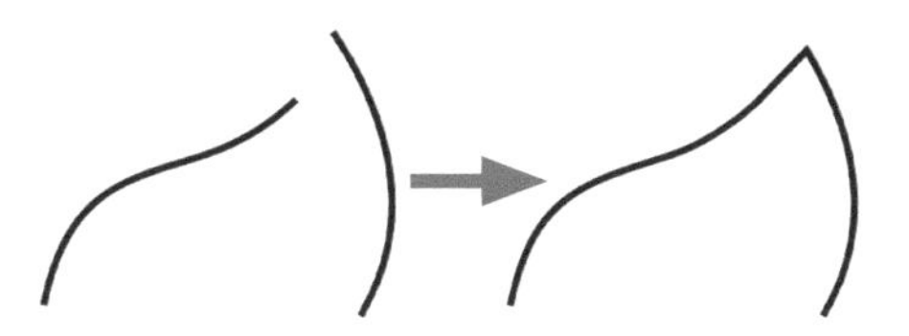

扩展短路径并连接

图3-146

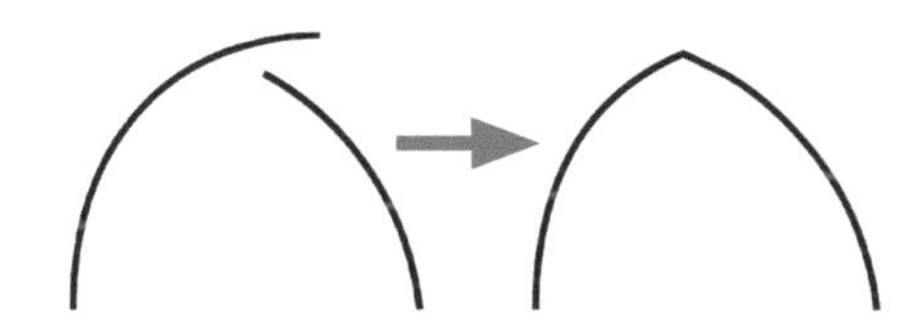

裁切长路径，扩展短路径，然后连接

图3-147

·AI技术/设计讲堂·

钢笔工具高级技巧

钢笔工具是最重要的绘图工具，只掌握它的使用方法远远不够，还应学习更多的技巧，这样就可以不借助其他工具，在绘图过程中选择和移动锚点、转换锚点类型，以及修改路径的形状。下面介绍钢笔工具的高级技巧。在进行这些操作的时候，鼠标指针会呈现不同的状态（、、、、、），以提示我们此时钢笔工具具有怎样的功能。

转换锚点

使用钢笔工具绘图时，经常需要转换锚点，采用下面的技巧，可以不必中断绘图操作。例如，绘制一段路径后，需要将平滑点转换为角点，将鼠标指针移动到锚点上，此时鼠标指针会变为状，如图3-148所示；单击可将其转换为角点，如图3-149所示；之后便可在它后面绘制直线，如图3-150所示，或者转角曲线，如图3-151所示。如果拖曳锚点，则可以修改曲线的形状，但不会改变锚点的属性，如图3-152所示。

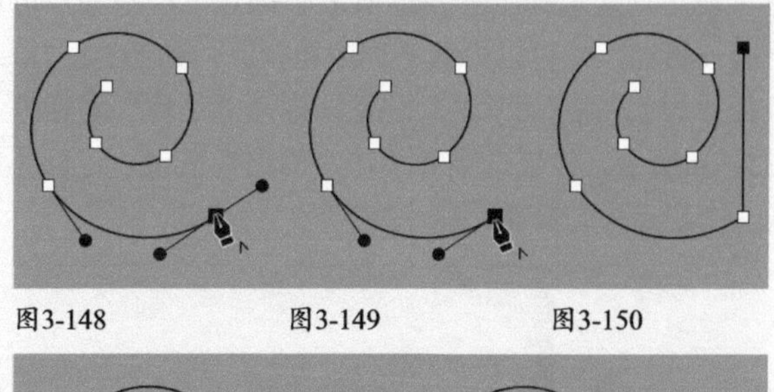

图3-148 图3-149 图3-150

如果最后一个锚点是角点，如图3-153所示，需要转换为平滑点，可拖曳它，拉出方向线，如图3-154所示；之后可以在它后面绘制曲线，如图3-155所示。

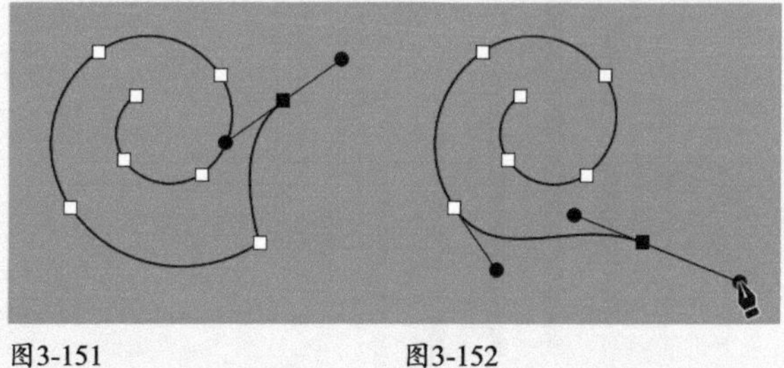

图3-151 图3-152

处理路径段上的锚点时，也可以采用同样的方法。例如，按住Alt键（临时切换为锚点工具）在平滑点上单击，可将其转换为角点，如图3-156和图3-157所示；按住Alt键拖曳角点，可将其转换为平滑点，如图3-158所示。

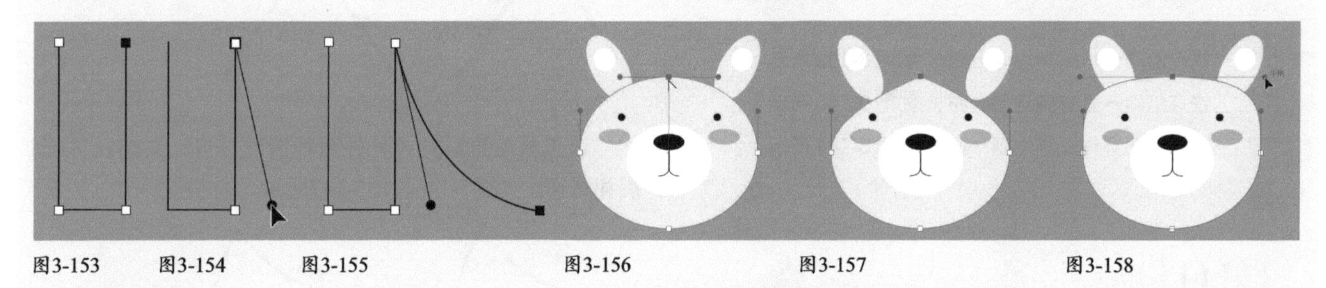

图3-153 图3-154 图3-155 图3-156 图3-157 图3-158

修改曲线

按住Alt键（临时切换为锚点工具）拖曳方向点，可以调整方向线一侧的曲线，如图3-159所示；按住Ctrl键（临时切换为直接选择工具）拖曳方向点，可同时调整方向线两侧的曲线，如图3-160所示。将鼠标指针放在路径段上，按住Alt键（鼠标指针变为状）拖曳鼠标，可以调整曲线的形状，如图3-161所示。如果拖曳直线路径，则可将其转换为曲线。

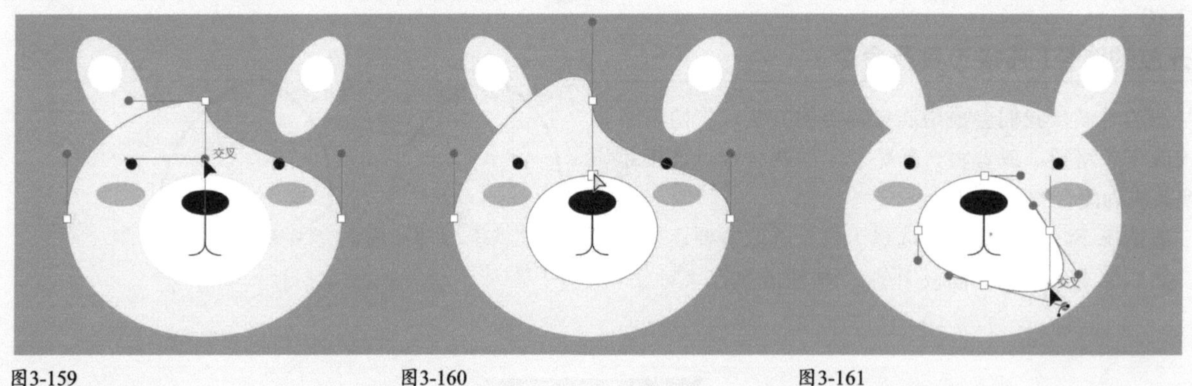

图3-159 图3-160 图3-161

连接/延长路径

绘制路径的过程中，将鼠标指针放在另外一条开放式路径的端点上，鼠标指针变为状时，如图3-162所示，单击可连接这两条路径，如图3-163所示。将鼠标指针放在一条开放式路径的端点上，鼠标指针变为状时，如图3-164所示，单击鼠标，此后便可继续绘制该路径，如图3-165所示。

图3-162　　图3-163　　图3-164　　图3-165

其他技巧

- 绘制直线：按住Shift键拖曳鼠标，可以创建水平、垂直直线，或45°的整数倍方向的直线。
- 结束开放路径的绘制：按住Ctrl键在远离对象的位置单击。
- 闭合路径：选择一条开放式路径，选择钢笔工具，在一个端点上单击；之后将鼠标指针移动到另一个端点上，鼠标指针变为状时单击，可以闭合路径。
- 重新定位锚点：在画板上单击放置锚点的时候，按住鼠标左键不放，同时按住键盘中的空格键并进行拖曳，可以重新定位锚点。
- 添加/删除锚点：选取路径后，鼠标指针在路径上时会变为状，此时单击可以添加锚点；鼠标指针在锚点上时会变为状，此时单击，可删除锚点。

·AI技术/设计讲堂·

轮廓模式

默认情况下，我们在Illustrator中绘图或进行编辑操作时，能看到图稿的实际效果，包括填色、描边等，如图3-166所示。这是图稿处于预览模式的缘故。当图形颜色与锚点颜色一样，或者比较接近时，选取锚点、编辑路径的时候就不太好操作。遇到这种情况时，可以执行“视图>轮廓”命令，切换到轮廓模式，让图形只显示轮廓，隐藏填色和描边，这样处理起来就容易多了，如图3-167所示。而且我们可以用Ctrl+Y快捷键在轮廓模式和预览模式之间切换，非常方便。

随着我们学习的深入，会愈发离不开轮廓模式。因为它太实用了。例如，当图形堆叠在一起的时候，会互相遮挡，位于下方的对象就很难被选取，即使选取，也容易选错，如图3-168所示。而在轮廓模式下，是不存在遮挡的，如图3-169所示。

再如图稿非常复杂，比如用了很多混合效果、3D等内存占用较大的功能，那么编辑的时候，Illustrator渲染图稿所用的时间也会更多一些。我们最直接的感觉就是Illustrator反应慢、操作出现迟滞，搞不好还会闪退。这时候就必须在轮廓模式下编辑图稿才行。

但是图稿需要上色，完全看不到真实效果也不行。这里有一个小技巧，可以化解难题——只让部分图稿显示为轮廓模式。我们只要打开“图层”面

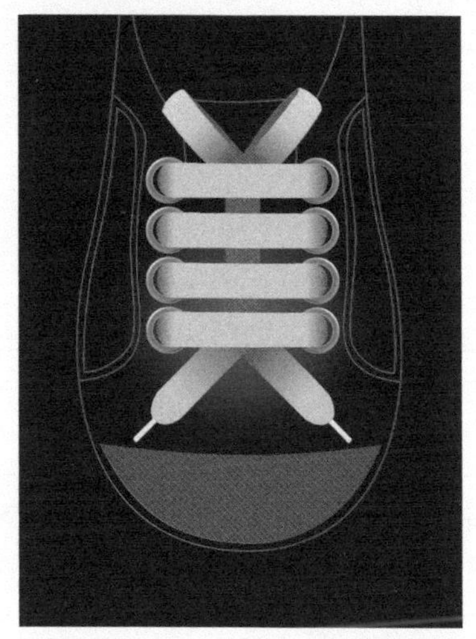

图3-166

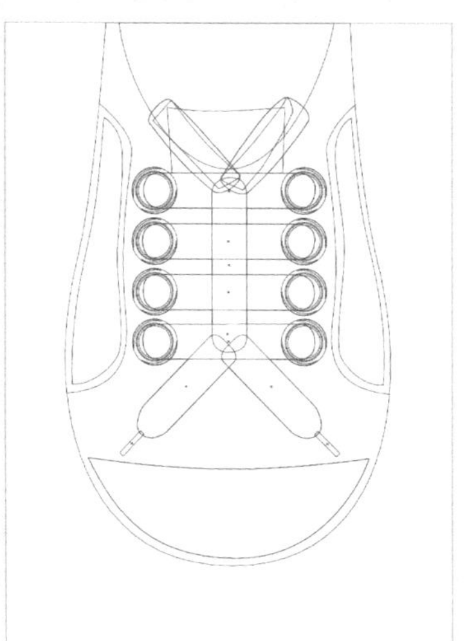

图3-167

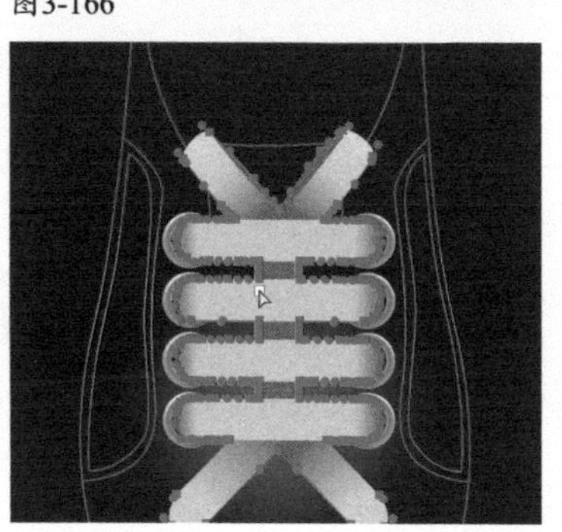

图3-168

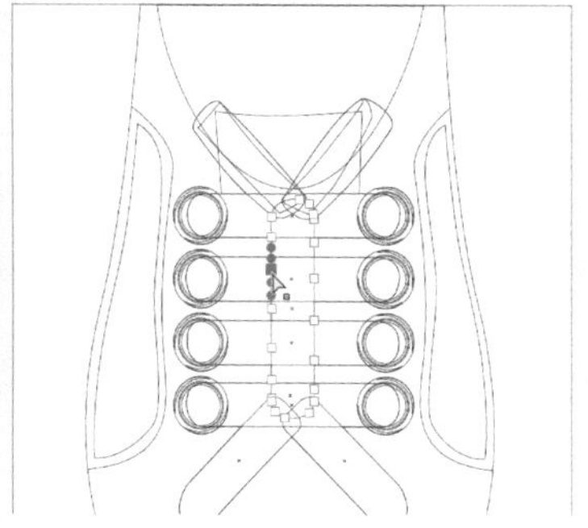

图3-169

板，按住Ctrl键单击无关图层前的眼睛图标👁，便可将其中的对象切换为轮廓模式（此时眼睛图标变为◎状），如图3-170所示，而我们正在编辑的对象不会受到影响，还是以实际效果显示，如图3-171所示。当需要切换回预览模式时，按住Ctrl键单击◎图标即可。

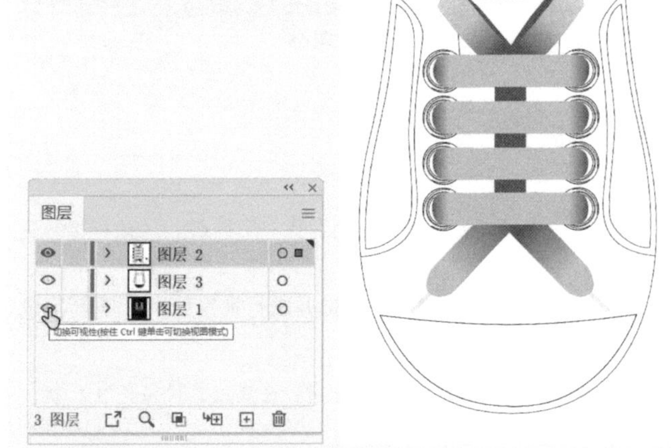

图3-170　　图3-171

> *提示*
>
> 执行“视图>使用CPU查看”命令，可以查看最清晰的图稿、显示更加平滑的路径，并缩短在高密度显示器屏幕上重绘复杂图稿所需的时间。
>
> 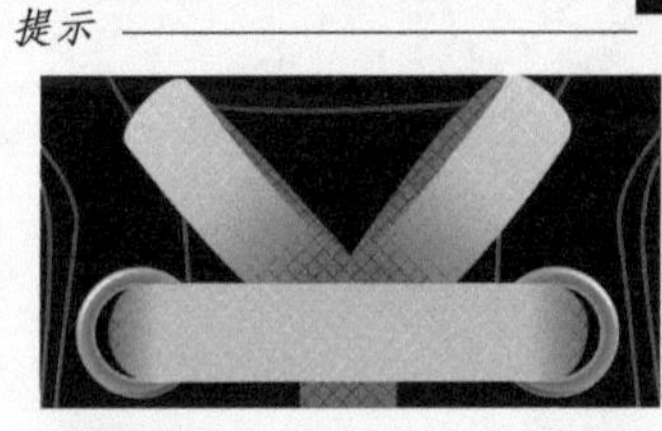
>
> 预览模式
>
> 
>
> 预览模式+使用CPU查看

技术看板　调整锚点和方向点大小

执行“编辑>首选项>选择和锚点显示”命令，打开“首选项”对话框，可以调整锚点、方向点和定界框大小，以及方向点样式。

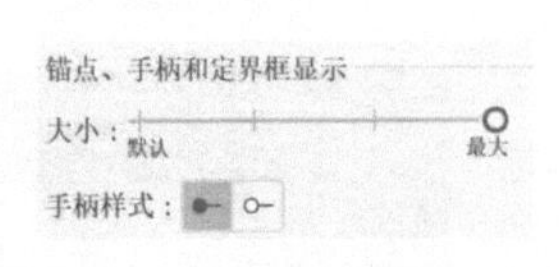

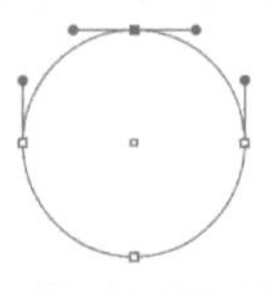

默认锚点大小

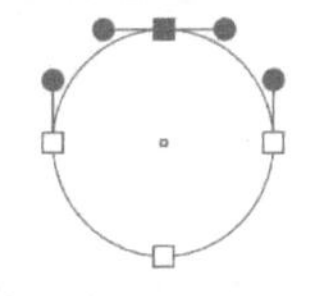

最大锚点

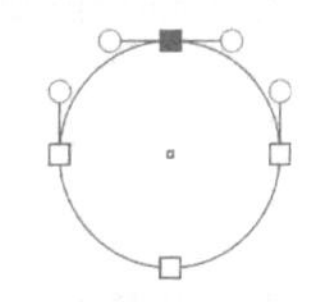

方向点为空心

编辑路径

下面介绍与路径有关的其他编辑命令和工具，它们可以对路径进行偏移、平滑化和简化处理，也可以将局部路径或图形擦除，或者彻底删除路径。

3.4.1 偏移路径

制作同心圆，或者相互之间保持固定距离的多个对象时，只需制作出一个基本图形，如图3-172所示，再使用“对象>路径>偏移路径”命令（或“效果>路径>偏移路径”命令），就可以从所选图形中复制出新的图形。图3-173所示为“偏移路径”对话框。

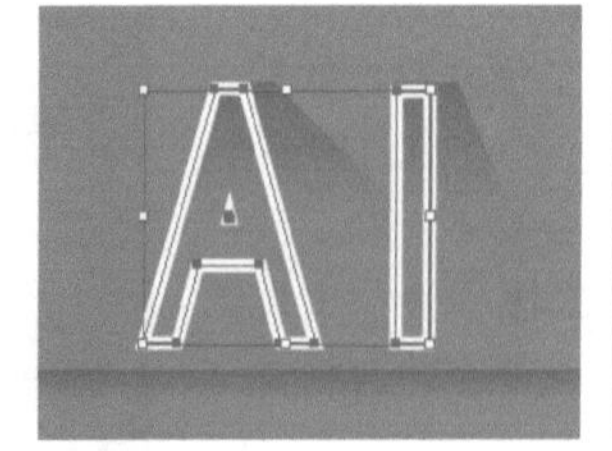

图3-172

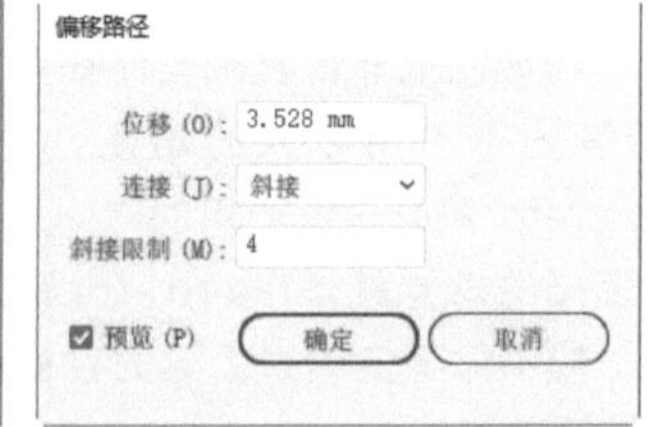

图3-173

- 位移：用来设置新路径的偏移距离。该值为正值时，路径向外扩展，如图3-174所示；为负值时，路径向内收缩，如图3-175所示。

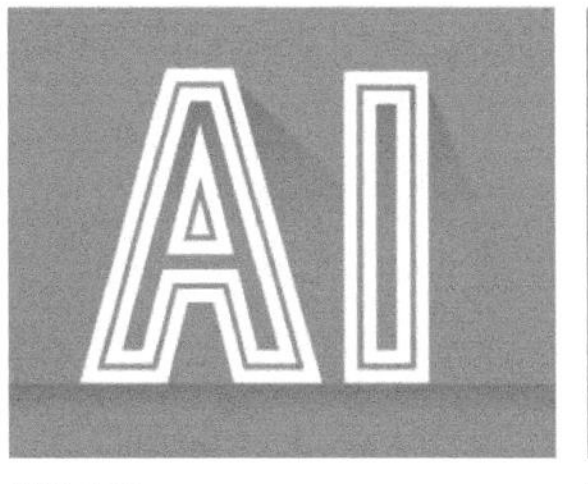

图3-174

图3-175

● 连接：可设置拐角的连接方式，如图3-176~图3-178所示。

斜接　　圆角　　斜角

图3-176　图3-177　图3-178

● 斜接限制：控制角度的变化范围。该值越高，角度变化的范围越大。

3.4.2 对路径进行简化处理

曲线路径上的锚点越多，路径的平滑度越低。使用“对象>路径>简化”命令，可以减少多余的锚点，平滑路径，减小文件大小，增强图稿的显示效果并提高打印速度。

执行该命令后，画板上会显示组件。拖曳圆形滑块，可手动调整锚点数量，如图3-179所示。单击按钮，则自动进行简化处理。单击•••按钮，可以打开“简化”对话框，如图3-180所示。

原始图形　　原始锚点　　拖曳滑块减少锚点

图3-179

● 简化曲线：用来设置简化后的路径与原始路径的接近程度。该值越高，简化后的路径与原始路径的形状越接近；该值越低，路径的简化程度越高。

● 角点角度阈值：用来控制角的平滑度。如果角点处的角度小于该选项中设置的数值，将不会改变角点；如果角点处的角度大于该值，则会被简化。

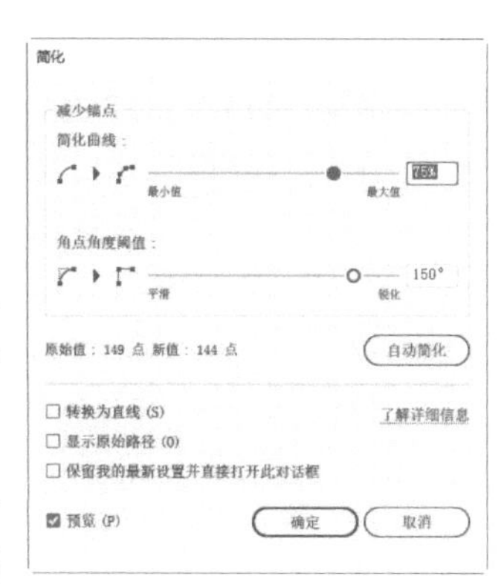

图3-180

● 转换为直线：在原始锚点间创建直线，如图3-181所示。如果角点处的角度大于“角点角度阈值”中设置的值，将删除角点。

● 显示原始路径：可以在简化的路径背后显示原始路径，以便于观察和对比图形在简化前后的效果，如图3-182所示。

● 保留我的最新设置并直接打开此对话框：如果希望下次直接打开包含当前设置的高级对话框，可勾选该选项。

● 预览：可以在文档窗口中预览路径简化结果。

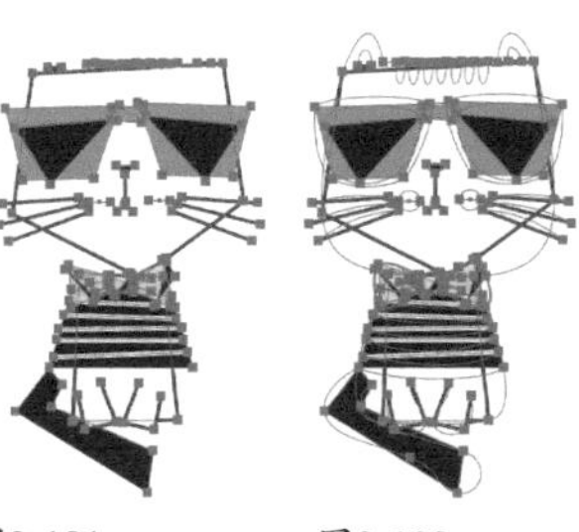

图3-181　　图3-182

3.4.3 实战：制作促销活动标签

扫码看视频

“简化”命令常用于图形和文字的变形处理，可以使图形和文字显得活泼、俏皮。

01 按Ctrl+O快捷键，打开文字图形素材。选择选择工具▶，按住Shift键单击这两组文字，将它们选取，如图3-183所示。执行两次“对象>路径>简化”命令，减少锚点，如图3-184所示。

图3-183　　图3-184

02 执行“效果>扭曲和变换>收缩和膨胀”命令，对文字进行扭曲，如图3-185和图3-186所示。

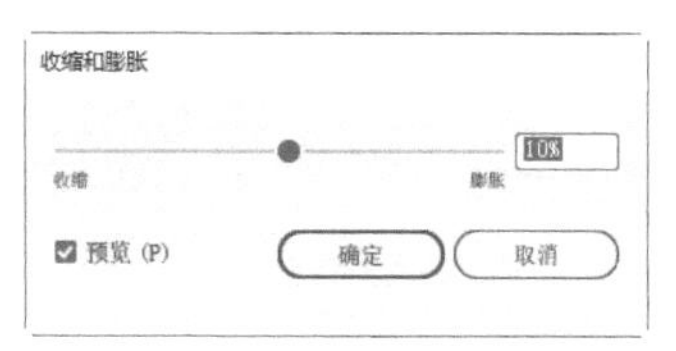

图3-185

图3-186

03 执行“效果>变形>鱼形”命令，创建鱼状肚大尾小变形效果，如图3-187和图3-188所示。执行“效果>风格化>投影”命令，添加阴影，如图3-189和图3-190所示。

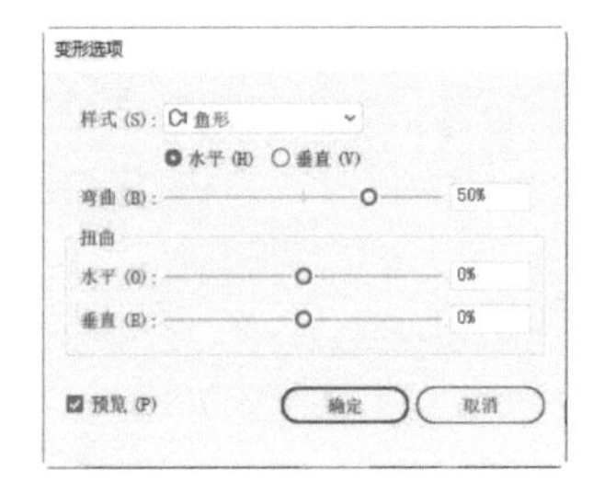

图3-187

图3-188

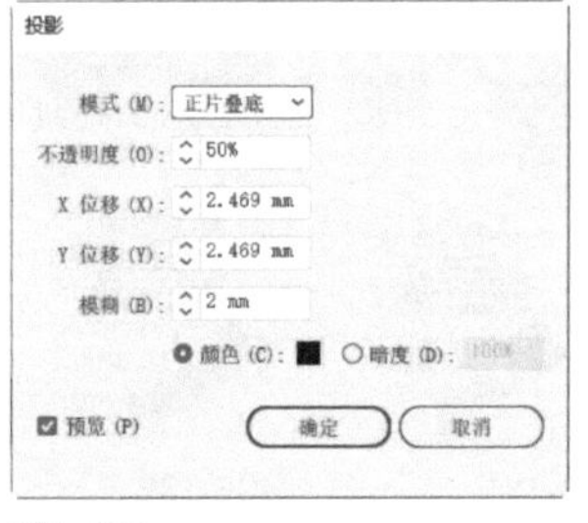

图3-189

图3-190

04 选择选择工具▶，将狗狗头像拖曳到文字中间。按Shift+Ctrl+E快捷键，为它添加“投影”效果，如图3-191所示。

05 选择选择工具▶，单击图3-192所示的文字。双击“外观”面板中的“变形：鱼形”效果，如图3-193所示，打开“变形选项”对话框，修改参数，如图3-194所示，将“鱼肚”调整到图形右侧。设置描边为白色，粗细为3 pt，单击“描边”面板中的按钮，使描边与路径外侧对齐，效果如图3-195所示。

图3-191

图3-192

图3-193

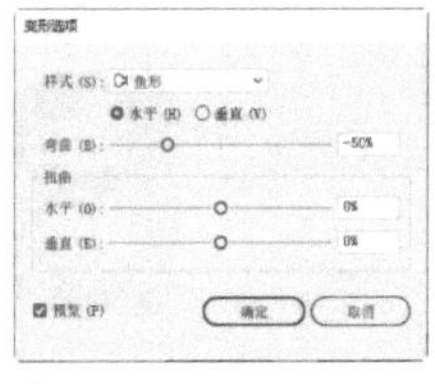

图3-194

图3-195

06 单击上方的文字，设置描边为白色，粗细为9 pt。单击“描边”面板中的按钮，调整描边位置。按住Shift键单击下方文字，将它们一同选取，如图3-196所示。执行“窗口>色板库>渐变>明亮”命令，打开“明亮”面板。单击图3-197所示的渐变，为文字填充该渐变，如图3-198所示。

图3-196

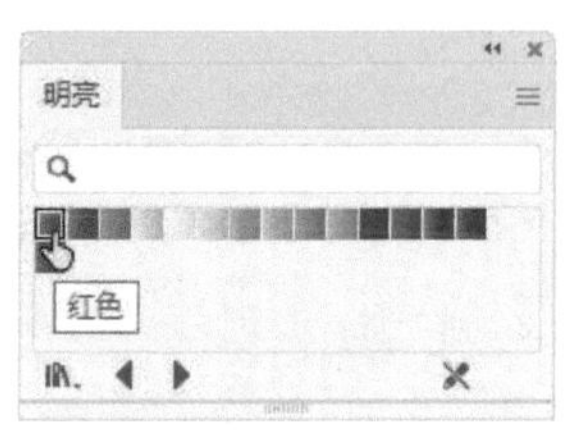

图3-197

图3-198

07 选择椭圆工具，按住Shift键创建圆形，用“明亮”面板中的渐变填充图形，如图3-199所示。按Shift+Ctrl+[快捷键，将图形调整到底层。选择选择工具▶，将其拖曳到文字下方，如图3-200所示。

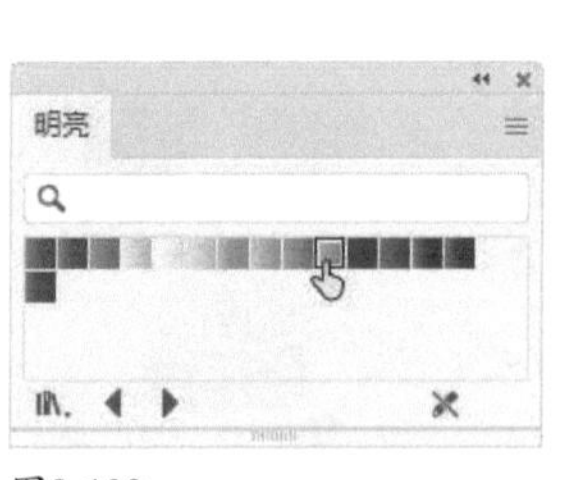

图3-199

图3-200

3.4.4 对路径进行平滑处理（平滑工具）

要想让路径更加平滑，除了用“简化”命令之外，还可以用平滑工具来进行处理。在操作时，首先选取路径，如图3-201所示，然后选择平滑工具，在路径上反复拖曳鼠标即可，效果如图3-202所示。

图3-201

图3-202

双击平滑工具，可以打开“平滑工具选项”对话框，如图3-203所示。滑块越靠向“平滑”一侧，路径越平滑，锚点越少。

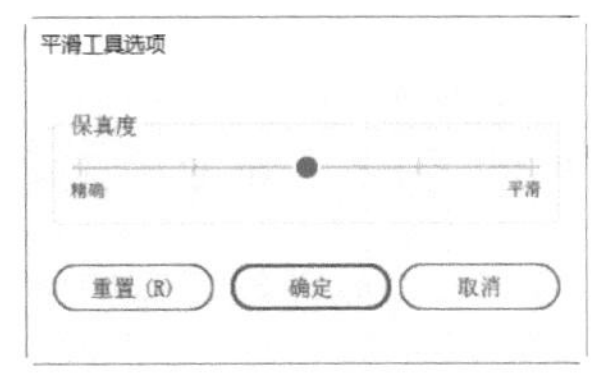

图3-203

3.4.5 将路径剪断(剪刀工具及控件)

如果需要将路径一分为二，可以选取路径，之后选择剪刀工具，在路径上单击一下即可，分割处会生成两个重叠的锚点，如图3-204所示。可以使用直接选择工具将它们移开，如图3-205所示。

图3-204

图3-205

如果想让路径在某个锚点（也可以是多个锚点）处断开，可以用直接选择工具选取锚点，如图3-206所示，之后单击“控制”面板中的按钮。图3-207所示为使用直接选择工具移开锚点后的效果。

图3-206

图3-207

> *提示*
>
> 剪刀工具还可以分割图形框或空的文本框。

3.4.6 实战：制作玻璃裂纹效果（美工刀工具）

要点

美工刀工具可以对图形进行裁剪。开放的路径被裁切后会成为闭合式路径。用该工具裁剪渐变图形时，如果渐变的角度为0°，则每裁切一次，Illustrator就会自动调整渐变角度，使之始终保持为0°。因此裁切后，图形的颜色会发生改变。下面就利用这一规律制作玻璃裂纹。

01 打开素材，选择美工刀工具（无须选取对象），在玻璃字上拖曳鼠标。鼠标指针经过的路线即为美工刀工具的裁切线，如图3-208所示，裁切后的玻璃文字会产生裂纹，如图3-209所示。

图3-208

图3-209

02 用美工刀工具分割玻璃板。图3-210中的红色线条为裁切线。每条裁切线都会把玻璃板分割出一部分，形成单独的图形，如图3-211所示。它们可以单独移动。

图3-210

图3-211

03 文字“CS”是由两层文字叠加而成的，裁切之后颜色变化较大。选择直接选择工具，按住Shift键选择文字中的部分图形，按Delete键删除，使文字的颜色变浅，如图3-212和图3-213所示。选择玻璃板边角上的图形，进行移动或删除，如图3-214所示。

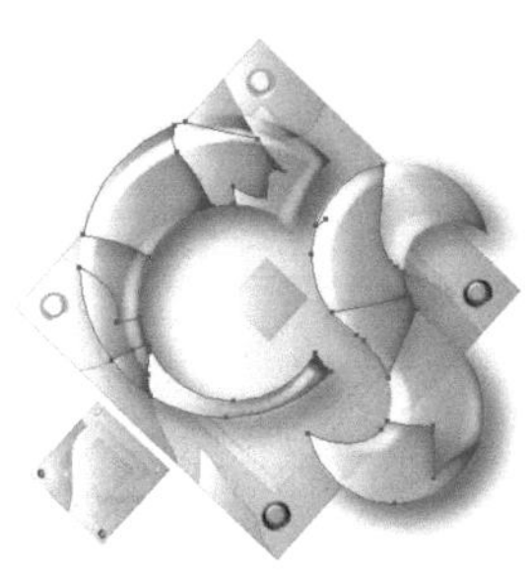
图3-212

图3-213

图3-214

3.4.7 对图形进行剪切（“分割下方对象”命令）

使用美工刀工具剪切图形的时候，我们是用手移动鼠标来操作的，可控性不是特别好，图形被剪切之后往往不够规整。

如果想要得到整齐的裁切效果，可以用钢笔工具或其他绘图工具在图形上方绘制出相应形状的路径，如图3-215所示，之后，执行“对象>路径>分割下方对象”命令，用该路径分割下面的图形。图3-216所示为用编组选择工具将图形移开的效果。

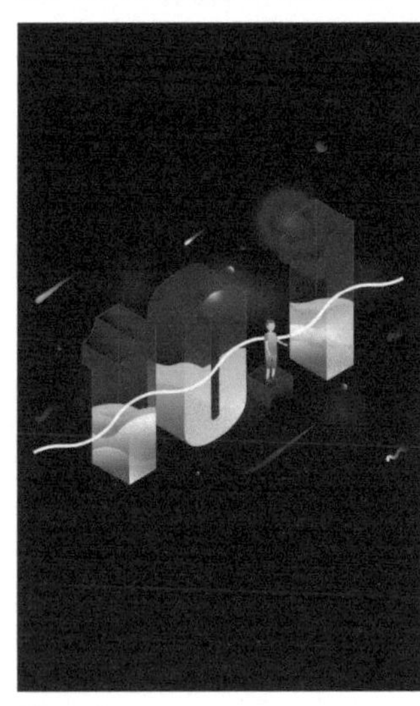

图3-215

图3-216

3.4.8 擦除路径（路径橡皮擦工具）

选取图形，如图3-217所示，选择路径橡皮擦工具，在路径上方拖曳鼠标，可以擦除路径，如图3-218所示。闭合的路径被擦除一部分后会变为开放的路径。擦除不连续的几部分后，剩余的部分会变成各自独立的路径。

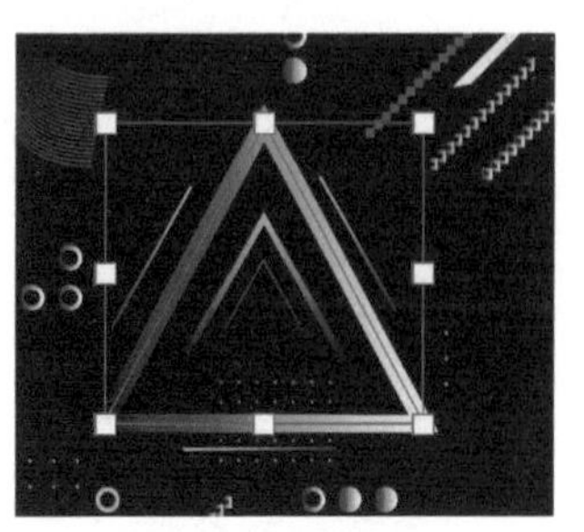

图3-217

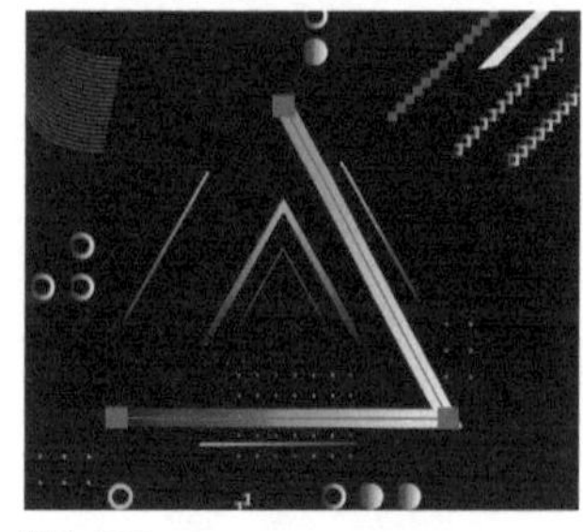

图3-218

3.4.9 擦除图形（橡皮擦工具）

当需要进行大面积擦除的时候，用橡皮擦工具操作要比路径橡皮擦工具方便。除路径之外，还可以用它擦除复合路径、实时上色组内的路径和剪贴路径。该工具可擦除图形的任何区域，而不管它们是否属于同一对象或是否在同一图层中。

选择橡皮擦工具，不必选取对象，直接在图形上方拖曳鼠标，即可擦除对象，如图3-219和图3-220所示。如果只想擦除某一图形，不想破坏其他对象，可先将其选取，再进行擦除。

图3-219

图3-220

按]键和[键，可以调整工具的覆盖范围，如图3-221所示；按住Alt键可以拖曳出一个矩形选框，并擦除选框范围内的图形，如图3-222所示；按住Shift键拖曳，可以将擦除方向限制为垂直、水平或对角线方向。

图3-221

图3-222

3.4.10

将图形分割为网格

要点

网格在设计工作中是非常重要的辅助工具。用网格限定图文信息位置，可以使版面充实、规整，如图3-223所示。尤其是制作信息量较大的促销单、杂志、书籍时，使用网格可以迅速地制作出漂亮的版面。

为避免编排过于规律化造成单调的视觉印象，可以对网格的大小或色彩进行变化处理，以增加趣味，如图3-224所示。

图3-223　图3-224

创建一个矩形，其他形状的图形也可以，执行“对象>路径>分割为网格”命令，打开“分割为网格”对话框，如图3-225所示。设置网格大小、数量及间距，可以将当前图形分割为网格，如图3-226所示。

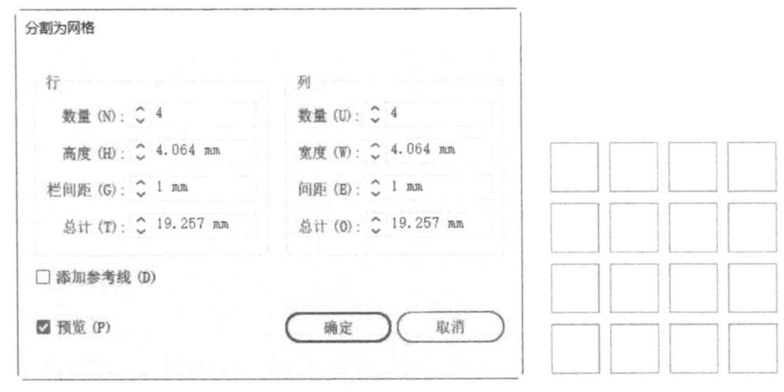

图3-225　图3-226

- “列”选项组：在“数量”选项内可以设置矩形的列数；“宽度”选项用来设置矩形的宽度；“间距”选项用来设置列与列的间距；“总计”选项用来设置矩形的总宽度，增大该值时，Illustrator会增大每一个矩形的宽度，从而达到增大整个矩形宽度的目的。
- 添加参考线：勾选该选项后，会以阵列的矩形为基准创建类似参考线状的网格，如图3-227所示。
- “行”选项组：在“数量”选项内可以设置矩形的行数；“高度”选项用来设置矩形的高度；“栏间距”选项用来设置行与行的间距；“总计”选项用来设置矩形的总高度，增大该值时，Illustrator会增大每一个矩形的高度，从而达到增大整个矩形高度的目的。图3-228所示是设置“总计”为20 mm时的网格，图3-229所示是设置该值为30 mm时的网格，此时每一个矩形的高度都增大了，但行与行的间距没有变。

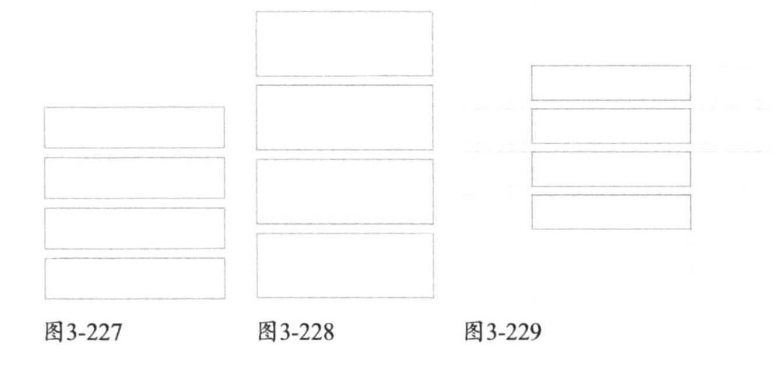

图3-227　图3-228　图3-229

3.4.11

删除路径

选择直接选择工具▷，单击路径段，按Delete键可将其删除。再按一下Delete键，可将其余路径全都删除。

3.4.12

清理游离点和其他多余对象

在Illustrator中绘图时，会在无意中或操作不小心时创建一些多余的对象。例如，使用钢笔工具的时候，在画板中单击，之后又切换为其他工具，就会留下单个锚点（称为“游离点”）。此外，删除路径和锚点时，没有完全删除对象，也会残留一些锚点。游离点很难被发现，也不容易被选取，有时会影响图形的编辑。

还有一类是未上色的对象，即没有设置填色和描边的对象（蒙版图形除外）。

此外，选择文字工具T，在画板上单击，之后选择其他工具，会创建空的文本框或文本路径，它们会妨碍文字类工具的使用。

对于游离点，可以用“选择>对象>游离点”命令将其选取，之后按Delete键删除。对于其他多余的对象，可以使用“对象>路径>清理”命令来清除。

用铅笔工具绘图

使用铅笔工具可以手动绘制路径，用起来就像用铅笔在纸上绘画一样。该工具适合绘制比较随意的图形，在快速创建素描效果或创建手绘效果时很有用。

3.5.1
实战：美味拉面海报

选择铅笔工具后，在画板中拖曳鼠标即可绘制开放的路径；当鼠标指针移动到路径的起点时放开鼠标左键，则可以闭合路径。如果想绘制出45°的整数倍方向的直线，可以按住Shift键拖曳鼠标；按住Alt键操作，可以像直线段工具那样拉出直线。

扫码看视频

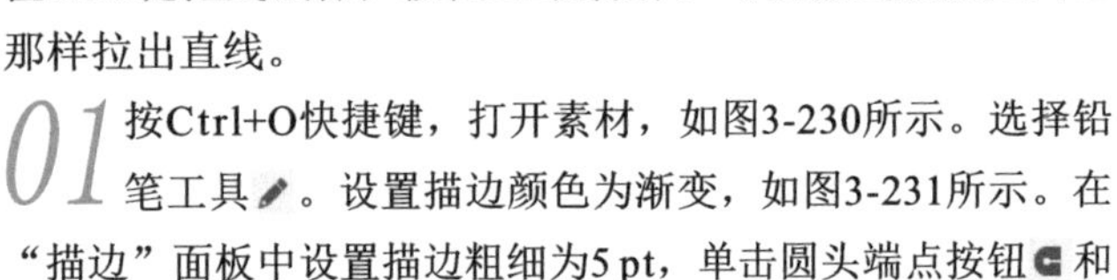

01 按Ctrl+O快捷键，打开素材，如图3-230所示。选择铅笔工具。设置描边颜色为渐变，如图3-231所示。在“描边”面板中设置描边粗细为5 pt，单击圆头端点按钮和圆角连接按钮，如图3-232所示，以使路径边缘成为圆角。

02 绘制头部轮廓，如图3-233所示。如果轮廓不准确，可以将鼠标指针放在路径上，拖曳鼠标修改路径。如果路径不够光滑，则可以用平滑工具处理。

图3-230

图3-231

图3-232

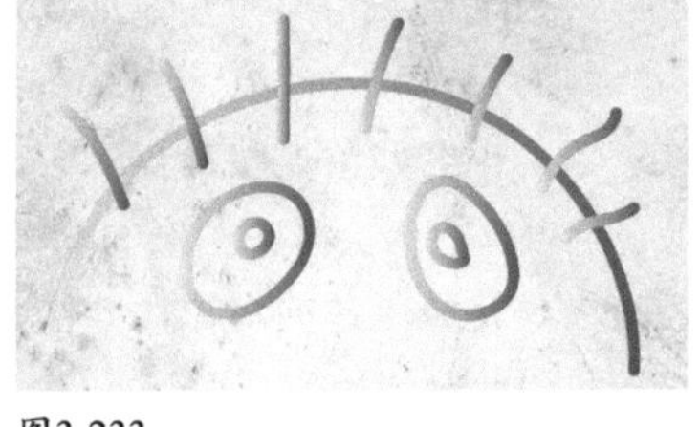
图3-233

03 分别绘制手和桌子，如图3-234和图3-235所示。绘制桌子的时候可以按住Shift键。

图3-234

图3-235

04 绘制大碗面条，操作时处理好遮挡关系，即先绘制最后面的一组图形，之后依次绘制前方的图形，如图3-236~图3-240所示。

图3-236　图3-237　图3-238

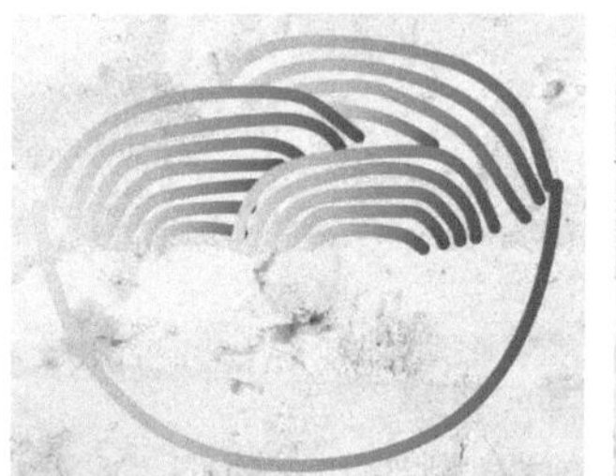
图3-239

图3-240

技术看板　改变鼠标指针

使用铅笔工具、钢笔工具、曲率工具、画笔工具、平滑工具，路径橡皮擦工具、美工刀工具、连接工具时，鼠标指针有两种显示状态。默认显示为工具图标，按Caps Lock键则变为“+”状，这种状态便于对齐锚点。鼠标指针可通过按Caps Lock键来进行切换。

默认的鼠标指针　按Caps Lock键

05 选择选择工具，拖曳出一个选框，如图3-241所示，将这些路径选取。执行“对象>路径>轮廓化描边”命令，将路径转换为轮廓。将描边颜色设置为黑色，粗细为1 pt，如图3-242所示。

图3-241

图3-242

3.5.2 铅笔工具选项

使用铅笔工具时，会自动创建锚点。锚点的多与少、路径的长度和复杂程度由“铅笔工具选项”决定。双击铅笔工具，可以打开“铅笔工具选项”对话框，如图3-243所示。

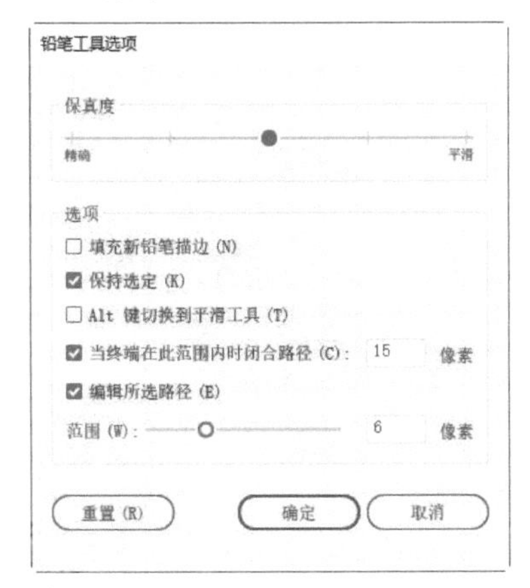

图3-243

- 保真度：决定了必须将鼠标指针移动多大距离才会向路径中添加锚点。
- 填充新铅笔描边：对新绘制的路径应用填色。
- 保持选定：绘制完路径时，路径自动处于被选取状态。
- 编辑所选路径：勾选该选项后，使用铅笔工具可以修改所选路径。
- Alt键切换到平滑工具：使用铅笔工具或画笔工具时，按Alt键可切换为平滑工具。
- 当终端在此范围内时闭合路径：如果所绘制路径的端点极为贴近，并且彼此距离在一定的预定义像素数之内，则会显示路径闭合图标。松开鼠标左键后，路径会自动闭合。该选项就是用来设置预定义的像素数的。
- 范围/像素：决定了鼠标指针与现有路径必须达到多近的距离，才能使用铅笔工具编辑路径。该选项仅在勾选了“编辑所选路径”选项时才可用。

3.5.3 修改、延长和连接路径

铅笔工具不仅可以绘制路径，也能用于修改、延长和连接现有的路径。

- 修改路径：将鼠标指针移到路径上，当鼠标指针旁边的小“*”消失时，表示鼠标指针与路径足够近了，此时拖曳鼠标，可以修改路径形状，如图3-244和图3-245所示。

图3-244

图3-245

- 延长路径：将鼠标指针放在路径端点上，当鼠标指针变为状时，向外拖曳鼠标可以延长路径，如图3-246和图3-247所示。

图3-246

图3-247

- 连接路径：选取两条路径，拖曳一条路径的端点至另一条路径的端点上，可以将它们连接，如图3-248和图3-249所示。

图3-248

图3-249

第4章 选择和排列对象

【本章简介】

本章介绍图层功能，以及如何选取对象、进行排列和分布。图层用于承载对象，还可以管理图稿、快速选取对象。图层并非Illustrator专有。像同为矢量软件的CorelDRAW中也有图层，其原理及承担的功能与Illustrator基本相同。此外，其他软件，如Photoshop、Painter、InDesign、AutoCAD、C4D等也都有图层功能。

【学习目标】

本章我们将学会如下知识和操作。

- ●图层的概念和用途
- ●创建和编辑图层
- ●用选择工具选取对象
- ●用“图层”面板选取对象
- ●保存选取状态
- ●编组
- ●在隔离模式下编辑组
- ●复制、剪切与粘贴
- ●移动对象
- ●对齐与分布
- ●使用标尺、参考线和网格

【学习重点】

4.1 图层

图层可以承载对象，也可以控制对象怎样堆叠、是否显示等。“图层”面板则用来管理图层，也可以选取图稿、创建剪切蒙版。

·AI技术/设计讲堂·

图层的用途及“图层”面板

图层的主要用途

在Illustrator中新建文档时，会自动创建一个图层，即“图层1”，如图4-1所示。开始绘图后，会在“图层1”中添加子图层，用以承载对象。最先创建的对象位于底层，之后创建的对象依次向上堆叠，如图4-2和图4-3所示。

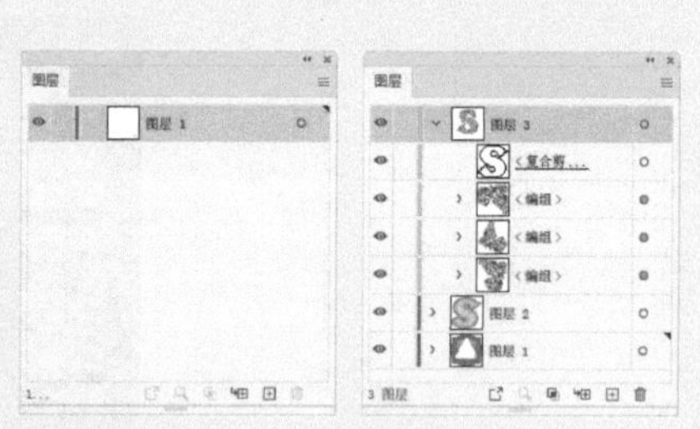

图4-1 图4-2

图4-3

所有对象都在各自独立的子图层上，这有很多好处。例如，可以非常方便地让一些对象隐身（隐藏），如图4-4和图4-5所示；可以保护（锁定）特定对象，防止它被修改等。

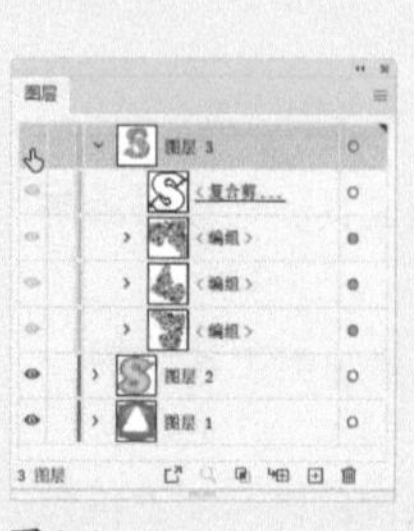

图4-4 图4-5

由于图层堆叠，位于下方的对象非常难选。通过对象所在的子图层，可以在海量的图形中快速、准确地定位所需对象并将其选中，从而大大降低了操作难度，如图4-6和图4-7所示。

图稿越复杂，图层和子图层越多，如图4-8所示。只有做好管理，才能让操作更好地进行下去。也就是说，我们要根据对象的特征，将子图层分好类，放在不同的图层之中，以便于查找，就像将我们计算机中不同类型的照片、文本等放在不同的文件夹里一样。而且单击图层前方的⌄按钮，折叠图层，整个图层列表结构也会得以简化，如图4-9所示。

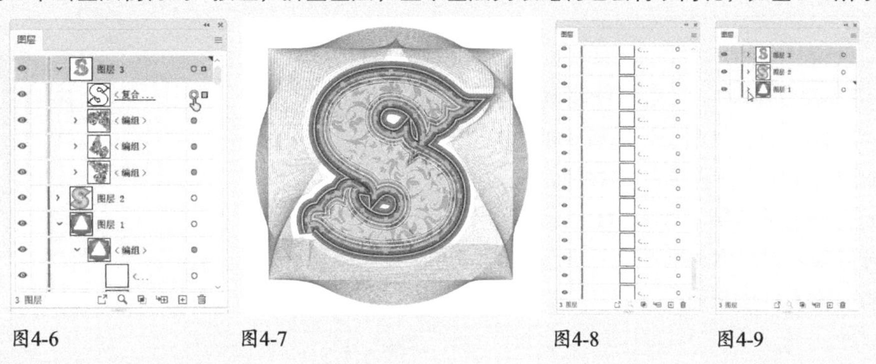

图4-6　　图4-7　　图4-8　　图4-9

“图层”面板

在“图层”面板中，每个图层都有名称和标记，如图4-10所示。从左向右，首先是眼睛图标，它控制所在图层是否显示；接着是颜色条，代表了图层的颜色；然后是缩览图，显示了图层中包含的图稿内容；最后是图层名称。此外，被刷上底色的图层是当前创建的对象或被选取的对象所在的图层。当图层数量较多，面板中不能显示所有图层时，可以拖曳面板右侧的滑块，或者将鼠标指针放在图层上方，然后滚动滚轮，逐一显示各个图层，如图4-11所示。

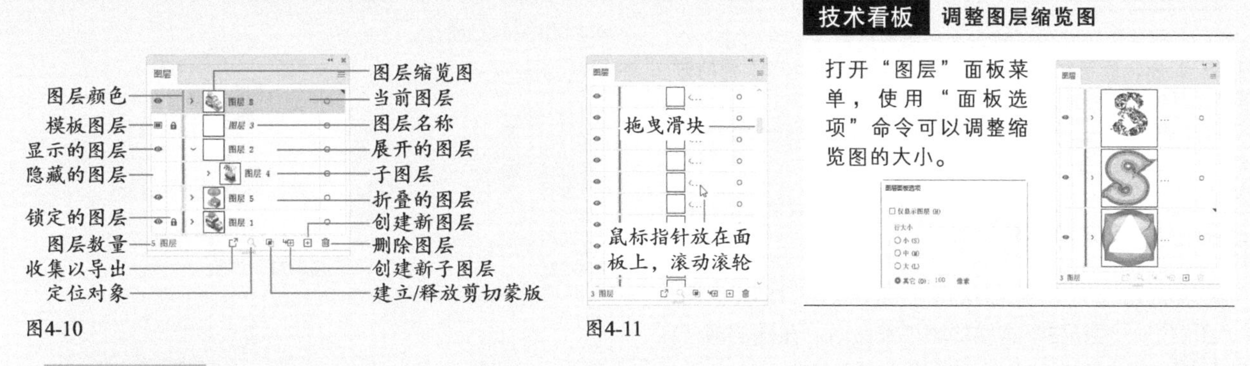

图4-10　　图4-11

技术看板　调整图层缩览图

打开“图层”面板菜单，使用“面板选项”命令可以调整缩览图的大小。

设置图层选项

双击一个图层，如图4-12所示，打开“图层选项”对话框，如图4-13所示。对话框中包含可以修改图层名称*（见102页）*和颜色*（见102页）*，以及控制图层显示*（见103页）*和锁定*（见104页）*的选项。其他选项如下。

- **模板：** 勾选该选项后，当前图层会变为模板图层。它的眼睛图标会被▣状图标替换，图层名称变为斜体，图层自动锁定，如图4-14所示。模板不能打印和导出。勾选“模板”选项后，“视图＞隐藏模板”命令可用，执行该命令可以隐藏模板图层。取消勾选该选项，则可将模板图层转换为普通图层。
- **预览：** 勾选该选项后，当前图层中的对象为预览模式*（见91页）*。取消勾选时，可切换为轮廓模式，如图4-15所示。

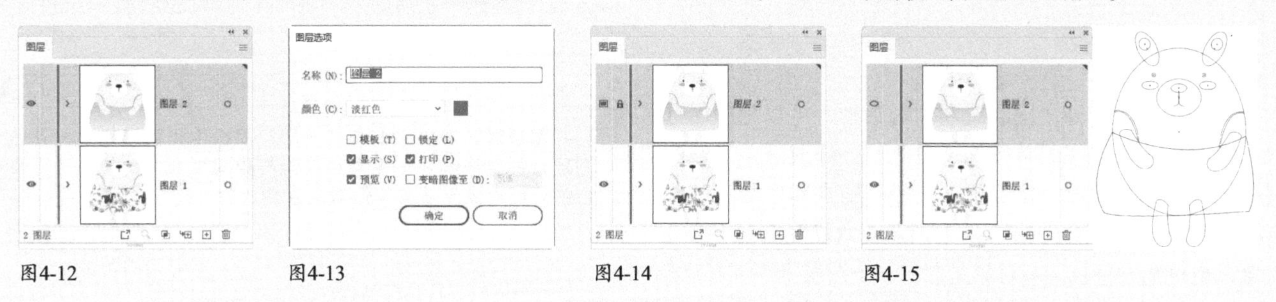

图4-12　　图4-13　　图4-14　　图4-15

● 打印：勾选该选项，表示当前图层可以打印。取消勾选，则不能被打印，图层的名称会变为斜体。

● 变暗图像至：如果当前图层中包含位图或链接的图像，勾选该选项并输入百分比值，可以淡化图像显示效果。这一功能在描摹位图时比较有用（见73页）。

4.1.1
创建图层和子图层

我们可以把图层看作文件夹，子图层就是其中的文件。需要保管文件的时候，单击“图层”面板中的⊞按钮创建一个文件夹，如图4-16所示，再单击按钮，即可在这一文件夹（图层）里创建子图层了，如图4-17所示。如果想在创建图层的时候就将图层名称和颜色一并设置好，可按住Alt键，再单击⊞按钮和按钮。

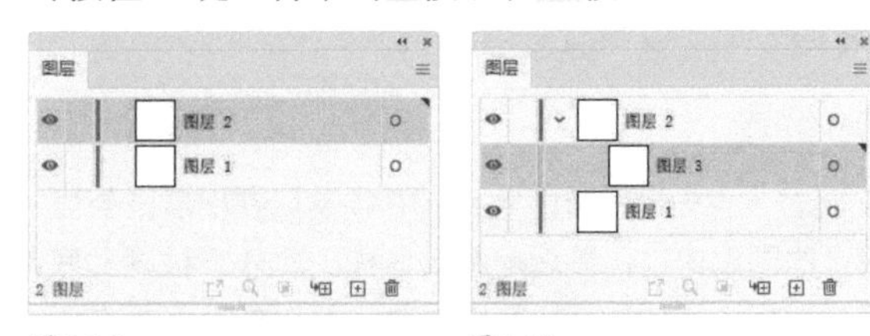

图4-16　　图4-17

> **提示**
> 按住Ctrl键单击⊞按钮，可以在所有图层的最上方创建一个图层。此外，对图层进行隐藏、锁定、删除操作时，会同时应用于其中的子图层。

4.1.2
修改图层的名称和颜色

默认状态下，创建图层时，图层的名称以“图层1”“图层2”“图层3”这样的顺序来命名。在图层或子图层名称上双击，显示文本框后，输入特定名称并按Enter键确认，可以修改图层名称，让它更容易被识别，如图4-18和图4-19所示。

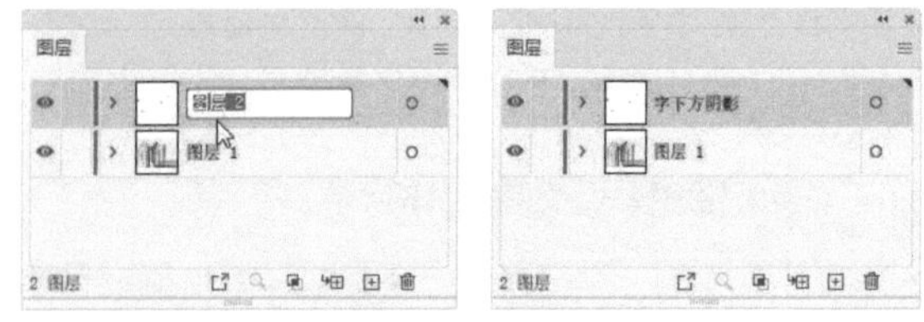

图4-18　　图4-19

双击图层，打开“图层选项”对话框，可以为图层选取一种颜色（出现在眼睛图标右侧）。修改后，当该图层中的对象被选取时，定界框、路径、锚点和中心点等都会显示此颜色，如图4-20和图4-21所示。这样既有利于区分对象，也可通过颜色判断对象是在哪一个图层上。

图4-20

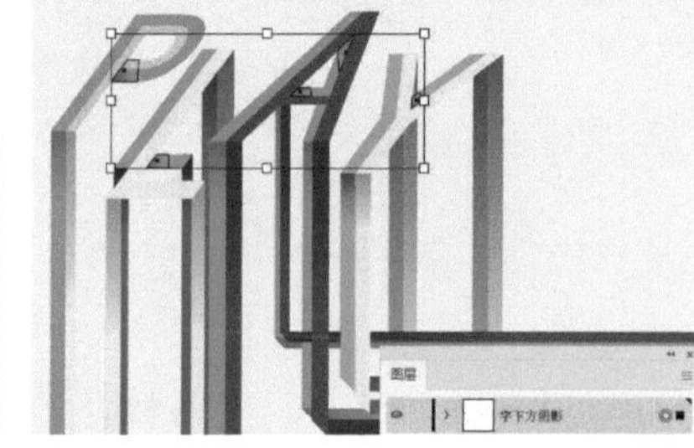

图4-21

4.1.3
选择/合并图层

单击一个图层，即可选择该图层，如图4-22所示。所选图层被称为“当前图层”。按住Ctrl键单击多个图层，可将它们一同选取，如图4-23所示。按住Shift键分别单击两个图层，则可将它们及中间的所有图层同时选取，如图4-24和图4-25所示。

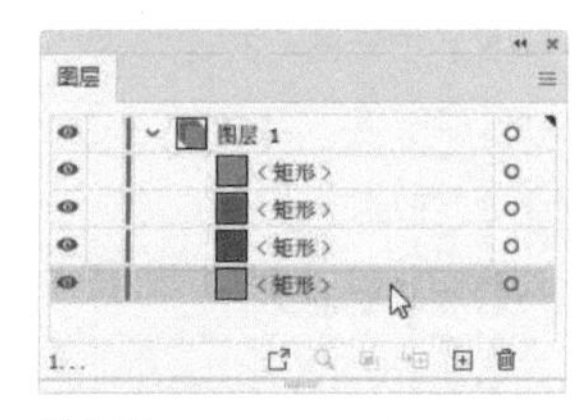

图4-22

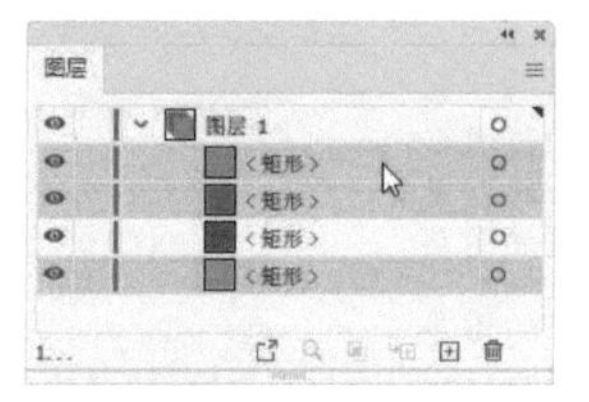

图4-23

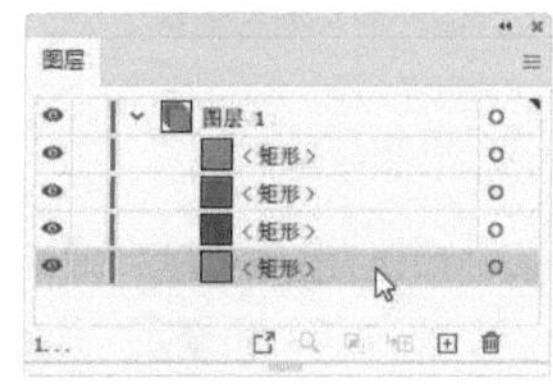

图4-24

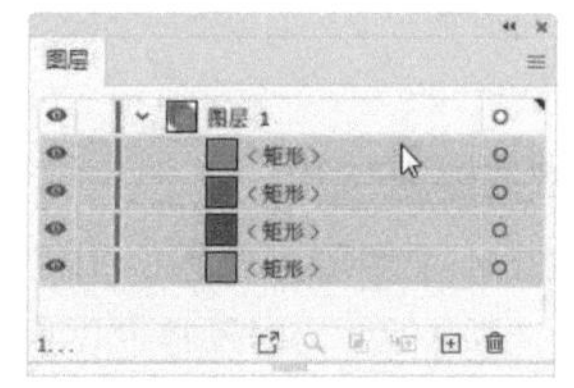

图4-25

选取多个图层后，打开“图层”面板菜单，选择“合并所选图层”命令，可以将它们合并到最后选择的那一个图层中。选择“拼合图稿”命令，则可将所有图层拼合到一个图层中。

> **提示**
> 合并图层时，图层只能与“图层”面板中相同层级上的其他图层合并。同样，子图层也只能与相同层级上的其他子图层合并。而对象无法与其他对象合并。

4.1.4
调整图层顺序

“图层”面板中的图层顺序与图稿中对象的堆叠顺序是完全一致的，如图4-26所示。通过拖曳的方法，可以调整图层的上下顺序，如图4-27所示；也可将一个图层或子图层移入其他图层。选取多个图层后，使用“图层”面板菜单中的“反向顺序”命令，则可反转堆叠顺序。

图4-26

图4-27

技术看板 **重新排列对象**

选取对象后，使用“对象>排列”子菜单中的命令，也可以调整所选对象的堆叠顺序。

置于顶层：将所选对象移至当前图层或当前组中所有对象的顶部。

前移一层：将所选对象的堆叠顺序向前移动一个位置。

后移一层：将所选对象的堆叠顺序向后移动一个位置。

置于底层：将所选对象移至当前图层或当前组中所有对象的底部。

发送至当前图层：单击“图层”面板中的一个图层，再执行该命令，可将对象移动到当前选择的图层中。

4.1.5
将对象移动到目标图层

在画板上选取一个对象，如图4-28所示，或者在“图层”面板中该对象的选择列单击，显示■状图标后，拖曳对象，如图4-29所示，可将对象拖入另一图层，如图4-30所示。此时定界框颜色会变为与当前图层相同的颜色，如图4-31所示。

图4-28

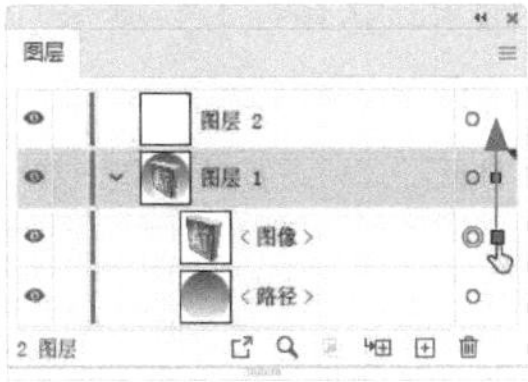

图4-29

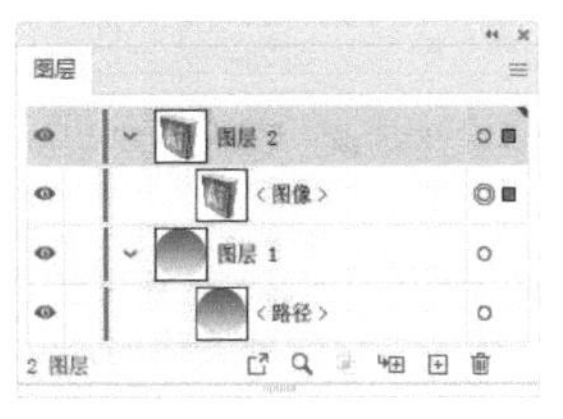

图4-30

图4-31

4.1.6
显示/隐藏图层

当图形上下堆叠时，会互相遮挡，下方的对象就比较难选，这会给操作带来不小的麻烦。遇到这种情况时，我们一般是切换到轮廓模式（见91页）操作。但如果图形特别多，在轮廓模式下选取仍有一定难度，这时候可以用隐藏图层的办法，将位于上方的对象暂时隐藏起来，再进行选取和编辑。对于复杂的图稿，隐藏部分对象，既能加快Illustrator的刷新速度，也能防止由于内存不够用而造成Illustrator闪退。

单击一个子图层前面的眼睛图标👁，即可将其中的对象隐藏，如图4-32和图4-33所示。单击图层前面的眼睛图标👁，则可隐藏该图层中的所有对象，同时，这些对象的眼睛图标会变为灰色的👁，如图4-34所示。如果要重新显示图层和子图层，可在原眼睛图标处单击。

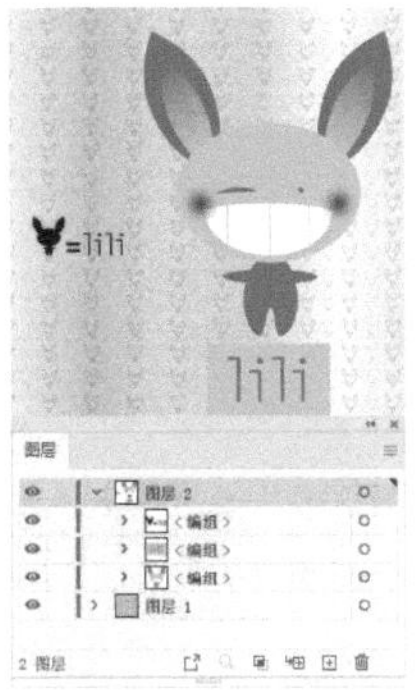

图4-32

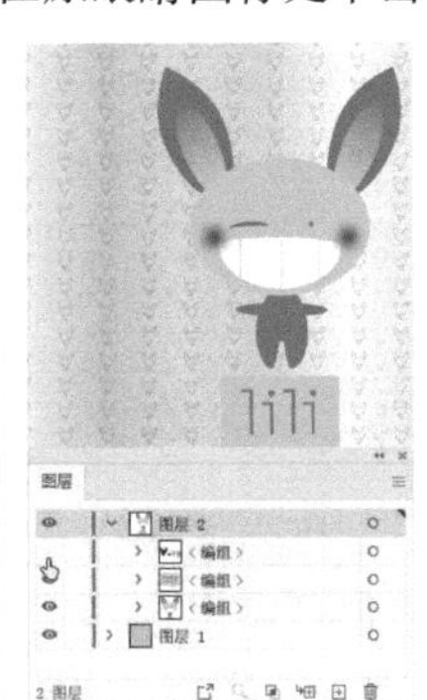

图4-33

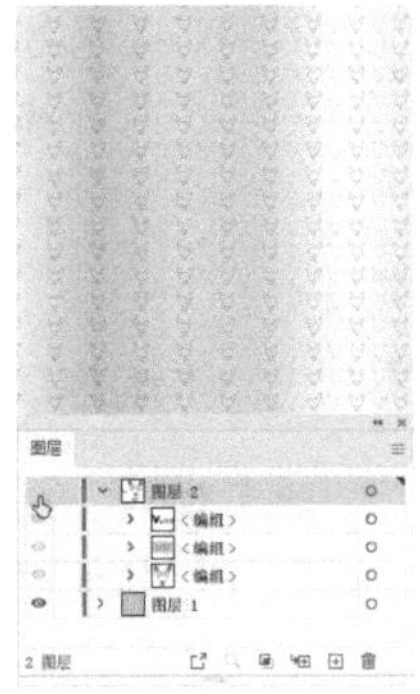

图4-34

按住Alt键单击一个图层的眼睛图标，可以将其他图层全部隐藏，如图4-35所示。将鼠标指针移动到一个眼睛图标上，向下（或向上）拖曳，可同时隐藏多个相邻的图层，如图4-36和图4-37所示。采用相同的方法操作，能让图层重新显示。

图4-35 图4-36 图4-37

技术看板　用命令隐藏图层和对象

- 隐藏所选对象：执行“对象>隐藏>所选对象”命令，可以隐藏当前选取的对象。
- 隐藏上方所有图稿：选取一个对象，执行“对象>隐藏>上方所有图稿”命令，可以隐藏同一图层中该对象上面的所有对象。
- 隐藏其他图层：执行“对象>隐藏>其他图层”命令，除所选对象所在的图层外，其他图层都会被隐藏。
- 显示全部：执行“对象>显示全部”命令，可以显示所有被隐藏的图层及对象。

4.1.7
锁定图层

如果想保护某个对象不会被选取和修改，可以在它眼睛图标右侧单击，给该对象所在的子图层“加一把锁”，将其锁定，如图4-38所示。图层也可以锁定，这会影响其中的所有子图层，如图4-39所示。需要编辑对象的时候，单击锁状图标可解除锁定。

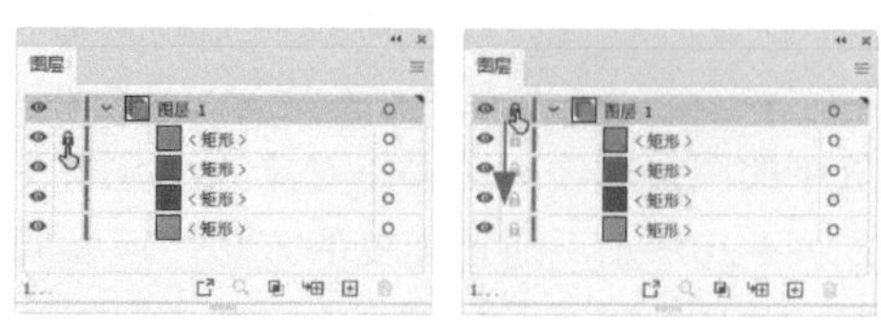

图4-38 图4-39

4.1.8
删除图层

单击一个图层或子图层，再单击按钮可将其删除。此外，也可将图层拖曳到按钮上直接删除，如图4-40和图4-41所示。删除图层时，会删掉它包含的所有对象。删除子图层时，不会影响其他子图层，如图4-42所示。

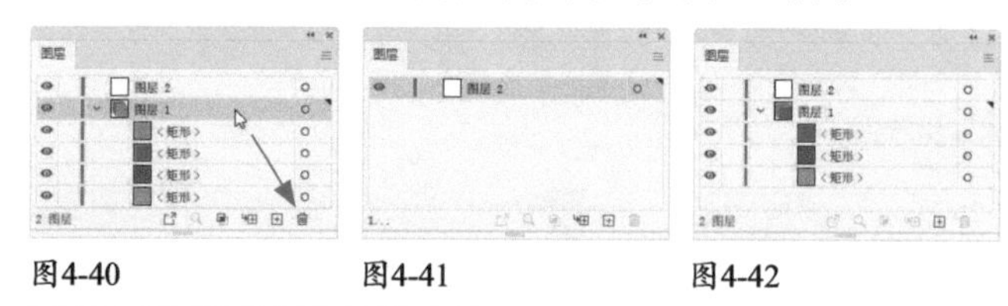

图4-40 图4-41 图4-42

技术看板　用命令锁定对象

- 执行“对象>锁定>所选对象”命令（快捷键为Ctrl+2），可以将当前选取的对象锁定。
- 执行“对象>锁定>上方所有图稿”命令，可以将与所选对象重叠且位于同一图层中的所有对象锁定。
- 执行“对象>锁定>其他图层”命令，可以将所选对象所在图层之外的其他图层锁定。
- 如果要解锁文档中的所有对象，可以执行“对象>全部解锁”命令。

选取对象

修改图稿时，不论是为它填色、描边，还是改变形状、进行对齐、添加效果等，第一步要做的都是将其选取。Illustrator中有不同类型的对象，其中，锚点和路径的选取方法前一章介绍过了。下面介绍其他对象，如图形、文字和位图的选取方法。

4.2.1
实战：用选择工具选取对象

除了锚点、实时上色表面、切片等极少数对象外，其他对象都可以用选择工具选取。而且，该工具还能进行移动、旋转和缩放操作（见123页）。

扫码看视频

01 按Ctrl+O快捷键，打开素材，如图4-43所示。选择选择工具，将鼠标指针放在对象上（鼠标指针会变为状），单击即可选中对象。所选对象周围会显示定界框，如图4-44所示。

02 按住Shift键单击其他对象，可将它们一同选中，如图4-45所示。如果要取消选取某些对象，可按住 Shift键再次单击它们。

03 在空白区域单击，取消选择所有对象。拖出一个矩形选框，如图4-46所示，放开鼠标左键后，可以将选框内的所有对象都选中。

图4-43

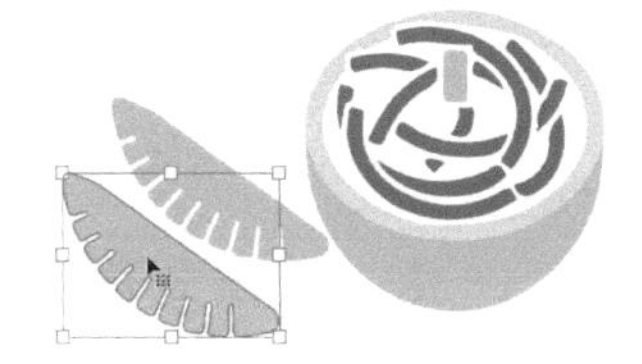
图4-44

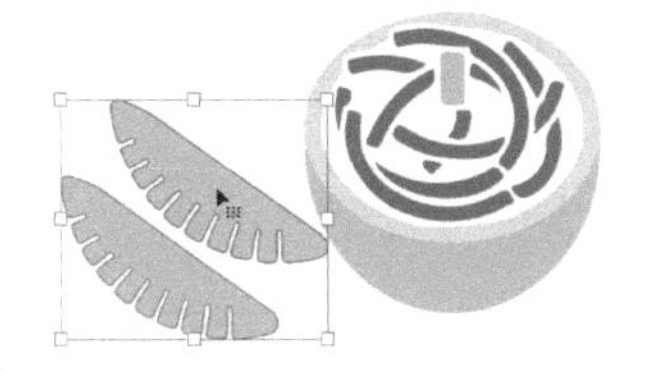
图4-45

图4-46

提示

使用选择工具▶时，鼠标指针移动到未选中的对象或组上方时，鼠标指针显示为▶状；移动到选中的对象或组上方时，鼠标指针会变为▶状；移动到未选中的对象的锚点上方时，鼠标指针变为▶状；选中对象后，按住Alt键（鼠标指针会变为▶状）拖曳所选对象，可以复制对象。

4.2.2

实战：选取相同特征的对象（魔棒工具及命令）

魔棒工具一次就能将具有相同颜色、描边粗细、描边颜色、不透明度和混合模式的对象同时选取。选取一个对象之后，还可以用“选择>相同”菜单中的命令，选取与它特征相同的其他对象。

扫码看视频

01 打开素材，如图4-47所示。双击魔棒工具，选择该工具会自动弹出“魔棒”面板。勾选“填充颜色”选项，并通过“容差”值调整选取范围，如图4-48所示。

图4-47

魔棒
填充颜色 容差：20
描边颜色
描边粗细
不透明度
混合模式

图4-48

02 在红袜子上单击，可以将处于“容差”范围内的所有红色对象全都选取，如图4-49所示。如果要添加选择其他对象，可按住Shift键单击它们，如图4-50所示。如果要取消选择某些对象，可按住Alt键单击它们。

图4-49

图4-50

03 执行“选择>取消选择”命令，取消选取。图稿中的雪花是用符号（见284页）做的。选择选择工具▶，单击一个雪花，如图4-51所示。执行“选择>相同>符号实例”命令，可以将另外两个符号也选取，如图4-52所示。

图4-51

图4-52

技术看板 “魔棒”面板选项

填充颜色/容差：勾选“填充颜色”选项，可以选择具有相同填充颜色的对象。该选项右侧的“容差”值决定了符合选取条件的对象与当前单击的对象的相似程度。RGB模式的容差值介于0到255像素之间，CMYK模式的“容差”值介于0到100像素之间。“容差”值越低，所选对象与单击的对象就越相似；“容差”值越高，可以选择到的对象范围越广。其他选项中“容差”值的用途也是如此。

描边颜色/描边粗细：可以选择具有相同描边颜色或描边粗细的对象。

不透明度/混合模式：可以选择具有相同不透明度或混合模式的对象。

4.2.3

选取特定类型的对象

使用“选择>对象”子菜单中的命令，可以自动选取文档中某些类型的对象，如图4-53所示。

- **同一图层上的所有对象：** 选取一个对象，执行该命令，可选取它所在图层上的所有对象。
- **方向手柄：** 选取路径或锚点，如图4-54所示。执行该命令，可以显示当前对象上的所有锚点、方向线和方向点，如图4-55所示。

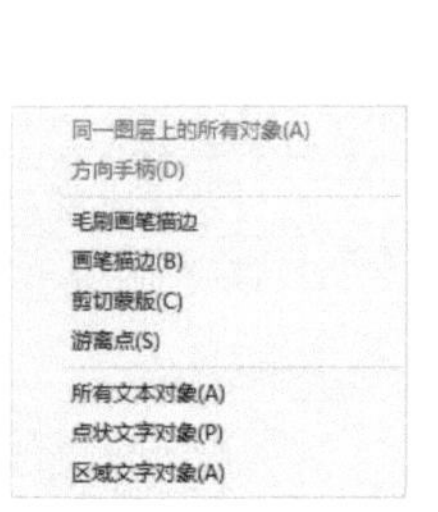

图4-53

图4-54

图4-55

- **毛刷画笔描边/画笔描边：** 选择添加了毛刷画笔描边或者用其他画笔描边的对象。
- **剪切蒙版：** 选取所有的剪切蒙版图形。
- **游离点：** 选取所有游离点（见97页）。
- **所有文本对象/点状文字对象/区域文字对象：** 选取所有文本对象，包括空文本框，或者选择点状文字或区域文字。

4.2.4
实战：基于堆叠顺序选取对象

当多个对象堆叠在一起时，可通过本实战介绍的方法选取位于下方的对象。

扫码看视频

01 打开素材，如图4-56所示。可以看到，3个圆形堆叠在一起。选择选择工具，将鼠标指针移到它们的重叠区域。按住Ctrl键单击鼠标，选取最上方的圆形，如图4-57所示；按住Ctrl键不放并重复单击操作，可以循环选中鼠标指针下方的各个对象，如图4-58所示。

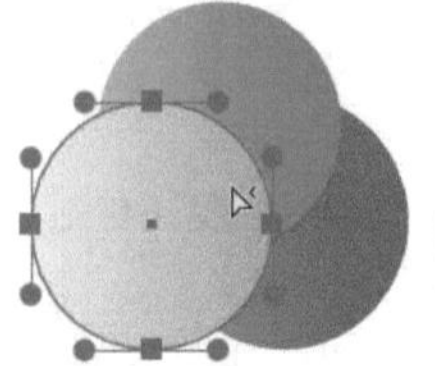

图4-56

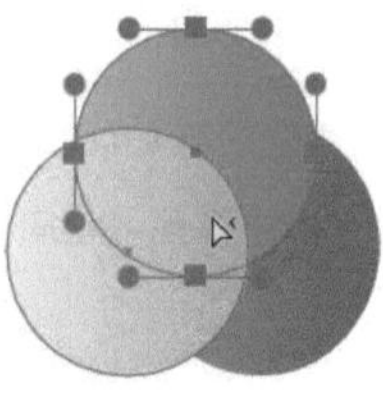

图4-57

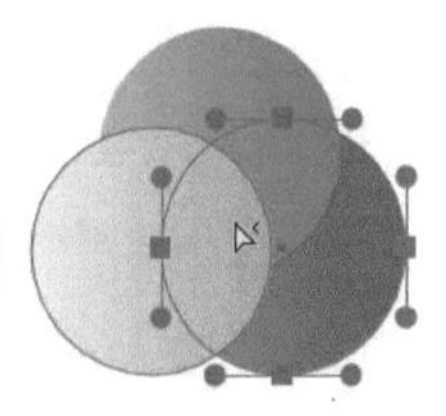

图4-58

02 选取位于中间的圆形，如图4-59所示。执行“选择>上方的下一个对象”命令，可以将它上方距离最近的对象选中，如图4-60所示。执行“选择>下方的下一个对象”命令，则可将它下方距离最近的对象选中，如图4-61所示。

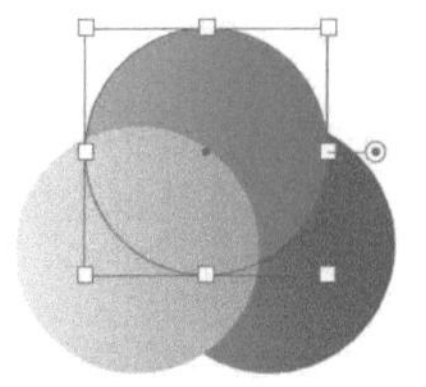

图4-59

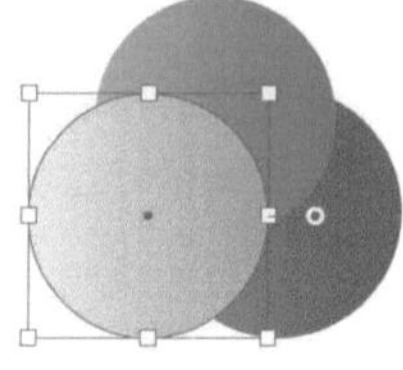

图4-60

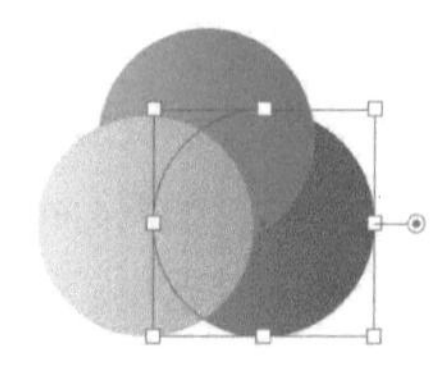

图4-61

4.2.5
实战：用“图层”面板选取对象

如果有很多对象堆叠在一起，用前面介绍的方法操作就比较麻烦，甚至难以奏效了。如果能在“图层”面板中找到需要选取的对象，可通过该面板来进行选取。

扫码看视频

01 打开素材，如图4-62所示。单击图层和组前方的 › 按钮，展开列表，如图4-63所示。

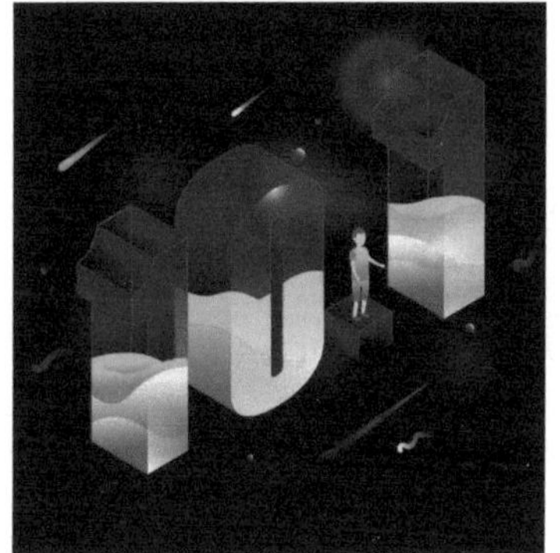

图4-62

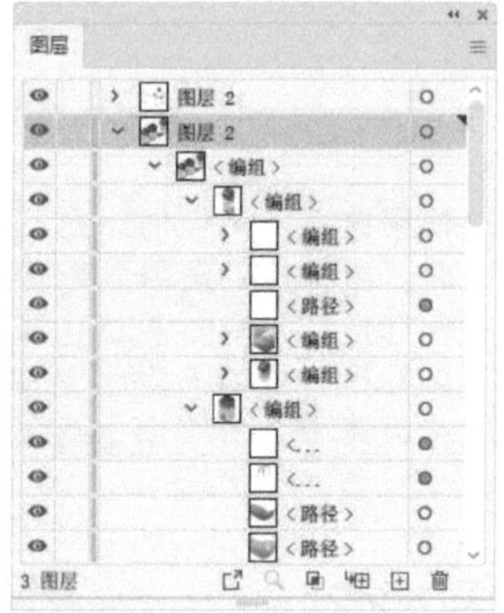

图4-63

02 如果要选择一个对象，可在对象的选择列中（○状图标处）单击。选择后，○图标会变为◎□状，如图4-64所示。按住Shift键单击其他选择列，可以添加选择其他对象，如图4-65所示。

03 在组（见108页）的选择列中单击，可以选取组中的所有对象，如图4-66所示。

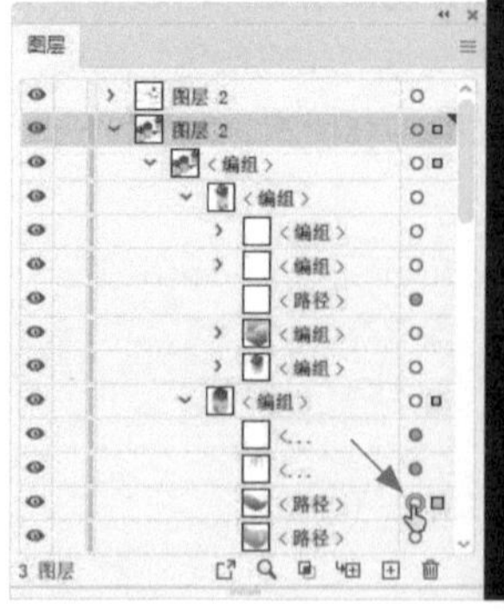

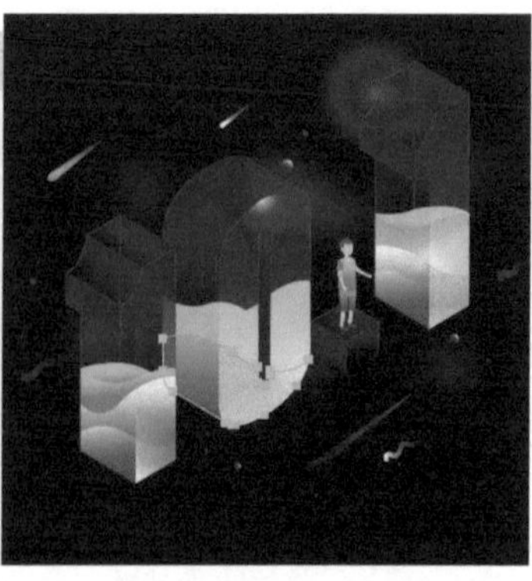

图4-64

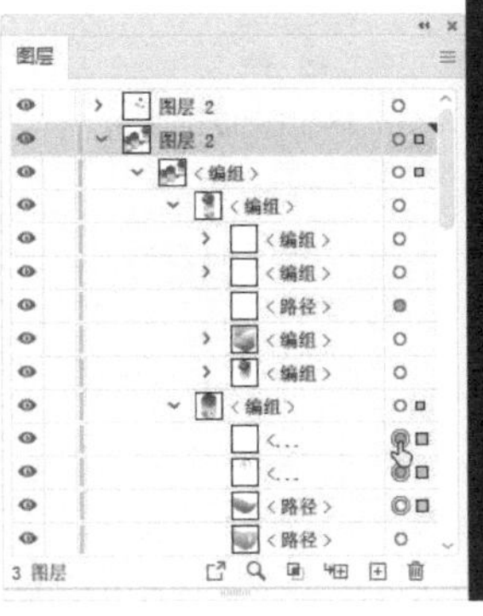

图4-65

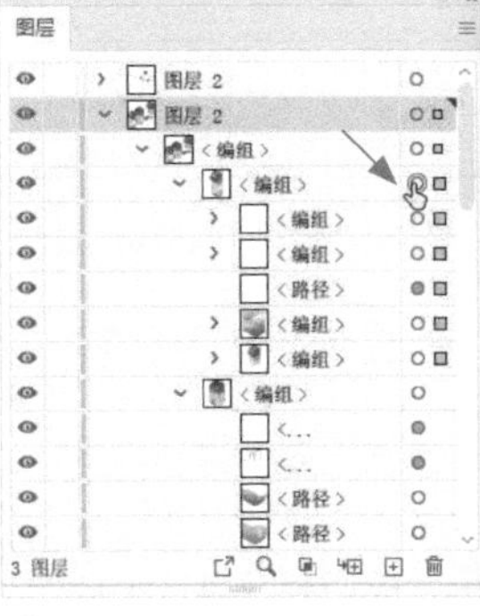
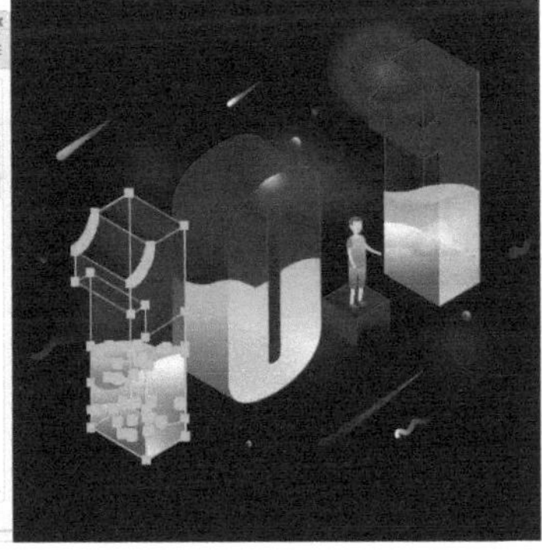

图4-66

04 在一个图层的选择列中单击，可以选择该图层上的所有对象，如图4-67所示。

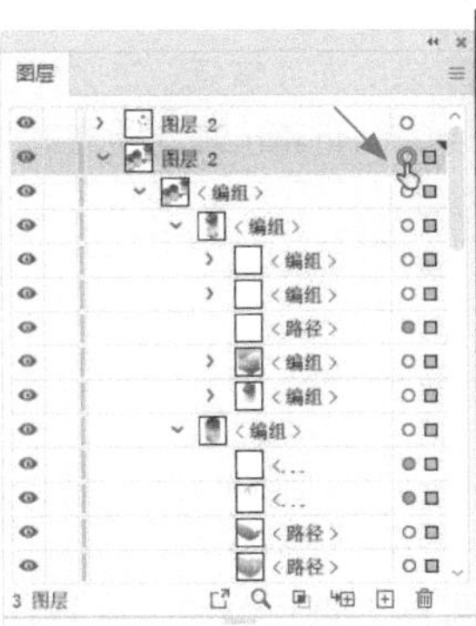
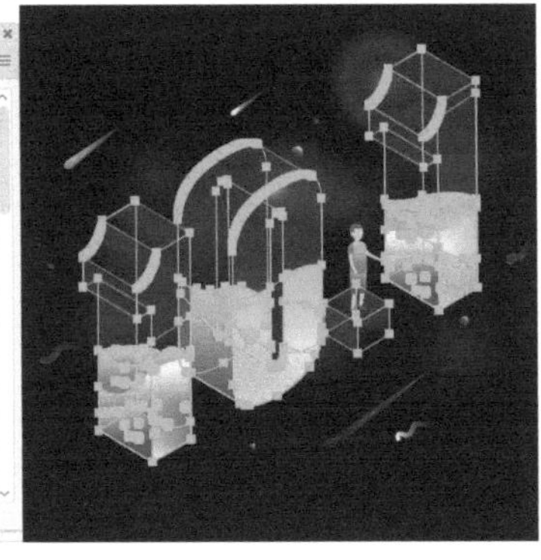

图4-67

> **提示**
>
> 在图层的选择列中，◎ 有两种显示状态。当只有部分子图层或组被选取时，该图标显示为 ○ ■ 状；如果所有的子图层、组都被选取，则图标显示为 ◎ ■ 状。

技术看板　快速定位对象所在图层

在文档窗口中选取对象后，如果想了解它在“图层”面板中处于什么位置，可单击“图层”面板中的定位对象按钮 🔍 。该方法对于定位复杂、重叠图稿中的对象非常有用。

4.2.6

实战：保存选取状态

要点

编辑图稿时，某些对象，尤其是锚点需要反复修改，才能达成最终效果。对于这样的对象，可在选取之后，使用“存储所选对象”命令，将选取状态保存起来。后面需要再次选取时，只需执行相应的命令便可轻松将其选中。

01 打开素材。选择选择工具 ▶，单击长颈鹿，将其选取，如图4-68所示。

02 执行“选择>存储所选对象”命令，打开“存储所选对象”对话框，输入名称，如图4-69所示，单击“确定”按钮，将选取状态保存。选择直接选择工具 ▷，拖出一个选框，选中如图4-70所示的锚点。使用“存储所选对象”命令将锚点的被选取状态也保存起来，如图4-71所示。

图4-68

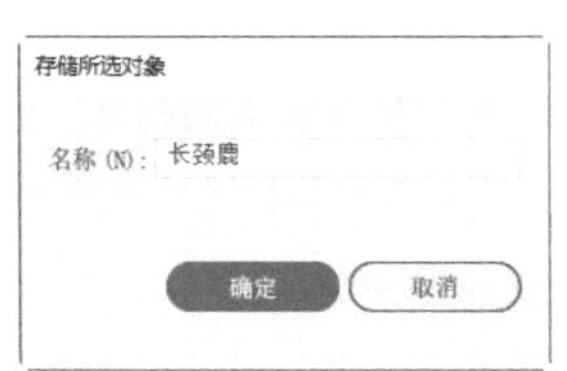

图4-69

图4-70

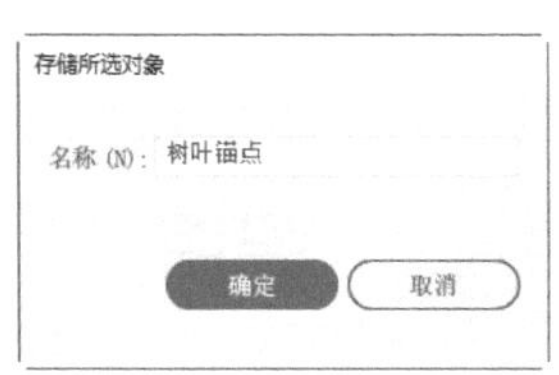

图4-71

03 在空白区域单击，取消选择。打开“选择”菜单，如图4-72所示。可以看到，这两个选取状态保存在菜单底部，用它们可轻松选取长颈鹿和树叶上的锚点。

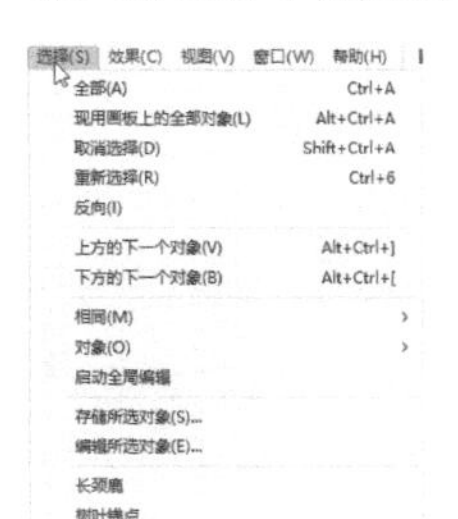

图4-72

> **提示**
>
> 使用“选择>编辑所选对象”命令，可以修改选取状态的名称，或者将其删除。

4.2.7 全选、反选和重新选择

选择一个或多个对象，如图4-73所示，执行“选择>反向”命令，可以将之前未被选取的对象选中，取消选择原有对象，如图4-74所示。

执行“选择>全部”命令，可以将文档中所有画板上的对象全都选中。执行“选择>现用画板上的全部对象”命令，则可选择当前画板上的全部对象。

选取对象后，执行“选择>取消选择”命令，或在画板空白处单击，可以取消选择。取消选择以后，如果要恢复上一次的选择，可以执行“选择>重新选择”命令。

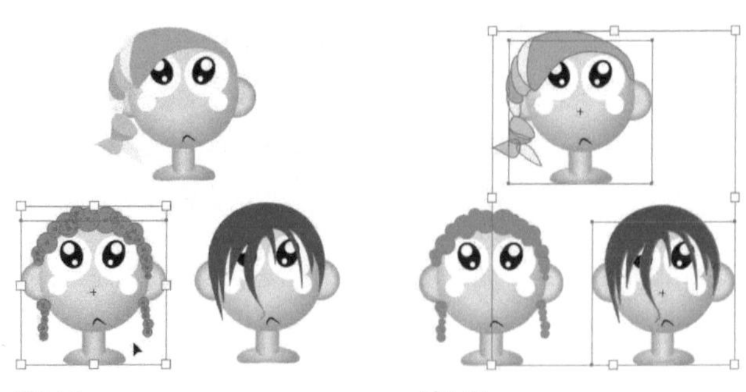

图4-73　　图4-74

> *提示*
>
> 执行“反向”命令时，不能选择文档窗口中被隐藏和锁定的对象，也不能选择图层中被隐藏和锁定的对象。

·AI技术/设计讲堂·

还原操作及系统崩溃解决办法

还原/恢复

当操作失误或对当前效果不满意时，可以使用“编辑>还原”命令（快捷键为Ctrl+Z）撤销操作。重复按Ctrl+Z快捷键，可连续撤销操作。

如果想恢复被撤销的操作，可以执行“编辑>重做”命令（快捷键为Shift+Ctrl+Z）。连续按Shift+Ctrl+Z快捷键，可依次进行恢复。如果想将文件恢复到最后一次保存时的状态，可以执行“文件>恢复”命令。

恢复数据

使用3D效果、混合、变形等功能处理复杂的图稿时，如果计算机的硬件配置比较落后，尤其是内存较小，就极容易造成Illustrator崩溃。当我们重启Illustrator时，会弹出一个提示对话框，单击“确定”按钮，可将崩溃前编辑的文件恢复。该文件的名称后面会添加“[已恢复]”几个字。这时候，我们要及时保存文件（使用“文件>存储为”命令），防止再出现其他意外情况。

编组

将多个对象编入一个组中，它们就会被视为一个单元，可以同时处理，例如，可同时进行移动、旋转、缩放和变形，也可添加相同的效果和混合模式等，编辑操作因此而变得简单、高效。编组之后，不会影响它们的各自属性，而且每个对象仍可单独修改。

4.3.1 实战：将多个对象编组

下面介绍怎样将多个对象编组、如何选取组内的对象，以及组的解散方法。

扫码看视频

01 打开素材，如图4-75所示。选择选择工具▶，按住Shift键单击组成小鸟的图形，将它们选取，如图4-76所示。

02 执行“对象>编组”命令（快捷键为Ctrl+G），将它们编为一组。创建组后，还可将它与其他对象再次编组，成为嵌套结构的组。

03 选择选择工具▶，单击组中的任意一个对象，都可以选择整个组。使用编组选择工具▷可以选择组中的对象，如图4-77和图4-78所示。双击可以选择对象所在的组。如果该

组为多级嵌套结构（即组中还包含组），则每多单击一次，便会多选择一个组。

图4-75　　图4-76

图4-77

图4-78

04 如果要取消编组，可以选择组对象，执行“对象>取消编组”命令（快捷键为Shift+Ctrl+G）。对于嵌套结构的组，需要多次执行该命令才能取消所有的组。

> —— 提示 ——
> 将位于不同图层上的对象编为一组时，这些对象会被调整到同一个图层上，即位于顶层的那一个对象所在的图层上。

4.3.2

实战：在隔离模式下编辑组

要点

隔离模式能让某一个或一组对象与图稿中的其他对象隔离。这样编辑的时候，就可以放心大胆地操作，不用担心影响其他对象。因为在隔离模式下，其他对象会被自动锁定，因此，所做的编辑不会影响它们，而且它们的颜色也会变淡，在视觉上也与当前对象有着非常明显的区分。

扫码看视频

01 打开素材，如图4-79所示。选择选择工具▶，双击女士，进入隔离模式，如图4-80所示。当前对象（称为“隔离对象”）以全色显示，“图层”面板仅显示处于隔离状态的子图层或组中的图稿。

02 双击女士上衣，将它与同组对象隔离，如图4-81所示。执行“窗口>色板库>图案>装饰>装饰旧版”命令，打开“装饰旧版”面板。单击图4-82所示的图案，用它填充图形，如图4-83所示。

03 单击文档窗口左上角的按钮、按Esc键或在画板的空白处双击，退出隔离模式，如图4-84所示。

图4-79

图4-80

图4-81

图4-82

图4-83

图4-84

4.3.3

隔离图层和子图层

在“图层”面板中选择图层或子图层，打开面板菜单，选择“进入隔离模式”命令，如图4-85所示，可以让图层或子图层中的对象进入隔离模式，如图4-86所示。

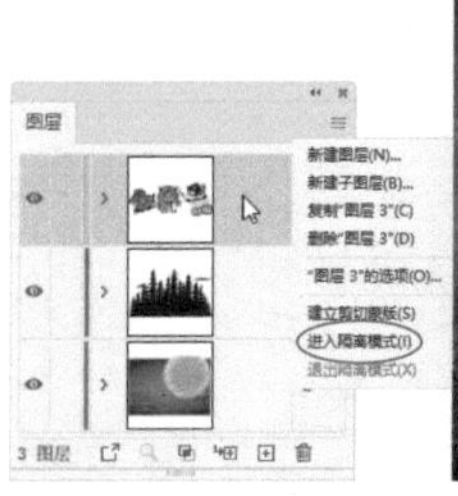

图4-85

图4-86

> 提示
>
> 能在隔离模式下编辑的对象有图层、子图层、组、符号、剪切蒙版、复合路径、渐变网格和路径。

技术看板　在隔离模式下编辑路径

在如果想在隔离模式下编辑组中的某一对象，如路径，但又不想被同组的其他对象干扰，可以使用直接选择工具 或通过“图层”面板选取该路径，然后单击“控制”面板中的隔离选中的对象按钮 。此外，还有一种方法，就是选择选择工具 ，双击组，进入隔离模式；之后，再双击该对象，将它与同组对象隔离。

4.4 复制、剪切与粘贴

“复制”“剪切”和“粘贴”等都是计算机软件最常用的命令。与其他软件不同的是，Illustrator还可以指定图稿的粘贴位置。

4.4.1 复制图层中的对象

将一个图层、子图层或组拖曳到“图层”面板底部的 按钮上，可以将它复制，如图4-87和图4-88所示。按住Alt键，向上或向下拖曳图层、子图层或组，则可将其复制到目标位置。图稿是由图层来承载的，因此，复制图层，也就意味着同时复制图稿。

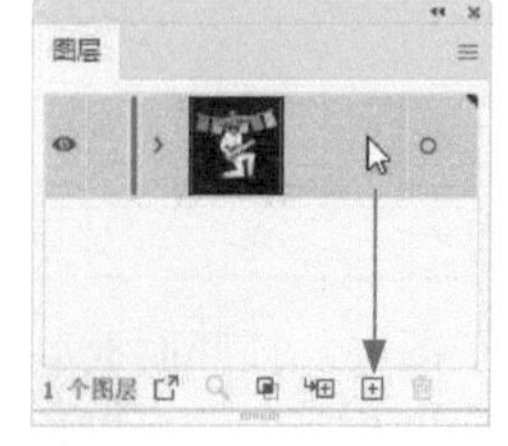

图4-87

图4-88

4.4.2 复制、剪切与删除

选取对象后，执行“编辑>复制”命令（快捷键为Ctrl+C），可以将对象复制到剪贴板中，画板中的对象不变。如果执行“编辑>剪切”命令（快捷键为Ctrl+X），则可以将对象从画板中剪切，保存到剪贴板中。

如果要将对象删除，可以执行“编辑>清除”命令，或按Delete键。

4.4.3 粘贴与就地粘贴

进行复制或剪切后，执行“编辑>粘贴”命令（快捷键为Ctrl+V），可在当前图层上粘贴对象，且对象位于画面的中心。如果单击其他图层，再进行粘贴，则对象会被粘贴到所选图层中。

当文档中有多个画板时，执行“编辑>就地粘贴”命令，可以将对象粘贴到当前画板上。执行“编辑>在所有画板上粘贴”命令，则可粘贴到所有画板上。

4.4.4 在对象的前/后方粘贴

选取对象，如图4-89所示，复制或剪切后，可以使用“编辑”菜单中的命令，将对象粘贴到指定位置。例如，当前没有选择任何对象，执行“贴在前面”命令，粘贴的对象将位于被复制的对象上方并与之重合。如果选取了一个对象，如图4-90所示，则粘贴的对象仍与被复制的对象重合，但在所选对象之上，如图4-91所示。

图4-89

图4-90

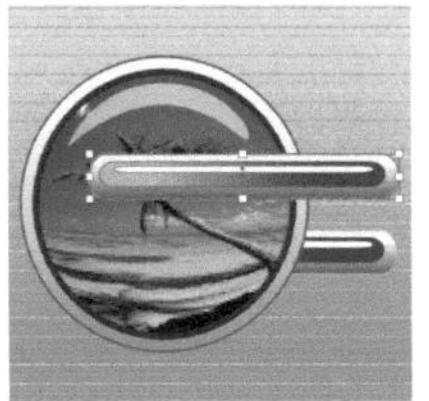
图4-91

“贴在后面”命令与“贴在前面”命令相反，即在被复制的对象下方或所选对象下方粘贴。

移动对象

移动对象的方法非常多，包括使用工具拖曳对象、使用键盘上的方向键微移，以及在面板或对话框中输入数值准确定位对象。此外，还可在多个文档间移动对象。

4.5.1 实战：移动/使用坐标移动

01 打开素材文件，如图4-92所示。选择选择工具▶，将鼠标指针移动到对象上方，拖曳鼠标，即可移动对象，如图4-93所示。按住Shift键操作，可限制移动方向为垂直或45°的整数倍方向。按住Alt键（鼠标指针变为▶状）拖曳，可以复制对象，如图4-94所示。

扫码看视频

图4-94

图4-95

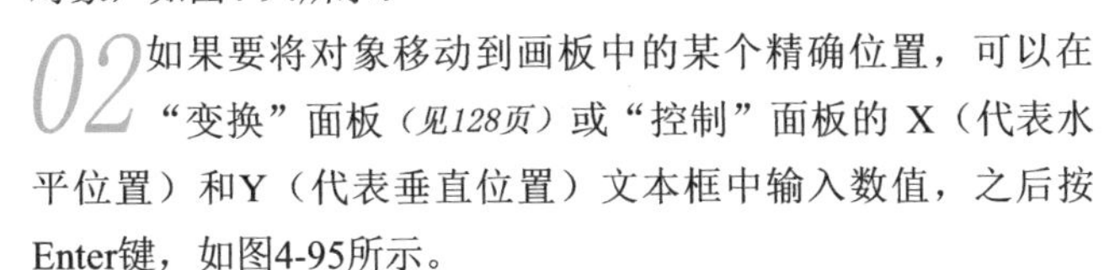

02 如果要将对象移动到画板中的某个精确位置，可以在“变换”面板（见128页）或“控制”面板的X（代表水平位置）和Y（代表垂直位置）文本框中输入数值，之后按Enter键，如图4-95所示。

03 参考点定位器 可以改变参考点位置。例如，单击左侧的小方块，之后设置X值为0，如图4-96所示，按Enter键，可以将对象移动到画板的左边界处，如图4-97所示。

图4-96

图4-97

图4-92

图4-93

4.5.2 实战：按照指定的距离和角度移动

01 用选择工具▶选取对象，如图4-98所示，双击该工具，或执行“对象>变换>移动”命令，打开“移动”对话框。

扫码看视频

02 输入移动距离和角度，如图4-99所示，单击“确定”按钮，即可按照此参数值移动对象，如图4-100所示。

图4-98

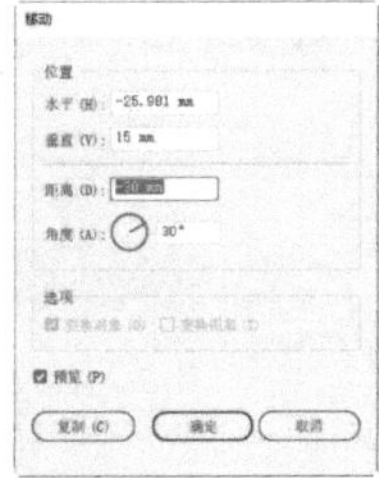

图4-99

图4-100

提示

在“距离”选项和“角度”选项中输入正值，对象会沿逆时针方向移动；输入负值，对象沿顺时针方向移动。

4.5.3 实战： 立体浮雕效果

选取对象后，按→、←、↑、↓键，可以将所选对象沿相应的方向移动1点（1/72 英寸，即约0.3528 毫米）。如果同时按方向键和Shift键，则可移动10点距离。下面就通过这种方法来制作立体浮雕。

扫码看视频

01 打开素材，如图4-101所示。选择选择工具▶，单击人体图形，将其选择，如图4-102所示。

图4-101

图4-102

02 按Ctrl+C快捷键复制，按Ctrl+B快捷键，将图形粘贴到后方。为图形填充白色。按两下↑键，再按一下←键，将图形向左上角微移。在空白区域单击，取消选择，如图4-103所示。

03 按Ctrl+B快捷键再次粘贴，为图形填充黑色。按两下↓键，再按两下→键，向右下角微移，如图4-104所示。

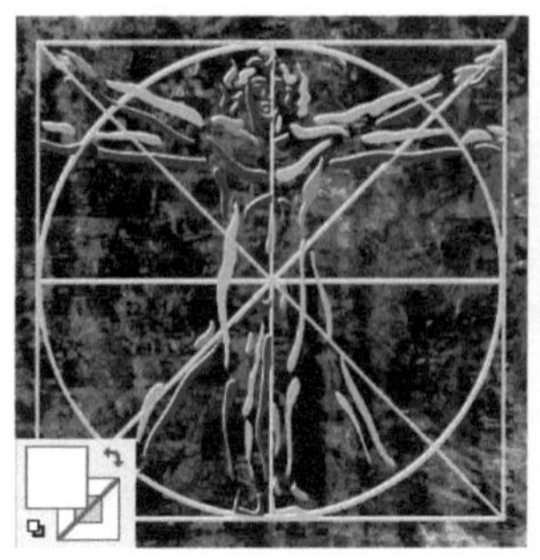

图4-103

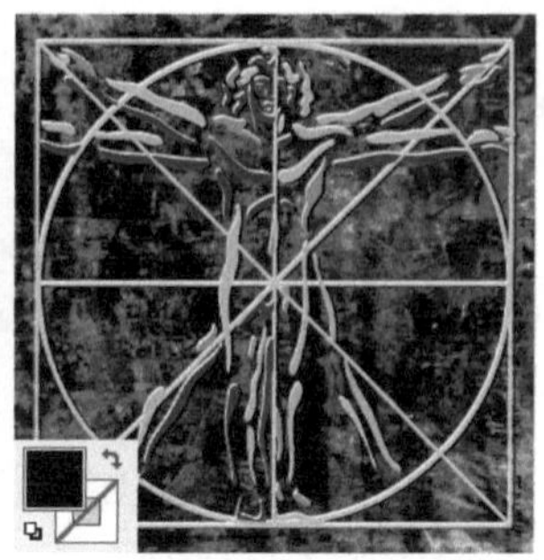

图4-104

04 选择选择工具▶，单击背景。执行“效果>风格化>投影”命令，制作投影，如图4-105和图4-106所示。

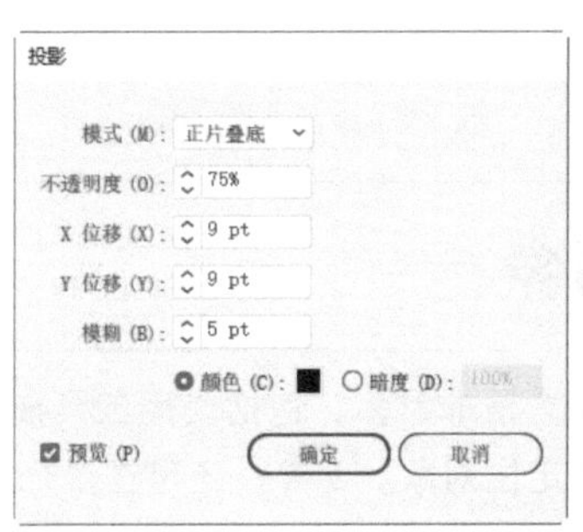

图4-105

图4-106

4.5.4 实战： 在多个文档间移动对象

选取并复制对象后，可以切换到另一个文档，按Ctrl+V快捷键粘贴对象。但这样操作会用到剪贴板，比较占内存。下面介绍一种不会占用内存的方法。

扫码看视频

01 按Ctrl+O快捷键，弹出“打开”对话框，按住Ctrl键单击素材，如图4-107所示，将它们选取，按Enter键打开。其中的PSD格式是分层文件，在打开时会弹出对话框，选取图4-108所示的选项，这样就会保留其中的图层。这两个文件会创建两个文档窗口。

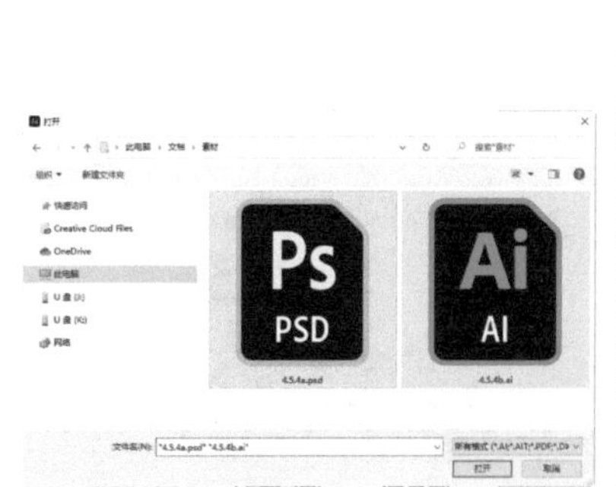

图4-107

图4-108

02 选择选择工具，单击女孩，将其选取；按住鼠标左键不放，将鼠标指针移动到另一个文档窗口的标题栏上，如图4-109所示；停留片刻，切换到该文档，之后将鼠标指针移动到画板中，如图4-110所示；此时放开鼠标左键，即可将女孩拖入该文档，如图4-111所示。

图4-109

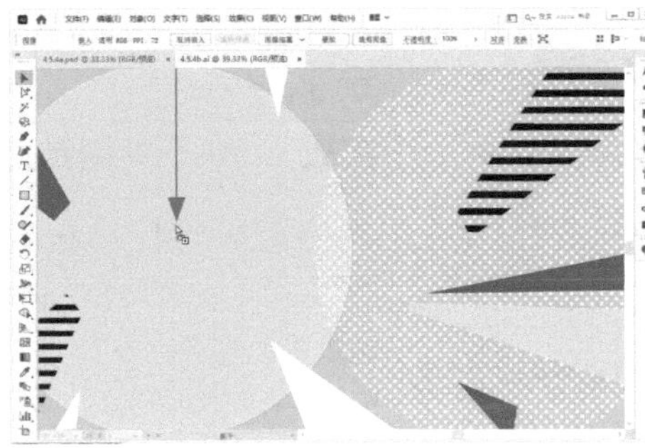
图4-110

图4-111

对齐与分布

使用“对齐”面板和“控制”面板中的对齐选项可沿指定的轴对齐或分布所选对象、画板或关键对象。对象边缘和锚点都可作为参考点。而标尺、参考线和网格辅助工具则可在绘图时提供相关数据，帮助我们进行测量，以及更好地对齐和分布对象。

4.6.1 对齐与均匀分布多个对象

“对齐”面板和“控制”面板中提供了图4-112和图4-113所示的按钮。其中，对齐类按钮分别是：水平左对齐、水平居中对齐、水平右对齐、垂直顶对齐、垂直居中对齐和垂直底对齐。分布类按钮分别是：垂直顶分布、垂直居中分布、垂直底分布、水平左分布、水平居中分布和水平右分布。

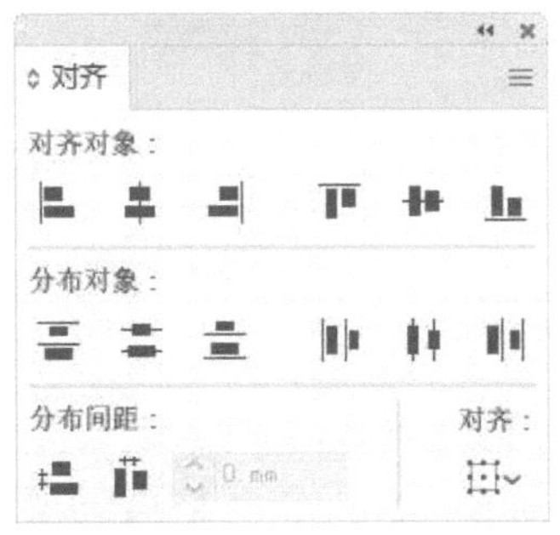

图4-112

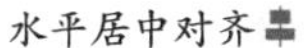
图4-113

选取多个对象后，单击“对齐对象”选项组中的按钮，可以让它们沿指定的轴对齐，如图4-114所示。

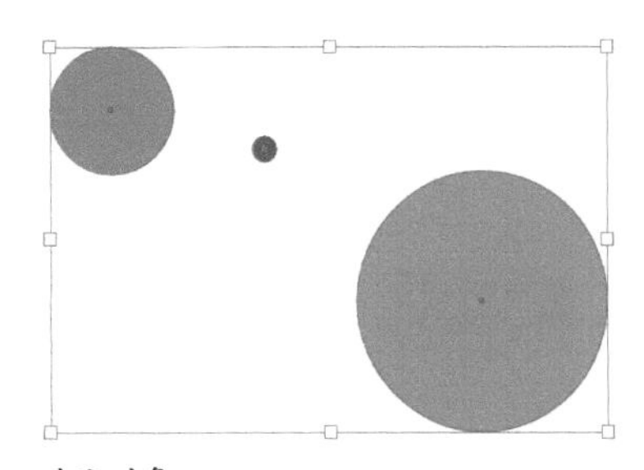
选取对象

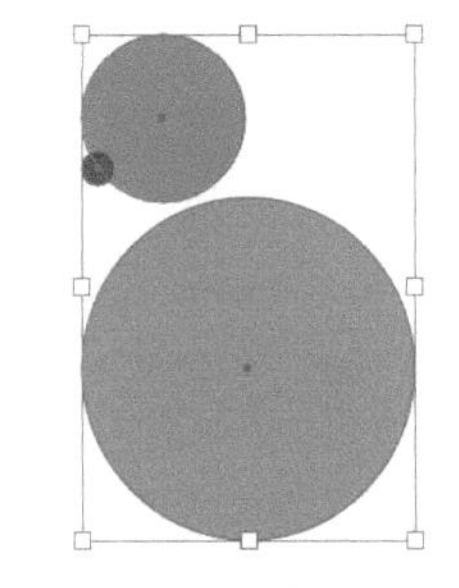
水平左对齐

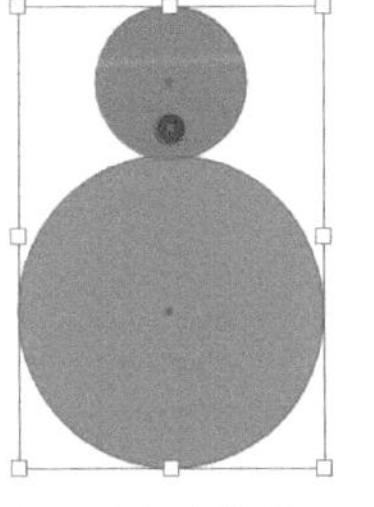
水平居中对齐

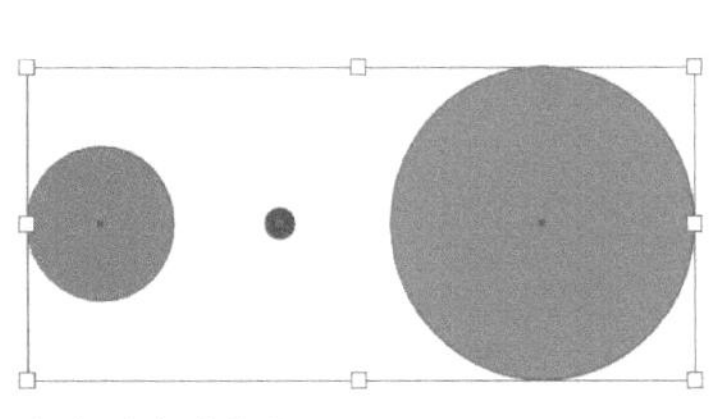
垂直居中对齐

图4-114

单击“分布对象”选项组中的按钮，则对象会按照相同的间隔均匀分布，如图4-115所示。

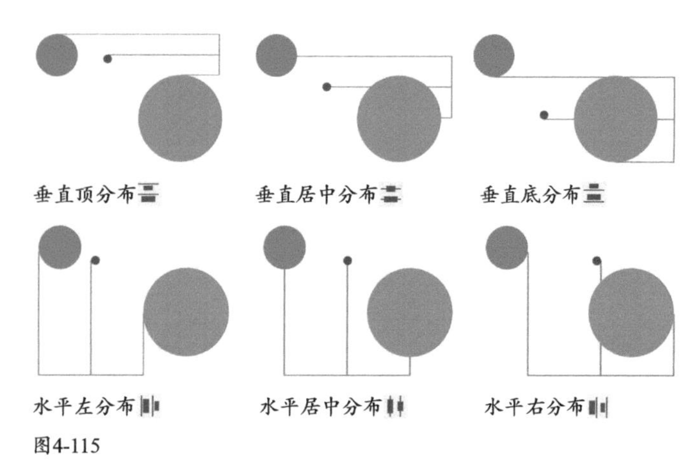

图4-115

4.6.2

实战：基于关键对象对齐和分布

在要对齐或分布的对象中，如果有一个对象处于最佳位置，可以把它作为关键对象，让其他对象与它对齐，或基于它分布。

01 打开素材，如图4-116所示。选择选择工具▶，按住Shift键单击要对齐或分布的对象，如图4-117所示。

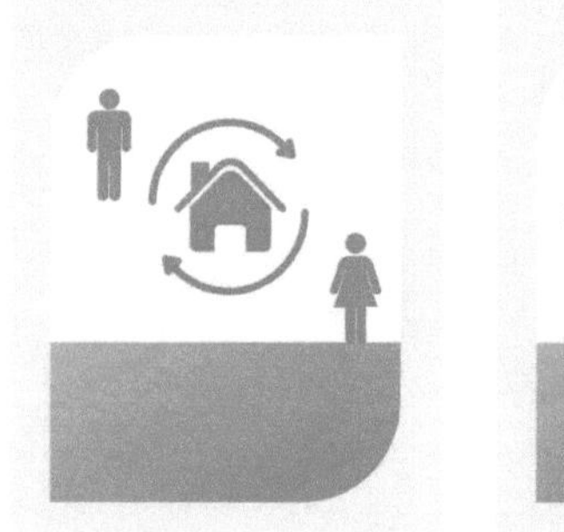

图4-116

图4-117

02 放开Shift键，单击关键对象，它周围会出现蓝色轮廓，如图4-118所示。此时“控制”面板和“对齐”面板中的“对齐关键对象”选项被自动选中，单击按钮，即可基于关键对象对齐，如图4-119所示。

图4-118

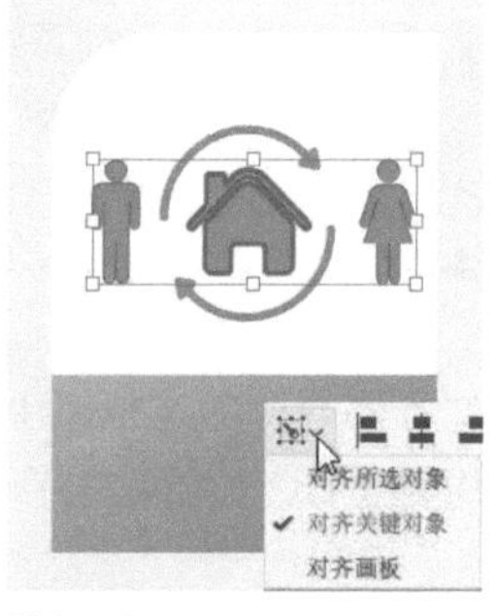

图4-119

> **提示**
>
> 如果选错了关键对象，可再次单击它，当蓝色轮廓消失后，可重新选取一个关键对象。

4.6.3

实战：基于关键锚点对齐和分布

01 打开素材。选择直接选择工具▷，单击路径，选取路径，同时显示锚点，按住Shift键单击要对齐（或分布）的锚点，如图4-120和图4-121所示。

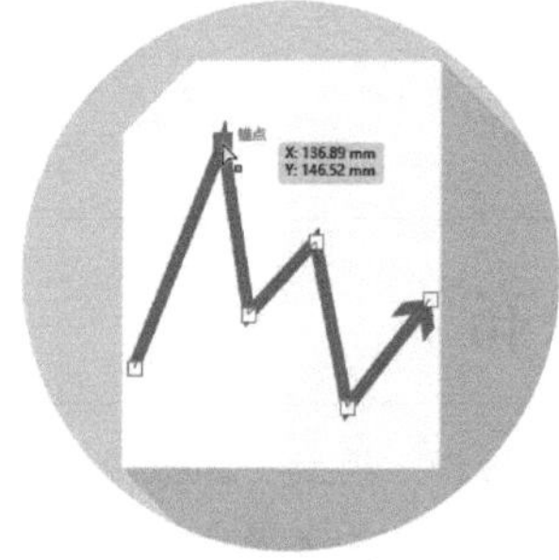

图4-120

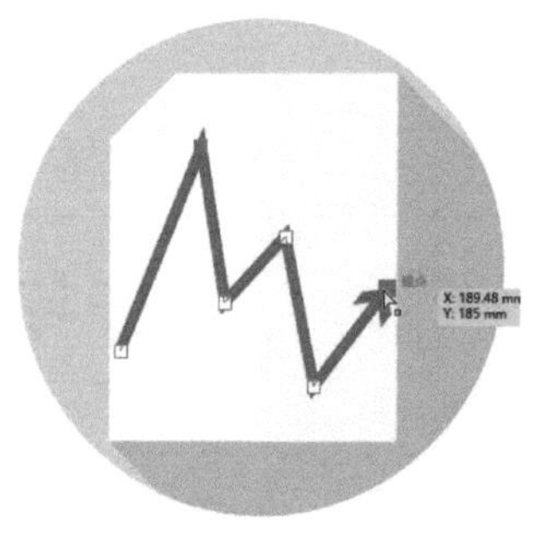

图4-121

02 按住Shift键单击关键锚点，最后选取它，如图4-122所示。与此同时“对齐”面板和“控制”面板中的“对齐关键锚点”选项会被自动选中。单击按钮，即可基于最后一个锚点进行对齐，如图4-123所示。

图4-122

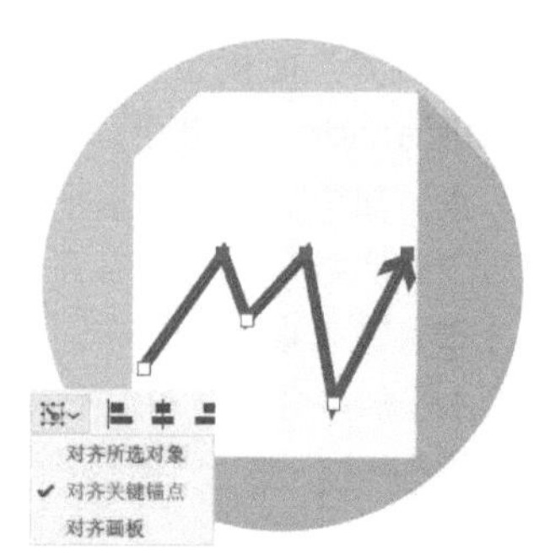

图4-123

4.6.4

实战：基于路径宽度对齐和分布

01 打开素材。选择选择工具▶，按住Shift键单击对象，将它们选取，如图4-124所示。

02 单击按钮，进行对齐，如图4-125所示。可以看到，这些对象并没有真正对齐。这是由于：在默认状态下，Illustrator只对齐（或均匀分布）路径，而没有将路径描边粗细不同这一情况计算在内。

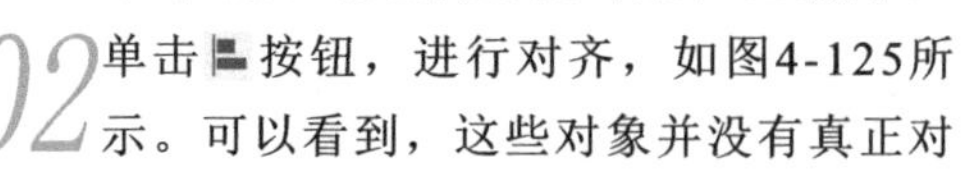

图4-124

图4-125

03 按Ctrl+Z快捷键撤销对齐操作。从“对齐”面板菜单中选择“使用预览边界”命令，如图4-126所示，再单击按钮，即可对齐描边的边缘，如图4-127所示。

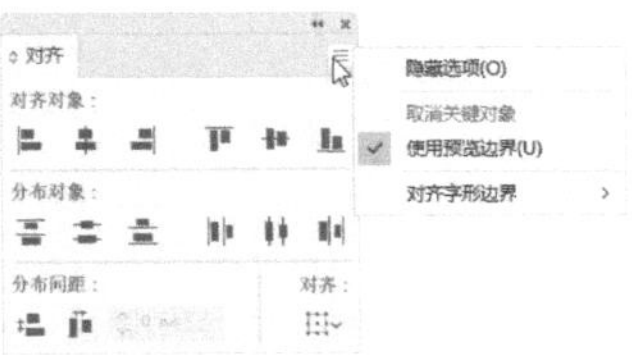

图4-126

图4-127

技术看板 对齐到画板

如果想让对象与画板的中心或边缘对齐，可单击按钮，打开下拉菜单，选择“对齐画板”命令，再进行对齐和分布。

4.6.5 实战：按照指定的间距分布对象

01 打开素材，如图4-128所示。选择选择工具，按住Shift键单击3个钢笔图形，将它们选取，如图4-129所示。

扫码看视频

02 单击“对齐”面板中的按钮，打开菜单，选取“对齐关键对象”命令，如图4-130所示。放开Shift键，单击关键对象，如图4-131所示。

03 在“分布间距”选项中输入数值，如图4-132所示；单击水平分布间距按钮（或垂直分布间距按钮），即可让所选对象以关键对象为基准（即关键对象在原地不动），按照设定的数值均匀分布，如图4-133所示。

图4-128

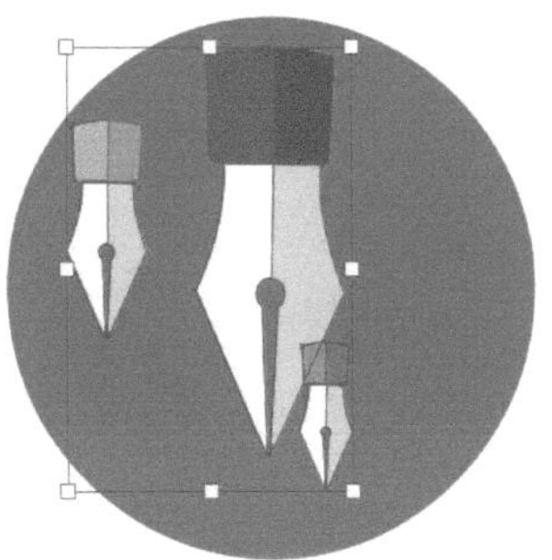
图4-129

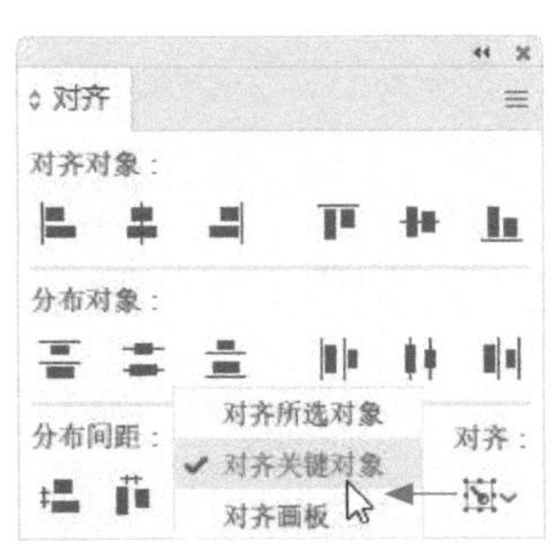

图4-130

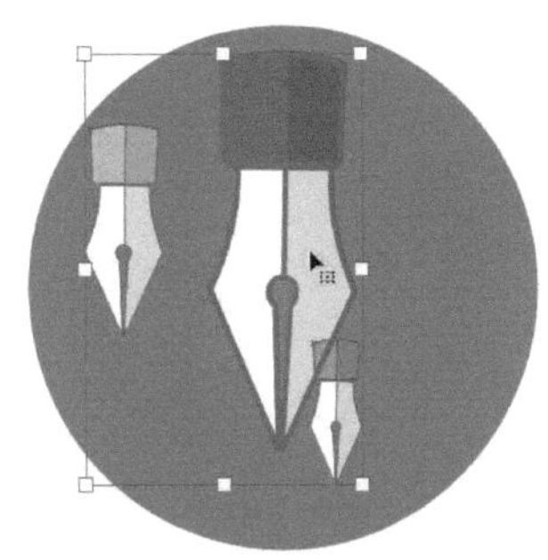
图4-131

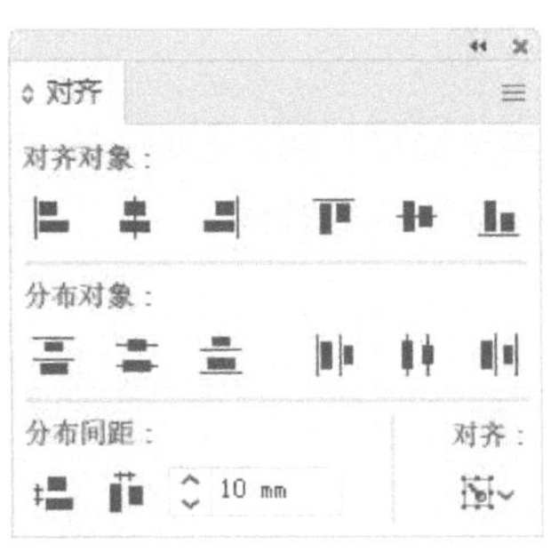

图4-132

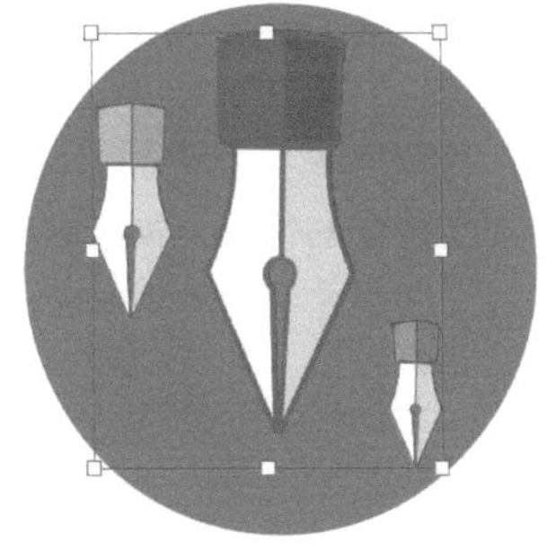
图4-133

4.6.6 全局标尺与画板标尺

Illustrator中有两种标尺——全局标尺和画板标尺。使用“视图>标尺”子菜单中的“更改为全局标尺”命令和“更改为画板标尺”命令，可以进行切换。

标尺位于文档窗口左侧和顶部，它们相交处显示为0的位置称为标尺原点。

当文档中包含多个画板时，全局标尺的原点位于第一个画板的左上角，如图4-134所示。切换到画板标尺后，原点会变更到当前画板的左上角，如图4-135所示。而且使用画板工具调整画板大小时，原点也会同步变动。

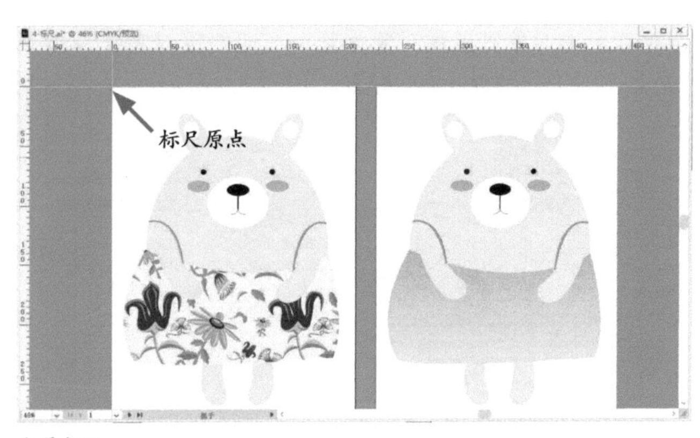

全局标尺

图4-134

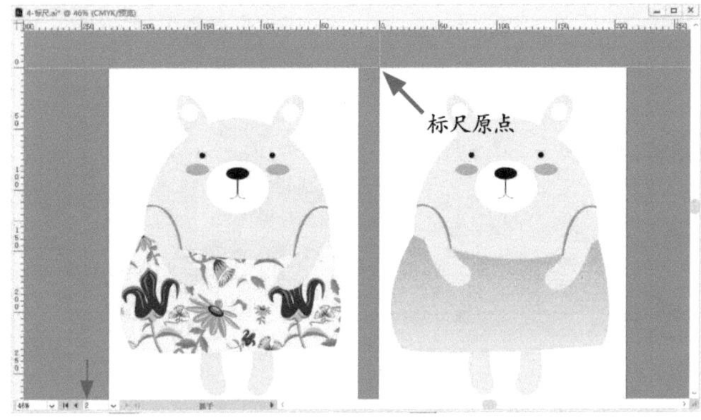

画板标尺（单击按钮，切换到第2个画板）

图4-135

如果对象填充了图案，调整全局标尺的原点时，会影响图案拼贴的位置，如图4-136所示。而修改画板标尺的原点时，图案是不变的。

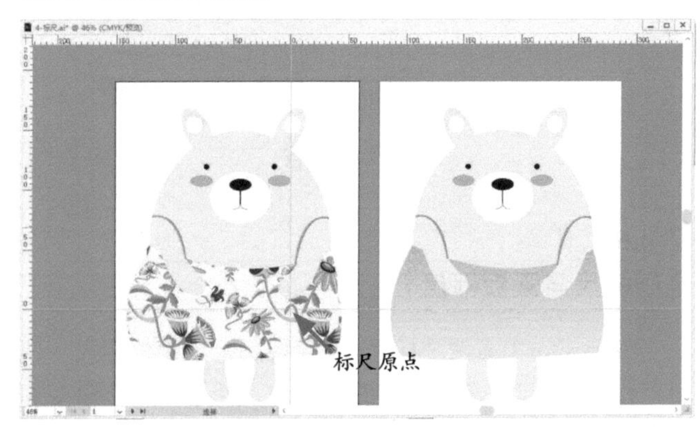

图4-136

> **提示**
>
> 制作用于视频设备的图稿时，如果需要标尺，可以执行“视图>标尺>显示视频标尺”命令，显示视频标尺。这种标尺上的数字反映的是特定于设备的像素。

4.6.7

实战：使用标尺和参考线

标尺和参考线可以帮助我们精确地放置对象，以及进行测量操作。下面介绍它们的使用方法。

01 打开素材。执行“编辑>首选项>参考线和网格>”命令，打开“首选项”对话框，将参考线颜色设置为黑色，如图4-137所示。

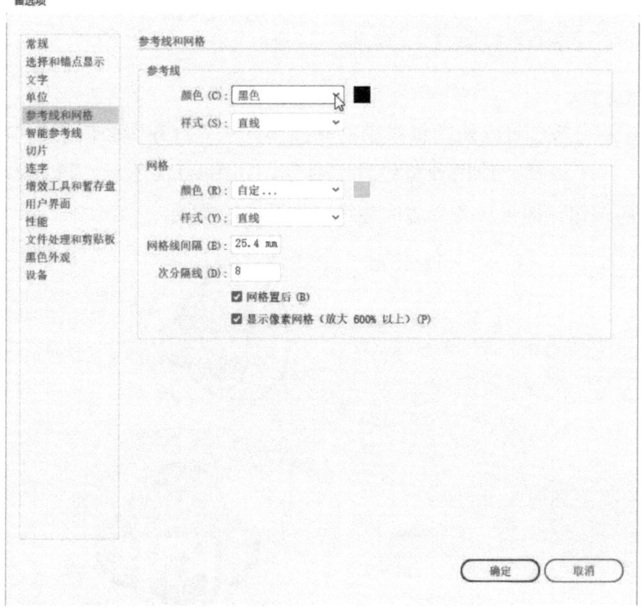

图4-137

02 执行“视图>标尺>显示标尺”命令（快捷键为Ctrl+R），显示标尺。在水平标尺上向下拖曳，拖出水平参考线，如图4-138所示。从垂直标尺上拖出垂直参考线，将需要测量的范围定义好，如图4-139所示。拖曳参考线时按住Shift键，可以使参考线与标尺上的刻度对齐。

图4-138

图4-139

03 将鼠标指针放在窗口的左上角，拖曳鼠标，画面中会出现十字线；将它拖放到左上角两条参考线的交点处，如图4-140所示，以这里作为测量的起始位置；放开鼠标左键后，该处成为原点，如图4-141所示。

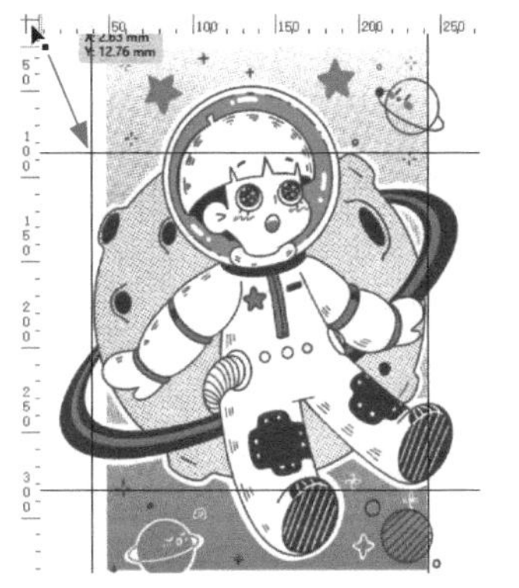

图4-140

图4-141

04 在标尺上单击右键，打开上下文菜单，选择“厘米”作为测量单位，如图4-142所示。按Ctrl++快捷键放大视图比例，按住空格键拖曳鼠标，移动画面，从标尺上观察测量结果，如图4-143所示。可以看到，参考线区域的大小是23厘米×18厘米。

图4-142

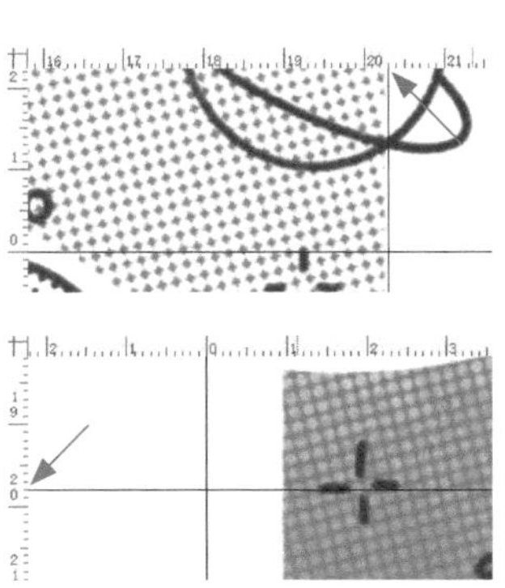

图4-143

05 完成测量后，在窗口左上角双击，将原点恢复到默认位置，如图4-144所示。用“视图>参考线>隐藏参考线”命令和“视图>标尺>隐藏标尺”命令（快捷键为Ctrl+R），将参考线和标尺隐藏。

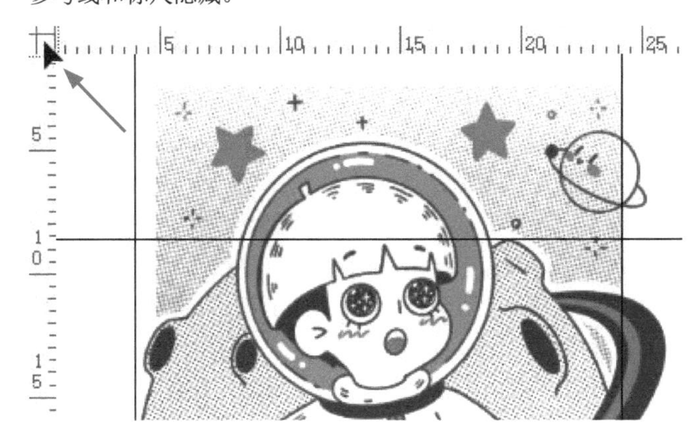

图4-144

技术看板　编辑参考线

移动参考线：拖曳参考线可进行移动。

锁定参考线：如果想固定住参考线的位置，使其不因操作而被移动，可以执行“视图>参考线>锁定参考线”命令，将参考线锁定。需要取消锁定时，可再次执行该命令。

删除参考线：单击参考线可将其选择，选取后，按Delete键可将其删除。如果要删除所有参考线，可以执行“视图>参考线>清除参考线”命令。

4.6.8 将矢量图形转换为参考线

选取图形，如图4-145所示。执行“视图>参考线>建立参考线”命令，可将其转换为参考线，如图4-146所示。需要重新转换为图形时，可以选择参考线，然后执行“视图>参考线>释放参考线”命令。

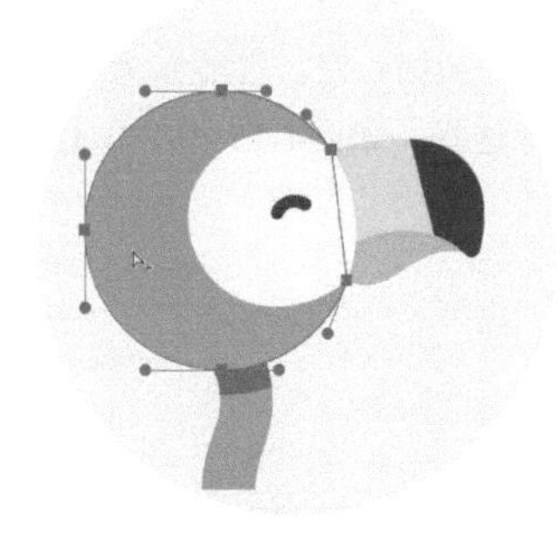

图4-145

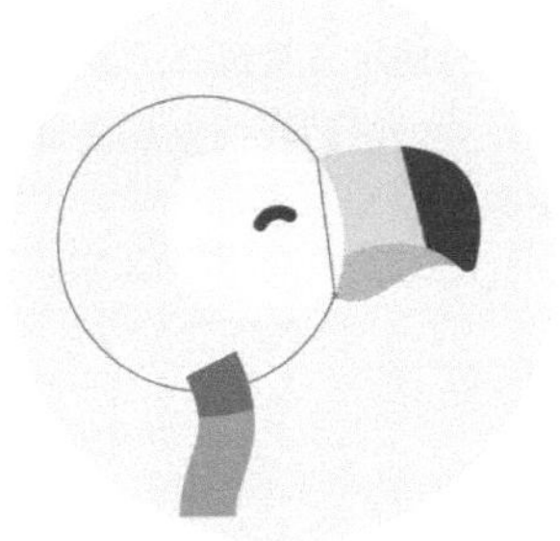

图4-146

4.6.9 实战：使用智能参考线

智能参考线是一种临时参考线，在创建图形、编辑对象时自动出现，可以帮助我们参照其他对象和画板来进行对齐、编辑和变换。

01 打开素材，如图4-147所示。执行“视图>智能参考线”命令，该命令前方会出现一个“√”，如图4-148所示。

图4-147

显示边角构件(W)
✓ 智能参考线(Q)　Ctrl+U
透视网格(P)　›
标尺(R)　›
隐藏文本串接(H)　Shift+Ctrl+Y
参考线(U)　›
显示网格(G)　Ctrl+"
对齐网格　Shift+Ctrl+"
对齐像素(S)

图4-148

02 使用选择工具▶移动对象，借助智能参考线，可以很容易地将对象与其他对象、路径或画板对齐，如图4-149所示。将鼠标指针放在定界框外，拖曳鼠标，进行旋转，画面中会显示旋转角度（它也是智能参考线的一部分），如图4-150所示。进行缩放、扭曲等操作时，也会显示相应的参数。

图4-149

图4-150

03 使用直接选择工具▷选取路径或锚点时，智能参考线可以帮助我们更加准确地进行选择，如图4-151和图4-152所示。

图4-151

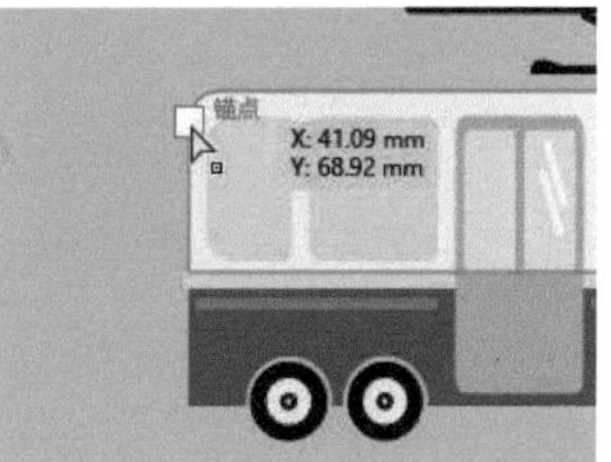

图4-152

04 使用矩形工具▭等工具创建图形，或者使用钢笔工具✒绘图时，借助智能参考线可基于现有的对象来放置新的对象或锚点，如图4-153和图4-154所示。

图4-153

图4-154

4.6.10

实战：测量距离（度量工具和“信息”面板）

度量工具✒可以测量任意两点之间的距离，测量结果会显示在“信息”面板中。

扫码看视频

01 打开素材，如图4-155所示。选择度量工具✒，将鼠标指针放在需要测量的起点位置，如图4-156所示。

图4-155

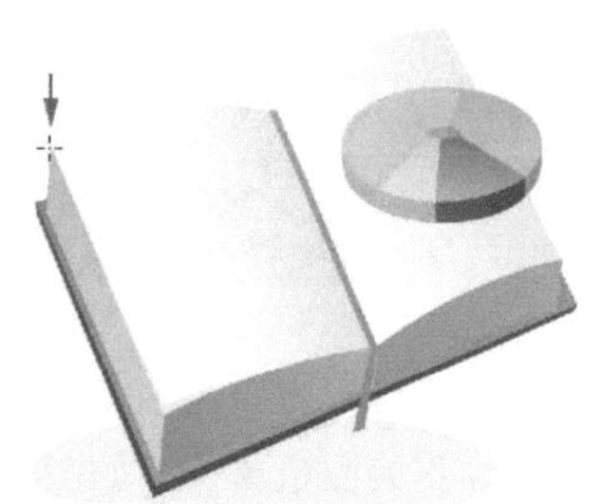

图4-156

02 拖曳鼠标至测量的终点处（按住Shift键操作可以将绘制方向限制为45°的整数倍方向），如图4-157所示。放开鼠标左键后，会弹出“信息”面板，显示x轴和y轴的水平和垂直距离、绝对水平和垂直距离、总距离以及测量的角度，如图4-158所示。

图4-157

信息

X: 14.4639 mm　宽: 176.0361 mm
Y: 99.7972 mm　高: 0 mm
D: 176.0361 mm　∠: 0°
C: 0 %　C: 0 %
M: 0 %　M: 0 %
Y: 0 %　Y: 0 %
K: 0 %　K: 100 %

图4-158

“信息”面板

“信息”面板可以显示鼠标指针下方的区域、所选对象，以及与当前操作有关的各种信息。

使用选择工具▶选取对象后，X和Y分别代表所选对象的坐标位置；“宽”和“高”代表对象的宽度和高度。如果未选择任何对象，则X和Y显示的是鼠标指针的精确位置。面板下方显示所选对象的填充▣和描边□的颜色值，以及应用于所选对象的图案、渐变或色调的名称。

使用钢笔工具✒、渐变工具▭或者移动对象时，在进行拖移的同时，“信息”面板将显示x轴和y轴坐标、距离（D）和角度（∠）变化。

选择比例缩放工具，进行拖曳时，会实时显示对象的宽度和高度，以及宽、高百分比。完成缩放后，会显示对象最终的宽度和高度。

使用旋转工具和镜像工具时，会显示对象中心的坐标、旋转角度（）和镜像角度（）。

使用倾斜工具时，会显示对象中心的坐标、倾斜轴的角度（）和倾斜量（）。

使用画笔工具时，会显示x轴和y轴坐标，以及当前画笔的名称。

4.6.11

实战：使用网格和透明度网格

要点

网格在对称地布置对象时非常有用。它是一种辅助工具，不能打印出来。

扫码看视频

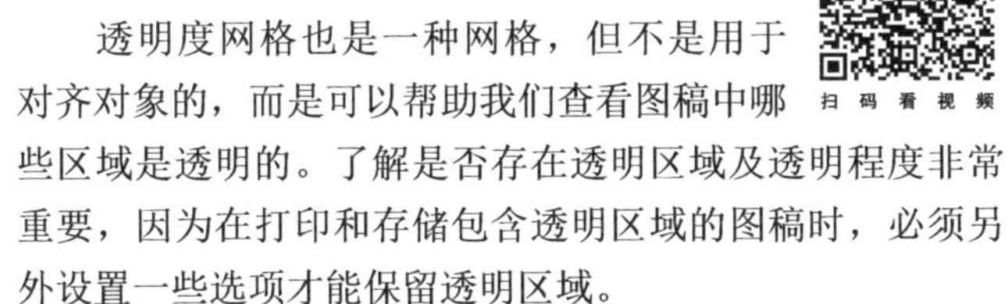

透明度网格也是一种网格，但不是用于对齐对象的，而是可以帮助我们查看图稿中哪些区域是透明的。了解是否存在透明区域及透明程度非常重要，因为在打印和存储包含透明区域的图稿时，必须另外设置一些选项才能保留透明区域。

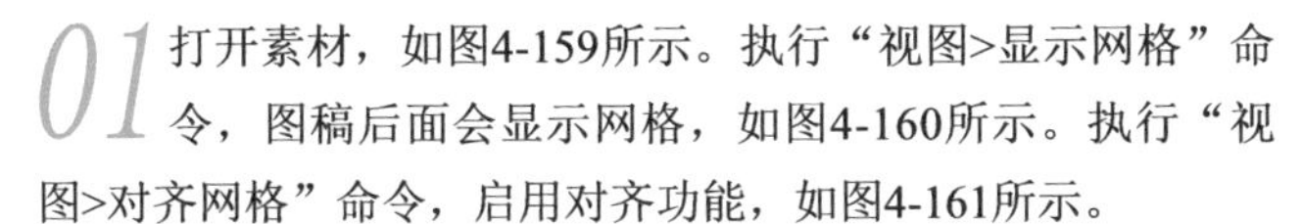

01 打开素材，如图4-159所示。执行“视图>显示网格”命令，图稿后面会显示网格，如图4-160所示。执行“视图>对齐网格”命令，启用对齐功能，如图4-161所示。

02 选择选择工具，拖曳对象进行移动时，对象会自动与网格对齐，如图4-162所示。执行“视图>隐藏网格”命令，可以隐藏网格。

图4-159

图4-160

图4-161

图4-162

03 选择直接选择工具，单击圆形，将其选取，如图4-163所示。单击工具栏中的按钮，填充渐变，如图4-164所示。

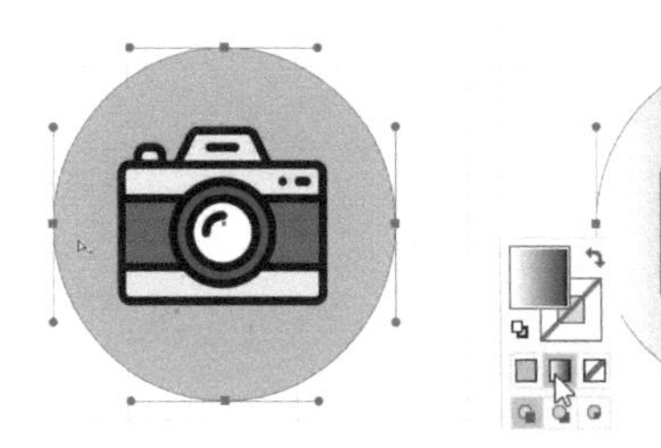

图4-163 图4-164

04 单击一个色标，将不透明度设置为0%，如图4-165所示。执行“视图>显示透明度网格”命令，画面中会出现灰白相间的棋盘格，即透明度网格，在它的衬托下，透明区域在哪里看得非常清楚，如图4-166所示。使用矩形工具创建矩形，填充洋红色，如图4-167所示。按Shift+Ctrl+[快捷键，移至底层，如图4-168所示。可以看到，透明区域内会显示下方对象。执行“视图>隐藏透明度网格”命令，可以隐藏透明度网格。

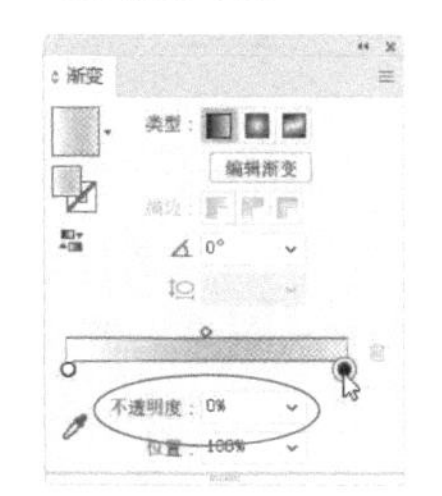

图4-165

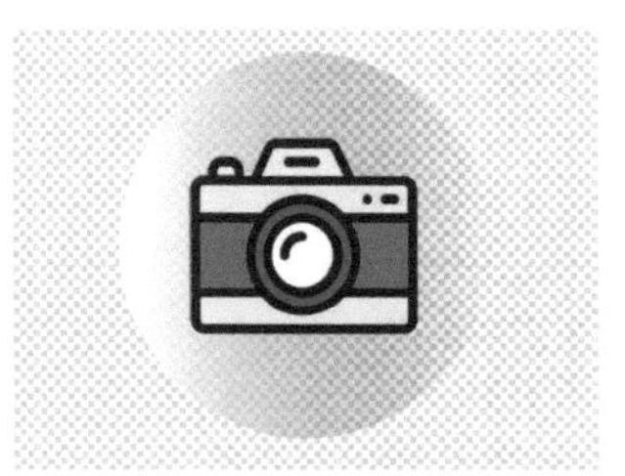

图4-166

图4-167

图4-168

4.6.12

对齐点

执行“视图>对齐点”命令，可以启用点对齐功能。此后移动对象时，更容易将其与锚点和参考线对齐，如图4-169和图4-170所示。

图4-169

图4-170

第5章 改变对象形状

【本章简介】

本章介绍对象形状的改变方法，涉及变换功能、图形组合方法、操控变形、液化类工具、封套扭曲和混合。每个功能都配有实战。

【学习目标】

本章我们将学会如下操作。

- ●旋转、缩放、镜像
- ●制作Logo
- ●使用选择工具变换对象
- ●用再次变换方法制作立体字
- ●用分别变换方法制作花纹
- ●制作分形艺术图案
- ●单独变换图形、图案、描边和效果
- ●全局编辑
- ●用液化类工具制作奇异水珠
- ●操控变形
- ●用复合路径制作挂牌
- ●用形状生成器工具制作矛盾空间图形
- ●“路径查找器”面板
- ●用复合形状制作咖啡标签
- ●用Shaper工具制作扁平化图标
- ●用变形方法制作球赛Logo
- ●用网格方法制作飘扬的彩旗
- ●制作立体字镂空咖啡杯
- ●制作镂空立体字及线状特效字
- ●用混合功能制作超酷特效字
- ●编辑混合对象

【学习重点】

变换对象

在Illustrator中，对图稿进行移动、旋转、镜像、缩放和倾斜等皆为变换操作，可以用工具、命令和面板来完成。

·AI技术/设计讲堂·

定界框、中心点和参考点

选择选择工具▶，单击对象时，所选对象周围会出现一个定界框，定界框上的小方块是控制点，如图5-1所示。如果选取的是一个单独的对象，它中心还会显示■状的中心点。

使用旋转工具、镜像工具、比例缩放工具和倾斜工具进行变换操作时，对象中心会出现一个标靶状参考点，如图5-2所示。它是变换的基准点。在画板上任意区域单击，可重新定义它的位置。图5-3和图5-4所示分别为参考点在默认位置及画面左下角时的缩放效果。如果要将参考点恢复到对象中心，可双击旋转工具等变换工具，弹出对话框以后，单击“取消”按钮即可。

图5-1

图5-2

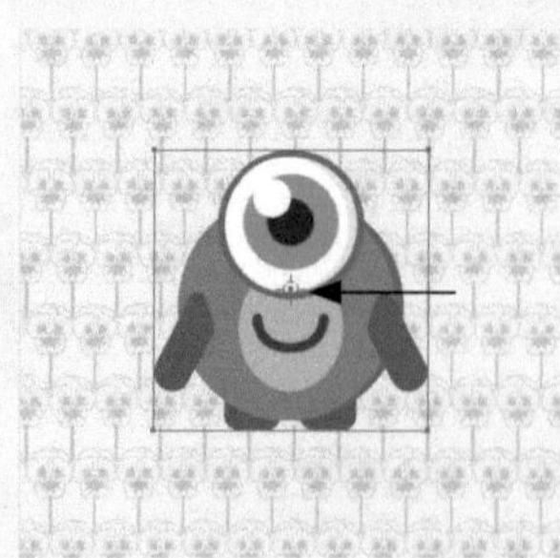
图5-3

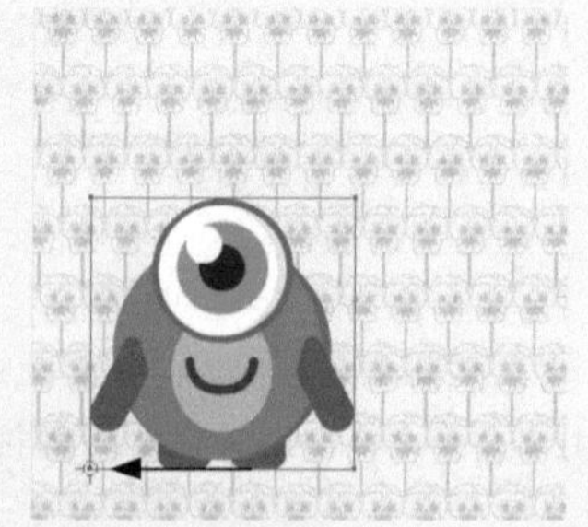
图5-4

对象旋转以后，定界框也会随之旋转，如图5-5所示。执行“对象>变换>重置定界框”命令，可以将定界框的角度恢复过来，如图5-6所示。

所选对象位于哪个图层，定界框的颜色就是那一个图层的颜色。因此，当我们选取不同对象的时候会发现，定界框颜色也在改变，如图5-7所示。如果定界框颜色与图稿颜色接近，不容易分辨，可通过修改图层颜色（见102页）来改变定界框的颜色。如果定界框妨碍了视线，可以执行“视图>隐藏定界框”命令，将其隐藏。需要注意的是，当定界框被隐藏时，不能直接对所选对象进行旋转和缩放等变换操作。需要重新显示定界框时，可以执行“视图>显示定界框”命令。

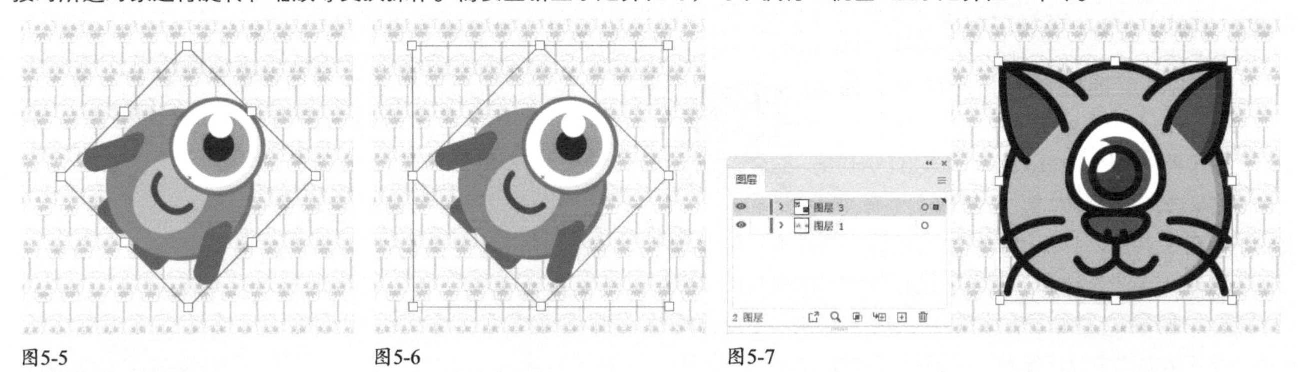

图5-5　图5-6　图5-7

5.1.1
旋转（旋转工具）

选取对象，如图5-8所示。选择旋转工具，拖曳对象，即可进行旋转，如图5-9所示。按住Shift键操作，可以将旋转角度限制为45°的整数倍。如果要进行小角度旋转，可在远离参考点的位置拖曳鼠标。如果要精确定义旋转角度，可以双击旋转工具，或执行“对象>变换>旋转”命令，打开“旋转”对话框进行设置。

图5-8

图5-9

5.1.2
缩放（比例缩放工具）

选取对象，如图5-10所示。选择比例缩放工具，拖曳边角上的控制点，可向任意方向自由拉伸，如图5-11所示。拖曳边中央的控制点，可以向水平或垂直方向拉伸，如图5-12所示。按住Shift键操作可等比缩放。如果要进行小幅度的缩放，可在远离参考点的位置拖曳鼠标。

如果要精确缩放，可双击比例缩放工具，或执行“对象>变换>缩放”命令，在打开的对话框中操作。在“比例缩放”选项组中选取“等比”选项并输入百分比值，可进行等比缩放。选取“不等比”选项，则可以分别指定“水平”和“垂直”缩放比例。

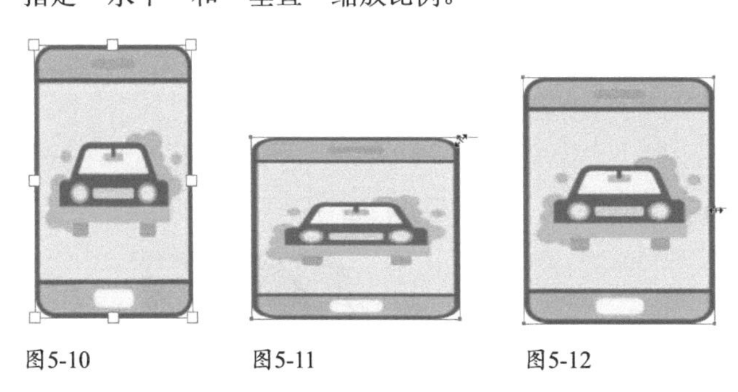
图5-10　图5-11　图5-12

5.1.3
镜像（镜像工具）

选取对象，选择镜像工具，在画板上单击，如图5-13所示，指定镜像轴上的一点（不可见）；之后在另一个位置单击，确定镜像轴的第二个点，对象便会基于定义的轴翻转，如图5-14和图5-15所示。

图5-13

图5-14

图5-15

选择该工具，拖曳对象，则可自由旋转。按住Shift键操作，可以将旋转角度限制为45°的整数倍。如果要准确定义镜像轴和旋转角度，可以双击镜像工具，或执行“对象>变换>镜像”命令，打开“镜像”对话框进行设置。

5.1.4

实战：制作Logo（倾斜工具）

倾斜工具能够以对象的参考点为基准，将其向各个方向倾斜。

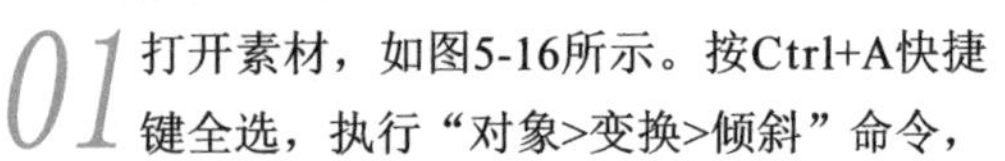

01 打开素材，如图5-16所示。按Ctrl+A快捷键全选，执行“对象>变换>倾斜”命令，或双击倾斜工具，打开“倾斜”对话框，设置倾斜角度为17°，选取“水平”选项，对文字进行倾斜，如图5-17和图5-18所示。选择钢笔工具，按照数字的外形绘制一个闭合的路径，设置填充颜色为深蓝色，无描边。按Shift+Ctrl+[快捷键，将其移至底层，如图5-19所示。

图5-16

图5-17

图5-18

图5-19

02 选择星形工具，在画板中单击，打开“星形”对话框，设置参数，创建五角星，如图5-20和图5-21所示。

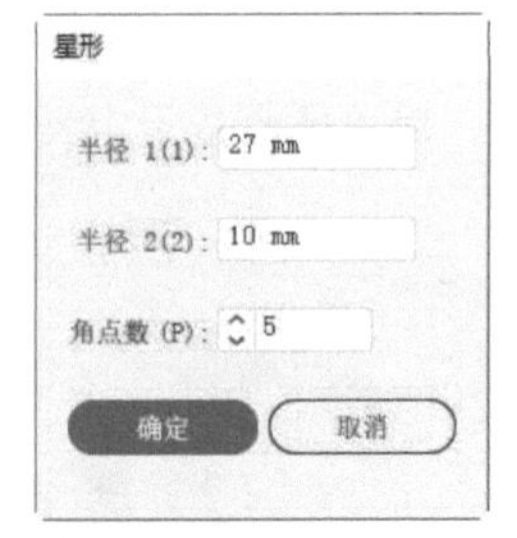

图5-20

图5-21

03 保持图形的被选取状态。双击倾斜工具，在打开的对话框中设置倾斜角度为39°，如图5-22和图5-23所示。

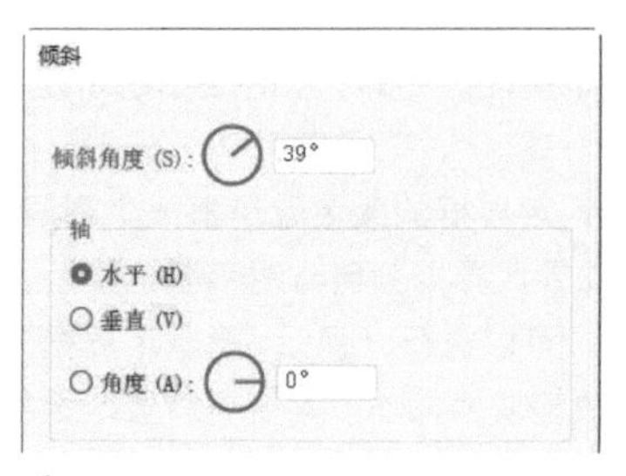

图5-22

图5-23

04 修改图形填充颜色。设置描边粗细为4 pt。单击“描边”面板中的按钮，使描边位于路径的内侧，如图5-24和图5-25所示。

图5-24

图5-25

05 将图形移动到数字“3”的上方。按两次Ctrl+[快捷键，向后移动两层，如图5-26所示。选择直接选择工具，在五角星上单击，显示锚点后，拖曳锚点修改图形，如图5-27所示。

图5-26　　图5-27

06 使用钢笔工具绘制两个飘带图形。设置描边粗细为4 pt，单击按钮，使描边位于路径的内侧，如图5-28所示。使用选择工具选取数字“65”，按Shift+Ctrl+]快捷键，移至顶层，如图5-29所示。

图5-28　　图5-29

技术看板 倾斜技巧

- 选取对象后，选择倾斜工具，向左、右拖曳鼠标（按住Shift键可保持其原始高度）可沿水平轴倾斜对象；向上、下拖曳鼠标（按住Shift键可保持其原始宽度），可沿竖直轴倾斜对象。
- 如果要按照精确的参数值倾斜对象，可以执行“对象>变换>倾斜”命令，打开“倾斜”对话框。首先选择沿哪条轴（“水平”“垂直”或指定轴的“角度”）倾斜对象，然后在“倾斜角度”选项内输入倾斜的角度，单击“确定”按钮，即可按照指定的轴和角度倾斜对象。如果单击“复制”按钮，则可倾斜并复制对象。

技术看板 变换工具使用技巧

使用旋转工具、镜像工具、比例缩放工具和倾斜工具时，按住Alt键单击，可以将单击点设置为参考点，同时打开“旋转”等对话框。如果在拖曳鼠标时按住Alt键，则可以复制对象，并对副本进行旋转、镜像、缩放和倾斜。

5.1.5

实战：使用选择工具变换对象

用选择工具选取对象后，拖曳控制点可以进行旋转、翻转和缩放，而不必使用其他工具。

扫码看视频

01 打开素材。使用选择工具选取对象。将鼠标指针放在定界框顶边中央的控制点上，如图5-30所示，向图形另一侧拖曳，可以翻转对象，如图5-31所示。拖曳时按住Alt键，可原位翻转，如图5-32所示。

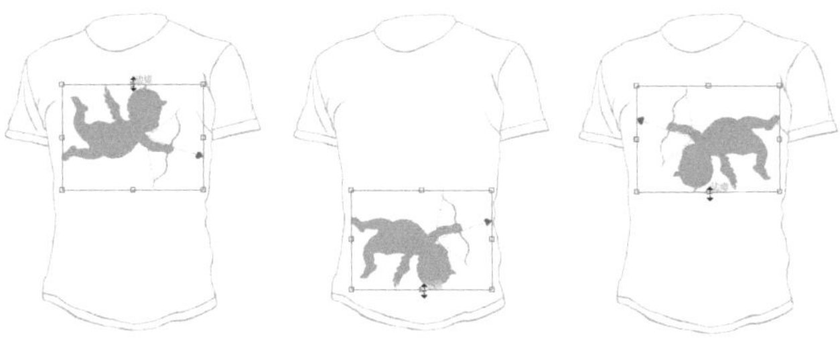

图5-30　图5-31　图5-32

02 按Ctrl+Z快捷键撤销操作。将鼠标指针放在控制点上，当鼠标指针变为↔、↕、⤡、⤢状时进行拖曳，可以拉伸对象，如图5-33所示。按住Shift键操作，可以进行等比缩放，如图5-34所示。

03 将鼠标指针放在定界框外，当鼠标指针变为↻状时拖曳，可以旋转对象，如图5-35所示。按住Shift键操作，可以将旋转角度限制为45°的整数倍。

图5-33

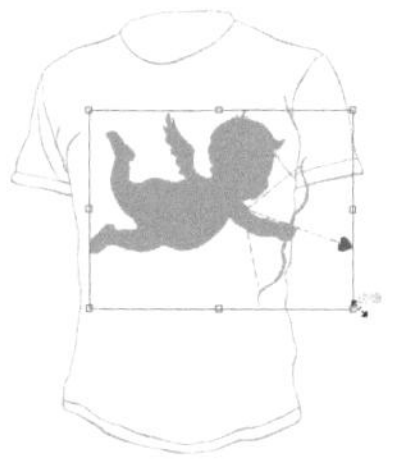

图5-34

图5-35

5.1.6

拉伸、透视扭曲和扭曲（自由变换工具）

自由变换工具是多用途工具，在进行移动、旋转和缩放时，与使用选择工具操作方法相同。除此之外，它还可以进行拉伸、透视扭曲和扭曲。

拉伸

选取对象，如图5-36所示。选择自由变换工具，窗口中会显示一个临时面板，如图5-37所示。单击其中的自由变换按钮，拖曳定界框边中央的控制点，可以沿水平（鼠标指针为↔状）或垂直方向（鼠标指针为↕状）拉伸对象，如图5-38和图5-39所示。拖曳边角的控制点（鼠标指针为⤡状或⤢状），可向任意方向拉伸，如图5-40所示。

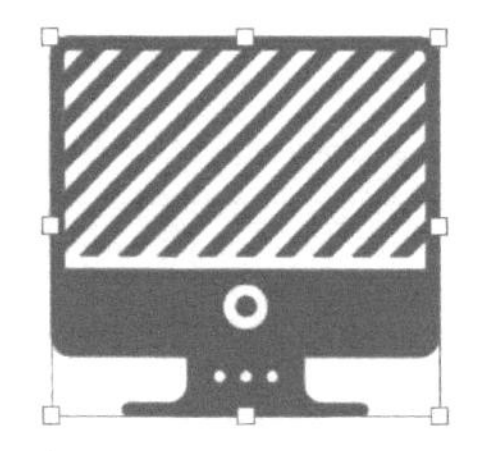

图5-36

限制
自由变换
透视扭曲
自由扭曲

图5-37

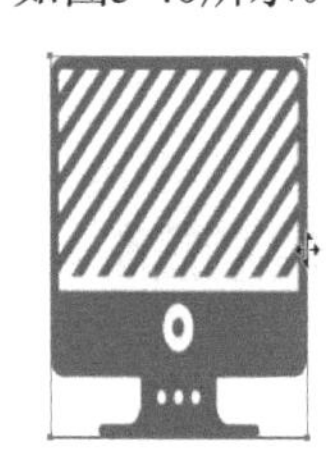

图5-38

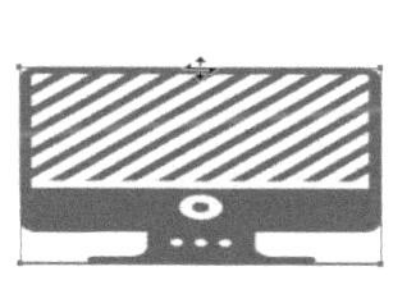

图5-39

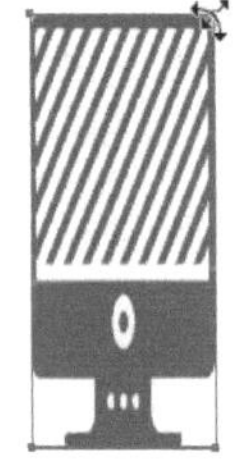

图5-40

单击限制按钮，之后再拖曳，可进行等比缩放。按住Alt键操作，则以中心点为基准等比缩放。

透视扭曲

单击透视扭曲按钮，拖曳边角的控制点（鼠标指针会变为⤡状或⤢状），可以进行透视扭曲，如图5-41和图5-42所示。

图5-41

图5-42

扭曲/旋转/移动

单击自由扭曲按钮，拖曳边角上的控制点（鼠标指针会变为状或状），可自由扭曲，如图5-43所示。单击之后，按住Alt键拖曳，则可以产生对称的倾斜效果，如图5-44所示。

图5-43

图5-44

无论单击哪一个按钮，在定界框外拖曳（鼠标指针会变为、、、或等状），都能旋转对象。在对象内部（鼠标指针变为▶状）拖曳，可进行移动。

技术看板　用按键配合自由变换

旋转时，按住Shift键，可以将旋转角度限制为45°的整数倍。移动时，按住Shift键，可以沿水平或垂直方向移动。此外，也可不使用临时面板的按钮，而是通过相应的按键来进行变换。例如，在边角的控制点上单击，之后拖曳时，按住Ctrl键，可以倾斜对象；按住Ctrl键和Alt键，可对称倾斜；按住Ctrl键、Alt键和Shift键拖曳鼠标，可进行透视扭曲。

5.1.7

实战：用再次变换方法制作立体字

进行移动、缩放、旋转、镜像和倾斜操作后，保持对象的被选取状态，执行“再次变换”命令，可以再进行一次变换。当需要将同一变换操作重复数次或复制对象时，可以用这种方法操作。

扫码看视频

01 打开素材，如图5-45所示。选择选择工具▶，单击文字，将其选取，如图5-46所示。

02 按住Alt键向左下角拖曳进行复制，如图5-47所示。不要取消选择，连续执行10次“对象>变换>再次变换”命令，或按10次Ctrl+D快捷键，即生成立体字，如图5-48所示。

图5-45

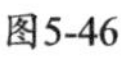

图5-46

图5-47

图5-48

5.1.8

实战：用分别变换方法制作蒲公英

使用“分别变换”命令可以对所选对象同时应用移动、旋转和缩放。

扫码看视频

01 新建一个文档。选择直线段工具，按住Shift键创建一条直线，设置描边颜色为红色，粗细为1 pt，无填色，如图5-49所示。选择椭圆工具，按住Shift键创建圆形，填充红色，无描边，如图5-50所示。按Ctrl+A快捷键全选，按Ctrl+G快捷键编组。

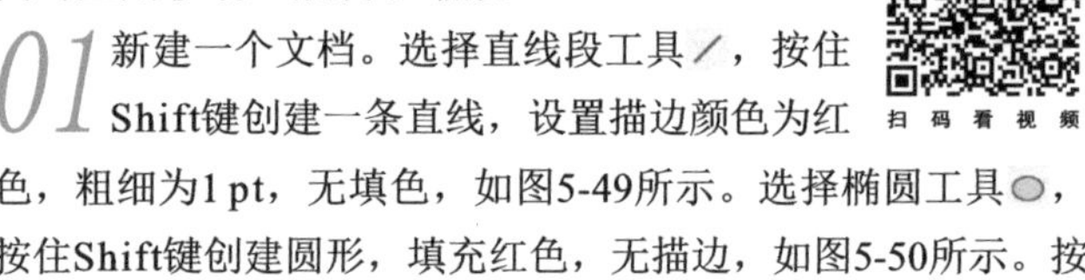

图5-49　　图5-50

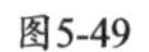

02 保持图形被选取。选择旋转工具，按住Alt键在直线的端点上单击，将参考点定位到这里，如图5-51所示。放开鼠标左键后，会弹出“旋转”对话框，设置“角度”为15°。单击“复制”按钮，复制图形，如图5-52和图5-53所示。

图5-51

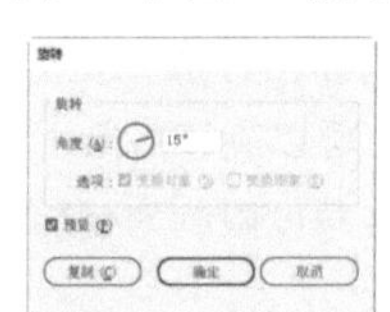

图5-52

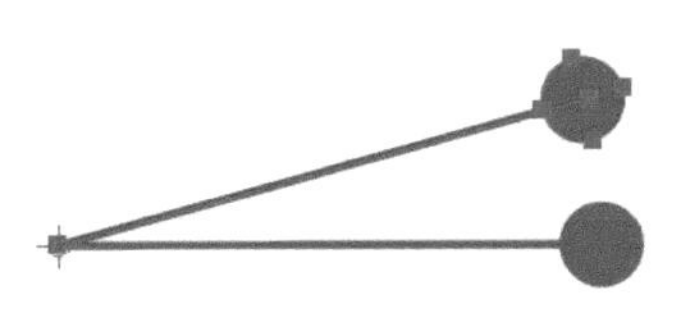

图5-53

03 连按10下Ctrl+D快捷键复制，如图5-54所示。选择选择工具▶，单击右侧底部的图形，按Delete键删除，如图5-55所示。按Ctrl+A快捷键全选，按Ctrl+G快捷键编组。

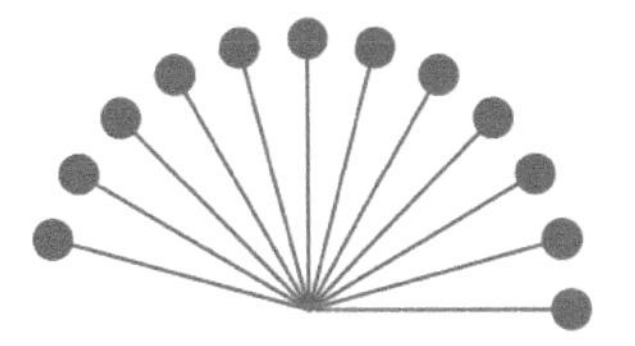

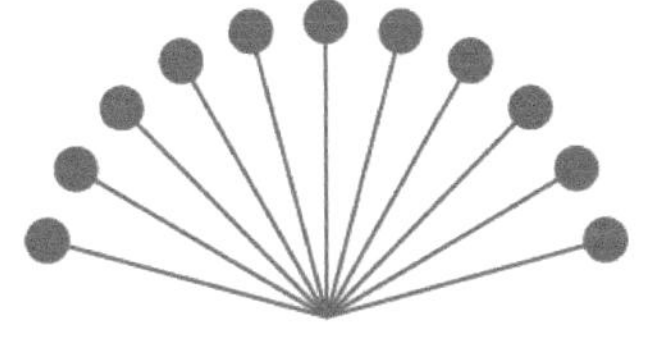

图5-54　　图5-55

04 选择极坐标网格工具⊛，在画板中单击，弹出“极坐标网格工具选项”对话框，设置“宽度”和“高度”均为200 mm，径向分割线“数量”为4，如图5-56所示。创建网格图形，如图5-57所示。

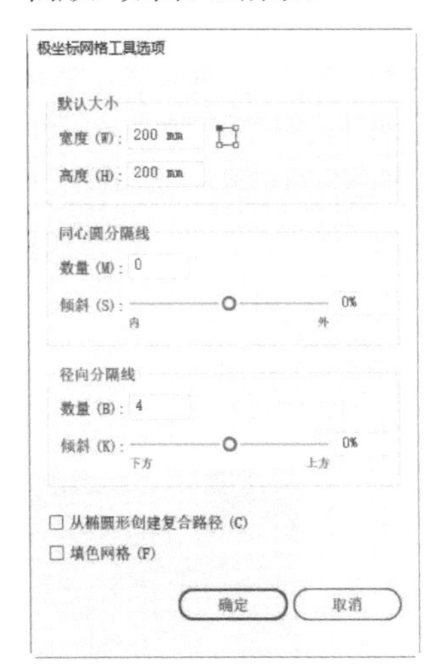

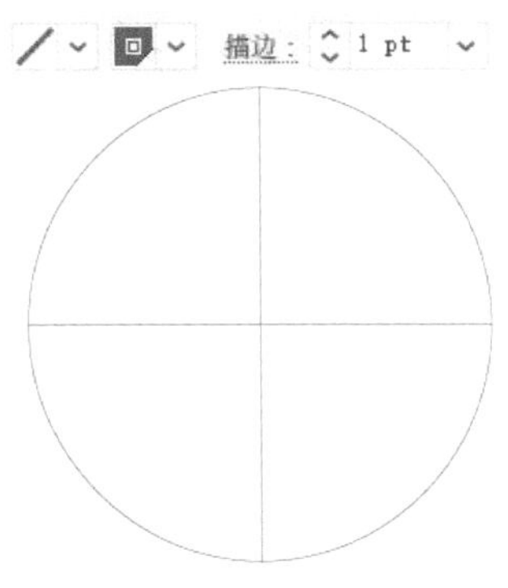

图5-56　　图5-57

05 打开“视图”菜单，看一看“智能参考线”命令前方是否有“√”，如果没有，就单击该命令，启用智能参考线。将前面绘制的图形移动到极坐标网格上方，与网格顶点和中心对齐时，会出现智能参考线，如图5-58所示。保持图形被选取，选择旋转工具⟲，将鼠标指针放在网格中心，捕捉到中心点后，也会出现智能参考线，如图5-59所示。

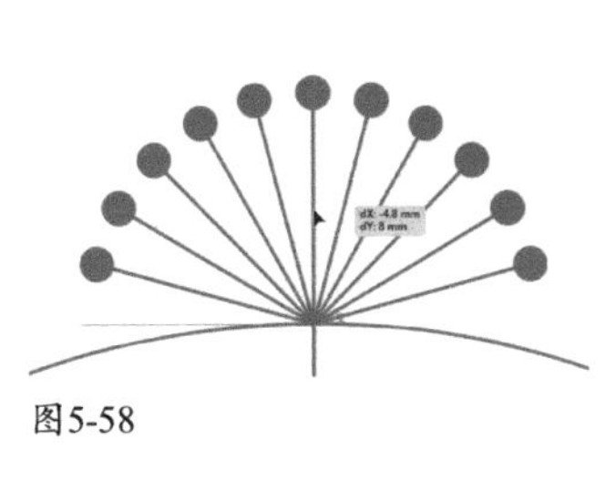

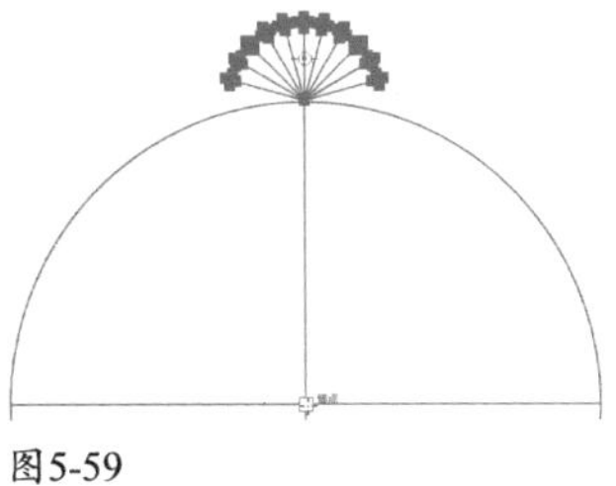

图5-58　　图5-59

06 按住Alt键单击，弹出“旋转”对话框，设置“角度”为30°，如图5-60所示。单击“复制”按钮，之后连按10下Ctrl+D快捷键，继续复制，如图5-61所示。

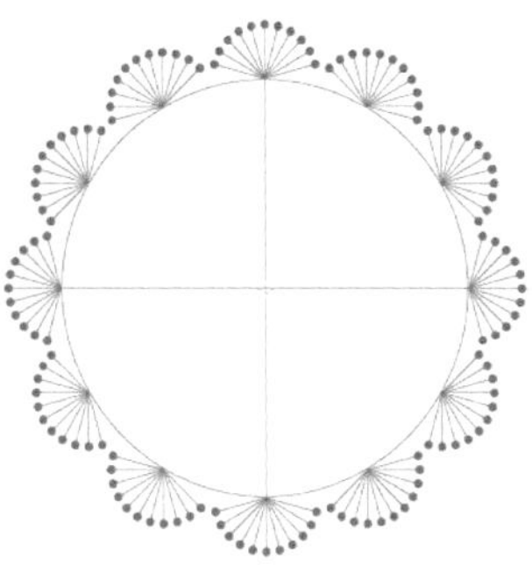

图5-60　　图5-61

07 选择编组选择工具，单击十字线路径，按Delete键删除，如图5-62所示。按Ctrl+A快捷键全选，按Ctrl+G快捷键编组。保持图形的被选取状态。执行“对象>变换>分别变换”命令，打开“分别变换”对话框，设置缩放比例为75%，旋转角度为45°，单击参考点定位器中间的小方块，将参考点定位在图形中心，如图5-63所示。单击“复制”按钮，如图5-64所示。之后连按8下Ctrl+D快捷键，继续复制，如图5-65所示。

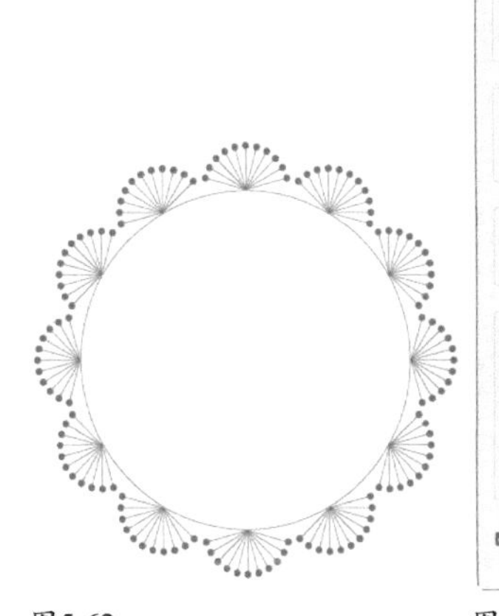

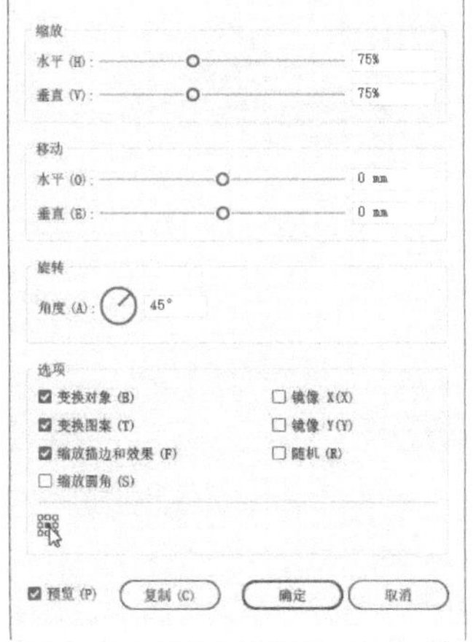

图5-62　　图5-63

图5-64　　图5-65

提示

“控制”面板、“变换”面板，以及“分别变换”对话框中都提供了参考点定位器，在它的空心小方块上单击，可以将参考线定位到定界框的边界中央和边角上。

提示

在“分别变换”对话框中，勾选“镜像X”或“镜像Y”选项时，可让对象基于x轴或y轴镜像。勾选“随机”选项，则可在指定的变换数值内随机变换。

5.1.9

实战：用“变换”效果制作分形图案

要点

分形图案是数学、计算机与艺术的完美结合，被广泛地应用于服装面料、工艺品装饰、外观包装、书刊装帧、商业广告、软件封面和网页等设计领域。下面使用“变换”效果制作分形艺术图案，如图5-66所示。与“分别变换”命令相比，“变换”效果具有可修改、可删除等优点。

扫码看视频

图5-66

01 按Ctrl+N快捷键，打开“新建文档”对话框，创建一个RGB模式的文件。使用矩形工具创建一个与画板大小相同的矩形，填充黑色。在图标右侧单击，将矩形锁定，如图5-67所示。

02 选择椭圆工具，在画板上单击，弹出“椭圆”对话框，设置参数，如图5-68所示，创建一个圆形，设置描边为渐变，如图5-69和图5-70所示。执行“效果>扭曲和变换>变换”命令，打开“变换效果”对话框，设置参数，如图5-71所示，图形效果如图5-72所示。

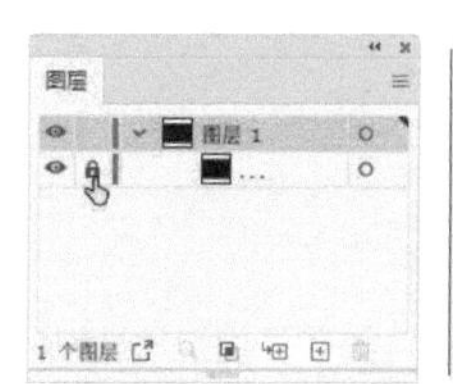

图5-67

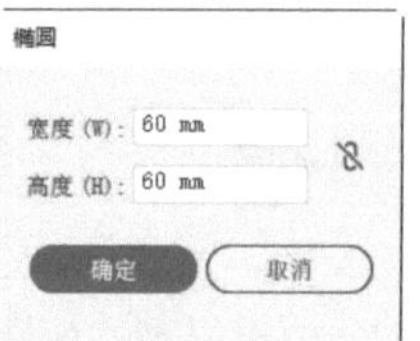

图5-68

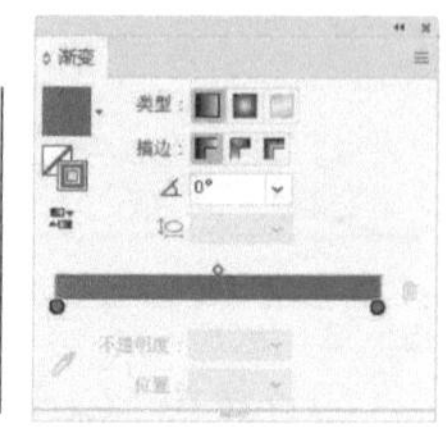

图5-69

图5-70

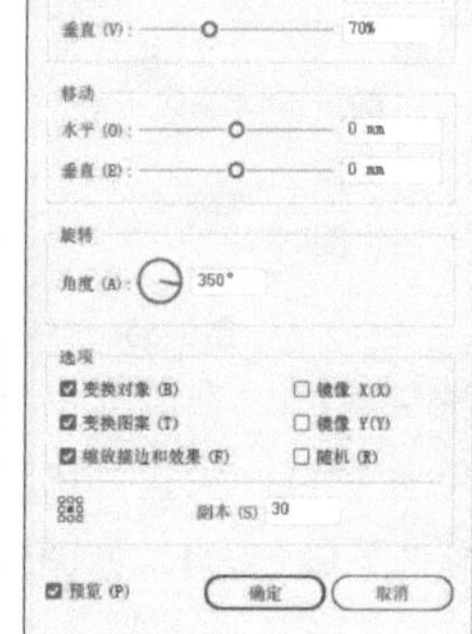

图5-71

图5-72

03 选择选择工具，按住Alt键拖曳圆形进行复制。双击“外观”面板中的“变换”属性，如图5-73所示，打开“变换效果”对话框，修改参数，如图5-74和图5-75所示。

图5-73

图5-74

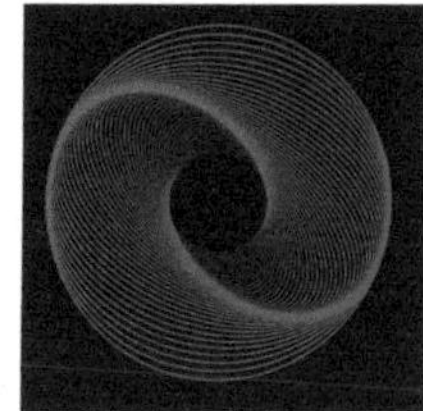

图5-75

04 选择多边形工具。在画板上单击，弹出“多边形”对话框，设置参数，如图5-76所示，创建一个三角形，如图5-77所示。

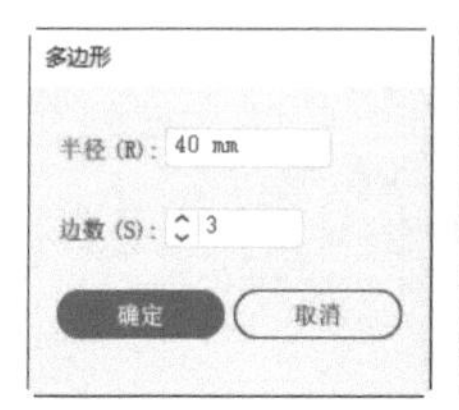

图5-76

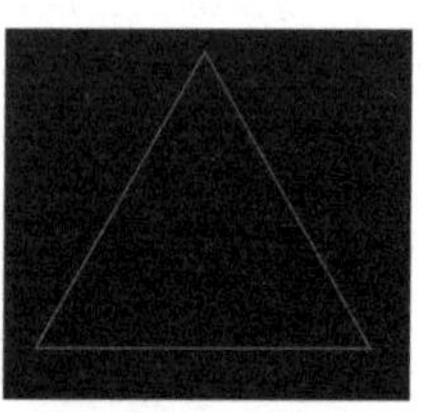

图5-77

05 打开“效果”菜单，选择“变换”命令，弹出“变换效果”对话框，设置并将参考点定在图5-78所示的位置，图形效果如图5-79所示。

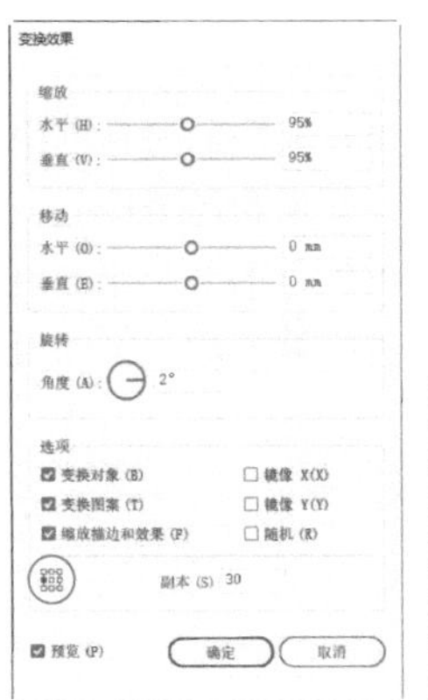

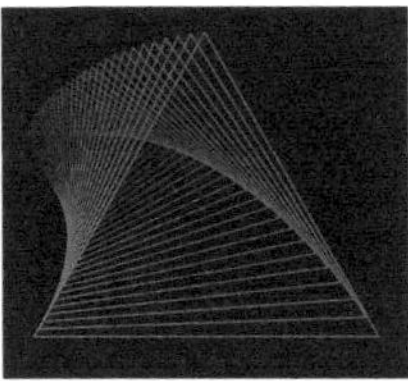

图5-78　图5-79

06 选择选择工具▶并按住Alt键拖曳图形进行复制。双击“外观”面板中的“变换”属性，之后修改参数，如图5-80和图5-81所示。选择直接选择工具▷，将鼠标指针放在实时转角构件上，如图5-82所示，拖曳鼠标，将图形改成圆角，如图5-83所示。

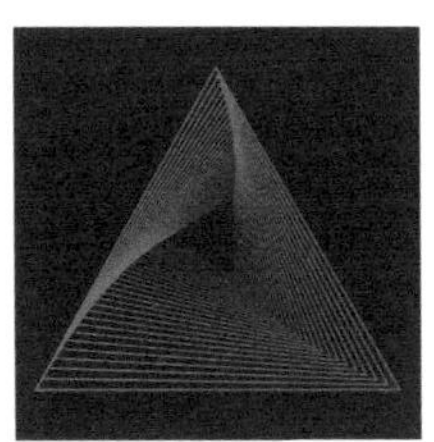

图5-80　图5-81

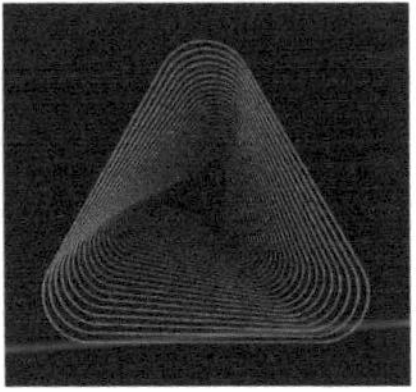

图5-82　图5-83

07 选择多边形工具⬢，在画板上单击，创建一个六边形，如图5-84和图5-85所示。

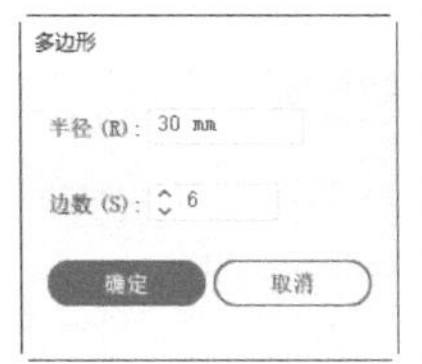

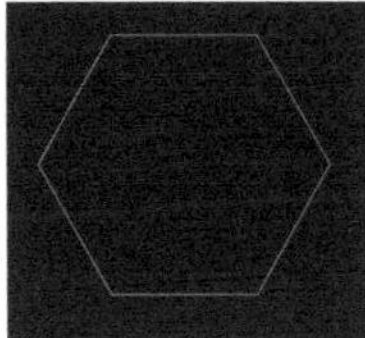

图5-84　图5-85

08 单击鼠标，之后按住Shift键并拖曳控制点，将图形旋转，如图5-86所示。执行“效果>变换”命令，进行变换操作，如图5-87和图5-88所示。选择直接选择工具▷，拖曳角控制点，如图5-89所示，将图形改成圆角，如图5-90所示。

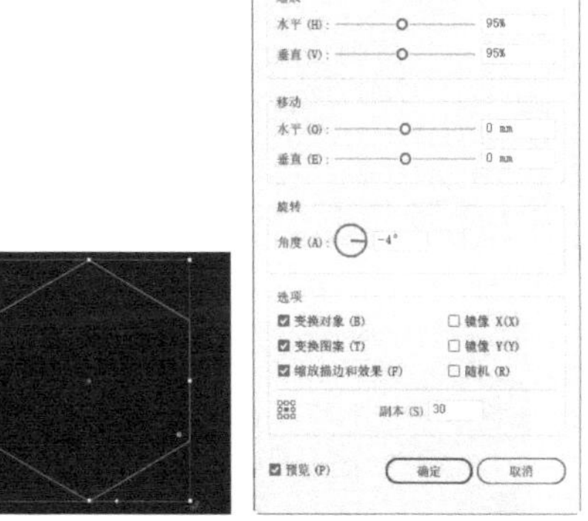

图5-86　图5-87　图5-88

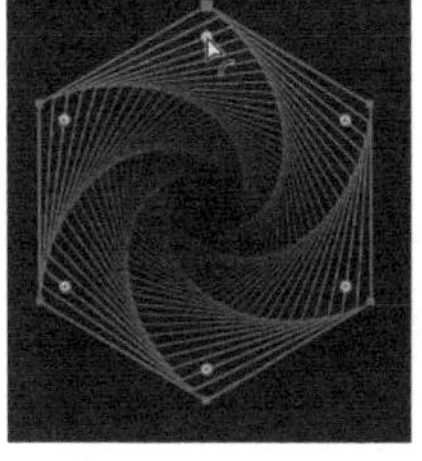

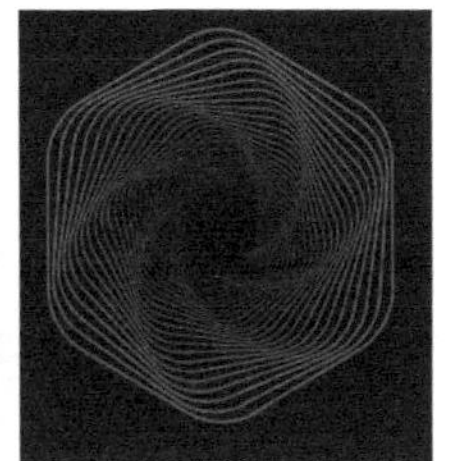

图5-89　图5-90

09 选择星形工具☆，在画板上单击，弹出“星形”对话框，创建一个星形图形，如图5-91和图5-92所示。使用“变换”效果编辑图形，如图5-93和图5-94所示。

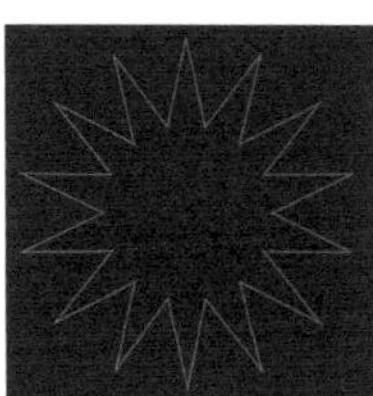

图5-91　图5-92

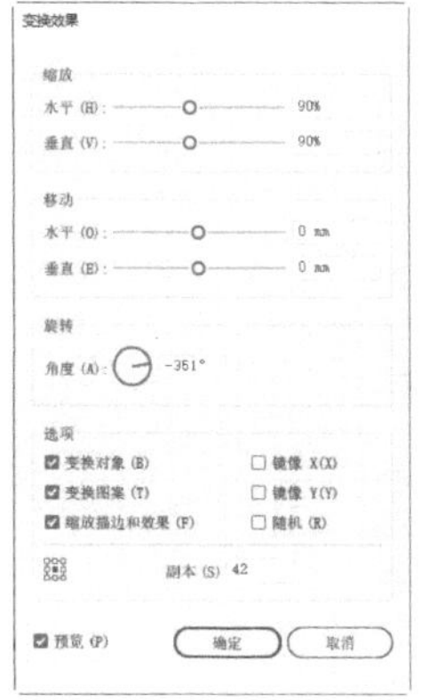

图5-93　图5-94

10 选择直接选择工具▷，将鼠标指针放在角控制点上，如图5-95所示，拖曳鼠标，修改图形的边角，如图5-96所示。修改图形的旋转角度，如图5-97所示，可以生成图5-98所示的效果。

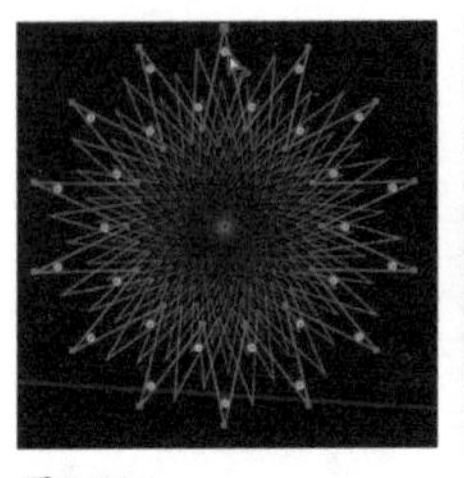

图5-95

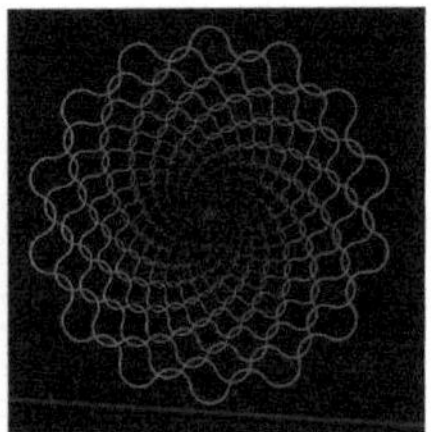

图5-96

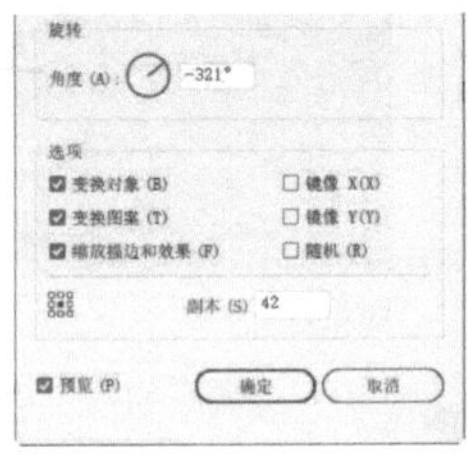

图5-97

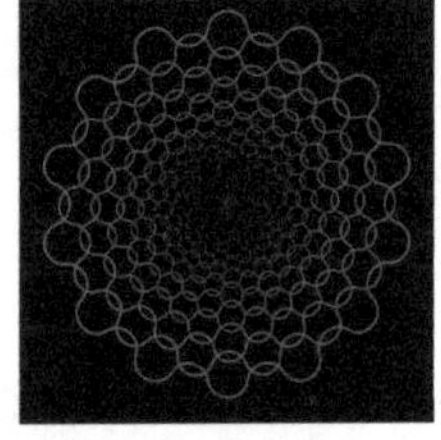

图5-98

提示

将图形改为虚线描边，可得到点状风格的艺术图形。

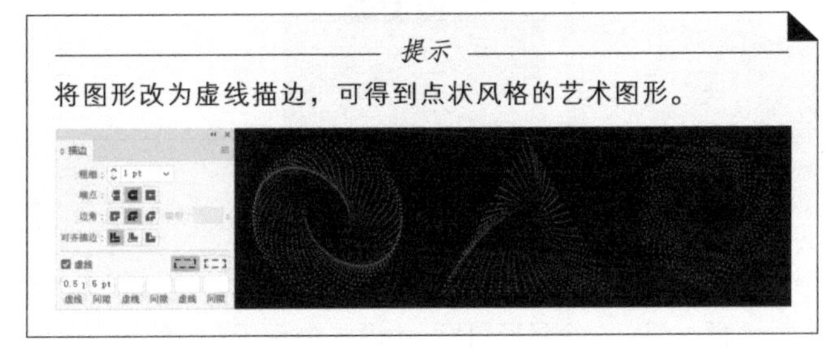

5.1.10

“变换”面板

选取对象以后，在“变换”面板的选项中输入数值，如图5-99所示，按Enter键，可以对所选对象进行移动、旋转、缩放和倾斜。此外，选取面板菜单中的命令，如图5-100所示，可以对图案、描边等单独应用变换*（具体方法见下一小节）*。

水平（X）/垂直（Y）移动

调整图形宽度和高度

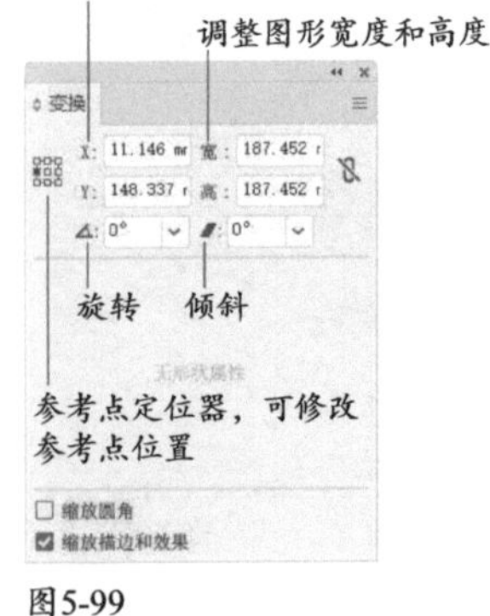

图5-99

图5-100

5.1.11

单独变换图形、图案、描边和效果

通过设置参数进行精确变换时，可在相应的对话框中勾选一个或多个选项，对描边、图案、效果和图形中的一种或多种属性应用变换。例如，图5-101所示的圆形包含填充图案、颜色描边和投影效果，对它进行缩放时，可以设置以下选项，如图5-102所示。

图5-101

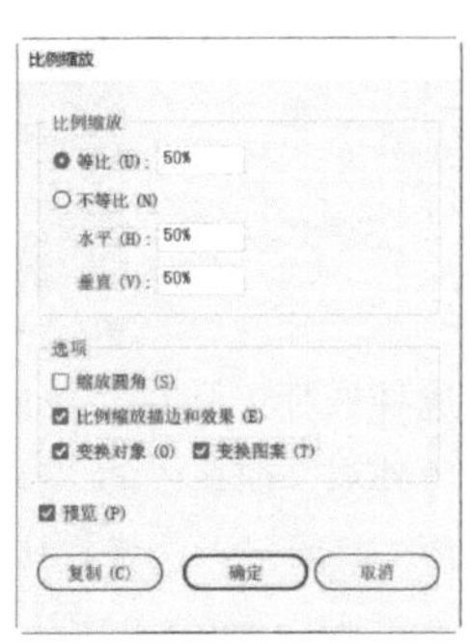

图5-102

- 比例缩放描边和效果：勾选该选项，描边和效果会与对象一同缩放（图案保持原有比例），如图5-103所示。取消勾选，则仅缩放对象，描边、效果和图案的比例保持不变，如图5-104所示。

图5-103

图5-104

- 变换对象/变换图案：勾选“变换对象”选项，仅缩放对象（效果如图5-104所示）；勾选“变换图案”选项，仅缩放图案，对象、描边和效果不变，如图5-105所示；如果两项都勾选，则同时缩放对象和图案，描边和效果的比例保持不变，如图5-106所示。

图5-105

图5-106

使用变换工具操作时，如果只想变换图案而不影响对象，可在拖曳鼠标的同时按住~键。此时虽然对象的定界框显示为变换的形状，但放开鼠标左键时，定界框又恢复为原样，只留下变换的图案。

5.1.12
实战：修改Logo（全局编辑）

要点

做设计的时候，有些图形（如徽标、Logo）会创建很多副本，在文档中或多个画板上使用。如果需要修改，可以通过全局编辑的方法，一次就能修改所有副本，而无须逐个编辑。需要注意，图像、文本对象、剪切蒙版、链接对象和第三方增效工具不支持全局编辑。

01 打开素材。选择选择工具▶，单击Logo，如图5-107所示。按住Alt键拖曳进行复制并调整大小和角度，如图5-108所示。

图5-107

图5-108

02 选取一个对象（不能选择多个对象，否则全局编辑不起作用），如图5-109所示。执行“选择>启动全局编辑”命令，将其他副本对象同时选中，如图5-110所示。如果想排除某一对象，可以按住Shift键单击它。

图5-109

图5-110

提示

如果要进一步筛选对象，可以在“属性”面板中单击“启动全局编辑”按钮右侧的按钮，打开菜单。勾选“外观”选项，可以查找具有相同外观的对象，例如填充、描边。勾选“大小”选项，可以查找相同大小的对象。如果文档中包含多个画板，可以指定在哪一个画板上进行查找。

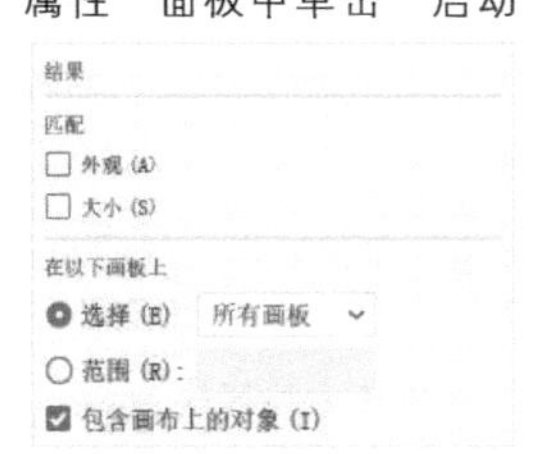

03 执行“效果>风格化>投影”命令，添加投影，如图5-111所示。所有副本对象也都会被添加此投影，如图5-112所示。在其他区域单击或按Esc键，结束编辑。

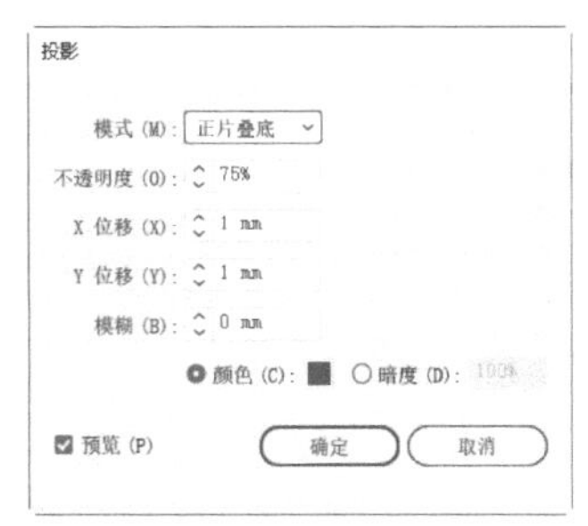

图5-111

图5-112

扭曲与变形

扭曲和变形对图形的改动比变换要大，生成的效果复杂多变。下面介绍怎样使用工具操作。还有一些变形功能在“效果”菜单中，即“扭曲和变换”效果组中的各个命令。

5.2.1
液化类工具

图5-113所示为液化类工具。可以通过拖曳的方法使用它们。在对象上单击时，按住鼠标左键的时间越长，变形效果越强。使用这些工具的时候，不需要选取对象。但如果想要将扭曲对象限定为一个或者多个对象，可先将其选取，再进行处理。

- 变形工具：适合创建比较随意的变形效果。
- 旋转扭曲工具：可创建漩涡状效果。
- 缩拢工具：可以通过向十字线方向移动控制点的方式收缩对象，使图形向内收缩。

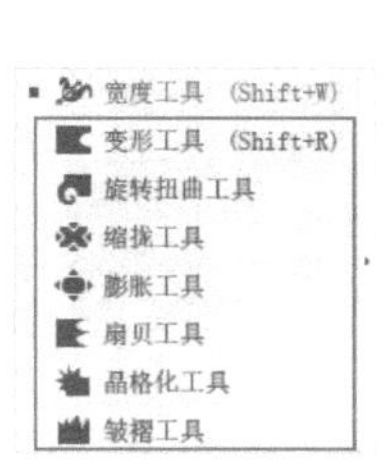

图5-113

- 膨胀工具◆：可创建与缩拢工具相反的膨胀效果。
- 扇贝工具▮：可以向对象的轮廓中添加随机弯曲的细节，创建类似贝壳表面的纹路效果。
- 晶格化工具▮：可以向对象的轮廓中添加随机锥化的细节，生成与扇贝工具相反的效果（扇贝工具产生向内的弯曲，而晶格化工具产生向外的尖锐凸起）。
- 皱褶工具▮：可以向对象的轮廓中添加类似于皱褶的细节，产生不规则的起伏。

> *提示*
>
> 液化工具不能用于处理链接的文件或包含文本、图形或符号的对象。

5.2.2
实战：制作奇异水珠

01 按Ctrl+N快捷键，创建A4纸大小的文档（方向设置为横向）。使用矩形工具▭创建一个与画板大小相同的矩形，设置填色为黑色，无描边。在眼睛图标◉右侧单击，将该图层锁定，如图5-114所示。单击⊞按钮，创建一个图层，如图5-115所示。

扫 码 看 视 频

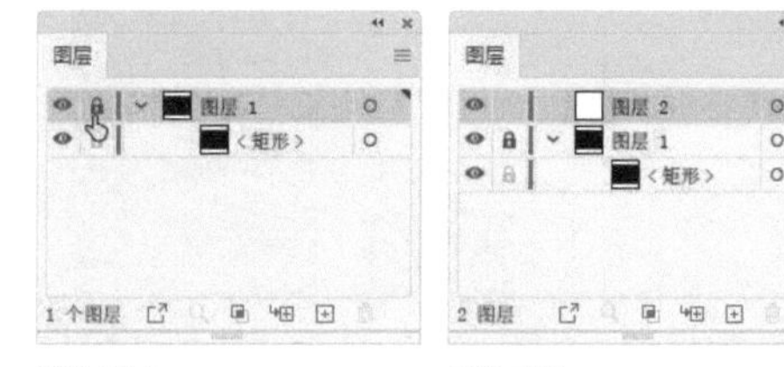

图5-114 图5-115

02 选择椭圆工具◯，在画板上单击，创建一个圆形，设置描边粗细为0.5 pt，颜色为白色，无填色，如图5-116和图5-117所示。

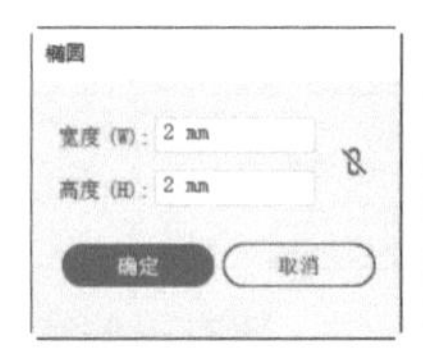

图5-116 图5-117

03 选择选择工具▶并按住Alt键拖曳图形进行复制，如图5-118所示。连按23次Ctrl+D快捷键，继续复制图形，如图5-119所示。

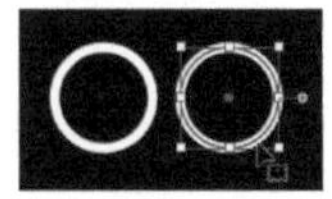

图5-118 图5-119

04 按Ctrl+A快捷键全选。单击“画笔”面板中的⊞按钮，弹出“新建画笔”对话框，选取“图案画笔”选项，如图5-120所示。单击“确定”按钮，弹出“图案画笔选项”对话框。选取图5-121所示的选项，单击“确定”按钮，将圆形定义为画笔。

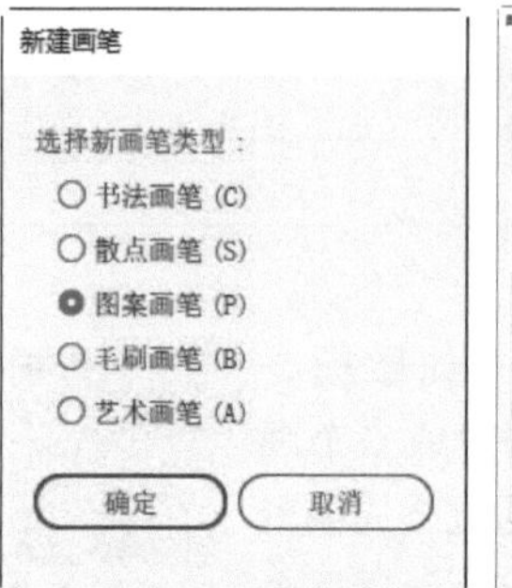

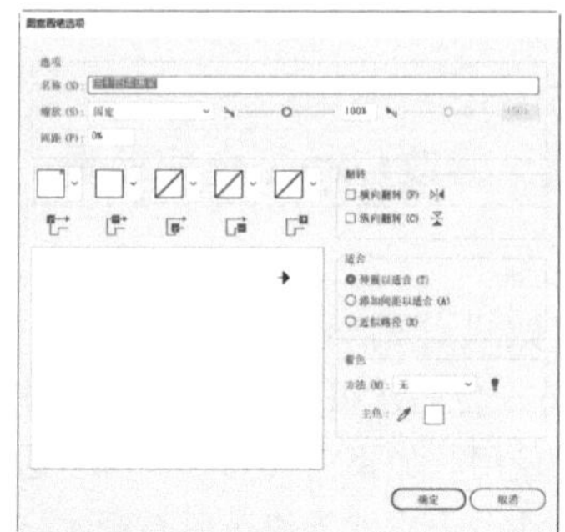

图5-120 图5-121

05 选择椭圆工具◯，在画板上单击，创建一个直径为120 mm的圆形，如图5-122和图5-123所示。

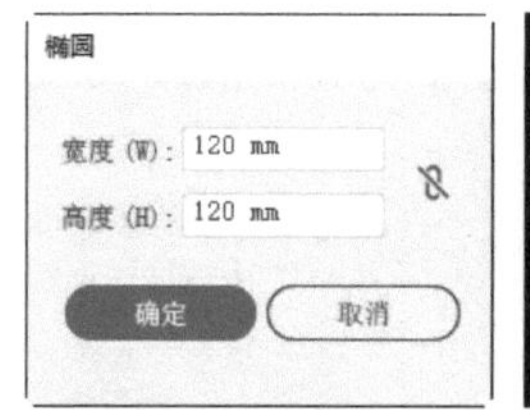

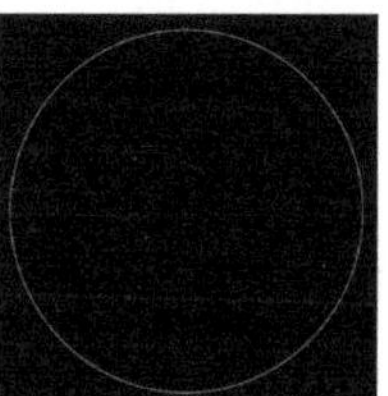

图5-122 图5-123

06 选择直接选择工具▷，单击图5-124所示的锚点，按Delete键删除，得到半圆形路径，如图5-125所示。单击新创建的画笔，如图5-126所示，用它为路径描边，如图5-127所示。

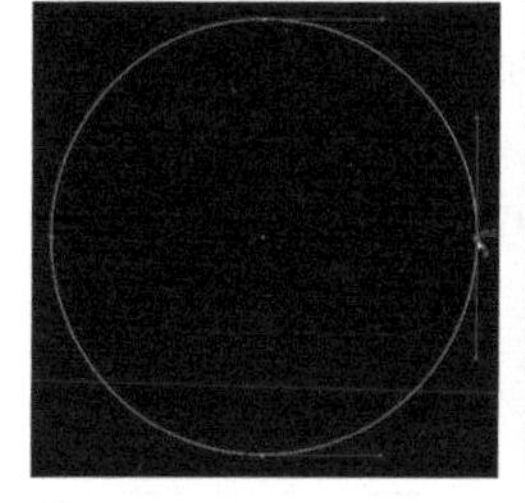

图5-124 图5-125

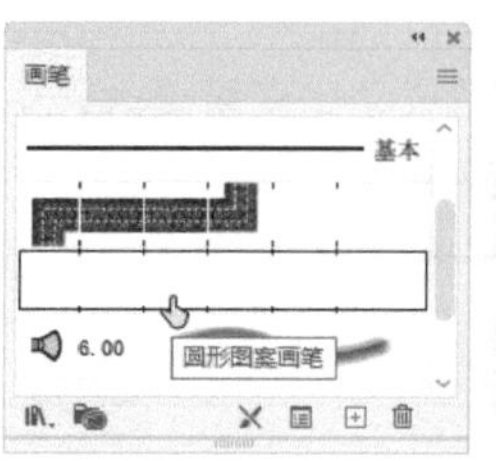

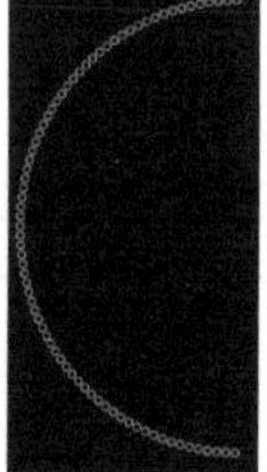

图5-126 图5-127

07 选择镜像工具▷◁，按住Alt键，在图5-128所示的位置单击，弹出“镜像”对话框，选取“垂直”选项，如图5-129所示。单击“复制”按钮，复制图形。用选择工具▶调一下位置，如图5-130所示。

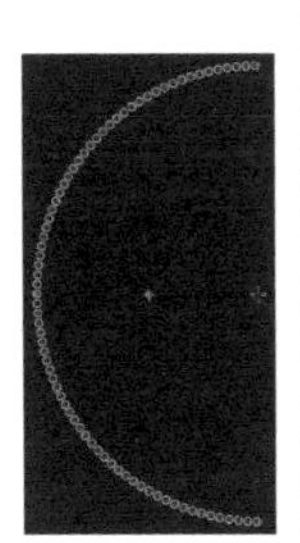

图5-128

图5-129

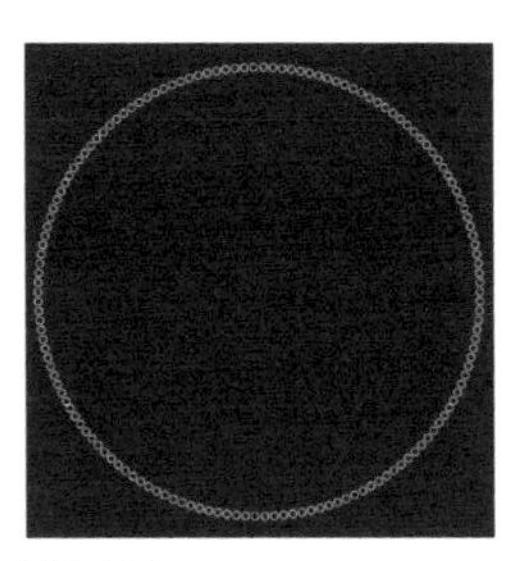

图5-130

08 选取这两个图形，按Alt+Ctrl+B快捷键，创建混合。双击混合工具，打开“混合选项”对话框，设置参数，如图5-131所示，图形效果如图5-132所示。

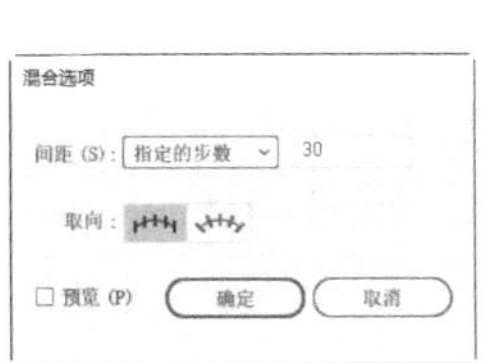

图5-131

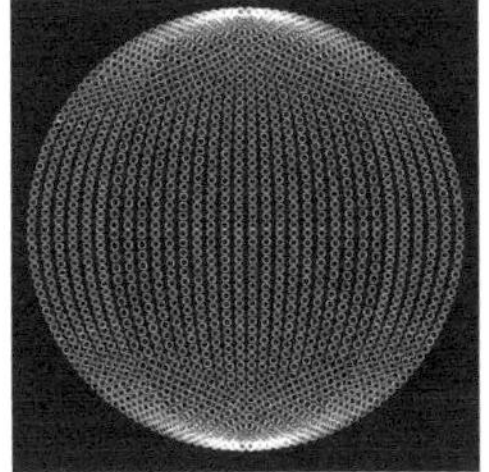

图5-132

09 执行“对象>扩展外观”命令，扩展图形。执行“对象>扩展”命令，弹出“扩展”对话框，勾选“对象”选项，如图5-133所示，单击“确定”按钮关闭对话框。通过这两个命令将混合对象扩展为图形，之后，将描边设置为0.25 pt，如图5-134所示。

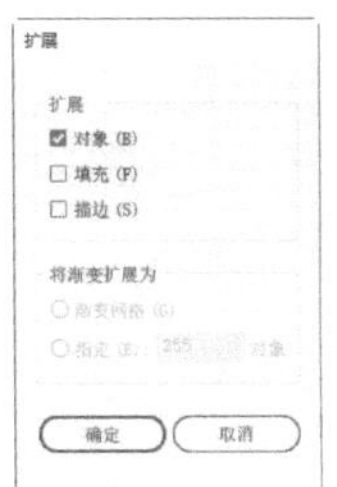

图5-133

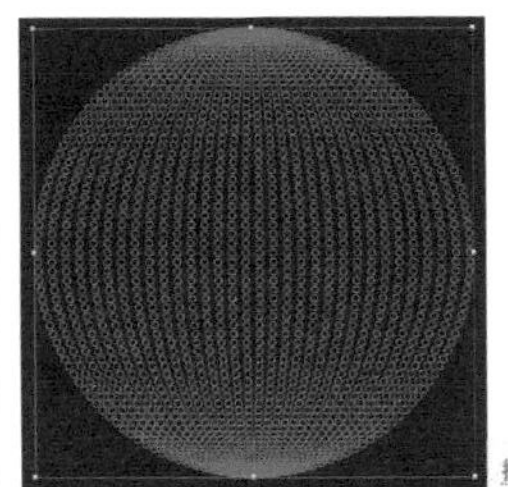

描边: 0.25 pt

图5-134

10 双击晶格化工具，打开“晶格化工具选项”对话框。调整画笔大小并将“细节”设置为1，如图5-135所示。将鼠标指针放在图形上，如图5-136所示，连续单击，进行变形处理，效果如图5-137所示。

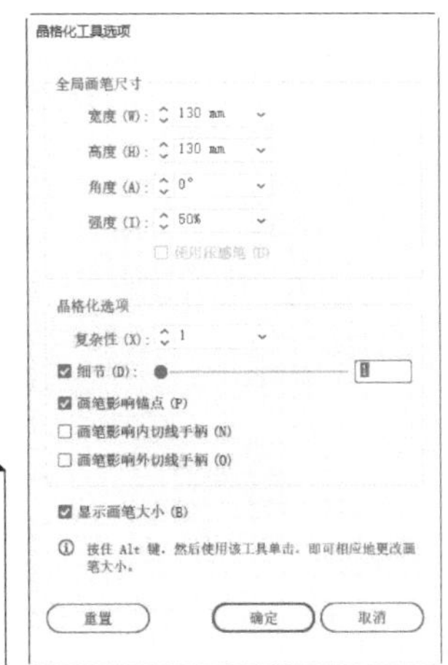

图5-135

提示

使用液化类工具时，可以按住Alt键在画板空白处拖曳鼠标来调整画笔的大小。

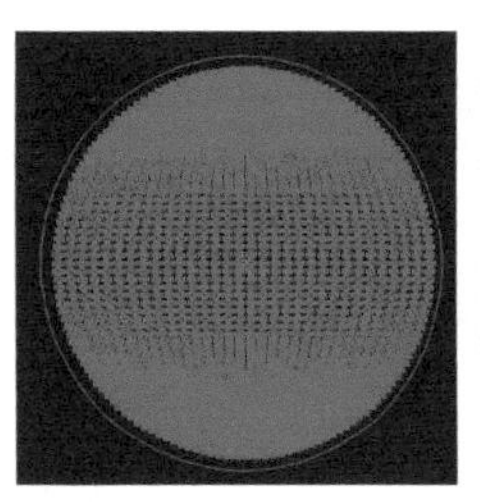

图5-136

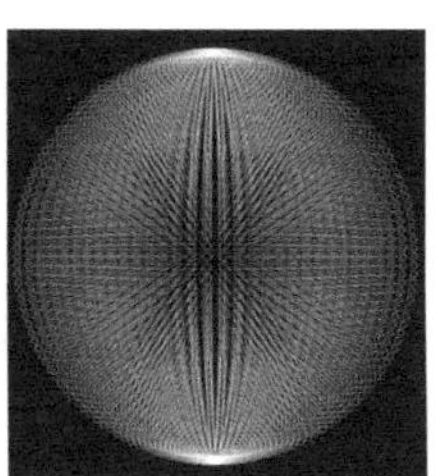

图5-137

11 选择选择工具，按住Alt键拖曳图形进行复制。用其他液化工具做出更多效果，如图5-138~图5-142所示。

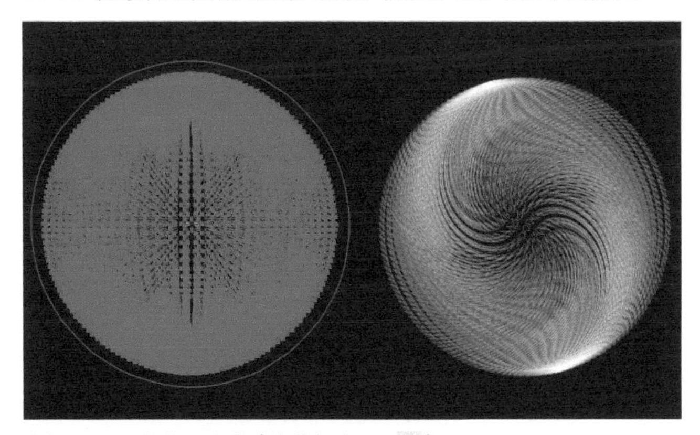

鼠标指针位置/变形效果（旋转扭曲工具）

图5-138

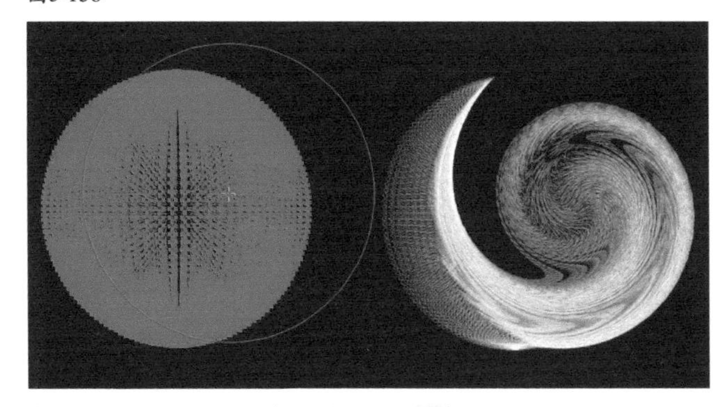

鼠标指针位置/变形效果（旋转扭曲工具）

图5-139

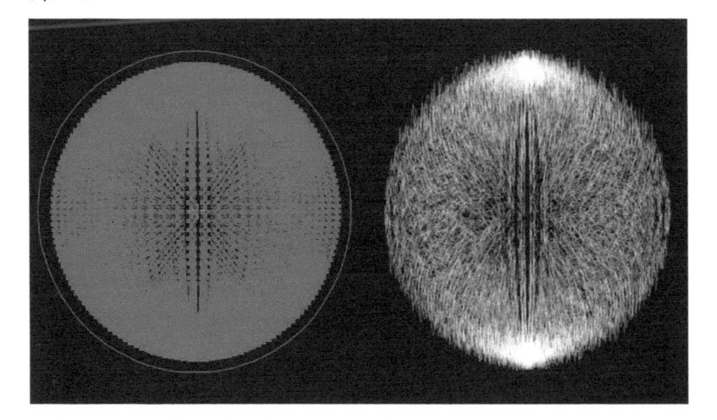

鼠标指针位置/变形效果（皱褶工具）

图5-140

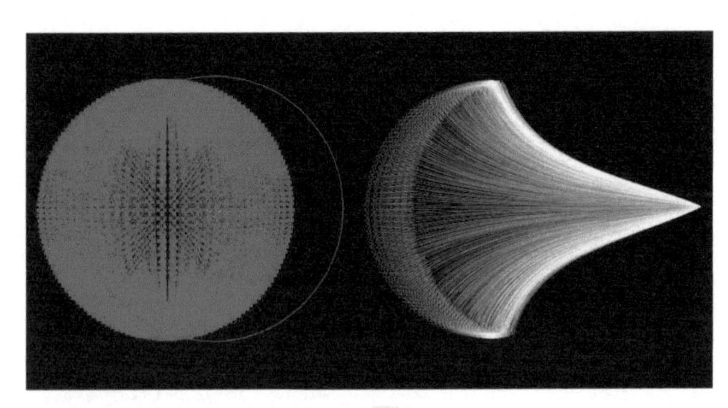

鼠标指针位置/变形效果（缩拢工具）

图5-141

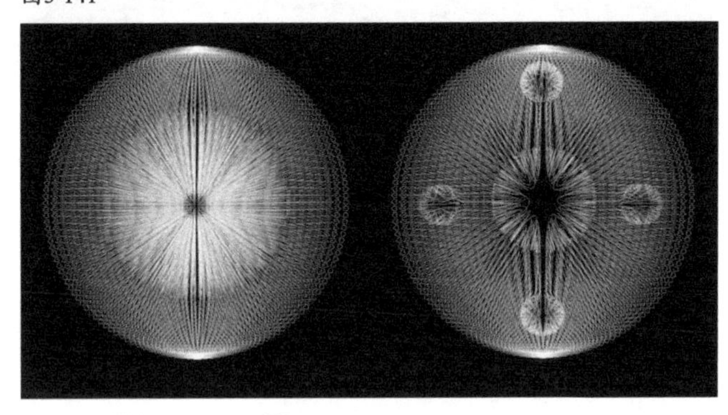

扇贝工具/晶格化工具

图5-142

5.2.3

液化类工具选项

双击任意一个液化类工具，都可以打开工具选项对话框，如图5-143所示。

图5-143

- 宽度/高度：用来设置使用工具时画笔的大小。
- 角度/强度：用来设置画笔的方向和扭曲速度。
- 使用压感笔：当计算机配置了数位板和压感笔时，该选项可用。勾选该选项后，可通过压感笔的压力控制扭曲强度。
- 细节：可以设置引入对象轮廓的各点的间距（该值越高，间距越小）。
- 简化：可以减少多余锚点的数量，但不会影响形状的整体外观。该选项用于变形、旋转扭曲、缩拢和膨胀工具。
- 显示画笔大小：在画板中显示画笔的形状和大小。
- 重置：单击该按钮，可以恢复为默认参数设置。

5.2.4

实战：修改河马动作（操控变形）

操控变形工具可以对图稿的局部进行自由扭曲。例如，可以轻松地让人的手臂弯曲、嘴角上扬、身体摆出不同的姿态等。

扫码看视频

01 打开素材，如图5-144所示。用选择工具选取小河马。选择操控变形工具，图形上会显示网格和几个默认的控制点，如图5-145所示。

图5-144　图5-145

02 将鼠标指针移动到肩膀下方，单击鼠标，添加控制点，如图5-146所示。在腿上也添加一个控制点，如图5-147所示，用以固定对象、减小扭曲范围。

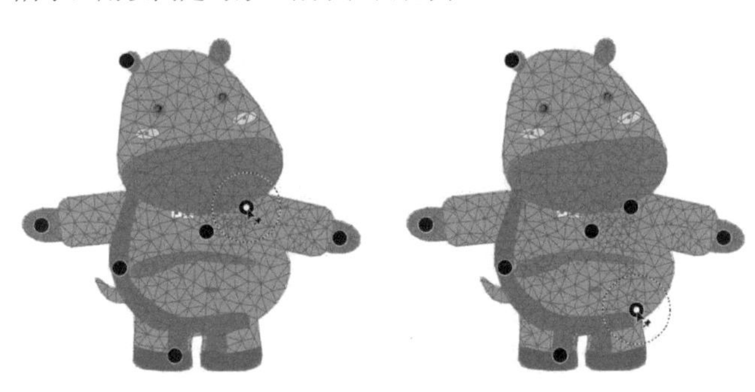

图5-146　图5-147

03 拖曳手掌上的控制点，进行扭曲，将胳膊放下来，如图5-148和图5-149所示。

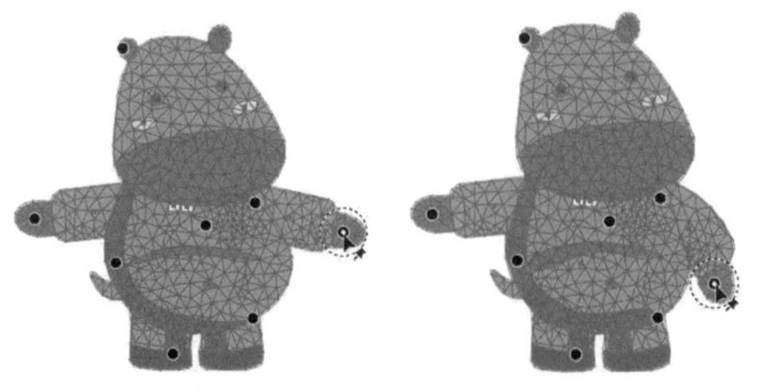

图5-148　图5-149

04 在另一侧肩膀和脸上各放置一个控制点，如图5-150所示。拖曳手掌上的控制点，做出摆手状，如图5-151所示。单击其他工具，结束编辑。

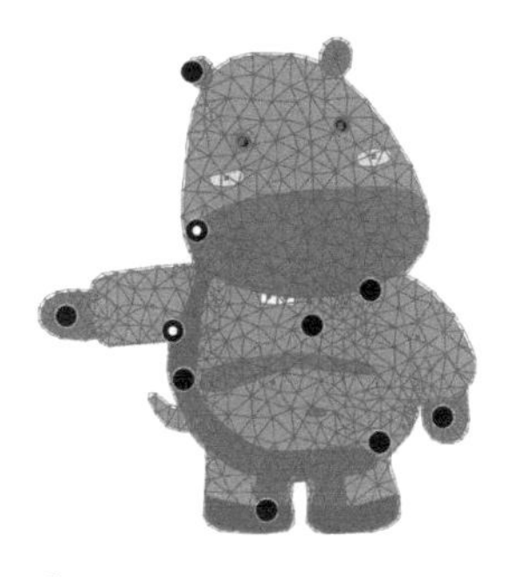

图5-150

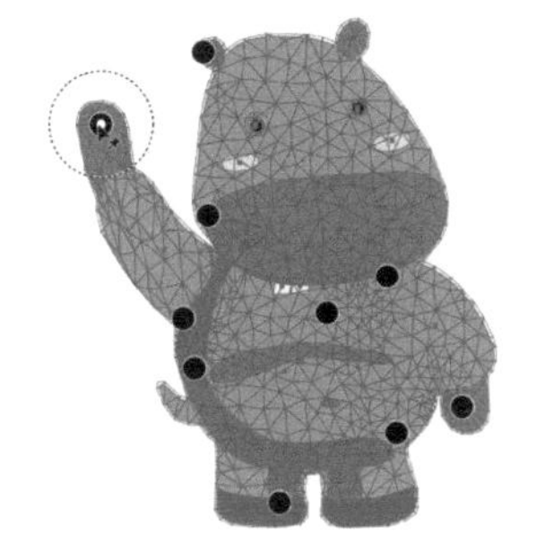

图5-151

> **提示**
>
> 在虚线圆圈上，鼠标指针会变为▶↺状，拖曳鼠标，可以进行扭转。按住Shift键单击多个控制点，可将它们一同选取。选取点后，按Delete键可删除。此外，使用操控变形工具📌时，可以在“控制”面板中设置如下选项。
>
> - 选择所有点：选择图稿上放置的所有点。
> - 显示网格：如果网格妨碍了视线，可以取消勾选该选项，只显示用于调整的点。
> - 扩展网格：用来设置变形衰减范围。该值越大，变形网格的范围也会相应地越向外扩展，变形之后，对象的边缘会越平滑；反之，数值越小，边缘变化效果越生硬。

5.3 组合图形

Illustrator中的绘图工具并不算多，而且只能创建矩形、椭圆、多边形和星形等少量形状，但是可以通过组合的方法，用简单的图形构建新的复杂的图形，这要比使用钢笔工具✒绘制容易得多。下面介绍对象的组合方法。

5.3.1 实战：制作挂牌（复合路径）

如果想在图形内部挖一个“孔”出来，用复合路径操作应该是最方便和灵活的。

扫码看视频

复合路径由一个或多个简单的图形组合而成，它们的重叠处会呈现孔洞。这些图形被自动编组，但其中的各个对象都可以单独编辑，也可以被释放出来。就是说，复合路径不会真正修改图形，是一种非破坏性的功能。

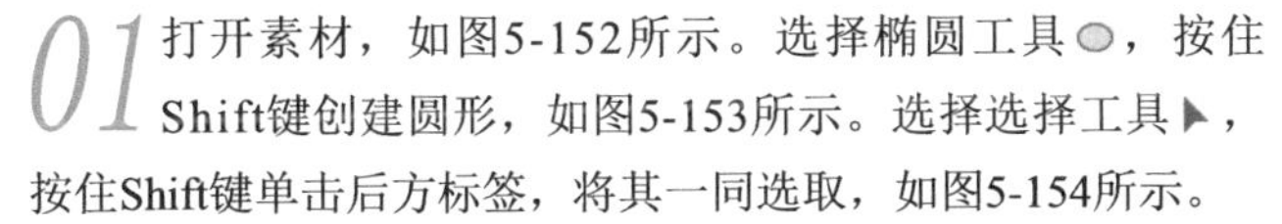

01 打开素材，如图5-152所示。选择椭圆工具◯，按住Shift键创建圆形，如图5-153所示。选择选择工具▶，按住Shift键单击后方标签，将其一同选取，如图5-154所示。

02 执行“对象>复合路径>建立”命令，创建复合路径，复合路径使用最后面的对象的填充内容和样式，如图5-155所示。复合路径中的各个对象会被自动编组，并在“图层”面板中显示为“<复合路径>”，如图5-156所示。

03 选择编组选择工具▷⁺，拖曳圆形，孔洞位置也会随之改变，如图5-157所示。此外，也可以使用锚点编辑工具对锚点进行编辑和修改。如果要释放复合路径中的图形，可以执行“对象>复合路径>释放”命令。需要注意的是，这些路径不能恢复为创建复合路径前的颜色。

图5-152

图5-153

图5-154

图5-155

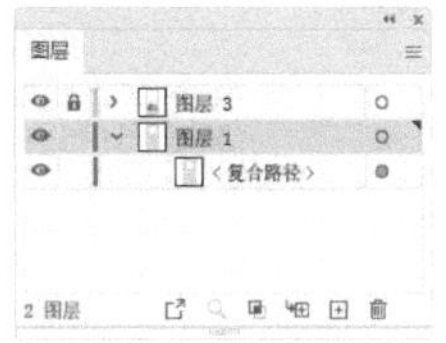

图5-156

图5-157

5.3.2

实战：矛盾空间图形（形状生成器工具）

形状生成器工具可以快速合并简单的图形，或者删除图形中多余的部分。下面，我们使用该工具创建矛盾空间图形，如图5-158所示。

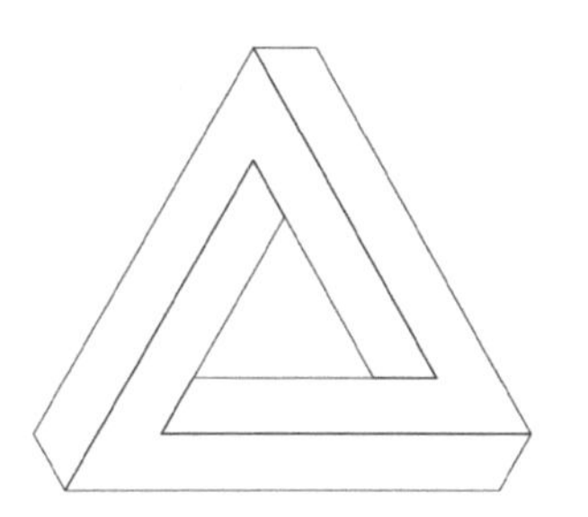

图5-158

01 按Ctrl+N快捷键，打开“新建文档”对话框，使用其中的预设创建A4纸大小的文档。选择直线段工具，按住Shift键拖曳鼠标创建直线。设置描边为黑色，无填色。选择选择工具，按住Alt键拖曳直线，进行复制，如图5-159所示。按Ctrl+D快捷键，继续复制直线，如图5-160所示。

图5-159　图5-160

02 按住Shift键单击上面两条直线，将这3条直线一同选取。选择旋转工具，将鼠标指针放在中心点上，如图5-161所示，按住Alt键单击，弹出“旋转”对话框，设置“角度”为120°，单击“复制”按钮，如图5-162所示，旋转并复制图形，如图5-163所示。采用同样的方法，即按住Alt键在中心点上单击，弹出“旋转”对话框，设置“角度”为120°，单击“复制”按钮复制图形，如图5-164所示。

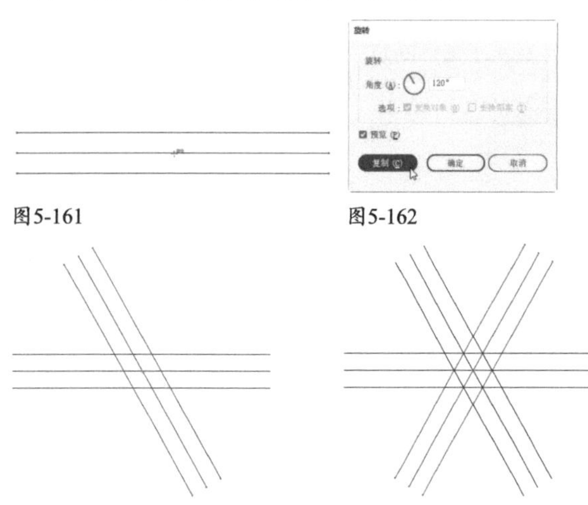

图5-161　图5-162

图5-163　图5-164

03 选择选择工具，拖出一个选框，将水平直线选取并向下拖曳，如图5-165和图5-166所示。

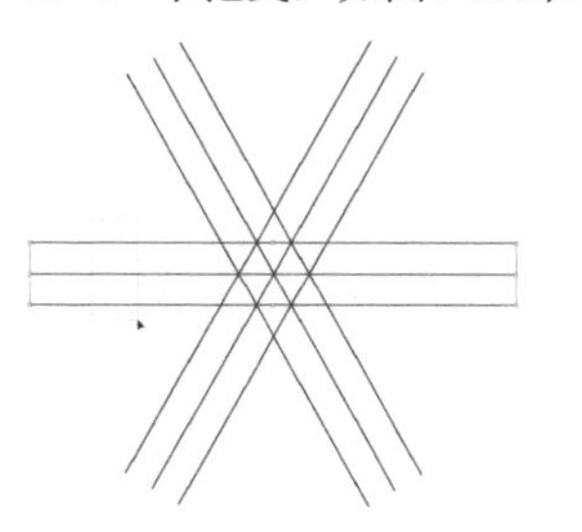

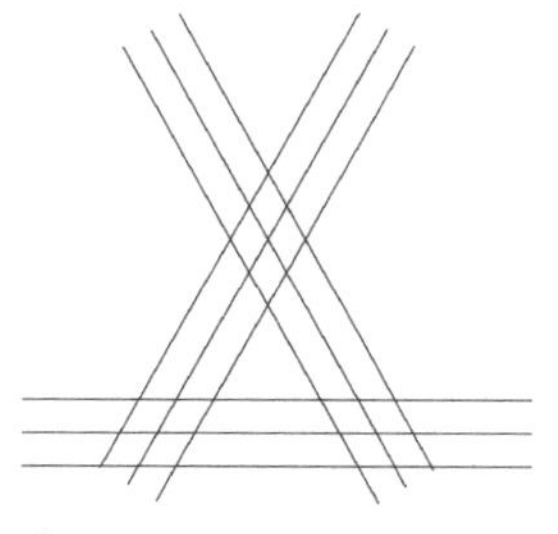

图5-165　图5-166

04 按Ctrl+K快捷键，打开“首选项”对话框，切换到“智能参考线”设置面板，将“对齐容差”选项设置为1 pt，如图5-167所示。选择直线段工具，将鼠标指针放在直线的交叉点上，出现提示信息（“交叉”二字）时，如图5-168所示，按住Shift键拖曳鼠标，创建直线，如图5-169和图5-170所示。采用同样的方法，在图形下方创建两条直线，如图5-171所示。

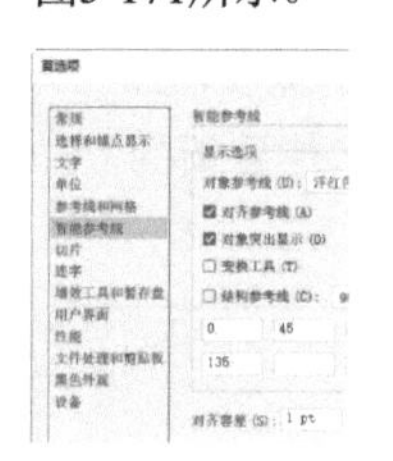

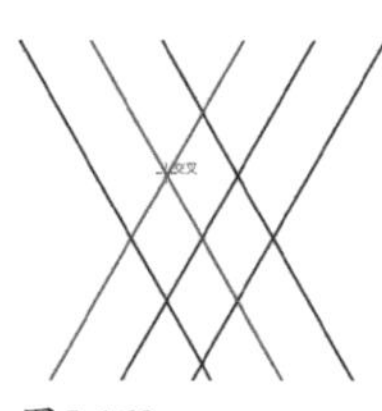

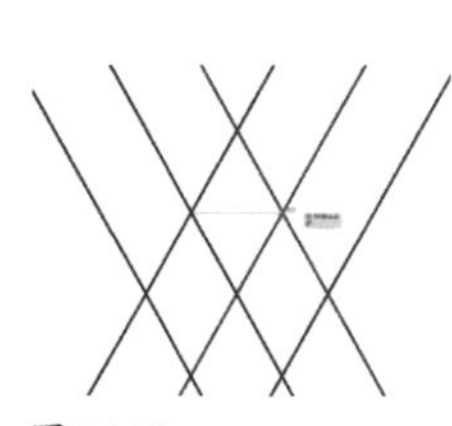

图5-167　图5-168　图5-169

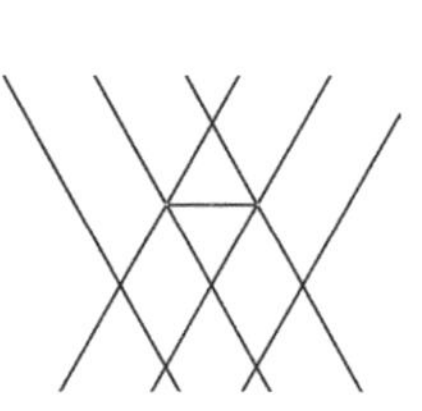

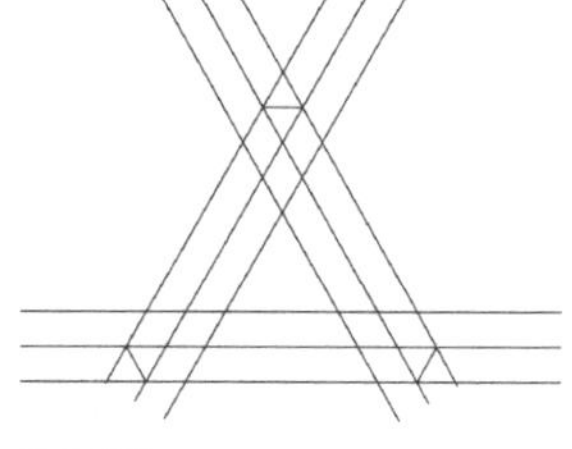

图5-170　图5-171

05 按Ctrl+A快捷键全选，单击“路径查找器”面板中的按钮，对图形进行分割，如图5-172所示。按Shift+Ctrl+G快捷键取消编组。选择选择工具，单击多余的图形，按Delete键删除，如图5-173所示。

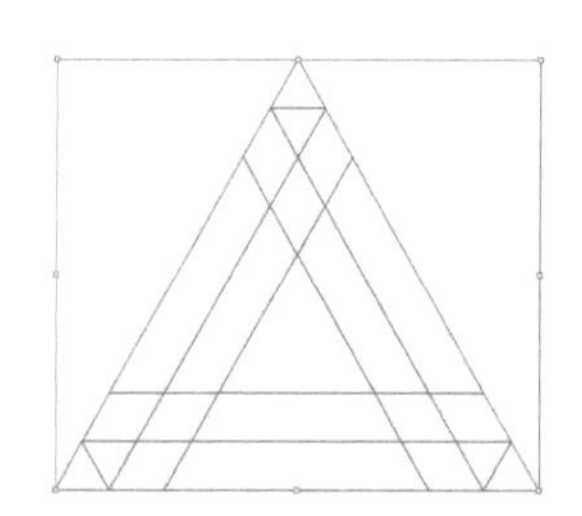

图5-172　图5-173

06 按Ctrl+A快捷键全选。选择形状生成器工具，将鼠标指针移动到图形上，鼠标指针变为状时，如图5-174

所示，向临近的图形拖曳，将图形合并，如图5-175所示。合并出另外两个图形，如图5-176和图5-177所示。

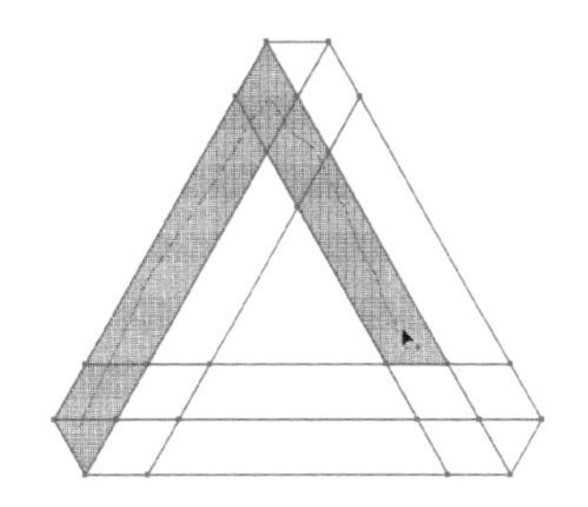
图5-174

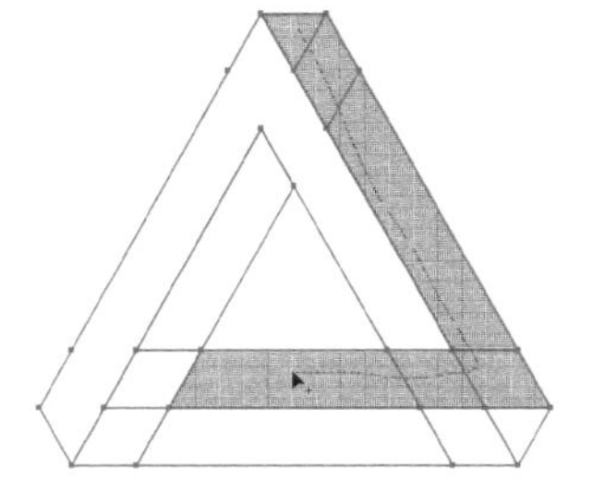
图5-175

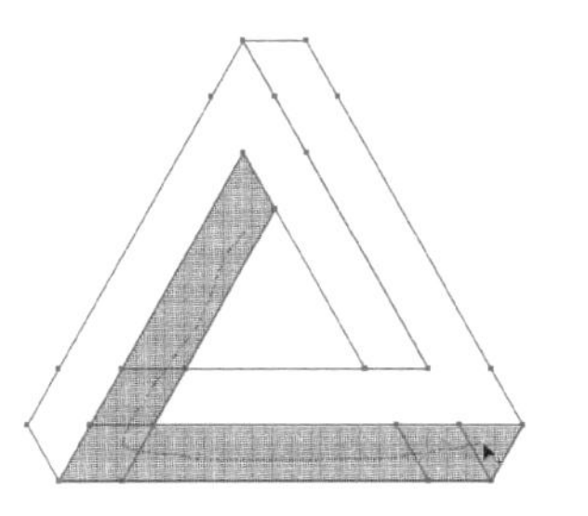
图5-176

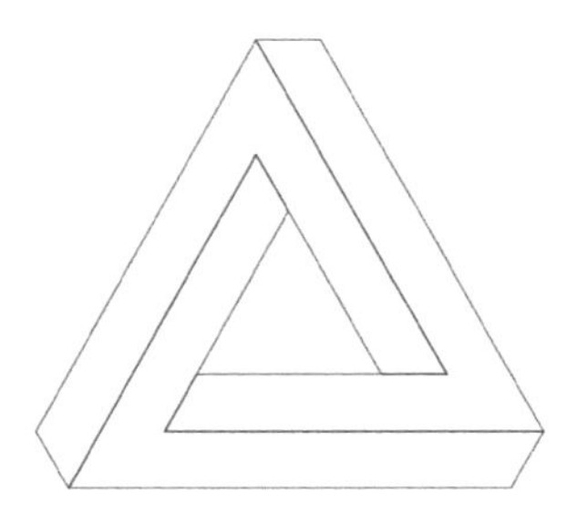
图5-177

提示

按住Alt键（鼠标指针会变为▶_状）单击边缘，可删除边缘。按住Alt键单击一个图形（也可是多个图形的重叠区域），则可删除图形。

07 分别选取这3个图形，设置颜色为从深红色到浅红色，如图5-178~图5-180所示。

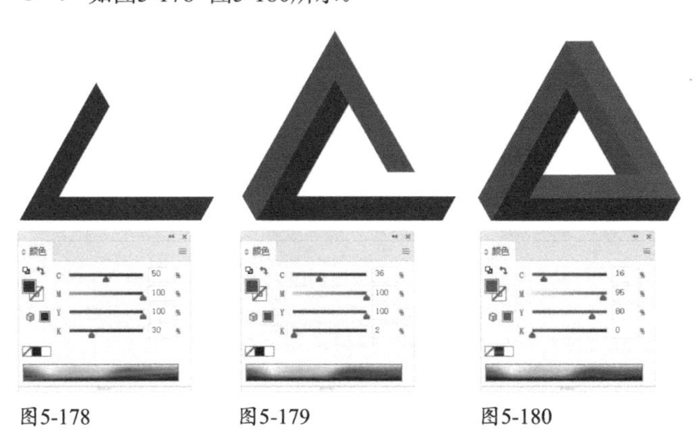
图5-178　图5-179　图5-180

08 单击深红色图形，如图5-181所示。单击工具栏中的内部绘图按钮 （见163页），如图5-182所示。使用矩形工具创建一个矩形，它会位于红色图形内部。单击工具栏中的渐变按钮，为它填充渐变，如图5-183所示。

09 选择渐变工具，拖曳鼠标，调整渐变方向，如图5-184所示。在“透明度”面板中设置混合模式为“正片叠底”，使其成为图形上的阴影，如图5-185所示。单击正常绘图按钮，结束编辑。

图5-181

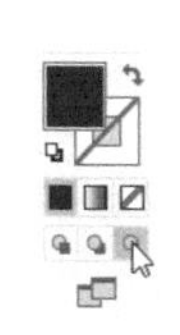
图5-182

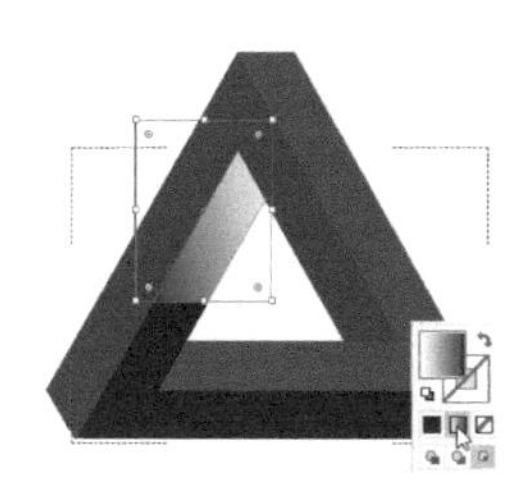
图5-183

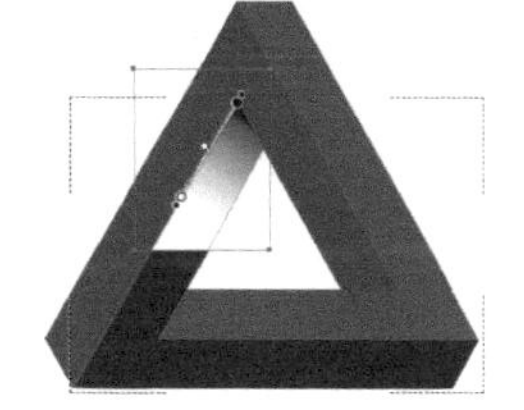
图5-184

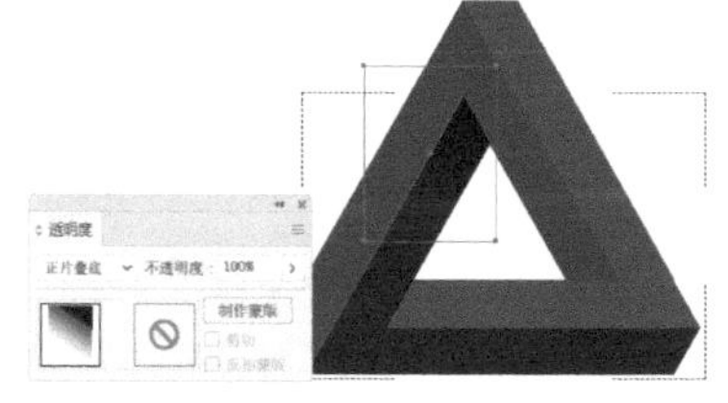
图5-185

10 采用同样的方法，在另外两个图形内部创建矩形，之后填充渐变并调整混合模式，制作阴影效果，如图5-186和图5-187所示。

图5-186

图5-187

11 选择直线段工具，绘制一段直线，设置颜色为白色，并调整宽度，如图5-188所示。设置混合模式为“叠加”，在图形边缘创建高光效果，如图5-189和图5-190所示。采用同样的方法，在另外两个侧面上也绘制高光效果，如图5-191所示。

图5-188

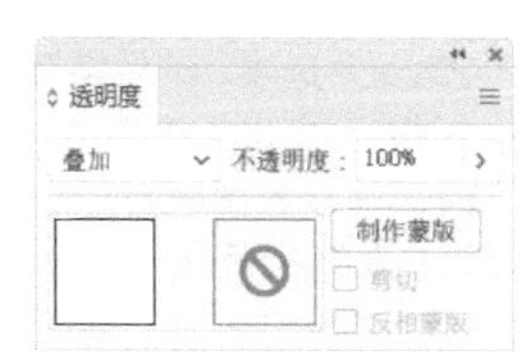

图5-189

图5-190

图5-191

技术看板　矛盾空间图形

矛盾空间是创作者刻意违背透视原理，利用平面的局限性及错视凭空制造出来的空间。由于这种空间存在着不合理性，但又不容易找到矛盾所在，所以会引发人们的遐想。而在矛盾空间中出现的同视觉空间毫不相干的矛盾图形，则称为矛盾空间图形。

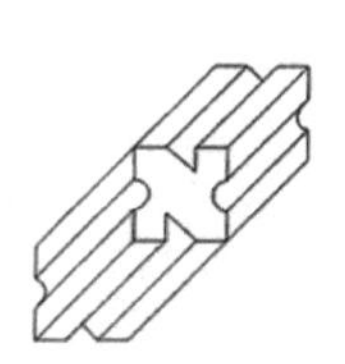
共用面

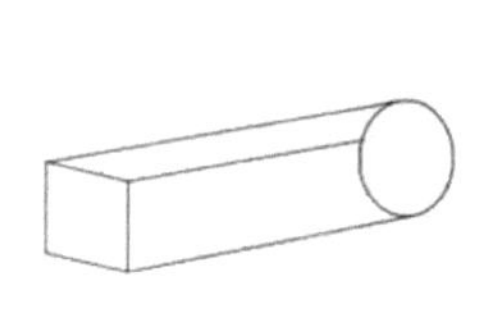
矛盾连接

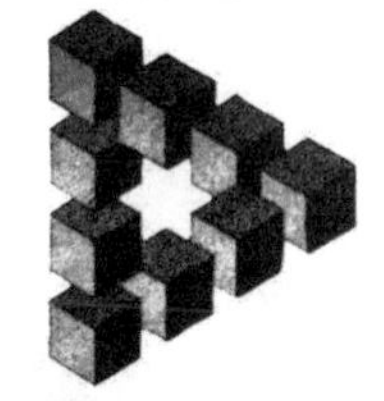
边洛斯三角形

《相对性》——埃舍尔作品

形状生成器工具选项

双击形状生成器工具，可以打开“形状生成器工具选项”对话框，如图5-192所示。

- 间隙检测/间隙长度：勾选“间隙检测”选项后，可以在“间隙长度”下拉列表设置间隙长度，包括小(3点)、中(6点)和大(12点)。如果想要定义精确的间隙长度，可选择该下拉列表中的“自定义”选项，然后设置间隙数值，此后Illustrator会查找仅接近指定间隙长度值的间隙，因此应确保间隙长度值与实际间隙长度接近(大概接近)。例如，如果设置间隙长度为12点，然而需要合并的形状包含了3点的间隙，则Illustrator可能无法检测此间隙。
- 将开放的填色路径视为闭合：为开放的路径创建一个不可见的边缘以封闭图形，单击图形内部时，会创建一个形状。
- 在合并模式中单击“描边分割路径”：在进行合并图形操作时，单击描边可分割路径。在拆分路径时，鼠标指针会变为状。

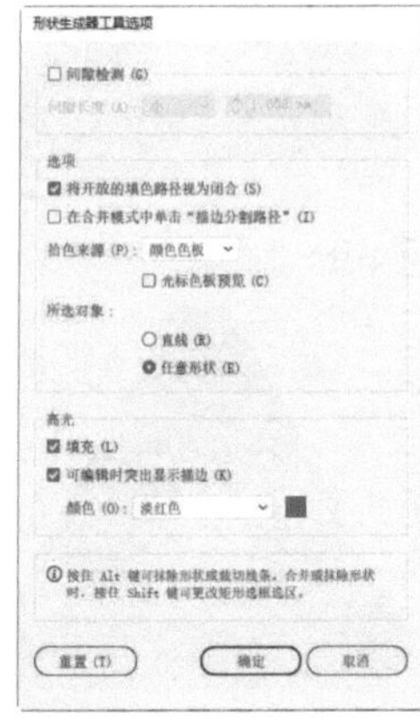

图5-192

- 拾色来源/光标色板预览：在“拾色来源”选项的下拉列表中选择“颜色色板”选项，可以从颜色色板中选择颜色来给对象上色，此时可勾选“光标色板预览”选项，预览和选择颜色，Illustrator会提供实时上色风格鼠标指针色板，它允许使用方向键循环选择色板面板中的颜色。选择“图稿”选项，则从当前图稿所用的颜色中选择颜色。
- 填充：勾选该选项后，当鼠标指针位于可合并的路径上方时，路径区域会以灰色突出显示。
- 可编辑时突出显示描边/颜色：勾选“可编辑时突出显示描边”选项后，当鼠标指针位于图形上方时，Illustrator会突出显示可编辑的描边。在“颜色”选项中可以修改显示颜色。
- 重置：单击该按钮，可以恢复为Illustrator默认的参数设置。

5.3.3 “路径查找器”面板

学习完复合路径和形状生成器工具，我们便掌握了挖孔、组合和删除图形的方法。在Illustrator中，图形还可用“路径查找器”面板，以其他方式和方法组合，如图5-193所示。

- 联集：将选中的多个图形合并为一个图形。合并后，轮廓线及其重叠的部分融合在一起，最前面对象的颜色决定了合并后的对象的颜色，如图5-194和图5-195所示。

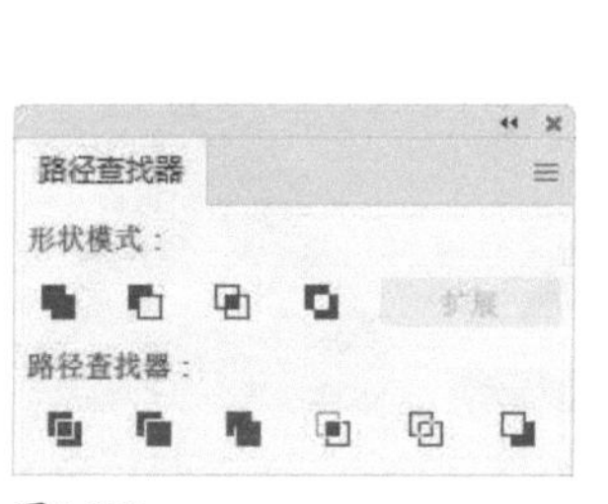

图5-193

图5-194

图5-195

- 减去顶层：用最后面的图形减去它前面的所有图形，可保留后面图形的填色和描边，如图5-196和图5-197所示。

图5-196

图5-197

● 交集 ：只保留图形的重叠部分，删除其他部分。重叠处显示为最前面图形的填色和描边，如图5-198和图5-199所示。

图5-198

图5-199

● 差集 ：只保留图形的非重叠部分，重叠部分被挖空，最终的图形显示为最前面图形的填色和描边，如图5-200和图5-201所示。

图5-200

图5-201

● 分割 ：对图形的重叠区域进行分割，并使之成为单独的图形。分割后的图形可保留原图形的填色和描边，且被自动编组。图5-202所示为在图形上创建的多条路径，图5-203所示为对图形进行分割后填充不同颜色的效果。

图5-202

图5-203

● 修边 ：将后面图形与前面图形重叠的部分删除，保留对象的填色，无描边，如图5-204和图5-205所示。

图5-204

图5-205

● 合并 ：不同颜色的图形合并后，最前面的图形保持形状不变，与后面图形重叠的部分被删除。图5-206所示为原图形，图5-207所示为合并后将图形移动开的效果。

● 裁剪 ：只保留图形的重叠部分，最终的图形无描边，并显示为最后面图形的颜色，如图5-208和图5-209所示。

图5-206　　图5-207

图5-208

图5-209

● 轮廓 ：只保留图形的轮廓，轮廓的颜色为它自身的填色，如图5-210和图5-211所示。

图5-210

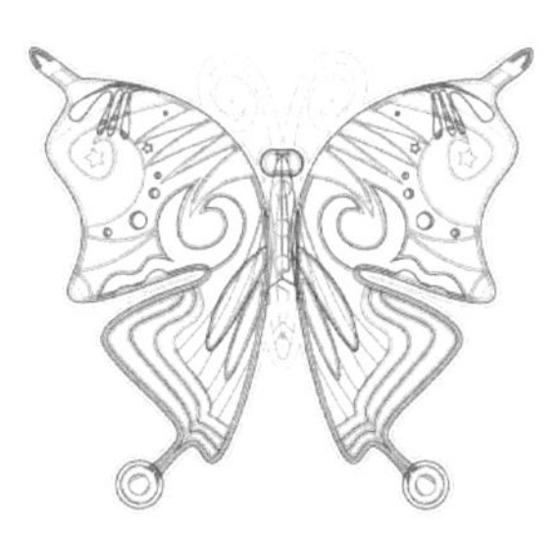

图5-211

● 减去后方对象 ：用最前面的图形减去它后面的所有图形，保留最前面图形的非重叠部分及描边和填色，如图5-212和图5-213所示。

图5-212

图5-213

技术看板　路径查找器选项

执行“路径查找器”面板菜单中的“路径查找器选项”命令，可以打开“路径查找器选项”对话框。

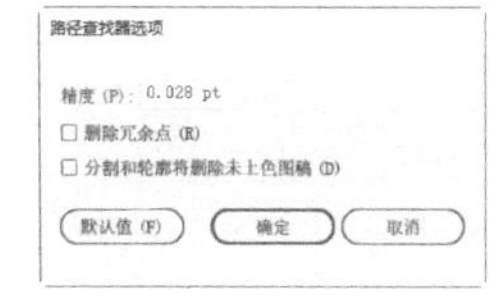

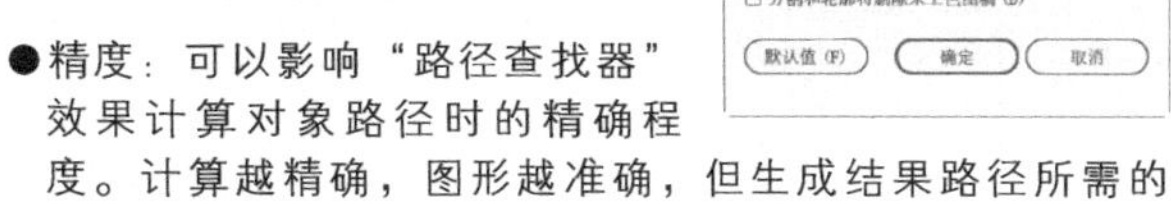

● 精度：可以影响“路径查找器”效果计算对象路径时的精确程度。计算越精确，图形越准确，但生成结果路径所需的时间就越长。

● 删除冗余点：删除不必要的锚点。

● 分割和轮廓将删除未上色图稿：单击“分割”或“轮廓”按钮时删除所选图稿中所有未填充的对象。

5.3.4

实战：光盘盘面设计

下面使用绘图工具和“路径查找器”面板，为光盘设计封面。

01 按Ctrl+O快捷键，打开素材，如图5-214所示，这是一个光盘模板文件，图片用4个圆形参考线概括出光盘的结构。

02 单击“图层”面板底部的⊞按钮，新建“图层2”。选择椭圆工具◯，根据参考线的位置，按住Shift键创建3个圆形，分别填充浅黄色、蓝色和白色，如图5-215所示。

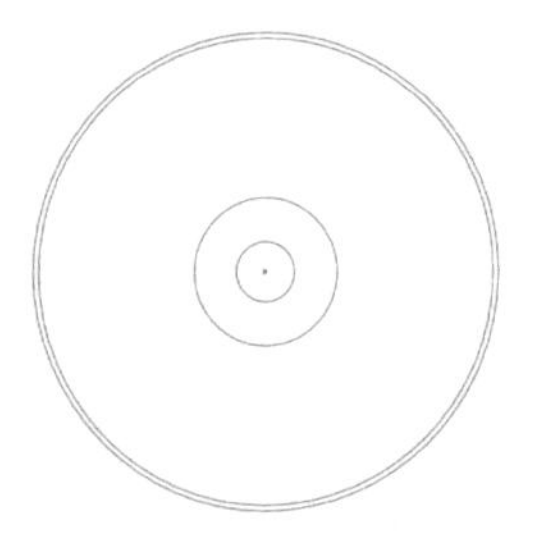

图5-214

图5-215

03 按Ctrl+A快捷键全选。单击“路径查找器”面板中的按钮，如图5-216所示，分割图形。选择直接选择工具▷，单击最小的白色圆形，如图5-217所示，按Delete键删除。

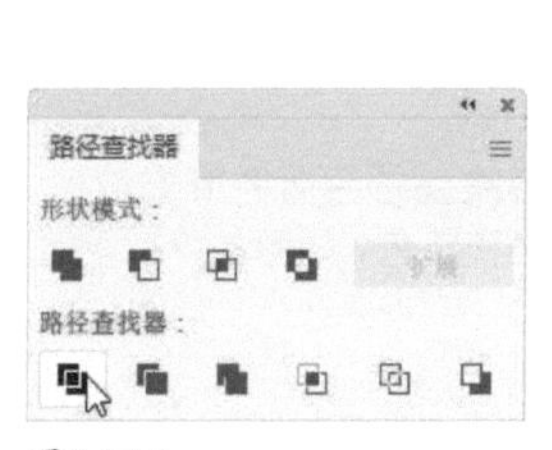

图5-216

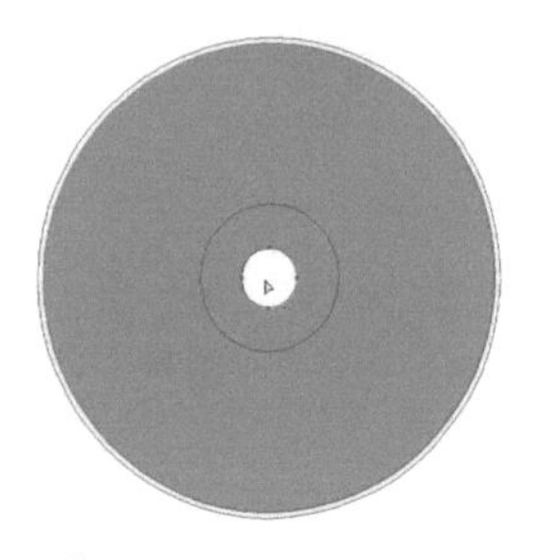

图5-217

04 选取蓝色圆形，按Ctrl+C快捷键复制，在空白区域单击，之后按Ctrl+V快捷键粘贴。使用矩形工具▭在圆形上绘制一个矩形，如图5-218所示。选取这两个图形，单击“路径查找器”面板中的按钮，制作出一个半圆形，如图5-219所示。

图5-218

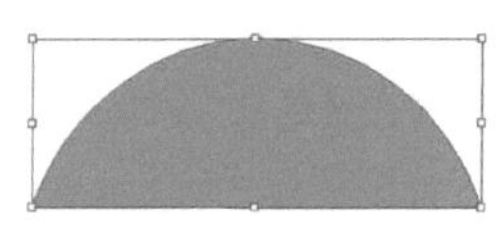

图5-219

05 用钢笔工具绘制图5-220所示的4个图形。用选择工具▶将它们与半圆形一同选取，单击“路径查找器”面板中的按钮进行相减，做出刘海，如图5-221所示。为图形填充红色，放在光盘上方。

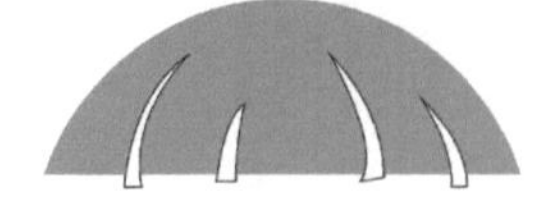

图5-220

图5-221

06 用钢笔工具绘制眼睛，如图5-222所示；再画出黑色的眼珠，使用椭圆工具◯在眼珠上绘制白色的高光，在光盘左下方绘制一个红脸蛋，如图5-223所示。

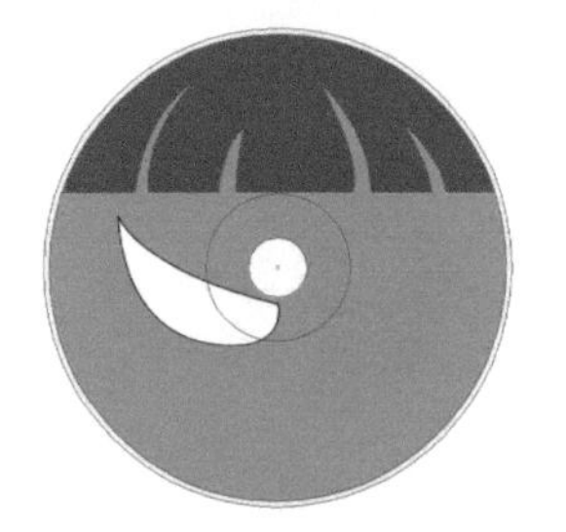

图5-222

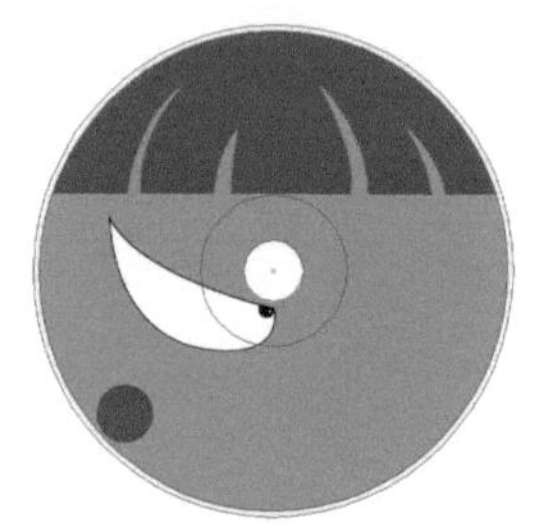

图5-223

07 选取组成眼睛和红脸蛋的图形，如图5-224所示，按Ctrl+G快捷键编组。双击镜像工具，打开“镜像”对话框，选择“垂直”选项，如图5-225所示，单击“复制”按钮，复制图形并做镜像处理，如图5-226所示。按住Shift键将图形向右侧拖动，如图5-227所示。

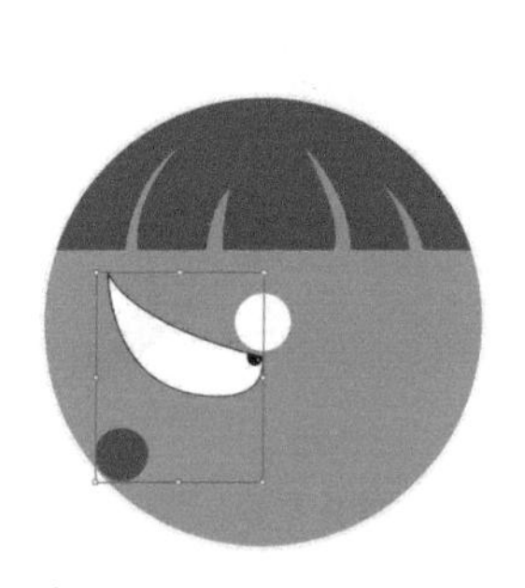

图5-224

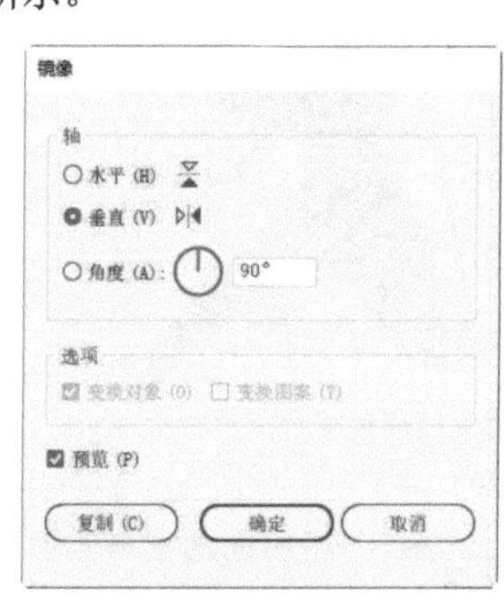

图5-225

图5-226

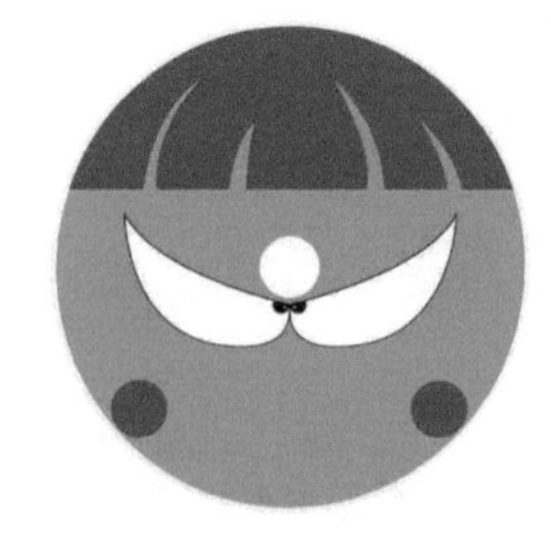

图5-227

08 使用多边形工具绘制一个六边形，如图5-228所示。执行“效果>扭曲和变换>收缩和膨胀”命令，设置参数为62%，如图5-229所示，制作成花瓣效果。在它中间绘制一个白色的圆形，如图5-230所示。将花朵放在光盘盘面右侧。用钢笔工具绘制出嘴巴和汗珠图形，根据光盘盘面形状设计的卡通人物就完成了，如图5-231所示。

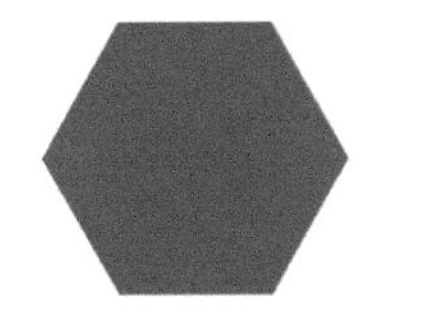

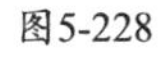

图5-228

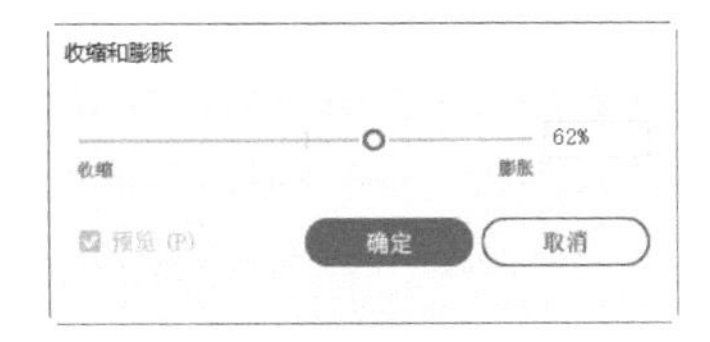

图5-229

图5-230

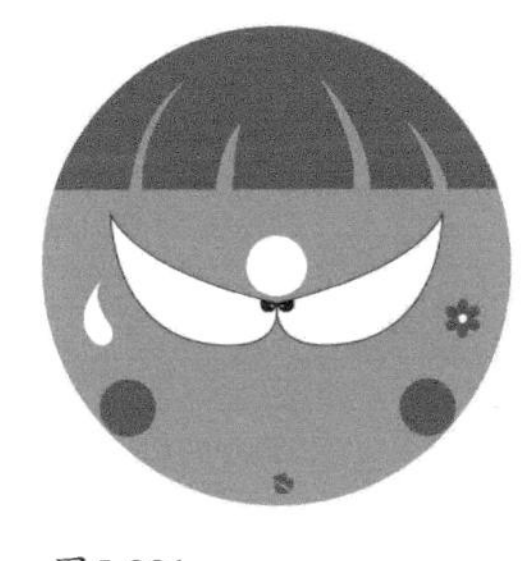

图5-231

5.3.5

实战：制作咖啡标签（复合形状）

要点

在前面，我们使用“路径查找器”面板组合对象时，给原始图形造成了永久性的改变。如果按住Alt单击形状模式按钮（即第一排按钮），则会创建复合形状。复合形状中的原始图形在任何时候都可以被释放出来。因此，这是一种非破坏性的编辑方法。如果以后还想使用原始图形，可以用这种方法来处理。

创建复合形状时，它会采用底层对象的填色和透明度属性。我们可以用直接选择工具或编组选择工具选取各个对象，按住Alt单击“形状模式”选项组的按钮，修改形状模式；也可改变填色、样式或透明度属性，或者通过编辑锚点，修改对象的形状。

01 打开素材，如图5-232所示。选择选择工具，按住Shift键单击咖啡杯和下方的绿色标签，将它们选取，如图5-233所示。按住Alt键单击“路径查找器”面板中的按钮，创建复合形状，如图5-234所示。在“图层”面板中，复合形状以组形式存在，名称为“复合形状”，如图5-235所示。

02 选择编组选择工具，在咖啡杯上单击，将其选取，如图5-236所示。按住Alt键单击“路径查找器”面板中的按钮，即可修改所选图形的形状模式，如图5-237所示。

图5-232

图5-233

图5-234

图5-235

图5-236

图5-237

03 使用选择工具选取复合形状，如图5-238所示。如果想将它们创建为永久性的图形，可以单击“路径查找器”面板中的“扩展”按钮，删除多余的路径。如果想释放复合形状，即将原有图形分离出来，可以打开“路径查找器”面板菜单，选择“释放复合形状”命令，如图5-239所示。其中的各个对象可以恢复为创建前的填充内容和样式。

图5-238

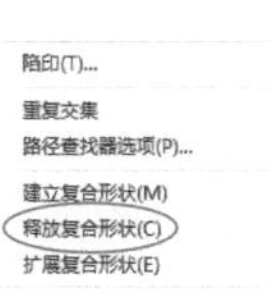

图5-239

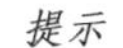

提示

图形、路径、编组对象、混合、文本、封套扭曲对象、变形对象、复合路径、其他复合形状等都可以用来创建复合形状。由于要保留原始图形，复合形状要比复合路径生成的文件大，并且在显示包含复合形状的文件时，计算机要一层一层地从原始对象读到现有的结果，屏幕的刷新速度会变慢。如果制作简单的挖空效果，最好用复合路径。

5.3.6 Shaper工具

绘图

与其他工具相比，Shaper工具显得很特别，因为它有“灵性”——能识别我们的手势，并根据手势生成实时形状。例如，我们画一个歪歪扭扭的方框，它会“善解人意”地将其变成规规矩矩的正方形，如图5-240所示。此外，矩形、圆形、椭圆、三角形、多边形和直线，也都能用它轻松地绘制出来。这样我们便省了不少事，不用再切换其他工具了。

组合形状

Shaper工具绘制出的是实时形状，即可编辑的图形。而且当多个图形堆积在一起时，还能通过4种方法来进行组合或分割，如图5-241所示（黑色折线代表鼠标运行轨迹）。

> 提示
>
> “手势”即我们在多点触控设备上点按、拖曳和滑动操作，或者使用鼠标时的运行轨迹。如果使用数位板绘图，则是指压感笔的运行轨迹。

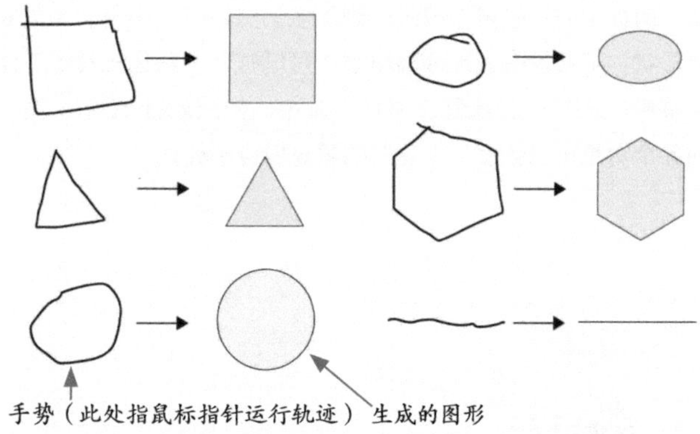

手势（此处指鼠标指针运行轨迹） 生成的图形

图5-240

手势（此处指鼠标指针运行轨迹） 图形分割、组合效果

图5-241

编辑Shaper组中的形状

当对多个图形进行组合以后，它们便成为一个Shaper组。选择Shaper工具，单击Shaper组时，会显示定界框及箭头构件，如图5-242所示；单击其中的一个形状，则会进入表面选择模式，如图5-243所示，此时可修改填充颜色，如图5-244所示。

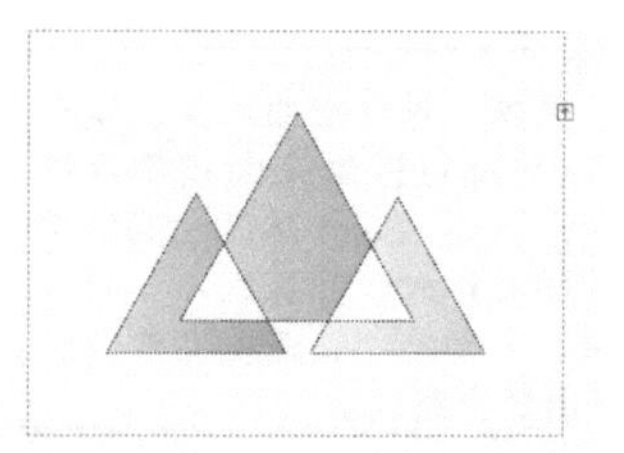

图5-242

图5-243

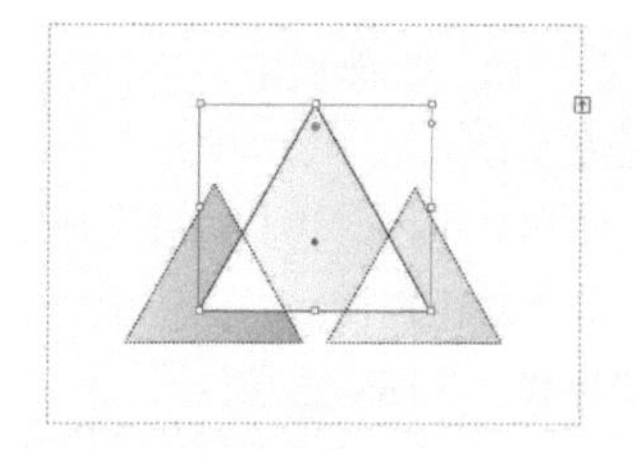

图5-244

双击一个形状（或单击定界框上的⊡图标），则会进入构建模式，如图5-245所示。此时可对形状进行修改。例如，调整图形大小或进行旋转，如图5-246所示。如果将该形状拖出定界框外，则会将它从Shaper组中释放出来，如图5-247所示。

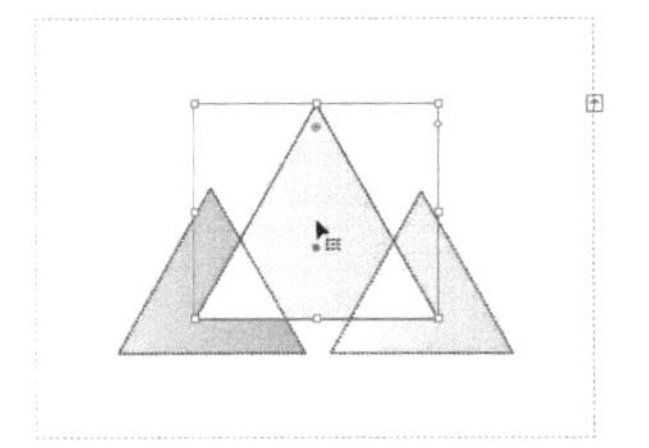

图5-245

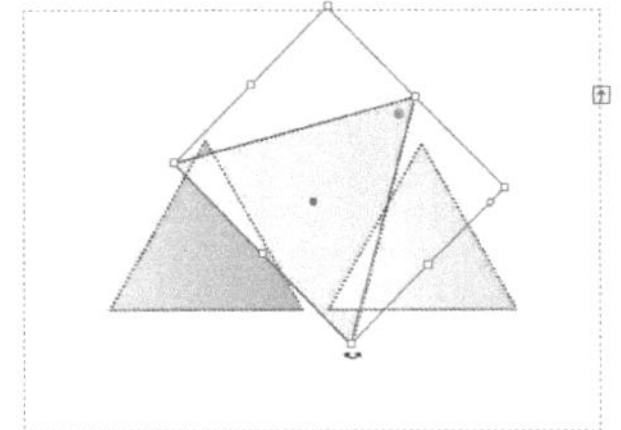

图5-246

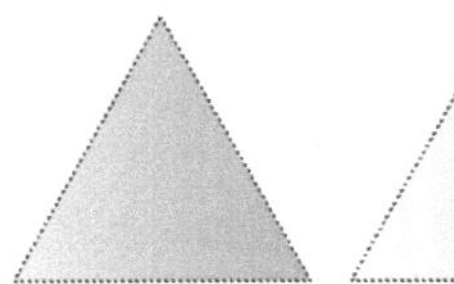

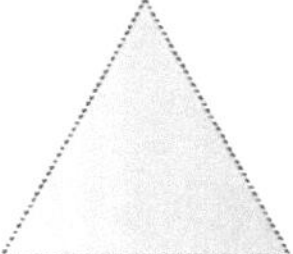

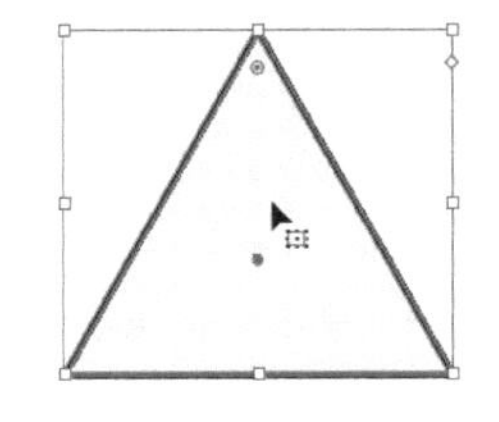

图5-247

5.3.7 实战：制作扁平化图标

扫 码 看 视 频

高光、阴影、渐变、浮雕等是营造立体感和质感的要素。扁平化则完全抛弃这些要素，通过抽象、简化的设计，让信息以更加简单的方式展示出来。自从在苹果操作系统中应用以来，扁平化风靡全球。下面，我们使用绘图工具和Shaper工具制作一个扁平化图标，如图5-248所示。

图5-248

01 创建一个A4纸大小、横向的RGB模式文件。使用矩形工具创建一个与画板大小相同的矩形并将其锁定，如图5-249和图5-250所示。

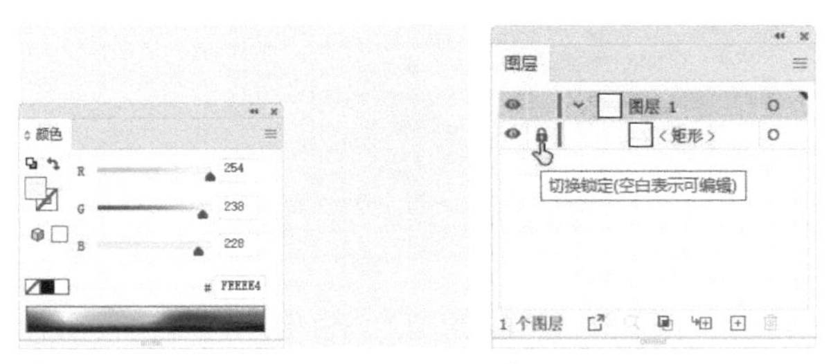

图5-249　　图5-250

02 单击⊞按钮，创建一个图层，如图5-251所示。使用Shaper工具绘制两个圆形，如图5-252所示。

图5-251

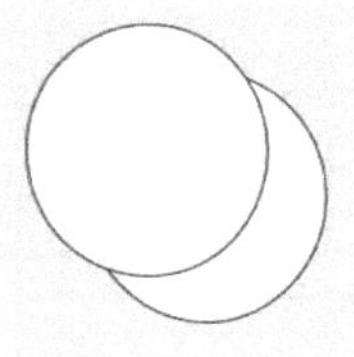

图5-252

03 在图5-253所示的位置以折线的形式拖曳鼠标，分割出一个月牙图形，如图5-254所示。取消描边，如图5-255所示。

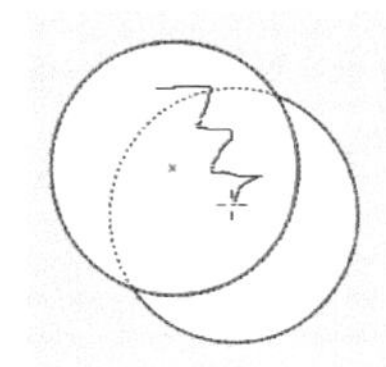

图5-253

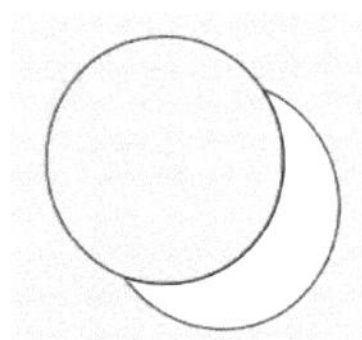

图5-254

图5-255

04 使用Shaper工具绘制三角形山峰并填充渐变，如图5-256~图5-259所示。

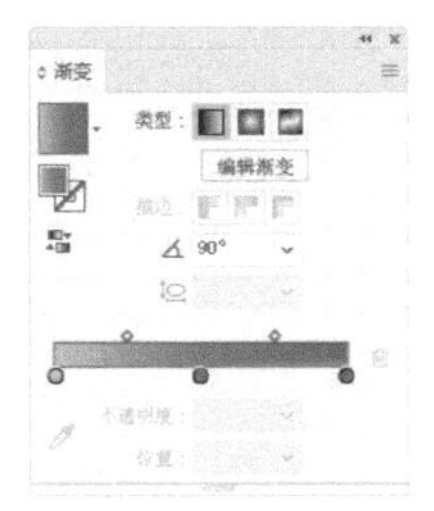

图5-256

图5-257

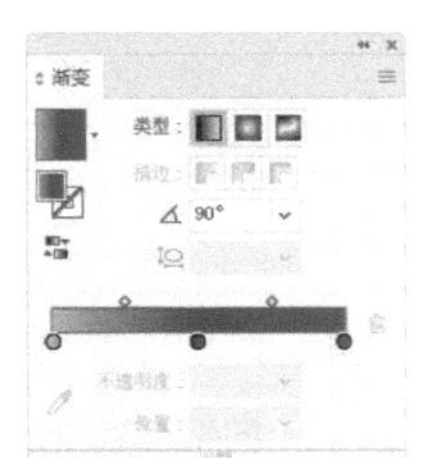

图5-258

图5-259

05 绘制一个矩形，按Shift+Ctrl+[快捷键移至底层。为它填充渐变颜色，如图5-260和图5-261所示。

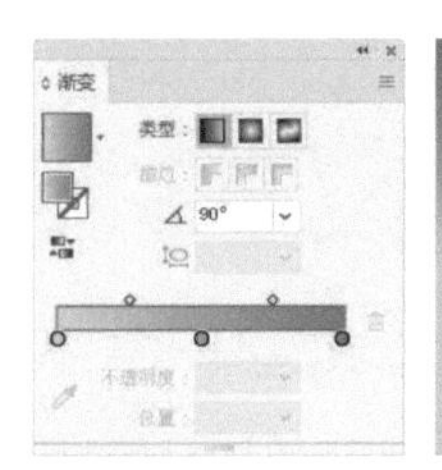

图5-260

图5-261

06 绘制一个圆形，设置描边颜色为白色并调整粗细，如图5-262和图5-263所示。

图5-262

图5-263

07 按Ctrl+C快捷键复制圆形。按Ctrl+A快捷键全选，按Ctrl+7快捷键创建剪切蒙版，将圆形之外的图形隐藏，如图5-264所示。单击“图层1”，如图5-265所示，按Ctrl+F快捷键，将圆形粘贴到该图层中，使之位于剪切蒙版的下方，如图5-266和图5-267所示。

08 使用钢笔工具绘制阴影并填充渐变颜色，按Ctrl+[快捷键，将其调整到圆形下方，如图5-268和图5-269所示。

图5-264

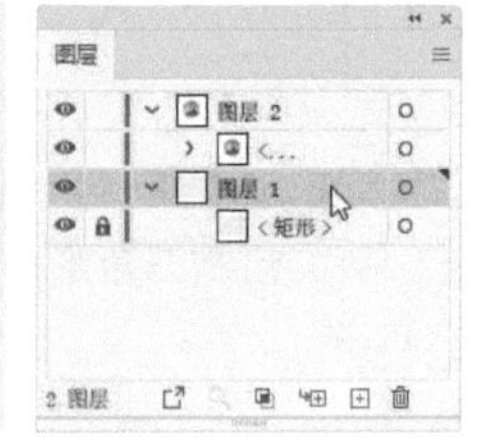

图5-265

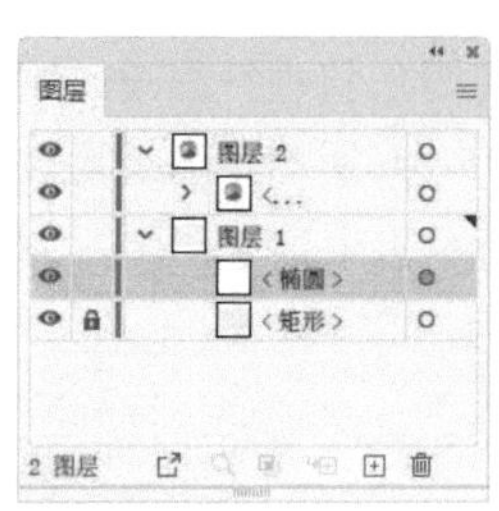

图5-266

图5-267

图5-268

图5-269

09 单击按钮创建图层。将其拖曳到“图层2”上方，如图5-270所示。使用星形工具创建几颗小星星。也可以添加其他图形素材，如狮子、大象、小鹿等来丰富画面，如图5-271所示。

图5-270

图5-271

封套扭曲

封套扭曲是一种灵活度高、可控性强的变形功能，它能将多个对象封装到一个图形内，使它们按照这个图形的外观产生扭曲。

5.4.1

实战：制作球赛Logo（变形方法）

封套扭曲，即利用封套（图形）扭曲对象（被扭曲的对象称为封套内容）。封套类似于一种容器，封套内容则类似于水。例如，将水装进圆玻璃瓶，水的形态是圆形的，即与玻璃瓶一模一样；装进方玻璃瓶时，水的形态又会变为方形。封套扭曲有3种创建方法。下面用第一种——变形方法制作一个体育赛事Logo。

01 打开素材。选择选择工具，单击文字图形，如图5-272所示。执行“对象>封套扭曲>用变形建立”命

令，打开“变形选项”对话框，在“样式”下拉列表中选择“拱形”并设置参数，如图5-273所示，效果如图5-274所示。

图5-272

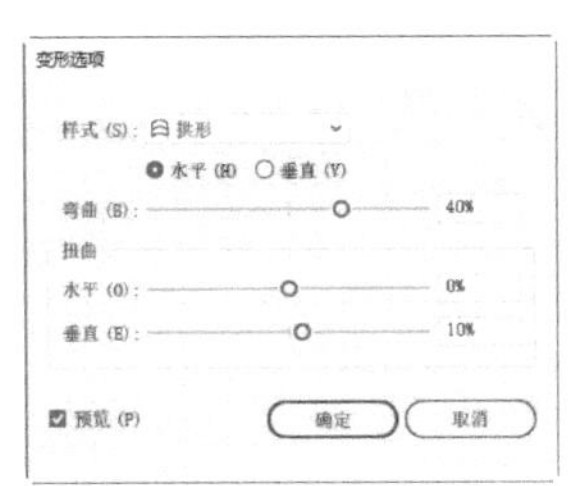

图5-273

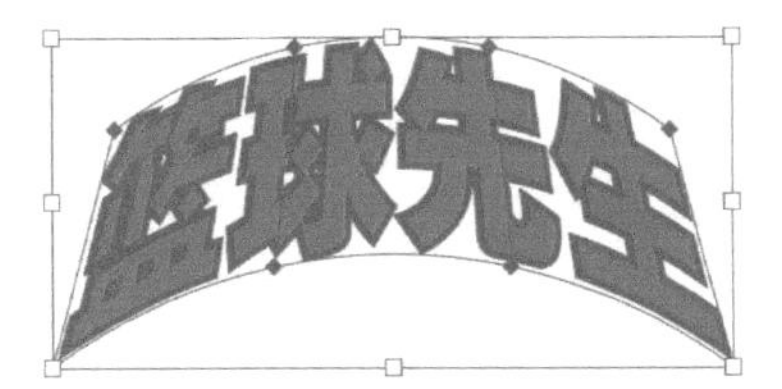

图5-274

02 执行“效果>3D>凸出和斜角”命令，打开“3D凸出和斜角选项”对话框，设置绕*x*轴旋转22°，“透视”为120°，“凸出厚度”为90 pt，如图5-275所示。单击“更多选项”按钮，显示隐藏的选项。拖曳光源图标，移动位置，如图5-276所示。

03 单击⊞按钮，添加一个光源，调整它的位置，如图5-277所示。之后再添加一个光源，如图5-278所示。通过这两个光源将模型侧面照亮。单击“确定”按钮关闭对话框，如图5-279所示。

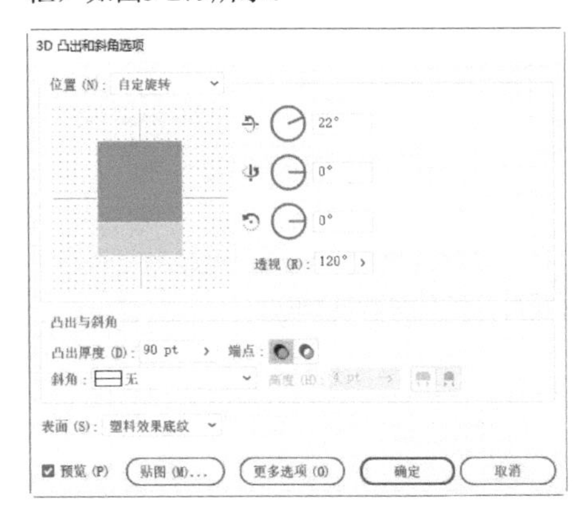

图5-275

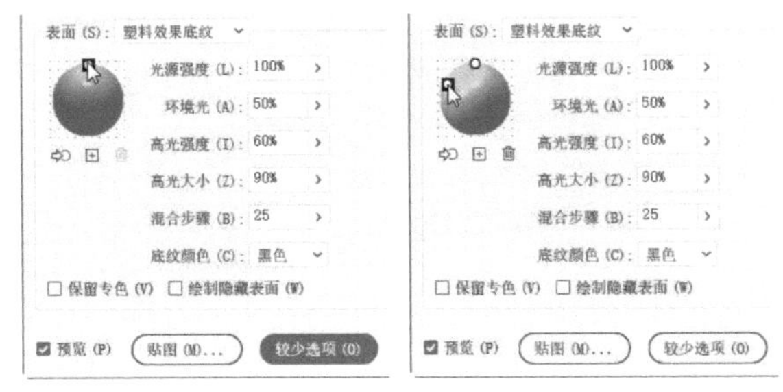

图5-276　图5-277

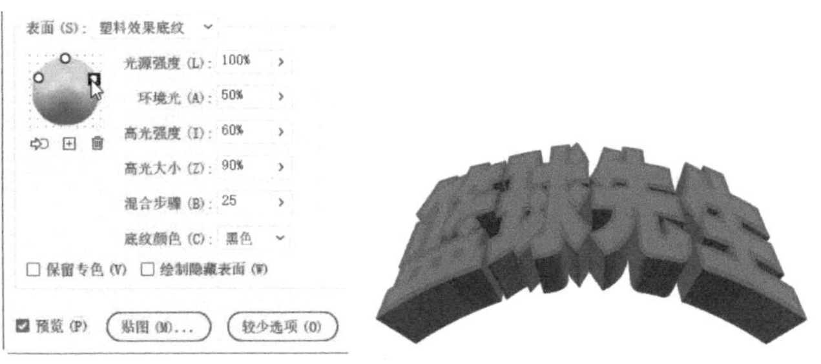

图5-278　图5-279

04 选择选择工具▶，将篮球移动到文字下方，如图5-280所示。

图5-280

05 选择极坐标网格工具⊛，在画板中央单击，弹出“极坐标网格工具选项”对话框，设置参数，如图5-281所示，创建极坐标网格。设置描边颜色为蓝色，粗细为0.25 pt。按Shift+Ctrl+[快捷键，将其移动到底层，如图5-282所示。

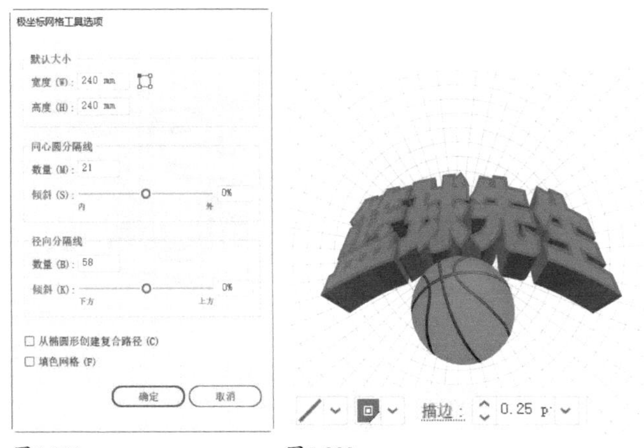

图5-281　图5-282

06 执行“效果>扭曲和变换>收缩和膨胀”命令，设置参数，如图5-283所示，对网格进行扭曲。双击旋转工具↻，打开“旋转”对话框，设置参数，如图5-284所示，将图形旋转45°，如图5-285所示。

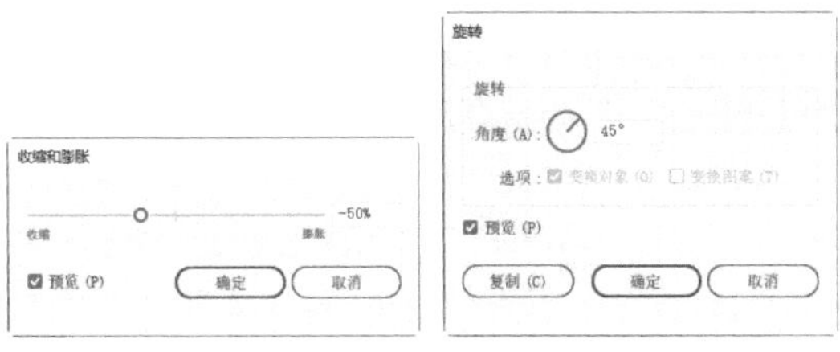

图5-283　图5-284

图5-285

“变形选项”对话框

“变形选项”对话框的“样式”下拉列表中包含15种封套形状。选择其中的一种后，可以调整下方的参数，控制扭曲程度，以及创建透视效果。

- 弯曲：用来设置扭曲的程度。该值越高，扭曲强度越大。
- 水平/垂直：可以沿水平或垂直方向创建透视扭曲。

技术看板　修改参数，更换封套

在Illustrator中，除图表、参考线和链接对象外，对其他对象均可进行封套扭曲。通过“用变形建立”命令扭曲对象以后，可以选取对象，执行“对象>封套扭曲>用变形重置”命令，打开“变形选项”对话框重新修改变形参数，也可选择用其他封套样式来扭曲对象。

5.4.2

实战：制作飘扬的彩旗（网格方法）

用网格建立封套扭曲是指在对象上创建变形网格，然后通过调整网格点来扭曲对象。该功能比“用变形建立”命令中预设的封套可控性更强。

扫码看视频

01 打开素材，如图5-286所示。按Ctrl+A快捷键全选，按Ctrl+G快捷键编组。执行“对象>封套扭曲>用网格建立”命令，打开“封套网格”对话框，设置网格数目，如图5-287所示，创建变形网格，如图5-288所示。

图5-286　图5-287

图5-288

02 选择直接选择工具，单击网格，选取之后进行拖曳，调整网格点位置，拖曳方向点，调整曲线形状，如图5-289所示。

图5-289

03 采用同样的方法，拖曳右侧的网格点和方向点，将旗帜的整体轮廓调整好，如图5-290所示。

图5-290

04 处理网格内部，如图5-291所示。网格线也可以编辑，即拖曳网格线可进行移动。最终效果如图5-292所示。

图5-291

图5-292

技术看板 **重新设置网格**

通过网格建立封套扭曲后，使用选择工具 ▶ 选取对象，在“控制”面板中可以修改网格线的行数和列数，也可以单击“重设封套形状”按钮，将网格恢复为默认状态。

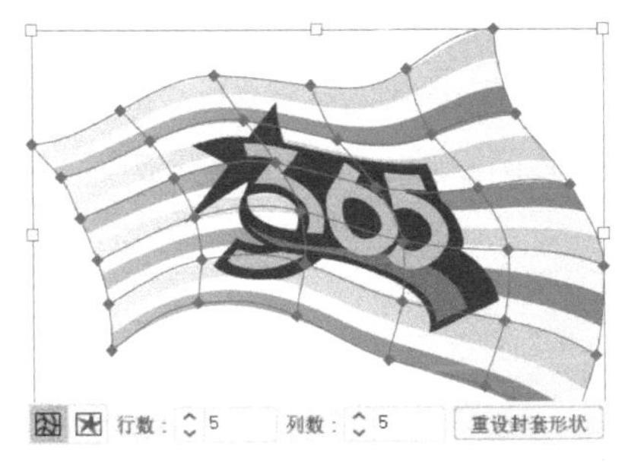

5.4.3

实战：艺术咖啡杯(顶层对象方法)

在下面的实战里，我们用封套扭曲的第3种方法——顶层对象建立封套扭曲，即在对象上方放置一个图形，用它扭曲下方的对象，如图5-293所示。

图5-293

01 按Ctrl+O快捷键，打开素材，如图5-294所示。在👁图标右侧单击，将图像锁定。单击⊞按钮，新建一个图层，如图5-295所示。

图5-294

图5-295

02 用钢笔工具 ✒ 绘制图形，如图5-296所示。再绘制一条曲线，如图5-297所示。

图5-296

图5-297

03 选择选择工具▶并按住Alt键拖曳曲线，进行复制，如图5-298所示。按Ctrl+C快捷键，复制曲线。按Ctrl+A快捷键全选。选择形状生成器工具，在图5-299所示的3个区域单击，将图形分割成3块。

图5-298

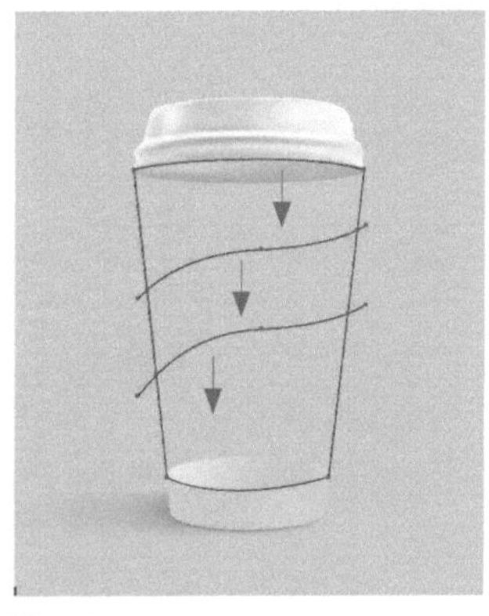

图5-299

04 使用选择工具▶将杯子图形外的多余路径选取，按Delete键删除，如图5-300所示。按Ctrl+C快捷键，复制该曲线。在画板上输入文字“Shannon”“Coffee”“Sweet life”（Sweet和life两个单词之间用Enter键换行），如图5-301所示。

图5-300

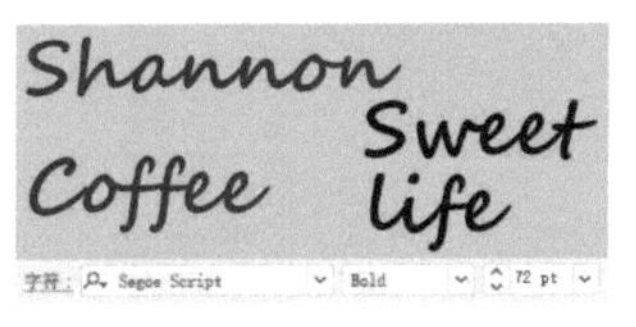

图5-301

05 选取这3组文字，如图5-302所示，按Shift+Ctrl+[快捷键，调整到底层，如图5-303所示。

图5-302

图5-303

06 选择选择工具▶，按住Shift键单击文字“Shannon”及最上方的图形，如图5-304所示。执行“对象>封套扭曲>用顶层对象建立”命令，用图形扭曲文字，如图5-305所示。

图5-304

图5-305

07 采用同样的方法，用中间的图形扭曲文字“Coffee”；用最下方的图形扭曲“Sweet life”，如图5-306和图5-307所示。

图5-306

图5-307

08 按Ctrl+F快捷键粘贴曲线。将其适当缩小并用直接选择工具▷进行调整，如图5-308所示。执行“窗口>画笔库>矢量包>颓废画笔矢量包”命令，打开该画笔库，单击图5-309所示的画笔，用它为路径描边。

图5-308

图5-309

09 选择选择工具▶，单击文字“Sweet life”，将其选取，单击“控制”面板中的按钮，进入封套扭曲内容编辑状态。修改文字的大小和间距，如图5-310和图5-311所示。

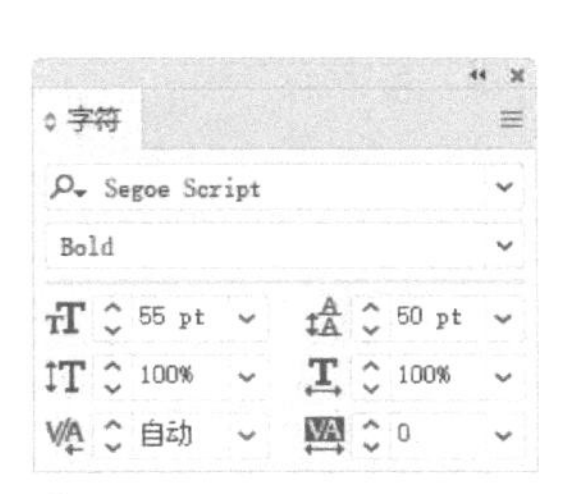

图5-310

图5-311

10 单击“控制”面板中的按钮，结束编辑。用斑点画笔工具绘制一个心形，放在杯子空缺的位置，如图5-312所示。

图5-312

技术看板　转换封套扭曲

如果封套扭曲对象是使用“用变形建立”命令创建的，使用“对象>封套扭曲>用网格重置”命令，可将其转换为使用网格类封套扭曲。

如果是使用“用网格建立”命令制作的封套扭曲，则可以用“对象>封套扭曲>重置弯曲”命令，转换为用变形制作的封套扭曲。

5.4.4

实战：编辑封套内容

创建封套扭曲后，所有封套对象会合并到同一个图层上，封套和封套内容可以分别编辑、修改。

扫码看视频

01 打开素材，如图5-313所示。这是一个用顶层对象创建的封套扭曲。在“图层”面板中，封套对象都被合并到“封套”子图层中，如图5-314所示。

02 下面来编辑封套内容。选择选择工具，单击对象，单击“控制”面板中的编辑内容按钮，或执行“对象>封套扭曲>编辑内容”命令，将封套内容释放出来，如图5-315所示，下面来编辑它。使用编组选择工具分别选择各个图形，单击“色板”面板中的色板，修改颜色，如图5-316~图5-318所示。修改完成后，单击按钮恢复封套扭曲。

图5-313

图5-314

图5-315

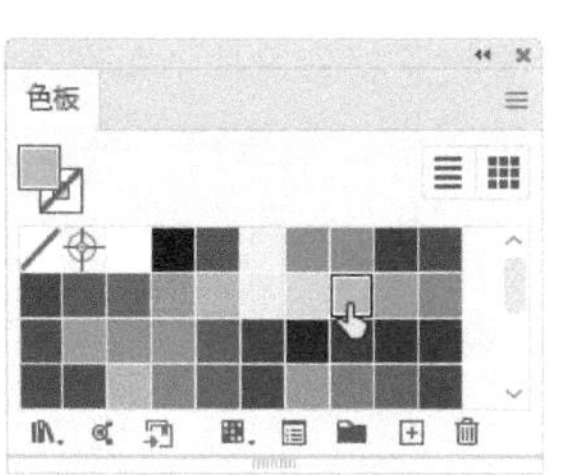

图5-316

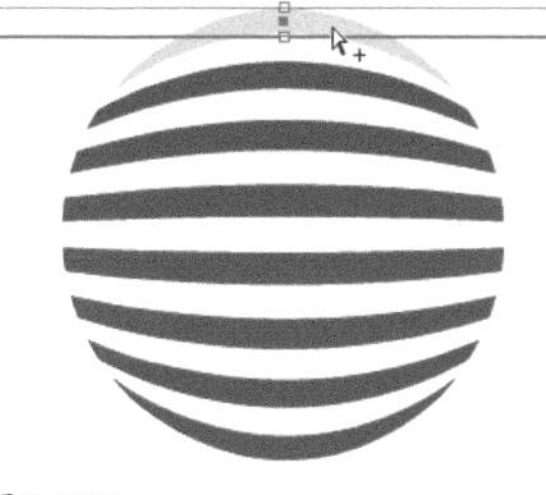

图5-317

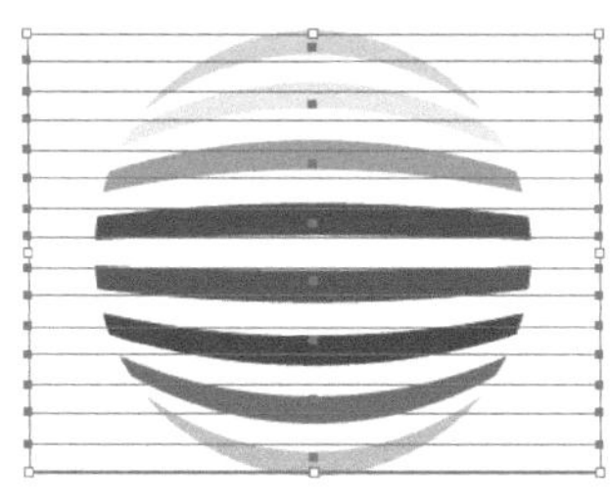

图5-318

提示

如果是通过“用变形建立”和“用网格建立”命令创建的封套扭曲，可以直接在“控制”面板中选择其他的样式，也可以修改参数和网格的数量。

03 需要编辑封套时，可以选择选择工具，单击封套扭曲对象，将其选取，如图5-319所示。选择直接选择工具，拖曳上方和下方的锚点，将图形改成蝴蝶结状，如图5-320~图5-322所示。也可以用其他工具修改图形。

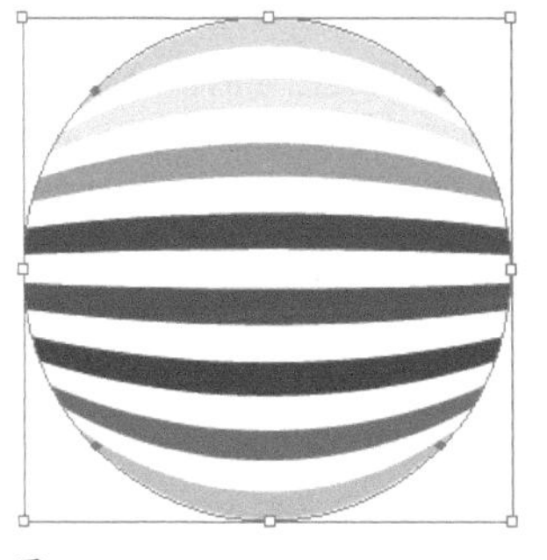

图5-319

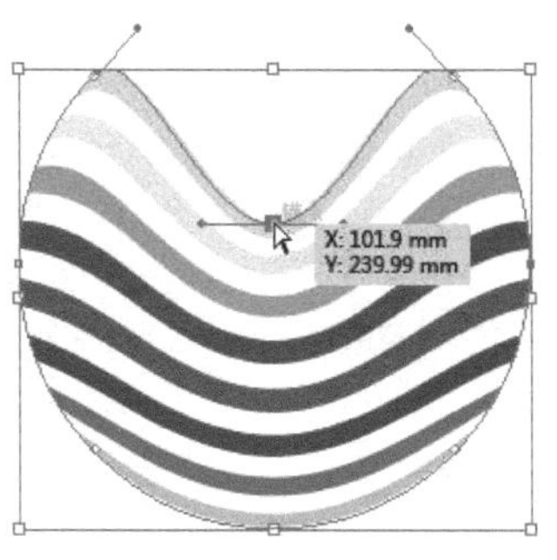

图5-320

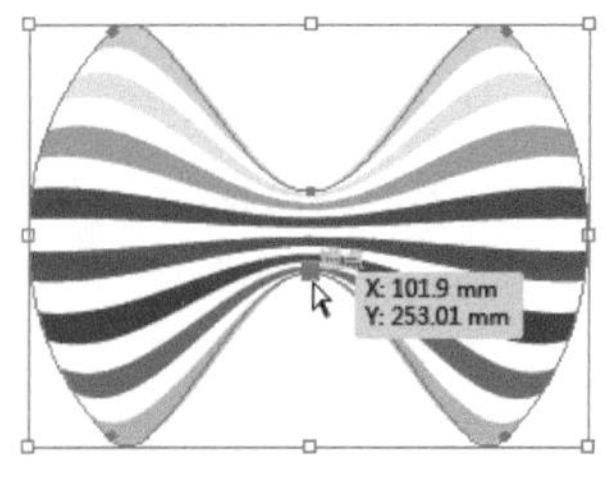

图5-321

图5-322

5.4.5 设置封套选项

封套选项决定了以何种形式扭曲对象，以便使之适合封套。要设置封套选项，可以选择封套扭曲对象，然后单击“控制”面板中的▤按钮，或执行“对象>封套扭曲>封套选项”命令，打开“封套选项”对话框进行设置，如图5-323所示。

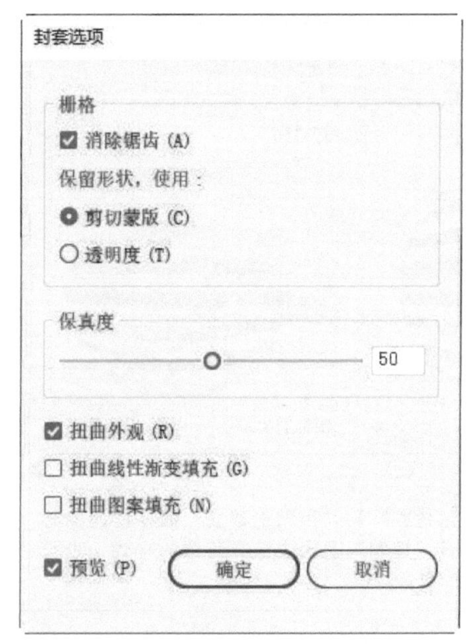

图5-323

- 消除锯齿： 使对象的边缘更加平滑。这会增加处理时间。
- 剪切蒙版/透明度： 用非矩形封套扭曲对象时，选取“剪切蒙版”选项，可在栅格上使用剪切蒙版；选取“透明度”选项，则对栅格应用 Alpha 通道。
- 保真度： 指定封套内容在变形时适合封套图形的精确程度。该值越高，封套内容的扭曲效果越接近于封套的形状，但会产生更多的锚点，同时也会增加处理时间。
- 扭曲外观： 如果封套内容添加了效果或图形样式等外观属性，勾选该选项，可以使外观与对象一起扭曲。
- 扭曲线性渐变填充： 如果被扭曲的对象填充了线性渐变，如图5-324所示，勾选该选项，可以将线性渐变与对象一起扭曲，如图5-325所示。图5-326所示为未勾选该选项时的扭曲效果。

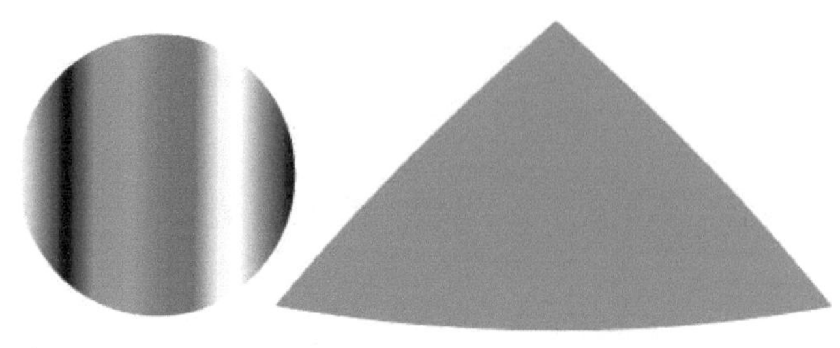

图5-324

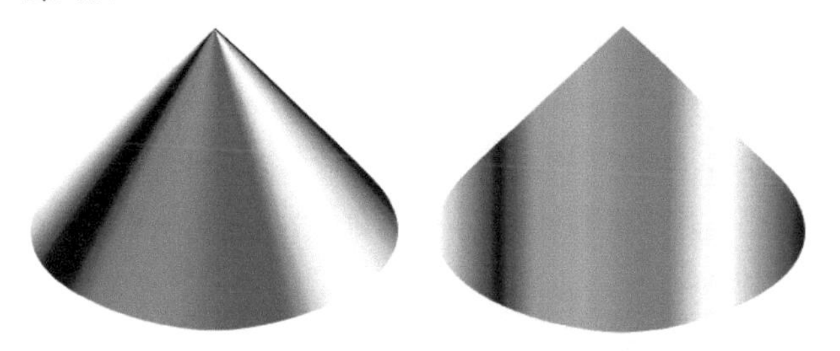

图5-325　　图5-326

- 扭曲图案填充： 如果被扭曲的对象填充了图案，如图5-327所示，勾选该选项可以使图案与对象一起扭曲，如图5-328所示。图5-329所示为未勾选该选项时的扭曲效果。

图5-327

图5-328

图5-329

5.4.6 释放/扩展封套扭曲

选择封套扭曲对象，执行“对象>封套扭曲>释放”命令，可以释放封套扭曲，让对象恢复到封套前的状态。如果封套扭曲是使用“用变形建立”命令或“用网格建立”命令制作的，还会释放出一个封套形状图形。它是一个单色填充的网格对象（见232页）。

如果要将封套扭曲对象扩展为普通的图形，可以执行“对象>封套扭曲>扩展”命令。

混合

混合是很有趣的功能，它能在两个或多个对象之间生成一系列的中间对象，使之产生从形状到颜色的全面融合和过渡效果。用于创建混合的对象既可以是图形、路径和混合路径，也可以是使用渐变和图案填充的对象。

5.5.1 实战：镂空字与线状字

下面学习怎样使用混合工具创建混合效果，之后再通过修改混合选项，互换描边和填色，制作一组立体特效字，以及线状特效字，如图5-330所示。

扫码看视频

图5-330

01 打开素材，如图5-331所示。选择选择工具，拖曳出一个选框，选取文字。按住Alt键拖曳进行复制，设置填色为白色，如图5-332所示。

图5-331

图5-332

02 选择混合工具，将鼠标指针移动到文字边缘，捕捉到对象后，鼠标指针会变为状，如图5-333所示。单击鼠标，再将鼠标指针移动到另一个文字上方，鼠标指针变为状时单击，如图5-334所示，创建混合，如图5-335所示。

图5-333

图5-334

图5-335

03 执行“对象>混合>混合选项”命令，打开“混合选项”对话框，设置“间距”为“指定的步数”，步数为3，如图5-336所示。单击“确定”按钮关闭对话框，混合效果如图5-337所示。

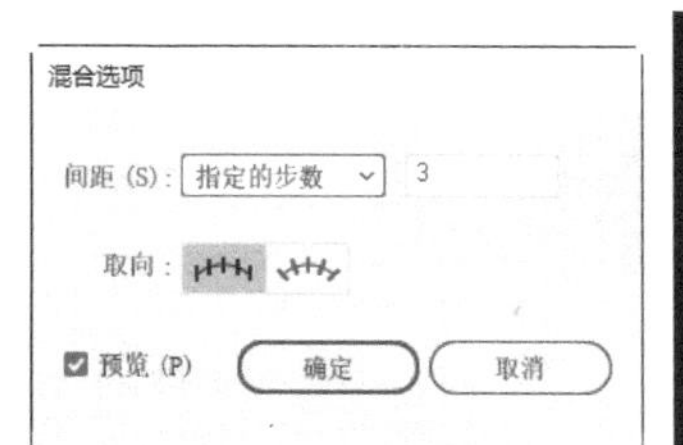

图5-336

图5-337

提示

选取“平滑颜色”选项，可自动生成合适的混合步数，创建平滑的颜色过渡效果；选取“指定的步数”选项，可以在右侧的文本框中输入混合步数；选取“指定的距离”选项，可以输入由混合生成的中间对象的间距。

04 执行“效果>3D>旋转”命令，打开“3D旋转选项”对话框，旋转对象，如图5-338和图5-339所示。

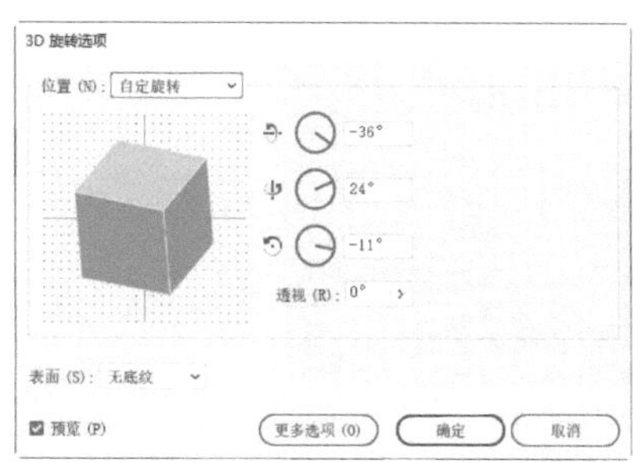

图5-338

图5-339

05 选择选择工具，按住Alt键拖曳文字，复制出2组文字。选取其中的一组文字，双击混合工具，打开“混合选项”对话框。设置步数为30，增加中间对象，创建平滑的过渡效果，如图5-340和图5-341所示。

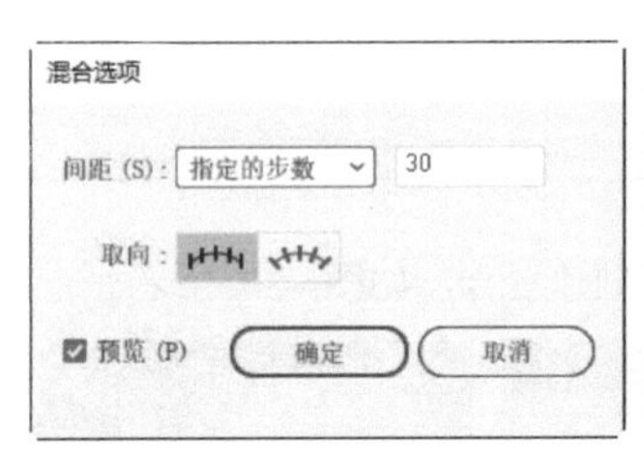

图5-340

图5-341

06 下面处理第3组文字。选择编组选择工具，将鼠标指针移动到位于后方的文字上。捕捉到对象时，如图5-342所示，单击3下，将后方的“PS”文字选取，如图5-343所示。单击工具栏中的按钮，互换填色和描边，如图5-344所示。将描边粗细修改为0.5 pt，描边颜色设置为深灰色，如图5-345和图5-346所示。

图5-342

图5-343

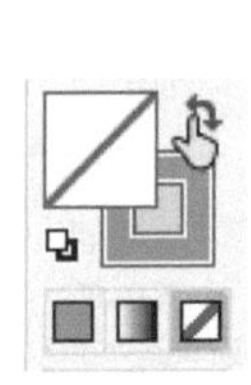
图5-344

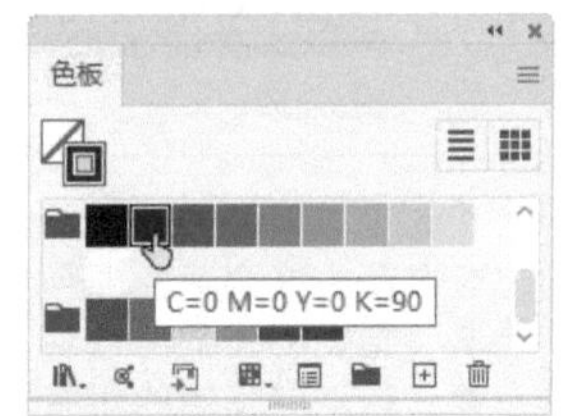

图5-345

图5-346

07 采用同样的方法选取位于前方的“PS”文字，如图5-347所示。互换填色和描边，修改描边粗细和颜色，制作出线状镂空立体字，如图5-348所示。

图5-347

图5-348

08 使用选择工具选取这组文字。双击混合工具，打开“混合选项”对话框，设置步数为10，如图5-349和图5-350所示。如果想为文字上色，可以采用第6步的方法选取路径，之后修改描边颜色即可。

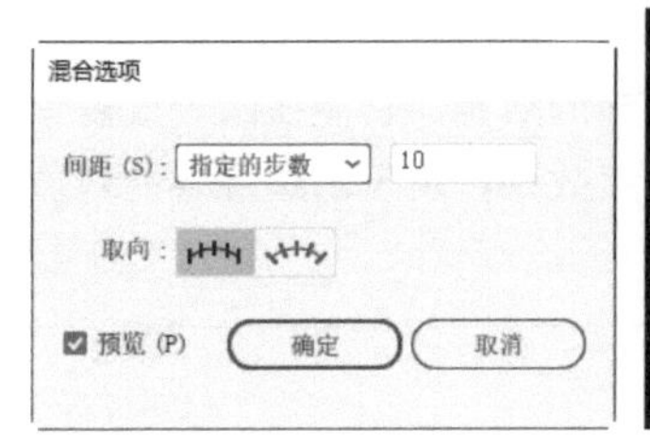

图5-349

图5-350

5.5.2

实战：Cool（混合+复合路径）

要点

使用多个图形创建混合时，用混合工具操作很难正确地捕捉锚点，这会造成混合效果发生扭曲。为避免出现这种情况，需要使用命令来创建混合。本实战就是一个典型的案例，我们将用24个图形创建混合，制作一个特效字，如图5-351所示。

图5-351

01 按Ctrl+N快捷键，打开“新建文档”对话框。使用“图稿和插图”选项卡中的预设创建一个大小为101.6 mm×197.56 mm的RGB模式文件。

02 使用椭圆工具创建几个圆形，如图5-352所示。在图标右侧单击，将图层锁定，如图5-353所示。单击按钮，新建一个图层，如图5-354所示。

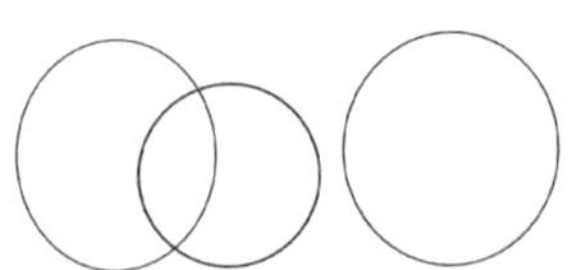
图5-352

图5-353

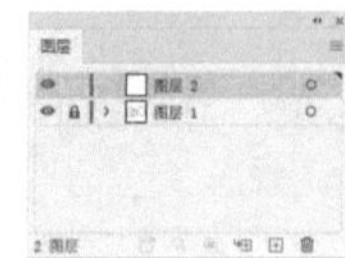
图5-354

03 选择钢笔工具，以这几个圆形为基准，绘制一条文字形（Cool）路径，如图5-355所示；然后在“图层1”的图标上单击，将该图层隐藏，如图5-356所示。

图5-355

图5-356

04 选择椭圆工具 并按住Shift键创建圆形，填充线性渐变，如图5-357和图5-358所示。选择选择工具 并按住Alt键拖曳圆形进行复制，之后调整圆形大小，如图5-359所示。

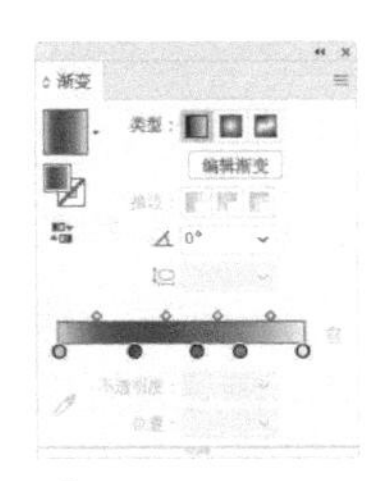

图5-357

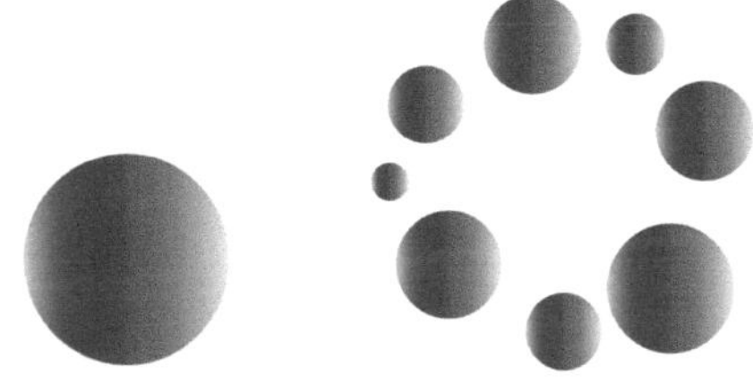

图5-358 图5-359

05 拖出一个选框，将这些圆形选取，如图5-360所示。执行“对象>复合路径>建立”命令，将它们创建为复合路径，如图5-361所示。

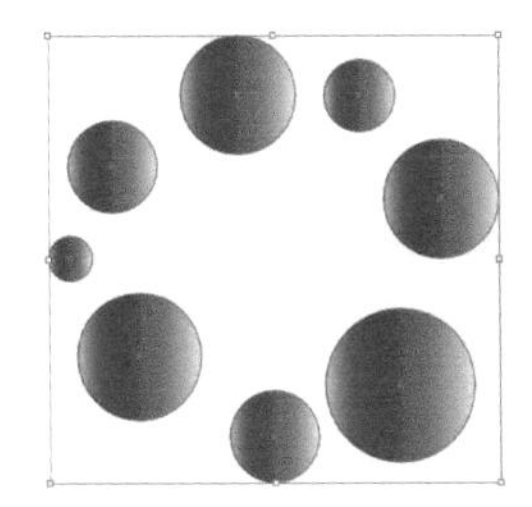

图5-360

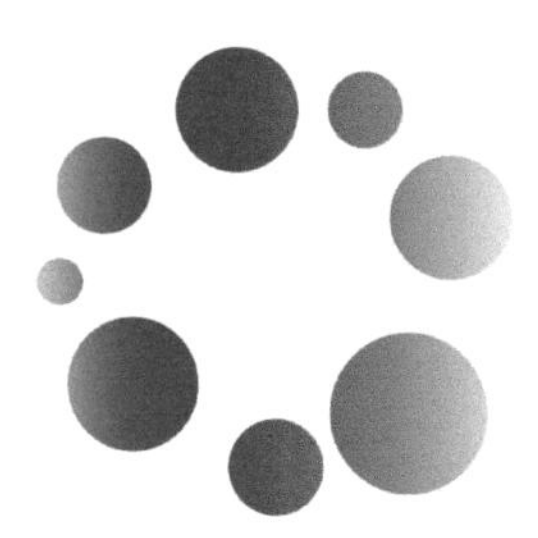

图5-361

06 按住Alt键拖曳图形进行复制，之后将中间那组图形调小，如图5-362所示。

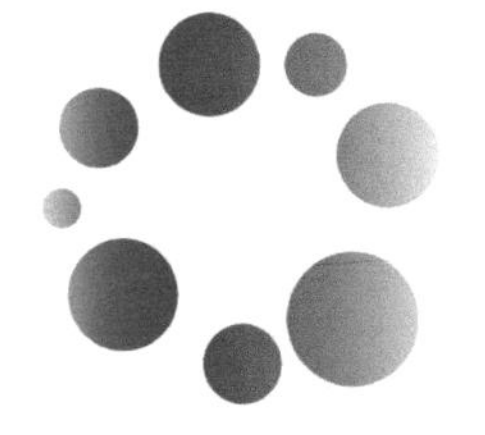

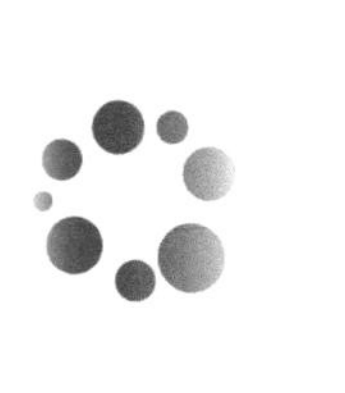

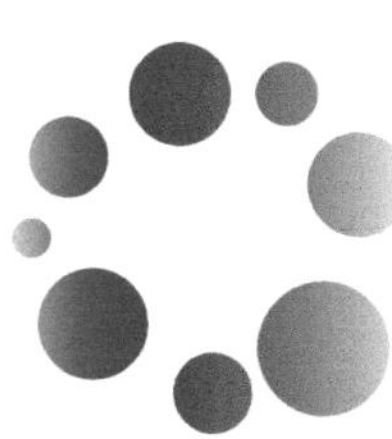

图5-362

07 拖曳出一个选框，选取这3组图形，执行“对象>混合>建立”命令，或按Alt+Ctrl+B快捷键，创建混合，如图5-363所示。

图5-363

08 双击混合工具 ，打开“混合选项”对话框，设置参数，如图5-364所示，效果如图5-365所示。

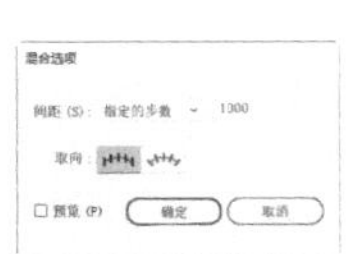

图5-364

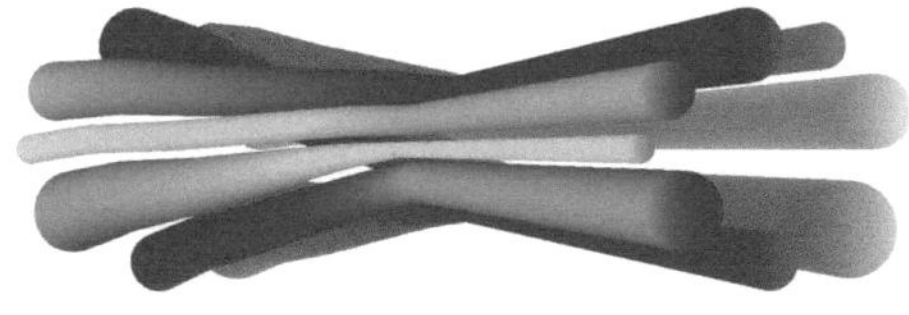

图5-365

09 按Ctrl+A快捷键，将文字形路径与混合对象同时选取，如图5-366所示。执行“对象>混合>替换混合轴”命令，用文字形路径替换混合轴，如图5-367所示。

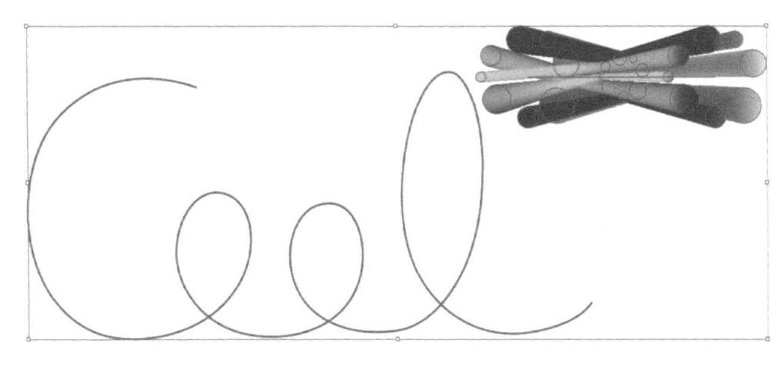

图5-366

图5-367

10 使用编组选择工具 选取路径末端的混合图形，如图5-368所示。选择选择工具 并按住Alt+Shift键拖曳控制点，将图形等比缩小，与此同时，混合对象的末端也会变细，如图5-369所示。

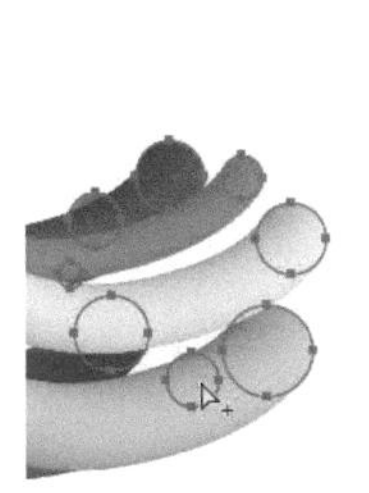

图5-368

图5-369

11 使用矩形工具 创建一个画板大小的矩形，填充与圆形相同的渐变，单击任意形状渐变按钮，如图5-370~图5-372所示。

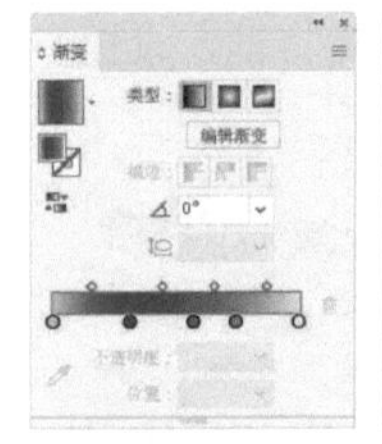

图5-370

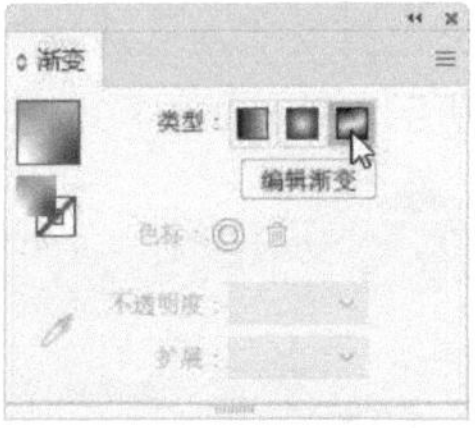

图5-371

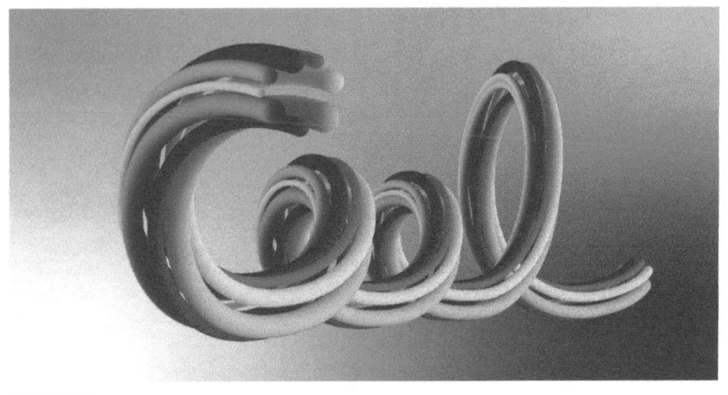

图5-372

5.5.3

实战：彩蝶飞（替换混合轴）

要点

创建混合后，会自动生成一条用于连接对象的路径，即混合轴。混合轴是一条直线路径，可以添加锚点、拖曳锚点，改变路径形状；也可以用其他路径替换混合轴。

如果使用曲线替换混合轴，则在“混合选项”对话框中单击对齐页面按钮，对象的垂直方向与页面保持一致，如图5-373和图5-374所示；单击对齐路径按钮，对象将垂直于路径，如图5-375所示。

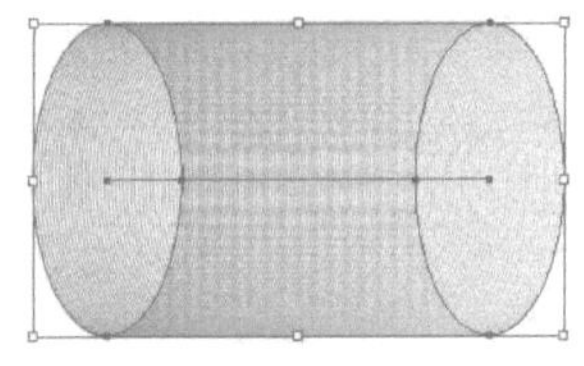

原始混合对象

图5-373

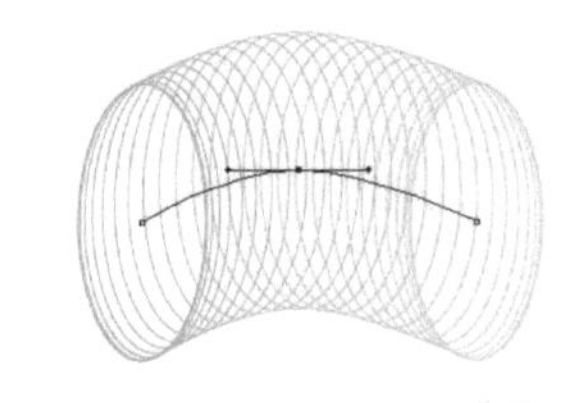

用曲线替换混合轴并单击按钮

图5-374

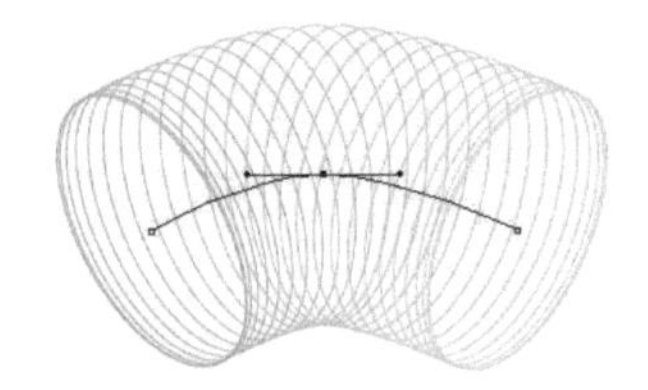

单击按钮

图5-375

01 按Ctrl+N快捷键，打开“新建文档”对话框，使用预设创建一个A4大小的文档。执行“窗口>符号库>自然”命令，打开“自然”面板。将蝴蝶符号拖曳到画板中，如图5-376和图5-377所示。

图5-376

图5-377

02 双击比例缩放工具，将蝴蝶缩小为30%，单击“复制”按钮，如图5-378所示，进行复制，如图5-379所示。按Ctrl+A快捷键全选，按Alt+Ctrl+B快捷键创建混合。双击混合工具，在打开的“混合选项”对话框中设置“间距”为“指定的步数”，然后指定步数为15，如图5-380和图5-381所示。

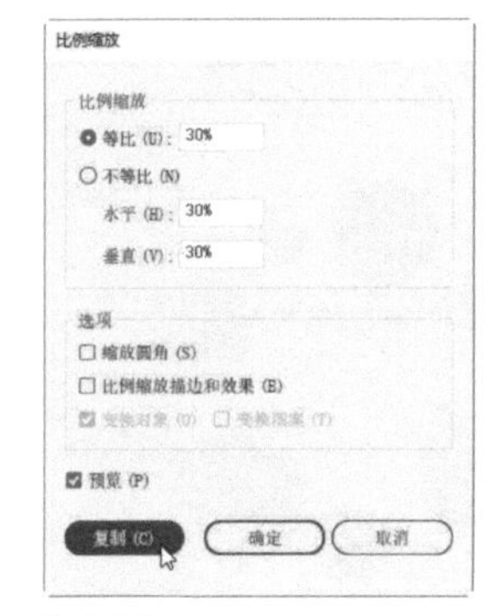

图5-378

图5-379

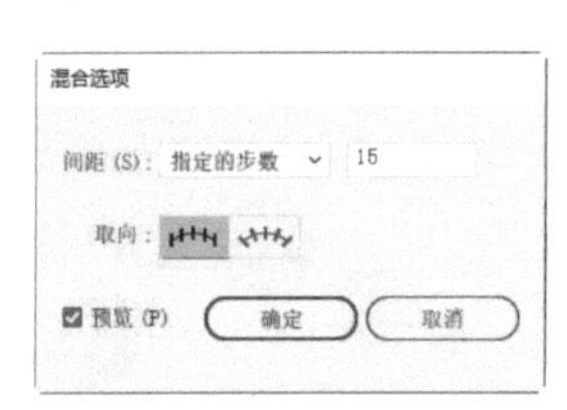

图5-380

图5-381

03 下面来替换混合轴。选择螺旋线工具，在画板上单击，弹出“螺旋线”对话框，设置参数及样式，如图5-382所示，创建一条螺旋线。按住Shift键拖曳控制点，进行旋转，如图5-383所示。

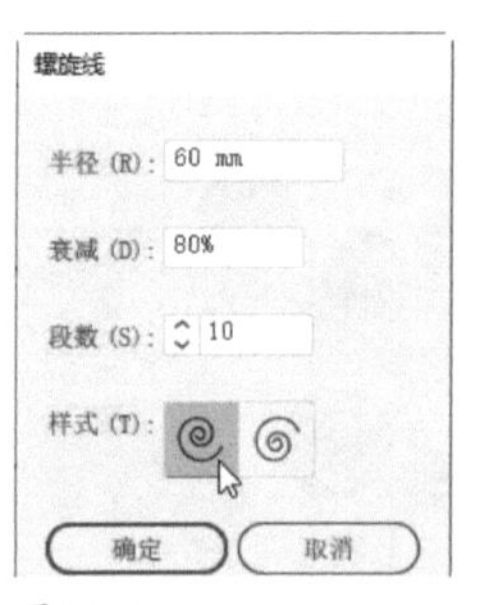

图5-382

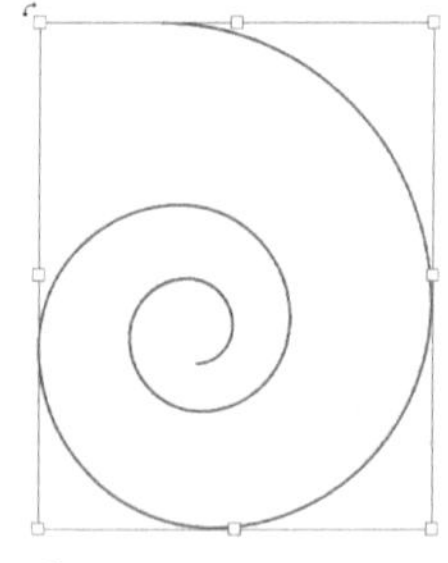

图5-383

04 按Ctrl+A快捷键全选，执行“对象>混合>替换混合轴”命令，用螺旋线替换混合轴，效果如图5-384所示。执行“对象>混合>反向混合轴”命令，让大蝴蝶排到外侧，如图5-385所示。

图5-384

图5-385

05 双击混合工具，在打开的对话框中单击对齐路径按钮，如图5-386和图5-387所示。

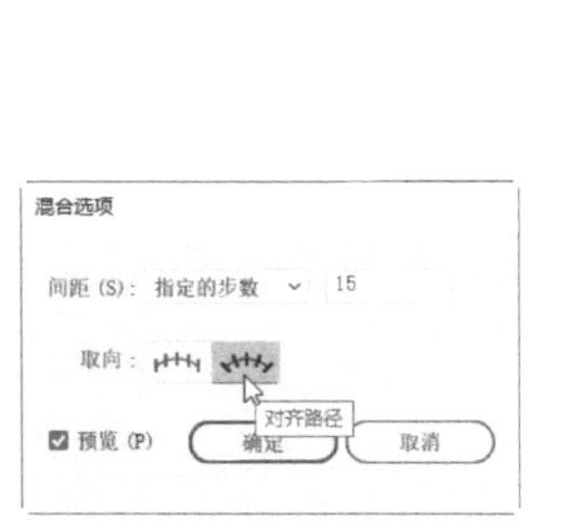

图5-386

图5-387

技术看板 **替换符号**

由于使用的是用符号创建的混合，所以，也可以选择其他符号，用“符号”面板菜单中的“替换符号”命令替换对象（*见290页*）。

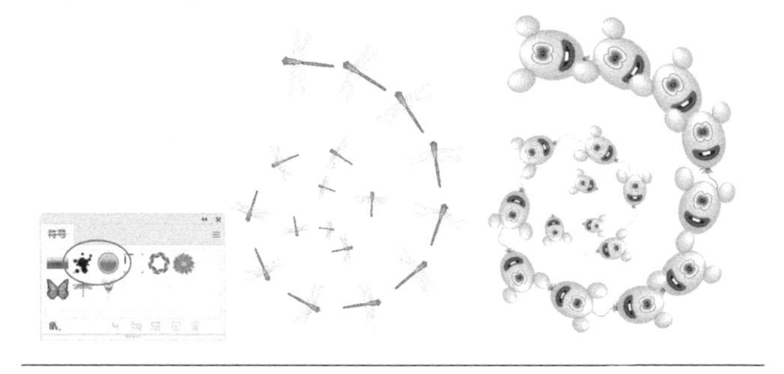

5.5.4 反向堆叠/反向混合

创建混合后，如图5-388所示，使用“对象>混合>反向堆叠”命令，可以颠倒对象的堆叠顺序，让后面的图形排到前面，如图5-389所示。使用“对象>混合>反向混合轴”命令，则可颠倒混合轴上的混合顺序，如图5-390所示。

图5-388

图5-389　　图5-390

5.5.5 扩展/释放混合对象

创建混合以后，原始对象之间生成的新图形不会具有自身的锚点，无法选择，也不能修改。如果要编辑这些图形，可以选择混合对象，如图5-391所示，执行“对象>混合>扩展”命令，将它们扩展出来，如图5-392所示。这些图形会被自动编组，可以用编组选择工具选取其中的任意对象单独修改。

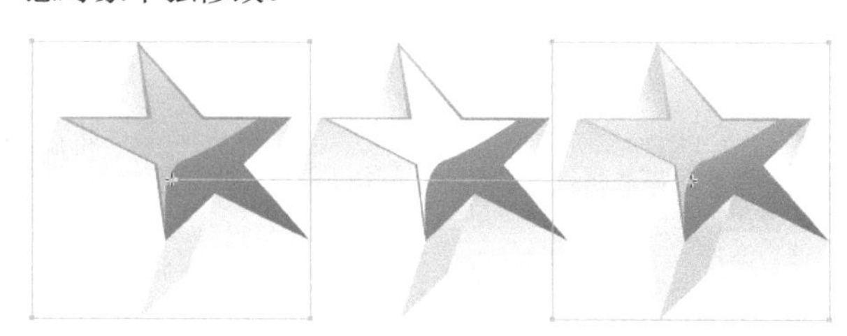
图5-391

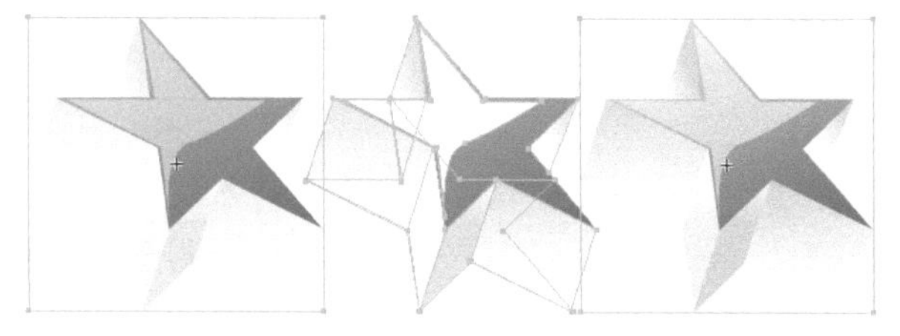
图5-392

选择混合对象，执行“对象>混合>释放”命令，可以取消混合，将原始对象释放出来，并删除由混合生成的新图形。此外，还会释放出一条无填色、无描边的混合轴（路径）。

第6章 不透明度、混合模式与蒙版

【本章简介】

不透明度、混合模式和蒙版是制作合成效果时使用的功能。不透明度最简单。混合模式原理有点复杂，不是一两句话就能说清的。但效果非常直观，调整也方便，多多尝试很容易掌握规律。三者中蒙版最重要，是本章的学习重点。

【学习目标】

本章我们将学会如下操作。

- ●调整不透明度
- ●使用混合模式
- ●用效果和混合模式制作插画
- ●用不透明度蒙版制作印章字
- ●制作镂空树叶
- ●用多图形蒙版制作蝴蝶书简
- ●用剪切蒙版制作UI图标
- ●制作三棱锥反射效果
- ●在剪切蒙版中添加/减少对象

【学习重点】

不透明度

当对象堆叠时，会互相形成遮挡。通过调整不透明度，能让位于下方的对象显现出来。

6.1.1 调整对象的不透明度

默认状态下，当对象堆叠时，顶层对象会遮挡它下方的对象，如图6-1所示。选取对象后，在“透明度”面板的“不透明度”选项中调整数值，如图6-2所示，可以使其呈现透明效果，这样位于下方的对象就会显现出来并与之叠加。执行“视图>显示透明度网格”命令，显示透明度网格，在网格上可以更好地观察透明效果，如图6-3所示。

图6-1

图6-2

图6-3

> 提示
>
> 不透明度以百分比为单位，100% 代表完全不透明；0%为完全透明；中间的数值代表半透明，数值越低，透明度越高。

6.1.2 调整填色和描边的不透明度

调整对象的不透明度时，会同时影响它的填色和描边，如图6-4所示。如果想分开编辑，例如只调整填色的不透明度，可选取对象，如图6-5所示，打开“外观”面板，单击“填色”属性前方的 › 按钮，展开列表，之后单击“不透明度”选项并进行调整，如图6-6和图6-7所示。如果想修改描边的不透明度，可以选取描边属性，再按照同样的流程操作。

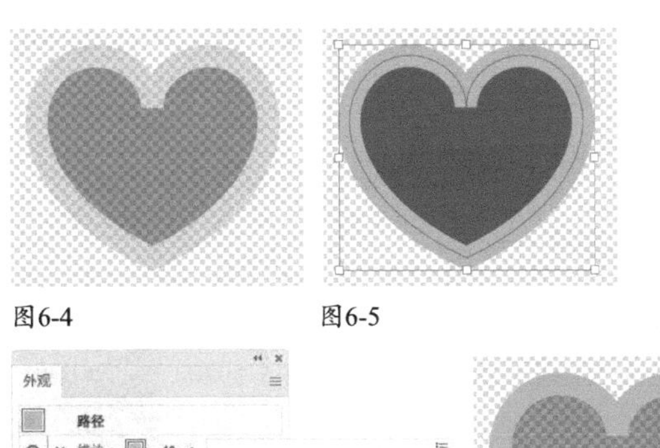

图6-4　　图6-5

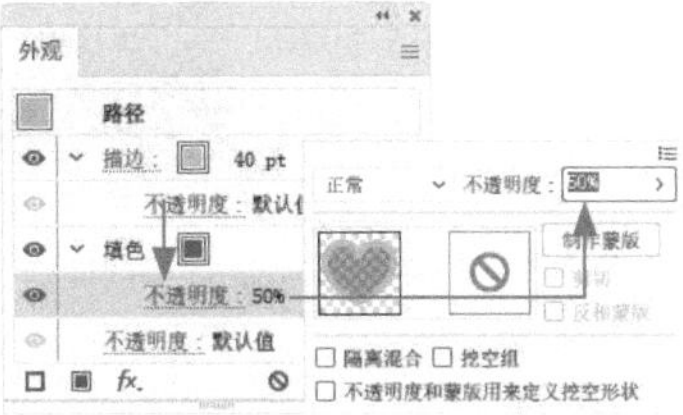

图6-6

图6-7

6.1.3 调整组的不透明度/挖空组

打开“透明度”面板菜单，选择“显示选项”命令，可以让隐藏的选项显示出来，如图6-8所示。

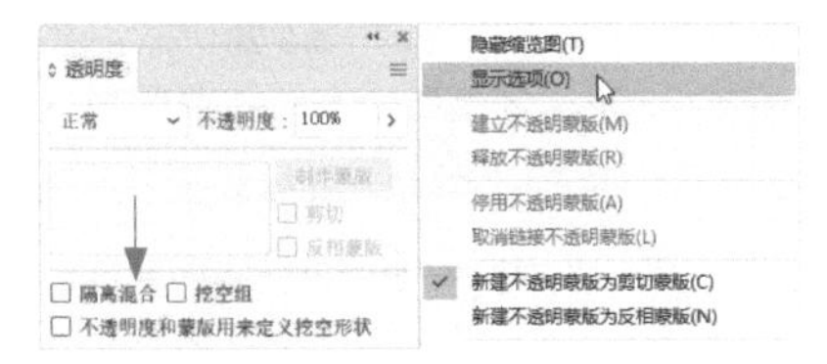

图6-8

对于编了组的对象，可以通过不同的方式设置不透明度，效果也有所区别。例如，将图6-9所示的3个圆形编组。选择选择工具▶，单击组，之后修改不透明度，组中的所有对象都会被视为单一对象来处理，如图6-10所示。

如果不改变组的整体不透明度，而是选取其中的各个图形来进行调整，则效果会出现变化。例如，使用编组选择工具选取红色圆形，修改它的不透明度，效果如图6-11所示。另外两个圆形的不透明度也分别调整，效果如图6-12所示。在这种状态下，如果不希望相互重叠的地方穿透显示，可以选择选择工具▶，单击组，之后勾选“透明度”面板中的“挖空组”选项，如图6-13和图6-14所示。

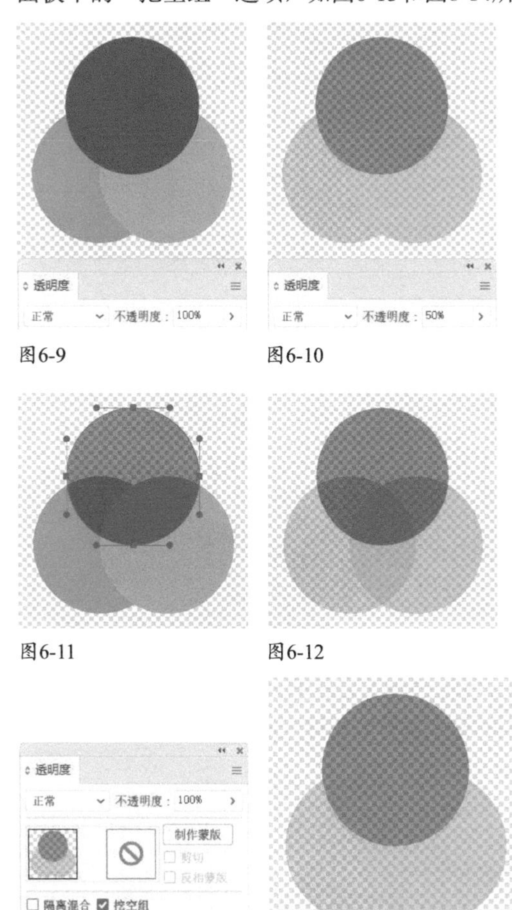

图6-9　　图6-10

图6-11　　图6-12

图6-13　　图6-14

混合模式

混合模式也可以像不透明度那样让上方对象与下方对象互相叠透。但它会使用特殊的计算方法来改变混合结果，效果非常丰富。

6.2.1 混合模式使用方法

默认状态下，对象使用的是“正常”模式，效果就是上层对象完全遮盖下层对象。单击“透明度”面板中的⌄按钮，打开下拉列表选取一种混合模式后，上下层对象就会生成混合效果。

除对象外，图层也可以设置混合模式 。操作时，先在图层的选择列中单击，将图层选取，如图6-15所示，之后在“透明度”面板中进行修改，如图6-16所示。此后，凡添加到该图层中的对象都会受到此图层混合模式的影响，这种方法也可以用于设置图层的整体不透明度。

图6-15

图6-16

Illustrator中有16种混合模式，分为6组，如图6-17所示，每一组中的模式都有着相近的用途。

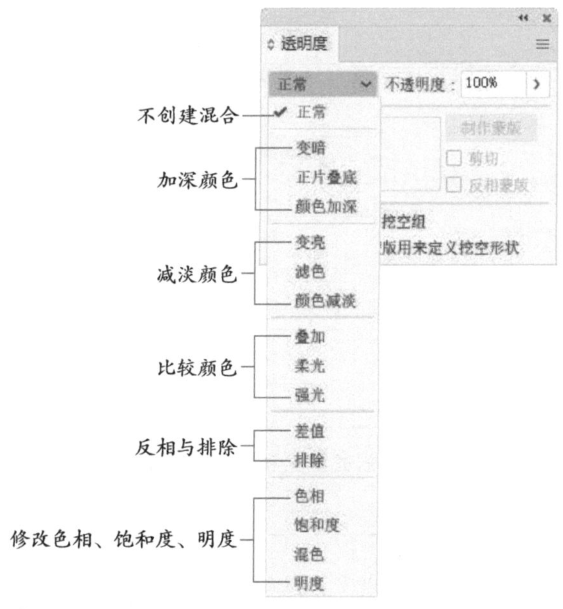

图6-17

要注意的是，“差值”“排除”“色相”“饱和度”“颜色”和“明度”模式不能用于与专色混合。而且对于多数混合模式而言，指定为100% K的黑色会挖空下方图层中的颜色。因此，不应使用100%黑色，应改为使用CMYK值来指定黑色。

6.2.2

实战：时尚插画

扫码看视频

01 打开素材，如图6-18所示。使用选择工具 ▶ 选取人物图形，填充渐变，如图6-19和图6-20所示。

图6-18

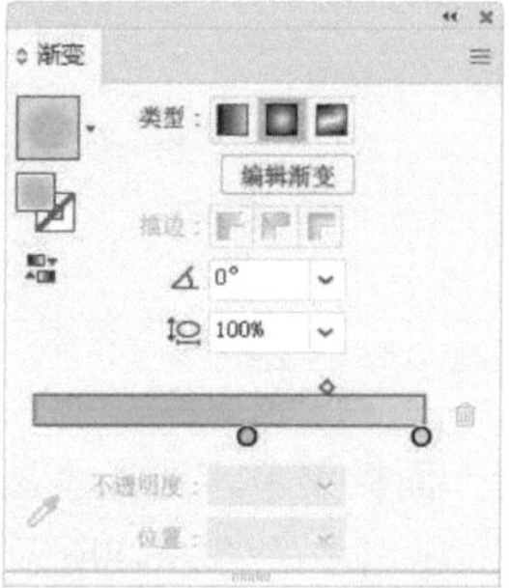

图6-19

图6-20

02 执行“效果>扭曲和变换>波纹效果”命令，扭曲图形，如图6-21和图6-22所示。执行“效果>扭曲和变换>扭拧”命令，生成潦草的涂鸦效果，如图6-23和图6-24所示。

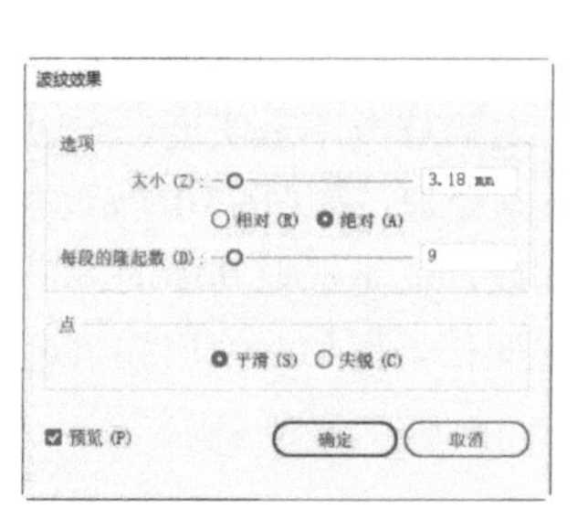

图6-21

图6-22

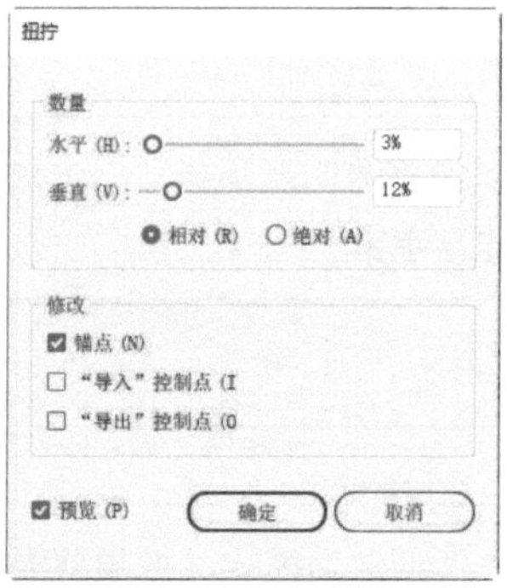

图6-23

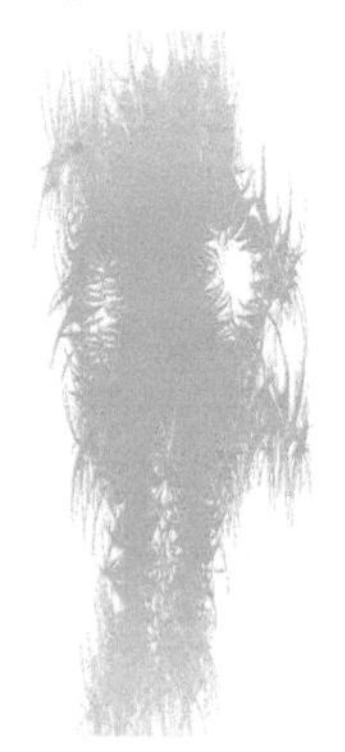

图6-24

03 按Ctrl+C快捷键复制图形，按Ctrl+F快捷键粘贴到前面。打开“外观”面板菜单，选择“简化至基本外观”命令，删除效果，只保留渐变，如图6-25和图6-26所示。

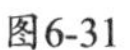

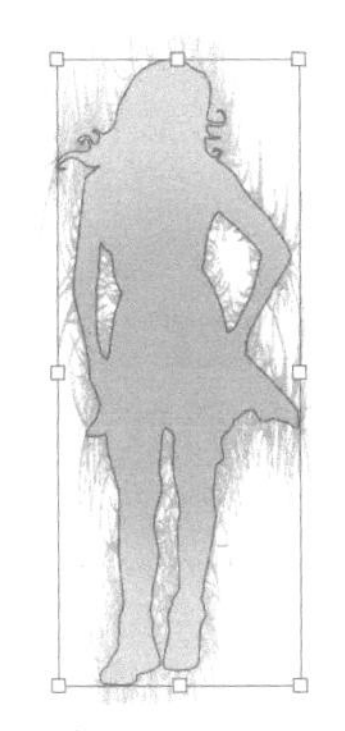

图6-25

图6-26

04 修改图形的填充颜色和混合模式，如图6-27~图6-29所示。选择选择工具，拖曳出一个选框，选取全部人物图形，拖曳到另一个画板上，如图6-30所示。

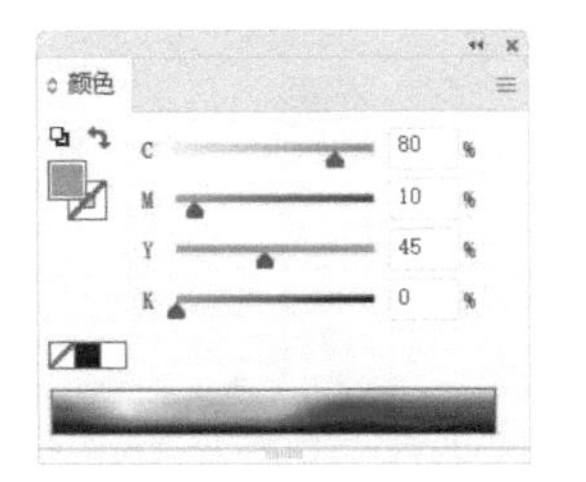

图6-27

图6-28

图6-29

图6-30

6.2.3 调整填色和描边的混合模式

需要单独调整填色（或描边）的混合模式时，可以选取对象，如图6-31所示，在“外观”面板中选择“填色”（或“描边”）属性，如图6-32所示，之后在“透明度”面板中修改混合模式即可，如图6-33和图6-34所示。

图6-31

图6-32

图6-33

图6-34

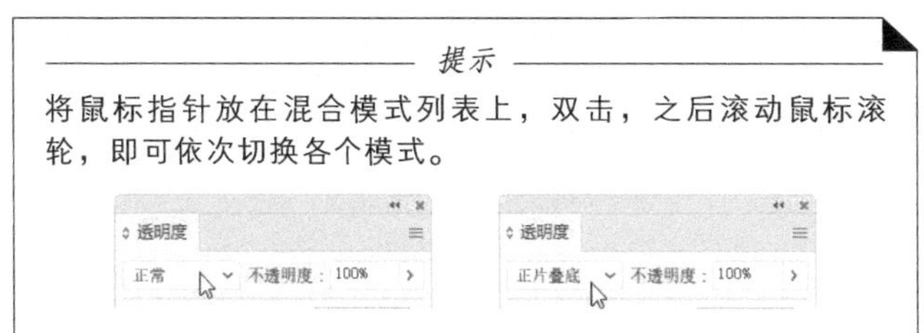

提示

将鼠标指针放在混合模式列表上，双击，之后滚动鼠标滚轮，即可依次切换各个模式。

6.2.4 隔离混合

选取组或图层并设置混合模式后，勾选“透明度”面板中的“隔离混合”选项，可以将混合模式与已定位的组或图层隔离，这样它们下方的对象就不受影响了。例如，图6-35所示的星形和圆形为编了组的对象，为它们设置混合模式时，对下方的条纹也产生了影响。勾选“隔离混合”选项，则条纹不受影响，如图6-36所示。

图6-35

图6-36

不透明度蒙版

制作合成效果的时候，就会用到蒙版功能。蒙版可以将对象隐藏，但不会将其删除。Illustrator中有两种蒙版：不透明度蒙版和剪切蒙版。其中，不透明度蒙版可以改变对象的不透明度，使其产生透明效果。

·AI技术/设计讲堂·

不透明度蒙版的原理

与不透明度一样，不透明度蒙版也是调节对象透明度的功能，但更强大。它的原理是这样的：蒙版对象位于被遮盖对象的上方，首先对它形成一个遮挡；在这之后，Illustrator依据蒙版对象的灰度值控制下方对象如何显示。

具体说就是蒙版对象中的黑、白、灰色控制着下方对象显示还是隐藏。其中，纯白色所对应的对象是完全显示的，也就是说，这一区域的不透明度是100%；纯黑色会完全遮挡下方对象，这就相当于将对象的不透明度设置为0%；在蒙版对象中，灰色的遮挡程度没有黑色强，因此，下方对象就呈现一定的透明效果（灰色越深，透明度越高）。也就是说灰色区域的不透明度在1%到99%之间。

图6-37展示了上面所说的几种情况。从图中可以看到，不透明度蒙版能让图稿表现出丰富的透明效果，这是用“不透明度”选项调整实现不了的，因为它无法分区域调节。

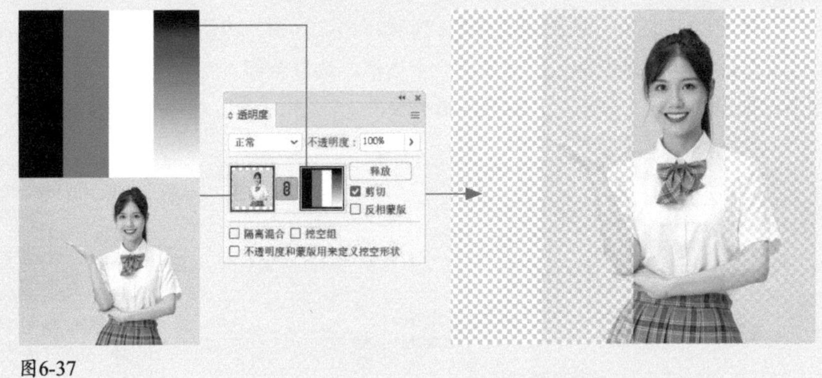

图6-37

6.3.1

实战：印章字

蒙版对象来源广泛，任何着色对象或位图图像都可以。如果蒙版对象是彩色的，例如彩色照片，则Illustrator会使用颜色的等效灰度来定义蒙版中的不透明度。

01 打开素材，如图6-38所示。选择选择工具▶，将纹理图像拖曳到文字上方。拖曳出一个选框，将这两个对象选取，如图6-39所示。

图6-38

图6-39

02 单击“透明度”面板中的“制作蒙版”按钮，创建不透明度蒙版，如图6-40和图6-41所示。

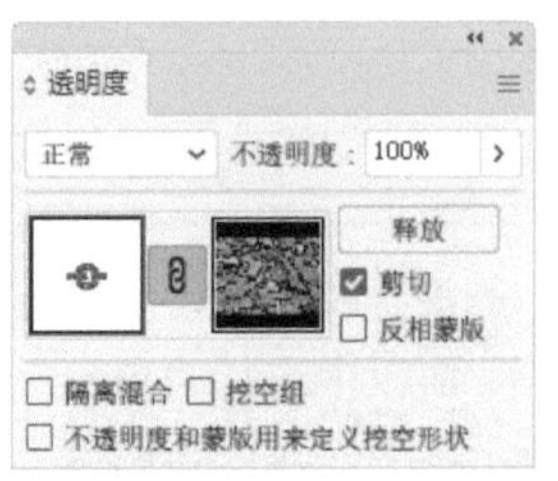

图6-40

图6-41

03 文字并不完整，需要调一下蒙版。创建不透明度蒙版后，“透明度”面板中会出现两个缩览图，左侧是被蒙版遮盖的图稿，右侧是蒙版对象。在默认情况下，图稿缩览图周围有一个蓝色的矩形框，这表示图稿处于被编辑状态，此时可以对图稿进行编辑，例如，可以修改其填色和描边等。我们要编辑蒙版，就单击蒙版对象缩览图，让蓝色矩形框转移到它上方，如图6-42所示。

图6-42

04 与此同时，蒙版对象将被选取，如图6-43所示。按住Shift键和Alt键拖曳控制点，将图像调小，同时观察图稿，当文字显示得比较完整的时候，就调整到位了，如图6-44所示。

图6-43

图6-44

05 单击图稿缩略图，退出编辑状态，如图6-45所示。按Ctrl+C快捷键复制对象，按两下Ctrl+F快捷键粘贴，让文字更加清晰，如图6-46所示。

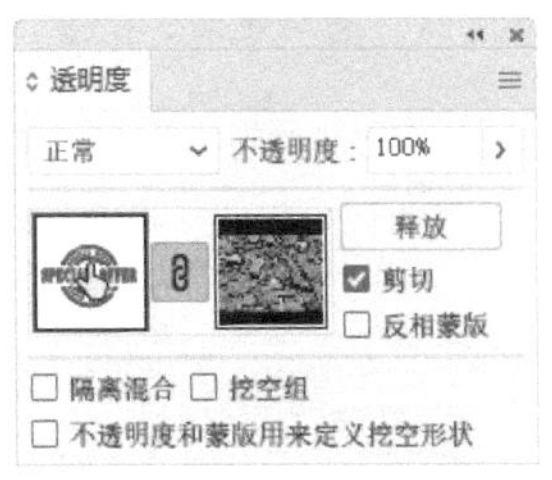

图6-45

图6-46

提示

按住Alt键单击蒙版对象缩览图，画板上会显示蒙版对象。在这种状态下编辑对象，可以减少干扰。按住Alt键再次单击蒙版对象缩览图，可显示所有对象。

6.3.2 实战：体育海报

要点

默认状态下，新创建的不透明度蒙版为剪切模式，即蒙版对象以外的内容都被剪切掉了，此时“透明度”面板中的“剪切”选项为被勾选状态，如图6-47所示。如果取消勾选，则可在遮盖对象的同时，让蒙版对象以外的内容显示出来，如图6-48所示。下面利用这一规律，制作一片艺术气息浓郁的镂空的树叶。

扫码看视频

图6-47

图6-48

01 打开素材，如图6-49所示。选择选择工具▶，单击人物图形，设置填色为黑色，无描边，如图6-50所示。

图6-49

图6-50

02 按住Shift键单击树叶，将它与人物一同选取，如图6-51所示，单击“透明度”面板中的“制作蒙版”按钮，创建不透明度蒙版，取消勾选“剪切”选项，如图6-52和图6-53所示。

图6-51

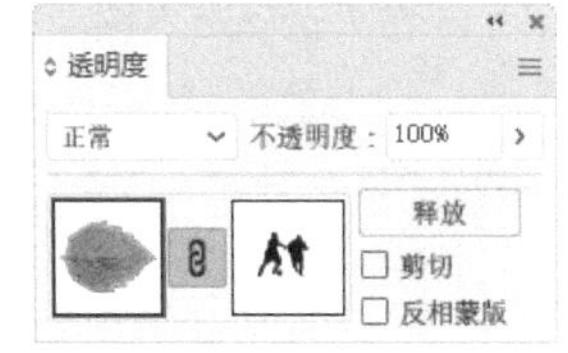

图6-52

提示

处于蒙版编辑模式时无法进入隔离模式。同样，处于隔离模式时，无法进入蒙版编辑模式。

图6-53

03 保持对象的被选取状态，执行“效果>风格化>投影”命令，为树叶添加投影，如图6-54和图6-55所示。

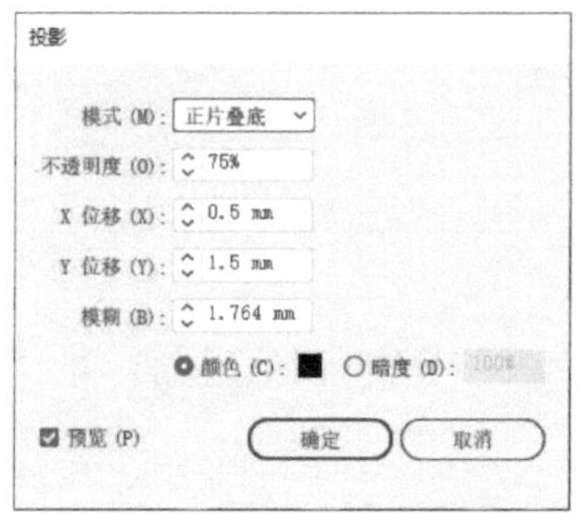

图6-54

图6-55

04 创建不透明度蒙版后，运动员图形被合并到“树叶图像”图层中，因此，现在“运动员”图层是一个空图层。将它拖曳到“树叶图像”图层的下方，如图6-56所示。下面在该图层中制作运动员投影。使用斑点画笔工具沿运动员图形左侧边界在轮廓内部绘制投影图形，如图6-57所示。

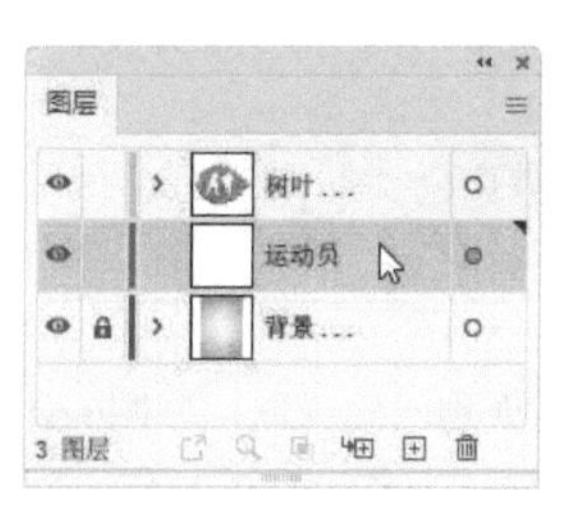

图6-56

图6-57

> **提示**
>
> 按[键和]键可以调整画笔大小。此外，在绘制过程中，有多余的图形时，可以用橡皮擦工具擦除。

05 在“运动员”图层的选择列中单击，如图6-58所示。执行“效果>风格化>羽化”命令，添加羽化效果，如图6-59和图6-60所示。

图6-58

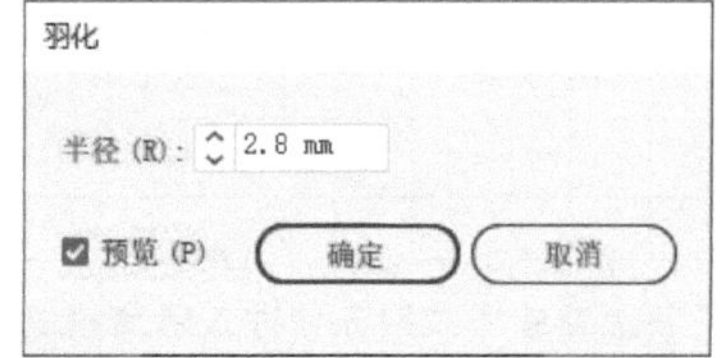

图6-59

图6-60

06 选择投影图形并设置不透明为80%，如图6-61和图6-62所示。

图6-61

图6-62

技术看板 **使用透明度来定义挖空形状**

在“透明度”面板中，“不透明度和蒙版用来定义挖空形状”选项可以创建与对象不透明度成比例的挖空效果。在接近100%不透明度的蒙版区域中，挖空效果较强；在具有较低不透明度的区域中，挖空效果较弱。例如，如果使用渐变蒙版对象作为挖空对象，则会逐渐挖空底层对象，就好像它被渐变遮住了一样，此时可以使用矢量和位图图像来创建挖空形状。该技巧对于使用除“正常”模式以外的混合模式的对象最为有用。

原始图稿

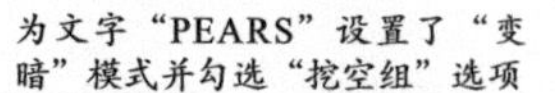

为文字“PEARS”设置了“变暗”模式并勾选“挖空组”选项

勾选“不透明度和蒙版用来定义挖空形状”选项

如果要使用不透明度蒙版来创建挖空形状，可以选择不透明度蒙版对象，然后将其与要挖空的对象编组。

6.3.3

实战：蝴蝶书简（多图形制作蒙版）

01 打开素材，如图6-63所示。选择矩形网格工具▦，在蝴蝶图像左上方拖曳鼠标创建矩形网格，在操作过程中按→、←、↑、↓键，设置水平和垂直分隔线数量均为6，设置描边粗细为2 pt，如图6-64所示。

扫码看视频

图6-63

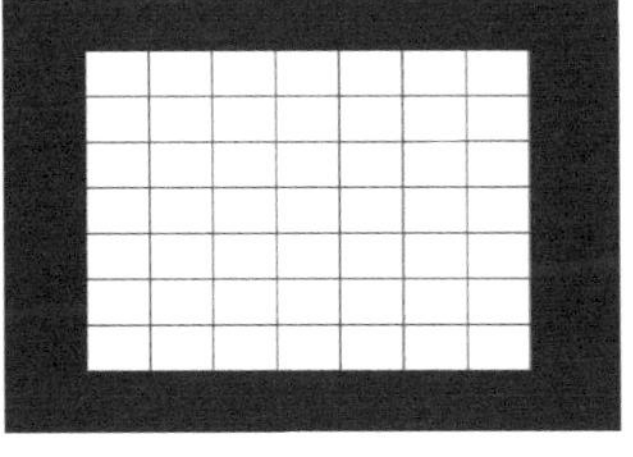
图6-64

02 保持图形的被选取状态，单击“路径查找器”面板中的 按钮，分割图形，如图6-65所示。为图形填充黑白渐变，如图6-66和图6-67所示。

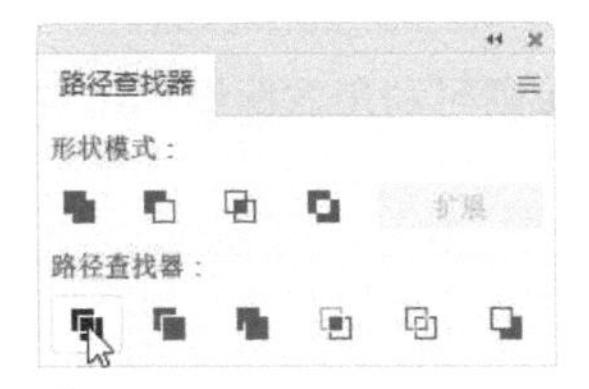

图6-65

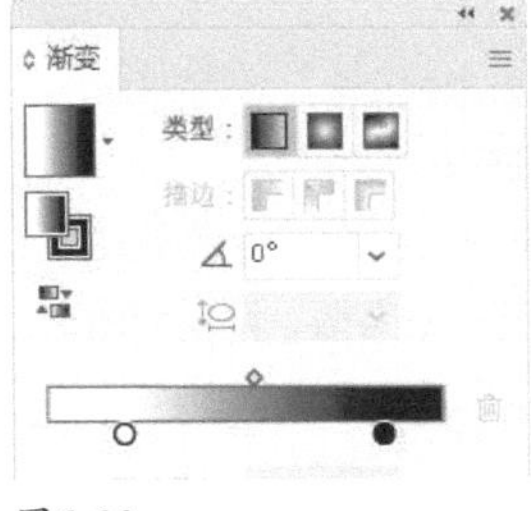

图6-66

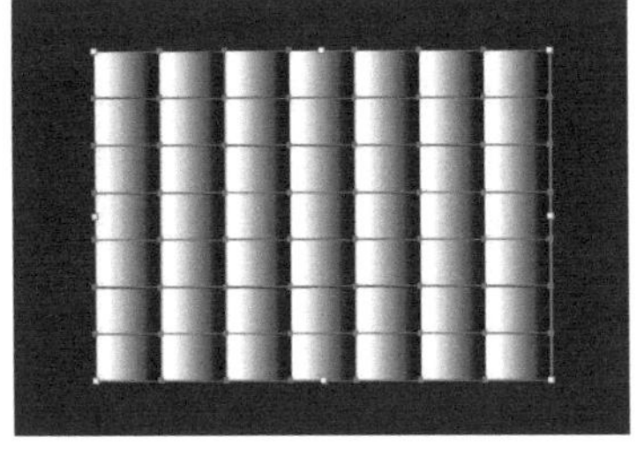
图6-67

03 按住Ctrl键在蝴蝶图像的选择列○状图标处单击，将它与网格图形一同选取，如图6-68所示。单击“透明度”面板中的“制作蒙版”按钮，创建不透明度蒙版，如图6-69所示。

图6-68

图6-69

04 使用矩形工具▭创建比网格图形稍大一点的矩形，无填色，描边粗细为1 pt。执行“窗口>画笔库>边框>边框_原始”命令，打开“边框_原始”面板，单击图6-70所示的画笔，用它为矩形描边，如图6-71所示。

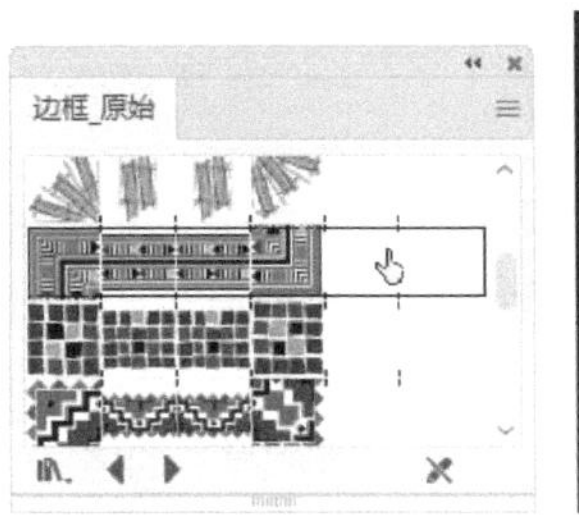

图6-70

图6-71

6.3.4

取消链接/重新链接

创建不透明度蒙版后，在“透明度”面板中，蒙版对象与被遮盖的图稿之间有一个🔗状图标，如图6-72所示。它表示这两个对象处于链接状态，因此，不管是移动、旋转、缩放，还是变形、扭曲，它们会同时变换，遮盖区域不会有任何变化。单击🔗图标可以取消链接，此后可单击图稿缩览图（或蒙版缩览图），对图稿（或蒙版）进行单独处理，如图6-73所示（移动蒙版）。需要重新建立链接时，可在原🔗图标处单击。

图6-72

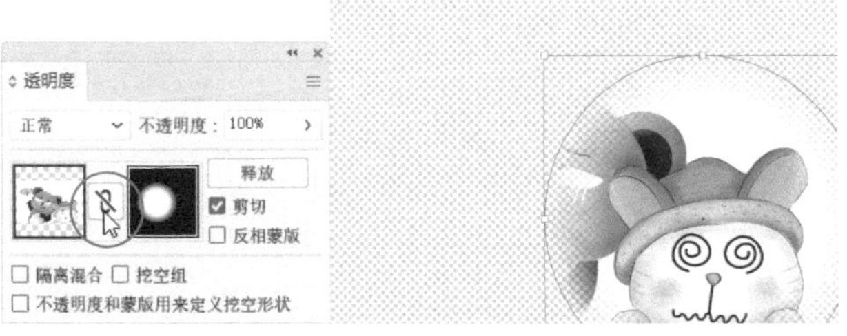

图6-73

6.3.5

停用/激活不透明度蒙版

创建不透明度蒙版后，如果需要观察蒙版对象，可以按住Shift键单击蒙版对象缩览图，显示红“×”之后，可停用蒙版，如图6-74所示。按住Shift键再次单击，则恢复蒙版。

图6-74

6.3.6 反相/释放不透明度蒙版

在“透明度”面板中勾选“反相蒙版”选项，可以使蒙版对象的明度值反相，使蒙版的遮盖范围出现反转，如图6-75所示。

如果要释放不透明度蒙版，可单击“透明度”面板中的“释放”按钮。所有对象会恢复到创建蒙版前的状态。

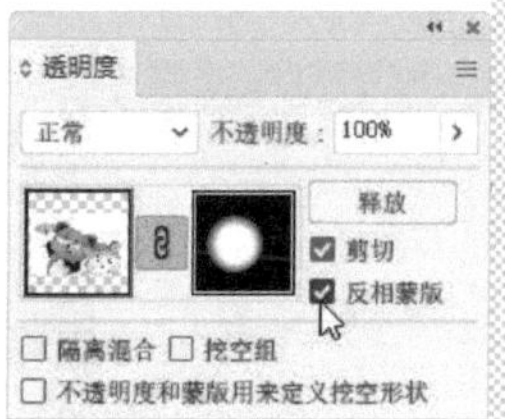

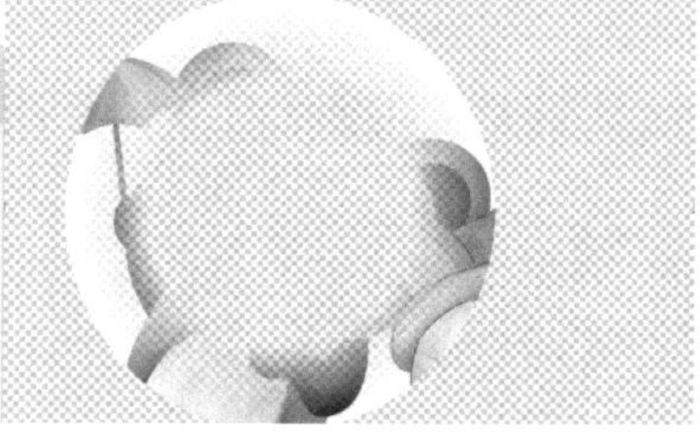

图6-75

剪切蒙版

Illustrator中有两种蒙版，不透明度蒙版能让对象呈现一定的透明效果；剪切蒙版则可利用蒙版图形将对象的某些部分完全隐藏。就是说，它是用来控制对象显示范围的。

·AI技术/设计讲堂·

剪切蒙版效果及差别

在对象上方放置一个图形，如图6-76所示。创建剪切蒙版后，对象就只在图形内部显示，如图6-77所示。这就是剪切蒙版所能实现的效果。在“图层”面板中，蒙版图形和被蒙版遮盖的对象称为“剪切组”，如图6-78所示。

创建剪切蒙版时，用不同的方法操作，会出现不同的结果。图6-79所示是用“对象>剪切蒙版>建立”命令创建的剪切蒙版的效果。可以看到，蒙版只遮盖所选对象，不影响其他对象。如果单击“图层”面板中的按钮来创建剪切蒙版，则蒙版图形会遮盖同一图层中的所有对象。

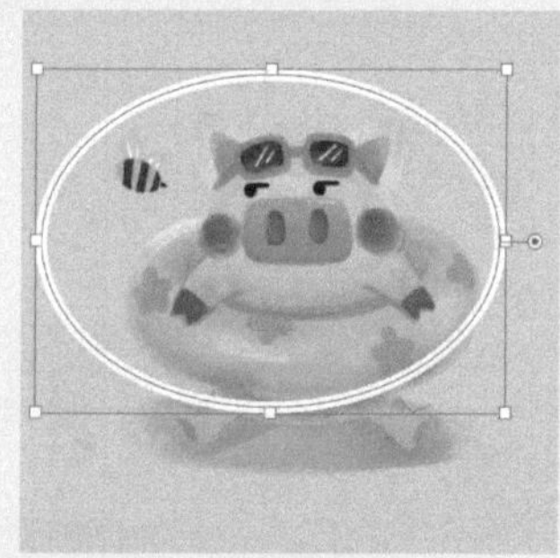

图6-76

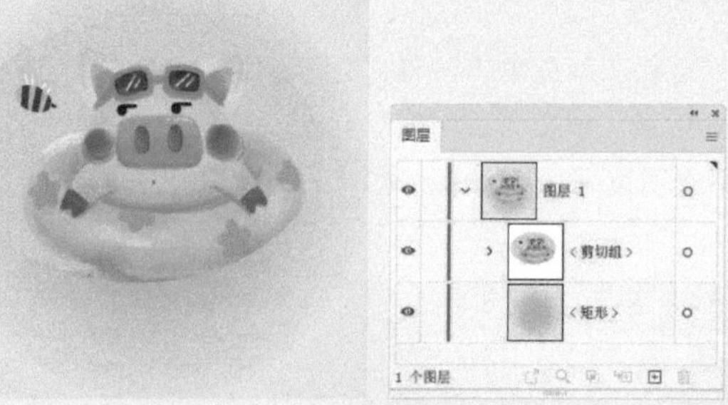

图6-77

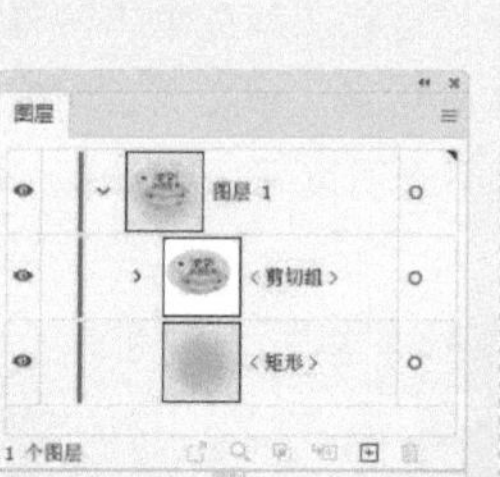

图6-78

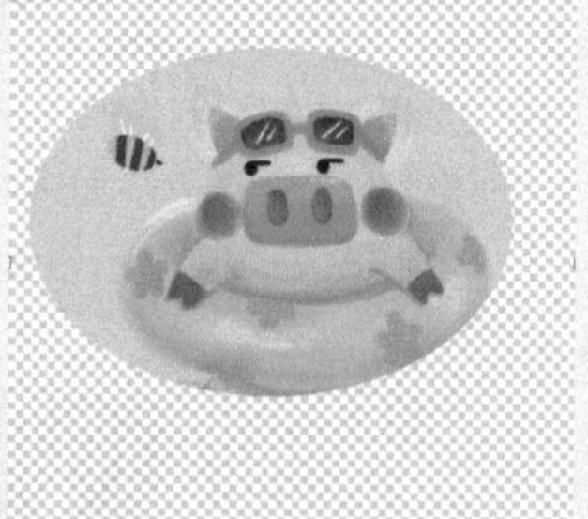

图6-79

作为剪切蒙版的图形只能是矢量对象，图像类是不可以的，但所有对象都可以被剪切蒙版隐藏。创建剪切蒙版后，所有对象都是可编辑的。例如，使用编组选择工具选取蒙版图形后，可以进行移动、缩放或其他变换、变形操作；也可以使用直接选择工具或其他工具修改路径形状。如果要编辑被蒙版遮盖的对象，可以执行“对象>剪切蒙版>编辑内容”命令，将其选中，再进行编辑。

·AI技术/设计讲堂·

用内部绘图方法创建蒙版

工具栏中有3个绘图模式按钮，如图6-80所示。其中的内部绘图按钮 可以创建剪切蒙版。操作方法非常简单，选取一个矢量对象，如图6-81所示，单击 按钮，对象周围会出现一个虚线框，如图6-82所示；之后绘制图形或路径，所创建的对象只在该矢量对象内部显示，如图6-83所示。需要编辑被遮盖的对象时，可单击“控制”面板中的 按钮，蒙版内的对象就会被选中，如图6-84所示。如果要编辑蒙版对象，则单击 按钮。

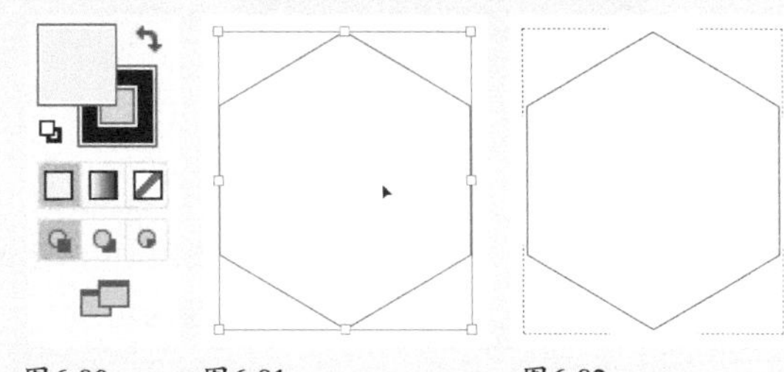

图6-80 图6-81 图6-82

图6-83

图6-84

正常绘图 模式是默认的绘图模式，即新创建的对象位于上一个对象的上层，重叠的时候会对其形成遮挡。

背面绘图 模式分两种情况。如果想将对象绘制在一个图层底层，可单击该图层，之后单击 按钮，再进行绘图；如果想将对象绘制在某个对象下方，则单击该对象，之后单击 按钮，再进行绘图。

6.4.1

实战：金属质感UI图标

下面使用剪切蒙版制作一个UI图标，如图6-85所示。创建剪切蒙版时，对象的顺序不要搞错，即蒙版图形要放在需要被遮盖对象的上方（它所在的子图层也要位于上层）。

扫码看视频

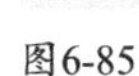

图6-85

01 创建一个A4纸大小的RGB模式文件。执行“文件>置入”命令，打开“置入”对话框，选择图像素材，取消勾选“链接”选项，如图6-86所示，将它嵌入当前文档。

02 选择椭圆工具 ，在画板上单击，弹出“椭圆”对话框，设置参数，如图6-87所示，创建一个圆形，如图6-88所示。按Ctrl+C快捷键复制图形。按Ctrl+A快捷键全选。执行“对象>封套扭曲>用顶层对象建立”命令，用圆形扭曲下方的图像，如图6-89所示。

图6-86

图6-87

图6-88

图6-89

03 按Ctrl+F快捷键粘贴圆形。为它填充透明—深灰色径向渐变，如图6-90和图6-91所示。

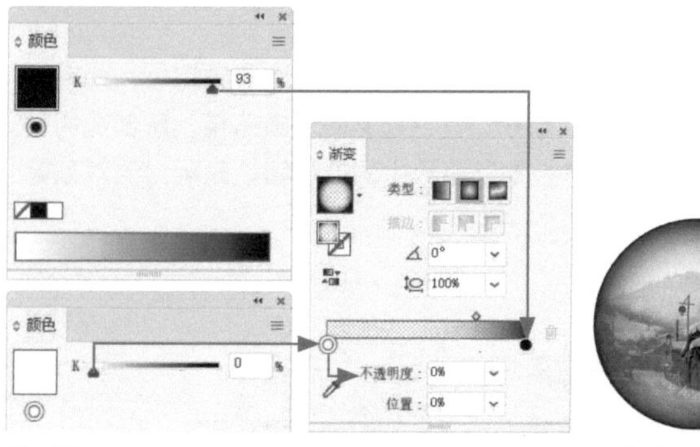

图6-90

图6-91

04 将圆形的混合模式设置为“强光”，如图6-92和图6-93所示。

图6-92

图6-93

05 按Ctrl+F快捷键粘贴圆形。为它填充任意形状渐变，添加3个白色色标，其中两个色标的不透明度为0%，如图6-94所示。

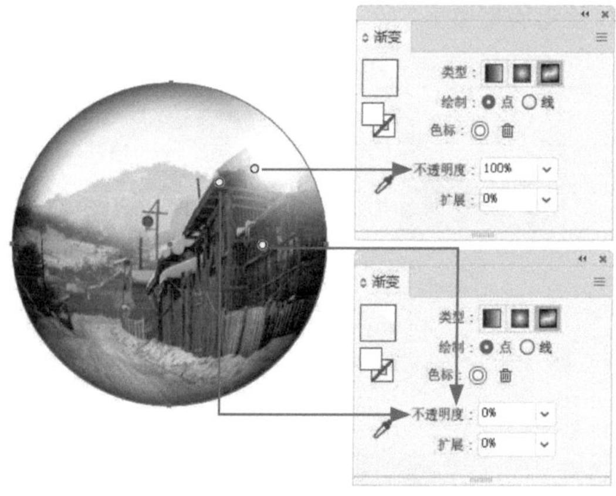

图6-94

06 按Ctrl+C快捷键复制图形。按Ctrl+F快捷键粘贴。按住Alt+Shift键拖曳控制点，将圆形缩小，并调整位置，如图6-95所示。

07 使用矩形工具创建一个画板大小的矩形，填充任意形状渐变。按Shift+Ctrl+[快捷键，调整到底层，效果如图6-96所示。

图6-95

图6-96

08 使用椭圆工具创建一个椭圆形，填充蓝灰色—白色径向渐变，如图6-97和图6-98所示。

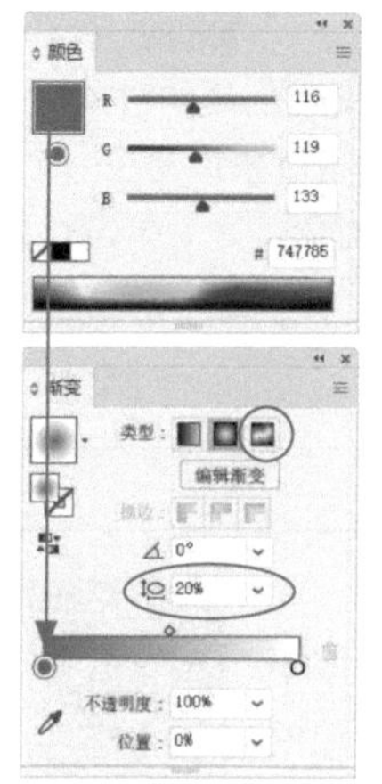

图6-97

图6-98

09 执行“效果>风格化>羽化”命令，对图形边缘进行羽化，如图6-99所示。设置混合模式为“正片叠底”，如图6-100和图6-101所示。最后使用文字工具T添加文字，如图6-102所示。

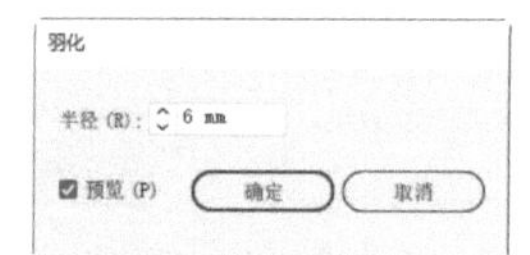

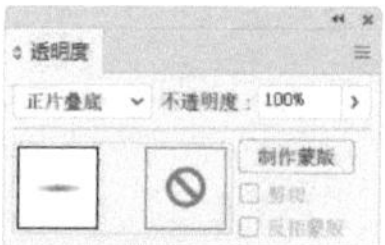

图6-99

图6-100

图6-101

图6-102

6.4.2

实战：三棱锥反射效果

下面制作几个三棱锥，并把它们放在群山之间，通过反射周围的景物来表现宏大的场景，如图6-103所示。

扫码看视频

图6-103

01 按Ctrl+O快捷键，打开素材，如图6-104所示。选择选择工具，单击图像，按Ctrl+C快捷键复制，按Ctrl+F快捷键粘贴。

图6-104

> **提示**
>
> 由于图像比例与画板不一致，导致一部分图像超出画板范围。使用“对象>画板>适合图稿边界”命令，可以将画板边界调整到图稿边缘处。

02 执行“效果>模糊>高斯模糊”命令，对图像进行模糊处理，如图6-105和图6-106所示。

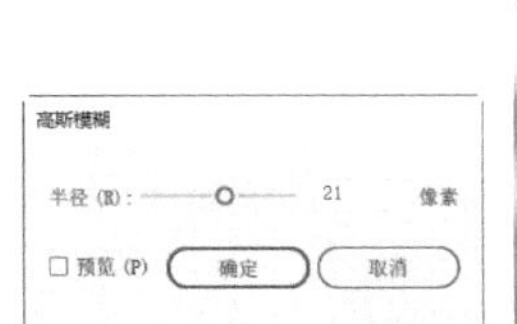

图6-105

图6-106

03 使用矩形工具创建一个与图像大小相同的矩形，填充渐变，如图6-107所示。按住Shift键在选择列中单击，将模糊后的图像同时选取，如图6-108所示。单击“透明度”面板中的“制作蒙版”按钮，创建不透明度蒙版，这样远山就会呈现模糊效果，而近景仍然是清晰的，如图6-109和图6-110所示。

图6-107

图6-108

图6-109

图6-110

04 单击“图层”面板中的按钮，创建一个图层。使用钢笔工具绘制3个三角形，分别用于制作三菱锥体的正面、侧面和顶面，如图6-111和图6-112所示。

图6-111

图6-112

05 选取正面三角形，如图6-113所示，按Ctrl+B快捷键，在它下方粘贴图像，如图6-114所示。

图6-113

图6-114

06 按住Shift键单击三角形，将其一同选取，按Ctrl+7快捷键，创建剪切蒙版。在剪切组的名称上双击，显示文本框后，修改名称为“正面”，如图6-115和图6-116所示。

图6-115

图6-116

07 通过单击选择列选取图像，如图6-117所示。使用选择工具▶调整位置，如图6-118所示。

图6-117

图6-118

08 在正面三角形选择列中单击，如图6-119所示，按Ctrl+C快捷键复制，按Ctrl+B快捷键粘贴图形，如图6-120所示。

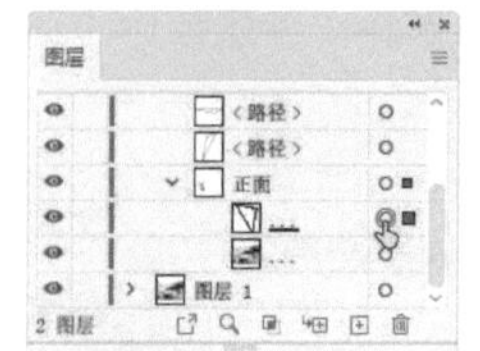

图6-119

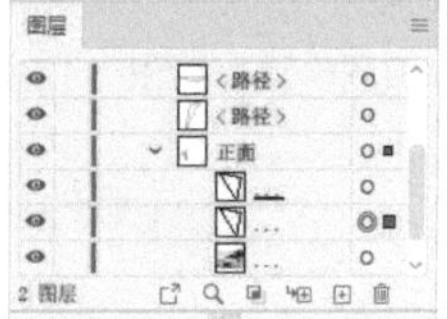

图6-120

09 设置填充颜色为渐变并修改混合模式，如图6-121所示。渐变会对下方图像产生影响，使其明度产生变化，看上去像是镜面反射的图像一样，如图6-122所示。

图6-121

图6-122

10 将图像拖曳到⊞按钮上复制，如图6-123所示；之后拖曳到侧面三角形下方，如图6-124所示。

图6-123

图6-124

11 选取这两个对象，如图6-125所示，按Ctrl+7快捷键创建剪切蒙版，修改名称为“侧面”，如图6-126所示。采用与步骤9相同的方法创建不透明度蒙版，制作出侧面反射效果（可以调整图像位置），如图6-127和图6-128所示。

图6-125

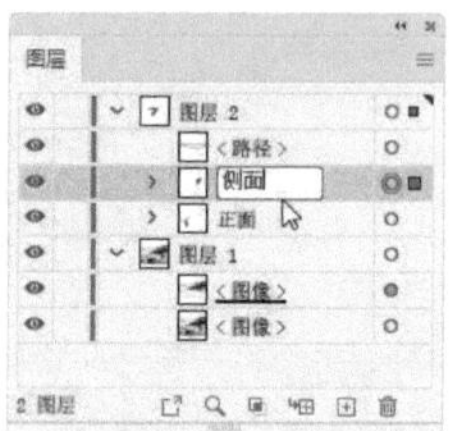

图6-126

图6-127

图6-128

12 将图像拖曳到⊞按钮上进行复制，如图6-129所示，之后拖曳到顶面三角形下方，如图6-130所示。通过剪切蒙版和不透明度蒙版制作出反射图像，这样一个三棱锥体就制作完成了，如图6-131和图6-132所示。

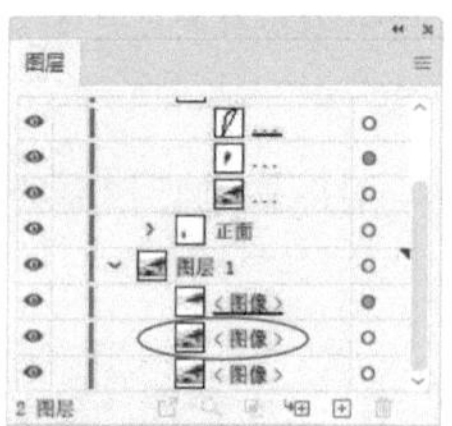

图6-129

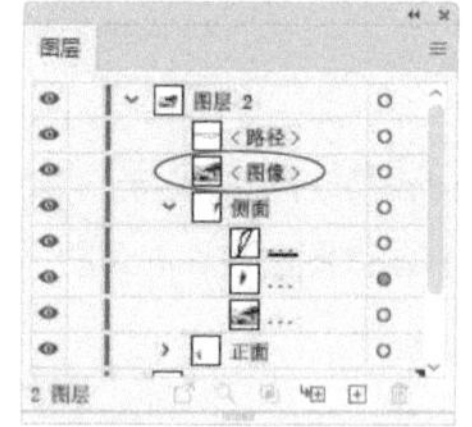

图6-130

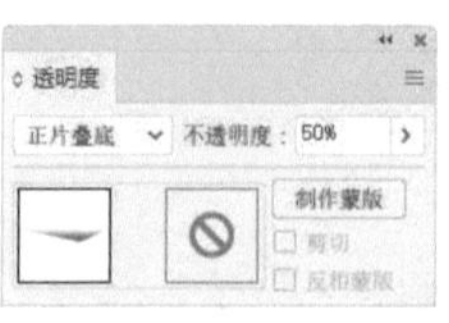

图6-131

图6-132

13 将“图层2”拖曳到⊞按钮上复制，如图6-133所示。用选择工具▶调整三棱锥的大小和位置（包括图像的位置）。修改正面不透明度蒙版的参数，如图6-134和图6-135所示。

图6-133

图6-134

图6-135

14 再复制两个图层。调整三棱锥的大小和位置。可以将最远处的锥形的不透明度调整为70%，让它呈现若隐若现效果，如图6-136所示。

图6-136

技术看板 从对象的重叠区域创建剪切蒙版

选取两个或多个互相重叠的对象，按Ctrl+G快捷键编组，之后再与下方的其他对象创建剪切蒙版，可以用重叠区域遮盖对象。

选取两个圆形并编组

与下方的小熊创建剪切蒙版

6.4.3 在剪切蒙版中添加/减少对象

在一个图层上单击，如图6-137所示，再单击一下“图层”面板中的▣按钮，可以为它创建剪切蒙版，该图层中的第一个对象会作为蒙版遮盖图层内的其他对象，如图6-138所示。此后，在该图层中新创建对象，或者将其他对象拖入该图层，蒙版便会对其形成遮盖，如图6-139所示。将对象移出该图层，则可将其从蒙版中释放出来。

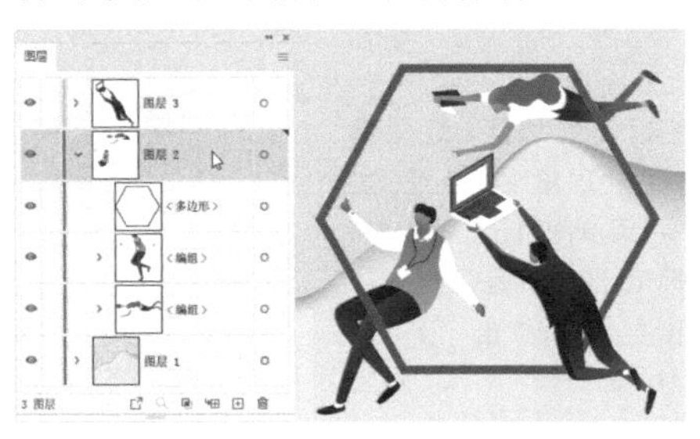

图6-137

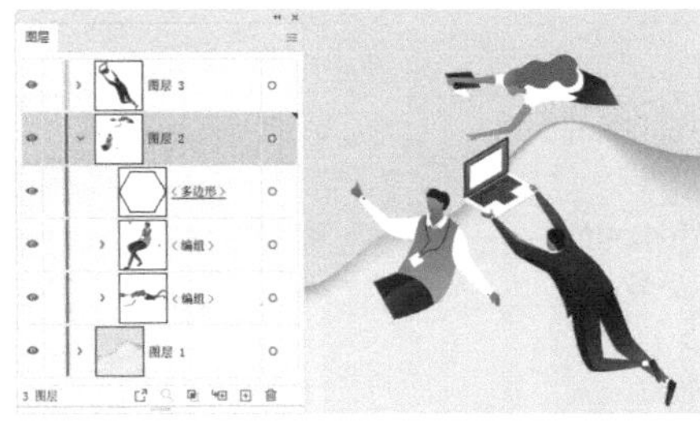

图6-138

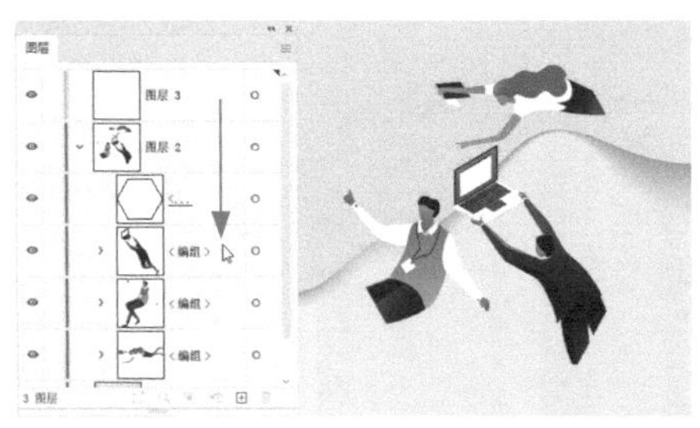

图6-139

如果不是给图层创建的剪切蒙版，则蒙版图形和被它遮盖的对象会被移到剪切组内。我们也可以通过拖曳的方法，将其他对象拖入剪切组，或者从组中移出。

6.4.4 释放剪切蒙版

选取剪切蒙版组，使用“对象>剪切蒙版>释放”命令，或单击“图层”面板中的▣按钮，可以释放剪切蒙版，让被遮盖的对象重新显现。由于无论蒙版对象属性如何，创建剪切蒙版后，都会变成一个无填色和描边的对象，因此，释放出来的蒙版对象也是无填色和描边的。

第7章 效果、外观与图形样式

【本章简介】

本章介绍效果及与之相关的功能。效果是Illustrator中的魔法师，能让对象改变外观、呈现特效。效果通过“效果”菜单使用，之后在“外观”面板中编辑和管理。图形样式是一种或多种效果的集合，在使用时，只需单击一下，便可轻松地将效果应用于对象。

【学习目标】

本章我们将学会如下知识和操作。

- 用效果制作柔性透明字
- 用效果制作马赛克风格Logo
- 用效果制作毛茸茸的小鸟
- “外观”面板使用技巧
- 为图层（或组）添加外观
- 复制外观属性
- 制作古典艺术字
- 制作卡通模型
- 图形样式使用技巧
- 制作回转线艺术字
- 用图形样式库制作缝纫字
- 从其他文档中导入图形样式
- 重新定义图形样式

【学习重点】

Illustrator效果

在Illustrator中，要想制作特效，就一定离不开效果。效果可以修改对象的外观。例如，可为其添加投影、扭曲、发光等效果。

·AI技术/设计讲堂·

效果的种类与使用方法

效果的种类

在“效果”菜单中，有两种类型的效果，如图7-1所示。Illustrator类效果是矢量效果，顾名思义，就是用于矢量对象的，但也可用于位图（即图像）的填色和描边。此外，其中的“3D”“SVG滤镜”“变形”效果组，以及“变换”“投影”“羽化”“内发光”“外发光”等效果也可以编辑位图。Photoshop类效果则是栅格效果（与Photoshop滤镜相同），矢量对象和位图都可以使用。

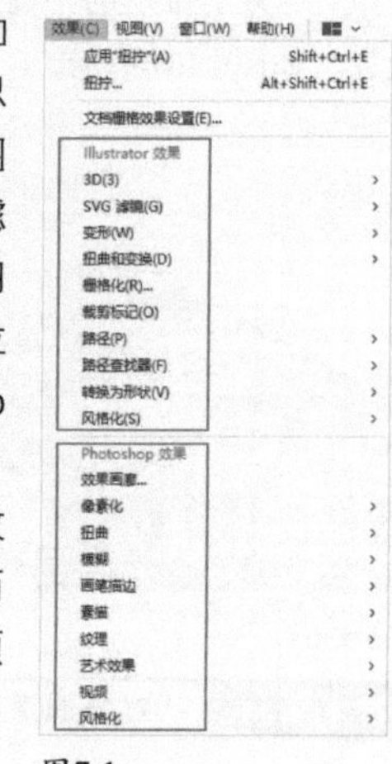

图7-1

需要注意的是，对链接的图像应用效果时，效果被应用到存在于Illustrator中的图像的副本上，而非原始图像上。如果要对原始图像应用效果，必须将它嵌入文档中才行。

怎样使用效果

选取对象，执行“效果”菜单中的命令，弹出相应的对话框，设置参数并单击“确定”按钮，即可应用效果。使用一个效果命令后，如执行“风格化>投影”命令后，菜单顶部会显示“应用‘投影’”和“投影”两个命令，如图7-2所示。执行“应用‘投影’”命令，可以按照上一次的参数设置应用效果；执行第2个命令，则会弹出“投影”对话框，方便我们修改参数。

图7-2

怎样修改和删除效果

“外观”面板中保存了为对象添加的效果（见173页）。通过该面板可以修改效果参数、调整效果顺序、复制效果，以及将效果删除。

7.1.1

实战：柔性透明字

下面使用效果和液化类工具制作一组透明效果的变形字，如图7-3所示。

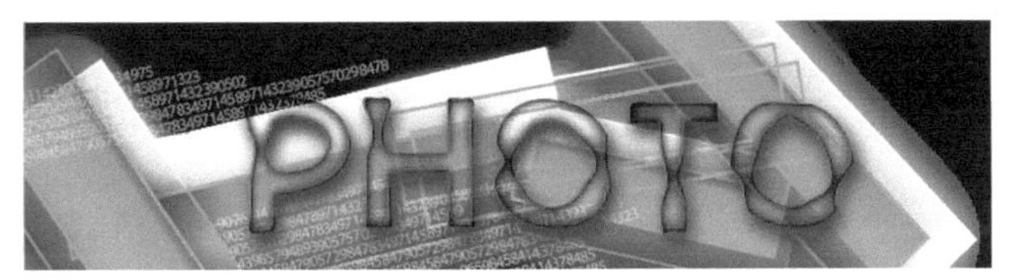

图7-3

01 打开素材，如图7-4所示。选择选择工具▶，单击文字，执行“效果>风格化>内发光”命令，在打开的对话框中设置参数，如图7-5所示，效果如图7-6所示。

图7-4

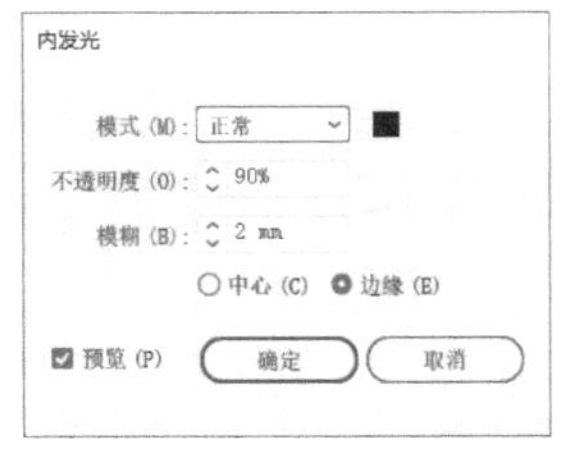

图7-5

图7-6

02 执行“效果>风格化>投影”命令，为文字添加投影，如图7-7和图7-8所示。

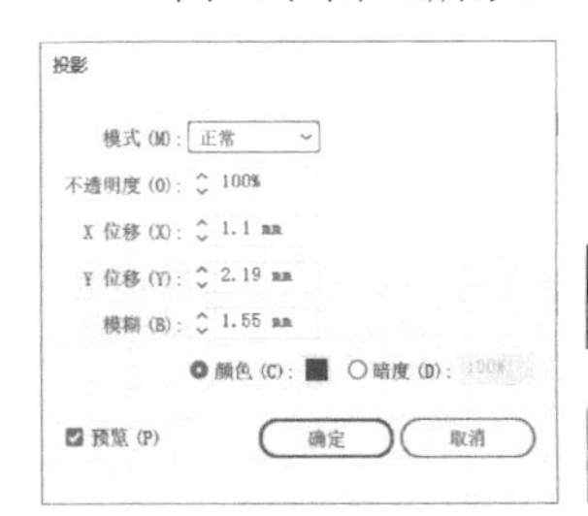

图7-7

图7-8

03 双击缩拢工具✽，打开“收缩工具选项”对话框，设置参数，如图7-9所示。

04 在文字上单击，对文字进行收缩处理，如图7-10和图7-11所示。

图7-9

图7-10

图7-11

05 在“透明度”面板中设置混合模式为“正片叠底”，使文字产生透明效果，如图7-12和图7-13所示。

图7-12

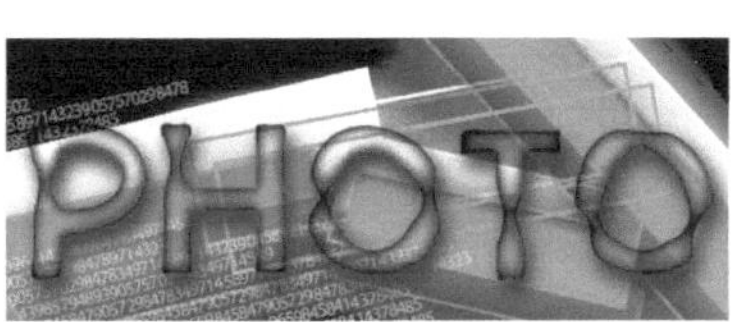

图7-13

7.1.2

实战：彩色马赛克风格Logo

下面制作一个马赛克效果的Logo，如图7-14所示。马赛克风格趣味性强，不同颜色的文字具有不同的表现力，我们可以按照自己的喜好修改颜色。

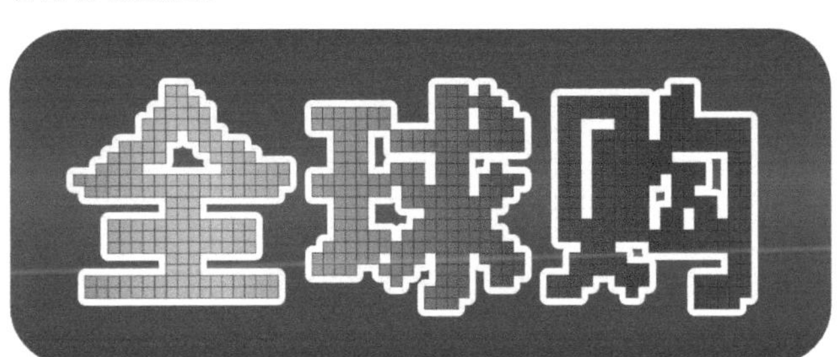

图7-14

01 按Ctrl+O快捷键，打开文字图形，如图7-15所示。使用选择工具▶选取文字，执行“对象>栅格化”命令，打开“栅格化”对话框。在“背景”选项组中选取“透明”选项，其他参数设置如图7-16所示，单击“确定”按钮，将图形转换为图像。

全球购

图7-15

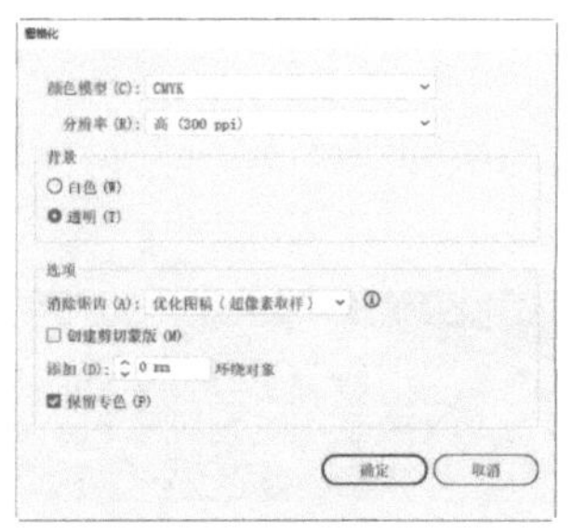

图7-16

02 执行“对象>创建对象马赛克”命令。在“拼贴数量”选项组中设置“宽度”为60 mm，“高度”为20 mm。勾选“删除栅格”选项（即删除原图像），如图7-17所示。单击“确定”按钮，基于当前图像生成一个矢量的马赛克拼贴状图形，如图7-18所示。

图7-17

图7-18

03 选择魔棒工具，设置“容差”为20，如图7-19所示。在靠近文字的背景上单击，将白色图形选取，如图7-20所示。按Delete键删除。

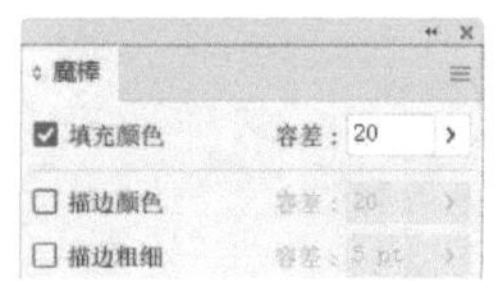

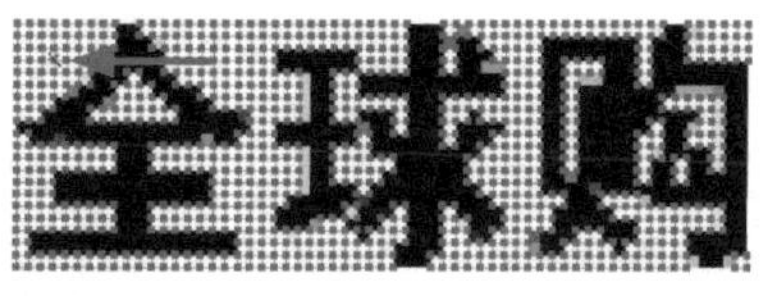

图7-19　　图7-20

04 使用选择工具选取文字图形。单击工具栏中的按钮，填充渐变，如图7-21和图7-22所示。

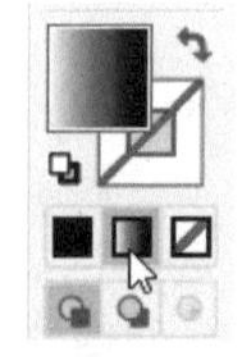

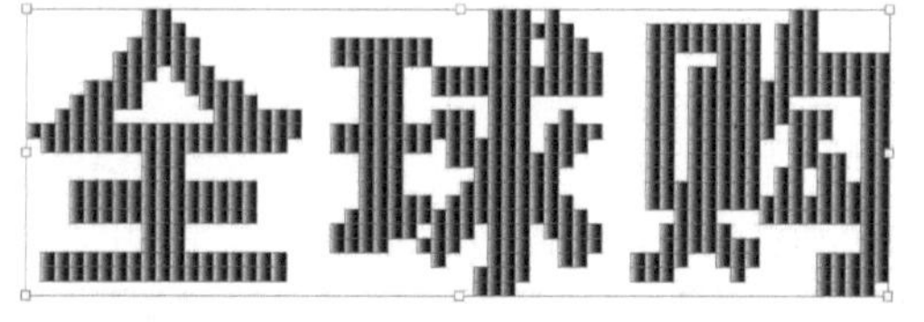

图7-21　　图7-22

05 选择渐变工具，将鼠标指针移到文字的最左侧，按住Shift键拖曳，重新填充渐变，如图7-23所示。修改渐变颜色，如图7-24所示。设置描边颜色为黑色，粗细为1.5 pt，如图7-25所示。

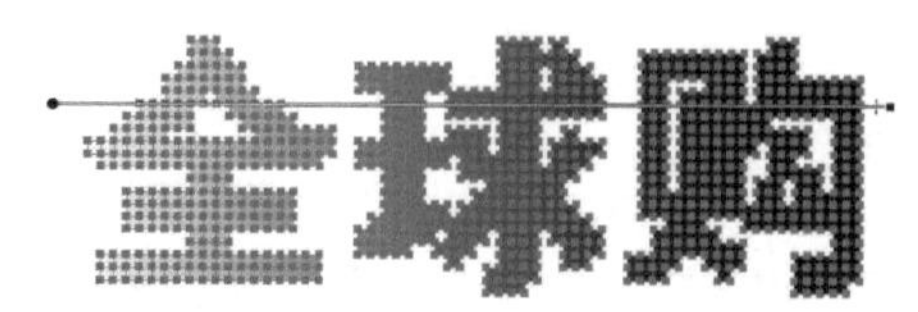

图7-23

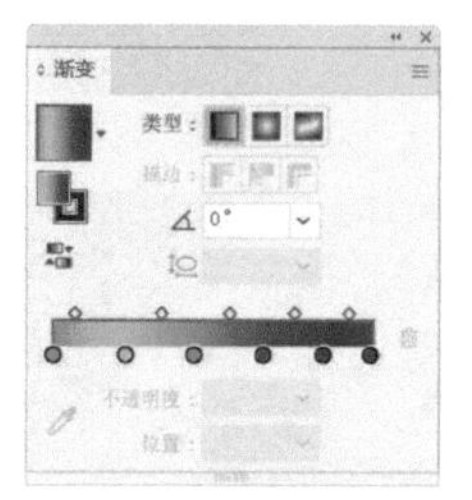

图7-24　　图7-25

06 用矩形工具创建矩形，按Shift+Ctrl+[快捷键，移至底层作为背景。填充渐变，如图7-26所示。拖曳实时转角构件，调整为圆角，如图7-27所示。

图7-26　　图7-27

07 选择选择工具，单击文字，如图7-28所示。按Ctrl+C快捷键复制，按Ctrl+B快捷键粘贴到后方。设置描边颜色为白色，粗细为30 pt，如图7-29所示。

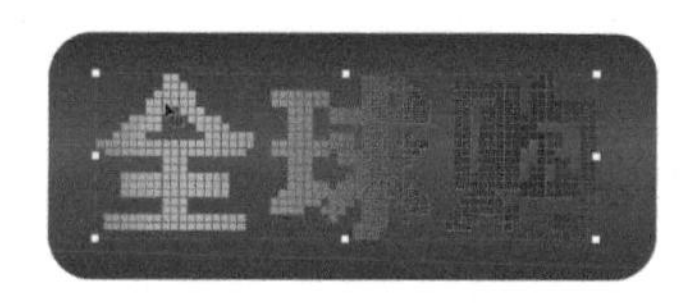

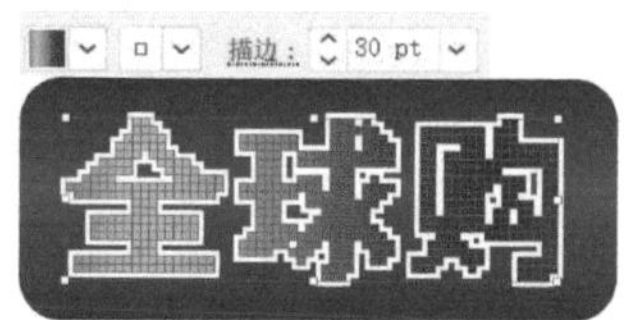

图7-28　　图7-29

08 执行“效果>风格化>圆角”命令，将马赛克边缘改为圆角，如图7-30和图7-31所示。

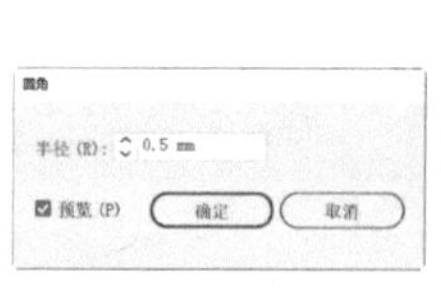

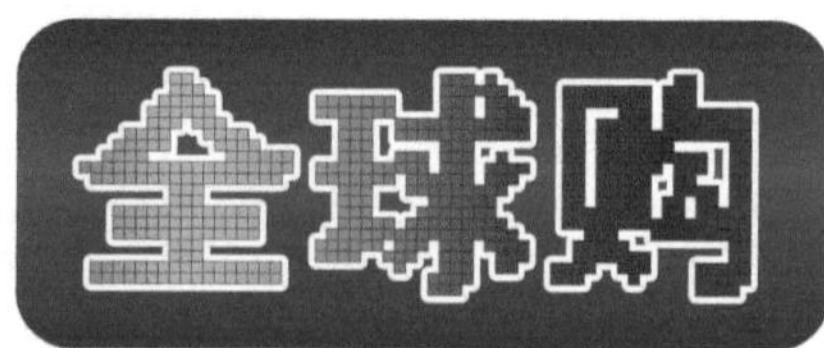

图7-30　　图7-31

技术看板　用嵌入的图像创建马赛克

如果想用“创建对象马赛克”命令将图像转换为马赛克图形，则图像必须是嵌入（见317页）文档中的，对链接的图像（见317页）不能进行此操作。

7.1.3

实战：制作毛茸茸的小鸟

本实战我们将为圆形添加效果，制作出毛茸茸的圆球，再用绘图工具添加五官，将它变成一个可爱的卡通小鸟，如图7-32所示。

扫码看视频

图7-32

01 按Ctrl+N快捷键，打开“新建文档”对话框，使用预设创建一个RGB模式的文件，如图7-33所示。

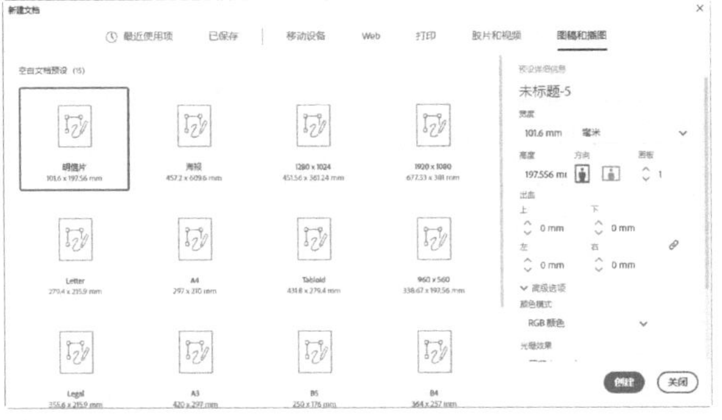

图7-33

02 使用钢笔工具绘制图形。填充径向渐变，如图7-34和图7-35所示。

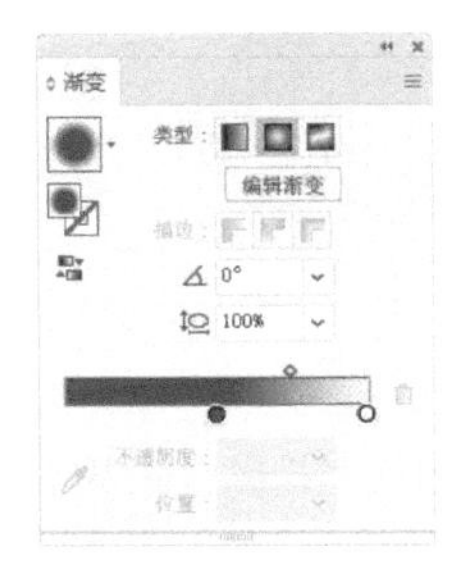

图7-34

图7-35

03 执行“效果>扭曲和变换>粗糙化”命令，在路径边缘生成锯齿，如图7-36和图7-37所示。

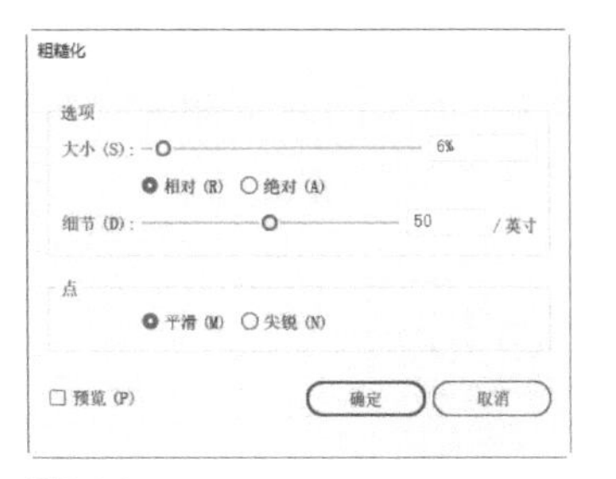

图7-36

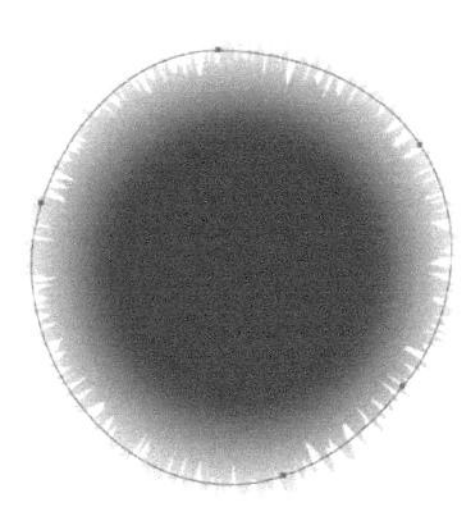

图7-37

04 执行“效果>扭曲和变换>收缩和膨胀”命令，设置膨胀参数为32%，使图形边缘呈现绒毛效果，如图7-38和图7-39所示。

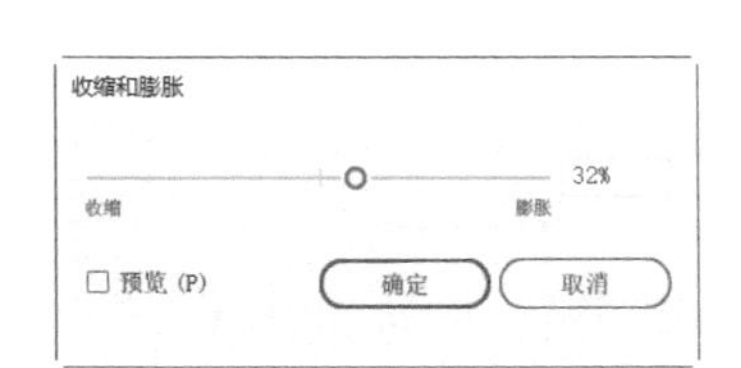

图7-38

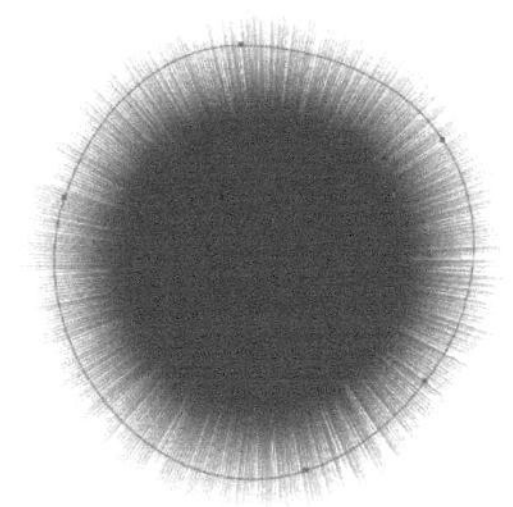

图7-39

05 执行“效果>扭曲和变换>波纹效果”命令，让绒毛产生一些变化，如图7-40和图7-41所示。

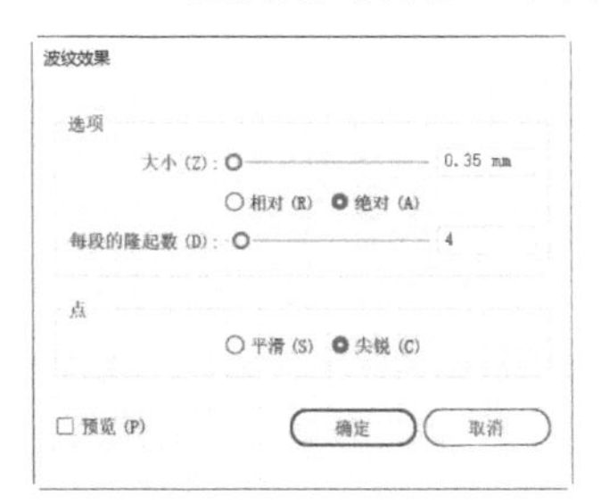

图7-40

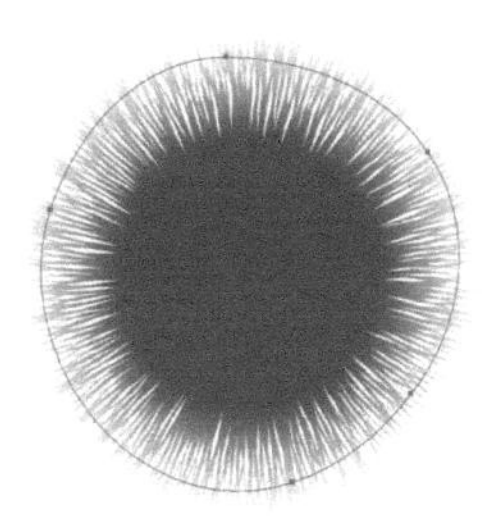

图7-41

06 单击鼠标右键，打开上下文菜单，选择“变换>分别变换”命令，打开“分别变换”对话框，设置缩放为85%，旋转角度为10°，如图7-42所示。单击“复制”按钮，变换并复制出一个新的图形，它比原图形小，并且改变了角度，如图7-43所示。

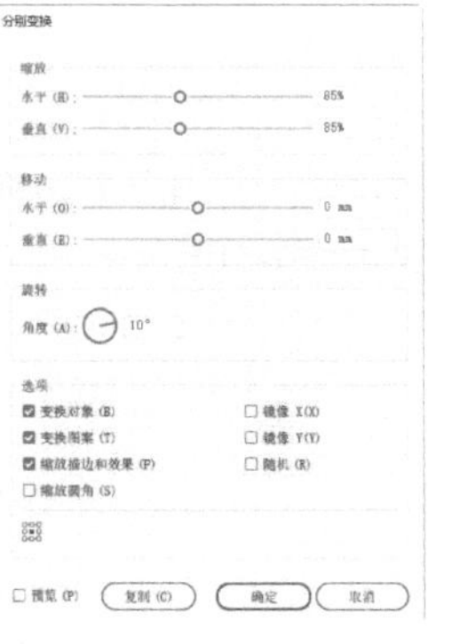

图7-42

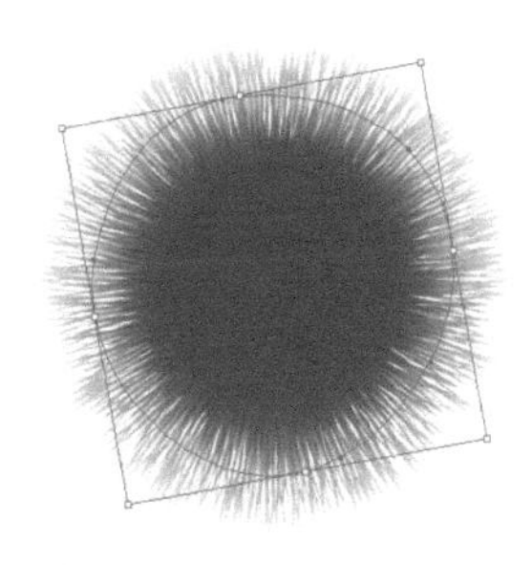

图7-43

07 按下Ctrl+D快捷键再次变换，变换出的新图形是上一个图形的85%，并在其基础上旋转了10°，如图7-44所示。连按5次Ctrl+D快捷键，效果如图7-45所示。

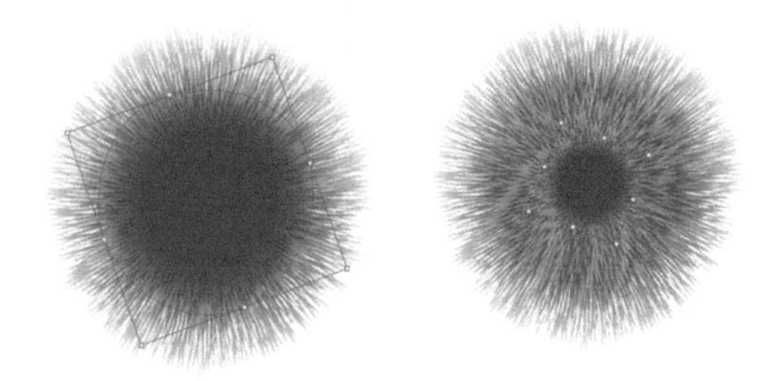

图7-44　　图7-45

提示

通过“分别变换”和“再次变换”命令将一个绒毛图形变换成绒毛团后，可以使用选择工具▶选取每个图形，将鼠标指针放在定界框的一角外侧，拖曳鼠标调整一下角度，让绒毛之间错开，效果会更加自然。

08 在👁图标右侧单击，将图层锁定，如图7-46所示。单击⊞按钮，创建一个图层，如图7-47所示。下面制作眼睛和嘴。

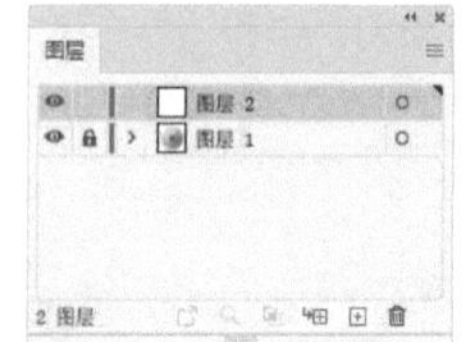

图7-46　　图7-47

09 选择椭圆工具◯，按住Shift键创建圆形。执行“效果>风格化>投影”命令，添加“投影”效果，如图7-48所示。设置填充颜色和描边，如图7-49所示。

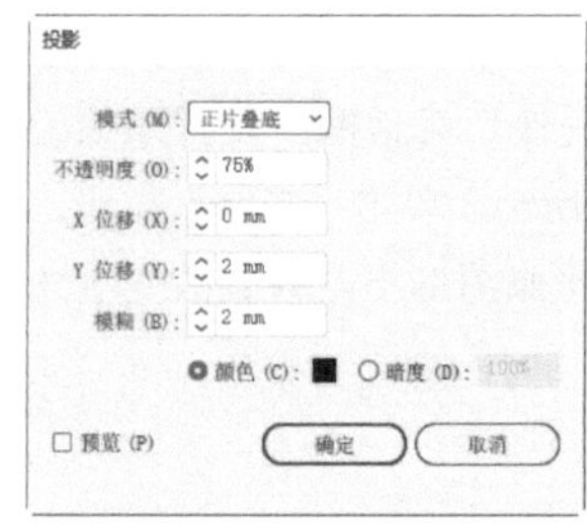

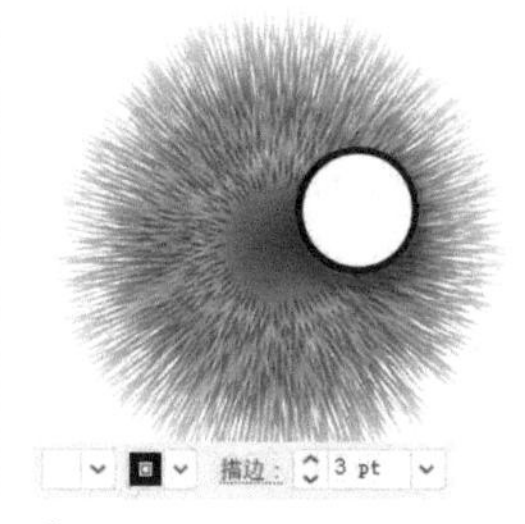

图7-48　　图7-49

10 用钢笔工具✒绘制3条曲线，作为眼睫毛，如图7-50所示。将它们选取，修改描边属性，如图7-51所示。

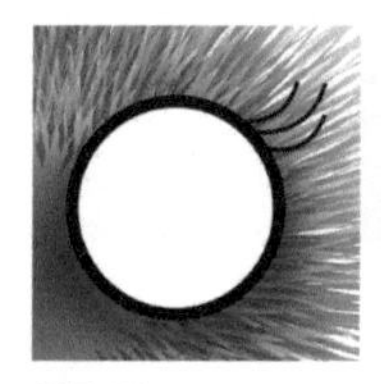

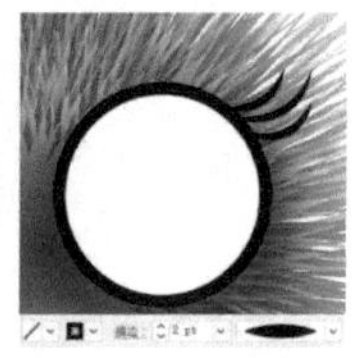

图7-50　　图7-51

11 按Ctrl+A快捷键全选。选择镜像工具▷◁，按住Alt键在图7-52所示的位置单击，弹出“镜像”对话框，选取“垂直”选项，如图7-53所示，单击“复制”按钮，在对称位置复制出另一只眼睛，如图7-54所示。

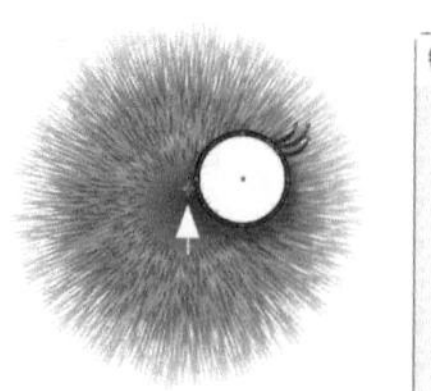

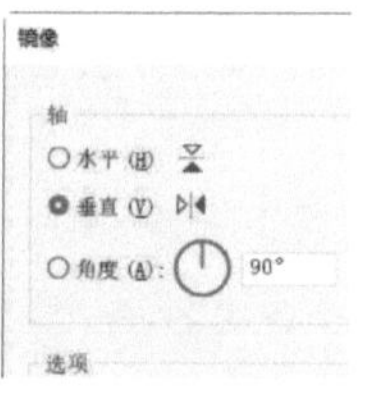

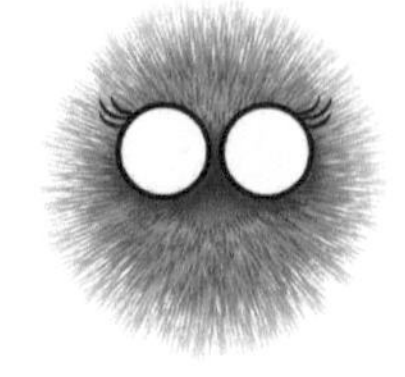

图7-52　　图7-53　　图7-54

12 绘制两个圆形，作为眼球，如图7-55所示。使用选择工具▶将它们选取，按住Alt键和Shift键拖曳到左侧，进行复制，如图7-56所示。

图7-55　　图7-56

13 用椭圆工具◯创建圆形。选择钢笔工具✒，将鼠标指针放在圆形上方的锚点上，如图7-57所示，单击鼠标，删除锚点，如图7-58所示。将鼠标指针放在下方的锚点上，按住Alt键（临时切换为锚点工具ᐱ），如图7-59所示，单击一下，将该锚点转换为角点，如图7-60所示。按住Ctrl键（临时切换为直接选择工具▷）向下拖曳锚点，如图7-61所示。选择选择工具▶，将它拖曳到小鸟的眼睛下方，作为鸟嘴，如图7-62所示。

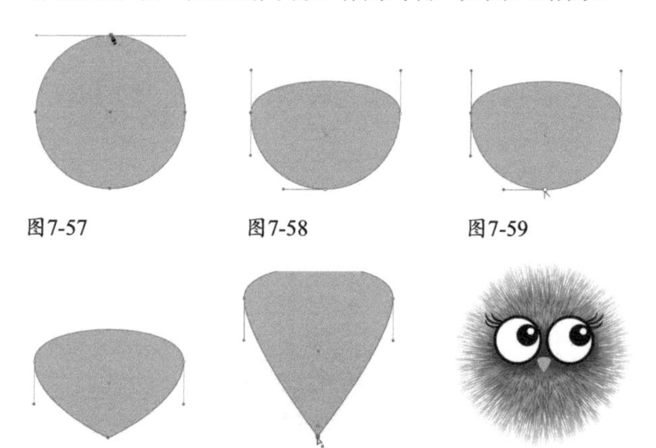

图7-57　　图7-58　　图7-59

图7-60　　图7-61　　图7-62

14 执行“效果>风格化>投影”命令，添加“投影”效果，如图7-63和图7-64所示。

15 用椭圆工具◯创建椭圆形。填充径向渐变并调整渐变颜色的不透明度，作为小鸟的投影，如图7-65和图7-66所示。

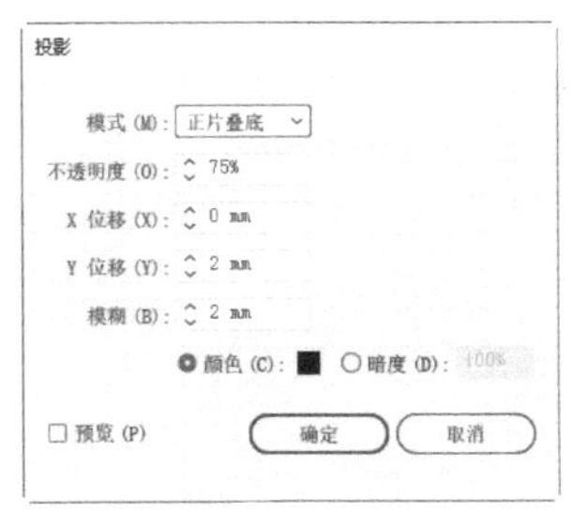

图7-63

图7-64

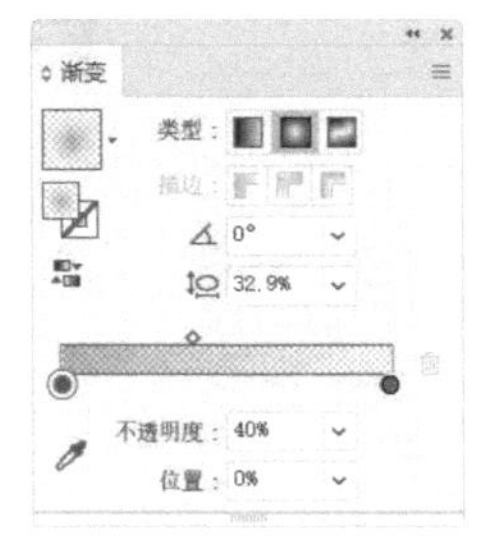

图7-65

图7-66

外观属性

填色、描边、不透明度、效果等这些不改变对象结构，但能影响对象效果的功能，集合起来便称为外观。将外观应用于对象后，可随时修改，也可以删除。

·AI技术/设计讲堂·

“外观”面板及使用技巧

“外观” 面板

需要修改对象的填色、描边、效果，或者想添加和删除这些外观属性的时候，就会用到“外观”面板。选取一个对象，如图7-67所示，它的外观属性会出现在“外观”面板中。双击一个效果，如图7-68所示，可以打开对话框，修改效果参数，如图7-69和图7-70所示。也可以将外观属性拖曳到⊞按钮上进行复制，或者拖曳到🗑按钮上，将其删除。就像图层一样，“外观”面板中的各个效果也是按应用的先后顺序上下堆叠的，这样的结构称为堆栈。既然与图层的结构相似，我们就可以采用拖曳的方法，调整它们的堆栈顺序，进而改变对象的整体外观。

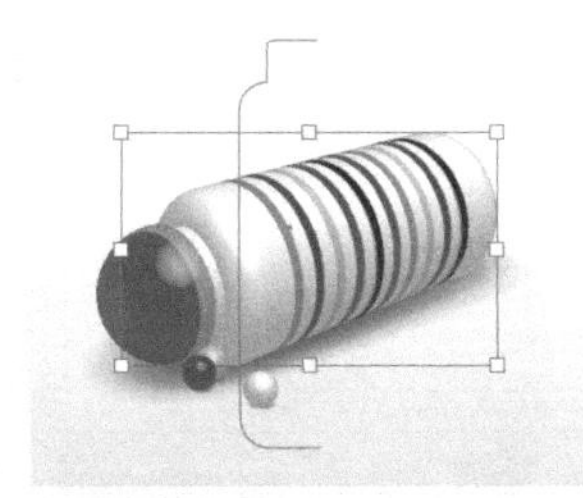
图7-67

图7-68

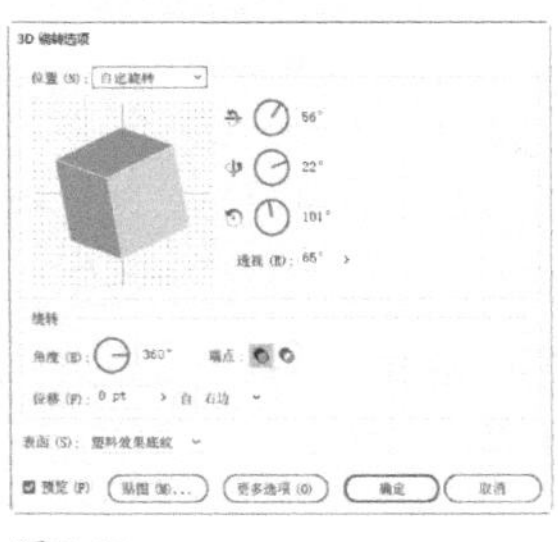
图7-69

图7-70

- 所选对象的缩览图： 当前选取的对象的缩览图。它右侧的名称标示了对象的类型，如路径、文字、组、图像和图层等。
- 描边/填色： 显示并可修改对象的描边属性（描边颜色、粗细和类型）和填充内容。
- 不透明度： 单击该名称，可以显示透明度下拉面板，用它可以修改对象的不透明度、混合模式，制作不透明度蒙版。
- 眼睛图标👁： 选取对象，单击一个外观属性前面的眼睛图标👁，可以隐藏该属性。如果要重新将其显示出来，可在原眼睛图标处单击。
- 添加新描边□/添加新填色▣： 单击相应的按钮，可以为对象添加一个描边或填色属性。
- 添加新效果 fx.： 单击该按钮，可在打开的下拉菜单中选择效果。
- 清除外观⊘： 单击该按钮，可清除所选对象的外观，使其变为无描边、无填色的状态。

外观使用技巧

当需要给多个对象添加相同效果时，我们会将它们一同选取，再统一应用效果。如果在后面的编辑过程中又有其他对象要使用这种效果，就要开动脑筋，想一些简便的方法了。例如，可以将外观创建为图形样式，其他对象使用这一样式便能自动生成某种效果（见181页）；可以用吸管工具🖊从现有的对象上复制外观（见174页）；可以为图层和组添加效果，之后，将对象创建到、移入或编入这样的图层或组中，它便拥有与图层或组相同的外观了（见174页）。

7.2.1

实战：为图层（或组）添加外观

01 打开素材，如图7-71所示。在“月亮星星”图层的选择列中单击，选取该图层，如图7-72所示。如果要为组添加效果，可以使用选择工具▶选取编了组的对象。

图7-71

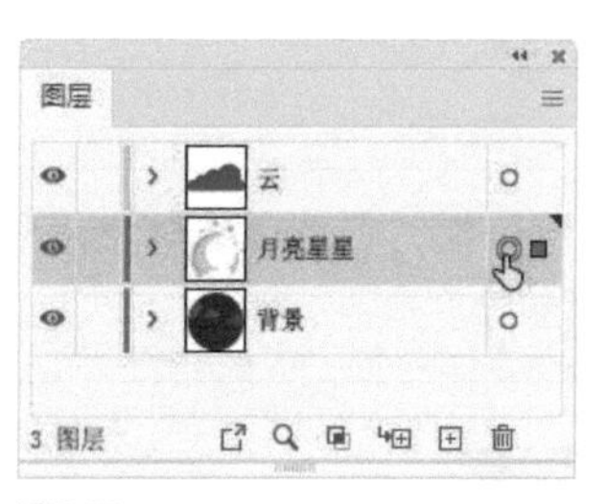

图7-72

02 执行“效果>风格化>外发光”命令，添加“外发光”效果，如图7-73所示。该图层中的所有对象都会被添加这一效果，如图7-74所示。

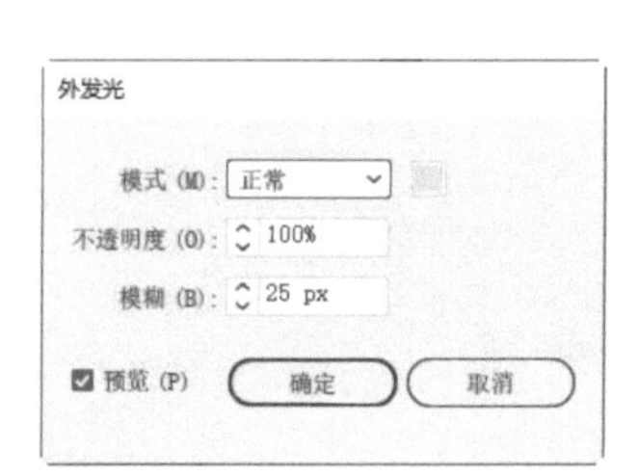

图7-73

图7-74

03 将“云”图层中的图形拖曳到“月亮星星”图层中，如图7-75所示，云朵便会被自动添加“投影”效果，如图7-76所示。将一个对象从该图层中移出，它将失去效果。因为效果属于图层，而不属于其中的单个对象。

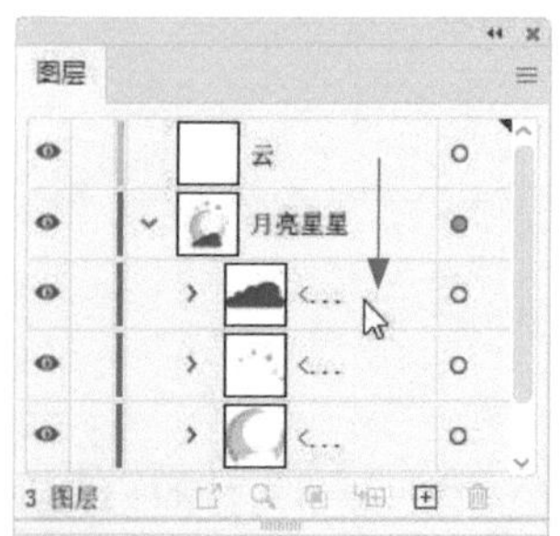
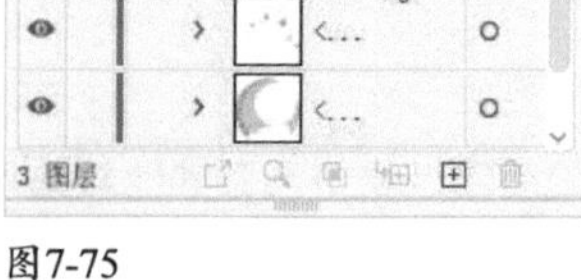

图7-75

图7-76

技术看板　为填色和描边添加效果

选取对象，在“外观”面板中单击填色或描边属性，之后使用“效果”菜单中的命令，可将效果添加到填色或描边上。

7.2.2

实战：复制外观属性

下面我们来学习4种外观属性的复制方法。我们将通过“外观”面板和吸管工具✎操作。

01 选择选择工具▶，单击云朵图形，如图7-77所示。将“外观”面板顶部的缩览图拖曳到另一个对象上，可将云朵的外观复制给它，如图7-78所示。

图7-77

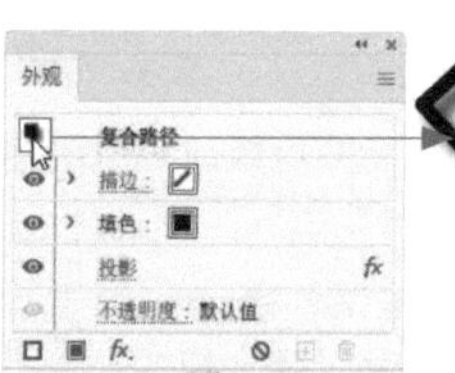

图7-78

02 选择吸管工具✎，在心形上单击，可复制它的外观并应用到所选对象（云朵）上，如图7-79所示。

图7-79

03 在画板外单击，取消选择。我们来看一看怎样在未选取对象的情况下复制。选择吸管工具，在猫咪图形上单击，如图7-80所示，拾取它的填色和描边属性；按住Alt键（鼠标指针变为状）单击心形图形，可以将拾取的属性应用给它，如图7-81所示。

图7-80

图7-81

提示

吸管工具可以复制填色、描边、字符样式、段落样式和添加的效果等外观属性。默认情况下，它会复制对象上的所有外观属性。如果只想复制部分属性，可以双击该工具，在打开的“吸管选项”对话框中进行设置。

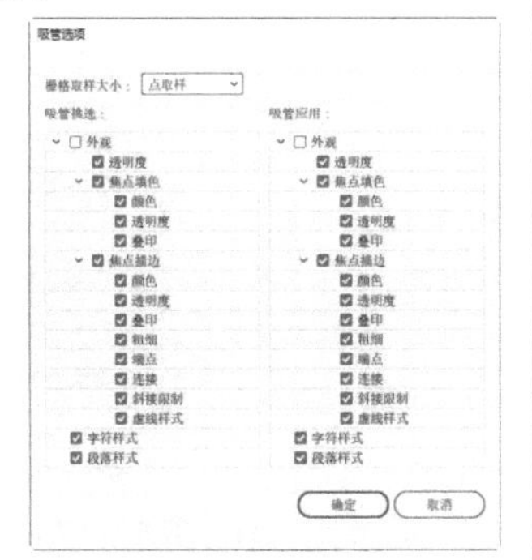

7.2.3
实战：古典艺术字(多重描边/填色)

Illustrator诞生于1987年，虽然时间并不遥远，但在设计类软件里，也属于比较早的了。为了表达我们的敬意，本实战以它诞生的年份1987为设计元素，作一款古典艺术字，如图7-82所示。从中可以学到多重描边、多重填色的使用技巧。

扫码看视频

图7-82

01 创建一个A4纸大小的文件。使用矩形工具创建一个与画板大小相同的矩形，填色并将其锁定，如图7-83~图7-85所示。

图7-83 图7-84 图7-85

02 使用文字工具T输入文字，设置描边粗细为4 pt，颜色为深棕色，如图7-86和图7-87所示。

图7-86 图7-87

03 在文字“1”上拖曳鼠标，将其选取，如图7-88所示；将字符间距设置为-150，如图7-89所示。

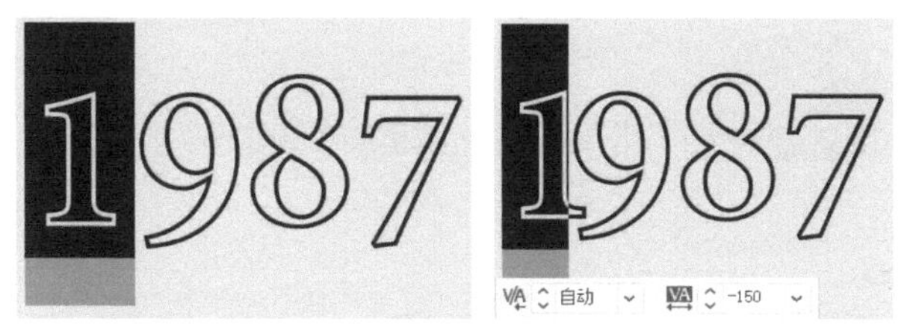

图7-88 图7-89

04 分别选取“9”和“8”并调整间距，如图7-90和图7-91所示。

图7-90 图7-91

05 单击3下“外观”面板中的按钮，添加3个描边，如图7-92所示。修改顶层的描边颜色和宽度，如图7-93和图7-94所示。

图7-92　　图7-93

图7-94

06 单击图7-95所示的描边属性。单击面板底部的 fx. 按钮，打开菜单，选择“扭曲和变换>变换”命令，添加该效果，如图7-96和图7-97所示。

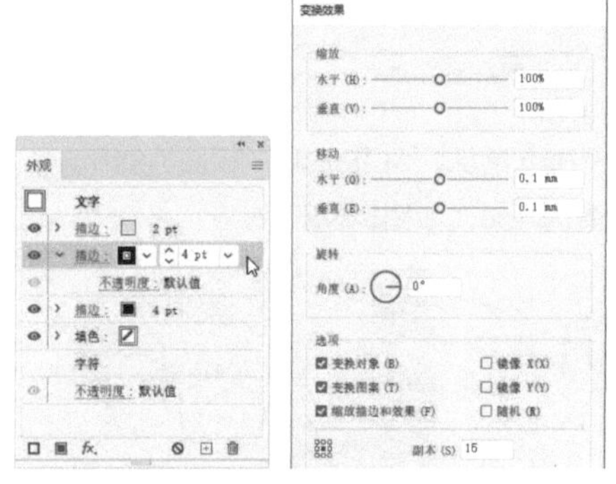

图7-95　　图7-96

图7-97

07 单击两次面板底部的 ■ 按钮，添加两个填色属性，并设置为与背景相同的颜色，如图7-98所示。单击位于上方的填色，如图7-99所示。

图7-98　　图7-99

08 执行“窗口>色板库>图案>基本图形>基本图形_线条”命令，打开图案库。单击图7-100所示的图案，为文字填充该图案，如图7-101所示。

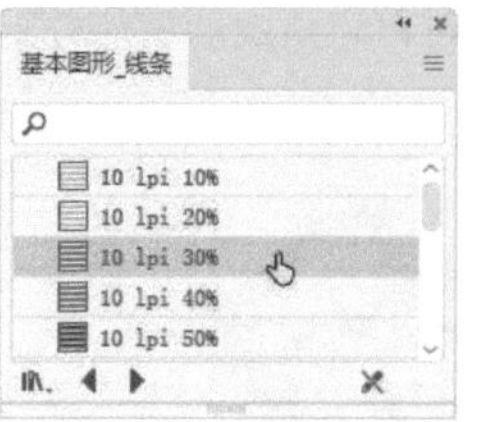

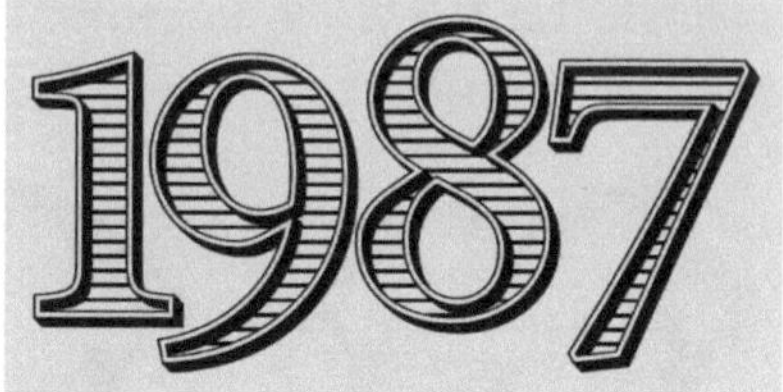

图7-100　　图7-101

09 执行“对象>变换>分别变换”命令，打开“分别变换”对话框。只勾选“变换图案”选项，调整缩放和角度参数，如图7-102所示，对图像进行缩小和旋转，如图7-103所示。

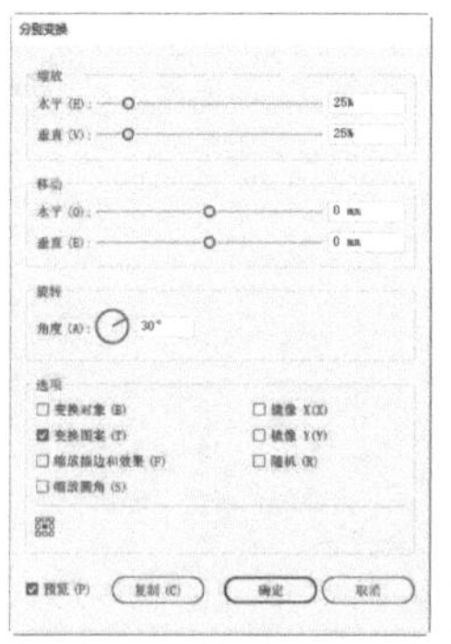

图7-102　　图7-103

10 单击图7-104所示的描边属性。单击面板底部的 fx. 按钮，打开菜单，选择“扭曲和变换>变换”命令，添加该效果，如图7-105和图7-106所示。

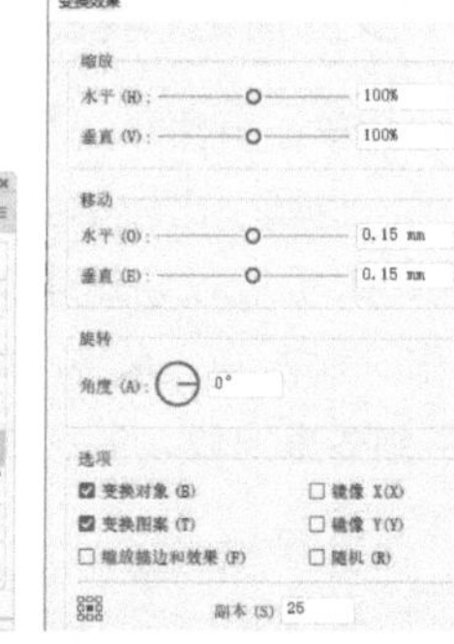

图7-104　　图7-105

图7-106

提示

为文字配上古典花纹，或者使用其他图案进行填充，可以获得不同风格的艺术字。另外，当前文字没有转换为轮廓，也没有栅格化，所以还可以修改字体和文字内容。

7.2.4 实战：制作卡通模型

绘制图形后，添加“投影”效果可以使图形产生立体感，再通过图形之间的层层重叠，便能很好地表现体积感和空间感。下面用这种方法制作卡通模型，如图7-107所示。

扫码看视频

01 使用矩形工具▭创建一个矩形，填充黑色，无描边，如图7-108所示。选择直接选择工具▷，单击左上角的锚点，连按7次→键，将锚点向右侧移动，如图7-109所示。用同样的方法移动右上角的锚点，制作出一个梯形，如图7-110所示。

图7-107

图7-108

图7-109

图7-110

02 执行“效果>风格化>投影”命令，为图形添加投影效果，如图7-111和图7-112所示。

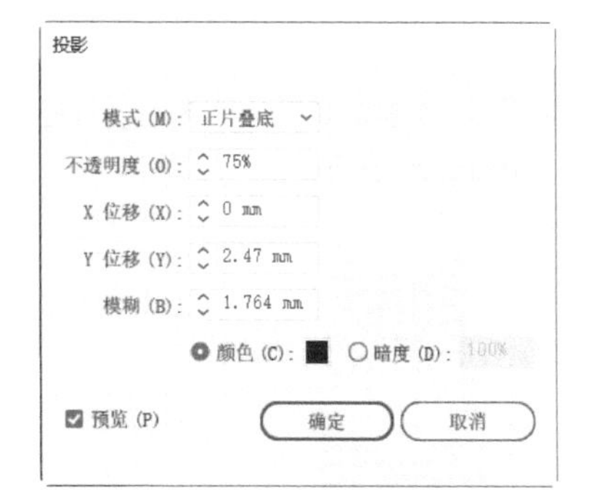

图7-111

图7-112

03 打开“外观”面板菜单，取消勾选“新建图稿具有基本外观”命令，如图7-113所示，这样在此之后绘制的图形就都带“投影”效果了。选择多边形工具⬡，拖曳鼠标（按↓键）创建三角形，如图7-114所示。

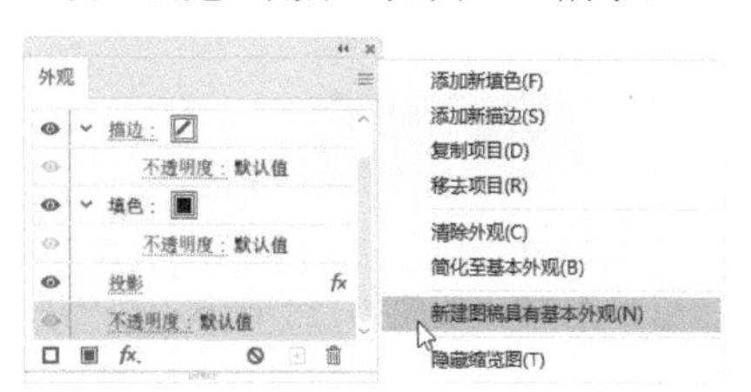

图7-113

图7-114

04 使用选择工具▶调整三角形的宽度，将它放在梯形的左上角，如图7-115所示。按住Alt键向右拖曳进行复制，如图7-116所示。

图7-115

图7-116

05 使用钢笔工具✒绘制眼睛，如图7-117所示。保持图形被选取，选择镜像工具▷◁，按住Alt键，在黑色图形的中间位置单击，弹出“镜像”对话框，选取“垂直”选项，单击“复制”按钮，如图7-118所示，镜像并复制出一个图形，如图7-119所示。

图7-117

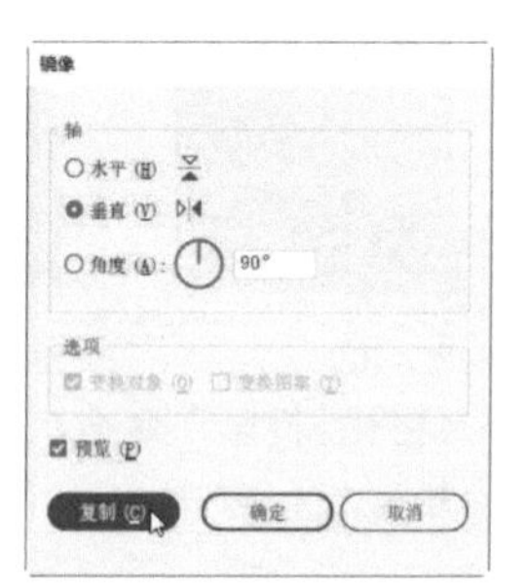

图7-118

图7-119

06 继续绘制脸部及身体图形，分别以浅黄色、灰色、黄色及黑色填充，如图7-120和图7-121所示。

图7-120

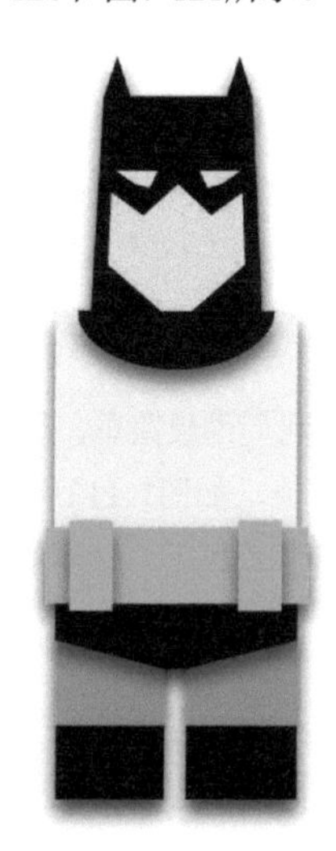
图7-121

07 在衣服上绘制蝙蝠状图形，如图7-122所示。在“外观”面板中单击“投影”属性，将其拖曳到面板底部的🗑按钮上删除，如图7-123和图7-124所示。

图7-122

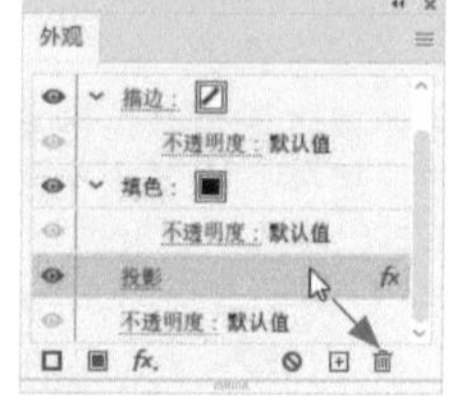

图7-123

图7-124

08 绘制脚部，脚部由灰色和黑色图形组成，不带投影效果。使用矩形工具▢和钢笔工具✒绘制右臂，如图7-125所示。选择选择工具▶，按住Shift键选取组成右臂的图形，按Ctrl+G快捷键编组，按Shift+Ctrl+[快捷键移至底层。选择镜像工具▷◁，按住Alt键在身体图形的中间位置单击，弹出“镜像”对话框，选取“垂直”选项，单击“复制”按钮，镜像并复制出左臂，如图7-126所示。

图7-125

图7-126

09 选取蝙蝠图形，按Ctrl+C快捷键复制，在制作背景时会用到。单击“图层”面板底部的⊞按钮，新建“图层2”，如图7-127所示。在“图层1”的缩览图前方单击，锁定该图层，将“图层2”拖到“图层1”下方，如图7-128所示。

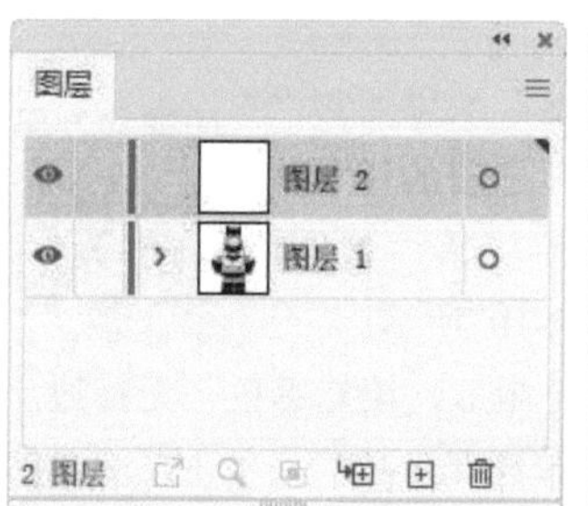

图7-127

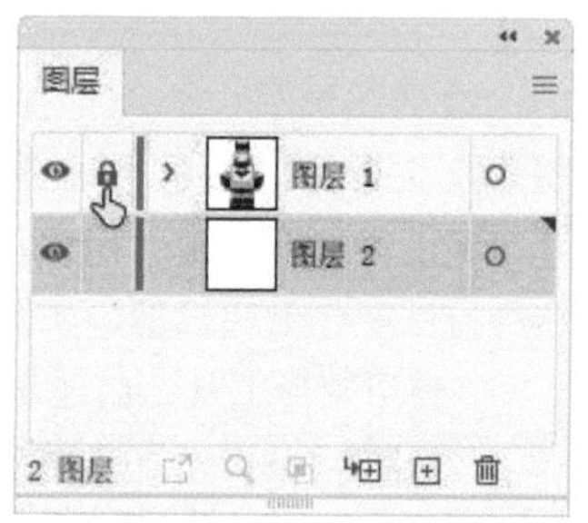

图7-128

10 使用矩形工具▢创建一个矩形作为背景，填充蓝色，如图7-129所示。使用钢笔工具✒绘制背景上的装饰图形，如图7-130所示。

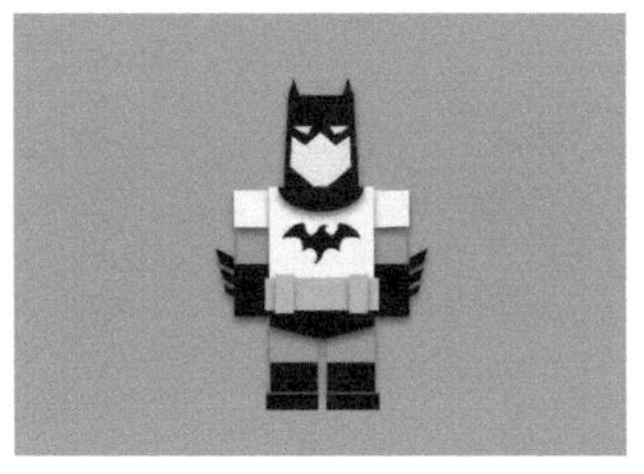
图7-129

图7-130

11 按Ctrl+V快捷键，将前面复制的蝙蝠图形粘贴到画板上，调一下大小，如图7-131所示。按住Shift键单击红色图形，将其一同选取，单击“路径查找器”面板中的减去顶层按钮 ，制作出挖空效果，如图7-132所示。

图7-131

图7-132

12 执行“效果>风格化>投影”命令，添加投影效果，如图7-133和图7-134所示。

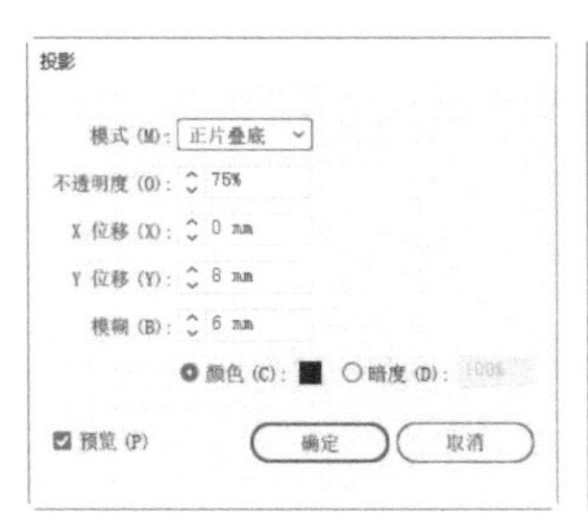

图7-133

图7-134

13 再次粘贴蝙蝠图形，填充黄色，调整大小，如图7-135所示。按Ctrl+[快捷键，向后移至红色图形下方，如图7-136所示。

图7-135

图7-136

14 创建一个矩形，填充线性渐变。将两个色标都设置为深蓝色。单击右侧色标，设置不透明度为0%，如图7-137和图7-138所示。

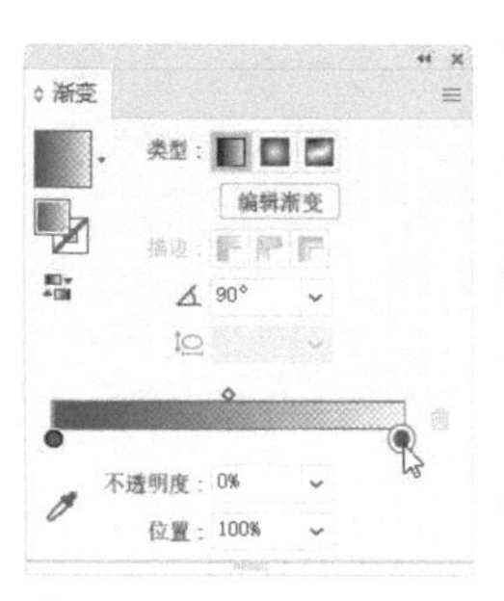

图7-137

图7-138

15 将左侧色标略向右拖动。按住Alt键拖曳右侧色标，将其复制到最左端，如图7-139所示，使图形的深色边缘变得柔和，如图7-140所示。

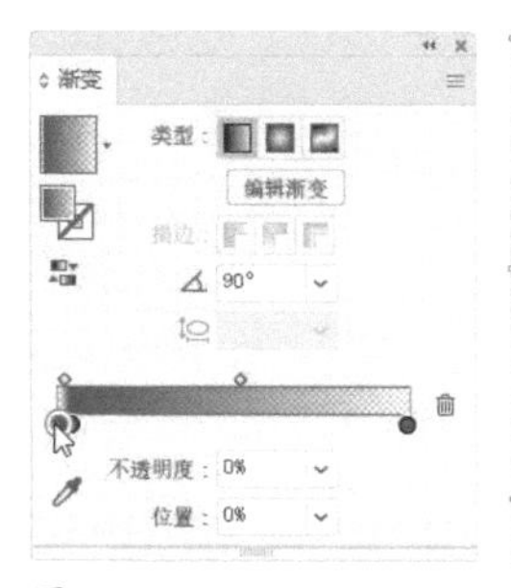

图7-139

图7-140

16 使用椭圆工具 创建椭圆形，如图7-141所示。执行“效果>风格化>羽化”命令，设置半径为2 mm，如图7-142所示。在“透明度”面板中设置混合模式为“正片叠底”，不透明度为80%，如图7-143和图7-144所示。

图7-141

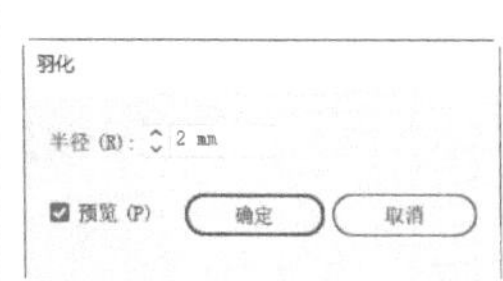

图7-142

图7-143

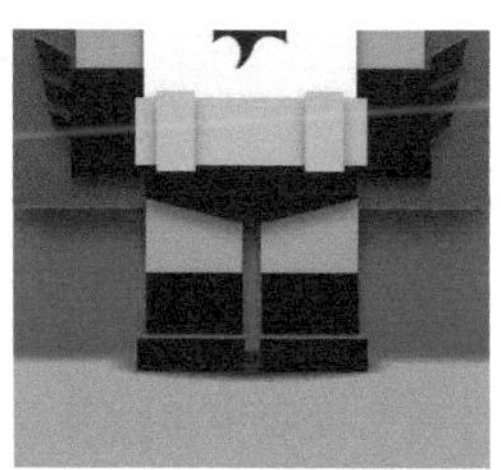
图7-144

17 使用钢笔工具 绘制一个黑色图形。按Ctrl+[快捷键向后移动，如图7-145所示。按Alt+Shift+Ctrl+E快捷键，打开“羽化”对话框，设置半径为30 mm。设置混合模式为“正片叠底”，不透明度为60%，如图7-146所示。

图7-145

图7-146

18 使用钢笔工具绘制一个略小于卡通人身体的图形，如图7-147所示。执行“效果>风格化>外发光”命令，通过对外发光的设置，拉开人物与背景的距离，如图7-148和图7-149所示。

图7-147

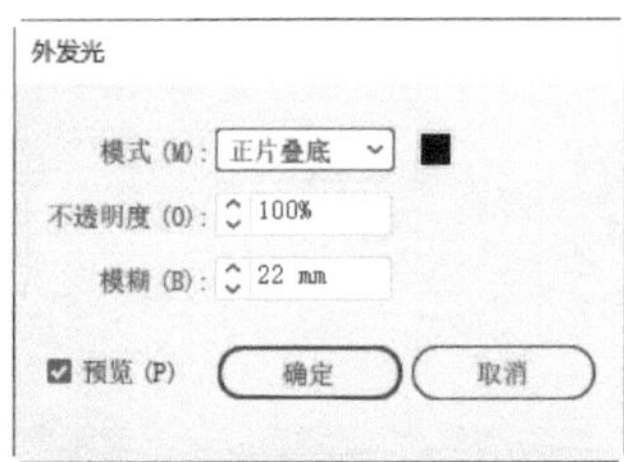

图7-148

图7-149

7.2.5 删除/扩展外观

选取对象，如图7-150所示。如果要删除它的一种外观，可在“外观”面板中将这种属性拖曳到按钮上，如图7-151~图7-153所示。

如果要删除填色和描边之外的所有外观，可以打开面板菜单，选择“简化至基本外观”命令，如图7-154和图7-155所示。如果要删除所有外观，即将对象设置为无填色、无描边的状态，可以单击按钮。

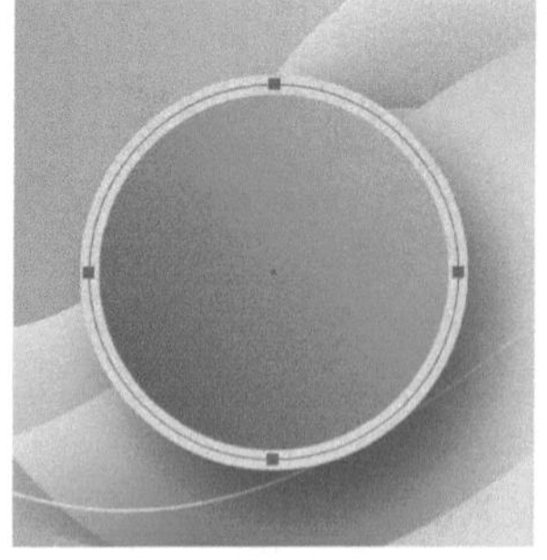

图7-150

图7-151

图7-152

图7-153

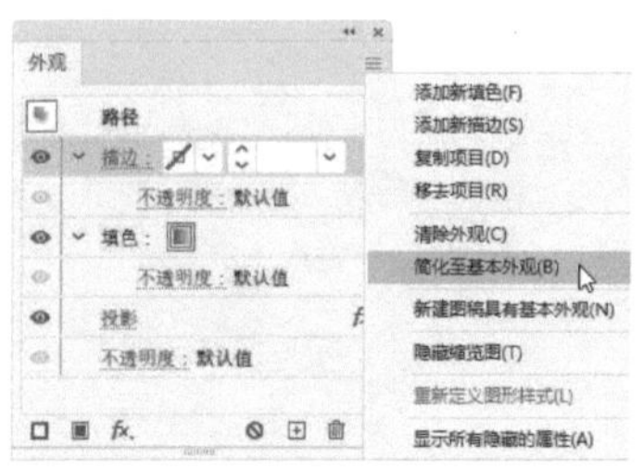

图7-154

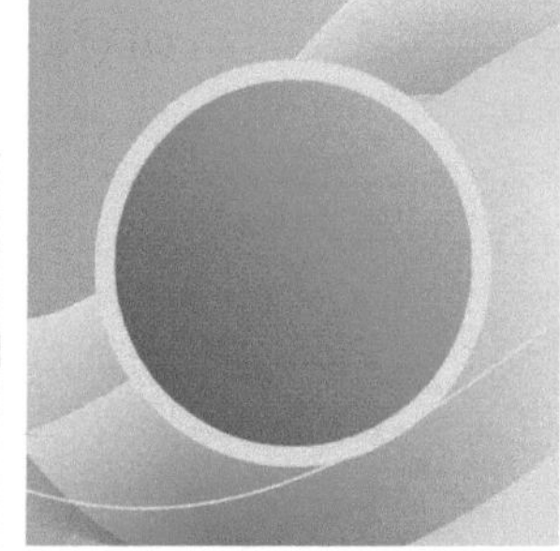

图7-155

如果想让对象的外观变成图形，可以执行“对象>扩展外观”命令，这样它的外观就会扩展为各自独立的对象并自动编组。图7-156所示为扩展出来的填色、描边和投影对象。

图7-156

图形样式

将对象的外观属性（填色、描边、不透明度、效果等）保存到“图形样式”面板中后，就得到了一个图形样式。当其他对象需要添加相同外观的时候，只要单击一下该样式就能自动添加相应的外观效果。

·AI技术/设计讲堂·

“图形样式”面板及使用技巧

“图形样式” 面板

“图形样式”面板保存了各种图形样式，也可用于创建、重命名和应用外观属性。在样式的缩览图上单击右键，可查看大缩览图，如图7-157所示。如果想同时查看缩览图和样式名称，可以打开面板菜单，选取“小列表视图”或“大列表视图”命令，如图7-158所示。如果想修改样式的名称，可双击它，在打开的“图形样式选项”对话框中操作，如图7-159所示。

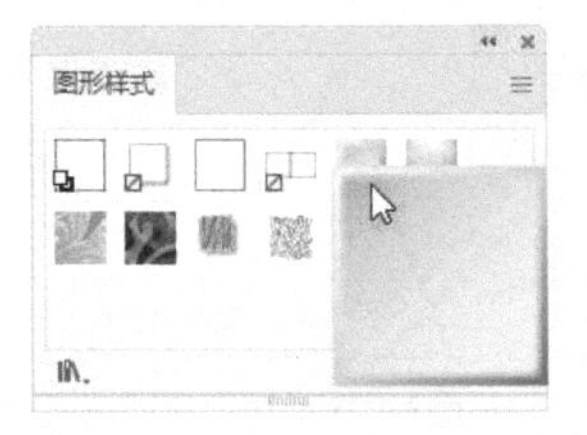

图7-157

图7-158

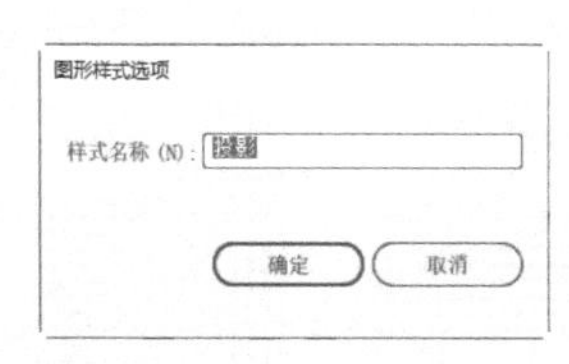

图7-159

- 默认：单击该样式，可以将所选对象设置为默认的基本样式，即黑色描边、白色填色。
- 图形样式库菜单：如果想打开图形样式库，可单击该按钮，在打开的下拉菜单中进行选取。
- 断开图形样式链接：可断开当前对象使用的样式与面板中样式的链接（见185页）。
- 新建图形样式：选取对象，单击该按钮，可将所选对象的外观属性保存到“图形样式”面板中。将面板中的一个样式拖曳到按钮上，则可复制该样式。
- 删除图形样式：选取面板中的图形样式后，单击该按钮可将其删除。

图形样式使用技巧

选取对象后，单击“图形样式”面板中的一个样式，即可为它添加该样式，如图7-160所示。如果再单击其他样式，则会替换之前的样式，如图7-161所示。按住Alt键单击，可以在现有的样式上追加新的样式，如图7-162所示。未选取对象时，也可添加图形样式。操作方法是：将样式从“图形样式”面板中拖曳到对象上。如果对象是由多个图形组成的，可以为它们添加不同的样式。

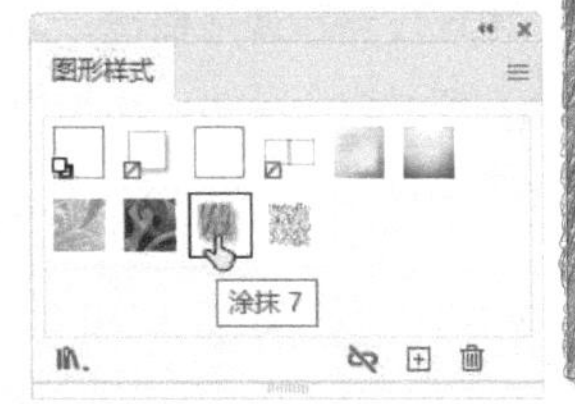

图7-160

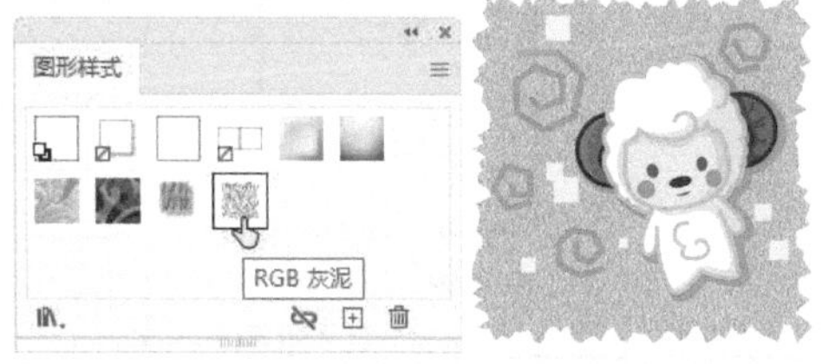

图7-161

图7-162

不只对象，也可以为组和图层添加图形样式。其意义与为图层和组添加外观属性一样（见174页）。例如，在图层的选择列中单击，如图7-163所示；之后单击一个图形样式，如图7-164所示，便可将其应用于该图层；此后凡在该图层中创建的对象或移入此图层的对象，都会被自动添加这一图形样式，如图7-165所示。如果将对象从该图层中移除，则它会自动删除图层所具有的样式。

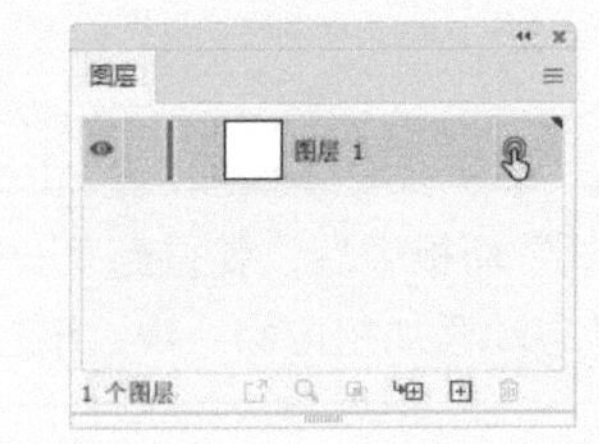

图7-163

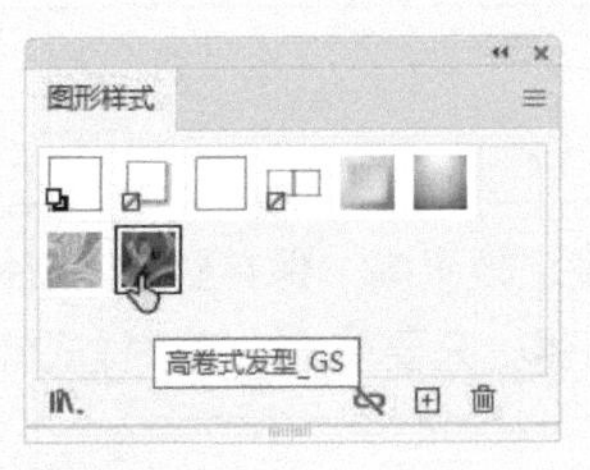

图7-164

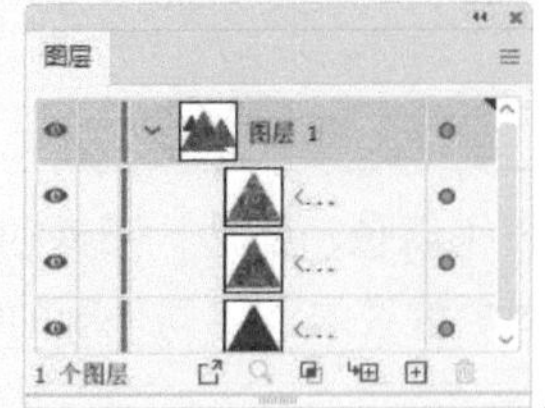

图7-165

7.3.1

实战：回转线艺术字（创建图形样式）

下面的实战制作一款艺术字，如图7-166所示。从中可以学到怎样将一个对象的外观保存为图层样式，并应用于其他对象。

扫 码 看 视 频

图7-166

01 按Ctrl+N快捷键，打开“新建文档”对话框，使用其中的预设创建A4纸大小的文档（方向设置为横向）。选择矩形工具，在画板上单击，弹出“矩形”对话框，输入参数值，如图7-167所示，单击“确定”按钮，创建一个矩形。设置描边粗细为2 pt，无填色，单击圆头端点按钮和圆角连接按钮，如图7-168和图7-169所示。

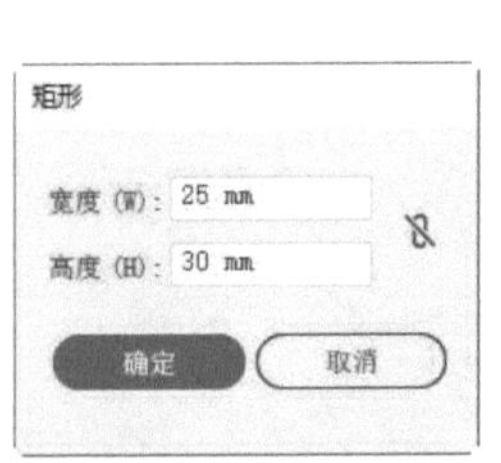

图7-167

图7-168

图7-169

02 选择选择工具，按住Alt键拖曳图形进行复制，如图7-170所示。

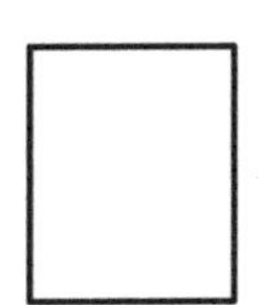
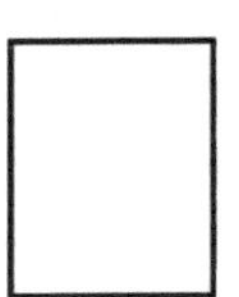
图7-170

03 选择钢笔工具，按住Ctrl键单击第1个矩形，将其选取。将鼠标指针放在顶部路径段中央位置，当出现提示信息时，单击鼠标，添加锚点，如图7-171所示。在其左、右两个锚点上单击，如图7-172所示，将它们删除，从而得到一个三角形，如图7-173所示。在图形底边上单击，添加锚点，如图7-174所示。

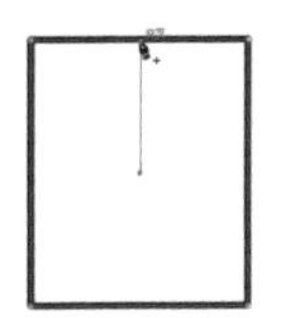
图7-171

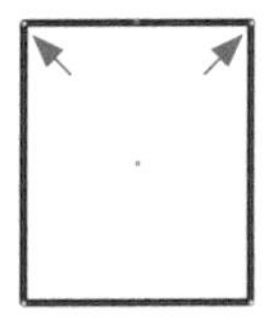
图7-172

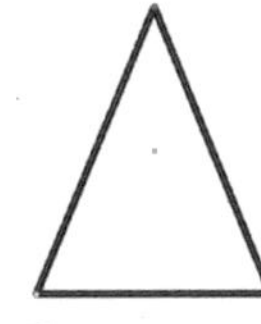
图7-173

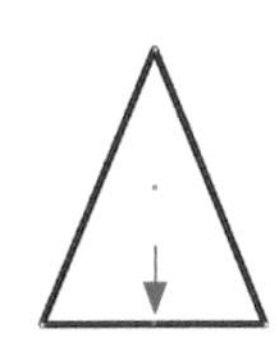
图7-174

04 按Delete键删除，如图7-175所示。选择钢笔工具，按住Shift键绘制一段直线，完成文字“A”的制作，如图7-176所示。选取第2个矩形，下面制作文字“R”。选择钢笔工具，在路径上单击，添加两个锚点，如图7-177所示。按住Ctrl键（临时切换为直接选择工具）拖曳下方锚点，如图7-178所示。

图7-175

图7-176

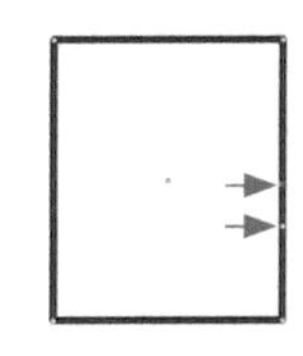
图7-177

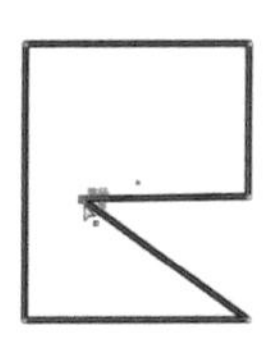
图7-178

05 按住Ctrl键拖曳出一个选框，将图7-179所示的两个锚点选取。拖曳实时转角构件，将这段路径调成曲线，如图7-180所示。放开Ctrl键，在图形底部路径段上单击，添加控制点，如图7-181所示。按Delete键删除，如图7-182所示。

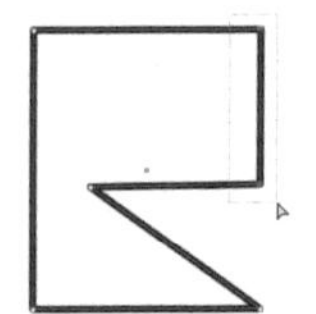
图7-179

图7-180

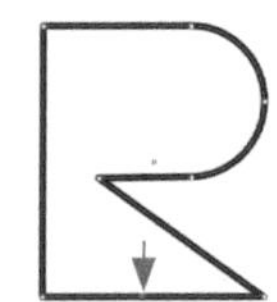
图7-181

图7-182

06 选取第3个矩形。选择钢笔工具，在其下方的两个锚点上单击，删除锚点，如图7-183和图7-184所示。绘制一条直线，组成文字“T”，如图7-185所示。

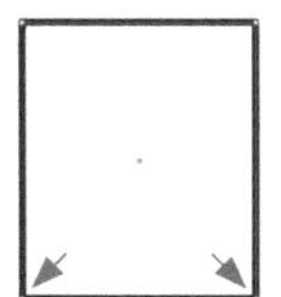

图7-183　图7-184　图7-185

07 绘制一条直线，如图7-186所示。单击“外观”面板中的添加新描边按钮□，添加描边属性，并修改描边粗细为12 pt，如图7-187所示。继续添加描边属性，如图7-188所示。

图7-186　图7-187　图7-188

08 单击“图形样式”面板中的⊞按钮，将该图形的外观保存为图形样式。选取“ART”文字图形，单击该样式，如图7-189和图7-190所示。

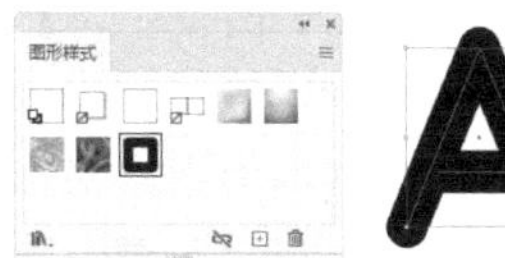

图7-189

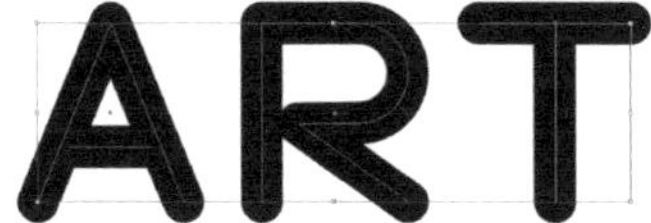

图7-190

09 执行“对象>扩展外观”命令及“对象>扩展”命令。弹出“扩展”对话框，如图7-191所示，单击“确定”按钮，将样式扩展。设置图形的填色为黑色，描边为白色，描边粗细为2 pt，如图7-192所示。

图7-191　图7-192

10 选取组成文字的所有图形，执行“效果>风格化>投影”命令，添加投影，如图7-193和图7-194所示。

图7-193

图7-194

11 选择选择工具▶，单击“T”字上方的一横，将其选取，按Shift+Ctrl+]快捷键调整到顶层。按住Shift键单击“A”字中的一横，将它也同时选中，如图7-195所示。双击“外观”面板中的“投影”效果，如图7-196所示，弹出“投影”对话框，修改参数，让这两个图形的阴影的距离远一些，如图7-197和图7-198所示。

图7-195

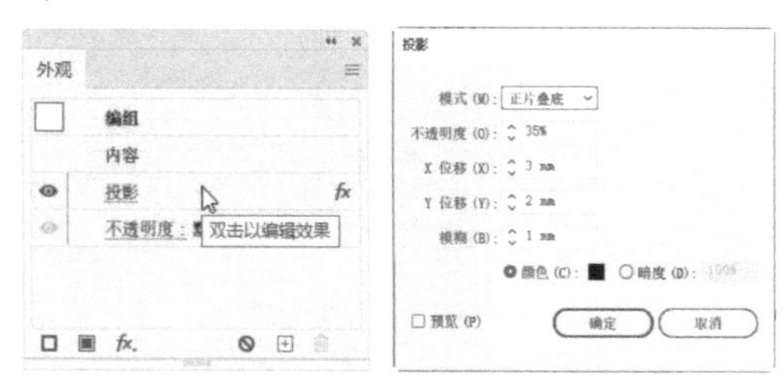

图7-196　图7-197

图7-198

7.3.2

实战：制作缝纫字（图形样式库）

图形样式库是一组预设的图形样式集合。执行“窗口>图形样式库”命令，或单击“图形样式”面板中的IN.按钮，在打开的子菜单或下拉菜单中可以看到它们，包括3D效果、图像效果和文字效果等。

扫码看视频

01 打开素材，如图7-199所示。按Ctrl+A快捷键全选，执行“窗口>图形样式库>纹理”命令，打开该样式库，选择“RGB细帆布”样式，如图7-200和图7-201所示。同时，该样式会被自动添加到“图形样式”面板中。

图7-199

图7-200

图7-201

02 选择选择工具▶，按住Shift键选取数字及口袋图形，设置混合模式为“滤色”，如图7-202和图7-203所示。

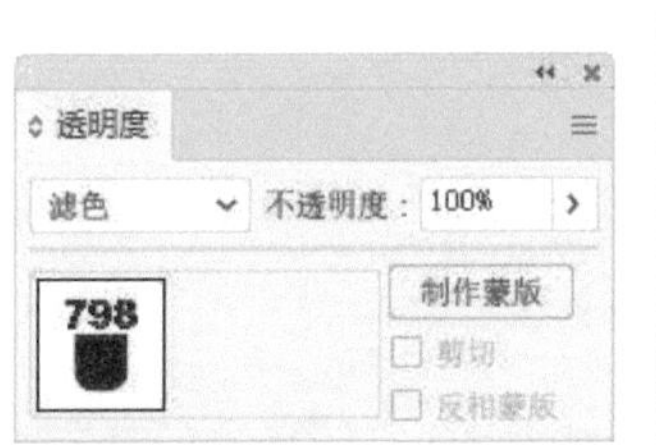

图7-202

图7-203

03 再单独选择数字，单击“外观”面板“描边”属性前面的眼睛图标👁，隐藏该属性，如图7-204和图7-205所示。

图7-204

图7-205

04 用星形工具☆绘制两个星形，单击“图形样式”面板中的“RGB细帆布”样式，如图7-206所示，将其应用到星形上，如图7-207所示。

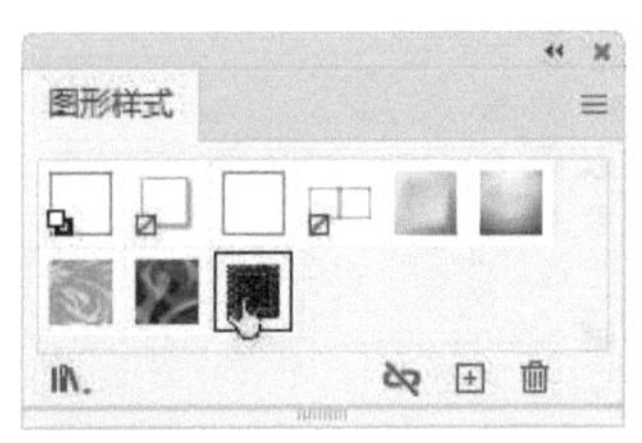

图7-206

图7-207

05 打开“符号”面板，如图7-208所示，将纽扣、金属及花朵装饰物从面板中拖出，放在口袋上作为装饰，如图7-209所示。

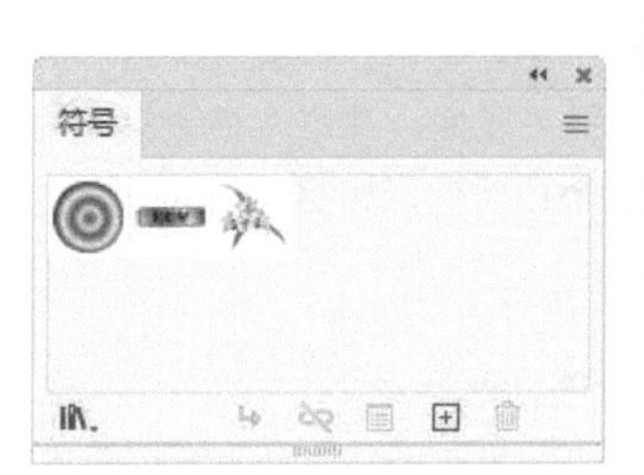

图7-208

图7-209

7.3.3 创建图形样式库

在Illustrator中，我们可以创建自己的图形样式库，之后将常用的样式保存在其中，以方便使用。

将需要的图形样式保存到“图形样式”面板中，删除多余的样式；之后打开面板菜单，选择“存储图形样式库”命令，如图7-210所示，在打开的对话框中指定保存位置即可。如果将它存储在Illustrator提供的默认位置，则重启Illustrator时，单击“图形样式”面板中的IN.按钮，在“用户定义”子菜单中便可找到它，如图7-211所示。

图7-210

图7-211

7.3.4 从其他文档中导入图形样式

图形样式是随文档一同存储的。这有一个好处，就是我们可以非常方便地将其他文档的图形样式加载到目前正在编辑的文档中。操作方法如下。

单击“图形样式”面板中的IN.按钮，打开菜单，选择“其他库”命令，如图7-212所示。在弹出的对话框中选择一个AI格式的文件，如图7-213所示。单击“打开”按钮，即可导入该文件中的图形样式，它会出现在一个单独的面板中，如图7-214所示。

图7-212

图7-213

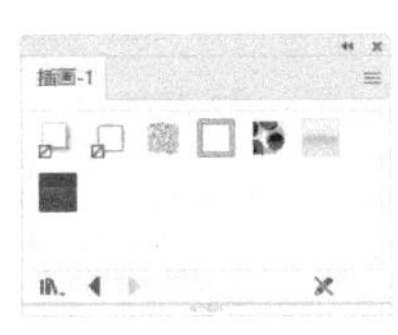
图7-214

7.3.5

实战： 重新定义图形样式

01 打开素材，如图7-215所示。图稿中的两个杯子被添加了相同的图形样式，如图7-216所示。

扫码看视频

图7-215

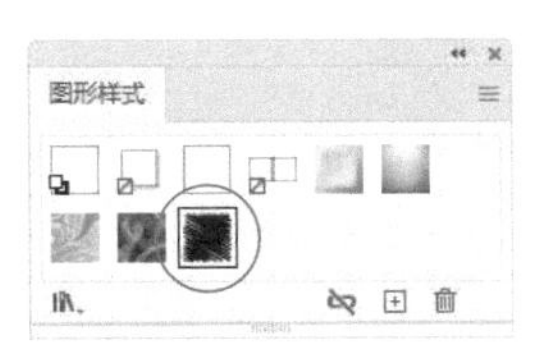

图7-216

02 使用选择工具▶选取左侧的杯子。下面修改它的外观。执行“效果>风格化>外发光”命令，添加“外发光”效果，如图7-217和图7-218所示。

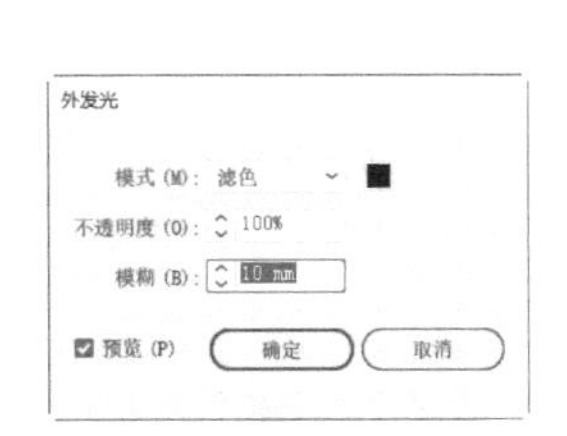

图7-217

图7-218

03 打开“外观”面板菜单，选择“重新定义图形样式”命令，如图7-219所示，用修改后的样式替换“图形样式”面板中原有的样式，如图7-220所示。由于当前修改的样式已被另一个杯子使用，所以它们的外观会自动更新，如图7-221所示。

图7-219

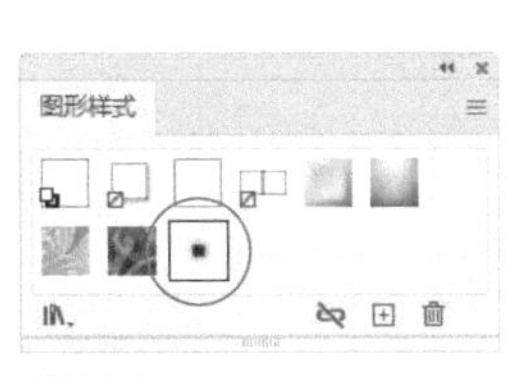

图7-220

图7-221

提示

如果不希望另一个杯子的外观发生改变，可以在修改样式前选取它，单击“图形样式”面板中的 按钮，断开它与面板中样式的链接，之后再对样式进行修改和替换。

7.3.6

实战：合并图形样式

01 打开素材。选取对象，如图7-222所示。它被添加了“凸出和斜角”效果。单击“图形样式”面板中的⊞按钮，将它的外观保存为图形样式，如图7-223所示。如果想要在创建样式时设置名称，可按住Alt键单击⊞按钮，打开“图形样式选项”对话框进行操作。

扫码看视频

图7-222

图7-223

02 按住 Ctrl 键单击图7-224所示的样式，将它们选取。打开面板菜单，选择“合并图形样式”命令，可基于所选样式创建一个新的图形样式，它包含所选样式的全部属性，如图7-225所示。

图7-224

图7-225

第8章 3D与透视图

【本章简介】

本章介绍Illustrator中的3D功能，我们将通过3种方法，让路径或矢量图形呈现3D效果，并通过贴图和布光来增强真实感。本章还会介绍怎样在透视状态下绘制图稿，掌握这一技术以后，我们就能利用透视网格的限定，在平面上表现真实的立体场景了。

【学习目标】

本章我们将学会如下操作。

- 设置3D对象的角度
- 添加斜角、表面底纹
- 设置3D场景中的光源
- 制作错视立方体
- 制作乐高积木字
- 用绕转方法生成3D对象
- 在三维空间中旋转对象
- 将图稿映射到3D对象上
- 制作3D魔力环、魔力球和彩球
- 透视网格调整方法
- 制作立体包装盒
- 在透视网格中变换对象
- 在透视网格中添加文本和符号

【学习重点】

凸出和斜角

“凸出和斜角”效果会沿对象的z轴凸出并拉伸对象，以增大其深度，从而创建3D效果。

8.1.1 设置3D对象的角度

图8-1所示为一个小怪兽图稿，将其选取，执行“对象>3D效果>凸出和斜角”命令，可以打开“3D凸出和斜角选项”对话框，并在画板上生成3D模型，如图8-2和图8-3所示。

图8-1

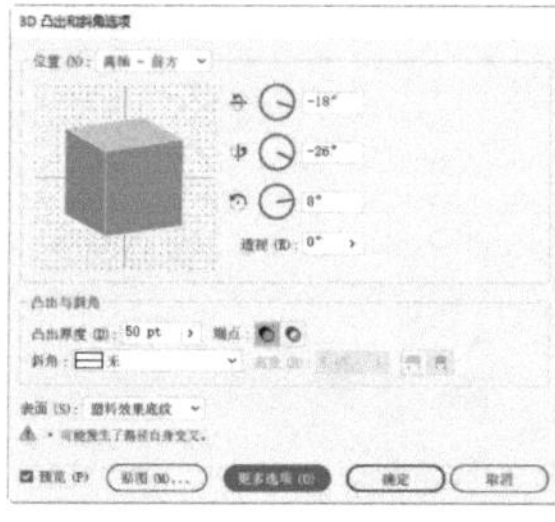

图8-2

图8-3

调整模型角度

制作3D模型时，首先要调整对象的角度。可以通过3种方法操作。第1种方法是在“位置”选项的下拉列表中选取，即使用Illustrator提供的预设角度，如图8-4~图8-6所示；第2种方法是在水平（x）轴、垂直（y）轴和深度（z）轴文本框中输入介于–180 和180之间的值；第3种方法是拖曳左侧的立方体进行自由旋转。

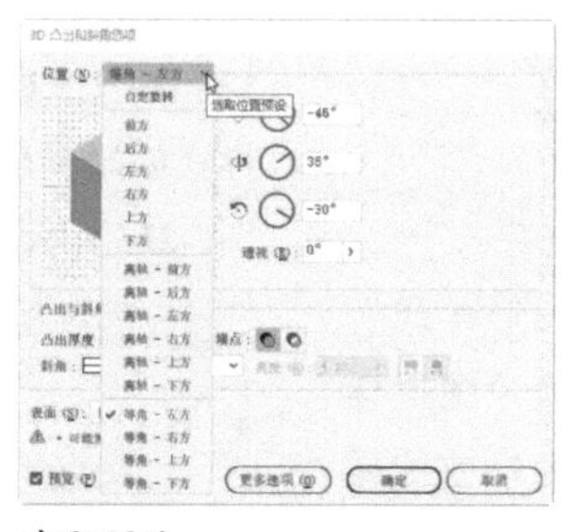

选取预设

图8-4

等角-左方

图8-5

等角-上方

图8-6

在这个立方体上，蓝色表面代表的是对象前方的表面；浅灰色表面代表的是对象的上表面和下表面；中灰色表面为两侧表面；深灰色表面是后方的表面。

按住Shift键朝水平方向拖曳，可以绕y轴进行旋转，如图8-7所示；上下拖曳，则可以绕x轴旋转，如图8-8所示。此外，将鼠标指针移动到立方体的边缘，它的边缘会改变颜色，以标示对象旋转时所围绕的轴，如图8-9~图8-11所示。红色边缘表示对象的x轴，绿色边缘表示对象的y轴，蓝色边缘表示对象的z轴。

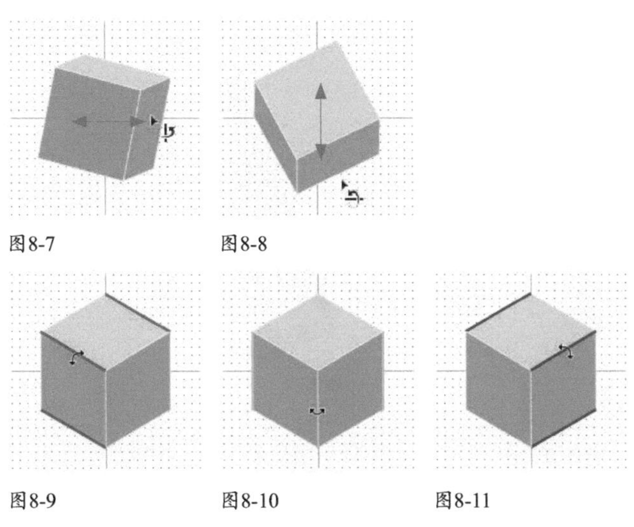
图8-7　图8-8

图8-9　图8-10　图8-11

调整模型厚度

调整角度后，便可在“凸出厚度”选项中设置模型的深度，如图8-12和图8-13所示。

图8-12　图8-13

> 提示
>
> 单击“端点”选项中的◉按钮，可以创建实心立体模型；单击◎按钮，则创建空心模型。

调整透视

当模型的“凸出厚度”值较高的时候，可以同步提高“透视”值，以创建近大远小的透视效果，使立体感更加真实。在调整时，可输入一个介于 0 和 160 之间的值，或单击选项右侧的 › 按钮，显示滑块后进行拖曳。较小的透视角度类似相机长焦镜头，如图8-14所示；较大的透视角度则类似广角镜头，如图8-15所示。

图8-14　图8-15

8.1.2 为3D对象添加斜角

在“斜角”选项的下拉列表中可以为3D对象的边缘选取一种斜角，如图8-16所示，效果如图8-17所示。

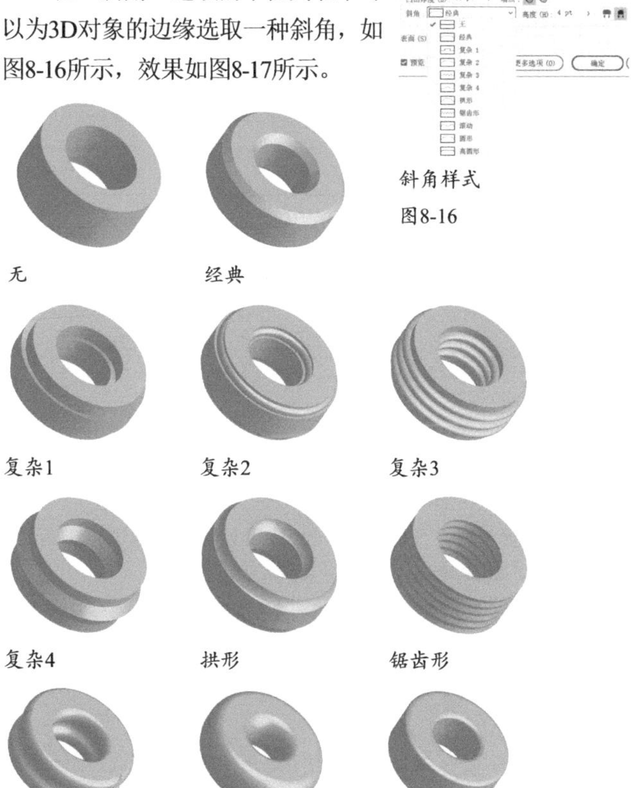

图8-16

图8-17

添加斜角后，可以在“高度”选项中调整斜角的高度值。单击按钮，可以将斜角添加至对象的原始形状中，如图8-18所示；单击按钮，则从原始形状中砍去斜角，如图8-19所示。

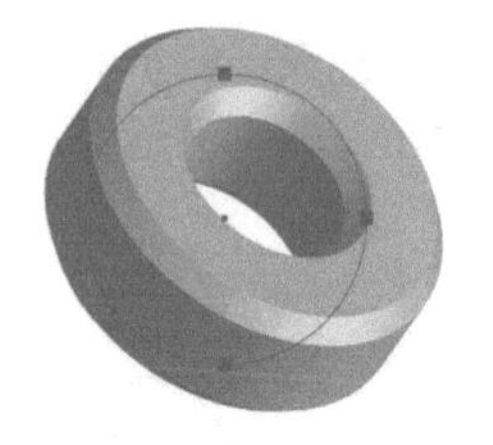

图8-18

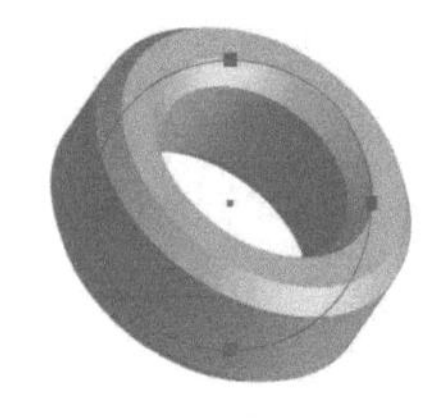

图8-19

技术看板 **多图形同时被创建为3D对象**

编了组的对象被用“凸出和斜角”命令创建为3D模型后，组中的各个图形将被Illustrator视为一个对象，不能单独编辑。如果将它们一同选取，但不编组，再用“凸出和斜角”命令创建为3D模型，则可选取其中的单个对象进行修改。

编了组的对象

未编组的对象

8.1.3

设置3D对象的表面底纹

在使用“凸出和斜角”“绕转”和“旋转”命令创建3D对象时，可以在“表面”选项下拉列表中选择表面底纹，如图8-20所示。

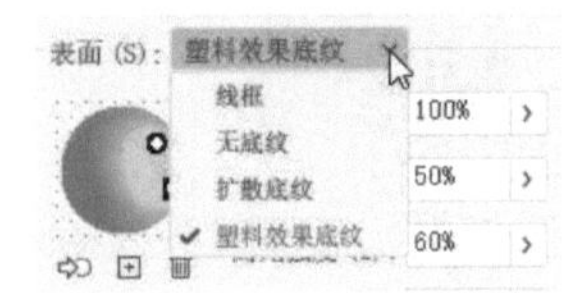

图8-20

- 线框：显示对象几何形线框轮廓，并使每个表面透明。如果为对象贴了图，则贴图也为线框轮廓，如图8-21所示。
- 无底纹：不向对象添加任何新的表面属性，3D对象与原始对象颜色相同，如图8-22所示。
- 扩散底纹：对象以一种柔和、扩散的方式反射光，如图8-23所示。
- 塑料效果底纹：对象以一种闪烁、光亮的材质模式反射光，可获得很好的3D效果。但计算机屏幕的刷新速度会变慢，如图8-24所示。

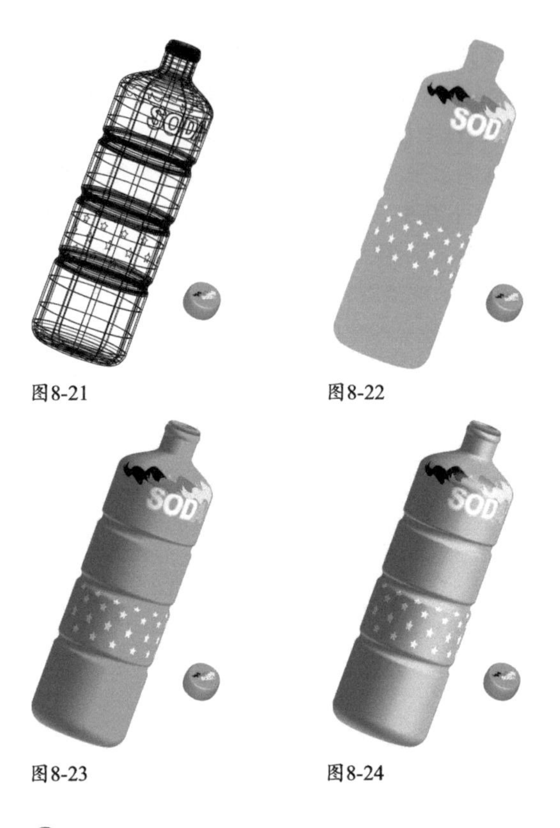

图8-21　图8-22

图8-23　图8-24

8.1.4

设置3D场景中的光源

使用“凸出和斜角”和“绕转”命令创建3D效果时，将对象的表面效果设置为“扩散底纹”或“塑料效果底纹”时，可以添加光源，生成更多的光影变化。单击相应对话框中的“更多选项”按钮，会显示光源设置选项，如图8-25所示。

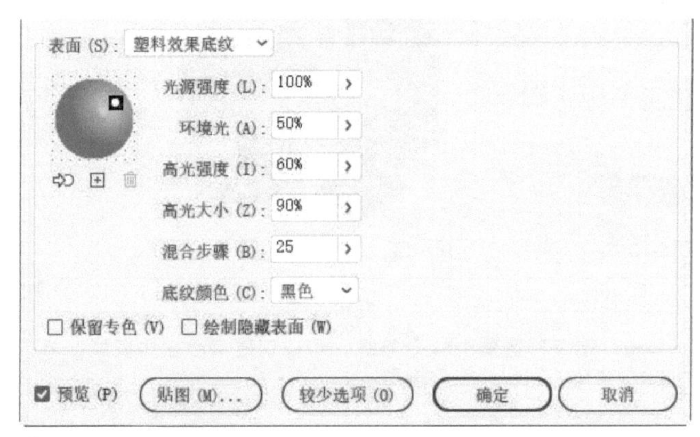

图8-25

- 光源编辑预览框：默认情况下，3D场景中只有一个光源。单击按钮，可以在球体正前方中心位置添加光源，如图8-26所示。拖曳光源可以移动它，如图8-27所示。单击一个光源可将其选择，如图8-28所示，选择后，单击按钮，可将其移动到对象的后面，如图8-29所示；单击按钮，可将其移动到对象的前面。如果要删除光源，可以选择光源，然后单击🗑按钮。

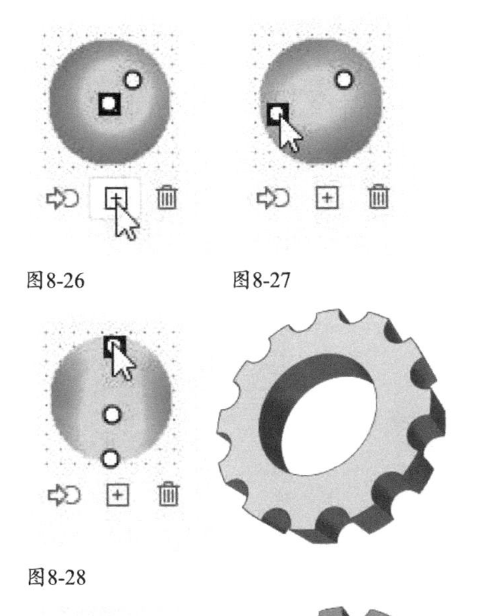

图8-26　　图8-27

图8-28

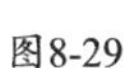

图8-29

- 光源强度：可设置光照强度，范围为0% ~100%。
- 环境光：用来控制全局光照，可以统一改变所有对象的表面亮度。
- 高光强度：用来控制对象反射光的多少。较低的值会产生黯淡的表面，较高的值会产生较为光亮的表面。
- 高光大小：用来控制高光区域的大小。
- 混合步骤：用来控制对象表面所表现出来的底纹的平滑程度。步骤数越多，所产生的底纹越平滑，路径也越多。该值不要设置过高，否则Illustrator会因为内存不足而无法完成处理。
- 底纹颜色：用来控制对象的底纹颜色。选择“无”，表示不为底纹添加任何颜色，如图8-30所示；“黑色”为默认选项，通过在对象填充颜色的上方叠印黑色底纹来为对象加底纹，如图8-31所示；选择“自定”，可单击选项右侧出现的颜色块，打开“拾色器”选择一种颜色，图8-32所示是将颜色设置为橙色的效果。
- 保留专色：可以保留对象中的专色。如果在“底纹颜色”选项中选取了“自定”，则无法保留专色。
- 绘制隐藏表面：可以显示对象隐藏的背面。如果对象透明，或展开对象并将其拉开，便能看到背面。如果对象具有透明度，并且要通过透明的前表面来显示隐藏的后表面，应先用“对象 > 编组”命令将对象编组，再添加3D效果。

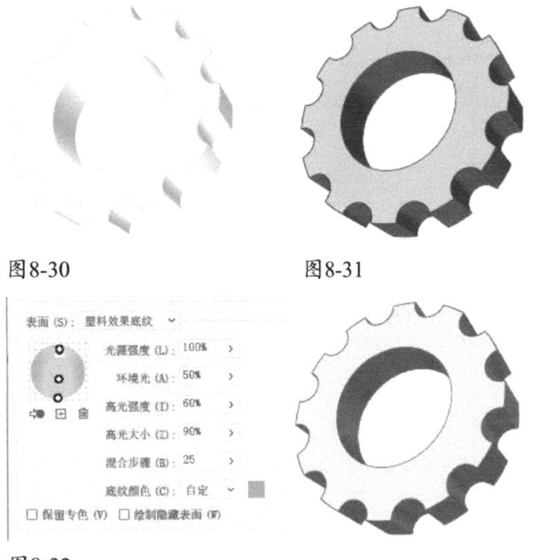

图8-30　　图8-31

图8-32

8.1.5 实战：有趣的错视立方体

下面用3D效果制作错视立方体，如图8-33所示。它会呈现两种效果，乍一看是一大一小两个立方体；结合它的明暗面，又会发现只是一个立方体，但中间被削掉了一块。

扫码看视频

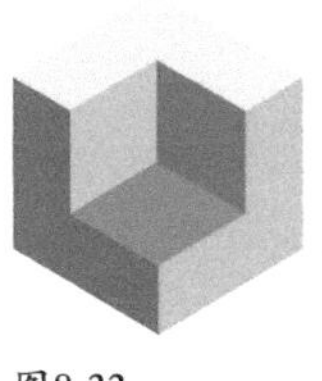
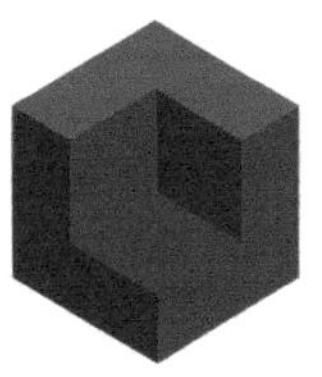
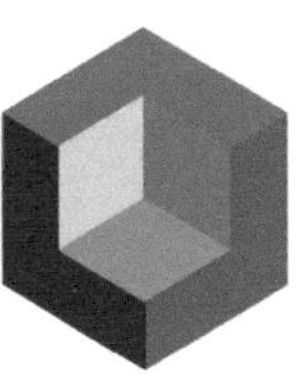
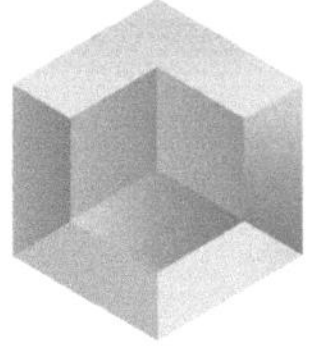

图8-33

01 按Ctrl+R快捷键显示标尺。在标尺的刻度上单击右键，弹出上下文菜单，将单位设置为pt，如图8-34所示。选择矩形工具▭，在画板上单击，弹出“矩形”对话框，设置参数，创建一个正方形并填充黄色，如图8-35和图8-36所示。

图8-34

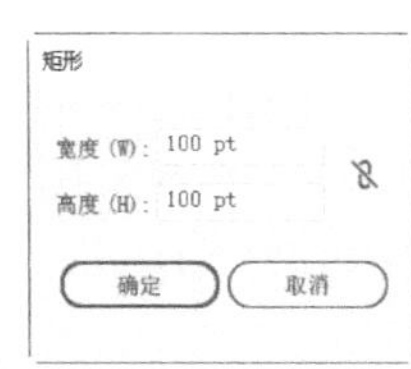

图8-35

图8-36

02 执行“效果>3D>凸出和斜角”命令，打开对话框后，在“位置”下拉列表中选择“等角-左方”选项，定义模型角度，设置“凸出厚度”为100 pt，如图8-37和图8-38所示。

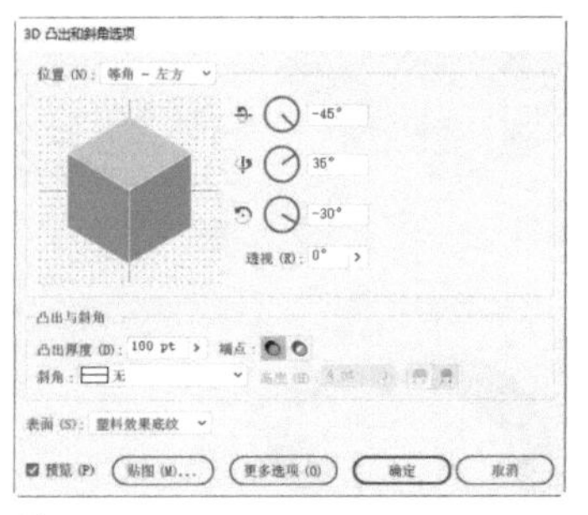
图8-37

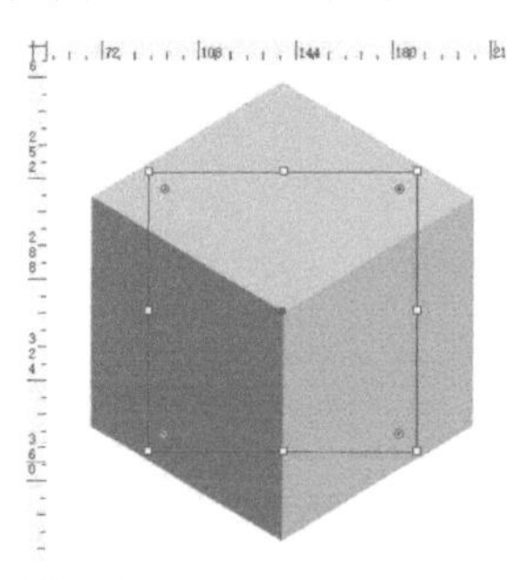
图8-38

——提示——

勾选“预览”选项，可以在画板上预览立体效果。但如果模型比较复杂，则Illustrator需要花费更多的时间计算，导致处理速度变慢。在这种情况下，应尽量将参数调整到位，之后再开启预览，再根据效果进一步修改参数。

03 单击“更多选项”按钮，然后将“环境光”降低为18%，让环境光暗下来，使模型各个面的明暗对比更强烈，如图8-39和图8-40所示。

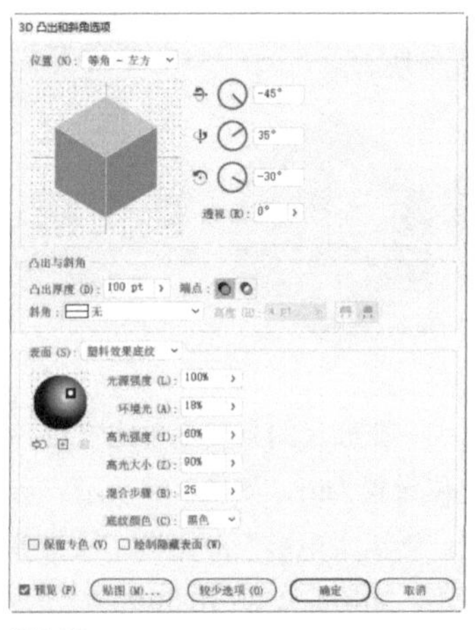
图8-39

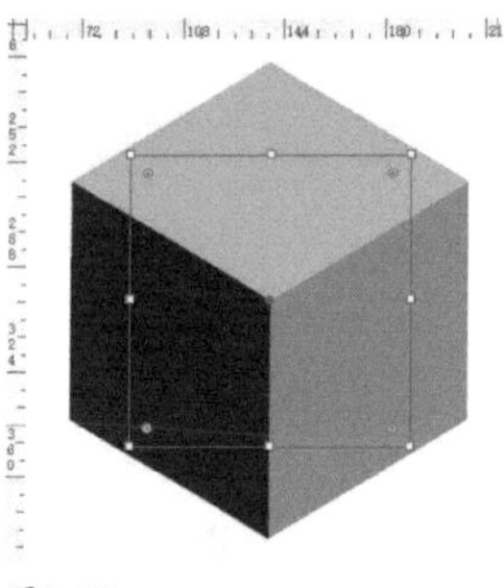
图8-40

04 单击⊞按钮，添加一个光源。移动并修改参数，通过这一补光将模型照亮，如图8-41和图8-42所示。单击“确定”按钮关闭对话框。

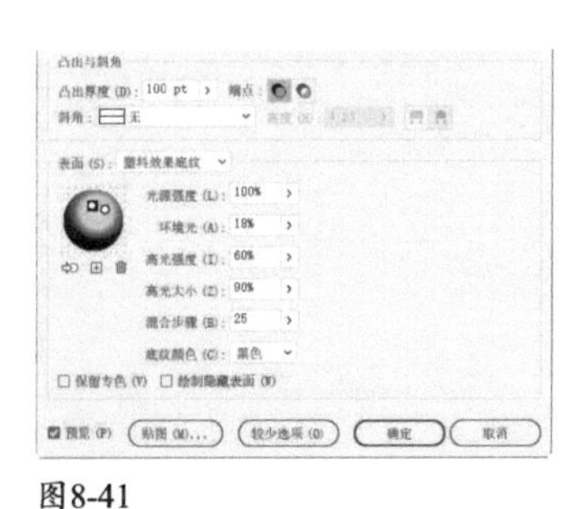
图8-41

图8-42

05 按Ctrl+C快捷键复制模型，按Ctrl+F快捷键将模型粘贴到前方。双击比例缩放工具，弹出对话框，设置参数，将模型缩小，如图8-43和图8-44所示。

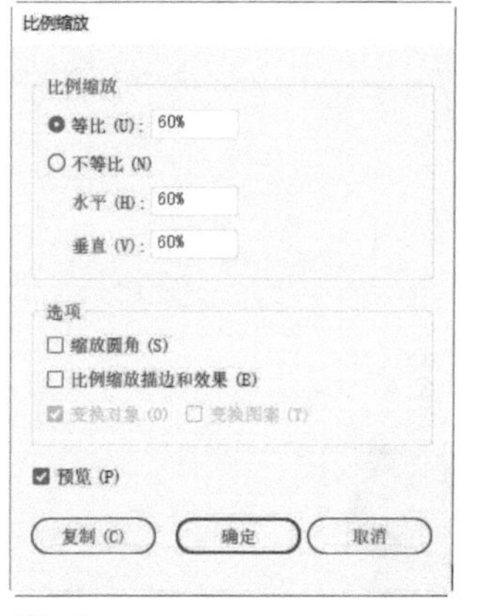

图8-43

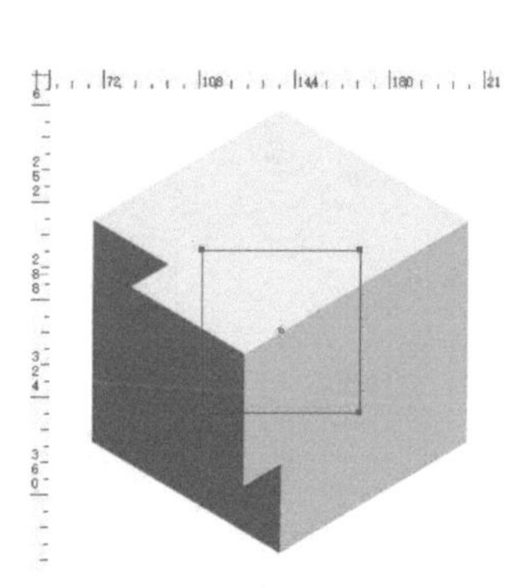
图8-44

06 双击“外观”面板中的“3D凸出和斜角”效果，如图8-45所示，弹出“3D凸出和斜角选项”对话框。在“位置”下拉列表中选择“等角-下方”选项。将“凸出厚度”设置为60 pt。单击🗑按钮，删除一个光源，调整余下光源的位置及参数，如图8-46所示。单击“确定”按钮关闭对话框。修改模型的填色，还可得到不同颜色的立方体，如图8-47所示。

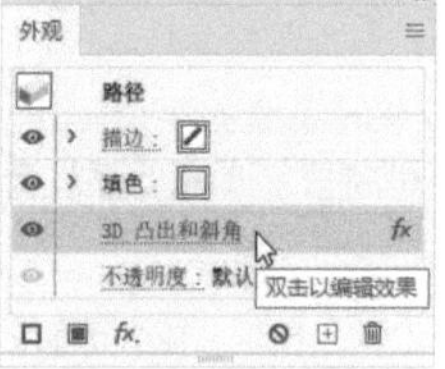

图8-45

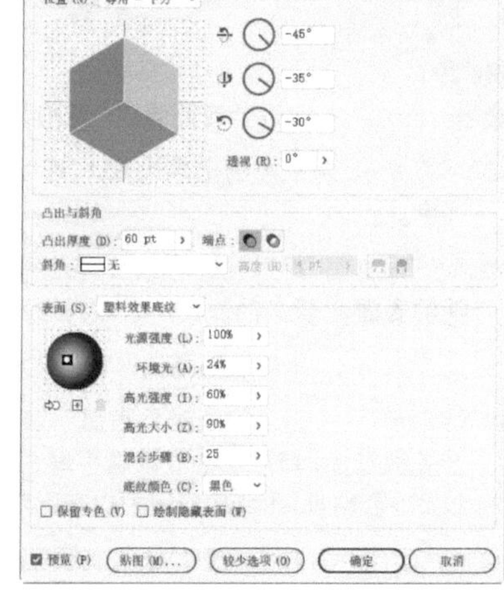
图8-46

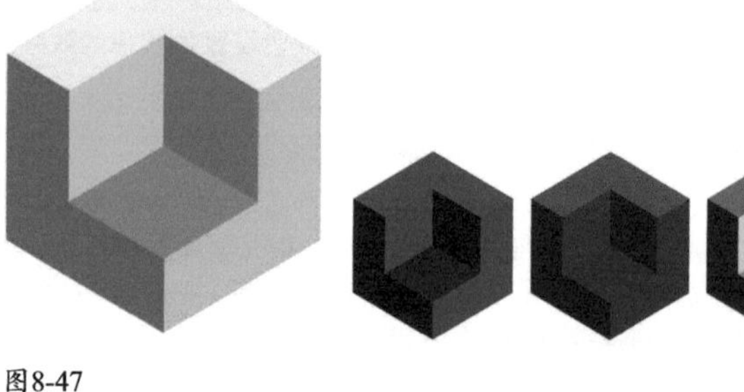
图8-47

8.1.6
实战：乐高积木字

要点

乐高积木是一种塑料材质的积木，可以拼出变化无穷的造型，令人爱不释手。下面制作乐高积木效果的特效字，如图8-48所示。我们首先用路径将文字分割成块状，再通过3D效果制作出立体对象。为了让文字呈现一块块积木堆积的效果，还用了一点小技巧（“偏移路径”命令）。

扫码看视频

图8-48

01 打开素材，如图8-49所示。它包含文字图形及辅助线（用于分割文字）。按Ctrl+A快捷键全选。单击“路径查找器”面板中的按钮，用直线分割文字，如图8-50和图8-51所示。此后直线会变为无描边、无填色的路径。使用魔棒工具将它们选中，如图8-52所示，按Delete键删除。

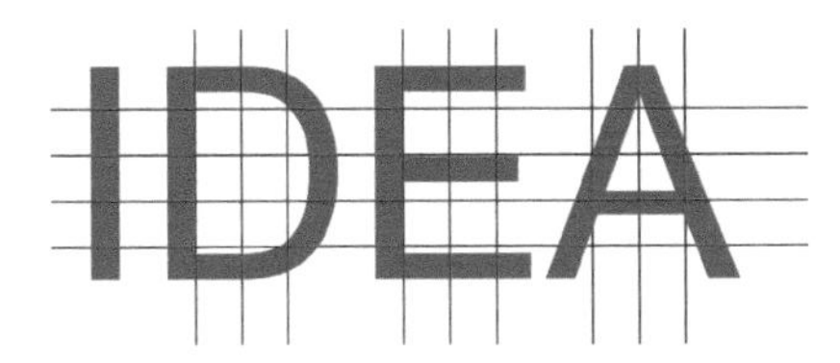

图8-49

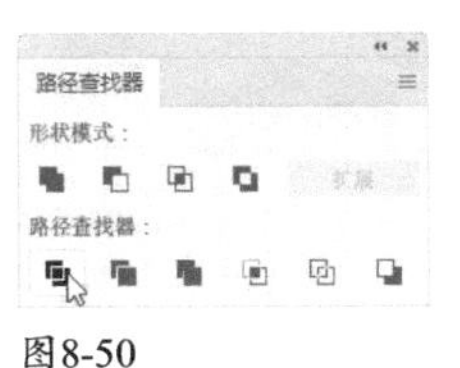

图8-50

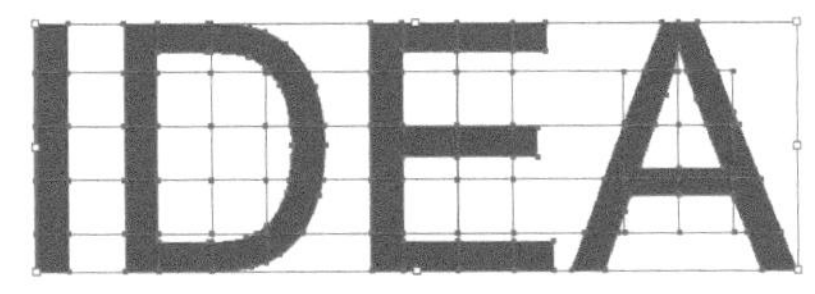

图8-51

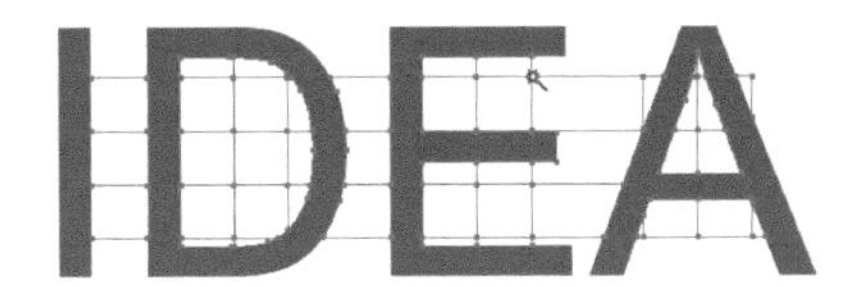

图8-52

02 按Ctrl+A快捷键全选，如图8-53所示。执行“效果>3D>凸出和斜角”命令，在打开的对话框中调整参数并单击按钮添加光源，将图形制作成立体效果，如图8-54和图8-55所示。

图8-53

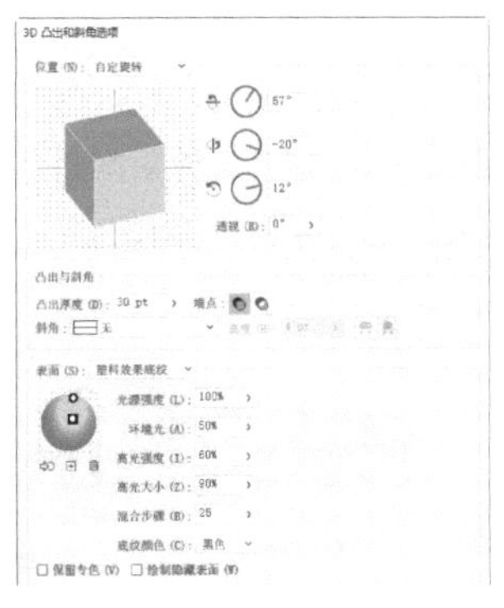
图8-54

图8-55

03 执行“效果>路径>偏移路径”命令，在打开的对话框中设置位移为-0.2 mm，使积木之间产生微小的距离，以表现积木的块面感，如图8-56和图8-57所示。

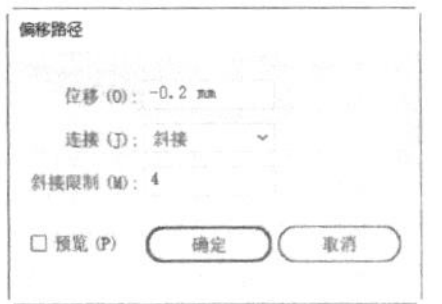

图8-56

图8-57

04 选择选择工具，按住Shift键并向上拖曳积木，在松开鼠标左键前按住Alt键，进行复制，如图8-58所示。将积木的填色设置为白色，如图8-59所示。保持白积木的被选取状态，按Ctrl+D快捷键复制，如图8-60所示。

图8-58

图8-59

图8-60

05 选择椭圆工具，按住Shift键绘制红色圆形。选择选择工具，按住Alt键和Shift键并向下拖曳进行复制，如图8-61所示。通过按Ctrl+D快捷键的方法复制出更多圆形，如图8-62所示。选取这些圆形，按Ctrl+G快捷键编组。执行“效果>3D>凸出和斜角”命令，设置绕x、y和z轴的旋转角度与之前制作的积木相同，凸出厚度为5 pt，之后拖曳到积木上方，如图8-63所示。

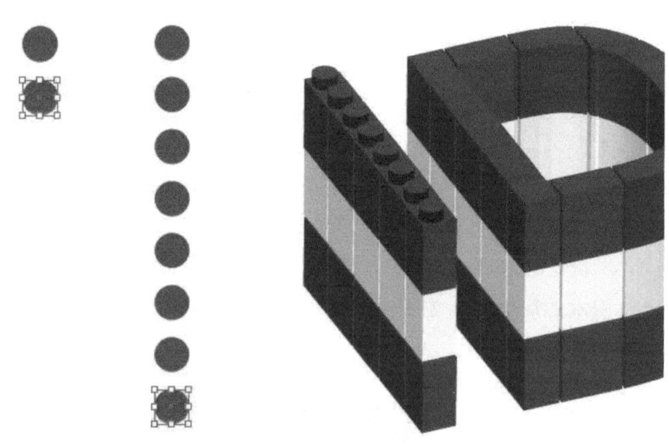

图8-61　　图8-62　　图8-63

06 在其他3个文字上也放置红色圆柱体，如图8-64所示。操作时可以将圆柱体取消编组，使其与文字对齐。

图8-64

07 再来制作小块积木。选择矩形工具，按住Shift键绘制正方形，如图8-65所示。按Alt+Shift+Ctrl+E快捷键，打开“3D凸出和斜角选项”对话框，设置凸出厚度为30 pt，如图8-66和图8-67所示。

图8-65

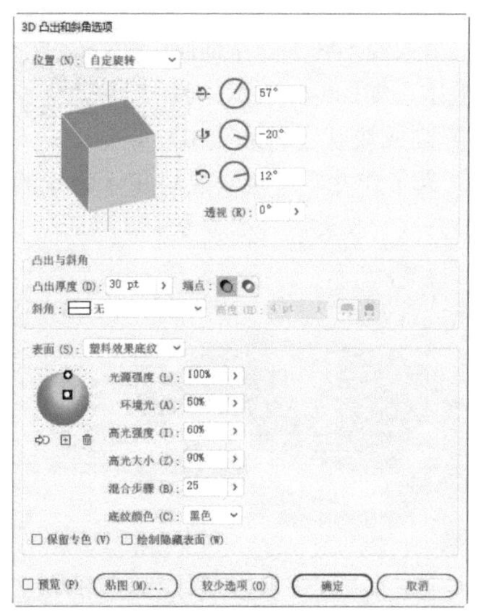

图8-66　　图8-67

08 再制作4个圆形，如图8-68所示。用同样的方法打开“3D凸出和斜角选项”对话框，设置凸出厚度为3.75 pt。将它们选取并组成黄色积木图形，如图8-69所示。按Ctrl+G快捷键编组。

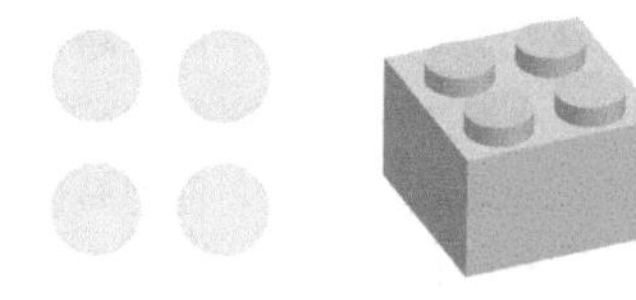

图8-68　　图8-69

09 按住Alt键并拖曳黄色积木进行复制。将填充颜色分别设置为白色、紫色、蓝色和红色，如图8-70所示。

图8-70

绕转

“绕转”效果可以让路径做圆周运动，从而生成3D对象。由于绕转轴是垂直固定的，因此用于绕转的路径应该是所需3D对象面向正前方时垂直剖面的一半，否则会出现偏差。

图8-71所示为一个酒杯的剖面图形，将它选取，执行“效果>3D>绕转”命令，打开“3D绕转选项”对话框，如图8-72所示。

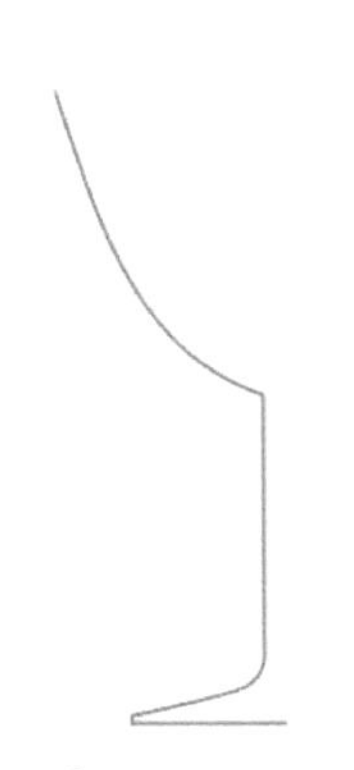

图8-71

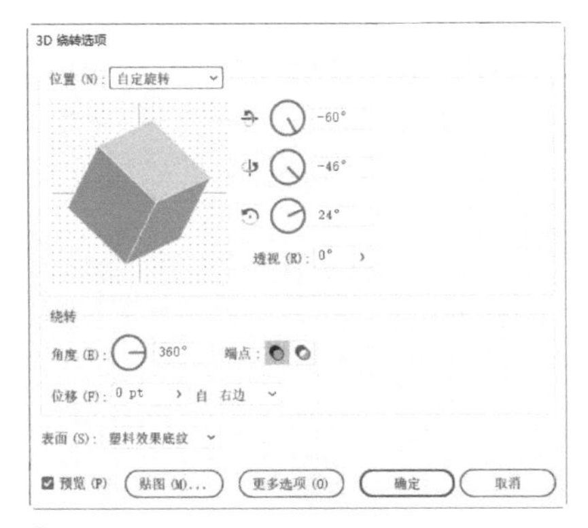

图8-72

- 角度：在该选项中可以设置路径绕转度数。默认为360°，如图8-73所示。小于该角度时，模型会出现断面，如图8-74所示(300°)。
- 位移：用来设置绕转对象与自身轴的距离。该值越高，对象偏离轴越远，如图8-75所示(15pt)。
- 自：用来设置对象绕着转动的轴，包括“左边”和“右边”两个选项。如果用于绕转的图形是最终对象的左半部分，应该选择“右边”(效果见图8-73)；选取从“左边”绕转，则会出现错误的结果，如图8-76所示。

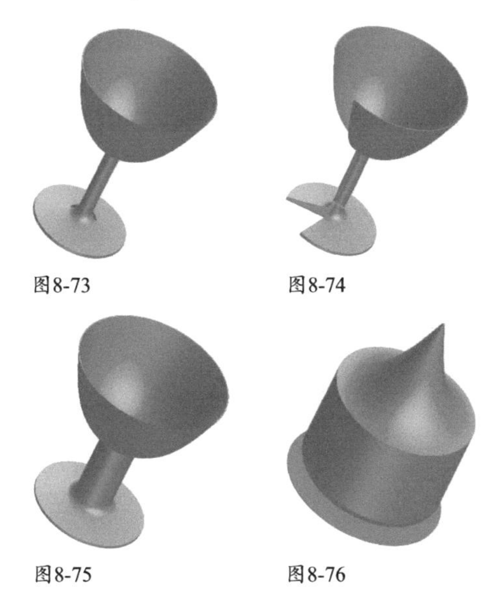

图8-73　图8-74

图8-75　图8-76

在三维空间中旋转对象

使用“旋转”效果可以在三维空间中旋转对象，使其产生透视效果。被旋转的对象可以是一个普通的图形或图像，也可以是一个由“凸出和斜角”或“绕转”命令生成的3D对象。

图8-77所示为一幅图像，选取它以后，执行“效果>3D>旋转”命令，即可进行各种角度的旋转，如图8-78和图8-79所示。该效果没有特别的选项。使用该效果的时候，适当提高“透视”值来增强空间感，效果更好。

图8-77

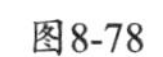

图8-78

图8-79

8.4 将图稿映射到3D对象上

Maya、3ds Max、Cinema 4D等三维软件都通过给模型贴图，来表现材质、纹理和质感。在Illustrator中使用“凸出和斜角”和“绕转”命令创建的3D对象包含多个表面，每个表面也都可以贴图。

8.4.1 制作贴图用符号

在Illustrator中，只有符号可以作为贴图映射到3D对象表面上。而用于制作符号的对象则比较广泛，可以是任何Illustrator图稿对象，包括路径、复合路径、文本、图像、渐变网格，以及组等。操作方法也非常简单，将用作贴图的对象拖曳到“符号”面板中即可，如图8-80所示。

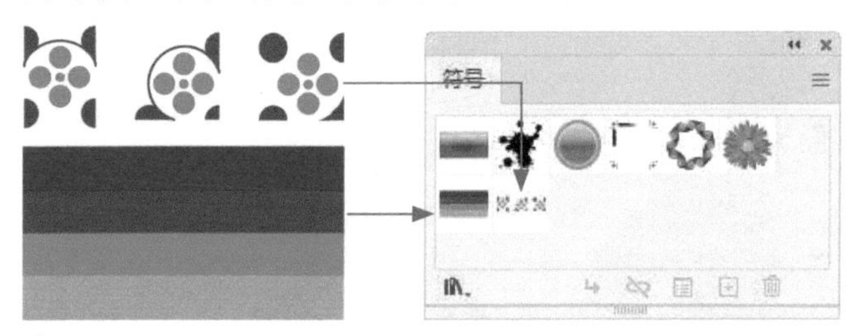

图8-80

8.4.2 为表面贴图

制作好符号后，用“凸出和斜角”和“绕转”命令创建3D对象时，如图8-81所示，在打开的对话框中单击“贴图”按钮，打开“贴图”对话框，便可以为表面选取贴图了，如图8-82所示。

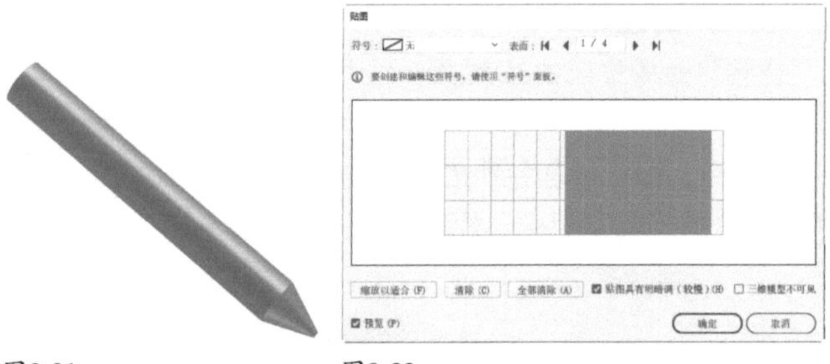

图8-81　图8-82

单击“表面”选项右侧的按钮，切换到需要贴图的表面。在画板上，所选表面显示红色轮廓；之后在“符号”下拉列表中为它选取符号，如图8-83和图8-84所示；符号会被贴在表面的中心位置，可以进行移动、旋转和缩放，如图8-85和图8-86所示。单击“缩放以适合”按钮，可以自动缩放符号，使其适合所选的表面边界。

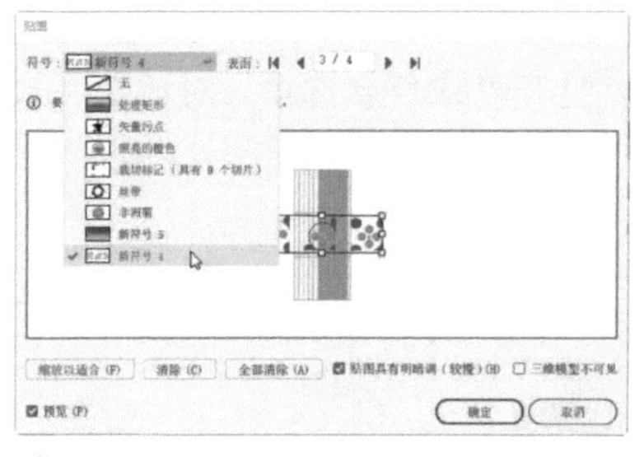

图8-83　图8-84

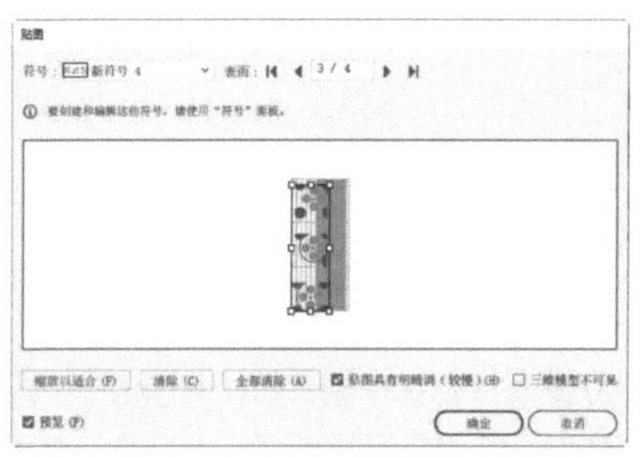

图8-85　图8-86

- 清除/全部清除：单击“清除”按钮，可删除当前表面的贴图。单击“全部清除”按钮，则删除所有表面的贴图。
- 贴图具有明暗调（较慢）：勾选该选项后，可以为贴图添加底纹或应用光照，使贴图表面产生与对象一致的明暗变化，如图8-87所示。图8-88所示是取消勾选时的效果。

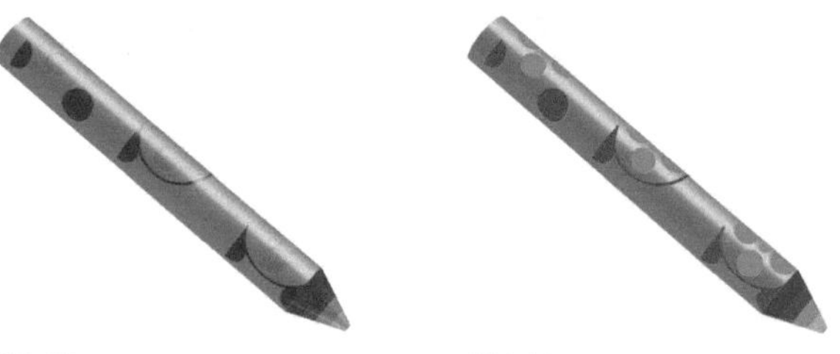

图8-87　图8-88

- 三维模型不可见：勾选该选项，仅显示贴图，隐藏3D对象，如图8-89所示。如果将文本贴到一条凸出的波浪线的侧面，之后勾选该选项，可以将文字变形成一面旗帜。

图8-89

· AI技术/设计讲堂 ·

增加模型表面/更新贴图

增加模型表面

3D对象的表面越多，就可以在更多的位置贴图，模型的效果也更加丰富多变。如果想增加模型表面，可以为对象设置描边，这样使用“凸出和斜角”“绕转”命令创建3D对象时，描边也可以生成表面，并可贴图，如图8–90所示。

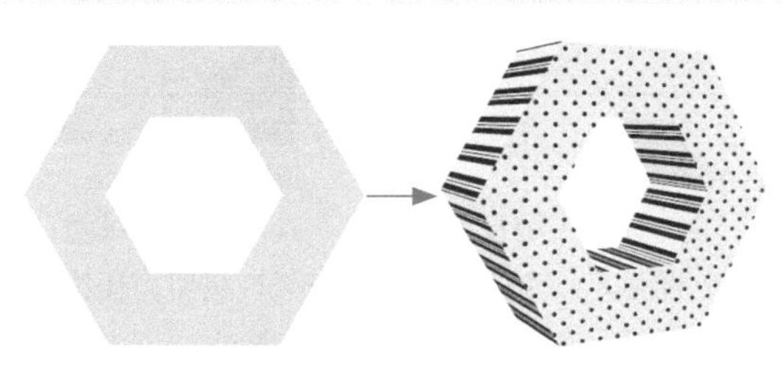

未添加描边的图形及生成的3D效果

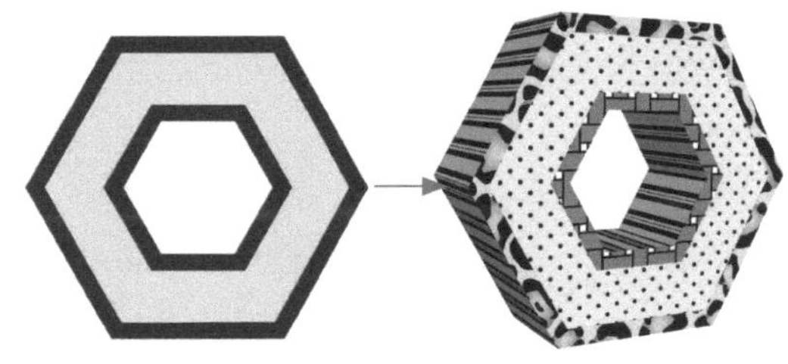

添加描边的图形及3D效果

图8-90

更新贴图

由于贴图是通过符号完成的，而符号是可编辑的，因此，我们可以利用它的这一特点，通过修改符号样本，对所有贴了此符号的表面进行自动更新，如图8–91所示。

双击符号

画板中单独显示符号

修改符号颜色

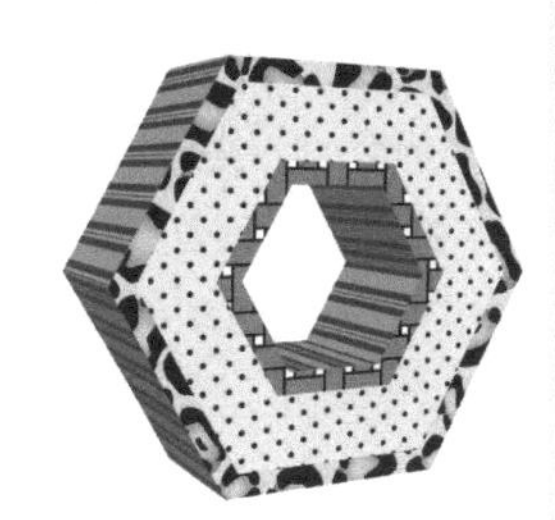

自动更新各个表面

图8-91

8.4.3

实战：3D魔力环

01 使用矩形工具创建一个与画板大小相同的矩形。在图标右侧单击，将图形锁定，如图8-92所示。在画板上单击，弹出“矩形”对话框，设置参数，如图8-93所示，创建矩形并填充白色，如图8-94所示。

扫码看视频

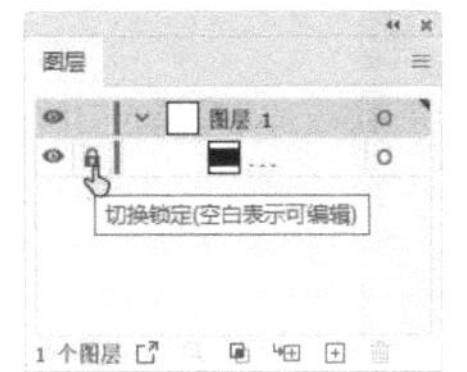

图8-92

矩形
宽度 (W)：4 mm
高度 (H)：70 mm
确定 取消

图8-93

图8-94

02 双击选择工具，弹出“移动”对话框，将图形沿水平方向移动8 mm，如图8-95所示，单击“复制”按钮，复制出一个矩形，如图8-96所示。连续按Ctrl+D快捷键30下，复制出一组矩形，如图8-97所示。

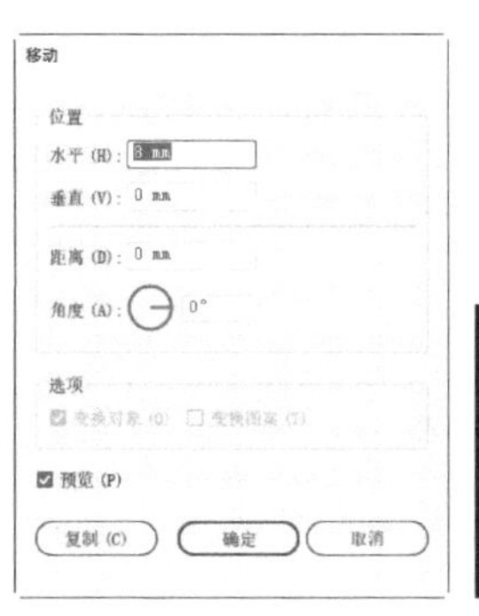

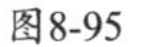

图8-95

图8-96 图8-97

03 将这些矩形选取，单击“符号”面板中的⊞按钮，或者将它们直接拖曳到“符号”面板中，弹出对话框以后，如图8-98所示，单击“确定”按钮，将这组矩形创建为符号，如图8-99所示。

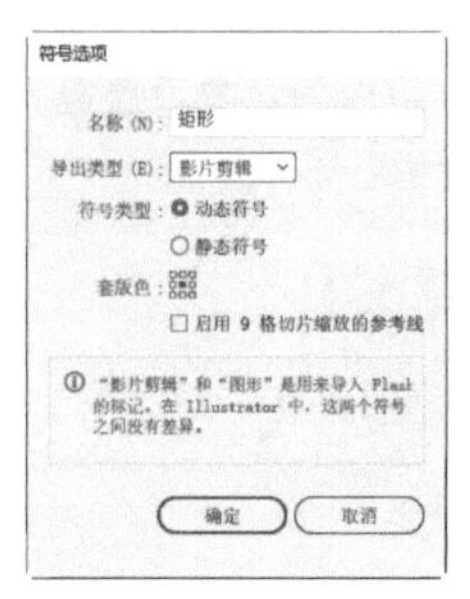

图8-98

图8-99

04 选择椭圆工具◯，在画板上单击鼠标，弹出对话框后设置参数，如图8-100所示，创建一个圆形，如图8-101所示。

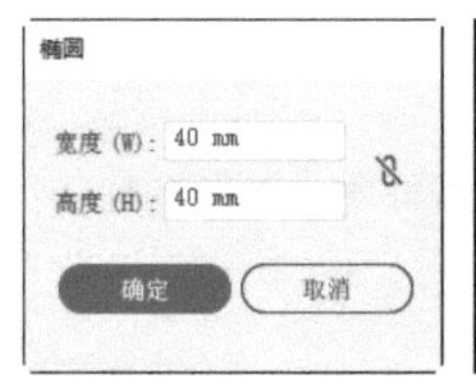

图8-100

图8-101

05 执行“效果>3D>绕转”命令，打开“3D绕转选项”对话框，先勾选“预览”选项，这样就能显示3D模型。调整参数，如图8-102所示，可生成图8-103所示的环状模型。

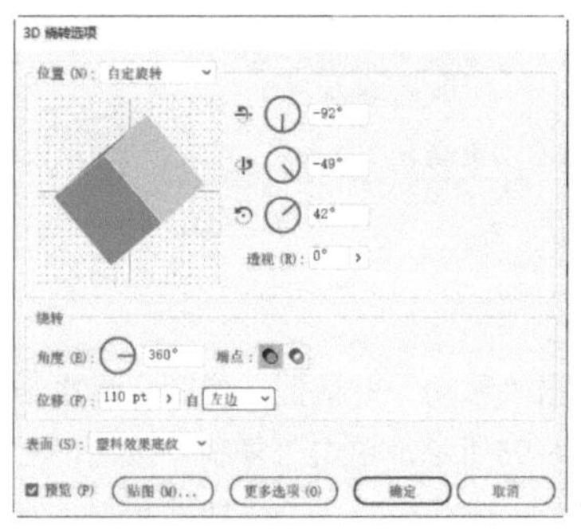

图8-102

图8-103

提示

调整模型角度时，可以在选项文本框中双击，将参数值选取，之后，滚动鼠标按键中间的滚轮，对参数做出调整。这样比拖曳预览框中的模型来进行调整可控性更好。

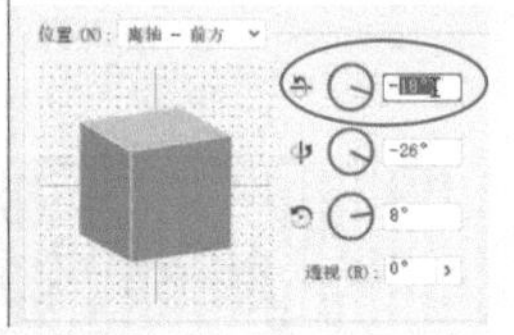

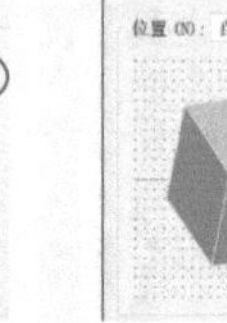

在文本框中双击　　滚动鼠标滚轮调整参数

06 单击“贴图”按钮，弹出“贴图”对话框。勾选“预览”选项。在“符号”下拉列表中选取矩形符号，如图8-104和图8-105所示。

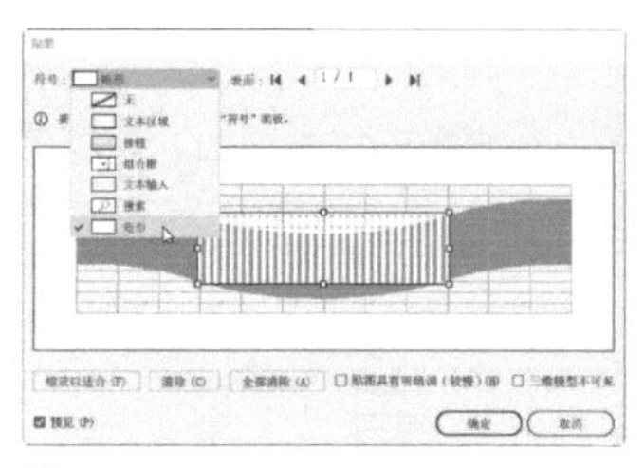

图8-104

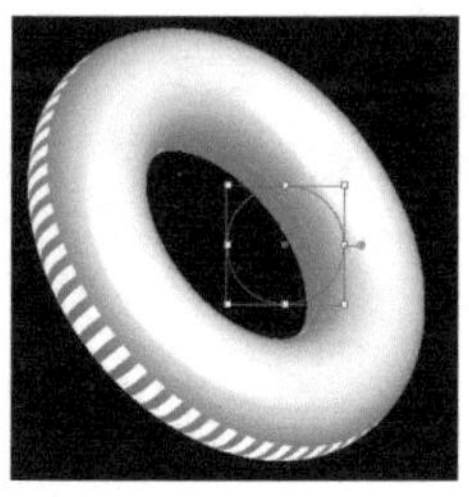

图8-105

07 勾选“三维模型不可见”选项，隐藏模型，只让符号贴图显示。单击“缩放以适合”按钮，让符号贴图完全覆盖模型表面，如图8-106和图8-107所示。

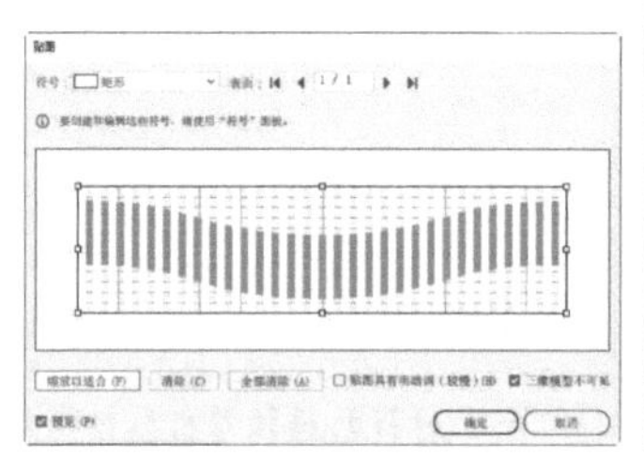

图8-106

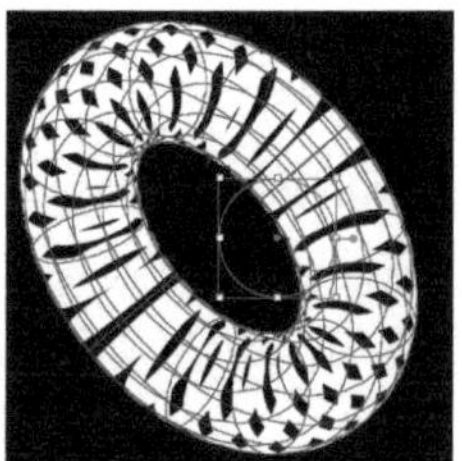

图8-107

08 在当前状态下，矩形的衔接过于紧密，拖曳符号的控制点，将空间调大，如图8-108和图8-109所示。单击“确定”按钮关闭对话框。

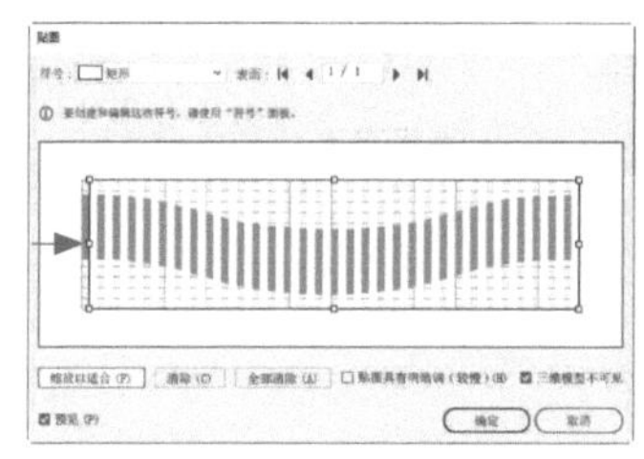

图8-108

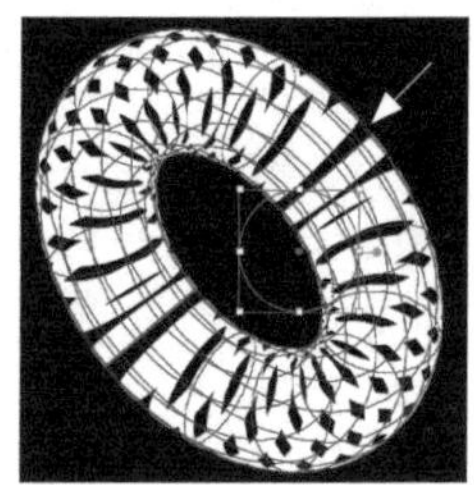

图8-109

09 使用“对象>扩展外观”命令将3D模型扩展为图形。执行两次“对象>取消编组”命令，将所有图形的组都解散。单击鼠标右键，打开上下文菜单，选择“释放剪切蒙版”命令，如图8-110所示，彻底释放所有图形，如图8-111所示。

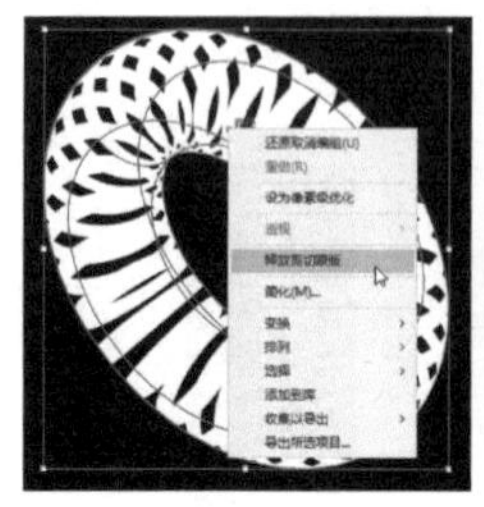

图8-110

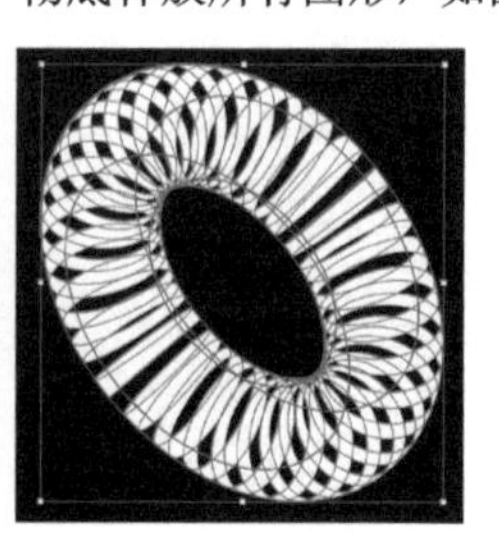

图8-111

10 选择编组选择工具 ⊳ 。将鼠标指针放在图8-112所示的图形上，双击，将这组图形选取，如图8-113所示，按Delete键删除，如图8-114所示。

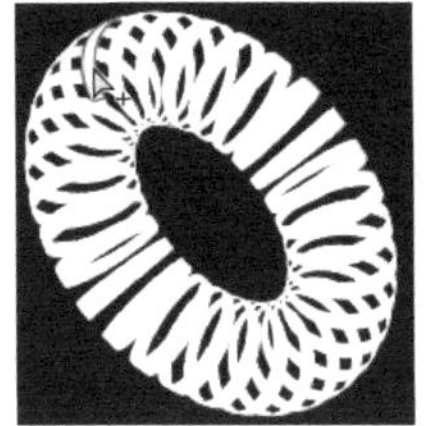
图8-112

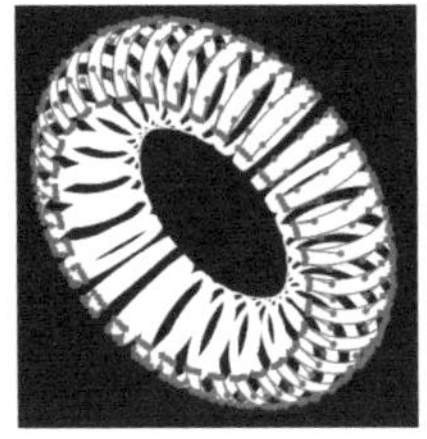
图8-113

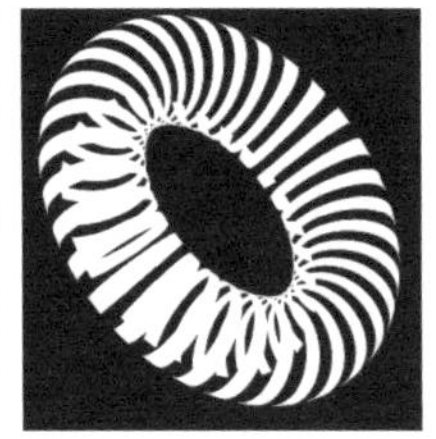
图8-114

11 采用同样的方法，将另外几组多余的图形也删除，如图8-115~图8-117所示。

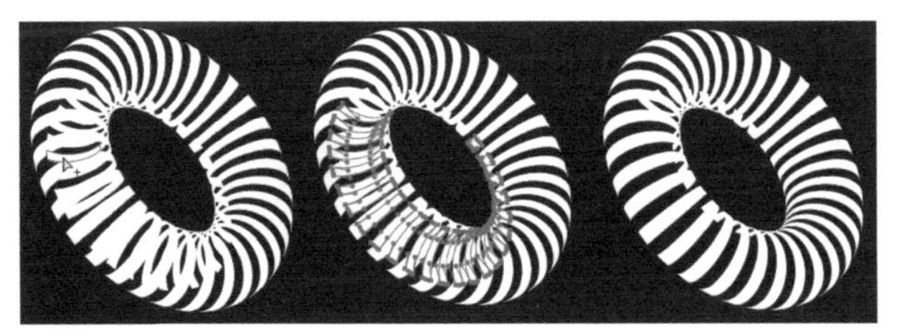
图8-115

图8-116

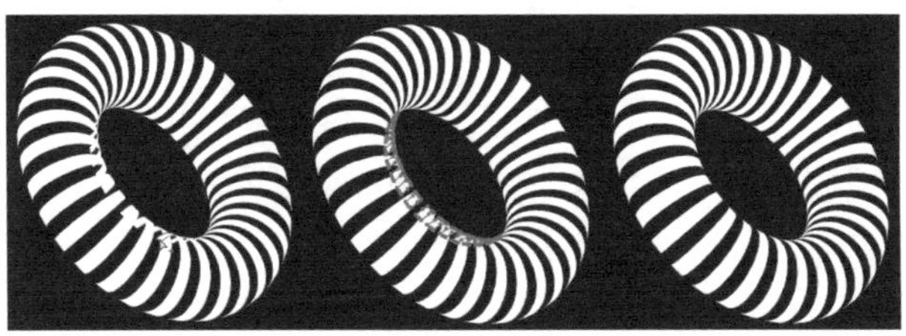
图8-117

12 选择选择工具 ▶ 并按住Shift键单击各组图形，将所有圆环图形选取，如图8-118所示。执行“窗口>色板库>渐变>水果和蔬菜”命令，打开该渐变库。为图形填充“萝卜”渐变，如图8-119和图8-120所示。

图8-118

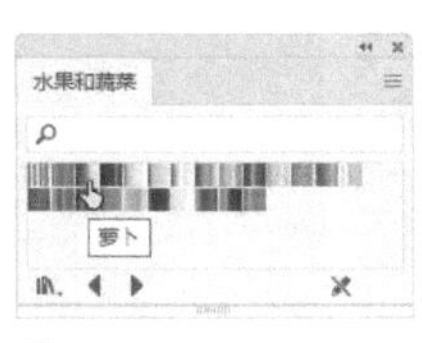

图8-119

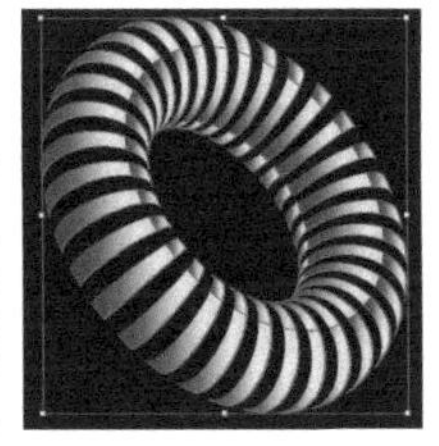
图8-120

> *提示*
> 虽然前面曾使用“取消编组”命令解散了所有组，但释放剪切蒙版时，又生成了新的组，所以此处需将各个组选中。

13 执行“对象>复合路径>建立”命令，或按Ctrl+8快捷键，创建复合路径，这样所有图形会作为一个整体对象应用渐变，而不是以组为单位被填充渐变，效果如图8-121所示。在“渐变”面板中修改渐变角度，如图8-122和图8-123所示。

图8-121

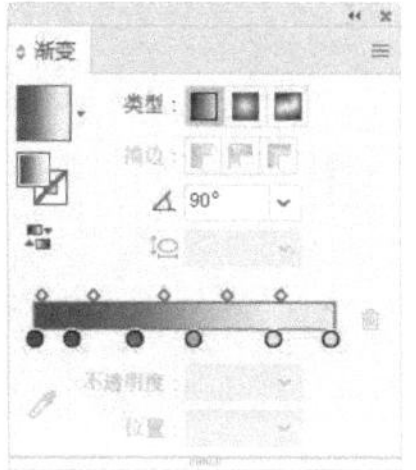

图8-122

图8-123

8.4.4

实战：3D魔力球

01 使用矩形工具 ▭ 创建一个矩形并填充黑色作为背景。在画板上单击，弹出“矩形”对话框，设置参数，如图8-124所示，创建矩形并填充红色，如图8-125所示。

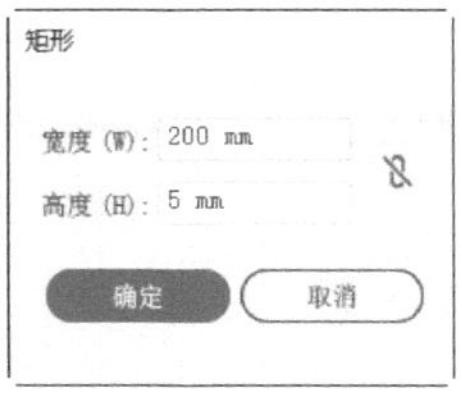

图8-124

图8-125

02 双击选择工具 ▶，弹出“移动”对话框，将图形沿垂直方向移动10 mm，如图8-126所示，单击“复制”按钮，复制矩形，连续按Ctrl+D快捷键13下，复制出一组矩形，如图8-127所示。

图8-126

图8-127

03 将这些矩形选取并拖曳到“符号”面板中，创建为符号，如图8-128所示。

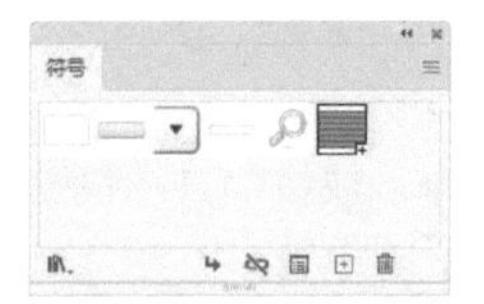

图8-128

04 选择椭圆工具◯，在画板上单击，弹出对话框后设置参数，如图8-129所示，创建一个圆形，如图8-130所示。

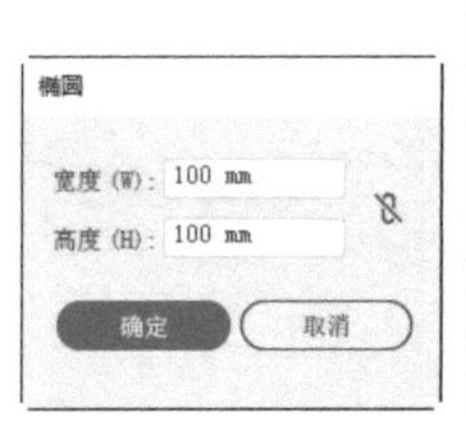

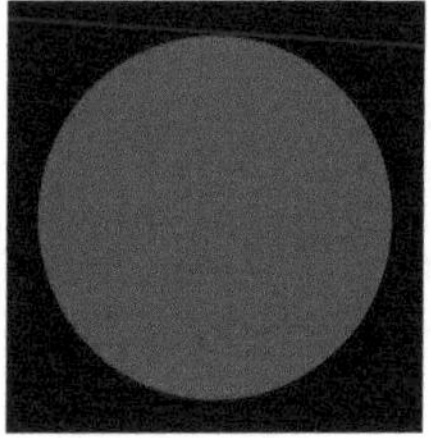

图8-129　图8-130

05 选择直接选择工具▷，单击图8-131所示的锚点，按Delete键删除，得到一个半圆形，如图8-132所示。

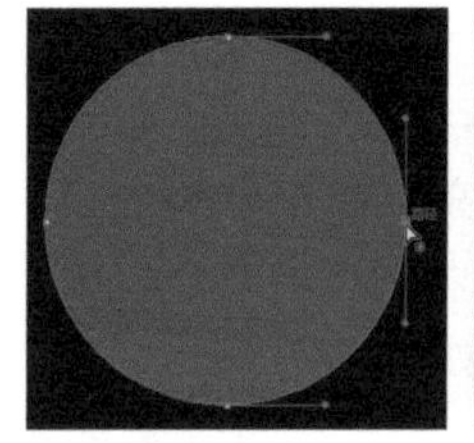

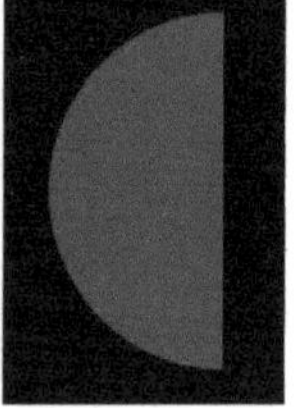

图8-131　图8-132

06 执行“效果>3D>绕转”命令，打开“3D绕转选项”对话框，勾选“预览”选项。调整参数，如图8-133所示，生成图8-134所示的球体模型。

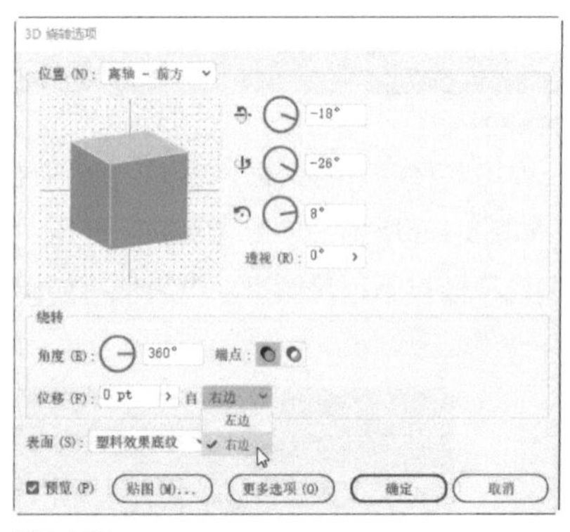

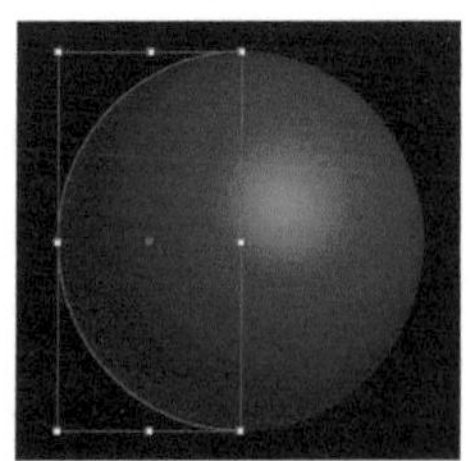

图8-133　图8-134

07 单击“贴图”按钮，弹出“贴图”对话框。勾选“预览”选项。在“符号”下拉列表中选取新创建的符号。勾选“三维模型不可见”选项，隐藏模型，只让符号贴图显示。单击“缩放以适合”按钮，让符号贴图完全覆盖模型表面，如图8-135和图8-136所示。

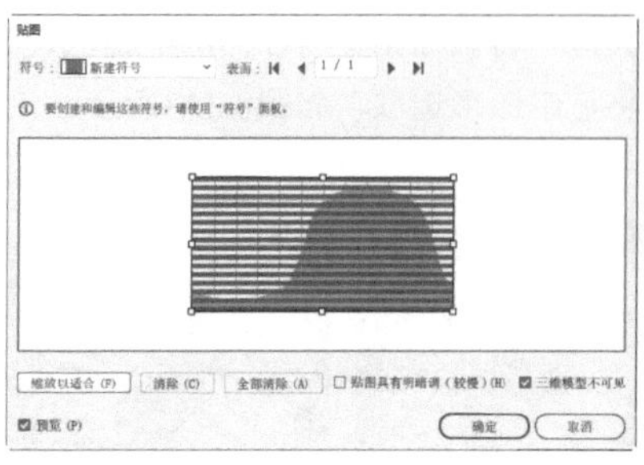

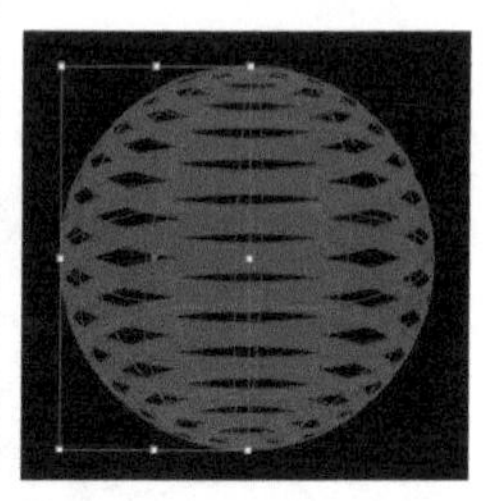

图8-135　图8-136

08 单击“确定”按钮关闭该对话框。调整模型角度，如图8-137所示。单击“确定”按钮关闭对话框，效果如图8-138所示。

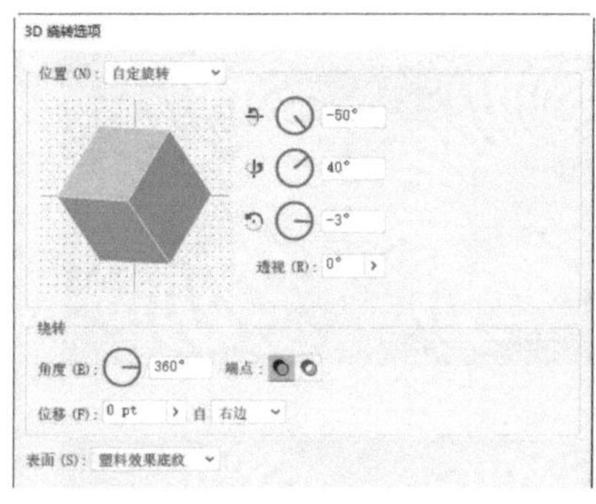

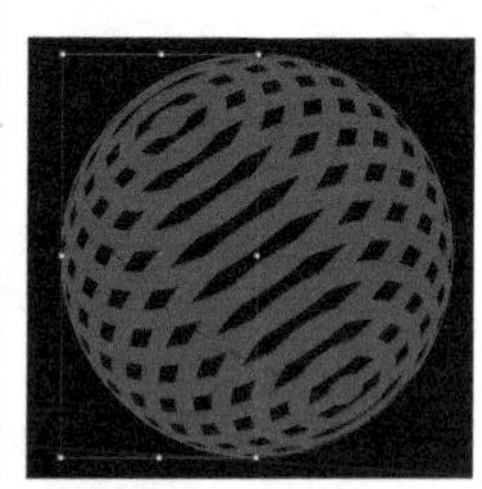

图8-137　图8-138

09 使用“对象>扩展外观”命令将3D模型扩展为图形。执行两次“对象>取消编组”命令，将图形组解散。单击鼠标右键，打开上下文菜单，选择“释放剪切蒙版”命令，如图8-139所示，释放所有图形，如图8-140所示。

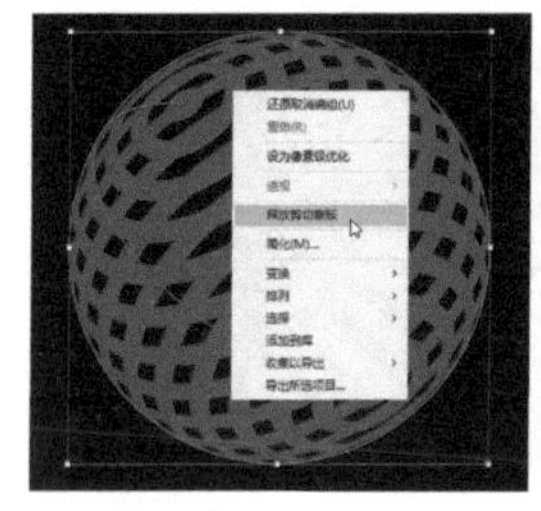

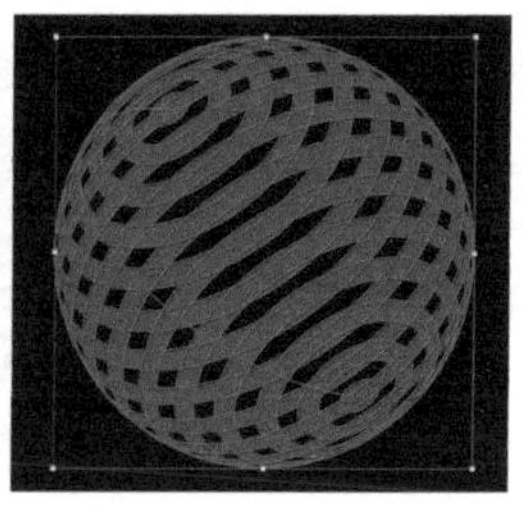

图8-139　图8-140

10 选择编组选择工具▷⁺。将鼠标指针放在图8-141所示的图形上，单击3下，将这组图形选取，如图8-142所示，设置填充颜色为深灰色，如图8-143和图8-144所示。

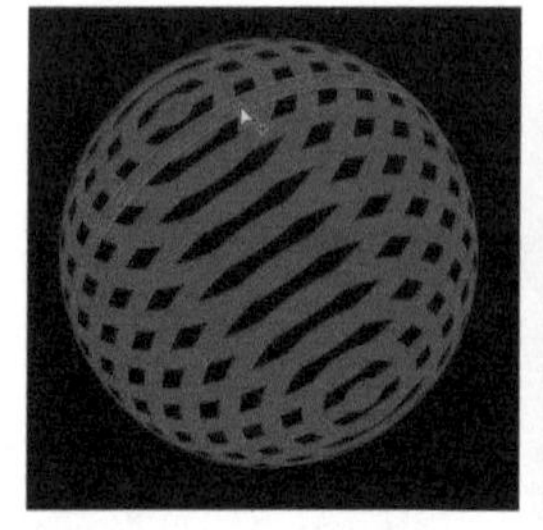

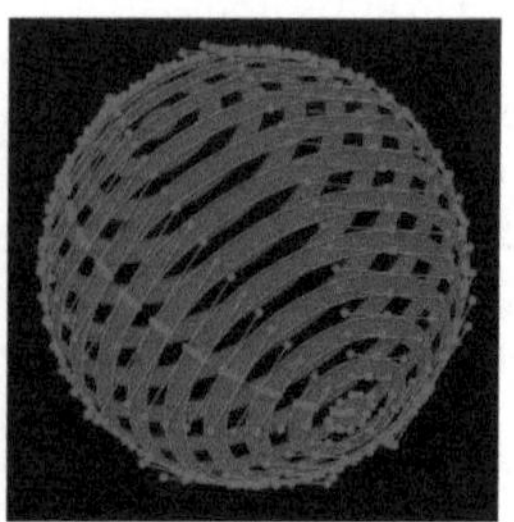

图8-141　图8-142

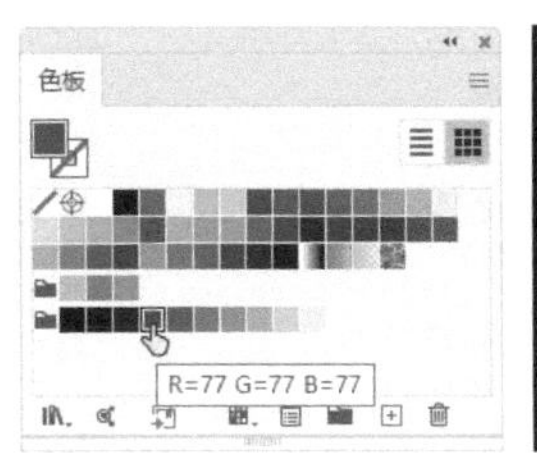

图8-143

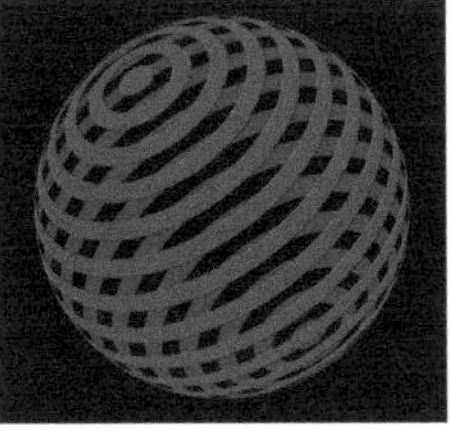

图8-144

提示

选取图形后，按Delete键将其删除，可以得到只有正面的镂空球体。

8.4.5 实战：3D彩球

01 选择椭圆工具，在画板上单击，弹出对话框后设置参数，如图8-145所示，创建一个圆形，如图8-146所示。

扫码看视频

椭圆

宽度 (W)：10 mm

高度 (H)：10 mm

确定　取消

图8-145

图8-146

02 执行“效果>扭曲和变换>变换”命令，弹出“变换效果”对话框，设置参数，如图8-147所示，复制出一组图形，如图8-148所示。

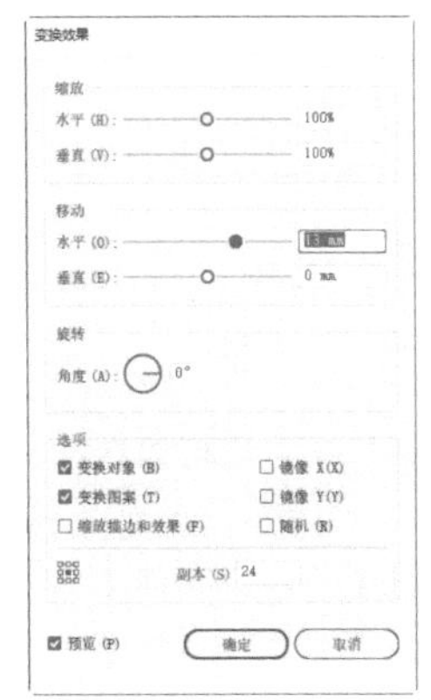

图8-147

图8-148

03 再添加一个“变换”效果，继续复制图形，如图8-149和图8-150所示。

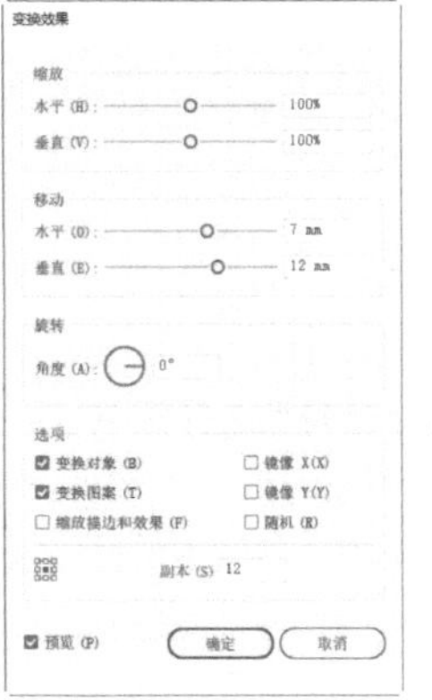

图8-149

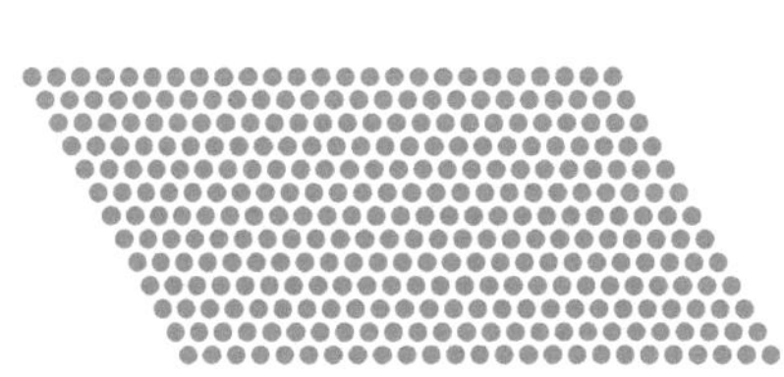

图8-150

04 执行“对象>扩展外观”命令，将复制的图形扩展出来。用选择工具将这些圆形拖曳到“符号”面板中，创建为符号，如图8-151所示。

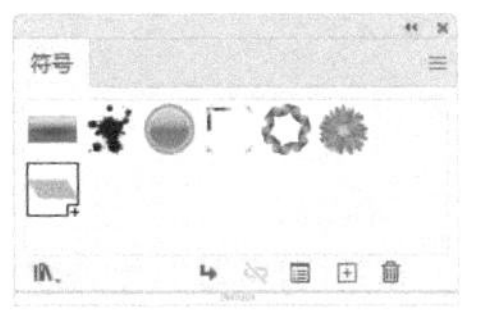

图8-151

05 选择椭圆工具，在画板上单击，弹出对话框后设置参数，如图8-152所示，创建一个圆形。选择直接选择工具，单击图8-153所示的锚点，按Delete键删除，如图8-154所示。

椭圆

宽度 (W)：100 mm

高度 (H)：100 mm

确定　取消

图8-152　图8-153　图8-154

06 执行“效果>3D>绕转”命令，打开“3D绕转选项”对话框，勾选“预览”选项，调整参数，如图8-155所示，生成球体模型。单击“贴图”按钮，弹出“贴图”对话框。勾选“预览”选项。在“符号”下拉列表中选取新创建的符号并调整大小，如图8-156和图8-157所示。

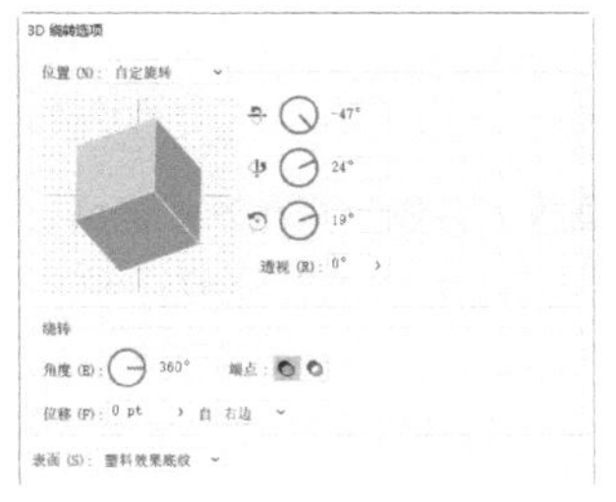

图8-155

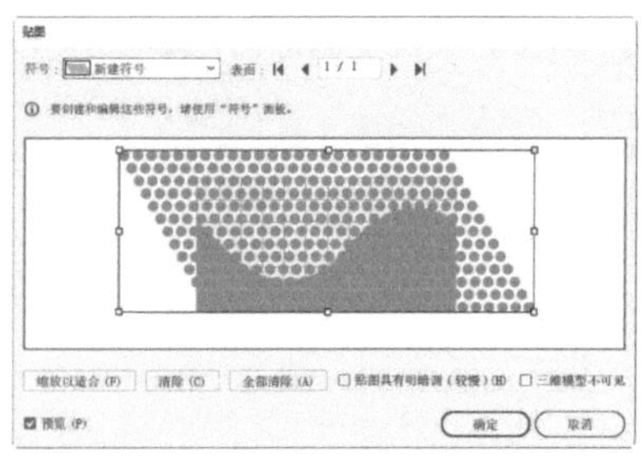
图8-156

图8-157

07 执行“对象>扩展外观”命令。选择编组选择工具▷⁺，在一个圆点图形上双击，将所有圆点选取，如图8-158所示。按Ctrl+X快捷键剪切。拖出一个选框，将剩下的圆球选取，如图8-159所示。按Delete键删除。按Ctrl+V快捷键粘贴图形，如图8-160所示。

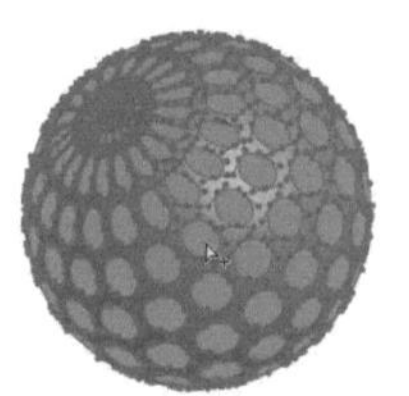
图8-158

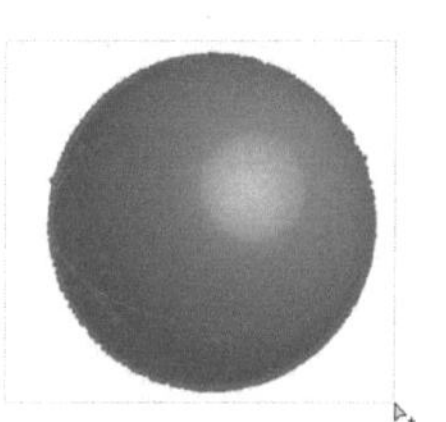
图8-159

图8-160

08 执行“对象>复合路径>建立”命令，将这些图形创建为复合对象并填充渐变，如图8-161和图8-162所示。

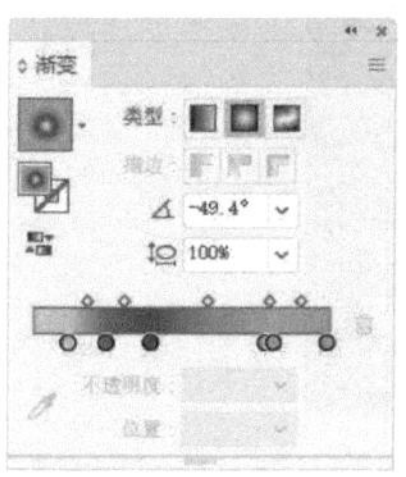

图8-161

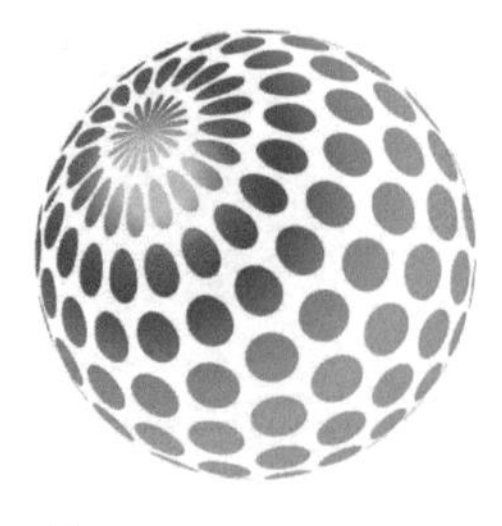
图8-162

09 创建一个圆形，填充透明—白色渐变，如图8-163所示。将它放在球体上方，使球体边缘呈现发光效果，如图8-164所示。创建一个椭圆形，填充透明—灰色渐变，作为阴影，如图8-165和图8-166所示。

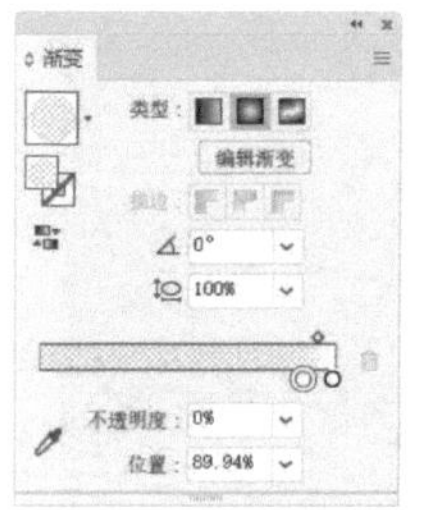

图8-163

图8-164

图8-165

图8-166

透视图

如果想绘制透视效果的场景和对象，但又把握不好透视关系，那么透视网格可以帮上大忙。在透视网格上绘图，能轻松表现透视效果，而且非常自然、真实。

·AI技术/设计讲堂·

透视网格种类/调整方法

透视网格和平面切换构件

选择透视网格工具后，画板上会显示两点透视网格，如图8-167所示。在“视图>透视网格”子菜单中，还可以选择一点和三点透视网格，如图8-168和图8-169所示。

透视网格左上角有一个状图标，如图8-170所示。它是平面切换构件。这个小立方体有3个面，单击其中的一个面（也可按1、2、3键切换），之后便可在与其对应的透视平面上绘图，或者将对象引入这一平面。如果要调整平面切换构件位置，例如放到画板下方，可以双击透视网格工具，在打开的对话框中设置。

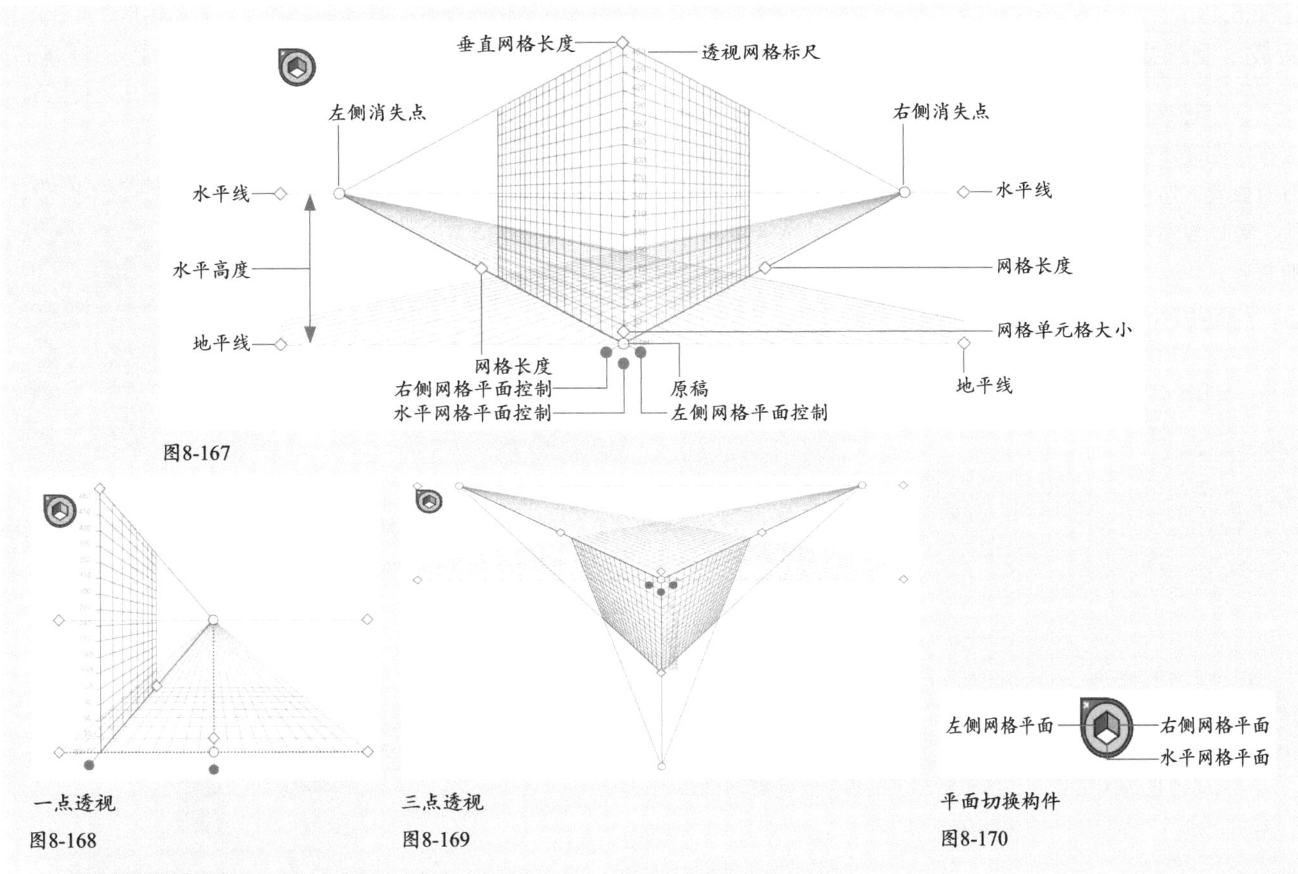

图8-167

一点透视

图8-168

三点透视

图8-169

平面切换构件

图8-170

修改透视网格

选择透视网格工具，将鼠标指针移动到透视网格的构件上，进行拖曳，可以移动网格，调整消失点、网格平面、水平高度、网格单元格大小和网格范围，如图8–171所示。移动消失点前，执行“视图>透视网格>锁定站点”命令，锁定站点，再进行移动，则左右两个消失点会一同移动。调整左侧、右侧和水平网格平面时，按住Shift键操作，可以将移动限制在单元格大小范围内。

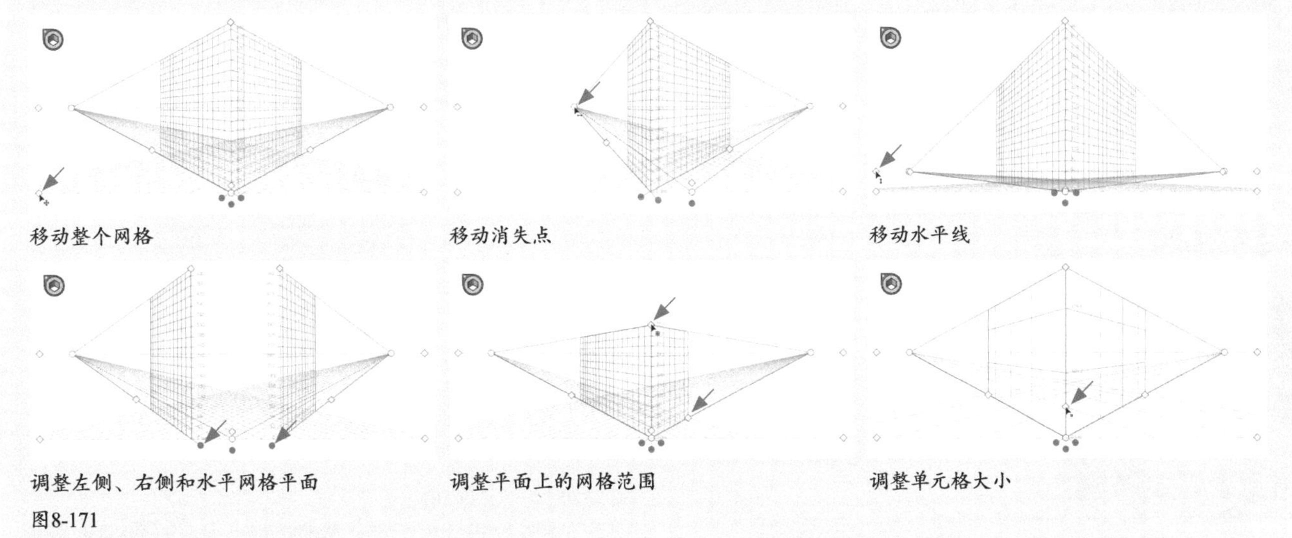

移动整个网格　移动消失点　移动水平线

调整左侧、右侧和水平网格平面　调整平面上的网格范围　调整单元格大小

图8-171

调整透视网格时，鼠标指针在各个控件上会显示不同的状态。在消失点上方会变为状；在水平线上方会变为状；在网格平面控件上方会变为状和状；在网格范围构件上方会变为状；在网格单元格大小构件上方会变为状。

8.5.1
实战：制作立体包装盒

扫码看视频

显示透视网格后，可以在它的各个平面上直接绘图（不支持光晕工具），也可以将现有对象置入透视网格中。处于透视网格中的对象，可以复制和变换（移动、缩放、旋转、扭曲等）。

01 按Ctrl+N快捷键，选取预设选项，创建一个A4大小的文档。执行“视图>透视网格>显示网格”命令，显示透视网格，如图8-172所示。

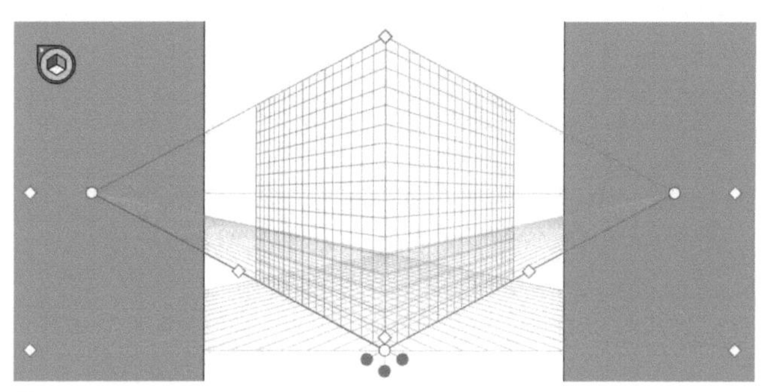

图8-172

02 选择透视选区工具，拖曳网格上的控件，调整网格，如图8-173所示。

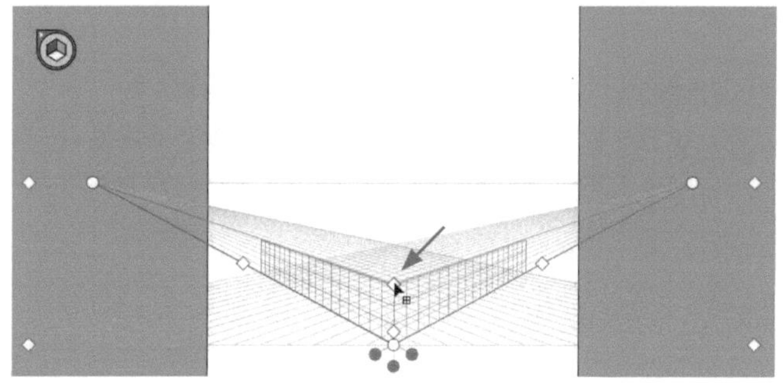

图8-173

03 打开素材，如图8-174所示。这是一个包装盒的平面图。使用选择工具选取包装盒的正、侧面图稿，拖入新建的文档中。

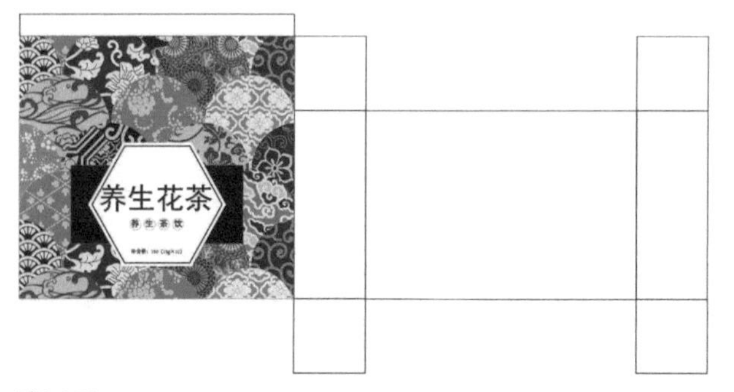

图8-174

04 选取侧面图稿，如图8-175所示。将鼠标指针放在定界框外，按住Shift键拖曳，对图稿进行旋转，如图8-176所示。选择选择工具，按住Alt键拖曳，复制出一份图稿，如图8-177所示。

图8-175　图8-176　图8-177

05 选择透视选区工具，单击平面切换构件中的右侧网格平面，如图8-178所示。单击包装盒正面图稿，选取之后，将它拖曳到网格上，如图8-179所示。

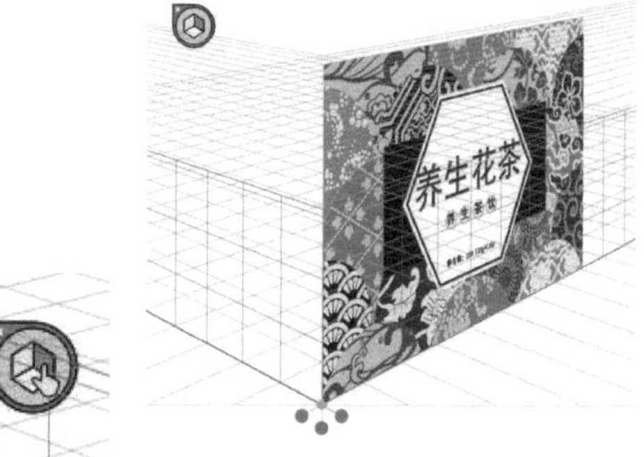

图8-178　图8-179

06 单击左侧网格平面，如图8-180所示。将包装盒的侧面图稿拖曳到该平面上，如图8-181所示。

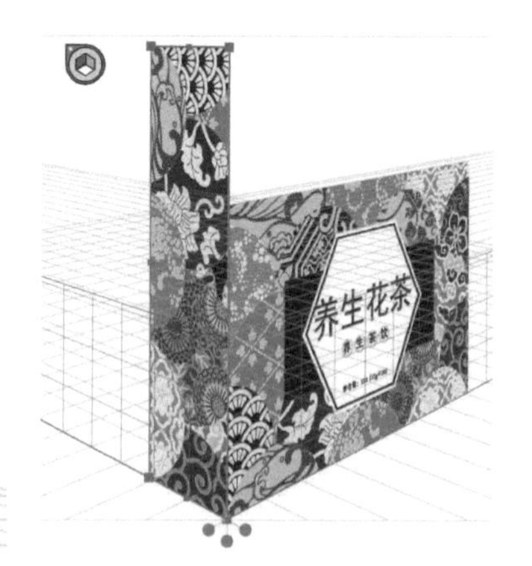

图8-180　图8-181

07 将鼠标指针放在左上角的控制点上，如图8-182所示。按住Shift键拖曳，将图稿等比缩小，边缘与正面图稿对齐，如图8-183所示。

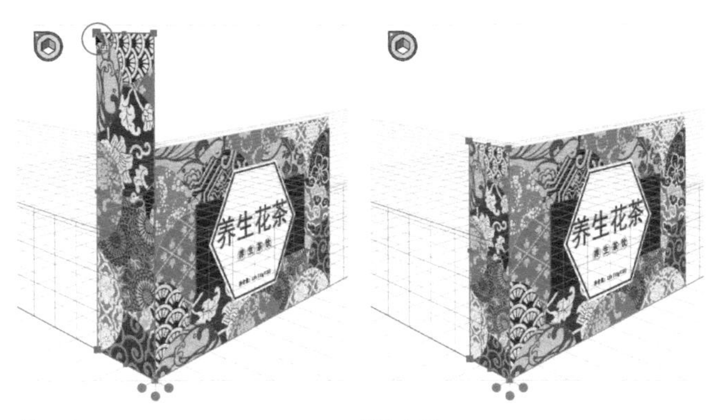

图8-182　　图8-183

08 单击水平网格平面，如图8-184所示。将另一个侧面图稿拖曳到水平面上。拖曳定界框上的控制点，对图稿进行拉伸，使其与正、侧方图稿对齐，如图8-185所示。

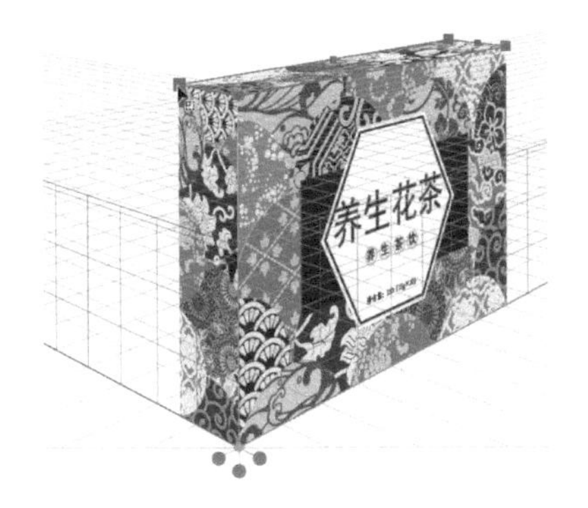

图8-184　　图8-185

09 执行“视图>透视网格>隐藏网格”命令，或按Shift+Ctrl+I快捷键，隐藏透视网格。包装效果如图8-186所示。

图8-186

8.5.2

实战：在透视网格中变换对象

01 打开素材。使用透视选区工具选择窗子，如图8-187所示。拖曳鼠标，可在透视网格中移动窗子。按住Alt键拖曳鼠标，可以复制窗子，如图8-188所示。

扫码看视频

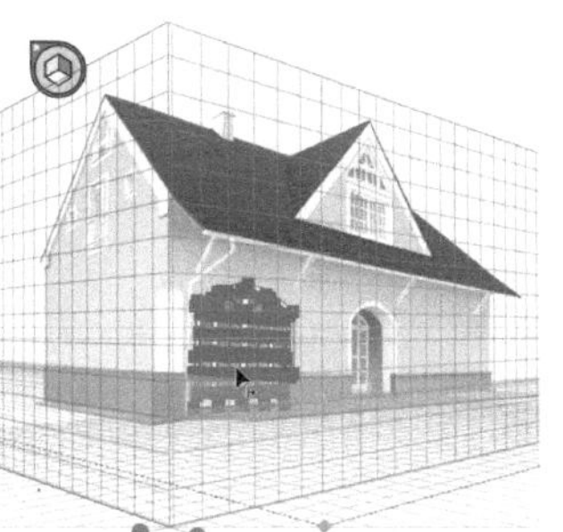

图8-187　　图8-188

> 提示
>
> 在透视网格中绘图，或用透视选区工具移动对象时，对象将与单元格 1/4 距离内的网格线对齐。执行“视图>透视网格>对齐网格”命令，可禁用（或重新启用）对齐网格功能。

02 按住Ctrl键可以显示定界框。拖曳边角的控制点，可以拉伸对象；按住Shift键可等比缩放，如图8-189所示。

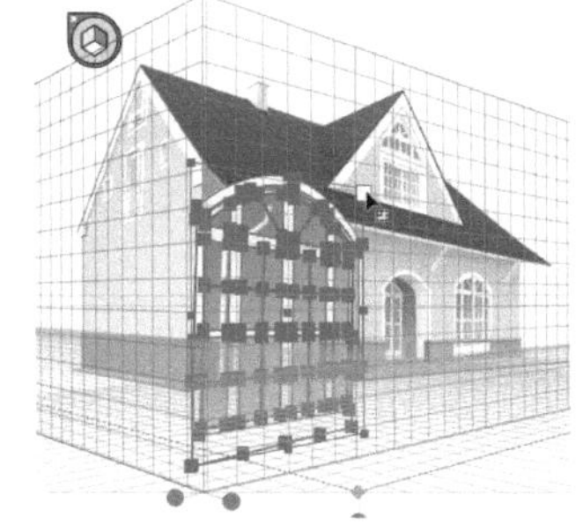

图8-189

03 用变换类工具或“对象>变换”子菜单中的命令可以进行其他变换。图8-190和图8-191所示为使用旋转工具和倾斜工具编辑对象后的效果。

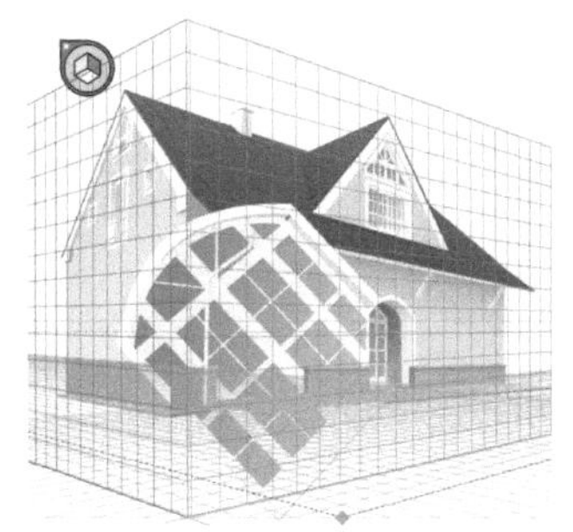

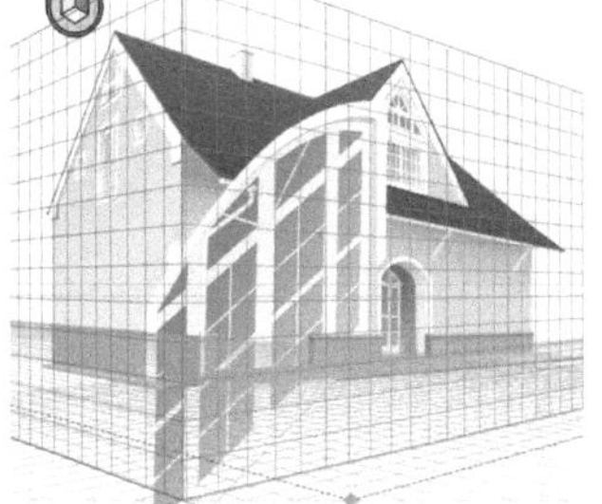

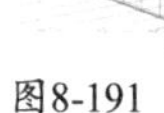

图8-190　　图8-191

技术看板　移动平面以匹配对象

选择透视选区工具，拖曳对象时，按住5键，可以基于对象的当前位置平行移动。移动后，保持对象的被选取状态，执行“对象>透视>移动平面以匹配对象”命令，可以移动网格平面，使之匹配对象。

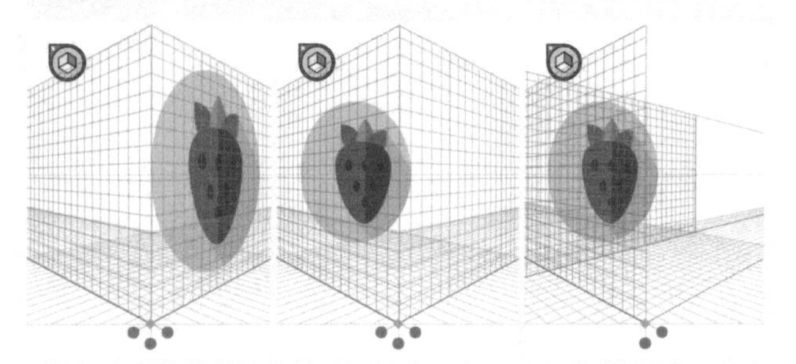

加入透视网格中的对象　移动并按住5键　让网格匹配对象

8.5.3

实战：在透视网格中添加文本和符号

在透视网格中不能直接创建文字和符号。要添加这些对象，可以通过下面的方法操作。

扫码看视频

01 按Shift+Ctrl+I快捷键，显示透视网格。执行“窗口>符号库>原始”命令，打开“原始”面板。将图8-192所示的符号拖曳到画板上。

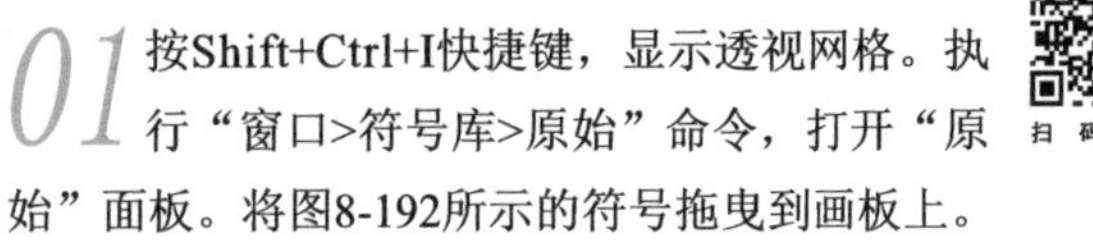

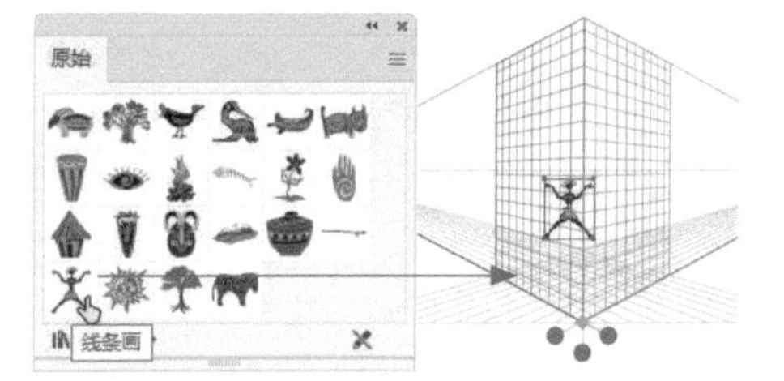

图8-192

02 按3键，切换到右侧网格平面。选择透视选区工具，单击符号，将它选取，之后拖入透视网格中。按住Shift键拖曳控制点，调整大小，如图8-193所示。

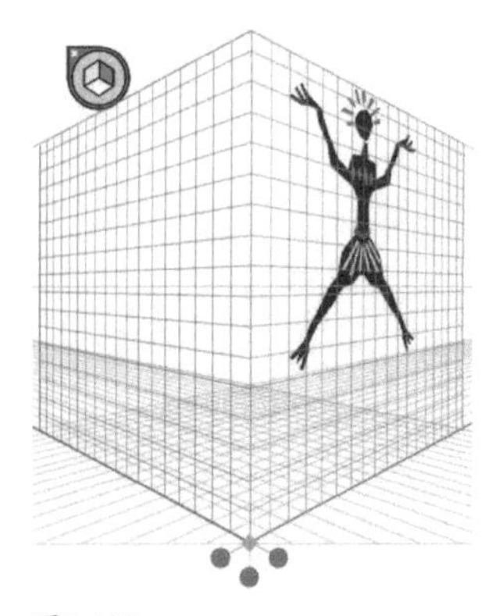

图8-193

提示

符号实例不能包含透视网格不支持的图稿类型，如图像、非本机图稿、封套、旧版文字和渐变网格等。

03 选择文字工具 T，在画板上单击并输入文字，如图8-194所示。选择透视选区工具，将它拖入透视网格中，如图8-195所示。

图8-194　图8-195

04 在透视网格中，文字的属性不能编辑，需要修改文字内容、字体和大小等时，可以选择透视选区工具或选择工具，单击文字，将其选取，执行“对象>透视>编辑文本”命令，这样才能让文字处于被编辑状态，如图8-196所示；之后修改就可以了。编辑完成之后，单击画板左上角的按钮。效果如图8-197所示（修改文字颜色）。

图8-196　图8-197

提示

如果已经创建了对象，可以使用“对象>透视>附加到现用平面”命令，将对象附加到透视网格的活动平面上。该命令不会影响对象的外观。

8.5.4

释放透视网格中的对象

如果要释放带透视视图的对象，可以选取对象，执行“对象>透视>通过透视释放”命令，所选对象就会从相关的透视平面中被释放出来（外观并不改变），并可作为正常图稿使用。

8.5.5 修改透视网格预设

如果Illustrator提供的预设网格不太符合需要，我们可以用“视图>透视网格>定义网格”命令，对它进行修改，如改变网格的单位、调整网格线的颜色等，如图8-198所示。

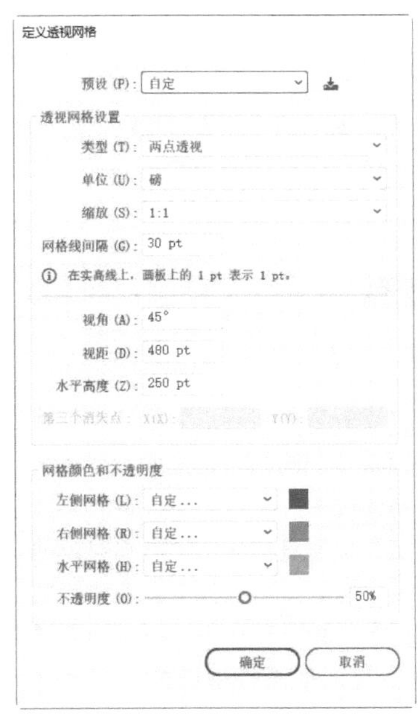

图8-198

- 预设：修改网格设置后，如果要存储为新预设，可以在该选项的下拉列表中选择“自定”选项并单击“确定”按钮。
- 类型：可以选择一点透视、两点透视或三点透视。
- 单位：可以选择测量网格大小的单位，包括厘米、英寸、像素和磅。
- 缩放：可以选择查看的网格比例，也可自己设置画板与真实世界之间的度量比例。如果要自定义比例，可以选择“自定”选项，然后在弹出的“自定缩放”对话框中设置。
- 网格线间隔：可以设置网格单元格大小。
- 视角：决定了观察者的左侧消失点和右侧消失点的位置。45°视角意味着两个消失点与观察者视线的距离相等。如果视角大于 45°，则右侧消失点离视线近，左侧消失点离视线远，反之亦然。
- 视距：观察者与场景之间的距离。
- 水平高度：可以为预设指定水平高度（观察者的视线高度）。水平线离地平线的高度将会在智能引导读出器中显示。
- 第三个消失点：选择三点透视时会启用该选项。此时可在X和Y框中为预设指定x轴和y轴坐标。
- “网格颜色和不透明度”选项组：可以设置左侧、右侧和水平网格的颜色和不透明度。

8.5.6 存储/导出网格预设

修改透视网格预设后，可以执行“视图>透视网格>将网格存储为预设”命令，将当它存储为一个预设的网格。以后需要使用的时候，可以在“视图”菜单中找到它，如图8-199所示。

图8-199

此外，执行“编辑>透视网格预设”命令，打开“透视网格预设”对话框，将预设选取，再单击“导出”按钮，可将其保存在计算机的硬盘上。以后升级Illustrator，或者在其他人的计算机上使用Illustrator时，可以用“透视网格预设”命令加载此预设。

8.5.7 透视网格的其他设置命令

“视图>透视网格”子菜单中还有几个与透视网格有关的命令，如图8-200所示。

图8-200

- 显示标尺：显示沿真实高度线的标尺刻度。网格线单位决定了标尺刻度。
- 对齐网格：在透视网格中加入对象以及移动、缩放和绘制透视网格中的对象时，将对象与网格对齐。
- 锁定网格：使用透视网格工具移动网格，以及进行其他网格编辑时，仅可以修改可见性和平面位置。
- 锁定站点：选取该命令时，移动一个消失点时会带动其他消失点同步移动。如果未执行该命令，则此类移动操作互不影响，站点也会移动。

文字

【本章简介】

文字是设计作品的重要组成部分，不仅可以传达信息，还能起到美化版面、强化主题的作用。Illustrator的文字功能非常强大，它支持Open Type字体和特殊字型，可以调整字体大小、间距、控制行和列对齐与间距。无论是设计字体，还是进行排版，都能应对自如。

【学习目标】

本章我们将学会如下操作。

- ●制作小清新风格卡片
- ●创建和修改文字
- ●使用修饰文字工具改变文字外观
- ●制作变形海报字
- ●创建和编辑区域文字
- ●串接文本
- ●创建文本绕排效果
- ●用路径文字制作舌尖上的美食海报
- ●编辑路径文字
- ●设置文字格式
- ●制作4款3D镂空字
- ●设置段落格式
- ●使用字符样式和段落样式
- ●添加特殊字符

【学习重点】

创建点文字

点文字是最基本的文字形式，本节介绍它的创建方法。对点文字进行的编辑，同样适用于段落文字和路径文字。

·AI技术/设计讲堂·

文字工具

在Illustrator中，可以通过3种方法创建文字：以任意一点为起始点创建横向或纵向排列的点文字、创建以矩形框限定文字范围的段落文字，以及创建在路径上排列或者在矢量图形内部排布的路径文字。

Illustrator有7种文字工具。其中，文字工具T和直排文字工具IT可以创建沿水平或垂直方向排列的点文字和区域文字；区域文字工具和直排区域文字工具可以在图形内输入文字；路径文字工具和直排路径文字工具可以在路径上输入文字；修饰文字工具可以创造性地修饰文字，创建美观而突出的信息。

·AI技术/设计讲堂·

Illustrator中的文字种类及特点

点文字和段落文字都比较“憨”，只会沿一个方向——横向或纵向排列。点文字有点“一根筋”，我们不停止输入，它就会一直排布下去，因此，需要手动换行。区域文字比它好一些，它撞了南墙（文本框）知道回头，就是说，文字不会跑到文本框外边去。所以从外观上看，点文字是直线状的，如图9-1所示；区域文字是块状的，如图9-2所示。

但区域文字经过改造之后，外观会出现变化。例如，可以创建文本绕排效果，就是让文字围绕在其他对象周围，如图9-3所示。

此外，当区域文

图9-1

图9-2

字遇到封闭的矢量图形时，会在图形内排布文字，文字的整体外观与图形是一致的，如图9-4所示。其原理是将路径轮廓转换为文本框。当文本框（即路径形状）发生改变时，其中的文字也会自动调整位置，以与之相适应。而且对区域文字还可以进行串接，就是让两个或多个不相干的文本建立链接关系，文字能在这些文本框之间“流动”。

路径文字“鬼点子”多，它会随方就圆。当它与路径相遇时，会在路径上方排布文字，就是说我们可以用路径控制文字整体外观，让文字随着路径的弯曲而呈现起伏、转折效果，这样文字的排列形状就变得“可塑”了，如图9-5所示。其原理是以路径为基线排布点文字。在这种状态下，文字不仅可以沿路径移动，还能翻转到路径另一侧。

图9-3　　图9-4　　图9-5

9.1.1

实战：小清新风格卡片

要点

点文字从单击位置开始，随着文字的输入而扩展成一行或一列。每行文本都是独立的，在进行编辑时，该行会扩展或缩短。如果需要换行，应按Enter键。

扫码看视频

这种文字适合字数较少的标题、标签和网页上的菜单选项，以及海报上的宣传主题。下面使用点文字制作一个小清新风格的卡片，如图9-6所示。

图9-6

01 选择文字工具T。在画板上，鼠标指针为![]状，单击鼠标，单击处会变为闪烁的文字输入状态，输入文字“午后”。按Esc键或单击其他工具，结束文字的输入。打开“字符”面板，修改字体和文字高度，如图9-7和图9-8所示。如果没有相应字体，用与之类似的字体也能作出同样效果。

图9-7　　图9-8

提示

创建点文字时应尽量避免单击图形，否则会将图形转换为区域文字的文本框或路径文字的路径。如果现有的图形恰好位于要输入文本的地方，可先将该图形锁定或隐藏。

02 单击两次“外观”面板中的■按钮，添加两个填色属性，如图9-9所示。修改文字的填色和描边，如图9-10和图9-11所示。

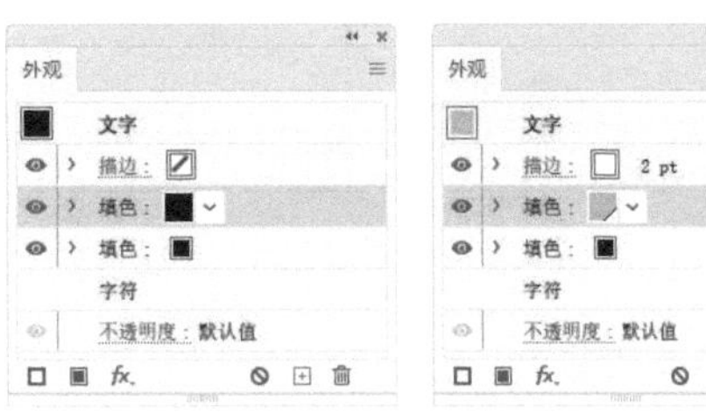

图9-9　　图9-10

图9-11

03 执行“窗口>色板库>图案>基本图形>基本图形_线条”命令，打开该图案库。单击“外观”面板中最下方的填色属性，如图9-12所示，为它添加图9-13所示的图案。

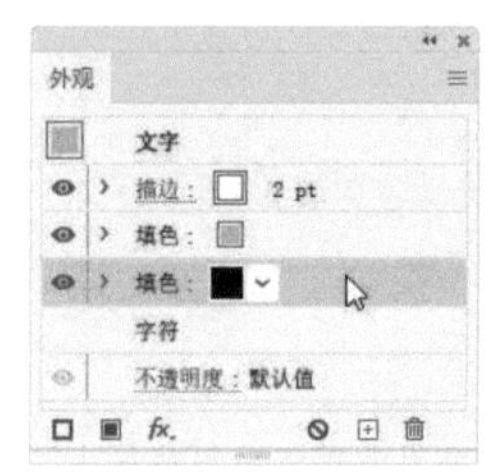

图9-12

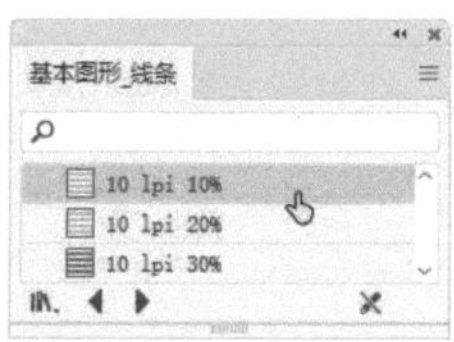

图9-13

04 执行“效果>扭曲和变换>变换”命令，打开“变换效果”对话框，设置参数，移动图案，如图9-14和图9-15所示。

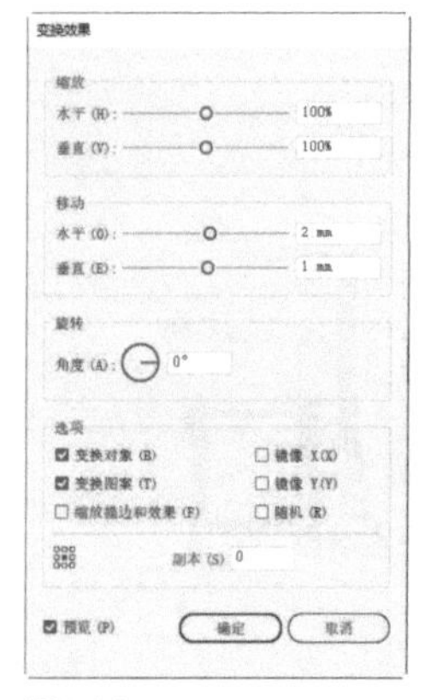

图9-14

图9-15

05 关闭对话框以后，再添加“变换”效果，这一次只变换图案（缩放和倾斜），如图9-16和图9-17所示。

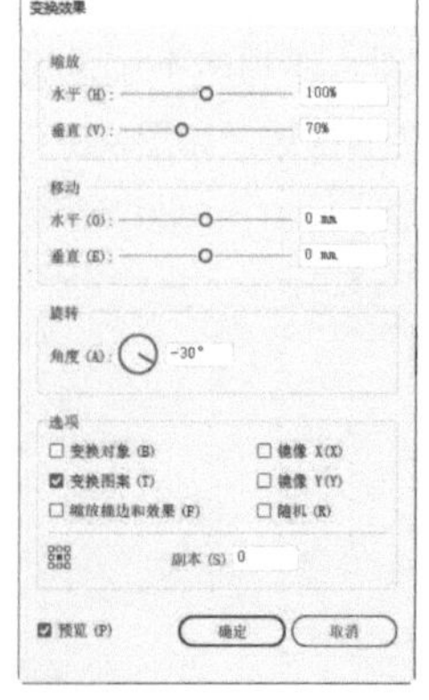

图9-16

图9-17

06 双击“色板”面板中文字所使用的图案，如图9-18所示。进入隔离模式。拖曳出选框，将线条选取，如图9-19所示，将描边设置成与文字相同的颜色，描边粗细为2 pt，如图9-20所示。单击画板左上角的“完成”按钮，结束编辑，如图9-21所示。

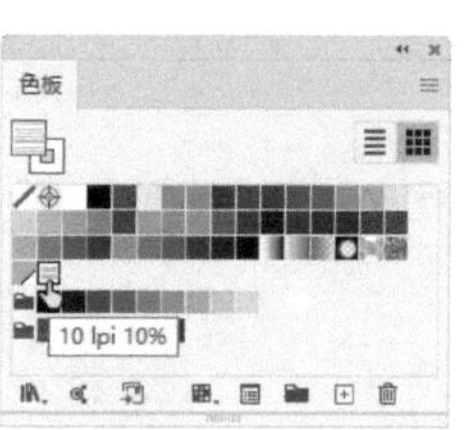

图9-18

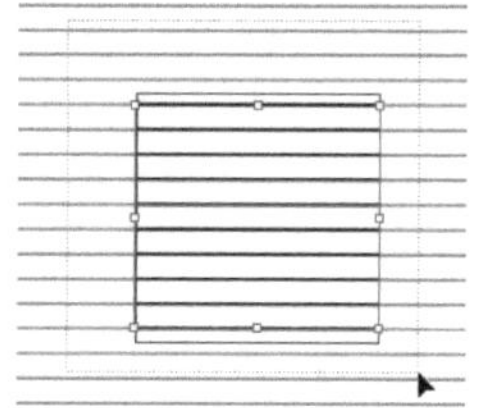

图9-19

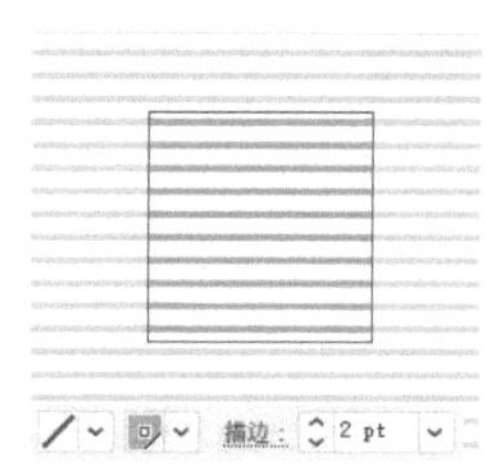

图9-20

图9-21

07 选择选择工具▶，按住Alt键和Shift键拖曳文字，进行复制。选择文字工具T，将鼠标指针放在文字上方，拖曳鼠标，选取“午后”二字，之后输入“时光”进行替换。再为文字换一种字体和颜色，如图9-22和图9-23所示。

图9-22

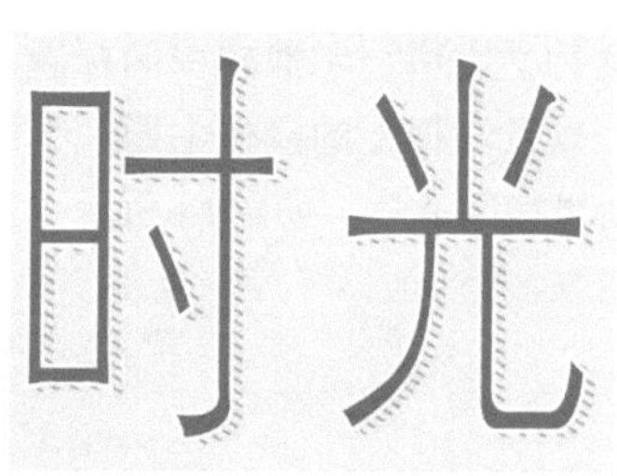

图9-23

08 在“色板”面板中将修改后的图案色板拖曳到⊞按钮上进行复制，如图9-24所示。单击文字的填色属性，将其修改为新复制的图案色板，如图9-25所示。

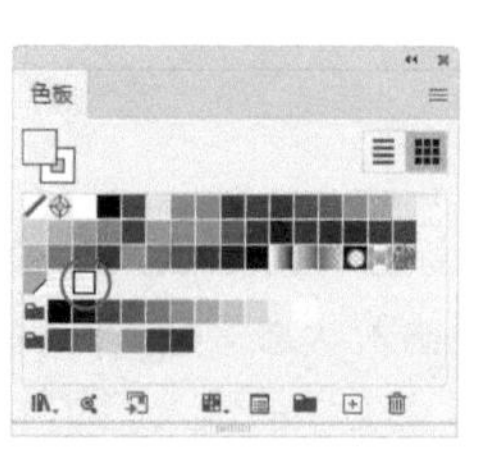

图9-24

图9-25

09 双击该色板，如图9-26所示，进入隔离模式。修改图案颜色，如图9-27所示。单击“完成”按钮，结束编辑，如图9-28所示。

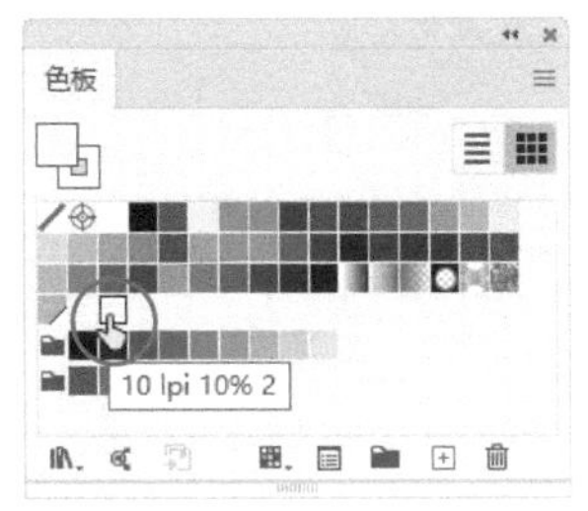

图9-26

图9-27

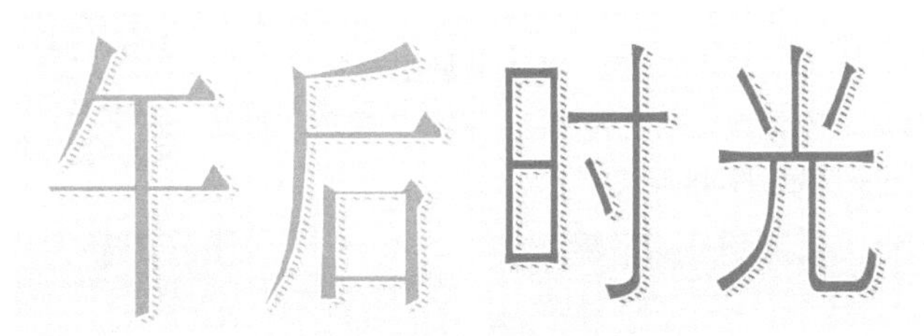

图9-28

技术看板　文字占位符

创建文字的时候，Illustrator首先会自动填充占位符，以方便我们观察文字的整体版面效果。但并不是每一次创建文本都需要占位符，它们的出现有时候也会碍眼。执行“编辑>首选项>文字”命令，打开“首选项”对话框，取消勾选“用占位符文本填充新文字对象”选项，可以关闭占位符功能。以后临时需要时，可以执行“文字>用占位符文本填充”命令，再用占位符填充文本即可。

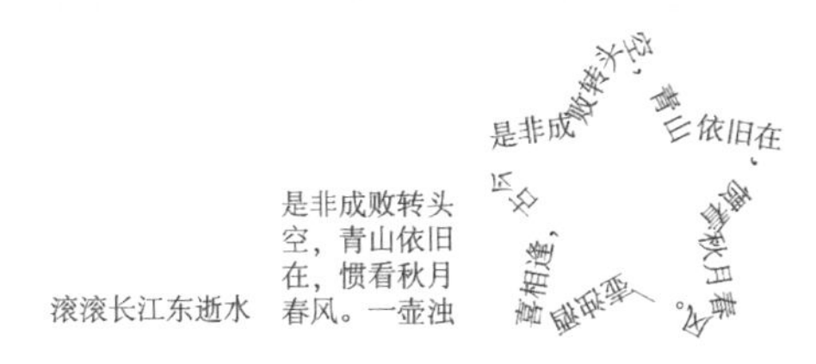

依次为点文本、区域文本、路径文本的占位符

9.1.2

实战：选取、修改文字

选择选择工具▶，单击文本，将其选取后，可以统一修改文本中所有文字的字体、大小、颜色、段落间距、不透明度等属性。如果只想调整部分文字，则先要将这部分文字选中，再进行操作。

扫码看视频

01 打开素材。选择文字工具T，当鼠标指针在文字上方变为Ｉ状时，如图9-29所示，拖曳鼠标，可以选取文字，如图9-30所示。按住Shift键操作，可以扩展或缩小选取范围。

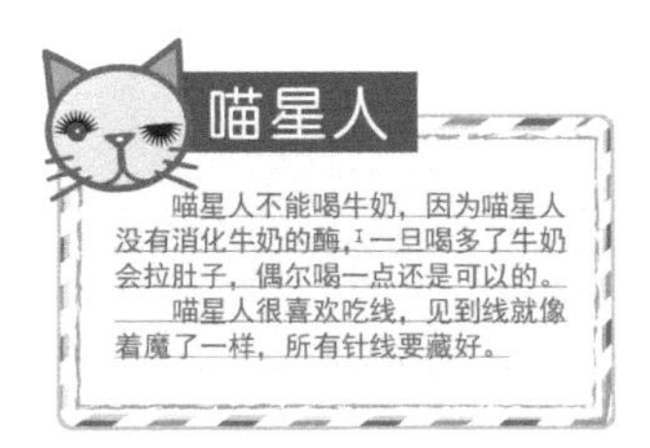

图9-29

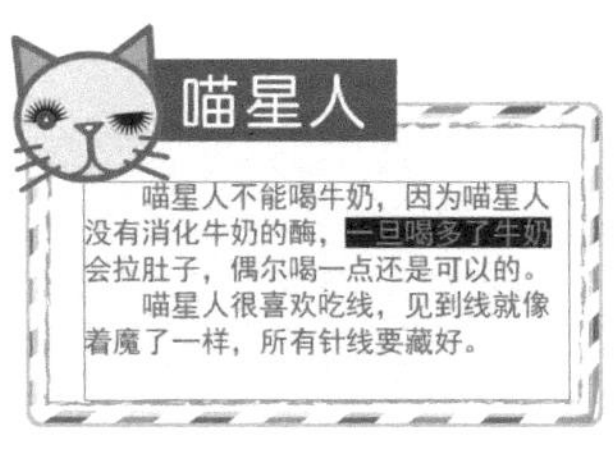

图9-30

02 在文字上双击，可以选取一部分文字，如图9-31所示；连击3下，可以选中整个段落，如图9-32所示。在文本中单击一下（或者选取了一个或多个文字），执行“选择>全部”命令，或按Ctrl+A快捷键，可以选取所有文字。

图9-31

图9-32

03 选取文字后，在“控制”面板或“字符”面板中，可以修改所选文字的字体、大小等属性。在色板面板中可以修改文字颜色，如图9-33和图9-34所示。

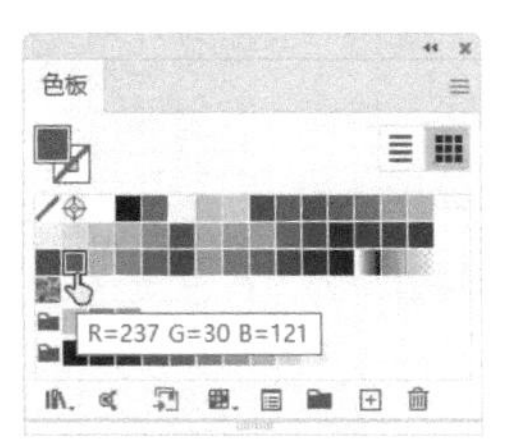

图9-33

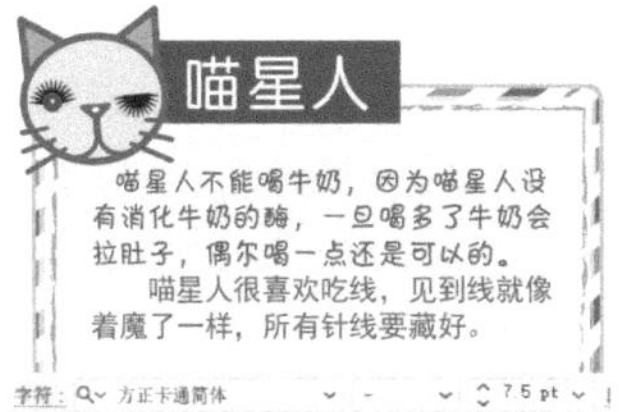

图9-34

04 如果要修改某些文字的内容，可先将其选取，如图9-35所示，之后，输入新的文字进行覆盖，如图9-36所示。

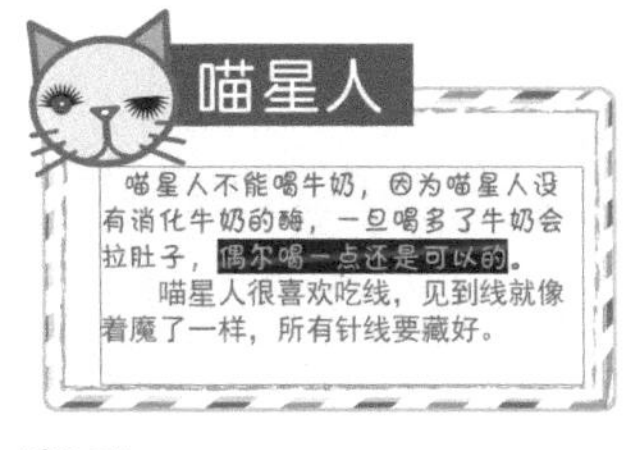

图9-35

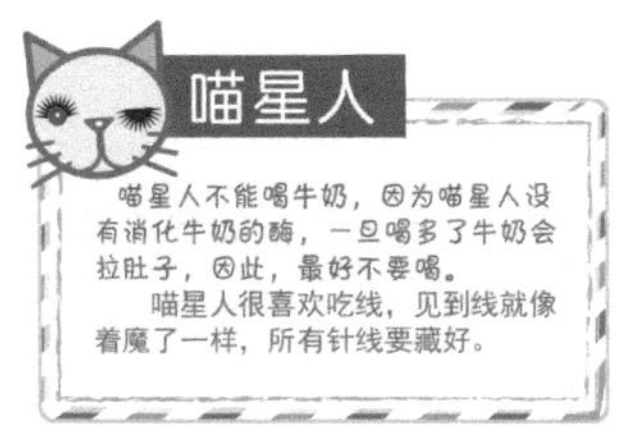

图9-36

9.1.3

实战：添加、删除文字

01 打开素材。选择文字工具T。如果想在某个文字后面添加文字，可以在它后方单击，设置文字插入点，如图9-37所示，之后输入文字，如图9-38所示。

扫码看视频

图9-37

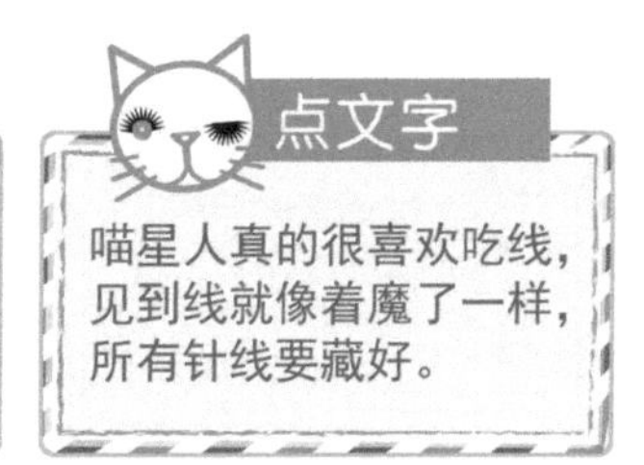

图9-38

02 如果想删除某些文字，可将其选取，如图9-39所示，之后按Delete键，如图9-40所示。操作完成后，按Esc键或单击其他工具，结束编辑。

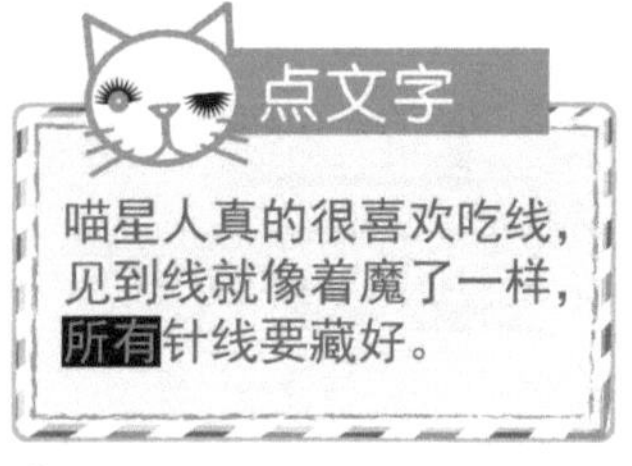

图9-39

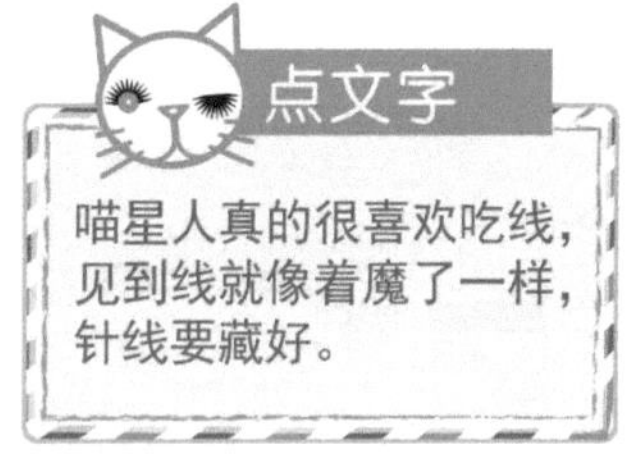

图9-40

9.1.4

实战：用修饰文字工具改变文字外观

01 打开素材。选择修饰文字工具，单击一个文字，所选文字上会出现定界框，如图9-41所示。拖曳左下角控制点，或者将鼠标指针放在定界框内拖曳，可以移动文字，如图9-42所示。

扫码看视频

图9-41

图9-42

02 拖曳正上方的控制点，可以旋转文字，如图9-43所示。拖曳右上角的控制点，可以进行缩放，如图9-44所示。

图9-43

图9-44

03 拖曳左上方或右下方的控制点，可以拉伸文字，如图9-45所示。修改其他文字，如图9-46所示。

图9-45

图9-46

9.1.5

实战：制作变形海报字

01 打开素材，如图9-47所示。使用文字工具 T 输入文字。字体尽量用粗体（如黑体）。设置填充颜色为白色，描边为黑色，粗细为1pt，如图9-48所示。

扫码看视频

图9-47

图9-48

02 使用文字工具 T 选取“朝我看”3个字，如图9-49所示。将文字大小调整为24 pt，如图9-50所示。

图9-49

图9-50

03 执行“对象>封套扭曲>用变形建立”命令，打开“变形选项”对话框，在“样式”下拉列表中选择“旗形”选项，设置“弯曲”参数，如图9-51所示。单击“确定”按钮，扭曲文字，如图9-52所示。

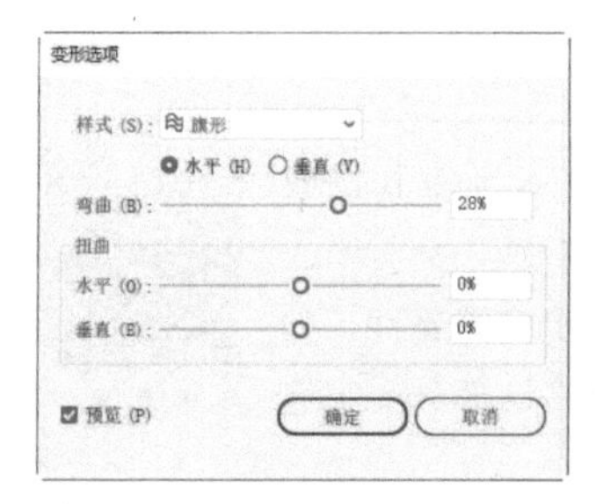

图9-51

图9-52

04 单击“外观”面板中的□按钮，添加一个描边属性。设置颜色为黑色，粗细为12 pt，如图9-53和图9-54所示。

图9-53

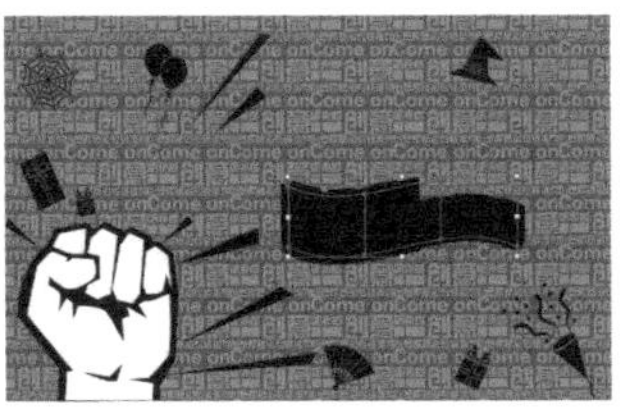

图9-54

05将该描边属性拖曳到“内容”项目下方，如图9-55所示。这样可以让黑色描边位于文字后方。采用相同的方法输入其他文字并用封套扭曲进行处理，可以制作出图9-56所示的海报。

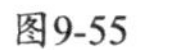

图9-55

图9-56

创建区域文字

区域文字也称段落文字，它利用矩形文本框控制文字范围，既可以横排，也能直排。这种文字比点文字更利于管理，适合字数较多的文本。

9.2.1

实战：创建和编辑区域文字

要点

有些设计图稿文字比较多，如宣传单、说明书等。用点文字处理非常耗费时间，也不容易对齐文字。这种文字量较多的文本最适合用区域文字输入和管理。区域文字能将所有文字限定在一个矩形文本框内，当文字到达边界时还会自动换行，非常方便。但如果要开始新的段落，则需要按Enter键。

扫 码 看 视 频

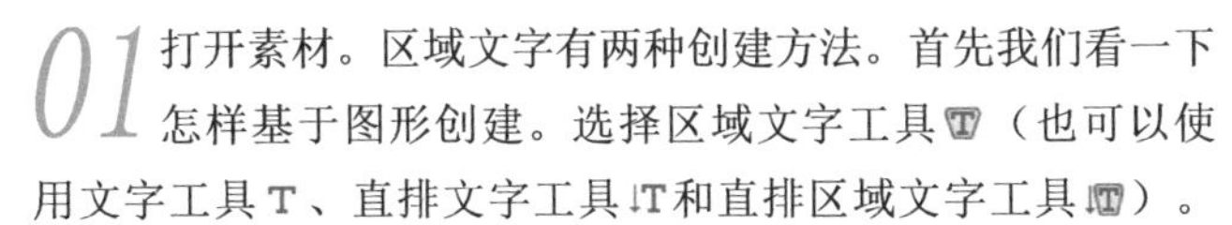

01打开素材。区域文字有两种创建方法。首先我们看一下怎样基于图形创建。选择区域文字工具（也可以使用文字工具T、直排文字工具↓T和直排区域文字工具）。将鼠标指针移动到图形边缘的路径上，当鼠标指针变为状时，如图9-57所示，单击一下，删除对象的填色和描边，如图9-58所示。在“控制”面板中设置文字颜色和大小，输入文字，文字会被限定在路径内部并自动换行，如图9-59所示。按Esc键结束编辑。

图9-57

图9-58

图9-59

02下面在矩形文本框中创建区域文字。选择文字工具T，拖曳出一个矩形文本框，如图9-60所示；放开鼠标左键后，输入文字，文字会被限定在该矩形内，如图9-61所示。

图9-60

图9-61

03单击选择工具▶，结束文字编辑，并将区域文字选取，如图9-62所示。拖曳控制点可以调整文本框大小，如图9-63所示。在文本框外拖曳，可进行旋转，文字会重新排列，但文字的大小和角度不变，如图9-64所示。如果要将文字连同文本框一起旋转或缩放，可以使用旋转工具和比例缩放工具操作，如图9-65所示。

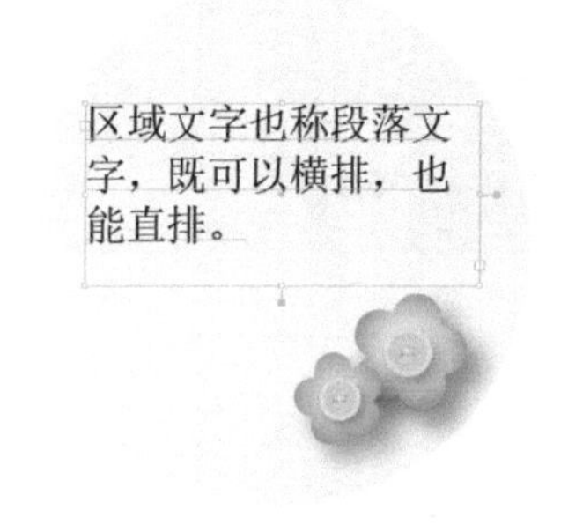

图9-62

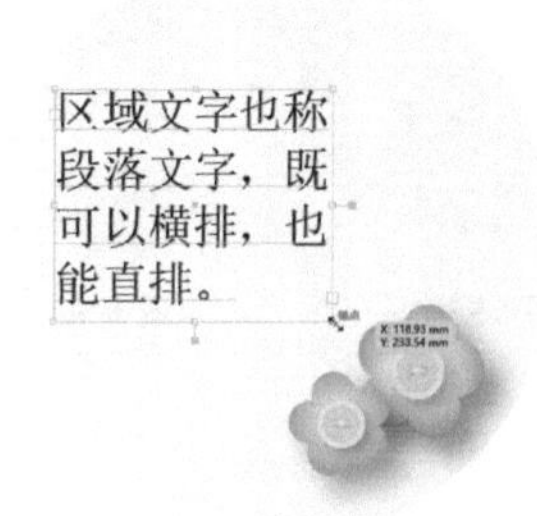

图9-63

图9-64

图9-65

04 使用直接选择工具选择路径边缘的锚点，如图9-66所示，拖曳可以调整路径的形状，如图9-67所示。

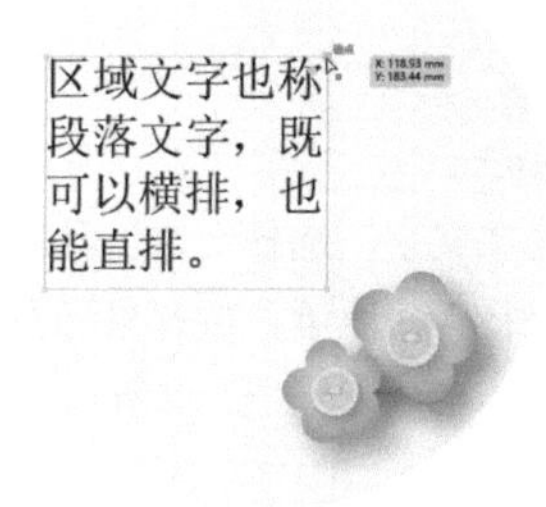

图9-66

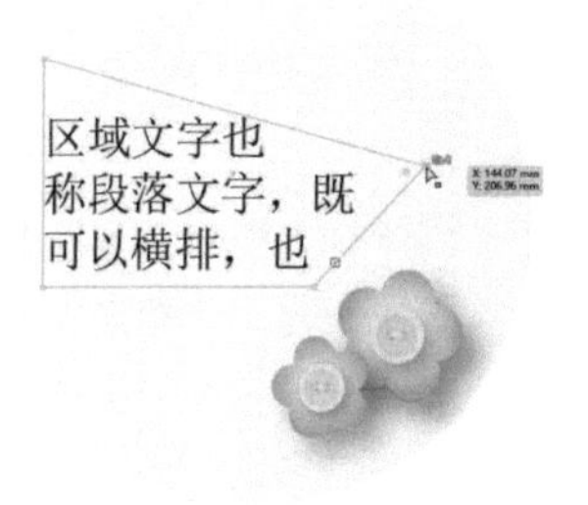

图9-67

提示

使用“文字>文字方向”子菜单中的命令，可以将直排文字改为横排文字，或将横排文字改为直排文字。

9.2.2 区域文字选项

使用选择工具选取区域文字，执行“文字>区域文字选项”命令，打开“区域文字选项”对话框，如图9-68所示。

- 宽度/高度：可以调整文本区域的大小。如果文本区域不是矩形，则可用于确定对象边框的尺寸。

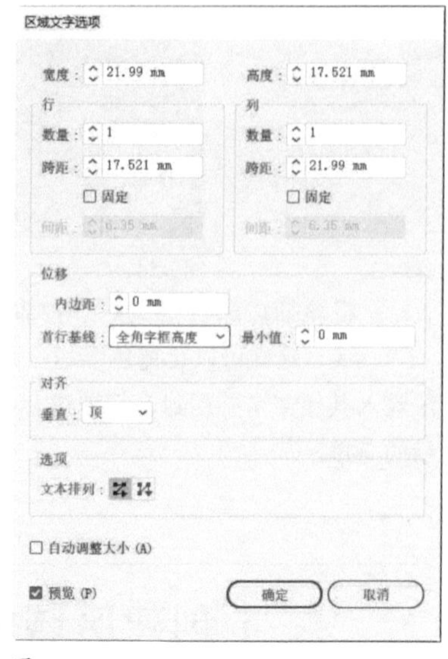

图9-68

- “行”选项组：如果要创建多行文本，可在“数量”选项内指定希望对象包含的行数，在“跨距”选项内指定单行的高度，在“间距”选项内指定行与行的间距。如果要确定调整文字区域大小时行高的变化情况，可通过“固定”选项来设置。勾选该选项后，调整区域大小时，只会改变行数和栏数，不会改变高度。如果希望行高随文字区域的大小而变化，则应取消勾选该选项。
- “列”选项组：如果要创建多列文本，可在“数量”选项内指定希望对象包含的列数，在“跨距”选项内指定单列的宽度，在“间距”选项内指定列与列的间距。如果要确定调整文字区域大小时列宽的变化情况，可通过“固定”选项来设置。勾选该选项后，调整区域大小时，只会改变行数和栏数，而不会改变宽度。如果希望栏宽随文字区域的大小而变化，则应取消勾选该选项。
- “位移”选项组：可以对内边距和首行文字的基线进行调整。在区域文字中，文本和边框路径之间的距离称为内边距。“内边距”选项可以改变文本区域的边距。“首行基线”选项控制第一行文本与对象顶部的对齐方式。例如，可以使文字紧贴对象顶部，也可从对象顶部向下移动一定的距离。这种对齐方式称为首行基线偏移。“最小值”选项可以指定基线偏移的最小值。
- 文本排列：用来设置文本流的走向，即文本的阅读顺序。单击按钮，文本按行从左到右排列；单击按钮，文本按列从左到右排列。
- 对齐：用来设置文本的对齐方式。
- 自动调整大小：勾选该选项，文本框自动调整大小，以容纳全部文字。

9.2.3 让标题适合文字区域的宽度

选择文字工具，在文本的标题处单击，进入文字输入状态，如图9-69所示，执行“文字>适合标题”命令，可以让标题适合文字区域的宽度，即与正文对齐，如图9-70所示。

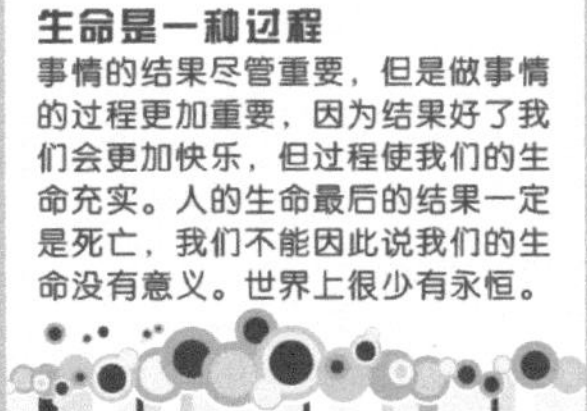

图9-69

生 命 是 一 种 过 程
事情的结果尽管重要，但是做事情的过程更加重要，因为结果好了我们会更加快乐，但过程使我们的生命充实。人的生命最后的结果一定是死亡，我们不能因此说我们的生命没有意义。世界上很少有永恒。

图9-70

9.2.4 转换点文字/区域文字

选取点文本对象，执行“文字>转换为区域文字”命令，可将其转换为区域文字。选取区域文本对象，执行“文字>转换为点状文字”命令，则可将其转换为点文字。

9.2.5 实战：串接文本

区域文本的文本框既控制文字范围，也限定了文字数量。当文字超过文本框容纳量时，可以通过串接的方法，将文字导出来。只有区域文本和路径文本可以创建串接文本，点文本不能串接。

扫码看视频

01 打开素材。用选择工具选取区域文本，如图9-71所示。可以看到，文本右下角有⊞状图标，表示文本框中不能显示所有文字，被隐藏的文字称为溢流文本。溢流文本包含一个输入连接点和一个输出连接点。单击右下角的输出连接点，鼠标指针会变为状，如图9-72所示。

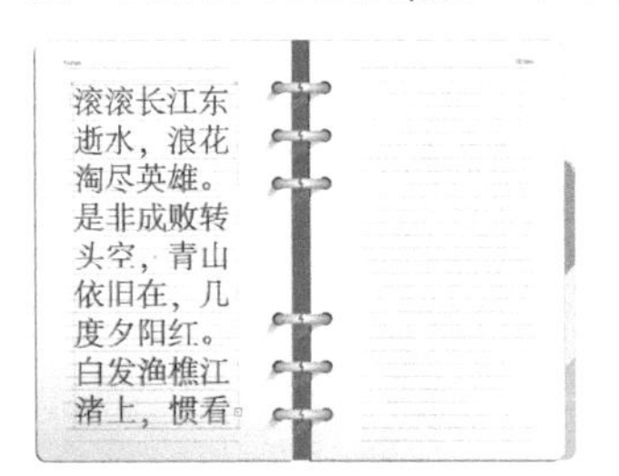

图9-71

依旧在，几
度夕阳红。
白发渔樵江
渚上，惯看

图9-72

> 提示
>
> 拖曳控制点，将文本框调大，可以让隐藏的文字显示出来。双击⊞图标，则文本框会自动调整大小，以容纳全部文字。

02 在笔记本右侧单击，可以创建一个大小相同的文本框，隐藏的文字流入这一文本框中，如图9-73所示。也可拖曳鼠标，创建任意大小的矩形文本框，如图9-74所示。

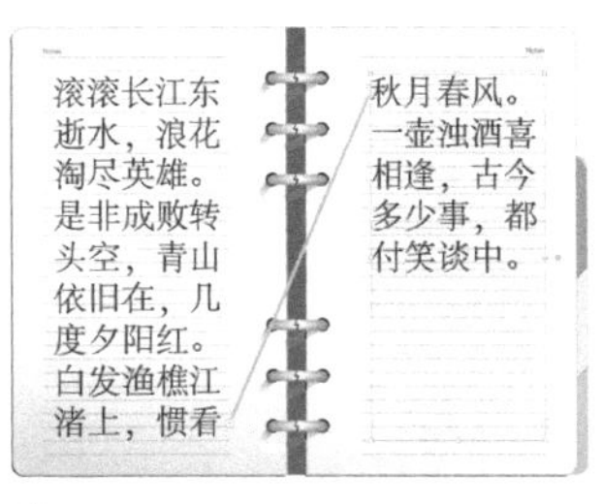

图9-73

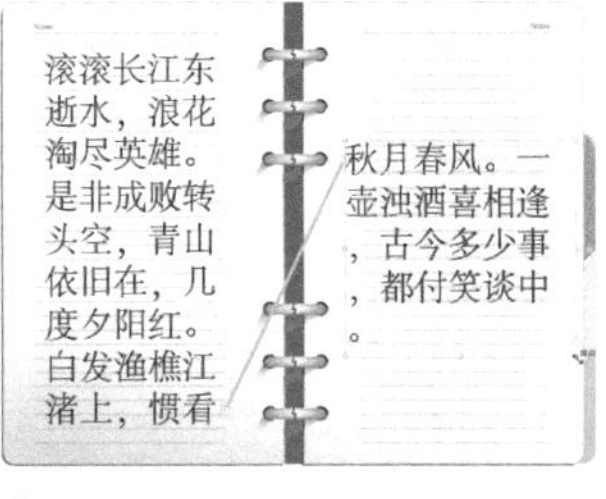

图9-74

03 如果单击一个图形，如图9-75所示，可将溢流文本导入该图形中，如图9-76所示。

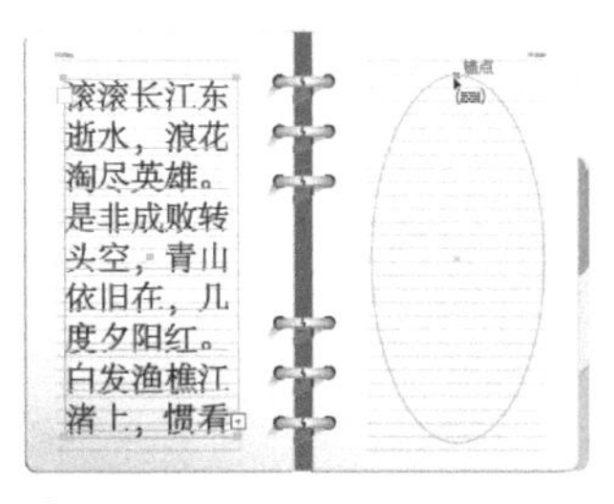

图9-75

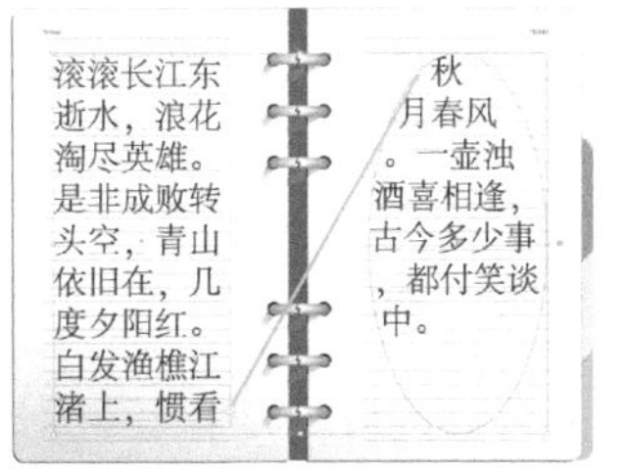

图9-76

> 提示
>
> 将鼠标指针移动另一个区域文本对象上，鼠标指针变为状时单击，可以将这两个文本串接。如果要串接的文本较多，可以将它们选取，用“文字>串接文本>创建”命令串接。处于串接状态的文本对象之间有连接线。如果看不到连接线，可以执行“视图>显示文本串接”命令让它显示出来。

9.2.6 实战：中断/删除串接

01 打开素材，这两个区域文本已经串接好了，如图9-77所示。如果要中断串接，可双击连接点（原红色加号⊞处），文字会回到之前所在的对象中，如图9-78所示。

扫码看视频

图9-77

图9-78

02 如果想将一个文本框中的文字清空，可以用选择工具选取该文本对象，如图9-79所示，执行“文字>串接文本>释放所选文字”命令，文字将排到下一个对象中，如图9-80所示。如果要删除所有串接，可以执行“文字>串接文本>

移去串接”命令，文本将被保留在原位，各个文本框之间不再是链接关系。

图9-79

图9-80

9.2.7

实战：再别康桥（文本绕排）

文本绕排是指让区域文本围绕一个图形、图像或其他文本排列，得到精美的图文混排效果。创建文本绕排效果时，需要使用区域文本，文字与绕排对象位于相同的图层上，且文字层在绕排对象的正下方。

01 打开素材，如图9-81所示。单击“图层3”，将它设置为当前图层，如图9-82所示。

图9-81

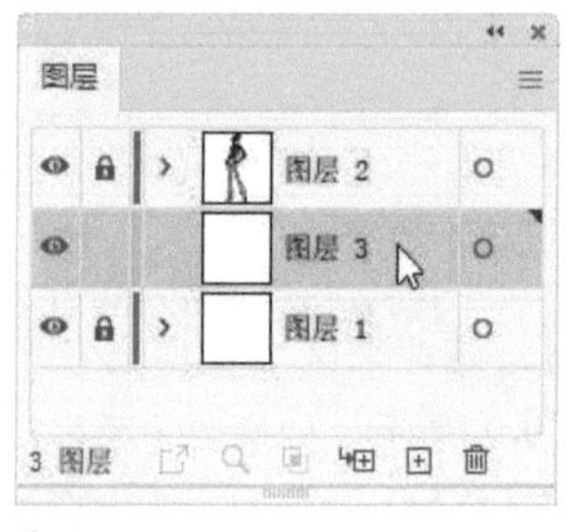

图9-82

02 使用钢笔工具依照人物外形绘制图形，如图9-83所示。选择文字工具T，打开“字符”面板设置字体、大小和行间距，如图9-84所示，在画板右侧拖曳鼠标，创建文本框，如图9-85所示。

图9-83

图9-84

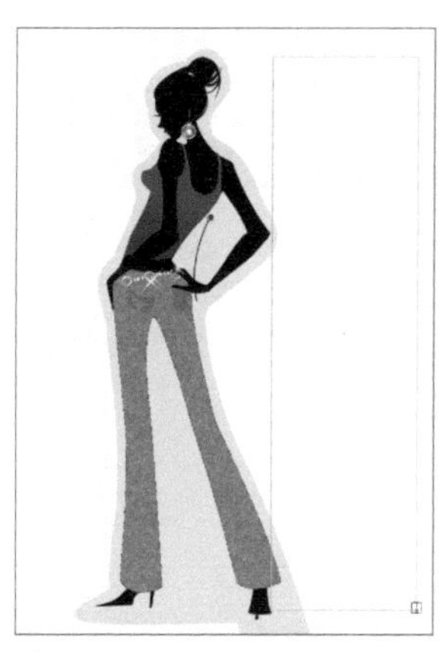

图9-85

03 放开鼠标左键后，在文本框中输入文字（可以使用文字素材，粘贴到文本框中），按Esc键结束输入，效果如图9-86所示。使用选择工具选取文本，按Ctrl+[快捷键，将文本移动到人物轮廓图形后面，按住Shift键单击人物轮廓图形，将文本与人物轮廓图形同时选取，如图9-87所示。

图9-86

图9-87

04 执行“对象>文本绕排>建立”命令，创建文本绕排效果，如图9-88所示。在空白区域单击取消选择。单击文本，将它移向人物，文字会重新排列，如图9-89所示。

图9-88

图9-89

> 提示
>
> 如果绕排对象是嵌入的图像，则会在不透明或半透明的像素周围绕排文本，并忽略完全透明的像素。

05 文本框右下角如果出现⊞状图标，说明有溢出的文字，拖曳文本框控制点，将文本框调大，让溢出的文字显示出来。在空白处单击取消选择。选择直排文字工具↓T，在“字符”面板中设置字体、大小及字距，如图9-90所示。输入文字，如图9-91所示。

图9-90

图9-91

9.2.8 文本绕排选项

如果要调整文字与绕排对象的距离，可以选取文本绕排对象中的图形，执行“对象>文本绕排>文本绕排选项”命令，打开图9-92所示的对话框进行设置。

- 位移：可设置文字和绕排对象的间距。可以输入正值，如图9-93所示；也可以输入负值，如图9-94所示。
- 反向绕排：围绕对象反向绕排文本，如图9-95所示。

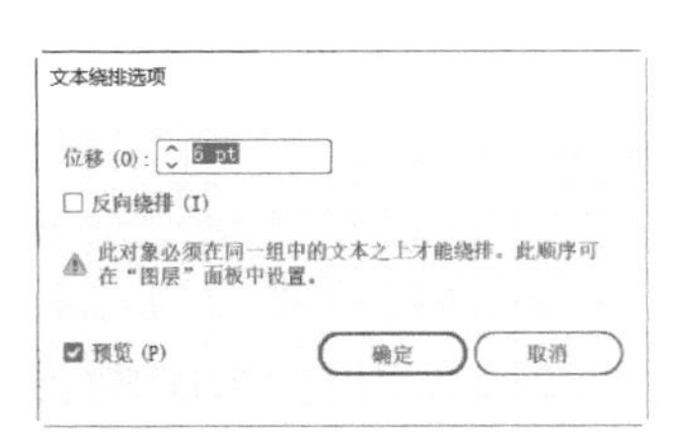

图9-92

图9-93

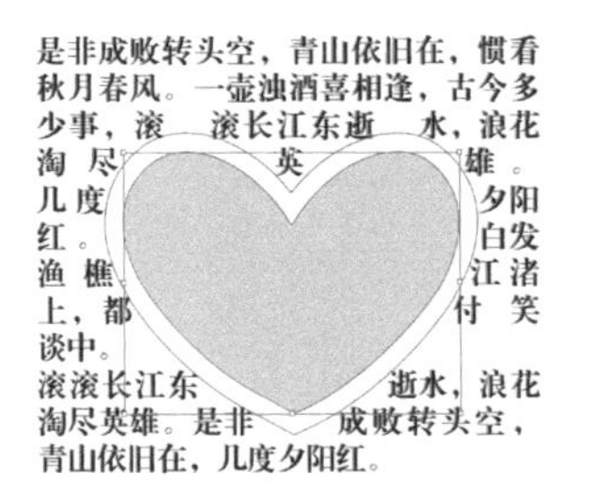

图9-94

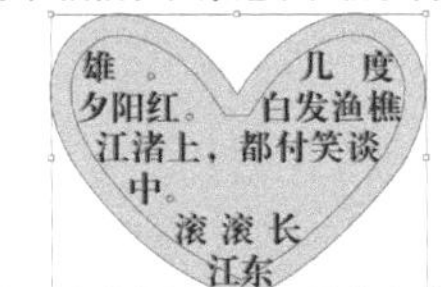

图9-95

9.2.9 释放绕排文本

选择文本绕排对象，执行“对象>文本绕排>释放”命令，可以释放绕排文本，使文本不再绕排在对象周围。

创建路径文字

路径文字是指在路径上创建的文字。创建之后，可以通过修改路径的形状来改变文字的排列形状，也可以在路径上移动和翻转文字。

9.3.1 实战：舌尖上的美食（创建路径文字）

要点

下面使用路径文字功能制作一个寿司海报，如图9-96所示。路径文字工具、直排路径文字工具、文字工具T和直排文字工具↓T都能创建路径文字。但是，如果路径是封闭的，则必须用路径文字工具、直排路径文字工具才能操作。

图9-96

01 打开素材文件，如图9-97所示。使用钢笔工具绘制一个图形，如图9-98所示。按Ctrl+C快捷键复制。

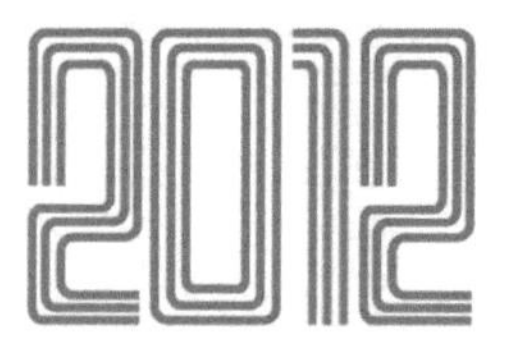

图9-97

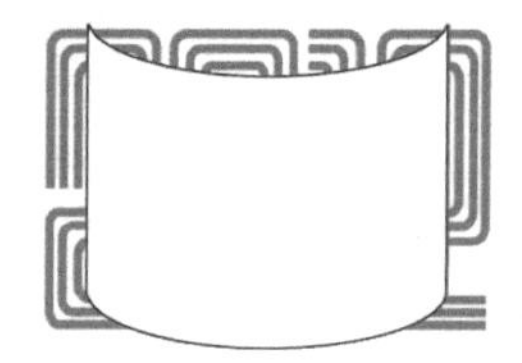

图9-98

02 按Ctrl+A快捷键选取数字与图形，执行“对象>封套扭曲>用顶层对象建立”命令，创建封套扭曲，使数字的外观与顶层图形的外观一致，如图9-99所示。按Ctrl+B快捷键，将图形粘贴到后方，填充黑色，如图9-100所示。

图9-99

图9-100

03 使用螺旋线工具绘制一条螺旋线，如图9-101所示。使用直接选择工具选取路径下方的锚点，拖曳方向点，改变路径形状，如图9-102所示。

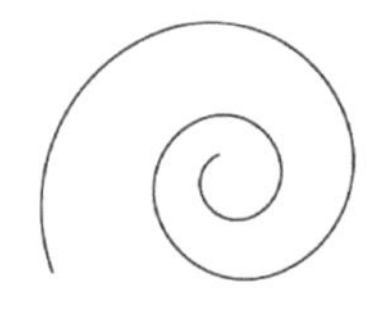

图9-101

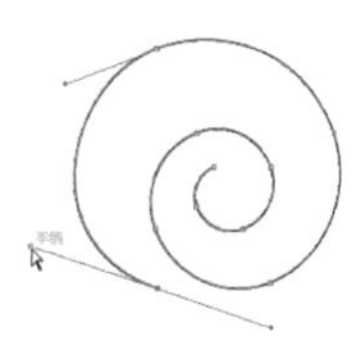

图9-102

04 选择路径文字工具，在路径上单击，删除填色和描边，路径上会出现闪烁的文本输入光标，此时便可输入文字。在“字符”面板中选择字体，设置大小，如图9-103和图9-104所示。

图9-103

图9-104

05 按Shift+Ctrl+O快捷键，将文字创建为轮廓图形，如图9-105所示。选择选择工具，拖曳定界框上的控制点，将文字的外观调整为椭圆形，再移动到寿司图形的上方，如图9-106所示。

图 9-105

图 9-106

提示

使用文字工具时，鼠标指针在画板中会变为状，此时单击可创建点文字；在封闭的路径上，鼠标指针会变为状，此时单击，可以创建区域文字；在开放的路径上，鼠标指针会变为状，此时单击，可以创建路径文字。

06 使用文字工具T在画板中输入文字，如图9-107所示。使用钢笔工具在文字上方绘制筷子图形，如图9-108所示。按Ctrl+C快捷键复制该图形。

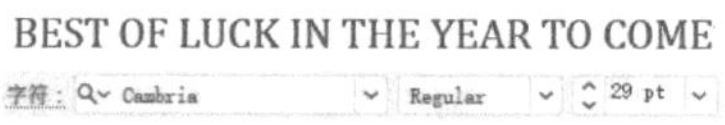

BEST OF LUCK IN THE YEAR TO COME

字符：Cambria Regular 29 pt

图9-107

图9-108

07 使用选择工具选取文字和筷子图形，按Alt+Ctrl+C快捷键，创建封套扭曲，使文字呈现筷子的形状，如图9-109所示。按Ctrl+B快捷键，将图形粘贴到后方，如图9-110所示。

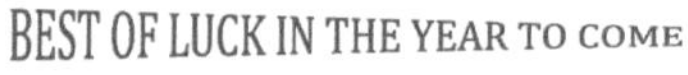

BEST OF LUCK IN THE YEAR TO COME

图9-109

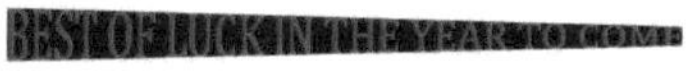

BEST OF LUCK IN THE YEAR TO COME

图9-110

08 选取组成筷子的图形，按Ctrl+G快捷键编组。按住Alt键并拖曳编了组的图形进行复制。按Shift+Ctrl+[快捷键，将图形移至底层，再适当调整一下位置。使用矩形工具绘制一个矩形，填充黄色，将其移至底层作为背景，如图9-111所示。在寿司图形的上面绘制一个白色的椭圆形，连续按Ctrl+[快捷键，将其调整到文字后面。再绘制一些彩色的小圆形并将其作为装饰，如图9-112所示。

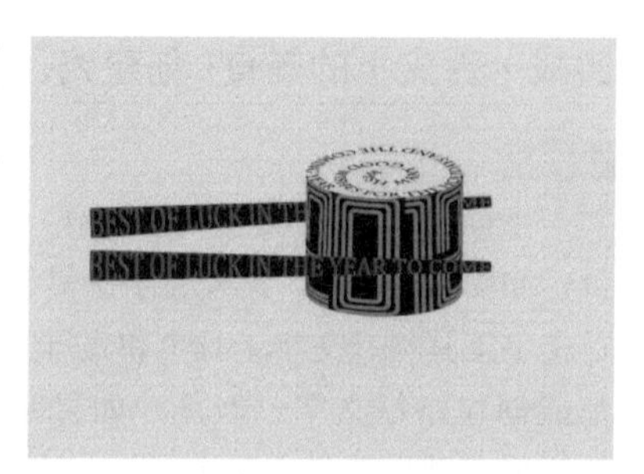

图9-111

图9-112

9.3.2

实战：编辑路径文字（移动和翻转）

要编辑路径文字，首先应将其选取。使用直接选择工具▷和编组选择工具▷+在路径上单击，可以选取路径。如果单击字符，则会选择整个文字对象，而非路径。

01 打开素材。选择选择工具▶，单击路径文字，将其选取。将鼠标指针移动到文字左侧的起点标记上，鼠标指针会变为▶状，如图9-113所示；沿路径拖曳鼠标，可以移动文字，如图9-114所示。

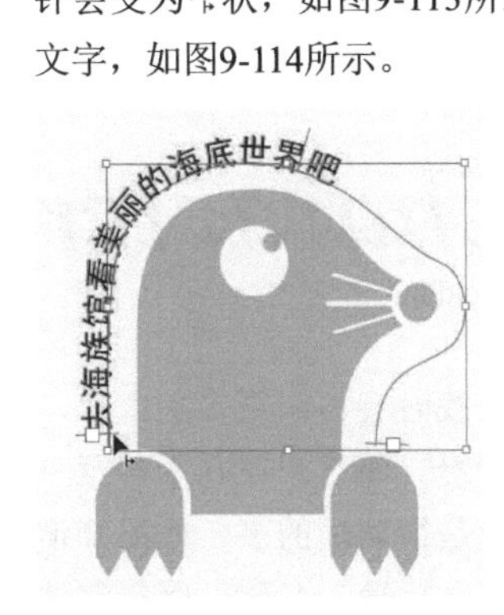

图9-113

图9-114

02 将鼠标指针移动文字中间的中点标记上，鼠标指针会变为▶状，如图9-115所示；将中点标记拖曳到路径的另一侧，可以翻转文字，如图9-116所示。

图9-115

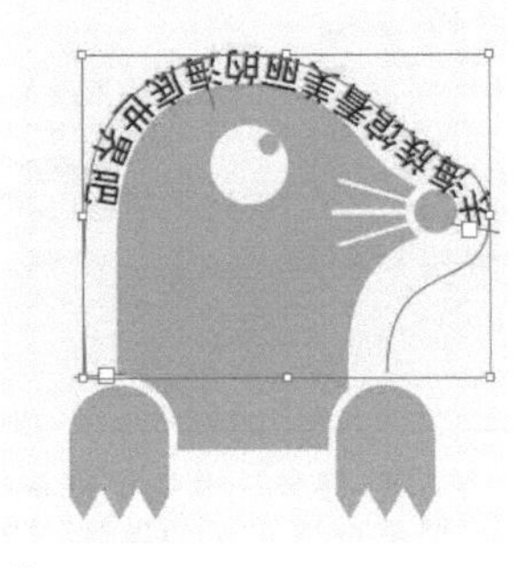

图9-116

> 提示
>
> 如果想在不改变文字方向的情况下将文字移动到路径的另一侧，可以使用“字符”面板中的“基线偏移”选项来操作。例如，如果创建的文字在圆周顶部由左到右排列，可以在“基线偏移”选项（见220页）中输入一个负值，以使文字沿圆周内侧排列。

03 选择直接选择工具▷，拖曳锚点，改变路径形状，文字也会随之重新排列，如图9-117所示。按住Ctrl键（临时切换为选择工具▶）拖曳定界框上的控制点，也可以调整路径的形状，如图9-118所示。

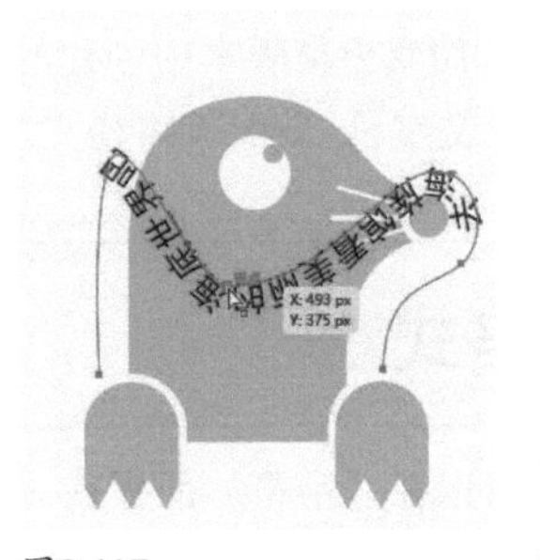

图9-117

图9-118

9.3.3

设置路径文字选项

选取路径文本，执行“文字>路径文字>路径文字选项”命令，打开“路径文字选项”对话框，如图9-119所示。如果只想改变字符的扭曲方向，可以在“文字>路径文字”子菜单中选择所需效果，而不必打开该对话框。

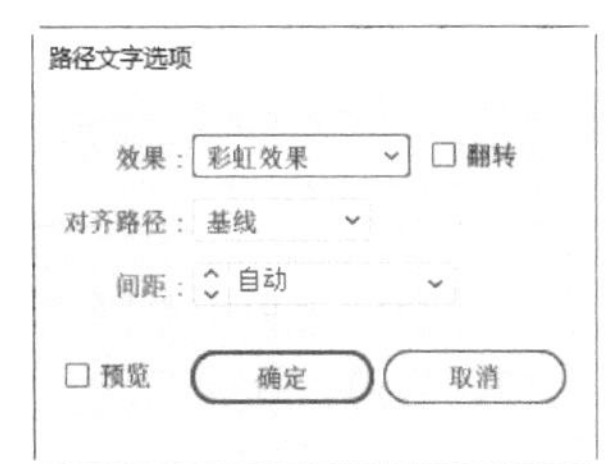

图9-119

- 效果：该选项的下拉列表中包含用于扭曲路径文字字符的选项，效果如图9-120所示。

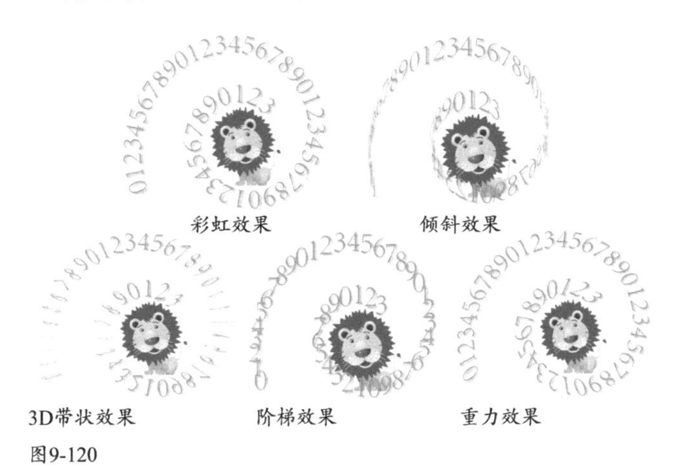

图9-120

● 对齐路径： 用来指定如何将文字与路径对齐。

● 间距： 当文字围绕尖锐曲线或锐角排列时，因为突出展开的关系，文字可能会出现额外的间距，如图 9-121 所示。调整“间距”值，可以消除文字不必要的间距，如图 9-122 所示。需要注意的是，“间距”值对位于直线段处的文字不会产生影响。如果要修改路径上所有文字的间距，可以选中这些文字，之后应用字偶间距调整或字符间距调整。

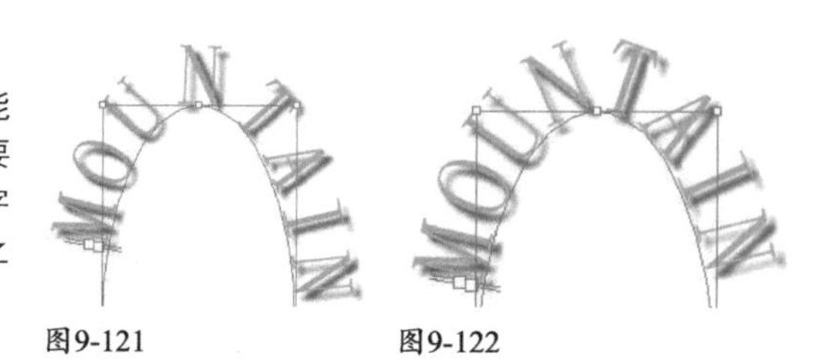

图9-121 图9-122

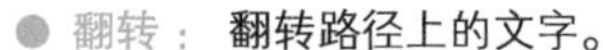

● 翻转： 翻转路径上的文字。

9.3.4 更新旧版路径文字

在Illustrator中打开在Illustrator 10或更早版本中创建的路径文字时，必须更新后才能进行编辑。使用选择工具▶选择这样的路径文字，执行“文字>路径文字>更新旧版路径文字”命令，即可进行更新。

设置文字格式

创建文字之前，可以在“字符”面板或“控制”面板中设置文字格式，包括字体、大小、间距和行距等属性。创建文字之后，将其选取，可通过上面这两个面板修改文字格式。

9.4.1 选择字体和样式

选取和查找字体

在默认状态下，“字符”面板中只显示最常用的选项，从面板菜单中选择“显示选项”命令，可以显示所有选项，如图9-123所示。

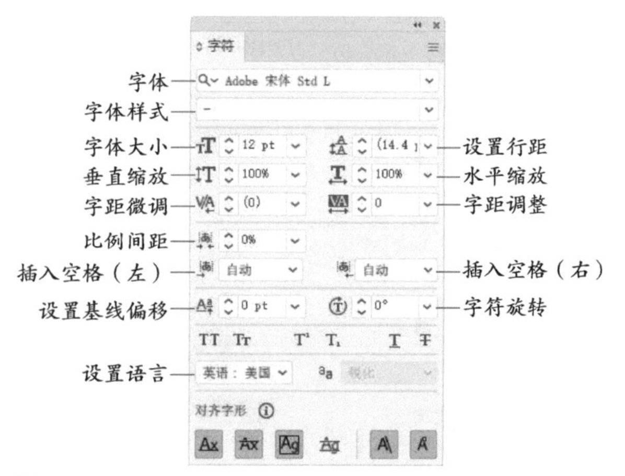

图9-123

单击字体选项右侧的⌄按钮，在打开的下拉列表中可以选择字体。有些英文字体包含变体，包括Regular（规则的）、Italic（斜体）、Bold（粗体）和Bold Italic（粗斜体），如图9-124所示，可在字体样式下拉列表中选取。

Character *Character*
Regular Italic
Character ***Character***
Bold Bold Italic

图9-124

如果安装的字体较多，在查找时会占用更多的内存，计算机屏幕的刷新的速度就会变慢。而且想在几十甚至上百种字体中找到所需的一种，也是很麻烦的事。如果知道字体名称，可以在列表中单击，之后输入名称，所需字体就会显示出来，如图9-125所示。

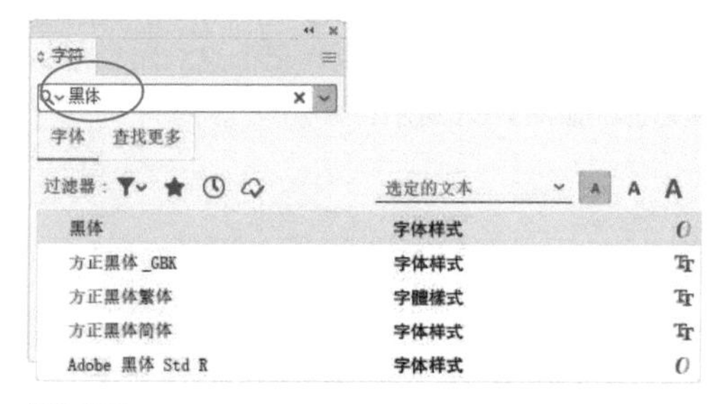

图9-125

> **提示**
>
> 在“文字>字体”命令子菜单中也可以选择字体。如果想快速找到最近使用过的字体，可以在“文字>最近使用的字体”子菜单中选取。

筛选字体

当字体较多时，通过筛选的方法，也可以快速找到所需字体。例如，可以在“筛选”下拉列表中选择不同种类的字体，如图9-126所示；单击≈按钮，可以显示视觉效果与当前所选字体相似的其他字体；单击按钮，可以显示最近添加的字体；单击按钮，可以显示从Adobe Fonts网站下载并已激活的字体。

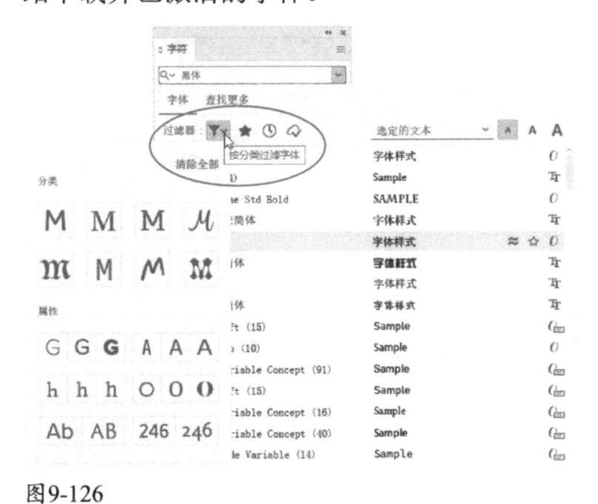

图9-126

技术看板 Adobe Fonts字库

执行“文字>Adobe Fonts提供更多字体与功能”命令，可以访问Adobe Fonts网站。它是一个在线字库网站，提供了来自数百个文字制作商的不计其数的高品质字体。但需要订阅才能下载和使用。

收藏字体

对于经常使用的字体，可在其左侧的☆状图标上单击，当图标变为★状时，表示字体已经被收藏了，如图9-127所示；之后单击“筛选”按钮右侧的★图标，列表中就只显示收藏的字体，一目了然，如图9-128所示。取消收藏也很简单，单击字体旁边的★图标便可。

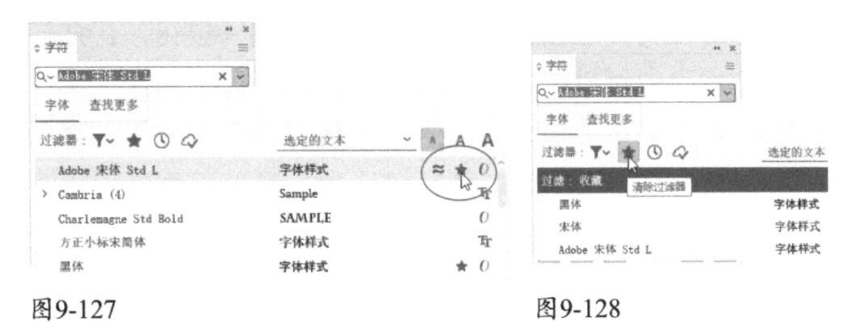

图9-127　　图9-128

9.4.2 设置文字大小及缩放比例

在设置字体大小选项中可以设置文字的大小，如图9-129所示。在垂直缩放选项中可以对文字进行垂直拉伸，而不会改变其宽度，如图9-130所示。在水平缩放选项中可以沿水平方向拉伸文字，而不会改变其高度，如图9-131所示。这两个百分比相同时，可进行等比缩放。

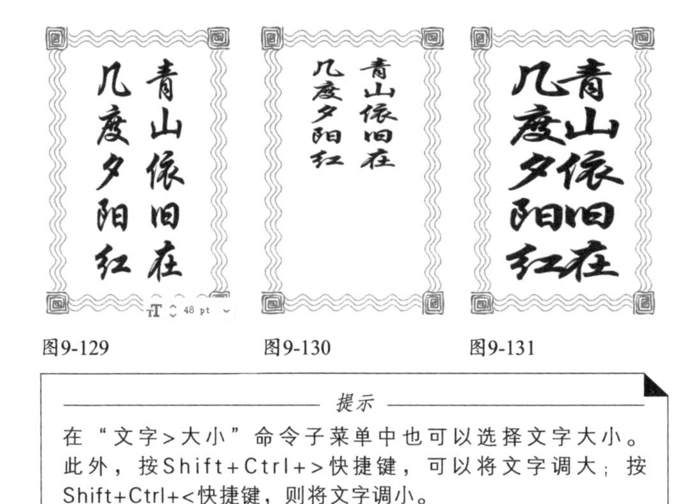

图9-129　　图9-130　　图9-131

提示

在“文字>大小”命令子菜单中也可以选择文字大小。此外，按Shift+Ctrl+>快捷键，可以将文字调大；按Shift+Ctrl+<快捷键，则将文字调小。

9.4.3 设置字间距

如果想调整两个文字间的距离，可以使用任意文字工具在它们中间单击，出现闪烁的“|”形光标后，如图9-132所示，在字距微调选项中调整。该值为正值时，可以加大字距，如图9-133所示；为负值时，减小字距。

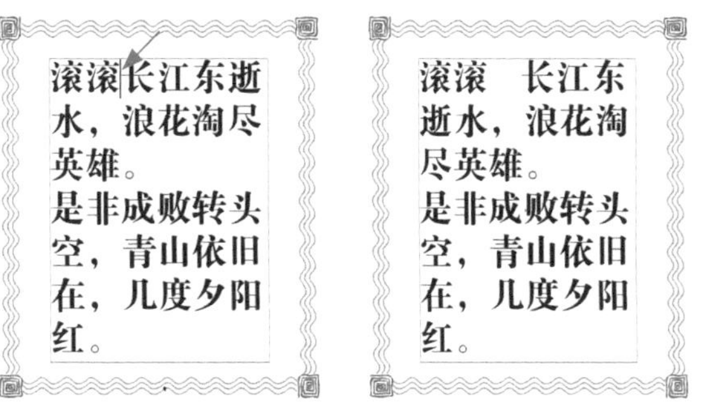

图9-132　　图9-133

如果想对多段文字或所有文字的间距做出调整，可以先将它们选取，之后在字距调整选项中操作。该值为正值时，字距变大，如图9-134所示；为负值时，字距变小，如图9-135所示。此外，也可通过设置比例间距，按照一定的比例来调整间距。在未调整时，比例间距值为0%，此时文字的间距最大；设置为50%时，文字的间距会变为原来的一半，如图9-136所示；设置为100%时，则文字间距变为0，如图9-137所示。由此可见，比例间距只能收缩字符之间的间距，而字距微调和字距调整两个选项既可以收缩间距，也能扩展间距。

图9-134

图9-135

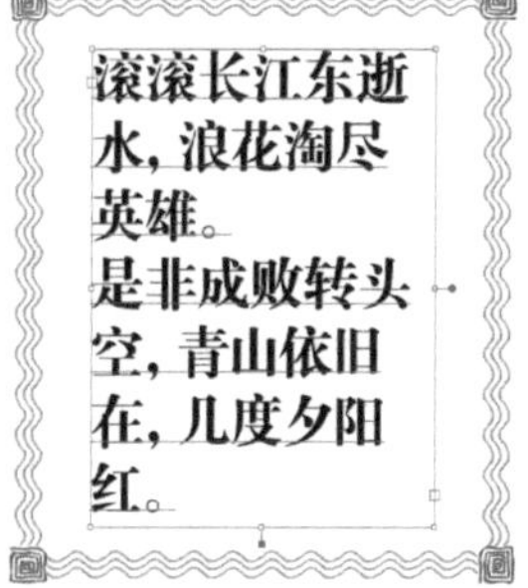

图9-136

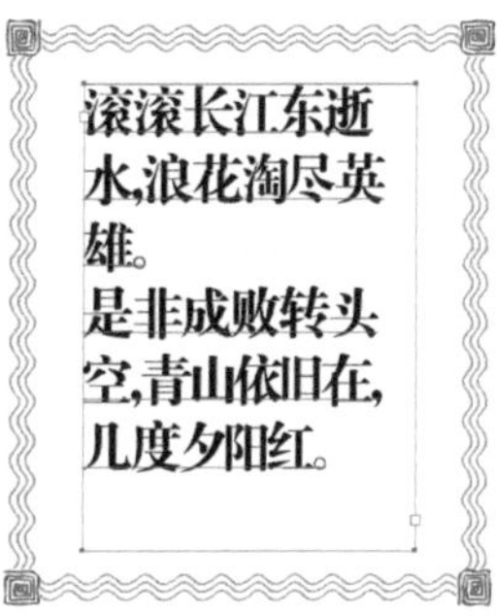

图9-137

9.4.4

设置行间距

在设置行距选项中可以设置行与行之间的垂直距离。默认为“自动”，表示行距为文字大小的120%，如图9-138所示；该值越大，行距越宽，如图9-139所示。

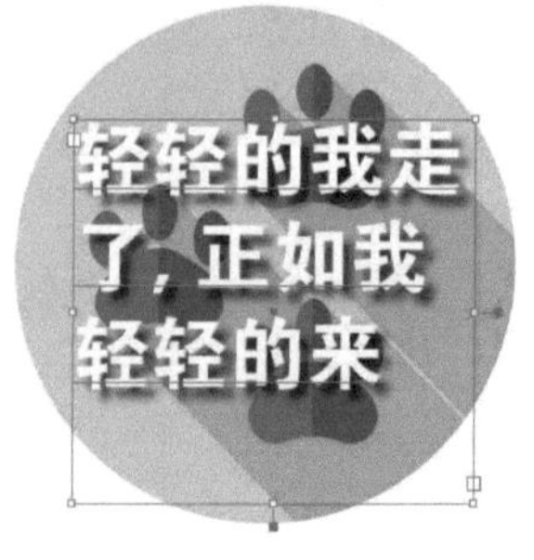

图9-138

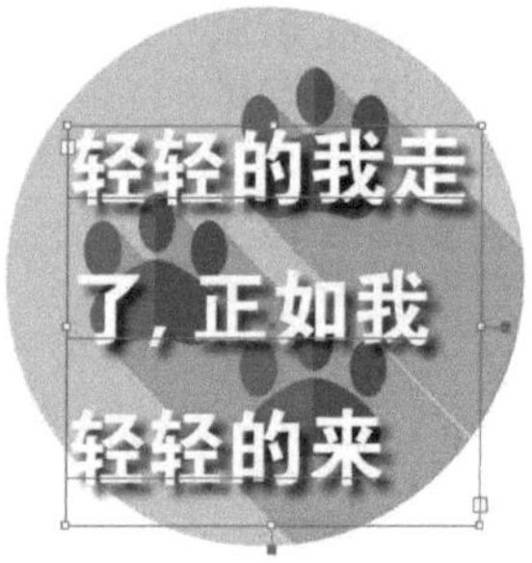

图9-139

9.4.5

创建上标、下标等特殊样式

很多单位刻度、化学式、数学公式，如立方厘米（cm^3）、二氧化碳（CO_2），以及某些特殊符号（™、©、®），会用到上标、下标等特殊字符。在Illustrator中，可以通过下面的方法创建此类字符。首先用文字工具将文字选取，之后单击“字符”面板下面的一排“T”状按钮即可，如图9-140所示。

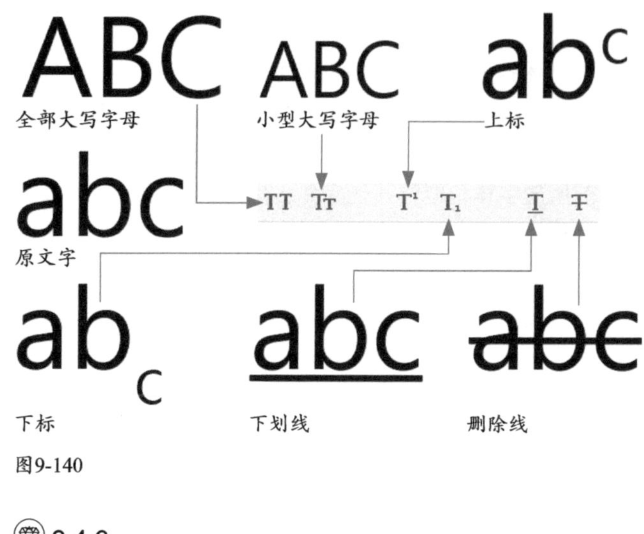

图9-140

9.4.6

设置文字基线

基线是不可见的直线，文字排列于其上方。通过基线偏移选项，可以调整文字与这条直线的距离，使文字上升或下降，如图9-141所示。

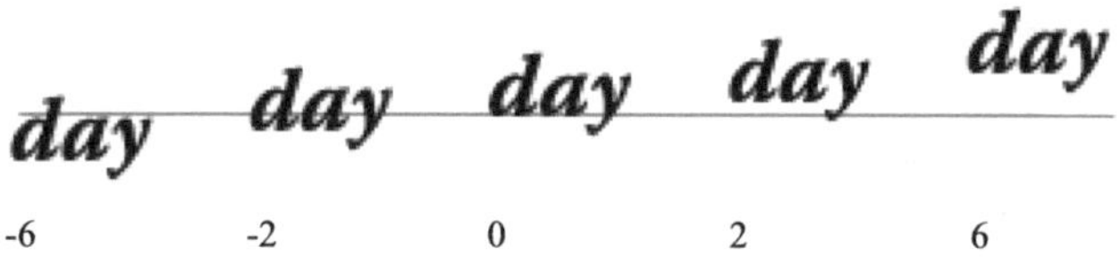

day day day day day

-6 -2 0 2 6

图9-141

9.4.7

消除锯齿

文字虽然是矢量对象，但需要转换为像素后，才能在计算机屏幕上显示或打印到纸上。在转换时，文字的边缘会产生硬边和锯齿。

单击设置消除锯齿方法选项右侧的按钮，在打开的下拉列表中可以选择一种方法来消除锯齿。选择“无”选项，表示不对锯齿进行处理，如果文字较小，如创建用于Web的小尺寸文字时，选择该选项，可以避免文字边缘因模糊而看不清楚。选择其他几个选项时，可以使文字边缘更加清晰。

9.4.8

设置文字的旋转角度

字符旋转选项可以设置所选文字的旋转角度，如图9-142和图9-143所示。如果要旋转整个文本，则应选取它，之后拖曳控制点，或用旋转工具、“旋转”命令或

"变换"面板来操作。

图9-142

图9-143

9.4.9 添加空格

如果要在文字之前或之后添加空格，可以选取要调整的文字，之后在插入空格（左）选项或插入空格（右）选项中设置要添加的空格数。效果如图9-144和图9-145所示。例如，如果指定"1/2 全角空格"，会添加全角空格的一半间距；如果指定"1/4 全角空格"，则会添加全角空格的1/4 间距。

图9-144

图9-145

9.4.10 选择语言

在"语言"下拉列表中选择适当的词典，可以为文本指定一种语言，以方便拼写检查和生成连字符。Illustrator 使用 Proximity 语言词典来进行拼写检查和连字。每个词典都包含数十万条具有标准音节间隔的单词。

9.4.11 实战：制作4款3D特效字

下面制作几款立体字，如图9-146所示。由于用到了3D功能，所以要将文字创建为符号，作为贴图贴在3D模型上。

图9-146

01 使用矩形工具创建一个矩形并填充黑色作为背景。首先来制作3D模型的贴图。使用文字工具T创建文字，设置垂直缩放为200%，如图9-147和图9-148所示。按Ctrl+C快捷键复制。将它拖曳到"符号"面板中，弹出对话框以后，输入名称，如图9-149所示，将文字创建为符号，如图9-150所示。这是第一个贴图。

图9-147

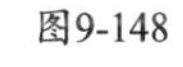
图9-148

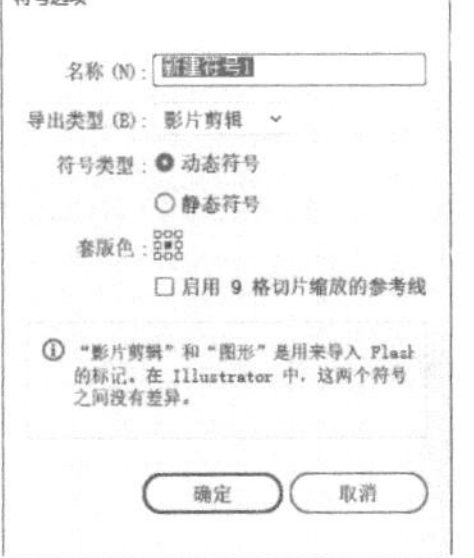

图9-149

图9-150

02 按Ctrl+V快捷键粘贴文字，修改字体和大小等参数，如图9-151和图9-152所示。

图9-151 图9-152

03 使用文字工具 T 输入文字（单词间用Enter键换行）。"TEXT"大小设置为72 pt，段落间距为44 pt，如图9-153所示。"WARP"大小设置为57pt，效果如图9-154所示。

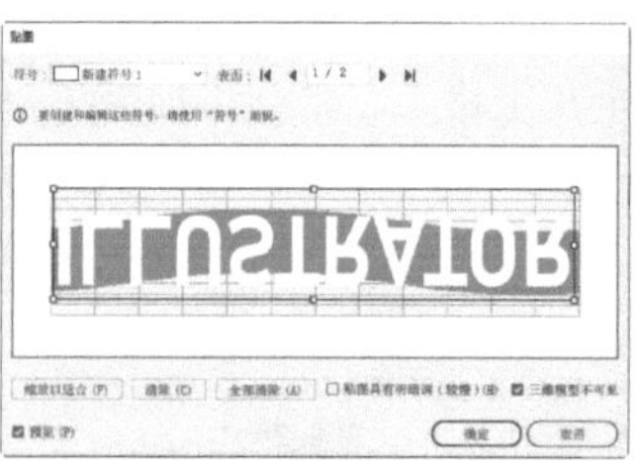

图9-153 图9-154

04 选择选择工具 ▶，按住Shift键和Alt键向下拖曳文字"ILLUSTRATOR"，进行复制，如图9-155所示。将这组文字选取，拖曳到"符号"面板中创建为符号（名称设置为"新建符号2"），如图9-156所示。

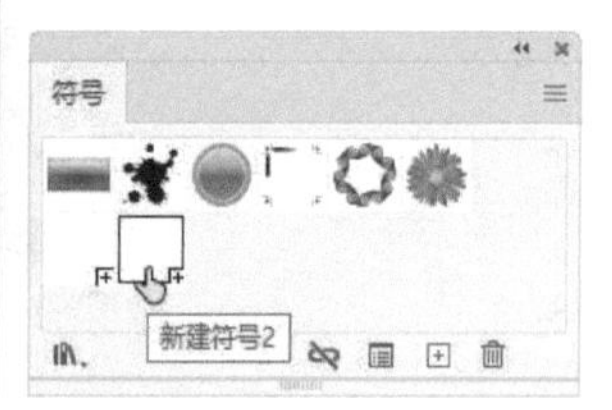

图9-155 图9-156

05 下面来制作圆环状立体字。选择椭圆工具 ◯，在画板上单击，弹出"椭圆"对话框，创建一个直径为27 mm的圆形，如图9-157和图9-158所示。

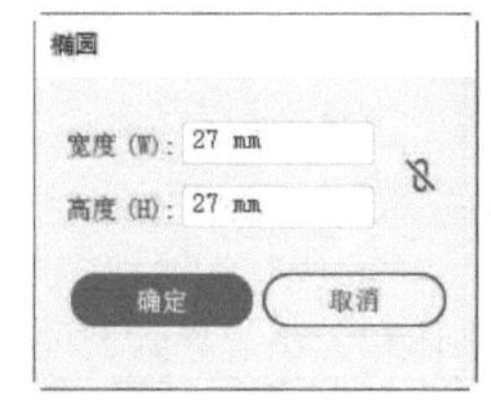

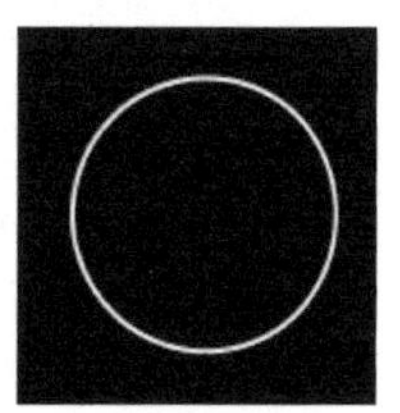

图9-157 图9-158

06 执行"效果>3D>绕转"命令，打开"3D绕转选项"对话框，勾选"预览"选项并设置模型角度，如图9-159所示。单击"贴图"按钮，在"符号"下拉列表中选取"新建符号1"。勾选"三维模型不可见"选项，如图9-160所示。通过拖曳控制点，将文字翻转并调大，如图9-161和图9-162所示。

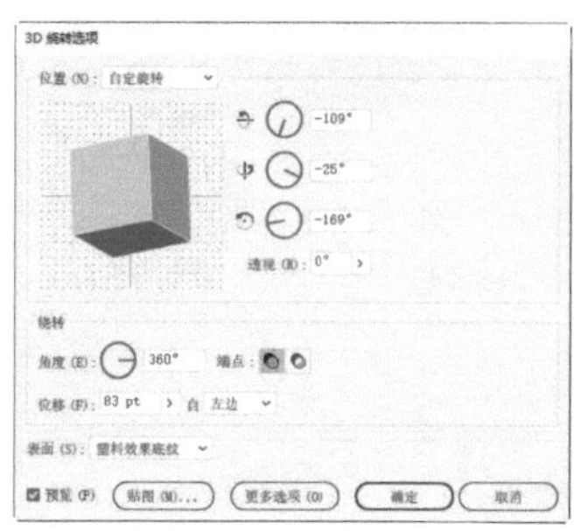

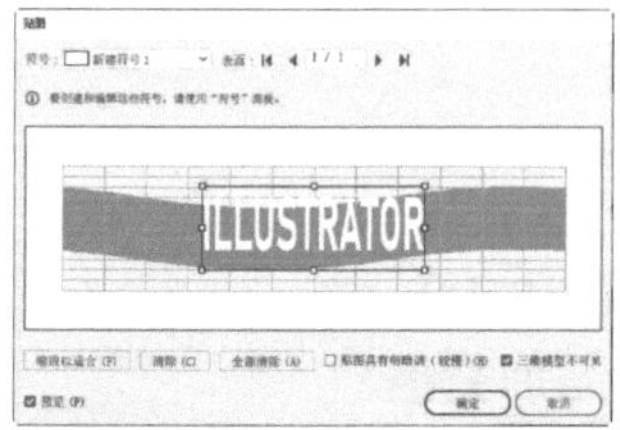

图9-159 图9-160

图9-161 图9-162

07 下面制作球体字。选择椭圆工具 ◯，在画板上单击，弹出对话框后设置参数，如图9-163所示，创建一个圆形。选择直接选择工具 ▷，单击图9-164所示的锚点，按Delete键删除，得到一个半圆形，如图9-165所示。

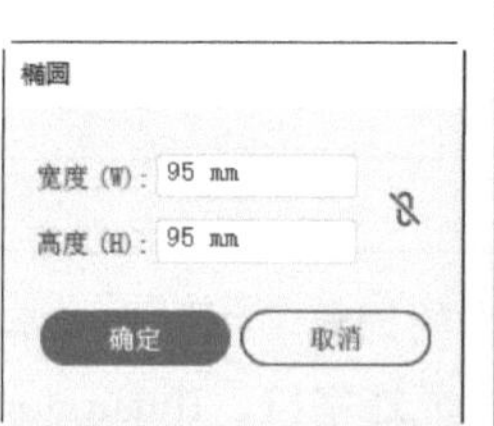

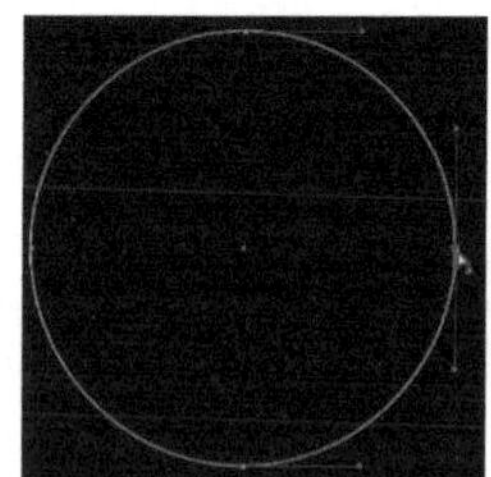

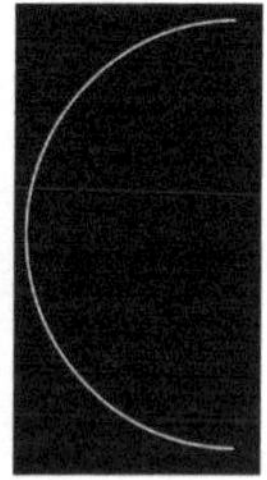

图9-163 图9-164 图9-165

08 执行"效果>3D>绕转"命令，打开"3D绕转选项"对话框，勾选"预览"选项并设置模型角度，如图9-166所示。单击"贴图"按钮，在"符号"下拉列表中选取"新建符号2"。勾选"三维模型不可见"选项，通过拖曳控制点，将文字翻转并调大，如图9-167和图9-168所示。

09 下面制作圆柱体文字。选择矩形工具 ▢，在画板上单击，弹出对话框后设置参数，创建矩形，如图9-169所示。给它添加"绕转"效果，如图9-170所示。

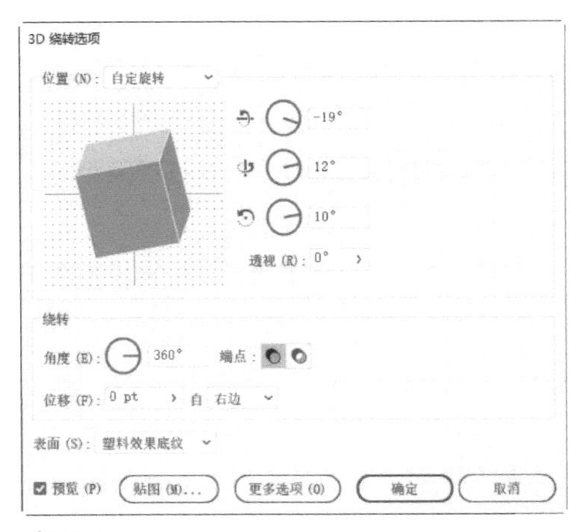

图9-166

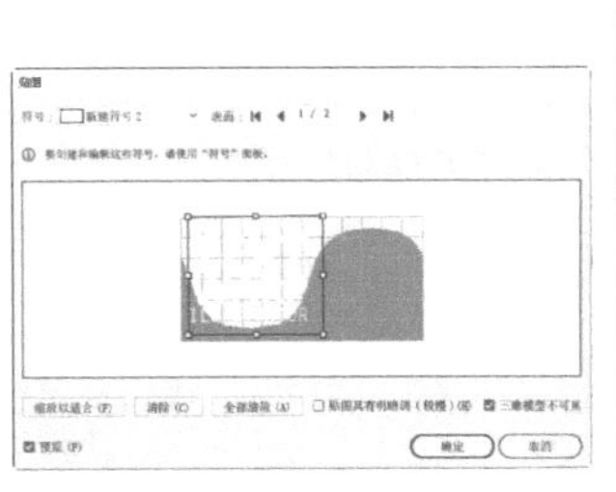

图9-167

图9-168

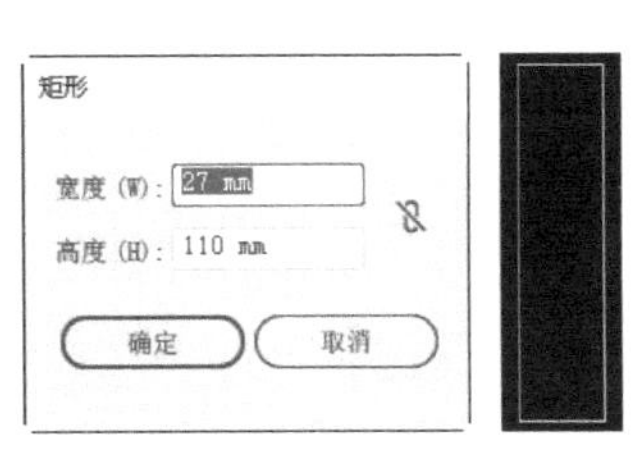

图9-169

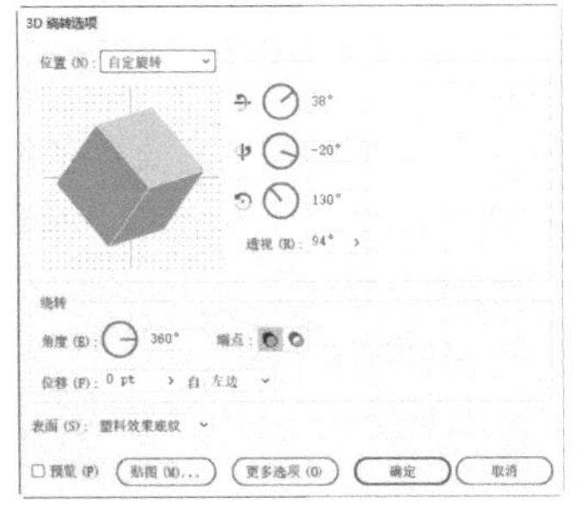

图9-170

10 单击“贴图”按钮，在“符号”下拉列表中选取“新建符号2”。勾选“三维模型不可见”选项。通过拖曳控制点，将文字翻转并调大，如图9-171和图9-172所示。

图9-171

图9-172

11 下面制作立方体文字。选择矩形工具，在画板上单击，弹出对话框后设置参数，如图9-173所示，创建一个正方形，如图9-174所示。

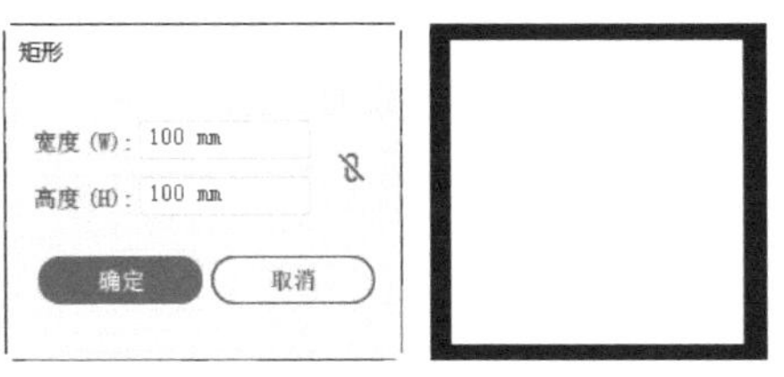

图9-173　图9-174

12 执行“效果>3D>凸出和斜角”命令，打开“3D凸出和斜角选项”对话框，设置模型角度，如图9-175所示。单击“贴图”按钮，在“符号”下拉列表中选取“新建符号2”。勾选“三维模型不可见”选项。对我们能看到的3个面都进行贴图，如图9-176~图9-179所示。

图9-175

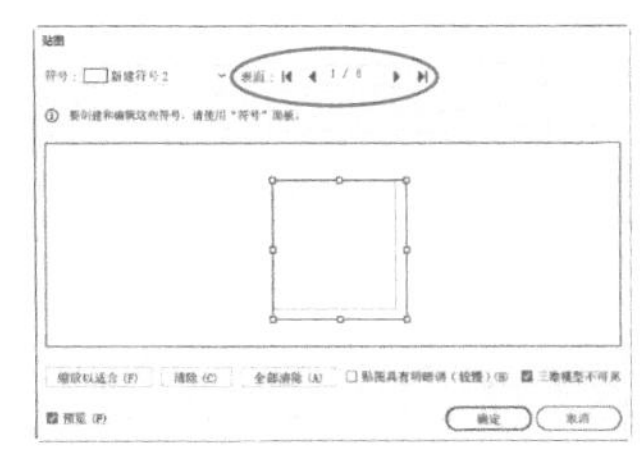

图9-176

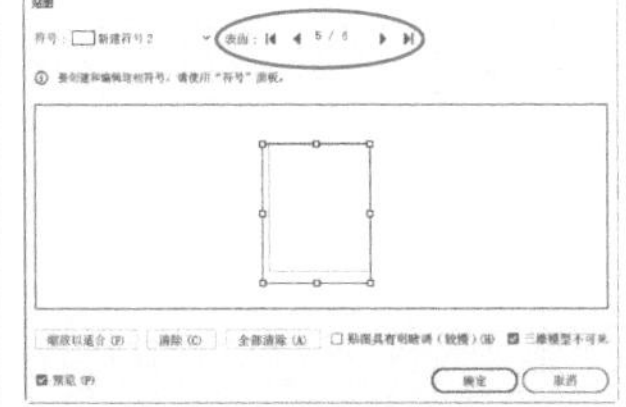

图9-177

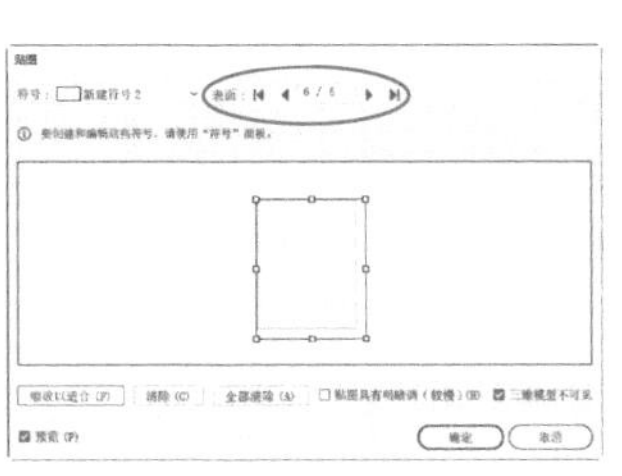

图9-178

图9-179

设置段落格式

输入文字时，每按一次Enter键，便切换一个段落。“段落”面板可以调整段落的对齐、缩进和间距等，让文字在版面中更加规整。

9.5.1 对齐文字

图9-180所示为“段落”面板。选择文本对象时，可以设置整个文本的段落格式。如果选取了部分段落，则可设置所选段落的格式。

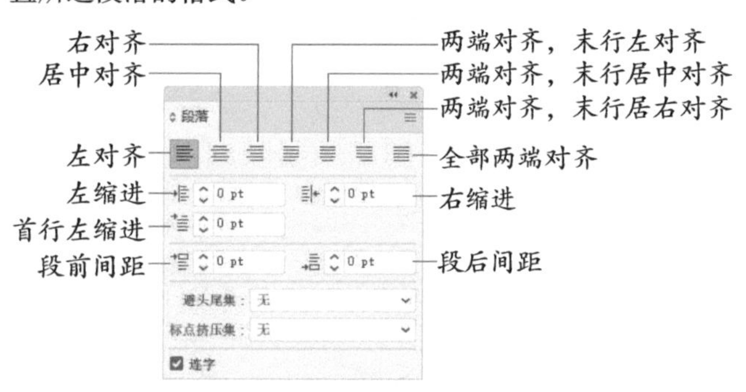

图9-180

选取文字对象，或者使用文字工具T在要修改的段落中单击，之后单击“段落”面板最上面一排按钮，可以让段落按照一定的规则对齐，如图9-181所示。

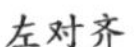

左对齐

居中对齐

右对齐

全部两端对齐

图9-181

9.5.2 缩进文本

缩进是指文本与文字对象（如文本框）边界的间距，它只影响选中的段落，因此，当文本包含多个段落时，可以选取各个段落，设置不同的缩进量。

选择文字工具T，在要缩进的段落上单击，在左缩进选项中输入数值，可以让文字向文本框的右侧边界移动，如图9-182所示；在右缩进选项中输入数值，则可让文字向文本框的左侧边界移动，如图9-183所示。

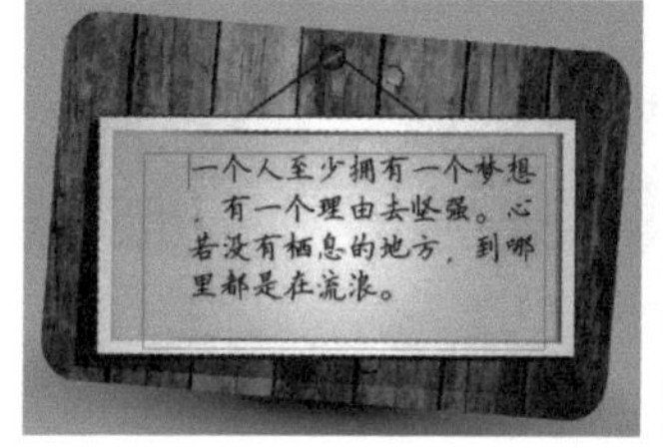

图9-182

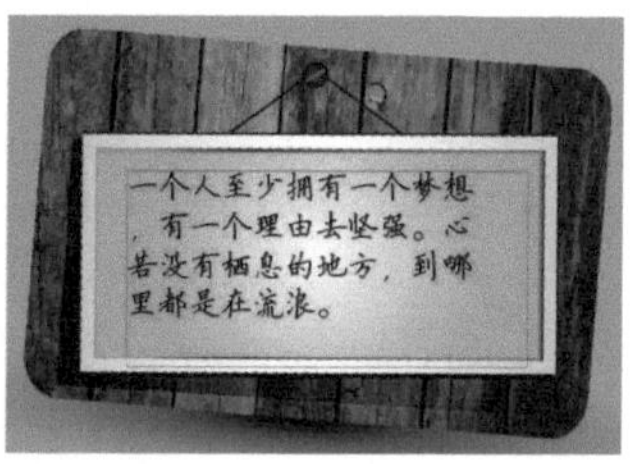

图9-183

如果要调整首行文字的缩进量，可以在首行左缩进选项中设置，效果如图9-184和图9-185所示。

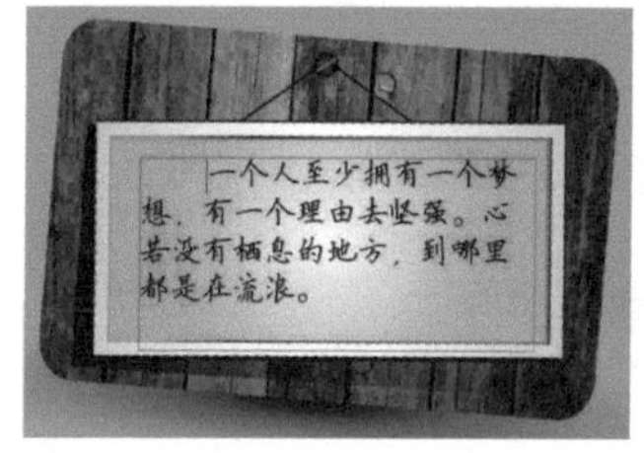

图9-184

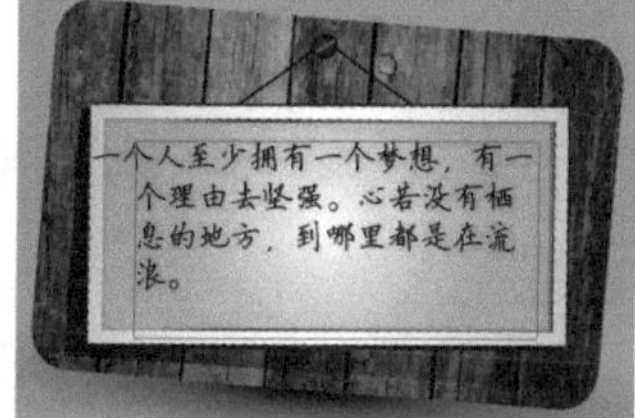

图9-185

9.5.3 设置避头尾集

不能位于行首或行尾的文字称为避头尾字符。在“避头尾集”选项中可以指定中文或日文的换行方式。选取“无”选项，表示不使用避头尾法则；选择“宽松”或“严格”选项，可避免所选的文字位于行首或行尾。此外，使用“文字>避头尾法则设置”命令，可以为中文悬挂标点定义悬挂字符、定义不能位于行首的字符或超出文字行不可分割的字符，让系统能够正确地放置避头尾字符。

9.5.4
调整段落间距

如果要加大所选段落与上一段落的间距，如图9-186所示，可在段前间距选项中输入数值。如果要增大所选段落与下一段落的间距，如图9-187所示，可在段后间距选项中输入数值。

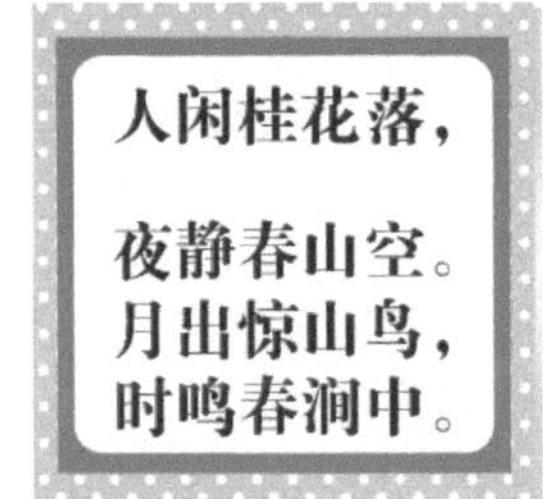

图9-186

图9-187

9.5.5
设置标点挤压集

在“段落”面板中，可以从“标点挤压集”选项下拉列表中选择一个选项来设置标点挤压。标点挤压用于指定亚洲字符、罗马字符、标点符号、特殊字符、行首、行尾和数字的间距，确定中文或日文排版方式。

9.5.6
添加连字符

连字符（仅适用于罗马字符）是在每一行末端断开的单词前半、后半部分间添加的标记。在将文本强制对齐时，为了对齐的需要，Illustrator会将某一行末端的单词断开，将后半部分移至下一行，勾选“连字”选项，可在断开的单词前半、后半部分间显示连字符标记。

使用字符样式和段落样式

就像图形样式可以快速改变对象的外观一样，将字符样式和段落样式应用于所选文本，可以让它立即拥有预设的字符和段落属性，从而节省调整字符和段落属性的时间，并且能够确保文本格式的一致性。

9.6.1
创建字符样式/段落样式

创建文字并在“字符”面板中设置好字体、大小、颜色、间距等属性，在“段落”面板中设置段落格式，文字效果如图9-188所示。单击“字符样式”面板中的⊞按钮，可以将该文本的字符格式保存为字符样式，如图9-189所示。单击“段落样式”面板中的⊞按钮，可以将文本中的字符格式和段落格式保存为段落样式，如图9-190所示。

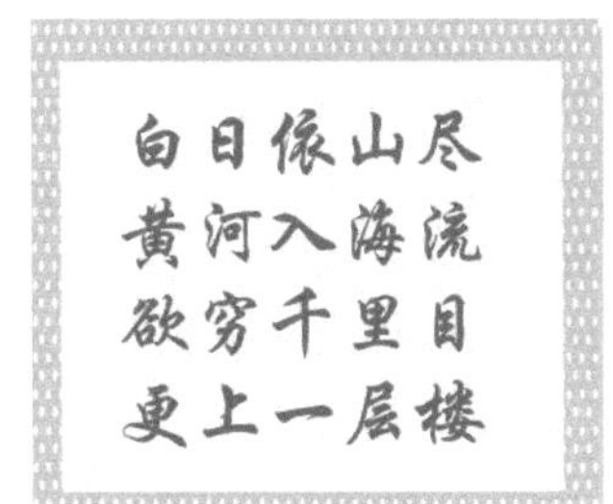

图9-188

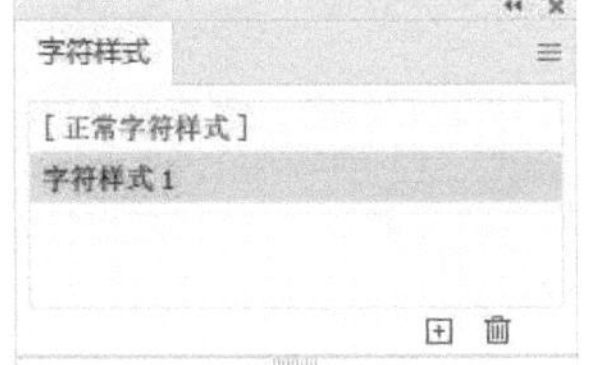

图9-189

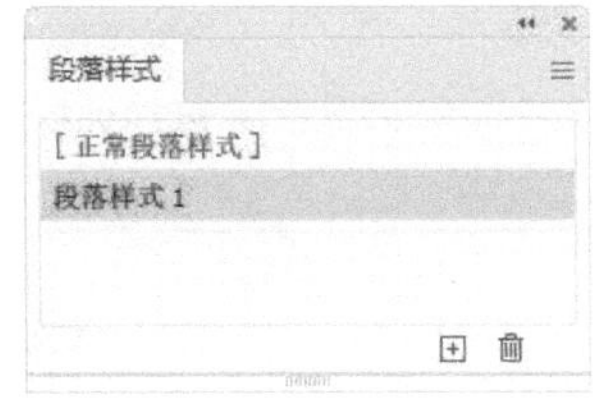

图9-190

想对其他文本应用的时候，可选取文本，如图9-191所示，之后单击“字符样式”面板或“段落样式”面板中的样式即可，效果如图9-192所示。

图9-191

图9-192

9.6.2
编辑字符样式/段落样式

创建字符样式和段落样式后，如果需要修改，可以在“字符样式”面板菜单中选择“字符样式选项”命令，或从“段落样式”面板菜单中选择“段落样式选项”命令，打开相应的对话框进行操作。修改样式后，使用该样式的所有文本都会发生改变，以便与新样式相匹配。

9.6.3

删除覆盖样式

字符样式和段落样式被文字使用后，如果修改了字符和段落属性，如调整了位置、大小和对齐方式等，则“字符样式”和“段落样式”面板中相应样式旁边会出现“+”，如图9-193所示。这表示该样式具有覆盖样式。

如果要在应用不同样式时清除覆盖样式，可按住Alt键单击样式名称；如果要重新定义样式并保持文本的当前外观，应至少选择文本中的一个字符，执行面板菜单中的“重新定义样式”命令。如果文档中还有其他的文本使用该字符样式，则它们也会更新为新的字符样式。

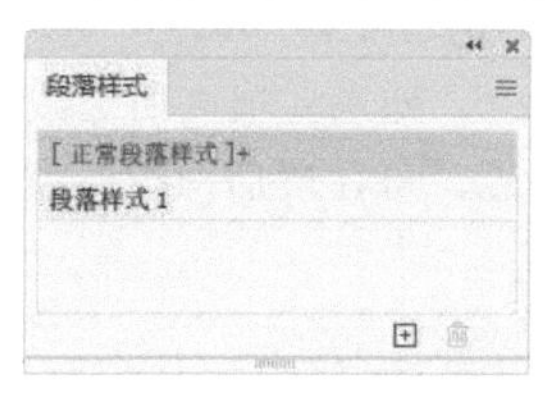

图9-193

添加特殊字符

除键盘上可看到的字符之外，许多字体还包含特殊的字符，如连字、分数字、花饰字、装饰字、序数字、标题和文体替代字、上标和下标字符、变高数字和全高数字等。本节介绍怎样在文本中添加特殊字符。

9.7.1

插入特殊字符(“字形”面板)

字形是特殊形式的字符。例如，在某些字体中，大写字母A有几种形式可用，如花饰字或小型大写字母。

选择文字工具T，在文本中单击，设置文字插入点，如图9-194所示，执行“窗口>文字>字形”命令，或“文字>字形”命令，打开“字形”面板。面板中显示了当前所选字体的所有字形。双击一个字符，可将其插入文本中，如图9-195和图9-196所示。

图9-194

图9-195

图9-196

在面板底部可以选择其他字体和样式。如果选择的是OpenType 字体，则可以从“显示”菜单中选择一种类别，将面板限制为只显示特定类型的字形。

9.7.2

插入Emoji字符

Emoji（绘文字——绘指图画，文字指的是字符）是表情符号的统称，创造者是日本人栗田穰崇，最早在日本计算机及手机用户中流行。自苹果公司发布的iOS 5输入法中加入了Emoji后，表情符号便风靡全球。

Emoji字体包括表情符号、旗帜、路标、动物、人物、食物和地标等各种图标。它们只能通过“字形”面板使用，无法用键盘输入。

选择文字工具T，在画板上或文本中单击，设置文字插入点。打开“字形”面板，选择Emoji字体，面板中就会显示各种图标，双击一个图标，便可将其插入文本中，如图9-197~图9-199所示。

图9-197

图9-198

图9-199

9.7.3 插入替代字形

选取某个文字后，如果它有替代字形，在紧靠其旁边的上下文菜单中会显示出来，单击替代字形即可用其替换该文字，如图9-200和图9-201所示。

图9-200

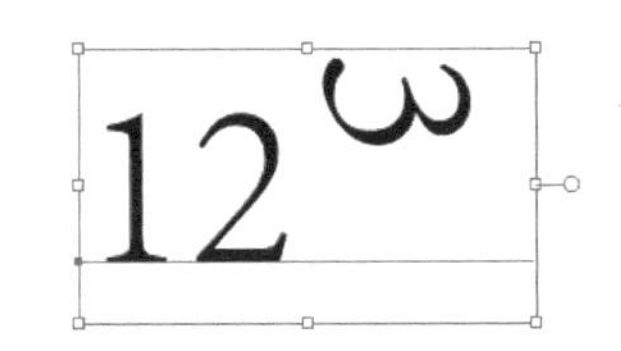

图9-201

在“字形”面板中，如果字形右下角有一个黑色的三角形，就表示该字形有可用的替代字。在三角形上按住鼠标左键，弹出窗口，如图9-202所示，将鼠标指针拖曳到替代字形的上方并释放鼠标左键，可将其插入所选文本中。

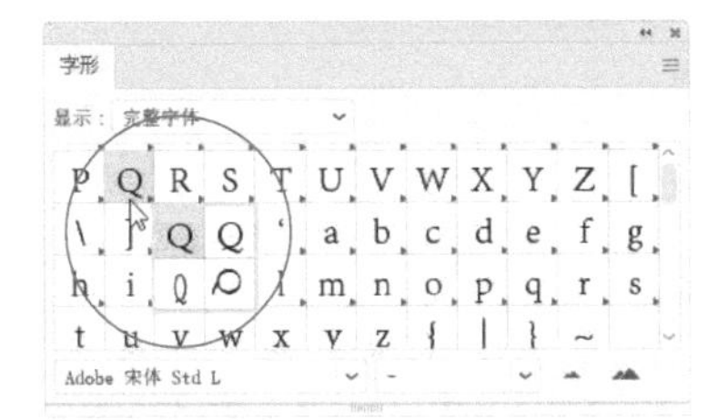

图9-202

9.7.4 使用OpenType 字体

在字体列表中，带有 *O* 状图标的是OpenType字体，如图9-203所示。选取OpenType字体后，可以在“OpenType”面板中指定如何应用替代字符，如图9-204所示。例如，可以指定在新文本或现有文本中使用标准连字。此外，OpenType 字体中有很多风格化字符，包括花饰字（具有夸张花样的字符）、标题替代字（专门为大尺寸标题而设计的字符，通常为大写）、文体替代字（创建纯美学效果的风格化字符）等。OpenType替代字符的添加方法与使用“字形”面板相同。

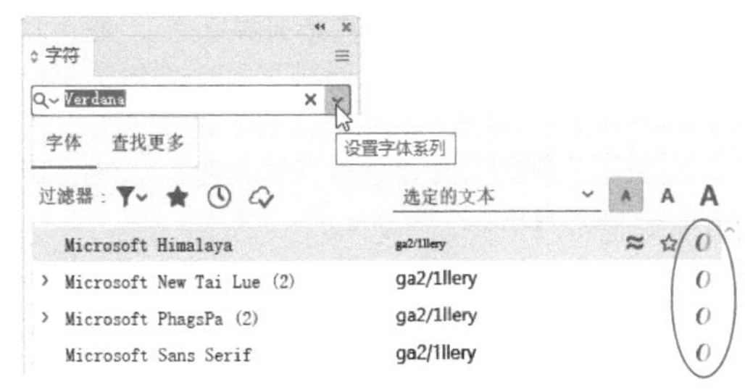

图9-203

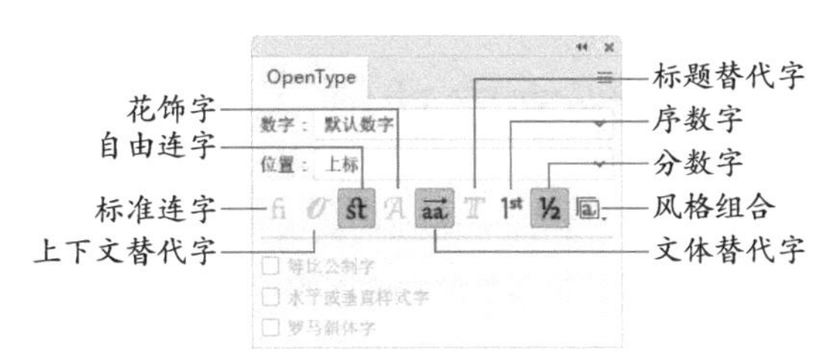

图9-204

> 提示
>
> OpenType字体是Windows和Macintosh操作系统都支持的字体。就是说，如果文件中使用的是这种字体，那么不论在Windows操作系统还是Macintosh操作系统的计算机中打开文件，其中的文字字体、版面等都不会改变，也不会出现字体替换或其他导致文本重新排列的问题。

9.7.5 插入特殊字符/空白字符/分隔符

使用“文字>插入特殊字符”子菜单中的命令，可以在文本中插入符号（项目符号、版权符号、商标符号等）、连字符和破折号、引号。

使用“文字>插入空白字符”命令，可以在文本中插入空白字符。在正常状态下，空白字符看不到。使用“文字>显示隐藏字符”命令，可以显示空白字符的代表符号。

使用“文字>插入分隔符>强制换行符”命令，可以在文本中插入分隔符，这样可以开始新的一行，而不是开始新的段落。

> 提示
>
> 执行“显示隐藏字符”命令后，还可以显示硬回车（换行符）、软回车（换行符）、制表符、空格、不间断空格、全角字符（包括空格）、自由连字符和文本结束字符。

9.7.6 创建复合字体

在Illustrator中，日文字体和西文字体中的字符可以混合，作为一种复合字体使用。复合字体一般显示在字体列表的起始处。使用“文字>复合字体”命令可以创建复合字体，如图9-205所示。

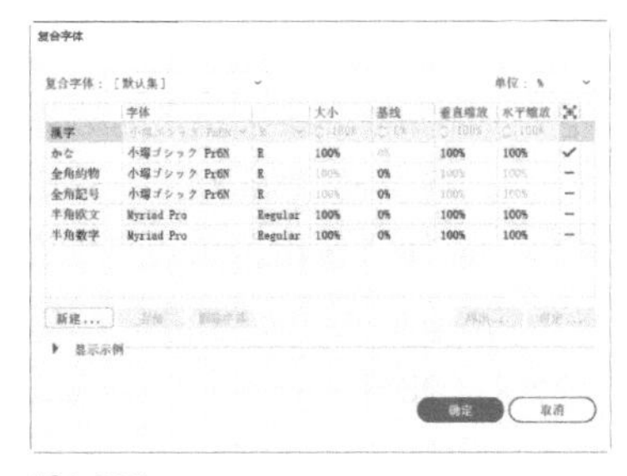

图9-205

9.8 高级文字功能

本节介绍Illustrator的高级文字功能，包括指定文本的换行方式、设置行尾和数字的间距、搜索键盘标点字符并将其替换为相同的印刷体标点字符、查找和替换文字，以及将文字转换为轮廓等。

9.8.1 更改大小写

使用“文字>更改大小写”子菜单中的命令，可以修改文字的大小写，如图9-206所示，包括将所有字符全部改为大写或小写、将每个单词的首个字母或每个句子的首个字母改为大写。

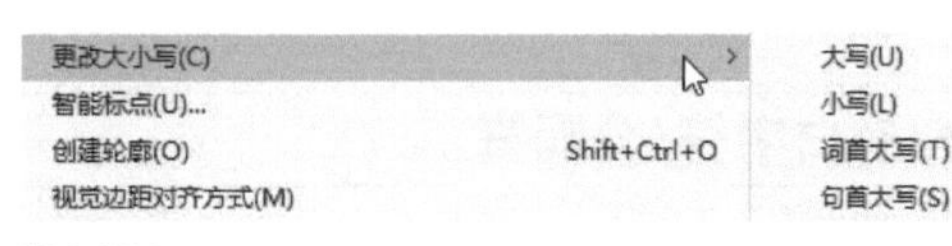

图9-206

9.8.2 将文字与对象对齐

当同时选择文字与图形对象，并单击“对齐”面板中的按钮进行对齐操作时，如图9-207所示，Illustrator会基于字体的度量值来将其与对象对齐，如图9-208所示。可以看到，是文字的基线与铅笔的左侧边界对齐，而实际文字内容并没有对齐。

图9-207

图9-208

如果要根据实际字形的边界来进行对齐，可以先执行“效果>路径>轮廓化对象”命令；之后打开“对齐”面板菜单，选择“使用预览边界”命令，如图9-209所示；再单击相应的按钮进行对齐。应用这些设置后，就可以获得与将文字轮廓化后进行对齐完全相同的结果，如图9-210所示。但是文字并没有真正轮廓化，文字的字符和段落属性仍然可以编辑。

图9-209　图9-210

9.8.3 设置视觉边距对齐方式

视觉边距对齐方式决定了文本对象中所有段落的标点符号的对齐方式。当启用它时，罗马式标点符号和字母边缘（如 W 和 A）都会溢出文本边缘，使文字看起来严格对齐。要应用该设置，可以选取文字对象，使用“文字>视觉边距对齐方式”命令操作。

9.8.4 设置制表位

“制表符”面板用来设置段落或文字对象的制表位。执行“窗口>文字>制表符”命令，可以打开该面板，如图9-211所示。

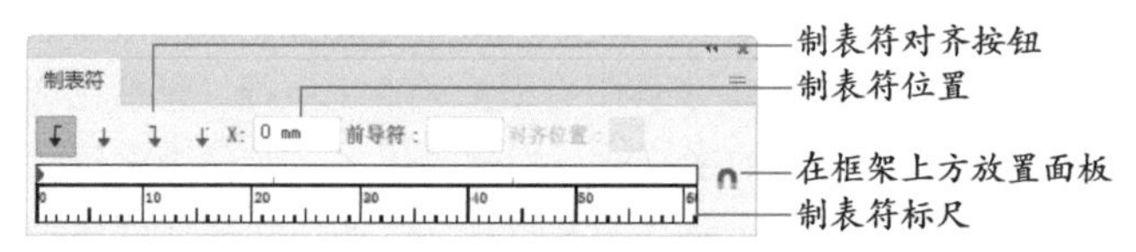

图9-211

- 制表符对齐按钮：单击左对齐制表符按钮，可以靠左侧对齐横排文本，右侧边距会因长度不同而参差不齐；单击居中对齐制表符按钮，可按制表符标记居中对齐文本；单击右对齐制表符按钮，可以靠右侧对齐横排文本，左侧边距会因长度不同而参差不齐；单击小数点对齐制表符按钮，可以将文本与指定字符（例如句号或货币符号）对齐放置，在创建数字列时，它特别有用。
- 移动制表符：从标尺上选择一个制表位后可进行拖曳。如果要同时移动所有制表位，可按住Ctrl键拖曳制表符。拖曳制表位的同时按住Shift键，可以让制表位与标尺刻度对齐。

- 首行缩排/悬挂缩排：用来设置文字的缩进。操作时，首先选择文字工具T，在要缩排的段落中单击，如图9-212所示；拖曳首行缩排图标，可以缩排首行文本，如图9-213所示；拖曳悬挂缩排图标，可以缩排除第一行之外的所有行，如图9-214所示。

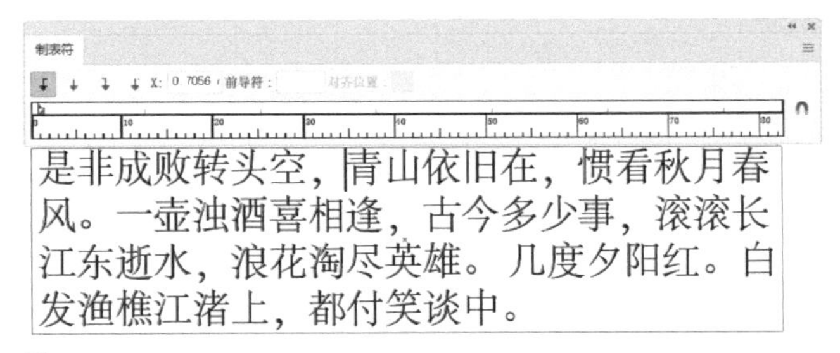

图9-212

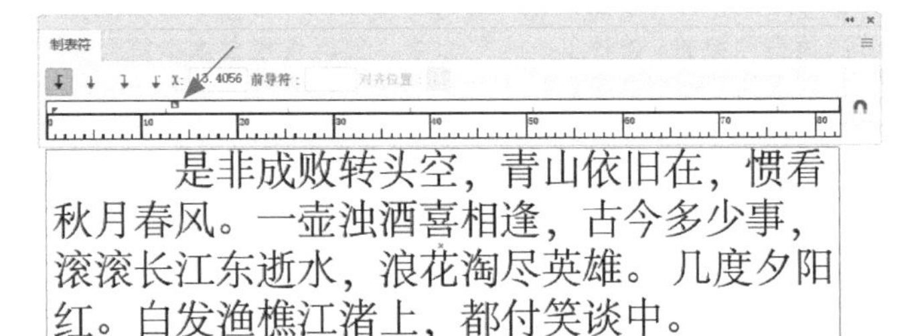

图9-213

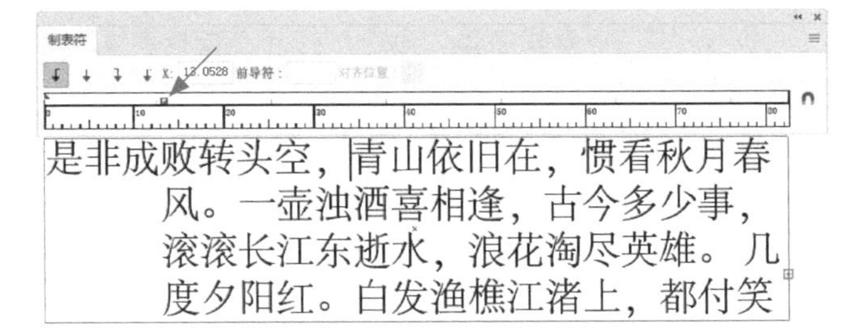

图9-214

- 在框架上方放置面板：将“制表符”面板与当前所选的文本对齐，并自动调整宽度，以适合文本的宽度。
- 删除制表符：将制表符拖离制表符标尺，即可删除。

9.8.5 标点挤压设置

使用“文字>标点挤压设置”命令，可以设置亚洲字符、罗马字符、标点符号、特殊字符、行首、行尾和数字的间距，确定中文或日文排版方式，如图9-215所示。Illustrator中现有的字符间距规则遵从 JIS 规范 JIS X4051-2004。我们可以从 Illustrator 提供的预定义标点挤压中进行选择。除此之外，还可以创建特定的标点挤压。在新的标点挤压集中，可以编辑常用的间距设置，如句号与其后前括号的间距。例如，可以创建一个谈话录格式，其中的问题前都有一个长破折号，而回答则以括号括起来。

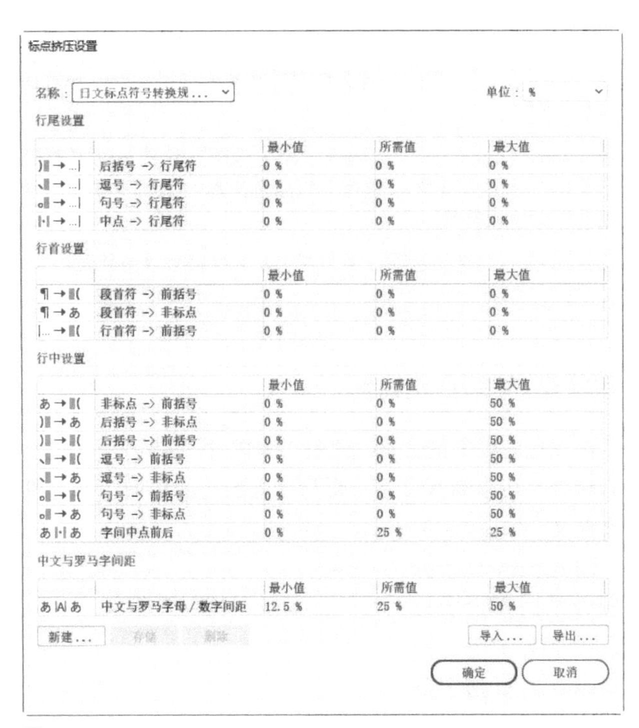

图9-215

9.8.6 使用智能标点

使用“文字>智能标点”命令，可以搜索键盘标点字符，并将其替换为相同的印刷体标点字符，如图9-216所示。此外，如果字体包含连字符和分数符号，还可以使用该命令统一插入连字符和分数符号。

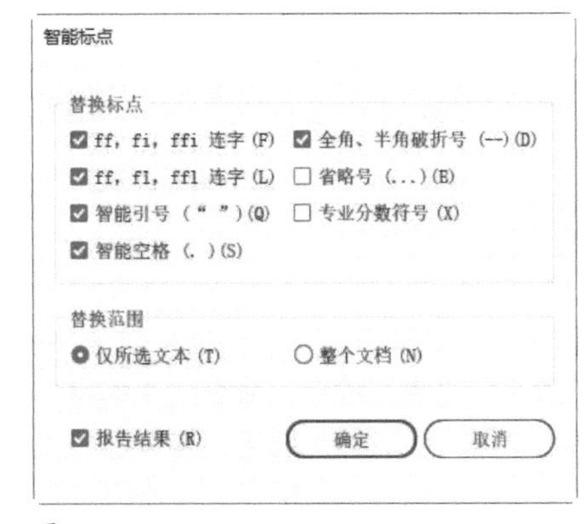

图9-216

- ff，fi，ffi 连字：将 ff、fi 或 ffi 字母组合转换为连字。
- ff，fl，ffl 连字：将 ff、fl 或 ffl 字母组合转换为连字。
- 智能引号：将键盘上的直引号改为弯引号。
- 智能空格：消除句号后的多个空格。
- 全角、半角破折号：用半角破折号替换两个键盘破折号，用全角破折号替换3个键盘破折号。

- 省略号：用省略点替换3个键盘句点。
- 专业分数符号：用同一种分数字符替换分别用来表示分数的各种字符。
- 整个文档/仅所选文本：选择“整个文档”选项，可替换整个文档中的文本符号；选择“仅所选文本”选项，则仅替换所选文本中的符号。
- 报告结果：勾选该选项，可以看到所替换符号数的列表。

9.8.7 拼写检查/编辑自定词典

选取包含英文的文本，使用“编辑>拼写检查”子菜单中的命令，可以查找文本中拼写错误的英文单词，并提供修改建议，如图9-217所示。

Illustrator会根据我们为单词指定的语言，检查多种语言的拼写错误。要指定语言，可选取文本并使用“字符”面板上的语言选项来指定。

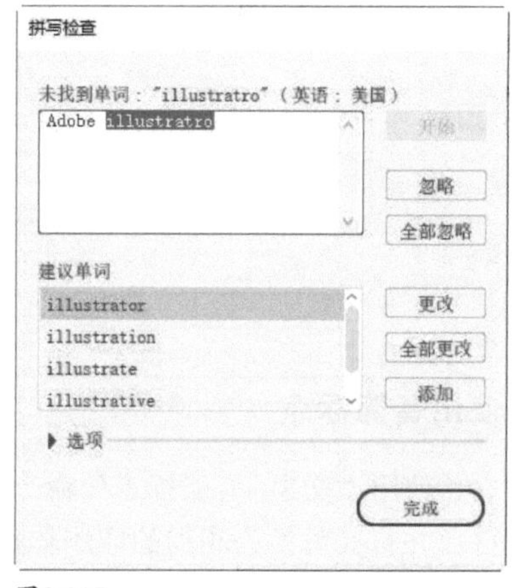

图9-217

Illustrator内置有语言词典。使用“拼写检查”命令查找单词时，如果该词典中没有某些单词的某种拼写形式，则会将其视为拼写错误。如果需要编辑该词典，例如添加一些单词，可以使用“编辑>编辑自定词典”命令操作。以后再查找到这些单词时，会将其视为正确的拼写。

9.8.8 查找和替换文本

相对于只能检查英文的“拼写检查”命令，“编辑”菜单中的“查找和替换”命令对我们更有用。有需要修改的文字（汉字）、标点、单词时，可以使用该命令来进行检查和修改。

图9-218所示为“查找和替换”对话框。在“查找”选项中输入要替换的内容，在“替换为”选项中输入用来替换的内容，之后单击“查找下一个”按钮，Illustrator就会搜索并突出显示查找到的内容。如果要进行替换，单击“替换”按钮即可；如果要替换所有符合要求的内容，可以单击“全部替换”按钮。

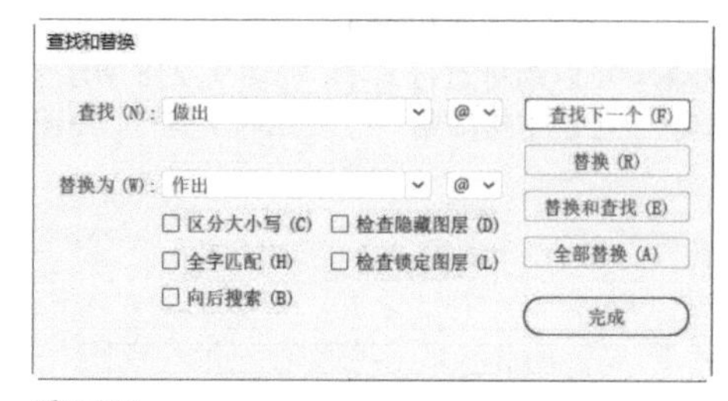

图9-218

> **提示**
>
> 如果要将搜索范围限制在某个文字对象内，可选择该对象；如果要将搜索范围限制在一定范围的文字内，可选择这些文字；如果要对整个文档进行搜索，则无须选取任何对象。如果使用“查找和替换”命令查找了文字，并关闭了对话框，则执行“编辑>查找下一个”命令，可以查找文本中符合查找要求的下一个文字。

9.8.9 查找和替换字体

当文档使用多种字体时，如果想要用一种字体替换另外一种字体，可以使用“查找字体”命令来进行操作。

执行“文字>查找字体”命令，打开“查找字体”对话框。“文档中的字体”列表显示了当前文档中使用的所有字体，选择需要替换的字体，如图9-219所示；图稿中使用该字体的文字会突出显示，如图9-220所示；单击“查找”按钮，可继续查找其他使用该字体的文字。在“替换字体来自”选项下拉列表中选取“系统”选项，下面的列表中会列出计算机上的所有字体。选择一种字体，如图9-221所示，单击“更改”按钮，即可进行替换，如图9-222所示。此时，其他文字的字体仍会保持原样。如果要替换文档中所有使用了这一字体的文字，可以单击“全部更改”按钮。

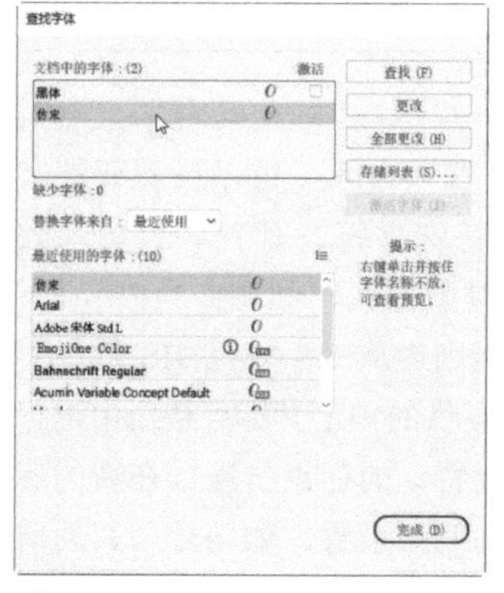

图9-219

图9-220

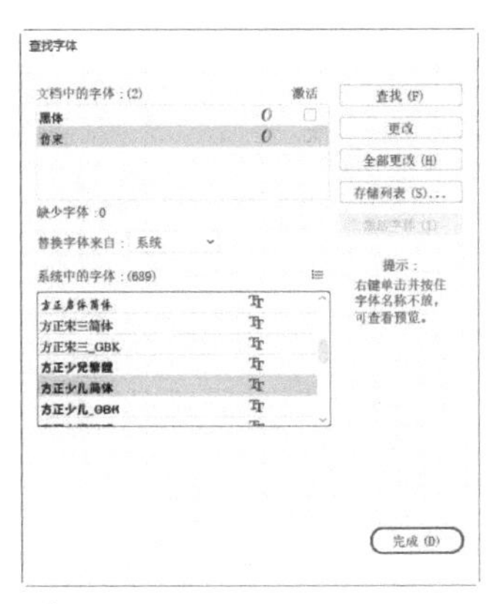

图9-221

图9-222

9.8.10 解决缺失字体

在Illustrator中打开一个文件时，如果其中的文字使用了当前操作系统中没有的字体，文本将以粉红色突出显示，并使用默认的字体，如图9-223所示。同时，弹出图9-224所示的对话框。

图9-223

图9-224

单击“查找字体”按钮，系统会自动搜索在线 Typekit 桌面字体库以查找缺失字体。找到缺失字体以后，可将其同步到当前的计算机上。

要使用该功能，必须登录 Creative Cloud 应用程序，并在该程序中启用“字体同步”（Creative Cloud 应用程序的“首选项>字体选项卡 >同步开/关”选项）。

9.8.11 更新旧版文字

在Illustrator 2021中打开Illustrator 10 或更早版本创建的文字对象时，会弹出提示对话框，要求我们对文字进行更新，之后才能进行编辑。也可选择不更新，以后想要编辑的时候，再用“文字>旧版文本”子菜单中的命令来进行更新。

9.8.12 将文字转换为轮廓

在文本对象中，所有文字是一个整体，虽然可以修改其中部分文字的字符和段落属性，但是不能为个别文字添加画笔描边和效果等。另外，文字也不能填充渐变。要突破这些限制，可以选择文字对象，执行“文字>创建轮廓”命令，将文字转换为轮廓，之后再进行编辑。图9-225所示为原文字对象，图9-226所示是转换为轮廓后添加变形效果并填充渐变后的效果。

图9-225

图9-226

需要特别注意的是，转换为轮廓后，文字内容，以及字符和段落属性都无法编辑了。因此，操作前最好复制一份文字留存起来。

第10章 渐变网格与高级上色

【本章简介】

如果想在Illustrator中绘制真实效果的对象，如人像、汽车、电脑等，渐变网格绝对是不二选择。只要我们有足够的细心+耐心，就能制作出与照片媲美的真实效果。本章介绍如何使用渐变网格。要想用好它，还必须能够熟练编辑锚点和路径。相关方法可参阅第3章。

本章还介绍了一些高级上色方法。与第2章的上色功能相比，本章专业性更强，难度更高。

【学习目标】

本章我们将学会如下操作。

- 使用网格工具制作爱心图标
- 为网格点和网格片面着色
- 编辑网格点
- 用实时上色功能制作名片
- 制作暗夜精灵插画
- 封闭实时上色间隙
- 用全局色制作花纹
- 使用PANTONE专色
- 生成配色方案
- 重新为图稿上色
- 调整图稿颜色

【学习重点】

渐变网格

网格对象是用多种颜色填充的对象，可以表现复杂的颜色过渡效果。要想用好它，需要精通锚点编辑方法。

·AI技术/设计讲堂·

渐变网格与渐变有何不同

从颜色效果看，渐变网格与任意形状渐变效果有些类似，但更加复杂多变。图10-1所示为渐变网格与3种渐变的外观差别。

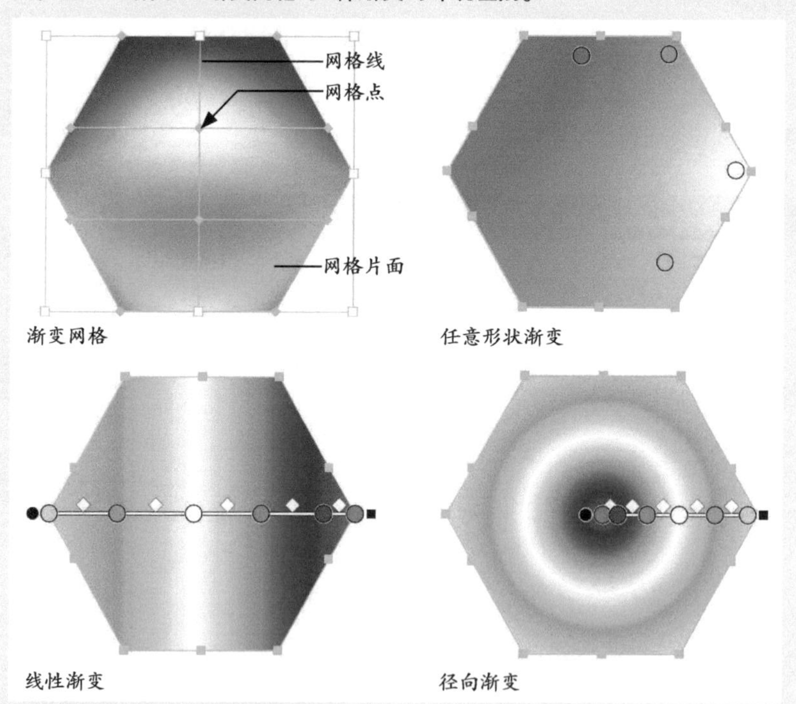

图10-1

渐变网格由网格点、网格线和网格片面构成。其上的颜色沿不同方向顺畅分布，从一点平滑过渡到另一点。通过移动和编辑网格线上的点，可以修改颜色的变化强度，以及颜色范围，如图10-2所示。因此，它的可控性和表现力要远远超过渐变。使用它可以制作出相片级写实效果的作品，如图

10–3所示。图10–4所示为机器人复杂的网格结构。

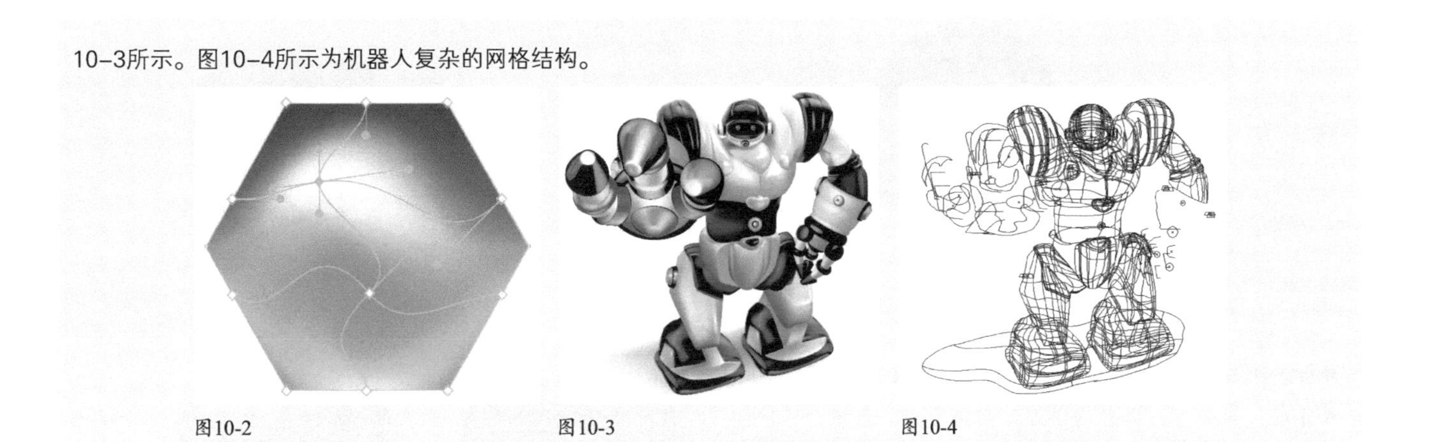

图10-2　　图10-3　　图10-4

10.1.1

实战：爱心图标（网格工具）

矢量对象（复合路径和文本对象除外）、嵌入Illustrator文档中的图像（非链接状态）都可以用来创建渐变网格。如果要表现复杂的效果，最好创建若干小且简单的网格对象，而不要创建单个复杂的网格。否则会使系统性能大大降低。

01 打开素材，如图10-5所示。在“色板”或“颜色”面板中为网格点选取颜色，如图10-6所示。

图10-5

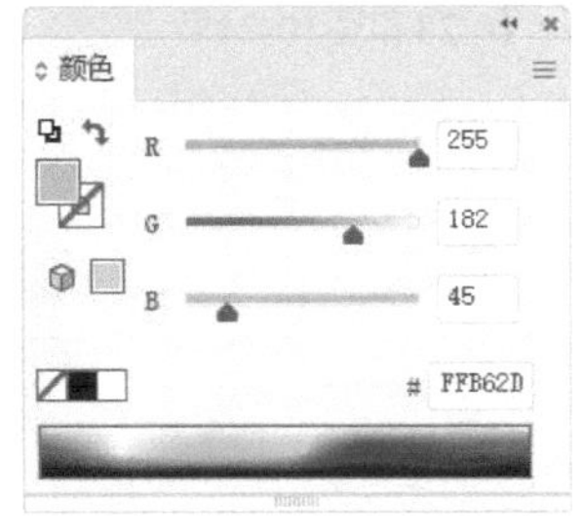

图10-6

02 选择网格工具，将鼠标指针放在图形上（鼠标指针会变为状），如图10-7所示。单击鼠标，将图形转换为具有最低网格线数的网格对象，如图10-8所示。

图10-7

图10-8

03 在图形上单击，添加网格点。在“颜色”面板中调整它的颜色，如图10-9和图10-10所示。

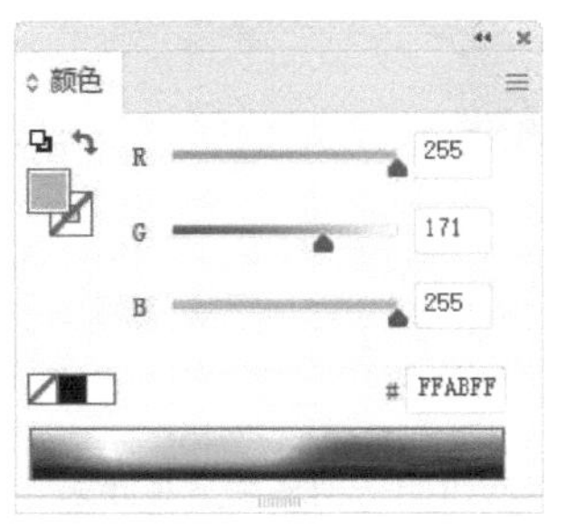

图10-9

图10-10

10.1.2

实战：玻璃质感图标（为网格点着色）

下面学习怎样使用命令创建渐变网格，练习网格点的着色。要注意的是：为网格点或网格片面着色前，需要先单击工具栏或“颜色”面板中的填色按钮□，切换到填色编辑状态（可按X键切换填色和描边状态）。

01 先制作相机镜头。选择椭圆工具，在画板上单击，弹出“椭圆”对话框，创建一个圆形，填色为黑色，无描边，如图10-11和图10-12所示。执行“对象>创建渐变网格”命令，设置参数，如图10-13所示，按照指定的网格线数量创建渐变网格，如图10-14所示。

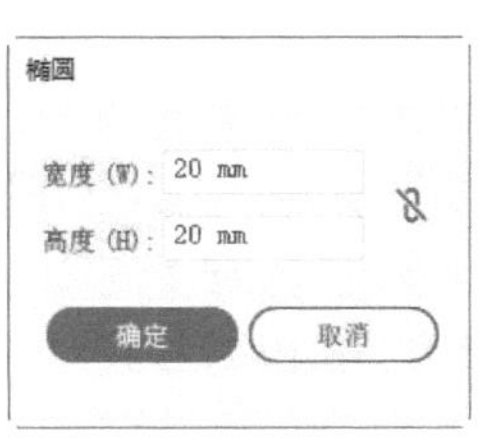

图10-11

图10-12

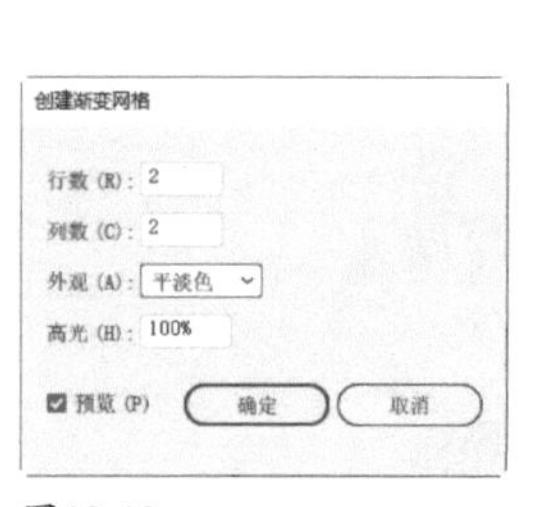

图10-13

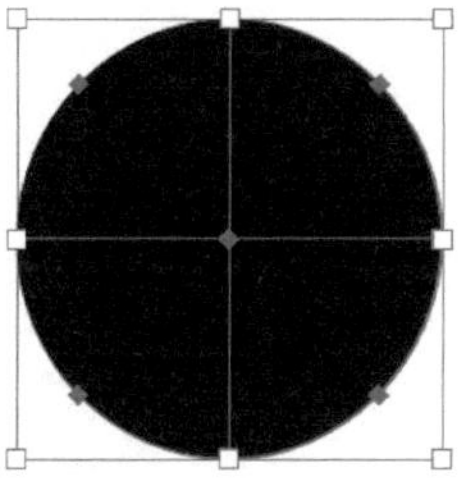

图10-14

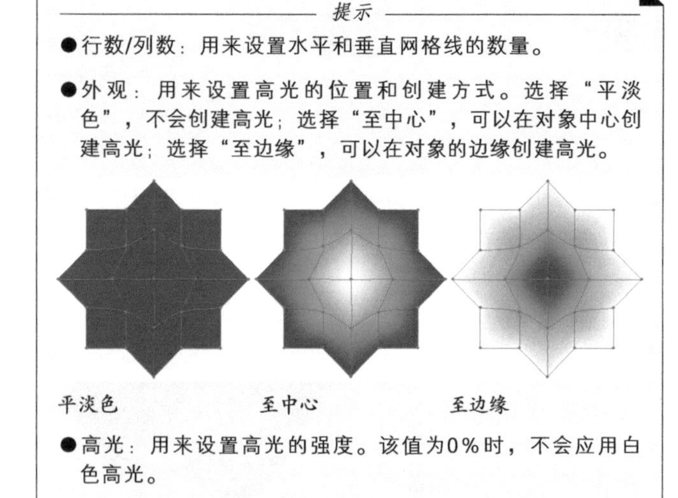

提示

●行数/列数：用来设置水平和垂直网格线的数量。

●外观：用来设置高光的位置和创建方式。选择“平淡色”，不会创建高光；选择“至中心”，可以在对象中心创建高光；选择“至边缘”，可以在对象的边缘创建高光。

●高光：用来设置高光的强度。该值为0%时，不会应用白色高光。

02 单击“色板”面板中的填色按钮□，切换到填色状态。选择网格工具▦，单击网格点，将其选取，单击“色板”面板中的白色色板，为其着色，如图10-15和图10-16所示。

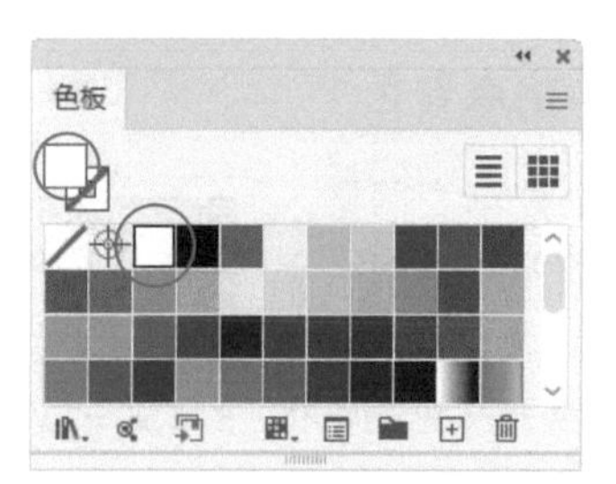

图10-15

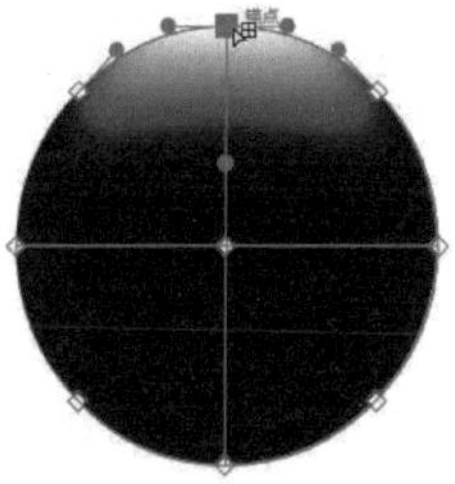

图10-16

提示

将“色板”面板中的色板拖曳到一个网格点上，也可为其着色。此外，选择网格点后，选择吸管工具，在一个单色对象上单击，可拾取它的颜色并应用到所选网格点上。

03 单击一个网格点，拖曳“颜色”面板中的滑块也可以调整颜色，如图10-17和图10-18所示。

04 选择网格工具▦，在网格线上单击，添加网格点，如图10-19所示。按住Shift键（锁定垂直方向）向下拖曳，如图10-20所示。调整它的颜色，如图10-21和图10-22所示。

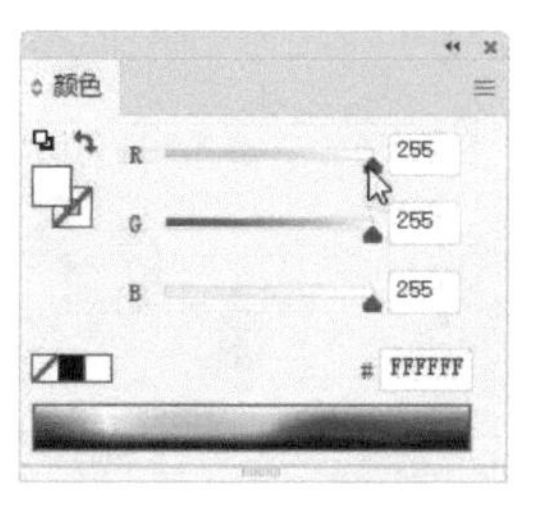

图10-17

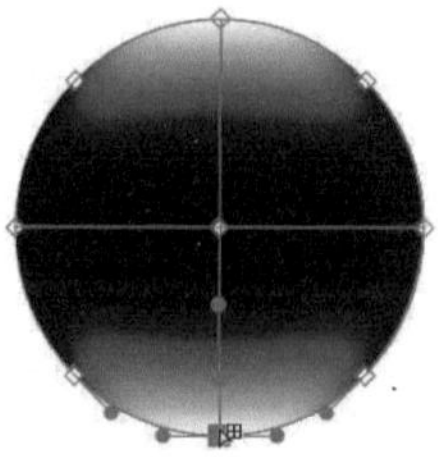

图10-18

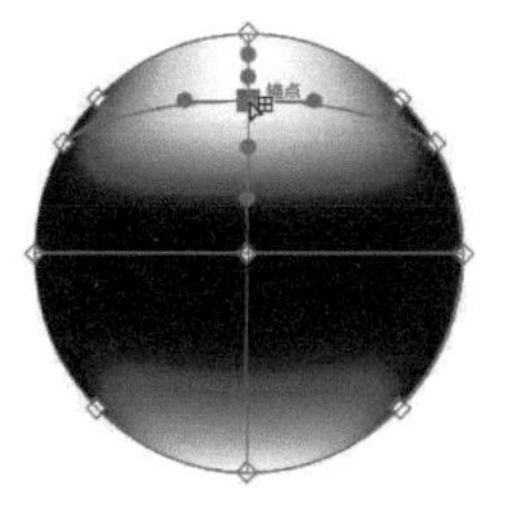

图10-19

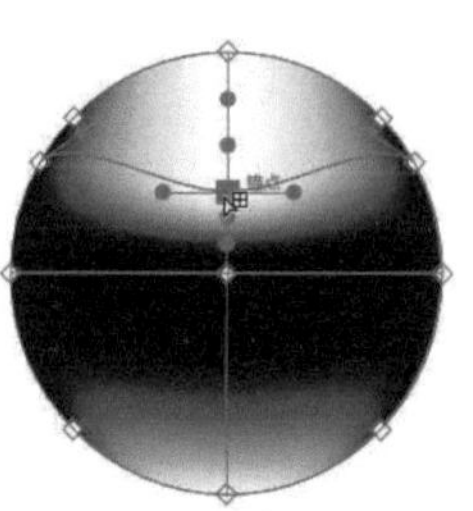

图10-20

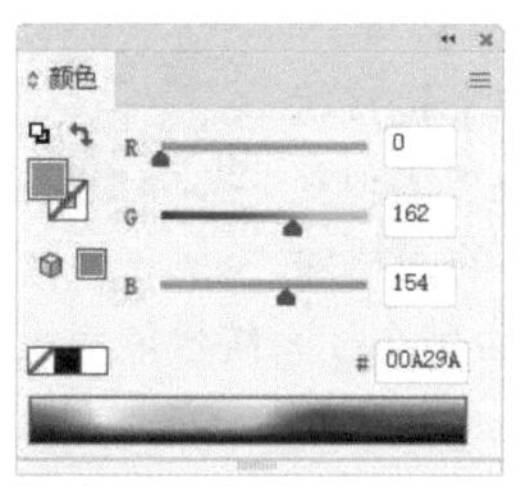

图10-21

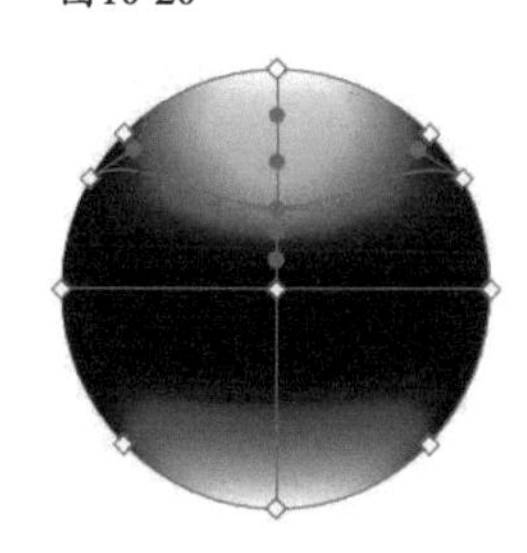

图10-22

05 在下方网格线上添加一个网格点并调整颜色，如图10-23和图10-24所示。

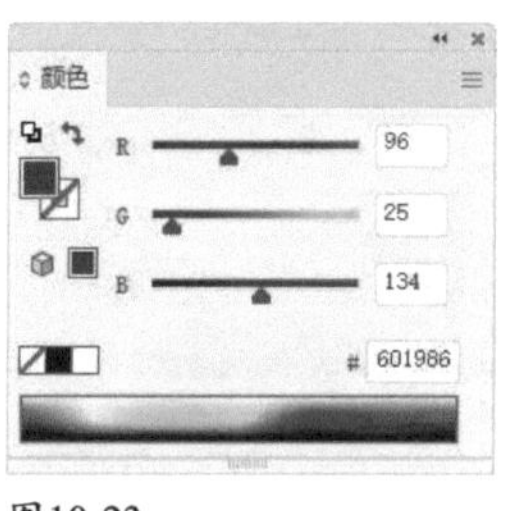

图10-23

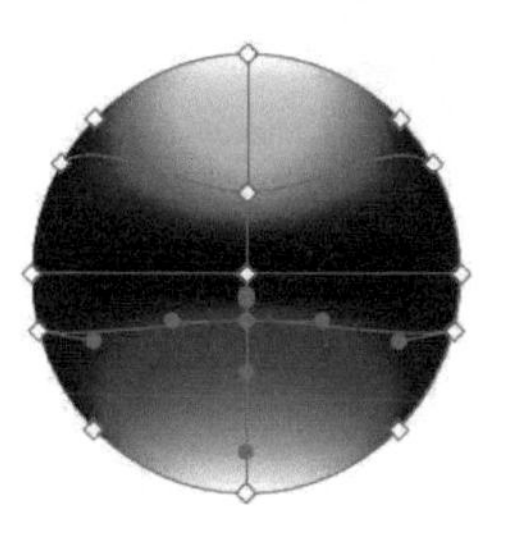

图10-24

提示

为网格点着色后，选择网格工具▦，在网格区域单击，新添加的网格点与上一个网格点颜色相同。如果按住 Shift 键单击，则可添加网格点，但不改变其填充颜色。

06 选择选择工具▶，单击网格对象，将其选取，执行“效果>风格化>内发光”命令，添加内发光效果，设置发光颜色为青色，如图10-25和图10-26所示。

07 使用椭圆工具◯创建椭圆形，填充渐变，无描边，如图10-27和图10-28所示。

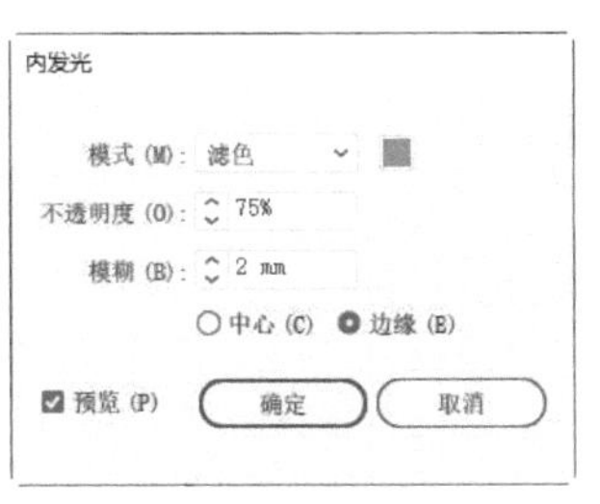

图10-25

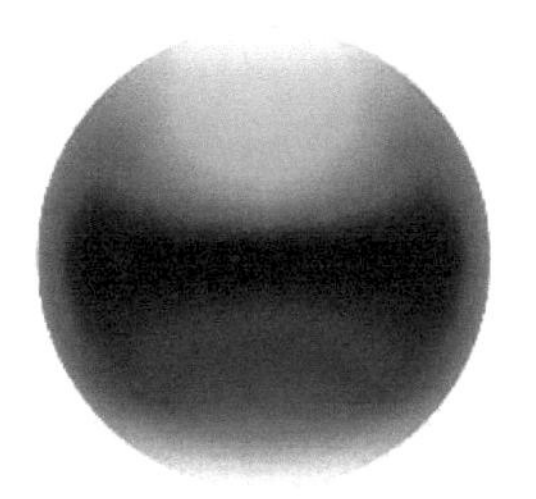

图10-26

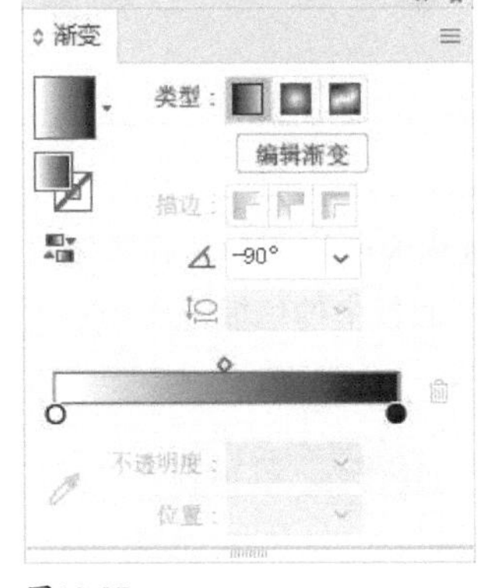

图10-27

图10-28

08 设置混合模式为“滤色”，不透明度为42%，如图10-29和图10-30所示。在图形下方再创建一个椭圆，填充渐变，如图10-31所示。混合模式和不透明度与上方椭圆相同，效果如图10-32所示。

图10-29

图10-30

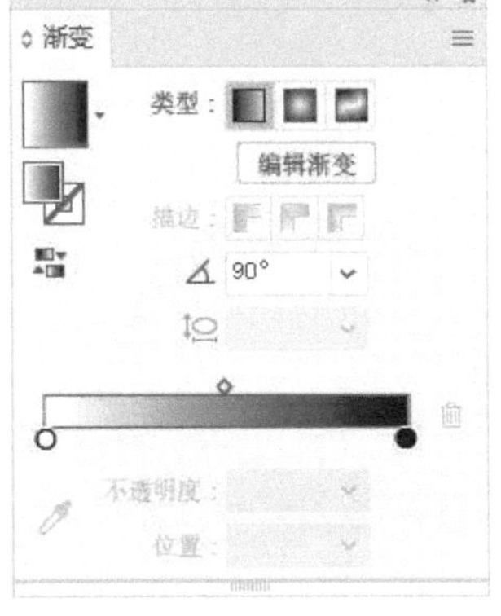

图10-31

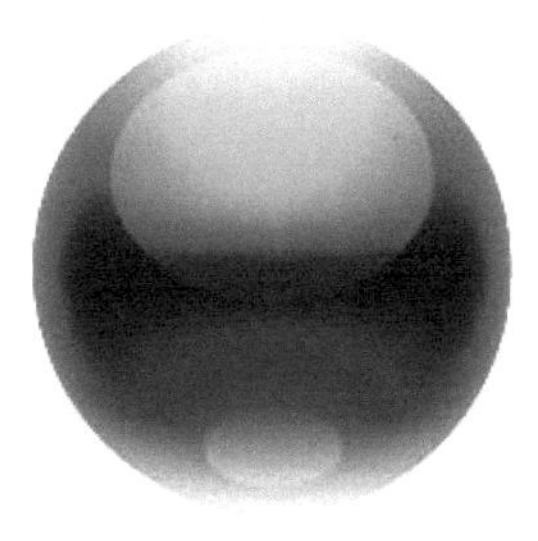

图10-32

09 选择椭圆工具，按住Shift键拖曳鼠标创建圆形，按Shift+Ctrl+[快捷键移至底层。设置描边粗细为8 pt，颜色为渐变，如图10-33和图10-34所示。

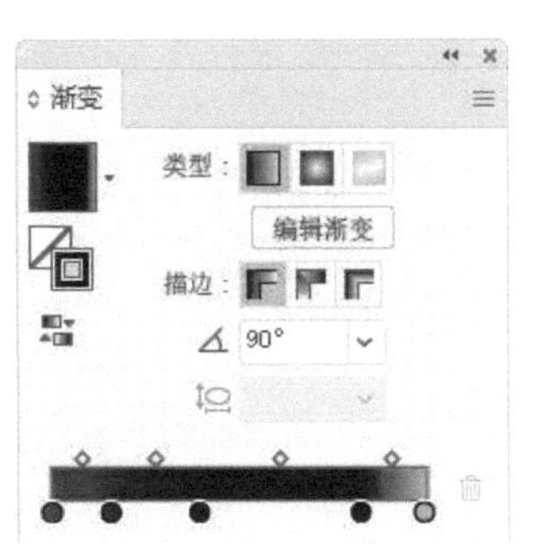

图10-33

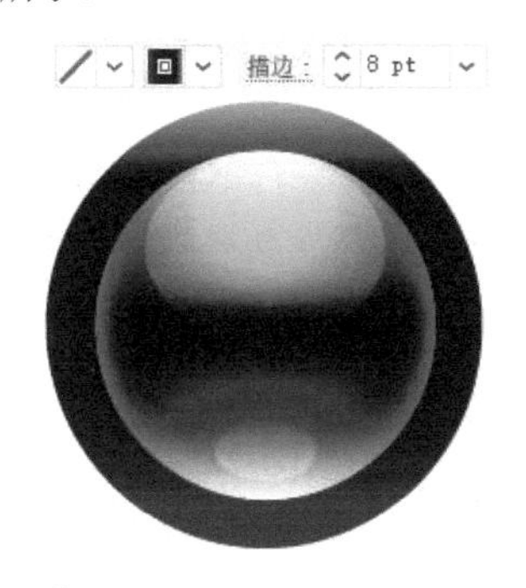

图10-34

10 创建一个大一点的圆形，按Shift+Ctrl+[快捷键移至底层。设置描边为10 pt。填充深灰色渐变，用浅灰色渐变描边，如图10-35~图10-37所示。

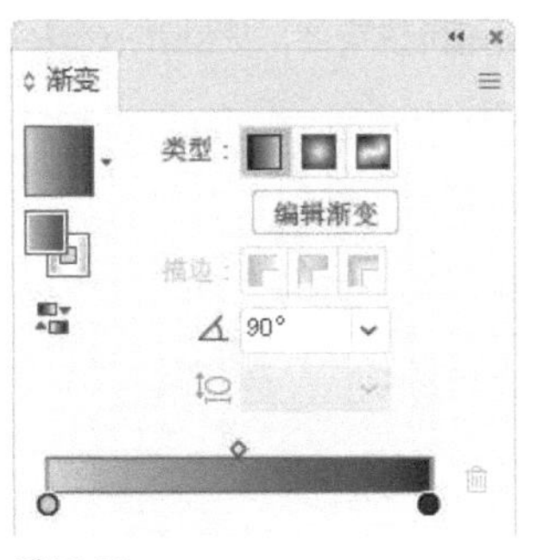

图10-35

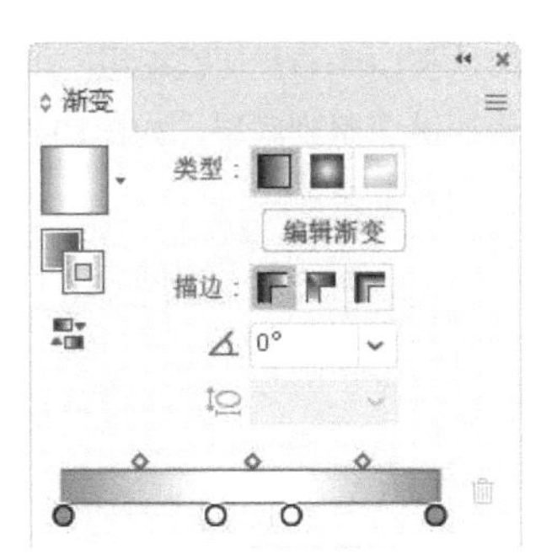

图10-36

图10-37

11 保持图形的被选取状态。执行“效果>风格化>投影”命令，添加投影，如图10-38和图10-39所示。

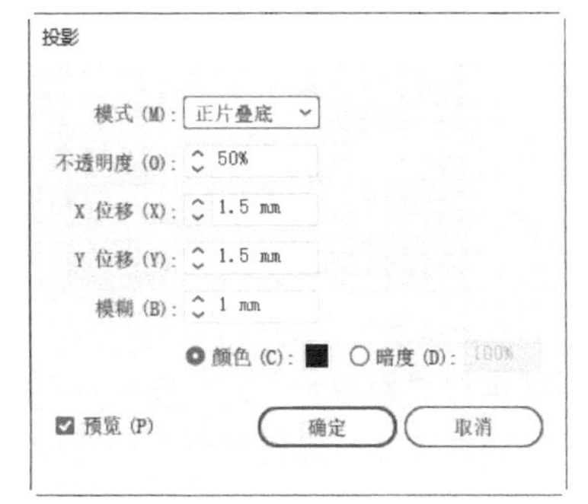

图10-38

图10-39

12 下面制作相机机身。使用圆角矩形工具▢创建圆角矩形，填充渐变，无描边，如图10-40和图10-41所示。

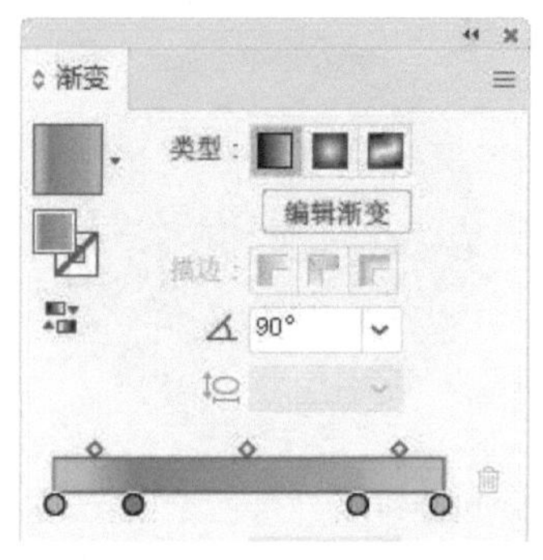

图10-40

图10-41

13 使用椭圆工具◯创建一个白色的圆形。用矩形工具▢创建一个绿色的矩形，如图10-42所示。将这3个图形选取，按Ctrl+G快捷键编组，移动到相机镜头处，按Shift+Ctrl+[快捷键调整到底层，如图10-43所示。

图10-42

图10-43

10.1.3 将渐变转换为渐变网格

选取用渐变填充的对象，如图10-44所示，选择网格工具，单击它，可将其转换为渐变网格对象，但会丢失渐变颜色，如图10-45所示。

图10-44

图10-45

如果要保留渐变，可以执行“对象>扩展”命令，在打开的对话框中勾选“填充”并选取“渐变网格”选项即可，如图10-46和图10-47所示。

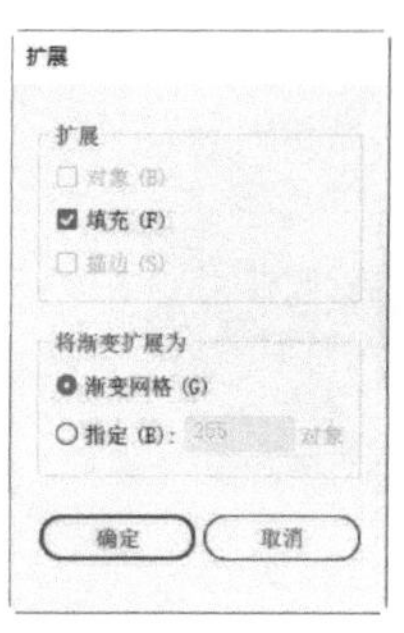

图10-46

图10-47

10.1.4 为网格片面着色

任意4个网格点之间的区域称为网格面片。在未选取网格片面的情况下，将“色板”面板中的色板拖曳到它上方，可为其着色，如图10-48所示。

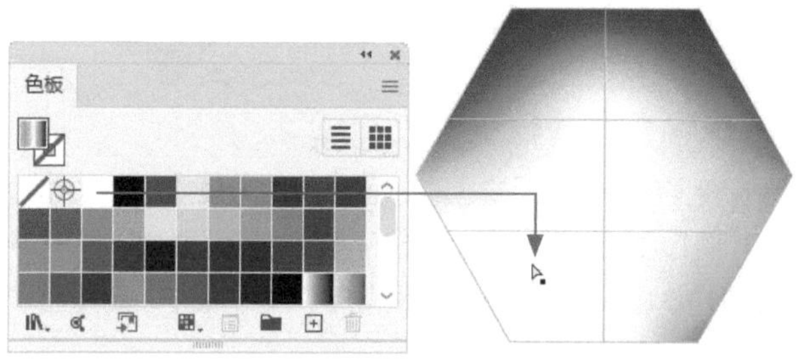

图10-48

选择直接选择工具▷，在网格片面上单击，如图10-49所示，将其选择以后，可以通过不同的方法着色。例如，单击“色板”面板中的色板进行上色；拖曳“颜色”面板中的滑块，调整颜色，如图10-50所示；选择吸管工具，在一个单色填充的对象上单击，拾取颜色，如图10-51所示。

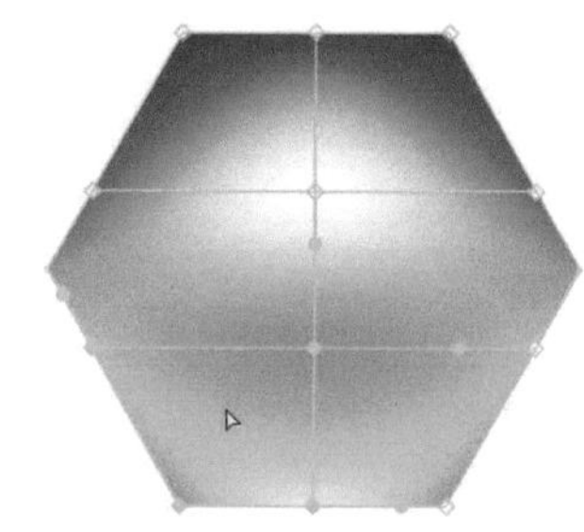

图10-49

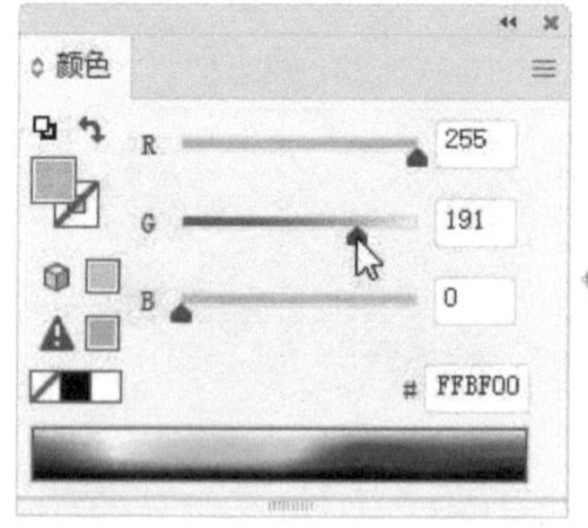

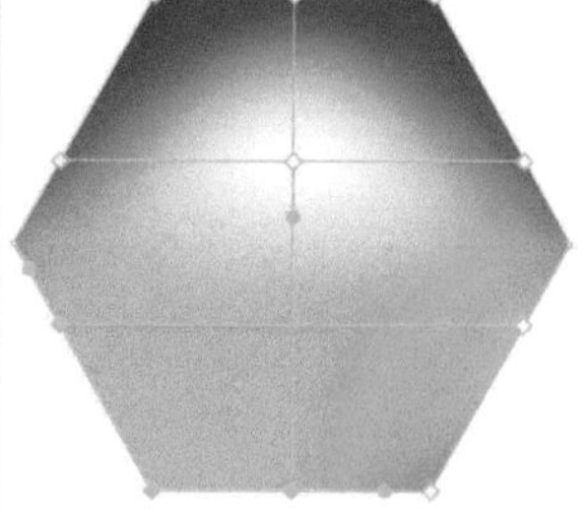

图10-50

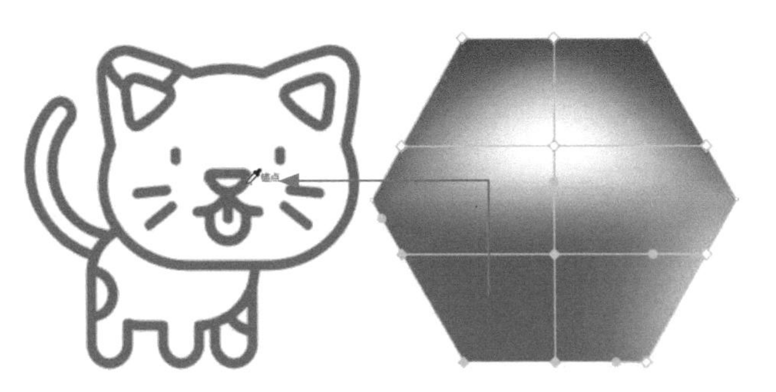

图10-51

提示

为网格片面着色时，颜色以该区域为中心向外扩散。而为网格点着色时，颜色是以点为中心向四周扩散的。

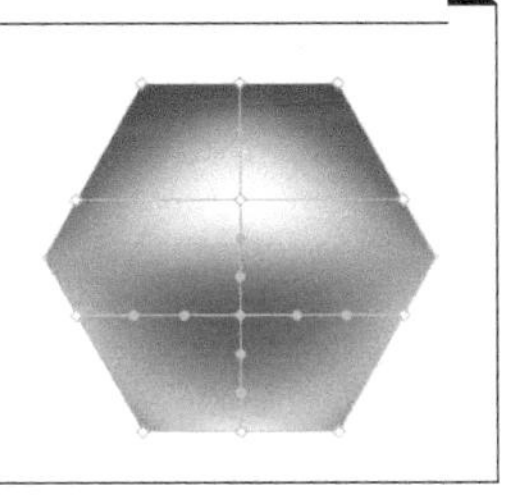

10.1.5 编辑网格点

除可以接受颜色外，渐变网格对象中的网格点与锚点在操作上并无不同之处。因此，我们可以像编辑锚点那样添加、删除网格点；也可以通过移动网格点或拖曳方向点，来修改网格，从而控制颜色的位置。

添加/删除锚点和网格点

网格点为菱形，锚点则为方形。使用添加锚点工具和删除锚点工具可以在网格线上添加和删除锚点。锚点可用于修改网格线的形状，但不能着色。添加锚点时不会生成网格线，删除锚点时也不会删除网格线。

如果要添加网格点，可以选择网格工具，在网格线或网格片面上单击，如图10-52和图10-53所示。如果要删除网格点，可以按住Alt键，鼠标指针变会为状，如图10-54所示，单击网格点即可。由该点连接的网格线也会同时被删除，如图10-55所示。

图10-52　图10-53

图10-54　图10-55

选取和移动网格点、网格片面

选择网格工具，将鼠标指针放在网格点上，鼠标指针变为状时，如图10-56所示，单击即可选取网格点。选中的网格点为实心菱形，未选中的为空心菱形，如图10-57所示。

图10-56　图10-57

使用直接选择工具在网格点上单击，也可以选择网格点。如果要选取多个网格点，可以按住Shift键分别单击它们，如图10-58所示。也可以拖曳出一个矩形选框，将它范围内的所有网格点都选中，如图10-59所示。如果要选取非矩形区域内的多个网格点，使用套索工具操作是最方便的，如图10-60所示。

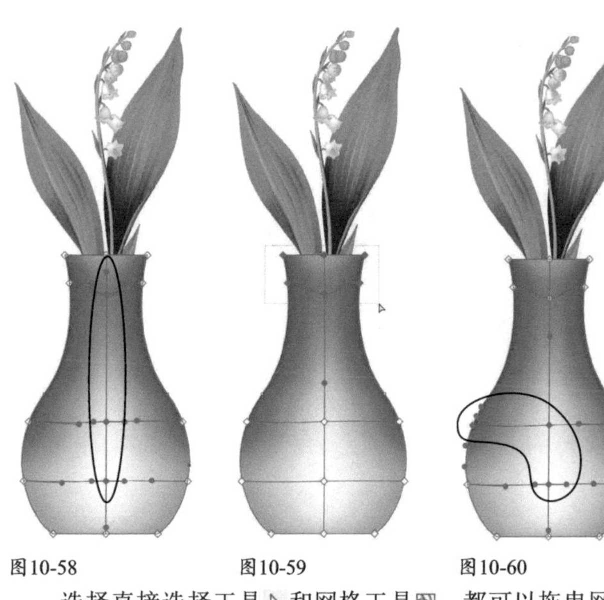

图10-58　图10-59　图10-60

选择直接选择工具和网格工具，都可以拖曳网格点，进行移动，如图10-61所示。选择网格工具时，按住Shift键拖曳，可以将移动范围限制在网格线上，如图10-62所示。如果需要沿一条弯曲的网格线移动网格点，采用这种方法操作，不会扭曲网格线。选择直接选择工具，可以拖曳网格片面，如图10-63所示。

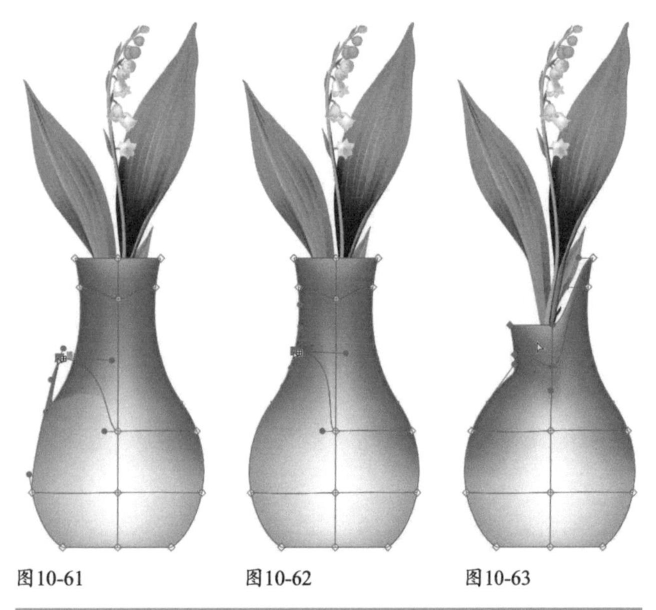

图10-61　图10-62　图10-63

调整方向线

网格点也有方向线，并且与锚点的方向线完全相同。我们可以选择网格工具或者直接选择工具，拖曳方向点，调整方向线，从而改变网格线的形状，如图10-64所示。按住Shift键拖曳，可以同时调整该点上的所有方向线，如图10-65所示。

图10-64　图10-65

10.1.6 从网格对象中提取路径

将图形转换为渐变网格对象后，它将不再具有路径的某些属性。例如，不能用于创建混合、剪切蒙版和复合路径等。

如果要保留以上属性，可以选取网格对象，如图10-66所示，执行“对象>路径>偏移路径”命令。在打开的对话框中将“位移”值设置为0 mm，如图10-67所示，单击“确定”按钮，可以得到与网格图形相同的路径。新路径与网格对象重叠在一起，可以使用选择工具将它们移开，如图10-68所示。

图10-66

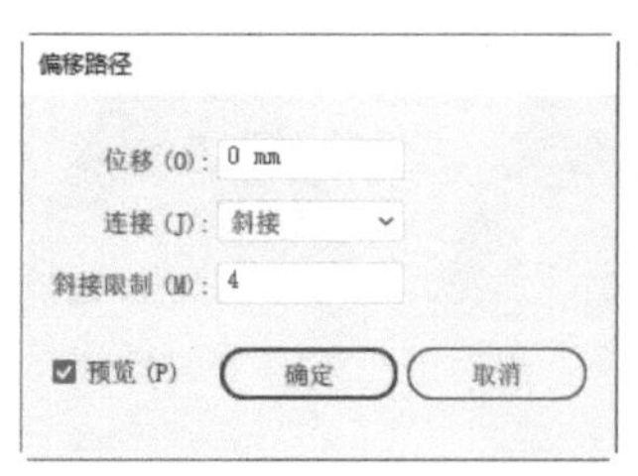

图10-67

图10-68

实时上色

实时上色是一种为图形上色和描边的特殊方法。在进行操作的时候，就像在涂色簿上填色或用水彩为铅笔素描上色一样。

·AI技术/设计讲堂·

实时上色组的构成及编辑方法

什么是实时上色组

实时上色组是这样一种对象：我们把多个图形编入该组之后，组中的路径会将图稿分割成不同的区域，并由此形成了数量不等的表面和边缘。表面可以填色，边缘可以描边，如图10-69和图10-70所示。在实时上色组中，每条路径都能编辑。当调整路径形状，使某一区域发生改变时，填色和描边会被自动应用到新的区域，如图10-71和图10-72所示。

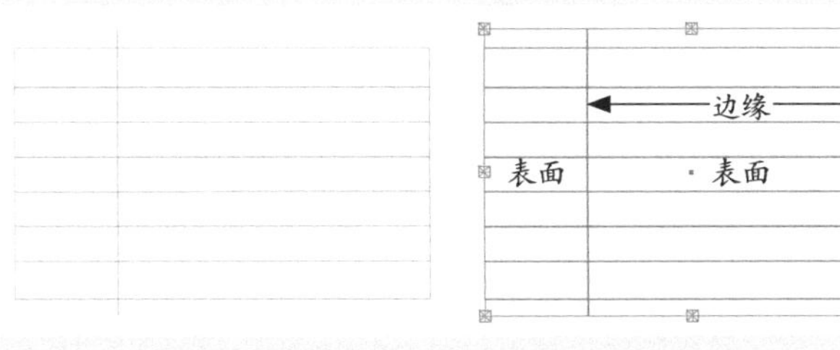

为实时上色组准备的对象

图10-69

创建的实时上色组

图10-70

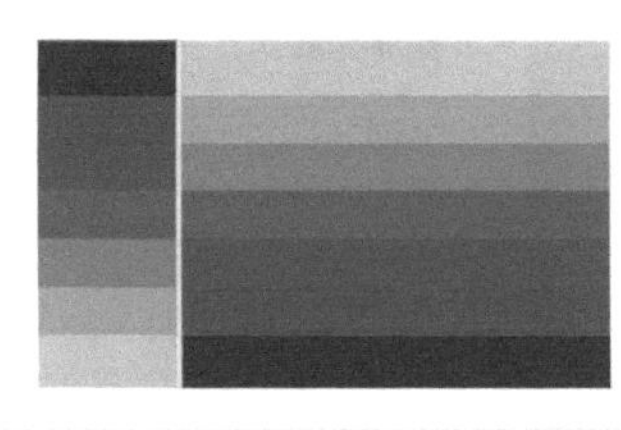

为表面上色，为边缘描边

图10-71

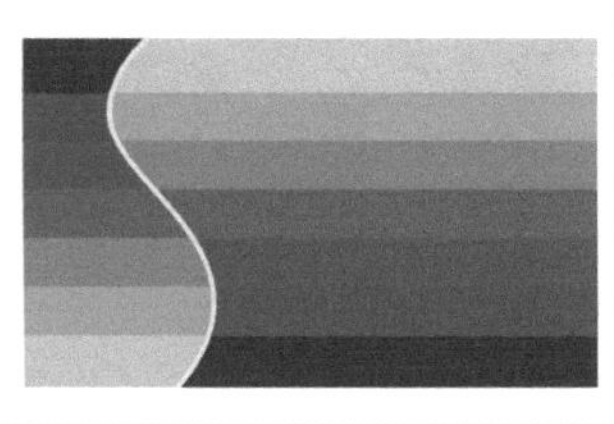

修改路径

图10-72

并不是所有对象都能用实时上色功能处理。非图形类对象，如文字、图像和画笔等无法直接建立为实时上色组，需要先转换为路径才行。文字用“文字>创建轮廓”命令转换；图像用“对象>图像描摹>建立并扩展”命令处理；画笔等其他对象用“对象>扩展”命令处理。

与实时上色有关的工具包括实时上色工具、实时上色选择工具、选择工具、直接选择工具。实时上色工具是上色时使用的；实时上色选择工具用于选择实时上色组中的表面和边缘；选择工具用于选择整个实时上色组；直接选择工具用于选择实时上色组内的路径。如果图稿比较复杂，选取对象的难度较大，可以选择选择工具，双击实时上色组，进入隔离模式，这样就可以轻松地选择所需的表面和边缘了。

设置颜色

创建实时上色组后，可以在“颜色”“色板”和“渐变”面板中设置颜色，再用实时上色工具为对象填色。选择实时上色工具，将鼠标指针移动到对象上方，当检测到表面时，会突出显示红色的边框，同时，工具上方还会显示当前选取的颜色。如果这是从“色板”面板中选取的颜色，则显示3个颜色的色板，如图10-73所示。位于中间的是当前选取的颜色，两侧是“色板”面板中与它相邻的颜色。单击可填充当前颜色。按←键和→键，可以切换到相邻颜色，如图10-74所示。按住Alt并单击其他对象，可拾取颜色，如图10-75和图10-76所示。

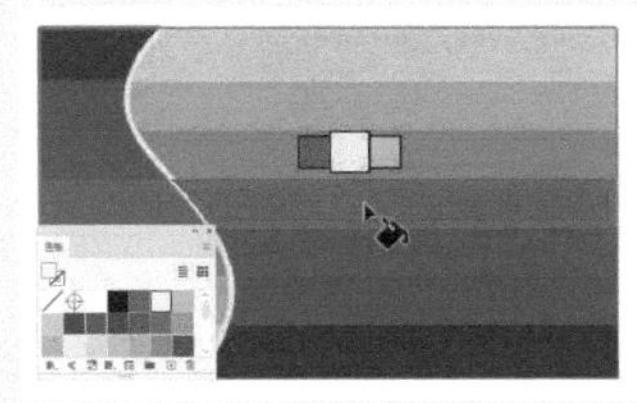

捕捉到表面并显示颜色

图10-73

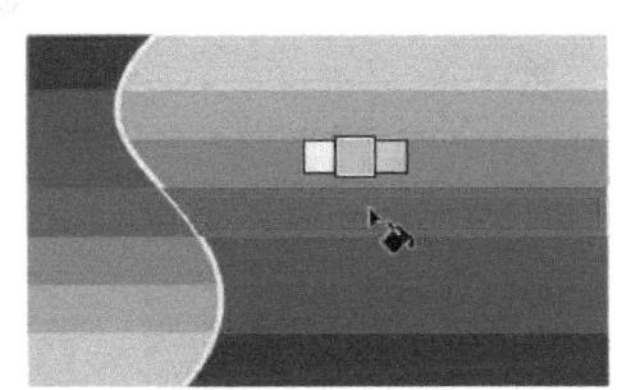

按→键切换颜色

图10-74

按住Alt键并单击拾取颜色

图10-75

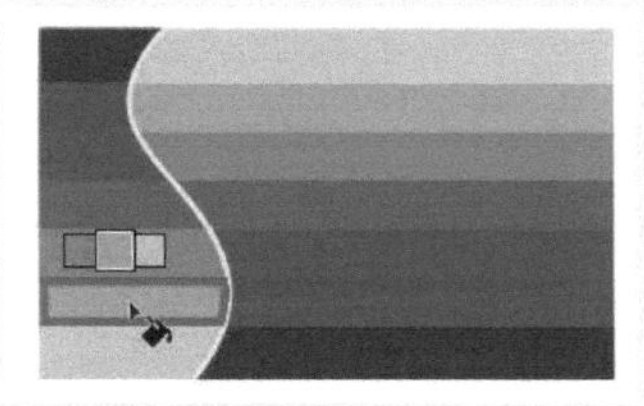

放开Alt键

图10-76

上色

单击一个表面，可为其进行填充，如图10-77所示。在表面上单击3下，可以填充与其具有相同填色或描边的其他表面，如图10-78所示。跨多个表面拖曳鼠标，可以一次为多个表面上色，如图10-79和图10-80所示。

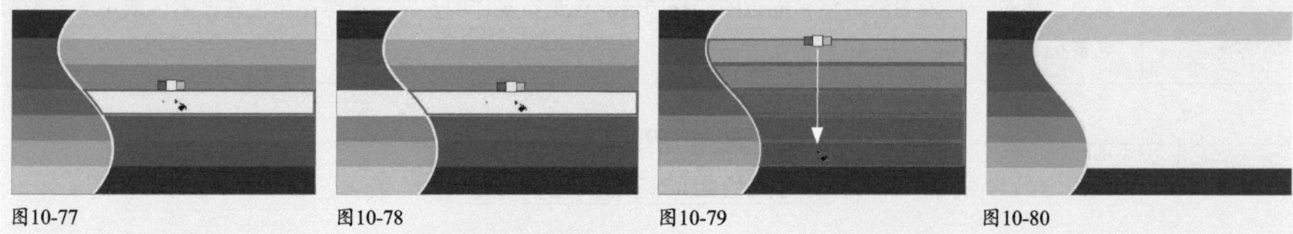

图10-77　图10-78　图10-79　图10-80

如果要对边缘上色，可以按住Shift键，此时鼠标指针会变成状，移动到边缘上方，当鼠标指针变为状时单击即可，如图10-81所示。上色之后，可以用实时上色选择工具或直接选择工具单击边缘，调整描边粗细，如图10-82所示。

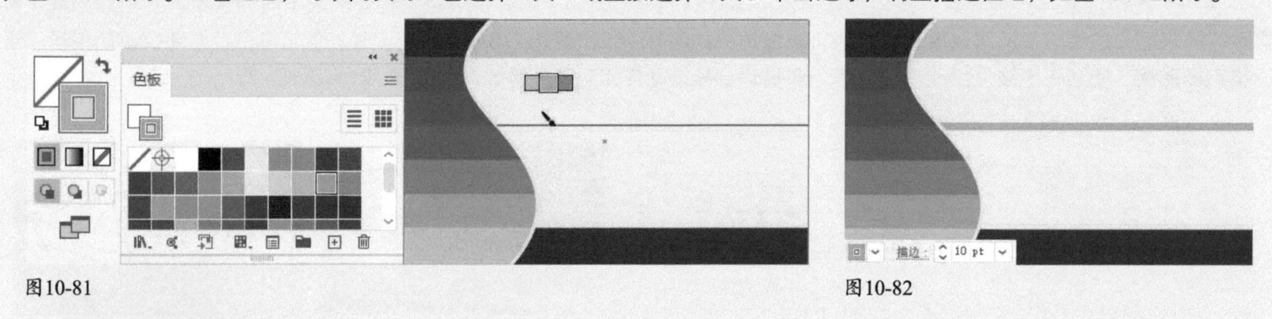

图10-81　图10-82

选取表面和边缘

进行实时上色时，不必选取对象。但是如果想同时为多个表面或边缘上色，则应先将它们选取。选择实时上色选择工具，单击一个表面（或边缘），可将其选取，如图10-83所示；双击可以选取没有被颜色边缘分隔开的连续表面（或边缘），如图10-84所示。

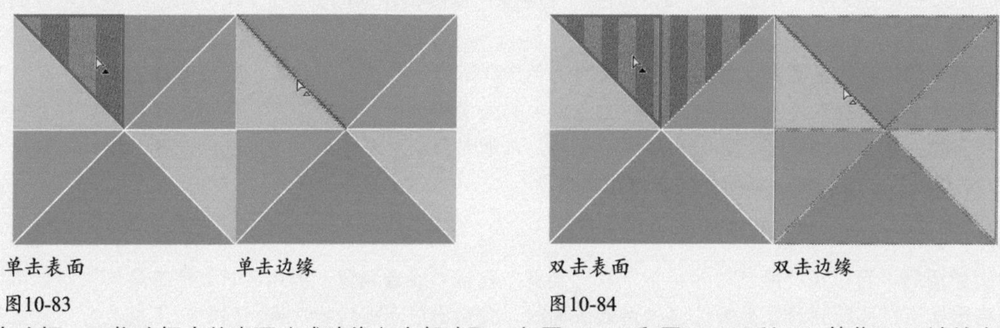

图10-83　图10-84

拖出一个选框，可将选框内的表面（或边缘）全部选取，如图10-85和图10-86所示。按住Shift键单击其他表面或边缘，或者按住Shift键拖出一个选框，可以添加选取的对象，如图10-87所示。如果要选取具有相同填色或描边的表面或边缘，可三击其中的一个对象，如图10-88所示。或者单击一次，然后打开“选择>相同”菜单，使用子菜单中的“填充颜色”“描边颜色”“描边粗细”等命令进行有针对性的选取。

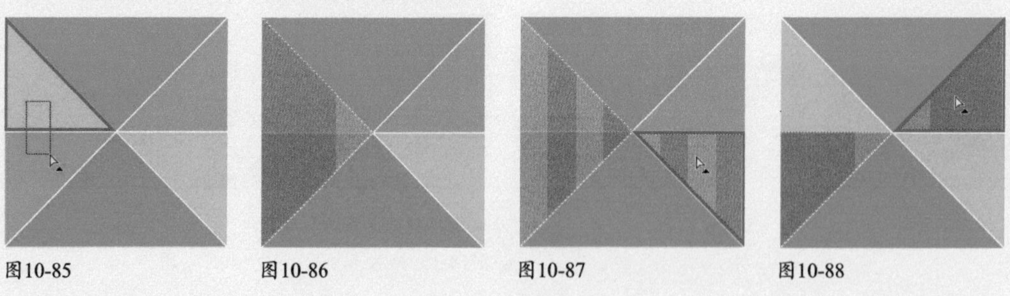

图10-85　图10-86　图10-87　图10-88

10.2.1 实战：制作一款名片

要点

下面用实时上色功能制作一款名片及立体展示效果，如图10-89所示。制作名片，首先要符合设计规范，主要是尺寸要对，90 mm×54 mm、90 mm×50 mm、90 mm×45 mm皆可。名片中除图形之外的其他内容，如姓名、单位、地址等可以根据自己的需要添加，本实战就不介绍了。要注意的是名片自身并不太大，因此，文字不能太小，字体也不要过于纤细，否则印刷出来很难看清楚。

图10-89

01 打开素材，如图10-90所示。选择直线段工具／，按住Shift键创建一条直线，无填色和描边，如图10-91所示。

图10-90

图10-91

02 按Ctrl+A快捷键，选取所有对象。执行“对象>实时上色>建立”命令，创建实时上色组，如图10-92所示。执行“窗口>色板库>纺织品”命令，打开“纺织品”面板。单击一个颜色色板，如图10-93所示。选择实时上色工具，将鼠标指针移动到黑色轮廓线上，如图10-94所示，单击鼠标，为轮廓填色，如图10-95所示。

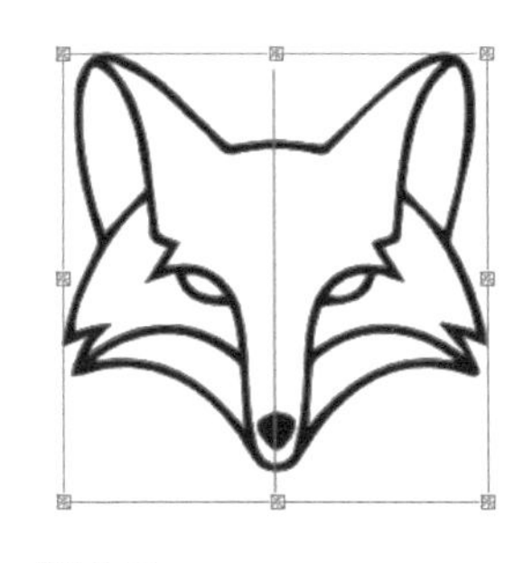
图10-92

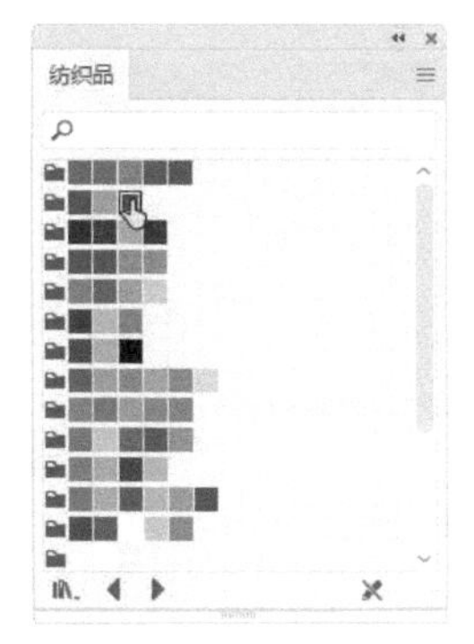

图10-93

图10-94

图10-95

03 采用同样的方法，为另一侧轮廓填色，如图10-96和图10-97所示。

图10-96

图10-97

04 选取色板，并为由直线分割成的图形填色，如图10-98和图10-99所示（眼睛和鼻尖填充白色）。

图10-98

图10-99

05 使用矩形工具创建矩形，按Shift+Ctrl+[快捷键移至底层。填充颜色并将其锁定，如图10-100和图10-101所示。

图10-100

图10-101

06 在画板上单击，弹出“矩形”对话框，创建一个90 mm×50 mm大小的矩形，如图10-102所示。将它移动到狐狸下方，如图10-103所示。

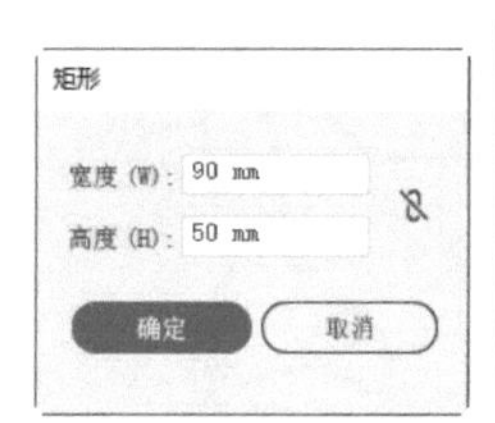

图10-102

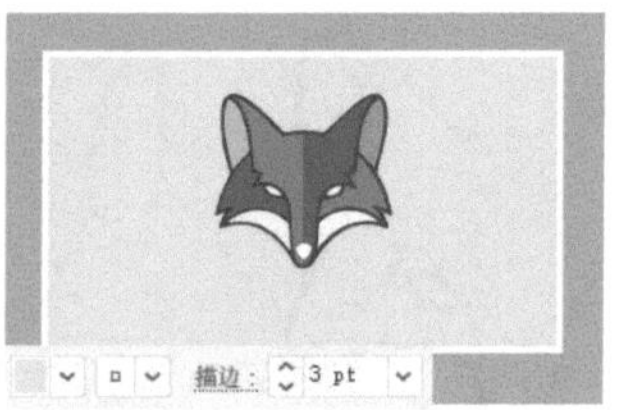

图10-103

07 选择文字工具T，在画板上单击，然后输入文字，如图10-104和图10-105所示。在“fox”上拖曳鼠标，选取文字，如图10-106所示，然后修改字体，如图10-107所示。

图10-104

图10-105

图10-106

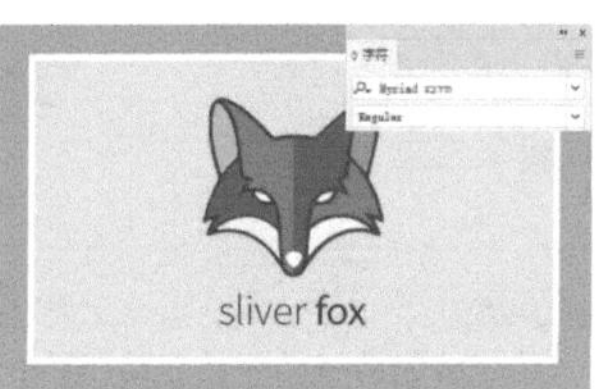

图10-107

08 按Ctrl+A快捷键全选，按Ctrl+G快捷键编组。执行“效果>3D>旋转”命令，打开“3D旋转选项”对话框，调整旋转角度，设置“透视”为120°，如图10-108所示。调整名片角度并使其呈现近大远小的透视效果，如图10-109所示。

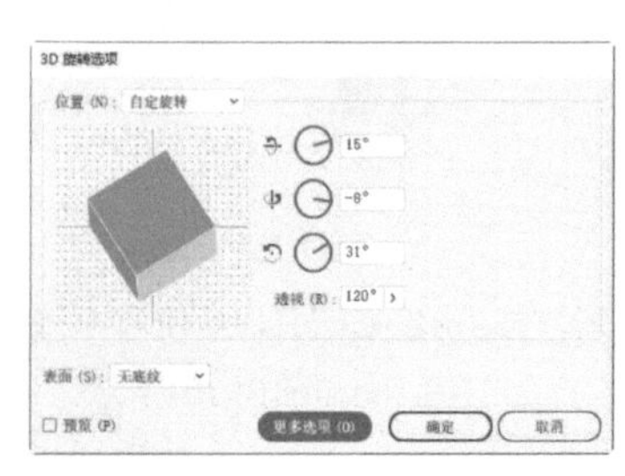

图10-108

图10-109

09 用椭圆工具◯创建一个椭圆形，作为投影。填充渐变，并修改混合模式和不透明度，如图10-110~图10-112所示。

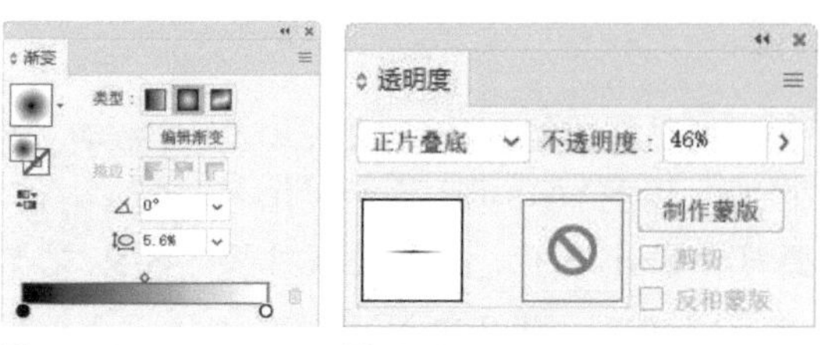

图10-110　图10-111

图10-112

10.2.2

实战：暗夜精灵（添加路径）

要点

实时上色组是一个比较灵活的“群体”，可以随时添加新的“成员”——路径。下面我们就用它的这一功能，通过添加路径，对原有的图稿进行分割，生成新的表面和边缘，修改一幅插画，让简单的画面变得更有意境，如图10-113所示。

扫码看视频

图10-113

01 打开素材。选择选择工具▶，按住Shift键单击山丘和天空，将它们选取，如图10-114所示。执行“对象>实时上色>建立”命令，创建实时上色组。

02 使用钢笔工具绘制两条曲线，无描边，如图10-115所示。

图10-114

图10-115

03 选择选择工具，按住Shift键单击曲线及实时上色组，将它们选取，如图10-116所示。单击“控制”面板中的“合并实时上色”按钮，或执行“对象>实时上色>合并”命令，将这两条路径合并到实时上色组中，如图10-117所示。

图10-116

图10-117

04 单击“色板”面板中预设的渐变色板。选择实时上色工具，将鼠标指针放在天空图形上，单击进行填色，如图10-118所示。

图10-118

05 在“渐变”面板中调整渐变的角度及色标位置，如图10-119和图10-120所示。

图10-119

图10-120

06 按住Ctrl键在画板之外的区域单击，取消选择。单击图10-121所示的色板，然后在中间的山丘上单击，进行填色，如图10-122所示。采用同样的方法，为最远处的山丘填色，如图10-123和图10-124所示。

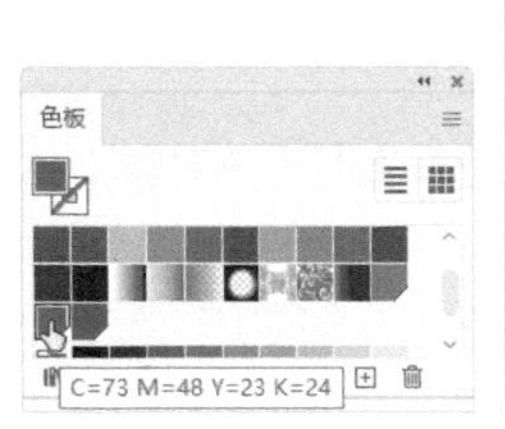

图10-121

图10-122

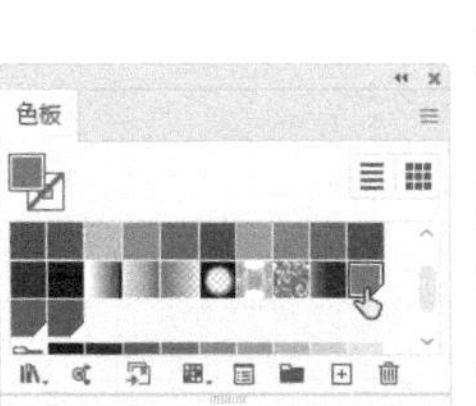

图10-123

图10-124

07 选择选择工具，按住Alt键拖曳松树，进行复制，放在远处的山丘上，如图10-125所示。

图10-125

10.2.3 封闭实时上色间隙

在实时上色时，如果颜色渗到相邻的图形中，或不应该上色的表面被填充了颜色，极有可能是图稿中存在间隙，即路径之间有空隙，没有完全封闭。例如，图10-126所示为一个实时上色组，图10-127所示为填色效果。可以看到，由于顶部出现缺口，为左侧图形填色时，颜色渗透到右侧的图形中。

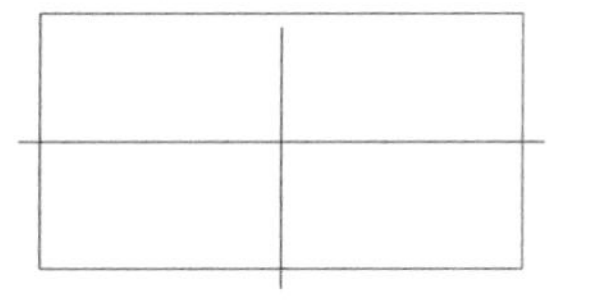
图 10-126

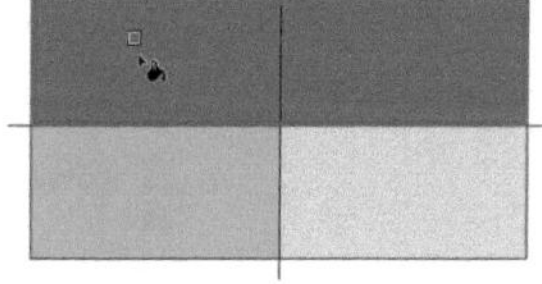
图 10-127

遇到此类情况时可以这样处理：选择实时上色对象，执行“对象>实时上色>间隙选项”命令，打开“间隙选项”对话框，在“上色停止在”下拉列表中选择“大间隙”选项，如图10-128所示，这样就能忽略小间隙。图10-129所示为重新填色的效果，此时路径之间的空隙仍然存在，但颜色没有渗出。如果间隙较小，不容易发现，可以执行“视图>显示实时上色间隙”命令，让间隙突出显示。

图10-128

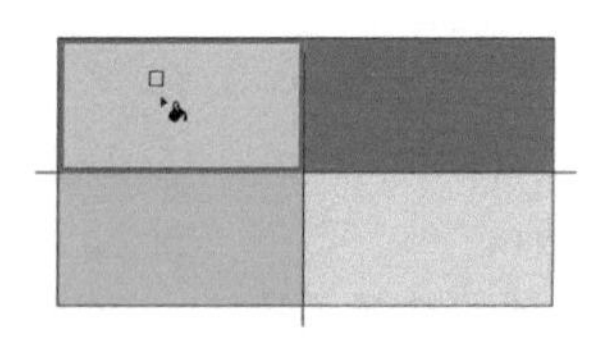
图10-129

- 上色停止在：设置颜色不能渗入的间隙的大小。
- 间隙预览颜色：可以选取预览时间隙以哪种颜色显示。单击该选项右侧的颜色块，可自定颜色。
- 用路径封闭间隙：单击该按钮后，将在实时上色组中插入未上色的路径以封闭间隙（而不是只防止颜料通过这些间隙渗漏到外部）。但是由于这些路径没有被上色，即使已封闭了间隙，也可能会显示仍然存在间隙。

10.2.4 实时上色选项

实时上色工具和实时上色选择工具都包含各自的特定选项，双击这两个工具，可以打开相应的对话框进行设置，如图10-130和图10-131所示。

- 填充上色/描边上色：可选择为实时上色组的表面上色，还是为边缘上色。
- 选择填色/选择描边：可设置实时上色选择工具选取的对象。
- 光标色板预览：勾选该选项后，将鼠标指针放在表面或边缘上方时，会显示当前选取的颜色。
- 突出显示/颜色：勾选“突出显示”选项后，当鼠标指针位于实时上色组表面或边缘上时，将用粗红线突出显示表面，如图10-132所示；用细红线突出显示边缘，如图10-133所示。默认颜色为红色。如果要修改颜色，可以在“颜色”选项中设置。

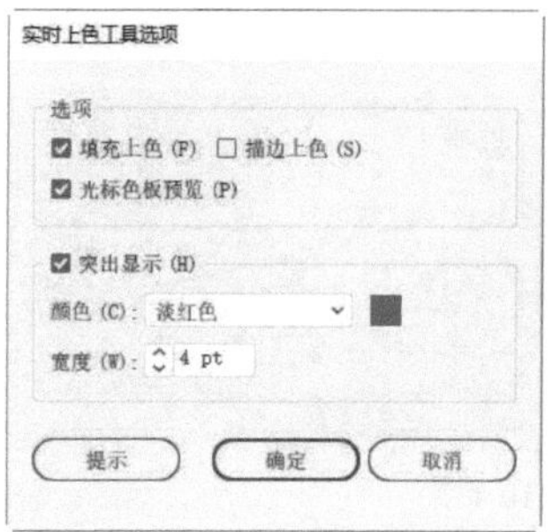

图10-130

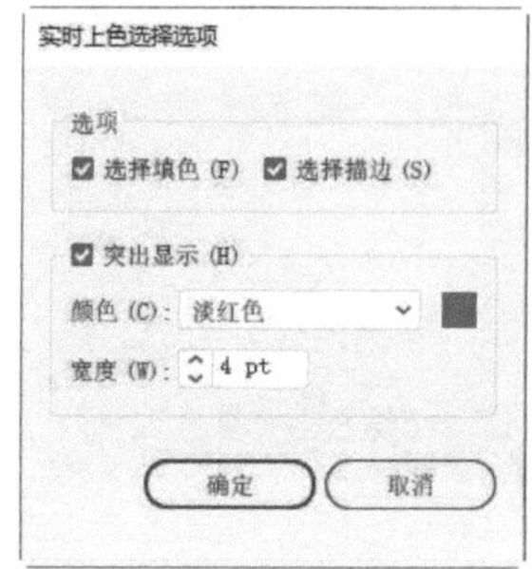

图10-131

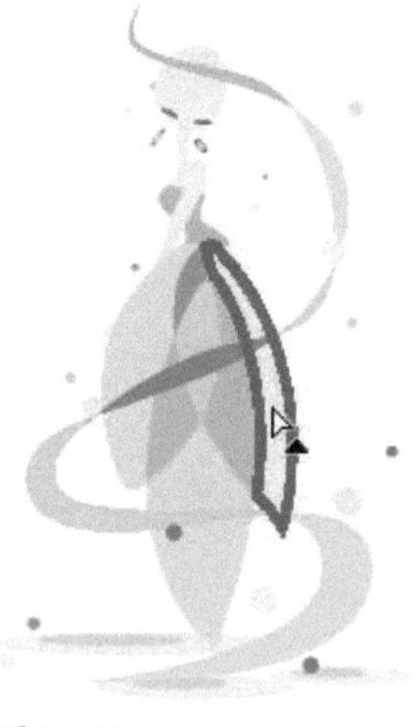
图10-132

图10-133

- 宽度：用来指定突出显示的红线的粗细。

10.2.5 释放/扩展实时上色组

选取实时上色组，如图10-134所示，使用“对象>实时上色>释放”命令可以将其解散，将对象释放出来。但组中的对象不会恢复为之前的填色和描边，而是变成黑色描边（0.5 pt）、无填色的普通路径，如图10-135所示。

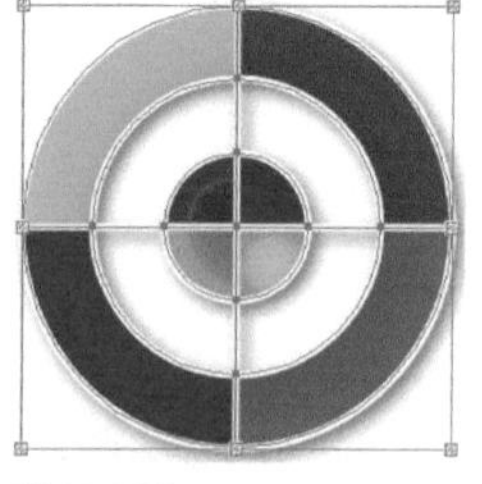
图10-134

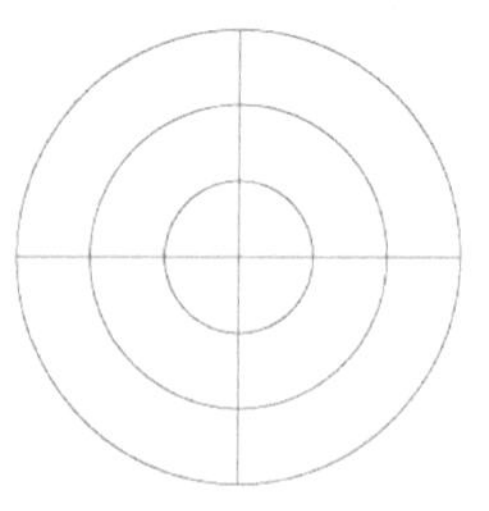
图10-135

使用“对象>实时上色>扩展”命令，可以扩展实时上色组，即之前由路径分割的各个区域，包括表面和边缘现在变成了一个个独立的图形。就是说，图稿被真正地分割了。此时图稿的外观保持不变。使用编组选择工具可以选取其中的部分图形，修改颜色或者删除。

全局色和专色

本节介绍全局色和专色。全局色的最大特点是可以简化工作流程，因为编辑它的时候，不需要选取图稿，就能改变它的颜色。专色在VI设计、印刷中应用广泛，相关技能也需要我们掌握。

10.3.1

实战：制作花纹并用全局色填充

要点

全局色十分特别，当我们创建这种色板并应用到对象上以后，不论何时修改颜色，所有使用它的对象，不管是否被选取，都会自动更新颜色。

如果图稿没有使用全局色上色，则修改对象颜色之前，先要将其选取才行。且每一次改色前，都必须这样操作。由于选取对象需要花费一定的时间，所以处理起来比较麻烦。如果对象的颜色需要多次调整才能确定，使用全局色上色是最好的办法。下面实战中的花纹即是一例。

01 按Ctrl+N快捷键，新建一个文档。选择椭圆工具，创建椭圆形，如图10-136所示。使用锚点工具单击椭圆顶部和底部的锚点，将其转换为角点，如图10-137所示。

02 选取工具栏中的选择工具。按Ctrl+C快捷键复制图形，按Ctrl+F快捷键，粘贴到前面。按住Alt键拖曳控制点，以对称方式将图形的宽度调窄，如图10-138所示。

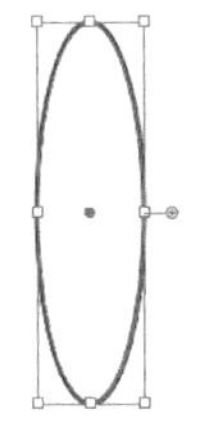

图10-136

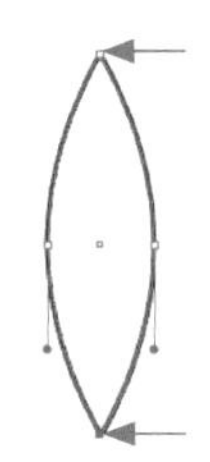

图10-137

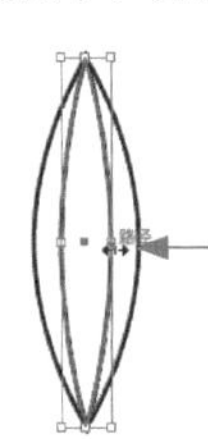

图10-138

03 单击"色板"面板底部的按钮，打开"新建色板"对话框。勾选"全局色"选项，将所选颜色定义为全局色，之后调整参数，如图10-139所示。单击"确定"按钮关闭对话框。单击按钮，再创建一个全局色，如图10-140所示。

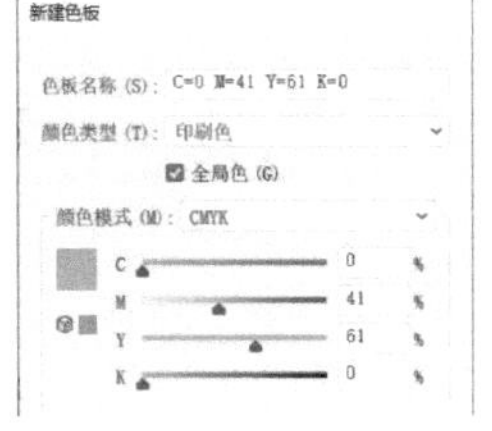

图10-139

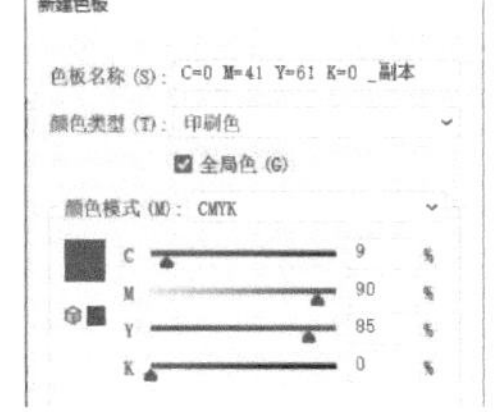

图10-140

04 使用选择工具选取后方的图形，填充浅橘红色全局色，并设置描边为无，如图10-141所示。用深红色全局色为前面的图形描边，如图10-142所示。

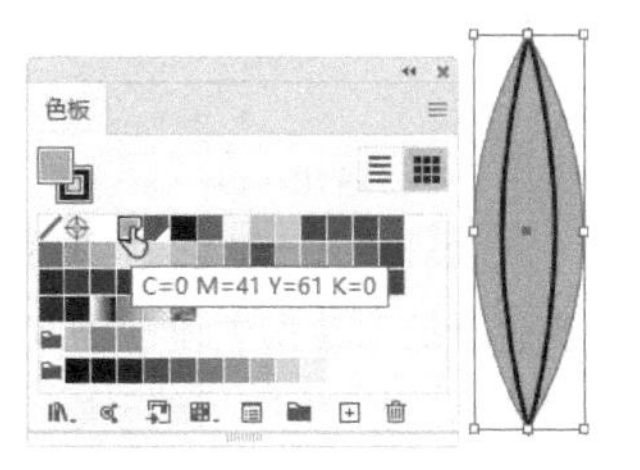

图10-141

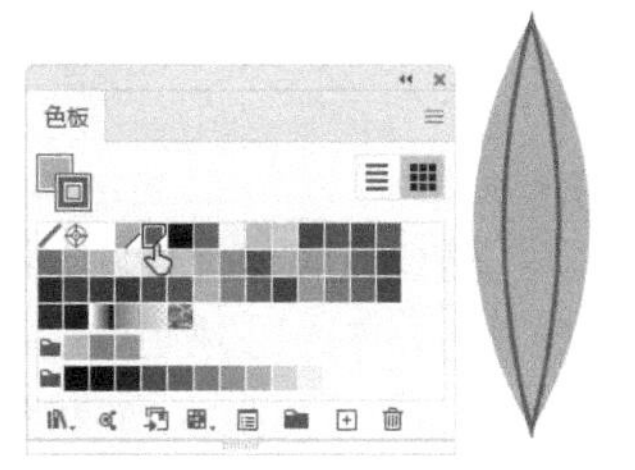

图10-142

05 分别单击这两个图形，在"透明度"面板中设置混合模式为"正片叠底"，如图10-143和图10-144所示。

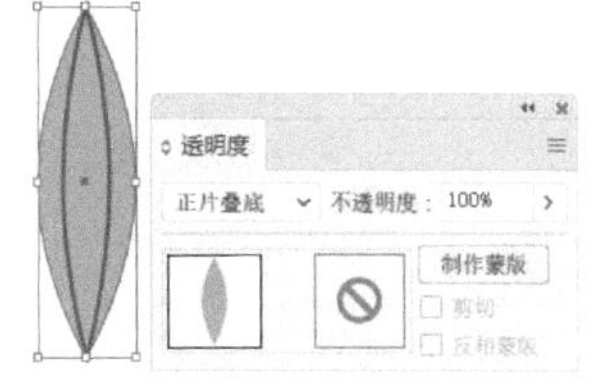

图10-143

图10-144

06 按Ctrl+A快捷键全选，按Ctrl+G快捷键编组。执行"效果>扭曲和变换>变换"命令，打开"变换效果"对话框，设置"角度"为15°，"副本"为23；单击参考点定位器上的小方块，将参考点定位到图形下方，如图10-145所示；单击"确定"按钮，旋转并复制图形，如图10-146所示。

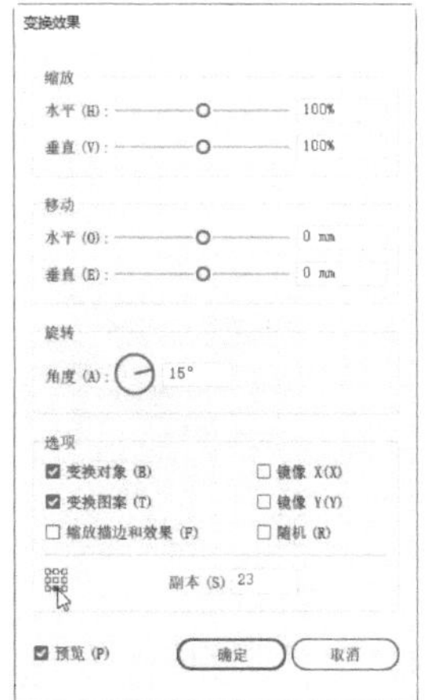

图10-145

图10-146

07 按Ctrl+C快捷键复制图形，按Ctrl+F快捷键粘贴到前面。双击比例缩放工具，在打开的对话框中设置缩放比例为150%，如图10-147所示。单击“确定”按钮关闭对话框。设置图形的混合模式为“滤色”“不透明度”为80%，如图10-148和图10-149所示。

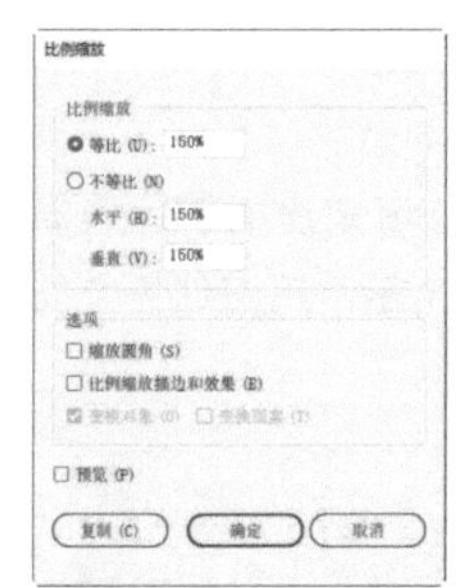
图10-147

图10-148

图10-149

08 按Ctrl+C快捷键复制图形，按Ctrl+B快捷键粘贴到后方。双击比例缩放工具，在打开的对话框中设置缩放比例为150%，如图10-150和图10-151所示。按Ctrl+A快捷键全选。单击“控制”面板中的按钮，对齐图形，如图10-152所示。按Shift+Ctrl+S快捷键保存文件。

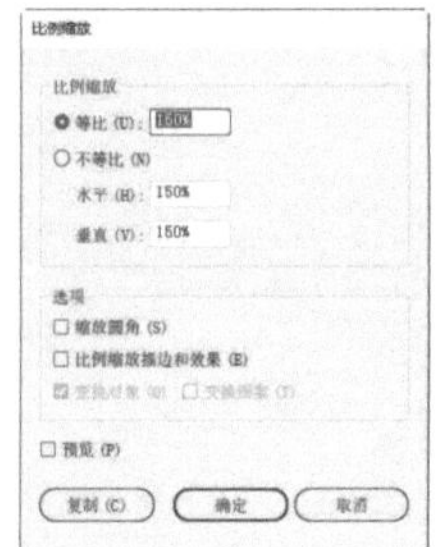
图10-150

图10-151

图10-152

09 下面修改全局色，看一看对图稿会产生怎样的影响。双击一个全局色，如图10-153所示，在弹出的“色板选项”对话框中修改颜色，如图10-154所示；单击“确定”按钮关闭对话框。可以看到，所有使用该颜色的图形都会随之改变颜色，如图10-155所示。

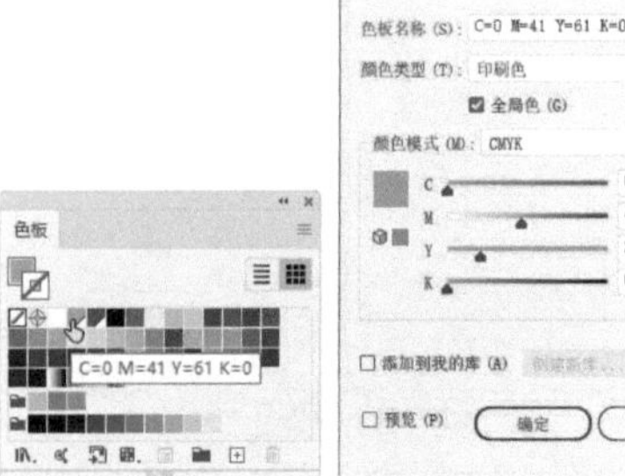
图10-153 图10-154

图10-155

10 双击另一个全局色，弹出对话框后，修改它的颜色，如图10-156~图10-158所示。

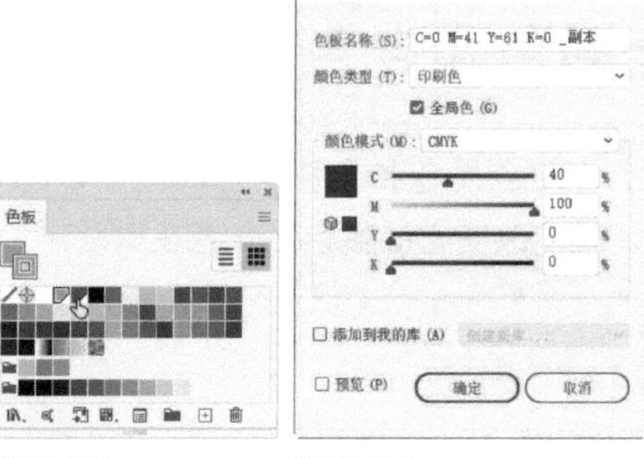
图10-156 图10-157

图10-158

提示

修改全局色时，先勾选“预览”选项，再拖曳滑块，便可看到图稿中颜色的变化情况。

10.3.2 实战：使用PANTONE专色

要点

专色是预先混合好的特定油墨，有很多优点，如能保证印刷中颜色的准确性；色域较广，很多颜色是四色油墨混合无法呈现的；由于是单一颜色的油墨，不是靠CMYK四色油墨混合出来的，因此印刷成本较低。

国际上普遍采用PANTONE系统作为专色标准，以保证颜色的一致性。在实际工作中，我们会遇到客户提供PANTONE颜色编号，要求做出相应的设计或者需要用某种PANTONE专色来打印公司标志等情况。下面就介绍怎样在Illustrator中使用PANTONE专色。

01 打开“窗口>色板库”菜单，或单击“色板”面板底部的按钮，打开下拉菜单。可以看到各种类型的色板库，有纯色色板库、渐变库和图案库。打开“色标簿”子菜单，这里边都是印刷用专色，如图10-159所示。

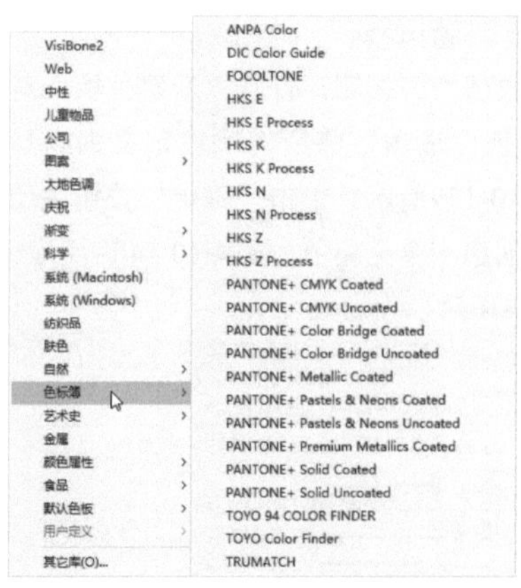

图10-159

02 在菜单中选择PANTONE+Solid Coated色板库，将其打开，如图10-160所示。在🔍图标右侧单击，输入PANTONE颜色编号，例如“520 C”，便可找到与之对应的颜色，如图10-161所示。

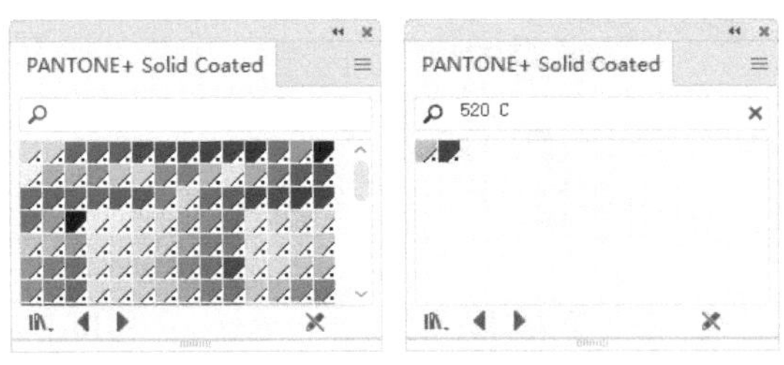

图10-160　　图10-161

03 打开面板菜单，选择“小列表视图”命令，这样方便查看颜色名称，如图10-162所示。单击所需颜色，它会被自动添加到“色板”面板中，如图10-163和图10-164所示。这样就可以用它给图形填色和描边了。

04 当专色被选取时，拖曳“颜色”面板中的滑块，可以调整明度，即将颜色调淡，如图10-165所示。

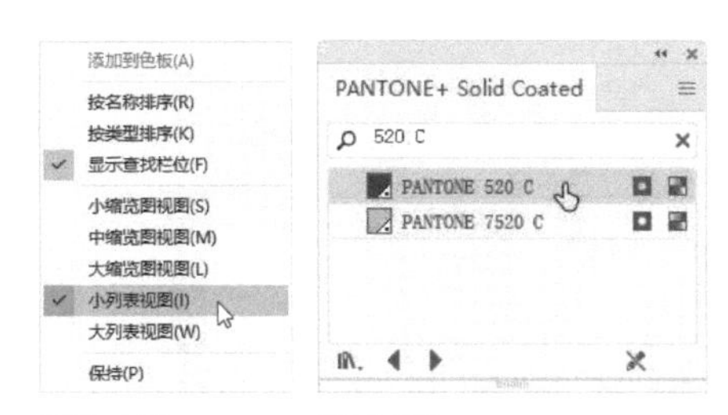

图10-162　　图10-163

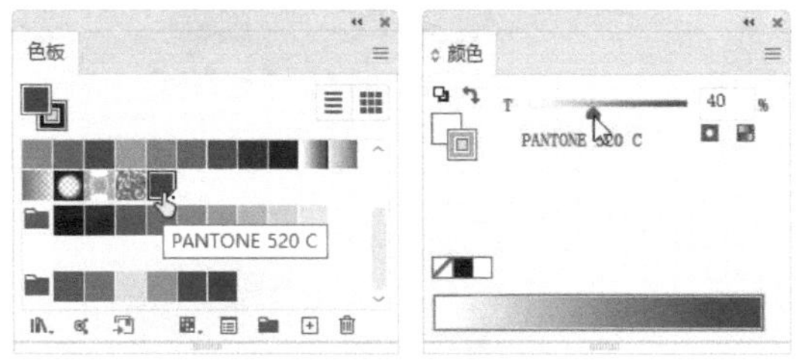

图10-164　　图10-165

> 提示
>
> 在“色板”面板中选择一个全局色以后，拖曳“颜色”面板中的滑块，也可以调整它的明度。

使用配色方案

色彩会带给人不同的心理感受，引发联想，也能形成各种感情反应。因此，色彩搭配便成为一门很专业的学问。下面介绍Illustrator在配色方面能够给我们提供哪些帮助。

10.4.1 实战：从“颜色参考”面板中生成配色方案

要点

色彩配置有一定的规则。例如，应强调色与色之间的对比关系，以求得均衡美，如图10-166所示；色彩运用需注意调和关系，以求得统一美，如图10-167所示；色彩组合要有一个主色调，以保持画面的整体美，如图10-168所示。遵循此配色规则，比较容易搭配出完美、协调的颜色。

扫码看视频

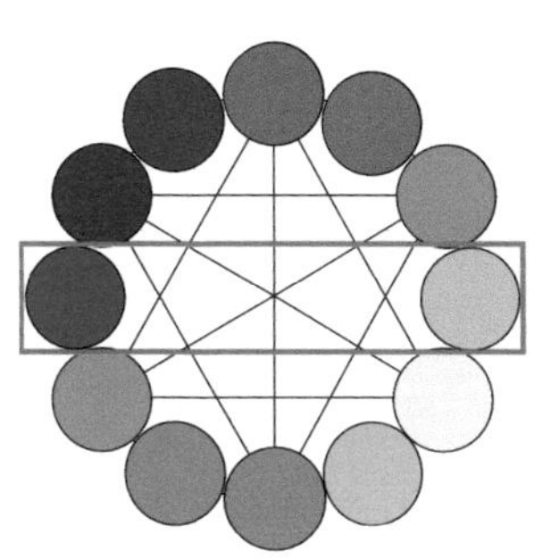

互补色搭配

图10-166

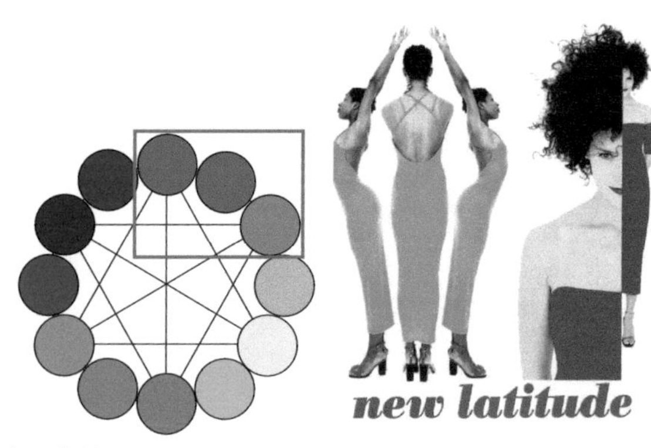

相似色搭配

图10-167

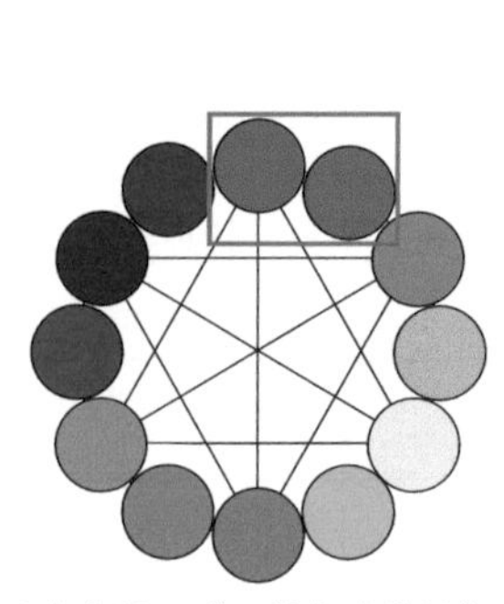

同类色搭配（以橙色为基调）

图10-168

配色道理虽然简单，但还是有不少人为此而苦恼。由于没有经过专业训练，只能“跟着感觉走”，凭借感觉配色，效果难免不尽如人意。不要紧，Illustrator可以协助我们做好颜色搭配。例如，在“拾色器”和“颜色”面板中设置好一种颜色之后，“颜色参考”面板会基于不同的配色规则，自动生成各种配色方案，可以用它们为图稿上色。下面我们来看一下具体操作方法。

01 打开“色板”面板，单击一个色板，如图10-169所示（也可在“颜色”面板或“拾色器”中调整颜色），“颜色参考”面板中会自动生成一个颜色组，如图10-170所示。

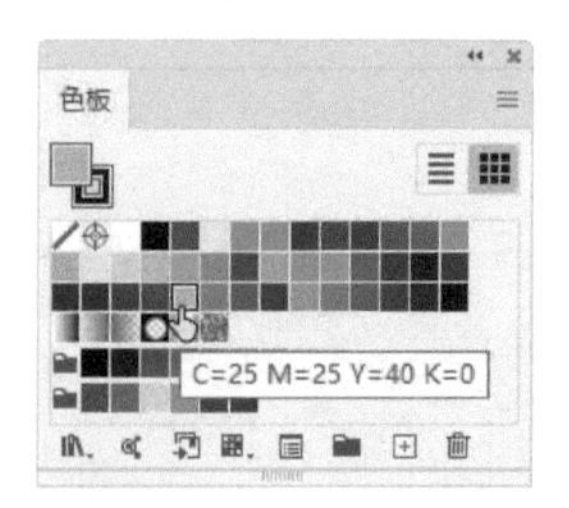

图10-169

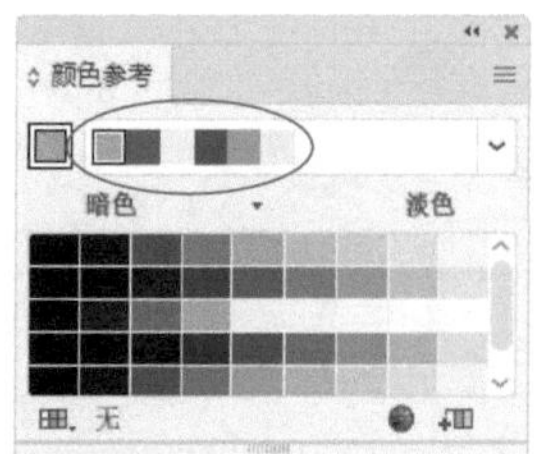

图10-170

02 这个颜色组是基于当前颜色，通过一个颜色协调规则生成的，并且可以修改。只要单击按钮，打开颜色协调规则菜单进行选取就行了，如图10-171所示。

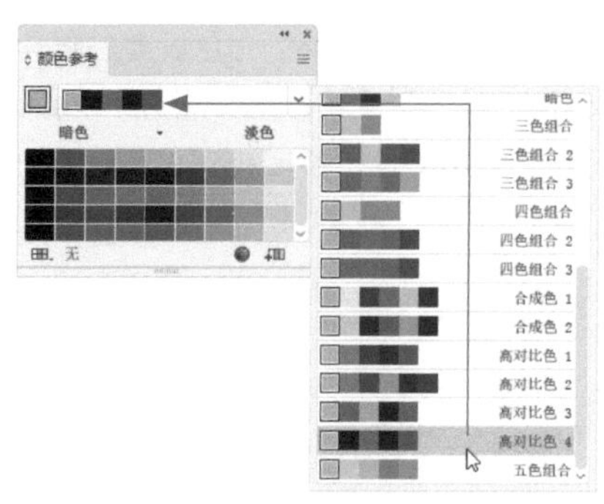

图10-171

03 下面用这个颜色组为图稿上色。打开素材，如图10-172所示。选择编组选择工具，按住Shift键单击小狗的身体图形，将它们选取，如图10-173所示。单击“颜色参考”面板中的色板，为其添加颜色，如图10-174所示。

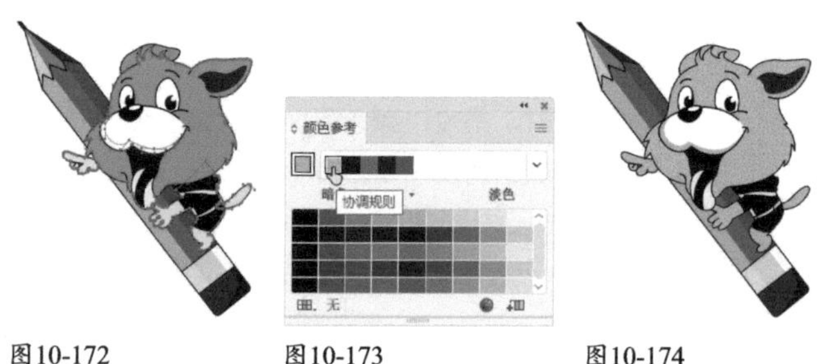

图10-172 图10-173 图10-174

提示

也可以将色板拖曳到图形上，直接修改图形的颜色。

04 按住Shift键单击耳朵、舌头、橡皮等图形，填充棕色，如图10-175和图10-176所示。为铅笔图形填充深蓝色，如图10-177所示。使用面板中的其他颜色，完成铅笔的填色，如图10-178所示。

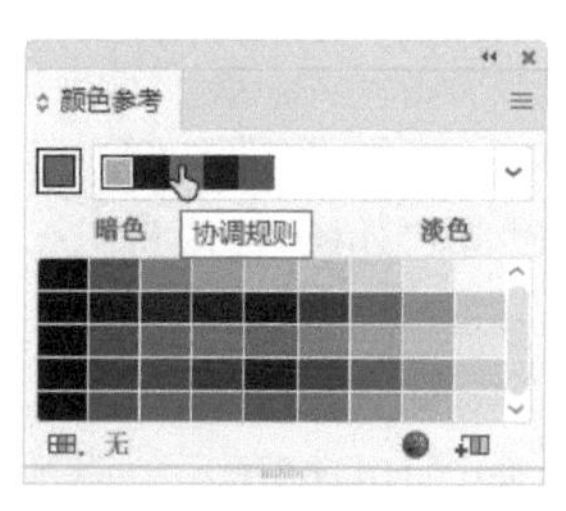

图10-175

图10-176

图10-177

图10-178

05 单击一个色板，如图10-179所示，单击将基色设置为当前颜色按钮，可以重新指定基色并更新颜色组，这样就基于该颜色构建了一个新的颜色组，如图10-180所示。为剩余的图形填色，如图10-181所示。

06 单击面板底部的 按钮，将颜色组保存到“色板”面板中，方便以后使用，如图10-182所示。

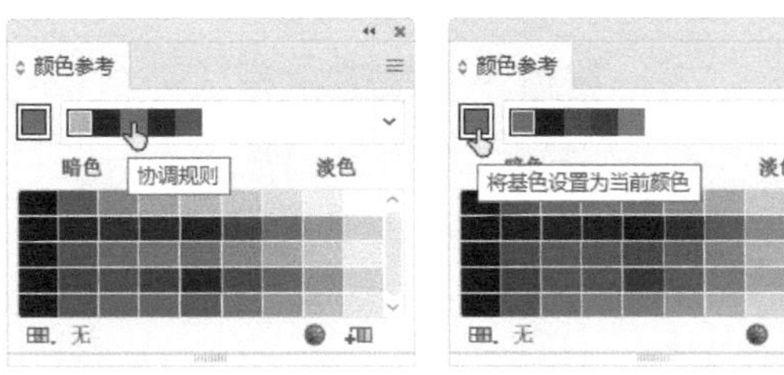

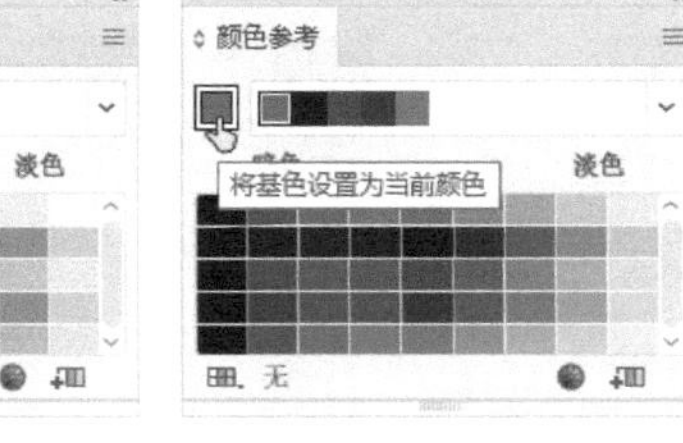

图10-179 图10-180

图10-181

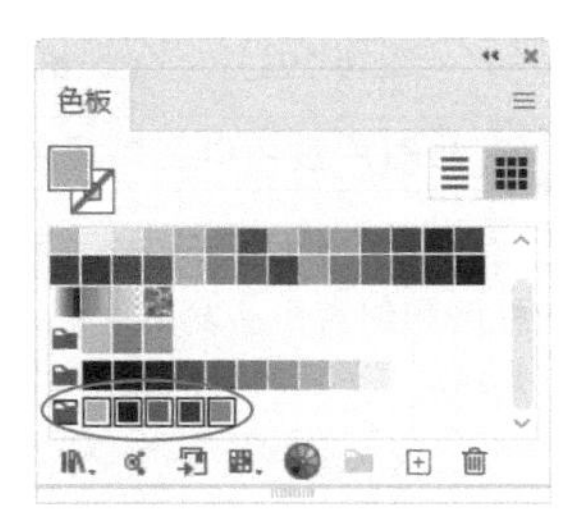

图10-182

“颜色参考”面板选项

图10-183所示为“颜色参考”面板中的选项和按钮。

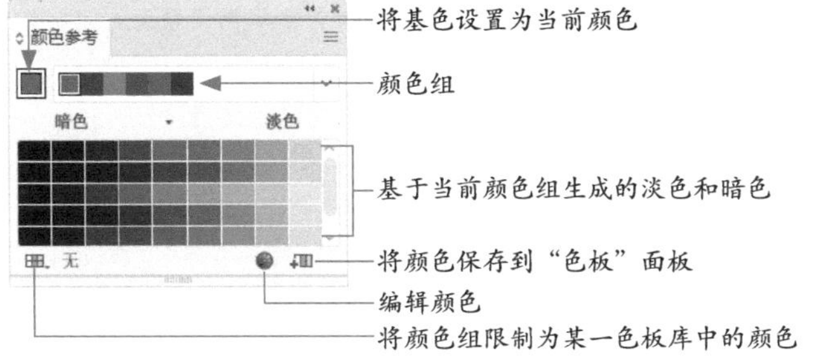

图10-183

- 颜色组/将基色设置为当前颜色：选取一种颜色后，Illustrator会以它为基色，并根据一定的颜色协调规则生成颜色组。单击 按钮，可以打开菜单选择颜色协调规则。例如，选择“单色”选项，可创建包含所有相同色相，但饱和度级别不同的颜色组；选择“高对比色”或“五色组合”选项，可创建一个带有对比颜色、视觉效果更强烈的颜色组。选取其他颜色，并单击将基色设置为当前颜色按钮，可以将其指定为基色并重新创建颜色组。
- 将颜色组限制为某一色板库中的颜色 ：如果要将颜色限定于某一色板库中，可单击该按钮，再从打开的下拉菜单中选择色板库。
- 编辑颜色 ：单击该按钮，可以打开“重新着色图稿”对话框(见251页)。
- 将颜色保存到“色板”面板 ：单击该按钮，可以将当前的颜色组保存到“色板”面板中。

技术看板 增/减暗色和淡色

在“颜色参考”面板中，Illustrator会为颜色组中的每一种颜色创建4种暗色和4种淡色。如果想增加或减少暗色和淡色的数量，可以打开面板菜单，选择“颜色参考选项”命令，在弹出的对话框中设置。

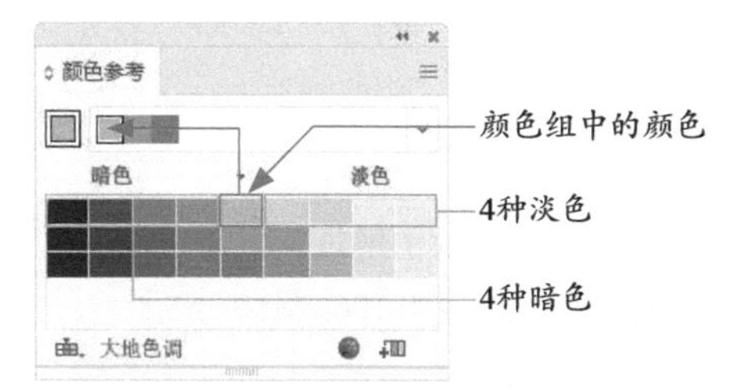

默认状态（暗色、淡色各4种）

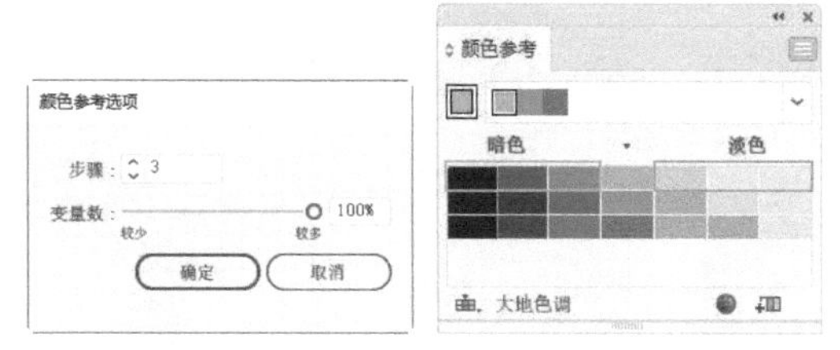

将暗色和淡色减少为3种

10.4.2 从“Adobe Color Themes”面板中生成配色方案

“颜色参考”面板只能生成固定的配色方案，这对于有经验的设计师可能有点过于简单了。要想获得更大的灵活度、更自由的配色空间，以及更加专业的配色指导，可以使用“Adobe Color Themes”面板。

执行“窗口>颜色主题”命令，打开“Adobe Color Themes”面板。单击“Create”（创建）选项卡，面板中会显示一组颜色主题（共5种颜色，中间的是基色），下方是一个色轮，如图10-184所示。

在面板中选取颜色规则，共7种：Analogous（相似色）、Monochromatic（单色），Triad（三色）、Complementary（补色）、Compound（合成色）、Shades（暗色）和Custom（自定义）。选择一个颜色规则后，基色附近会自动构建配色方案，如图10-185所示。

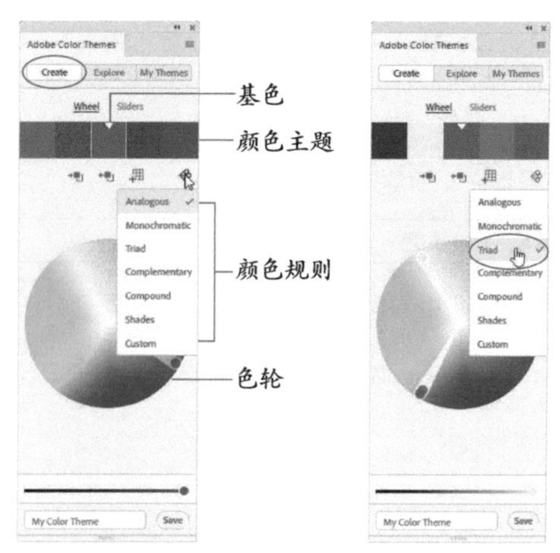

图10-184　　图10-185

拖曳色轮和面板底部的滑块，可以更加灵活地定义基色和调整颜色主题，如图10-186~图10-188所示。

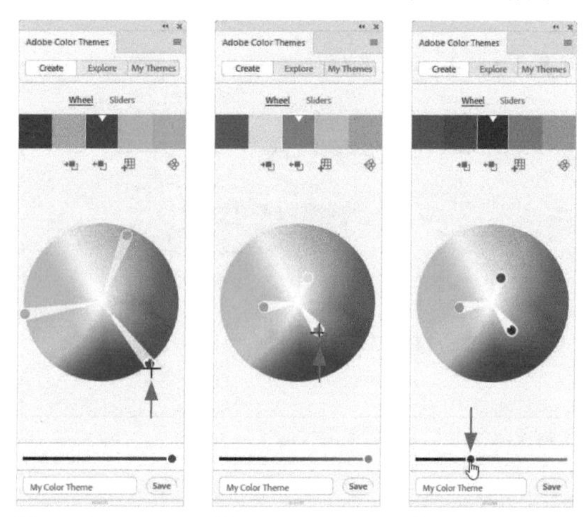

图10-186　　图10-187　　图10-188

定义好颜色主题之后，输入名称并单击“Save”按钮，如图10-189所示；然后选择想要作为主题保存位置的 Creative Cloud库，如图10-190所示；再单击“Save”按钮，即可将颜色主题保存到“Adobe Color Themes”面板中。需要使用时，单击该面板中的“My Themes”（我的主题）选项卡，即可找到它。

图10-189　　图10-190

单击面板中的“Explore”（浏览）选项卡，可以显示所有公共颜色主题。在下拉列表中选择“Most Popular”（最热门）、“Most Used”（最常用）、“Random”（随机）等选项，可依据颜色主题筛选配色方案，如图10-191~图10-193所示。如果想要按照某一类别和某一时间段筛选颜色主题，可以使用搜索栏查找。

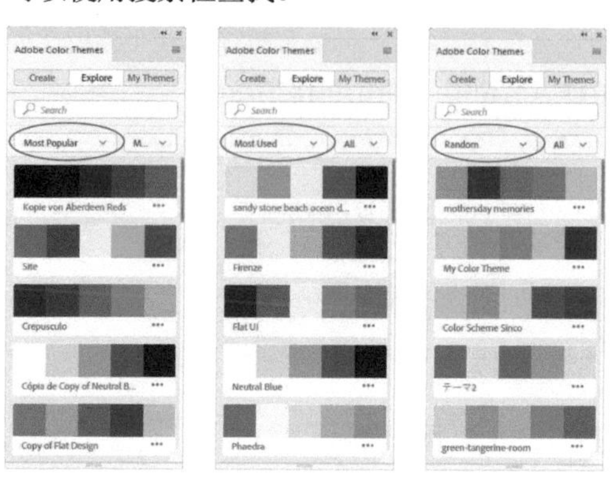

图10-191　　图10-192　　图10-193

技术看板　从图片颜色中生成配色方案

Adobe公司创建了很多设计网站，其中既有Behance这样综合型的设计社区和创意作品发布平台，也有各种分类设计网站，如Adobe Fonts（字体网站）、Adobe Color（配色网站）等。

在Adobe Color上配色与使用“Adobe Color Themes”面板大致相同，我们也是选择一种颜色搭配规则，之后拖曳色轮或颜色条上的滑块来进行配色。即使没有美术基础，不懂色彩原理和颜色搭配规则的人，也能从中获得灵感和启发。

Adobe Color提供了更加专业的服务。例如，可以切换颜色模式；也可以上传图片，让网站自动分析并从图片中提取主要颜色，生成配色方案；还可从图片中提取渐变颜色。

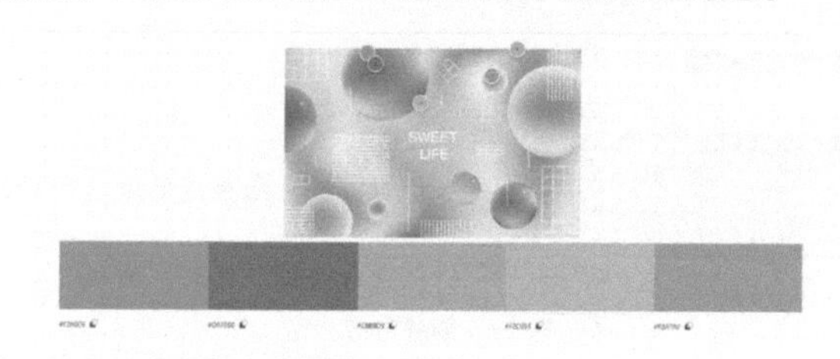

从图片中提取主要颜色

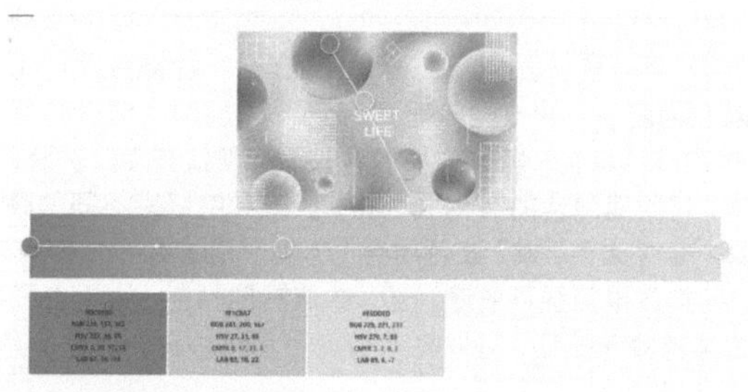

从图片中提取渐变

当我们保存颜色主题的时候，还会自动同步到 Creative Cloud中。就是说，颜色主题还可以在Illustrator之外的其他Adobe Creative Cloud程序，如Photoshop、InDesign等软件的“库”面板中使用。

重新为图稿上色

“重新着色图稿”命令是一个专门用于修改图稿颜色的命令，可以对颜色进行调整、替换，也能增加和减少颜色数量。它的方便之处是能够对图稿中的所有颜色进行全局性调整。

10.5.1

实战：编辑颜色组

在下面的实战中，我们来学习怎样使用“重新着色图稿”命令创建和编辑颜色组。

扫 码 看 视 频

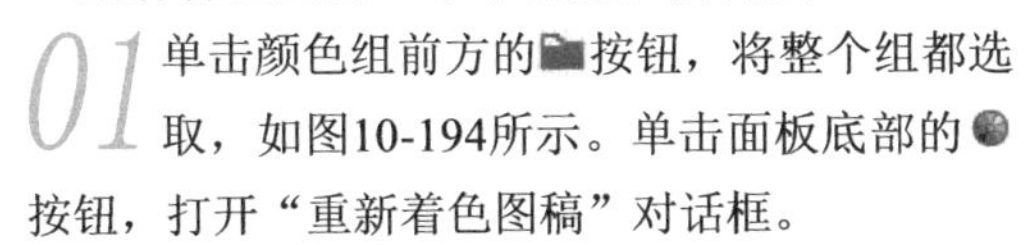

01 单击颜色组前方的■按钮，将整个组都选取，如图10-194所示。单击面板底部的●按钮，打开“重新着色图稿”对话框。

02 对话框左侧的色轮中有几个圆形的颜色标记，它们与颜色组中的色板一一对应，如图10-195所示。默认状态下，色板处于链接状态。这就是说，拖曳一个圆形标记的同时，其他标记也会一起移动，如图10-196所示。在色轮下方的颜色模型中调色时，也是如此，如图10-197所示。

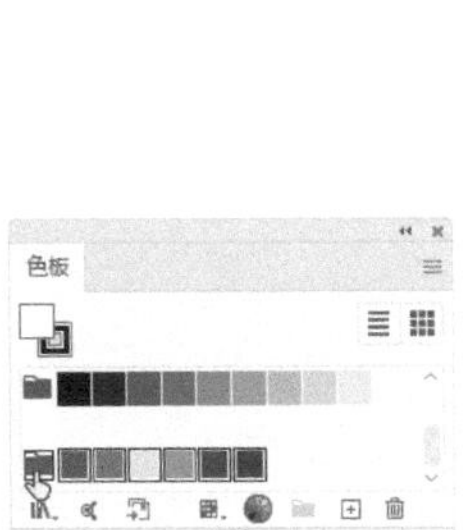

图10-194

图10-195

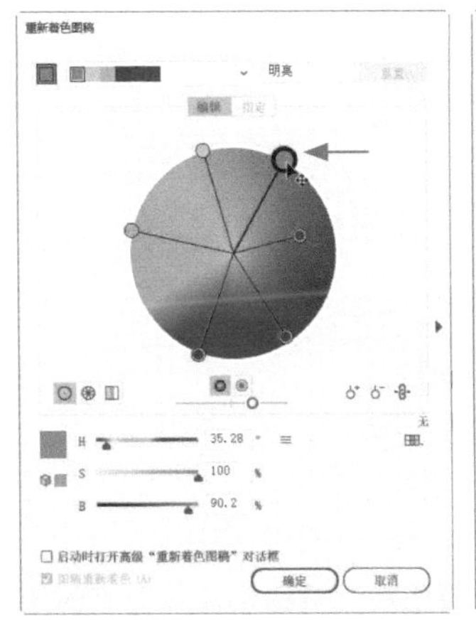

图10-196

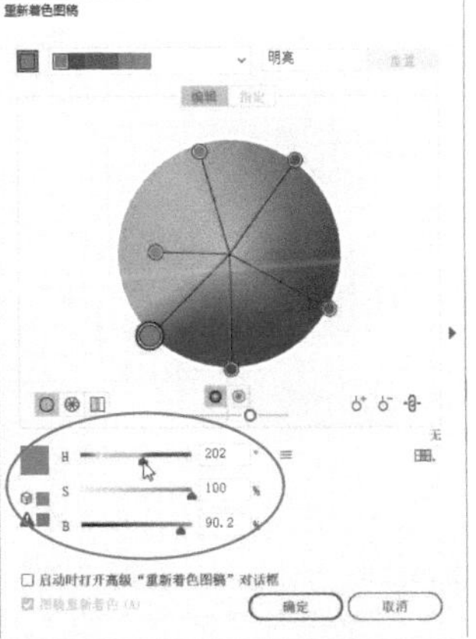

图10-197

03 拖曳○滑块，统一调整所有颜色的亮度，如图10-198所示。如果想单独调整各个颜色标记，可以单击8按钮，取消链接（该按钮变为8状），之后单击颜色标记并进行调整，如图10-199所示。

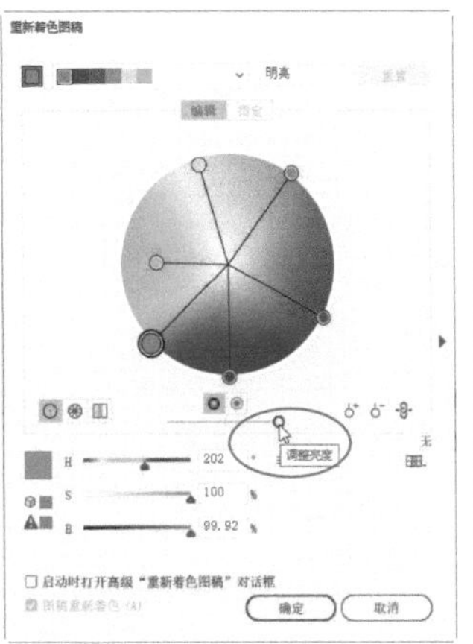

图10-198

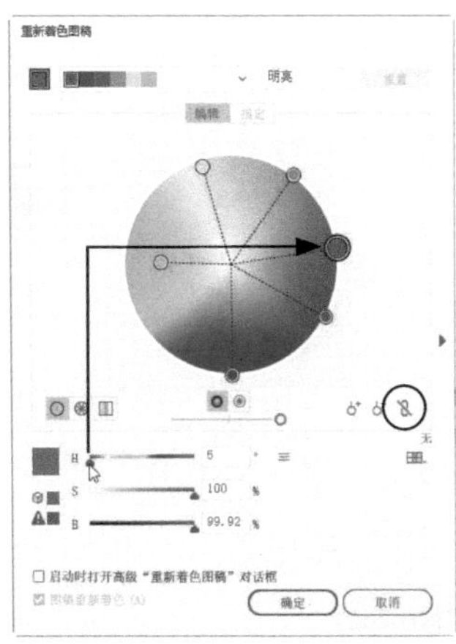

图10-199

04 颜色修改好以后，在对话框右上角的文本框中输入名称，单击■按钮，可以将它们创建为新的颜色组，如图10-200所示。关闭对话框，可以在“色板”面板中找到它，如图10-201所示。

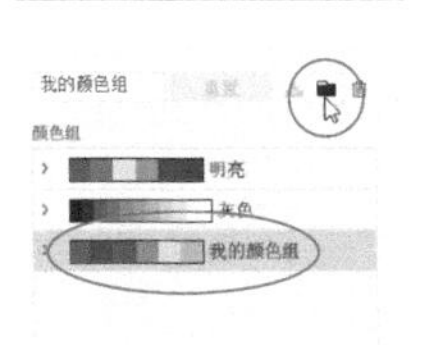

图10-200

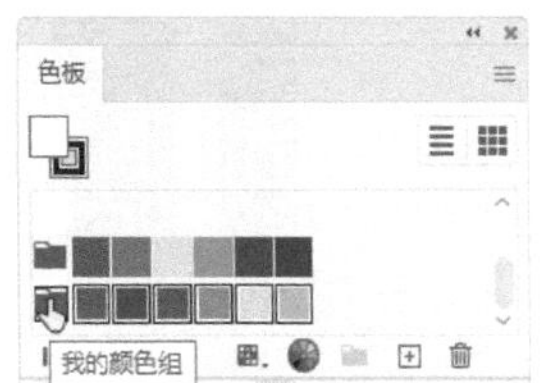

图10-201

提示

在“重新着色图稿”对话框中，单击○按钮，会显示平滑的色轮，即在平滑的连续圆形中显示色相、饱和度和亮度。单击❀按钮，则显示分段的色轮。在这种状态下，可以轻松查看单个的颜色，但颜色没有连续色轮中提供的多。

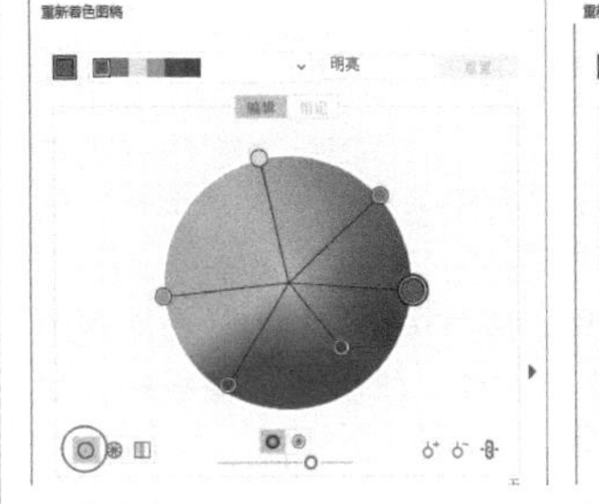

平滑的色轮

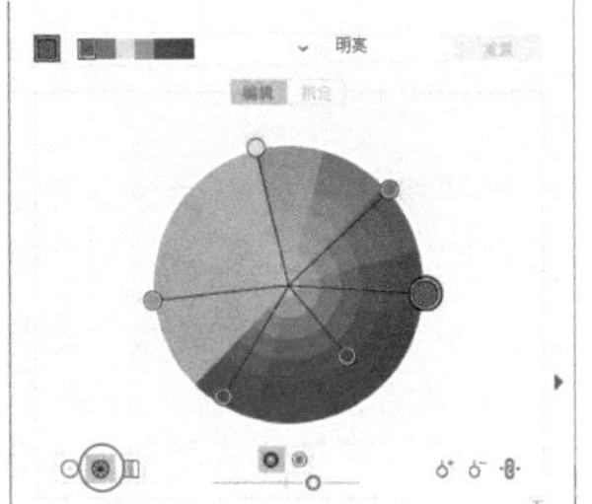

分段的色轮

10.5.2

实战：通过修改颜色条编辑颜色

在“重新着色图稿”对话框中编辑颜色时，除使用平滑色轮和使用分段色轮外，还有第3种调整方法——使用颜色条。

01 单击“颜色参考”面板底部的按钮，打开“重新着色图稿”对话框。单击一个颜色组，如图10-202所示。下面修改其中的颜色。

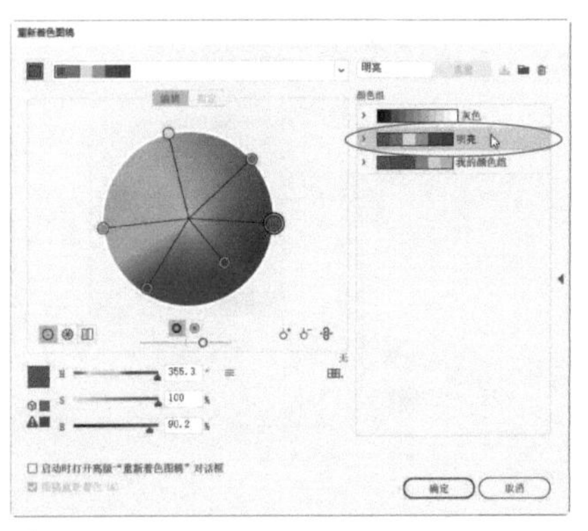

图10-202

02 单击按钮，显示颜色条。单击按钮，取消链接。单击绿色条，拖曳滑块单独对它进行修改，如图10-203所示。单击按钮，保存所做的修改，如图10-204所示。

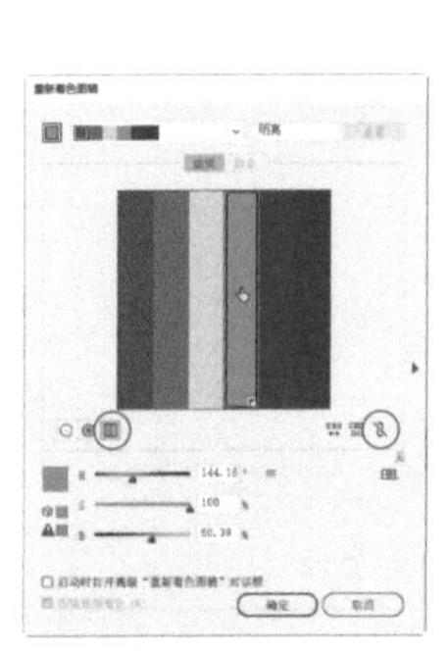

图10-203

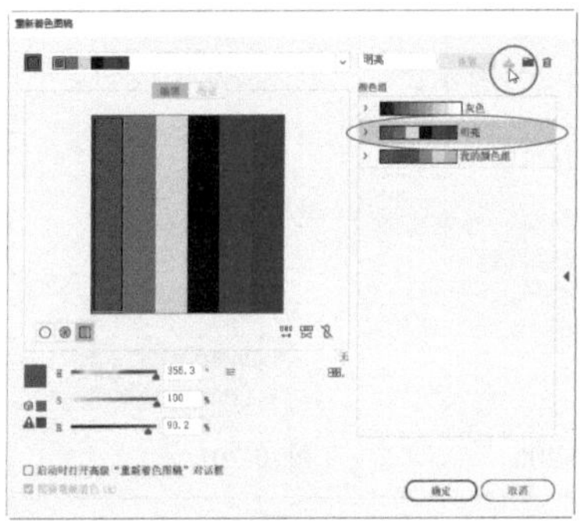

图10-204

技术看板　打开“重新着色图稿”对话框的4种方法

如果要修改一个图形的颜色，可以将其选取，然后执行“编辑>编辑颜色>重新着色图稿”命令，打开“重新着色图稿”对话框进行操作。当所选对象包含两种或更多颜色时，单击“控制”面板中的按钮，便可直接打开该对话框，这样操作更加方便。

如果要编辑的是“颜色参考”面板中的色板，可单击该面板底部的按钮，打开“重新着色图稿”对话框。

如果要编辑的是“色板”面板中的颜色组，可以在颜色组前方的图标上单击，将整个组选取，然后单击面板底部的按钮，打开“重新着色图稿”对话框。

10.5.3

实战：给图稿指定颜色

要点

使用“重新着色图稿”对话框中的“指定”选项卡同样可以查看和调整颜色组中的颜色。这是前面3种方法之外的第4种选择。只需了解即可，因为在实际使用上，更多的是在“指定”选项卡中完成替换图稿原始颜色的操作。不过这有一个前提，就是先要选取图稿，之后才能指定颜色。这个次序一定要对才行。

01 打开素材，如图10-205所示。执行“选择>全部”命令，选取所有图稿。单击“控制”面板中的按钮，打开“重新着色图稿”对话框，这是一个完整版的“重新着色图稿”对话框的简化版本，可以进行一些简单的调色。例如，单击按钮，可随机修改饱和度和亮度，效果也不错，如图10-206和图10-207所示。

图10-205

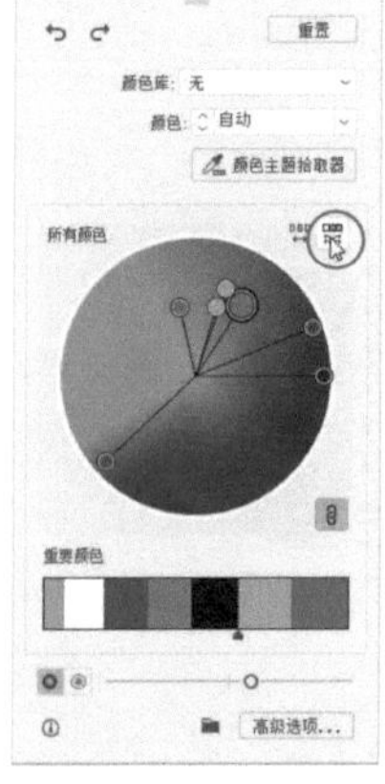

图10-206

图10-207

02 单击对话框下方的“高级选项”按钮，显示完整的选项。“当前颜色”列表包含所选图稿使用的全部颜色。单击蓝色，这是上衣的颜色。拖曳下方的H、S、B滑块，调成紫色，如图10-208所示。

03 采用同样的方法，将裙子颜色改成深绿色和浅绿色，如图10-209和图10-210所示。单击“确定”按钮，关闭对话框，效果如图10-211所示。

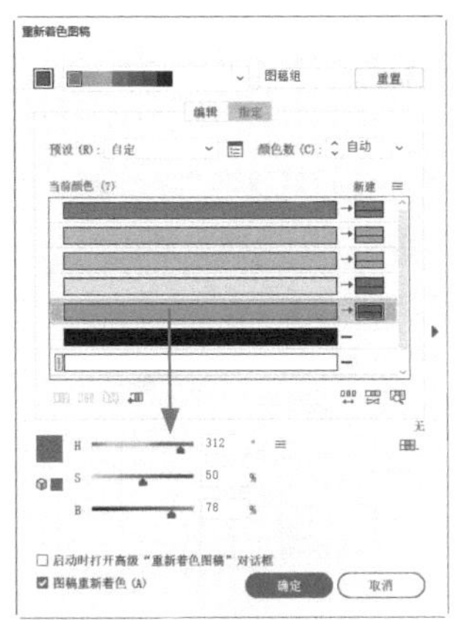

图10-208

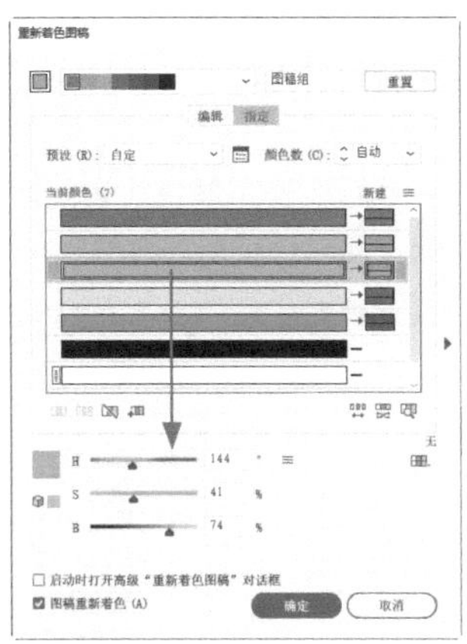

图10-209

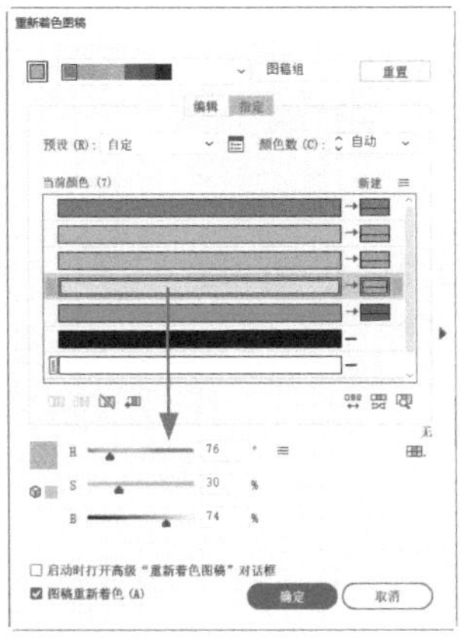

图10-210

图10-211

提示

“重新着色图稿”对话框顶部的选项与“颜色参考”面板相同——包含将当前颜色设置为基色按钮，以及一个颜色组（当前使用的颜色）。单击⌄按钮，打开下拉列表。这里也与“颜色参考”面板相同，是各种颜色协调规则和配色方案。选取其中的一个，便可用它替换图稿的整体颜色。

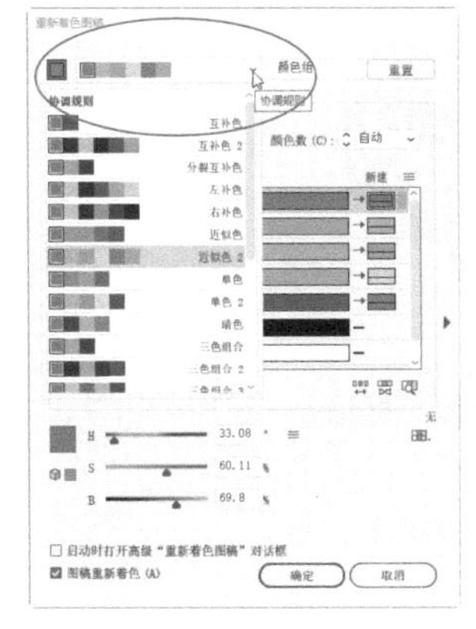

10.5.4 实战：用色板库替换图稿颜色

要点

扫码看视频

西方绘画从15—16世纪的文艺复兴开始，出现了巴洛克、洛可可、新古典主义、浪漫主义等不同流派。无数的艺术巨匠和不计其数的经典名作创造了精彩纷呈的500年。Illustrator中的色板库提供了这些经典和传统的配色方案，我们可以从中汲取灵感；也可拿来替换图稿颜色。下面是操作方法。

01 打开素材，如图10-212所示。按Ctrl+A快捷键选择所有图形，如图10-213所示。

图10-212

图10-213

02 单击“控制”面板中的 ◍ 按钮，打开“重新着色图稿”对话框。单击“颜色库”选项右侧的⌄按钮，打开下拉菜单，选择“艺术史>巴洛克风格”命令，如图10-214所示。用该色板库中的色板替换图稿颜色，如图10-215所示。

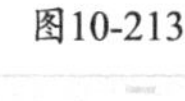

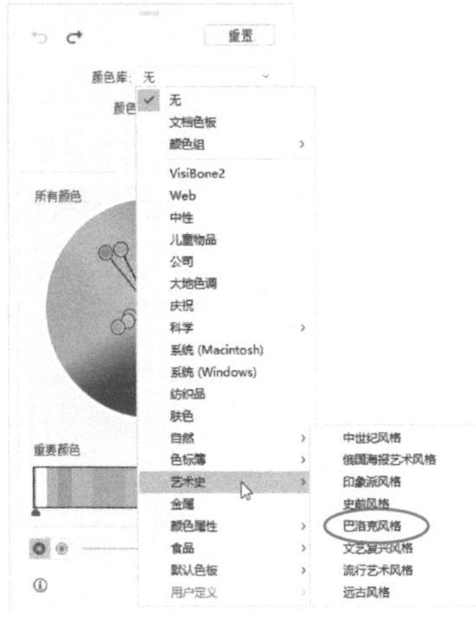

图10-214

图10-215

· AI技术/设计讲堂 ·

“编辑”选项卡

“重新着色图稿”对话框包含“编辑”“指定”两个选项卡和“颜色组”选项组。其中，“颜色组”选项组列出了文档中所有颜色组。它们与“色板”面板中的颜色组是相同的，修改、删除和创建新的颜色组时，“色板”面板会与之同步。这些，在前面我们已经学习过了。

在“编辑”选项卡中可以创建新的颜色组或编辑现有的颜色组，也可以使用颜色协调规则菜单和色轮对颜色进行调整，如图10-216所示。色轮可以显示颜色在颜色协调规则中是如何关联的，同时还可以通过颜色条查看和处理各个颜色值。

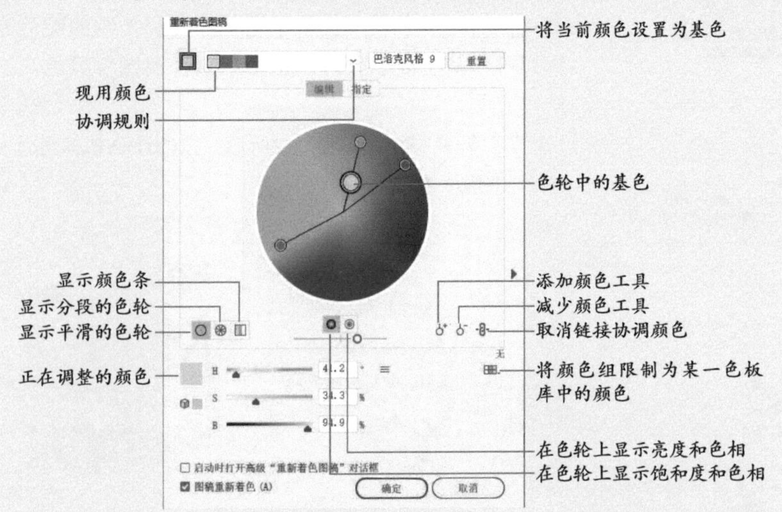

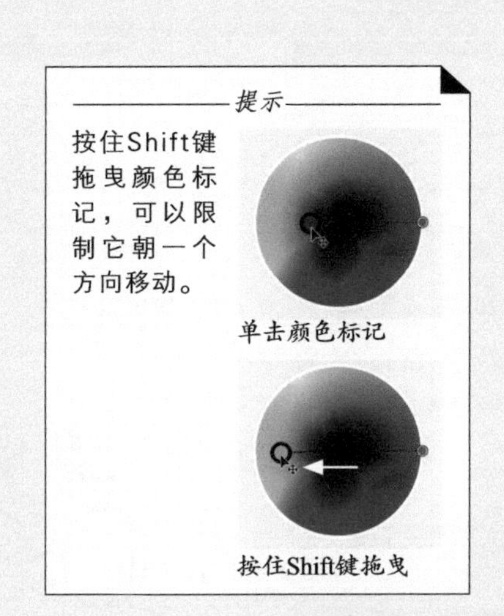

图10-216

- 协调规则：可以选择一个颜色协调规则并生成配色方案（与“颜色参考”面板相同）。
- 显示平滑的色轮：在平滑的圆形中显示色相、饱和度和亮度。
- 显示分段的色轮：将颜色显示为一组分段的颜色片。
- 显示颜色条：仅显示颜色组中的颜色，且让颜色显示为可单独编辑的实色颜色条。
- 添加颜色工具/减少颜色工具：在平滑色轮和分段色轮状态下，先单击按钮，之后在色轮上单击，便可以添加颜色，如图10-217和图10-218所示。单击按钮，之后单击一个圆形颜色图标，可将其删除（基色除外）。
- 在色轮上显示饱和度和色相/在色轮上显示亮度和色相：单击按钮，之后再调整饱和度和色相，这样更容易操作。如果要查看和调整亮度和色相，可单击按钮，如图10-219所示。

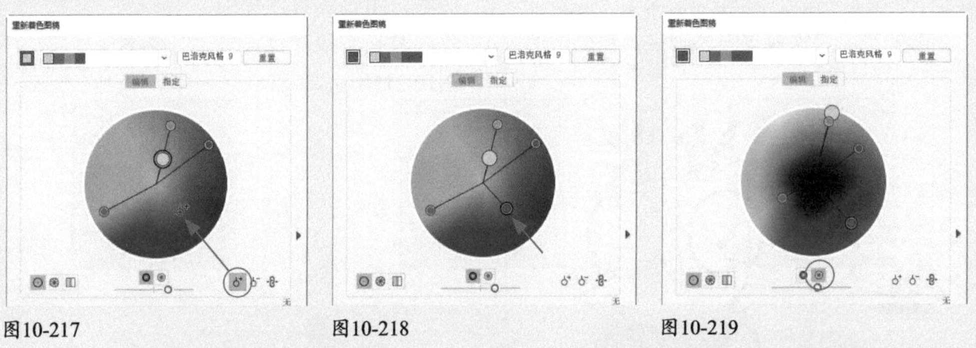

图10-217　图10-218　图10-219

- 取消链接协调颜色：默认状态下，色板处于链接状态，即拖曳一个圆形颜色标记时，其他颜色标记会一起移动。单击该按钮可解除链接。
- 将颜色组限制为某一色板库中的颜色：单击按钮，打开菜单，可以选择一个色板库，替换图稿颜色。
- 图稿重新着色：调色时可以在画板中预览颜色的变化情况（该选项默认为被勾选状态）。

·AI技术/设计讲堂·

"指定"选项卡

在"重新着色图稿"对话框中，"指定"选项卡可以设置用哪些颜色替换当前颜色、是否保留专色，以及如何替换颜色，如图10-220和图10-221所示。此外，还可以用颜色组为图稿重新上色，或者减少图稿中的颜色数目。

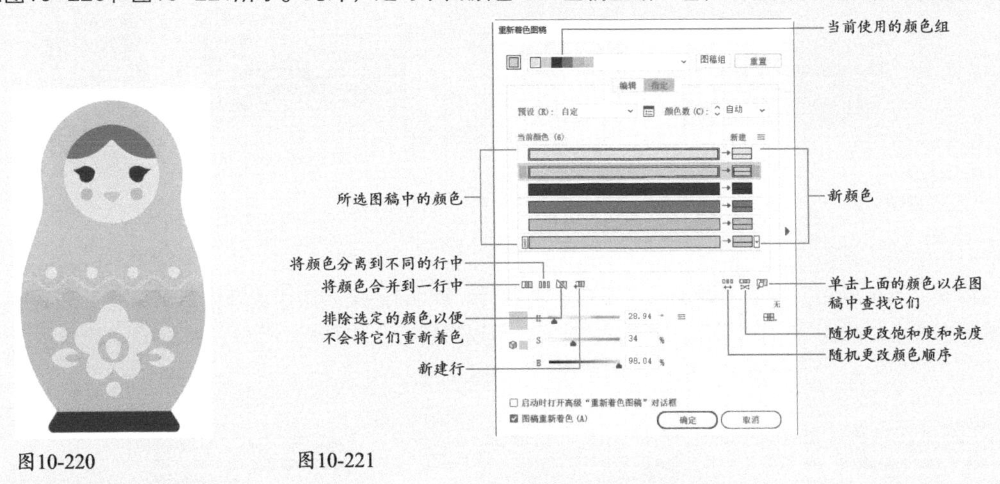

图10-220　　图10-221

修改图稿中的颜色

"当前颜色"列表中显示的是所选图稿的全部颜色。每一种颜色都有与之对应的新颜色，它们在"新建"列表中。单击一种颜色后，可拖曳下方的H、S、B滑块进行修改，修改结果被保存在"新建"列表中，如图10-222所示。单击箭头图标→，可停用新建的颜色，如图10-223所示，此时该图标变为一状，单击它可恢复颜色。

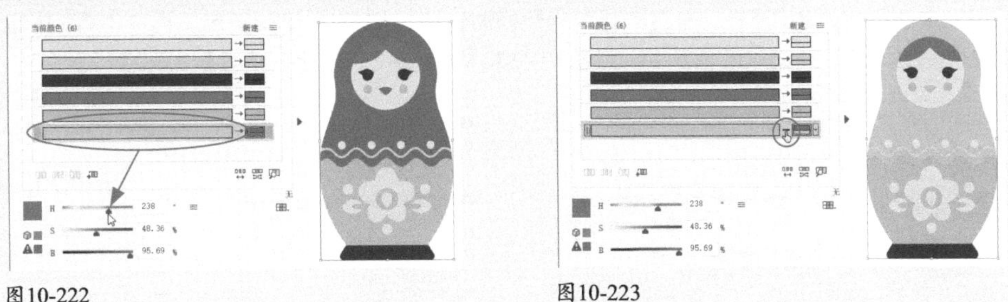

图10-222　　图10-223

当使用预设的颜色协调规则及配色方案修改颜色或者使用颜色库替换颜色时，如果不希望某种颜色被修改，可以单击它，如图10-224所示，然后单击按钮，如图10-225所示，之后再调色，如图10-226所示。

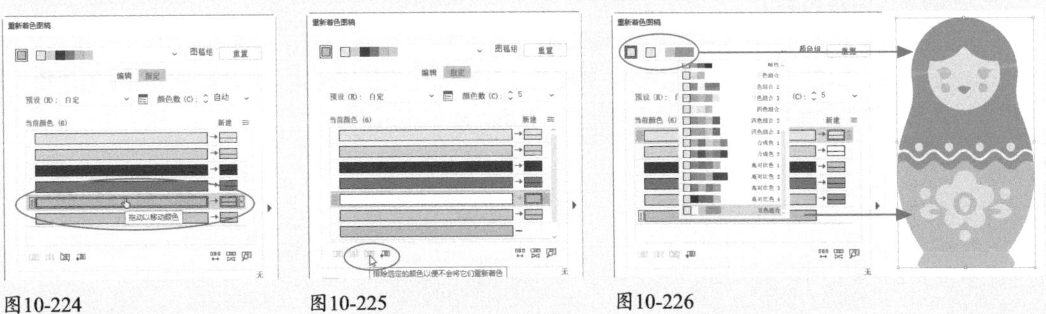

图10-224　　图10-225　　图10-226

减少图稿中的颜色

在创建适用于多种类型输出媒体的图稿时，往往有一些特殊要求，例如减少颜色、将颜色转换为灰度，或者将颜色限定为某个色板库中的颜色（见253页）。需要减少颜色时，单击"颜色数"选项右侧的◇即可，如图10-227所示；或者从"颜色"菜单中选择要减少到的颜色数目。

随机更改颜色顺序/饱和度/亮度

单击随机更改颜色顺序按钮，可随机更改当前颜色组中颜色的顺序，如图10-228所示。单击随机更改饱和度和亮度按钮，可以在保留色相的同时随机更改当前颜色组的亮度和饱和度，如图10-229所示。

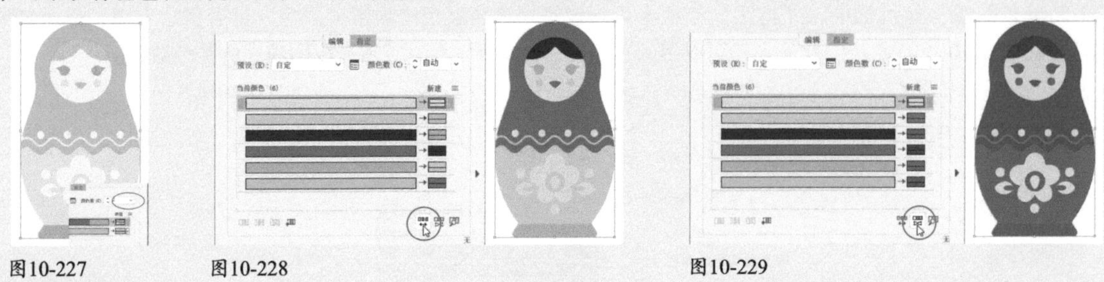
图10-227　图10-228　图10-229

合并/分离颜色

单击按钮，可以在“当前颜色”列表中添加一个空白的颜色行，如图10-230所示。在“当前颜色”列表中，按住Shift键并单击可以选择多种颜色，如图10-231所示。单击按钮，可以将它们合并到一个行中，如图10-232所示。

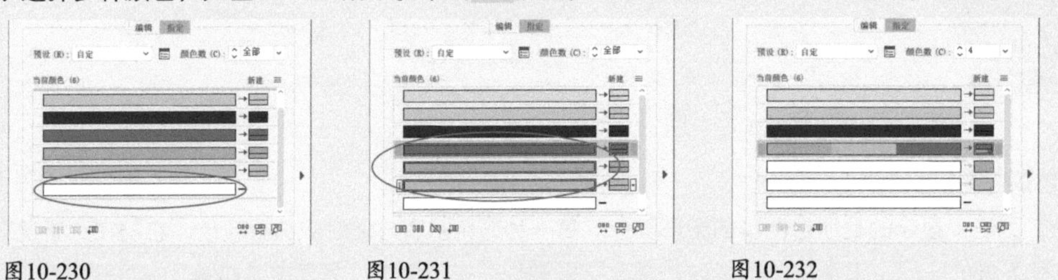
图10-230　图10-231　图10-232

当多种颜色位于一行中时，按住 Shift键单击几种颜色，之后再单击按钮，可以将所选颜色分离到单独的行中。如果想分离所有颜色，可以单击行前方的图标，将这一行的颜色同时选取，如图10-233所示，再单击按钮，如图10-234所示。也可以采用拖曳的方法，将颜色拖入颜色行中，如图10-235和图10-236所示，或者拖出颜色行。

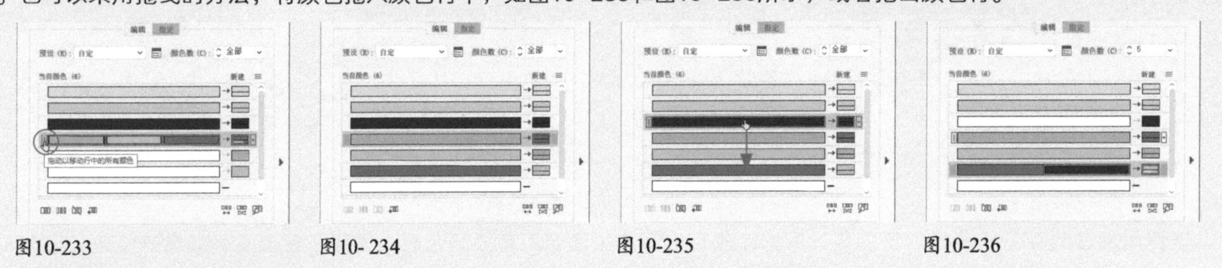
图10-233　图10-234　图10-235　图10-236

查看哪些对象使用了某种颜色

如果图稿细节非常丰富，或者包含许多原始颜色，在这种情况下修改一种颜色时，需要知道图稿中哪些对象应用了这一颜色，以便做出准确判断。可以这样操作：单击按钮，如图10-237所示，之后再单击“当前颜色”列中的颜色，如图10-238所示，此时使用了该颜色的对象完全显示，其他对象的颜色会变淡，如图10-239所示。

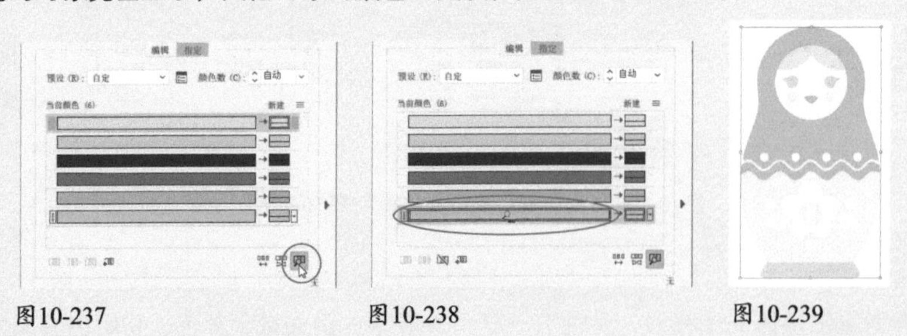
图10-237　图10-238　图10-239

恢复图稿原始颜色

如果对颜色修改结果不满意，想让图稿恢复为原始颜色，以重新操作，可以单击对话框顶部的“重置”按钮。

调整图稿颜色

"编辑>编辑颜色"子菜单中包含与色彩调整有关的各种命令，可以调整矢量图稿的颜色，也可用于编辑图像。

10.6.1 使用预设值重新着色

选取对象，使用"编辑>编辑颜色>使用预设值重新着色"子菜单中的命令可以用颜色库为对象重新着色并打开"重新着色图稿"对话框。

10.6.2 混合颜色

选择3个或更多的填色对象后，使用"前后混合""垂直混合"和"水平混合"命令，可以对最前方和最后方、顶端和底端、最左侧和最右侧的对象的颜色进行混合（不会影响描边），创建中间色并应用于中间对象，图10-240所示为原始图稿，图10-241所示为前后混合的效果。这几个命令不能编辑用图案、渐变和系统预置的颜色填充的图形。

图10-240

图10-241

10.6.3 使颜色反相

图10-242所示为色轮，处于对角位置的颜色是互补色，如红与青是互补色。选取对象后，如图10-243所示，执行"对象>编辑颜色>反相颜色"命令，每一种颜色都会转换为其互补色（黑色、白色比较特殊，它们互相转换），如图10-244所示。再次执行该命令，可将颜色转换回来。

图10-242

图10-243

图10-244

10.6.4 调整色彩平衡

使用"调整色彩平衡"命令可以改变图稿颜色的色彩平衡关系。执行该命令将打开图10-245所示的对话框。单击"颜色模式"右侧的⌄按钮，打开下拉列表，可以选取所需颜色模式。

图10-245

- 灰度：如果想要将选择的颜色转换为灰度，可以选取该选项并勾选"转换"选项，再使用滑块调整黑色的百分比。
- RGB：选取该选项后，可以使用滑块调整红色、绿色和蓝色的百分比。
- CMYK：选取该选项后，可以使用滑块调整青色、洋红色、黄色和黑色的百分比。
- 全局：选取该选项后，可以调整全局印刷色和专色的颜色强度，非全局印刷色不会受到影响。
- 转换为非全局色：如果要选择全局印刷色或专色，并希望转换为非全局印刷色，可以选取"CMYK"或"RGB"选项（具体选项取决于文档的颜色模式），并勾选"转换"选项，之后再拖曳滑块调整颜色。
- 填色/描边：编辑矢量对象时，如果想调整填色颜色，可以勾选"填色"选项；如果想调整描边颜色，可勾选"描边"选项。

10.6.5 调整饱和度

如果要调整颜色或专色的饱和度，可以选取对象，使用"编辑>编辑颜色>调整饱和度"命令操作。

10.6.6 转换为灰度、CMYK或RGB

使用"转换为灰度"命令，可以将图稿的颜色转换为灰度。使用"转换为CMYK"或"转换为RGB"（取决于文档的颜色模式）命令，可以将灰度图像转换为RGB或CMYK模式。如果要修改文档的颜色模式，可以使用"文件>文档颜色模式"子菜单中"CMYK颜色"或"RGB颜色"命令。

第11章 画笔与图案

【本章简介】

画笔工具和“画笔”面板是Illustrator中可以实现绘画效果的主要工具。我们可以使用画笔工具手动绘制线条，也可以通过“画笔”面板为路径添加不同样式的画笔描边，来模拟毛笔、钢笔和油画笔等的笔触效果。图案在服装设计、包装和插画中应用得比较多。使用“图案选项”面板可以创建和编辑图案，即使是复杂的无缝拼贴图案，也能用它轻松制作出来。

【学习目标】

本章我们将学会如下操作。

- ●制作涂鸦效果海报字
- ●创建/加载画笔库
- ●创建画笔
- ●自定义画笔制作塑料吸管字、绘制皓月与流星插画
- ●修改画笔参数和图形
- ●缩放画笔描边
- ●用图案制作圆点特效字
- ●用标尺调整图案位置
- ●用图案库制作服装面料
- ●制作黑板报风格宣传单

【学习重点】

添加画笔描边

画笔描边通过“画笔”面板和画笔工具来添加。它可以使路径呈现不同的外观，也能用来模拟毛笔、钢笔、油画笔等的笔触效果。

·AI技术/设计讲堂·

“画笔”面板

画笔描边可应用于由任何绘图工具（如钢笔工具、铅笔工具或基本的形状工具）所创建的路径。

选取对象，如图11-1所示，单击“画笔”面板中的一个画笔，即可为它添加画笔描边，如图11-2和图11-3所示。单击其他画笔，则会替换之前的画笔。

图11-1

图11-2

图11-3

“画笔”面板显示了文档中使用的全部画笔，以及Illustrator提供的预设画笔，如图11-4所示。如果只想显示某种类型的画笔，以便于查找，可以打开面板菜单进行设置。例如，只勾选“显示毛刷画笔”选项，面板中就只显示最基本的画笔和毛刷画笔，如图11-5所示。

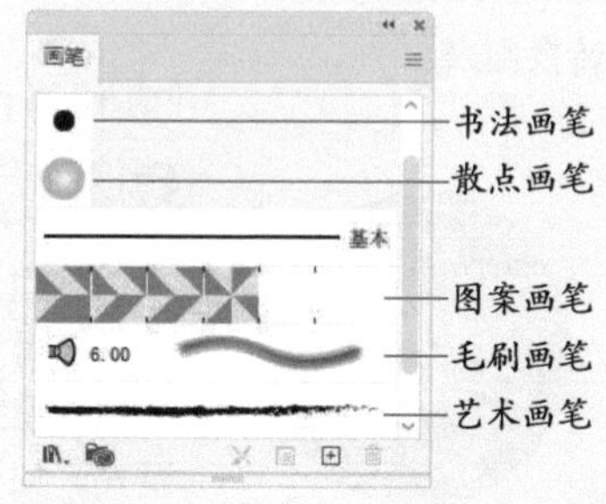

图11-4

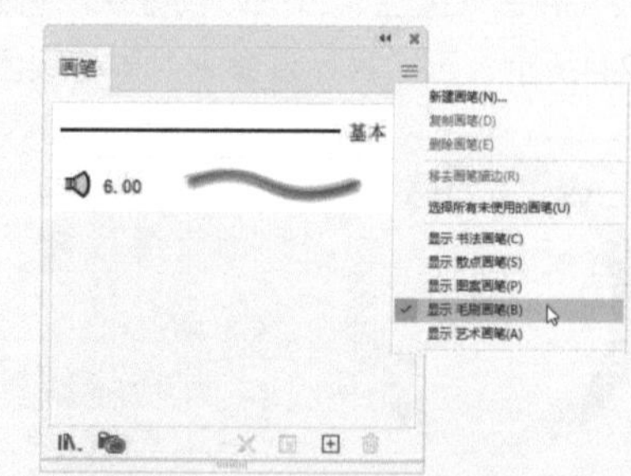

图11-5

如果想查看画笔名称，可以将鼠标指针放在画笔上并稍作停留。此外，也可以选取面板菜单中的“列表视图”命令，同时显示画笔的名称和缩览图。

- 画笔库菜单 ：单击该按钮，可在打开的下拉列表中选择预设的画笔库。
- 移去画笔描边 ：可删除应用于对象的画笔描边。
- 所选对象的选项 ：单击该按钮，可以打开“画笔选项”对话框。
- 新建画笔 ：单击该按钮，可以打开“新建画笔”对话框。如果将面板中的一个画笔拖曳到按钮上，则可复制该画笔。
- 删除画笔 ：选择面板中的画笔后，单击该按钮可将其删除。

·AI技术/设计讲堂·

画笔的种类及区别

Illustrator中有5种画笔——书法画笔、散点画笔、毛刷画笔、图案画笔和艺术画笔，如图11-6所示。其中，书法画笔可以模拟书法钢笔，绘制出扁平的带有一定倾斜角度的描边；散点画笔可以将一个对象（如一只瓢虫或一片树叶）沿着路径分布；毛刷画笔可以模拟鬃毛类画笔，创建具有自然笔触的描边；图案画笔可以沿路径重复拼贴图案，并在路径的不同位置（起点、拐角、终点）应用不同的图案；艺术画笔可以沿路径的长度均匀地拉伸画笔形状，能惟妙惟肖地模拟水彩、毛笔、粉笔、炭笔、铅笔等的绘画效果。

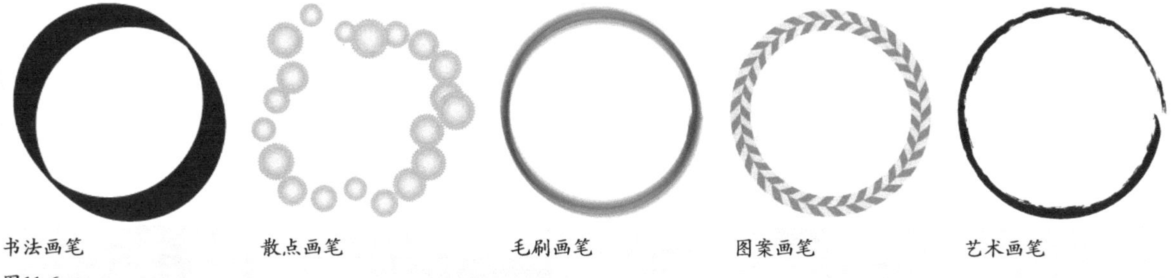

图11-6

通常情况下，图案画笔和散点画笔可以达到同样的效果，因此，很容易让人混淆。但仔细观察的话，也不难发现它们之间的区别。图案画笔会完全依循路径排布画笔图案，而散点画笔则会沿路径散布图案，如图11-7所示。此外，在曲线路径上，图案画笔的箭头会沿曲线弯曲，而散点画笔的箭头始终保持直线方向，如图11-8所示。

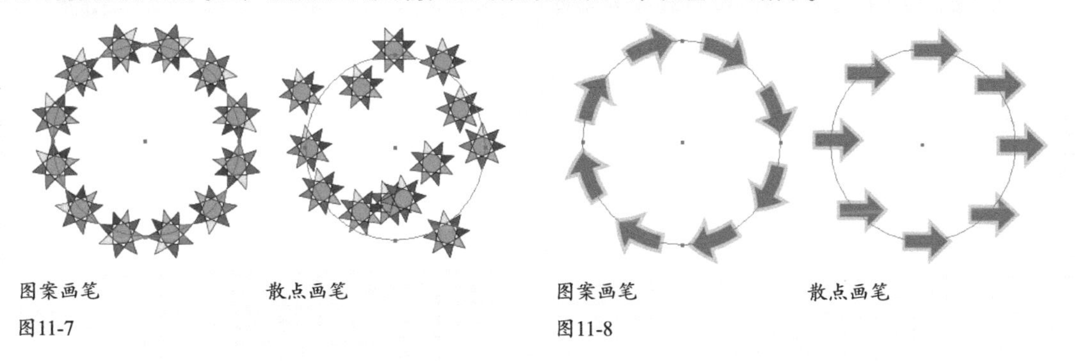

图11-7　　图11-8

11.1.1

实战：涂鸦效果海报字（画笔库）

单击“画笔”面板中的按钮，或打开“窗口>画笔库”子菜单，可以选取Illustrator预设的画笔库。选择一个画笔库后，可以打开单独的面板。单击画笔库中的画笔时，它会被自动添加到“画笔”面板中。画笔库的种类非常多，图案、艺术、毛刷等画笔均有提供。下面使用其中的艺术类画笔库制作一幅涂鸦效果的海报字。

01 使用铅笔工具画出文字图形，填充不同的颜色，如图11-9所示。在字母“O”上画一个小圆形，如图11-10

所示。使用选择工具▶选取这两个图形，单击“路径查找器”面板中的◘按钮，让两图形相减并合并为一个圆圈，如图11-11所示。

图11-9　图11-10　图11-11

02 按Ctrl+A快捷键全选，按Ctrl+C快捷键复制，后面会用到。执行“效果>风格化>涂抹”命令，打开“涂抹选项”对话框设置参数，使文字呈现涂鸦效果，如图11-12和图11-13所示。

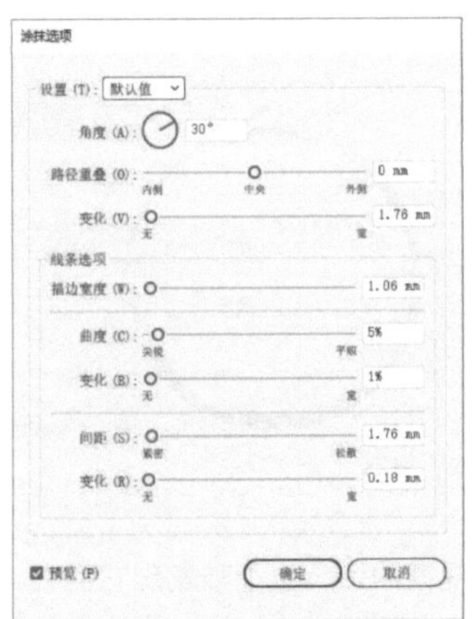

图11-12

图11-13

03 按Ctrl+F快捷键，将复制的图形粘贴到前面，将填色设置为无。按Alt+Shift+Ctrl+E快捷键打开“涂抹选项”对话框，调整角度和其他参数，增强手绘感，如图11-14和图11-15所示。再次粘贴图形，将填色设置为无。添加“涂抹”效果，如图11-16和图11-17所示。

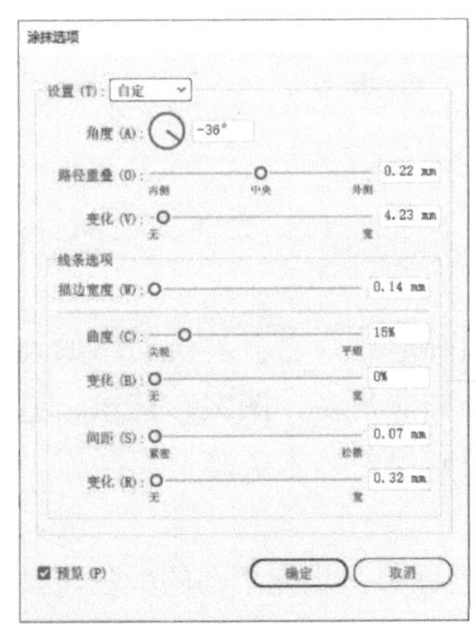

图11-14

图11-15

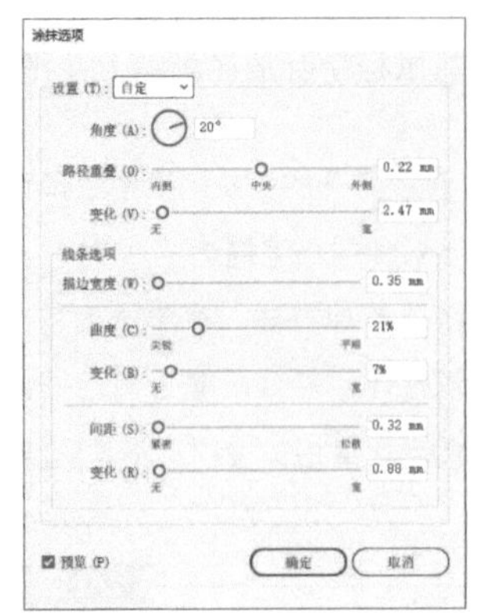

图11-16

图11-17

提示

绘制一个图形并为其添加效果后，想让以后绘制的图形都被自动添加这种效果，可以打开“外观”面板菜单，取消勾选“新建图稿具有基本外观”命令。

04 选择钢笔工具✒，在字母“i”的圆点上画上十字，执行“窗口>画笔库>艺术效果>艺术效果_粉笔炭笔铅笔”命令，打开“艺术效果_粉笔炭笔铅笔”面板。单击“粉笔-涂抹”画笔，为路径添加该画笔描边，如图11-18和图11-19所示。

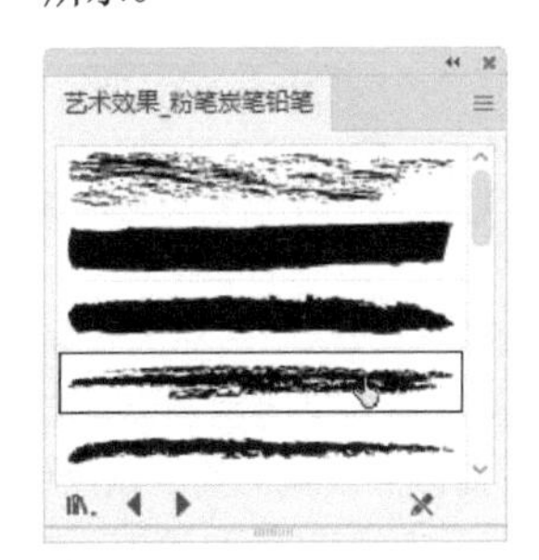

图11-18

图11-19

05 使用铅笔工具✎绘制背景图形，设置填充与描边颜色均为土黄色，描边粗细为0.25 pt，如图11-20所示。添加“涂抹”效果，设置参数，如图11-21所示。

图11-20

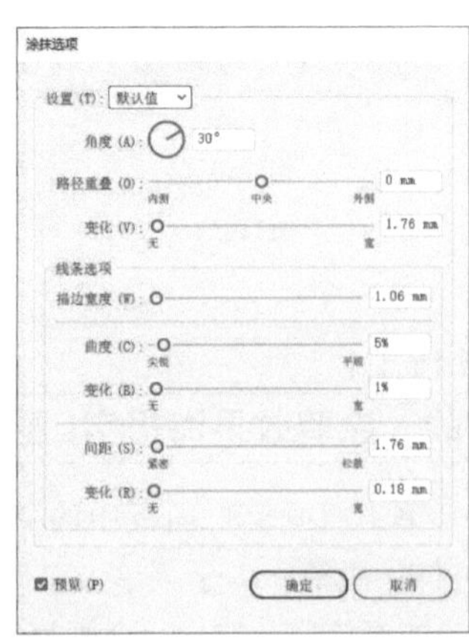

图11-21

06 画出深红色的台词框、粉色的条纹，以及字母上的装饰小图形，如图11-22所示。

07 选择文字工具T，在画面上方输入文字，在“字符”面板中设置字体和大小，如图11-23所示，设置文字的描边粗细为5 pt，如图11-24所示。在台词框中和画面空白位置也添加文字，如图11-25所示。

图11-22

图11-23

图11-24

图11-25

11.1.2 创建/加载画笔库

创建画笔库

我们知道，文档中使用的所有画笔都保存在“画笔”面板中。此外，单击画笔库中的一个画笔，也可将它添加到“画笔”面板中。如果这些画笔中有很多是经常使用的，可以将其他画笔拖曳到🗑按钮上删除，之后，打开“画笔”面板菜单，选择“存储画笔库”命令，如图11-26所示，将当前画笔保存为一个画笔库（使用Illustrator默认的存储位置）。此后，需要使用的时候，单击“画笔”面板中的按钮，打开菜单，在“用户定义”子菜单中便能找到它，如图11-27所示。

图11-26　　图11-27

从其他文档中加载画笔库

画笔是随文档一同存储的。这就是说，每个 Illustrator 文档都能在其“画笔”面板中存储画笔。

如果要使用其他文档的画笔库，可以执行“窗口>画笔库>其他库”命令，在打开的对话框中选择该文档，即可加载它的画笔并显示在一个单独的面板中。

11.1.3 实战：水墨荷花（画笔工具）

画笔工具可以绘制路径，同时为路径添加画笔描边。可通过拖曳的方法使用该工具。操作时，如果要绘制出闭合的路径，可以在接近闭合位置时按住Alt键（鼠标指针变为状），之后放开鼠标左键即可。下面使用该工具及画笔库绘制一幅水墨国画，如图11-28所示。

图11-28

01 使用矩形工具绘制一个与画板大小相同的矩形，填充浅灰色，如图11-29所示。在“图层”面板中锁定“图层1”。单击面板底部的按钮，新建一个图层，用来绘制荷花，如图11-30所示。

图11-29

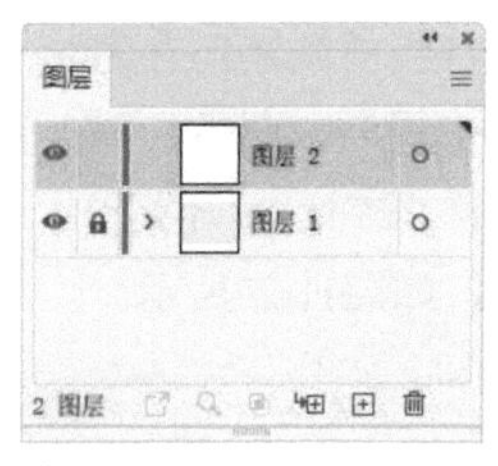

图11-30

02 使用钢笔工具绘制荷花的花瓣，填充粉色的线性渐变，如图11-31所示。执行“窗口>画笔库>矢量包>颓废画笔矢量包”命令，打开该画笔库。单击图11-32所示的画笔，为花瓣添加描边，设置描边粗细为0.25 pt，颜色为粉红色，如图11-33所示。

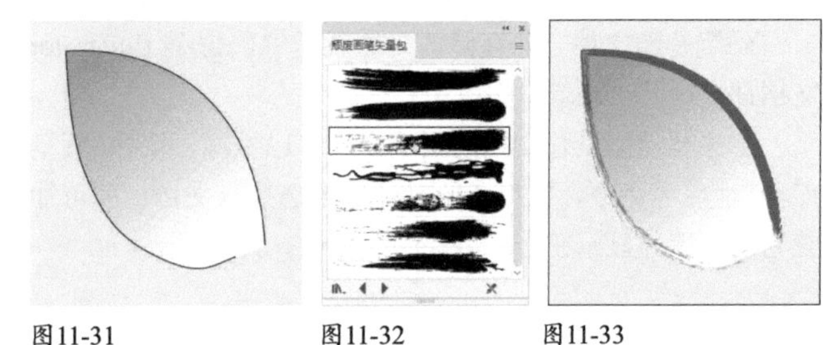

图11-31　图11-32　图11-33

提示

未选取路径的情况下，直接将画笔从“画笔”面板中拖曳到路径上，也可为其添加画笔描边。

03 设置花瓣的不透明度为50%，如图11-34所示。绘制另外两片花瓣，如图11-35所示。

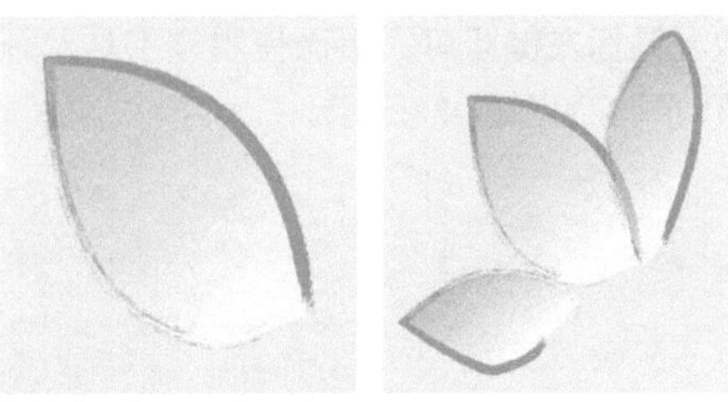

图11-34　图11-35

04 绘制一个绿色的图形作为荷叶，如图11-36所示。设置荷叶的不透明度为50%。执行“效果>风格化>羽化”命令，设置羽化半径为3 mm，使荷叶边缘变得柔和，如图11-37和图11-38所示。

图11-36

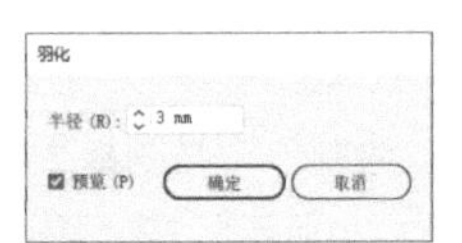

图11-37

图11-38

05 使用画笔工具自上而下绘制一条绿色的线，如图11-39所示，它与荷花花瓣用的是相同的画笔效果，只是描边粗细不同（1 pt）。再绘制一条长一点的线，执行“窗口>画笔库>矢量包>手绘画笔矢量包”命令，打开该画笔库，选择图11-40所示的画笔，设置描边粗细为0.1 pt，混合模式为“正片叠底”，使线条呈现轻柔透明的效果，如图11-41所示。再绘制两条短一点的线，如图11-42所示。

图11-39　图11-40

图11-41

图11-42

06 在荷叶右下方绘制一条路径，选择“颓废画笔矢量包03”，如图11-43所示。设置描边粗细为10 pt，混合模式为“正片叠底”，不透明度为50%，如图11-44所示，使荷叶带有纹理感。在稍往上的位置绘制一条路径，如图11-45所示。

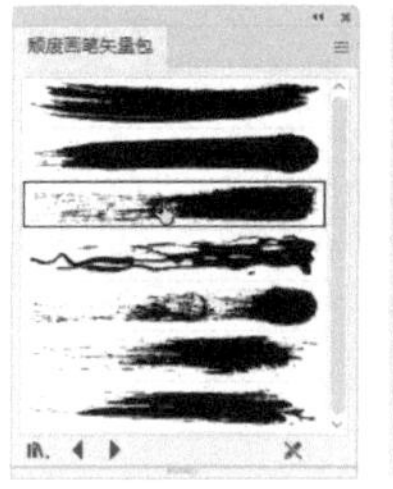

图11-43

图11-44

图11-45

07 依然使用该画笔画出荷花的花蕊，描边粗细为1 pt，小一点的花蕊描边为0.5 pt，如图11-46所示。在荷叶边缘绘制一个大一点的图形，填充土黄色，如图11-47所示。设置混合模式为“正片叠底”，不透明度为50%。为了使边缘变柔和，给图形设置“羽化”效果，如图11-48所示，以此来表现宣纸晕湿的效果。

08 在画面左上方绘制荷叶。先绘制一个土黄色的图形，如图11-49所示，在其上面绘制灰绿色的荷叶，如图11-50所示。为它添加与大荷叶一样的纹理，如图11-51所示。

图11-46 图11-47

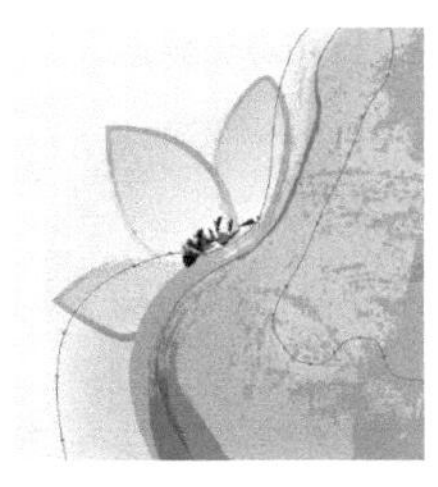

图11-48

图11-49 图11-50

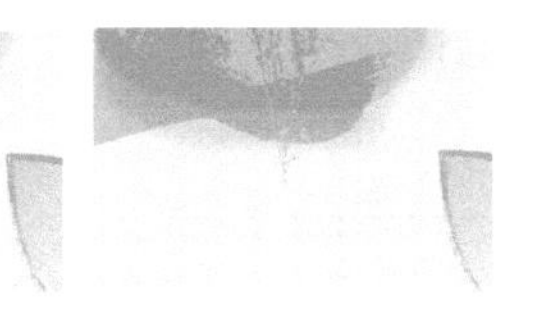

图11-51

09 选择“颓废画笔矢量包04”，如图11-52所示。绘制左侧荷叶的荷梗，描边粗细为0.25 pt，如图11-53所示。

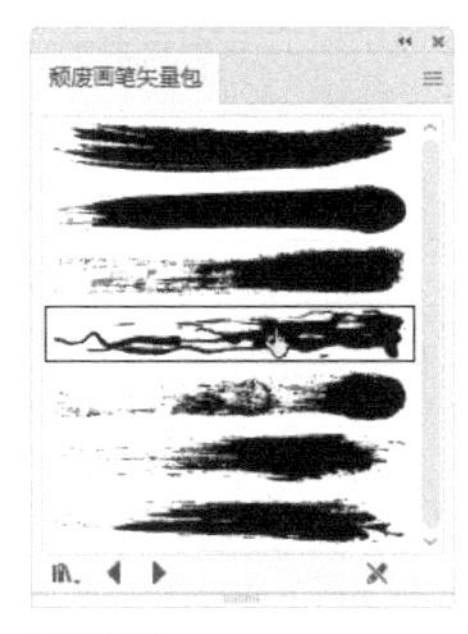

图11-52

图11-53

10 创建一个与画板大小相同的矩形，执行“窗口>色板库>图案>基本图形>基本图形_纹理”命令，打开该图案面板。选择“砂子”图案，如图11-54所示，用它填充图形，使画面呈现纹理质感。最后，在画面右下方输入文字，再制作一枚印章，完成国画作品，如图11-55所示。

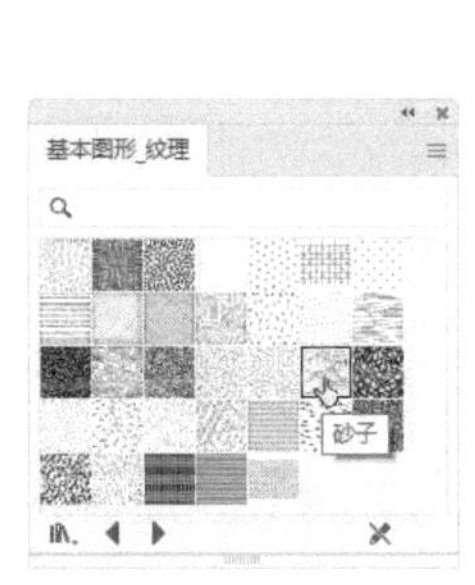

图11-54

图11-55

> *提示*
>
> 在绘制这幅国画时，有许多图形超出了画框。绘制完成后，可用剪切蒙版（*见162页*）将超出部分隐藏。

画笔工具使用技巧

使用画笔工具绘制路径后，保持路径的被选取状态，在路径端部锚点上拖曳鼠标可延长路径，如图11-56和图11-57所示；在路径段上拖曳鼠标可以修改路径形状，如图11-58和图11-59所示。

图11-56

图11-57

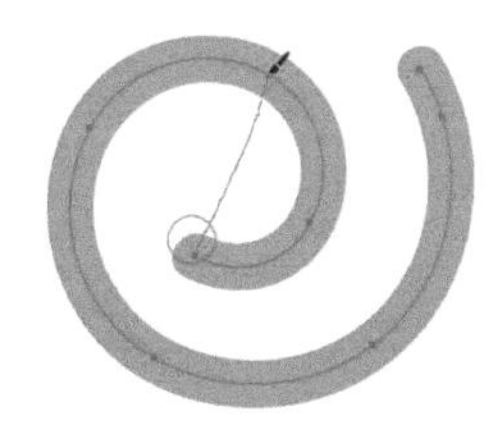

图11-58

图11-59

画笔工具绘制的对象是路径，可以用锚点编辑类工具修改，也可以在“描边”面板中调整画笔描边的粗细。

11.1.4 设置画笔工具选项

使用画笔工具时，Illustrator 会自行添加锚点。锚点的数目取决于路径的长度和复杂度，以及“保真度”参数的设定。如果要对此进行修改，可以双击画笔工具，打开“画笔工具选项”对话框进行设置，如图11-60所示。

图11-60

- 保真度：用来设置必须将鼠标指针移动多大距离，Illustrator才会向路径上添加新锚点。
- 填充新画笔描边：在路径围住的区域填充颜色，开放的路径也是如此。取消勾选该选项时，路径内部无填充颜色。
- 保持选定：绘制出的路径自动处于被选取状态。
- 编辑所选路径：勾选该选项后，选取路径时，选择画笔工具，沿路径拖曳鼠标，即可修改路径。

● 范围：用来设置鼠标指针与现有路径的距离在多大范围之内，才能使用画笔工具 编辑路径。该选项仅在勾选了“编辑所选路径”选项时才可用。

11.1.5 取消画笔描边

选取对象，如图11-61所示，单击“画笔”面板中的移去画笔描边按钮 ，即可取消为它为添加的画笔描边，如图11-62所示。

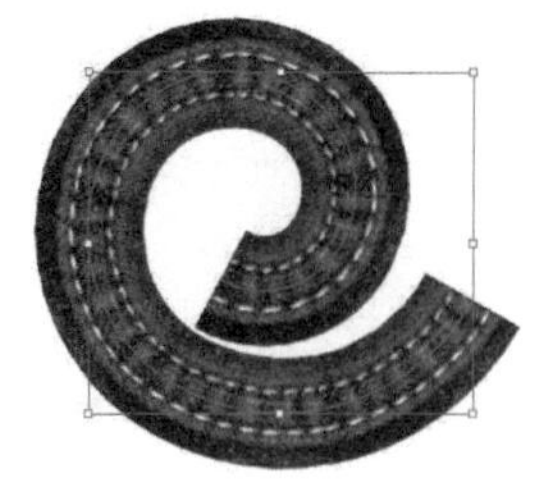
图11-61

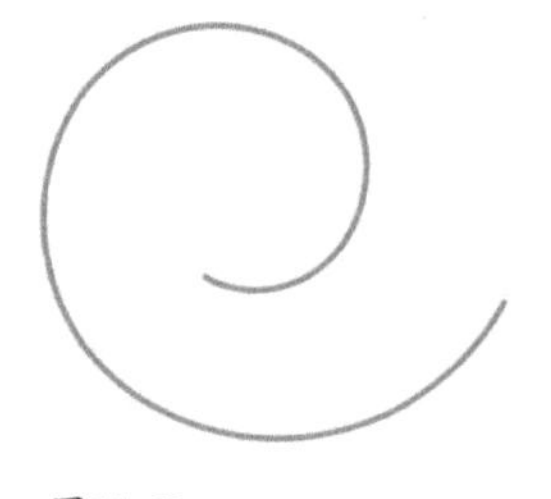
图11-62

11.2 创建画笔

Illustrator提供了非常丰富的画笔资源，但并不一定能满足我们的个性化要求。如果需要一些特殊的画笔，可以用图稿来创建。

11.2.1 创建书法画笔

书法画笔是用椭圆形定义的，通过调整角度、圆度等可绘制扁平的带有一定倾斜角度的描边。

创建书法画笔及其他种类的画笔时，都是先单击“画笔”面板中的 按钮，打开“新建画笔”对话框，选取画笔类型，如图11-63所示，单击“确定”按钮，这样才能打开相应的画笔选项对话框，如图11-64所示。设置选项后，单击“确定”按钮，即可创建画笔并将其保存到“画笔”面板中。

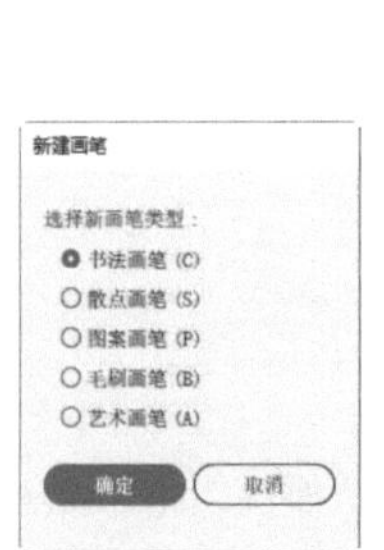

图11-63

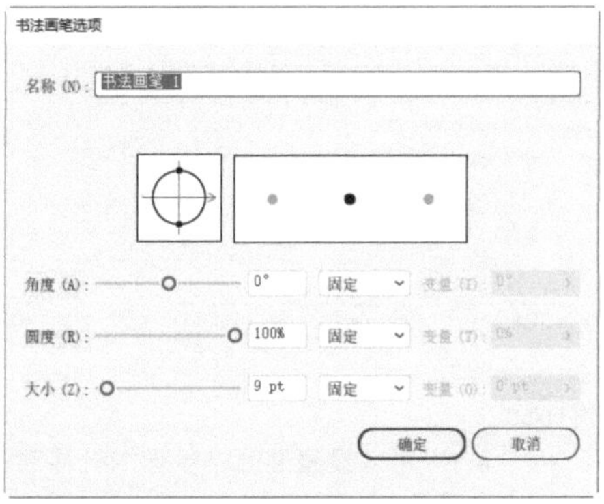

图11-64

书法画笔选项

在“名称”选项中，可以为画笔设置一个名称。拖曳画笔预览窗口中的箭头可以调整画笔的角度，如图11-65所示；拖曳黑色的圆形调杆可以调整画笔的圆度，如图11-66所示。

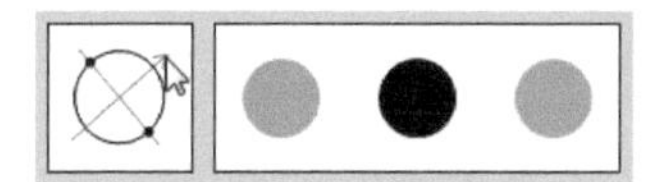
图11-65

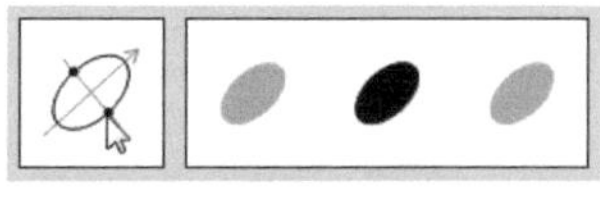
图11-66

如果将画笔的角度及圆度的变化方式设置为“随机”，并修改“变量”值，则可对变化效果进行预览，如图11-67所示。

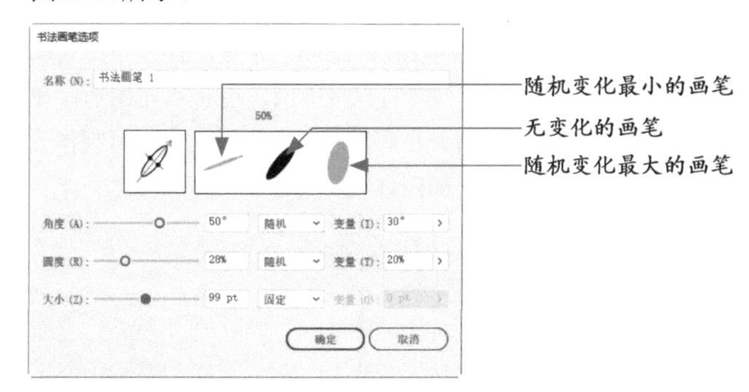

图11-67

修改书法画笔的变化方式

“角度”“圆度”和“大小”选项用来设置画笔的旋转角度、圆度和画笔直径。这3个选项右侧都有 状按钮，单击该按钮，可以打开下拉列表，其中包含了“固定”“随机”和“压力”等选项，它们决定了画笔的变化方式。如果选择除“固定”以外的其他选项，则“变量”选项可用，它可以确定变化范围的最大值和最小值。

● 固定：创建具有固定角度、圆度或直径的画笔。

● 随机：创建角度、圆度或直径含有随机变量的画笔。此时可在“变量”框中输入一个值，指定画笔特征的变化范围。例如，当“大小”值为15 pt，“变量”值为5 pt时，直径可以是 10 pt或20 pt，或是其间的任意值。

- 压力：当计算机配置有数位板时，该选项可用。Illustrator将根据压感笔的压力创建不同角度、圆度和直径的画笔。在“变量”框中输入一个值后，可以指定画笔特性在原始值的基础上能有多大的变化。例如，当“圆度”值为75%而“变量”值为25%时，最细的描边为50%，而最粗的描边为 100%。压力越小，画笔描边越尖锐。
- 光笔轮：根据压感笔的操纵情况，创建不同直径的画笔。
- 倾斜：根据压感笔的倾斜角度，创建不同角度、圆度和直径的画笔。该选项与“圆度”一起使用时非常有用。
- 方位：根据压感笔的受力情况，创建不同角度、圆度和直径的画笔。
- 旋转：根据压感笔笔尖的旋转角度，创建不同角度、圆度或直径的画笔。该选项对于控制书法画笔的角度（特别是在使用像平头画笔一样的画笔时）非常有用。

技术看板 数位板

由于鼠标不是为绘画而专门设计的，所以使用计算机绘画的时候，鼠标不能像传统绘画工具一样“听话”，用起来很不顺手。如果想从事专业的绘画和数码艺术创作，最好在数位板上画画。数位板由一块画板和一支无线的压感笔组成，就像是画家的画板和画笔。使用压感笔时，随着笔尖在画板上着力的轻重、速度以及角度的改变，绘制出的线条会产生粗细和浓淡等变化，与在纸上画画的感觉没有多大差别。

Wacom数位屏

Wacom数位板

11.2.2 创建毛刷画笔

毛刷画笔可以绘制出带有毛刷痕迹绘画笔迹，能很好地模拟使用真实画笔和介质（如水彩）的绘画效果，如图11-68所示。毛刷画笔由一些重叠的已填色的透明路径组成。这些路径就像 Illustrator 中的其他已填色路径一样，会与其他对象（包括其他毛刷画笔路径）中的颜色混合，但描边上的填色并不会自行混合。就是说，分层的单个毛刷画笔描边之间会互相混和颜色，因此，色彩会逐渐增强。但如果来回描绘单一描边，是不会将自身的颜色混合加深的。图11-69所示为“毛刷画笔选项”对话框。

图11-68

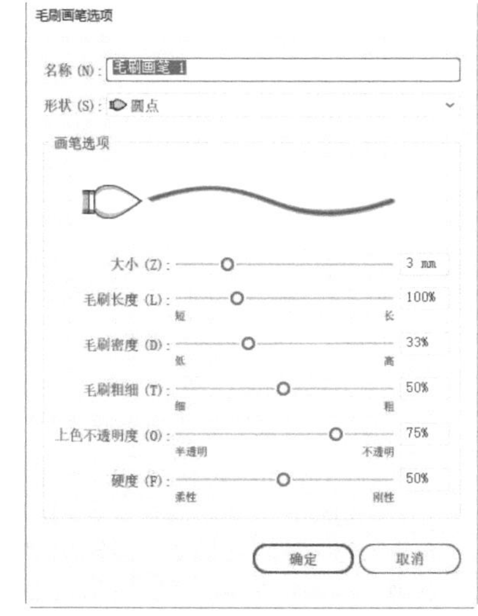

图11-69

- 形状：包含10种不同的画笔模型，如图11-70所示。这些模型提供了不同的绘制体验和毛刷画笔路径的外观。

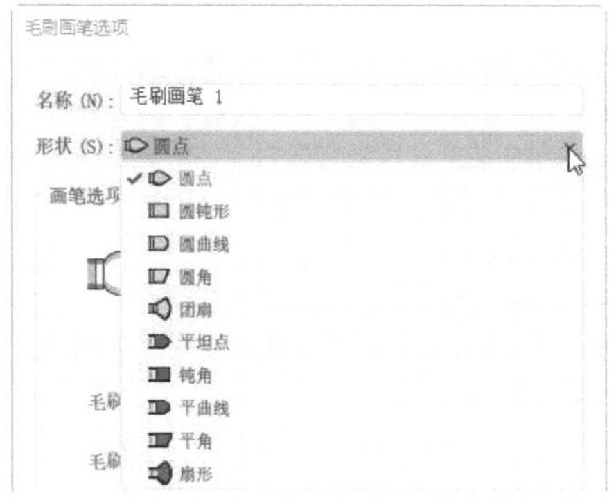

图11-70

- 大小：可设置画笔的直径。如同物理介质画笔一样，毛刷画笔直径从毛刷的笔端（金属裹边处）开始计算。
- 毛刷长度：毛刷长度是从画笔与笔杆的接触点到毛刷尖的长度。
- 毛刷密度：毛刷密度是在毛刷颈部的指定区域中的毛刷数。
- 毛刷粗细：可调整毛刷粗细，从精细到粗糙(从 1% 到 100%)。
- 上色不透明度：可以设置所使用的图画的不透明度。
- 硬度：硬度表示毛刷的坚硬度。毛刷硬度值较低时毛刷会很轻便。该值较高时，毛刷会变得更加坚韧。

11.2.3 设置画笔的着色方法

图案画笔、艺术画笔和散点画笔所绘制的颜色取决于当前的描边颜色和画笔的着色处理方法。要设置着色处理方法，可以在创建相应的画笔时打开的对话框中操作，如

图11-71所示。

图11-71

- 无：选该选项时，显示的是“画笔”面板中画笔的颜色，即画笔与“画笔”面板中的颜色保持一致。
- 色调：以浅淡的描边颜色显示画笔描边。图稿的黑色部分会变为描边颜色，不是黑色的部分则变为浅淡的描边颜色，白色依旧为白色。如果使用专色作为描边颜色，选择“色调”选项，可生成专色的浅淡颜色。如果画笔是黑白的，或者要用专色为画笔描边上色，应选择“色调”选项。
- 淡色和暗色：以描边颜色的淡色和暗色显示画笔描边，保留黑色和白色，黑白之间的所有颜色则会变成描边颜色从黑色到白色的混合。
- 色相转换：使用画笔图稿中的主色，即“主色”选项右侧颜色块中所示的颜色。画笔图稿中使用主色的每个部分都会变成描边颜色，画笔图稿中的其他颜色则变为与描边色相关的颜色。选取该选项，会保留黑色、白色和灰色。
- 主色吸管：如果要改变主色，可以单击主色吸管，将鼠标指针移至对话框中的预览图上，然后在要作为主色使用的颜色上单击，“主色”选项右侧的颜色块就会变成这种颜色。再次单击吸管则可取消选择。
- 提示：单击该按钮，可以显示每种颜色设置方法的相关信息和示例，如图11-72所示。

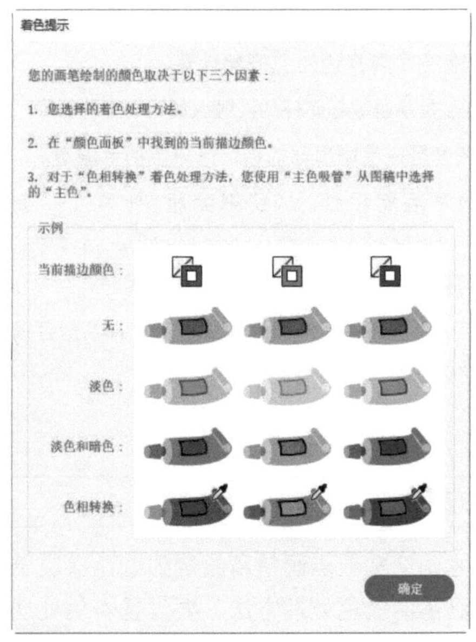

图11-72

11.2.4 创建图案画笔

创建图案画笔、散点画笔和艺术画笔前，先要制作好相关图稿，并且图稿中不能包含渐变、混合、其他画笔描边、网格、图像、图表、置入的文件和蒙版。此外，对于图案画笔和艺术画笔，图稿中还不能有文字。如果要包含文字，应先将文字转换为轮廓，再使用轮廓图形创建画笔。

准备好图稿后，将其拖曳到“色板”面板中创建为色板，如图11-73所示，之后单击“画笔”面板中的按钮，在弹出的对话框中选择“图案画笔”选项，单击“确定”按钮，打开图11-74所示的对话框。

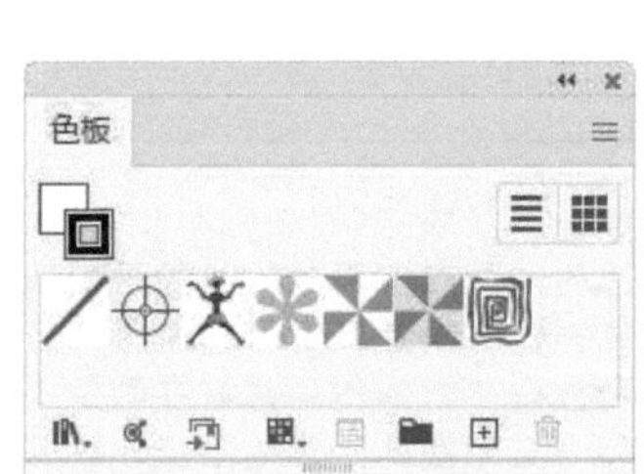

图11-73

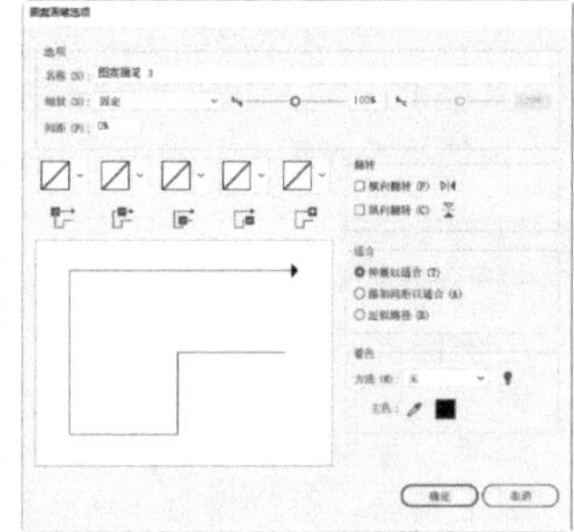

图11-74

- 拼贴按钮：5个拼贴按钮依次为外角拼贴、边线拼贴、内角拼贴、起点拼贴和终点拼贴。单击一个按钮，在打开的下拉列表中选取一个图案，该图案就会出现在对应的路径上，如图11-75所示。
- 缩放：用来设置图案相对于原始图形的缩放比例。
- 间距：用来设置各个图案的间距。
- 横向翻转/纵向翻转：可以改变图案相对于路径的方向。
- 适合：选取“伸展以适合”选项，可自动拉长或缩短图案，以适合路径的长度，如图11-76所示，因此，有时候会生成不均匀的拼贴效果；选取“添加间距以适合”选项，则会增大图案的间距，使其适合路径的长度，以确保图案不变形，如图11-77所示；选取“近似路径”选项，可以在不改变图案拼贴的情况下使其适合于最近似的路径，通过该选项所应用的图案会向路径内或外侧移动，以保持均匀的拼贴效果，而不是将中心落在路径上，如图11-78所示。

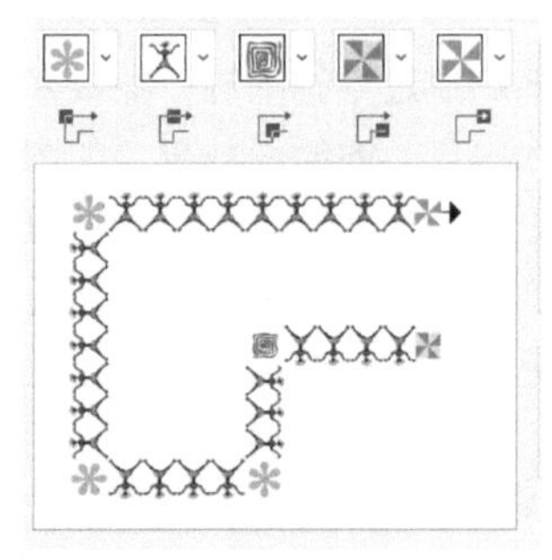

图11-75

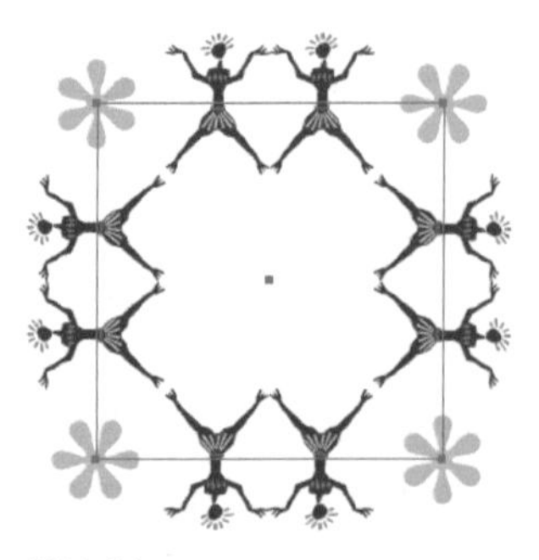

图11-76

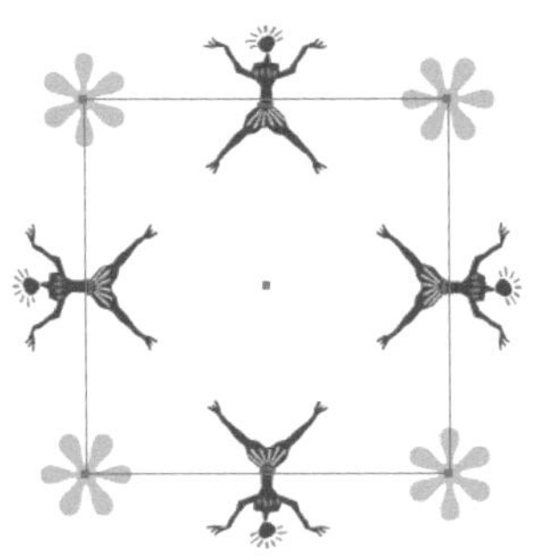

图11-77

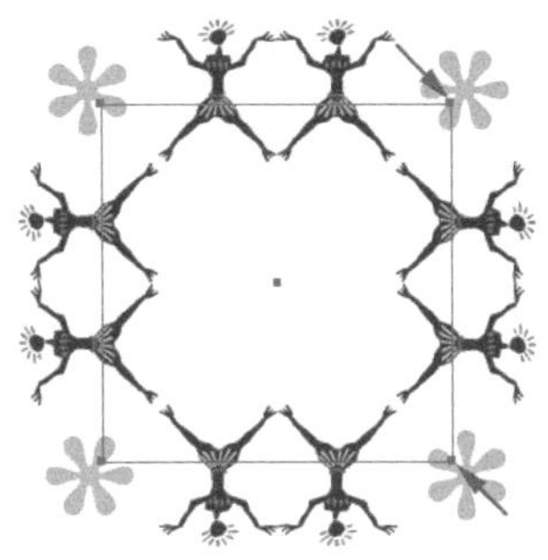

图11-78

11.2.5 创建艺术画笔

准备好创建艺术画笔的图稿后，如图11-79所示，首先将它选取，之后单击“画笔”面板中的⊞按钮，在弹出的对话框中选择“艺术画笔”选项，单击“确定”按钮，打开图11-80所示的对话框。

图11-79

图11-80

- 宽度：可以相对于原宽度调整图稿的宽度。
- 画笔缩放选项：选取“按比例缩放”选项，可等比缩放对象，使其适合路径的长度，如图11-81所示；选取“伸展以适合描边长度”选项，可将对象拉宽或压扁，以适合路径的长度，如图11-82所示；选取“在参考线之间伸展”选项，对话框中会出现两条参考线，在“起点”和“终点”选项中输入数值，可以定义图稿的拉伸范围，参考线之外的对象的比例保持不变，如图11-83和图11-84所示，通过这种方法创建的画笔为分段画笔。

图11-81

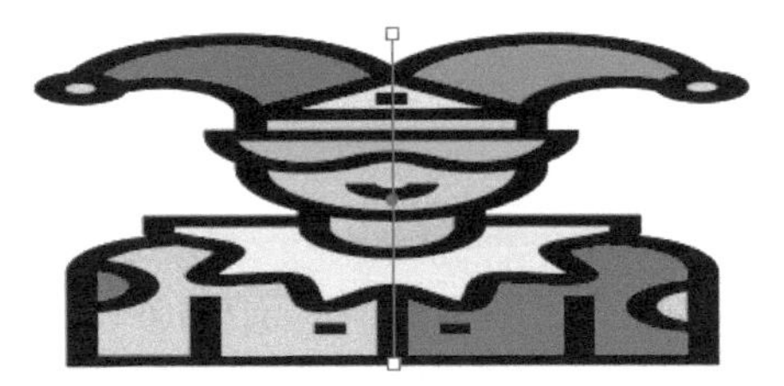

图11-82

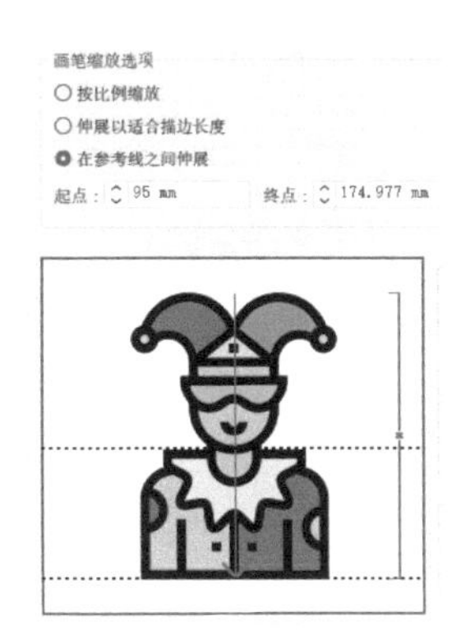

图11-83

图11-84

- 方向：单击该选项中的按钮，可以确定图形相对于线条的方向。单击←按钮，可以将图稿左侧置于描边末端；单击→按钮，可以将图稿右侧置于描边末端；单击↑按钮，可以将图稿顶部置于描边末端；单击↓按钮，可以将图稿底部置于描边末端。
- 横向翻转/纵向翻转：改变图稿相对于线条的方向。
- 重叠：如果要避免对象边缘连接和皱折重叠，可单击该选项中的按钮。

11.2.6 创建散点画笔

准备好创建散点画笔的图稿，如图11-85所示，先将它选取，再单击“画笔”面板中的⊞按钮，在弹出的对话框中选择“散点画笔”选项，单击“确定”按钮，打开图11-86所示的对话框。

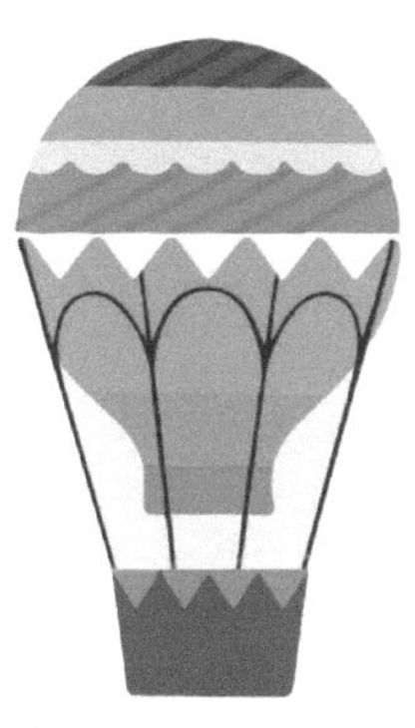

图11-85

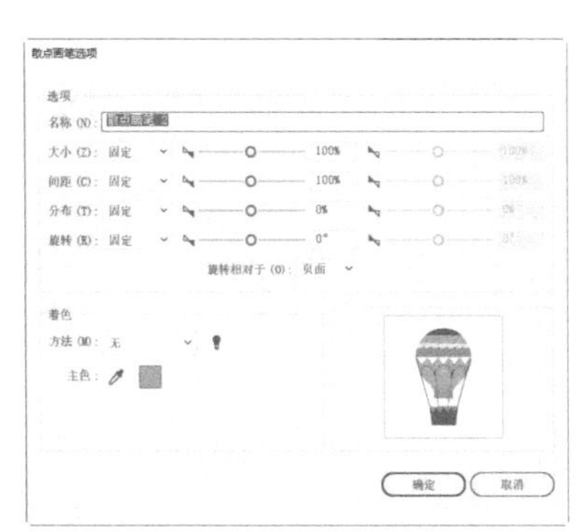

图11-86

- 大小/间距：用来设置对象的大小和间隔距离。在该选项及“间距”“分布”和“旋转”选项右侧的列表中可以选择画笔的变化方式，具体参见书法画笔（见264页）。
- 分布：控制路径两侧对象与路径之间的接近程度。数值越大，对象离路径越远。
- 旋转/旋转相对于：“旋转”选项用来控制对象的旋转角度，在“旋转相对于”下拉列表中可以选取旋转的基准目标，选取“页面”选项和“路径”选项的效果分别如图11-87和图11-88所示。

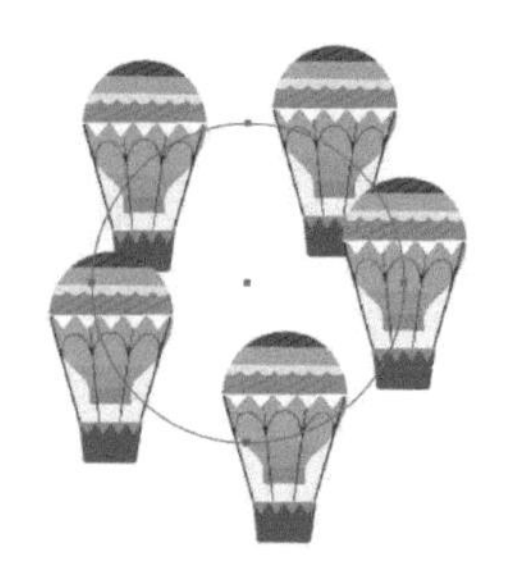

选取“页面”选项

图11-87

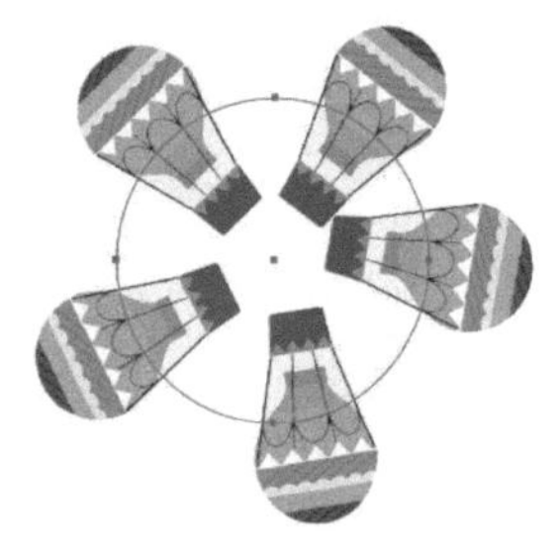

选取“路径”选项

图11-88

11.2.7

实战：塑料吸管字

下面使用画笔库中的图形定义一个图案画笔，用它为路径描边，制作塑料吸管特效字，如图11-89所示。

扫码看视频

图11-89

01 按Ctrl+N快捷键，创建一个RGB模式的文档。选择椭圆工具，在画板上单击，创建一个圆形，无填色，如图11-90和图11-91所示。

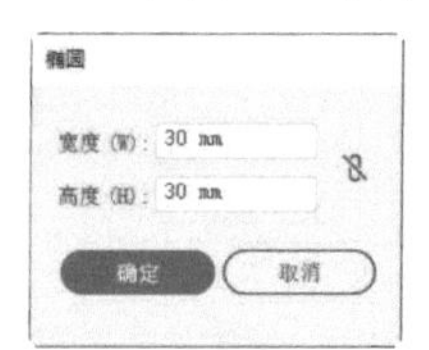

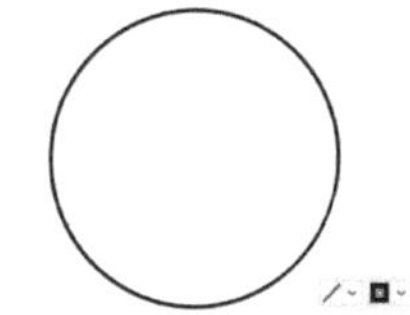

图11-90　图11-91

02 选择选择工具，按住Alt键拖曳图形，进行复制。选择直线段工具，按住Shift键拖曳鼠标，创建3条竖线，如图11-92所示。

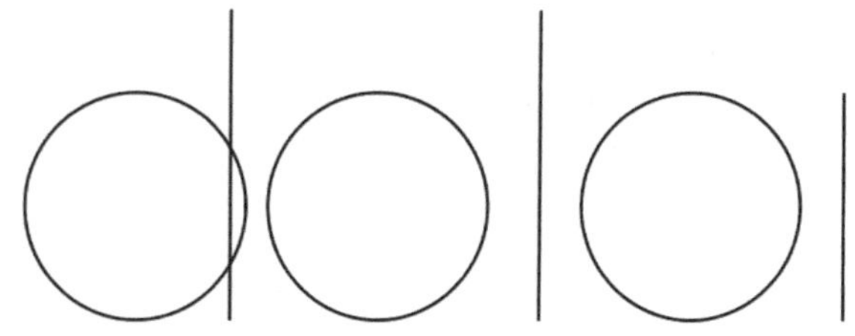

图11-92

03 选择选择工具，拖出一个选框，将左侧的两个路径选取，如图11-93所示。单击“路径查找器”面板中的按钮，让图形变为轮廓并进行分割，如图11-94所示。设置描边颜色为黑色，如图11-95所示。

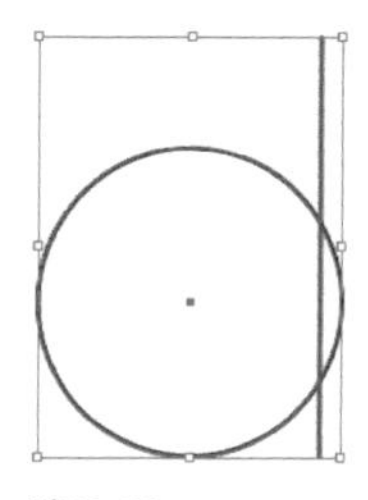

图11-93　图11-94　图11-95

04 按Shift+Ctrl+G快捷键，取消编组。将断开的圆形路径拖曳到最右侧直线上方并旋转，选取多余的直线路径，按Delete键删除，文字“color”就制作好了，如图11-96所示。

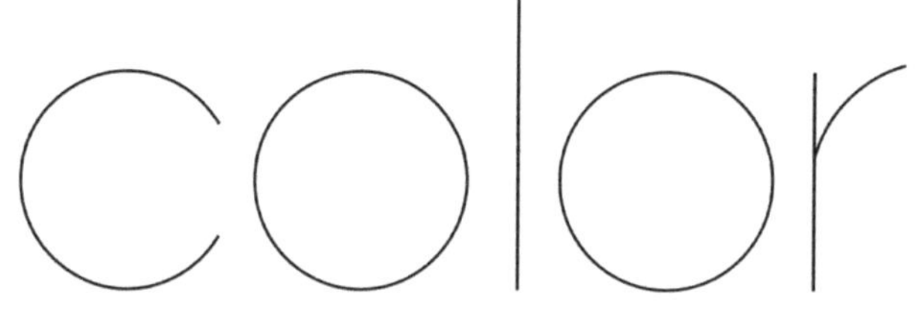

图11-96

05 执行“窗口>画笔库>边框>边框_新奇”命令，打开“边框_新奇”面板。将图11-97所示的画笔拖曳到画布上。选择编组选择工具，拖曳出一个选框，将绿色图形选取，如图11-98所示。按Delete键删除。

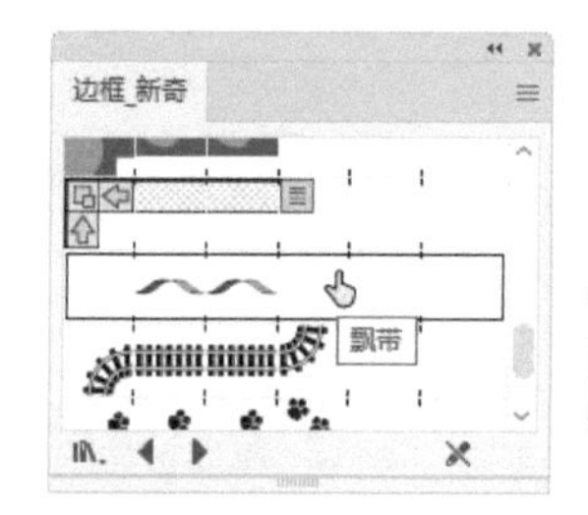

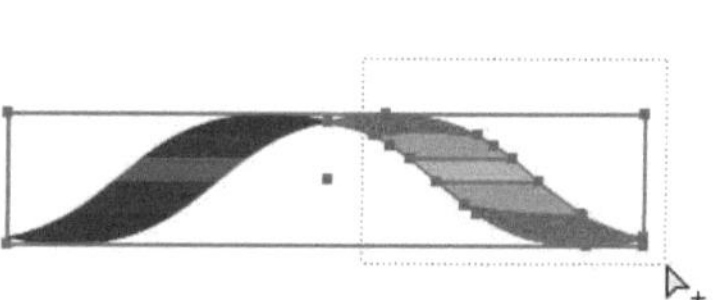

图11-97　图11-98

06 在剩下的紫色图形上双击，将它选取，修改填充颜色，如图11-99和图11-100所示。

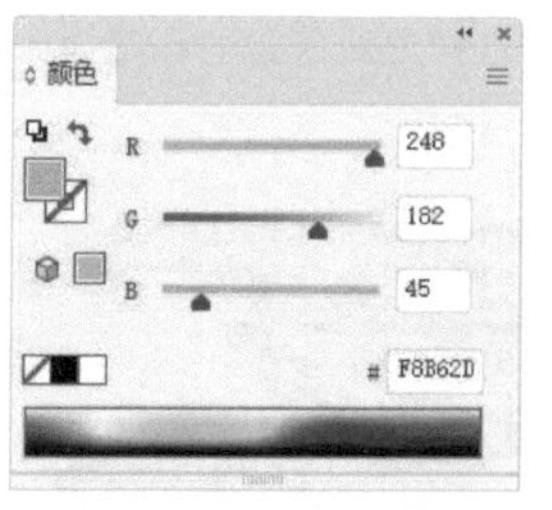

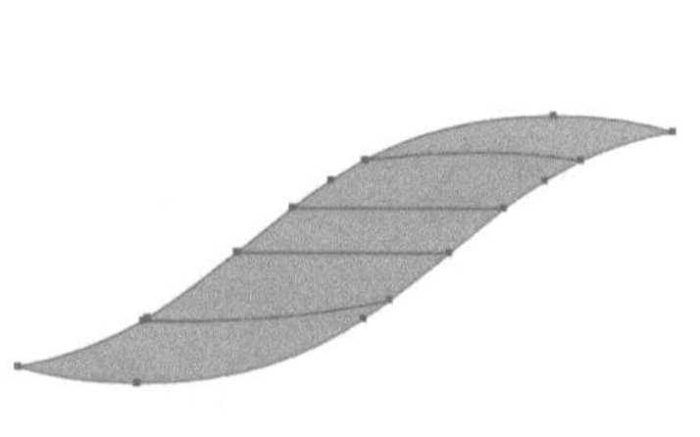

图11-99　图11-100

07 双击比例缩放工具，在弹出的对话框中设置缩放参数为30%，如图11-101所示，将该图形缩小。选择选择工具▶，按住Alt键和Shift键拖曳图形进行复制，之后按一下Ctrl+D快捷键，再复制出一个图形，如图11-102所示。

图11-101

图11-102

08 将这3个图形选取。单击“画笔”面板中的⊞按钮，在弹出的对话框中选取“图案画笔”选项，如图11-103所示；单击“确定”按钮，弹出“图案画笔选项”对话框，选取“伸展以适合”选项，如图11-104所示；单击“确定”按钮，将图形定义为图案。

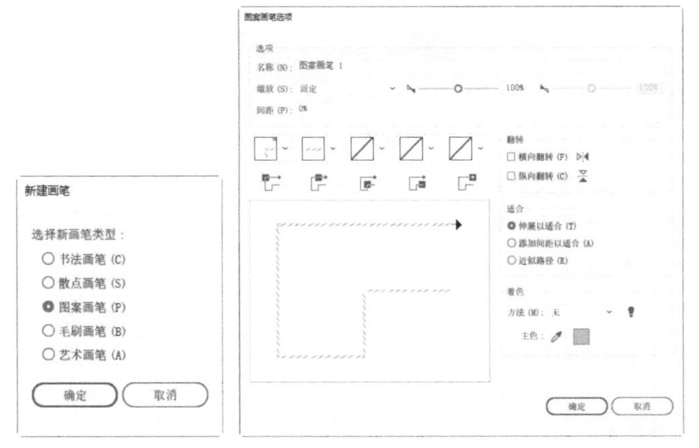

图11-103　图11-104

09 选择选择工具▶，拖出一个选框，将文字路径选取。单击新创建的图案，为它们添加画笔描边，如图11-105和图11-106所示。

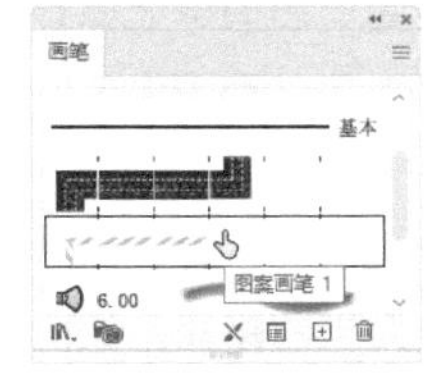

图11-105

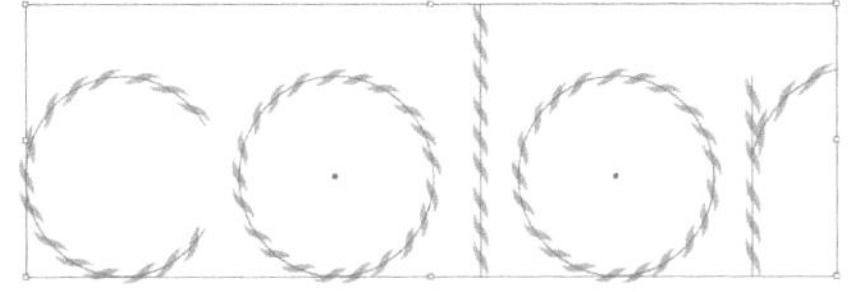

图11-106

10 单击“外观”面板中的□按钮，添加一个描边属性，如图11-107所示。修改描边颜色为红色，粗细为6 pt。将这一属性拖曳到下方，如图11-108和图11-109所示。可以使用其他颜色或渐变作为吸管颜色，制作出更加丰富的效果。

图11-107　图11-108

图11-109

11.2.8

实战：皓月与流星

01 按Ctrl+O快捷键，打开素材，如图11-110所示。该文件中包含了本实战中渐变所使用的基本颜色，以确保色彩准确。此外还提供了森林和狼图形素材。

扫 码 看 视 频

图11-110

02 使用矩形工具□创建一个矩形，单击工具栏中的■按钮，如图11-111所示，填充渐变，如图11-112所示。

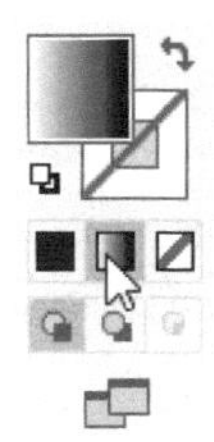
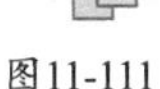

图11-111

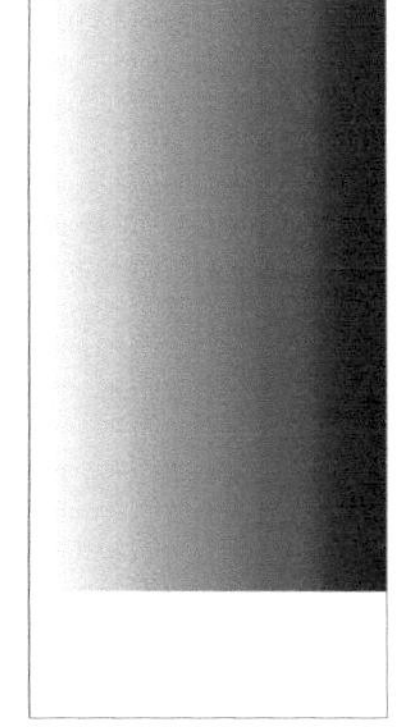

图11-112

03 将角度设置为90°。单击左侧色标，如图11-113所示；再单击✒工具，如图11-114所示，之后在图11-115所示的色块上单击，拾取其颜色作为色标的颜色。

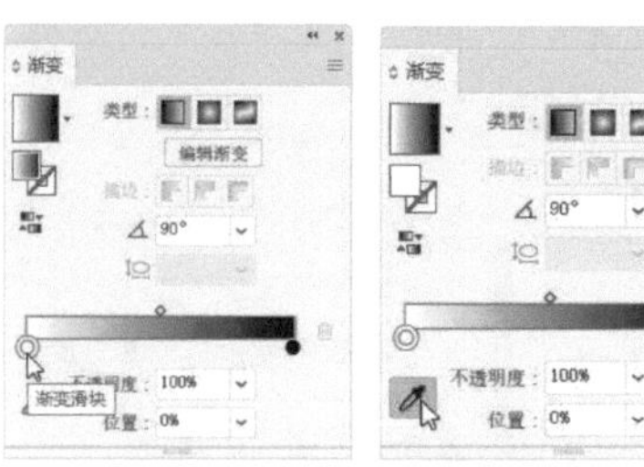

图11-113

图11-114

图11-115

04 在渐变批注者下方单击，添加一个色标，如图11-116所示。使用✒工具拾取颜色，如图11-117和图11-118所示。

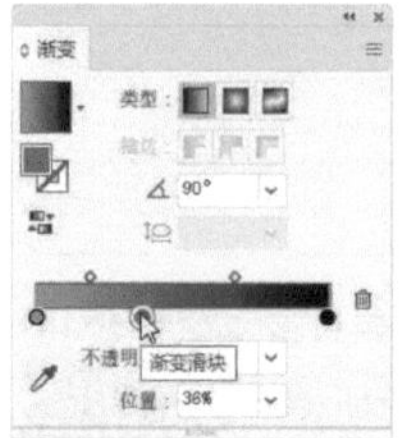

图11-116

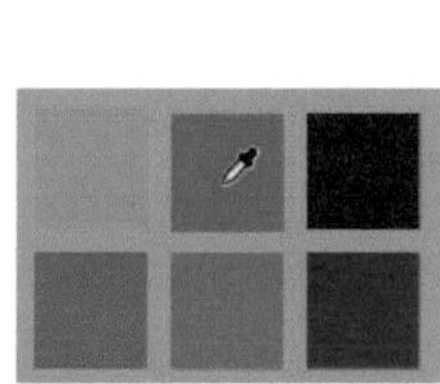

图11-117

图11-118

05 单击最右侧的色标，将其选取，用✒工具拾取蓝色，如图11-119~图11-121所示。

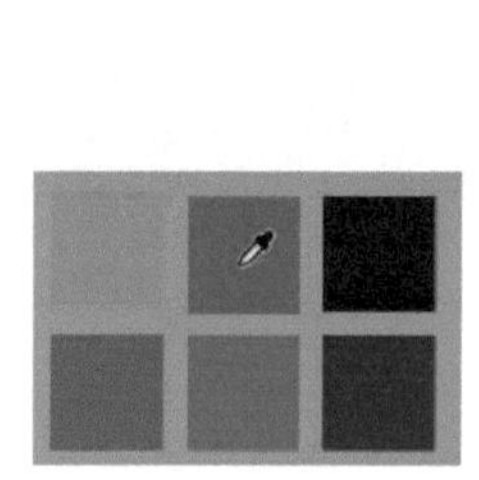

图11-119

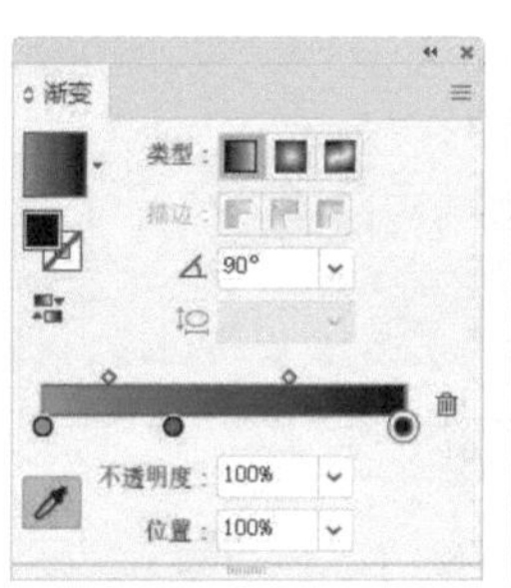

图11-120

图11-121

06 选择椭圆工具◯，按住Shift键创建一个圆形。单击“渐变”面板中的■按钮，填充径向渐变，效果如图11-122所示。将两个色标都设置成白色。将左侧色标的不透明度设置为0%并向右拖曳，如图11-123和图11-124所示。

图11-122

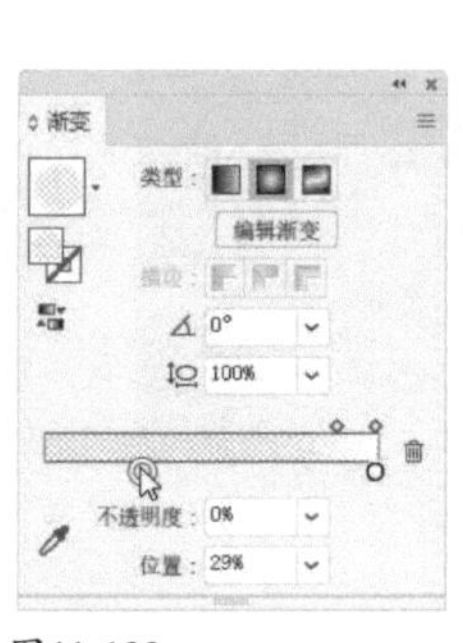

图11-123

图11-124

07 选择渐变工具■，此时圆形上会显示渐变控件，如图11-125所示。拖曳鼠标，调整渐变的位置和方向，如图11-126所示。

图11-125

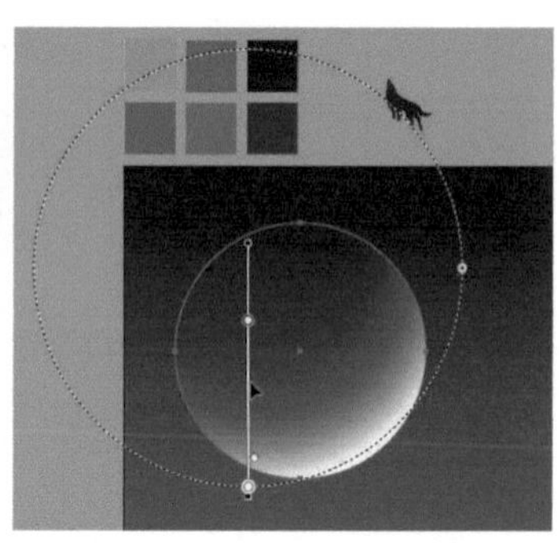

图11-126

08 创建几个圆形，添加渐变并降低不透明度，作为月亮上的环形山，如图11-127~图11-129所示。

图11-127

图11-128

图11-129

09 下面绘制天空中的繁星。先将一个星形定义为画笔。选择椭圆工具◯，在画板上单击，弹出“椭圆”对话框，设置参数，如图11-130所示，创建圆形并填充白色，如图11-131所示。

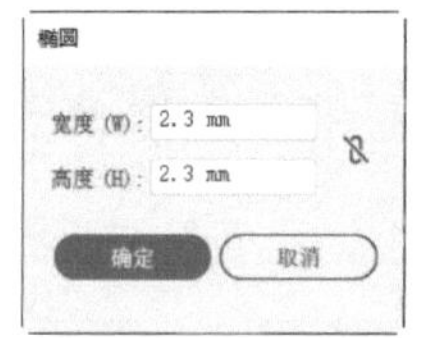

图11-130

图11-131

10 单击“画笔”面板中的⊞按钮，弹出“新建画笔”对话框，选取“散点画笔”选项，如图11-132所示；单击“确定”按钮，弹出“散点画笔选项”对话框，将画笔名称设置为“星星”，在“大小”“间距”“分布”下拉列表中选取“随机”选项，如图11-133所示。

11 按Delete键，将圆形删除。选择画笔工具🖌，设置描边颜色为白色，粗细为1 pt。绘制一段曲折的路径，如图11-134所示。双击“星星”画笔，如图11-135所示，打开“散点画笔选项”对话框，修改参数，如图11-136所示。单击“确定”按钮关闭对话框，调整后的星星会变小并不规则分布，如图11-137所示。

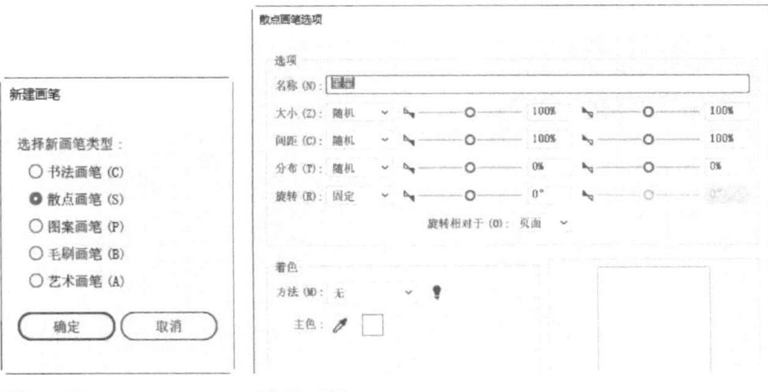

图11-132　图11-133

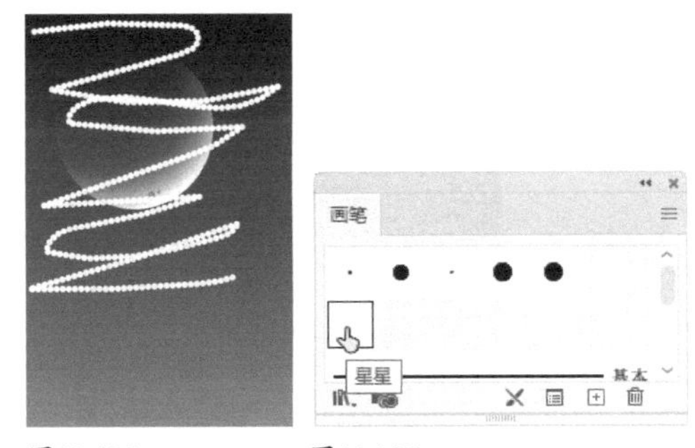

图11-134　图11-135

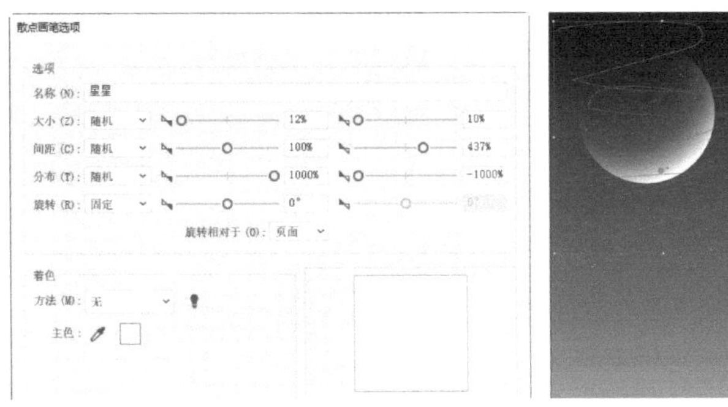

图11-136　图11-137

12 执行“对象>扩展外观”命令，将画笔扩展为图形，如图11-138所示。选择选择工具▸，按住Alt键拖曳，进行复制，如图11-139所示。

图11-138　图11-139

13 按住Shift键单击另一组星星，如图11-140所示，单击“路径查找器”面板中的■按钮，将它们合并，如图11-141所示。使用橡皮擦工具◆将月亮上的星星擦除，如图11-142所示。

图11-140　图11-141

图11-142

提示

使用橡皮擦工具◆操作时，可以按住Alt键并拖曳出一个矩形的范围框，放开鼠标左键时，可将其中的所有星星同时擦掉。另外，画面中如果有星星排布得过于紧密，也可以适当擦除一些，让星星的布局匀称、合理。

14 下面绘制一颗流星。用直线段工具／创建一条斜线，选取三角形宽度配置文件，如图11-143所示，设置描边颜色为渐变色，如图11-144和图11-145所示。

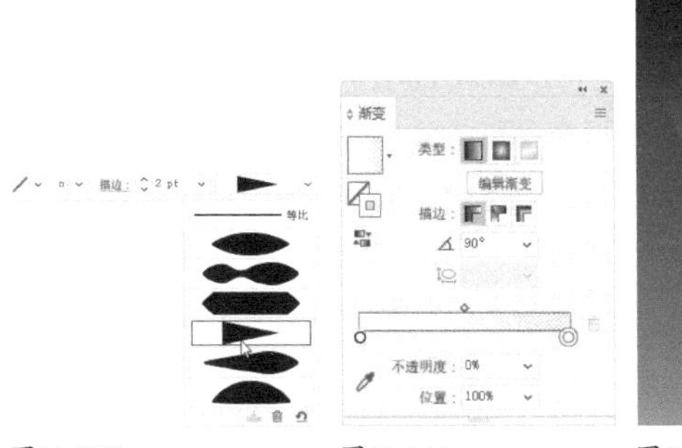

图11-143　图11-144　图11-145

15 用钢笔工具✒绘制小山（底部和两侧要超出画板），填充渐变，如图11-146和图11-147所示。执行“效果>风格化>内发光”命令，添加发光效果，用来表现夕阳照在山顶上所呈现的暖暖余晖，如图11-148和图11-149所示。

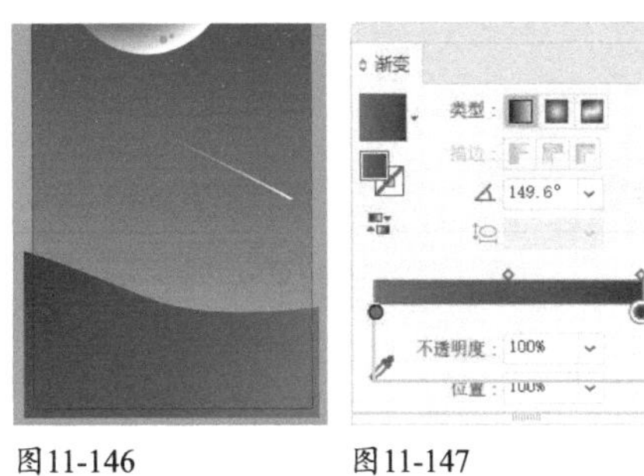

图11-146　图11-147

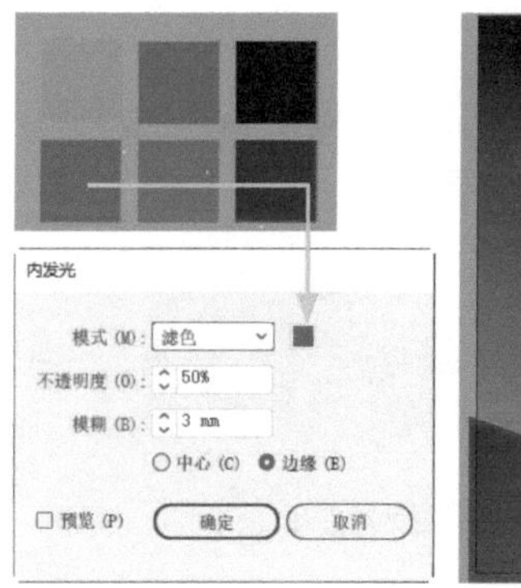

图11-148

图11-149

16 再绘制一个小山，填充渐变并添加“内发光”效果，如图11-150和图11-151所示。按Ctrl+[快捷键，将其调整到前一个小山的下方，如图11-152所示。

图11-150

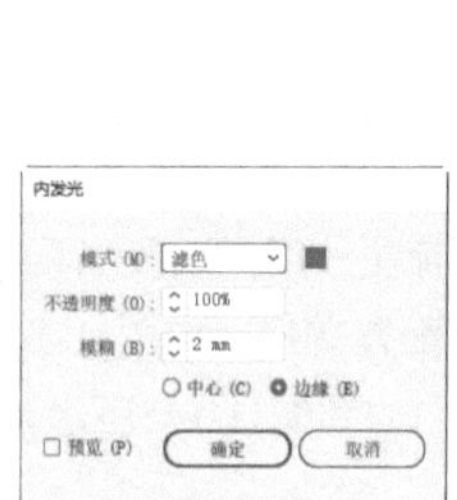

图11-151

图11-152

17 绘制最前方的小山，如图11-153所示。使用选择工具▶将狼和森林图形拖曳到画面中，如图11-154所示。

18 创建一个与画板大小相同的矩形，如图11-155所示。按Ctrl+A快捷键全选，按Ctrl+7快捷键创建剪切蒙版，将矩形之外的画面内容隐藏起来，如图11-156所示。

图11-153

图11-154

图11-155

图11-156

编辑画笔

不论是Illustrator提供的预设画笔，还是我们自己创建的画笔，在任何时候都可以修改。并且，对象上使用的画笔描边会同步更新。

11.3.1

实战：修改画笔参数

01 打开素材。选择选择工具▶，单击圆形背景，如图11-157所示。它被添加了图案画笔描边。在“画笔”面板中双击该画笔，如图11-158所示，打开“图案画笔选项”对话框。

扫码看视频

图11-157

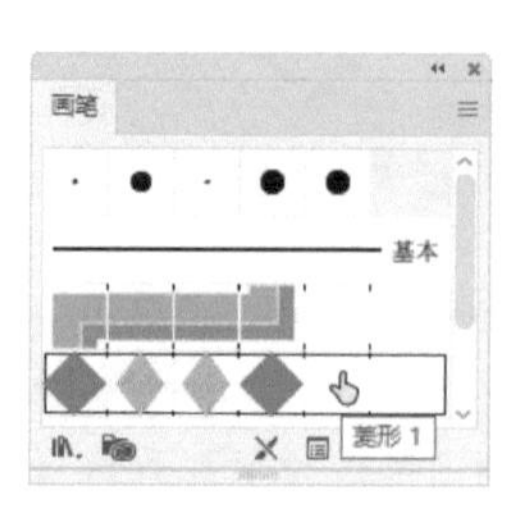

图11-158

02 修改“间距”参数，设置为100%，如图11-159所示。单击“确定”按钮关闭对话框，此时会弹出一个提示，如图11-160所示。单击“应用于描边”按钮，确认修改，同时，圆形上使用的画笔描边也会更新，如图11-161所示。单击“保留描边”按钮，则只更改参数，不会影响已添加到圆形上的画笔描边，但以后为再图形添加该画笔描边时，会应用修改后的参数设置。

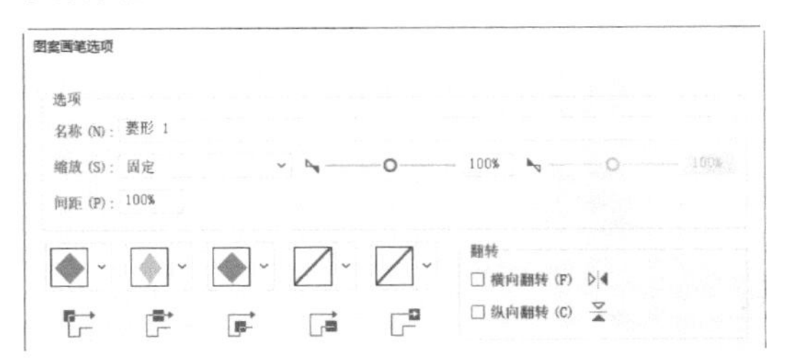

图11-159

图11-160　　图11-161

11.3.2 实战：修改画笔图形

散点画笔、艺术画笔和图案画笔是用图形创建的，画笔中的原始图形也可以修改。

01 打开素材，如图11-162所示。边框图形是为直线添加画笔描边制作成的。将它所使用的画笔从“画笔”面板中拖曳到画板上，如图11-163所示。

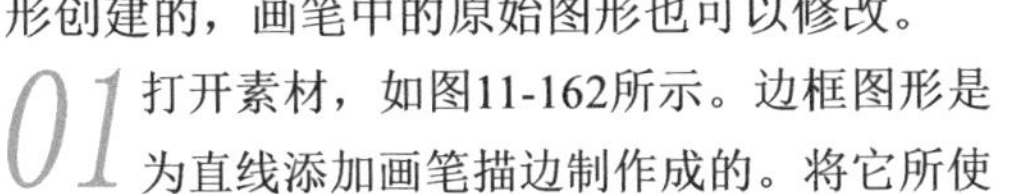

图11-162

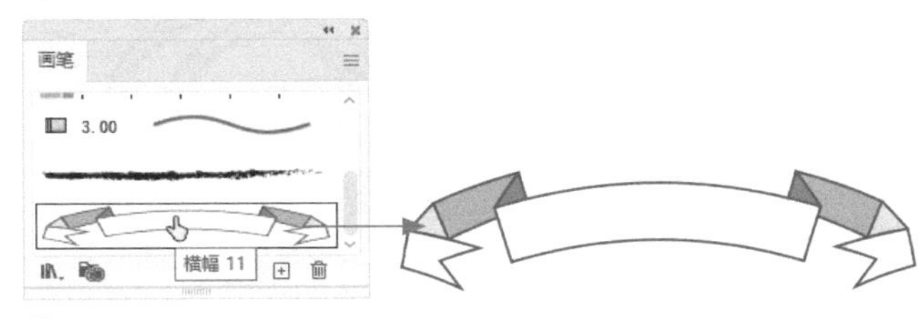

图11-163

02 选择选择工具▶，单击该画笔对象，如图11-164所示。执行“编辑>编辑颜色>重新着色图稿”命令，打开“重新着色图稿”对话框。单击“颜色主题拾取器”按钮，如图11-165所示；将鼠标指针移动到文字上，单击鼠标，拾取文字颜色，如图11-166所示。

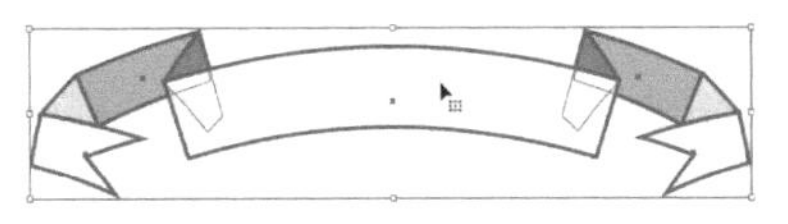

图11-164

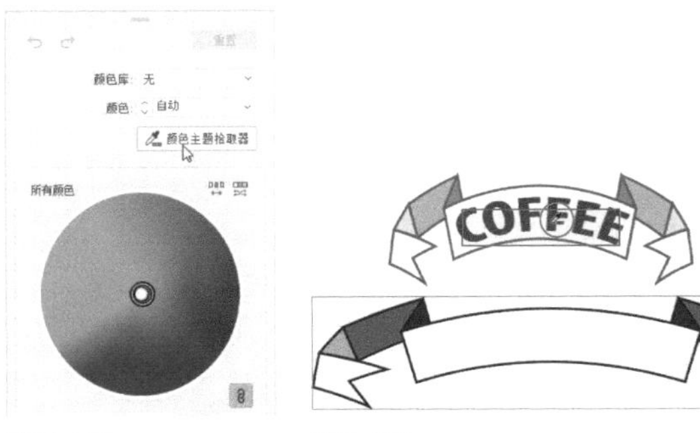

图11-165　　图11-166

03 选择选择工具▶，按住Alt键将修改后的图形拖曳到“画笔”面板中的原始画笔上，如图11-167所示；弹出“艺术画笔选项”对话框，单击“确定”按钮；弹出一个提示，如图11-168所示，单击“应用于描边”按钮确认修改，如图11-169所示。

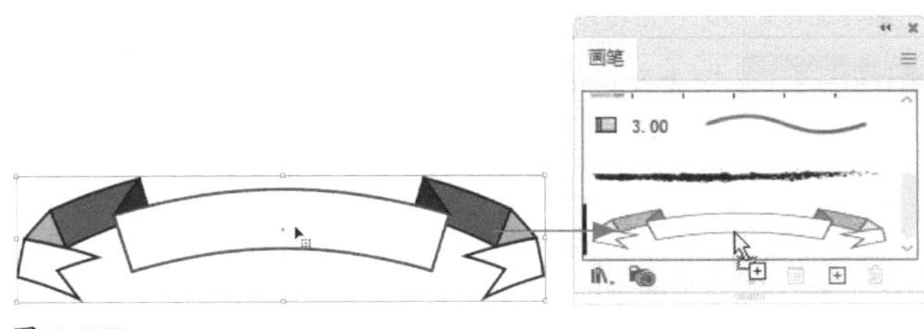

图11-167

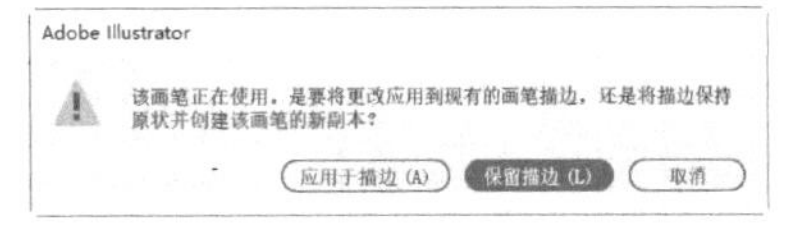

图11-168

图11-169

11.3.3 实战：缩放画笔描边

为对象添加画笔描边后，如果画笔图形较大或较小，可以通过缩放的方法，将其调整到合适大小。

01 打开素材。选择选择工具▶，单击添加了画笔描边的对象，如图11-170所示。

02 单击“画笔”面板中的☰按钮，在打开的对话框中对画笔描边进行单独缩放，如图11-171和图11-172所示。此外，也可以在“控制”面板中调通过整描边粗细，来改变描边大小比例，如图11-173所示。

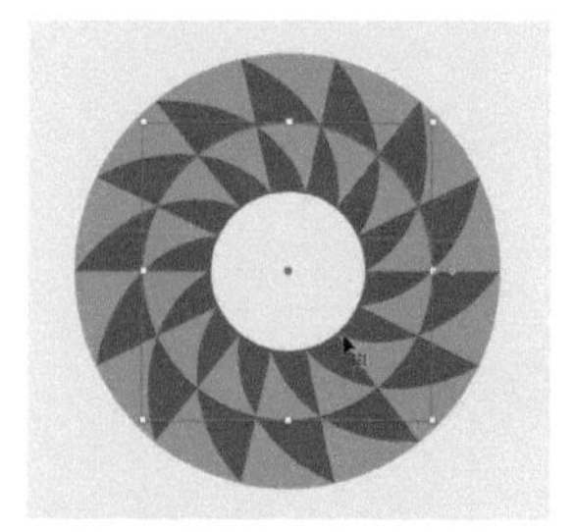

图11-170

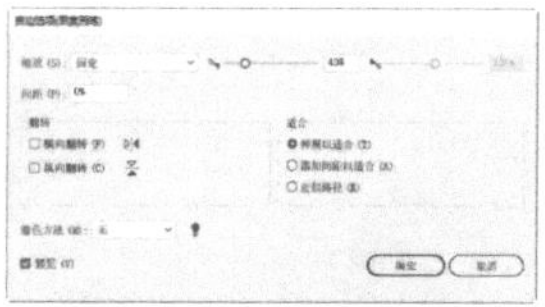

图11-171

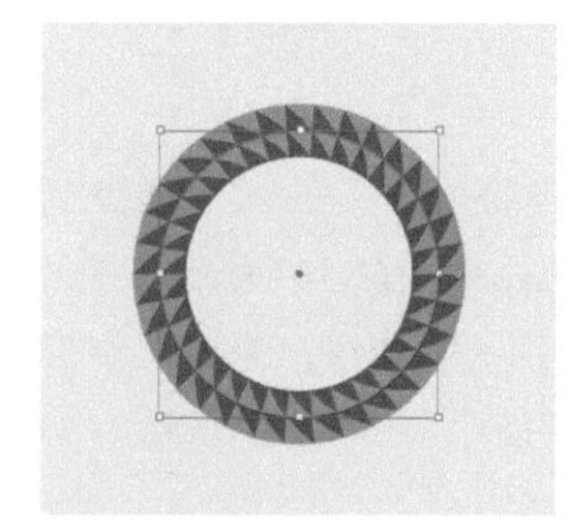

图11-172

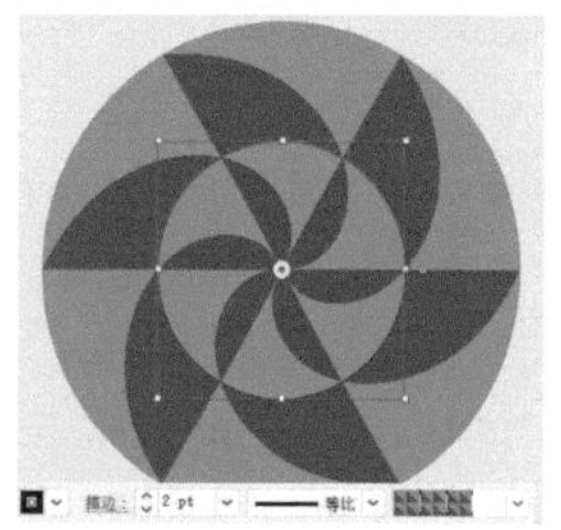

图11-173

技术看板　对象及画笔描边缩放技巧

想同时缩放对象和画笔描边，可以双击比例缩放工具，在弹出的对话框中勾选“比例缩放描边和效果”选项。如果只想缩放对象，不想影响画笔描边，可以选择选择工具▶，拖曳定界框上的控制点。

11.3.4

实战：手环（将描边对象定义为画笔）

01 按Ctrl+N快捷键，创建一个RGB模式的文档。选择椭圆工具◯，按住Shift键创建圆形，设置描边粗细为30 pt，无填色，如图11-174所示。按Ctrl+C快捷键复制，按Ctrl+F快捷键粘贴到前面，修改描边颜色和粗细，如图11-175所示。

扫码看视频

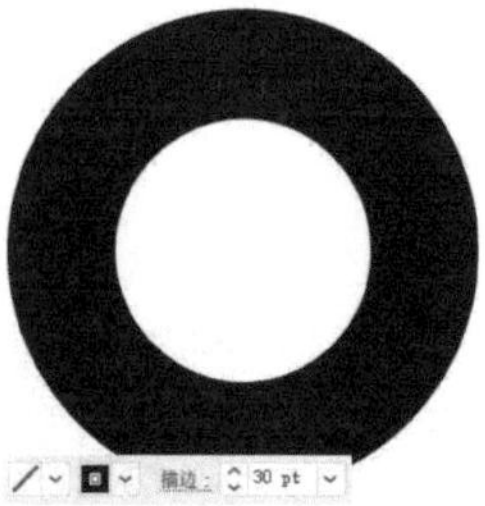

图11-174

图11-175

02 按Ctrl+F快捷键再次粘贴，修改图形的描边颜色和描边粗细。按住Alt键和Shift键拖曳控制点，以圆心为基准等比缩小，如图11-176所示。按Ctrl+A快捷键选择所有图形，按Alt+Ctrl+B快捷键创建混合。双击混合工具，打开“混合选项”对话框，在“间距”下拉列表中选择“指定的步数”选项，设置步数为10，如图11-177所示，效果如图11-178所示。

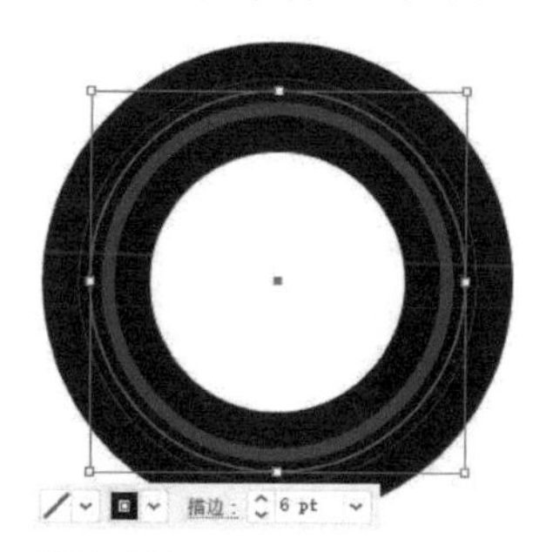

图11-176

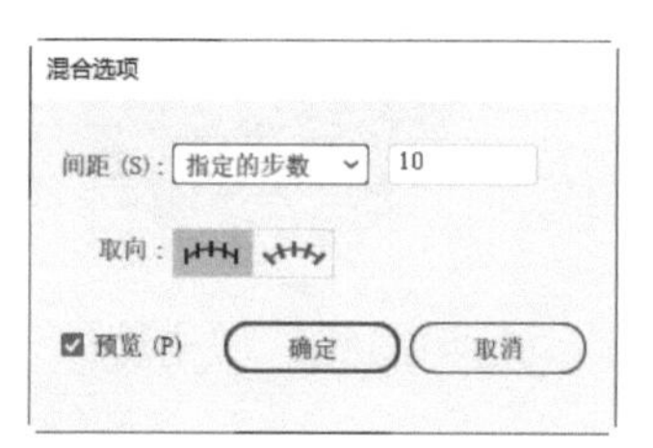

图11-177

图11-178

03 使用椭圆工具◯创建一个较小的圆形，如图11-179所示。执行“窗口>画笔库>边框>边框_新奇”命令，打开该画笔库，单击“铁丝网”画笔，对路径进行描边，如图11-180所示。设置描边粗细为2 pt，效果如图11-181所示。

图11-179

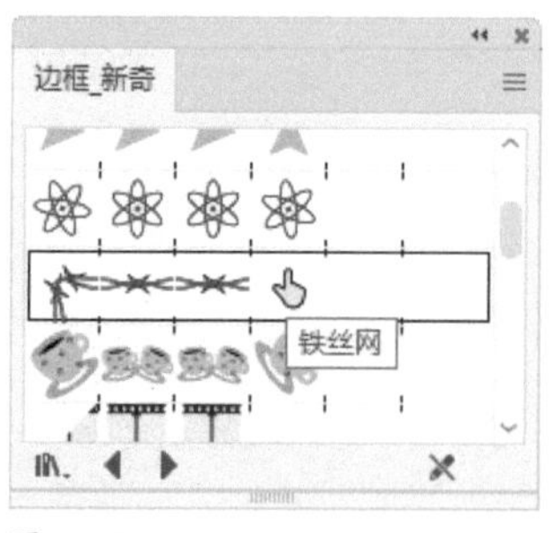

图11-180

图11-181

04 保持图形被选取，单击“画笔”面板中的⊞按钮，弹出“新建画笔”对话框，选取“图案画笔”选项，单击“确定”按钮，在弹出的对话框中将着色方法设置为“色相转换”。选取该对话框中的吸管工具，在图案上单击，拾取颜色，吸管工具右侧的颜色块变灰之后，如图11-182所示，单击“确定”按钮，创建图案画笔，如图11-183所示。

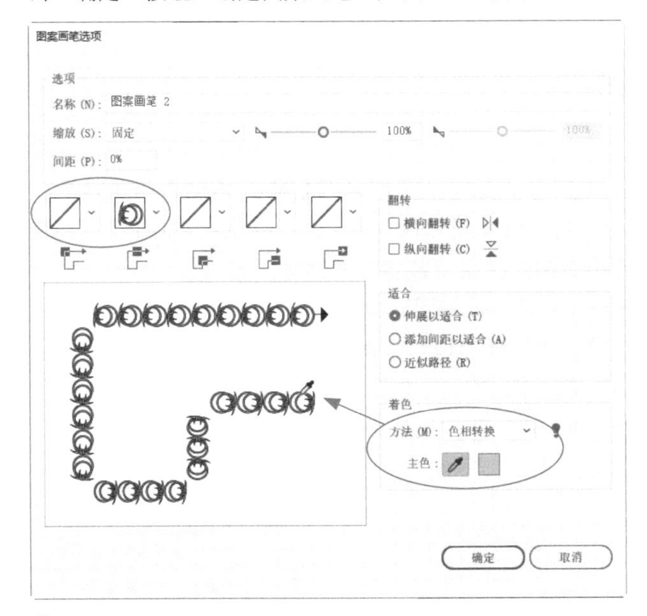

图11-182

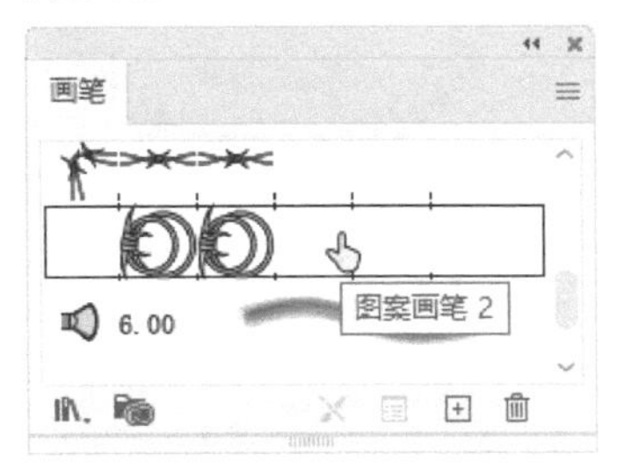

图11-183

05 创建一个圆形，设置描边颜色为米黄色，描边粗细为0.5 pt，无填色，如图11-184所示。单击新创建的图案画笔，为它添加画笔描边，如图11-185所示。

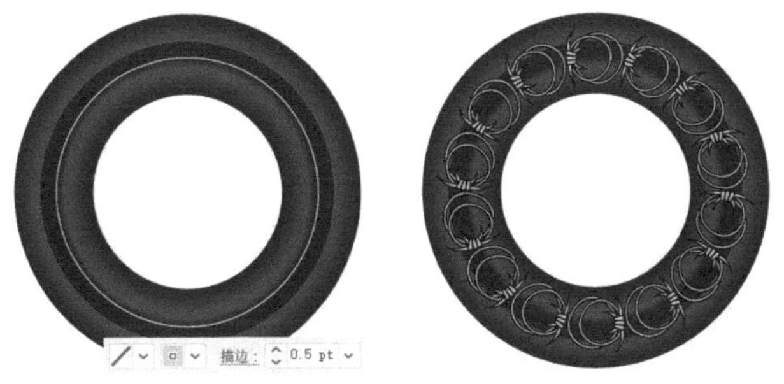

图11-184　图11-185

06 按Ctrl+C快捷键复制图形，按Ctrl+F快捷键粘贴到前面。拖曳控制点旋转图形，如图11-186所示。再按Ctrl+F快捷键粘贴图形，并适当旋转，如图11-187所示。

图11-186

图11-187

07 按Ctrl+F快捷键粘贴图形，按住Shift键和Alt键拖曳控制点，基于圆形的中心将图形等比放大，如图11-188所示。修改描边粗细为0.25 pt，如图11-189所示。

图11-188

图11-189

08 按Ctrl+F快捷键粘贴图形。按住Shift键和Alt键拖曳控制点缩小图形，如图11-190所示。单击“铁轨”画笔，使用该画笔替换原来的描边，如图11-191所示。

图11-190

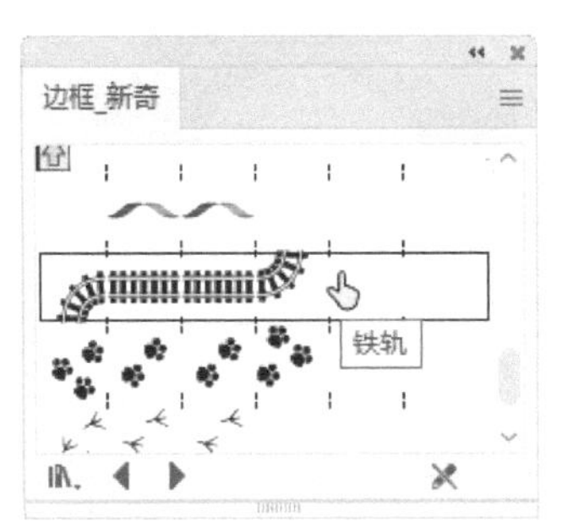

图11-191

09 设置描边粗细为0.15 pt，效果如图11-192所示。选择椭圆工具，在画板中单击，弹出“椭圆”对话框，设置参数，如图11-193所示，创建一个圆形。

图11-192

图11-193

10 打开“边框_装饰”画笔库，单击“染色玻璃”画笔，设置描边粗细为0.1 pt，如图11-194和图11-195所示。

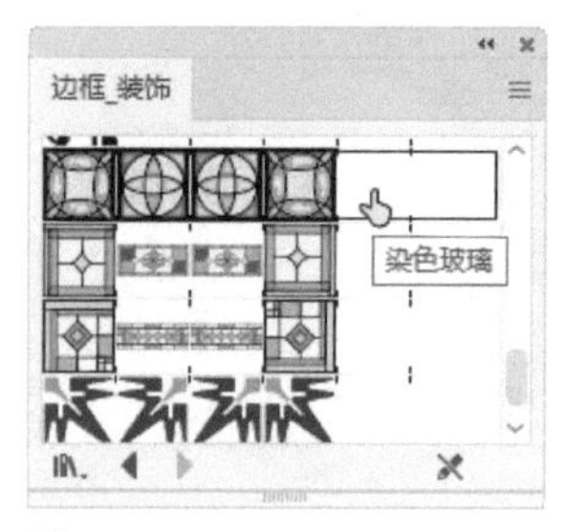

图11-194

图11-195

11 按Ctrl+C快捷键复制图形，按Ctrl+F快捷键粘贴到前面。按住Shift键和Alt键拖曳控制点缩小图形。使用“宝石”画笔进行描边，如图11-196和图11-197所示。

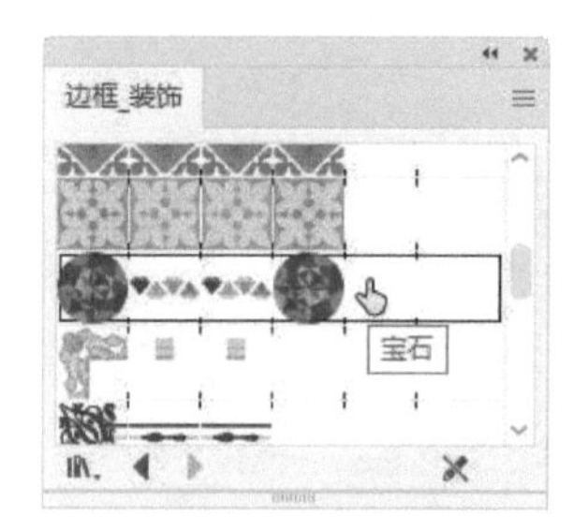

图11-196

图11-197

12 使用选择工具▶选取这两个图形，按Ctrl+G快捷键编组，放到手镯上，如图11-198所示，按住Shift键和Alt键拖曳图形进行复制，如图11-199所示。

图11-198

图11-199

11.3.5 反转描边方向

为路径添加画笔描边后，选择钢笔工具✒，在路径的端点上单击，可以反转画笔描边的方向，如图11-200和图11-201所示，相当于执行“对象>路径>反转路径方向”命令。

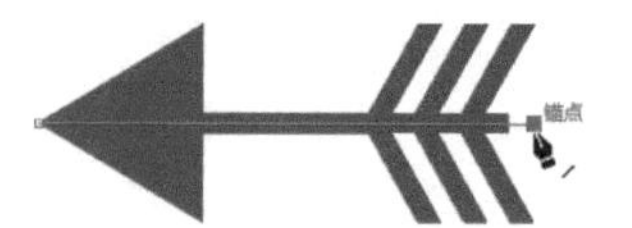

图11-200

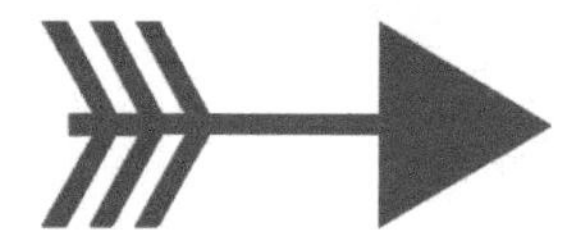

图11-201

11.3.6 将画笔描边转换为轮廓

为对象添加画笔描边后，如果想要编辑用画笔绘制的线条上的各个组件，可以使用“对象>扩展外观”命令，将画笔描边扩展为路径，之后再进行修改。

11.3.7 删除画笔

单击“画笔”面板中的画笔，如图11-202所示，单击面板底部的🗑按钮，即可将其删除。如果要删除多个画笔，可以按住Ctrl键单击它们，之后拖曳到🗑按钮上。如果文档中有图形使用了被删除的画笔，如图11-203所示，会弹出一个对话框，如图11-204所示。

单击“扩展描边”按钮，可删除画笔并将应用到对象上的画笔扩展为路径，如图11-205所示；单击“删除描边”按钮，可删除画笔并从对象上移除描边，如图11-206所示。

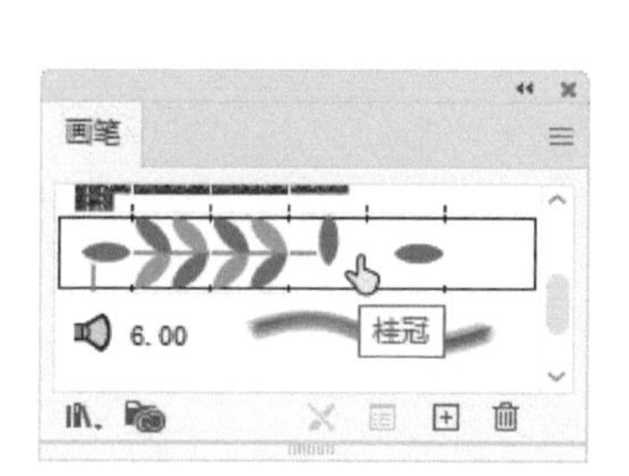

图11-202

图11-203

图11-204

图11-205

图11-206

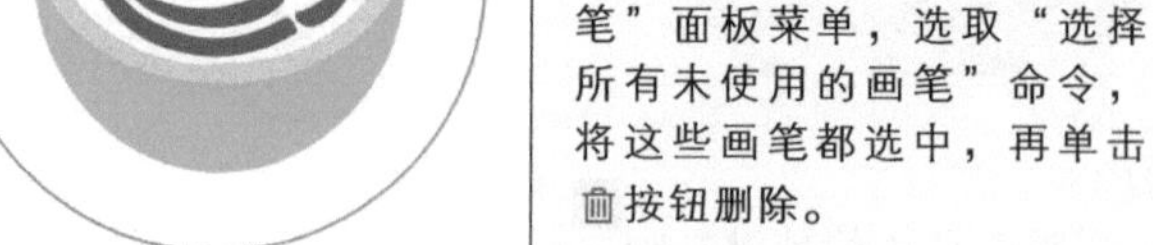

提示

如果要删除文档中所有未使用的画笔，可以打开“画笔”面板菜单，选取“选择所有未使用的画笔”命令，将这些画笔都选中，再单击🗑按钮删除。

斑点画笔工具

斑点画笔工具既可以绘图，也能合并图形。如果要表现更真实和自然的绘画效果，可以将该工具与橡皮擦工具及平滑工具结合使用。

11.4.1 绘图

斑点画笔工具使用与书法画笔相同的默认画笔选项。它可以直接绘图，但创建的是有填色、无描边的路径，如图11-207所示。这与画笔工具正好相反。画笔工具创建的是有描边、无填色的路径，如图11-208所示。

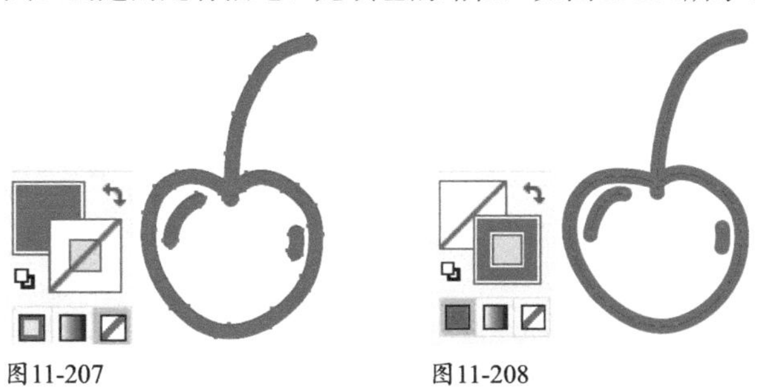

图11-207　　图11-208

选取斑点画笔工具后，先将填色设置为当前状态，然后在“色板”面板或“控制”面板选取一个色板，便可绘制出该色板填色的图形，如图11-209和图11-210所示。

图11-209　　图11-210

绘图前也可在“外观”面板中设置不透明度和混合模式，如图11-211所示，绘制出带有这些属性的图形，如图11-212所示。

图11-211　　图11-212

11.4.2 合并图形

斑点画笔工具可以合并由其他工具创建的矢量图形。但该图形不能包含描边，否则无法操作。

如果当前的填充颜色与该图形相同，如图11-213和图11-214所示，不必选取对象，直接用斑点画笔工具涂抹便可合并对象，如图11-215所示。如果颜色不同，如图11-216所示，可以按住Ctrl键单击图形，将其选取，如图11-217所示，再用斑点画笔工具绘制，如图11-218所示。

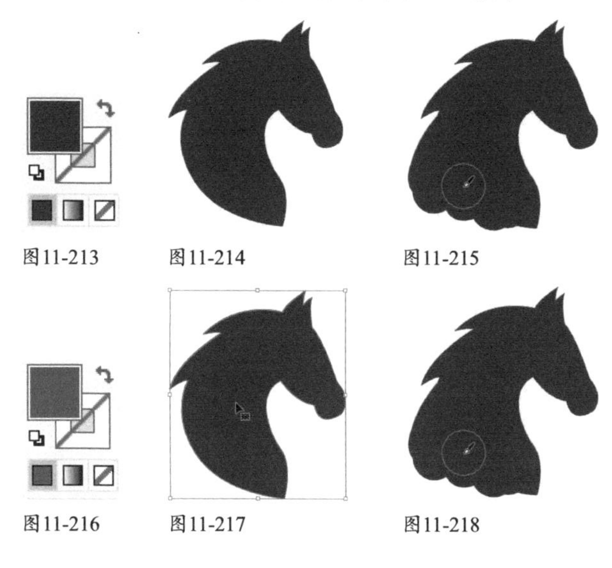

图11-213　　图11-214　　图11-215

图11-216　　图11-217　　图11-218

11.4.3 斑点画笔工具选项

双击斑点画笔工具，可以打开“斑点画笔工具选项”对话框。它包含如下选项。

- 保持选定：绘制并合并路径时，所有路径都将被选中，并且在绘制过程中保持被选取状态。
- 仅与选区合并：新绘制的对象仅与当前所选图形合并。
- 保真度：控制必须将鼠标指针移动多大距离，Illustrator才会向路径上添加新锚点。
- 大小/角度/圆度：可以调整画笔的大小、角度和圆度。与画笔的调整方法一样。

图案

在“色板”面板中，除颜色和渐变外，还保存了图案色板。图案可用于填色和描边。本节介绍图案的创建和编辑方法。

11.5.1 “图案选项”面板

使用“图案选项”面板可以创建和编辑图案，即使是复杂的无缝拼贴图案，也能很轻松地制作出来。创建好用于定义图案的对象后，如图11-219所示，将其选择，执行“对象>图案>建立”命令，打开“图案选项”面板，如图11-220所示。设置好参数后，单击文档窗口顶部的✓完成按钮，即可创建图案并保存到“色板”面板中。

图11-219

图11-220

- 图案拼贴工具：单击该工具后，画板中央的基本图案周围会出现定界框，如图11-221所示，拖曳控制点可以调整拼贴间距，如图11-222所示。

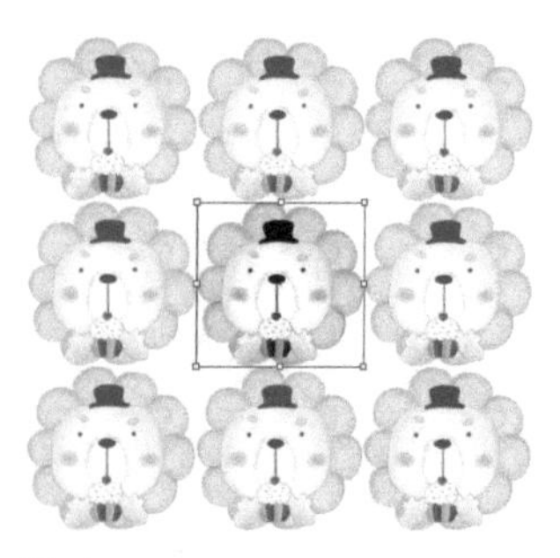

图11-221　　图11-222

- 名称：可以为图案设置名称。
- 拼贴类型：可以选择图案的拼贴方式，效果如图11-223所示。如果选择“砖形（按行）”或“砖形（按列）”，还可以在“砖形位移”选项中设置图形的偏移距离。

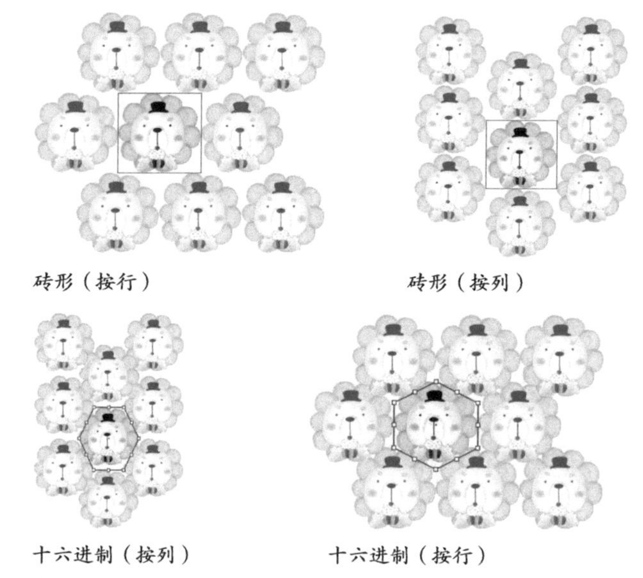

砖形（按行）　砖形（按列）

十六进制（按列）　十六进制（按行）

图11-223

- 宽度/高度：可以调整拼贴的整体宽度和高度。如果要进行等比缩放，可以单击按钮。
- 将拼贴调整为图稿大小/重叠：勾选“将拼贴调整为图稿大小”选项，可以将拼贴缩放到与所选图形相同的大小。如果要设置拼贴间距的精确数值，可以在“水平间距”和“垂直间距”选项中设置。这两个值为负值，对象会重叠，单击“重叠”选项中的按钮，可以设置重叠方式，包括左侧在前、右侧在前、顶部在前、底部在前，效果如图11-224所示。

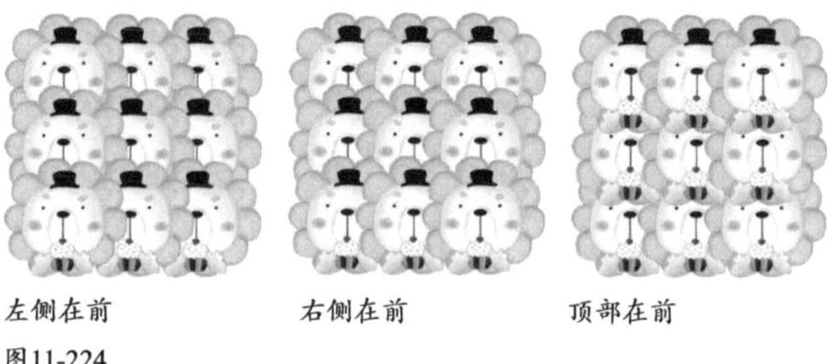

左侧在前　右侧在前　顶部在前

图11-224

- 份数：可以设置拼贴数量。
- 副本变暗至：可以设置图案副本的显示程度。
- 显示拼贴边缘：在基本图案周围显示定界框。
- 显示色板边界：勾选该选项，可以显示图案中的单位区域，单位区域重复出现即构成图案。

提示

使用“对象>图案>拼贴边缘颜色”命令可以修改基本图案周围的定界框的颜色。

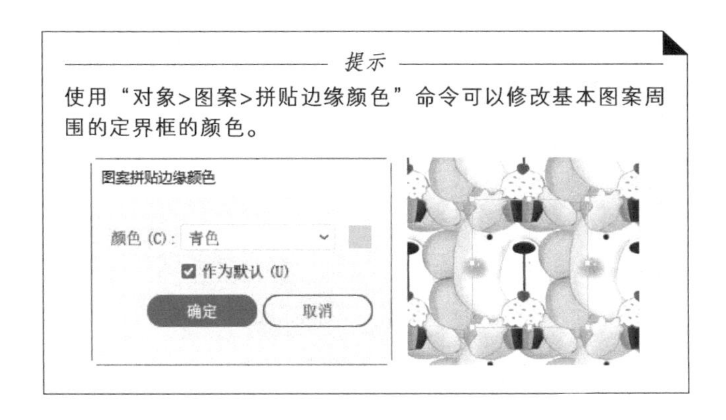

11.5.2

实战：圆点特效字(创建和变换图案)

与画笔相比，图案的“包容性”更强，它的来源不受限制，在Illustrator中创建的任何图形、图像等都可以定义为图案。用作图案的基本图形可以使用渐变、混合和蒙版等效果。

下面使用自定义的图案制作特效字。从中不仅可以学习图案的创建方法，也能了解变换技巧，即单独变换图案，图形不变。

01 打开素材，如图11-225所示。选择椭圆工具，在画板中单击，弹出“椭圆”对话框，设置参数，如图11-226所示，创建一个圆形，如图11-227所示。

图11-225

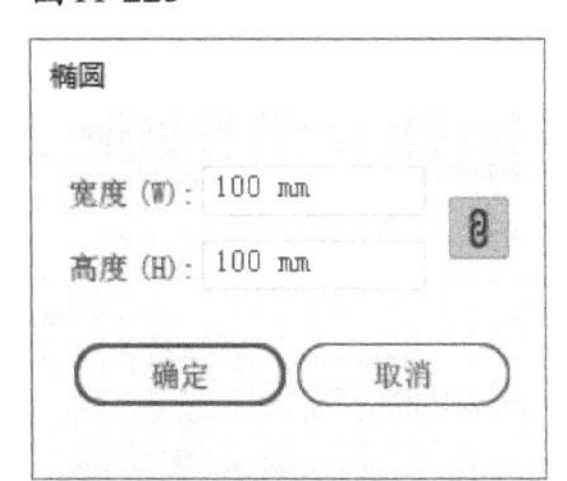

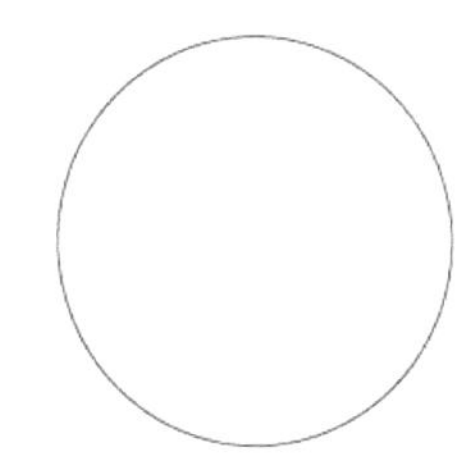

图11-226　图11-227

02 在画板中单击，弹出“椭圆”对话框，设置参数，如图11-228所示，再创建一个小圆，设置填充颜色为黄色，无描边。执行“视图>智能参考线”命令，启用智能参考线。选择选择工具，将小圆拖曳到大圆上方，圆心与大圆的锚点对齐，如图11-229所示。

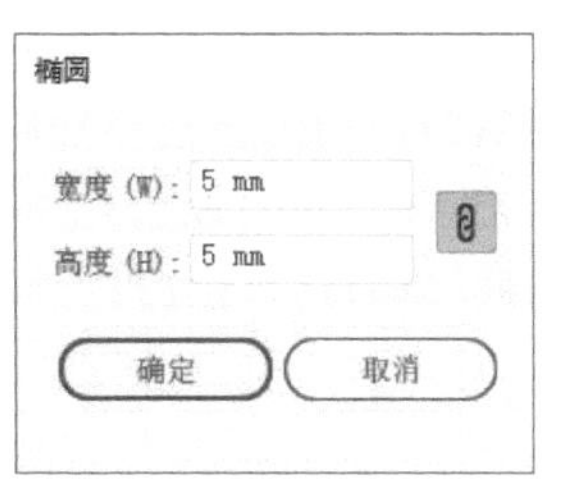

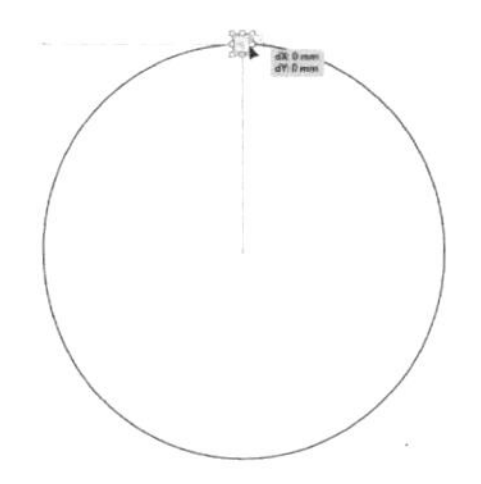

图11-228　图11-229

03 保持小圆的被选取状态。选择旋转工具，将鼠标指针移动到大圆的圆心处，当出现“中心点”提示时，如图11-230所示，按住Alt键并单击，弹出“旋转”对话框，设置角度参数，如图11-231所示，单击“复制”按钮，复制图形，如图11-232所示。连续按Ctrl+D快捷键复制图形，使其绕大圆形一周，如图11-233所示。选取大圆，按Delete键删除。

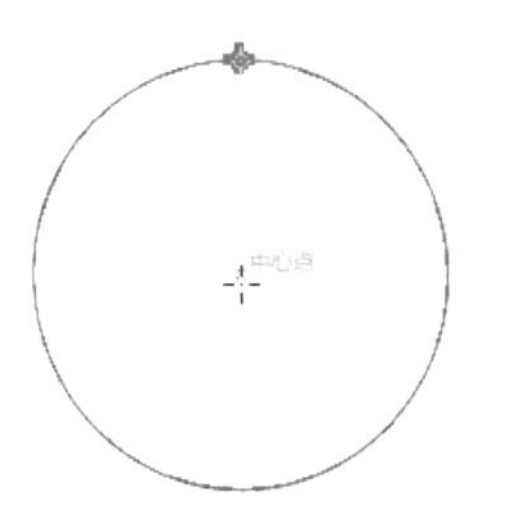

图11-230　图11-231

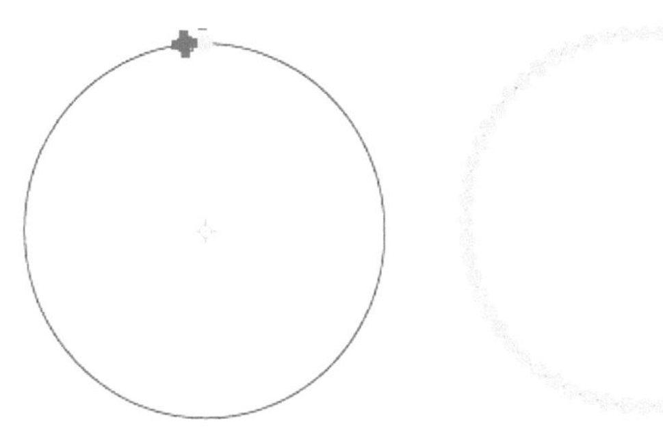

图11-232　图11-233

04 选择所有圆形，按Ctrl+G快捷键编组。按Ctrl+C快捷键复制，按Ctrl+F快捷键粘贴，再按住Shift键和Alt键拖曳控制点，基于图形中心点向内缩小，如图11-234所示。设置图形的填充颜色为洋红色，如图11-235所示。

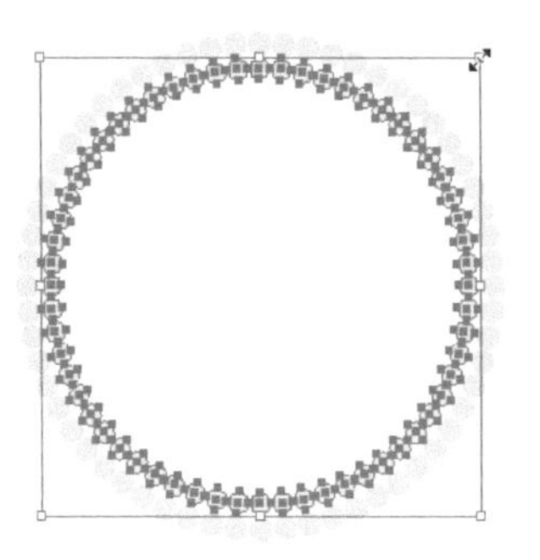

图11-234　图11-235

05 采用同样的方法再复制出几组圆形（即先按Ctrl+F快捷键粘贴图形，再按住Shift键和Alt键拖曳控制点将图形缩小），分别设置填充颜色为绿色、蓝色和红色，如图11-236所示。选择选择工具▶，拖出一个选框，选择这几组图形，如图11-237所示，按Ctrl+G快捷键编组。

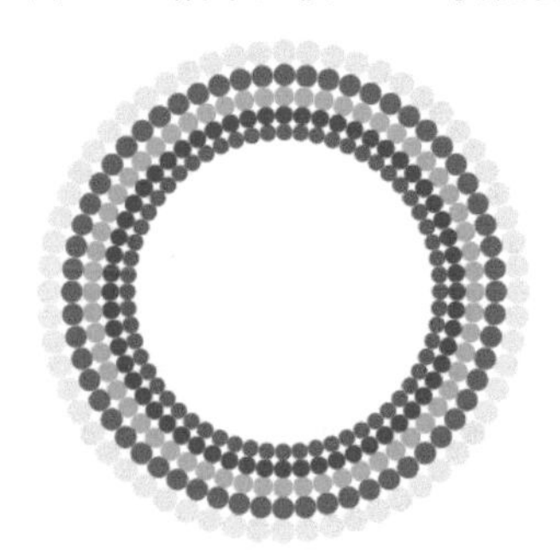

图11-236

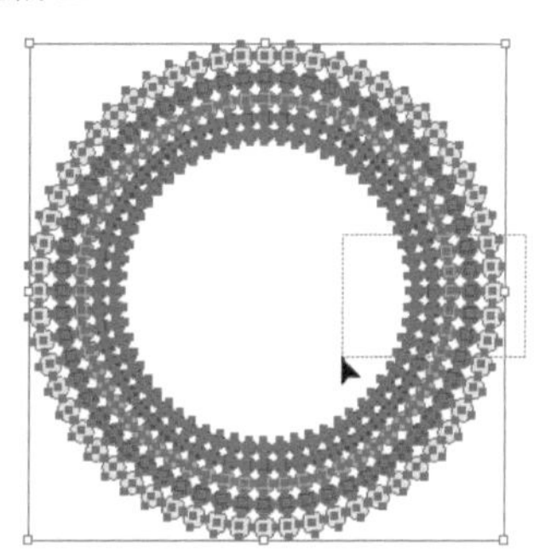

图11-237

06 按Ctrl+C快捷键复制，按Ctrl+F快捷键粘贴，再按住Shift键和Alt键拖曳控制点将图形缩小，如图11-238所示。重复粘贴和缩小操作，在图形内部铺满图案，如图11-239所示。

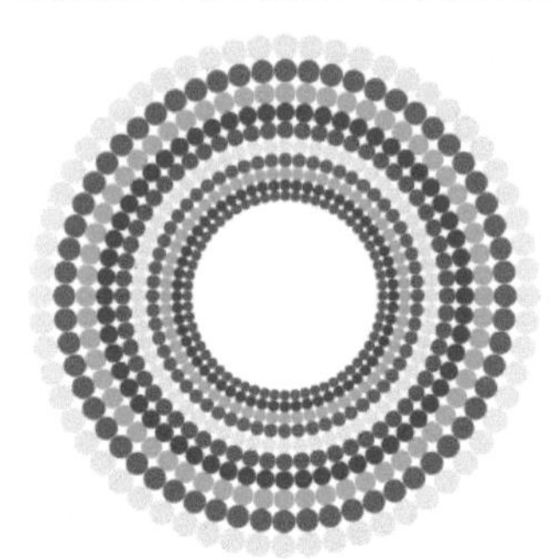

图11-238

图11-239

07 选取所有圆形，如图11-240所示，拖曳到“色板”面板中创建为图案，如图11-241所示。

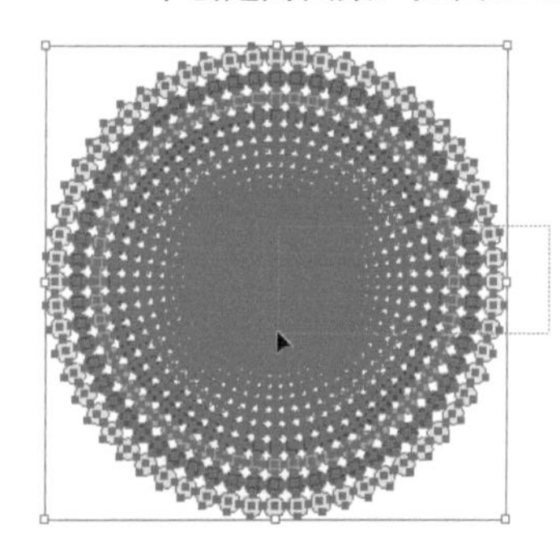

图11-240

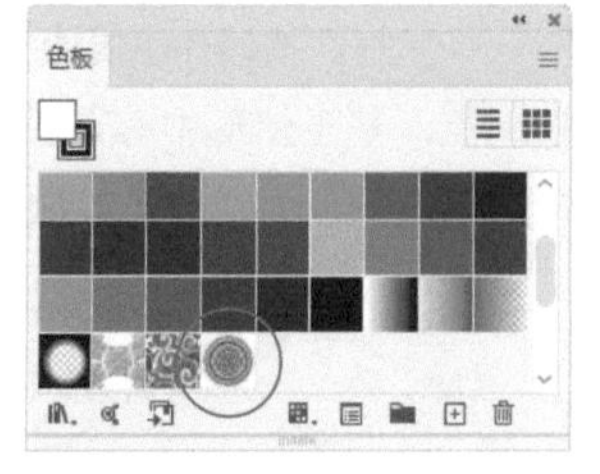

图11-241

08 使用选择工具▶选择文字“S”，如图11-242所示，单击新建的图案，为文字填充图案，如图11-243和图11-244所示。

09 将鼠标指针放在文字图形上方，按住~键拖曳鼠标，单独移动图案，如图11-245所示。双击比例缩放工具，打开“比例缩放”对话框，设置缩放参数为75%，勾选“变换图案”选项，单独缩放图案，如图11-246和图11-247所示。

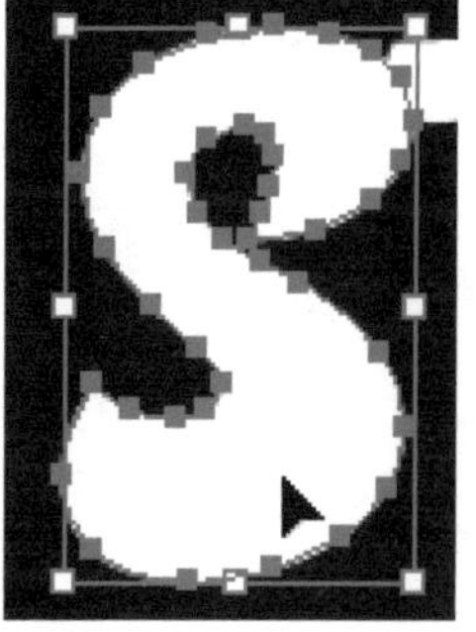

图11-242

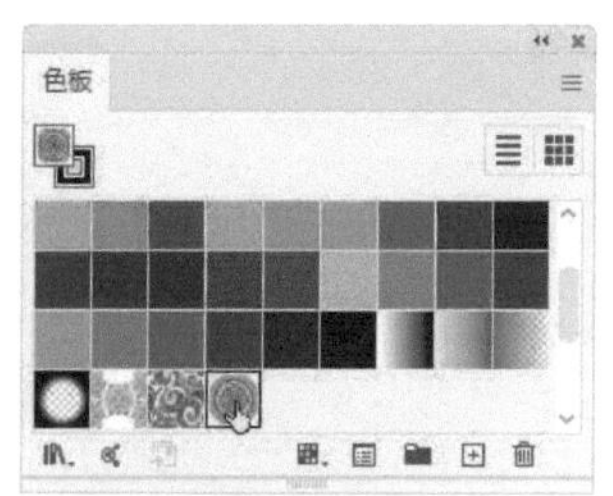

图11-243

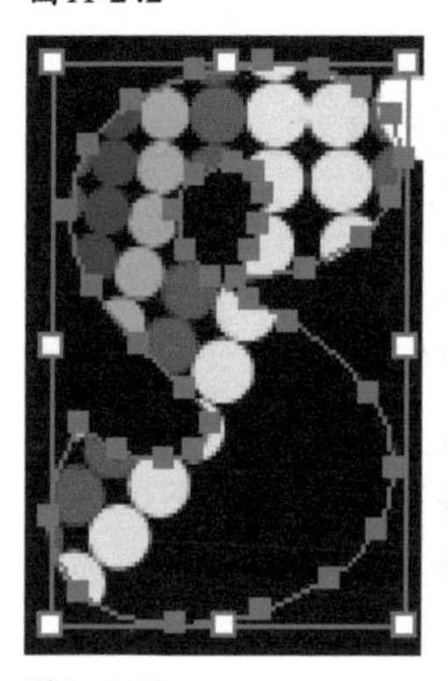

图11-244

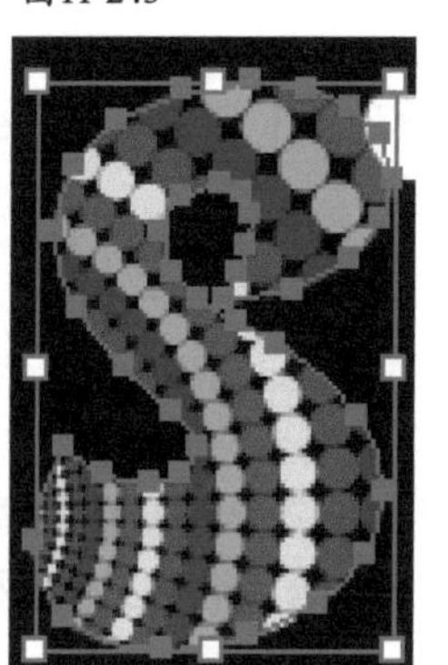

图11-245

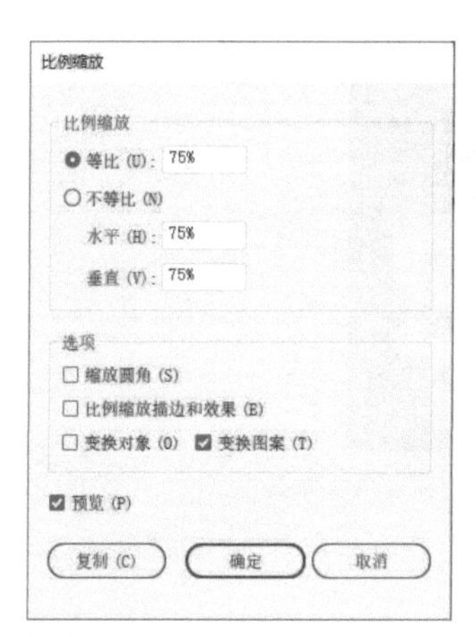

图11-246

图11-247

提示

上面介绍了单独变换图案的方法。总结起来就是：使用选择工具▶、旋转工具、比例缩放工具时，要想单独变换图案，拖曳的时候需要按住~键。否则，只变换图形。此外，如果想精确变换，可以双击相应的工具，打开对话框进行设置。

10 采用同样的方法为其他文字填充图案，然后用选择工具▶（按住~键）移动图案，用比例缩放工具缩放图案，效果如图11-248所示。

图11-248

11.5.3

实战：将局部对象定义为图案

扫 码 看 视 频

01 打开素材，如图11-249所示。使用矩形工具▭创建一个矩形，无填色，无描边，将图案的范围划定出来，如图11-250所示。

02 执行“对象>排列>置于底层”命令，将矩形调整到最后方。选择选择工具▶，按住Shift键单击卡通图像，将它与矩形一同选取，如图11-251所示。拖曳到“色板”面板中创建为图案，如图11-252所示。图11-253所示为该图案的填充效果。

图11-249

图11-250

图11-251

图11-252

图11-253

11.5.4

实战：用标尺调整图案位置

扫 码 看 视 频

01 打开素材。按Ctrl+R快捷键显示标尺，如图11-254所示。执行“视图>标尺>更改为全局标尺”命令，启用全局标尺。

02 将鼠标指针放在窗口左上角，拖曳出十字线，放到希望作为图案起始点的位置，即可调整图案拼贴，如图11-255所示。

03 如果要将图案恢复为原来的拼贴位置，可以在窗口左上角的标尺上双击，如图11-256所示。

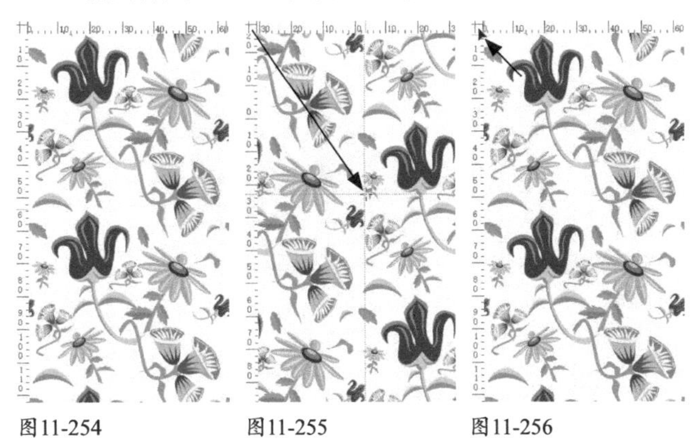

图11-254　图11-255　图11-256

11.5.5

实战：制作服装面料（图案库）

扫 码 看 视 频

01 打开素材，如图11-257所示。单击“色板”面板中的IIN.按钮，打开菜单。“图案”子菜单中是Illustrator提供的各种图案库，如图11-258所示。

图11-257

图11-258

02 在“自然”子菜单中选择“自然_动物皮”图案库，它会被在一个单独的面板中打开。使用选择工具▶选取模特的衣服，单击“印度豹”图案进行填充，如图11-259和图11-260所示。图11-261和图11-262所示为使用其他图案的填充效果。

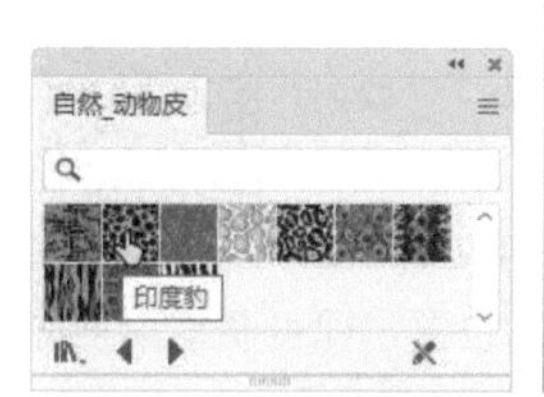

图11-259

图11-260

图11-261

图11-262

11.5.6

实战：黑板报风格宣传单（修改图案）

就像画笔中的图形可修改一样，图案中使用的对象也是可以编辑的。下面我们就对现有图案进行修改，制作成粉笔笔迹，完成一张黑板报风格的宣传单的制作，如图11-263所示。

图11-263

01 按Ctrl+O快捷键，打开黑板素材。执行“对象>画板>适合图稿边界”命令，将画板边界调整到图稿边界处。使用文字工具T输入文字（描边为白色）并选择字体、设置大小，如图11-264和图11-265所示。

图11-264

图11-265

02 执行“窗口>色板库>图案>基本图形>基本图形_线条”命令，打开该图案库。单击图11-266所示的图案，为文字填充该图案。它会被同时添加到“色板”面板中，双击“色板”面板中的图案，如图11-267所示，或执行“对象>图案>编辑图案”命令，进入图案编辑状态。拖曳出选框，将图案线条选取，如图11-268所示。设置描边颜色为白色，粗细为4 pt，单击“完成”按钮，结束编辑，文字效果如图11-269所示。

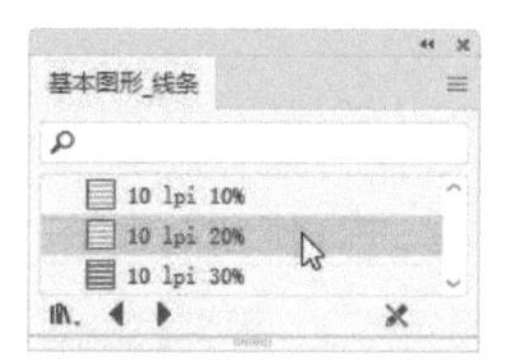

图11-266

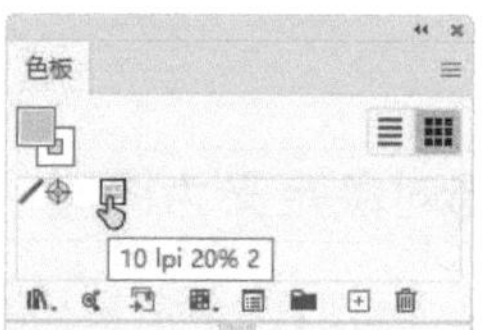

图11-267

图11-268

图11-269

提示

还有一种方法可以修改图案。即将图案从“色板”面板中拖曳到画板上，进行修改之后，按住Alt键拖曳到“色板”面板的旧图案色板上，即可更新该图案及应用到对象上的图案。

03 执行“效果>扭曲和变换>变换”命令，对图案进行旋转，如图11-270和图11-271所示。

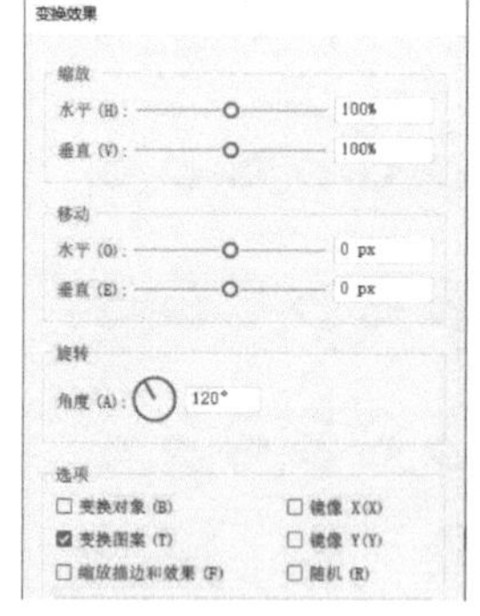

图11-270

图11-271

04 单击“外观”面板中的“描边”属性，如图11-272所示。执行“效果>扭曲和变换>粗糙化”命令，对文字的描边及填充内容进行微小的扭曲处理，如图11-273和图11-274所示。

图11-272

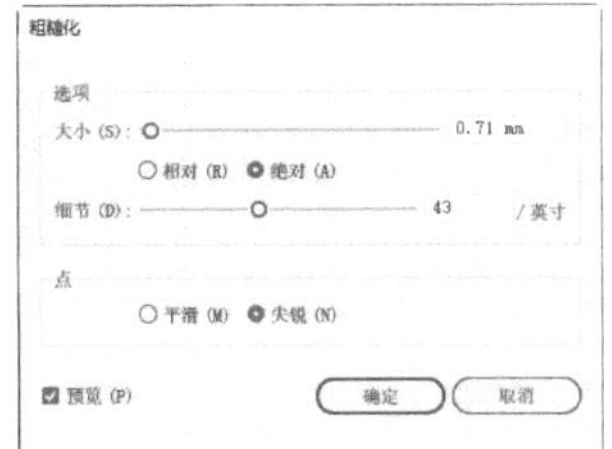

图11-273

图11-274

05 选择选择工具▶，按住Alt键向左上方拖曳文字，进行复制，如图11-275所示。

图11-275

06 单击“填色”属性，如图11-276所示，将填充颜色修改为深灰色，完成这组具有立体感的粉笔字的制作，如图11-277和图11-278所示。

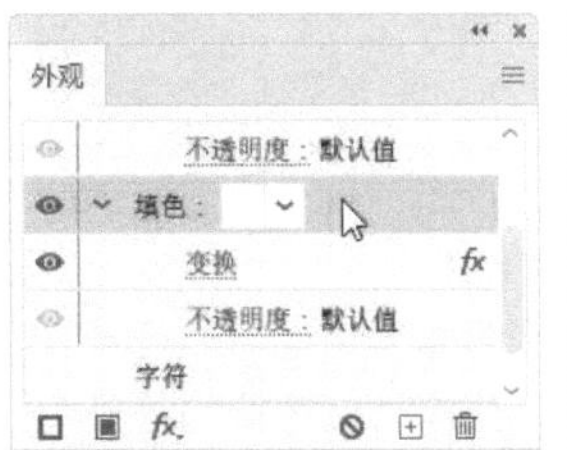

图11-276

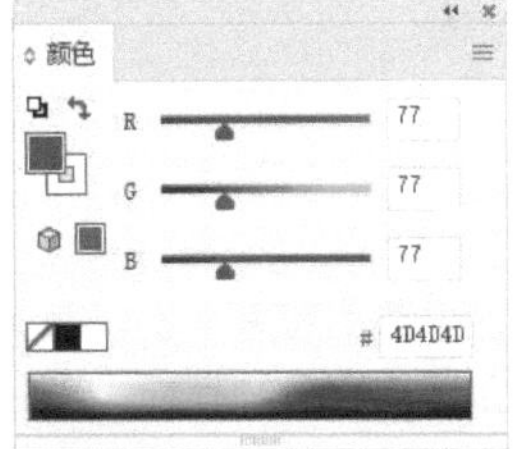

图11-277

图11-278

07 下面制作用粉笔线进行填色的特效字。使用文字工具T输入文字，设置描边为白色（粗细为2 pt），填色为红色，如图11-279~图11-281所示。

08 执行“效果>风格化>涂抹”命令，给文字添加绘画线条，如图11-282和图11-283所示。选择选择工具▶，按住Alt键拖曳文字进行复制，之后根据自己想要表现的主题来修改文字内容、字体及填充颜色，便可制作出独具特色的黑板报效果的宣传单。

图11-279

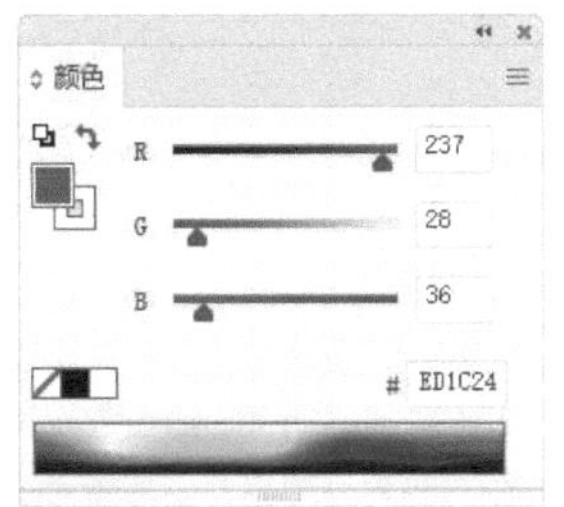

图11-280

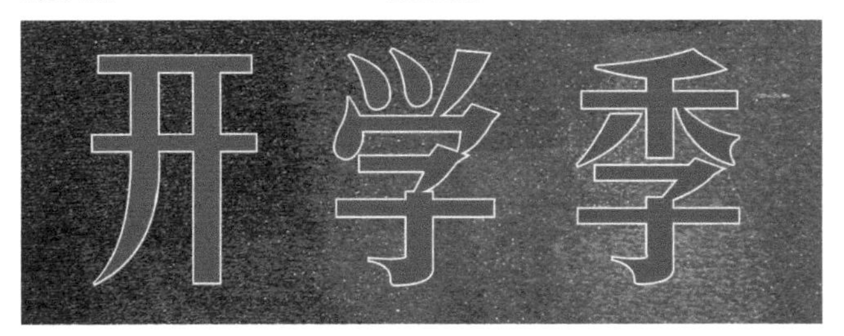

图11-281

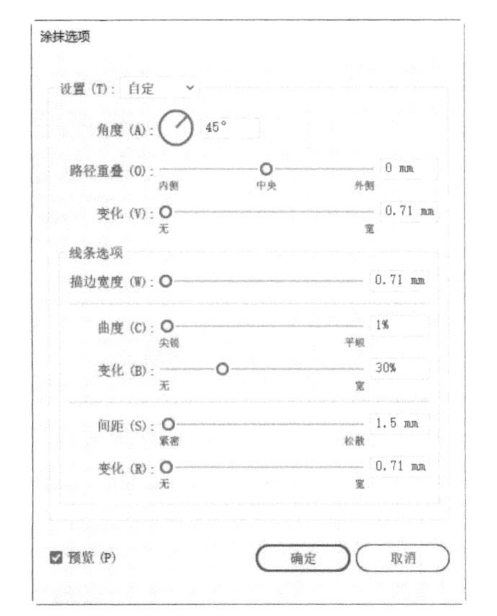

图11-282

图11-283

符号与图表

【本章简介】

本章介绍符号和图表功能。符号在平面设计和Web设计工作中比较有用，通过它可以快速生成大量相同的对象，如纹样、地图标记、技术图纸符号等。既节省绘图时间，还能显著地减少文件占用的存储空间。

图表用于数据统计。与其他软件创建的图表相比，Illustrator中的图表不只体现了专业和实用，还可以装饰和美化，以满足一些特种行业或者企业的个性化需求。

【学习目标】

本章我们将学会如下操作。

- ●创建符号
- ●修改符号大小、密度、颜色和透明度
- ●给符号添加图形样式
- ●重新定义符号
- ●使用动态符号
- ●使用符号库
- ●制作双轴图
- ●制作立体图表
- ●用Microsoft Excel数据和文本数据创建图表
- ●设置图表格式
- ●制作图案型图表

【学习重点】

创建符号

符号适合创建需要大量重复的对象，例如花草、纹样和地图上的标记等。它可以简化复杂对象的制作和编辑过程。

·AI技术/设计讲堂·

符号是什么

此符号非彼符号。Illustrator中的符号与我们平常使用的表情符号、箭头符号、数字符号等不太一样，它是能够大量复制并可自动更新的对象。

例如，将一条鱼创建为符号后，如图12-1和图12-2所示，使用符号类工具简单操作几下，便能创建一群鱼，如图12-3所示。这要比通过复制鱼的方法创建容易得多，而且修改起来也更加方便。

图12-1

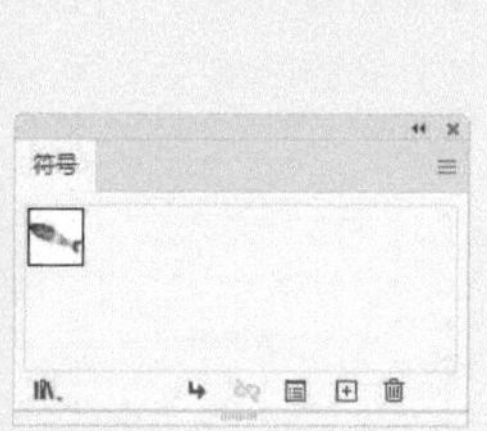

图12-2

图12-3

这些从符号中创建的对象称为符号实例。每一个符号实例都与“符号”面板或符号库中的符号建立链接。当符号被修改时，所有与之链接的符号实例都会自动更新效果，如图12-4~图12-6所示。

图12-4

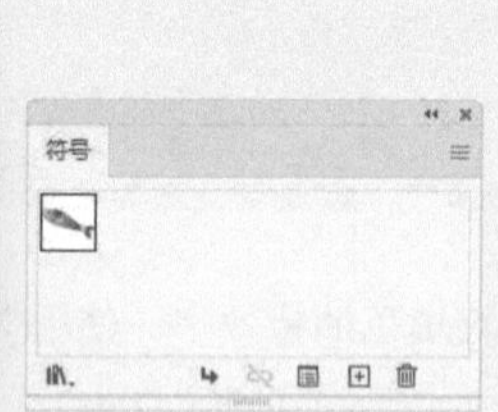

图12-5

图12-6

在Illustrator中，除符号外，“库”面板中的资源、以链接形式置入的图稿等都有一个源文件，并可由它生成多个与之链接的副本。这种便利的方式在Adobe公司的软件里被广泛地使用着，例如Photoshop中的智能对象、

InDesign中链接的图片等。

·AI技术/设计讲堂·

符号的编辑规则

Illustrator中有8个符号工具，如图12-7所示。其中，符号喷枪工具可以创建符号组，其他工具用于编辑符号。

符号组类似于对象组，一个符号组中可以包含不同的符号实例。如果要编辑其中的符号实例，首先要用选择工具选取符号组，如图12-8所示；然后在“符号”面板中单击符号实例所对应的符号，如图12-9所示；之后才能在画板中修改符号实例，如图12-10所示。一定要按照这个顺序操作。

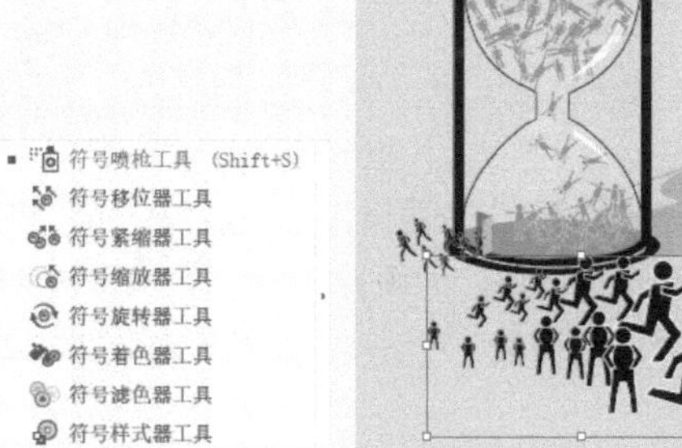

图12-7

图12-8

图12-9

图12-10

当符号组中包含多种符号时，“符号”面板中选取的是哪种符号，编辑操作就会对该符号所创建的符号实例有效，其他符号实例不受影响。如果要同时编辑多种符号实例，则先要在“符号”面板中按住Ctrl键单击其所对应的符号，将它们一同选取，之后再进行处理，如图12-11和图12-12所示。

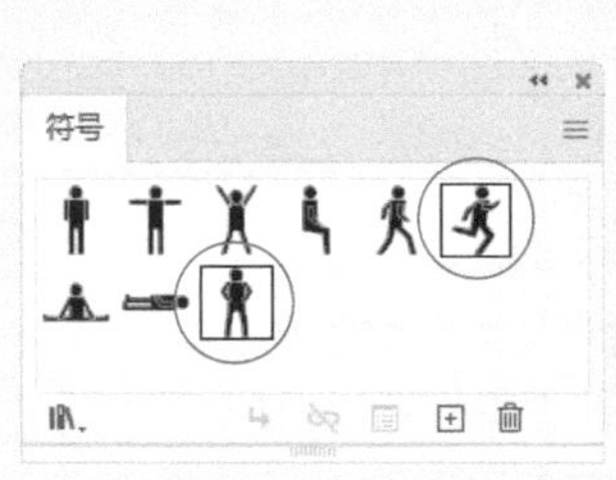

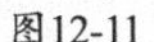

图12-11

图12-12

12.1.1 “符号”面板

打开一个文件时，它所使用的符号和Illustrator中默认的符号会被加载到“符号”面板中，如图12-13和图12-14所示。通过该面板可以创建、编辑和管理符号。

图12-13

图12-14

- 符号库菜单：单击该按钮，可以打开下拉菜单选择一个预设的符号库。
- 置入符号实例：选择面板中的一个符号，单击该按钮，可在画板中创建该符号的一个实例。
- 断开符号链接：选择画板中的符号实例，单击该按钮，可以断开它与“符号”面板中符号的链接，这样该符号实例就变成可单独编辑的对象。
- 符号选项：单击该按钮可以打开“符号选项”对话框。
- 新建符号：选择画板中的一个对象，单击该按钮，可将其定义为符号。
- 删除符号：选择面板中的符号样本，单击该按钮可将其删除。如果要删除文档中所有未使用的符号，可以打开“符号”面板菜单，选择“选择所有未使用的符号”命令，将这些符号选取，之后单击按钮。

12.1.2

创建符号

Illustrator中的绝大多数对象都可以被创建为符号，包括路径、复合路径、文本对象、图像、网格对象和对象组。但无法用链接的图稿或一些组（如图表组）创建符号。

用选择工具▶选取对象后，将其拖曳到“符号”面板中，即可创建为符号，如图12-15所示。符号会使用默认的名称。如果以后想修改名称，可在“符号”面板中单击它，之后单击面板底部的▤，打开“符号选项”对话框操作，如图12-16所示。如果想在创建时就将名称设置好，可以单击“符号”面板中的⊞按钮，打开“符号选项”对话框输入名称并创建符号。

图12-15

图12-16

- **名称：** 可以为符号设置名称。
- **导出类型：** 包含“影片剪辑”和“图形”两个选项。影片剪辑在Flash和Illustrator中是默认的符号类型。
- **符号类型：** 可以选择创建动态符号或静态符号。默认设置为动态符号。在“符号”面板中，动态符号图标的右下角会显示一个小“+”。
- **套版色：** 可以指定符号锚点的位置。锚点位置将影响符号在屏幕中的位置。
- **启用9格切片缩放的参考线：** 如果要在Flash中使用9格切片缩放，可以勾选该选项。

> *提示*
>
> 通过以上方法创建符号时，所选对象会变为符号实例。如果不希望它变成实例，可以按住Shift键单击“符号”面板中的⊞按钮，用这种方法创建符号。

12.1.3

实战：音符灯泡（添加/删除/变换）

本实战学习符号的创建和基本编辑方法，包括如何创建符号组、向组中添加符号，以及移动和旋转符号、调整符号的密度等。用到的符号类工具也比较多，包括符号喷枪工具🖌、符号移位器工具、符号紧缩器工具、符号旋转器工具。

01 打开素材，如图12-17所示。打开“符号”面板，如图12-18所示。面板中保存着这个实战要用到的符号。

图12-17

图12-18

02 在“图层1”的眼睛图标右侧单击，锁定该图层。新建一个图层，如图12-19所示。双击符号喷枪工具，在“符号工具选项”对话框中设置参数，如图12-20所示。

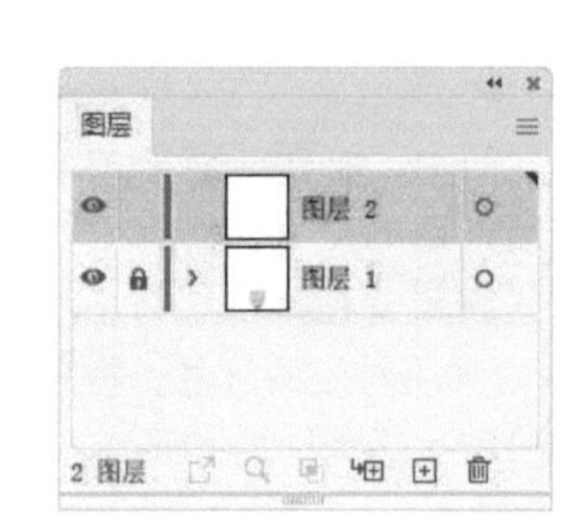

图12-19

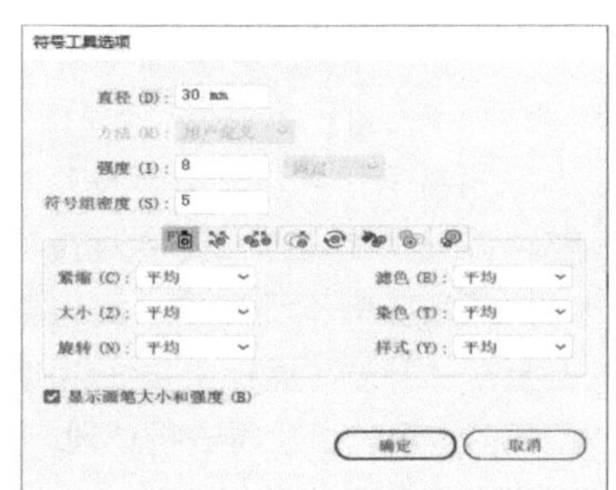

图12-20

03 单击图12-21所示的符号。在灯泡区域内拖曳鼠标，创建符号组，如图12-22所示。

图12-21

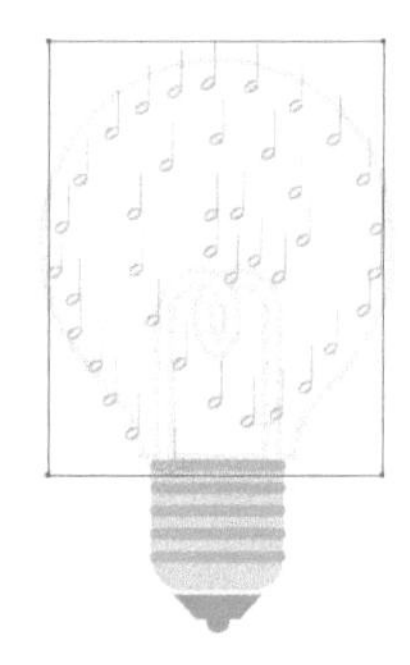

图12-22

04 保持符号组的被选取状态。单击“四分音符”符号，如图12-23所示，在符号组上拖曳鼠标，向其中添加符号，如图12-24所示。

05 依次选取其他符号样本，添加到符号组中，如图12-25所示。单击“符号”面板中的“二分音符”符号，然后按住Shift键单击“十六分音符”符号，这样可以将它们及中间的所有符号选取，如图12-26所示。

图12-23

图12-24

图12-25

图12-26

06 选择符号紧缩器工具，在符号组上拖曳鼠标，让符号聚拢起来，如图12-27所示。选择符号移位器工具，在符号组上拖曳鼠标，调整符号的位置，如图12-28所示。

图12-27

图12-28

07 选择符号旋转器工具，在符号组上拖曳鼠标，旋转符号，如图12-29所示。使用符号喷枪工具添加更多符号，如图12-30所示。

图12-29

图12-30

08 按Ctrl+C快捷键复制符号组，按Ctrl+F快捷键粘贴到前方，如图12-31所示。使用符号移位器工具移动符号，使它们错落有致，如图12-32所示。

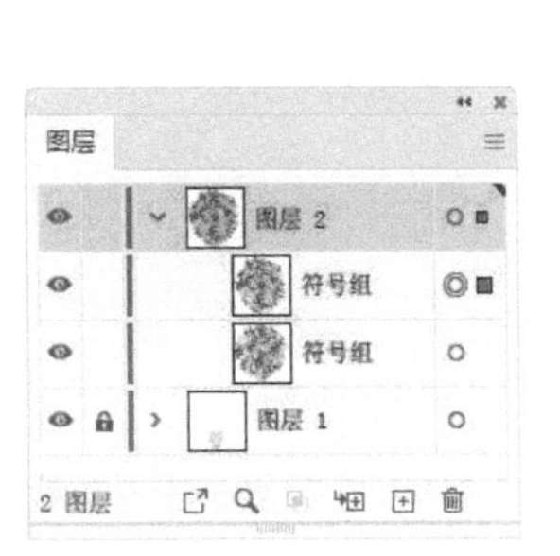

图12-31

图12-32

09 重复两次以上操作，即粘贴符号组并调整符号位置，使符号更加密集，如图12-33和图12-34所示。

图12-33

图12-34

符号工具使用技巧

- 调整工具大小和强度：使用任意一个符号工具时，按]键，可增大工具的直径；按[键，可减小工具的直径；按Shift+]键，可增大符号的创建强度；按Shift+[键，则减小强度。
- 创建符号：选择符号喷枪工具，在画板中单击一下，可以创建一个符号实例；按住鼠标左键不放，则符号实例会以鼠标指针所在处为中心向外扩散；按住鼠标左键拖曳，符号会沿着鼠标指针的移动轨迹分布。
- 移动符号：选择符号移位器工具，在符号上方拖曳鼠标，可以移动符号。按住Shift键单击一个符号，可将其调整到其他符号的上方，如图12-35和图12-36所示。按住Shift键和Alt键单击一个符号，则可将其调整到其他符号下方。

图12-35

图12-36

- 调整符号大小：选择符号缩放器工具，在符号上单击可以放大符号，如图 12–37 所示。拖曳鼠标，可以放大鼠标指针下方的所有符号。如果要缩小符号，如图 12–38 所示，可按住 Alt 键操作。

图12-37

图12-38

- 调整符号密度：选择符号紧缩器工具，在符号上单击或拖曳鼠标，可以聚拢符号，如图 12–39 所示。按住 Alt 键操作，可以使符号扩散开，如图 12–40 所示。

图12-39

图12-40

- 旋转符号：选择符号旋转器工具，在符号上单击或拖曳鼠标，即可旋转符号，如图 12–41 所示。旋转时，符号上会出现一个带有箭头的方向标志，通过它可以观察符号的旋转方向和角度。
- 删除符号实例：选择符号喷枪工具，按住 Alt 键单击画板上的符号实例，可将它们删除，如图 12–42 所示。按住 Alt 键拖曳鼠标，则可删除鼠标指针下方的符号。

图12-41

图12-42

12.1.4

实战：调整符号的颜色和透明度

使用符号滤色器工具可以调整符号的透明度。符号着色器工具则可为符号实例上色。着色将趋于淡色，同时保留原始明度。这种方法使用原始颜色的明度和上色颜色的色相生成颜色，因此，具有极高或极低明度的颜色改变很少；黑色和白色对象完全无变化。

扫码看视频

01 打开素材。使用选择工具选取符号组，如图12-43所示。在“符号”面板中单击要编辑的符号实例所对应的符号，如图12-44所示。

图12-43

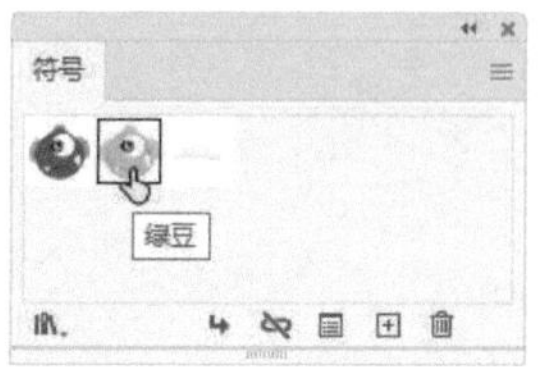

图12-44

02 在“色板”或“颜色”面板中选取一种颜色，如图12-45所示。选择符号着色器工具，在符号上单击，为其着色。连续单击，可增大颜色的浓度，直至将符号实例改为上色的颜色，如图12-46所示。如果要还原颜色，可以按住Alt键单击符号。连续单击可逐渐还原，直至恢复为最初颜色。

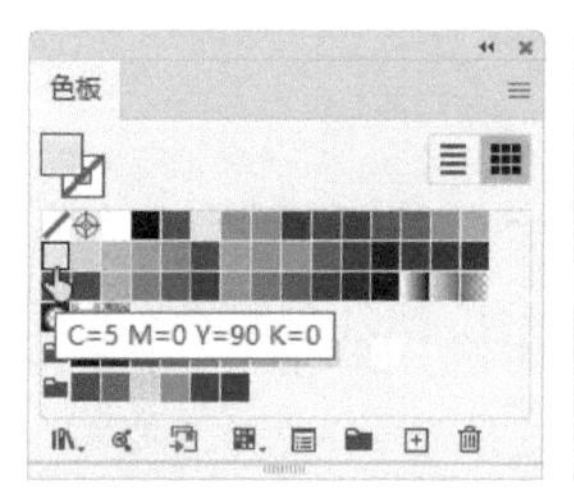

图12-45

图12-46

03 选择符号滤色器工具，在符号实例上单击或拖曳鼠标，可以使符号呈现透明效果，如图12-47所示。连续操作，可以提高透明度直到完全透明，如图12-48所示。需要还原透明度时，可以按住Alt键单击或拖曳鼠标。连续操作可逐渐还原，直至恢复为最初状态。

图12-47

图12-48

12.1.5

实战：为符号添加图形样式

如果想让符号表现更丰富的效果，可以使用符号样式器工具和“图形样式”面板为它们添加图形样式。

扫码看视频

01 打开素材。使用选择工具选取符号组，如图12-49所示。单击“图形样式”面板中的一种样式，如图12-50所示，符号组中的所有符号都会应用该样式，如图12-51所示。

图12-49

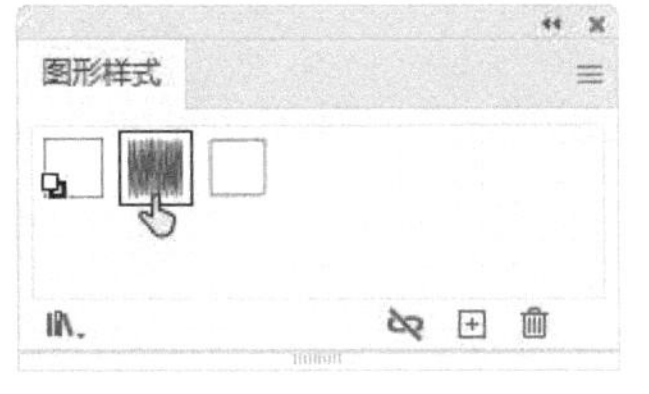

图12-50

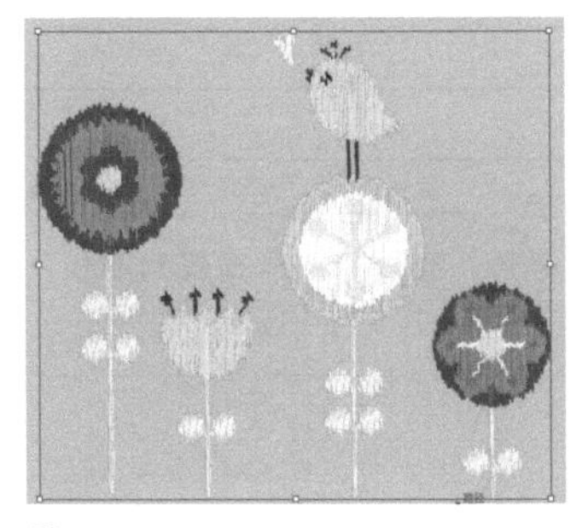

图12-51

02 按Ctrl+Z快捷键撤销操作。下面看一下怎样只对一种符号应用样式。选择符号样式器工具。单击“符号”面板中的符号，如图12-52所示，在“图形样式”面板中选取一种样式，如图12-53所示。

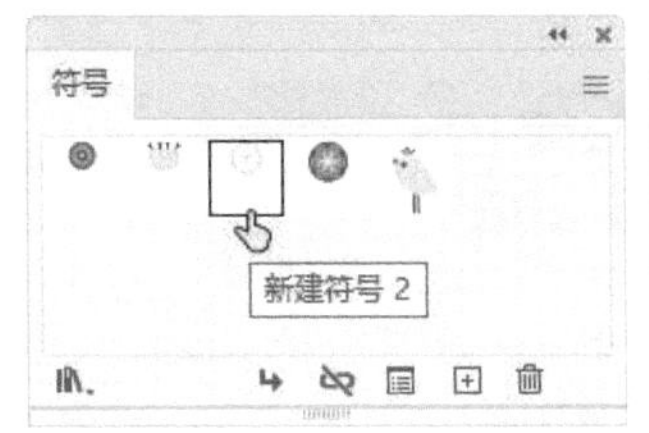

图12-52

图12-53

03 在符号上单击或拖曳鼠标，即可为这一符号创建的实例应用样式，如图12-54所示。样式的应用量会随着鼠标的单击或拖曳次数的增加而增加，如图12-55所示。如果要减少样式的应用量，或清除样式，可按住Alt键操作。

图12-54

图12-55

12.1.6 符号工具选项

双击任意一个符号工具，都可以打开“符号工具选项”对话框，如图12-56所示。对话框中包含常规选项，单击各个符号工具图标，则可显示特定于该工具的选项。

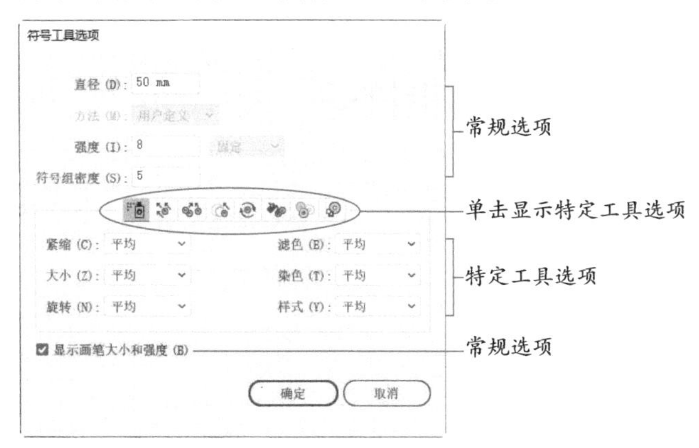

图12-56

常规选项

常规选项是所有符号工具的通用选项。

- 直径：用来设置符号工具的画笔大小。使用符号工具时，也可按[键和]键来调整。
- 方法：用来指定符号紧缩器、符号缩放器、符号旋转器、符号着色器、符号滤色器和符号样式器工具调整符号实例的方式。选择“用户定义”选项，可根据鼠标指针位置逐步调整符号；选择“随机”选项，则在鼠标指针下的区域随机修改符号；选择“平均”选项，会逐步平滑符号。
- 强度：用来设置各种符号工具的更改速度。该值越高，更改速度越快。例如，使用符号移位器工具移动符号时，可加快移动速度。
- 符号组密度：用来设置符号组的吸引值。该值越高，符号的数量越多，密度越大。如果选择了符号组，之后双击任意符号工具，打开“符号工具选项”对话框，再修改该值，将影响符号组中所有符号的密度，但不会改变符号的数量。
- 显示画笔大小和强度：勾选该选项后，鼠标指针在画板中会变为一个圆圈，圆圈代表了工具的直径，圆圈的深浅代表了工具的强度，即颜色越深，强度值越大，如图12-57所示。

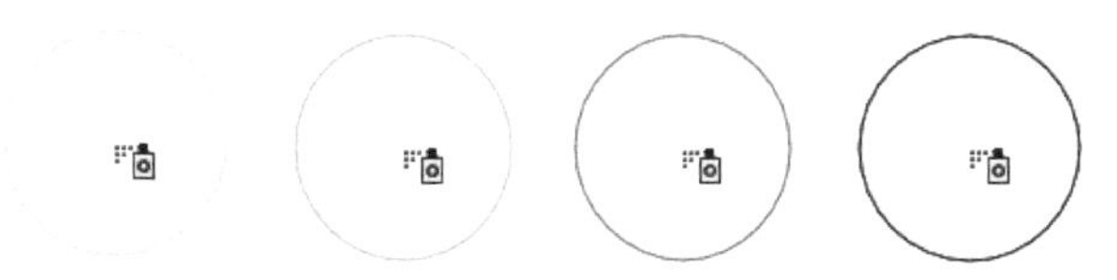

强度依次为3、5、8、10

图12-57

特定选项

- 符号喷枪选项：当选择符号喷枪工具时，对话框底部会显示

"紧缩""大小""旋转""滤色""染色"和"样式"等选项。它们用来控制将新符号实例添加到符号组中的方式，并且每个选项都提供了两个方式选项。选择"平均"选项，可以添加一个新符号，它具有画笔半径内现有符号实例的平均值；选择"用户定义"选项，则为每个参数应用特定的预设值。

● 符号缩放器选项：当选择符号缩放器工具时，对话框底部会显示"符号缩放器"选项。勾选"等比缩放"选项，可保持缩放时每个符号实例的形状一致；勾选"调整大小影响密度"选项，在放大时可以使符号实例彼此远离，缩小时可以使符号实例彼此聚拢。

编辑符号

创建符号组后，可以对其中的符号实例进行复制，也可以用其他符号替换。符号自身也可修改和重新定义，甚至从静态符号转变为更加灵活的动态符号。

12.2.1 实战：复制符号

对符号实例进行编辑，如旋转、缩放、着色和调整透明度以后，如果想添加与之相同的实例，用复制的方法操作是最简便的。

扫码看视频

01 打开素材。使用选择工具▶选择符号组，如图12-58所示。在"符号"面板中单击要复制的实例所对应的符号，如图12-59所示。

图12-58

符号

图12-59

02 选择符号喷枪工具，在一个符号上单击，便可复制出与之相同的符号实例，如图12-60和图12-61所示。

图12-60

图12-61

提示

如果要复制"符号"面板中的符号，可以将符号拖曳到面板中的⊞按钮上。

12.2.2 实战：替换符号

01 打开素材，如图12-62所示。选择选择工具▶，按住Shift键单击穿红衣的卡通小男孩符号实例，将它们全部选取，如图12-63所示。

扫码看视频

图12-62

图12-63

提示

如果符号组中使用了不同的符号，但只想替换其中的一种符号，可以用下一小节的方法操作（重新定义符号）。

02 在"符号"面板中单击圆环符号。打开"符号"面板菜单，选择"替换符号"命令，如图12-64所示，即可用圆环替换所选的符号实例，如图12-65所示。

图12-64

图12-65

12.2.3 实战：重新定义符号

扫码看视频

01 打开素材，如图12-66所示。双击图12-67所示的符号，进入隔离模式，此时画板中只显示该符号，如图12-68所示。同时，在“图层”面板中该符号具有一个独立的图层层次结构，如图12-69所示。下面修改符号颜色。

图12-66

图12-67

图12-68

图12-69

02 选择编组选择工具，单击黄色星形，将它选取，如图12-70所示。单击“色板”面板中的蓝色色板，将星形改为蓝色，如图12-71和图12-72所示。

03 单击窗口左上角的按钮，结束编辑，所有使用该符号创建的符号实例都会更新，其他符号实例不变，如图12-73所示。

图12-70

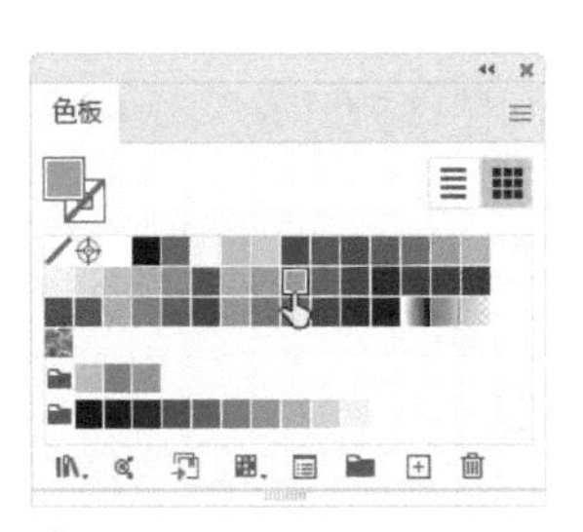

图12-71

图12-72

图12-73

技术看板　先断开链接，再修改和定义符号

还有一种重新定义符号的方法，就是先将符号从“符号”面板中拖曳到画板中，然后单击面板中的按钮，断开符号实例与符号的链接，此时便可对符号实例进行编辑和修改了。修改完成后，执行“符号”面板菜单中的“重新定义符号”命令，将它重新定义为符号，与此同时，文档中所有使用它创建的符号实例都会更新。

12.2.4 实战：转换和使用动态符号

扫码看视频

动态符号比静态符号灵活，用它所创建的符号实例可以用直接选择工具编辑。

01 打开素材，如图12-74所示。选取符号，如图12-75所示。

图12-74

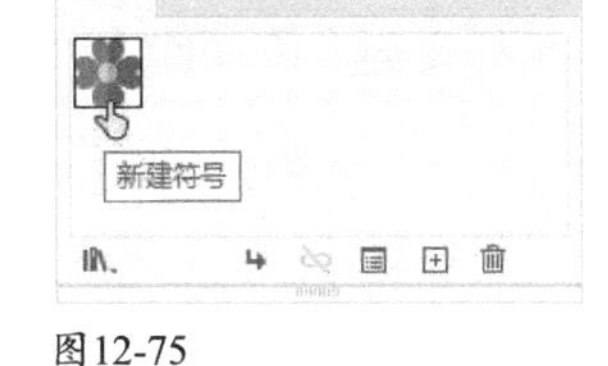

图12-75

02 单击“符号”面板中的 按钮，打开“符号选项”对话框。选取“动态符号”选项，如图12-76所示，单击“确定”按钮关闭对话框。转换后该符号右下角会显示一个“+”，如图12-77所示，表示它是一个动态符号。

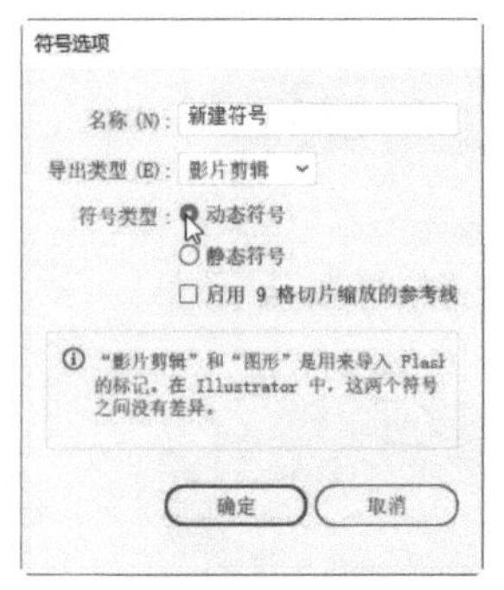

图12-76

图12-77

03 选择直接选择工具 ，按住Shift键单击3个红色花瓣，将它们选取，如图12-78所示。修改填充颜色，如图12-79所示。

图12-78

图12-79

提示

对动态符号进行编辑以后，单击“属性”面板中的“重置”按钮，可撤销修改，将其恢复为与符号相同的效果。

12.2.5 扩展符号实例

修改“符号”面板中的符号（即重新定义符号）时，文档中使用它创建的符号实例都会受到影响。如果只想修改某个符号实例，而不影响符号，可以将它扩展。

如果想基于某个符号进行修改和创作，为了不影响它所创建的符号实例，可以将该符号拖曳到画板上，如图12-80所示，再单击“符号”面板中的 按钮，或执行“对象>扩展”命令，将其扩展为常规图稿，如图12-81所示。此时便可单独修改它了，如图12-82所示。

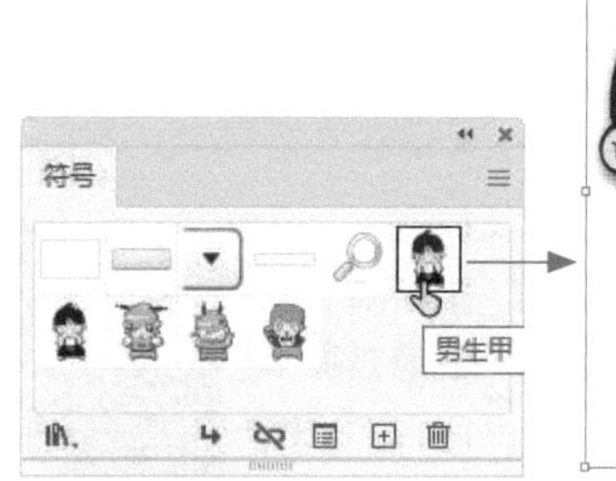

图12-80

图12-81

图12-82

符号库

Illustrator中有不同类别的符号库，集中了常用符号，包括徽标元素、网页图形、通信类、花朵类、箭头类等。可以拿来即用。

12.3.1 实战：花样美鞋（符号库）

01 打开素材，如图12-83所示。执行“窗口>符号库>花朵”命令，该符号库会出现在一个单独的面板中。单击图12-84所示的符号，它会被自动加载到“符号”面板中，如图12-85所示。

扫 码 看 视 频

02 单击“符号”面板底部的 按钮，将所选符号实例置入到画板中，它会居于中心。使用选择工具 将其移动到高跟鞋上。拖曳控制点，进行旋转和缩放，如图12-86所示。单击“符号”面板底部的 按钮，再放置一个符号，将其放在鞋跟处，如图12-87所示。

图12-83

图12-84

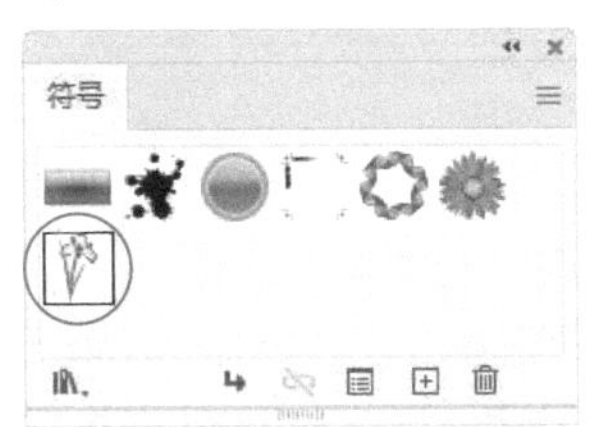

图12-85

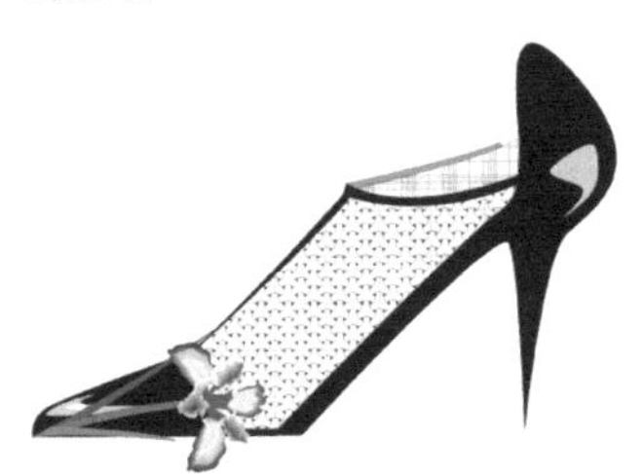

图12-86

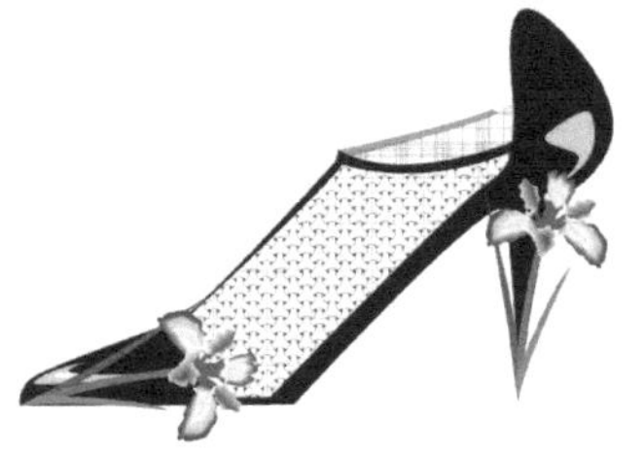

图12-87

03 除置入外，也可以将符号从面板中拖曳出来，放在画板的任意位置，如图12-88所示。采用置入或拖入的方法，为高跟鞋添加花朵符号，效果如图12-89所示。

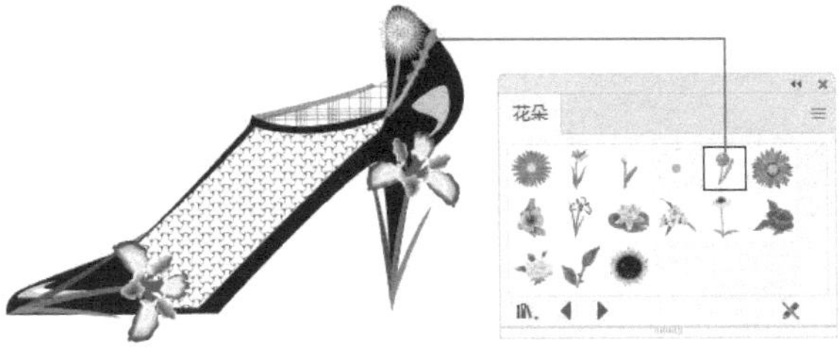

图12-88

图12-89

> **提示**
>
> 在符号库中可以选择符号、调整符号排序和查看项目，这些都与在“符号”面板中的操作一样。但在符号库中不能添加、删除符号和编辑项目。

12.3.2 创建符号库

有些常用或比较重要的符号会在很多文档中用到，为了便于使用，可以将它们创建为一个符号库。

操作方法是：创建符号，或在符号库中单击所需的符号，将其添加到“符号”面板中，并删除不用的符号；打开“符号”面板菜单，选择“存储符号库”命令，将它存储到Illustrator默认的“符号”文件夹中；此后，不论在任何一个文档中，都可单击“符号”面板中的 按钮，在“用户定义”子菜单中将其打开。

如果存储到其他文件夹中，可以用下面实战的方法将其导入当前文档中。

12.3.3 实战：旋转的楼宇（从其他文档导入符号库）

01 按Ctrl+N快捷键，新建一个文档。执行“窗口>符号库>其他库”命令，选择素材文件，如图12-90所示，单击“打开”按钮，将该文档中的符号导入当前文档，它们会出现在一个新的面板中。将图12-91所示的符号拖曳到画板上，如图12-92所示。

扫 码 看 视 频

图12-90

图12-91

图12-92

02 单击“符号”面板底部的 按钮，如图12-93所示，断开符号与实例的链接。执行“效果>风格化>投影”命令，为图形添加投影效果，如图12-94和图12-95所示。选择选择工具 ，将编辑好的图形拖回到“符号”面板中，定义为一个新的符号，如图12-96所示。

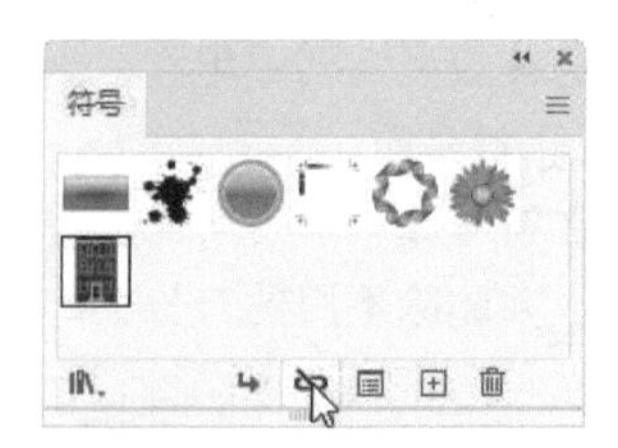

图12-93

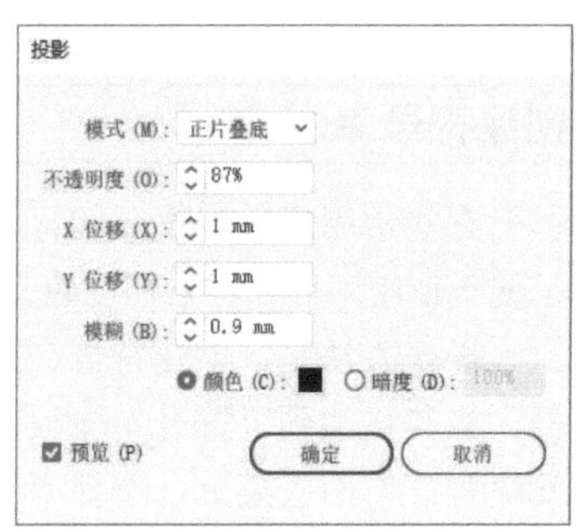

图12-94

图12-95

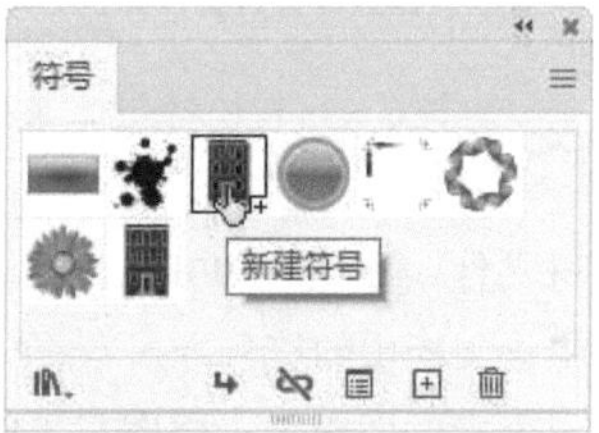

符号
新建符号

图12-96

03 按Ctrl+A快捷键全选，按Delete键将画板中的图形删除。将新创建的符号从“符号”面板中拖曳到画板中。选择选择工具，拖曳控制点，将符号适当放大；再按住Alt键拖曳进行复制。使用倾斜工具拖曳符号副本，进行倾斜，用这两个图形组成建筑物的两个立面，如图12-97所示。采用同样的方法制作其他的建筑物，并适当倾斜不同的角度，如图12-98和图12-99所示。

图12-97

图12-98

图12-99

04 使用矩形工具创建一个矩形，设置描边粗细为7 pt。按Shift+Ctrl+[快捷键，移动到最后方，如图12-100所示。保持矩形的选取状态，执行“效果>扭曲和变换>变换”命令，打开“变换效果”对话框，将副本数量设置为40，其他参数设置如图12-101所示，效果如图12-102所示。

图12-100

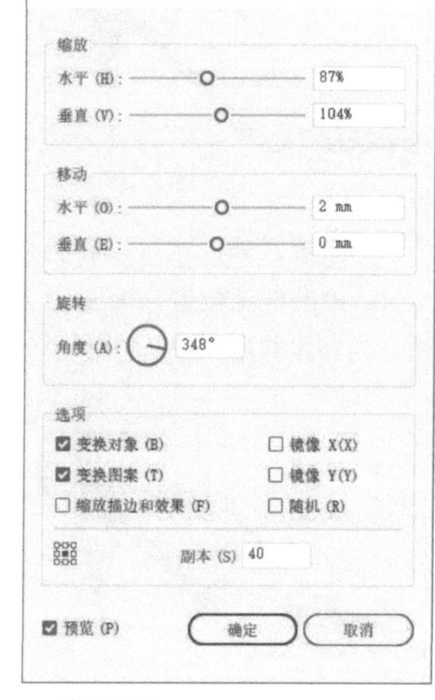

图12-101

图12-102

05 在“外观”面板中单击描边属性，如图12-103所示。打开“透明度”面板，修改混合模式和不透明度，如图12-104和图12-105所示。

图12-103

图12-104

图12-105

06 选择矩形图形，如图12-106所示，执行“效果>风格化>投影”命令，添加投影，如图12-107和图12-108所示。

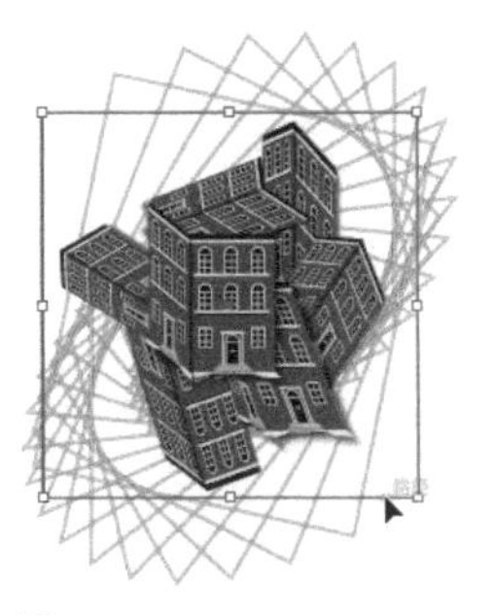
图12-106

投影
模式（M）：正片叠底
不透明度（O）：75%
X 位移（X）：2.47 mm
Y 位移（Y）：2.47 mm
模糊（B）：1.76 mm
颜色（C）： 暗度（D）：
预览（P） 确定 取消

图12-107

图12-108

07 创建一个矩形，填充灰色，按Shift+Ctrl+[快捷键移至最后方，如图12-109所示。再创建一个矩形，设置描边粗细为0.5 pt，无填色。执行“窗口>画笔库>边框>边框_框架”命令，打开“边框_框架”画笔库。单击“红木色”画笔，用它为路径描边，如图12-110和图12-111所示。

图12-109

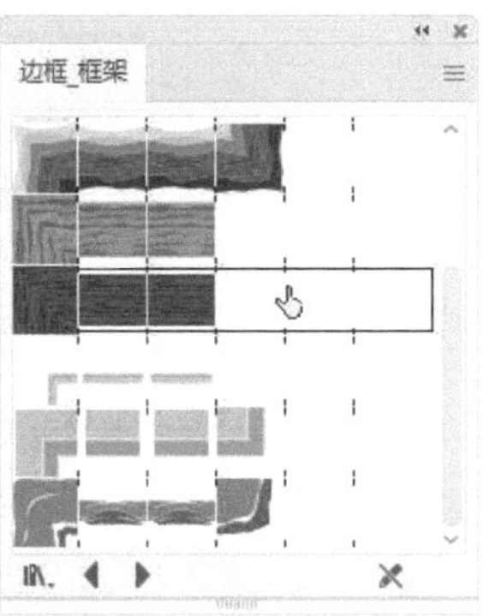

图12-110

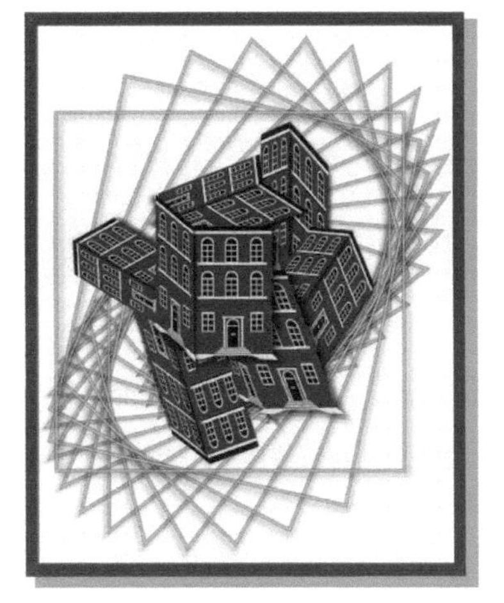
图12-111

08 沿画框内边缘创建一个矩形，设置描边颜色为黑色，描边粗细为7 pt，无填色，效果如图12-112所示。单击“图层”面板中的 ⊞ 按钮，新建一个图层，使用文字工具 T 输入一些文字，如图12-113所示。

图12-112

图12-113

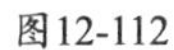

制作图表

不论哪个行业，做统计数据都离不开图表。图表的形式比较多，但最常见的9种图表都可以用Illustrator制作出来。而且我们还能对图表样式进行装饰和美化，以满足一些特殊行业或者企业的个性化需求。

· AI 技术 / 设计讲堂 ·

图表的种类及区别

Illustrator有9个图表工具，它们的名称反映了其所能够创建的图表类型。例如，柱形图工具可以创建柱形图，折线图工具能创建折线图。

- 柱形图：利用柱形的高度反应数据差异，可以非常直观地显示一段时间内的数据变化或各项之间的比较情况，如图12-114所示。
- 堆积柱形图：将数据堆积在一起，不只体现某类数据，还能反应它在总量中所占的比例，如图12-115所示。
- 条形图：与柱形图类似，能很好地展现项目之间的对比情况，如图12-116所示。

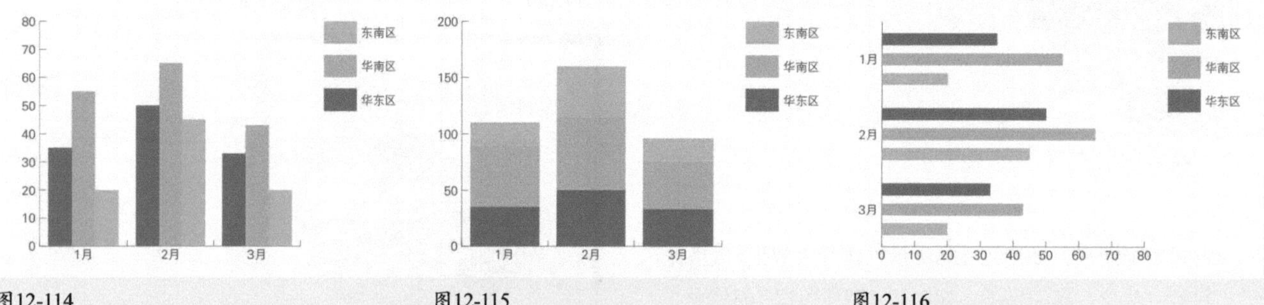

图12-114 图12-115 图12-116

- 堆积条形图：与堆积柱形图类似，但是条形是水平堆积而不是垂直堆积，如图12-117所示。
- 折线图：以点显示统计数据，再用折线连接，如图12-118所示。适合展示一段时间内一个或多个主题项目的变化趋势，对于确定项目的进程很有用处。
- 面积图：与折线图类似，但会对形成的区域进行填充，如图12-119所示。这种图表适合强调数值的整体和变化情况。

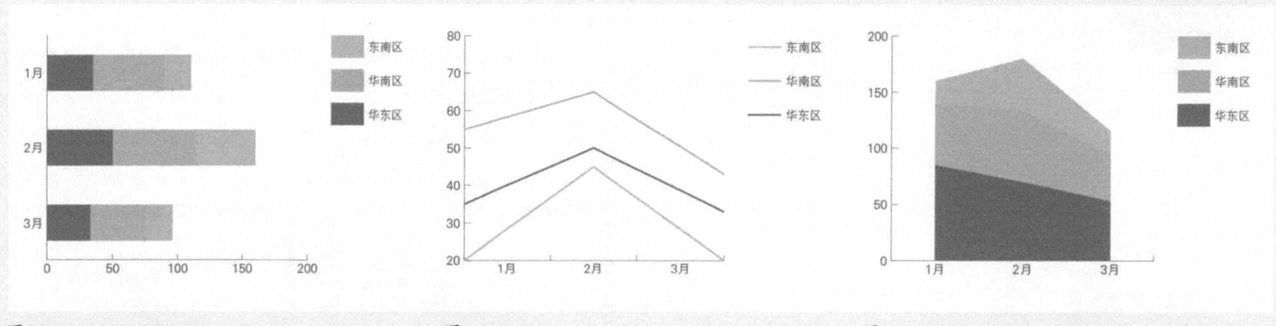

图12-117 图12-118 图12-119

- 散点图：沿x轴和y轴，将数据点作为成对的坐标组进行绘制，如图12-120所示。此类图表适合识别数据中的图案或趋势，表示变量是否相互影响。
- 饼图：把数据的总和作为一个圆形，各组统计数据依据其所占的比例将圆形划分，如图12-121所示。适合显示分项大小及在总和中所占的比例。
- 雷达图：也称网状图，能在某一特定时间点或特定类别上比较数值组，如图12-122所示。主要用于专业性较强的自然科学统计。

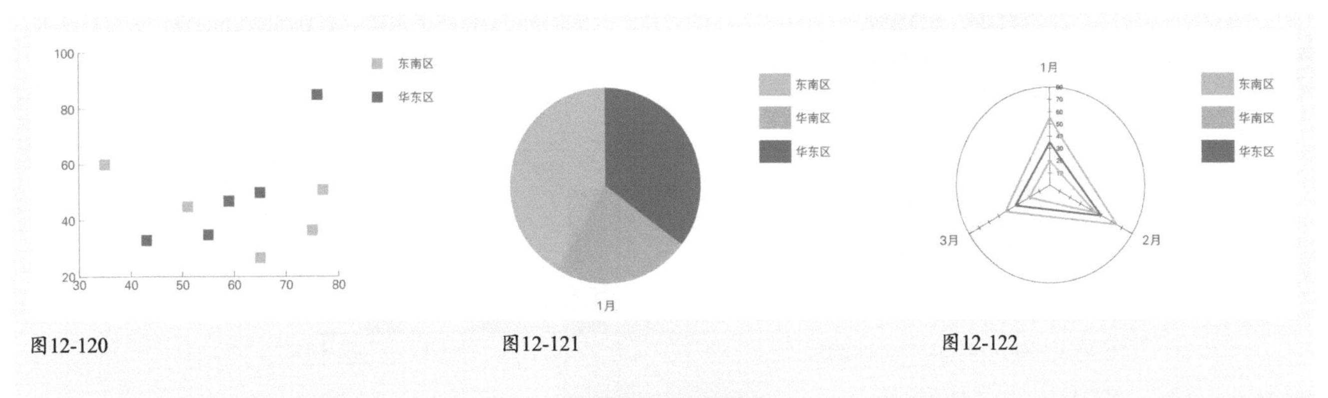

图12-120　　图12-121　　图12-122

·AI技术/设计讲堂·

图表编辑技巧

创建图表以后，可以使用直接选择工具 或编组选择工具 选取图表中的图例、图表轴和文字等，再进行修改，如图12-123~图125所示。由于图表是与其数据相关的对象组，因此，不能取消编组，否则，图表就不具备可修改的特性，例如，不能转换成其他类型的图表、不能更改格式、不能修改数值轴和类别轴等，而成为普通对象了。另外，在图表中，组的关系也有点复杂。例如，带图例的整个图表是一个大的组，所有数据组是图表的次组。每个带图例框的数据组是所有数据组的次组，每个值都是其数据组的次组。注意，不仅不要取消图表中对象的组，也尽量不要将它们重新编组。

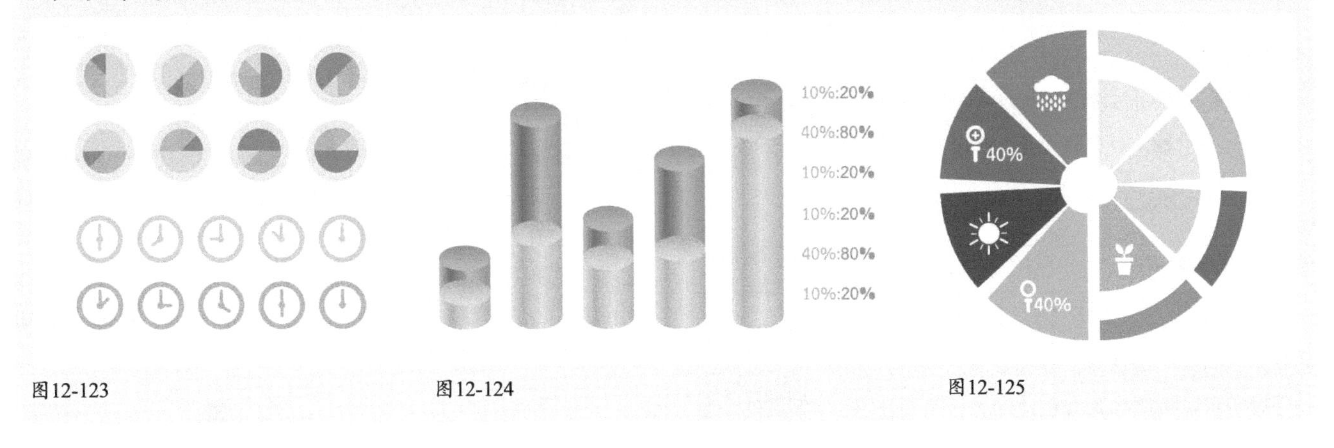

图12-123　　图12-124　　图12-125

12.4.1 “图表数据”对话框

创建图表时会打开 “图表数据” 对话框，如图12-126所示。

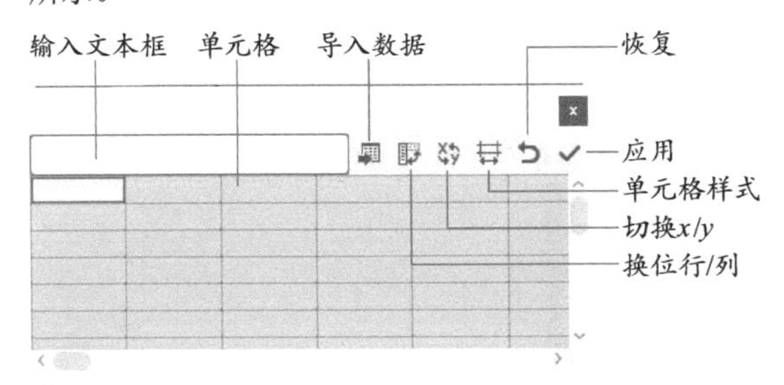

图12-126

- 输入文本框： 可以为数据组添加标签并在图例中显示。操作方法是：单击一个单元格，之后便可输入数据，如图12-127和图12-128所示。按↑、↓、←、→键可切换单元格；按Tab键，可以输入数据并选取同一行中的下一单元格；按Enter键可以输入数据并选择同一列中的下一单元格。如果希望Illustrator为图表生成图例，应删除左上角单元格的内容并保持此单元格为空白。

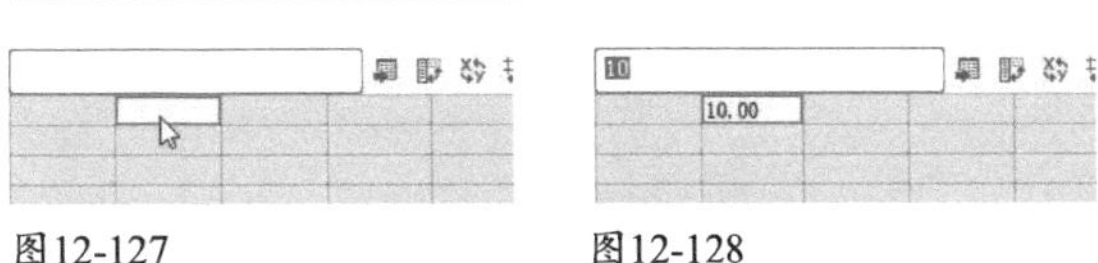

图12-127　　图12-128

- 单元格左列： 单元格的左列用于输入类别标签。类别通常为时间单位，如日、月、年。这些标签沿图表的水平轴或垂直轴显示。只有雷达图图表例外，它的每个标签都产生单独的轴。如果要创建只包含数字的标签，应使用半角双引号将数字引起来。例如，要将年份1996作为标签使用，应输入"1996"，如图12-129所示。如果输入全角引号（“”），则引号也显示在年份中，如图12-130所示。

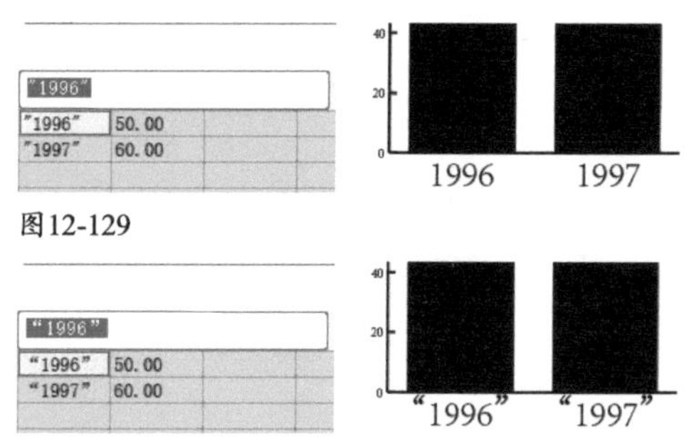

图12-130

- 导入数据：可以导入其他应用程序创建的数据。
- 换位行/列：可以转换行与列中的数据。
- 切换x/y：创建散点图时，单击该按钮，可以对调x轴和y轴的位置。
- 单元格样式：单击该按钮，可以打开"单元格样式"对话框，其中"小数位数"选项用来定义数据中小数点后面的位数。默认值为2位，此时在单元格中输入数字"4"时，在"图表数据"窗口框中显示为4.00；在单元格中输入数字"1.55823"，则显示为1.56。如果要增加小数位数，可增大该选项中的数值。"列宽度"选项用来调整"图表数据"对话框中每一列数据的宽度。调整列宽不会影响图表中列的宽度，只是用来在列中查看更多或更少的数字。
- 恢复：单击该按钮，可以将修改的数据恢复到初始状态。
- 应用：输入数据后，可单击该按钮创建图表。

12.4.2

实战：创建图表

01 选择柱形图工具，在画板上单击，弹出"图表"对话框，输入宽度和高度，如图12-131所示，按照该尺寸创建图表。需要注意：在"图表"对话框中定义的尺寸是图表主要部分的尺寸，并不包括图表的标签和图例。

02 放开鼠标左键后，弹出"图表数据"对话框。单击一个单元格，然后在对话框顶部的文本框中输入数据，如图12-132所示。按→、←、↑、↓键可以切换单元格。

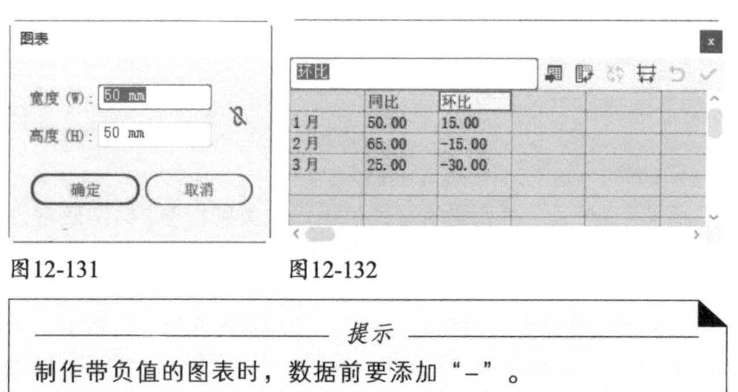

图12-131　图12-132

> 提示
>
> 制作带负值的图表时，数据前要添加"-"。

03 单击对话框右上角的✓按钮或按Enter键，关闭对话框，创建图表，如图12-133所示。

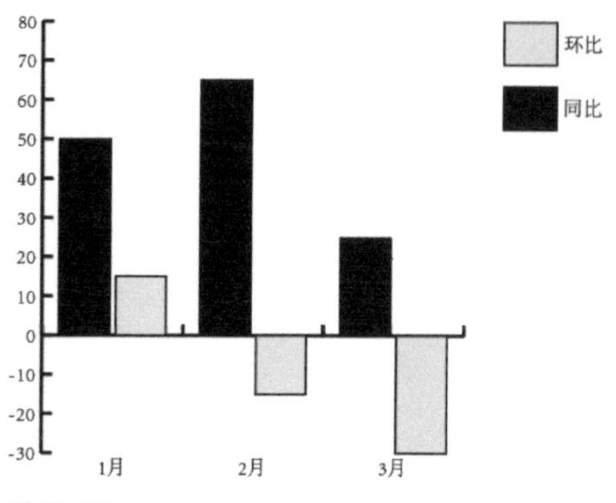

图12-133

12.4.3

实战：制作双轴图

双轴图可以更加直观地体现数据的走势，因而应用的场合比较多。最常见的双轴图是柱形图+折线图的组合。Illustrator并不局限于此，除散点图外，可以对其他任何类型的图表进行组合。

01 新建一个文档。选择柱形图工具，拖曳出矩形框，确定图表范围。如果想创建正方形图表，可以按住Shift键操作。放开鼠标左键后，弹出"图表数据"对话框，输入数据，如图12-134所示。在标签中创建换行符的时候，即输入"1季度 | 2023"时，"|"符号用Shift+\键输入。单击✓按钮创建图表，如图12-135所示。

1季度|2023

	网络销售数据	门店销售数据
1季度 |2023	1500.00	1200.00
2季度 |2023	2100.00	1800.00
3季度 |2023	1600.00	800.00
4季度 |2023	1700.00	1000.00

图12-134

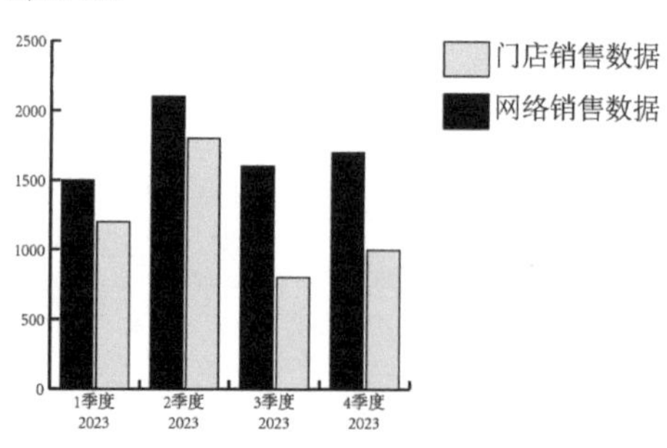

图12-135

02 选择编组选择工具，将鼠标指针移动到黑色数据组上，单击3下，选择所有黑色数据组，如图12-136所示。执行“对象>图表>类型”命令或双击任意图表工具，打开“图表类型”对话框。单击折线图按钮，如图12-137所示，之后单击“确定”按钮关闭对话框，将所选数据组改为折线图。

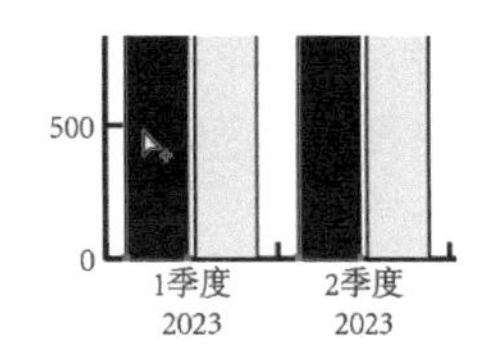

图12-136

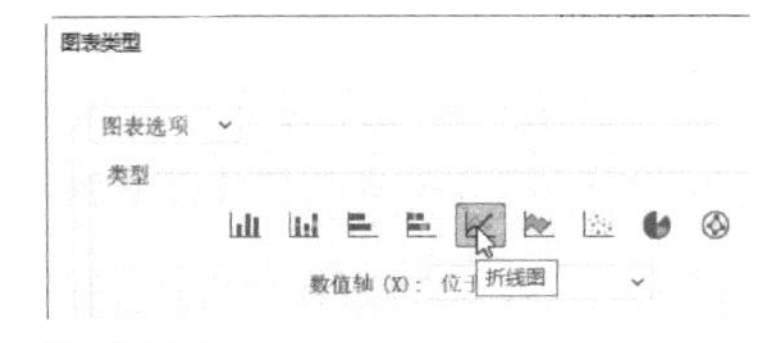

图12-137

03 在浅灰色数据组上单击3次，选取数据组，修改填充颜色，无描边，如图12-138所示。

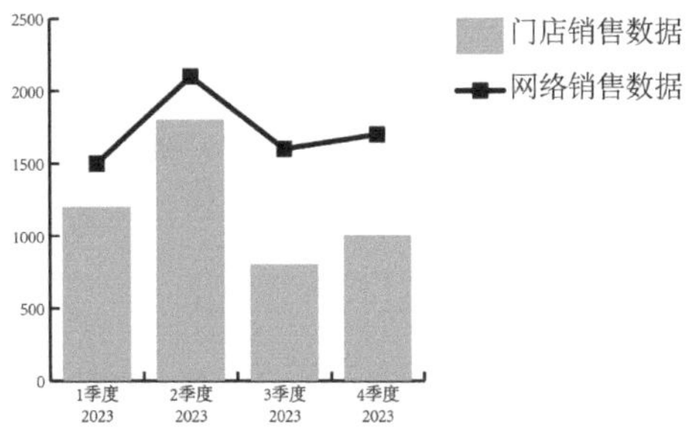

图12-138

> 提示
>
> 在一个图表中使用多种图表时，可以沿右轴使用一个数据组，沿左轴使用其他数据组。这样，每个轴都可以测量不同的数据。

12.4.4

实战：制作立体图表

01 选择饼图工具，在画板上单击，弹出“图表”对话框，输入宽度和高度，按照该尺寸创建图表并输入数据，如图12-139和图12-140所示。

扫码看视频

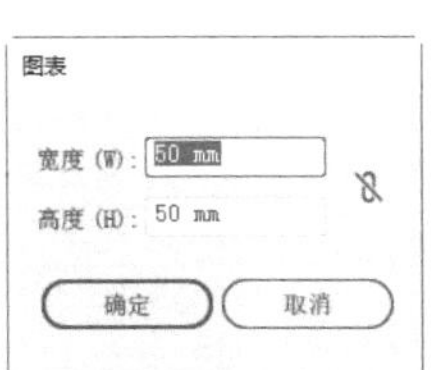

图12-139

消费者满意度调查

	十分满意	基本满意	不满意
消费者满意度调查	35.00	50.00	15.00

图12-140

02 按Enter键，关闭对话框，创建图表，如图12-141所示。执行“对象>取消编组”命令，解散组。按Shift+Ctrl+G快捷键继续取消编组，直至用选择工具单击各个图形时，它们与右侧的图例不在一个组里，如图12-142所示。

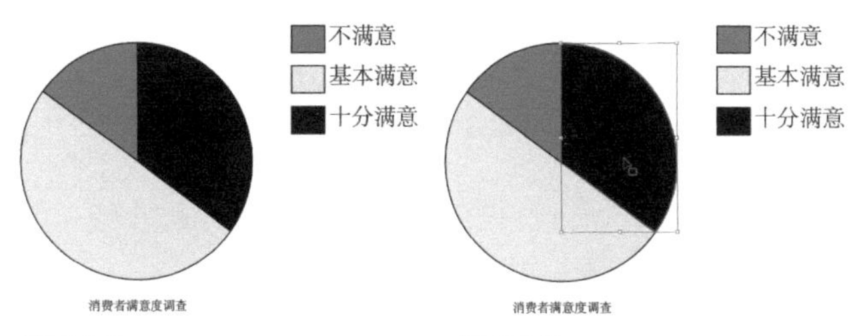

图12-141　　图12-142

03 用选择工具分别选取饼状图形，取消描边，填充不同的颜色，如图12-143所示。移动这3个图形，让它们错开一些位置，如图12-144所示。可以调一下大小，做好图形的衔接。将3个图形选取，按Ctrl+G快捷键编组。拖曳定界框顶部的控制点，将图形压扁，如图12-145所示。

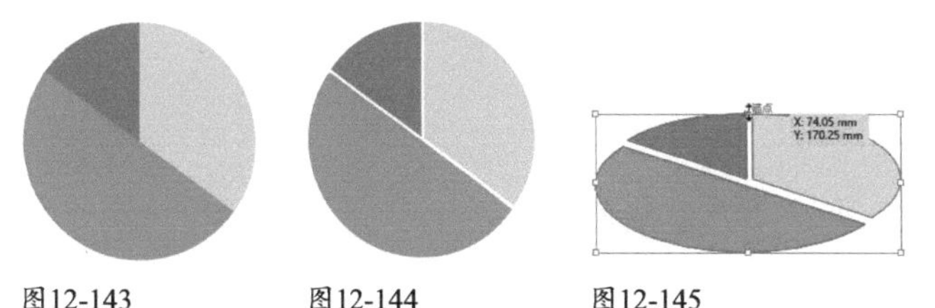

图12-143　　图12-144　　图12-145

04 按Ctrl+C快捷键复制，后面会用到。按住Alt+Shift键向下拖曳进行复制，如图12-146所示。按住Shift键拖曳控制点，将图形等比缩小，如图12-147所示。按Shift+Ctrl+[快捷键，调整到底层。拖曳出一个选框，选取这两组图形，如图12-148所示。按Alt+Ctrl+B快捷键创建混合。

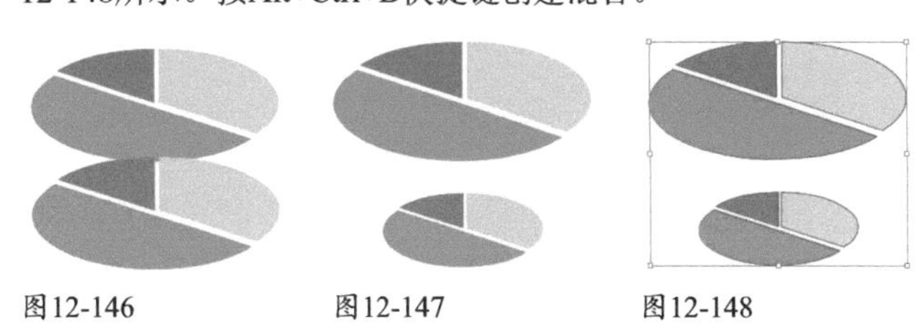

图12-146　　图12-147　　图12-148

05 双击混合工具，打开“混合选项”对话框，设置参数，如图12-149所示，混合效果如图12-150所示。

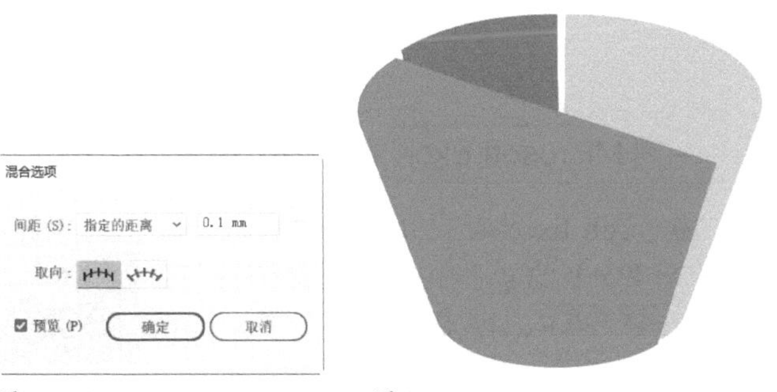

图12-149　　图12-150

06 按Ctrl+F快捷键粘贴图形，如图12-151所示。使用编组选择工具选取图形并修改颜色，如图12-152所示。

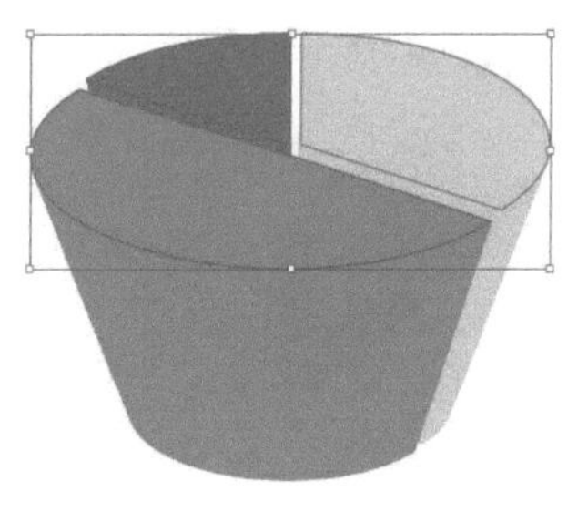

图12-151　图12-152

07 用选择工具▶选取文字，按Shift+Ctrl+G快捷键取消编组。拖曳到图形上方，修改文字颜色和字体（黑体），如图12-153所示。保持文字被选取，选择倾斜工具，在离文字远一点的地方拖曳鼠标，扭曲文字，如图12-154所示。选择选择工具▶，按住Alt键拖曳文字，进行复制，之后修改文字内容。图12-155所示为最终效果。

图12-153　图12-154

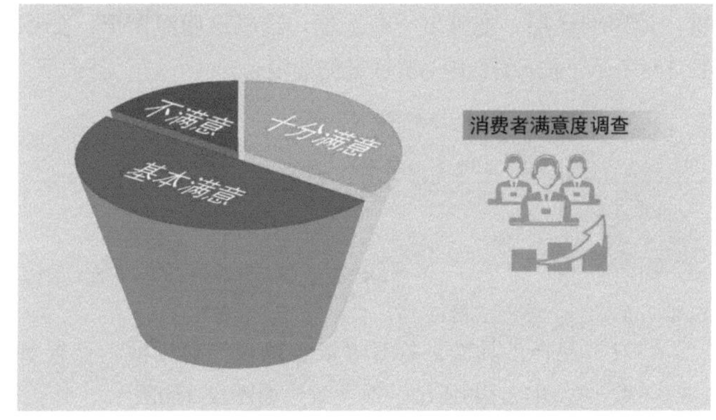

图12-155

12.4.5
实战：用Microsoft Excel数据创建图表

Microsoft Excel是专门用于各种数据的处理、统计和分析的电子表格软件。我们做图表时，主要还是从Excel中获取数据。

01 选择柱形图工具，在画板上拖曳鼠标，确定图表的大小，如图12-156所示；放开鼠标左键后，弹出“图表数据”对话框。输入年份信息，如图12-157所示。年份应该用半角引号，如“"2020"”。

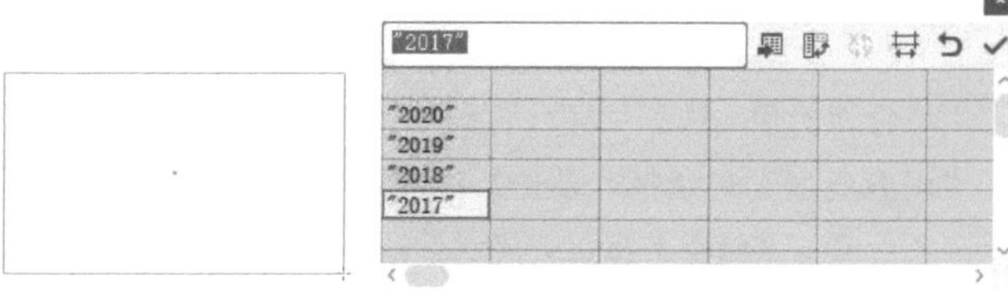

图12-156　图12-157

02 打开Excel数据素材。将鼠标指针移动到“生产”文字上方，向右下方拖曳鼠标，将文字及数据选取，如图12-158所示；按Ctrl+C快捷键复制。

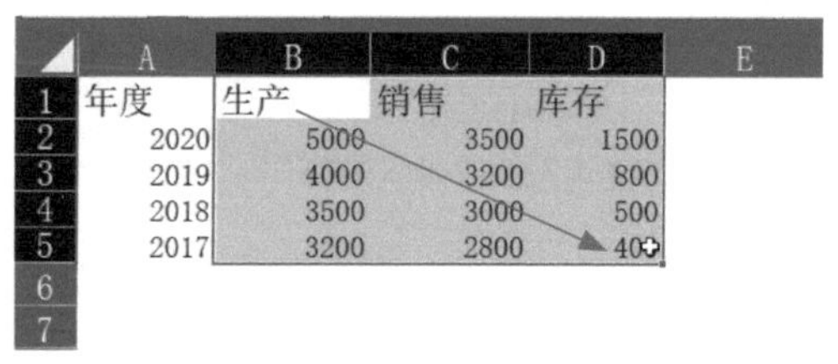

	A	B	C	D	E
1	年度	生产	销售	库存	
2	2020	5000	3500	1500	
3	2019	4000	3200	800	
4	2018	3500	3000	500	
5	2017	3200	2800	400	
6					
7					

图12-158

03 切换到Illustrator中，在图12-159所示的单元格中单击，按Ctrl+V快捷键粘贴数据，如图12-160所示。单击应用按钮✔，创建图表，如图12-161所示。

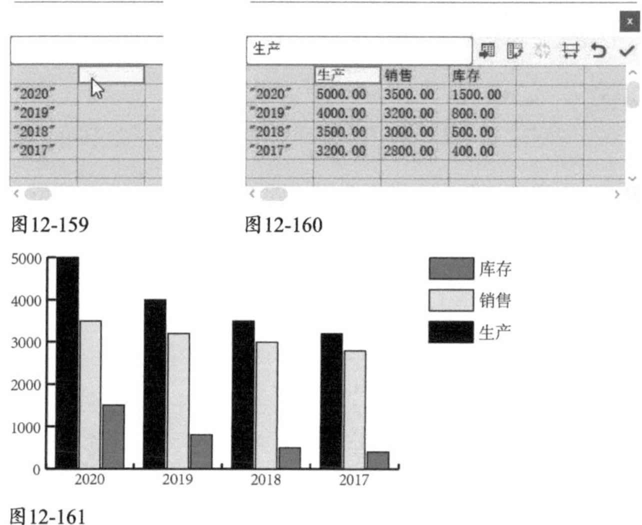

图12-159　图12-160

图12-161

12.4.6
实战：用文本数据创建图表

文字处理程序创建的文本可以导入Illustrator中生成图表。在使用文本文件时，它的每个单元格的数据应由制表符隔开，每行的数据应由段落回车符隔开。数据只能包含小数点或小数点分隔符，否则，无法绘制此数据对应的图表。例如，应输入“732000”，而不是“732,000”。

01 图12-162所示为本实战的素材，这是用Windows的记事本创建的纯文本格式的文件。选择柱形图工具，在画板上拖曳鼠标，弹出“图表数据”对话框。

02 单击导入数据按钮，在打开的对话框中选择该文本文件，导入数据，如图12-163所示。按Enter键，创建图表，如图12-164所示。

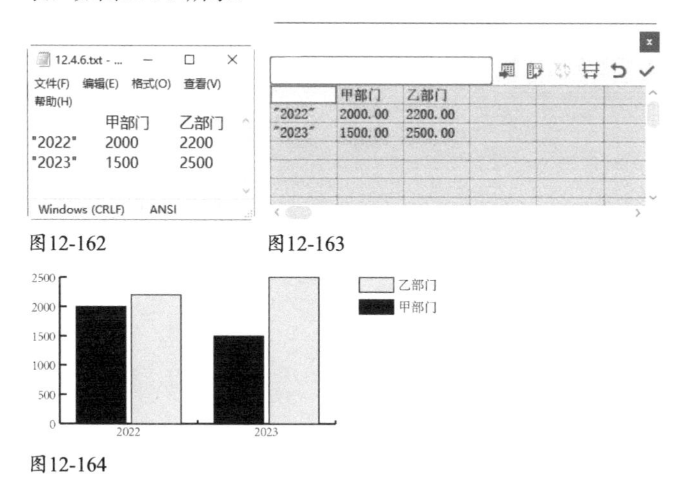

图12-162　图12-163

图12-164

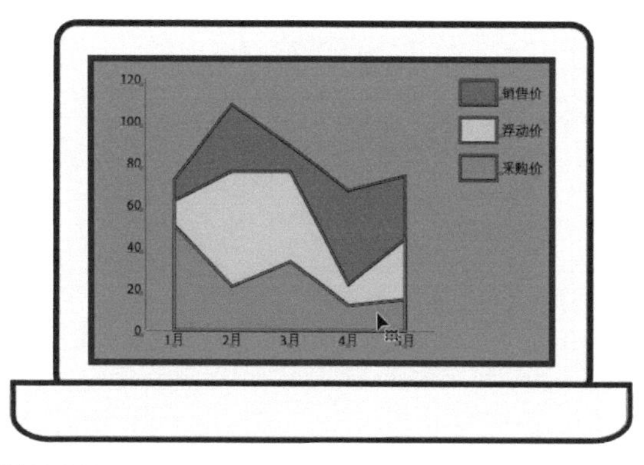

图12-165

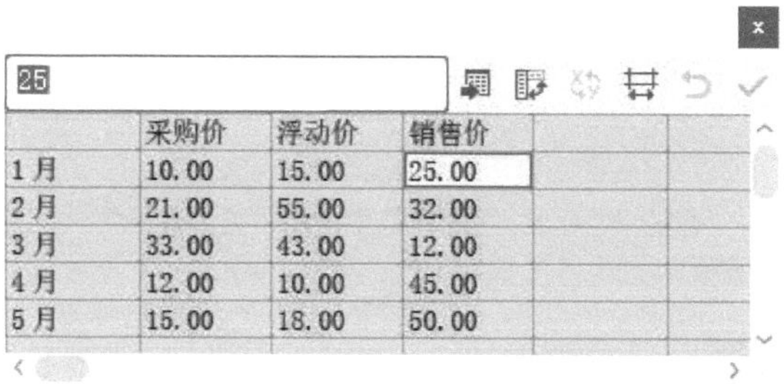

25				
	采购价	浮动价	销售价	
1月	10.00	15.00	25.00	
2月	21.00	55.00	32.00	
3月	33.00	43.00	12.00	
4月	12.00	10.00	45.00	
5月	15.00	18.00	50.00	

图12-166

12.4.7

实战：修改图表数据

如果图表数据有更新的可能，尽量不要解散图表组，保留图表数据的可修改性，以备不时之需。

扫码看视频

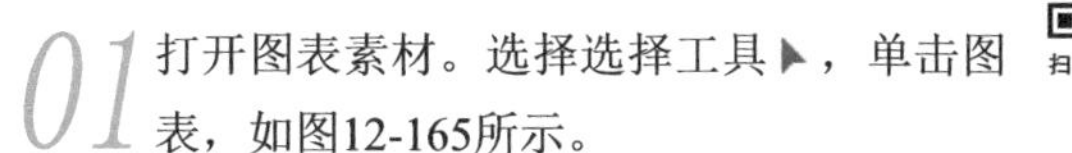

01 打开图表素材。选择选择工具，单击图表，如图12-165所示。

02 执行“对象>图表>数据”命令，打开“图表数据”对话框，对数据进行修改，如图12-166所示。按Enter键关闭对话框，更新数据，如图12-167所示。

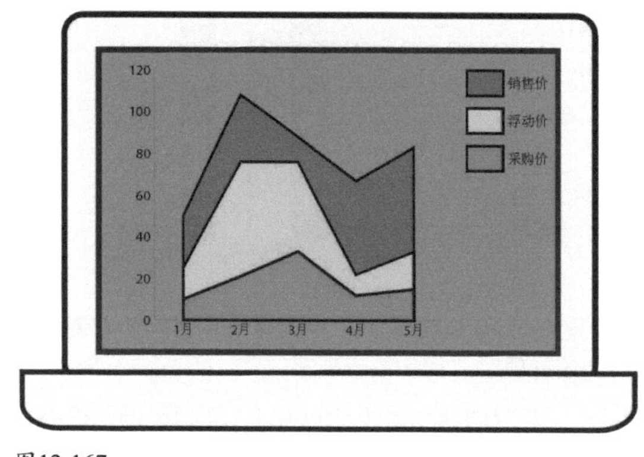

图12-167

设置图表格式

创建图表后，可以通过修改图表格式，给图表添加图例、阴影、刻度线，以及针对不同类型的图表做出相应的调整，以便更好地展示数据。

12.5.1

图表常规选项

用选择工具选取图表，执行“对象>图表>类型”命令，或双击任意一个图表工具，都可以打开“图表类型”对话框，如图12-168所示。在该对话框中可以设置所有类型图表的常规选项。

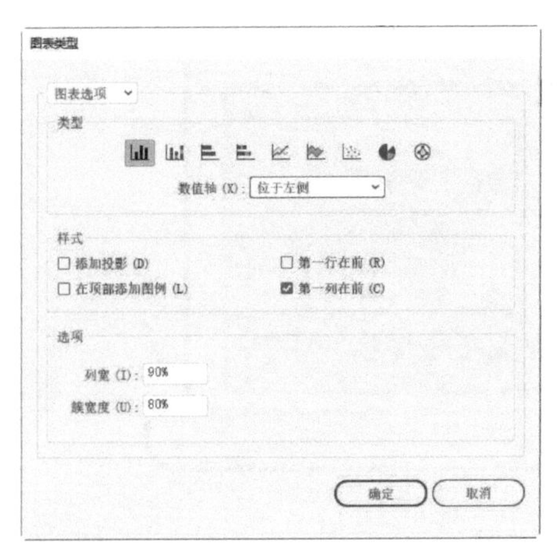

图12-168

● 数值轴：除饼图外，所有图表都有显示测量单位的数值轴。该选项可以设置数值轴的位置。图12-169所示为数值轴在右侧的图表。

● 添加投影：在柱形、条形、线段或整个饼图后方添加投影，如图12-170所示。

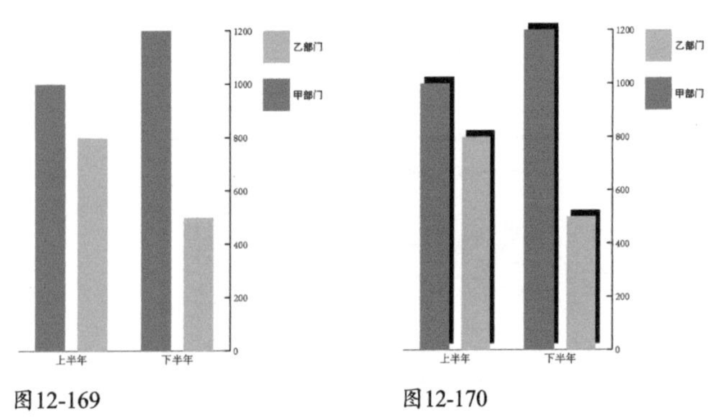

图12-169　　图12-170

● 在顶部添加图例：默认情况下，图例显示在图表的右侧水平位置。勾选该选项后，图例位于顶部。

● 第一行在前：当"簇宽度"大于100%时，可以控制图表中数据的类别或群集重叠的方式，效果如图12-171所示。使用柱形图或条形图时，该选项最有帮助。

● 第一列在前：可以在顶部的"图表数据"窗口中放置与数据第一列相对应的柱形、条形或线段。该选项还确定"列宽"大于100%时，柱形图和堆积柱形图中哪一列位于顶部，以及"条形宽度"大于100%时，条形图和堆积条形图中哪一列位于顶部。效果如图12-172所示。

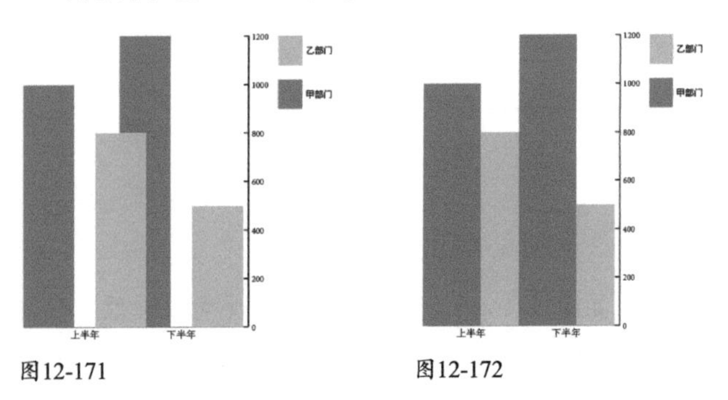

图12-171　　图12-172

12.5.2

柱形图/堆积柱形图选项

在"图表类型"对话框中，单击"类型"选项中的各图表按钮，可以显示除面积图外的其他图表的附加选项。柱形图和堆积柱形图可以设置图12-173所示的选项。

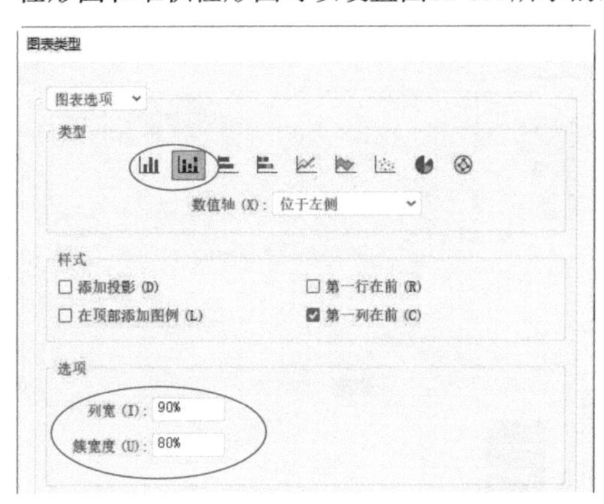

图12-173

● 列宽：用来设置图表中柱形之间的空间。该值为100%时，会让柱形或群集相互对齐。大于100%时柱形会相互堆叠，如图12-174所示（150%）。

● 簇宽度：可以调整图表数据群集之间的空间，如图12-175所示（30%）。

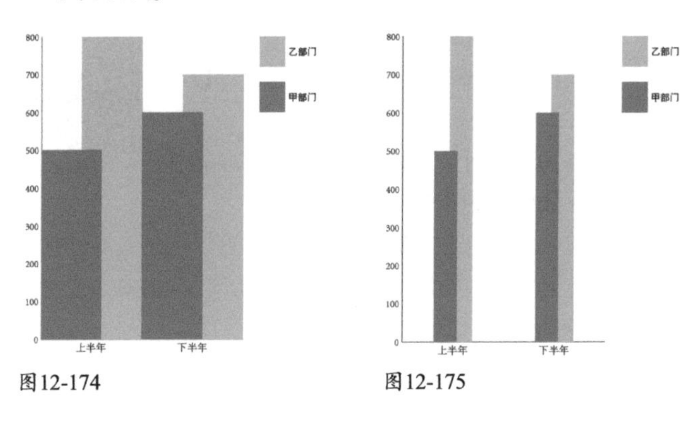

图12-174　　图12-175

12.5.3

条形图/堆积条形图选项

条形图和堆积条形图可以设置图12-176所示的选项。这两个选项与柱形图选项的意义没有不同，只不过改变的是条形的宽度和数据空间而已。

图12-176

12.5.4
折线图/雷达图/散点图选项

折线图、雷达图与散点图可设置图12-177所示的选项。

图12-177

- 标记数据点：在每个数据点上添加正方形标记。
- 连接数据点：使用线段连接数据点，如图12-178所示。图12-179所示是未勾选该选项时的图表。

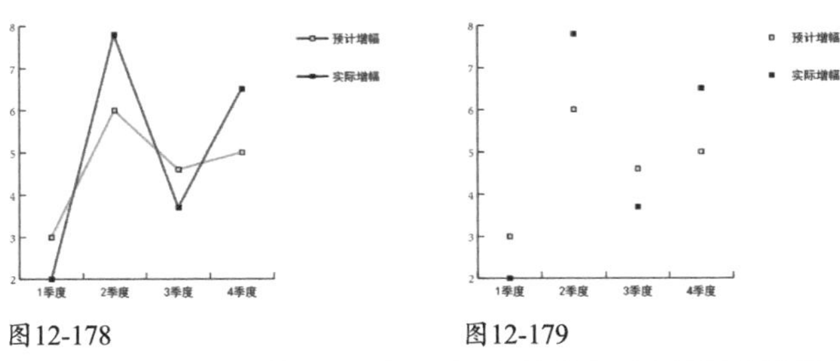

图12-178　图12-179

- 线段边到边跨 X 轴：沿水平（*x*）轴从左到右绘制跨越图表的线段，如图12-180所示。散点图没有该选项。
- 绘制填充线：勾选该选项并在“线宽”选项中输入数值，可以创建更宽的线段，如图12-181所示。

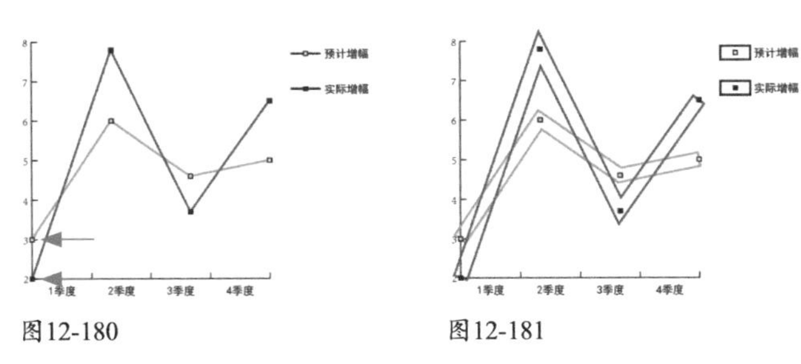

图12-180　图12-181

12.5.5
饼图选项

饼图可以设置图12-182所示的选项。

图12-182

- 图例：用来设置图表中图例的位置。选取“无图例”选项，不会添加图例；选取“标准图例”选项，在图表外侧放置列标签，如图12-183所示；选取“楔形图例”选项，则将标签插入到对应的楔形中，如图12-184所示。

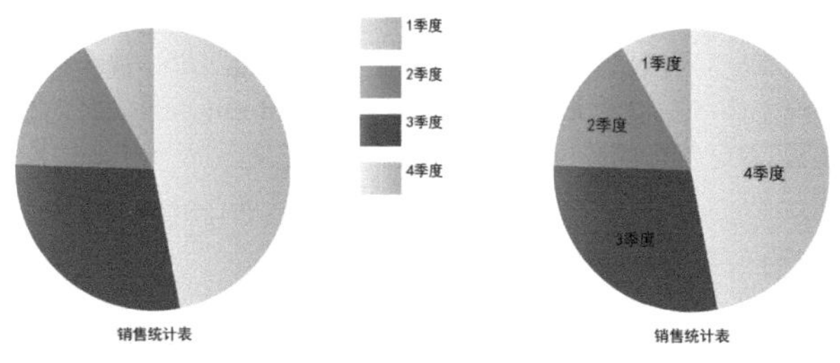

图12-183　图12-184

- 排序：设置饼图的排列顺序。选取“全部”选项，饼图按照从大到小的顺序顺时针排列；选取“第一个”选项，最大饼图位于顺时针方向的第一个位置，其他饼图按照输入的顺序顺时针排列；选取“无”选项，按照输入的顺序顺时针排列饼图。
- 位置：用来设置如何显示多个饼图。选取“比例”选项，按照比例调整饼图的大小，如图12-185所示；选取“相等”选项，所有饼图的直径都相同，如图12-186所示；选取“堆积”选项，则饼图互相堆积，每个图表按照相互间的比例调整大小，如图12-187所示。

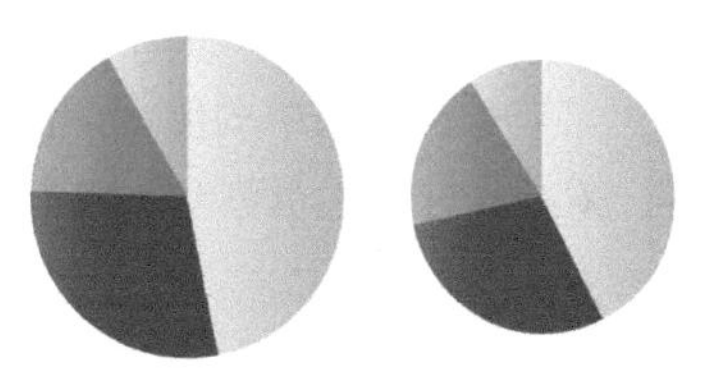

图12-185

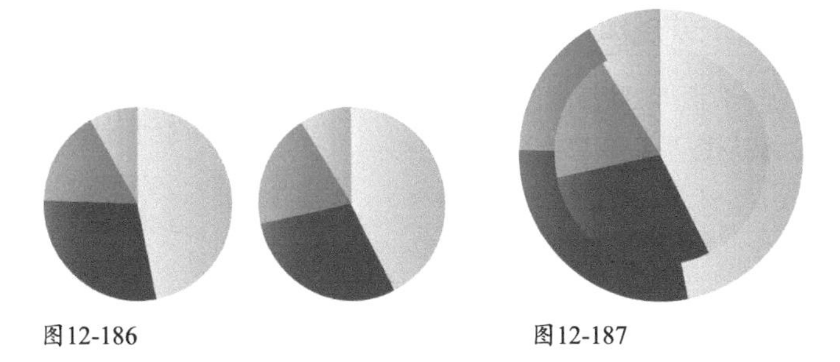

图12-186　图12-187

12.5.6
设置数值轴

除了饼图外，其他图表都有显示图表测量单位的数值轴。图12-188所示为数值轴可设置的选项。

图12-188

● “刻度值”选项组：用来设置数值轴刻度线的位置。勾选“忽略计算出的值”选项，可输入刻度线的位置、最小值、最大值和标签之间的刻度数量。不勾选该选项，Illustrator会依据“图表数据”对话框中的数值自动计算坐标轴的刻度。

● “刻度线”选项组：可以确定刻度线的长度和每个刻度之间刻度线的数量。

● “添加标签”选项组：可以为数值轴上的数字添加前缀和后缀。例如，可以将美元符号或百分号添加到轴数字中。

12.5.7
设置类别轴

条形图、堆积条形图、柱形图、堆积柱形图、折线图和面积图有在图表中定义数据类别的类别轴。图12-189所示为类别轴可设置的选项。

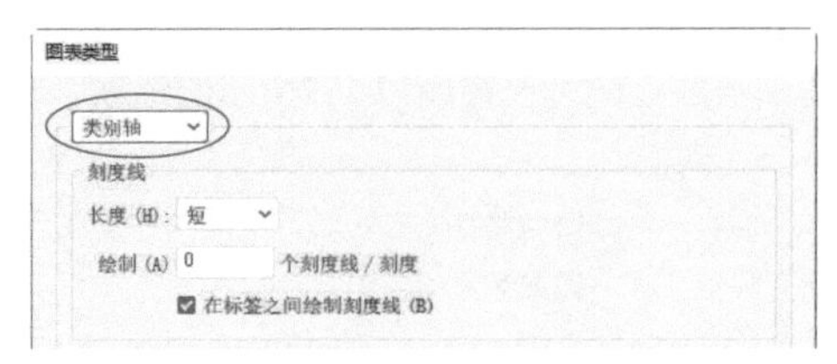

图12-189

● 长度：设置类别轴刻度线的长度。

● 绘制：设置类别轴上两个刻度之间分成几部分。

● 在标签之间绘制刻度线：在标签或列的任意一侧绘制刻度线。未勾选该选项时，标签或列上的刻度线位于居中位置。

制作图案型图表

创建图表后，可以替换图表中的图例，创建符合特定行业需要、更有趣的图表。用于替换的对象可以是简单的图形、徽标和符号，也可以是包含图案和参考线的复杂对象。

12.6.1
实战：替换图例

下面将图稿定义为设计图案，再通过“柱形图”命令替换图表中的图形。

扫码看视频

01 打开素材，如图12-190所示。使用选择工具 选取小球员，如图12-191所示。

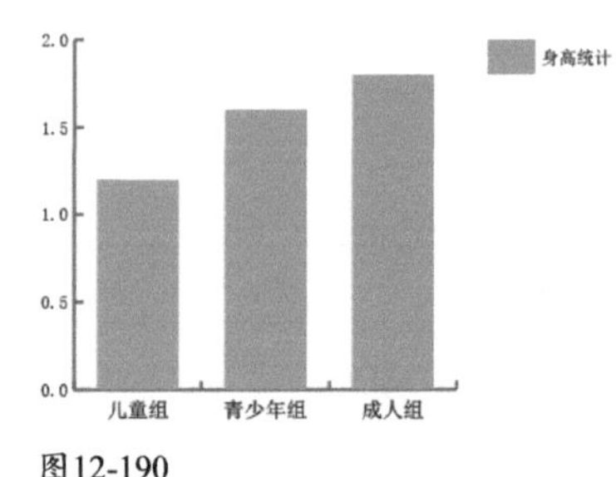

图12-190

图12-191

02 执行“对象>图表>设计”命令，在打开的对话框中单击“新建设计”按钮，将所选图形定义为一个设计图案，如图12-192所示。单击“确定”按钮关闭对话框。

03 选择图表对象。执行“对象>图表>柱形图”命令，在打开的对话框中单击新创建的设计图案；在“列类型”选项下拉列表中选取“垂直缩放”选项，取消勾选“旋转图例设计”选项，如图12-193所示；单击“确定”按钮，用小球员替换图例，如图12-194所示。

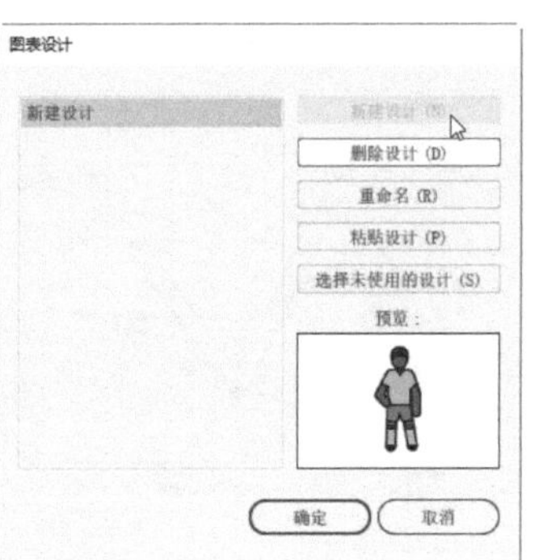

图12-192

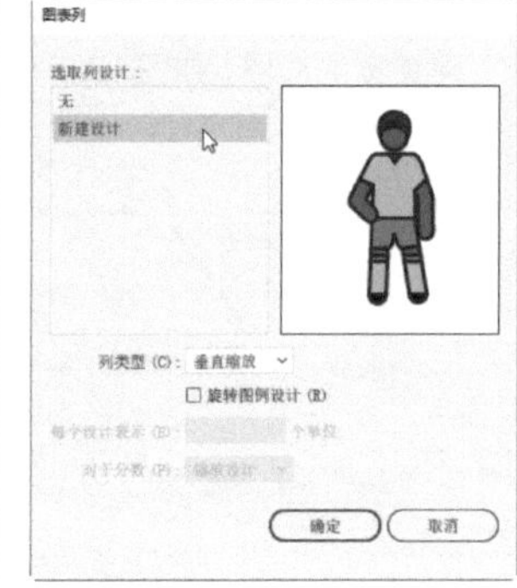

图12-193

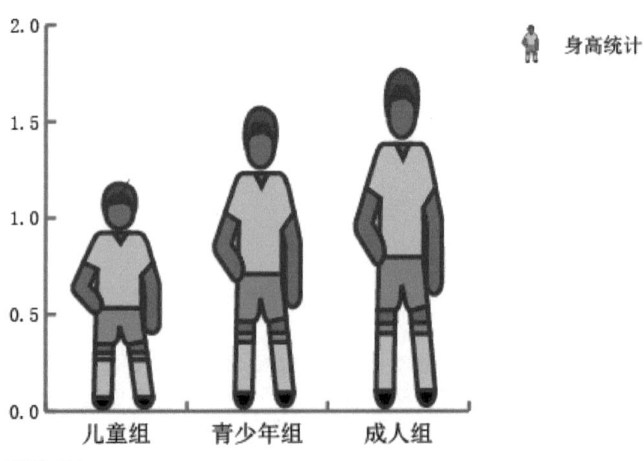

图12-194

技术看板 **“图表设计”对话框选项**

- 删除设计：选取对话框中的一个设计图案后，单击该按钮可将其删除。
- 重命名：选取对话框中的一个设计图案，单击该按钮，可以打开“重命名”对话框修改图案的名称。
- 粘贴设计：选取对话框中的一个设计图案，单击该按钮，可以将它粘贴到画板上。此时可对图案进行编辑。图案修改完成后，也可以将它重新定义为一个新的设计图案。
- 选择未使用的设计：单击该按钮，可以将所有未被使用的设计图案选取。

04 选择编组选择工具，按住Shift键单击各个文字，将它们选取，在控制面板中设置字体为黑体，如图12-195所示。使用矩形工具创建几个矩形，填充线性渐变，放在小球员的身后，如图12-196所示。

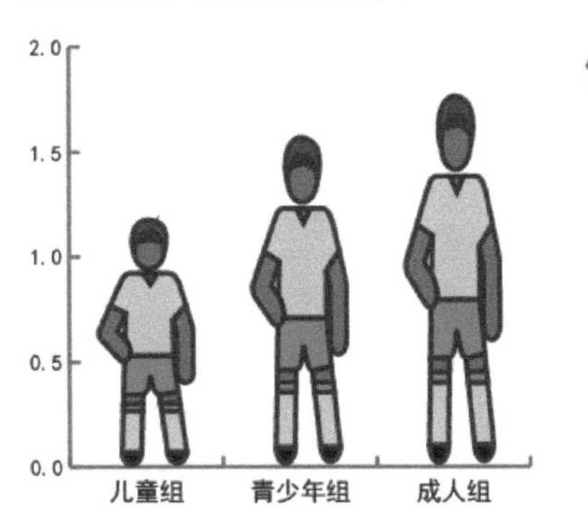

图12-195

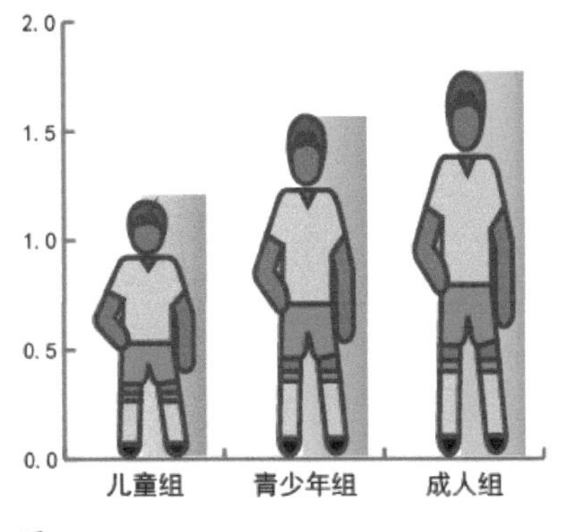

图12-196

“图表列”对话框选项

当设计图案与图表的比例不匹配时，可以在“列类型”选项的下拉列表中设置图案的缩放方式。

选取“垂直缩放”选项，可根据数据的大小在垂直方向伸展或压缩图案，图案的宽度保持不变，如图12-197所示。选取“一致缩放”选项，则根据数据的大小对图案进行等比缩放，如图12-198所示。选取“局部缩放”选项，可以对局部图案进行缩放（*方法见下一小节*）。

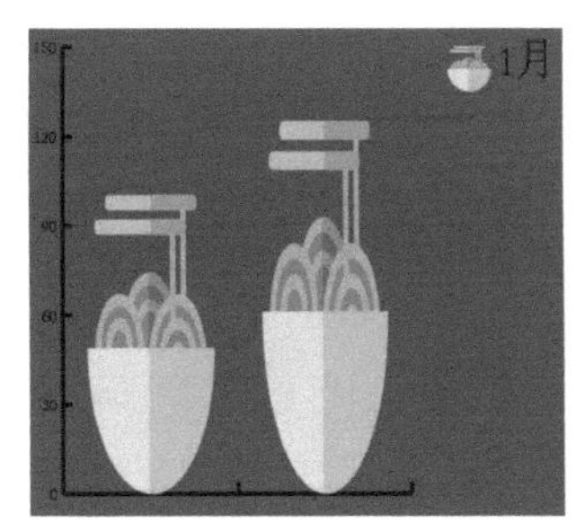

图12-197

图12-198

选取“重复堆叠”选项后，下方的选项将被激活。在“每个设计表示”选项中可以输入每个图案代表几个单位。例如，输入“50”，表示每个图案代表50个单位，Illustrator会以该单位为基准自动计算使用的图案数量。

单位设置好之后，还要在“对于分数”选项中设置不足一个图案时如何显示。选取“截断设计”选项，图案将被截断，如图12-199所示；选取“缩放设计”选项，则压缩图案，以确保其完整，如图12-200所示。

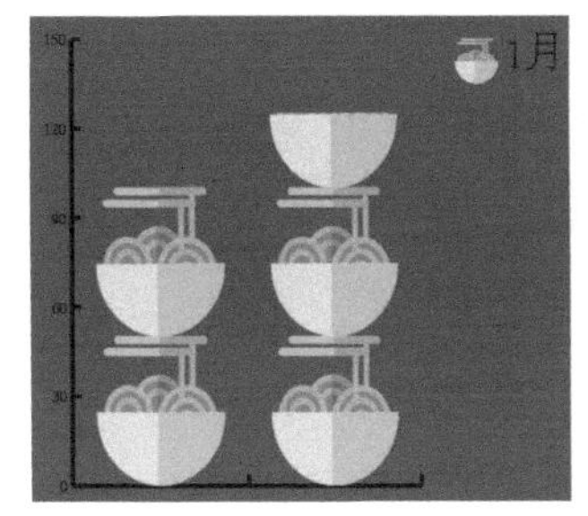

图12-199

图12-200

> *提示*
>
> 勾选“旋转图例设计”选项，可以将图案旋转90°。

12.6.2 实战：局部缩放图形

01 打开素材，如图12-201所示。这是一组卡通版的雪糕。执行“对象>图表>设计”命令，打开“图表设计”对话框，选择图12-202所示的设计图案，单击“粘贴设计”按钮，再单击“确定”按钮，将它粘贴到画板上，如图12-203所示。

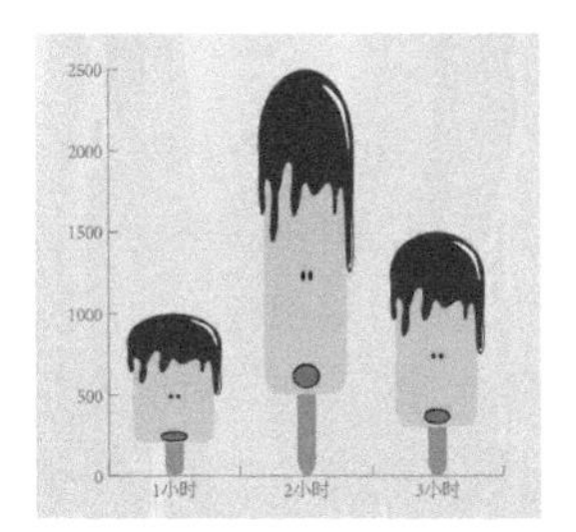

图12-201

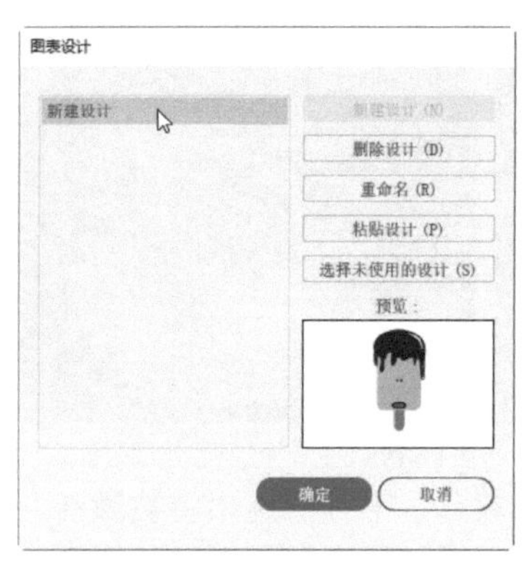

图12-202

图12-203

02 选择直线段工具／，按住Shift键创建一条直线，如图12-204所示。执行“视图>参考线>建立参考线”命令，将直线创建为参考线，如图12-205所示，通过它来定义图形的缩放位置。在后面的操作中，位于参考线下方的图形被缩放，参考线上方的图形比例保持不变。

图12-204

图12-205

提示

打开“视图>参考线”子菜单，如果“锁定参考线”命令前面有个“√”，说明参考线被锁定，单击该命令解除对参考线的锁定（无“√”），之后再进行下面的操作。

03 选择选择工具▶，拖曳出一个选框，将被创建为参考线的直线和图案一同选取，如图12-206所示。执行“对象>图表>设计”命令，打开“图表设计”对话框，单击“新建设计”按钮，将它们保存为一个新的设计图案，如图12-207所示，最后关闭对话框。

04 选择图表对象，如图12-208所示。执行“对象>图表>柱形图”命令，打开“图表列”对话框，单击新创建的设计图案，在“列类型”选项下拉列表中选择“局部缩放”，如图12-209所示，单击“确定”按钮关闭对话框，即可对图表进行局部缩放。执行“视图>参考线>隐藏参考线”命令，隐藏参考线，如图12-210所示。

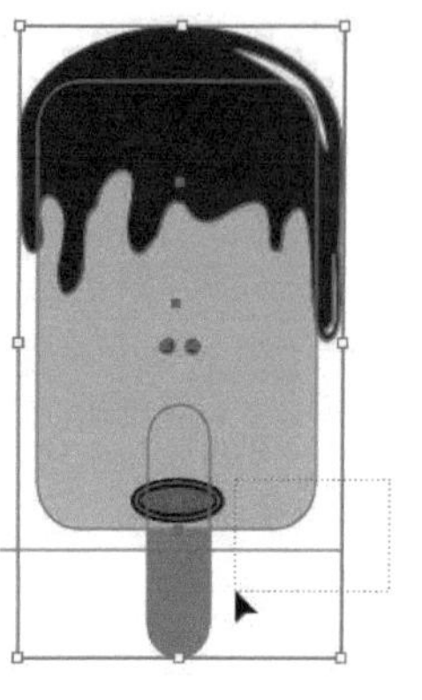

图12-206

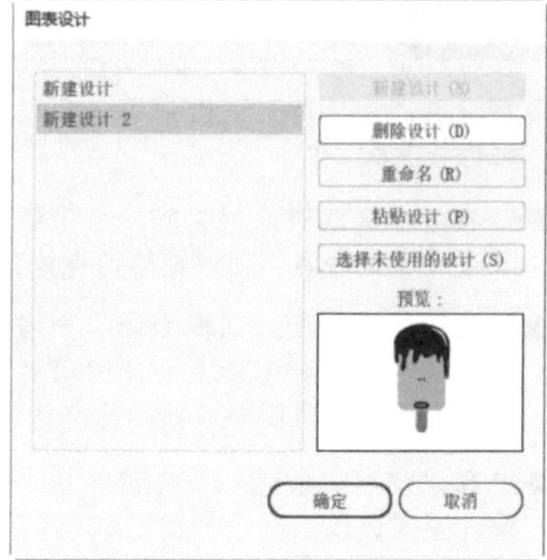

图12-207

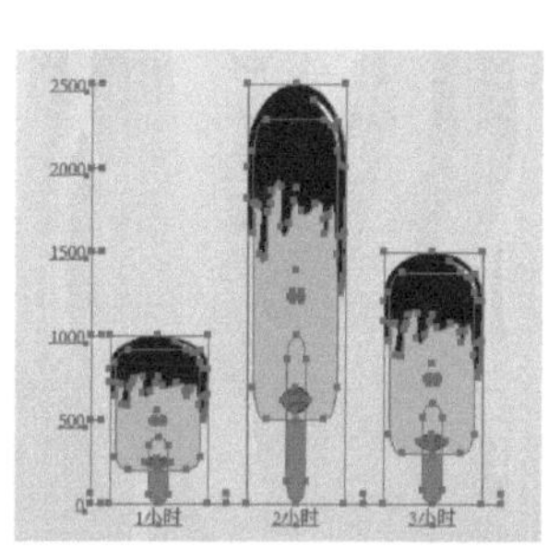

图12-208

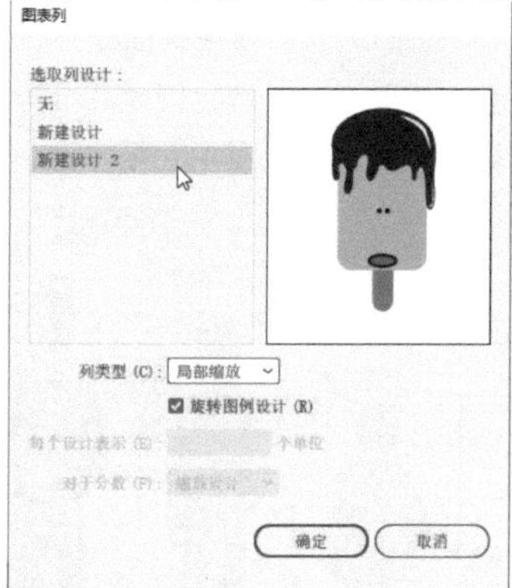

图12-209

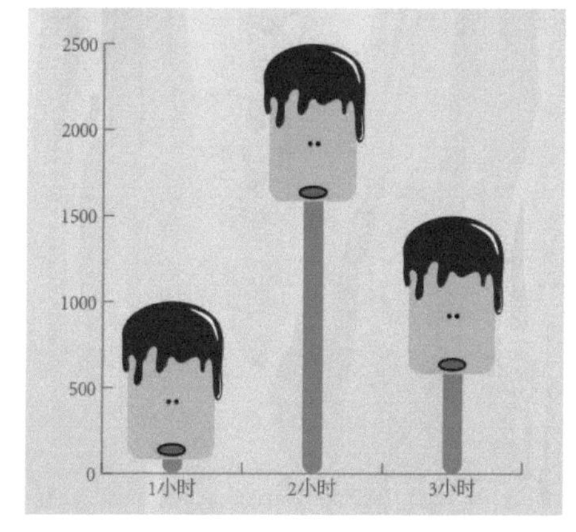

图12-210

12.6.3

实战：用图案替代数据点

折线图和散点图可以应用设计标记，即用设计图案替换图表中的数据点。

01 打开素材，如图12-211所示。使用选择工具▶选取咖啡杯，如图12-212所示。执行“对象>图表>设计”命令，打开对话框以后，单击“新建设计”按钮，定义设计图案。单击“确定”按钮关闭对话框。

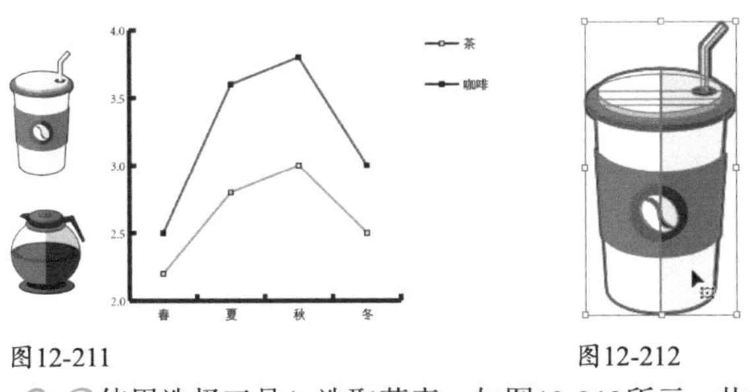

图12-211　　图12-212

02 使用选择工具▶选取茶壶，如图12-213所示。执行“对象>图表>设计”命令，将它创建为一个设计图案，如图12-214所示。

图12-213　　图12-214

03 选择编组选择工具，将鼠标指针移动到咖啡标记上，如图12-215所示，通过双击，将所有咖啡标记一同选取，如图12-216所示。不要选择线段。执行“对象>图表>标记”命令，打开“图表标记”对话框，选取咖啡杯图案，如图12-217所示，单击“确定”按钮，用它替换图表中的点，如图12-218所示。

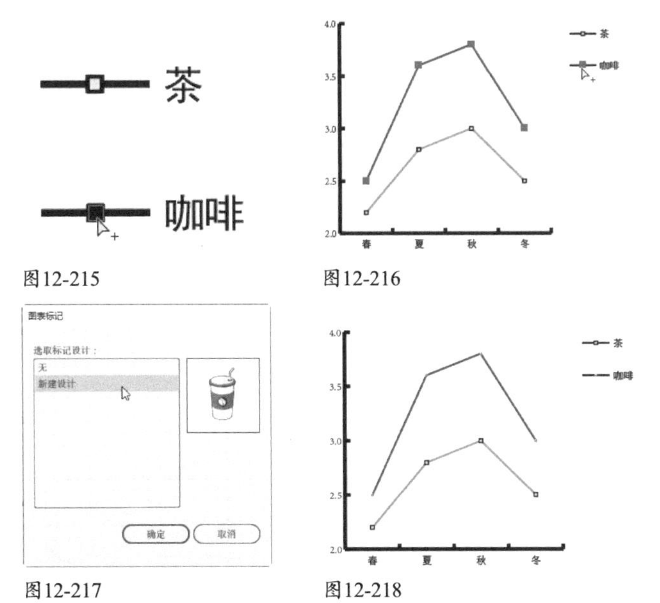

图12-215　　图12-216

图12-217　　图12-218

04 用同样的方法选取茶的标记，如图12-219所示，用“对象>图表>标记”命令替换为茶壶，如图12-220所示。

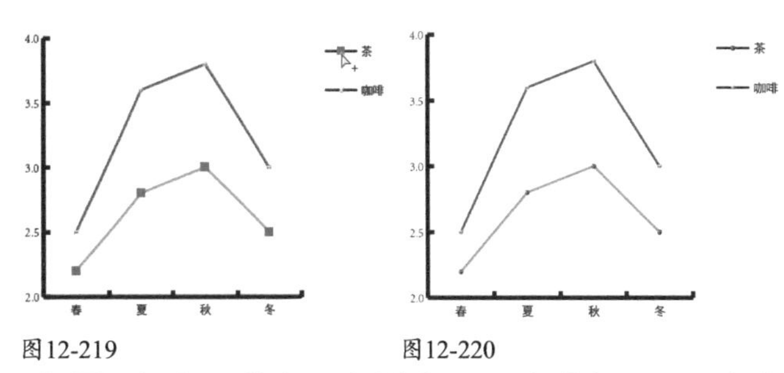

图12-219　　图12-220

05 现在图形比较小，需要放大。但只能单个处理，不能统一缩放，否则图形会偏离数据线。用编组选择工具在图12-221所示的咖啡杯上双击，将其选取（如果双击并未完全选取，可以单击3下）。双击比例缩放工具，在打开的对话框中选取“不等比”选项并设置参数，如图12-222所示。单击“确定”按钮进行缩放，如图12-223所示。

图12-221　　图12-222　　图12-223

06 采用同样的方法，选取其他咖啡杯，之后双击比例缩放工具，Illustrator会保留上一次的缩放参数设置，因此，只要按Enter键确认便可。图12-224所示为全部咖啡杯都放大后的效果。逐个选取茶壶，按照图12-225所示的参数设置进行不等比缩放。图12-226所示为添加背景后的效果。

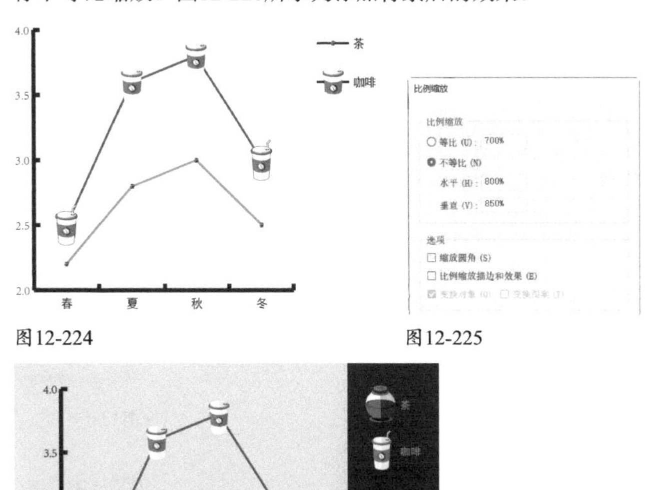

图12-224　　图12-225

图12-226

第13章 Web图形与动画

【本章简介】

本章介绍Illustrator中的Web图形和动画功能。在Web方面，Illustrator提供了制作切片、优化图像和输出图像的编辑工具，可以帮助我们设计和优化单个Web图形或整个页面布局，创建网页组件。在动画方面，它可以制作二维动画。

【学习目标】

本章我们将学会如下操作。

- 使用Web安全颜色
- 将对象与像素网格对齐
- 提取 CSS 代码
- 创建和编辑切片
- 创建图像映射
- 优化切片
- 制作变形动画

【学习重点】

Web基础

Web设计对图形的要求与其他设计不太一样。首先，它要求色彩准确，不能使用非Web安全颜色；其次，要解决矢量图形转变为像素时怎样对齐的问题。

13.1.1 使用Web安全颜色

颜色是网页设计的重要内容。然而，由于系统之间有差异，我们在自己显示器上看到的颜色不一定能在其他显示器（或其他设备）上以同样的效果显示。为了使颜色能够在所有显示器上看起来一模一样，在制作网页时，需要使用Web安全颜色。

创建 Web 图形时，可以通过两个预防措施来防止颜色出问题。调整颜色时，当“颜色”面板或“拾色器”对话框中出现非Web安全颜色警告图标时，单击它旁边的颜色块，用Web 安全颜色替换当前颜色，如图13-1和图13-2所示。另外，可以从“颜色”面板菜单中选取“Web 安全RGB”命令，或勾选“拾色器”对话框中的“仅限Web颜色”选项，如图13-3所示，这样就能始终在Web安全颜色模式下设置颜色了。

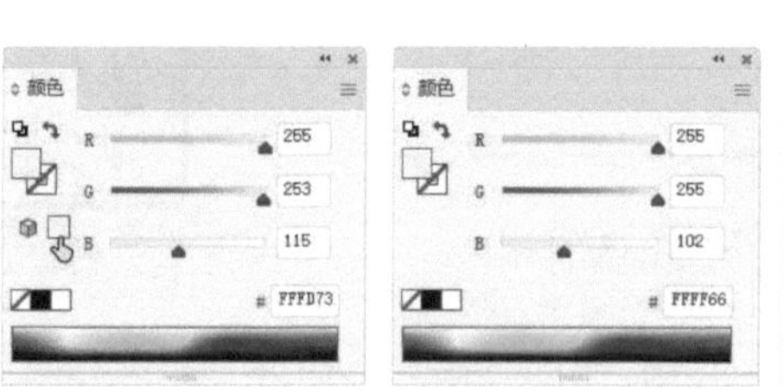

图13-1　图13-2

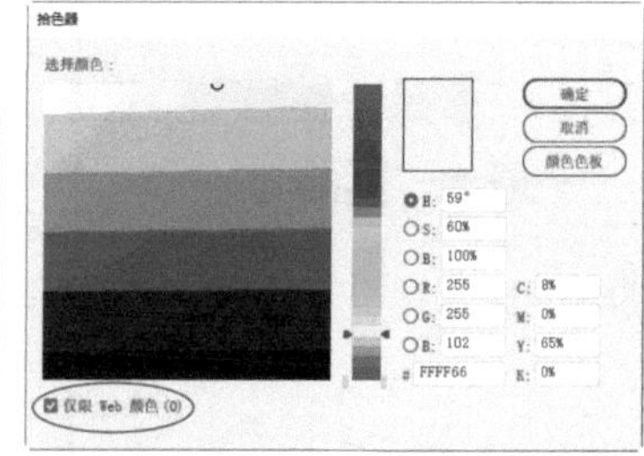

图13-3

13.1.2 像素预览

计算机屏幕上显示的Illustrator图稿是转换为像素后的结果。就是说，图稿是矢量对象，但计算机要将它转换为像素，才能显示出来。Web图形也是如此。

如果想预览图稿被栅格化后通过Web浏览器在屏幕上显示的效果，可以执行“视图>像素预览”命令，启用像素预览功能，如图13-4和图13-5所示。

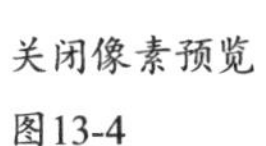

关闭像素预览

图13-4

开启像素预览

图13-5

13.1.3

实战：将对象与像素网格对齐

图稿、文字等能否对齐，对于版面是否规整至关重要。然而，为对象添加的描边、文字的基线（见220页）等都会干扰对齐功能，使对象看起来并没有真正对齐。Web设计要求就更高了，需要将对象与像素网格对齐才行。下面介绍操作方法。

扫 码 看 视 频

01 打开素材，使用选择工具▶将对象选取，如图13-6所示。执行“视图>像素预览”命令。在文档窗口左下角设置视图比例为600%以上（1800%），这样就能看到像素网格了，如图13-7所示。

图13-6

图13-7

02 单击“控制”面板中的将选中的图稿与像素网格对齐按钮，如图13-8所示。执行“对象>设为像素级优化”命令，即可将对象与像素对齐，如图13-9所示。

03 如果要创建新的对象，并想让它与像素对齐，应这样操作：单击“控制”面板中的创建和变换时将贴图对齐到像素网格按钮，如图13-10所示。执行“视图>对齐像素”命令，之后绘制图形，它就能与最近的像素对齐了，如图13-11所示。而且单击按钮后，进行移动、旋转、缩放等变换操作时，对象也会与像素对齐，如图13-12和图13-13所示。

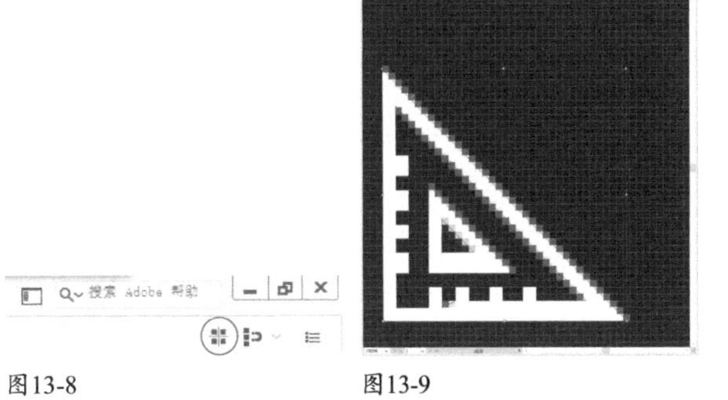

图13-8 图13-9

图13-10 图13-11

图13-12

图13-13

13.1.4

查看和提取CSS代码

CSS即串联样式表，是一种用来表现HTML或XML等文件样式的计算机语言。使用Illustrator创建HTML页面的版面时，也可以生成和导出基础CSS代码，以用来控制文本和对象的外观。其用途与字符样式（见225页）和图形样式相似。

打开“CSS属性”面板菜单，选取“导出选项”命令，如图13-14所示。打开“CSS导出选项”对话框，勾选“为未命名的对象生成CSS”选项，如图13-15所示。将对话框关闭。之后选取一个对象，如图13-16所示，便可在“CSS属性”面板中查看它的CSS代码，如图13-17所示。

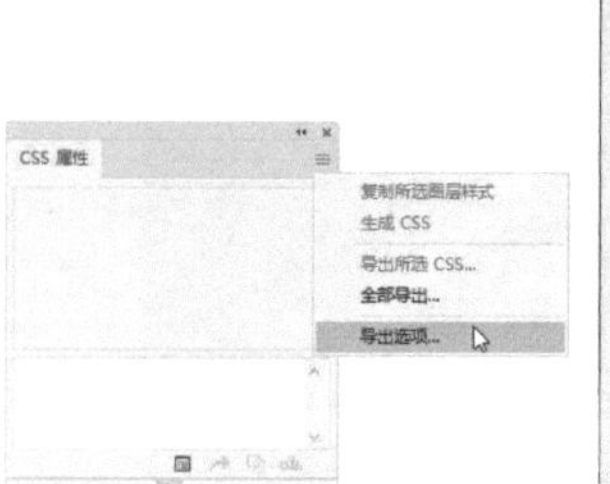

图13-14

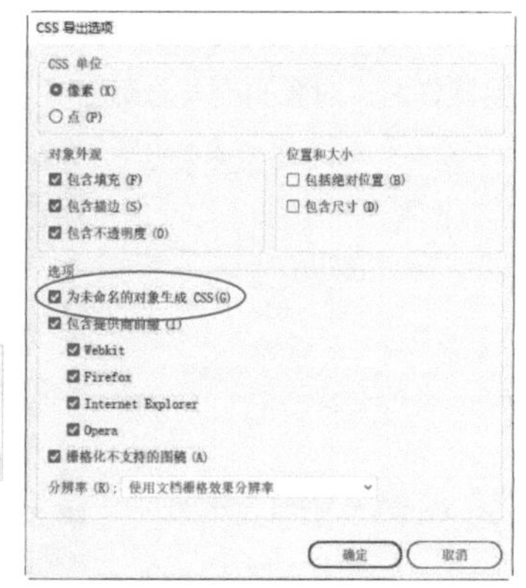

图13-15

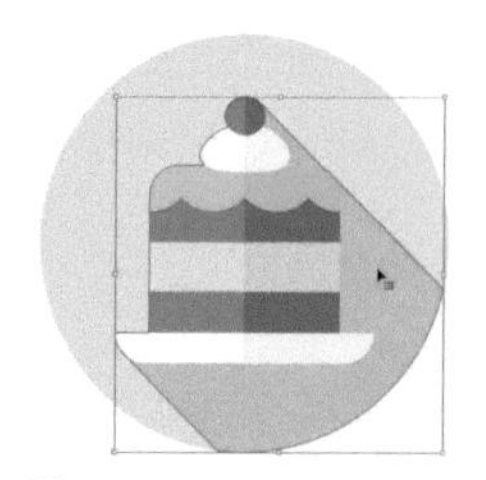

图13-16

图13-17

按住Shift键单击多个对象，将它们选取，之后单击"CSS属性"面板中的按钮，可生成所选对象的CSS代码。单击按钮，可以将CSS代码复制到剪贴板中。单击按钮，可以将CSS代码导出到文件中。

切片与图像映射

切片用来定义图稿中不同Web元素的边界，以便进行优化。图像映射能将图像的一个或多个区域（称为热区）链接到一个 URL上。

13.2.1 切片的用途和种类

网页可以包含许多元素，如HTML文本、位图图像和矢量图等，如图13-18所示。切片能定义图稿中不同Web元素的边界。例如，如果图稿中包含需要以JPEG格式优化的位图，而其他部分更适合作为GIF文件进行优化，就可以用切片将位图与其他部分隔离开，之后再分别对它们进行优化。通过优化，可以减小文件的大小，让下载更加容易。

切片分为子切片和自动切片两种，如图13-19所示。子切片是我们创建的，用于分割图像，带有编号并显示切片标记。创建子切片时，Illustrator 会将周围的图稿切为自动切片，以使用基于 Web 的表格来保持布局。

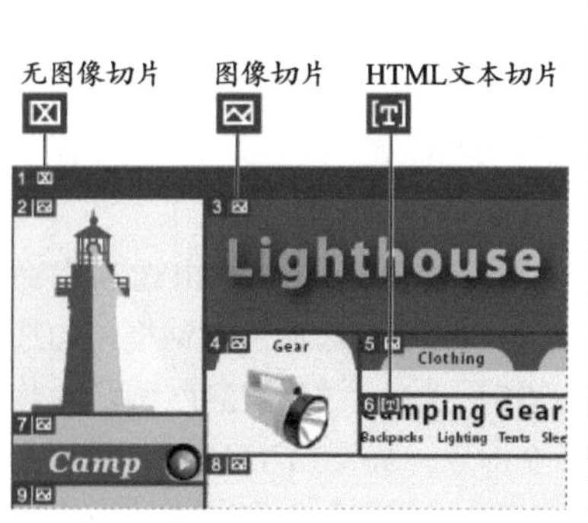

图13-18

图13-19

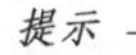

提示

执行"编辑>首选项>切片"命令，可以在打开的对话框中设置切片线条的颜色，以及是否显示切片的编号。

13.2.2 实战：创建与编辑切片

下面介绍切片的4种创建方法，以及如何移动和复制切片、调整切片大小。

扫码看视频

01 打开素材。选择切片工具，在图稿上拖曳出一个矩形框（按住空格键可进行移动），如图13-20所示；放开鼠标左键后，可以创建一个切片，如图13-21所示。按住Shift键操作，可以创建正方形切片；按住Alt键，则可以从中心向外创建切片。

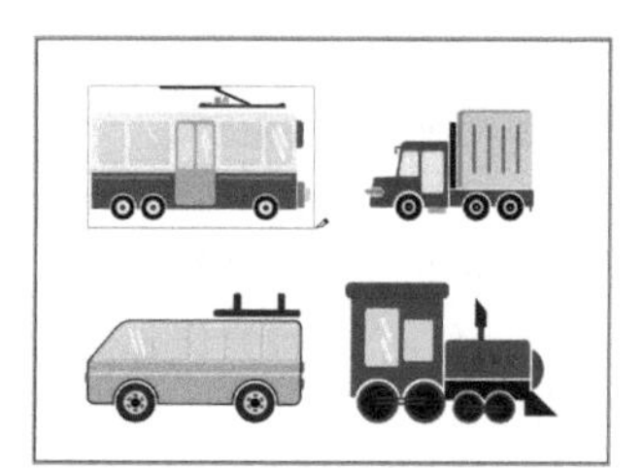

图13-20

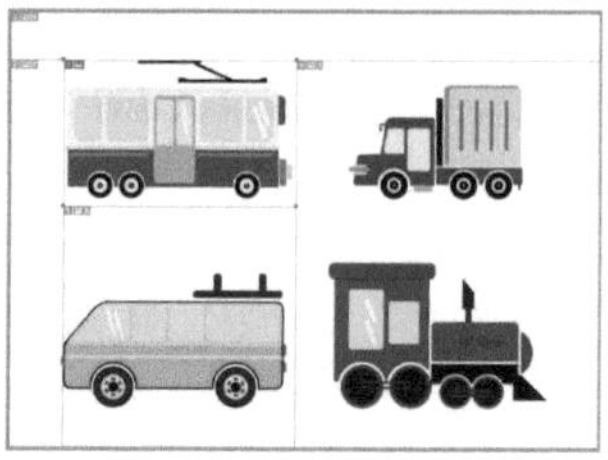

图13-21

02 选择选择工具，按住Shift键单击两个对象，如图13-22所示，执行"对象>切片>建立"命令，可以为每一个对象创建一个切片，如图13-23所示。这种方法特别适合让切片的尺寸与图稿的边界匹配。执行“对象>切片>从所选对象创建”命令，则可将它们创建为一个切片。

图13-22

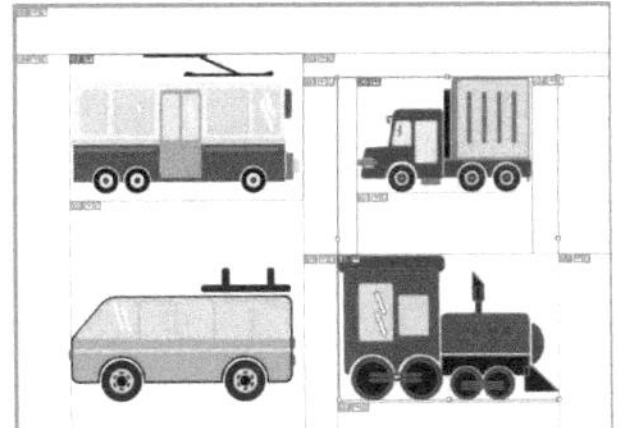
图13-23

03 执行“对象>切片>全部删除”命令，删除切片。按Ctrl+R快捷键显示标尺。从标尺上拖出参考线，如图13-24所示。执行“对象>切片>从参考线创建”命令，可以按照参考线的划分创建切片。按Ctrl+;快捷键隐藏参考线，如图13-25所示。

图13-24

图13-25

04 选择切片选择工具，单击一个切片，可将其选取。按住Shift键单击其他切片，能将它们一同选取。灰色的是自动切片，不能选择和编辑。拖曳切片可进行移动，此时Illustrator会重新生成子切片和自动切片，如图13-26所示。按住Shift键拖曳可以将移动限制在水平、垂直或45°的整数倍方向。按住Alt键拖曳鼠标，或执行“对象>切片>复制切片”命令，可以复制切片。如果要调整切片大小，可以拖曳它的定界框，如图13-27所示。

图13-26

图13-27

05 如果要将所有切片的边界调整到画板边界处，可以执行“对象>切片>剪切到画板”命令。超出画板边界的切片会被截断，画板内部的自动切片会扩展到画板边界处，而图稿保持原样不变。

> 提示
>
> 使用“文件>存储选中的切片”命令，可以单独保存图稿中选中的切片。

13.2.3 设置切片选项

使用切片选择工具选择一个切片，如图13-28所示，执行“对象>切片>切片选项”命令，打开“切片选项”对话框。切片的选项决定了切片内容如何在生成的网页中显示，以及如何发挥作用。

图像

如果希望所选切片区域在网页中作为图像文件，可以在“切片类型”下拉列表中选择“图像”选项，如图13-29所示。

图13-28

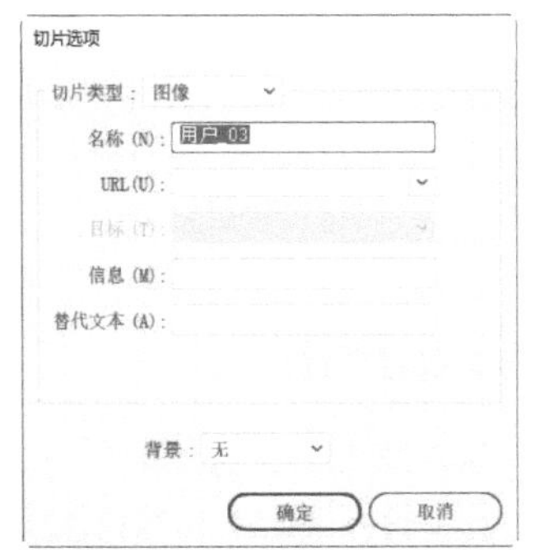

图13-29

如果希望图像是HTML链接，可以输入URL和目标框架。此后在浏览器中单击该切片位置的图像时，可以链接到URL选项中的网站上。

此外，还可以指定当鼠标指针位于图像上方时，浏览器的状态区域中所显示的信息、未显示图像时所显示的替代文本，以及表单元格的背景颜色。

无图像

如果希望切片区域在生成的网页中包含HTML文本和背景颜色，可以在“切片类型”下拉列表中选择“无图像”，如图13-30所示。

图13-30

“显示在单元格中的文本”用来输入所需的文本。但要注意，文本不要超过切片区域可以显示的长度。如果输入了太多的文本，将扩展到邻近的切片中并影响网页布局。然而，因为我们无法在画板上看到文本，所以只有用Web浏览器查看网页时，文本才会变得一目了然。设置“水平”和“垂直”选项，可以修改表格单元格中文本的对齐方式。

HTML文本

当选取文本对象，并使用“对象>切片>建立”命令创建切片后，便可在“切片类型”下拉列表中选择“HTML文本”选项，如图13-31所示。这样可以通过生成的网页中基本的格式属性，将Illustrator文本转换为HTML文本。如果要编辑文本，可更新图稿中的文本。

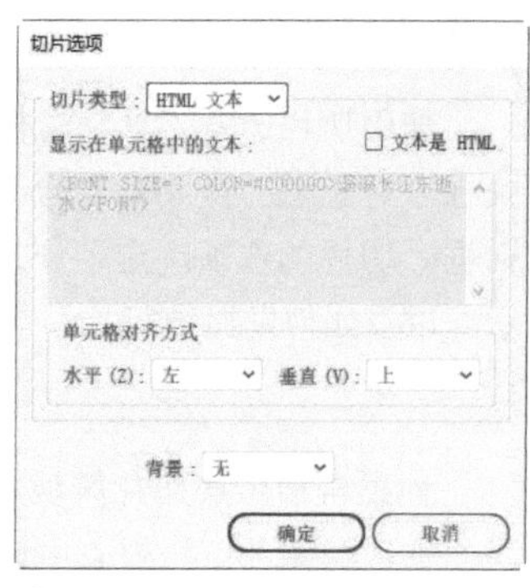

图13-31

设置“水平”和“垂直”选项，可以修改表格单元格中文本的对齐方式。在“背景”选项中可以选择表格单元格的背景颜色。

13.2.4 划分/组合切片

如果要将一个切片划分为多个切片，可以使用切片选择工具将其选取，如图13-32所示，执行“对象>切片>划分切片”命令，打开“划分切片”对话框进行设置，如图13-33所示。

图13-32

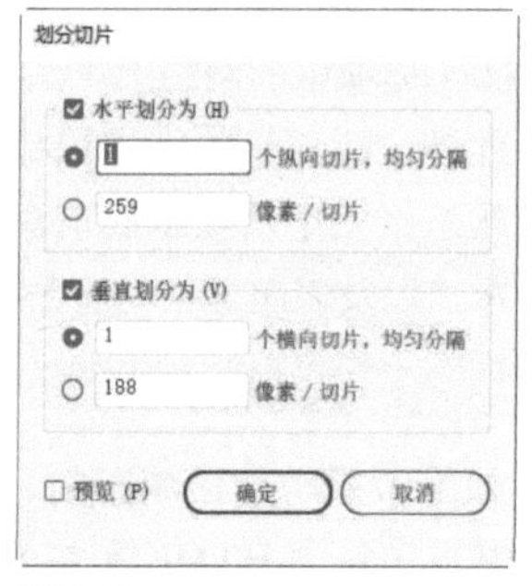

图13-33

以水平划分为例。如果希望水平划分为4个切片，可以在“水平划分为”选项组中选取“个纵向切片，均匀分隔”单选钮，并输入“4”，效果如图13-34所示。如果想按照一定的间隔划分切片，可以选取“像素/切片”单选钮，并在它前方的文本框中输入间距值，这样Illustrator就会自动划分切片。图13-35所示是设置间距为10像素的划分结果。垂直划分也是同理。

如果要将多个切片组合为一个切片，可以选择切片选择工具，按住Shift键单击它们，然后执行“对象>切片>组合切片”命令。需要注意的是，如果被组合的切片并不相邻，或者具有不同的比例和对齐方式，则新切片可能与其他切片重叠。

图13-34

图13-35

13.2.5 显示/隐藏/锁定切片

执行“视图>隐藏切片”命令，可以隐藏画板中的切片。如果要重新显示切片，可以执行“视图>显示切片”命令。如果想避免由于操作不当而调整切片大小或移动切片，可以在切片图层的眼睛图标缩览图右侧单击，将图层锁定，如图13-36所示。如果要锁定所有切片，可以执行“视图>锁定切片”命令。再次执行该命令，则解除锁定。

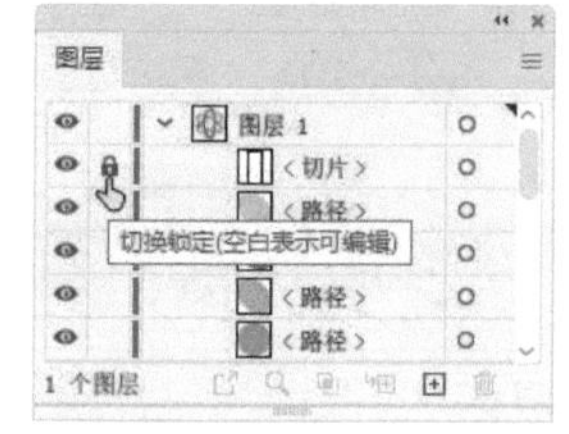

图13-36

13.2.6 释放/删除切片

使用切片选择工具单击切片，执行“对象>切片>释放”命令，可以释放该切片。选取切片后，按Delete键，则可将其删除。如果要删除当前文档中所有的切片，可以执行“对象>切片>全部删除”命令。

13.2.7 创建图像映射

图像映射可以将图像的一个或多个区域（称为热区）链接到一个URL地址上，当用户单击热区时，Web浏览器就会载入所链接的文件。

创建图像映射时，首先使用选择工具选择要链接到URL的对象，如图13-37所示；打开“特性”面板，单击面板顶部的，显示全部选项；在“图像映射”下拉列表中选择图像映射的形状，如图13-38所示；在URL文本框中输入一个相关或完整的URL链接地址；设置好之后，便可单击面板中的浏览器按钮启动计算机中的浏览器，链接到URL位置进行验证。如果要将图稿导出，并在 Web 浏览器中查看，可以使用“SVG交互”面板将交互内容添加到图稿中。

图13-37

图13-38

技术看板 切片链接与图像映射的区别

使用切片也可以创建链接（见311页），它与图像映射的主要区别在于将图稿导出为网页的方式。使用图像映射时，图稿作为单个图像文件保持原样；而使用切片时，图稿被划分为多个单独的文件。此外，图像映射可以链接多边形（该多边形近似于图像的形状）和矩形区域，切片只能链接矩形区域。例如，如果为一个三角形对象创建链接，使用切片创建链接时，鼠标指针在对象的映射区域内都会显示为状（此时浏览器下面会显示出链接的URL地址，单击可链接到该URL），而使用图像映射时，只有将鼠标指针移至图像的区域内才能显示链接，移出图像区域，就不会显示链接。

优化与输出

我们在网上浏览图像时，文件越小，加载速度越快。使用“存储为Web和设备所用格式（旧版）”命令，可以对切片进行优化，生成更小的文件。

在Illustrator中制作好切片后，需要进行优化时，可以执行“文件>导出>存储为Web所用格式（旧版）”命令，打开“存储为Web所用格式”对话框。为了便于观察效果，可单击“双联”选项卡，让优化前和优化后的图稿并排显示。使用切片选择工具单击切片，将其选取，在右侧的文件格式下拉列表中选取一种文件格式并设置优化选项，即可进行优化处理，如图13-39所示。

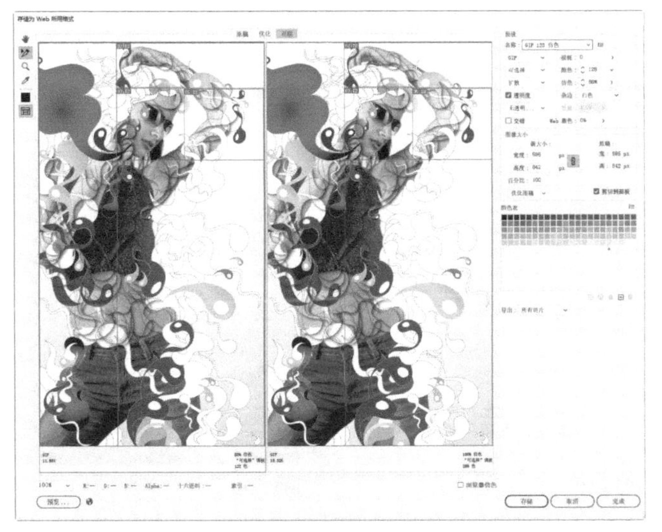

图13-39

不同类型的Web图形要使用不同的文件格式，才能以最佳的方式显示，并创建为适合在Web上发布和浏览的文件大小。GIF是用于压缩具有单调颜色和清晰细节的图像（如艺术线条、徽标或带文字的插图）的标准格式，是一种无损的压缩格式。JPEG是用于压缩连续色调图像（如照片）的标准格式，它采用的是有损压缩。PNG-8 格式与 GIF 格式类似，也可以有效地压缩纯色区域，同时保留清晰的细节。PNG-24 适合用于压缩连续色调图像，可以在图像中保留多达 256 个透明度级别。

将图稿优化为GIF和PNG-8格式时，可以在“颜色表”中对颜色数量进行优化设置。例如，单击一种颜色，之后单击按钮，可将其删除（适当减少颜色数量可以减小图稿占用的存储空间，同时保持图像的品质）；双击一种颜色，可以打开“拾色器”对它进行修改；单击按钮，可以将所选颜色映射为透明的。

如果要调整图稿尺寸，可以在“图像大小”选项组中进行设置。勾选“剪切到画板”选项，可以剪切图稿以匹配文档的画板边界，就是说，位于画板边界外部的图稿将被删除。

图稿下方的注释区域会显示原稿的文件名和文件大小，以及采用当前设置进行优化后图稿的格式、大小和颜色数量。所有选项都设置好之后，单击“预览”按钮，可以使用默认的浏览器预览优化的效果，同时，还可以在浏览器中查看图像的文件类型、像素尺寸、文件大小、压缩规格和其他 HTML 信息。如果对效果满意，可单击“存储”按钮将文件导出，或单击“完成”按钮关闭对话框。

制作动画

Illustrator强大的绘图功能为制作动画提供了非常便利的条件，画笔、符号和混合等可以简化动画的制作流程并提供丰富的动画效果。

13.4.1 将重复使用的对象创建为符号

如果在一个动画中需要大量地使用某个图形，最好将它创建为符号。这样的话，图稿中的符号实例都与“符号”面板中的一个或几个符号建立链接，因此可以减小文件占用的存储空间。在导出后，每个符号仅在SWF文件中定义一次，因此，SWF文件也不会太大。

13.4.2 实战：制作变形动画

01 新建一个文档。使用矩形工具创建一个矩形，填充洋红色，如图13-40所示。使用椭圆工具创建一个椭圆形，设置描边为白色，宽度为1 pt，如图13-41所示。

扫码看视频

图13-40

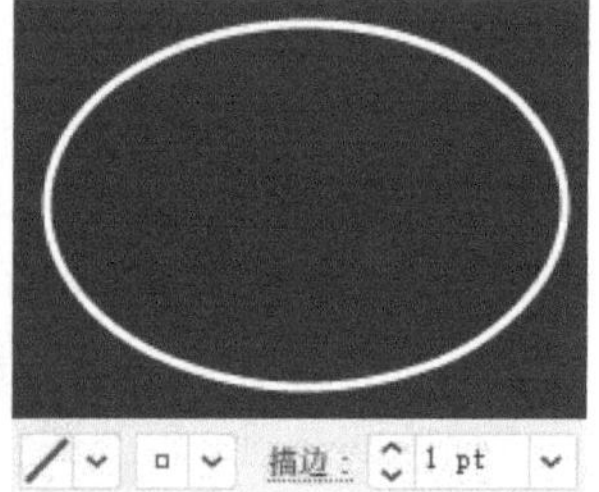

图13-41

02 选择锚点工具，单击圆形顶部的锚点，将其转换为角点，如图13-42所示。在下方锚点上也单击一下，如图13-43所示。

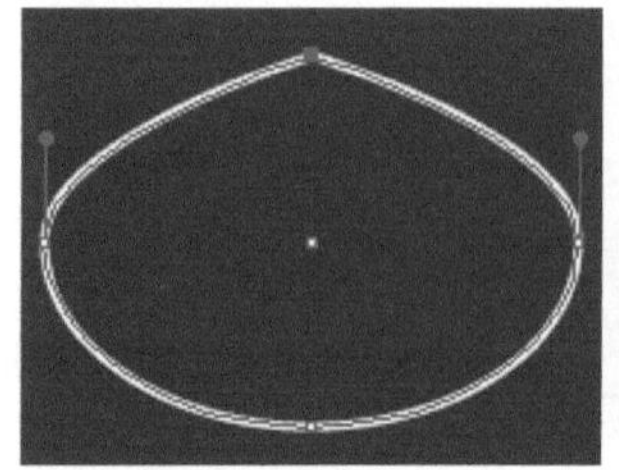
图13-42

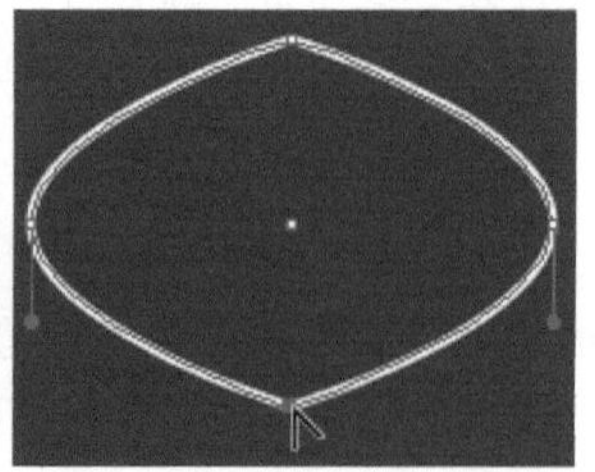
图13-43

03 选择旋转工具，将鼠标指针移动到图13-44所示的位置，按住Alt键单击，弹出“旋转”对话框，设置角度为60°，单击“复制”按钮，复制图形，如图13-45和图13-46所示。

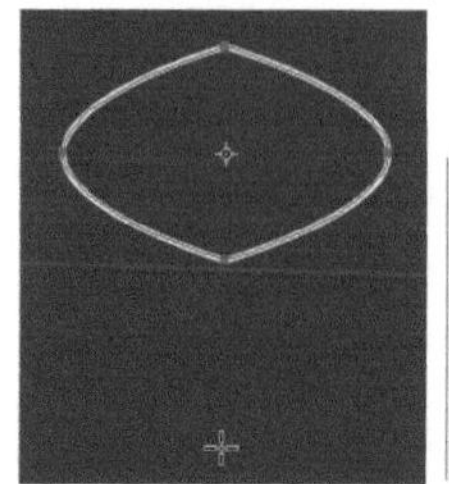
图13-44

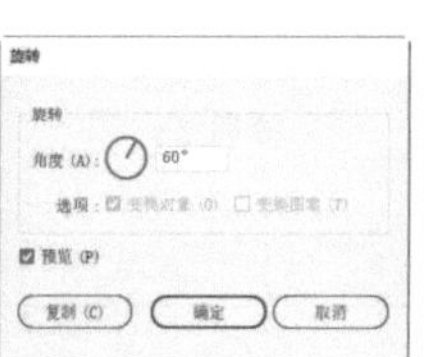

图13-45

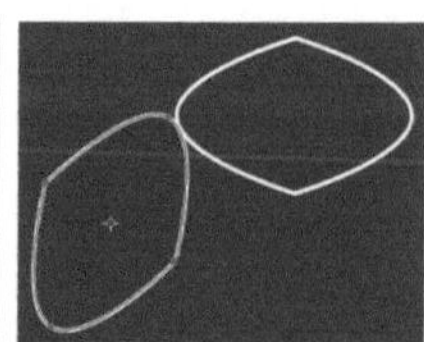
图13-46

04 按4下Ctrl+D快捷键，复制出一组图形，如图13-47所示。选择选择工具，按住Ctrl键单击这几个图形（不包括背景的矩形），将它们选取，按Ctrl+G快捷键编组。双击旋转工具，在弹出的对话框中设置角度为90°，单击“复制”按钮，复制图形，如图13-48和图13-49所示。

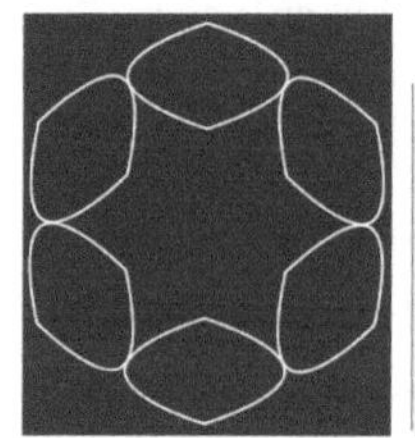
图13-47

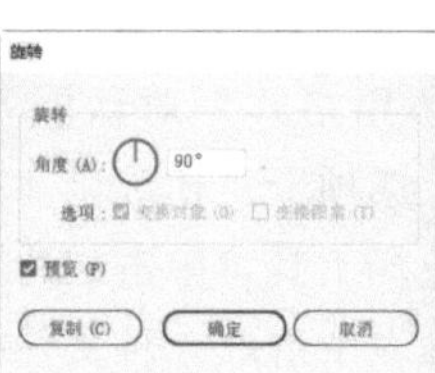

图13-48

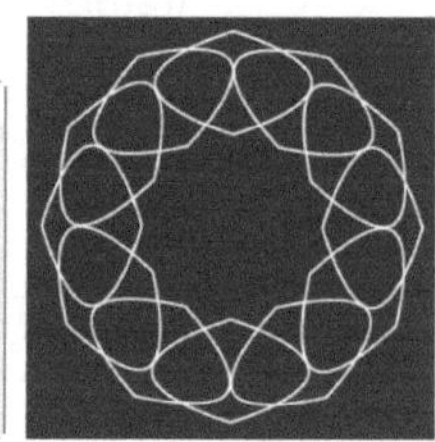
图13-49

05 选择这两组图形，按Ctrl+G快捷键编组。按Ctrl+C快捷键复制，按Ctrl+F快捷键粘贴到前面。执行“效果>扭曲和变换>收缩和膨胀”命令，创建扭曲效果，如图13-50和图13-51所示。

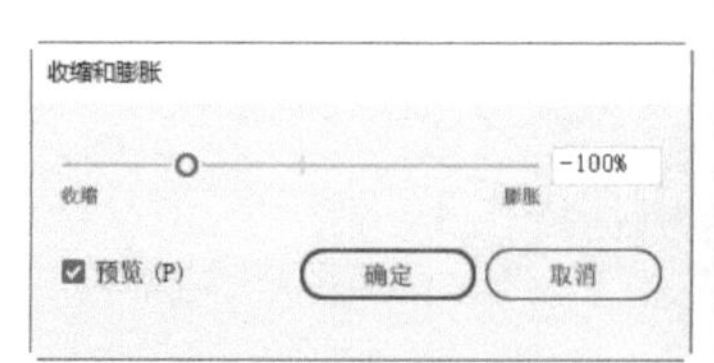

图13-50

图13-51

06 按Ctrl+C快捷键复制这组被添加了效果的图形，按Ctrl+F快捷键粘贴到前面。双击“外观”面板中的“收缩和膨胀”效果，如图13-52所示，弹出对话框后修改参数，如图13-53和图13-54所示。

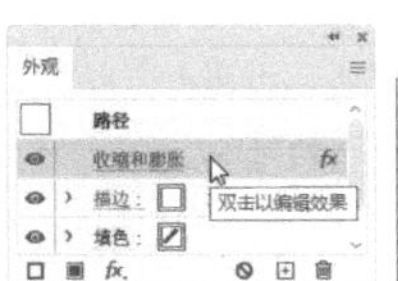

图13-52

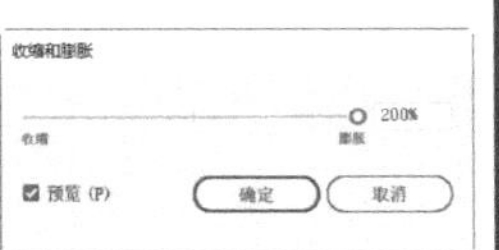

图13-53

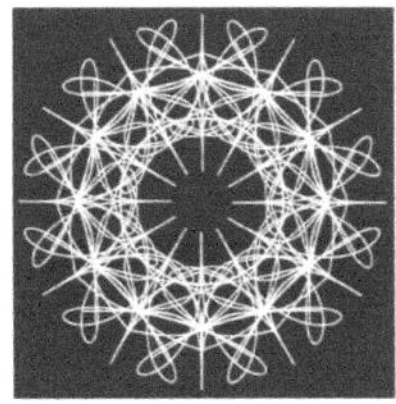

图13-54

07 采用相同的方法再复制出3组图形，每复制出一组，便修改它的“收缩和膨胀”效果参数，如图13-55~图13-60所示。对于最后两组图形，可按住Shift键拖曳定界框上的控制点，将图形适当缩小。

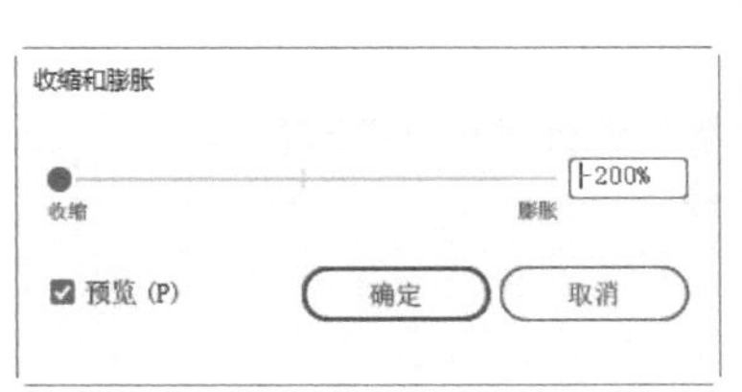

图13-55

图13-56

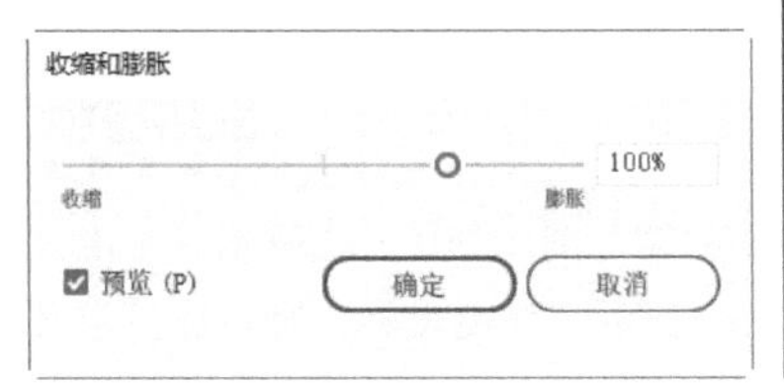

图13-57

图13-58

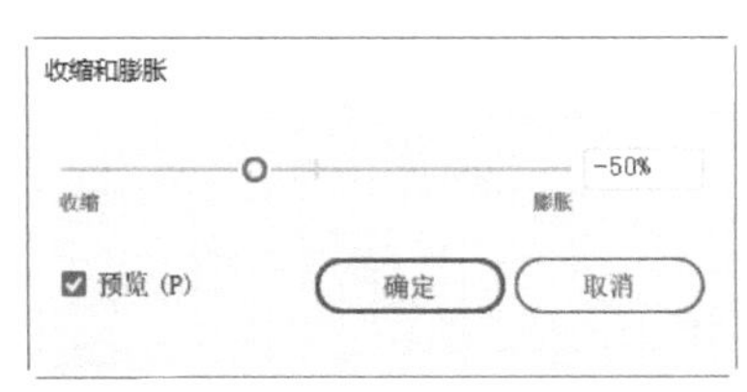

图13-59

图13-60

08 在图层名称上单击一下，之后打开“图层”面板菜单，选择“释放到图层（顺序）”命令，将每个动画元素都释放到一个单独的图层上，如图13-61和图13-62所示。

图13-61

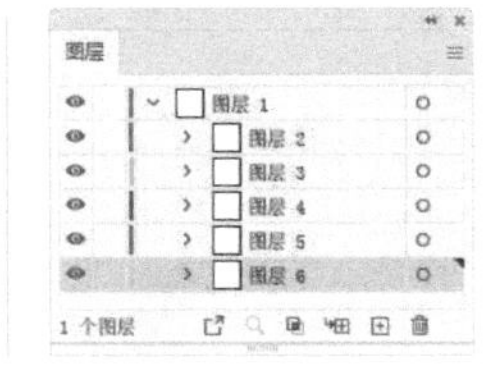

图13-62

> **提示**
>
> 如果执行“释放到图层（累积）”命令，则释放到图层中的对象是递减的，此时底部的对象将出现在每个新建的图层中，顶部的对象仅出现在顶层的图层中。

09 执行“文件>导出>导出为”命令，打开“导出”对话框。在“保存类型”下拉列表中选取Flash（*.SWF）选项，如图13-63所示；单击“导出”按钮，弹出“SWF选项”对话框，在“导出为”下拉列表中选择“AI图层到SWF帧”，如图13-64所示；单击 “高级”选项卡，显示高级选项，设置帧速率为8帧/秒，勾选“循环”选项，使导出的动画能够循环不停地播放；勾选“导出静态图层”选项，并选择“图层1”，使其作为背景出现，如图13-65所示；单击“确定”按钮导出文件。按照导出的路径，找到该文件，双击它即可播放该动画，可以看到画面中的线条循环变化，非常有趣。

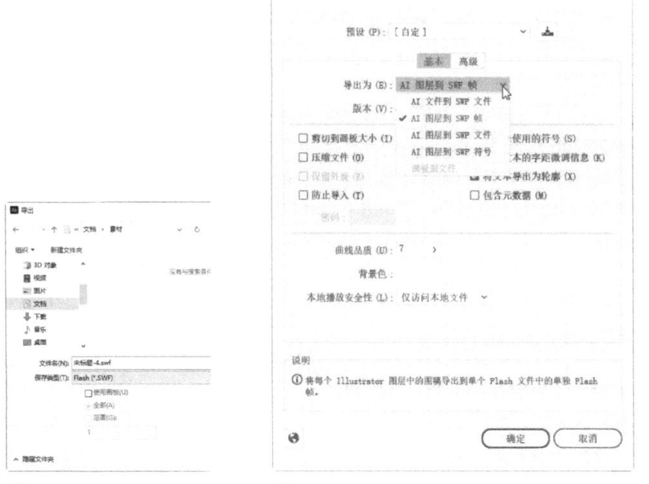

图13-63　图13-64

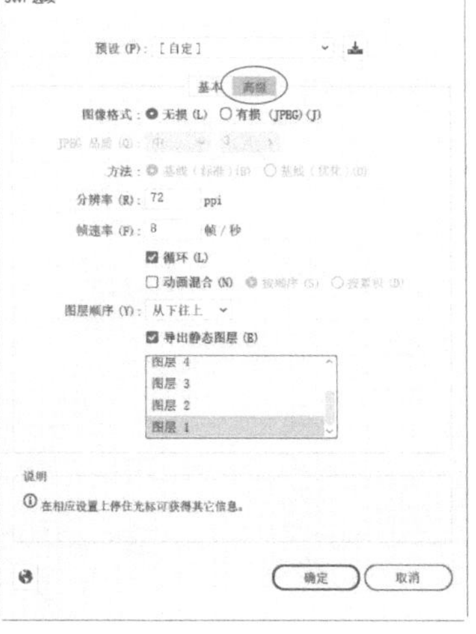

图13-65

> **提示**
>
> 使用“编辑>SWF预设”命令，可以自定义导出选项。例如，可以设置将选定画板边框内的Illustrator画稿导出到SWF文件、在导出之前将图稿拼合为单一图层、压缩SWF数据，以及将文字转换为矢量路径等选项。

第14章 Illustrator与其他软件协作

【本章简介】

在设计工作中，没有哪个软件能包打天下。即使是大名鼎鼎的Photoshop，也只是在图像处理、照片编辑方面有独到之处。论绘图它不如Illustrator，论视频编辑它不如Premiere和After Effects，3D功能在3ds Max、C4D这些专业的3D软件面前更是不值一提。由此可见，术业有专攻这句话不只对人，对软件同样适用。只有充分发挥软件的各个优势，联合协作，才是制胜之道。

本章介绍Illustrator与Photoshop、AutoCAD、InDesign的协作方法，以及怎样与Creative Cloud系列软件中的其他程序，如Premiere、After Effects、Creative Cloud Assets等共享资源。

【学习目标】

本章我们将学会如下知识和操作。

- 在Illustrator文档中置入文件
- 链接与嵌入的区别
- 在Illustrator文档中导入Photoshop文件、PDF文件和AutoCAD文件
- 导出文字
- 打包文件
- 导出PNG和SVG资源
- 使用“库”面板
- 在Adobe Stock上查找资源
- 与InDesign共享文本资源

【学习重点】

14.1 置入文件

Illustrator 2021

使用“文件”菜单中的“置入”命令可以将外部文件（AI、JPG、GIF、PSD等格式）置入Illustrator文件中。置入后，还可使用“链接”面板对文件进行管理。

14.1.1 实战：置入位图和矢量图

扫码看视频

01 按Ctrl+N快捷键，新建一个文档。执行“文件>置入”命令，打开“置入”对话框。取消勾选“链接”选项。按住Ctrl键分别单击要置入的矢量文件和图像，将它们选取，如图14-1所示。单击“置入”按钮关闭对话框。

02 在画板上，鼠标指针旁边会显示图稿的缩览图，如图14-2所示。单击一下，会以原始尺寸置入图稿，如图14-3所示。拖曳鼠标，则可以自定义图稿大小，如图14-4所示。同时置入多个文件时，还可以按→、←、↑和↓键切换图稿；按Esc键，则放弃当前图稿。观察“图层”面板，如图14-5所示，可以看到，置入的矢量图形（风筝）是可以编辑的。

图14-1

1/2

图14-2

图14-3

图14-4

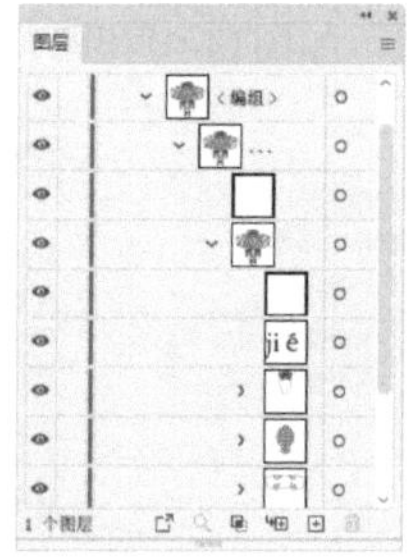

图14-5

提示

在“置入”对话框中，勾选“模板”选项，置入的文件会转换为模板文件。如果当前文档中已经包含了一个置入的对象，并处于被选择状态，则可勾选“替换”选项，用新置入的对象替换文档中被选取的对象。

·AI技术/设计讲堂·

链接与嵌入，哪种方式好

将文件置入Illustrator中时，对于它的最终“归宿”，可以有两种选择——链接和嵌入。这两种方法各有利弊。下面介绍它们的具体差别，以使我们在以后的操作中能根据需要做出正确决策。

链接

在“置入”对话框中，勾选“链接”选项，就表示只创建文件的链接副本，即置入的图稿与Illustrator文件各自独立，因而不会显著地增大Illustrator文件的存储空间。对链接的图稿进行复制时，由于每个副本都与原始图稿链接，就是说都指向原始图稿一个“真身”，其他的都是它的“镜像”，所以复制得再多，占用的存储空间也不会太大。更重要的是，可以通过编辑原始图稿，一次性地更新所以有与之链接的图稿，如图14-6所示，就像编辑符号一样，非常方便。在编辑操作方面，可以使用变换工具和“效果”菜单中的命令来修改图稿，但不能选择和编辑其中的单个组件。这意味着即便置入的是AI格式的矢量文件，也无法编辑它的路径，只能像编辑图像一样对图稿进行整体的处理。

将小女孩素材（AI格式）置入帽子文档中

两个文件各自独立，女孩素材是一个整体，无法编辑其中的组件

修改原始文件（女孩）的颜色，链接的女孩自动更新颜色

图14-6

在导出文件或进行打印时，会对原始图稿进行检索，并按照其原始分辨率创建最终的输出效果。这是什么意思呢？就是说，如果原始图稿是矢量文件，打印效果就会非常好；如果是图像且分辨率较低，则打印出的图像很可能不够清晰。

嵌入

如果嵌入图稿，则图稿数据将存储在Illustrator文件中，因而文件的“体量”会变得很大，但可编辑性更好。例如，嵌入AI格式文件时，Illustrator会将其转换为路径，因此，图形的所有组成部分都可以用Illustrator的工具和命令来进行修改，如图14-7所示；如果嵌入的是PSD格式文件，Illustrator会保留其中的图层和组。

帽子和衣服图形可编辑（矢量文件打印效果更好）

图14-7

14.1.2 将链接的文件嵌入文档中（“链接”面板）

如果想将链接的文件嵌入文档中，可以在“链接”面板中选择该文件，之后从面板菜单中选择“嵌入图像”命令即可。

如果要确定图稿是链接的还是嵌入的，或想要将图稿从一种状态更改为另一种状态，也可以使用“链接”面板来操作。在该面板中，所有置入的文件都显示其缩览图、文件名称和链接状态，嵌入的图稿的缩览图右侧有▣状图标，链接的图稿没有图标。但是，如果图稿的源文件有变动，则会显示一些提醒类的图标，如图14-8所示。

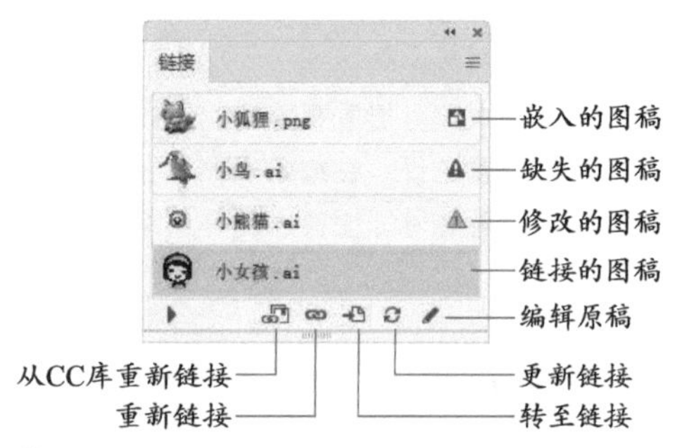

图14-8

单击一个文件，单击▸按钮展开面板，可以看到文件的详细信息，如图14-9所示。如果想知道图稿在哪里，可以在“链接”面板中单击它，之后单击按钮，该图稿会出现在画板的中央，并处于被选取状态。

单击一个链接的图稿，之后单击✎按钮（或执行“编辑>编辑原稿”命令），则可以运行制作源文件的软件，并载入它，此时可以对源文件进行修改。完成修改并保存后，链接到Illustrator中的图稿会自动更新。

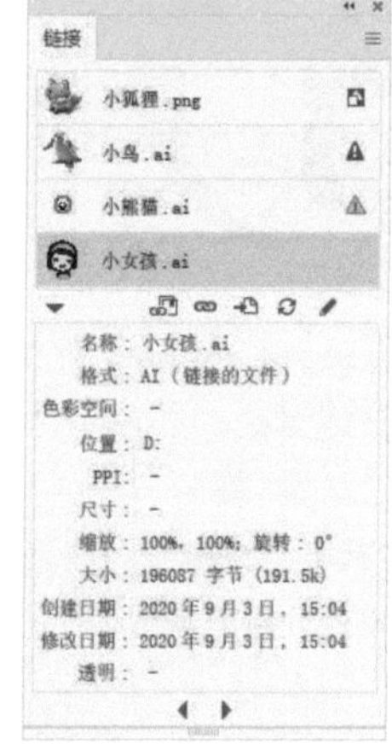

图14-9

如果链接的文件是从Adobe Stock上下载的，会在“库”面板中保存它。单击按钮，可以打开“库”面板重新建立链接。

14.1.3 取消嵌入

嵌入Illustrator中的文件虽然可编辑性更好，但也丧失了源文件被修改后自动更新的能力。但这种情况也不是不可逆的。在“链接”面板中单击嵌入的文件，打开面板菜单，选择“取消嵌入”命令，如图14-10所示；弹出“取消嵌入”对话框，为文件指定存储位置，并设置文件名称，使用默认的PSD格式（可保存分层文件和透明背景），如图14-11所示；然后单击“保存”按钮，这样图稿就被保存到指定的文件夹中，如图14-12所示，并与Illustrator文件中的图稿建立链接。

图14-10

图14-11

图14-12

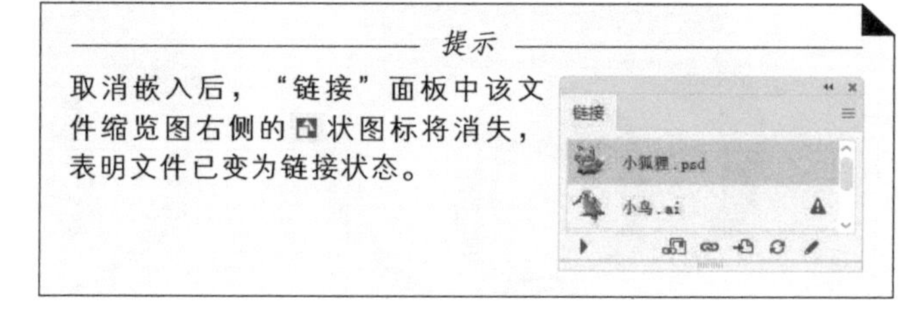

提示

取消嵌入后，“链接”面板中该文件缩览图右侧的▣状图标将消失，表明文件已变为链接状态。

14.1.4 重新链接/替换链接

置入图稿以后，如果它的源文件名称被修改、存储位置发生了改变，或者被删除了，那么在“链接”面板中，该图稿缩览图右侧会出现▲状图标。这种情况下，需要重新链接图稿，才能确保文件被正确使用。

单击按钮，在打开的对话框中找到它的源文件，单击“置入”按钮，重新建立链接。也可以使用其他文件对当前图稿进行替换。

14.1.5 更新链接

如果图稿的源文件只是被编辑过，并没有涉及前一小节所提到的情况，如被修改了名称、改变了存储位置等，那么在“链接”面板中，它缩览图的右侧会出现▲状图标。只要单击按钮，便可将其更新到最新状态。

导入文件

Illustrator能够识别所有通用的图形文件格式，因此，我们可以将其他软件创建的矢量图和位图导入Illustrator文档中使用。

14.2.1 导入文字

执行“文件>打开”命令，在“打开”对话框中选择要打开的文本文件，单击“打开”按钮，可以创建一个文档并导入文字。

如果想将其他程序创建的文本导入当前正在编辑的文档中，可以在相应的程序中打开文本文件，拷贝文字；之后切换到Illustrator中，选择文字工具T，在画板上单击，按Ctrl+V快捷键粘贴文字即可。如果想对导入的文字进行额外的设置，则可用“文件>置入”命令操作。例如，置入纯文本（.txt）文件时，可以指定用以创建文件的字符集和平台、确定 Illustrator 在文件中如何处理额外的回车符等。

14.2.2 实战：导入Photoshop 文件

要点

Photoshop与Illustrator是互补型软件。用Photoshop做图像处理，用Illustrator绘图，是从事设计工作的人员必备的技能。在Illustrator中使用“打开”“置入”和“粘贴”命令，以及通过拖曳的方法，都能将PSD文件从Photoshop中导入Illustrator中使用。

扫码看视频

PSD是Photoshop特有的文件格式，其重要程度与Illustrator中的AI格式类似。它可以存储Photoshop文档中的图层、图层复合、文本和路径。Illustrator支持大部分Photoshop数据，因此，在这两个软件之间交换文件时，不仅能保留这些功能，而且还可以在Illustrator中进行编辑和修改。

01 按Ctrl+O快捷键，选取PSD格式素材，如图14-13所示；弹出“Photoshop导入选项”对话框，选取“将图层转换为对象”选项，如图14-14所示。

02 单击“确定”按钮，将PSD文件打开，如图14-15所示。观察“图层”面板，如图14-16所示，可以看到，Photoshop中的图层出现在Illustrator中。使用文字工具T选取文字，进行修改，如图14-17和图14-18所示。

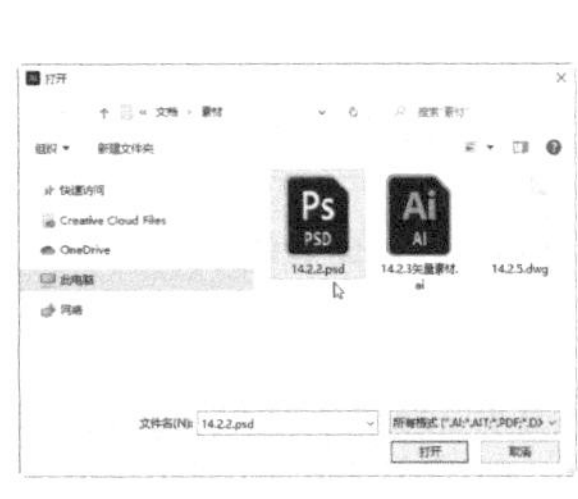

图14-13

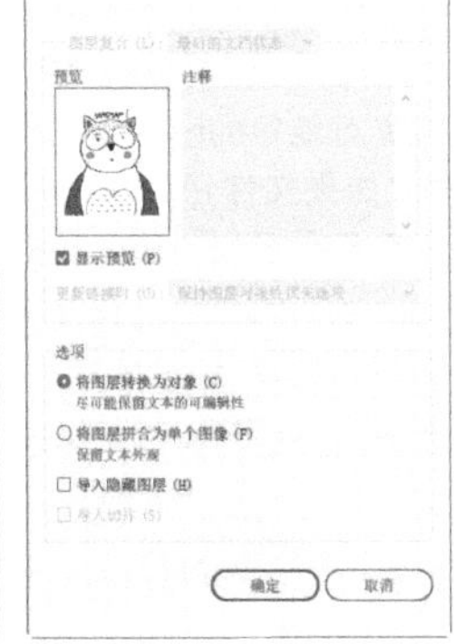

图14-14

图14-15

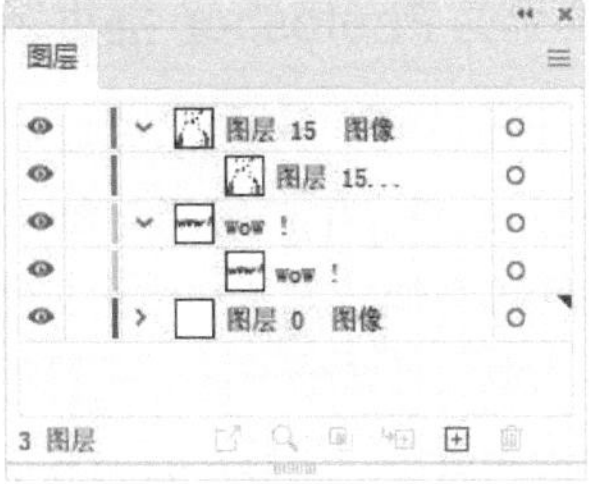

图14-16

图14-17

图14-18

技术看板 裁剪图像

如果导入的图像画面有多余的内容，可以用“对象>裁剪图像”命令进行裁剪。需要注意，链接的图像在被裁剪后会嵌入文档中。

“Photoshop导入选项”对话框选项

● 图层复合/显示预览/注释： 如果 Photoshop 文件包含图层复

合，则可以指定要导入的图像版本。勾选"显示预览"选项，可以显示所选图层复合的预览效果。"注释"文本框中显示了来自 Photoshop 文件的注释。

- 更新链接时：更新包含图层复合的链接 Photoshop 文件时，可以指定如何处理图层的可视性。在该选项的下拉列表中，选择"保持图层可视性优先选项"选项，表示最初置入文件时，可根据图层复合中的图层可视性状态更新链接图像；选择"使用 Photoshop 的图层可视性"选项，表示根据 Photoshop 文件中图层可视性的当前状态更新链接的图像。
- 将图层转换为对象尽可能保留文本的可编辑性：选择该选项，能够保留尽可能多的图层结构和文本的可编辑性，而不破坏外观。但是，如果文件包含 Illustrator 不支持的功能，Illustrator 会通过合并和栅格化图层来保留图稿的外观。
- 将图层拼合为单个图像保留文本外观：选择该选项，可以将文件作为单个位图图像导入。转换的文件不保留各个对象。不透明度将作为主图像的一部分保留，但不能编辑。
- 导入隐藏图层：导入 Photoshop 文件中的所有图层，也包括隐藏的图层。当链接 Photoshop 文件时，该选项不可用。
- 导入切片：保留 Photoshop 文件中包含的切片。

14.2.3 实战：为 Photoshop 提供智能对象

要点

Photoshop中的智能对象与Illustrator中链接的图稿类似，就是都与源文件建立链接，因此，当源文件被修改时，链接的图稿和智能对象会同步更新。当然，智能对象有其特殊的功能，例如可记录缩放和旋转数据，可用于智能滤镜等。

扫码看视频

01 运行Photoshop。按Ctrl+O快捷键，打开素材，如图14-19所示。执行"文件>置入链接的智能对象"命令，选择矢量素材，如图14-20所示，单击"置入"按钮，弹出"打开为智能对象"对话框，如图14-21所示，单击"确定"按钮，将图稿置入Photoshop文档中并按Enter键确认。按

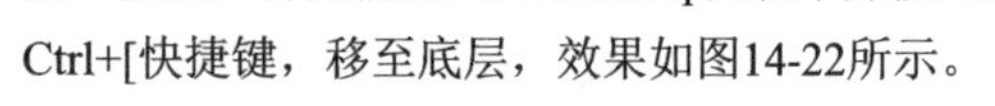

Ctrl+[快捷键，移至底层，效果如图14-22所示。

图14-19

图14-20

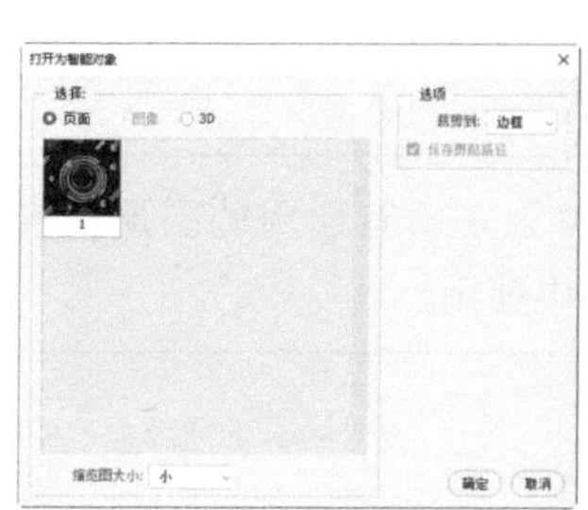

图14-21

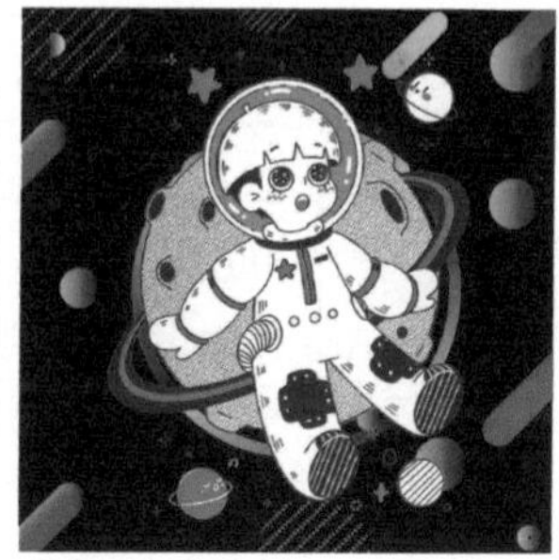

图14-22

02 运行Illustrator。按Ctrl+O快捷键，打开这一矢量素材。选择选择工具，单击蓝色背景图形，将其选取，如图14-23所示。执行"窗口>色板库>渐变>天空"命令，打开"天空"面板。单击图14-24所示的渐变，用它填充对象，如图14-25所示。单击"渐变"面板中的按钮，将渐变类型调整为任意形状渐变，如图14-26和图14-27所示。

图14-23

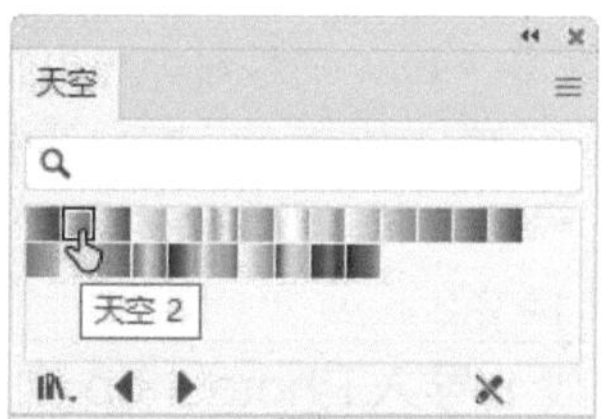

图14-24

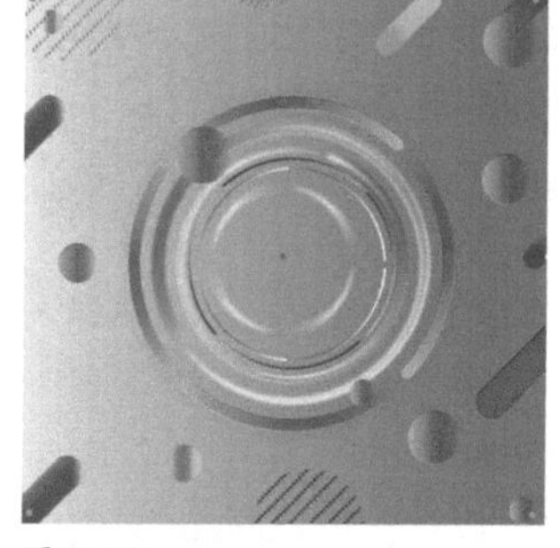

图14-25

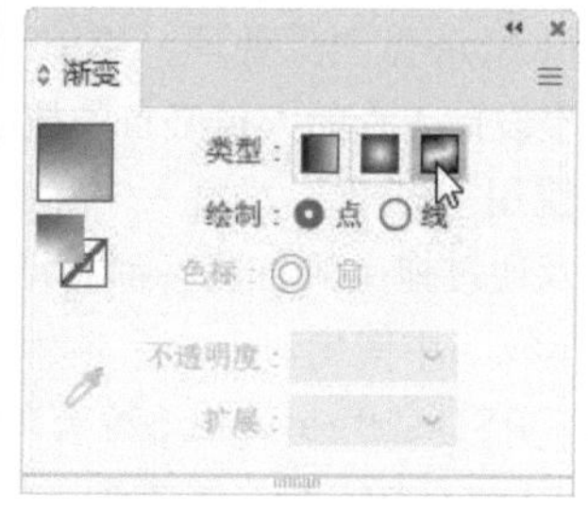

图14-26

图14-27

03 按Ctrl+S快捷键，将修改结果保存。切换到Photoshop，如图14-28所示。可以看到，置入的矢量图形已经自动

更新了。

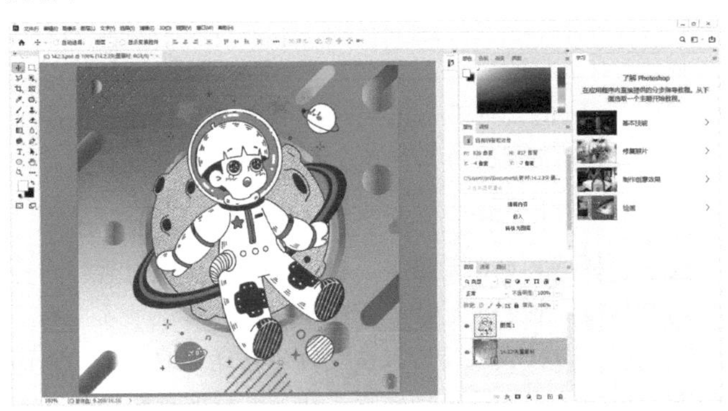

图14-28

14.2.4

实战：导入PDF文件

扫 码 看 视 频

PDF是电子文档的通用格式，可以包含矢量数据和位图图像。使用“打开”“置入”和“粘贴”命令，以及通过拖曳等方法都可以将PDF文件导入Illustrator文档中。

01 执行“文件>置入”命令，打开“置入”对话框，选择PDF素材，取消勾选“链接”选项，如图14-29所示。如果勾选“链接”选项，则PDF中的图稿将变为图像，嵌入当前文档中。单击“置入”按钮，弹出“置入PDF”对话框，单击“确定”按钮关闭该对话框。

02 在画板中拖曳鼠标，将图形嵌入文档中，如图14-30所示。导入的图形、文字等均可编辑，如图14-31所示。

图14-29

图14-30

图14-31

技术看板 Adobe PDF预设

执行“编辑>Adobe PDF预设”命令，可以创建和编辑Adobe PDF预设。PDF预设是一组影响创建PDF文件的设置，这些设置旨在平衡文件大小和品质，并可在Adobe的其他程序，如InDesign、Illustrator、Photoshop 和 Acrobat中共享。

14.2.5

实战：导入AutoCAD文件

要点

扫 码 看 视 频

AutoCAD是计算机辅助设计软件，用于土木建筑、装饰装潢、工业制图、工程制图、电子工业、服装加工等多个领域。Illustrator 支持大多数 AutoCAD 数据，包括 3D 对象、形状和路径、外部引用、区域对象、键对象（映射到保留原始形状的贝塞尔对象）、栅格对象和文本对象。AutoCAD文件包含DXF、DWG两种格式，Illustrator可以导入从 2.5版至 2007版的 AutoCAD 文件。

01 按Ctrl+N快捷键，创建一个空白文档。执行“文件>置入”命令，打开“置入”对话框。选取素材文件并勾选“显示导入选项”，如图14-32所示；单击“置入”按钮，弹出“DXF/DWG选项”对话框，选取“缩放以适合画板”选项，如图14-33所示。

图14-32

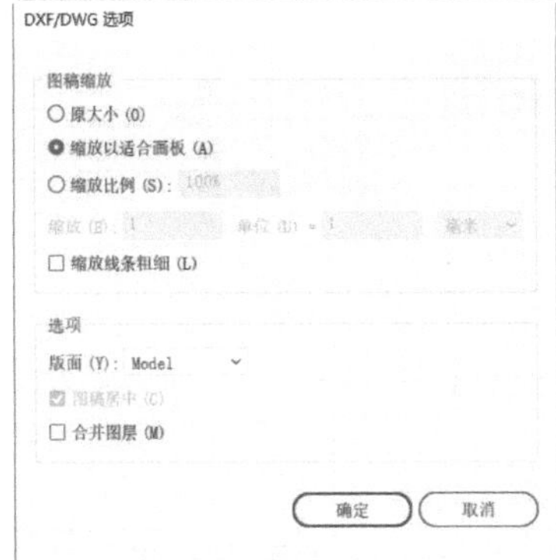

图14-33

02 单击“确定”按钮，之后在画板上单击，即可导入AutoCAD文件，如图14-34所示。从“图层”面板中可以看到，导入的文件是分层的，所有图形都可以修改，如图14-35所示。

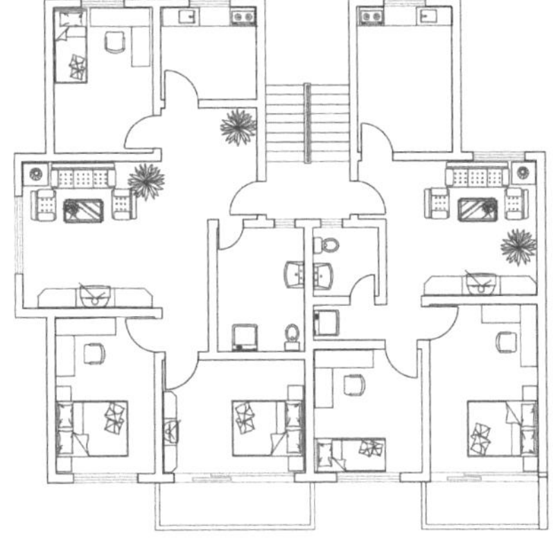

图14-34

图14-35

导出文件

Illustrator创建的图稿可以导出为SWF、JPEG、PSD、PNG 、TIFF、DXF等格式，基本涵盖了图像处理、设计和绘图类软件常用的文件格式。这样文件就能在不同的软件中使用了。

14.3.1 导出文字

使用文字工具T选取要导出的文字，如图14-36所示，执行“文件>导出>导出为”命令，打开“导出”对话框，设置存储位置及文件名，选择文本格式（TXT），单击“导出”按钮即可导出文字，如图14-37所示。

图14-36

图14-37

14.3.2 以非本机格式导出图稿

如果想将图稿存储为除AI、PDF、EPS、FXG 和 SVG以外的其他格式，即非本机格式，可以执行“文件>导出>导出为”命令并选取相应的文件格式，如图14-38所示。不能用“文件>存储”命令操作。

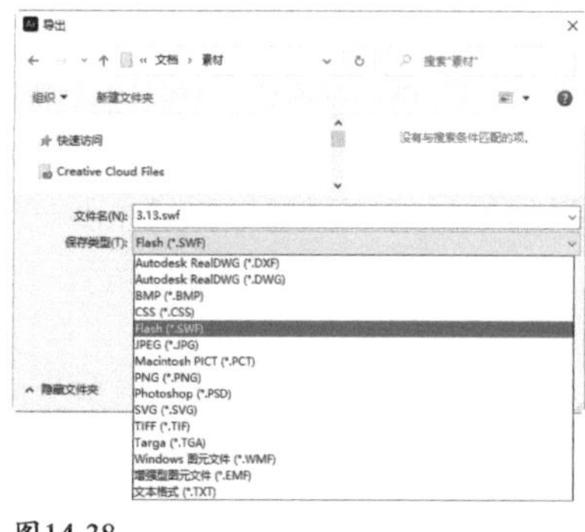

图14-38

14.3.3 打包文件

使用“文件>打包”命令，可以将文档中的图形、字体（汉语、韩语和日语除外）、链接图形和打包报告等内容自动保存到一个文件夹中，如图14-39和图14-40所示。有了这项功能，设计人员就可以从文件中自动提取文字和图稿资源，免除了手动分离和转存工作，并可实现轻松传送文件的目的。

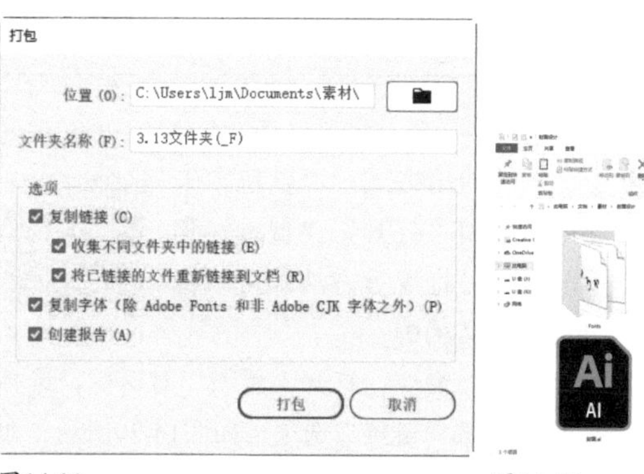

图14-39　　图14-40

“打包”对话框选项

- 位置/文件夹名称：可以指定包文件夹的存储位置，以及设置包的名称。
- 复制链接：将链接的图形和文件复制到包文件夹位置。
- 收集不同文件夹中的链接：勾选该选项后，可创建链接文件夹并将所有链接的资源都保存到该文件夹中。如果未勾选该选项，则资源将被复制到与AI文件相同级别的文件夹中。
- 将已链接的文件重新链接到文档：将链接更改到包文件夹位置。如果未勾选该选项，则打包的 Illustrator 文档将在其原始位置保留资源的链接，并且资源仍将被收集在包中。
- 复制字体（除Adobe Fonts和非Adobe CJK字体之外）：复制所有必需的字体文件，而不是整个字体系列。
- 创建报告：打包文件的同时创建摘要报告。该报告包含专色对象、所有使用和缺失的字体、缺失的链接以及所有链接和嵌入图像的详细信息。

14.3.4 实战：收集并导出资源

要点

扫码看视频

在移动设备应用程序开发中，由于各种设备屏幕大小不一样，用户体验设计师需要将设计图稿调成不同的尺寸、重新生成各种大小的图标和徽标。这种工作既枯燥又繁重。现在好了，我们只要将这些图标和徽标添加到“资源导出”面板中，之后单击一次按钮，便能将其导出为多种文件类型和大小，以供App或Web使用，非常方便。

01 打开素材，如图14-41所示。选择选择工具▶，拖曳出一个选框，选取图标。单击“资源导出”面板中的⊞按钮，或执行“对象>收集以导出”子菜单中的命令，将图标添加到“资源导出”面板中，如图14-42所示。也可以将图稿直接拖曳到该面板中。

图14-41　图14-42

提示

同时选取多个对象以后，单击⊞按钮，可以将它们保存为一个资源；单击按钮，则各对象分别被保存为单独的资源。

02 执行“文件>导出>导出为多种屏幕所用格式”命令，打开“导出为多种屏幕所用格式”对话框。单击“资产”选项卡，单击需要导出的资源；选取文件格式及缩放比例；单击“导出至”选项右侧的■按钮，如图14-43所示，在弹出的对话框中指定资源的存储位置。取消勾选“创建子文件夹”选项，将资源导出到一个文件夹中。如果希望分开管理，可以勾选该选项。

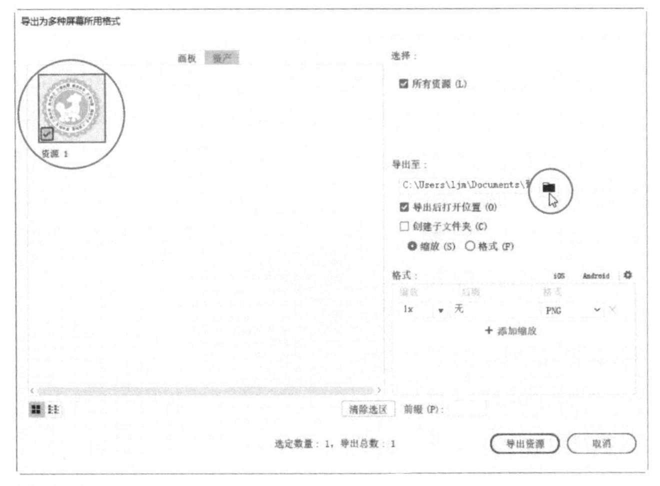

图14-43

03 单击“添加缩放”按钮，这样就可以导出两组图标。后一组选取JPG格式，设置缩放比例为3x，让图标放大3倍，如图14-44所示。

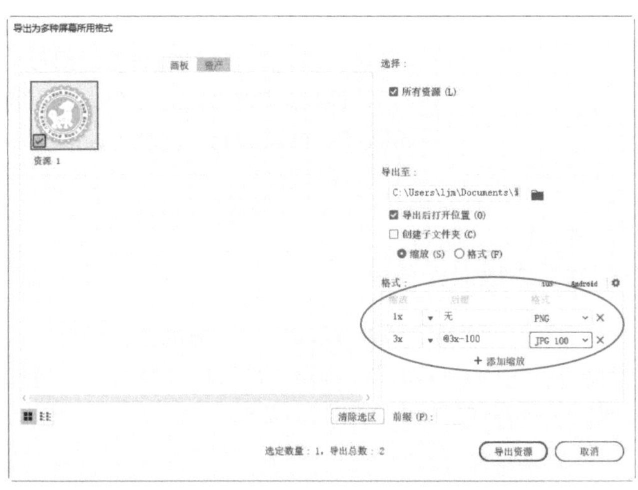

图14-44

04 单击“导出资源”按钮，即可将图标导出为PNG和JPG两种格式和两个缩放版本，如图14-45所示。

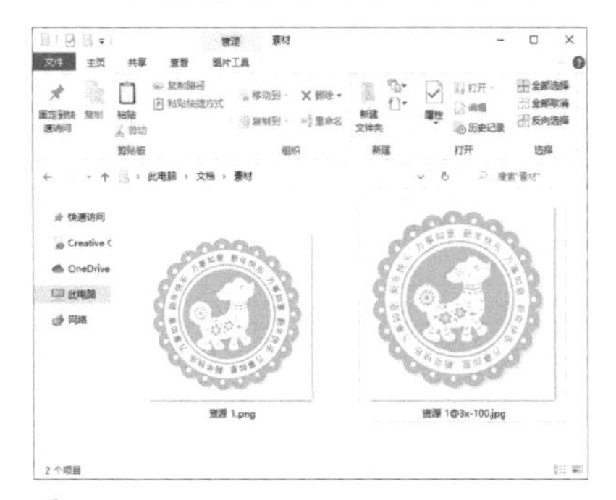

图14-45

技术看板　导出画板上的所有图稿

如果想将画板上的所有图稿导出为资源，不必将它们添加到“资源导出”面板中，可以直接用“导出为多种屏幕所用格式”命令操作。打开“导出为多种屏幕所用格式”对话框以后，单击“画板”选项卡，然后选取相应的画板即可。如果只导出单个图稿，可以选择图稿，之后使用“文件>导出所选项目”命令操作。

14.3.5

后台导出

当使用“文件>导出>导出为多种屏幕所用格式”命令从文件中导出资源时，Illustrator 会在后台运行导出进程。因此，并不影响我们继续工作。如果文件较小，都不需要了解后台导出进度。对于大的文件，该进程可以帮助我们节省大量时间并提高生产率。

使用和共享Creative Cloud Libraries

Creative Cloud Libraries是一个包含多种设计资源的集合。在Illustrator 中，使用“库”面板，可以将颜色、颜色主题、画笔、字符样式、图形和文本保存到Creative Cloud Libraries中作为共享资源，进行同步之后，便能在其他Creative Cloud应用程序（Photoshop、InDesign、Premiere Pro、After Effects、Creative Cloud Assets），以及 Adobe 移动应用程序（Comp、Draw）中使用了。

14.4.1 用“库”面板保存资源

库资源可以通过两种方法创建。一种是直接拖曳法，即使用选择工具▶选取图形并拖曳到“库”面板中，便可将其保存到“库”面板中，如图14-46所示。

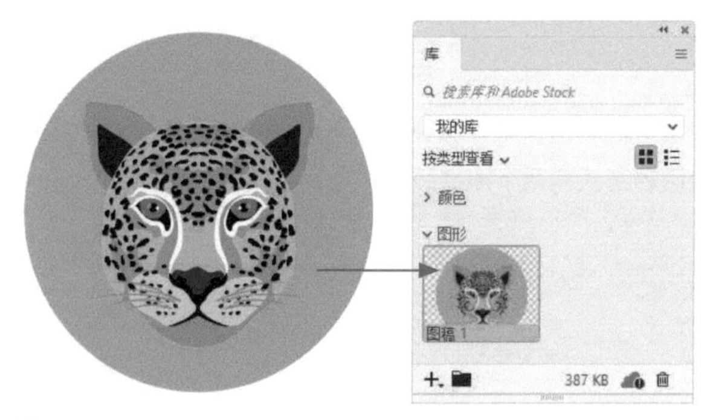

图14-46

提示

按住Ctrl键将文本拖曳到“库”面板中，可将其保存为图形资源。

另一种方法是选择一种或多种属性进行保存。例如，选取文本对象，如图14-47所示，单击“库”面板中的+按钮，打开菜单，如图14-48所示，根据需要选择相应的命令，可以有选择性地将填色、描边、文字的字符样式、段落样式等保存，如图14-49所示。值得一提的是，资源并没有存储于文件中，因此，在Illustrator中打开其他文件时，“库”面板中的资源也是可用的。

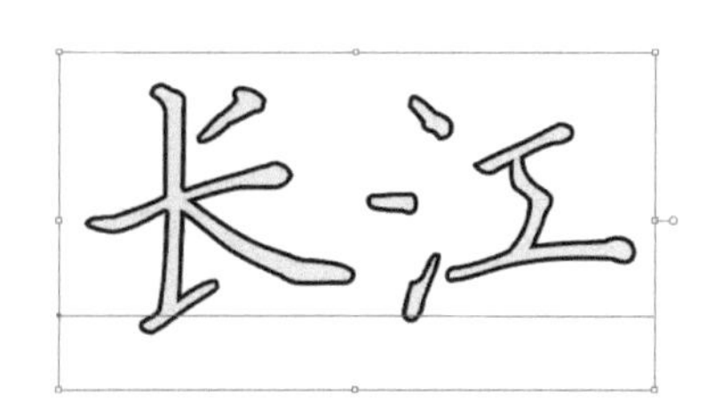

图14-47

图14-48

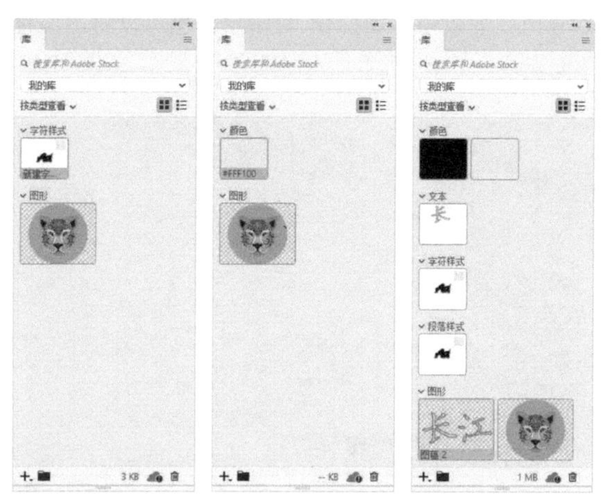

保存字符样式　保存填充颜色　添加全部

图14-49

14.4.2 使用“库”面板中的图形资源

需要使用“库”面板中的图形时，只要将其拖曳到Illustrator文件中即可。该图形会与原始图形资源保持链接。也就是说，如果我们修改原始图形，文件中使用的图形会自动更新到与之相同的效果。这种特征与符号异曲同工（见284页）。按住Alt将图形从“库”面板中拖曳出来，则可断开它与原始资源的链接，即图形会嵌入文档中。

如果需要编辑原始资源，可单击它，如图14-50所示；然后单击“链接”面板中的编辑原稿按钮✎，如图14-51所示；此时会弹出一个包含原始资源的文档窗口，我们可以在此进行修改，如图14-52所示；完成之后，关闭窗口并确认修改即可，如图14-53和图14-54所示。与此同时，其他文件中使用的该资源会自动更新。

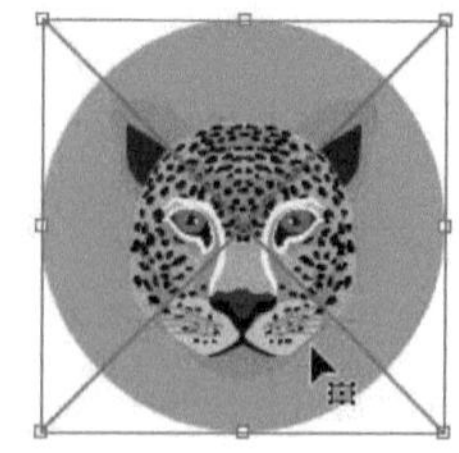

图14-50

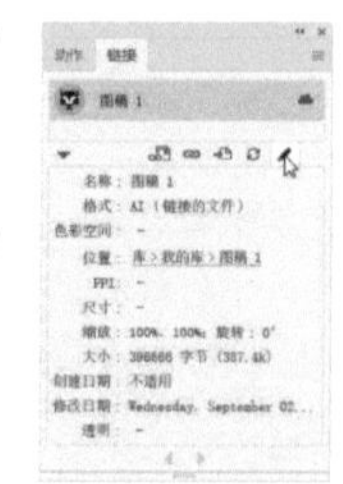

图14-51

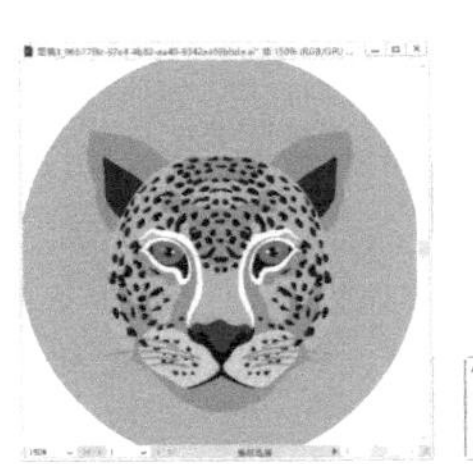

图14-52

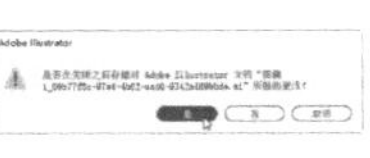

图14-53

图14-54

14.4.3 在 Adobe Stock 上查找相似资源

在“库”面板中，右键单击一个保存的资源，打开上下文菜单，选择“查找相似内容”命令，Illustrator会在Adobe Stock网站上搜索与所选资源相似的其他资源，并在“库”面板中显示搜索结果。例如，我们现有的资源是一个正面图形，但设计需要一个侧面的形象，便可通过这种方法快速找到所需素材。此外，在“搜索库和Adobe Stock”文本框中输入关键字，也可搜索Adobe Stock网站上的图形、图像、模板、视频等设计资源（见29页）。

14.4.4 与 Creative Cloud 用户共享库

在“库”面板中选择一个资源，打开面板菜单，选择“协作”命令，在打开的浏览器页面中输入电子邮件地址，然后指定希望提供的访问类型，包括“可编辑”（受邀用户可以访问和修改资源）、“可查看”（受邀用户只能使用“库”中的资源，无法进行编辑），之后单击“邀请”按钮。

受邀用户启动Illustrator或其他Adobe Creative Cloud 软件以后，使用Adobe ID进行登录，便会受到邀请通知。接受邀请便可使用库资源了。

如果要取消共享，可以使用“协作”命令打开浏览器页面，将接收共享资源的用户的名称删除即可。

14.4.5 与 InDesign 共享文本资源

InDesign是一款桌面出版程序，主要用于各种印刷品的排版编辑。它的绘图功能不强，但文字处理能力优于Illustrator。做书籍、画册、宣传册等，需要绘图时，一般是用Illustrator完成，再导入InDesign中进行设计和排版。有些时候，我们也会从InDesign文件中提取文本，用Illustrator做一些编辑处理。在设计行业中，这两个软件都很常用，资源交换也比较频繁。

由于这两个软件都来自Adobe公司（Adobe Creative Cloud设计套件），所以我们在Illustrator“库”面板中添加的文本资源也能共享给InDesign，即在InDesign的“库”面板中使用。

当我们在不同的计算机上使用文本资源时，会遇到这样的问题——文本中的某些字体在当前计算机上可能没有安装，这会导致字体、样式和版面等出现变化。关于缺失字体的解决办法，前面有过介绍（见231页）。我们也可采用这种办法——将文字创建为图形资源（按住Ctrl键将文本拖曳到“库”面板中），这样就不涉及字体问题了。

另外，这两个软件的功能差别也会导致其他问题。例如，Illustrator的下划线样式没有InDesign多，它也不支持项目符号、编号、表和脚注。在 Illustrator 中使用这样的文本资源时，相应的功能会丢失，如图14-55所示。

This is a text asset   This is a text asset

InDesign中的菱形下划线（左图）在Illustrator中会改变样式（右图）

- Bullet 1
- Bullet 2

1. Number 1
2. Number 2

Bullet 1
Bullet 2
Number 1
Number 2

InDesign中的项目符号（左图）在Illustrator中会丢失（右图）

T1	T2
T3	T4

T1 T2
T3 T4

InDesign中的表（左图）在Illustrator中会丢失（右图）

Text with a footnote[1]

1 footnote definition

Text with a footnote

InDesign中的脚注（左图）在Illustrator中会丢失（右图）

图14-55

第15章 自动化与打印输出

【本章简介】

动作、批处理、脚本和数据驱动图形都是Illustrator中的自动化功能，即自动编辑图稿。本章介绍它们的相关概念和使用方法。用好这些功能，可以帮助我们减小工作量、提高工作效率。

【学习目标】

本章我们将学会如下知识和操作。

- 用批处理的方法自动编辑一批文件
- 修改动作，插入命令
- 脚本和数据驱动图形
- 为什么要进行色彩管理
- 定义打印区域，创建裁剪标记
- 色域、分色预览、陷印的概念
- 如何从Illustrator中打印图稿

【学习重点】

动作与批处理

动作是指在文件上自动执行的一系列任务，如菜单命令、面板选项和工具动作等。例如，将修改画板大小、对图稿应用效果等操作录制为动作后，对其他图稿进行相同的处理时，便可使用动作来自动完成操作。

15.1.1 “动作”面板

“动作”面板用于录制、播放和编辑动作，如图15-1所示，还可以保存动作及载入外部动作。

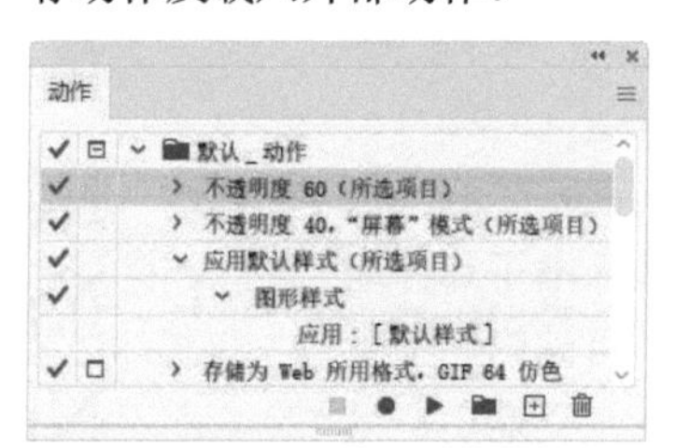

图15-1

- 切换项目开/关✔：如果动作集、动作或命令前显示有该图标，表示这个动作集、动作或命令可以执行；如果动作集或动作前没有该图标，表示该动作集或动作不能被执行，如果某一命令前没有该图标，则表示该命令不能被执行。
- 切换对话框开/关□：如果命令前显示该图标，表示动作执行到该命令时会暂停，并打开相应的对话框，此时可修改命令参数。单击“确定”按钮可继续执行后面的动作；如果动作集和动作前出现该图标并变为红色，则表示该动作中有部分命令设置了暂停。
- 动作集/动作/命令：动作集是一系列动作的集合。动作是一系列命令的集合。单击命令前方的›按钮展开列表，可以查看命令的具体参数。
- 停止播放/记录■：用来停止播放动作和停止记录动作。
- 开始记录●：单击该按钮，可记录动作。处于记录状态时，按钮会变为红色。
- 播放当前所选动作▶：选择一个动作后，单击该按钮可以播放该动作。
- 创建新动作集/创建新动作/删除：单击按钮，可以创建一个动作集。单击按钮，可以创建一个动作。选择动作集、动作或命令，单击按钮可将其删除。

15.1.2

实战：录制/使用动作

01 打开素材，如图15-2所示。单击“动作”面板中的▬按钮，打开“新建动作集”对话框，输入名称，如图15-3所示，单击“确定”按钮，创建动作集。下面录制的动作会保存在其中，以便与其他动作区分开。如果没有创建新的动作集，则录制的动作会保存在当前选择的动作集中。

图15-2

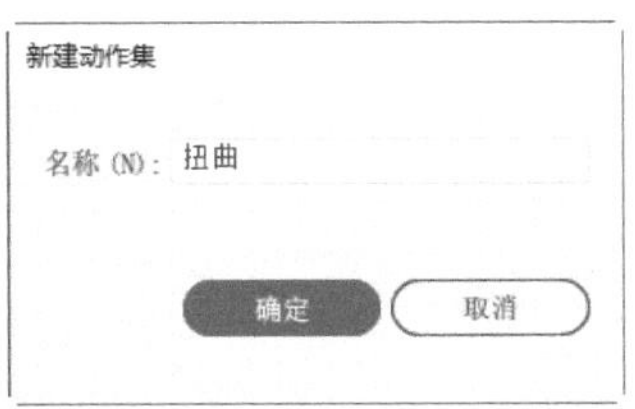

图15-3

02 单击⊞按钮，打开“新建动作”对话框，如图15-4所示，单击“记录”按钮，创建动作，此时开始记录按钮会变为红色，如图15-5所示。

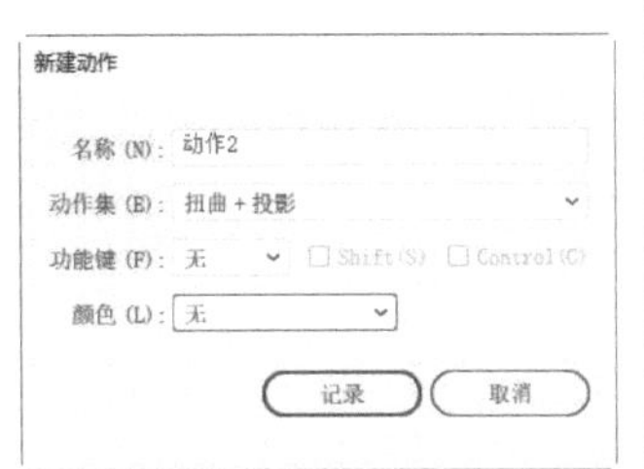

图15-4

图15-5

> **提示**
>
> 在“功能键”选项中可以为动作指定一个快捷键。在“颜色”下拉列表中可以为动作选择一种颜色。当动作录制完成后，可以执行“动作”面板菜单中的“按钮模式”命令，让动作显示为按钮状，便可通过颜色更快速地区分动作。

03 按Ctrl+A快捷键，选取图像。执行“对象>封套扭曲>用变形建立”命令，在打开的对话框中设置参数，如图15-6所示。单击“确定”按钮关闭对话框，创建扭曲效果，如图15-7所示。

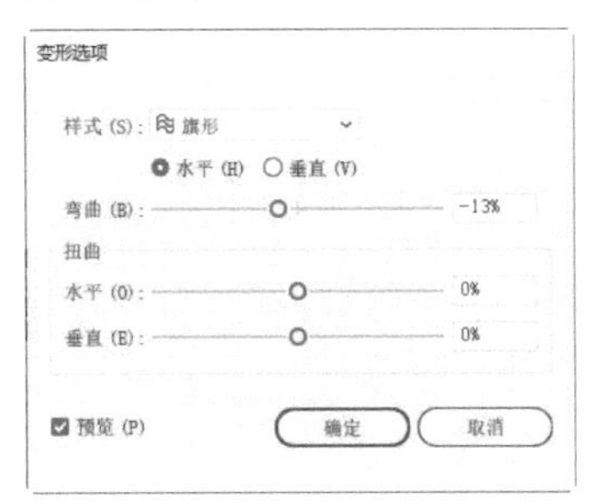

图15-6

图15-7

04 单击“动作”面板中的■按钮，结束录制，如图15-8所示。打开另一个素材，如图15-9所示。单击新创建的动作，如图15-10所示，单击▶按钮，播放该动作，对图像应用效果，如图15-11所示。如果录制了多个命令，只想播放单个命令，可以按住Ctrl键双击它。

图15-8

图15-9

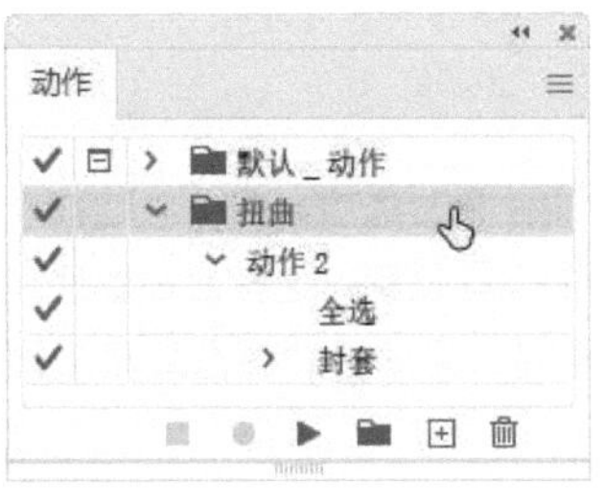

图15-10

图15-11

15.1.3

实战：批处理

批处理可以对目标文件夹中的所有文件播放动作，非常适合处理工作量大、重复性高的操作。它可以帮助我们节省时间、提高效率，实现编辑自动化。

01 在计算机的硬盘上创建一个文件夹，将需要处理的文件拷贝到其中，如图15-12所示。

02 从“动作”面板菜单中选取“批处理”命令，如图15-13所示，打开“批处理”对话框；在“播放”选项组中选择要播放的动作，如图15-14所示；在“源”选项中选择“文件夹”选项，然后单击“选取”按钮，选择要处理的文件所在的文件夹。

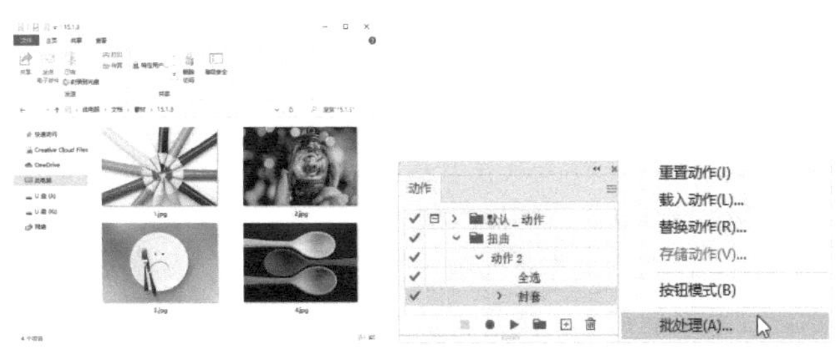

图15-12　　图15-13

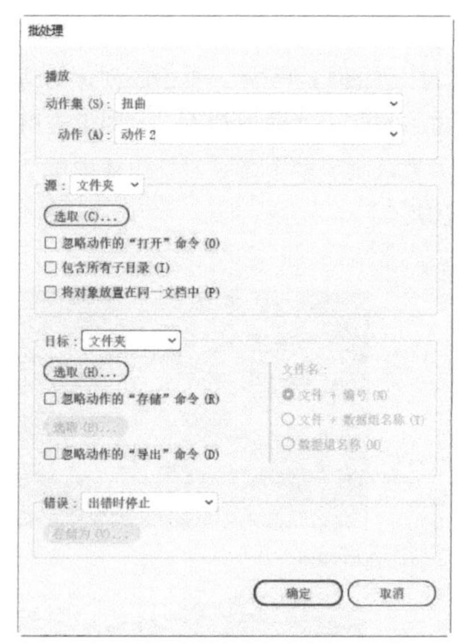

图15-14

03 在“目标”选项中选择“文件夹”选项，单击“选取”按钮，指定处理后的文件的保存位置。这些都设置好之后，单击“确定”按钮进行批处理。处理后的图像效果如图15-15所示。

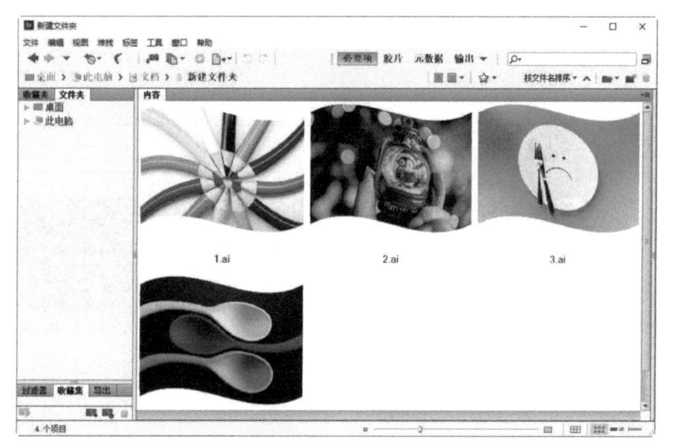

图15-15

15.1.4 插入停止和不可记录的任务

并非所有的任务都能被记录为动作。对于“效果”和“视图”菜单中的命令、用于显示或隐藏面板的命令，以及使用选择、钢笔、画笔、铅笔、渐变、网格、吸管、实时上色工具和剪刀工具等工具的情况，则无法记录。但是有一些任务可以在后期插入动作中。

例如，在“动作”面板中选择一个命令，如图15-16所示。打开面板菜单，选择“插入菜单项”命令，如图15-17所示，打开“插入菜单项”对话框。执行“视图>显示透明度网格”命令，该命令会出现在对话框中，如图15-18所示。单击“确定”按钮，即可在所选动作后方插入该命令，如图15-19所示。

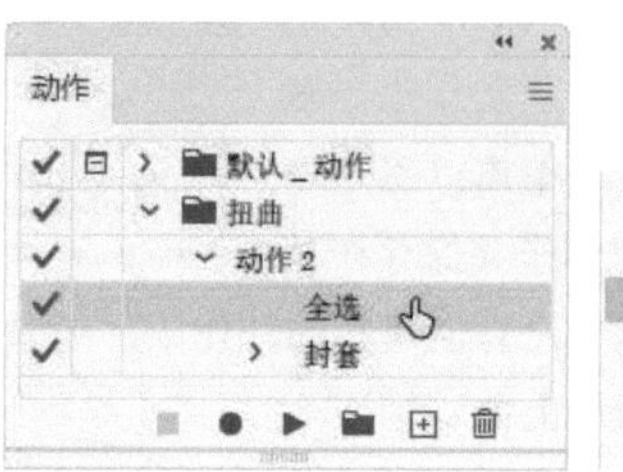

图15-16

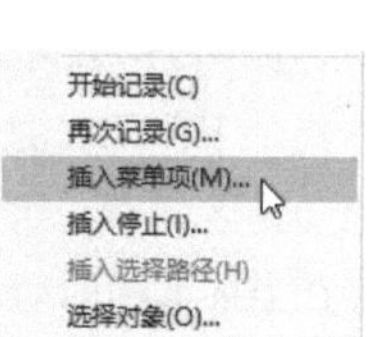

图15-17

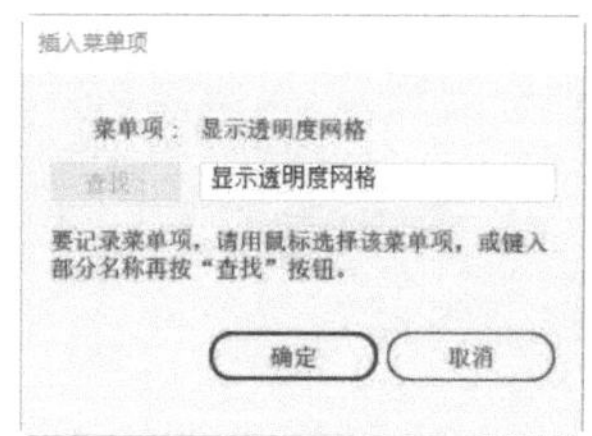

图15-18

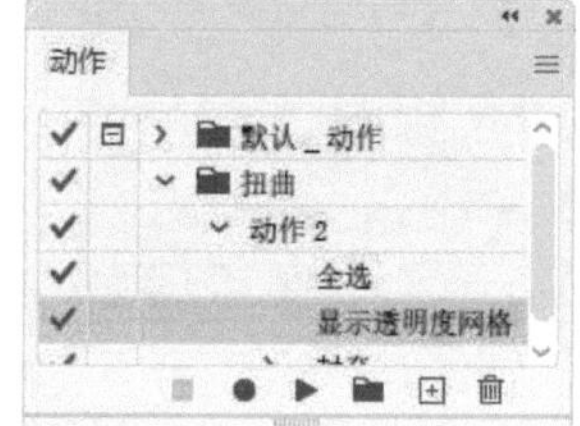

图15-19

如果想要录制的任务不能插入动作中，可以在关键步骤中加一个停止命令，即执行“动作”面板菜单中的“插入停止”命令，让动作播放到这一步时暂停，之后手动执行任务，操作完成后，单击“动作”面板中的 ▶ 按钮，播放后续的动作。

15.1.5 编辑动作

如果想在播放动作的过程中修改某个命令，可在该命令前单击，让切换对话框开/关图标 □ 显示出来，如图15-20所示。这样，当播放到这一命令时，会暂停动作并弹出该命令对话框，此时便可修改参数。

如果想要向动作中添加新的命令，可以单击其中的一个命令，之后单击 ● 按钮录制该命令，完成之后单击 ■ 按钮，即可在所选命令后方添加录制的命令。

如果要改变命令执行的先后顺序，可以上、下拖曳命令，进行调整，如图15-21所示，就像调整图层的堆栈顺序一样。

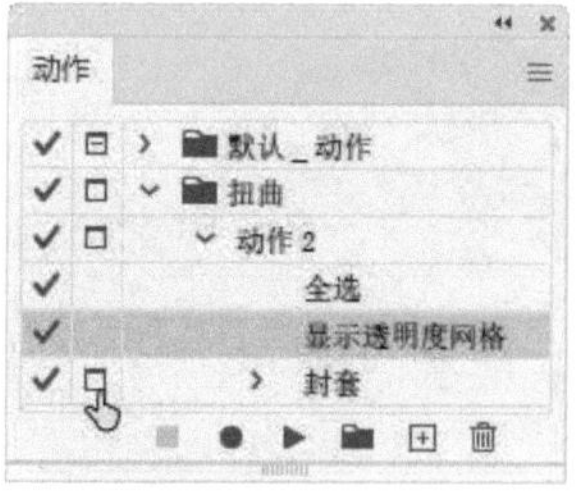

图15-20

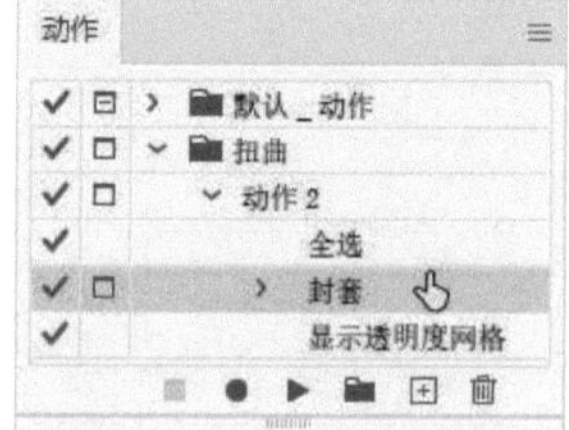

图15-21

15.1.6
存储和加载动作

单击一个动作组，使用面板菜单中的“存储动作”命令，可以将它保存到计算机的硬盘上。当需要在其他计算机上加载该动作组时，可以从“动作”面板菜单中选择“载入动作”命令，找到并选取动作组文件，然后单击“打开”按钮即可。

15.1.7
从动作中排除命令

使用动作时，如果想从中排除某个命令，可单击该命令左侧的✔图标，如图15-22所示，清除该命令的被选中标记，如图15-23所示；如果想排除一个动作或动作集中的所有命令或动作，可单击该动作或动作集名称左侧的✔图标，清除被选中标记；如果只想播放某个命令，排除它之外的所有命令，可按住Alt键单击该命令前的✔图标。

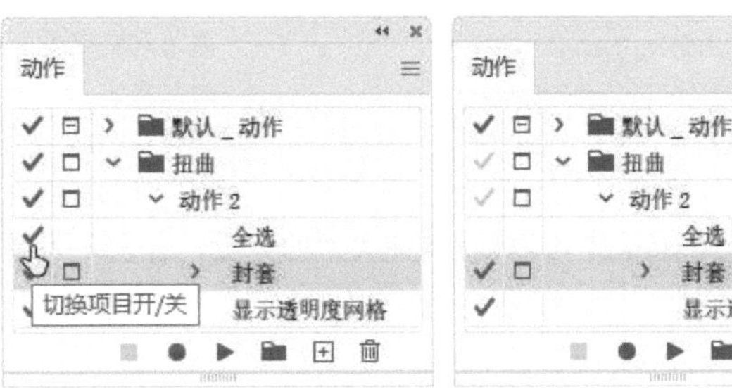

图15-22 图15-23

脚本与数据驱动图形

Illustrator支持利用脚本和数据驱动图形。这两项功能也可以自动完成图稿的编辑操作。尤其是数据驱动图形，对设计工作能提供很大的帮助。

15.2.1
运行脚本

脚本是使用一种特定的描述性语言，依据一定的格式编写的可执行文件，又称宏或批处理文件。运行脚本时，计算机会执行一系列操作。这些操作可能只涉及Illustrator，也可能涉及其他应用程序，如文字处理、电子表格和数据库管理程序。

Illustrator附带的脚本在“文件>脚本”子菜单中，选择其中的一个脚本，如图15-24所示，即可运行它。如果要运行外部脚本，可以执行“文件>脚本>其他脚本”命令，然后导航到该脚本。

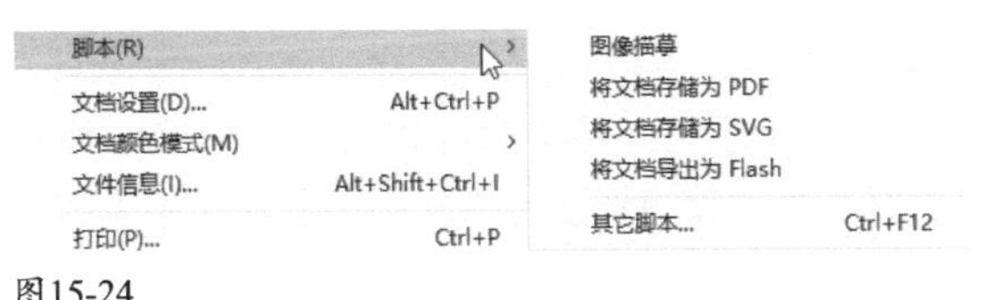

图15-24

15.2.2
数据驱动图形

在Web设计和出版行业，制作大量的相似格式的图形时，传统工作方式一直是由手工完成的。当更新数据、修改图稿时非常麻烦，需要花很多的时间才能完成。

在 Illustrator 中，使用“变量”面板，可通过将数据源文件（CSV 或 XML 文件）与 Illustrator 文档合并，轻松地完成数据更新和图稿的修改。例如，创建一个设计模板，然后从数据源文件中导入名称或图像，即可快速修改徽章上的人员姓名或 Web 横幅和明信片上的各种图像，而无须手动修改或重新创建图稿。

如果想快速合并数据，可以创建一个Illustrator文档用作模板，设置CSV或XML格式的数据源文件；在Illustrator中使用“变量”面板导入数据源文件，之后将变量绑定到模板中的对象上；在导出所有文件之前，先使用每个数据组预览文档，然后在Illustrator中使用“动作”面板从数据中导出一批文件。

15.2.3
“变量”面板

图15-25所示为“变量”面板。文档中每个变量的类型和名称均列在面板中。如果变量被绑定到一个对象上，则“对象”列将显示绑定对象在“图层”面板中的名称。

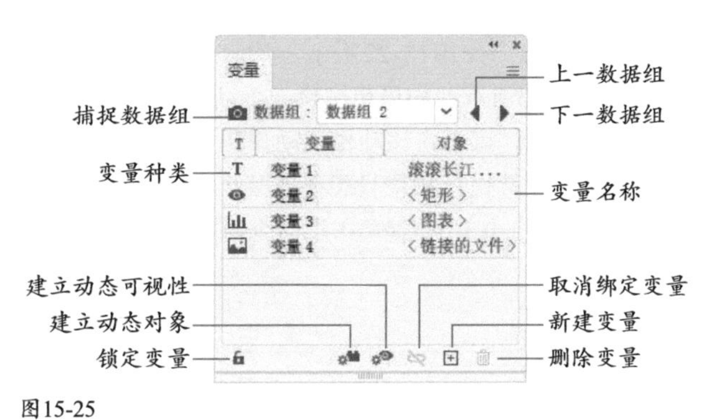

图15-25

在 Illustrator 中可以创建4种类型的变量，分别是可视性、文本字符串、链接的文件和图表数据。

选取对象，单击“变量”面板中的按钮，建立可视性变量，可以隐藏或显示对象。选取文字对象，单击按钮，建立文本字符串变量，可以替换文本字符串。选取链接的文件，单击按钮，建立链接文件变量后，可以使用其他文件中的对象替换画板中的对象。选取图表对象，单击按钮，可以替换图表中的值。如果要创建变量但不将其与对象绑定，可以单击按钮；如果要随后将一个对象与该变量绑定，可选择相应的对象和变量，之后单击按钮或按钮。

色彩管理

数码相机、显示器、打印机等设备采用不同的方法记录和再现色彩，色彩管理可以解决由于硬件设备不同而造成的色彩偏差问题。

15.3.1 颜色管理文件

数码相机、扫描仪、显示器、打印机和印刷设备等都使用不同的色彩空间*（见57页）*，如图15-26所示。每种色彩空间都在一定的范围（色域）内生成颜色*（见57页）*，因此，各种设备的色域也是不同的。

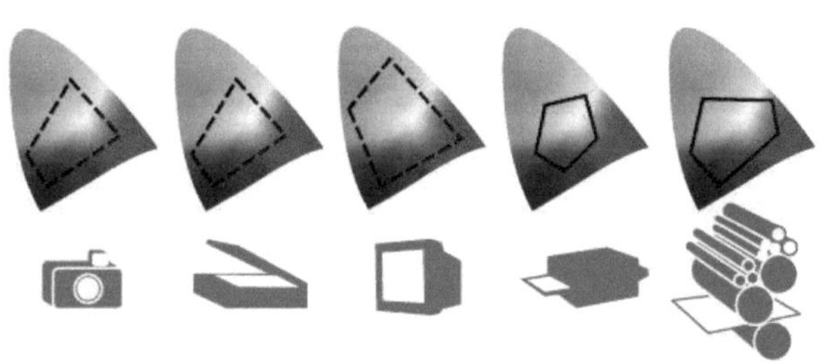

数码相机、扫描仪、电视机、桌面打印机和印刷机的色域范围

图15-26

色彩空间与色域的差异，以及每种设备记录和再现颜色的方法不同，导致在设备间传递文件时，颜色可能会发生改变。为了确保色彩不出偏差，需要有一个可以准确解释和转换颜色的系统，使不同的设备生成一致的颜色。

Illustrator提供了这种色彩管理系统，它借助ICC颜色配置文件转换颜色。ICC配置文件是一个用于描述设备怎样产生色彩的小文件，其格式由国际色彩联盟规定。有了这个文件，Illustrator就能在每台设备上产生一致的颜色。

如果要生成这种预定义的颜色管理选项，可以执行“编辑>颜色设置”命令，在打开的“颜色设置”对话框中进行设置。

> **提示**
>
> 在传统的出版工作流程中，进行最后的打印输出之前都要打印文档的印刷校样，以预览文档在输出设备上还原时的外观。在Illustrator中启动电子校样*（见58页）*以后，可以在计算机屏幕上查看这些图稿将来印刷时的大致效果。

15.3.2 指定配置文件

由于色彩管理系统需要借助颜色配置文件来转换颜色，所以配置文件对输出设备行为和打印条件（如纸张类型）的描述越精确，色彩管理系统对文档中实际颜色值的转换也就越精确。

如果要指定配置文件，可以执行“编辑>指定配置文件”命令，打开“指定配置文件”对话框进行选取，如图15-27所示。

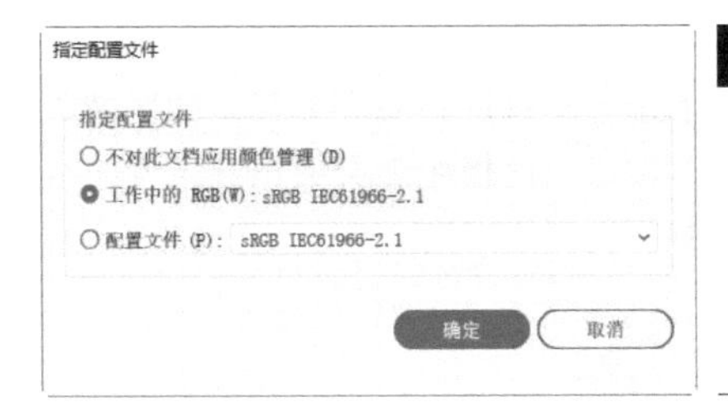

图15-27

技术看板　叠印 / 叠印黑色

打印不透明的重叠色时，上方颜色会挖空下方的区域。叠印可以防止挖空，使顶层的叠印油墨相对于底层油墨显得透明。选取对象，在“属性”面板中选择“叠印填充”或“叠印描边”选项，可创建叠印。在这之后，还应执行“视图>叠印预览”命令，查看叠印颜色的近似打印效果。如果要叠印图稿中的所有黑色，可以选择要叠印的对象，使用“编辑>编辑颜色>叠印黑色”命令进行操作。

打印图稿

本节介绍图稿的打印方法，以及打印前需要做哪些准备工作，包括定义打印区域、创建裁剪标记、分色预览、陷印、透明图稿的特殊要求等。

15.4.1 重新定义可打印区域（打印拼贴工具）

执行“视图>显示打印拼贴”命令，可以查看与画板相关的页面边界，如图15-28所示。其中，可打印区域由最里面的虚线定界，虚线外是不能打印的区域。

如果要修改可打印区域，可以选择打印拼贴工具，在文档画板上单击，然后按住鼠标左键拖曳，确定好页面边界之后，放开鼠标左键即可，如图15-29所示。如果要将打印区域恢复到默认位置，可双击该工具。

图15-28

图15-29

15.4.2 创建裁剪标记

做名片设计的时候，一般都要留出血位置，以方便将来打印之后进行裁剪。如果想准确标记裁剪位置，可以选取对象，如图15-30所示，执行“对象>创建裁切标记”命令，围绕它创建裁剪标记，如图15-31所示。另外，也可以执行“效果>裁剪标记”命令，以效果的形式添加裁剪标记。

图15-30　　图15-31

提示

裁剪标记不能取代使用“打印”对话框中的“标记和出血”选项创建的裁切标记。

15.4.3 分色预览（“分色预览”面板）

印刷图像时，为了重现彩色和连续色调图像，印刷商通常将图像分为4个印版，分别用于印刷图像的青色、洋红色、黄色和黑色4种原色，如图15-32所示。将图像分成两种或多种颜色的过程称为分色，用来制作印版的胶片则称为分色片。打开“分色预览”面板，勾选“叠印预览”选项，如图15-33所示，即可预览分色和叠印效果。如果文档为RGB模式，需要先用“文件>文档颜色模式>CMYK 颜色”命令转换为 CMYK 模式，再进行分色预览。如果要在屏幕上隐藏分色油墨，可单击分色名称左侧的眼睛图标。

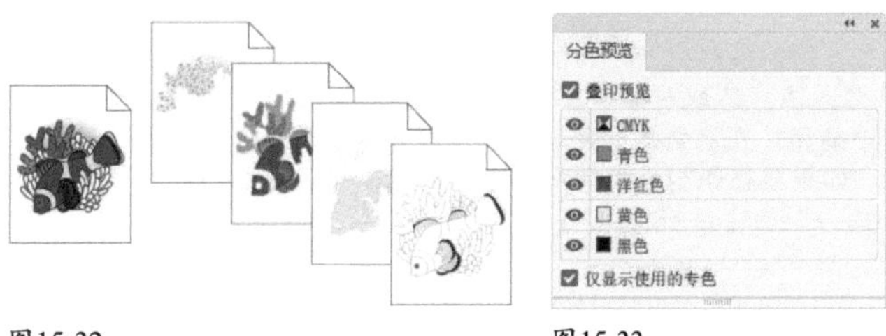

图15-32　　图15-33

15.4.4 陷印

在进行分色印刷时，如果颜色互相重叠或彼此相连处套印不准，会导致最终输出时各颜色之间出现间隙。为了避免这种情况，印刷商会使用一种称为陷印的技术，在两个相邻颜色之间创建一个小重叠区域，从而补偿图稿中各颜色之间的潜在间隙。

陷印有两种：一种是外扩陷印，其中较浅色的对象重叠在较深色的背景上，看起来像是扩展到背景中，如图15-34所示。另一种是内缩陷印，其中较浅色的背景叠在陷入背景中的较深色的对象上，看起来像是挤压或缩小该对象，如图15-35所示。

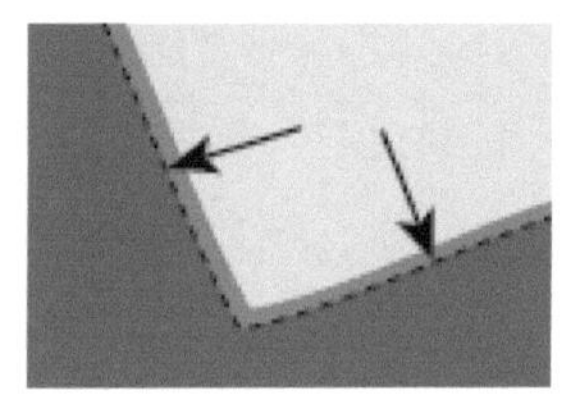

图15-34

图15-35

如果要创建陷印，可以选取对象，执行“路径查找器”面板菜单中的“陷印”命令，也可以使用“效果>路径查找器”下拉菜单中的“陷印”命令，将陷印作为效果来应用。

15.4.5 打印透明图稿(“拼合器预览”面板)

在输出包含透明度的文档或作品时，要进行拼合处理，就是将透明作品分割为基于矢量的区域和基于光栅的区域。如果要拼合透明度，可以选取对象，执行“对象>拼合透明度”命令，打开“拼合透明度”对话框进行设置。需要注意的是，透明度拼合在文件保存后就无法撤销了，所以，图稿应留有备份文件。

当作品比较复杂时，如混合有图像、矢量、文字、专色等，拼合结果也会比较复杂，最终效果不太容易预见。但我们可以使用“拼合器预览”面板进行预览。我们只要在“突出显示”选项下拉菜单中选择要高亮显示的区域类型，之后单击“刷新”按钮，面板中就会突出显示受拼合影响的区域，如图15-36和图15-37所示。

图15-36

图15-37

如果定期打印或导出包含透明度的文件，可以用“编辑>透明度拼合器预设”命令，创建一个预设，之后使用预览来进行打印和导出，而不必每一次都进行选项设置。

15.4.6 “打印”命令

如果想从Illustrator中打印图稿，可以执行“文件>打印”命令，打开“打印”对话框进行操作，如图15-38所示。

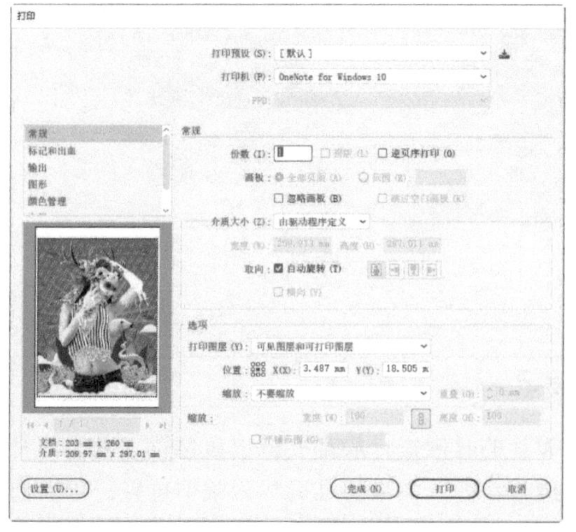

图15-38

“打印”对话框左侧有一个列表。单击其中的项目，对话框中就会显示相应的选项。其中，“常规”选项用来设置页面大小和方向、指定要打印的页数、缩放图稿，以及选择要打印的图层。

“标记和出血”选项可以为图稿时添加标记，包括裁切标记、套准标记、颜色条和页面信息等，如图15-39和图15-40所示。打印设备需要这些标记来精确套准图稿元素并校验正确的颜色。

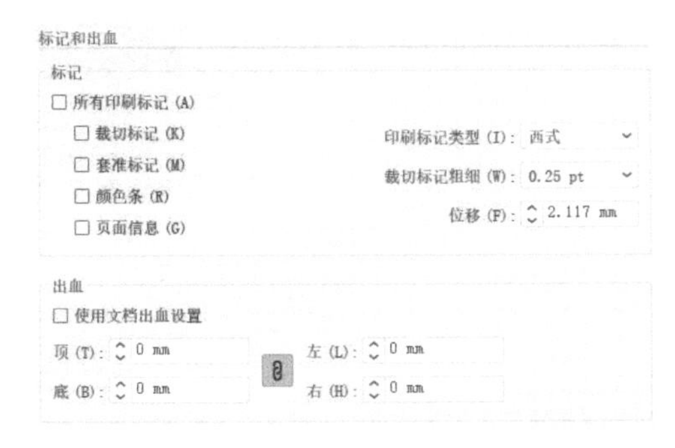

图15-39

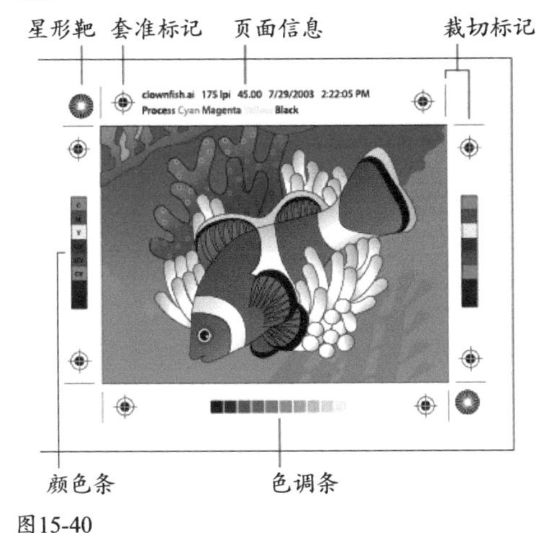

图15-40

“输出”选项用来创建分色，如图15-41所示。

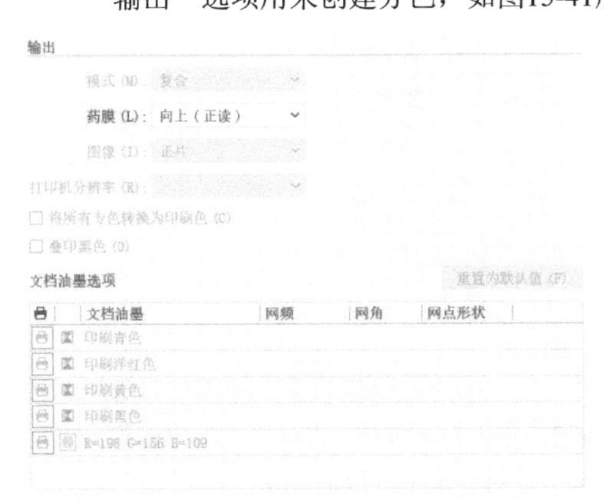

图15-41

“图形”选项用来设置路径、字体、PostScript 文件、渐变、网格和混合的打印选项，如图15-42所示。

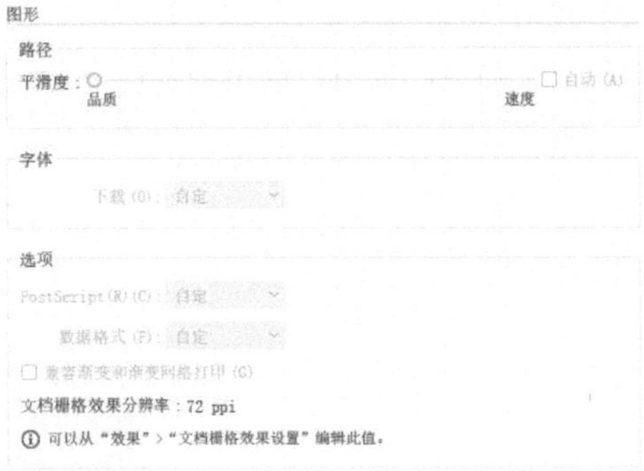

图形
路径
平滑度：
品质
速度
自动 (A)
字体
下载 (O)：自定
选项
PostScript (R) (C)：自定
数据格式 (F)：自定
兼容渐变和渐变网格打印 (G)
文档栅格效果分辨率：72 ppi
可以从“效果”>“文档栅格效果设置”编辑此值。

图15-42

“颜色管理”选项用来选择颜色配置文件和渲染方法（指定应用程序将颜色转换为目标色彩空间的方式），如图15-43所示。

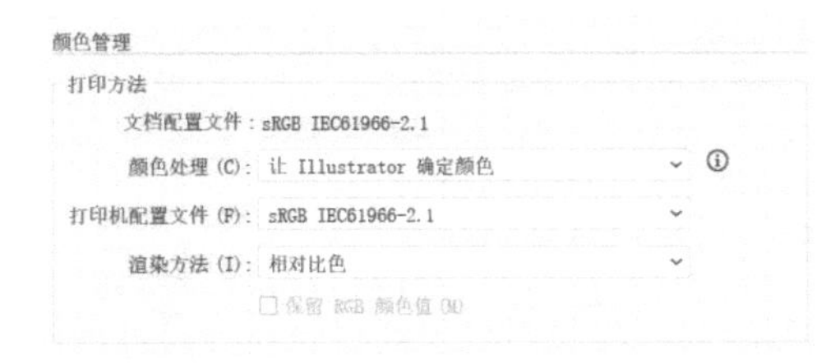

图15-43

“高级”选项用来控制打印期间的矢量图稿拼合（或栅格化），如图15-44所示。

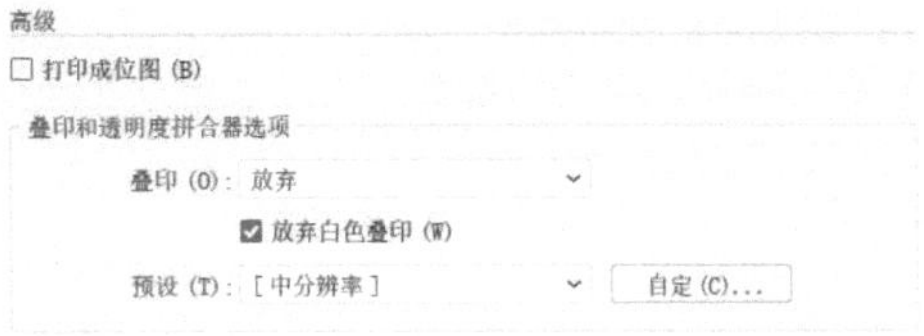

高级
打印成位图 (B)
叠印和透明度拼合器选项
叠印 (O)：放弃
放弃白色叠印 (W)
预设 (T)：[中分辨率]
自定 (C)...

图15-44

“小结”选项用来查看和存储打印设置小结。

> **提示**
>
> 出血是指图稿位于印刷边框、裁切线和裁切标记之外的部分。所用的出血大小取决于其用途。印刷出血（即溢出印刷页边缘的图像）至少要有18磅。如果出血的用途是确保图像适合准线，则不应超过2磅。印刷厂可以就特定作业所需的出血大小提出建议。

15.4.7 创建打印预设

如果需要经常打印图稿，可以执行“编辑>打印预设”命令，将所有输出设置存储为打印预设。新建的打印预设会出现在“打印”对话框的“打印预设”列表中。以后进行打印操作时就不必重新设置各个选项了。

第16章 综合实例

【本章简介】

本章是综合实例。到这里，Illustrator的全部功能我们就都学完了。今后您将离开书本，独立使用Illustrator完成设计任务、解决各种难题。有没有学会Illustrator、能不能用好它，将在实践中得到检验。

本书虽然告一段落，但学习不应止步于此。真正属于我们自己的经验和技能，还是要在工作中积累，在实践中增强。希望您通过对本书的学习，能够真正掌握Illustrator，也希望它能帮助您工作中大展身手，闯出一片天地，那将是笔者的荣幸。

【学习目标】

本章有5个综合实例，涉及合成、文字效果、UI设计、App界面设计等，用到的功能包括图像描摹、蒙版、混合、渐变、效果等。通过练习，可以进一步巩固这些知识。

【学习重点】

巧手绘天下

扫码看视频

难度：★★★★★　功能：图像描摹、剪切蒙版、不透明度蒙版

通过“图像描摹”得到手掌的路径图形，以此制作剪切蒙版，对图像进行遮盖。为使图像被更好地合成到手掌中，还使用了不透明度蒙版，使图像边缘呈现渐隐效果。操作中还会用到复制图层、调整图层顺序、在“图层”面板中选择对象等方法。

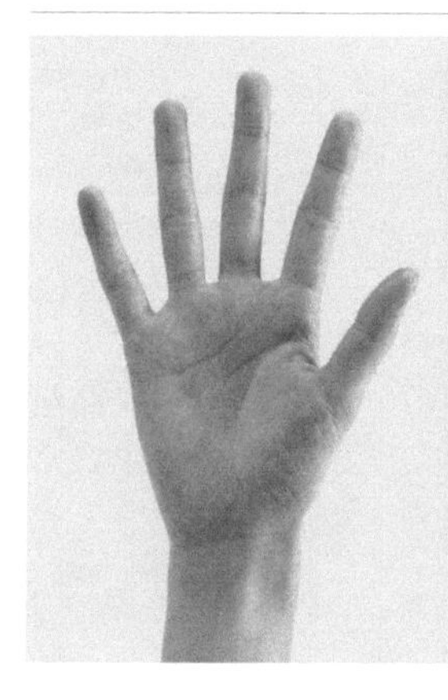

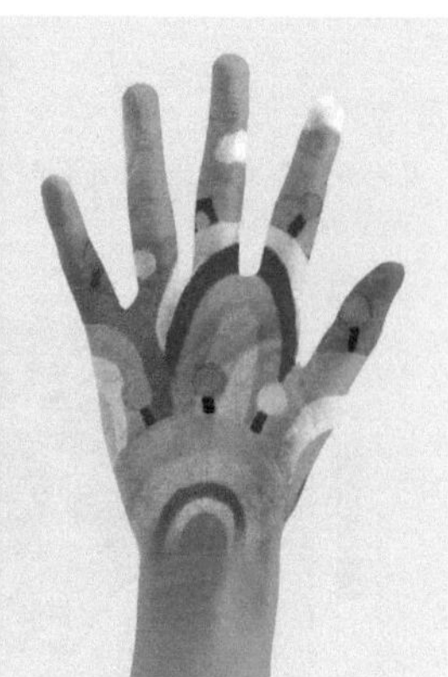

01 执行“文件>置入”命令，弹出“置入”对话框，选择素材文件，取消勾选“链接”选项，如图16-1所示；单击“置入”按钮，然后在画板上单击，置入图像，如图16-2所示。

图16-1

图16-2

02 在这个文件中有4个子图层，导入后为被编组状态，如图16-3所示。按Shift+Ctrl+G快捷键取消编组，如图16-4所示，以使其在编辑图像时可被单独选取。选择选择工具▶，在画板空白处单击，取消选择。

03 将“手”图层拖曳到⊞按钮上复制，如图16-5所示；再拖曳到“明暗效果”图层上方，用来制作蒙版，如图16-6和图16-7所示。

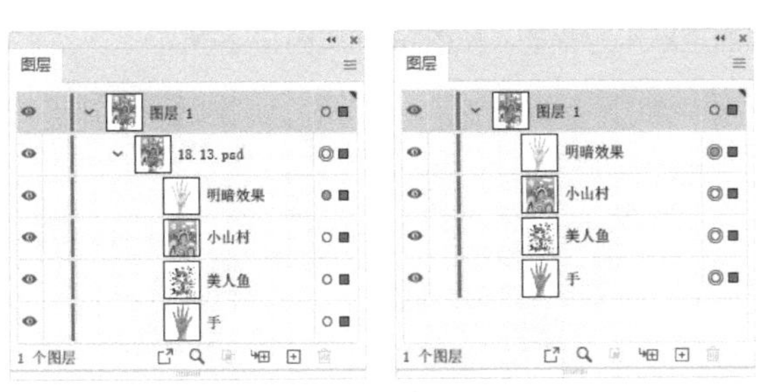

图16-3　　图16-4

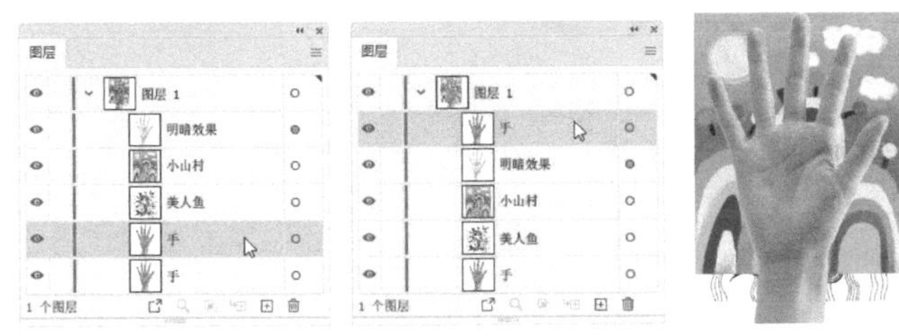

图16-5　　图16-6　　图16-7

04 使用选择工具▶选取手图像。在“控制”面板中单击“图像描摹”选项右侧的⌄按钮，打开下拉列表，选择“剪影”命令，如图16-8和图16-9所示。单击“扩展”按钮，将描摹对象转换为路径，如图16-10所示。

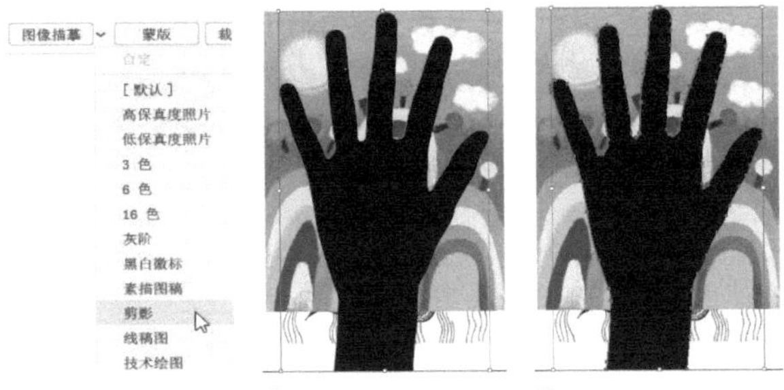

图16-8　　图16-9　　图16-10

05 单击“图层1”，如图16-11所示。单击面板底部的◘按钮，创建剪切蒙版，将手以外的图像隐藏，如图16-12和图16-13所示。

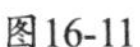

图16-11　　图16-12　　图16-13

06 单击“美人鱼”图层前面的👁图标，隐藏该图层。在“小山村”图层的选择列中单击，选取该图像，如图16-14所示。单击“透明度”面板中的“制作蒙版”按钮，建立不透明度蒙版。取消勾选“剪切”选项。单击蒙版缩览图，如图16-15所示，进入蒙版编辑状态。

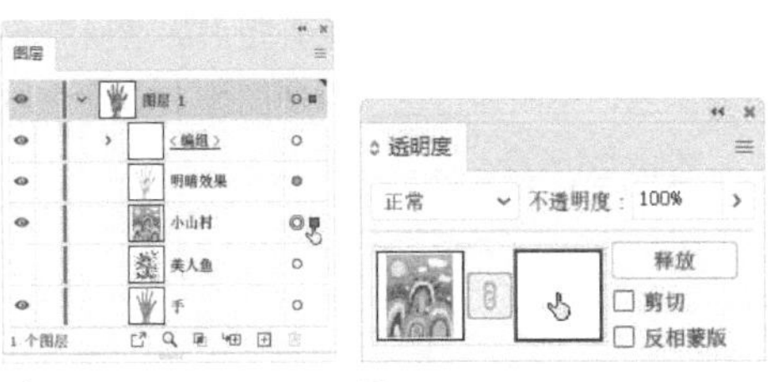

图16-14　　图16-15

07 使用矩形工具■创建一个矩形，填充黑白渐变。其中黑色仅在矩形底边出现，因为蒙版中的黑色为透明区域，底边部分透明可实现图像的完美融合，如图16-16和图16-17所示。单击对象的缩览图，结束编辑，如图16-18所示。

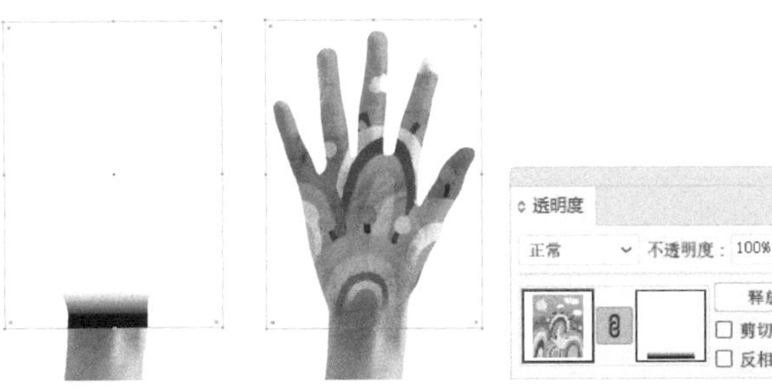

图16-16　　图16-17　　图16-18

08 在“<编组>”图层的选择列中单击，将其选取，如图16-19所示。按Ctrl+C快捷键复制，按Ctrl+F快捷键粘贴到前面，如图16-20所示。将该图层拖曳到“手”图层上方，如图16-21所示。

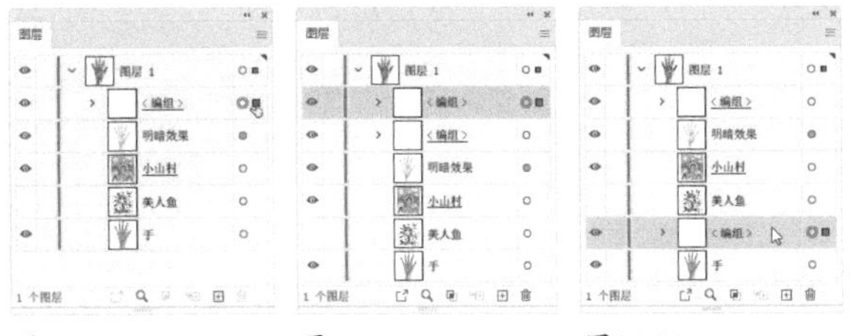

图16-19　　图16-20　　图16-21

提示

在复制“<编组>”图层中手的轮廓图时，并没有用拖曳到⊞按钮上这种方法复制它，因为这会将它的蒙版属性一同复制。而选取对象后，按Ctrl+C快捷键复制，则可以得到不带蒙版的路径。

09 为复制出的图形填充80%青，设置不透明度为90%，如图16-22和图16-23所示。

图16-22　　图16-23

10 用同样的方法为美人鱼图像添加蒙版。矩形的渐变颜色是上下两端为黑色，中间为白色，以使图像上下两个边缘隐藏，如图16-24~图16-26所示。

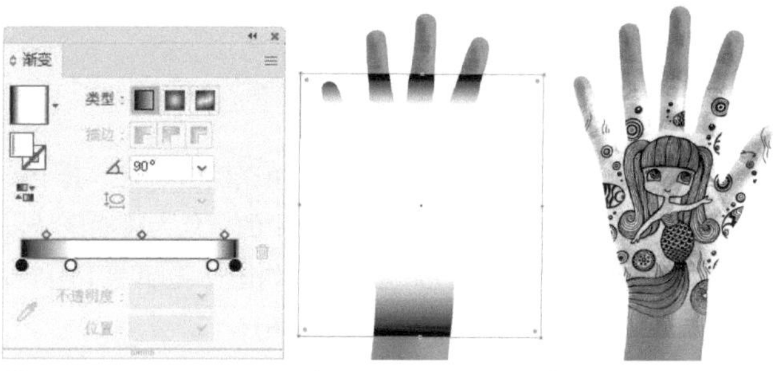

图16-24　图16-25　图16-26

11 单击“图层”面板底部的 ⊞ 按钮，新建“图层2”。将它拖曳到“图层1”下方，如图16-27所示。创建与画板大小相同的矩形作为背景，如图16-28和图16-29所示。

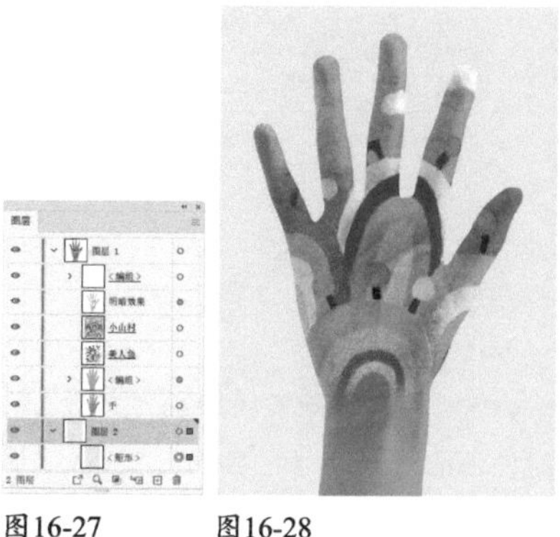

图16-27　图16-28　图16-29

16.2 艺术山峦字

扫码看视频

难度：★★★★★　功能：文字、渐变、混合、效果

将两个外形反差较大的对象混合，并且，混合对象保持一定距离，从而制作出起伏变换的山峦字。

01 新建一个文档。选择文字工具 T，在“字符”面板中选择字体，设置文字大小，如图16-30所示。在画板中单击并输入文字，如图16-31所示。

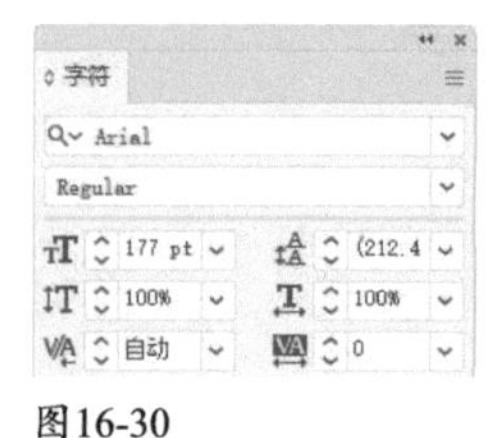

GUESS
WHAT

图16-30　图16-31

02 选择倾斜工具，将鼠标指针移动到文字右下角，向左侧拖曳，如图16-32所示；再向下方拖曳鼠标，对文字进行倾斜处理，如图16-33所示。执行“文字>创建轮廓”命令，将文字转换为图形。按Alt+Ctrl+G快捷键取消编组。

GUESS WHAT　GUESS WHAT

图16-32　图16-33

03 用矩形工具 创建一个矩形，填充渐变作为背景，如图16-34和图16-35所示。将文字摆放到该背景上，设置填充颜色为白色，无描边，并适当调整大小和角度，如图16-36所示。

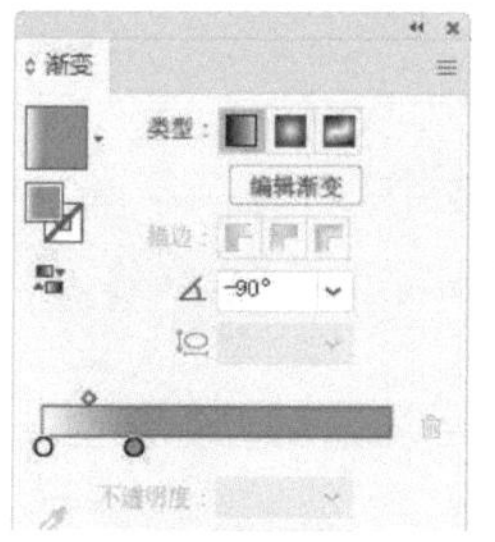

图16-34　图16-35　图16-36

04 选取所有文字，执行“效果>路径>偏移路径”命令，让文字向内收缩，如图16-37和图16-38所示。按Ctrl+C快捷键复制文字。单击“图层”面板中的 ⊞ 按钮，新建一个图层。执行“编辑>就地粘贴”命令，将文字粘贴到该图层中，如图16-39所示。在该图层的眼睛图标 上单击，隐藏该图层，如图16-40所示。

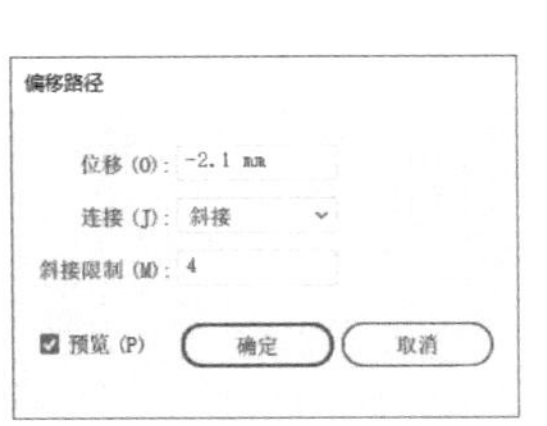

图16-37

图16-38

图16-39

图16-40

05 单击“图层1”。使用铅笔工具绘制一个图形，填充蓝色，无描边，按Ctrl+[快捷键移至字母G下方，如图16-41所示。选择选择工具，按住Shift键单击字母G，将它与绘制的图形一同选取，如图16-42所示。按Alt+Ctrl+B快捷键创建混合。双击混合工具，将“间距”设置为“指定的步数”，步数设置为100，如图16-43和图16-44所示。

图16-41

图16-42

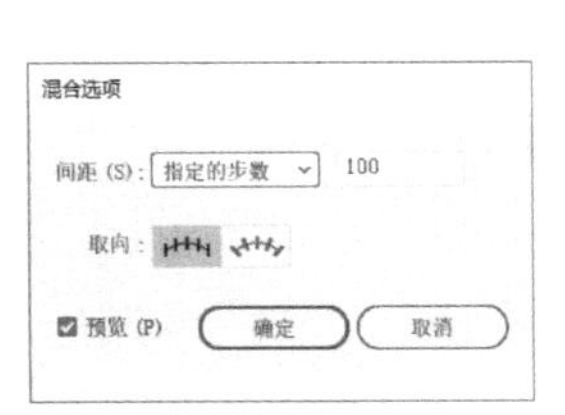

图16-43

图16-44

06 采用相同的方法为其他文字创建混合，如图16-45和图16-46所示。

图16-45

图16-46

07 用钢笔工具绘制几个图形，也创建同样的混合效果，如图16-47所示。用矩形工具创建一个与背景图形大小相同的矩形，如图16-48所示。

图16-47

图16-48

08 单击“图层”面板底部的按钮，创建剪切蒙版，将矩形以外的对象隐藏，如图16-49和图16-50所示。

图16-49

图16-50

09 在“图层2”原眼睛图标处单击，显示该图层。在该图层的选择列中单击，选取该图层中所有图形，如图16-51和图16-52所示。

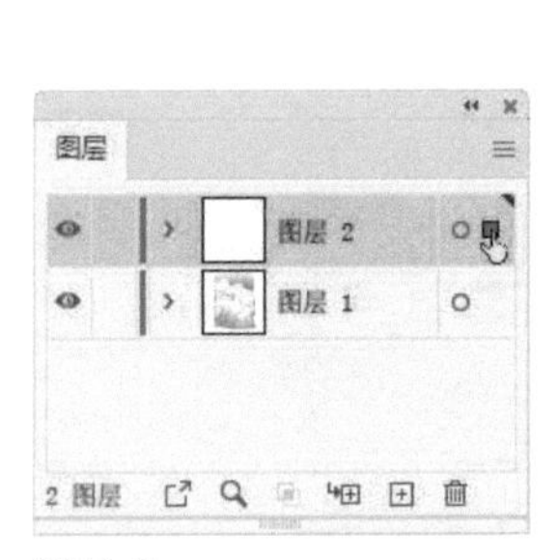

图16-51

图16-52

10 执行“效果>风格化>外发光”命令，设置发光颜色为蓝色，如图16-53所示。最后可以添加一些图形和文字来丰富版面，如图16-54所示。

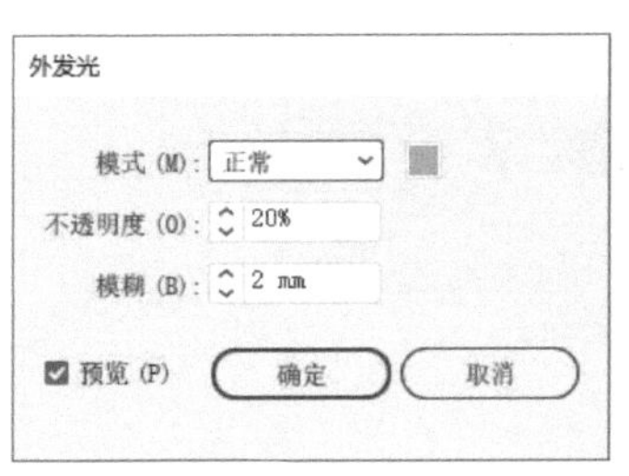

图16-53

图16-54

玻璃质感UI图标

扫码看视频

难度：★★★★★ 功能：渐变、混合模式、效果

单独对图形的填充颜色进行调整，设置混合模式，降低不透明度，使图形与背景的颜色结合得更加紧密。再通过内发光与投影的设置，为图形增加立体感。

01 打开素材，如图16-55所示。选择直线段工具，按住Shift键在图形中间创建一条直线，如图16-56所示。按Ctrl+A快捷键全选，单击“路径查找器”面板中的按钮，用直线分割图形，如图16-57所示。

图16-55

图16-56

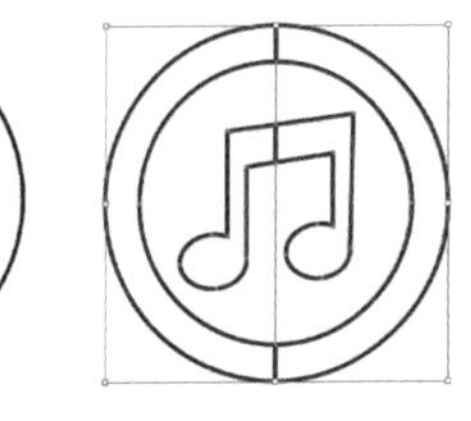

图16-57

> **提示**
>
> 执行“视图>智能参考线”命令，在图形上移动鼠标指针时会显示智能参考线，可以清楚地提示图形的中心位置。

02 使用矩形工具创建矩形，填充线性渐变。按Ctrl+[快捷键移至音符图形下方，如图16-58和图16-59所示。选取音符图形，设置填充颜色为浅绿色，描边颜色为黄色，粗细为0.25 pt，如图16-60所示。

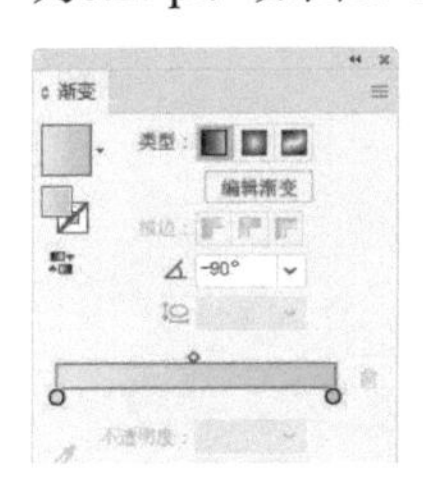

图16-58

图16-59

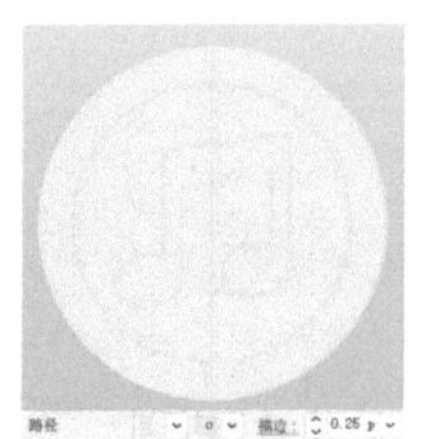

图16-60

03 使用直接选择工具选取图16-61所示的图形，按Delete键删除，如图16-62所示。选取右侧的图形，也将其删除，如图16-63和图16-64所示。

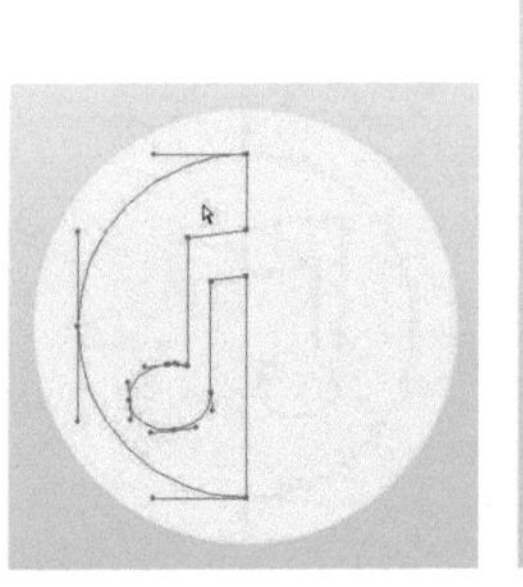

图16-61

图16-62

图16-63

图16-64

04 选取音符图形的右半部分，如图16-65所示。调整颜色，如图16-66和图16-67所示。

图16-65

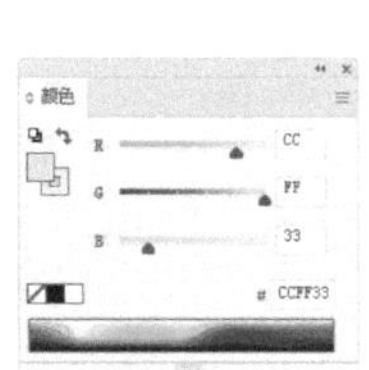

图16-66

图16-67

05 在“外观”面板中单击“填色”属性前方的›按钮，展开列表。单击“不透明度”属性，在打开的面板中设置混合模式为“叠加”，如图16-68和图16-69所示。

图16-68

图16-69

06 选取左侧的半圆环，填充线性渐变，如图16-70所示。设置填色不透明度为90%，如图16-71和图16-72所示。

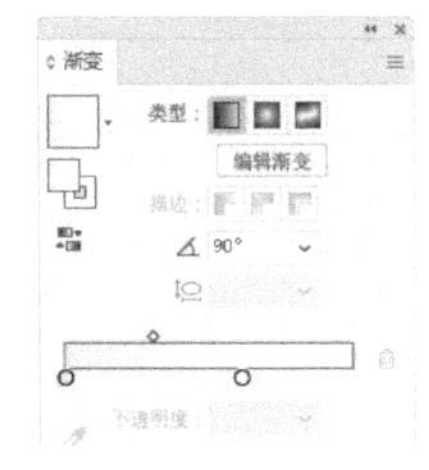

图16-70

图16-71

图16-72

07 选取右侧的半圆环，填充绿色渐变，设置填色属性的不透明度为50%，混合模式为“叠加”，如图16-73~图16-75所示。

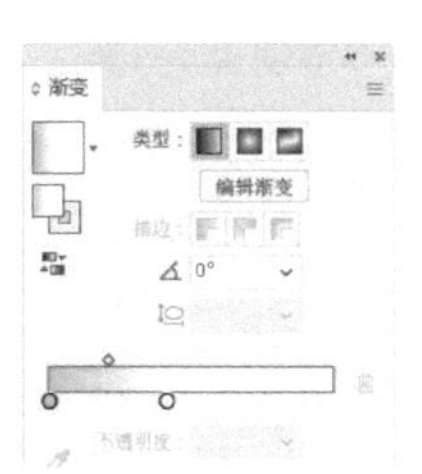

图16-73

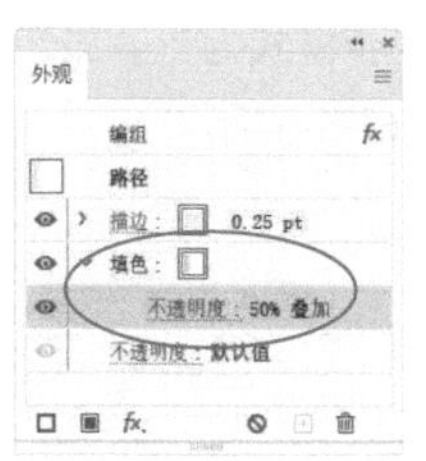

图16-74

图16-75

08 选取音符及圆环图形，执行“效果>风格化>内发光”命令，生成内发光效果，如图16-76和图16-77所示。

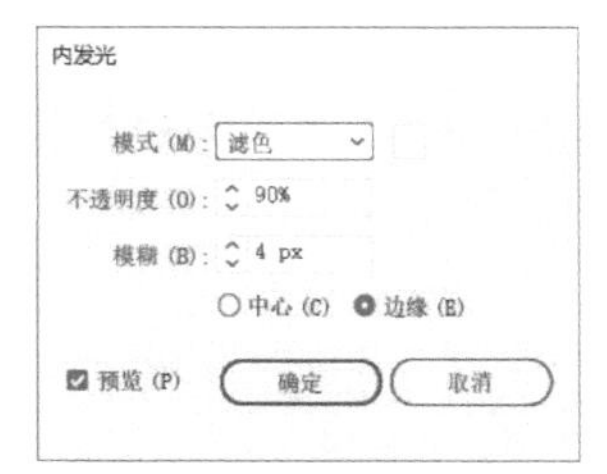

图16-76

图16-77

09 执行“效果>风格化>投影”命令，设置投影颜色为绿色，如图16-78和图16-79所示。

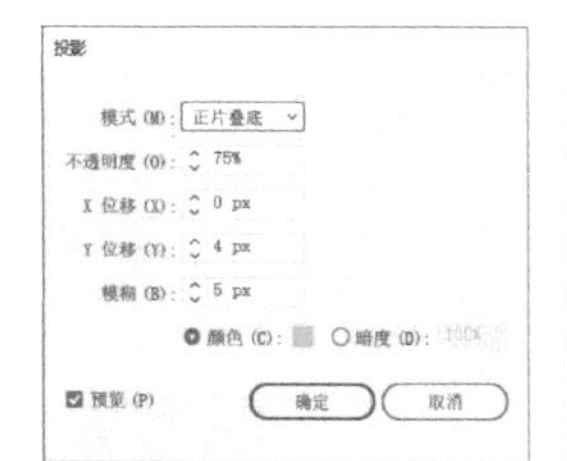

图16-78

图16-79

10 使用椭圆工具创建一个椭圆形，如图16-80所示。选择选择工具，按住Alt键向上拖曳该图形进行复制，如图16-81所示。

图16-80

图16-81

11 按住Shift键单击第一个圆形，将其一同选取。单击“路径查找器”面板中的按钮，制作出月牙图形，如图16-82所示。执行“效果>风格化>羽化”命令，设置半径为5 px，如图16-83和图16-84所示。

图16-82

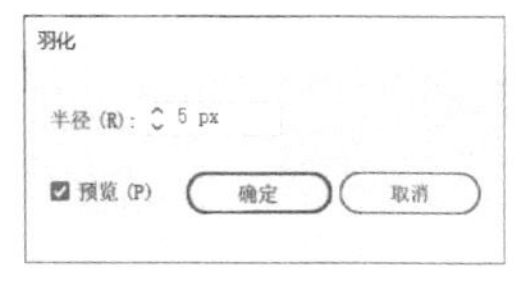

图16-83

图16-84

12 设置该图形的混合模式为“叠加”，不透明度为50%，如图16-85和图16-86所示。

图16-85

图16-86

13 创建一个圆形，填充径向渐变，设置右侧色标的不透明度为0%，使渐变的边缘呈现透明状态，如图16-87和图16-88所示。向下复制该圆形，如图16-89所示。

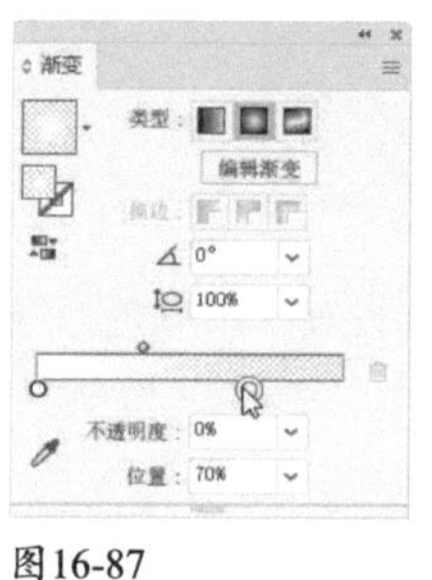

图16-87

图16-88

图16-89

14 创建一个椭圆形，填充线性渐变，设置混合模式为“叠加”，不透明度为80%，如图16-90~图16-93所示。采用同样的方法制作其他图标，效果如图16-94所示。

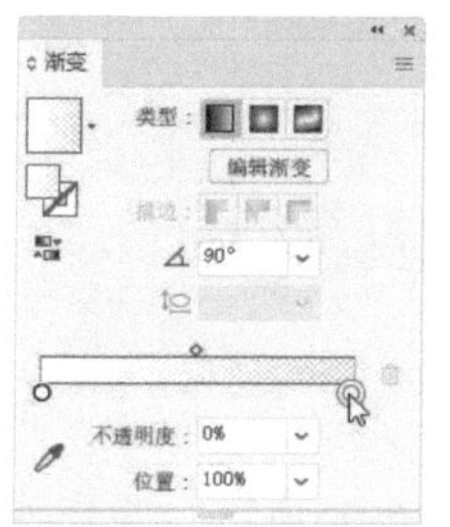

图16-90

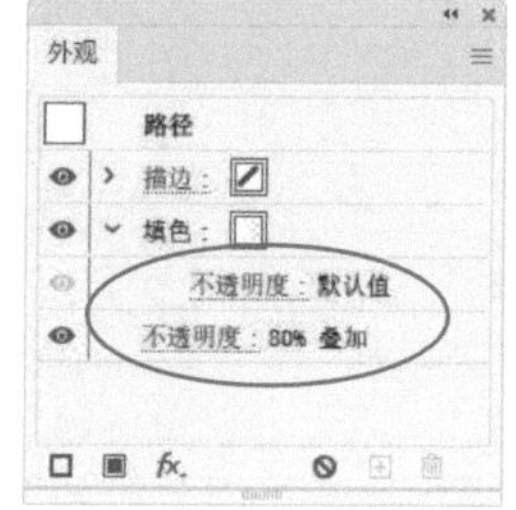

图16-91

图16-92

图16-93

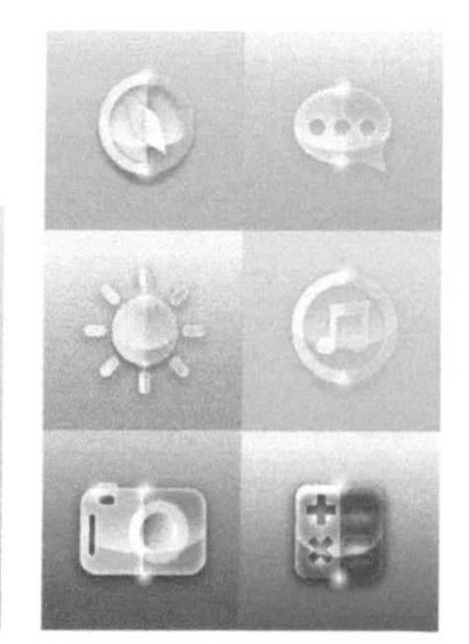

图16-94

马赛克风格图标

扫码看视频

难度：★★★★★　功能：绘图、色板库、效果

用矩形网格分割图形，再为每一部分重新填色，制作出马赛克拼贴风格的图标。

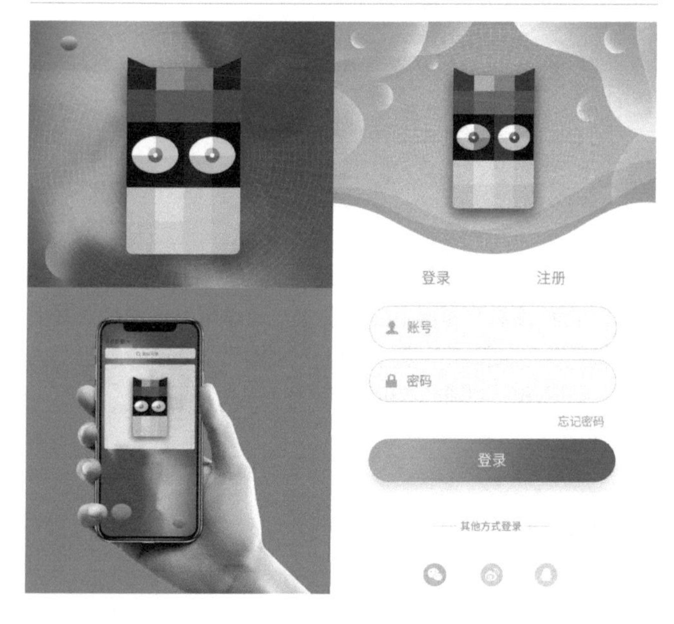

01 打开素材，如图16-95所示。选取头像，按Ctrl+C快捷键复制。

图16-95

02 选择矩形网格工具▦，在画板上单击，在打开的对话框中设置参数，如图16-96所示，单击“确定”按钮创建矩形网格，无填色和描边，如图16-97所示。

03 按Ctrl+A快捷键将头像与网格图形选取，单击“路径查找器”面板中的 按钮，用网格分割头像图形，如图16-98所示。

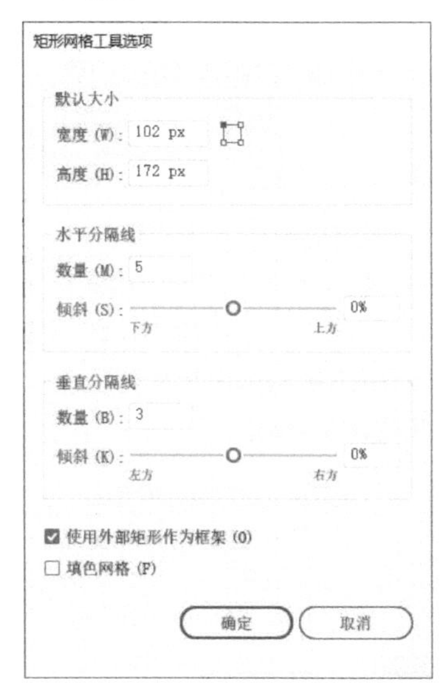

图16-96

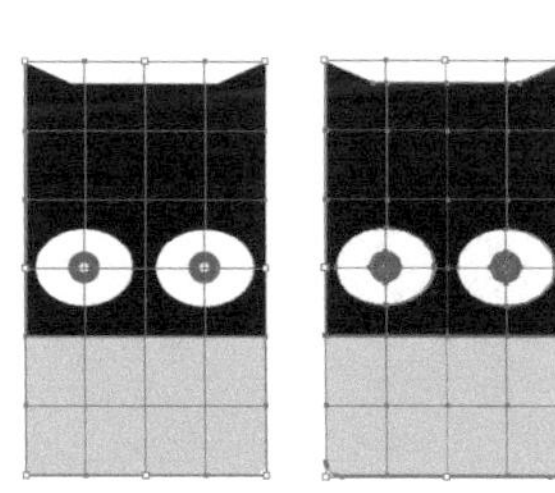

图16-97 图16-98

04 选择直接选择工具 ，单击其中的一个图形，填充40%黑色，如图16-99和图16-100所示。打开“颜色”面板菜单，选择“灰度”命令，显示灰度值，如图16-101所示。

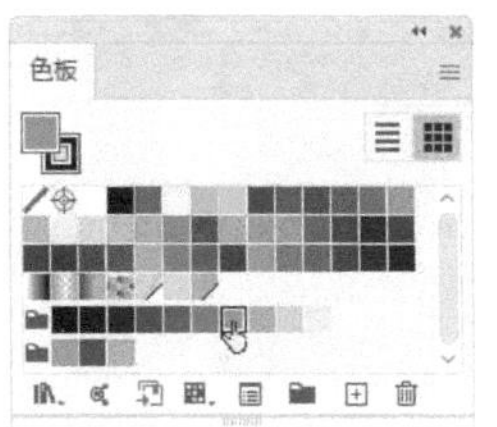

图16-99

图16-100

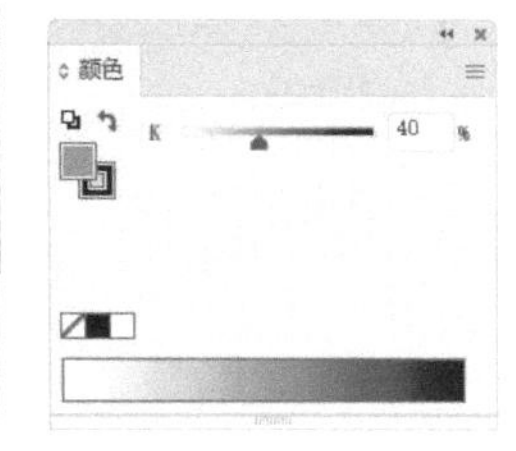

图16-101

05 选择右侧的矩形，填充“色板”面板中的50%黑色，如图16-102所示。为下面的两个矩形填充60%黑色，如图16-103所示。

图16-102

图16-103

06 以70%黑色填充头部两侧的矩形。两个耳朵填充80%黑色，如图16-104所示。选取右眼附近的图形，填充80%黑色，如图16-105所示。选取左眼附近的图形，填充90%黑色，如图16-106所示。

图16-104 图16-105 图16-106

07 执行“窗口>色板库>Web”命令，打开该色板库。用其中的色板填充图形，如图16-107~图16-109所示。

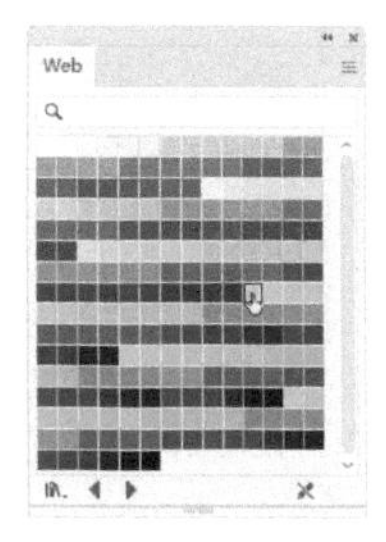

图16-107

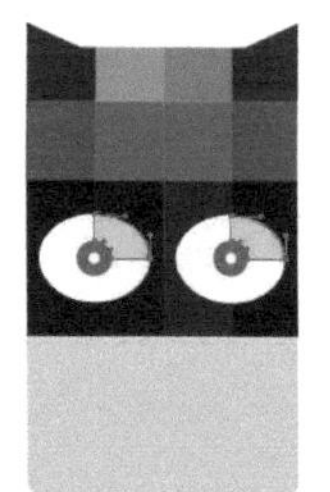

图16-108

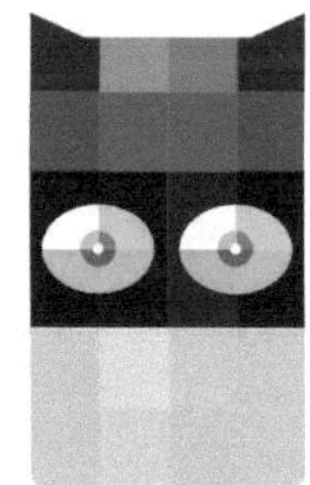

图16-109

08 选择椭圆工具 ，按住Shift键创建圆形，按Ctrl+[快捷键移至头像下方，填充径向渐变，如图16-110和图16-111所示。选择极坐标网格工具 ，拖曳鼠标创建网格图形，操作时可以按↑和→键增加分隔线的数量，在放开鼠标左键前按住Shift键，可以锁定宽高比例。设置描边颜色为白色，粗细为0.1 pt，无填色，如图16-112所示。

图16-110

图16-111

图16-112

09 按Ctrl+B快捷键粘贴头像图形。执行“效果>风格化>投影”命令，添加深蓝色投影，如图16-113所示。将图形拖曳到手机屏幕上，如图16-114所示。

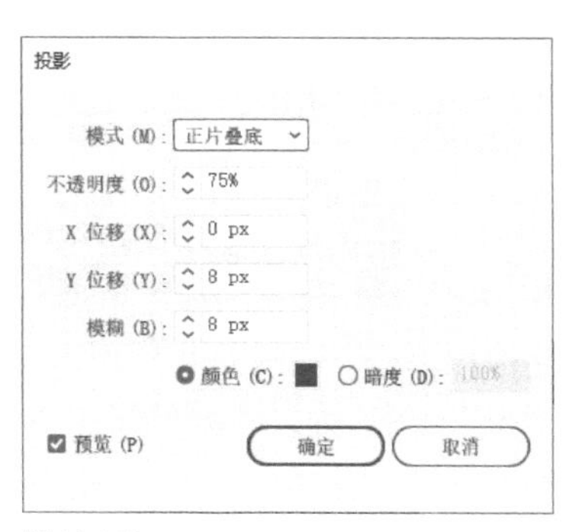

图16-113

图16-114

游戏App界面设计

难度：★★★★★ 功能：效果、渐变描边、符号

使用“圆角”“投影”“内发光”等效果表现文字质感和图形的立体感，通过渐变颜色的设置表现光泽度。

01 打开素材，如图16-115所示。背景及装饰素材已经被锁定并处于隐藏状态。选择“图层2”，用该图层中的文字制作特效，如图16-116所示。

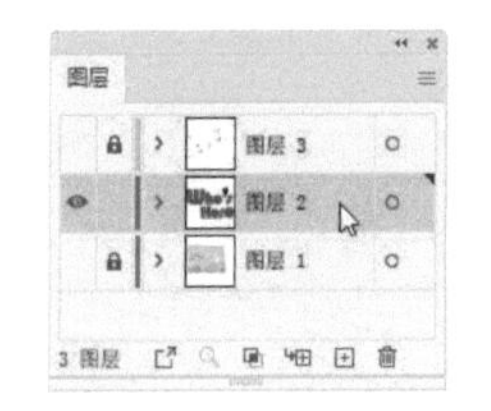

图16-115　图16-116

02 选取文字，执行“效果>风格化>圆角”命令，设置半径为3 mm，如图16-117和图16-118所示。

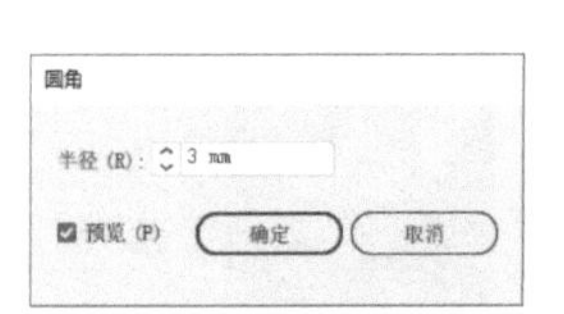

图16-117　图16-118

03 执行“效果>风格化>投影”命令，为文字添加投影，如图16-119和图16-120所示。

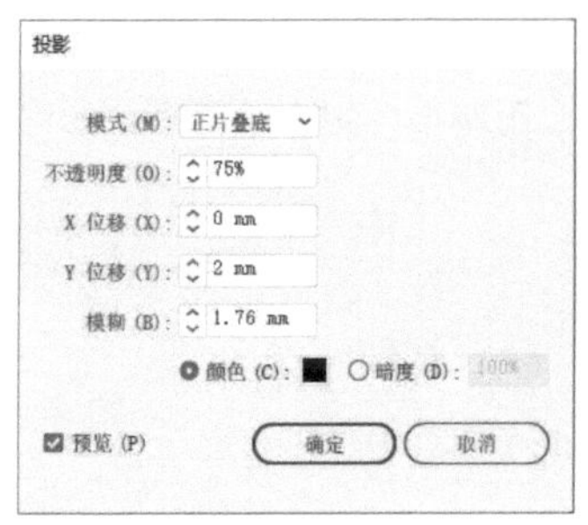

图16-119　图16-120

04 选择选择工具，按住Alt键向上拖曳文字进行复制，如图16-121所示。单击“外观”面板中的“投影”属性，如图16-122所示，之后按住Alt键单击面板底部的按钮，删除该属性，如图16-123和图16-124所示。

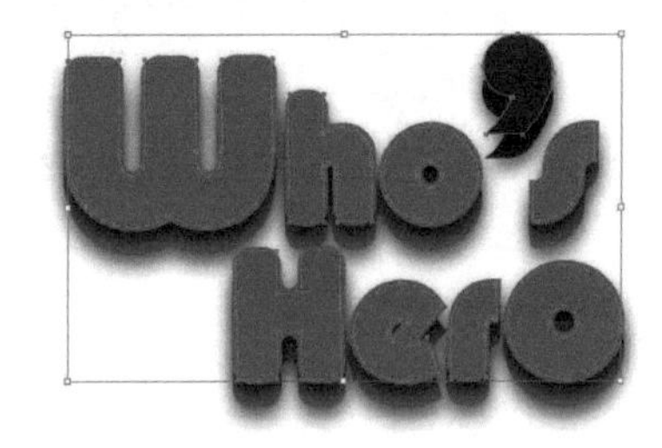

图16-121　图16-122

图16-123　图16-124

05 在“渐变”面板中调整渐变颜色，并设置为线性渐变，如图16-125和图16-126所示。

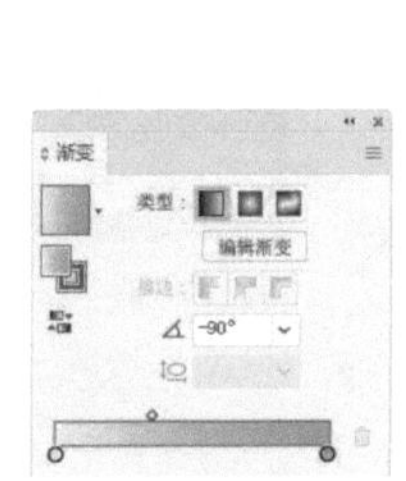

图16-125　图16-126

06 切换到描边编辑状态。将描边颜色也设置为线性渐变，粗细为5 pt，如图16-127和图16-128所示。

图16-127　　图16-128

07 使用编组选择工具选取单引号图形，将填充与描边颜色设置为不同的渐变颜色，如图16-129~图16-132所示。

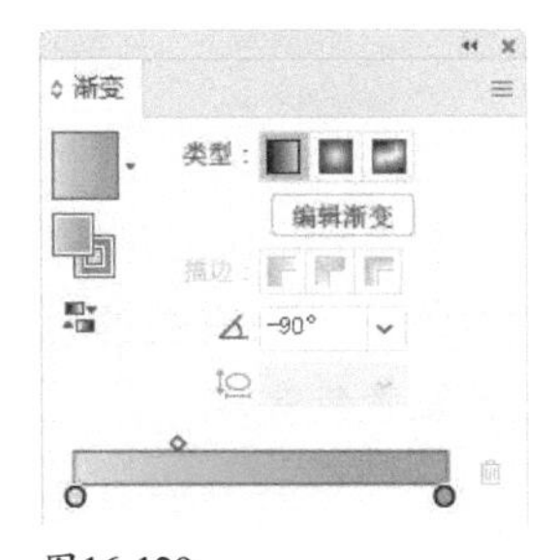

图16-129　　图16-130

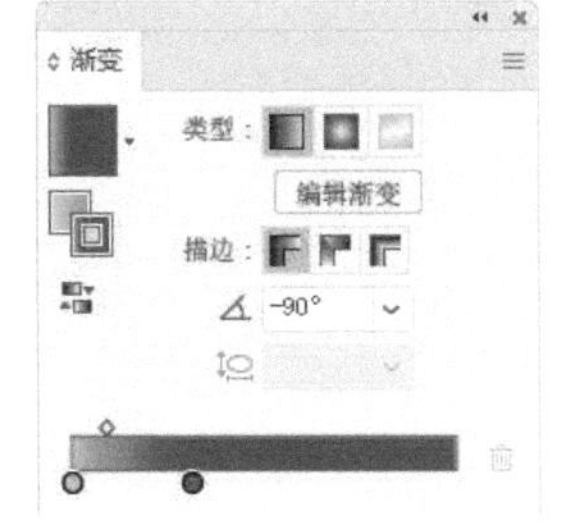

图16-131　　图16-132

08 选取位于下方的单引号图形，如图16-133所示。选择添加锚点工具，在路径上单击，添加锚点，如图16-134所示。用直接选择工具移动锚点，如图16-135和图16-136所示。

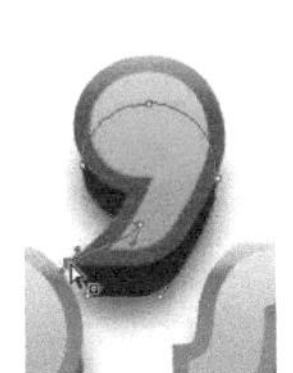

图16-133　　图16-134　　图16-135　　图16-136

09 使用铅笔工具绘制一个图形。按Shift+Ctrl+[快捷键移至底层，如图16-137所示。

图16-137

10 执行“效果>风格化>内发光”命令，设置发光颜色为棕色，如图16-138所示，效果如图16-139所示。

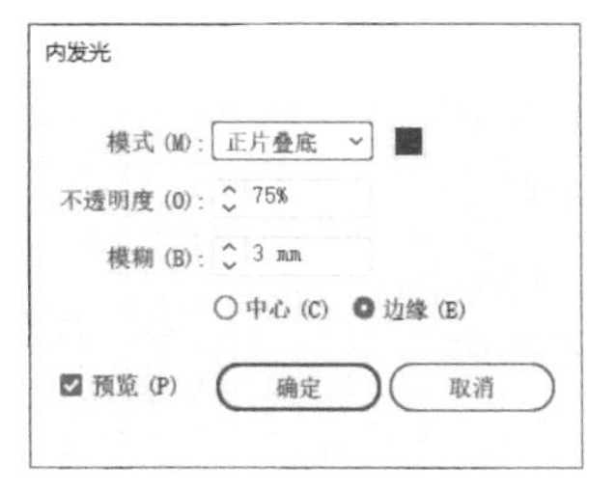

图16-138　　图16-139

11 执行“效果>风格化>投影”命令，通过投影增强图形的立体感，如图16-140和图16-141所示。

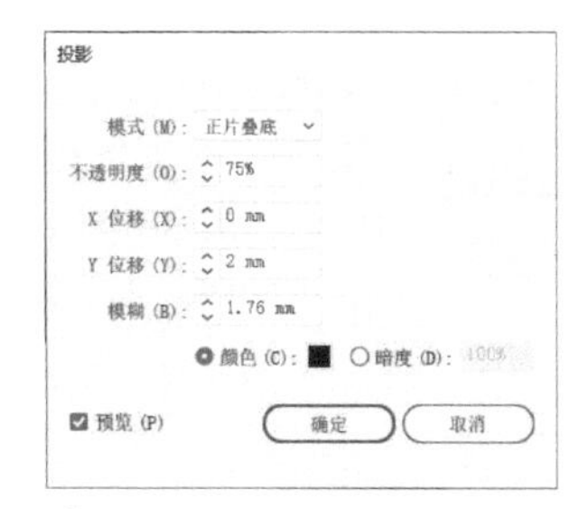

图16-140　　图16-141

12 选择“符号”面板中的小猪符号，如图16-142所示。将它拖曳到画板上。按Shift+Ctrl+[快捷键移至底层，如图16-143所示。

图16-142　　图16-143

13 显示“图层1”及“图层3”，如图16-144和图16-145所示。

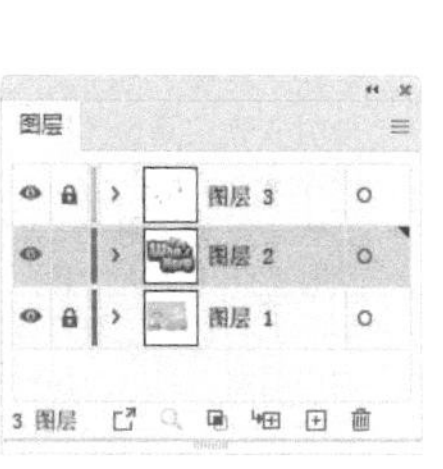

图16-144　　图16-145

附录

导出/导入我的设置

使用“编辑>我的设置”子菜单中的命令，可以将我们对Illustrator首选项所做的修改保存为一个文件。以后如果对首选项做出修改，想要进行恢复，可以加载该文件。

Illustrator官方帮助文件

执行“帮助>Illustrator帮助”命令，可以链接到Adobe网站，查看Illustrator的帮助文件。执行“帮助>Illustrator教程”命令，可以观看Adobe网站上的各种Illustrator视频教程，学习其中的技巧和工作流程。

管理我的账户

执行“帮助>管理我的账户”命令，可以链接到Adobe网站，对自己的Adobe 账户进行修改。

取消激活

Adobe的单用户许可证允许在两台计算机（如一台工作计算机和一台家用计算机）上安装Illustrator，只要软件由同一个人不同时在这两台计算机上使用即可。如果要在第3台计算机上安装Illustrator，则必须先在一台计算机上取消激活此软件。使用“帮助>注销”命令，可以取消激活。

更新

执行“帮助>更新”命令，可以运行Creative Cloud桌面应用程序。如果Illustrator有更新文件，可以单击“更新”按钮进行更新。

关于Illustrator

执行“帮助>关于Illustrator”命令，可以查看与Illustrator有关的信息，如版本号、开发者名单等。

索引

工具/快捷键

面板/快捷键

“文件”菜单命令/快捷键

“编辑”菜单命令/快捷键

“对象”菜单命令/快捷键

Illustrator 2021

索引

“文字”菜单命令/快捷键

“选择”菜单命令/快捷键

“效果”菜单命令/快捷键

“视图”菜单命令/快捷键

“窗口”菜单命令/快捷键

“帮助”菜单命令（见附录）